山地环境理论与实践

钟祥浩　刘淑珍 等 著

科 学 出 版 社

北 京

内 容 简 介

中国是山地大国，起伏度小于200m的丘陵面积占中国陆地面积的18.2%，起伏度大于200m的山地面积占55.2%。随着人口的快速增长和经济的迅速发展，山地资源过度开发带来的山地环境与生态问题日趋突出，山地环境保护与退化生态建设成为当今山地科学研究的热点问题之一。本书系统地总结了作者近三十年来在山地环境与生态领域的研究成果，主要内容涉及如下方面：①山地研究历史进程和近代山地科学研究进展；②山地科学分类体系框架、中国山地分类和山地环境学理论；③特殊环境下的生态过程特征；④山地生态退化与生态建设；⑤高原山地生态安全屏障保护与建设；⑥山地环境与发展。

本书可供山地科学和环境与生态学研究者、高等院校相关专业师生以及广大从事山地环境保育工作的相关人员使用参考。

图书在版编目(CIP)数据

山地环境理论与实践 / 钟祥浩等著. —北京：科学出版社，2014.11

ISBN 978-7-03-042353-5

Ⅰ.①山… Ⅱ.①钟… Ⅲ.①山地-环境地质学-研究 Ⅳ.①P941.76

中国版本图书馆 CIP 数据核字 (2014) 第 254084 号

责任编辑：张　展 / 封面设计：四川胜翔
责任校对：陈　靖 / 责任印制：余少力

科学出版社 出版

北京东黄城根北街16号
邮政编码：100717
http://www.sciencep.com

四川煤田地质制图印刷厂印刷

科学出版社发行　各地新华书店经销

*

2015年1月第 一 版　　开本：787×1092 1/16
2015年1月第一次印刷　　印张：40 3/4 插页：36 面
字数：1000 千字

定价：198.00 元

前　言

本书作者钟祥浩、刘淑珍为中国科学院成都山地灾害与环境研究所研究员和博士生导师，于1966年毕业于北京大学地质地理系，毕业后先后进入中国科学院成都山地灾害与环境研究所从事科研工作。在"文化大革命"期间由于正常的科研工作难于开展，只是零敲碎打地做了些研究所安排的有关环境地理方面的地方性临时应急任务。"文化大革命"结束，迎来了科学的春天，开始步入山地科学研究领域。自20世纪70年代末至21世纪初的30年，作者全身心地投入以山地环境与生态和山地环境与发展为中心的科研工作中，作为负责人和负责人之一承担完成多项国家和地方有关山地环境领域的重大科学研究项目，在此基础上，出版专著9部，发表一百多篇中外文论文。本书是作者在三十年来从事山地环境领域研究中的部分成果的总结。

撰写本书的目的：①通过对山地环境领域研究中的学术思想与理论的疏理、补充和完善，期望能为山地环境学乃至山地学科理论体系的形成与发展起抛砖引玉的作用；②对在山地环境领域研究中积累的宝贵资料，期望能更好地发挥作用，成为后人深化山地研究的铺垫，起到承上启下的作用。

本书内容的特点：①体现了理论来自于实践及把文章写在大地上的精神。本书选编的内容多数是在完成国家和地方科研项目基础上的总结，是紧密结合国家和地方需求的研究，具有当时历史条件下的先进性、创新性和前瞻性。②突出了荣获国家和地方科技成果进步奖的内容。作者在三十年来共计获得国家科技进步奖二等奖和三等奖各1项，获省(部)级科技进步奖一等奖2项、二等奖3项和三等奖5项，对作者在国家奖和省(部)级一等奖成果的贡献部分作了重点介绍。③突出了在开拓山地环境领域新方向研究中的贡献。通过横断山和贡嘎山环境地理综合考察与研究，以及作为贡嘎山站筹建负责人和第一任站长的科研工作，开拓了贡嘎山高山生态研究领域，为贡嘎山站进入中国科学院生态网络和成为国家级高山生态站奠定了基础。通过云南省与中国科学院省院合作项目的研究，推动了以沟蚀为研究对象的元谋干热河谷沟蚀观测研究站的建设。通过西藏高原有关高原环境与生态、环境与发展等多个项目的研究，揭示了西藏高原生态安全空间分异规律，提出了西藏高原生态安全屏障保护与建设理论，在此基础上负责编制的《西藏高原生态安全屏障保护与建设规划》得到国务院批准实施，为此，开拓了以西藏高原生态环境与发展可持续性为方向的西藏高原生态安全屏障结构、功能动态过程机理及环境效应的监测研究领域。同时，开拓了高寒环境冻融侵蚀研究领域，使我所成为国内这两大领域研究的领头单位。④本书的"总论"部分，在对前人山地研究历史和研究成果做系统总结的基础上，提出了山地科学分类体系框架，对以山地环境系统为研究对象的山地环境学基础理论和重点研究领域作了阐释，首次研究了中国山地分类系统，对影响山地形成、演化的山地环境学重大基础理论问题之一，即山地环境动力系统特征进行了系统分析，这些内容将有助于推进山地环境学科理论体系的建设。

本书对作者在山地环境领域公开出版著作、论文及未发表的重大专项研究成果和文章作了具有一定逻辑性的选编与编排。在选编过程中，对部分内容作了修改与补充。从作者作为主著和主编之一出版的专著中选编的内容都是作者执笔完成的，部分是与合作者共同完成的，体现了作者的学术思想。选编的论文，多数是作者作为第一完成人(执笔人)完成的，同时选编了部分作者指导的博士生完成的论文。

鉴于涉及作者完成的有关山地环境领域方面的出版物和未公开出版材料较为丰富，选编排版过程中难免出现错误。论文选编过程中力求做到原论文的完整性，为此，就有可能出现有些论文之间有些重复现象。此外，选编的论文和有关专著的参考文献都未作删减，有利于体现其科学性，这样给本书增加了篇幅。总之，本书有许多不足之处，敬请读者指正。

本书图 1-5-1～图 1-15-14 山地分类彩图由李呈罡制作，其余彩图在陶和平指导下由高攀、杨莉协助完成，王小丹赞助了部分出版费，在此一并表示感谢！

钟祥浩　刘淑珍

2013 年 10 月

目　录

第一篇　总论

第二篇　特殊环境下的生态过程特征

第三篇　山地生态退化与生态建设

第四篇　高原山地生态安全屏障保护与建设

第五篇　山地环境与发展

第一篇　总论

第一章　国内外山地研究历史进程综述①

第一节　山地研究历史简述

一、山地知识的记事时代与知识积累的早期阶段

人类对山的认识和研究经历了漫长的历史时期。在人类的早期，可以说对山地的认识是处于一种无知的状态。那时的人们把突如其来的山崩、山洪、滑坡和泥石流以及急风暴雨等山地自然现象视为妖魔作祟，为此把山视为神，把它当作神仙加以敬仰，祈求山神的保佑。那时的人们根据山峰形态和高度的不同，用带有神秘色彩的名称对山予以神化。

在人类社会早期漫长的时期中，人类对山地的了解和认识从无知逐渐转变到有知。在人类与山地的长期接触中，对山地的形态、岩石性状和动植物特征逐渐产生感性的认识，但知其然，不知其所以然。

到了有文字记载的历史时代，人类对山地的认识发生了极大的飞跃，把山地的各种自然现象和生产生活中的经验用文字记载下来，从此开始了山地知识的记事时期，这个时期经历的时间很长。大概距今2300年前，古希腊人在山地现象的记述方面做了较多的工作。古希腊人不仅对地中海沿岸诸国山地作了考察记载，并对小亚细亚、亚美尼亚、外高加索、阿特拉斯山、比利牛斯山、阿尔卑斯山等进行了详细的考察记述。在距今2000多年前的罗马帝国，在山地的考察和山地知识的记述方面也做过不少的工作。我国在距今2000多年前的战国时代，在山地知识记述方面已有杰出的贡献，集中反映在战国时代编写的《山海经》这部地理著作中。该书详细地记述了中国的山脉和河流，把当时中国的山地分为“中山经”、“南山经”、“西山经”、“北山经”和“东山经”。管子编著的《地员》篇中详细地记述了山地植物随高度变化的垂直分布特征，并指出山地阴阳坡植物有所不同，这种认识是当时世界上其他国家所没有的。在距今1900年前的中国东汉时代，著名的地理学家班固在其《汉书·地理志》中创立了以郡县政区为纲、山川物产为目的新体例，把山脉河流纳入政区之中，对中国山脉做了详细的记述，成为中国疆域地理志的始祖[1]。在距今1500～1600年前的中国北魏时期，卓越的地理学家郦道元亲身考察和记述了1200多条河流源头山地特征及有关支流和河道情况，对每条河流流域内的山川特点及土壤、植物等情况作了记述。他的《水经注》，对火山作了生动形象的记述，对

---

① 本章作者钟祥浩，在2000年成文的基础上作了些补充。

山川景物的描述备受后人称赞，其中最脍炙人口的是《江水条》中对三峡山水的描述[2]。距今 1300 年前唐朝时期的唐玄奘在其《大唐古域记》中详细地记述了他亲身经历和从传闻中得知的 100 多个国家、地区和城邦的山川形势及物产气候等情况，《大唐古域记》是研究古代中国西北地区和南亚地区山地变迁的宝贵资料。在距今 2000～1000 年前期间，国外在山地方面的考察记述资料很少。

在距今 1000～500 年前期间，国内外山地考察和记述方面较前期有显著的变化，在注重山地现象记述的同时，重视山地现象的分析。中国北宋沈括的《梦溪笔谈》一书[3]，对河流的侵蚀、搬运和堆积作用的相互关系及其形成的地形作了精辟的论述。中国宋代地理学家范成大对四川峨眉山进行了考察，通过考察详细地分析了山地气候的变化对植物垂直分布的影响。他发现山下生长许多阔叶高大茂密的森林，而山上却生长不怕寒冷“状似杉而叶似圆”的塔松之类的树木和状如乱发的苔藓植物，并对峨眉山植被垂直分布现象产生的原因作了分析。他认为山顶植被特征的形成是由于高山寒冷多风的高寒气候所致。中国元代郭守敬不仅在天文学、数学方面有卓越的成就，在山地研究方面也有卓越的贡献，其中在如何根据山地地貌特点进行水资源利用方面的贡献尤为突出[1]。他根据山前河流洪积扇地形地貌特点，巧妙地将分布于山麓出露的分散小泉水汇集成渠，解决山前人们的用水问题。元代还有朱思本和汪大渊等旅行家对中国有关山地特色不同程度地作了论述。元代建立的包括中国、印度、阿富汗直至东欧平原的蒙古帝国为元代旅行家、探险家了解和认识中国和欧亚大陆国家山地状况起了重要作用，极大地丰富了人们对亚洲山地知识的积累。

在中世纪，国外对山地的考察和论述也做出了很大的贡献。阿拉伯伊斯兰教的传教士和旅行家对非洲北部、东部和南部进行了考察，同时漫游了中亚的叙利亚、美索不达米亚，考察了南俄罗斯有关山地，穿越阿富汗，途经印度、锡兰岛、东印度群岛到达中国。通过他们的考察访问，积累了大量有关山地方面的知识，其中阿拉伯人阿费森纳提出流水把地表刻出山地的思想。

二、山地知识积累的拓展时期

公元 15 世纪是人类开始进入地理大发现时期。15 世纪初，明朝郑和七下西洋，虽不能说对山地研究有什么重大贡献，但其伟大历史意义在于他的航海比哥伦布还要早 80 多年。他所到的国家达 30 多个，他不但促进了中国和这些国家友好关系的建立，还带去中国开发利用山地资源的先进技术，如矿山的开采与矿石的冶炼技术。既郑和下西洋后的 15 世纪末，进入地理大发现时期。这期间先后发现了北美大陆和南美大陆及太平洋中的许多岛屿。来自欧洲的许多探险家和旅行家们对北美和南美大陆内部的山地和高原进行了探险和考察，对其中的许多山地现象和山地动植物作了详细的描述，并首次对热带山地的各种自然、人文现象做了研究，为热带山地知识的积累作出了重要贡献。

公元 16 世纪末至 17 世纪初的明末清初时期，中国著名地理学家徐霞客对中国许多名山进行了考察和描述，特别是对中国西南岩溶山地地貌的考察研究做出了卓越的贡献。写出了 56 万字的《徐霞客游记》，这是中国第一部研究石灰岩山地的巨著。他到过中国西南地区横断山脉，翻越许多大山，考察了金沙江、澜沧江，并以惊人的毅力对中国广西、贵州和云南等地的石灰岩山地进行了认真的考察，在洞穴学研究方面有独到的见解，对山地岩溶学研究做出了不朽的贡献，是中国山地石灰岩地貌研究的先驱。在他的考察记述中，对山地地貌形态与岩性之间的关系进行了分析。

在16世纪前后，生产力在欧洲得到了快速的发展，进而促进了人类对自然界的认识。当时的意大利学者达·芬奇用唯物的思想对山地出现的一些特殊地质现象进行了解释。他认为大陆高地出现的贝壳是海陆变迁的结果，并依此对地球的变化进行了分析。同时他提出水流侵蚀山坡，侵蚀泥沙部分堆积于山谷，大部在河口三角洲淤积的山地演变过程。

到17世纪，中国地理学家孙兰是中国传统地理学家发展时期的代表人物，他虽没有专门对山地进行研究，但是与山地地貌演变有关的流水地貌的形成作出了科学的解释。他把侵蚀与堆积看成是地貌发育过程中的两个不可分的过程。他提出，在流水地貌的演变中既有渐变因素，也有突变因素，还有人为因素。他提出了“高岸为谷，深谷为陵”，“流水则损，损久则变”的山地地形演变规律[1]。孙兰对山地自然现象的研究标志着中国山地研究由过去一般性的现象描述进入理性探索时代的开始。他的思想代表了17世纪后半期中国地理学研究的一种进步，也可以说是中国山地地貌研究的一种进步，他坚持唯物的学术思想，强调经世致用，讲求实际，反对迷信和灾异之说。到了18世纪末，俄罗斯学者罗蒙诺索夫提出内力作用对地球的发展和演化起着尤为重要的作用，对地球陆地的变化和高山的形成给予了科学的解释，并在此基础上建立了地貌形成的内外营力相互作用的理论。

三、山地知识积累的进一步拓展和山地知识的深化时期

19世纪至20世纪初是山地知识进一步拓展与积累和山地知识的深化时期。

19世纪的前半期开创了以德国洪堡为代表的世界性大规模科学考察和旅行记的时代。洪堡对中南美洲主要山地的自然现象以及社会人文情况进行了认真的考察和详细的记录，对南美安第斯山植物分带和气候分层进行了研究，其研究为山地地理学的建立起到了推动作用。他在安第斯山从事山地自然地理研究的方法，被后来的瓦堡应用于阿尔卑斯山和喀尔巴阡山以及世界其他山地的研究。在洪堡研究工作的影响下，世界其他国家的地质、地理和生物科学工作者，也相继开展了有关山地考察、探险和旅行的活动。这时期的考察更多的是对前人没有进行过探险、考察的山峰或更高更险的大山进行考察。欧洲人不再以攀登阿尔卑斯的各个险峰而满足，以斯文·赫定为代表的瑞典欧洲人深入青藏高原，对世界屋脊——喜马拉雅山开展考察，开拓了有关世界屋脊的高山与高原方面的知识。俄国人深入天山山脉进行山地科学的考察，了解和积累了许多有关天山自然地理方面的知识。此外，还有不少欧洲探险家考察了非洲和南北美洲未曾考察过的山峰。通过大量的新的山峰的考察，不仅拓展和丰富了山地方面的知识，而且对许多山地自然现象进行了研究与分析。与洪堡同时代的著名地理学家李特尔强调人类与自然之间的相互影响关系，提倡用地图的方法来显示山地系统中天然植物与气候之间的关系，由他编纂的《自然地理学》一书，是对山地地理知识的一次系统整理与分析。19世纪后半期，地质和地理工作者对地表形态、侵蚀与堆积作用做了大量记述和解释工作，但总的说来缺少系统性的理论，也没有提出和形成专门的研究方法。到19世纪末20世纪初，地貌学的发展进入了一个新阶段。美国戴维斯(W. M. Davis)创立了“侵蚀循环学说”。他把

地貌发育分为幼年、壮年和老年三个阶段；又把构造、营力及阶段列为地貌的三要素。这一学说在地貌学的研究中影响较大，对山地地貌的深入研究起到了极大的推动作用。他同时于1887年写出了《山地气象学》一书[4]，是有史以来关于山地科学知识的系统总结。19世纪至20世纪初的一百多年中，有关山地生物学方面的系统论述成果与资料不多。在戴维斯理论的影响下，中国不少著名地质地理学家对中国江河地貌的形成演化作了深入的考察研究。如李四光、叶良辅和李春昱等对三峡地区长江河谷的形成与演变做了深入的考察研究[5-7]；其他学者对黄河峡谷、珠江流域峡谷和金沙江石鼓大拐弯的成因进行了考察研究。这期间国外地貌学的研究出现空前活跃的气氛。当戴维斯侵蚀循环学说流行于英美地学界之际，欧洲大陆一些国家，如法国和德国，对地貌学的研究出现新的观点，其中影响较大的是W.彭克的《地貌分析》(1924年)，他用分析地貌的方法来确定地壳运动的性质，并提出地貌学的基本任务是根据形态特征来阐明地壳运动的最新历史。他把地貌发育看做是内外营力相互作用的结果，同时又根据山坡的发展过程来研究地壳运动的方向和速度[8]。可以说，彭克的理论为山地地貌的深入研究和山地地貌学的建立奠定了基础。

四、山地研究从定性开始向定量方向发展

在20世纪前半期，苏联在山地研究方面做出了令人瞩目的成就，其中对山地垂直地带性方面的研究尤为突出。其中，20～30年代，苏联地植物和土壤学家对山地垂直带结构进行了研究，到30～50年代，在典型山区开展了植被和土壤垂直地带性分类的尝试性研究，并将苏联植被和土壤划分为大陆型和海洋型两个基本垂直带系列。在此基础上进一步将苏联植被划分为5个垂直地带性型，即北极苔原型、北方型、湿润大西洋型、干燥型和堪察加型，同时把苏联土壤垂直带性结构从高到低分为三级，即带性纲，亚纲和带性型。带性纲反映由山地所处的地球某一纬度热力带位置所引起的垂直土壤带性差别；亚纲反映山地垂直土壤系列的相性差异；带性型是随高度而连续更替的土壤地带的一定总体[9]。

在20世纪中期，国外在山地气候的研究方面取得了显著的进展。据1931～1960年期间山地气象观测站数量的不完全统计，全世界约有20个位于海拔2000m以上的长期定位山地气象观测站，另外还有200多个短期记录的高山气象观测站[4]。通过山地气象的观测，为山地气象特征和气候过程的深入研究提供了基础。这期间众多山地气象观测站的建立与观测工作的开展，标志着世界山地气候与气象研究进入了一个新阶段。在气象学上研究最多的山脉是欧洲的阿尔卑斯山，其次为高加索山，圣埃利亚斯山和威廉山(巴布亚新几内亚)。其中阿尔卑斯山在山地辐射观测工作方面做得最为出色，是这个时期山地辐射时空分布资料最多的山区[10]。此外在美国沿海山地、非洲北部山地、北美洲落基山、南美洲安第斯山和亚洲喜马拉雅山都开展了不同程度的气象、气候观测。通过实际观测资料的分析，对山地高度与温度关系、山地对降水的影响、山地能量收支等问题进行研究。自1950年以来，在欧洲每两年召开一次高山气象会议，集中交流和讨论山地天气和气候问题，其中近地层大气物理学、流体力学和动力气候学等成为学者们所关注的理论问题。

中国从20世纪30年代开始重视山地气候的研究，发表了不少有关山地气候方面的

文章，如徐近之的“拉萨今年之气候”[11]，朱炳海的“康南地理气候考察报告”[12]，严德一的“横断山脉中之气候蠡测”[13]，程纯枢的“黄土高原及内西北之气候”[14]，吕炯的“西藏高原上各地气压之年变化”[15]和“西藏高原及其四周雨量的分布”[16]等。1949年以后，中国山地气象与气候研究工作紧密结合国家经济建设需要，开展了大量山地农业气象与气候的考察、观测与研究工作，如华南热带作物的霜冻考察，西北黄土高原气候考察，三峡地区山地气候考察，南京地区山地地形小气候观测，武夷山山地气候观测，天山冰川气候与气象观测，秦岭山脉农业气候特征与气候资源研究等[10]。中国在20世纪50~60年代，山地气候研究工作取得了很大的进步，如潘守文“长江上游地区的辐射特征研究”和傅抱璞的“山地气候特征研究”代表了当时的研究水平。但是，这期间在山地气候考察中所使用的仪器和技术装备还十分落后，山地气候的理论工作也显得比较薄弱。

20世纪50年代期间，重点开展了中国东北、西北和西南地区有关国土资源的专题考察与综合研究，调查和汇集了大量有关中国边远山区方面的地质、地貌、气候、土壤、植被、农业、水文等资料。这些工作较好揭示了中国自然地域分异规律，为中国山地资源的合理开发利用奠定了良好的基础，同时为中国山地垂直带谱结构分类及其空间分布规律的深入研究提供了依据。这期间国外重视山地地理现象与规律的总结，1965年英国地理学家贝第编著的《山岳地理》一书反映了当时山地研究工作的水平与特点。

20世纪50年代的中国地理大调查，所使用的手段和方法都比较简单和传统。通过这次调查已经意识到，只靠传统的方法进行考察和描述不能适应国家经济发展的需要。到50年代后期和60年代期间，中国科学院重视山地定位观测试验站研究，野外定点观测与试验站的建立和建设被提上日程，如1959年在新疆巩乃斯河上游的天山建立了积雪雪崩定位观测研究站，60年代初建立了云南东川泥石流观测研究站等。这些工作标志着中国山地研究进入了一个新阶段，为后来众多野外山地观测试验站的建立起到了积极的促进作用。中国山地研究在开始重视野外观测试验研究的同时，注意航空遥感新技术的应用，重视用遥感技术调查山地地理现象及其时空变化特点。

20世纪60年代期间，世界上出现地理学的数学革命，这种变化极大地促进了山地地理定量化研究工作的深入，开始重视将相关分析、判别分析、因子分析与聚类分析等方法引入山地自然与社会问题的研究[17]。这期间，山地作为一种区域，虽然还停留于传统区域学派的理论基础上开展山地资源调查与开发利用的研究上，但是以数字和数学方法为基础的山地定量化研究上了一个新台阶。根据国际地理学和山地研究工作发展形势，当时的中国地学工作者深感需要对我国山地自然地理过程和资源合理开发利用做专门的深入研究。为此，中国科学院于1966年初正式批准在成都建立以山地为主要研究对象的中国科学院地理研究所西南分所，重点开展中国西南山区山地资源的开发利用与保护的研究。在60年代后期，国际地理学会成立了山地地生态学委员会。

五、山地研究的新时期

20世纪70年代山地研究进入了一个新的历史时代，可以说是山地研究提上世界议事日程的时代[18]。这时国际上提出了涉及地球表层复杂系统的多学科综合研究大型项目，如《国际地圈-生物圈计划》，《人与生物圈计划》等。这些项目包含了多种自然要素和社会要求，涉及自然科学和社会科学各有关学科。1973年联合国教科文组织在《人与生物圈计划》中，重视山地生态环境问题的研究，把“人类活动对山地生态系统的影响研究”列为该计划中的一项重大课题加以研究[19]。从此山地研究引起世界各国的重视。国际上不少国家和国际组织的地理、生物、生态、环境等方面的科学家参与了该项目的研究。1974年联合国教科文《人与生物圈计划》组织召开了以安第斯山为重点的山地开发保护会议，会议提出了一个以安第斯山地为基础的山地研究新方向，其内容涉及如下几个方面[18]：①高海拔居民的生物学适应性，人口迁徙的生物社会后果和高海拔可居住环境系统的潜力；②不同山地自然带系统的土地利用问题，特别是热带亚热带山地的农业，地中海气候带的水土保持以及干旱带土地利用潜力与保护等；③大规模工程建设(如开矿、采油、水库、水电站、道路与旅游业等)对山地生态系统的影响；④旅游和娱乐对山地环境的压力；此外，还对山地森林上线生态环境，山地侵蚀与稳定性，山地火灾及其预防以及山地土地承载力等问题进行了研究。1974年12月在慕尼黑召开了山地环境发展会议，会议对世界山地生态环境问题，如人口增加带来山区土地过渡垦殖，森林植被破坏，水土流失加重和山地土地资源损害等进行了讨论与分析。会议呼吁加强各国山地科学家和山地研究机构的国际联系，并强调尽快出版山地研究刊物的必要性。会后发表了《慕尼黑宣言》，指出了世界山地人口增长、森林植被破坏、土壤侵蚀加剧和生态环境恶化等山地环境问题的严重性，号召世界人民要加强保护山地生态环境的意识和加强山地生态环境问题的合作研究。1975年联合国教科文组织在日本东京建立了联合国大学，由该大学组织了具有世界意义的“可更新资源的利用与管理”项目的研究。在该项目中安排了“高地与低地相互作用系统的研究”[18]。该研究把山地的概念扩大为拥有较陡坡地的一切高地，重点对高地资源开发利用途径及其对邻近低地的影响进行了研究。1976年在美国马萨诸塞州坎布里奇市又一次召开了有关山地环境问题的国际讨论会，与会科学家再次强调了加强各国山地研究机构和山地科学家之间开展协作研究的必要性，并发表了《坎布里奇宣言》。1980年8月国际地理学会山地地生态学委员会在日本召开了有关高山生态环境问题的研讨会。同年10月在巴黎由法国国家科学研究中心和美国国家科学基金会联合召开有关高海拔地区环境与人口问题的学术讨论会，会议就高海拔地区环境问题的研究进行了讨论。

随着重视山地研究舆论的高涨和人们对谋求正确利用与保护山地途径需求的提高，在联合国教科文组织和联合国大学的共同赞助下，1980年正式成立了国际山地学会(International Mountain Society，IMS)。该学会的宗旨是“为谋取人类福利和山地环境与资源开发之间的良好平衡而奋斗”[19]。为实现这一宗旨，提出了该会的行动纲领：①组织国际山地研究协作，为合理利用山地资源和保护山区土地和居民作出贡献；②提倡和推动有关山地问题多学科综合性的基础研究和应用研究；③传播和推广能够解决山区土地利用问题的一切科研成果；④在世界范围内推动山地研究中心及有关研究机构的建立。在国际山地学会的推动下和联合国大学的支持下，名为《山地研究与发展》(*Mountain Research and Development*)的国际山地学术刊物于1981年正式创办出版。在联合国教科文组织《人与生物圈》计划的推动下，在尼泊尔加德满都召开了实施《人与生物圈》计划的地区性会议。会议对以兴都库什—喜马拉雅地区为中心的山地综合发展问题进行了讨论，并就在该地区建立山地综合发展中心问题进行了论证。在此基础上，联合国教科文组织的第20次大会上通过了在尼泊尔首都加德满都建立国际山地综合发展中心的决定。这个决定得到了联邦德国、瑞士和尼泊尔政府的积极支持，于1983年12月正式成立国际山地综合发展中心(International Center of Intergrated Mountain Development，ICIMOD)。该“中心”工作涉及的领域有如下三个方面：第一，山地农业系统的研究(包括山地可持续农业，山地农业体制建设，山地妇女作用的发挥，山地农业研究网络)；第二，山地自然资源利用与管理(包括山地自然资源，即土地、水、森林资源的保护与持续利用，山地生物多样性资源的保护，山地草地资源的利用与保护，山地自然灾害的防治)；第三，山地企业与基础设施建设(包括山地企业发展与投资，山地道路、能源和城镇规划建设，山区发展规划与能力建设，山区服务设施建设等)。

20世纪80年代ICIMOD做了大量有关亚洲兴都库什—喜马拉雅地区山地资源开发、利用、保护与山区可持续发展的工作外，其他有关单位在南美洲、非洲和欧洲的某些山地也开展了大量山地研究工作，并就山地开发中的有关问题进行了研究与交流[18]。1981年9月在瑞士的伯尔尼和里德拉尔召开了山地生态系统稳定性与不稳定性学术讨论会。会议就山地生态系统的稳定性与不稳定性指标，山地系统不稳定性评价方法，山地环境恶化与资源减少的自然过程和人为过程之间的相互作用等问题进行了研讨，提出了评价山地生态系统稳定性与不稳定性方法的框架性意见。1982年9月在法国拉朗斯的加巴斯山地生态中心召开了国际山地和高海拔地区生态学与生物地理学讨论会。同年12月在美国纽约州新波尔茨的莫杭克山庄召开了世界山地可更新资源学术研讨会。这是国际山地学会成立以来第一次邀请有关从事山地研究科学家讨论山地研究与发展问题。会议全面评价了当时世界山地开发问题，对过去十年在宣传山地环境保护与发展所取得的进展进行了评价，对今后山地开发中的行动策略以及如何把现有知识用于山地开发策略的制定等问题进行了讨论。通过会议的交流与讨论，形成了如下六点决议：①凡是有关山地改造计划的制订及其实施都应有当地山地居民的参与；②继续加强和扩大山地基础研究和应用研究，不断加深对山地现代过程以及山地与人之间相互关系的认识；③要用高地—低地相互作用的关系来考虑山地开发利用问题；④加强山地环境变化的监测和资料的积累；⑤加强山地土地保护措施的研究，并把土地保护好坏作为评价山地环境稳定性的一个重要指标；⑥通过科学研究和综合途径了解山地环境与人的关系。

20世纪70～80年代，联合国组织和其他发展中国家的有关组织在山地研究方面做了较多较系统的综合性研究，这些研究主要集中在欧洲、南美洲、非洲和亚洲的一些山地。

欧洲的阿尔卑斯山山地开发研究的历史比较长。自20世纪50年代以来，就有不少学者在该山地区域内的上古尔格尔村开展研究，其研究内容可以概括为如下方面[20]：①村民社会学(包括土地权、人口迁出和营业机会等)；②村民与旅游者对环境质量的观感；③基本生态条件制图，特别需表示滑雪与土壤侵蚀；④牧场与高山草地初级产量及其与野生动物和家畜放牧的关系；⑤旅游潜在要求与交通系统变迁的可能性及欧洲公众的态度；⑥发展设想及其优先项目的“政策分析”；⑦实验生态学研究包括牧场管理，践踏及基建对草地的影响；⑧农村就业结构，资本积累形式及旅游建设价值问题的经济学分析。1974年参与工作的学者与国际系统分析研究协会联合举行会议，提出了一个被联合国教科文组织视为典范的上古尔格尔模型。该模型的基本组成部分包括四个方面：①旅游需求；②人口与经济发展；③农耕与生态的变化；④土地利用的发展与控制。该模型反映了各个因素的相互作用和反馈机制，可以用来预测未来发展前景，是人—地生态系统分析应用于山地区域综合治理与发展的一种好方法。某种意义说也是一个山地系统综合研究的初步理论或假设。

在联合国教科文组织支持下，南美安第斯山区的山地开发与研究也卓有成效，提出了一些计算机模型用以探讨人类与山地环境的适应性以及缓冲环境压力的可能性，其中人口资源关系的系统分析模型为山地开发与研究提供了新思路[20]。另外，把家庭作为系统中的基本单元，对中安第斯高原典型牧人家庭一年中生产活动的分化及物质—能量的生产与消耗及其与环境适应性问题作了较深入的研究，该成果有一定的推广意义。

非洲山地开发与研究主要集中于埃塞俄比亚锡门山区。自 20 世纪 70 年代以来，这个山区人口快速增长、广泛开垦、旅游无控制地发展，带来大量生态环境问题，这些与自然保护事业发生了冲突。在世界野生动物基金会、世界遗产委员会等组织的支持下，对该山区的开发与保护进行了综合考察与研究，提出一个概验性的山地生态系统模型[20]。此模型基本原理可用于其他山区的开发研究。

亚洲喜马拉雅山区的山地环境问题是最受世界关注的山地区域。自 20 世纪 70 年代初以来，欧洲各国及日本等国的地学、生物学、社会学和人类学方面的许多学者到此开展过考察与研究。在《国际山地综合发展中心》的组织与支持下，对该地区山地开发与保护的综合研究方面做了大量的工作，提出了卡尔纳利生态经济系统简化模型和喜马拉雅与恒河平原生态系统人为侵蚀亚系统模型。

上述四大洲典型山区的研究成果表明，20 世纪 70～80 年代期间国际上对山地的研究强调了山地系统中人—地关系的综合研究，运用地生态系统或人—地环境模型与系统分析方法，寻求协调和优化人—地关系的对策，尽管这些模型还不能全面地进行定量研究，但是可为当地政府提供决策的依据。

20 世纪 70 年代到 80 年代初，中国山地研究表现为两个特点：①继续开展以青藏高原为主的高原山地综合考察；②开展山地问题的专题深入研究，提出建立山地学科的必要性，并对该学科研究对象、理论和方法开展了讨论。

青藏高原是全球独特的地域单元，素有“世界屋脊”及“地球第三极”之称。自 20 世纪 50 年代以来，国家曾多次组织对青藏高原进行环境、资源以及地学、生物学领域的科学考察研究。1973 年国家组建中国科学院青藏高原综合考察队，在 70 年代期间，对西藏自治区进行综合考察，到 80 年代接着对横断山地区、南迦巴瓦峰地区、喀喇昆仑山—昆仑山地区和可可西里地区进行了大规模的综合考察。通过近 20 年的综合考察，完成了青藏高原 1∶100 万航测地形图的测绘编制，1∶100 万地质图以及部分大比例尺地质图和重点矿区地质图的测绘，西藏全区土壤、土地评价、土地利用及草场资源调查，青海省农业自然资源调查和农业区划研究，西藏“一江两河”流域中部地区开发研究，新疆和田地区的草地资源考察，新疆阿尔金山及毗邻地区的科学考察，四川西部山区和贡嘎山考察，甘肃西部祁连山和阿尔金山的草场考察。

20 世纪 70 年代以来的青藏高原考察，不再是停留于自然现象的一般性描述，而十分重视高原系统演化动态机制的探索和区域资源开发与国土整治规划的实际应用研究。在研究方法和手段上，采用传统的野外路线考察与遥感遥测相结合的定位、半定位野外观测与室内实验分析相结合。通过这期间大规模的科学考察研究，对青藏高原的地质历史、地壳结构、环境变迁、大气环流、生物区系形成、自然地域分异以及资源开发利用等方面积累了大量宝贵资料，取得了重大成果和显著进展，为青藏高原隆起及其对自然环境和人类活动影响的深入研究奠定了坚实的基础，为高原区域资源环境的合理利用和持续发展提供了可靠的依据[21]。

青藏高原周边为高大陡峻的山系，山地-高原系统垂直自然带结构非常复杂，山地的特征表现得十分典型和完整，在全世界都是绝无仅有的，因此这里是开展山地环境研究的最理想场所。20世纪70年代以来的研究取得了重大的进展。在山地垂直带结构的研究中强调山地所属基带对垂直带谱的性质有重要影响，认为基带能反映所处带谱的湿度和水分条件的组合，它既可与毗邻自然区垂直带谱相比较，又能体现高原自然地带的特点。按照垂直自然带谱的基带、结构组合、优势垂直带以及湿度、水分条件等特点，将青藏高原各山系的垂直自然带划分为季风性和大陆性两类性质迥异的带谱系统，其下按湿度、水分状况及带谱特征进一步分出不同的结构类型组。该研究改变了前人按地域名称命名的传统做法，将具有相应地带为基带的垂直带谱结构类型组冠以“高寒”两字命名，以示其具有的特色，未冠以“高寒”的结构类型组则分别以山地森林带、山地草原带和山地荒漠带为基带。此外，还按水分状况来划分相应的结构类型组，如以山地荒漠为基带的划入干旱和极干旱结构类型组，以山地草原为基带的划归半干旱结构类型组，而半湿润结构类型组则由不同的山地森林分带为基带。据此，郑度等人提出青藏高原垂直自然带结构类型和分布模式[21]。这代表了当今对复杂山地-高原系统垂直自然带结构研究的最高水平，也是对山地环境研究的进一步深化。

20世纪70年代以来中国山地研究除开展多学科青藏高原综合考察外，还在专门的山地研究机构——中国科学院西南地理研究所开展了有关山地问题的深入研究。该所自20世纪60年代中期成立以来，围绕山地资源开发利用，环境保护和灾害防治，为中国山区特别是西南山区国民经济建设和社会发展做出了重大贡献。在该所成立初期和70年代早期，紧密结合西南铁路、公路和水电工程建设，开展了以泥石流、滑坡为主的山地灾害调查与防治研究。70年代后期在继续加强山区泥石流、滑坡研究的同时，成立山地地理研究室。重点开展了横断山系地理研究，对横断山区新构造和贡嘎山地区自然地理进行了综合考察研究。1983年该所申请获准主办出版《山地研究》杂志，该刊物的正式出版标志着中国山地研究进入了一个新的时期，同时也表明中国政府对山地研究的重视。另外，该所还主办出版《山地世界》内部发行刊物，及时地宣传和报导国内外山地研究的动态和进展。在80年代中期，该所的研究方向进一步作了调整，突出以山地灾害、山地环境和山地开发利用为主攻方向，并大力加强山地遥感应用与地图的研究。这期间贵州省成立了山地资源研究所。但是当时的中国科学院成都山地灾害与环境研究所是唯一立足西南面向全国的以山地为研究对象的山地综合研究机构。由于国家的重视和支持，该所的山地灾害和山地环境研究得到了快速的发展。山地灾害研究从70年代初的一般性野外定性考察到80年代发展为半定位、定位观测与室内分析实验的定量研究。建立了全国一流水平的东川泥石流观测研究站和建成世界上规模最大的泥石流动力学模拟实验室。通过多年泥石流和滑坡的野外考察、定位观测和室内实验分析，查明了中国泥石流、滑坡分布规律、活动特点、危害状况和发展趋势，并对其形成机理、运动规律、力学性质等有了较深刻的认识，在泥石流、滑坡防治理论与实践上取得了显著成绩。到80年代后期，该所以泥石流、滑坡为主的山地灾害研究在国内处于领先和优势地位。在山地环境研究方面紧密结合三峡水电工程建设，长江上游林业生态工程建设和四川盆地退化生态环境的恢复与重建等国家重大任务，做出了一批具有国内领先和国际先进水平的成果。到 80 年代后期着手规划盐亭紫色土农业生态观测试验站和贡嘎山高山生态观测试验站的建设，把山地环境研究推向宏观与微观结合、定性与定量结合、理论与实践结合的新阶段。在这期间由肖克非主编的《中国山区经济学》正式出版[22]。该书紧密结合中国山区经济发展的需要，对山区经济学研究对象、理论和山区资源开发、经济发展及规划建设等问题进行了较系统的分析与论述。可见，在 80 年代期间，中国山地研究的现状与这期间国际上加强山地研究的形势相吻合。

20 世纪 80 年代中期，中国出现了建立山地学必要性的讨论，这标志着山地理论形成与发展新时期的到来。丁锡祉和郑远昌于 1986 年 9 月在《山地研究》上发表了“初论山地学”一文[23]，这是继 80 年代国际上首次出现“Montology”（山地学）一词以来，在中国第一次提出“山地学”。该文提出山地学是一门综合性的边缘学科，它包括某些自然科学的分支和某些社会科学分支在内的、以山地为研究对象的一个学科群，并把山地学研究内容概括为：山地学基础理论，山地综合开发，山地生态环境演变、山地灾害及其防治，山区经济发展和山区人口等。提出山地学基础理论是山地的形成、演化以及山地垂直带。山地学作为一门综合性学科，由三大分支学科组成，即普通山地学、专门山地学和应用山地学。每一分支学科下又可分为若干次一级分支学科。

六、山地研究的新发展

进入 20 世纪 90 年代，山地研究和山地工作出现了有史以来的最好形势，山地学理论形成与发展进入了一个新时代。

1992 年在巴西首都里约热内卢召开了有世界多国首脑参加的全球环境与发展大会，大会形成了重大决议：《21 世纪议程》。该议程有专门论述山地环境与发展的内容，其中的第 13 章为“脆弱生态系统的管理——山地可持续发展”[24]，把山地可持续发展提到全球环境问题的高度上加以重视。该章涉及的目标内容包括两大方面：第一，促进和加强人们对实现山地生态系统持续发展重要性的认识；第二，开展山区流域的综合开发，促进山区人们的生活水平和生态环境质量的提高[24]。自 1992 年巴西环境与发展大会以后，世界上许多国际组织，如联合国教科文组织、世界银行、国际农业研究咨询小组、国际科学联合委员会、国际生物科学联合会、国际地圈生物圈计划——全球变化和陆地生态系统核心计划等都加强了对山地可持续发展的投入和开展了有关的活动。在联合国粮农组织的支持下，在世界范围内开展了多次有关山地可持续发展地区政府间的协商会议。国际地圈生物圈计划已经启动了“全球变化对山地水文和生态影响”课题的研究。世界上有不少从事山地研究的地区性研究机构，在近来增加了有关山地环境问题和山区经济发展的研究活动，这些机构包括国际山地综合发展中心，安第斯山可持续发展合作研究以及阿尔卑斯条约有关的研究机构。1996 年在欧洲召开了有 33 个国家参加的欧洲山地可持续发展协商会议，对山地可持续发展有关的培训、监测、评估和通讯等问题进行了讨论。欧共体 1994～1998 年环境与气候计划，把山地生态系统作为全球特殊的重要生态系统加以重视，从资金上支持这方面工作的研究。1997 年就指标和监测网络及信息系统建设等问题进行了讨论，同时对与全球变化有关的山地原始资料的收集与编目、山地环境和社会系统相互作用过程、全球变化和山地人居环境等问题作了交流与研讨。目前，国际上重视山地环境和社会系统相互作用过程的研究，其研究内容包括如下四个方面：①山地生态系统的C，N循环。通过该内容的研究可以深入了解全球变化对山地生态系统的影响和山地生态系统对全球变化的响应；②山地生物多样性及其保护。重点研究山地自然生物多样性和人工培育生物多样性与环境变化的关系，并通过保护区的建设与管理保护山地生物的多样性；③山地景观的缓慢变化与快速变化。重点开展山地坡面物质运动、形态变化与环境变化关系的研究，包括崩塌、滑坡、泥石流突发性事件发生的频率、坡面土壤侵蚀速率等与环境变化关系的研究；④山地气候的波动与极端事件。研究全球变化影响下，山地局地气候的变化以及暴雨、山洪、雪暴等极端事件的发生规律，为山区灾害的减轻和防治提供依据。

此外，国际上已开展有关山地全球变化监测网络的建设规划工作。参与网络监测的内容有如下四个方面：①冰川和冻土的动态变化；②气候变化对高海拔山地植被的影响；③高海拔山地湖泊生态系统的变化；④山地地貌过程的动态与速率以及山地景观变化信息。

20世纪90年代中期出版的《山地环境》(*Mountain Environments*)一书，对70年代以来世界各国对山地自然地理过程方面的研究成果进行了系统的、逻辑的总结，并在山地的定义、山地的特征与独特性、山地地生态、山地的风化与块体运动、山地水文与河流过程、坡地形态与演变和山地时空系统整合等方面提出了许多新的见解，是当今山地环境研究较为系统的论著。

关心山地问题的非政府组织积极寻求承担《21世纪议程》第13章所提出的有关任务。一个非政府组织的山地世界专家会议于1995年2月在利马召开。此后成立了国际山地论坛。该论坛为一个分散的机构，对山地可持续发展有兴趣的组织、研究机构和个人均可参加。参加论坛的成员可通过电子邮件评议会和讨论会的形式及时地反映和了解各有关地区山地可持续发展中的重大事件与问题，起到及时交流与促进的作用。1998年8月28日国际山地论坛公布了联合国经济和社会委员会发布的一个文件。该文件的内容是联合国秘书长安南关于宣布“国际山地年”的报告[25]。

以联合国秘书长名义宣布“国际山地年”表明，山地可持续发展将是21世纪全球环境与发展的一项重大事件。

该报告中提到，自1992年《21世纪议程》第13章关于加强山地可持续发展要求公布以来，受到世界各国政府和非政府组织的热烈欢迎和积极支持。为做好山地可持续发展的工作，需要开展多学科的交叉研究，进一步推进和协调全球气候变化、生物多样性、荒漠化和人与生物圈等项目的国际公约和协议的执行；目前关于全球山地可持续发展的数据太少，而且有关数据的可靠性、科学性较差，为此需要加强这方面的工作，特别是要做好国际合作，解决方法的标准化，建立数据库。围绕《21世纪议程》第13章提出的目标与要求，需要在区域和全球水平上制定大家共同遵守的准则，把山地可持续发展的目标纳入各自国家社会经济发展战略和实施计划之中。尽管现在已经意识到山地在全球环境保护中的重要性，但是要真正实现21世纪山地可持续发展，任务十分艰巨，有大量的工作需要做，宣布“国际山地年”为该目标的实现将起到积极的推动作用。

在20世纪90年代世界山地工作受到极大重视的新形势下，中国山区发展工作也进入了一个新的阶段，国家进一步加大对中国贫困山区脱贫的支持。江泽民总书记于1997年8月5日作出要再造山清水秀的西北地区指示。1998年11月国务院正式批准印发《全国生态环境建设规划》，把大力开展植树种草，治理水土流失，防治荒漠化，建设生态农业，建设祖国秀美山川，作为中国现代化建设事业全面推向21世纪的重大战略部署。规划中指出，全面实施这项跨世纪的宏伟工程，既是中华民族发展史上的伟大壮举，也是履行有关国际公约的实际行动和对世界文明做出的重要贡献。此外，国内各有关部门单位和学术团体，也都采取不同形式开展了有关加强山地生态环境建设与山区发展的任务。中国科学院、建设部山地城镇与区域研究中心和重庆建筑工程学院共同主办于1992年10月在重庆召开了全国首届山地城镇规划与建设学术讨论会，会议就中国山区经济发展和山地城镇建设的有关问题进行了交流，为开创山地城镇规划与建设新局面起到了积极的推动作用。中国地理学会山地研究会于1994年在山西太原召开了中国山区发展战略研讨会，为进一步推进中国山地资源开发和山区可持续发展进行了积极的研讨。中国地理学会山地研究会于1996年在成都又召开了中国山地资源开发与可持续发展学术会议，对中国山地资源开发中的问题进行了分析；对今后中国山地开发战略、对策、理论与技术作了探讨；会议呼吁要加强山地的综合开发利用与保护的研究，要改变过去各部门、各单位和各学科与专业在山地开发与保护工作中互不联系，各行其道的独立分散的做法；与会者认为，为使山地综合开发利用与保护工作沿着正确轨道健康发展，实现山地持续发展，需要有科学的理论作指导，因此开展山地系统和山地学科理论的深入研究，显得十分必要。

1994年由华中师范大学地理系徐樵利、谭传凤负责出版的《山地地理系统综论》是在山地研究新形势下出现的一部系统研究山地的综合性地理著作[9]。它以山地区域作为一个人－地关系的综合体，利用现代科学理论和方法进行集成分析，对山地垂直带结构分类、土地分类与分区、山地地理系统应用性分类与分区、自然资源分类、山地生产力空间布局、山地系统优化设计原理、山地与平原地理系统相互作用以及山地地理系统模型等理论与方法论问题作了系统的探讨。同时还对山地自然资源开发和环境整治，山地空间开发战略，山地系统优化设计等一系列重大实践问题进行了系统论述。它既是一部系统研究山地理论与方法论的著作，又是一部坚持生态学方向理论联系实际的好书，对推动山地地理系统研究的深化和山地学理论建设产生了一定的影响。

1996年5月丁锡祉和郑远昌在《山地研究》提出“再论山地学”一文。该文把山地定义为“有一定海拔、相对高度及坡度的自然－人文综合体”，并对山地基本特征作了深入的剖析[26]。在此基础上提出要加强山地学基础理论的研究。文章指出，当前至关重要的是抓住山地资源开发利用和山地环境退化机理及退化环境的重建等前沿课题，提出对全面认识山地的形成和演变趋势，正确处理人－山关系，重视研究山地垂直带谱的结构功能，整体关注山地河流的“下游效应”等问题，提出要用辩证唯物主义观点加以重视和研究，以完善和发展山地学。1996年11月余大富在《山地研究》发表“发展山地学之我见”[27]。文章指出，有关山地学诞生的文章发表已整10年，可是至今没有真正出现一门具有明确研究对象、内容、方法及系统知识或理论体系与独立使用功效和学术价值的山地学及其著作，甚至未引起应有的反应和必要的讨论。一个重要因素是有关山地学定义及其科学属性和学科地位等基本概念不明确，以致在理论和实践上都缺乏明确的发展方向或目标。该文认为，山地学不能等同山地科学，山地学应当作为山地科学体系的一个组成部分，其科学属性概括为如下三个方面：①是以地理学为第一母体的多母体学科；②是自然科学与社会—经济学的边缘交叉学科；③是一门抽象原理与具体方法相结合的通用理论学科。文章把山地学定位在山地科学体系的层次维知识体系的基础层次上，即相当于普通山地学或山地学通论。对山地学研究内容概括为如下五个方向：①山地的本质属性；②山地形态结构分类及其对物质、能量运动的影响；③山地环境与生态系统的结构、空间分布和动态学规律性；④山地资源与环境人文价值；⑤山地研究方法论。1998年2月余大富在《山地研究》发表“发展山地学之我见”的基础上又发表了“山地学的研究对象和内容浅议”的文章[28]。文章建议将山地学的研究对象定为以地域自然-人文综合体存在的山地系统即山地人-地系统，并对山地学的研究内容提出了自己的看法：①山地学的理论体系，即山地系统及其分系统的结构，功能与演变知识、理论的科学组合；②山地系统的属性；③山地系统的结构、功能及其演变与人类活动关系。文章把山地系统分解为山地环境系统、山地生态系统、山地资源(开发)系统、山地人-地系统，对每个分系统均以结构、功能、演变为理论主线，按各分系统的地位和作用，研究内容有所侧重和取舍。在该期的《山地研究》中，发表了艾南山“也谈山地学”的文章[29]。他认为，20世纪下半叶，是科学综合的时代。在下一世纪，山地研究出现像地理科学一样的综合的山地科学体系，或是一个大口袋的大山地学，都不是没有可能的。但山地研究要形成一门学科，需要就其对象——山地系统的特性进行理论研究，揭示这个系统组成要素之间特殊的非线性的耦合作用。文章认为，通过非线性系统理论基础建立起来的关于可持续发展的数学模型，可在协调山地系统的人-地关系矛盾，实现山地可持续发展中发挥作用。

1998年5月钟祥浩在《山地研究》上发表了“山地研究的一个新方向——山地环境学”的文章[30]。文中强调应加强山地自然环境系统特征、发生和发展规律对山地社会经济环境系统的影响研究，山地社会经济环境系统建设对山地自然环境系统的反作用及其对策的研究，并提出山地环境建设的内容为：山地环境退化与重建、山地农业环境建设、山地城镇环境建设和山地专项环境(旅游、矿山、重大建设工程等)建设。

第二节　山地研究历史进程评述

纵观国内外山地研究历史，山地研究发展历史有如下特点：

第一，在很长的历史时期内，人类对山地的研究停留于山地表面现象的一般性描述与记录，而且这种描述和记录比较零散。随着人类社会历史的进步逐步开展了对山地的探险、考察和旅行等活动，进而扩展了人类对山地的了解和认识。以探险记、考察记和旅行记为形式的记事性文献逐渐增多，对山峰形态、景象、地表植物、动物和山区人文习俗等做了比较详细的记述，同时对某些特殊的山地现象的成因进行了评述，这些工作还谈不上是对山地的研究，而且与人类利用山地资源的生产实践活动的结合不紧密，但是这些为后来人类开发利用山地积累了非常宝贵的知识。

第二，随着人类生产活动空间的扩展，作为资源宝库的山地逐渐为人们所重视，直接与人类生产和生活有密切关系的山地气象与气候，山地动植物、山地地质与地貌以及山地其他自然现象逐渐引起人们的关注，有目的有计划的山地专题考察与观测研究逐步得到开展，有关山地各自然要素的系统性研究书籍与文献逐渐增多，其中有关山地气象与气候的考察、观测与研究发展得最快，第一部有关山地科学的专著《山地气象学》于1887年问世。尔后，冠以“山地”两字的新学科逐渐增多，一个以山地为客体研究对象的山地科学得到了发展。

第三，20世纪70年代以来，山地开发与研究工作进入了一个新的时期，也是山地研究工作发展最快的时期。这期间坚持生态学方向理论的山地研究得到极大的重视，运用生态学观点来研究山地生态环境与人类社会经济发展之间的关系和采用生态学原理评价山地自然资源开发与保护等方面的文章、著作大量涌现。与此同时，地理科学工作者重视山地环境与生态系统的研究，并提出地生态学的思想。该思想强调在研究环境与生物之间的作用时，要把更多的注意力放在生物与物理环境乃至外界干扰的相互作用上，重视山地生态系统物质、能量的循环过程和由这种循环形成的空间(景观)结构及其演变。到了80年代，国际上成立了国际山地学会，并创办出版《山地研究与发展》学术刊物，山地学一词的英文名字“Monotology”出现。中国地理学会成立了山地研究分会，并创办了《山地研究》专刊。从1986年始，开展了建立山地学科的讨论，从地理学角度研究山地的工作得到了极大的发展，山地学作为一门学科被正式提出来。

第四，虽然国际上提出“山地学”(Monotology)一词，但是有关山地学研究对象、理论体系和方法论等问题的讨论文章尚未见到。中国自1996年提出《初论山地学》的文章以来，有约十年的时间，未见有关山地学方面的讨论文章。山地是一个复杂的开放的巨系统，包含着自然、人文、社会经济等各个方面。从山地开发与研究工作的发展历史表明，气象学、气候学、地理学、地质学、生物学、农学、生态学、经济学、人类社会学、人类生态学、灾害学等多种学科都参与了山地的研究工作，后来各学科前面都冠以“山地”两字，出现了以山地为客体对象的山地科学体系。在20世纪50～60年代前，这些学科都从本学科的特点出发从事与本学科有关的山地问题的研究，虽然也解决了一些山地开发中的问题和在本学科的理论上取得了一定的进展，但是没有也不可能在山地综合研究上取得突破性进展。因此，建立加强山地综合研究的山地学理论体系显得十分必要。国际上提出山地学一词标志着山地研究新形势的到来。中国开展了建立山地学的讨论，尽管存在着山地学和山地科学及其研究对象的理论体系的不同看法，但其本意都是强调必须把山地作为一种特殊的地域开展综合的研究。

第五，山地学能否成为一门学科，这是当前山地科学工作者关心的重要问题。它的研究对象、学科地位、理论体系和方法论已经引起有关山地科学工作者的关注，并开展了一些讨论。从这些为数不多的讨论文章中可以看出，对山地学研究对象的论述基本上是围绕人-地系统为核心的山地地域系统的研究，从系统的高度上研究山地，这样就把与山地有关的学科纳入统一的大系统中，从事与大系统总目标有关的研究。这种研究就使得不同学科有了共同的语言和协作的基础。系统研究的突出形式是模型。20世纪70～80年代期间在阿尔卑斯山、安第斯山、喜马拉雅山和非洲典型山区的研究，从系统、综合的研究上取得了可喜的进展，都分别建立了相应的可推进山地可持续发展的模型。这些模型的提出，既有系统过程分析的机理根据，也有来自经验的假设。当代理论地理学的理论指出，建立模式(型)是宽义理论地理学有前途的前沿，基于这一理论层次的地理学可称之为“模式地理学”，山地学就属于这种“模式地理学”的范畴[31]。按此理论，可以把山地学从地理学中独立出来。基于地球表层特殊地域系统——山地地域系统研究得出的模型，主要适用于山地区域，亦即这种模型没有普遍意义。可见，山地学作为一门独立的学科，不但有其不同于地理学和其他有关学科的明确的研究对象，而且有其自身的方法论和确定的应用目的。

第六，从山地学研究对象的讨论中可以看出山地学具有明显的“多学科性”，要对山地学的这一性质给予正确的理解。发生于山地的多种自然和社会经济过程牵涉到多种学科，如坡面侵蚀过程、机理，是地貌学研究问题，是山地地貌学研究的内容；山地焚风效应机理，是山地气候学研究的内容。但是，坡面侵蚀过程对人类社会经济系统带来的正负效应，山地焚风效应对人类社会发展的影响，则不是山地地貌学和山地气候学的主要研究对象，或仅靠这种学科难于解决山区社会经济发展的复杂性问题。把山地坡面侵蚀过程和山地焚风效应对人类社会经济系统的影响和人类社会经济活动对坡面侵蚀和山地焚风效应的反馈作用联系起来，这就不再是山地地貌学和山地气候学主要研究内容，而应是山地学研究的范畴，是作为山地地域系统的组成部分。从山地学角度研究山地地域系统结构、功能及其优化模型的设计，必须考虑山地各种自然与社会经济过程与人类社会经济系统的相互作用关系，同时也需要对山地坡面侵蚀过程和山地焚风效应变化规律的了解(运用山地地貌学和山地气候学研究成果和知识)。对于后者来说，就不难理解山地学研究对象具有“多学科性”这一特点。然而，这种“多学科性”被纳入了山地地域系统结构、功能、动态与优化研究的总目标之中。山地研究发展到今天，需要有一门学科把过去分散、孤立地研究山地的众多学科综合在一起，为了一个共同目标，进行综合的研究，这种学科我们称之为山地学或称山地综合学科。

山地不论在过去、现在和将来都与人类社会经济生活和人类文明进步息息相关。只是由于山地地形复杂、山高坡陡、交通不便，远离人类经济活动中心，因而对山地的系统研究相对于其他地域类型显得相对薄弱。随着社会生产力的迅速发展和山区开发利用进程的加快，以及具有全球意义的山地资源对21世纪人类文明进步影响程度的加大，山地系统理论与实践相结合的深入研究，必将引起世人的重视，一门新的学科——山地学必将得到快速健康的发展。

参考文献

[1] 翟忠义. 中国地理学家 [M]. 济南：山东教育出版社，1989.

[2] 郦道元(北魏). 水经注.

[3] 沈括(宋). 梦溪笔谈. 卷24.

[4] Roger G B. Mountain weather and climate. Printed in the United States of America，1981.

[5] Lee J S. Geology of gorge district of Yangtze from Ichang to Tzekuei with reference to the development of gorges. Bull. Geol. Soc. of China，1925，3.

[6] 叶良辅，等. 扬子江流域巫山以下地质构造及地文史 [J]. 地质汇报，1925，7.

[7] 沈玉昌. 扬子江上游河谷之成因 [M]. 中国地质学会会志，1934，14.

[8] 沈玉昌，龚国元.河流地貌学概念［M].北京：科学出版社，1986.
[9] 徐樵利，谭传凤，等.山地地理系统综论［M].南京：华中师范大学出版社，1994.
[10] 潘守文.略论中国山地气候研究工作的进展.山地气候文集，北京：气象出版社，1984.
[11] 徐近之.拉萨今年之气候［J].气象杂志，1935，11.
[12] 朱炳海.康南地理气象考察报告［J].地理学报，1940，7.
[13] 严德一.横断山脉中之气候蠡测［J].气象学报，1942，16.
[14] 程纯枢.黄土高原及内西北之气候［J].地理学报，1943，10.
[15] 吕炯.西藏高原上各地气压之年变化［J].气象学报，1943，17.
[16] 吕炯.西藏高原及其四周雨量的分布［J].地球物理学报，1949，1.
[17] 自然科学学科发展战略调研报告［M].地理科学.北京：科学出版社，1991.
[18] Jao D I，Messerli B. Progress in theoretical and applied mountain research，1973～1989，and major future needs. Mountain Research and Development，1990，10(2)：101～127.
[19] 孙鸿烈.国际山地学会［J].山地研究，1983，1(1)：60～61.
[20] 张荣祖.国际山地综合研究的进展［J].山地研究，1983，1(1)：48～58.
[21] 孙鸿烈.青藏高原的形成与演化［M].上海：上海科学技术出版社，1994.
[22] 肖克非.中国山区经济学［M].北京：大地出版社，1988.
[23] 丁锡祉，郑远昌.初论山地学［J].山地研究，1986，4(3)：1～185.
[24] UNCED(United Nation Conference on Environment and Development)，Agenda 21，Chapter 13.
[25] Elizabeth B，Jason E. Mountain Forum Moderators，Mountain forum global information server node，The Mountain Institute. 28. Aug. 1998.
[26] 丁锡祉，郑远昌.再论山地学［J].山地研究，1996，14(2)：83～88.
[27] 余大富.山地学的研究对象和内容浅议［J].山地研究，1998，16(1)：69～72.
[28] 余大富.发展山地学之我见［J].山地研究，1996，14(4)：285～289.
[29] 艾南山.也谈山地学［J].山地研究，1998，16(1)：1～2.
[30] 钟祥浩.山地研究的一个新方向——山地环境学［J].山地研究，1998，16(2)：81～84.
[31] 王铮，丁金宏，等.理论地理学概论［M].北京：科学出版社，1994，1～223.

第二章　近 30 年来中国山地研究进展与展望①

第一节　《山地学报》(原《山地研究》)创刊的时代背景

1970 年代国内外山地研究进入了一个新的时期。这时国际上提出了涉及地球表层系统的多学科综合研究大型项目，如《人与生物圈计划》、《国际地圈－生物圈计划》等，其中《人与生物圈计划》中把“人类活动对山地生态系统影响研究”列为该计划中的一个重大项目加以研究[1]。这标志着山地研究进入了一个新的时代。从此坚持生态学方向、理论的山地研究得到了极大重视，运用生态学观点来研究山地生态环境与人类社会经济协调发展之间的关系和采用生态学原理评价山地自然资源开发与保护等方面的论文、著作大量涌现。与此同时，地学工作者重视环境与生态之间关系的研究，开始把更多的注意力放在生物与物理环境乃至外界干扰的相互作用上，重视山地生态系统物质、能量的循环过程和由这些过程形成的空间(景观)结构及其演变的研究[2]。随着重视山地研究舆论的高涨和人们对谋求正确利用与保护山地途径需求的提高，于 1980 年正式成立了国际山地学会(International Mountain Society，IMS)，在该学会的推动下，名为《山地研究与发展》(*Mountain Research and Development*)的国际山地学术刊物于 1981 年正式创刊。同年，在瑞士召开了山地生态系统稳定性国际学术讨论会；1982 年分别在德国和美国召开了山地生态与山地资源开发保护方面的国际学术会议。1983 年在尼泊尔首都加德满都正式成立国际山地综合发展中心(International Center of Intergrated Mountain Development，ICIMOD)。在国际山地研究出现大好形势的同时，我国山地研究也进人了新的发展时期。20 世纪 70 年代期间尽管有“文化大革命”的干扰，标志我国乃至世界高原山地研究最高水平的《青藏高原综合科学考察》进入了全面启动的阶段，对高原地质发展历史及其上升原因，高原隆起对自然环境和人类活动的影响，自然条件与自然资源特点及其利用改造的方向和途径进行了系统综合的考察与研究。这期间，由国家实施国防与经济建设向西部战略转移带来大量环境破坏和山地灾害问题，给山地科学工作者提出了严峻的挑战。以山地为研究对象的中国科学院西南地理研究所及时地调整了研究方向，加大了以滑坡、泥石流为主的山地灾害和山区资源调查与区划的研究。为适应国际山地研究发展的形势和国内山区经济建设发展的需要，在中国地理学会的支持下，我国第一个以山地为研究对象的刊物——《山地研究》于 1983 年正式创刊出版(1999 年改名为《山地学报》)。该刊物的创刊出版，标志着我国山地研究进人了一个新的时期，是时

---

① 本章作者钟祥浩，在 2000 年文章基础上作了较多的补充和修改。

代发展的需要。

30 年来，遵循办刊方针与宗旨及时地报道了我国山地研究方面的成果，为推动我国山地事业和山地科学的发展作出了重要贡献。在此期间，相继发表了大量有关山地研究方面的论文，这些研究成果基本上反映了我国 30 年来山地研究现状、水平和发展趋势。本文对该刊及国内相关刊物 30 年来在山地资源、山地环境、山地生态系统、山地自然灾害形成、预测与防治、山区开发与山地城市建设、山地与气候变化、山地学科理论与方法等领域代表性论文及国内相关著作主要内容和观点作了概略的总结。由于篇幅所限，难免挂一漏万和顾此失彼。在总结基础上，提出今后应加强研究的领域为：山地资源综合研究，山地地域系统与山地学科的发展，全球变化与全球化格局下的山地环境以及山地可持续发展与安全性研究。

第二节　山地综合性研究概述

一、山地资源研究

30 年来我国山地资源的研究比较多地研究了山地可再生自然资源中的土地、气候、水、植物等及山地不可再生自然资源中的土壤和旅游资源等的特点、潜力及开发规划与可持续利用对策等。现就这些方面研究情况简述如下。

在山地土地资源的研究中，多集中于贫困山区土地资源特点、类型及开发利用途径与对策的研究，重视山地垂直分异规律与土地类型特点及其优化开发利用的研究。山地土地类型是地质、地貌、气候、水文、土壤、植被等山地自然地理要素以及过去和现在人类经济活动综合作用的产物。山地土地类型除具有多样性、复杂性特点外，还拥有结构、格局序列性明显的特点。因此，在山地土地资源开发利用的研究中，着眼于特定的土地类型，并依据土地适宜性及其结构、格局特征进行土地生态设计和结构优化等方面的研究工作做得比较多[3-9]。刘彦随对陕西秦岭山地土地类型分异特点与规律，土地空间结构与数量结构，土地类型质量评价指标体系与评价模式和土地利用优化配置等进行了较深入系统的研究[10]。他根据土地类型结构、格局的空间层次性，结构多级性和功能多元性，提出不同时空尺度下山地土地利用配置的模式及其优化利用方案。李万在分析我国山地高度景观带特点的基础上，提出合理开发利用山地土地资源的意见。他认为分高度景观带统计坡度等级是合理开发利用山地资源的重要基础工作[11]。徐樵利、谭传凤对山地土地分类系统、分类依据与标志作了系统的分析与研究，并对山地土地类型图编制的技术与方法进行了论述[12]。陈百明根据全国土地详查资料的分析统计，得出全国>15°的山地坡耕地面积有 $0.19\times10^8 hm^2$，占全国耕地总面积 14.8%，其中有 $0.06\times10^8 hm^2$ 分布于 25°以上的陡坡山地，这为山地耕地资源开发利用的宏观决策提供了重要依据[13]。

山地气候与气候资源的研究，一向为国内外山地科学工作者所重视。我国 1950～1960 年就开始山地气候考察与定位和半定位的气象观测，到 1970 年以后，开始重视山地气候定位观测研究基础上的理论研究。30 年来，开展了大量山地气候资源的研究与评价工作，这其中既有典型山体气候垂直变化规律及气候潜力的观测与研究[14-17]，又有典型山地区域农业气候资源的水平分异与垂直变化及区划和相关方法的研究[18-32]，研究的区域涉及江南亚热带丘陵山地区、东北山地区、横断山地区、青藏高原地区等。在山地气候研究方法上，从过去野外定性考察，到设气象站定点观测，再到近代大量采用遥感新技术对山地气候特点进行分析研究。目前在山地气候理论方面尚没有取得突破性进展，但是着眼于解决实际问题方面的研究做出了显著成绩，为山地农作物和经济林、果的合理布局提供了科学依据[33-36]。

在山地植物资源的研究中，较多地开展了以山地森林为主的植物资源的调查、利用、开发与保护方面的研究[37-45]，其中由于山地森林植被破坏带来山地生态系统退化及其恢复重建方面的研究已成为近30年来研究的“热点”。涉及的区域有横断山地区的干旱河谷，特别是金沙江下游的干热河谷、岷江上游的干凉河谷等[46-52]。此外，对典型山区植被垂直分异规律，植物区系特点和植被区划等方面进行了较多的研究[53-59]。郑霖[2]总结了我国山地植被类型多样性特点，认为全国共计有各类重要植被类型29个；山地野生植物资源十分丰富，其中主要有食用植物资源、药用植物资源、工业用植物资源、环境保护植物资源、植物种质资源以及观赏植物资源等；并认为中国山地是生物多样性最丰富的地区，全国一级保护植物有8种，均保存于山区，全国重点保护的250多种野生珍稀动物中有90多种一级保护动物和150多种二级保护动物均分布于山地区。

在山地水文和水资源的研究中，对有水文站观测资料的山区流域水资源时空变化进行了不同程度的研究，为山区水资源的开发利用提供了依据[60-65]。对水文站点稀少的山区水资源的研究，一般采取短期观测、模拟、类比及遥感解译等方法开展研究。目前较多的采用径流随机模拟模型法和水文比拟模型法对山区河川径流变化进行研究[63]。通过贡嘎山典型高山区气象水文及其他生态环境要素的观测，对山区径流形成机制有了进一步的认识。在山区地形、坡度、降水、蒸发、森林和冰雪条件下，降水通过流域下垫面调节后进入河流的过程受到地面各种因素的影响，它们之间最基本的关系是水量平衡、热力传输和重力驱动势能，它们决定了山区流域的蒸发过程、水分分配和水源组成，决定了山区径流的形成机制[2]。

程根伟等[66]对山地森林水分效应作了较深入的研究。他根据贡嘎山区的水文地质与土壤条件，利用专门研制的具有自动数据采集功能的林下蒸渗仪，研究了该地区两种主要成土母质(坡积物和冰碛物)发育的暗针叶林生态系统内土壤的水分时空分布动态及其相互关联规律，试验获取了土壤水分运动参数并模拟分析了土壤水分运动规律。他们利用气象场定位观测和现场试验观测资料对贡嘎山暗针叶林生态系统的植被蒸腾、土壤蒸发、水面蒸发以及流域蒸散时空规律进行了分析，采用Penman-Monteith修正公式与用气孔计测量参数相结合的方法估算了暗针叶林生态系统的蒸散量。同时还用概念性模型对贡嘎山区不同演替阶段林分的水分分布进行了模拟。自20世纪80年代以来，随着计算机、地理信息系统(GIS)和遥感(RS)技术的发展，半分布式和分布式水文模拟成为流域水文过程模拟的重要手段之一。但是，对以高山深谷流域水文现象具有垂向分布为特征的水文模拟工作并不多见。王皓等[67]以西藏高原南部的拉萨河流域为例，依据高原山区气候、地貌、植被和土壤等特点，对其产汇流特征作了深入分析，在此基础上建立了具有高山深谷环境特征的基于物理机制的流域分布模型。运用该模型对1999年和2000年拉萨河流域汛期产汇流过程进行了模拟并做了计算，验证了所建模型的合理性和适用性，为高山深谷地区的水分和土壤侵蚀过程模拟提供了工具。

山地土壤资源的研究为广大山地科技工作者所关注。余大富[68]在“山地土壤开发刍议”一文中指出山地土壤有如下特性：垂直分异性、系统脆弱性、物质输出性。在此基础上，给出了山地土壤开发的定义：通过各种方式使山地土壤为我们提供和增殖植物资源。他对山地土壤开发与土地利用的联系与区别，山地土壤开发对山地环境的影响和山地土壤开发与土壤肥力演化等理论问题进行了探讨。他针对我国土壤开发中出现的问题，提出了山区土壤开发的原则和方向，为我国山区土壤资源的开发提供了重要依据。此外，有些土壤科技工作者对一些重要山体土壤垂直变化规律及重点山地区域(如青藏高原、横断山区、黄土高原区、南方红壤丘陵区、四川盆地丘陵低山区)的土壤特性、分类系统、土壤区划、土壤退化及其合理开发问题做了大量的研究[69-83]。高以信和李明森编著的《横断山区土壤》[84]代表了我国当时山地土壤研究的水平。该书对我国最复杂山系土壤和土壤资源作了全面系统的科学论述和总结，不仅填补了土壤科学上的空白，而且在土壤分类研究上尝试了应用我国最新的、最具有国际前沿的土壤分类体系，在我国区域土壤专著中首次以具有定量说明的诊断层和诊断特性为依据进行分类和论述。

我国山地旅游资源非常丰富，全国凡有山地分布的省(自治区、直辖市)都开展了山地旅游资源的调查、评价与开发规划的研究。郝革宗[85]从山地形态分布，对我国山地旅游资源进行了分析与评价。

郭采玲[86]对我国山地旅游资源特征和山地旅游资源开发优势作了系统的归纳，并在此基础上提出我国山地旅游资源可持续开发对策。刘宇峰等[87]在对陕西秦岭山地旅游资源特征分析基础上，提出秦岭山地旅游资源开发模式为：森林公园生态旅游开发模式、地质地貌公园生态旅游开发模式、生态主题公园旅游开发模式、乡村山地生态旅游开发模式。程进等[88]在山地旅游研究进展与启示一文中指出，截至 2009 年 7 月，我国有世界自然文化遗产地 38 处，其中山地型遗产地 20 处，占总数的 52%；已公布的六批国家重点风景名胜区 187 处，其中山地型风景名胜区 129 处，占总数的 69%；国家首批 5A 旅游区 66 处，其中山地型旅游区 35 处，占总数的 53%。他们在对国内外山地旅游进展系统总结基础上，提出今后山地旅游资源应加强研究的重点：①旅游发展条件下的山地人地关系地域系统研究；②新的要素在山地旅游发展中的作用特征、作用过程和作用机制研究；③不同尺度的山地旅游发展特征、演化过程和演化规律研究；④创新和改进研究方法以及技术路线。郑敏等[89]在分析山地旅游资源特点基础上，提出山地旅游资源生态补偿机制构建的必要性和生态补偿机制构建的原则与措施。

余大富[90]对山地资源基本内涵作了阐述，认为通常所说的山地资源大多指山地五类常规资源，忽视其特殊资源、特别忽略了山地属性赋予各要素资源的特殊性及其与山地环境-生态要素耦合作用形成的山地资源系统内外的特殊结构关系和相互影响；对山地资源结构与功能特点作了分析，提出了以水土保持为中心开发山地土地资源，与生态恢复和环境整治相结合开发工业自然资源，以及以“生态旅游”思想为指导开发山地旅游资源的山地资源开发的基本策略。冯佺光[91]对我国山地资源综合开发与可持续发展作了较系统全面的论述，提出山地资源综合开发系统图式，对山地区域经济协同开发模式及其生态框架模型进行了归纳；基于我国不同山地区山地资源结构与功能的差异，开展了以省(市、区)和县(市、区)为单元的特色山地资源潜力评价和开发与保护策略。李一鲲[92]从云南自然特点讨论了热区山地资源开发利用，提出了热区山地资源开发必须以经济生态学理论为指导，走“持续农业”的发展之路。尼玛扎西[93]基于西藏自然环境和山地资源特点，讨论了高原山地特征与资源现状特点、问题的关系，提出了符合西藏自然与资源特点的山地资源开发利用途径。

二、山地环境研究

赵松乔[94]对我国山地环境的自然特点作了高度的概括，指出山地在我国地理环境中的巨大作用，其集中表现为：①对全国气候、水文的影响；②对全国植被和土壤的影响；③对全国综合自然地理区划的影响。他认为不了解山地在我国地理环境中的巨大作用，就不能把握山地综合开发利用的方向。王明业等[95]提出山地系统概念，并对中国山地分为15条山系，对不同山系的自然环境特点作了简述。近30年来，对典型山地区现代自然地理要素垂直变化及环境演变特点等方面的研究受到重视，这方面的研究文章较多[96-110]。

钟祥浩[111]认为，山地具有不同于平原(平坝)的自然属性，其显著特征是具有明显的三维空间和不规则变化的斜坡，其中具有一定高度和陡度的斜坡是决定山地自然属性的关键要素。他进而提出，山地斜坡环境是经受各种动力协同作用的一种高能量环境，因而山地具有不稳定性和脆弱性特点，同时还表现出生境的多样性，环境变化的过渡性和复杂性以及环境的敏感性和环境系统物流、能流的非线性。因此，研究山地自然环境系统的结构、功能、演化及其与山地社会经济环境系统之间的相互影响关系，构成了山地环境的主要研究对象。他认为，一个研究对象明确的学科——山地环境学必将随着生产与社会的发展而逐步为人们所重视。

山地生态环境脆弱性问题的研究引起人们的关注。苏维词等人对贵州喀斯特山区生态环境脆弱性进行了研究[112]。方光迪以云南为例[113]，探讨了山地生态环境脆弱带形成背景、山地生态环境脆弱带的类型，指出山地生态环境脆弱带具有不稳定性和易损性两个基本属性以及环境梯度大和生态库容小两个重要特征，并提出评价斜坡稳定性的公式：

$$K = 2C \cdot \sin\alpha \cdot \cos\varphi \Big/ \left(r \cdot h \cdot \sin^2 \frac{\alpha - \varphi}{2} \right)$$

式中：K为斜坡稳定性系数；r为岩土容重；C为内聚力；φ为内摩擦角；α为斜坡坡度，h为斜坡相对高度。当$K=1$时，斜坡处于极限平衡状态，$K<1$时，斜坡失稳，K越小，斜坡稳定性越差，脆弱度愈大。

根据地形地貌和气候条件，方光迪将云南省划分为12种山地生态环境脆弱带类型，为云南山地资源开发、经济建设和生态环境保护提供了依据。

近来，郑国璋等人对山地稳定性进行了动态数量模型的研究，通过模拟计算，总结出有关山地稳定性演化和稳定性维护的五条结论[114]。

李荣生对云贵高原脆弱生态环境的基本特征进行了研究[115]，提出脆弱生态环境基本特征表现为侵蚀作用强烈，抗外界干扰能力弱，生态波动大，土地退化严重，物种资源少，森林生态系统衰退，灾种增多，频率增高，灾情加重。

目前对“生态环境脆弱”的认识存在着三种不同的意见[116]，第一种是纯自然的理解，认为生态系统的正常功能被打乱，超过了弹性自调节的“阈值”，并由此导致反馈机制的破坏，使系统发生不可逆变化，从而失去恢复能力，称“生态环境脆弱”；第二种是自然-人文理解，认为当生态系统发生了变化，以致于影响到当前或近期人类的生存和自然资源利用时，称为“生态环境脆弱”；第三种是人文理解，认为当环境退化超过了能长期维持目前人类利用和发展的现有社会经济和技术水平时，称为“生态环境脆弱”。杨勤业赞同第三种观点，按此观点对中国生态环境脆弱性进行了分类与制图[117]。

进入21世纪以来，作为全球变化与可持续发展研究中的热点问题——我国山地生态环境脆弱性仍受到极大的关注，其中我国西南岩溶山地和西藏高原山地生态环境脆弱性问题做了较多的研究。

在西南岩溶山地方面：李阳兵等[118]将西南岩溶山地生态环境分为三类：基础性脆弱、界面脆弱和波动性脆弱。靖娟利等[119]用岩性、土层厚度、土地利用类型和植被覆盖率对西南岩溶山地生态环境脆弱性进行了评价。胡宝清等[120]选取地质地貌、气候(水热)、土地利用/覆被、人类社会经济状况等共计4大类16项指标，对广西50个典型岩溶县山地生态环境脆弱性作了综合评价。肖荣波等[121]将影响石漠化的因素确定为岩性、降雨、坡度和植被等4项指标，依此对西南山地区石漠化敏感性进行了评价。黄秋昊等[122]以典型样地调查资料为依据，选取与岩溶环境脆弱性密切相关的6个因子对岩溶山地区生态环境脆弱性作了评价。李荣彪等[123]利用应用数学、统计学等方法建立“比较矩阵”分析模型，对岩溶山地区生态环境敏感性评价指标的分级方法进行了研究。国内岩溶山地生态环境脆弱性研究状况表明，在岩溶山地生态环境脆弱性类型划分、评价指标与方法方面做了较多的研究，并从人地关系角度对生态环境脆弱性成因与机制进行了初步探索。

在西藏高原方面：对自然生态环境本底脆弱性特点与分布做了较系统研究与评价。西藏自治区90%以上国土属高寒环境，其中冻融区面积占全自治区面积的75.8%。冻融区生态环境十分脆弱。脆弱性特征表现在生态系统对外力作用的不稳定性和敏感性。由生物与环境相互作用形成的生态系统稳定性，既与生物自身活力、种群结构等特点有关，又受生物所处环境过程的强度与速率的影响。西藏高原生态系统稳定性的表征涉及生态基质稳定性、植被生态系统稳定性和生态动能三个方面。其中，生态基质稳定性包括地质基础、地貌基础和地表物质基础；植被生态系统稳定性包括生态系统结构与功能的稳定性；生态动能包括气候、水文特征与变化。钟祥浩等[124]通过地质、地貌、土壤、植被、气候、水文等环境要素与生态不稳定性的深入分析，运用GIS技术完成了西藏高原生态稳定性分级与分区。生态敏感性是指生态系统对外力作用反应的敏感程度，藉以反映产生生态失衡与生态环境问题的可能性大小。钟祥浩等[124]认为，西藏高原自然生态系统是在自然环境因素长期综合作用下形成的，其系统结构与功能与当地自然环境条件处于自然的耦合状态。由于不同区域自然环境条件的差异，其生态系统结构、功能与生境的耦合度不同，对外力作用反应程度有差别。通过生态敏感性评价，可以把握不同区域反应程度的差异性。因此，生态敏感性评价实质是在不考虑人类活动影响的前提下，评价具体的生态环境过程在自然状况下产生生态环境问题的可能性大小。钟祥浩等[124]通过西藏高原水土流失、土地沙化和生境敏感性的评价，运用GIS技术作出了全自治区生态敏感性分级与分区。在稳定性和敏感性评价基础上，在ArcGIS中将各评价要素图层运用“栅格计算器”进行叠加操作后，将叠加结果用自然分界法分为5级，获得西藏高原生态脆弱度空间格局图，并对不同脆弱度等级面积做了统计，结果表明：极脆弱面积 22.20×10^4 km^2，高度脆弱面积 45.14×10^4 km^2，中度脆弱面积 35.57×10^4 km^2，轻度脆弱面积 9.22×10^4 km^2，微度脆弱面积 7.39×10^4 km^2，分别占全自治区面积的 8.58%、37.77%、29.76%、7.71%和 6.18%。西藏高原生态脆弱度在中度以上(含中度)的区域面积达 1.0292×10^6 km^2，占西藏土地面积的 86.1%，可见，西藏生态环境具有整体脆弱性特点。

钟诚等[125]在考虑人文因素影响下，通过建立西藏生态环境稳定性评价指标和利用 AHP 法确定评价因子权重，构建了西藏生态环境稳定性综合评价模型，采用栅格 GIS 的叠加分析功能生成稳定性评价图。结果表明，西藏受人类活动影响下的生态环境稳定性总体状况良好，稳定性差的区域主要分布在人类活动较强烈的雅鲁藏布江中下游地区，约占全自治区面积的 9.78%。

中国山地环境脆弱性的区域差异明显，不同地理位置山地的环境脆弱性有所不同，同一山地区不同高度带环境脆弱性也不一样。从地质(断裂、岩性、地震)、地形坡度、坡向、相对高度、气候(降水、气温)和土壤等因素的综合分析，对特定山地区自然环境脆弱度进行分类、分级与分区，对指导人类如何合理开发山地资源，保护山地环境，指导山地生态环境的建设有重要科学价值。

此外，青藏高原隆起对周围环境变化的影响及其对全球环境变化响应的研究，取得为世人所关注的许多重大成果，施雅风等人在“青藏高原形成演化与发展”的第二章——高原隆升与环境演化中做了详细的论述[126]。由于篇幅的限制，本书不作介绍。

三、山地生态系统研究

山地生态系统是指生命系统和环境系统在山地这一特定空间的组合。由于山地环境系统类型的多样性，致使山地生命系统空间变异具有复杂性特征。不难理解，山地生态系统具有十分的多样性和复杂性。余大富[2]对山地生态系统的特点做了归纳：在平面空间分布上的突出特点是山地岛生态系统出现频率高——山地生态系统的岛屿效应明显，它在空间分布上不但具有显性岛生态系统的表象特征，而且还有更多的隐性岛生态系统，山地岛生态系统研究对于建立自然保护区、保护生物多样性以及特殊物种的保护、培育具有明确的理论意义和实用价值；在立面空间分布上具有镶嵌梯变性特征，主要表现为：生态因子组合体的镶嵌梯变性和生态系统景观的镶嵌递变性。同时指出，山地生态系统的功能、结构，除具有垂直地带性、镶嵌性、岛性、廊道性特点外，还拥有脆弱性、系统基质中物质的单向输出和生态位空位多、余位丰的特点。钟祥浩等主编的《山地学概论与中国山地研究》[2]对以植物为标志的中国山地生态系统的地域分异性进行了分析，通过以植被基带为主要标志的山地垂直带谱相似性原则，并结合其他原则的分析，对中国山地生态系统进行了分类。

由于山地生态系统具有脆弱性和系统物质输出的单向性[2]，并表现出破坏容易和恢复重建难的特点。因此山地生态系统的演变及其稳定性评价以及退化山地生态系统的诊断分类和恢复重建技术的研究成为近 20 年来山地研究的“热点”之一。研究的区域涉及横断山地区干旱河谷、西南喀斯特山区、我国北方半干旱和干旱山地区和青藏高原南部雅鲁藏布江中游宽谷山原区。通过对这些地区的研究，建立了退化生态系统评价指标体系框架，总结筛选出了适用于不同生态环境类型植被恢复与重建的技术。通过岷江上游干旱河谷植被恢复与重建的试验示范，包维楷等人总结了退化山地生态系统恢复与重建的基本理论、技术与方法[127-130]。通过金沙江下游元谋干热河谷退化生态系统恢复与重建的试验示范，何毓蓉等人总结了该地区变性土的特征及分类系统[131]；张信宝等人提出按不同岩土类型开展植被的恢复重建可以收到良好的效果[128,132]；刘淑珍等人对金沙江干热河谷土地荒漠化特征及其防治进行了探讨[133]；钟祥浩认为[134]，金沙江干热河谷退化生态系统的恢复与重建，首先应对以土壤为核心的退化土地进行分类与评价，不同退化程度的土地类型采取不同的恢复模式。如对土层浅薄(＜20cm)的强度退化类型应采取彻底封禁的措施，通过1～2年雨季乡土草本植物的生长，就可以起到良好的固土保水作用。几年以后，再逐步考虑生态经济型植物的引种试验。

随着全球生态系统退化的日益加剧，生态系统服务功能的研究成为环境科学和生态学关注的热点。山地是地球表层上独特的地域类型，对外界因素的扰动具有高度的脆弱性和敏感性。特别是我国山地面积大，山地生态系统类型多样，生态服务功能价值巨大，在保障国家生态安全方面起重要的作用。因此，山地生态系统服务功能的研究意义重大。Costanza等对世界生态系统服务功能及其所产生的价值进行了开拓性研究。在他的理论与方法的启迪下，我国山地生态系统服务功能的研究与评价从20世纪90年代以后受到极大重视。谢高地等[135]根据一系列1∶1000000自然资源专题图，把青藏高原生态资产划分为森林、草地、农田、湿地、水面、荒漠6个一级类型，应用GIS技术进行数据处理与统计分析，编制了1∶4000000自然资产图，完成了高原生态系统生态资产价值评估，结果表明，青藏高原生态系统每年的生态服务价值为9363.9×10^8元，占全国生态系统每年服务价值的17.68%，占全球的0.61%。在青藏高原生态系统每年提供的生态服务价值中，土壤形成与保护价值最高，占19.3%，其次是废物处理价值，占16.8%，水源涵养价值占16.5%，生物多样性维持的价值占16%。鲁春霞等[136]的研究结果表明，青藏高原生态系统2000年生产的服务功能价值为170×10^8元；每年高原生态系统的水源涵养量达2612×$10^8$$m^3$，其经济价值为1744×$10^8$元；每年高原固碳总量为15×$10^8$t，释放氧气量为11×$10^8$t；根据$CO_2$固定量和$O_2$释放量估算的调节大气的服务价值总计达10015×$10^8$元。谢高地[137]等的研究得出，青藏高原天然草地生态系统每年提供的生态服务价值为2571.78×10^8元，其中，高寒草甸、山地草甸、高寒草原对草地生态系统总服务价值的贡献率分别为62.52%、14.14%和12.92%。郭其强等[138]的研究认为，西藏林芝地区森林生态系统服务功能价值平均每年达883.91亿元。

我国山地科学工作者对我国重要山脉和重要山地区都开展了不同程度的山地生态系统服务功能特点及其价值的研究。研究结果表明，长江上游森林生态系统年涵养水资源量达2397.28×$10^8$$m^3$，涵养水源的年经济价值为1606.18×$10^8$元，相当于该区域1999年国内生产总值的1/4[139]；秦岭山地生态系统服务功能总价值每年达1014.45亿元[140]；北京面积为4056.64km^2的山地森林生态系统服务功能总价值每年为167.78亿元[141]；长白山森林生态系统服务功能价值1999年为3.38×10^8万元[142]；天山北坡中段自然生态系统服务功能价值每年为6.32×10^8元[143]；目前尚缺乏中国山地各类生态系统服务功能特点及其价值的综合评估。

近年来，我国山地生态系统人文研究逐步得到加强[144]。山地生态系统建设目标是为了改善和提高山地生态系统的服务功能，包括提高生物质产品的输出、涵养水源、拦沙固土、提高土壤肥力、净化空气、维护生物多样性、减轻自然灾害等。这些最终都体现在提高和改善人类生存和生活环境的质量上。因此，人类活动对山地生态系统功能的影响研究自然就成为人们关注的重点。近来从不同角度开展人与山地生态系统作用机制与应用方面的研究受到重视。

四、山地自然灾害研究

山地自然灾害是山区常见的自然现象，其包括水土流失、泥石流、滑坡、崩塌、冰雪害、冻土以及发生在山区的地震、冰雹等灾害[145]。显然，这是一种广义山地灾害概念，亦即把发生于山地的各种自然灾害都称为山地灾害。孙广忠[146]将山地自然灾害分为：山地气象灾害、山地水文灾害、山地地质灾害、山地水土灾害、山地生物灾害五大类。其中山地气象、水文灾害包括干旱、洪涝、冰雪、低温和风沙灾害等；山地地质灾害主要为地震、火山和地面沉降等；山地水土灾害包括崩塌、滑坡和泥石流、土壤侵蚀等；山地生物灾害指病、虫、鼠、草害；山地人为自然灾害包括森林火灾以及人为诱发次生灾害。从这些灾种可以看出，发生于山地的这些自然灾害，除山地特有的灾害，如崩塌、滑坡、泥石流和土壤侵蚀等外，其余灾种在平原地区也有发生。因此，就出现了狭义的山地自然灾害概念，亦即山区所特有的自然灾害称之为山地自然灾害。

近30年来，国内山地自然灾害的研究包括了这两种不同定义所属类型及灾种的研究。

广义山地灾害研究，主要集中在区域山地灾害经济损失的统计与评估方面以及山地灾害危险性的综合评判；其次是山地气象灾害对山区农业生产危害以及山地病、虫、鼠、草害对草地危害的研究工作开展比较多，但是对这些灾害成灾机理缺乏系统深入的研究，多停留于灾后的损失评估及抗灾救灾对策等方面的研究。

狭义山地自然灾害的研究，在滑坡、泥石流研究方面引起了广泛的重视，发表了大量的著作[147-163]和大量的文章(限于篇幅，省略文献的引注)。现就依据这些著作和文章的主要内容对以滑坡、泥石流为主的山地灾害研究情况作一概述。

在基本查清滑坡、泥石流区域分布规律的基础上，完成了全国主要滑坡、泥石流的编目和数据库与信息系统的建设，为我国区域滑坡、泥石流分布规律的深人研究奠定了基础。

在泥石流形成、运动和堆积的野外观测和试验研究取得了突破性进展。建成了我国第一个集泥石流观测与研究为一体的东川泥石流站。该站已建有可开展泥石流形成、运动、动力、静力、冲淤、预警报和防灾效益等七个方面内容的观测，已积累上百万个数据，并做了编辑出版；研制了一批适合泥石流野外观测的仪器，实现了以计算机为核心的数据采集和处理系统，并在此基础上建成泥石流自动化观测系统，该系统包括综控中心、地声、泥位和雨量的遥测、有线泥位和冲击力接口等六个子系统，它既可全自动预报泥石流灾害的发生，更能实时地监测、收集有关泥石流的形成发生、运动规律、灾害程度等多方面信息过程数据，是目前我国泥石流观测自动化水平最高的一个站。同时还建成了具有整体循环工艺流程的泥石流动力学模型实验装置，解决了泥石流动力学实验的技术难点。开展了泥石流的流态、流速、浮托力、冲击力等实验研究：对泥石流流变、颗粒结构、胶体化学等静力特征做了深入的探索。在暴雨泥石流预报原理与应用、泥石流浆体流变特性测试、泥石流模型试验与应用、泥石流预警报与应用等方面做出了一批创新性成果。建立了泥石流判别指标和泥石流危险度评判指标与方法；摸索了一条符合我国国情的泥石流防治途径，提出并完善了四位(工程措施、生物措施、预防与报警措施、环境保护与管理措施)一体的多层次泥石流综合防护系统工程，并创建了一批新型的泥石流防治工程结构技术。近 30 年来，完成了近百条泥石流沟的防治规划和 30 余处泥石流防治试点工程，取得了 1∶20~1∶40 的投保比效益，产生了巨大的社会影响。

近 10 年来，我国在泥石流预警预报理论与技术方面取得了显著进展。长江科学院[164]提出并设计了一种准确、快速、方便、全自动一体化泥石流监测预报预警系统。韦方强等[165]提出了比较系统的泥石流预报分类方法和体系，确定了不同类型泥石流预报的具体内涵，并在此基础上建立了单沟和区域泥石流监测预报模型。他通过我国东南低山丘陵区降雨与泥石流发生关系的研究，揭示了该地区诱发泥石流灾害的 5 天降水量和 15 天降水量与降水气候特征间的关系。白利平等人[166]基于北京山区泥石流发生与山地环境关系的分析，提出了基于可拓理论的泥石流预警预报模型，并通过 GIS 系统和 IDL 开发平台实现准确预报。郑国强等人[167]针对北京密云水库上游密云县山洪泥石流灾害多发性特点，首次将 Bayes 判别分析法原理运用于泥石流灾害的预测预报。通过密云县境泥石流发生环境因素分析，确定影响山洪泥石流发生前 15 天的实效雨量和当日雨量作为预报模型因子，并建立起一组山洪泥石流预报模型，经验证，判断正确率均为 82.4%。

在 20 世纪 80~90 年代，我国在山地滑坡分类、区域分布规律、滑坡监测与稳定性分析以及滑坡整治技术等方面取得显著成绩基础上，于最近 10 年来在滑坡预警预报领域有了可喜的进展。截至 2010 年 10 月全国已有 30 个省(自治区、直辖市)、223 个市(地、州)、1035 个县(市、区)开展了区域性的地质灾害气象预警预报工作[168]。在云南哀牢山、陕西延安、福建东南、四川华蓥山等地相继开展了专业性地质灾害监测预警工作。在滑坡发育的山区，开展了较多的降雨诱发滑坡临界值研究，并建立了相应的降雨诱发滑坡临界值模型。这些模型采用小时雨强、当日降雨量、前几日累计降雨量(或前期有效降雨量)、前期降雨量占年均雨量的比值(%)等表达式对临界降雨量进行刻画，其基本方法是采用统计技术对历史滑坡和降雨资料进行分析，取其统计意义上的临界点作为降雨诱发滑坡的临界值。李长江等[169]通过浙江省滑坡的研究，提出使用阈值线 $P_0=140.27-0.67P_{EA}$判断，降雨在该阈值线以上将会发生滑坡，式中 P_0为日降雨，P_{EA}为前期有效降雨量。李明等[170]在对陕西黄土高原滑坡研究基础上，提出诱发滑坡的降雨启动值、加速值、临灾值分别为 25mm、35mm、65mm，诱发崩塌降雨启动值、加速值、临灾值分别为 15mm、30mm、50mm。李铁锋等[171]建立了三峡地区滑坡发生概率(P)计算公式：

$$P=\exp(-3.847+0.04r+0.043r_a)/[1+\exp(-3.847+0.04r+0.043r_a)]$$

式中：r 为当日降雨量；r_a为前期有效降雨量。吴树仁等人[172]在三峡库区研究认为，临界降雨量变化范围大致在 100~200mm/d，其中，降雨量在 100mm/d 可能开始诱发滑坡，而在 200mm/d 则必然诱发大量滑坡。乔建平等[173]通过四川沐川县滑坡的研究得出，单体滑坡启动参考值：降雨量 Q=40mm(2005 年类比法预测值)，$Q\geqslant$30mm(2007 年实测值)；群体滑坡启动参考值：$Q\geqslant$100mm(2005 年类比法预测值)，$Q\geqslant$70mm(2007 年实测值)。此外，我国浙江、四川和重庆三峡库区等地开展了区域性滑坡地质灾害的监测预警。

汶川5·12地震诱发数以万计的滑坡灾害，并为泥石流的形成提供了大量的物质条件。震后滑坡、泥石流科技工作者做了大量的滑坡、泥石流的调查，并发表了大量有关滑坡和泥石流的研究文章。许冲等[174]指出，汶川地震滑坡灾害是迄今为止记录到的单次地震产生的分布最密集、数量最多、面积最广的滑坡事件。他从七个方面对当前汶川地震次生滑坡灾害研究成果进行了总结：①汶川地震滑坡区域分布调查与编录；②重点滑坡详细调查、类型、机制、稳定性分析、运动堆积模拟；③滑坡特点与分布；④影响因子敏感性分析；⑤汶川地震滑坡评价；⑥汶川地震区泥石流研究；⑦滑坡岩体力学试验研究。陈宁生等[175]对汶川地震次生泥石流沟应急判识方法与指标进行了探讨。崔鹏等[176]通过汶川地震区震后泥石流活动特征与防治对策研究认为：汶川地震灾区崩塌、滑坡等产生的松散固体物质达$28\times10^8m^3$，为该区泥石流长期活动提供了丰富的物质基础。他对震后泥石流活动的主要特点归纳为：①泥石流沟谷数量增加，大量震前被判定为非泥石流沟的流域暴发了泥石流；②激发泥石流的临界雨量明显降低，泥石流暴发表现出明显的高频性与群发性；③泥石流的容重约提高10%～30%，原来定性为稀性或过渡性的泥石流沟转化为过渡性或黏性泥石流沟；④泥石流流量普遍增大，大致可增加约50%～100%，现有规范中泥石流流量计算方法的结果偏小，需要修正。崔鹏等人还指出震后泥石流演变趋势为：活动强度由急剧增强的突变转为逐步减弱，期间活跃期与平静期交替出现，第1个泥石流活跃期可能会持续约15年左右；泥石流形成将由降雨控制型逐步转为松散土体控制型；一些松散土体丰富且尚未发生泥石流的面积大于$5km^2$流域，将是未来暴发大规模泥石流的风险源。陈晓清等[177]对汶川地震灾区泥石流工程防治的最佳时机作了讨论，认为在极重灾区应在震后3～5年实施工程防治，在重灾区和一般灾区可在震后立即实施泥石流防治工程。陈晓清等[178]对汶川地震区特大泥石流工程防治新技术作了探索，提出了钢筋混凝土框架+浆砌石坝体式泥石流拦沙坝、预制钢筋混凝土箱体组装式拦沙坝的新型泥石流拦挡结构，以及复式断面泥石流排导槽、预制钢筋混凝土箱体组装式排导槽的新型泥石流排导结构。这些技术及其组合可望对特大泥石流进行有效调控。

五、山地开发与山地城市建设研究

我国山地大多成片分布，山体组成大小不一、类型有别的山区，不仅各自具有自然条件和资源结构特点，而且具有相互制约、相互依存的内在联系，因此山区开发理论上应是区域综合开发。但是我国山区开发并不是一开始就立足于区域开发的综合研究。20世纪80年代期间的多数山区开发研究工作往往都是以农业开发为主的山区开发，基本上局限在农业及农业自然资源的评价上[179-181]，所谓综合性的山区开发研究，也主要局限于农业发展战略、总体布局、发展途径等方面的研究。在此基础上，山区开发的领域逐步扩展到山区的工业、交通、旅游、城镇建设的综合开发研究，并运用可持续发展思想，研究领域进一步扩展和延伸到产业结构调整、开发时序选择、开发方案比较及政策调控等方面[182-190]。徐樵利、谭传凤[12]在总结国内外有关区域综合开发基本理论与实践的基础上，对典型山地开发战略进行了深入浅出的分析与论述，提出了山区空间开发的两大类型和四个亚类，即渐进式与跳跃式两大战略类型，以及渐进式空间开发战略中的辐合式与扩展式和跳跃式空间开发战略中的自然跳跃式与非自然跳跃式等四个亚类。20世纪

90年代中期以后的山区开发研究在如下三个领域方面逐步得到重视[191-198]：①山区综合开发与持续发展研究方面，重视山区综合开发原理、山区持续发展内在机制、山区地域结构优化途径以及开发体制与政策等方面的研究；②山区国土资源合理开发利用研究方面，重视对主要资源的合理开发利用方式及时机选择、资源有序化开发及其产业发展关联性、资源综合开发协调性等方面的研究；③山区城镇发展建设研究方面，重视山区城镇化过程特点与规律、山区城镇发展变化内在机制与外部条件、山区城乡发展耦合联动关系以及山区城镇体系规划和规划中特殊标准与规范等方面的研究。

进入21世纪以来的10年间，推进城乡统筹、城乡一体、生态宜居、和谐发展为基本特征的新型城镇化道路的研究得到极大的重视，山地城市建设研究成为山地科学研究的热点之一。陈玮[199]对山地城市概念内涵作了辨析，提出广义、中义及狭义山地城市概念。广义的是从景观意象上，将在城市景观范围内有明显山地特征的城市作为山地城市；中义的则是在城市范围内有一定比例的山地地貌特征的山地城市；狭义则是从较窄的范围内，以城市用地的坡度和相对高差的量化标准来理解山地城市。他从人居环境的意义上提出，山地城市的本质特征表现在如下三个方面：①在地理区位上，山地城市多坐落于大型的山区内部，或山区与平原的交错带上；②在社会文化上，山地城市经济、生态、社会文化在发展过程中与山地地域环境形成了不可分割的有机整体；③在空间特征上，影响山地城市建设与发展的地形条件，具有长期无法克服的复杂的山地垂直地貌特征，由此形成了独特的分层聚居和垂直分异的人居空间环境。黄光宇[200]开展了山地城市空间结构的生态学研究，提出山地城市空间结构布局应遵循的原则：①有机分散与紧凑集中；②就地平衡的综合住区发展；③多中心、组团结构；④绿地楔入；⑤多样性；⑥个性特色。依据这些原则，提出山地城市空间结构的模型如下：①多中心组团模型；②新旧城区分离模型；③绿心环形生态型模型；④城乡融合模型；⑤指掌或枝状模型；⑥环湖组团模型；⑦星座型发展模型；⑧长藤结瓜式模型。孙春红[201]从生态学的观点出发，分析了山地城市绿地系统的生态学特征，提出了关于山地城市绿地系统的几点思考及解决措施。赵万民[202]针对我国西南山地区土地资源稀缺性与山地生态环境脆弱性、城市建筑空间多维性和自然人文内涵丰富性的特点，提出指导西南山地区城市(镇)规划与建设的适应理论研究目标：山地城镇化适应性理论及发展模式，流域人居环境建设的生态理论及减灾防灾，山地城镇有机更新理论与历史文化遗产保护，山地城镇建设适应性新技术支撑体系。吴良镛[203]通过对我国山地人居环境建设深入研究，指出我国目前山地区域大规模、高速度、大尺度的城乡建设已与传统概念中的山地建设大为不同，需要从学术概念和规划方法上进行更新和创造。与此同时，我国城镇化进程已进入新的阶段，开始逐步由沿海向内地延伸，也要求我们必须做好科学理论上的储备，以免宝贵的山地资源遭到滥用和破坏。山地人居应当是人居环境科学一个新的发展与创新方向，新的形势下，要在大的尺度上创造出新的山地人居环境建设模式。

六、山地与气候变化研究

在全球气候变化影响下，我国高原山地环境与生态出现不同程度的变化。国内山地科技工作者对青藏高原、秦岭、南岭、昆仑山、长白山等重要山地区气候变化趋势以及山地环境与生态对气候变化的响应与适应性对策作了大量的研究。刘晓东[204]等对以青藏高原为代表的中低纬高原山地的温度变化特征进行了研究，结果表明，随着CO_2含量的增加，中低纬高原山地气候会显著变暖。地面温度的增加以最低气温最大，其次是平均气温，而最高气温最小。同时，寒冷季节增温大于温暖季节。而且，气候变暖对海拔具有明显的依赖性。杜军[205,207]等研究表明，近40年来，西藏、青海高原大部分地区年平均温度呈现升温趋势，西藏高原平均气温增长率为0.26℃/10a，高原升温呈现明显的区域差异，总的表现为高海拔地区升温速率比低海拔地区快，增温最明显的地区为雅鲁藏布江中游的拉萨市，山南地区沿雅鲁藏布江河谷、那曲地区中西部的阿里地区，其中，拉萨、那曲、班戈升温率达0.4～0.48℃/10a；高原升温同时伴随降水变化的区域差异明显，其中西藏高原大部分地区(中东部区)降水量变化为正趋势，降水倾向率为1.4～66.6mm/10a；据谭春萍[206]的研究，降水伴随气温增加不明显的地区主要分布于西藏西部阿里地区和青海东部湟水河和黄河上游流域区；近40年来，阿里地区狮泉河和普兰年降水量减少11.2～21.8mm/10a。杜军[208]研究发现，干暖化趋势加快的西藏阿里地区草原植被NNP(净初级生产力)近年来平均减产6%～14%。据常国刚[209]等研究，青海全省年平均气温增长率达0.28℃/10a。陈晓光[210]研究表明，青海柴达木盆地增温最为明显，达0.44℃/10a。羌永贝[211]研究指出，青海江河源区近40年来气候持续变暖，年均气温增长率为0.37℃/10a，2004年以来，江河源区气候转湿，水资源量增加，生态环境有所好转。青藏高原变暖带来生态环境过程出现前所未有的变化。喜马拉雅山脉冰川已成为全球冰川退缩最快的地区之一，近年来正以年均10～15m的速度退缩。随着冰川快速消融时间的延长，几十年后受冰川补给的河流将出现流水量减小以致干枯，这必将给流域内人类生存带来新的灾难[212]。郑度等[213]研究表明，20世纪60年代以来，多年冻土层已减薄5～6m，多年冻土下界升幅高度达50～80m。秦大河等[214]预测未来50年高原气温可能上升2.2～2.6℃，在这样的背景下，高原多年冻土将发生显著的退化。全球气候变化对青藏高原生态环境的不利影响和危害日趋突出，生态安全风险日趋增大。

秦岭是我国亚热带与暖温带的分界线，是对全球气候变化响应的敏感山地区之一。宋佃星[215]从气候变化与可持续发展高度，分析了长时间序列秦岭南北气候变化趋势，得出秦岭南北年平均气温总体均呈上升趋势，增温趋势高低值区分界线基本与秦岭走向一致，秦岭以北增温趋势更加明显；秦岭南北年平均降水量分布呈现西南向东北减少的趋势，秦岭南部降水量明显高于北部，但秦岭南部降水量减少趋势大于秦岭北部。周德成等[216]对天山北坡不同海拔梯度山地草原生态系统地上净初级生产力对气候变化响应进行了研究，结果表明，近50年来气候变化使研究区各海拔梯度草原生态系统(从下往上依次为：低山干旱草原，森林草甸草原和高寒草甸草原)的净初级生产力均呈上升趋势。王超[217]对祁连山北坡疏勒河流域、黑河流域和石羊河流域上游1960～2000年的气温、降水、径流时间变化趋势以及径流与气温降水变化关系进行了研究。王晓东[218]研究了长白山北坡林线对气候变化的响应过程，结果表明，长白山林线56年(1953～2008)来经历了3次高温期，80年代末以来气温迅速提升。南岭山脉是我国江南最大的横向构造带山脉，同时也是长江与珠江流域的分水岭和南亚热带与中亚热带的分界线。段辉良等[219]使用RegCM－Miroc预估数据，采用线性倾向估计法，对南岭山地未来2030～2050年的年均降水、年均气温、7月平均气温进行了预测分析。结果表明，降水呈逐年增加的趋势，但增幅相对近30年(1980～2010年)明显减少；气温升高较快，增幅相对近30年明显增加。程建刚等[220]对我国干湿季节明显的低纬云南高原山地近50年气候带的变化特征进行了研究，结果表明，近50年来云南气候带总体上呈现热带亚热带范围扩大，温带范围减少的变化趋势，其中，以北亚热带增加最明显，增幅达到90.2%；而南温带减少明显，减幅为12.5%。在年代际变化上，1960～1970年表现出热带亚热带范围减小，温带范围增加；从1970年后则呈现热带亚热带范围快速增加，温带范围减小的趋势，而1990年代以来是气候变化最大的时期。

七、山地基础理论与山地学研究

20世纪70年代以前，山地定位观测站、点较少，自80年代以来以山地为对象的野外定位观测台站取得了快速发展。中国科学院在全国不同生态环境类型区设立了以水、土、气、生为观测内容的中国生态系统观测网络，该网络台站大多数分布于丘陵、山地和高原地区。这些台站实现了数据采集、传送、储存自动化。在观测内容、设备和技术等方面走在世界的前列。我国林业、水利和农业等部门都进一步完善和建立了一批山区野外定位观测站点，积累了一大批不同山地类型有关山地气象、水文、土壤和生物等方面的资料。近30年来，一大批野外台站的建立和完善，标志着我国山地科学研究进入了一个新的阶段，这为山地科学基本理论问题的深入研究和山地学科的建设与发展奠定了良好的基础。

青藏高原作为我国和世界上最重要的高原山地，通过20世纪70～80年代全面的综合科学考察和90年代的系统深入的科学研究[221-224]，在高原山地科学理论方面取得了许多重大突破，标志着我国山地科学研究的最高水平。山地垂直分异是山地科学研究的最基本的基础理论问题。青藏高原周边高大山系与腹地高原拥有全世界最为复杂垂直自然带结构。由郑度等人[225]提出的青藏高原垂直自然带结构类型和分布模式是山地地带性规律研究的一个重大突破。通过高原山地若干引人瞩目的山地生态现象的考察研究，揭示了青藏高原独特的地生态空间格局(即雅鲁藏布江下游河谷的水汽通道，边缘山地干旱河谷，中东部的高寒灌丛草甸地带以及羌塘北部和昆仑山腹地的寒旱核心区域)以及自然地域系统划分原则、指标和方法具有重大的高原山地学理论意义[221]。

徐樵利、谭传凤编著的《山地地理系统综论》是一部山地地理系统的综合性论著[12]。它以山地区域作为一个人－地关系的综合体，运用现代科学理论和方法进行集成分析。进一步揭示了山地地理系统分异的特殊规律，并运用这些特殊规律对某些尚未解决或有争议的重要问题(如土地认识分类与应用性分类等)作了进一步的探索；提出山地人－地系统优化设计一般原理和山区空间开发的两大类型和四个亚类的开发战略均具有创新性，丰富了山地地理系统的理论。

20世纪80年代中期，出现了建立山地学必要性的讨论，这标志着山地科学进入了一个新的发展时期。丁锡祉和郑远昌于1986～2009在《山地研究》上发表了“初论山地学”一文[226]，对山地学进行学科定义，并提出了山地学研究对象、内容和方法。时隔10年后，丁锡祉和郑远昌在《山地研究》提出“再论山地学”一文[227]，文章把山地定义为“有一定海拔、相对高度及坡度的自然－人文综合体”。提出“山地学的发展，要加强山地学基础理论的研究，当前至关重要的是抓住山地资源开发利用和山地环境退化机理及退化环境重建等前沿课题，重视山地的形成和演变，正确处理人山关系，山地垂直带谱的结构功能和山地河流下游效应”等重大理论问题的研究。同年11月余大富在《山地研究》发表“发展山地学之我见”[228]，从发展山地学的科学背景、科学属性等方面分析人手，对建立什么样的山地学提出了不同的看法，进而提出了欲建立的山地学的学科地位和知识结构框架。他又于1998～2002年在《山地研究》上发表了“山地学研究对象和内容浅议”[229]，进一步将山地学研究对象定义为“以地域自然－人文综合体存在的山地系统即山地人－地系统”。艾南山于同期也发表了“也谈山地学”的文章[230]，从比较的角度对山地学的有关概念、对象等进行了讨论。同年钟祥浩发表了“山地研究的一个新方向——山地环境学”的文章[111]，对山地科学体系中最具现实理论和实践意义的热点问题进行了讨论。上述情况表明，到90年后期，山地学的发展进入了一个理论准备时期。

2000年，由钟祥浩等[2]主编的《山地学概论与中国山地研究》一书正式出版。书中对建立和发展山地学的背景，山地定义，山地学研究对象、任务、内容、方法及其学科地位等重要问题进行了详细的讨论，是我国首次对建立和发展山地学有关重大理论问题进行论述的著作。关于山地定义问题，书中对国内外山地定义进行了剖析，指出了其科学合理的部分和不足的方面。山地最基本的特征是拥有较大的相对高度和较陡的坡度，并有岭谷的组合。这些特征充分地反映了山地的本质属性和学科内涵。但是，在现有知识基础条件下，给出界定山地高度有多高、坡度有多陡、谷地有多宽的定量指标尚有难度。因此，在强调山地最基本特征时，要重视体现能量、坡面物质的梯度效应(如气候、土壤、生物的垂直变化特征，滑坡、崩塌、泥石流、水土流失活跃)。关于山地学研究对象，书中规范为“作为自然－人文综合体而存在的山地地域系统”。这里的山地地域系统，是指包括了人文因素或有人文价值和人文活动影响的山地系统，它不同于自然属性的山地系统。可见，山地地域系统的核心是山地人－地系统，其研究的侧重点在于实践和技术范畴的人－山关系，特别是人类活动与山地生态系统(含山地环境)结构、功能演变关系，这与地理学偏重于哲学范畴的人－地关系研究有所不同。因此山地学研究内容应包括：山地属性(原生的和次生的)的全面揭示和山地地域系统的演变动力、过程、规律以及山地学的方法论。目前采用的研究方法可分为技术手段和思维(思想)方法两类。尽管上述理论问题有待于进一步的讨论完善，但是这些理论问题的提出标志山地研究理论的发展。

进入21世纪的10多年来，山地生态学理论、内容与方法的研究受到生态学学家和山地科学工作者的关注。方精云等[231]在深入分析山地的生态特征基础上，提出山地生态学研究内容及其基础理论问题。他们认为山地生态学是研究在山地这一特定环境中，不同生命层次的生态现象和过程的生态学领域。山地地形地貌与各种生态现象和过程的相互作用应为山地生态学的核心研究内容。其他研究内容还应包括：山地生态复杂性与生物多样性、山地气候变化、山地生态工程、山区可持续发展综合研究以及山地生态学研究技术与方法论；他们把“山地生态复杂性与生物多样性”和“山地气候变化与生态系统关系”作为山地生态学研究的两个主要理论问题。他们的研究对发展山地生态学理论具有开拓性意义。王根绪等[232]，系统阐述了开展山地生态学研究的重要性和必要性，同时通过对国际山地生态学研究进展的系统综述，提出了现阶段山地生态学研究的重点领域和前沿科学问题。重点领域包括：①全球变化与山地生态带谱响应；②山地生物多样性分布格局与变化；③山地生态水循环与水-碳耦合关系；④山地生物地球化循环与生物化学计量学；⑤山地灾害与生态服务。吴艳宏等[233]给出了山地生态地球化学的定义：山地生态地球化学是研究山地生态系统开展各要素中元素或化合物的组成特征、来源、含量、形态、迁移转化规律及其所产生的生态环境效应。他们在对国内外有关山地生态地球化学研究情况作了全面综述基础上，提出山地生态地球化学应重点关注的几个领域，强调在加强理论研究的同时，要注重建立完善的方法体系、研究体系和生态效应评价体系，为山地生态地球化学预警和生态保护、恢复提供依据。孙然好等[234]在对国内外山地垂直带谱研究现状和存在问题进行全面总结基础上，提出利用现代信息技术建立全方位的、连续的“山地景观信息图谱”，同时提出了构建山地景观信息图谱的思路、进展和展望。

第三节 中国山地研究展望

世界上有1/5的面积为山地，有约50%的人口依靠山地资源而存在。山地是地球生命支撑体系的一个重要组成部分，是关系到地球生态系统生存与发展的基础。从维护21世纪人类的生存与发展考虑，山地资源的合理开发利用与科学保护有着非常重大的意义。世界上许多大河均发源于山地，山地生态与水源的保护直接影响大河中下游的国计民生。山地拥有丰富的清洁淡水资源，世界上有一半以上人口的用水来自于山地。随着人口的增加和社会经济的发展，山地的“水塔”作用越来越重要。山地拥有丰富的生物种类，是全球生物多样性的核心区。它既是现代人工栽培植物的主要发源地，又是大量濒危物种的避难所和保护所，山地“基因库”的作用和丰富的生物多样性资源对人类社会发展的影响愈加显得重要。当前，全球变化与全球化正以前所未有的规模和速度开展着，山地是在迅速的全球变化与全球化中受影响最强烈和最敏感的地区。山地研究工作的重要性和紧迫性必将伴随全球变化与全球化发展进一步的显现出来。根据我国山地研究工作的现状和国际山地研究发展趋势，我们认为，今后应加强如下领域的研究。

一、山地资源的综合研究

目前山地资源的研究，一般都是停留在对山地客观存在着的土地、水、矿产、动植物、气候等资源的单一性研究，即单一资源、单一部门、单一区域、单一学科的资源研究。这种状况不仅不利于资源的科学有效利用，而且带来资源的极大浪费和产生大量资源—环境—生态问题。此外，在山地资源的研究中，重视了单要素资源的研究，却忽略了“山地本身的资源性或山地作为一个具有特殊功能的独立自然物时的资源价值”[2]研究。

山地拥有丰富的水、矿产、森林、动植物和土地等资源，这些自然资源对区域社会经济发展十分重要，甚至起着某种决定性作用，但社会经济发展水平往往取决于社会经济资源(更广泛地称为人文资源)对自然资源的作用效率。现代社会中资源的概念迅速扩展，人们对复杂问题的理解和思维方式正在发生日新月异的变化，特别是在全球经济一体化的影响下，资源与人口、经济、环境、生态等越来越明显地交织在一起。因此，单一的资源研究已经不能适应时代发展的需要。资源的综合研究已受到世界各国决策界和学术界的高度重视。

山地自然资源除了贮存于山地这个地貌域中的前述的各种单要素资源外，还包括山地作为独立自然物或各单要素有机联系的整体性资源，其核心是地形地势的价值体现和小生境的价值体现。余大富认为，山地作为一个独立自然物的资源属性是以其地形地貌的静态-动态开发价值来体现的。静态开发价值如小生境开发、常规的主体农业开发等；动态开发主要指利用地貌过程和斜坡形成、侵蚀沟的发展、物质搬运堆积及地形演变过程等来为人类服务[2]。此外，山地还拥有体现山地特色的丰富的山地人文资源。可见，山地具有其他地域所不及的山地资源体系。而且这种体系表现出显著的区域差异性。不同山地区域的山地资源体系的结构、功能有所不同，它们影响甚至决定着该山地区域社会经济发展方向与水平。因此，开展山地资源及其开发的综合研究显得十分的必要。

某一山地区社会经济发展过程可理解为以资源为核心的资源开发、利用、配置、管理等复杂的自然与社会过程，这是一个由多种资源参与、多种资源过程交错、多部门利益驱动的资源综合作用过程。因此，山地资源综合研究就是根据特定的山地区域(尺度可大可小，大者可到省级、地区(市)级或县(市)级，小者到乡级或山地小流域等)发展目标和资源基础，在各类资源的自然规律和社会经济规律的研究基础上，综合分析各类资源的数量、质量、开发布局、开发利用可能产生的环境与生态问题，深入研究山地区资源与人口、环境、经济之间的相互关系，探讨自然资源本身的规律，社会经济资源布局与配置优化方式，提出跨区域、跨学科、跨部门和跨时期的资源总体战略、优化配置、高效合理利用、循环再生、有效管理等可实施的总体方案[235]。这就是山地资源综合研究的科学内涵。

我国是一个山地大国，山地自然资源和人文资源十分丰富，在国家社会经济发展中起着重要作用。目前，具有前述科学内涵的不同山地区域的山地资源综合研究工作做得很不够。今后应加强这方面的研究，根据不同山地区域在国家社会经济发展中的重要程度和基础条件，按轻重缓急开展山地资源的综合研究，为国家和地方政府提供可实施的总体方案。

二、山地地域系统综合研究与山地学科的发展

回顾山地研究发展的历史，山地气象与气候现象的多变、山地地貌形态的复杂多样以及山地植被变化等最早为人们所关注，其研究历史最为悠久，并相继出现《山地气象学》、《山地气候学》、《山地地貌学》等以山地某一自然要素过程为对象的山地科学研究。1970年代以来，这种现象继续得到加强，诸如山地生态学、山地环境学、山地灾害学等相继出现。随着山区经济发展和山区经济问题的出现，《中国山区经济学》正式出版[236]。上述现象的产生，完全是来源于人们在山区生产实践的需要，这也进一步证明了恩格斯关于“科学的产生与发展一开始就是由生产决定”的论断。相信这种现象还会继续产生，包括某些自然科学分支和某些社会科学分支在内的、以山地为研究对象的山地科学研究必将得到进一步的发展。部门山地学理论、方法必将在生产实践中逐步形成和完善。

中国和世界上的山地，可分为有人类活动和无人类活动两种情况。无人类活动山地面积已经不多了，这里的气候、地貌、水流、生物等过程都是一种自然过程，研究这种

自然过程的特点，对认识区域乃至地球自然演变规律，无疑是十分重要的。现在的情况是地球上绝大多数山地都受到人类活动的干扰，其中的各种自然过程都不同程度地加入了人为过程的影响。这为人们认识自然过程的规律增加了困难，同时也为人们正确的区域经济活动决策的制定带来难度。在这种情况下的就自然过程论自然过程和就经济谈经济的研究难于解决当前人类面临的山地经济贫困、自然生态环境退化恶化等重大问题。因此，开展作为自然-人文综合体而存在的山地地域系统的综合研究，是山地可持续发展的需要。

山地地域是指由一定相对高度和较陡坡度以及山前坡麓带和岭间谷地等地貌要素组成的地域。在这个地域内，具有能量(热能、势能和动能等)的梯度变化及相应的梯度效应，表现为气候、生物、土壤等自然要素的垂直变异和崩塌、滑坡、泥石流及土壤侵蚀等过程的发生。这些过程彼此互为影响、互相作用，具有系统性特点，属于物质输出大于输入的特殊系统。可见，山地地域系统是地球陆地表层系统中的一种特殊地理事物类型。它可以通过特定的模式来揭示山地地域系统中的各种过程之间的关系。20 世纪 70～80 年代，在阿尔卑斯山、安第斯山、喜马拉雅山和非洲典型山区综合的研究中，都分别建立了相应的可推进山地地域系统可持续发展的模式，尽管这些模式大多数来自于经验的假设，但展示了山地研究的新动向。这些模式表明了山地地域系统具有与一般地理系统所不同的特殊内涵。因此，以山地地域系统这一特殊地理事物类型为研究对象的山地学学科的提出是有其深刻理论基础的。

山地地域系统是个复杂的开放的巨系统，而有人群居住和活动的地域更是个极其复杂的自然-经济-社会大系统。这个大系统由环境系统、生态系统、资源系统、产业系统、人口系统和社会组织系统等众多系统所组成，各子系统又由许多小系统组成，每一个子系统和小系统之间都存在着密切的纵向和横向的联系，形成纵横交错的无形网络，使山地地域系统中的自然、资源、生态、社会和经济等系统成为有机的整体。因此研究山地地域系统的结构、功能与演化的特点、规律和过程，是构成山地综合开发或最优化开发的理论基础。可见，以实现山地地域系统可持续发展为目标的山地地域系统结构、功能与演化的研究，必将改变过去多学科分散、孤立地研究山地的局面，进而推动开展山地地域系统综合研究的山地学科的发展。综合山地学理论与方法也必将在生产实践中得到建立与完善。

三、全球变化与全球化格局下的山地环境研究

全球变化是指在自然和人为作用下出现的全球性自然环境问题，如土地荒漠化、温室气体效应带来的气候变化等。当前，全球变化正以前所未有的规模和速度给人类社会带来冲击。全球变化的表现在地球上不同地区是不同的。而山地则是在迅速的全球变化中受影响最强烈和最敏感的地区[237]。山地是一种特殊地域类型。在该地域内，具有复杂的能量、物质体系，生态环境体系和人类生存环境体系，具有平原地区所没有的能量、坡面物质的梯度效应，表现为山地地域系统的生物多样性、生态系统脆弱性和生态环境的敏感性与不稳定性。这些特点对全球变化的响应快速而强烈，特别是在高山地区山地特征“线”附近，如雪线、树线、林线、冻土带和冰缘带下线以及半湿润与半干旱、半干旱与干旱之间的过渡线等对全球变化的响应最为敏感。通过这些特征“线”生物生态

现象、物种多样性变化、坡面物质移动速率、坡面微形态和微结构变化等现象的观测与研究，可以发现和揭示全球变化的现象与过程特点，为全球变化的预警提供非常有用的信息。我国山地面积大，高大山系多，特别是拥有举世瞩目的对全球变化响应最为敏感的青藏高原。加强我国这些高原山地特征山地“线”动态变化的观测研究，可为全球变化研究提供重要依据，作出重大贡献。观测研究内容包括：①冰冻圈的动态，即冰、雪的积累与消融、永冻层的变化、坡面泥流过程等；②高原高山区典型陆地生态系统群落结构、物种组成、生理生态等现象的变化；土壤性状、结构，微生物及水分和温度变化等；③高原高山湖泊和湿地生态系统结构与功能的变化以及高山河流水文状况变化。我们建议在现有高原高山生态、物理观测台站基础上，进一步补充和完善观测内容和增补必要的观测台站，开展长期的观测与研究。

山地环境变化是复杂的，除了加强敏感区敏感生态系统的观测外，还需加强不同垂直梯度生态及水文学方面的研究，该研究需要沿垂直带及敏感地区进行生态学和水文学的野外实验，包括人工实验，以此了解人为作用下生态环境的潜在变化及其对生物生态的影响，通过对生态系统结构、功能变化的了解，提出生态系统对胁迫因子反应的指标体系。通过对垂直梯度多样性强烈变化特点和伴随生态系统功能的变化的了解，揭示多样性与生态系统功能的关系和退化生态系统恢复对退化环境的适应机理。

建立在综合模型基础上的不同山地环境变化的研究，是目前国际上受到重视的一个研究方向。例如，根据现行和变化的大气与社会－经济条件，对复杂山地景观和河流流域的土地覆被与地形过程的模拟；利用土地－大气耦合模型综合分析山区环境变化。此外，在可持续土地利用和自然资源管理方面，重视森林资源的变化对未来农业潜力、土壤侵蚀速率、洪水及生物多样性影响的研究；重视集约或粗放农牧业经营对食物保证率、土壤侵蚀速率、洪水及生物多样影响关系研究以及农业用水和人口增加对下游供水、洪水和沉积物传输影响的研究。

在当代科技、信息和市场经济浪潮推动下的全球化(全球经济一体化)进程速度在加快，广大山区尚没有足够的能力来抵挡利润为目的的市场冲击，市场经济下的专项资源的过度开发，必然对脆弱的山地生态环境带来破坏，山区人们特有的保护环境及其稳定性的传统实践措施必将逐步丧失；山区综合开发价值必将减退。如何正视全球化给山区环境与发展带来的影响，并提出相应的对策，是当前急待研究的重大问题。

四、进一步加强山地可持续发展与安全性研究

由于山地环境的复杂性，加之交通不便性和信息封闭性带来山地经济不发达性这一落后的社会现象，在我国各大山地地域系统中都有不同程度的反映，其中在边远的山地区，这种现象尤为突出。20世纪80年代期间，全国划分的18个贫困片区绝大部分位于山区，它们分别是西藏高原山地、横断山区、秦巴山地区、武陵山地区、乌蒙山地区、滇东南山地区、桂西北山地区、九万大山地区、西海固地区、陕西高原山地区、陕甘黄土高原区、吕梁山地区、太行山地区等，其行政区域涉及全国24个省(市、区)范围。自1980年以来，通过多年的脱贫工作，这些山地区贫困面貌有了很大的改观，到2001年，全国绝大多数贫困山区已基本上完成了脱贫的历史任务。但是，这些贫困山区社会经济发展水平仍处于比较落后的状态，与中国中、东部地区特别是沿海发达地区相比较，贫

富差别仍很大。中国东部地区利用其有利的市场区位条件和人才、科技优势，呈现快速发展的态势。尽管西部边远山区经济在实施西部大开发和扶贫攻坚计划中得到发展，但与快速发展的东部相比较，差距没有缩小，有些地区在增大。伴随中国加入世贸组织和经济发展全球化进程加快，这种差距必将进一步拉大。面对这种形势，中国山区经济特别是社会经济发展滞后的原来的贫困山区如何快速发展，既是中国政府面临的重大课题，也是对我们山地科学工作者提出的严峻挑战。当前，我们需要思考中国山地区发展特别是边远山地区发展的最大问题是什么？目前应该有什么样的山地区发展战略新思维？如何培育和发展山地区的市场？以市场利润为目的资源开发利用与脆弱山地生态环境的保护如何协调？我们认为，这些都是我们山地科学工作者应该关心和研究的重大问题。

坚持人口、资源、环境与社会经济协调发展的持续性是山地发展必须遵循的最基本的准则。20 世纪 70 年代以来，世界上许多国家和地区都从系统的、综合的高度上开展山地可持续发展研究。它们研究结果都提出了不同形式的发展模型。这些模型的建立，既有系统过程分析的机理依据，也有来自经验的假设。从山地可持续发展模型的分析中发现，为山地居民提供可持续生计的机会放在比较重要的地位，强调要给山地居民指出干什么最有利和怎么干最有效的途径与措施。当前我们需要研究如何把山区可持续发展的要求与居民生计方式有机地联系起来，在保证山地居民传统生计的合理性基础上，开发出具有新的活力的可持续生计。中国山地类型复杂多样，不同山地区自然环境与人文环境区域差异显著，当前急需开展中国山地类型分类研究，当中国山地资源环境合理开发利用和实现山区可持续发展提供科学依据。

山地可持续发展的目标除了要强调发展的协调性、发展的持续性、发展的公平性外，还应强调发展的安全性。安全性包括生态安全、国土安全和人类生命财产的安全。山地地域系统具有环境的不稳定性和生态系统的脆弱性特点，系统内部各种自然力的相互作用以及人为活动影响下的变化具有潜在性、隐蔽性、难测性和突发性等特点[238]。这就意味着山地资源开发与社会经济发展具有不安全性，表现为崩塌、滑坡、泥石流和山洪等突发性山地灾害的经常发生以及水土流失、土地退化、荒漠化、石漠化等慢发性灾害一旦发生，难于恢复与重建[238]。

提高山地可持续发展安全性措施有很多，包括森林植被的保护、退化植被生态系统的恢复与重建，水土流失治理的工程措施与生物措施、滑坡泥石流和山洪灾害的工程治理与生物防治等。这些措施都比较成熟，在山地资源开发利用和山区经济建设中都不同程度地得到推广和应用。近年来，以崩塌、滑坡、泥石流和山洪为主的突发性山地灾害对人类生命安全和国家财产造成的危害和损失呈现增大的势头，其原因，一方面与人口增加和经济建设规模的扩大有关，另一方面，对灾害的发生不能科学准确地做出预测、预报和预警。因此，除要继续加大对我国主要山地区域特别是重点工程建设区、城镇区、交通干线沿线和人口密集区灾害预防的力度，还要从优化山地开发空间格局的高度上构建科学的山地生态安全屏障体系，明确哪些山地区应该重点发展，发展什么，如何发展，哪些山地区应该重点保护，保护什么，如何保护，按照国家主体功能区定位，推进我国山地区逐步形成科学合理的城镇化格局，农业发展格局和生态安全格局。我国山地生态安全屏障体系构建及其保护与建设是一项区域性、系统性、复杂性和综合性很强的重大科学命题。当前急需开展山地地貌形态(高度、起伏度、山脉走向、坡向、坡度等)的地形气候与水文效应及环境尺度效应研究；山地植被的大气与气体调节功能及其尺度效应研究；山地坡面成土速率、侵蚀速率与容许侵蚀量研究；山地植被在顶极状态下的生境特征与功能状态水平研究；山地生态系统格局、过程、功能及关键阈值研究；山地生态与环境承载力、脆弱度以及山地生态安全屏障预警系统等研究。我国山地生态安全屏障保护与建设成败关键在于如何处理好脆弱山地环境的保护、生态功能最优发挥与山区社会经济的适度发展之间的矛盾，为此，需要深入研究山地生态安全屏障功能特点及其尺度效应；山地生态系统服务功能价值科学定量评估以及生态效益补偿机制、标准、方法，为生态效益补偿长效机制的建立与相应政策的落实提供依据，为破解上述矛盾提供科技支撑。

参考文献

[1] UMESCO. Programme on Man and Biosphere(MAB)，Working group on Project 20～23. 6：Inpoct of human actirities on mountain and tundra ecosystem，Lillehammer，November，1973，Final report，MAB report 14，UNESCO，Paris，1～132.

[2] 钟祥浩，余大富，郑霖，等. 山地学概论与中国山地研究［M］. 成都：四川科学技术出版社，2000，1～327.

[3] 刘闯. 秦岭迷魂阵山的土地资源结构［J］. 山地研究(现《山地学报》)，1985，3(2)：95～101.

[4] 陆立新. 陕西秦岭东段土地生态类型综合评价［J］. 陕西师范大学学报，1988，16(4).

[5] 程鸿，傅绶宁. 四川盆地山地土地利用的典型研究［J］. 山地研究(现《山地学报》)，1988，4(4)：255～262.

[6] 尹国康. 汉江流域的地貌结构与土地资源［J］. 地理科学，1993，13(2).

[7] 刘胤汉，杨东朗. 秦巴山地垂直自然带的土地演替［J］. 地理科学，1993，13(2).

[8] 刘彦随. 土地类型结构格局与山地生态设计［J］. 山地学报，1999，17(2)：104～109.

[9] 任志远，郭彩玲. 秦巴山土地系统的景观生态设计［J］. 山地研究(现《山地学报》)，1998，16(2)：146～150.

[10] 刘彦随. 山地土地类型的结构分析与优化利用：以陕西秦岭山地为例［J］. 地理学报，2001，56(4).

[11] 李万. 论高度景观带及其对农业生产的意义［J］. 山地研究(现《山地学报》)，1984，2(4).

[12] 徐樵利，谭传凤，等. 山地地理系统综论［M］. 武汉：华中师范大学出版社，1994.

[13] 陈百明. 中国农业资源现状与近期潜力评估［J］. 资源科学，2000，22(2).

[14] 段长麟，张先发，胡士权. 贡嘎山地区水热基本特征及光合生产潜力［M］. 重庆：科学技术文献出版社重庆分社，1983，35～46.

[15] 周霞，陈东景. 天山南坡气候垂直变化特征［J］. 山地研究(现《山地学报》)，1998，16(1)：47～52.

[16] 陈昌毓. 祁连山北坡水热条件对林草分布的影响［J］. 山地研究(现《山地学报》)，1993，11(2)：73～80.

[17] 程根伟. 贡嘎山极高山区的降水分布特征探讨［J］. 山地研究(现《山地学报》)，1996，14(3)：177～182.

[18] 郭康. 太行山—燕山地区的气温分析［J］. 山地研究(现《山地学报》)，1983，1(3)：37～41.

[19] 王祥珩. 我国亚热带山地气候特征与农业多种经营［J］. 山地研究(现《山地学报》)，1984，2(2)：69～76.

[20] 侯光良. 试论我国亚热带山区农业气候资源利用的几个问题［J］. 山地研究(现《山地学报》)，1985，3(1)：10～14.

[21] 冯达权. 四川盆地东南山地气候与水稻生态的关系［J］. 山地研究(现《山地学报》)，1986，4(2)：117～124.

[22] 方至. 湘西农业气候资源的潜在优势及其利用［J］. 山地研究(现《山地学报》)，1991，9(1)：1～6.

[23] 王阳临. 甘肃白龙江林区垂直气候带的划分［J］. 山地研究(现《山地学报》)，1988，6(1)：29～37.

[24] 黄克新，宁晓松. 山区≥10℃积温推算方法的讨论［J］. 山地研究(现《山地学报》)，1991，9(1)：14～18.

[25] 王宇. 云南山区日照时数的垂直分布［J］. 山地研究(现《山地学报》)，1993，11(1)：1～8.

[26] 张界才. 我国山地农业气候资源优势及其合理利用［J］. 山地研究(现《山地学报》)，1992，10(1)：11～18.

[27] 黄中艳. 滇东北山地气候特征［J］. 山地研究(现《山地学报》)，1994，12(1)：32～38.

[28] 贺素娣，文传甲. 横断山地区辐射平衡各分量的计算和分布特征［J］. 山地研究(现《山地学报》)，1983，1(3)：

32～36.
[29] 张建平. 元谋干热河谷降水异常灰色灾变预测 [J]. 山地研究(现《山地学报》)，1995，13(1)：55～59.
[30] 谢国清，尹晓毅. 西南三省山地剖面气象资料管理服务系统 [J]. 山地研究(现《山地学报》)，1995，13(1)：60～64.
[31] 毛政旦. 山地气候区划的几个问题 [J]. 山地研究(现《山地学报》)，1988，6(2)：100～104.
[32] 张谊光. 横断山区气候区划 [J]. 山地研究(现《山地学报》)，1989，7(1)：21～29.
[33] 谢庆梓. 福建山地气候生态特征及其宜茶气候带的划分 [J]. 山地研究(现《山地学报》)，1993，11(1)：43～49.
[34] 石忆邵. 陕西省农业气象灾害地域组合规律及防御 [J]. 山地研究(现《山地学报》)，1995，13(1)：1～6.
[35] 刘引鸽. 陕西关中西部山区气候资源及其开发利用 [J]. 山地学报，2000，18(1)：84～88.
[36] 刘文杰. 西双版纳近 40 年气候变化对自然植被净第一性生产力的影响 [J]. 山地学报，2000，18(4)：296～300.
[37] 刘照光. 合理利用亚热带山地植物资源 [J]. 山地研究(现《山地学报》)，1983，1(1)：22～26.
[38] 周治泽. 万县山区林业优势浅析 [J]. 山地研究(现《山地学报》)，1983，1(4)：53～57.
[39] 王启富. 凉山州境内干热河谷的营林设想 [J]. 山地研究(现《山地学报》)，1983，1(4)：58～54.
[40] 陈起忠，王少昌，李承彪. 四川森林的生长动态与永续利用探讨 [J]. 山地研究(现《山地学报》)，1984，2(4)：221～228.
[41] 向成华，潘攀. 四川林农复合经营持续发展对策探讨 [J]. 山地研究(现《山地学报》)，1997，15(1)：1～6.
[42] 徐廷志. 论长江流域的槭树资源与利用 [J]. 山地研究(现《山地学报》)，1995，13(3)：177～180.
[43] 陈初才. 天目山区植物资源 [J]. 山地研究(现《山地学报》)，1987，5(1)：41～48.
[44] 刘华训. 我国西北荒漠地区的山地植被及其利用 [J]. 山地研究(现《山地学报》)，1987，5(3)：173～180.
[45] 王金亭，李扬，阎建平. 横断山区干旱河谷植被改造利用刍议 [J]. 山地研究(现《山地学报》)，1988，6(1)：11～16.
[46] 周兴. 广西石灰岩山地受害生态系统改建 [J]. 山地研究(现《山地学报》)，1995，13(4)：241～247.
[47] 杨忠，张信宝，王道杰，等. 金沙江干热河谷植被恢复技术 [J]. 山地学报，1999，17(2)：152～156.
[48] 包维楷，陈庆恒. 退化山地生态系统恢复与重建问题的探讨 [J]. 山地学报，1999，17(1)：22～27.
[49] 包维楷，王春明. 岷江上游山地生态系统的退化机制 [J]. 山地学报，2000，18(1)：57～62.
[50] 钟祥浩，罗辑. 贡嘎山山地暗针叶林自然与退化生态系统生态功能特征 [J]. 山地学报，2001，19(3)：201～206.
[51] 钟祥浩. 论四川盆地丘陵区防护林体系建设 [J]. 山地研究(现《山地学报》)，1990，8(1)：105～112.
[52] 周麟. 那曲地区草原退化过程及原因剖析 [J]. 山地研究(现《山地学报》)，1998，16(3)：239～243.
[53] 倪焱. 浙江山区马尾松垂直适宜带的划分 [J]. 山地学报，1988，6(2)：110～114.
[54] 余有德，刘伦辉，张建华. 横断山区植被分区 [J]. 山地研究(现《山地学报》)，1989，7(1)：38～36.
[55] 杨钦周. 四川森林的地域分异特点 [J]. 山地研究(现《山地学报》)，1988，6(4)：210～218.
[56] 刘伦辉. 横断山区干旱河谷植被类型 [J]. 山地研究(现《山地学报》)，1989，7(3)：175～182.
[57] 赵佐成. 川西北地区珍稀濒危植物和特有种属植物分析 [J]. 山地研究(现《山地学报》)，1989，7(3)：183～189.
[58] 上官铁梁，张峰. 云顶山植被及其垂直分布研究 [J]. 山地研究(现《山地学报》)，1991，9(1)：19～26.
[59] 刘文彬. 岷江上游半干旱河谷灌丛植物区系 [J]. 山地研究(现《山地学报》)，1992，10(2)：83～88.
[60] 刘振声，汤奇成. 横断山南部河流枯季径流分析 [J]. 山地研究(现《山地学报》)，1985，3(2)：65～72.
[61] 熊怡，李秀云，王玉枝，等. 横断山区水文区划 [J]. 山地研究(现《山地学报》)，1989，7(1)：29～37.
[62] 冯光扬. 水文年内不均匀系数探讨 [J]. 山地研究(现《山地学报》)，1991，9(1)：27～32.
[63] 何毓成. 贡嘎山地区地理考察 [M]. 重庆：科学技术文献出版社重庆分社，1983，47～54.
[64] 林三益，缪韧，易立群. 中国西南地区河流水文特征 [J]. 山地学报，1999，17(3)：240～243.
[65] 谢小立，王凯荣，周卫军. 红壤丘岗缓坡地水资源状况与管理 [J]. 山地学报，2000，18(4)：336～340.
[66] 程根伟，余新晓，赵玉涛，等. 山地森林生态系统水文循环与数学模拟 [M]. 北京：科学出版社，2004.
[67] 王皓，高洁，傅旭东，等. 高山深谷地区的水文模拟：以拉萨河流域为例 [J]. 北京师范大学学报，2010，46(3)：300～306.
[68] 余大富. 山地土壤开发刍议 [J]. 山地研究(现《山地学报》)，1985，3(1)：15～22.
[69] 刘洪玉. 平武县山地土壤的开发利用 [J]. 山地研究(现《山地学报》)，1985，3(3)：173～178.

[70] 郑远昌，高生淮，钟祥浩. 四姑娘山区土壤及其垂直分布 [J]. 山地研究(现《山地学报》)，1988，6(4)：227~234.
[71] 余大富. 贡嘎山地区地理考察 [M]. 重庆：科学技术文献出版社重庆分社，1983，63~78.
[72] 高以信. 我国高山土壤分类研究进展 [J]. 山地研究(现《山地学报》)，1990，8(1)：9~18.
[73] 高以信，李明森. 青藏高原土壤区划 [J]. 山地研究(现《山地学报》)，1995，13(4)：203~212.
[74] 黄成敏，何毓蓉，文安邦. 四川紫色土退化的分类与分区 [J]. 山地研究(现《山地学报》)，1993，11(4)：201~208.
[75] 宫阿都，何毓蓉. 金沙江干热河谷典型区(云南)退化土壤的结构性与形成机制 [J]. 山地学报，2001，19(3)：213~219.
[76] 何毓蓉，黄成敏. 四川紫色土退化及其防治 [J]. 山地研究(现《山地学报》)，1993，11(4)：209~215.
[77] 郭永明，汤宗祥，唐时嘉，等. 岷江上游土壤资源的保护性利用 [J]. 山地研究(现《山地学报》)，1993，11(4)：251~256.
[78] 成文，何毓蓉. 紫色土不同土体的水热特征 [J]. 山地研究(现《山地学报》)，1993，11(2)：119~124.
[79] 陈健飞. 福建山地土壤的系统分类及其分布规律 [J]. 山地学报，2001，19(1)：1~8.
[80] 何毓蓉，黄成敏. 元谋干热河谷的土壤分类系统 [J]. 山地研究(现《山地学报》)，1995，13(2)：73~78.
[81] 何毓蓉. 我国南方山区土壤退化及防治 [J]. 山地研究(现《山地学报》)，1996，14(2)：110~116.
[82] 方江平. 西藏色季拉山的土壤性状与垂直分布 [J]. 山地研究(现《山地学报》)，1997，15(4)：228~333.
[83] 秦明周. 红壤丘陵区农业土地利用对土壤肥力的养分影响及评价 [J]. 山地学报，1999，17(1)：71~75.
[84] 高以信，李明森. 横断山区土壤 [M]. 北京：科学出版社，2000，1~289.
[85] 郝革宗. 我国山地旅游资源 [J]. 山地研究(现《山地学报》)，1985，3(2)：102~108.
[86] 郭彩玲. 我国山地旅游资源特征及可持续开发利用对策探讨 [J]. 地域研究与开发，2006，25(3)：56~59.
[87] 刘宇峰，孙虎，原志华. 陕西秦岭山地旅游资源特征及开发模式探讨 [J]. 山地学报，2008，26(1)：113~119.
[88] 程进，陆林，晋秀龙，等. 山地旅游研究进展与启示 [J]. 自然资源学报，2010，25(1)：162~172.
[89] 郑敏，张伟. 山地旅游资源生态补偿机制构建 [J]. 安徽农业科学，2008，36(11)：4629~4630.
[90] 余大富. 山地资源的特点及开发策略 [J]. 山地学报，2001，增刊：103~107.
[91] 冯佺光. 我国山地资源综合开发与山区经济可持续发展 [J]. 农业现代化研究，2008，29(6)：696~701.
[92] 李一鲲. 从云南的自然特点讨论山地资源的开发利用 [J]. 热带农业科技，2008，31(1)：33~37.
[93] 尼玛扎西. 西藏山地资源特点及开发利用 [J]. 西藏农业科技，1996，18(3)：53~57.
[94] 赵松乔. 我国山地环境的自然特点及开发利用 [J]. 山地研究(现《山地学报》)，1983，1(3)：1~9.
[95] 王明业，朱国金，贺振东，等. 中国的山地与山地系统 [J]. 山地研究(现《山地学报》)，1986，4(1)：67~74.
[96] 郑远昌，高生淮，柴宗新. 试论横断山地区自然垂直带 [J]. 山地研究(现《山地学报》)，1986，4(1)：75~83.
[97] 高冠民. 神农架山地垂直自然带 [J]. 山地研究(现《山地学报》)，1986，4(4)：282~286.
[98] 王树基，王永兴. 天山山间盆地的形成及实际意义 [J]. 山地研究(现《山地学报》)，1986，4(4)：287~294.
[99] 王运生，王士天，李渝生. 西藏中部的生态环境综合评价 [J]. 山地学报，2000，18(4)：318~321.
[100] 钟祥浩，郑远昌. 贡嘎山地区地理考察 [M]. 重庆：科学技术文献出版社重庆分社，1983，79~95.
[101] 申元村. 北京山区自然地理环境的基本特征 [J]. 山地研究(现《山地学报》)，1985，3(2)：88~94.
[102] 林承坤. 鄂西山区香溪流域地理环境演变 [J]. 山地研究(现《山地学报》)，1985，3(2)：79~87.
[103] 崔之久，蒋忠信，唐晓春. 云南祥云溪沟河近代河流袭夺 [J]. 山地研究(现《山地学报》)，1996，14(3)：146~152.
[104] 程根伟. 从森林水文作用看长江上游防护林工程 [J]. 山地研究(现《山地学报》)，1993，11(1)：61~64.
[105] 吕学斌. 金衢盆地沉积环境演变 [J]. 山地研究(现《山地学报》)，1993，11(1)：15~22.
[106] 郑远昌，张建平，殷义高. 贡嘎山海螺沟土壤环境背景值特征 [J]. 山地研究(现《山地学报》)，1993，11(1)：23~29.
[107] 郑本兴，马秋华. 贡嘎山全新世冰川变化与泥石流发育关系 [J]. 山地研究(现《山地学报》)，1994，12(1)：23~29.
[108] 李逊，熊尚友. 贡嘎山海螺沟冰川退却迹地植被原生演替 [J]. 山地研究(现《山地学报》)，1995，1392)：

109～115.
[109] 周麟. 云南省元谋干热河谷的第四纪植被演化 [J]. 山地研究(现《山地学报》)，1996，14(4)：239～243.
[110] 吕儒仁. 泥石流与环境 [J]. 山地研究(现《山地学报》)，1997，15(2)：91～96.
[111] 钟祥浩. 山地研究的一个新方向——山地环境学 [J]. 山地研究(现《山地学报》)，1998，16(2)：81～84.
[112] 苏维词，朱文孝. 贵州喀斯特山区生态环境脆弱性分析 [J]. 山地学报，2000，18(5)：429～434.
[113] 方光迪. 山地生态环境脆弱带初步研究. 见：赵桂久，刘燕华，赵名茶，等. 生态环境综合整治和恢复技术研究 [M]. 北京：科学技术出版社，1992，152～159.
[114] 郑国璋，张爱国，张淑莉，等. 山地稳定性研究的动态数值模拟 [J]. 山地学报，1999，17(4)：363～367.
[115] 李荣生. 论云贵高原脆弱生态环境整治战略. 见：赵桂久，刘燕华，赵名茶，等. 生态环境综合整治和恢复技术研究 [M]. 北京：北京科学技术出版社，1992，141～151.
[116] 赵桂久，刘燕华，赵名茶，等. 生态环境综合整治和恢复技术研究 [M]. 北京：北京科学技术出版社，1992，1～190.
[117] 杨勤业. 环境脆弱形势及其制图. 见：赵桂久，刘燕华，赵名茶，等. 生态环境综合整治和恢复技术研究 [M]. 北京：北京科学技术出版社，1992，55～60.
[118] 李阳兵，谢德体，魏朝富，等. 西南岩溶山地生态脆弱性研究 [J]. 中国岩溶，2002，21(1)：25～29.
[119] 靖娟利，陈植华，胡成. 中国西南部岩溶山区生态环境脆弱性评价 [J]. 地质科技情报，2003，22(3)：95～99.
[120] 胡宝清，金姝兰，曹少英，等. 基于GIS技术的广西喀斯特生态环境脆弱性综合评价 [J]. 水土保持学报 [J]，2004，18(1)：103～107.
[121] 肖荣波，欧阳志云，王效科. 中国西南地区石漠化敏感性评价及其空间分析 [J]. 生态学杂志，2005，24(5)：551～554.
[122] 黄秋昊，蔡运龙. 基于RBFN模型的贵州省石漠化危险度评价 [J]. 地理学报，2005，60(5)：771～778.
[123] 李荣彪，洪汉烈，强泰，等. 喀斯特生态环境敏感性评价指标分级方法研究：以都匀市土地利用类型为例 [J]. 中国岩溶，2009，28(1)：87～93.
[124] 钟祥浩，王小丹，刘淑珍. 西藏高原生态安全 [M]. 北京：科学出版社，2008.
[125] 钟诚，何宗宜，刘淑珍. 西藏生态环境稳定性评价研究 [J]. 地理科学，2005，25(5)：573～578.
[126] 施雅凤，李吉均，李炳元. 青藏高原晚新生代隆升与环境变化. 广州：广东科技出版社，1998，1～463.
[127] 包维楷，陈庆恒. 山地植被恢复与重建的基本理论和方法 [J]. 长江流域资源与环境，1998，7(4)：370～377.
[128] 包维楷. 岷江上游山地退化治理与恢复过程中物种选择的技术方法与实践 [J]. 资源学，2002，(1).
[129] 包维楷，陈庆恒，刘照光. 岷江上游退化山地系统生物多样性的恢复与重建研究 [J]. 见：钱迎倩，甄仁德主编. 生物多样性进展. 北京：中国科学技术出版社，1995，417～422.
[130] 包维楷，陈庆恒，陈克明. 岷江上游山地困难地段植被恢复优化调控技术 [J]. 应用生态学报，1999，10(5)：95～98.
[131] 何毓蓉，徐建忠，黄成敏. 金沙江干热河谷变性土的特征及分类系统 [J]. 土壤学报，1995，32(增刊)：102～110.
[132] 张信宝，陈玉德. 云南元谋干热河谷不同岩土类型荒山植被恢复试验研究 [M]. 见：中国地理学会编. 生态系统建设与区域持续发展研究. 北京：测绘出版社，1996，126～130.
[133] 刘淑珍，张建平，柴宗新. 金沙江干热河谷土地荒漠化特征及其防治探讨 [M]. 见：中国地理学会编. 生态系统建设与区域持续发展研究. 北京：测绘出版社，1996，44～50.
[134] 钟祥浩. 干热河谷退化生态系统的恢复与重建：以云南金沙江河谷典型区为例 [J]. 长江流域资源与环境，2000，9(3)：337～383.
[135] 谢高地，鲁春霞，冷允法，等. 青藏高原生态资产的价值评估 [J]. 自然资源学报，2003，18(2)：190～191.
[136] 鲁春霞，谢高地，肖玉，等. 青藏高原生态系统服务功能的价值评估 [J]. 生态学报，2004，24(12)：2749～2755.
[137] 谢高地，鲁春霞，肖玉，等. 青藏高原高寒草地生态系统服务价值评估 [J]. 山地学报，2003，21(1)：50～55.
[138] 郭其强，罗大庆，方江平，等. 西藏林芝森林生态系统服务功能价值评估 [J]. 安徽农业科学，2009，37(18)：8746～8749.

[139] 邓坤枚，石培礼，谢高地. 长江上游森林生态系统水源涵养量与价值的研究［J］. 资源科学，2002，24(6)：68～73.

[140] 高雪玲，刘康，康艳，等. 秦岭山地生态系统服务功能价值初步研究［J］. 中国水土保持，2004，(4)：19～21.

[141] 余新晓，秦永胜，陈丽华，等. 北京山地森林生态系统服务功能及其价值初步研究［J］. 生态学报，2002，22(5)：783～786.

[142] 吴钢，肖寒，赵景柱，等. 长白山林林生态系统服务功能［J］. 中国科学(C辑)，2001，13(5)：471～480.

[143] 李海涛，许学工，肖笃宁. 天山北坡中段自然生态系统服务功能价值研究［J］. 生态学杂志，2005，24(5)：488～492.

[144] 方一平. 山地生态系统人文研究综述［J］. 山地学报，2001，19(1)：75～80.

[145] 唐邦兴，柳素清，刘世建. 我国山地灾害的研究［J］. 山地研究(现《山地学报》)，1984，2(1)：1～7.

[146] 孙广忠. 中国自然灾害灾情分析［M］. 北京：学术书刊出版社，1990，1～280.

[147] 杜榕桓，刘新民，袁建模. 长江三峡工程库区滑坡与泥石流研究［M］. 成都：四川科学技术出版社，1990. 1～207.

[148] 田连权，吴积善，康志成，等. 泥石流侵蚀搬运与堆积［M］. 成都：成都地图出版社，1993，1～237.

[149] 中国科学院水利部成都山地灾害与环境研究所，西藏自治区交通厅科学研究所合著. 西藏泥石流与环境［M］. 成都：成都科技大学出版社，1999，1～245.

[150] 中国科学院水利部成都山地灾害与环境研究所，西藏自治区交通厅科学研究所合著. 川藏公路典型山地灾害研究［M］. 成都：成都科技大学出版社，1999，1～210.

[151] 李德基. 泥石流减灾理论与实践［M］. 北京：科学出版社，1997，1～240.

[152] 乔建平. 滑坡减灾理论与实践［M］. 北京：科学出版社，1997，1～230.

[153] 吕儒仁，李德基，谭万沛，等. 山地灾害与环境［M］. 成都：四川大学出版社，2000，1～308.

[154] 张军，熊刚. 云南蒋家沟泥石流运动观测资料集［M］. 北京：科学出版社，1991，1～258.

[155] 周必凡，李德基，罗德富，等. 泥石流防治指南［M］. 北京：科学出版社，1991，1～217.

[156] 钟敦伦，王成华，谢洪，等. 中国泥石流滑坡编目数据库与区域规律研究［M］. 成都：四川科学技术出版社，1998，1～139.

[157] 中国岩石力学与工程学会地面岩石工程专业委员会，中国地质学会工程地质专业委员会. 中国典型滑坡［M］. 北京：科学出版社，1988，1～366.

[158] 中国科学院水利部成都山地灾害与环境研究所. 泥石流研究与防治［M］. 成都：四川科学技术出版社，1989，1～342.

[159] 罗德富，吴积善. 西南自然灾害及其防治对策［M］. 北京：科学出版社，1991，1～152.

[160] 中国科学院水利部成都山地灾害与环境研究所编著. 中国泥石流［M］. 北京：商务印书馆，2000，1～375.

[161] 吴积善，田连权，康志成，等. 泥石流及其综合治理［M］. 北京：科学出版社，1993，1～332.

[162] 刘希林，唐川. 泥石流危险性评价［M］. 北京：科学出版社，1995，1～93.

[163] 杜榕桓，康志成，陈循谦，等. 云南小江泥石流综合考察与防治规划研究［M］. 重庆：科学技术文献出版社重庆分社，1987，1～283.

[164] 师哲，张平仓，舒安平. 泥石流监测预报预警系统研究［J］. 长江科学院院报，2010，27(11)：115～119.

[165] 韦方强，崔鹏，钟敦伦. 泥石流预报分类及其研究现状和发展方向［J］. 自然灾害学报，2004，13(5)：11～15.

[166] 白利平，王业耀，龚斌等. 基于可拓理论的泥石流灾害预警预报系统开发：以北京为例［J］. 现代地质，2009，23(1).

[167] 郑国强，张洪江，刘涛，等. 基于Bayes判别分析法的密云县山洪泥石流预报模型［J］. 水土保持通报，2009，29(1).

[168] 唐亚明，张藏省，薛强，等. 滑坡监测预警国内外研究现状及评述［J］. 地质评论，2012，58(3)：533～540.

[169] 李长江，麻土华，孙乐玲. 降雨型滑坡预报中计算前期有效降雨量的一种新方法［J］. 山地学报，29(1)：81～86.

[170] 李明，高维英，杜继稳. 陕西黄土地高原诱发地质灾害降雨临界值研究［J］. 陕西气象，5：1～5.

[171] 李铁锋，丛威青. 基于Logistic回归及前期有效降雨量的降雨诱发型滑坡预测方法［J］. 中国地质灾害与防治学

报，2006，17(1)：33～35.
[172] 吴树仁，金逸民，石菊松. 滑坡预警判据初步研究：以三峡库区为例 [J]. 吉林大学学报 [J]，2004，34(4)：596～600.
[173] 乔建平，杨宗佶，田宏岭. 降雨滑坡预警的概率分析方法 [J]. 工程地质学报，2009，17(3)：343～348.
[174] 许冲，戴福初，徐锡伟. 汶川地震滑坡灾害研究综述 [J]. 地质评论，2010，56(6)：860～872.
[175] 陈宁生，黄蓉，李欢等. 汶川5·12地震次生泥石流沟应急判识方法与指标 [J]. 山地学报，2009，27(1)：108～114.
[176] 崔鹏，庄建琦，陈兴长，等. 汶川地震区震后泥石流活动特征与防治对策 [J]. 四川大学学报(工程科学版)，2010，42(5)：16～19.
[177] 陈晓清，崔鹏，赵万玉. 汶川地震区泥石流灾害工程防治时机的研究 [J]. 四川大学学报(工程科学版)，2009，41(3)：125～130.
[178] 陈晓清，游勇，崔鹏，等. 汶川地震区特大泥石流工程防治新技术探索 [J]. 四川大学学报(工程科学版)，2013，45(1)：14～22.
[179] 侯学煜. 皖西和皖南山地丘陵发展大农业的途径 [J]. 山地研究(现《山地学报》)，1983，1(3)：10～16.
[180] 吴锡藩. 湘中新化县丘陵区农业综合开发利用 [J]. 山地研究(现《山地学报》)，1986，4(2)：173～178.
[181] 朱国金. 川西山地农业立体布局探讨 [J]. 山地研究(现《山地学报》)，1985，3(1)：23～30.
[182] 金学良，潘淑君. 伏牛山地合理开发利用刍议 [J]. 山地研究(现《山地学报》)，1985，3(1)：31～37.
[183] 胡博爱. 对开发武陵山区的浅见 [J]. 山地研究(现《山地学报》)，1985，3(1)：38～42.
[184] 韩同魁，陆红山. 综合开发湖北山区资源浅议 [J]. 山地研究(现《山地学报》)，1985，3(1)：43～46.
[185] 吴传钧. 贵州山区综合开发问题 [J]. 山地研究(现《山地学报》)，1985，3(3)：179～185.
[186] 李永福. 论贵州山地开发] J]. 山地研究(现《山地学报》)，1986，4(3)：201～206.
[187] 熊绍华. 湖南山区综合开发利用刍议 [J]. 山地研究(现《山地学报》)，1986，4(3)：207～214.
[188] 陈朝辉. 广东山区开发概况 [J]. 山地研究(现《山地学报》)，1986，4(3)：215～219.
[189] 李先琨. 广西岩溶地区农业综合开发及其对策 [J]. 山地研究(现《山地学报》)，1995，13(91)：7～13.
[190] 袁国强，王银峰. 试论我国山区农业有序发展 [J]. 山地研究(现《山地学报》)，1992，10(3)：131～136.
[191] 傅绶宁. 成都山地所山区开发研究 [J]. 山地研究(现《山地学报》)，1996，14(2)：78～82.
[192] 杨汉奎. 猫跳河流域持续发展的协调度 [J]. 山地研究(现《山地学报》)，1997，15(2)：77～80.
[193] 艾南山，李国林，李后强. 山区资源可持续利用模型 [J]. 山地研究(现《山地学报》)，1998，16(2)：85～88.
[194] 胡宝清，任东明. 广西石山区可持续发展综合评价 [J]. 山地研究(现《山地学报》)，1998，16(2)：136～139.
[195] 王礼先. 面向21世纪的山区流域经营 [J]. 山地研究(现《山地学报》)，1998，16(1)：3～7.
[196] 陈国阶. 贫困山区如何面向21世纪—渝鄂湘黔接壤区战略思考 [J]. 山地学报，1999，17(1)：16～21.
[197] 谢剑斌. 生态示范区建设与区域可持续发展 [J]. 山地学报，1999，17(3)：270～274.
[198] 李智广，刘务农. 秦巴山区中山地小流域土地持续利用模式探讨 [J]. 山地学报，2000，18(2)：145～150.
[199] 陈玮. 对我国山地城市概念的辨析 [J]. 建筑，2001，19(3)：55～58.
[200] 黄光宇. 山地城市空间结构的生态学思考 [J]. 城市生态规划，2005，29(1)：57～63.
[201] 孙春红. 从生态学角度思考山地城市绿地系统 [J]. 东南大学学报(自然科学版)，2005，25(增刊1)：201～204.
[202] 赵万民. 我国西南山地城市规划适应性理论研究的一些思考 [J]. 城市规划与设计，2008，4月：34～37.
[203] 吴良镛. 简论山地人居环境科学的发展 [J]. 山地学报，2012，30(4)：385～387.
[204] 刘晓东，晏利斌，程志刚，等. 中低纬度高原山地气候变暖对海拔高度的依赖性 [J]. 高原山地气象研究，2008，28(1)：19～23.
[205] 杜军. 西藏高原近50年的气温变化 [J]. 地理学报，2001，56(6)：682～690.
[206] 谭春萍，杨建平，米睿. 1991～2007年青藏高原南部气候变化特征分析 [J]. 冰川冻土，2010，32(6)：1112～1120.
[207] 杜军，马玉才. 西藏高原降水变化趋势的气候分析 [J]. 地理学报，2004，50(3)：375～385.
[208] 杜军，胡军，张展等. 西藏植被净初级生产力对气候变化的响应 [I]. 南京气象学院学报，2008，31(5)：738～743.

[209] 常国刚，李凤霞，李林. 气候变化对青海环境的影响与对策 [J]. 气候变化研究进展，2005，1(4)：172～175.
[210] 陈晓光. 认清形势开拓创新努力推动青海气候事业科学的发展 [J]. 青海气候，2010，1月：1～9.
[211] 羌永贝，李世杰，沈德福等. 青海高原江河源区近40年来气候变化特征及其对区域环境的影响 [J]. 山地学报，2012，30(4)：461～469.
[212] 钟祥浩，王小丹，刘淑珍. 西藏高原生态安全 [M]. 北京：科学出版社，2008.
[213] 郑度，姚檀栋. 青海高原隆升与环境效应 [M]. 北京：科学出版社，2004.
[214] 秦大河，丁一江，王强武. 中国西部环境演变及其影响研究 [J]. 地学前缘，2002，9(2)：321～328.
[215] 宋佃星. 秦岭南北气候变化响应与适应研究 [J]. CNKI 网络出版，2012 年 10 期.
[216] 周德成，罗格平，韩其飞，等. 天山北坡不同海拔梯度山地草原生态系统地上净初级生产力对气候变化及放牧的响应 [J]. 生态学报，2012，23(1)：81～84.
[217] 王超. 祁连山区出山径流对气候变化的响应研究 [J]. CNKI 网络出版，2012 年 02 期.
[218] 王晓东. 长白山北坡林线对气候变化的响应过程研究 [J]. CNKI 网络出版，2012 年 06 期.
[219] 段辉良，曹福祥. 中国亚热带南岭山地气候变化特点及趋势 [J]. 中南林业科技大学学报，2012，32(9)：100～113.
[220] 程建刚，王学锋，范立张，等. 近50年来云南气候带的变化特征 [J]. 地理科学进展，28(1)：18～24.
[221] 孙鸿烈，郑度. 青藏高原形成演化与发展 [M]. 广州：广东科技出版社，1998，1～350.
[222] 施雅风，李吉均，李炳元. 青藏高原晚新生代隆升与环境变化 [M]. 广州：广东科技出版社，1998，1～360.
[223] 汤懋苍，程国栋，林振耀. 青藏高原近代气候变化及对环境的影响 [M]. 广州：广东科技出版社，1998，1～339.
[224] 李文华，周新民. 青藏高原生态系统及优化利用模式 [M]. 广州：广东科技出版社，1998，1～380.
[225] 孙鸿烈. 青藏高原的形成与演化 [M]. 上海：上海科学技术出版社，1994.
[226] 丁锡祉，郑远昌. 初论山地学 [J]. 山地研究(现《山地学报》)，1986，4(3)：179～186.
[227] 丁锡祉，郑远昌. 再论山地学 [J]. 山地研究(现《山地学报》)，1996，14(2)：83～88.
[228] 余大富. 发展山地学之我见 [J]. 山地研究(现《山地学报》)，1996，14(4)：285～289.
[229] 余大富. 山地学研究对象和内容浅议 [J]. 山地研究(现《山地学报》)，1998，16(1)：69～72.
[230] 艾南山. 也谈山地学 [J]. 山地研究(现《山地学报》)，1998，16(1)：1～2.
[231] 方精云，沈泽昊，崔海庭. 试论山地的生态特征及山地生态学的研究内容 [J]. 生物多样性，2004，12(1)：10～19.
[232] 王根绪，邓伟，杨燕，等. 山地生态学的研究进展、重点领域与趋势 [J]. 山地学报，2011，29(2)：129～140.
[233] 吴艳宏，邴海健. 山地生态地球化学——定义、进展及展望 [J]. 地质评论，2012，58(1)：106～115.
[234] 孙然好，陈利顶，张百平，等. 山地景观垂直分异研究进展 [J]. 应用生态学报，2009，20(7)：1621～1624.
[235] 成升魁. 资源综合研究问题探讨 [J]. 资源科学，2000，22(1)：1～4.
[236] 肖克非. 中国山区经济学 [M]. 北京：大地出版社，1988，1～250.
[237] 李文华. 全球变化与全球化对山地环境的影响及对策. 见：冯志成，徐思淑. 山地人居与生态环境可持续发展国际学术研讨会论文集 [C]. 北京：中国建筑工业出版社，2001，248～251.
[238] 钟祥浩. 山地地域系统与山地可持续发展. 见：冯志成，徐思淑. 山地人居与生态环境可持续发展国际学术研讨会论文集 [C]. 北京：中国建筑工业出版社，2001，268～272.

第三章　山地科学体系构建[①]

第一节　山地系统复杂性与特殊性

山地拥有一定的海拔、相对高度和坡度以及相应的山体间谷地与盆地，由这些不同形态要素相互联系、相互影响构成的山地综合整体，称之为山地地域系统(简称山地系统)。山地系统有着明显不同于平原和平缓地段的复杂自然与社会人文现象。

长期以来，人们对山地充满着神秘的色彩，并在很早以前人类就开始了对山地奥秘的探索，那些鲜为人知的山地之谜一个又一个地被揭开。但是，由于山地现象的特殊性和山地自然环境的复杂性以及大多数山地又远离人类经济活动中心，因而对山地现象与过程的系统深入的综合研究显得十分的薄弱。

目前有关山地的术语有多种，如山、山区、山地、山脉、高地、山块、山链、山岳，在此基础进一步延伸又出现山链带、山脉带、山岳带和山系等。尽管山地的术语有多种，但它们都表达了一个共同意思：即突出于平地之上的高地，同时也表达了山地现象的复杂性。人们正是根据突起部分的高度、形态、规模、大小及其组合的不同，而出现上述不同的术语。在山地定义上，也有多种解释，不同学科的人提出不同的山地概念[1-7]。目前有关山地的概念包含了地貌学、自然地理学、生态学和山区经济学等多种观点。仅从山地术语和山地定义的多样性不难看出山地现象的复杂性和山地研究工作的薄弱性，从这一侧面也说明了加强山地研究工作的必要性和重要性。

山地由不同高度、不同形态、不同规模和不同排列组合的山体个体或山链所组成。由于组成山地的山体个体的千差万别，而带来山地现象的千变万化。突出于平原的单个山体的山地现象比较简单，实际情况表明，这种现象比较少见。地球陆地上的绝大多数山地都是山中有山，山外有山，表现为脉状、链状、块状或团状，其山地现象极其复杂。许多山地现象虽都做过不同程度的研究，但真正达到科学的解释及对其资源的全面了解和科学的利用，可以说还相差甚远。

地球陆地上最显著、最突出的现象无可置疑的就是呈脉状分布和延伸几千公里长度的高大山脉，如横跨亚洲、欧洲和北非洲的喜马拉雅—阿尔卑斯山脉，纵贯北、南美洲的落基山—安第斯山脉。这样的山脉是如何形成的，山脉内部的许多山地现象、过程有什么规律，一直为世人所重视，为山地科学工作者所关注。根据地质学观点，陆地上的山脉与大洋中远离海岸的岛链的形成有相似之处。因此，有人把大洋中的岛链称之为浸

---

① 本章作者钟祥浩，在2008年成文基础上作了补充、修改。

入水中的山脉。可见，山脉不是陆地上独有的地质现象，同时也说明，陆地上山脉的形成有它复杂的地球动力学机制与过程。因此，作为山地科学工作者对陆地上山地形成与演化的研究要有全球的观点。

地球表面由陆地和海洋所组成。陆地又由地盾、稳定地台(被覆盖的地盾)和褶皱山脉三个构造单元所组成；海洋底部的构造单元包括洋中脊、深海底、深海沟、海底山和大陆架。根据板块理论，洋中脊是巨大的海底山岭，是产生板块的地方，深海沟是板块的消减带，洋中脊和深海沟形成一系列巨大的地壳板块的边缘。板块碰撞和俯冲作用出现于深海沟和转换断层的部位，其结果在大陆边缘带形成巨大的褶皱山脉，上面提到的喜马拉雅—阿尔卑斯山脉和落基山—安第斯山脉就是在这种板块作用机制下形成的，并都在大陆的边缘呈狭长带状分布。褶皱山脉高耸于陆地的表面，成为全球最突出的外貌特征。这样的褶皱山脉在全球陆地上的分布面积不到陆地表面积的 1/5。但是它们对全球环境有着重大的影响。

山地拥有一定的高度，并出现高度带现象，这是山地特征中最引人注意的地方。山地高度带现象表现为气候、生物、土壤、地貌和生物地球化学等自然现象与过程随高度变化而出现有规律的梯度变化，表现出一定程度的分层性特征。山地由于其所在纬度位置和距海远近的不同，其高度带现象不同地区山地有所不同。对此现象，前人已做了不少研究，徐樵利等人将全球山地垂直带谱结构综合、概括为图 3-1、图 3-2。

山地垂直带谱结构的研究，可以丰富和发展自然地理地域分异理论。但是直至目前为止的研究，都是停留于山地表面优势植被类型现象的分析与综合，对产生高度带现象的物理、化学和生物过程以及物种多样性的形成与变化缺少系统的观测、试验资料，因此深入系统的分析研究十分欠缺。

山地高度带现象在高山地区表现得十分的清晰和有规律，特别是高山地区的山地特征线，如雪线、树线、林线以及冻土带和冰缘带下线等，在不同纬度的山地呈现出有规律的变化，其变化见图 3-3。

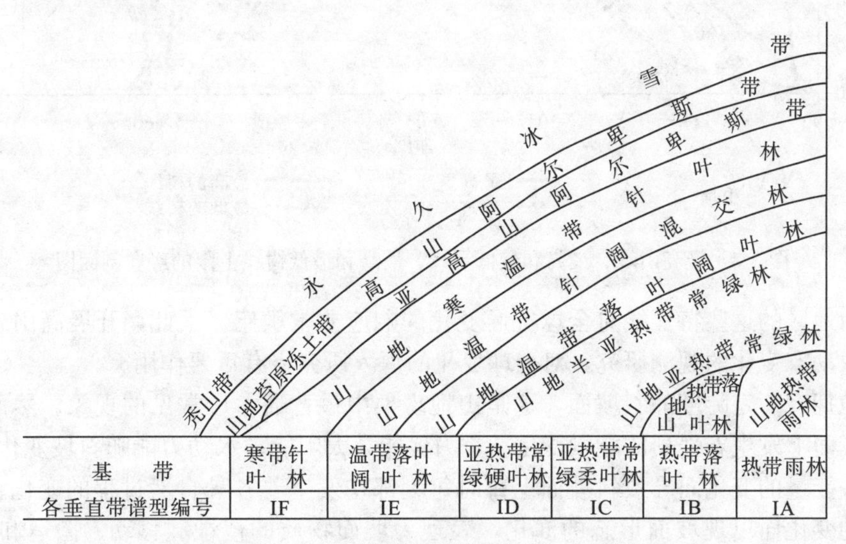

图 3-1　森林垂直带谱纲带谱结构一般图式

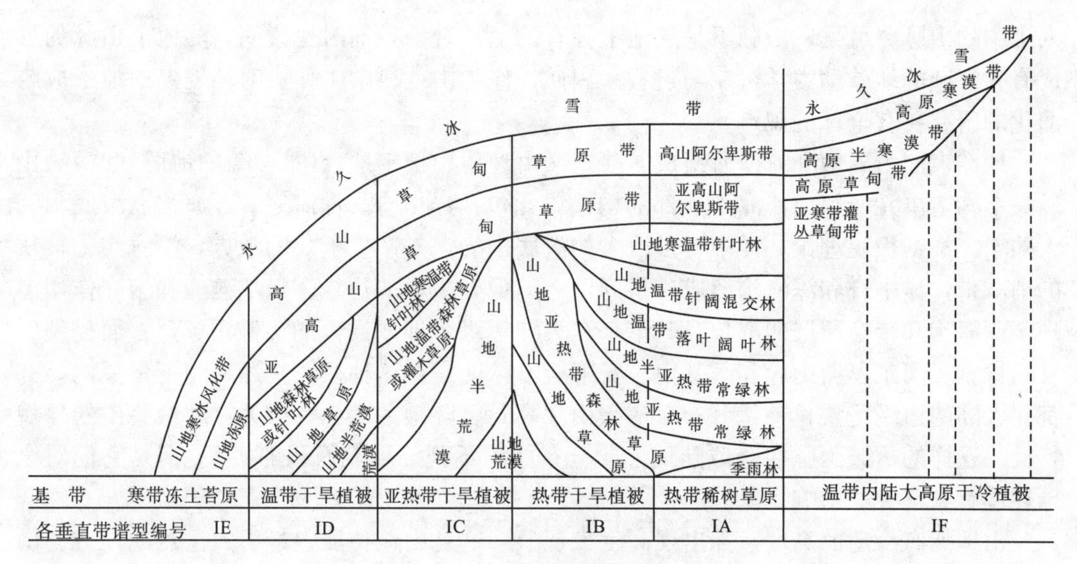

图 3-2　非森林垂直带谱纲带谱结构的一般图式

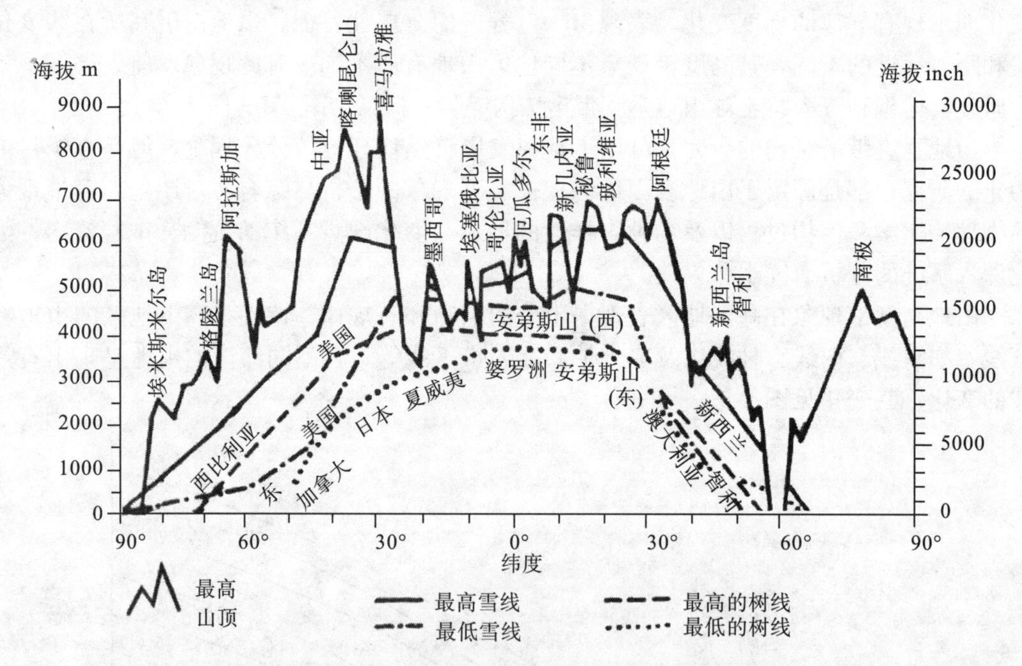

图 3-3　最高山峰、最高和最低雪线、最高和最低树线上限的经向剖面图

高山地区的这些特征线对全球气候变化的响应非常敏感。因此，开展高山地区这些特殊现象动态变化的观测研究，对全球变化的深入研究将有重要作用。

山地拥有一定陡度的斜坡面，这是山地现象中最普通、最常见的现象。然而就是在这种斜坡面上发生着强烈的能量变化。重力势能、太阳能、水动力能随斜坡变化而变化。由于这些能量的变化而导致斜坡面上每时每刻都在发生着各种自然过程的变化。由于这些过程的变化而出现坡面形态的演化，表现为坡面物质的侵蚀、移动、搬运和堆积等，以致形成不规则的破碎的坡面形态和坡面环境。

各种不同坡面环境下的坡面动力过程有它自身的规律。人类活动过程，如山地资源的开发和森林植被资源的利用以及其他各种工程建设的实施，若对这种规律不了解，则必然带来坡面环境的破坏，使之向着不利于人类生产和生活方向变化，轻则出现环境的退化，重则发生各种山地灾害。

因此，坡面过程及其规律的研究是指导人类合理开发利用山地最基础的工作，因为人类的主要活动都是在坡面上进行的。

由于山地拥有一定的高度和坡度，由此形成山地环境具有能量高及其转化快的特点，并由此形成山地环境不稳定性和山地生态系统脆弱性这一不被人们所重视的特殊现象。山地环境的不稳定性主要表现为山地坡面物质在外力干扰下极易向下移动和滑落。这是造成山地土壤具有薄层性特点的重要原因。当地表植被覆盖受到破坏，坡面土壤极易被侵蚀，土壤层一旦被侵蚀掉，出现岩石的裸露，生态系统难于恢复。显然山地坡面环境具有破坏容易，恢复难的特点。可见，开展山地坡面环境不稳定性评价指标体系和不稳定性分类与分区的研究，显得十分的必要。

山脉带或山地系统一般占有较大的地域空间。不论其自身环境过程还是对周围环境的影响作用都具有复杂性和特殊性的特点。王明业等将我国山地系统划分发为15个，它们是喜马拉雅山系、横断山系、冈底斯—念青唐古拉山系、喀喇昆仑—唐古拉山系、巴颜喀拉山系、帕米尔—昆仑—祁连山系、天山—阿尔泰山系、秦岭—大巴山系、大兴安岭—阴山山系、燕山—太行山山系、长白山山系、东南沿海山系、乌蒙山—武陵山山系、台湾山系和海南山系。这些山系都占据着相当大的地域空间。其内部山峦重叠、高山峻岭此起彼伏，具有“山穷水复疑无路，柳暗花明又一村”的急剧变化的多样性自然景观特征，具有生态系统类型复杂性和生物物种多样性的特点，是我国自然保护区最多最集中的分布区。受水平地带性和垂直地带性综合作用的影响，这些山系出现复杂的山地自然生态环境系统。这种系统具有岩石圈、气圈、水圈、生物圈互相影响的复杂的界面特征和复杂的生态环境系统动力学过程。对这种复杂过程的研究几乎没有涉足。另外，这些山地系统在我国地理环境和社会经济发展中有着非常重要的功能。但是，目前我们对这些大山系资源类型特点，生物多样性资源开发与保护对策，山地开发战略以及山地生态环境保护与建设途径等也都缺乏专门系统的研究。

由于山地环境的复杂性，加之交通不便性和信息封闭性带来山区经济不发达这一落后的社会现象，在我国各大山地系统中都有不同程度的表现，其中在边远的山区，这种现象尤为突出。

目前我国边远山区人们的生活基本上停留于追求初级生物性产品的水平上。土地资源的过度利用、森林植被的过度采伐和草地资源的过渡放牧等现象比较严重。由此带来山地生态环境的破坏、水土流失的加重、土层迅速减薄、丧失土地使用价值的荒漠化、裸岩化问题日趋严重，并在不少山区出现“越穷越垦，越垦越穷”的恶性循环，脱贫问题迄今没有得到很好的解决。实际情况表明，我国贫困地区主要分布于山区，特别是少数民族聚居的边远山区。这些地区一般都是我国大江大河的发源地或主要支流的上游区。江河上游生态环境破坏和水土流失加重对中下游工农业生产和人民生命财产构成的危害已成为举国上下关注的重大环境问题。没有正确科学理论指导的山地开发与利用，必然带来山地资源的浪费和山地生态环境的破坏。

在山地自然生态环境系统下加入人类社会经济活动，便成为山地所特有的山地自然-经济系统。该系统是建立在能量、物质输出倾向很大的山地自然生态环境系统基础上，系统内部充满着失衡不断地威胁着平衡的复杂矛盾。因此可以说，该系统具有远离平衡状态的开放巨系统结构特征，系统内存在着使系统获得协调与协同结构的许多变量。如何使这些变量获得协同或协调，并最终使系统达到一种有序的山地自然-经济结构，是山地开发研究中亟待研究的课题。因此，如何协调好人类对山地资源需求与山地环境之间关系和揭示人力和自然力相互作用的机制，是当前山地研究面临的重大理论与实践问题。

世界上有1/4的面积为山地，有约50%的人口依靠山地资源而生存。山地是地球生命支撑体系的一个重要组成部分，是关系到地球生态系统生存与发展的基础。从维护21世纪人类的生存与发展考虑，山地资源的合理开发利用与科学保护有着非常重大的意义。世界上许多大河均发源于山地，山地生态与水源的保护直接影响大河中下游的国计民生。山地拥有丰富的清洁淡水资源，世界上有一半以上人口的用水来自于山地。随着人口的增加和环境污染问题的加重，山地的“水塔”作用将越来越重要。山地拥有丰富的生物种类，是全球生物多样性的核心区，其中热带和亚热带山地生物多样性尤为丰富。世界上许多人工栽培植物和作物来源于山地，同时山地又是许多濒危物种的避难所和保护所，山地生物多样性的减少，必然给人类的生存与发展带来严重的威胁。旅游业将是世界的最大产业之一，山地所展示的巨大而多姿多彩的地质、地貌、生态环境景观和文化景观在旅游业中具有越来越大的吸引力。可以说，山地将是未来世界最大产业——旅游业的中心。山地拥有文化多样性，包容了世界上最多的少数民族种类，拥有非常丰富的各种传统文化习俗、社会和文化遗产，山区人们作为世界主人的一部分，拥有多样的农业文化基因库和传统的管理实践，这些对未来全球社会的发展都有着重大的影响。可以说，山地淡水资源、山地生物多样性资源、山地旅游资源和山地社会文化多样性资源是21世纪具有全球意义的四大资源。随着人口的增加、社会经济的发展和人类社会的文明进步，这些山地资源的开发利用与保护必将成为下个世纪全球关注的热点。山地研究工作的重要性将伴随山地开发与山区社会经济发展进一步的显现出来。

前全国人大委员会副委员长、中国科学院院长路甬祥院士在中国科学院水利部成都山地灾害与环境研究所成立40周年之际的题词“认知山地科学规律，服务国家持续发展”，给该所全体科技工作人员乃至全国山地科学工作者以极大鼓舞，给我国山地科学研究工作进一步指明了方向。

随着山地区与发达地区居民收入差距的不断扩大和山地环境与社会问题日益增多，特别是在全球气候变化影响下各种突发山地灾害损失加重，山地科学研究工作从来没有像现在这样显得如此重要和紧迫。

中国是山地大国，山地在维系国土安全、生态环境安全和社会经济可持续发展中发挥着举足轻重的作用。长期以来，人类把山地当作提供资源服务的“摇钱树”，随意采伐，肆意挖垦，取之多，返回少。自提出可持续发展的思想以来，对山地资源的合理开发利用和环境保护得到了不同程度的重视，山地科学研究工作得到了长足的发展，并发表了不少有关山地研究的文章和论著。但是，以山地科学理论为引领的山区发展研究工作还十分薄弱，对于涉及山区可持续发展的四大要素(人口、资源、环境与发展)之间相互关系的研究还相当肤浅，对这四个要素之间相互作用过程、机制缺乏系统深入的研究。自20世纪90年代以来，在吴传钧院士“人地关系地域系统”思想[1]指导下，地理科学工作者做了大量的人－地关系研究工作。但是，对人－山(地)关系为核心的山地科学整体发展方向的关注比较薄弱，对山地自然过程研究与人文过程研究的交叉和融合严重不足，在山地科学研究中呈现分散状态，许多山地科学重要领域面临其他学科的竞争与挑战，山地科学缺乏甚至没有起到引领山地其他分支学科发展的作用，因而，缺少在全球气候变化和经济全球一体化背景下对国家山区发展重大决策提供有价值的科技成果。

第二节 人－山关系地域系统复杂性

人－地关系地域系统是地理学研究的核心[1]。地理科学工作者对人－地关系地域系统基本特征作了较多的研究[8-10]。但对以山为背景的人－山关系地域系统特征的系统深入研究少见。人－山关系地域系统属于地理系统显著高出平原低地的重要组成部分，是地理系统中的一个亚系统，该亚系统本身是一个相对完整的整体，同时又可以分为各个从属于整体的等级层次[11]。山地人－山关系中的“人”指山地的人口数量和素质，山地人口民族组成，山地人文多样性，山地农村聚落和城镇体系等；山地人－山关系中的“山”，指山地自然环境和资源，即人类赖以生产、生活的综合山地环境。在历史的坐标上，山地人－山关系由简单逐步演化为复杂。目前，我国乃至世界上许多发展中国家的有些山区，人－山矛盾的主导方面仍为“山”（地），如逐水草而居的高寒高原的游牧生活和刀耕火种的山地农耕生活，但多数自然和区位条件较好的丘陵低山区，人－山矛盾的主导方面已转化为“人”。山地人－山关系地域系统的区域差异非常大，该系统除拥有与平原、城市人－地关系地域系统相似特征外，还具有山地所特有的特点。

一、人－山关系动力系统复杂性和不稳定性

山地作为地球陆地表面具有显著起伏度和坡度的三维高地，经受着多种动力系统的综合作用[2]，这些动力系统包括构造动力系统，重力系统，水动力系统，风化营力系统和各种阻力系统等。为此，山地拥有明显不同于平原低地的物质运动和能量变化的复杂过程。山地所特有的多种动力系统彼此互为影响，相互制约，形成山地人－山关系地域系统所特有的复杂动力系统[2]。这种复杂动力系统影响着山地自然过程的强度和速率，进而制约人文过程的效能和效率。在自然状态下，山地地表形态和生态环境特征以及各种自然资源类型、分布和储量都处于山地动力系统综合作用下的相对平衡状态，这种平衡属于多种动力综合作用下的一种暂时性平衡[2]，亦即属不稳态平衡。这种平衡对外力作用的响应极为敏感，既易受自然力(如地震、水流动力等)变化而失衡，也极易受人类活动的影响而改变，表现出各种山地环境灾害的发生和山区社会经济建设遭受破坏。目前，对山地多种动力系统综合作用下稳定性辨别的科学研究十分薄弱，以致山地人－山关系地域系统健康有序的运行难于实现。

二、人－山关系物流和能流循环系统的不完整性

人－山关系地域系统是地球上集岩石圈、水圈、大气圈、土壤圈、生物圈、冰冻圈和人类圈为一体的开放巨系统。该系统物流和能流受具三维特征的山地的影响，形成物

质和能量以输出为主的不完整的循环系统，具有自然输出和经济交换的两重性质。在自然状态下，受重力、动力等多种外力综合作用，具有物质、能量输出快、数量大，而自然补偿过程又很慢的特点；山区与平原及城镇的经济交换往往是输出价格低廉的原材料，而输入山区的物质很少用于改善生态系统中作为利用对象的初级生产者的生存条件，致使生态环境条件日趋恶化，并最终导致生态系统解体。实际情况表明，在人类不合理开发利用山地资源，特别是对山坡地植被的随意破坏和不合理的坡地开挖，促使系统物质和能量输出的速度和强度加快加强，使本来就以物质和能量输出为主的不平衡系统进一步加大输出而失去平衡，以致出现石漠化和荒漠化。只有输出而没有输入的系统，必然出现系统功能的紊乱，结果带来人－山关系地域系统结构与功能的破坏，甚至崩溃。

三、人－山关系利益公平分配的困难性

山地具有自然环境多样性和自然过程极其复杂性的特点，使得山地人与自然关系的协调较之平原低地人与自然关系的协调要困难得多。另外，由于山地自然和区位条件差，造就了山地特有的人文属性，即边际性、封闭性和难达性，这不仅造成山里人和山外人(平原和城市)社会利益分配的巨大差异，而且在不同山区以及同一山区内部不同部门和不同利益集团之间利益分配差异也极为显著。可见，处理山地人－山关系更复杂和更困难的还在于处理人－山关系中的“人与人”之间的关系。山地人－山关系的协调，既要考虑不同山区内部人与自然关系的协调，更要考虑山区人们社会利益分配与国家其他地区社会利益分配的协调。可见，没有国家层面人类利益公平分配的政策和法律的调控，就难以实现山区乃至国家人－地关系的共荣。

第三节　山地科学体系

一、山地科学学科体系

山地特有的自然和人文属性决定了山区发展的特殊性和困难性。当今我国山地面临全球性人口、资源、环境与发展问题的严重挑战，山地资源的利用、脆弱山地生态系统和生物多样性保护、山地灾害防治、山地国土综合整治和山区社会经济发展等一系列问题的解决，都有待于对山地科学规律的认知。山地特有的自然和人文属性决定了山地科学问题的复杂性，即山地科学问题牵涉到山地自然科学和山地人文科学两大方面。按照学科性质的划分，山地自然科学可分为山地地质学、山地地貌学、山地气候学、山地水文学、山地土壤学、山地生物学等；山地人文科学可分为山地(区)经济学、山地(区)社会学、山地(区)人口学、山地(区)民族学、山地(区)运输学等。山地自然科学学科着重研究山地自然规律，山地人文科学学科主要研究人文社会发展规律。这些学科各自都有其自身研究对象和学科发展方向、任务和方法。显然，山地科学研究内容十分庞杂，是一个涉及自然和人文系统所有学科的学科群(图 3-4)。随着人口增加、社会经济快速发展和全球环境问题的出现，特别是山地环境与社会经济问题的日趋突出，已出现并将继续出现以“山地”冠名的局域性山地学科，如山地环境学、山地生态学、山地资源学、山

地生态经济学、山地旅游学、山地灾害学，乃至山地技术科学学科群将会进一步出现。

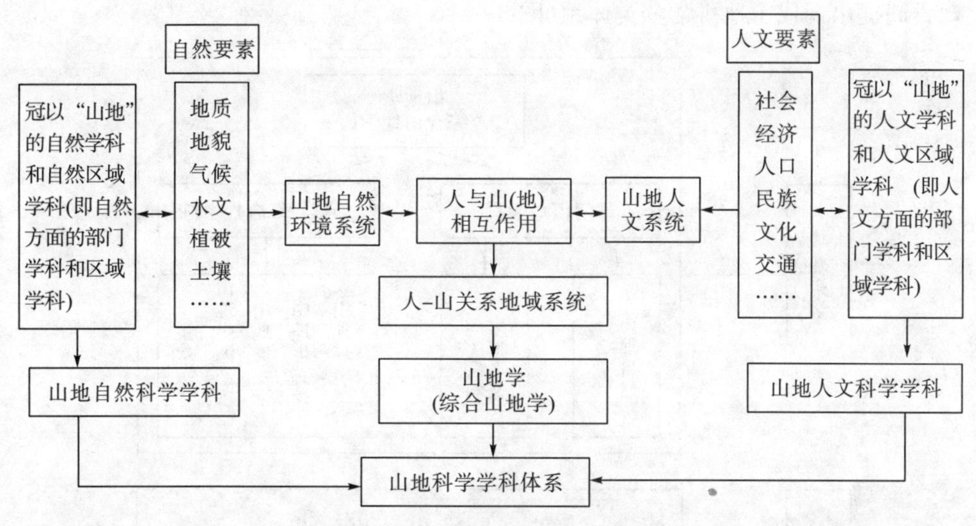

图 3-4 山地科学学科分类体系

山地作为地球陆地表层的高出部分，是集自然与人文为一体的一种不稳定和非常脆弱的特殊地域系统。它有自身形成与发展的过程和规律。前述冠以“山地”的单一学科，不可能对人－山关系地域系统形成与发展过程和规律进行综合研究。而这个任务的完成，需要有以人－山关系地域系统为核心的山地学(或称综合山地学)的研究(图 3-5)。该学科以人－山关系地域系统结构、功能、动态与调控为研究对象，核心问题是建立人－山关系地域系统调控与优化的理论和方法，以此引领山地科学体系中各分支学科有效有序的深入研究，进而揭示山地自然过程与规律、山地人文过程与规律和人－山关系地域系统形成与发展规律，只有在认知山地科学规律基础上，才能真正做到山地科学引领山地(区)可持续发展，实现山地(区)与平原、城市区人－地关系共荣。不言而喻，山地科学规律的认知研究，任重而道远。

二、山地科学分类体系

山地人－山关系地域系统是地理系统的重要组成部分。传统地理科学分类，把山地地理学归属于地理科学中的区域地理分支学科。长期以来，山地科学问题的研究被边缘化。鉴于山地功能在维系国家生态环境安全和保障社会经济可持续发展的重要性，特别是人口增加、社会经济快速发展和全球气候变化带来山地环境与灾害问题日趋突出，山地科学地位和作用必将日趋突显。进入信息时代的今天，信息科学和“3S”技术及非线性科学快速发展，为推动山地科学的综合研究定了基础。钱学森院士与时俱进，根据科学发展态势提出现代科学体系思想，把现代地理科学分为基础科学、技术科学和工程技术三大类[12]。按此分类，把山地科学归属于地理科学的区域地理学类，显然不合适。山地人－山关系地域系统不仅具有动力系统不稳定性、能量梯变性、地表物质迁移快速性、生态环境脆弱性、山地灾害易发性，而且具有生态系统多样性、地理要素垂直分异性以及山地人文特殊性等特点。以地理科学为母体的现代山地科学是一门多学科性很强的横断科学，牵涉很多的学科门类，特别是现代山区面临诸多的实际问题的解决牵涉许多工程技术上的科学问题。为此，依据现代科学体系思想，在前述山地科学学科体系分类基础上，我们提出现代山地科学分类体系(图 3-5)。

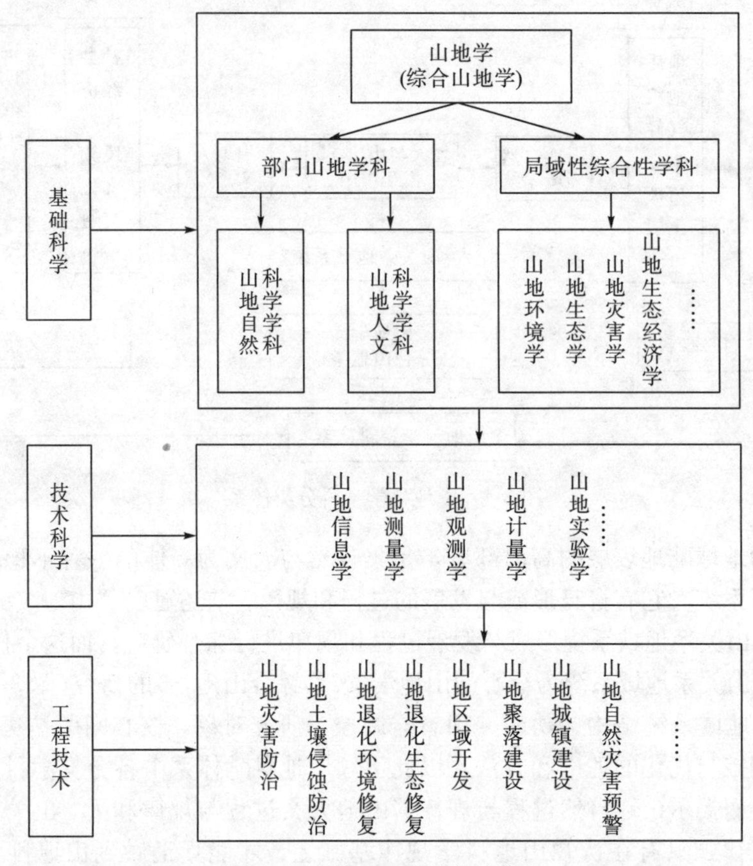

图 3-5　现代山地科学分类体系

随着人口急剧增加和社会经济快速发展带来的山地资源环境压力日趋突出，特别是近来在全球变化影响下，山地环境问题尤其是山区自然灾害日趋增多，给山区社会经济发展造成重大损失。因此，山区社会经济发展面临的土地利用规划与管理、水资源保护与开发、山区城镇化与城市布局、土壤侵蚀与山地灾害治理、突发性自然灾害的监测与预警、退化生态系统的恢复与重建等项目的实施都牵涉到工程技术问题。多年来，这些项目的实施，都不同程度地存在着头痛治头，脚痛治脚的现象，既有工程技术体系不规范问题，也有技术科学体系不健全问题，特别是缺乏从人－山关系地域系统良性发展高度上的统筹规划，并迄今还没有科学的山地分类研究，即对千差万别的山地自然地域系统类型的分类研究尚无人涉足。为此，加强能引领工程技术和技术科学良性发展的山地科学理论体系的研究显得十分的必要和紧迫。山地科学理论体系的建立，关键在于人－山关系地域系统结构、功能与调控的综合山地学研究。为此，需要开展山地科学体系中山地自然系统自然过程和山地人文系统人文过程的交叉融合研究，突出以人的需求为驱动的过程综合研究。这种综合需要有正确理论的引领和理论的凝聚力，传统的地理学综合技术与方法无法适应这种复杂系统的综合研究[13]，纯粹的模型难以表达复杂的人－山关系，需要非线性科学理论和山地信息学理论与方法的支撑，用非线性动力学理论方法，揭示山地自然系统和山地人文系统各要素非线性的相互作用过程和机理。在此基础上，探求山地人－山关系的调控与优化途径，为最终实现山地(区)人－山关系地域系统人口、资源、环境与社会经济协调可持续发展提供科学依据。因此，可以说，综合山地学研究实质上是理论山地学的研究。这种理论体系的形成和建立需要几代人的努力，对与山地大国的中国来说，需要建立能集聚各种山地科学研究人才的山地科学研究院进行持久的多学科联合攻关。

参考文献

[1] 吴传钧. 论地理学的研究核心：人地关系地域系统 [J]. 经济地理，1911，11(3)：1～4.

[2] 钟祥浩，余大富，郑霖. 山地学概念和中国山地研究 [M]. 成都：四川科学技术出版社，2000：1～116.

[3] 南京大学. 地理学辞典 [M]. 北京：商务印书馆，1982.

[4] 王明业，朱国金，贺振东. 中国的山地 [M]. 成都：四川科学技术出版社，1988.

[5] 赵松乔. 中国山地环境的自然特点及开发利用 [J]. 山地研究(现《山地学报》)，1983，1(3)：2.

[6] Ives J D，Messeril B. Mountain of the World：A Global Priority [M] //B Messerli and J D Ives，Mountain of the World，The Partheenon Publishing Grop，1997，1～3.

[7] Price M F E，Bute N. Forests in sustainable mountain development report for 2000 [R]. CAB International Walling－ford，UK，4～9.

[8] 方修琦. 论人地关系的主要特征 [J]. 人文地理，1999，14(2)：20～22.

[9] 左伟，周慧珍，李硕. 人地关系系统及其调控 [J]. 人文地理，2001，10(1)：67～69.

[10] 杨青山，梅林. 人地关系、人地关系系统与人地关系地域系统 [J]. 经济地理，2001，21(5)：532～535.

[11] 徐樵利，谭传凤，李克煌，等. 山地地理系统综论 [M]. 武汉：华中师范大学出版社，1994，1～433.

[12] 钱学森. 关于地学的发展问题 [J]. 地理学报，1989，44(3)：257～261.

[13] 马蔼乃. 论地理科学的发展 [J]. 北京大学学报：自然科学版，1996，22(1)：120～129.

第四章 山地环境学研究

第一节 山地环境研究发展趋势与前沿领域①

地球表面约 1/4 是山地，全世界有 1/10 的人口居住在山地，而且约 1/2 人口的生活依靠山地资源[1]。可见，山地是地球生命支撑体系的重要组成部分，对维系人类生存与发展以及改善人类生存环境质量起着重要作用。

一、国外山地环境研究态势

山地环境问题的研究受到世界各国的重视，不少国家和地区相继成立了加强山地资源管理和山地环境综合治理与保护有关机构[2]。1992 年在巴西召开的联合国环境与发展大会通过的《21 世纪议程》的第十三章中特别提到，山地环境对维系全球生态系统的发展是至关重要的，全球许多山地正随着土壤流失、山体滑坡、生物物种锐减及基因多样性减少而退化。因此，山地资源的合理开发利用和保持环境与发展的协调是我们目前所面临的当务之急[3]。近来围绕山地可持续发展为中心的山地环境演化、治理和保护的研究，已成为全球环境研究的热点之一[4]。

1998 联合国大会确定 2002 年为“国际山地年”[5]，同时还确定了由联合国粮农组织(UNFAO)负责，联合国教科文组织、联合国环境规划署(UNEP)、联合国发展规划署(UNDP)等参与国际山地年实施的组织框架。“国际山地年”的确立，对推动国际社会对山地的重视、促进山地环境的深入研究等方面产生了重大的影响。目前有关山地的研究得到很多国家和研究组织的重视。国际上最重要的全球变化研究计划国际地圈－生物圈计划(International Geosphere Biosphere Program，IGBP)与全球环境变化的人文因素计划(International Human Dimensions Program on Global Environmental Change，IHDP)、全球陆地观测系统(GTOS)发起了“全球化与山地”的山地研究倡议(MRI)，以推动对全球山地的研究。该倡议基于山地在全球变化中的重要作用，强调运用综合的方法来监测、模拟山地系统变化的现象和过程，其中包括全球变化对山地生态系统和社会经济的影响以及山地环境问题(特别是土地利用/土地覆盖变化、大气和气候变化)与社会经济问题之间的相互作用和相互依赖关系。通过这些领域的研究，找出监测全球变化对山地环境影响的方法，确定全球变化对山地环境以及依赖于山地资源的平原/低地系统的影响后果，从局地到区域尺度开发山地及其资源管理的可持续利用策略[6,7]。

---

① 本节作者钟祥浩，在 2006 年成文的基础上作了补充、修改。

目前，国外山地环境研究发展态势有如下几个特点[8-15]：

(1)重视山地环境的监测与网络化建设。监测的内容主要有高山地区的冰川、积雪和冻土的动态变化；沿高度梯度的坡面过程和生态过程；河流源头集水流域的径流变化及融冻泥流的发生与发展；高山湖泊、湿地的消涨；坡面植被覆盖变化对土壤侵蚀速率、河流水文与泥沙及生物多样性的影响；土壤养分及碳、氮生物地球化学循环等。不同部门和不同学科之间的监测开始朝网络化方向发展。目前世界各大洲已有专门机构将寒冷地区各种综合监测站点联系组织起来形成冻土监测网络，联合国教科文组织成立了国际性冰川监测组织机构，在美国和欧洲阿尔卑斯山地区建立了以研究山地环境与生态变化为内容的高山生态观测网站。

(2)重视山地环境变化的综合模型研究。对全球变化和人类增长带来的环境变化之间关系的综合研究受到重视，试图通过综合模型的建立来预测山地环境的复杂过程及其在自然和人为作用下的变化趋势。同时，对山地自然环境和社会经济双重作用下的山地环境敏感性与脆弱性开展评估，并在建立综合评估模型方面进行了探讨。

(3)重视山地环境的可持续利用。在研究山地环境退化程度基础上，开展山地资源管理策略和可持续发展的战略研究。

(4)开展多学科集成研究。山地环境研究上呈现多学科开展全球性山地环境变化及其保护的集成研究态势。

二、国内山地环境研究状况

围绕我国山地环境特点、环境过程及其在国民经济发展中的重要性，我国地学工作者从不同角度对山地环境要素中的地质、地貌、气候、水文、植被和土壤等进行了大量的考察研究，在揭示山地环境形成、演化和山地资源环境的开发利用等方面取得了显著的进展[1]，特别是从综合自然地理角度对全国主要山地自然垂直带进行了不同程度的综合研究。

青藏高原作为我国和世界上最重要的高原山地，通过 20 世纪 70～80 年代全面的综合科学考察和 90 年代以来的系统深入的专项计划研究，在高原山地环境学科理论方面取得了许多重大的突破，标志着我国山地环境领域研究的最高水平。由郑度等人提出的青藏高原垂直自然带结构类型和分布模式是山地环境地带性规律研究的一个重大突破。通过高原山地若干引人瞩目的山地生态环境现象的考察研究，揭示了青藏高原独特的地生态空间格局以及自然地域系统划分原则、指标和方法，具有重大的高原山地环境学理论意义[1]。

自 20 世纪 80 年代以来，山地环境过程的定位观测，取得了快速发展。中国科学院和国家有关政府部门和单位在不同山地类型区建立了以山地森林、草地、农田生态系统结构、功能为研究方向的生态观测研究站，以及以特殊地表过程为内容的特殊环境与灾害观测研究站。其中有些台站已列入国家野外观测研究台站网络，在观测手段和方法上，实现了数据采集、传送、储存自动化，通过多年的观测研究，积累了一大批不同山地环境类型区有关山地环境与生态方面的资料。近 20 年来，以山地环境为背景的一大批野外台站的建立和完善，标志着我国山地环境领域研究进入了一个新的阶段，这为山地环境学科基础理论问题的深入研究和我国山地环境研究纳入全球环境变化网络体系奠定了良好的基础。

中国科学院成都山地灾害与环境研究所早在20世纪60年代中期(建所之初)就开始了山地环境的研究，并于80年代中期把山地环境确定为该所的主攻方向之一。近40年来，在山地环境方面，开展了如下领域的研究：①山地环境退化与重建；②重大建设工程的环境影响评价；③山地环境遥感；④典型山地环境的形成与演化；⑤重要生命元素的山地表生地球化学；⑥以水土流失为重点的坡面侵蚀等。通过这些领域的研究取得了一大批高水平的研究成果。在长江上游不同山地环境类型区建立起5个以山地环境与生态系统结构功能变化为主要内容的观测研究站，其中川中丘陵区盐亭农业生态站和横断山区东缘贡嘎山地区森林生态站被纳入国家级野外台站。这些观测研究站在研究人类活动引起山地生态系统结构、功能演化规律以及通过生态建设重建新的生态环境平衡，促进山区人口、资源、经济与环境协调发展方面取得了突出的成绩；在三峡工程对库区生态环境影响综合评价中，提出了具有开拓性和创造性的评价理论、方法和指标体系，较好地解决了重大水利水电工程环境影响综合评价的若干难题；在长江上游防护林体系建设可行性研究中，对山地环境系统环境要素生态适宜性进行了系统综合评价，提出了具有国际先进水平的非确定性的资源时空开发配置数学模型，为长防工程宏观布局和总体方案的制定提供了科学依据。依据1970年以来长江上游丘陵区坝库沉积泥沙^{137}Cs含量变化，建立了丘陵山地农业流域与非农业流域表层侵蚀速率的测算模型；通过长江上游不同山地环境类型区观测研究，在森林水文效应评价与模拟方面取得了突破性进展，并建立了小流域侵蚀泥沙控制技术体系。

目前我国山地环境研究中存在如下方面的不足：

(1)山地环境研究的理论体系尚未形成。尽管全国从事山地环境研究的单位和科技工作者不少，但基本上处于一种分散状态，缺乏学科上的联系。

(2)关注和参与全球变化的重大科研计划及合作项目少，中国山地环境研究在国际上的影响还有待提高。

(3)基于山地环境可持续性的我国山区资源管理策略和山区发展战略的研究薄弱，缺少国家层面上的重大研究项目。

(4)在全国，与山地环境观测内容有关的山地野外观测台站不少，但资料共享难，严重地影响了中国山地环境研究的深入和山地环境学科的发展。

三、山地环境研究前沿领域

(一)山地表层环境过程及其变化综合模型研究

山地表层环境过程包括地质过程、坡面过程、水文过程、气候过程、生态过程、成土过程等，这些过程有其自身发生变化的规律。在自然力的作用下，按照它所固有的方式和强度演化。在人力的作用下，特别近代人类活动对山地影响强度日益增大的情况下，山地表层环境过程超越自然变率的各种变化，使山地环境朝向不利于人类生存发展的方向变化，并在一些地区出现生物物种减少、山地侵蚀速率加快、土层变薄、生态系统物流能流减弱等，这些超自然变率过程如何科学评价和调控，必须对自然变率有深入的了解，例如，若不了解成土过程的成土速率，土壤加速侵蚀则难于判断，进而土壤侵蚀治理将是盲目的。为此，需要开展自然条件下的山地环境过程的研究。长期以来，从不同学科和专业对这些过程进行了大量的研究工作，但缺少过程的深入研究，更缺乏从山地环境系统的高度研究这一特殊山地表层环境过程及其环境演变机制。

山地表层自然环境过程具有显著的时空分布差异性和不均匀性特点，表现在水平方向上，特别是垂直方向上的时空变异十分明显，其差异性特点集中表现在山地环境系统各子系统之间界面过程的强度和方式不同，因此，研究不同山地环境系统界面过程中的能量交换与物质循环规律，不但有助于深刻了解山地表层自然环境过程差异性本质，而且可为提高陆地表层系统环境问题产生过程与机理的认识水平，特别是为全球变化带来环境演化过程规律的认识和了解提供重要依据。以水热平衡、生命元素地球化学循环为核心的山地表层界面过程，包括辐射平衡、蒸发、碳循环、养分循环、水蚀过程、冻融过程等，是认识山地表层环境格局、研究全球变化区域响应的基础。目前，我国乃至世界各国没有就山地这一特殊环境类型各种界面过程进行高层次的综合研究。

全球变暖和淡水资源短缺是当今世界面临的两个重大环境问题，山地“水塔”功能和碳减排功能作用的发挥日益为人们所重视。山地生态系统的水循环和碳循环是地球陆地表层系统能量物质循环的核心，是山地环境系统界面过程的纽带，也是山地环境系统与山地生态系统耦合的重要生态过程。山地环境系统中的水循环和碳循环过程机理、变化趋势以及调控管理的综合研究，不仅是探讨人类干预与调节全球变暖进程、缓解水资源短缺、维持人类社会经济可持续发展的战略需求，也是人类调节地圈—生物圈—大气圈相互作用关系，维持全球生态系统的能量与物质循环、自然资源再循环的重要途径之一。因此，在不同山地环境类型区的生态站，开展生态系统结构、功能与动态观测的基础上，开展以水循环和碳循环为中心的界面过程的观测，以及人类活动影响下界面过程的变化特点和规律的研究，在此基础上，探索和建立能对山地环境系统水、CO_2和热通量等变化及其与不同时空范围内土地利用和气候之间关系进行预测的综合模型，显得十分的必要。

(二)山地环境演化动力学研究

前已述及，山地表层自然环境具有明显不同于平原的自然属性，其中具有一定高度和陡度的不规则斜坡是决定山地表层自然环境属性的关键要素。不规则山地斜坡环境的存在导致自下而上坡面物质位能和动能的增大以及水热潜能的变化，进而使山地环境具有其他自然体所没有的表层物质不稳定性和物质运动的快速性，表现为坡面径流侵蚀、陡坡岩土物质的崩落、滑塌、滑坡和泥石流等。

山地斜坡具有复杂的物质结构和多样的形态要素，是由多元体系构成的一种特殊的斜坡环境系统，并经受着多种动力要素的作用。这些动力要素包括地质构造应力、坡面物质重力、径流冲刷力、植物固结力、斜坡梯度应力等。可见，山地斜坡是经受各种动力协同作用的一种不稳定的特殊环境，是陆地表层系统中岩石圈、水圈、大气圈和生物圈能量交换和物质运动界面过程最强烈的地区。在山地斜坡环境条件下，任何外力变化都可不同程度地影响或改变山地动力系统的平衡。可以说，山地环境的演化是山地斜坡环境系统各种动力遵循平衡—失衡—平衡交相作用的动态平衡过程，其中的平衡是一种暂时态平衡，平衡维持时间的长短取决于动力协同作用中某一动力要素的变化，这种变化与山地环境系统结构的稳定性有关。不同山地，其环境系统结构差异很大，表现在地层岩性、地貌形态、气候、土壤、生物等的组成不同。在一定区域内的山地环境系统结构具有相似性特点，并具有其动力协同作用形成的稳定性特征。山地环境系统结构不同，其动力学特征有别，各种动力协同作用形成的稳定性程度不一样。处于动力协同作用下平衡的破坏来自于关键动力要素的变化，因此，如何把握关键动力要素及其变化成为山地环境演化动力学研究的关键。研究斜坡环境各种动力学特征及它们之间协同作用下出现暂时性平衡态耦合模型的建立，可为山地环境灾害的预测与防治提供重要理论依据。

(三)山地环境脆弱性与山地环境的保育

所谓山地环境脆弱性是指组成山地环境的物质与能量基础在外力作用下具有易发生变化的一种特性，亦即组成山地环境的物质和能量基础处于极易失衡状态。可见，山地环境脆弱性特点，突出地表现在山地坡面物质的不稳定性和对外力作用的敏感性。影响坡面物质稳定性的关键自然因素是相对高度和坡度，其次为地质构造、岩性、降水、土壤和植被等。通过这些因素对坡面物质稳定性影响关系的分析，可以揭示山地斜坡环境脆弱性自然特征。我国山地类型多样，不同山地区人类活动影响程度不同，因此影响山地斜坡物质稳定性的自然与社会经济因素区域差异很大，开展不同尺度山地自然环境脆弱性及其与人为作用下山地环境脆弱性综合评估，可以揭示山地环境系统脆弱性区域差异性特征，进而为山地环境系统的利用与保护提供依据。

山地生态系统是山地生物与山地环境相互作用的产物。在一定意义上说来，有什么样的山地环境就有什么样的山地生态系统类型。目前，我国山地环境都不同程度地受到破坏，山地环境脆弱性程度加大。新的生态系统恢复与重建是退化山地环境修复的重要途径，如何把握退化环境形成机制及其本质特征，进而达到退化环境的有效修复，是当今山地环境建设面临的一项重大课题。在受到人类活动强烈影响的退化山地斜坡环境，环境系统物流能流与自然变率大相径庭，土壤物理、化学性质发生了很大变化，生物种群和以前大不相同。在这种环境下的生态建设，必须坚持环境适宜性原则，即用于生态重建的植物生理生态学特点须与目前退化环境的特征相适应。显然，退化环境退化特征与机理的研究是生态重建的基础和前提。我国目前不少环境退化脆弱区，生态建设投入不少，但是成效不明显，其重要原因之一是对退化环境的脆弱性本质特征及其退化过程与机理缺乏研究，对影响植物生长发育的环境阈值不清楚，进而出现就生态论生态，就事论事的现象。因此，加强山地环境退化区生物与环境之间协同机制以及生物演替进程中环境变化规律的研究，非常之必要。这是保证退化山地环境区生态得以重建的重要基础性研究。

(四)山地环境与全球变化

山地环境系统是陆地表层系统的重要组成部分，它具有复杂的能量体系、物质体系和人类生存环境体系，具有平地所没有的能量和坡面物质的梯度效应，表现为山地环境系统生物多样性、生态系统脆弱性和生态环境的不稳定性与敏感性。这些特点对全球变化的响应快速而强烈。目前，山地环境已成为在迅速的全球变化中受影响最强烈和最敏感的地区[16]，表现为高山冰川积雪和冻土的快速消融与退缩，山地特有生物种类面临损失的威胁，在山地森林植被受到破坏的地区，由原来的碳汇变成碳源，山区土地裸土化、裸岩化以致荒漠化速率在加快。

我国山地面积大，高大山系多，特别是拥有举世瞩目的对全球变化响应最为敏感的青藏高原，此外，还拥有处于多种气候过渡带上的许多山系。在这些地区拥有山地所特有的许多特征“线”（带），如雪线、树线、林线、冻土带和冰缘带下线以及半湿润与半干旱、半干旱与干旱之间的过渡带。这些特征“线”（带）及其邻近区域对外力作用十分敏感，因此开展这些特殊线(带)的生物生态现象、物种多样性变化、坡面物质移动速率、坡面微形态和微结构变化等现象的观测与研究，可以快速有效地发现和揭示全球变化的影响及其过程特点，为寻求适应全球变化对策的判定提供理论依据。

山地环境变化是复杂的，除了加强高山敏感生态带和敏感环境因素的观测研究外，还需加强不同垂直梯度生态现象、生态过程、坡面过程和水文过程的研究，通过沿垂直梯度的典型样方、样区和样带的长期观测研究，可进一步揭示人类活动与全球变化对山地环境的影响，为寻找合理开发利用与保护山地环境提供科学依据。

第二节　山地环境系统研究新框架①

山地环境系统是地球表层系统的重要组成部分。山地环境系统研究正面临范式(paradigm)转型的关键时期。促成这一转型的学术背景有三个方面，就是20世纪80年代以来相继出现的地球系统科学概念[17]，全球变化研究[18]和可持续发展理念[19]。地球系统科学强调[17]将地球各圈层作为一个整体，以各圈层相互作用及其机制为研究对象和目标。全球变化研究关注地球系统的动态过程，通过研究不同时间尺度地球系统的动态过程来了解各圈层相互作用的机制[18]。可持续发展理念提供人与环境的协调，强调当前经济社会发展不应以牺牲未来环境质量和发展潜力为代价[19]。山地环境系统[20]作为地球表层系统中一个极端复杂的动态系统和环境脆弱地区，是建构地球系统科学理论框架的重要研究基地，也是全球变化研究和可持续发展战略研究的天然实验室。

当前，山地环境系统研究面临两个重大问题[21]：山地环境变化和山区发展挑战。这两个问题的产生是与山地环境的独特性密切相关的。山地环境的高能态，导致坡面不稳定性和地质循环、生物地球化学循环与山地水文变化的快速、易变性，以及山地土壤和山地生态系统的脆弱性；山地环境的立体地带性，使得山地生态系统和环境要素分布呈现梯度变化，加上山地地貌、景观生态、生物地理的碎裂化和多样性特征，由此在局地就能形成浓缩的各类环境和生态系统类型，对环境变化的响应呈现多样、复杂性特征；山地环境的影响外延性，可以通过反照率、气流阻隔、硅酸盐岩的风化影响大气环流、大气化学和大气圈热平衡，通过河流和冰川影响水圈、冰冻圈，通过剥蚀和沉积影响海洋化学、全球沉积格局和地壳均衡，尤其是对流域下游的影响，更是直接而且重大；山地环境的空间阻隔性，影响人类活动方式、格局和经济社会发展进程。由于山地环境的敏感性，全球变化在山区往往最易被感知，影响也最显著[22]。由于山地的阻隔性，山地

① 本节作者钟祥浩、熊尚发，在2010年成文基础上作了修改。

环境的脆弱性，山区往往成为一个国家或地区经济社会发展的瓶颈和掣肘。

山地环境始终是地球科学关注的重要课题，地球科学领域一些重要的假说或范式也与山地研究相关。W. M. Davis[23]和 W. Penck[24]等人的地貌旋回模式主要解释山地地貌形成和演化的过程；A. Humboldt[25]关于垂直地带性的认识成为理解山地环境特征与变化的关键范式；Ruddiman－Raymo 抬升－风化假说[26]和 Molnar 侵蚀反馈假说[27]虽然争论不断，却为山地高原环境变化与古全球变化研究提供了新的概念框架；有关南北半球山地冰期的认识(如 Younger Dryas 时期的冰碛年代学[28])也为检验第四纪气候变化机制假说提供了重要材料。山地为地学研究者提供了一个梯度环境，一个相互作用的环境，一个环境系统。当前山地环境系统研究面对的两大问题再一次将山地研究置于地球科学领域的一个关键位置。

近几十年尤其是近 30 年来，国际社会和学术界对山地环境的关注日益凸显[21]。早在 1952 年，欧洲就资助成立了一个阿尔卑斯保护国际委员会(Commission Internationa lepour la Protection des Alpes，CIPRA)，以保护阿尔卑斯的文化和自然多样性。1980 年，在联合国教科文组织和联合国大学的共同资助下，成立了国际山地学会(International Mountain Society，IMS)。1983 年，国际山地综合发展中心(International Centre for Integrated Mountain Development，ICIMOD)在尼泊尔首都加德满都成立。1997 年，在《21 世纪议程》中制定了全球山地纲要(Global Mountain Program，GMP)。2001 年，为明确山地全球变化的后果，强化山地全球变化研究领域的多学科合作，山地研究倡议(Mountain Research Initiative，MRI)项目[22]由 IHDP 和 IGBP 联合发起。2002 年，山地伙伴计划(Mountain Partnership)在约翰内斯堡的可持续发展世界峰会上发起，48 个国家、15 个国际组织和 88 个团体成为其成员。与此同时，有关山地环境系统的研究和认识也取得长足进展，新的研究范式隐约可见，若干研究主题已经跃然而出。1998 年，钟祥浩[20]提出要加强以山地环境系统为对象的山地环境学研究，强调了山地自然环境系统与山区社会经济系统之间相互依存关系及其调控途径研究的重要性。这是山地环境系统研究的初步框架。

现在已经认识到，山地环境系统是一个历史片段，只有深入了解其形成演化过程，才能更好地理解山地环境的现代过程；山地环境系统也是一个充斥干扰过程、动态过程和响应过程的体系，理解山地环境系统中的干扰、动态和响应过程与机理，是认识山地环境系统的基础；山地环境系统还是一个适应例证，人类活动如何适应山地环境变化，山区发展如何适应全球化冲击，是山地可持续发展战略研究无法绕开的课题。

一、国际山地环境系统研究的若干主题

(一)山地构造地貌与晚新生代以来山地气候地貌形成演化

晚新生代形成的山地构造地貌构成了全球山地环境系统大格局的本底[29]。对于区域尺度或局地来说，山地地貌则控制了山地环境的基本构架，也是山地环境演化特征和山地不稳定性的“边界条件”。山地构造地貌和气候地貌是近期地貌学中发展最快的分支。山地地貌学中比较活跃的领域包括历史山地地貌学，功能山地地貌学和应用山地地貌学[30]。近期研究已经揭示，构造尺度上，山地地形通过影响硅酸盐岩的风化，控制全球

碳循环，影响地球气候，是气候变化的重要驱动因素之一[31]；从轨道尺度和短尺度来看，山地则经历了变幅最大的气候波动，是气候变化影响最为强烈的地区之一[32]。现今全球地貌是晚新生代以来构造变动和末次冰期冰川作用改造的产物，其中，构造变动提供了山地地貌的基本格局，气候变化则对山地地貌进行了程度不同的改造。构造地貌过程是“立”，气候地貌过程是“破”，二者相互作用，互为反馈，成就山地地貌动态变化的历史。

目前山地构造地貌和气候地貌研究在地貌定年、古地震学、抬升与侵蚀速率估算等多方面进展都很迅速[33,34]，在古地貌学(如地形古高度估算)、山地地形对不同时期全球和区域气候影响的 GCM(General Circulation Models)模拟[31]方面，也都取得了重要的新认识。此外，当前和未来全球变化对山地冰川、冰缘地貌演化的影响，也是山地地貌研究的热点问题[30]。

(二)山地环境变化过程中山地灾害的作用和意义

山地灾害包括崩塌、滑坡、泥石流和雪崩、山洪等山地特有的灾害，是一种在一定地质基础上的地貌-气候相互作用的灾害，是对山地高地应力和高能态环境的一种自组织调节过程。在山地环境格局形成和演化过程中，山地灾害起着关键的“干扰”作用[35]，各种山地灾害对不同时间尺度和空间尺度的山地环境系统结构、功能和山区社会经济都有非常大的影响。

目前，山地灾害研究的几个重点[30-35]包括：全球变化下山地灾害的响应，需要从山地古环境记录中分辨山地灾害事件[35]，联系过去气候变化与山地灾害发生的关系，判别现代山地灾害发生的机制，评估未来气候变化下山地灾害发生的可能性和危险度；人类不当行为引发山地灾害的机制，研究山地灾害发生与人类活动方式、强度的关联，评估人类活动与自然过程在山地灾害发生过程中的重要性[30]；人类抵御、适应山地灾害的能力建设，这是山区可持续发展能力建设的重要方面。

(三)山地环境系统的生物地球化学循环

山地环境系统生物地球化学循环是流域生物地球化学循环的重要组成部分。山地地势起伏大，坡度陡，其生物地球化学循环具有循环速率快、强度大的特征，相对于地势低平的厚层风化壳分布区，属风化的动能受限(kinetically-limited)区域[31]。比如，从亚马孙河流入大西洋的化学离子 80%来自于占流域面积仅 10%的安第斯山区，而占流域面积 90%的亚马孙热带雨林低地仅贡献了 20%的风化产物[36]。从全球来看，碎屑沉积物释放速率与大陆平均海拔有一个线性相关关系[37]，而大陆物理风化的速率与化学风化速率又存在高度相关性[38]。发育于青藏高原东部、南部和安第斯山脉的大河在全球陆地生物地球化学循环中占据了统治地位[39]。

目前，有关山地环境系统生物地球化学循环研究的重点[40-42]，包括：山地环境中物理、化学风化特征，尤其是山地生物地球化学循环的梯度特征及其影响和控制机制；不同流域环境下的山地生物地球化学循环特征比较，以评估影响化学风化的环境、生态因子和关联特征；全球山地生物地球化学循环的重要性评估，以明确山地化学风化在全球碳循环中的作用；气候变化下山地生物地球化学循环的变化响应，这包括地史时期山地对于全球风化、碳循环的影响评估模拟，以及不同人类活动强度下生物地球化学循环的变化等研究。

（四）山地全球变化：山地环境变化及其对全球变化的响应与指示

晚更新世以来，山地生态和环境系统发生了很大变化，这在很多地质记录中都有体现[43]。山地冰川从末次冰盛期开始逐步萎缩，在很多山区留下冰碛物。冰期时，山地植物带整体下移，形成下降的山地垂直带，冰后期，植物带又逐步上升，形成现今山地垂直带的格局[44]。在一些山地还发现全新世大暖期林线上升的证据[45]，为研究未来气候变化下山地生态和环境变化提供了可供类比的素材。当前山地受到全球变暖的广泛影响[22]，气候变化的极端性、快速性和突变性变化，山地灾害、山地冰冻圈、山地水循环、山地生态系统和山地土壤也都出现不同程度的响应行为，表现为过程速率加快，而人类活动对山地环境变化的影响由来已久，这些都使得山地全球变化成为一个现实且迫切的问题。

山地全球变化研究包括山地古全球变化和山地现代过程两个方面[43,46,47]。山地古全球变化通过各种地质记录、生物记录和合适的定年技术，恢复不同时期(主要是冰期和全新世)山地环境和生态系统的面貌，了解山地环境和生态系统对于气候变化的响应特征和速率，为评估未来气候变化对山地生态与环境系统的影响提供必要的理论认识和相似型。山地现代过程包括山地气候变化(含极端气候事件)的观测，山地冰冻圈、山地灾害、山地水循环、山地土壤、山地生物地球化学循环、山地生态系统(包括陆生生态系统和淡水生态系统)和生物多样性变化的监测与研究。山地全球变化研究需要将山地古全球变化研究与山地现代过程研究相结合，通过模拟研究，联通有关山地全球变化的概念性认识与实时性观测，打通地质记录与现代记录之间的“代沟”。

（五）人类活动对山地环境变化的影响与适应

人类活动对山地环境造成压力的机制主要源于两个方面[48]，即人口增长和经济增长对资源、空间和服务的需求。目前人类活动已经成为山地环境变化的重要驱动因素，在一些区域甚至成为主要因素。受自然变化和人为影响，山地环境变化已经或正在对山地农牧业、山地旅游业、山地人群健康、山地水资源、山区城镇与交通安全构成威胁[46]。同时，山地区都面临发展问题，面对经济全球化和产业梯度转移的冲击，社会和文化发展的挑战，人口增长的压力，针对不同发展程度区域制定合适可行的山区发展战略，是山区发展研究的重大课题。如何评估山地环境变化对山区社会经济的影响，如何制定山地环境变化的适应战略和政策，如何在山区可持续发展和山地环境保护之间找到平衡点，是诸多山地研究项目关注的核心问题[49]。

目前研究重点包括：历史时期和现代人类活动对山地环境的影响；现代山地生态系统变化、恢复与山地生态安全体系建设；山地灾害防控与适应能力建设；山地环境变化下的人类适应行为与山地生态经济建设；山区可持续发展与山地人口压力调控与经济增长方式调控等。

二、我国山地环境系统研究的核心科学问题

广义山地概念包括丘陵、山地和高原。我国山地面积辽阔，约占全国国土面积的

2/3[50]。山地是具有自然和人文属性的一种特殊地域，从人文属性考虑，山地与山区概念类同。从全球角度来看，我国山地环境具有显著的特征[50]。首先是年轻山地占优，新生代经历隆升或变形的山体占据我国高海拔区域的主体[51]，这导致山地的地质、地貌不稳定性强，而且不同地质年代的山地广布，使得我国山地地貌类型丰富，各个地貌发育阶段的山地均有分布。其次我国山地气候主要受季风系统(印度季风和东南季风)控制[52]，山地气候的季节变化、年际变化大，气候不稳定性强。我国地处亚热带纬度上的山地面积广阔，同时还有大面积的干旱-高寒型山地，山地气候类型多样，受全球性变化影响强，对气候变化的敏感性高。此外，我国山区人类活动历史悠久、强烈，而且存在梯度性(时间上和强度上)推进特征[53]，山地民族、宗教和文化类型多样。

我国山地环境的主导性和独特性，决定了我国山地环境系统研究的重要性和不可替代性。那么，我国山地环境系统研究的核心科学问题是什么?相对于世界多数山地，我国山地对气候和环境变化的敏感性、脆弱性更高，人类活动影响更大，山区对于国家可持续发展更为关键，因而我们迫切需要了解全球变化下山地环境的响应，需要了解人类活动对山地环境变化的可能影响，需要了解如何应对山区发展的挑战。由此，我们认为，对于当前我国山地环境研究来说，核心科学问题是：我国山地环境系统是如何响应不同时间尺度全球变化和日益加剧的人类活动的影响?在此背景下如何构筑我国山区可持续发展的根本战略和支撑战略?

提出这一核心科学问题的理由有几点。从重要性来看，这一问题涉及范围广，意义重大而且迫切；从问题的关键性来看，这一核心问题统领许多相关研究领域，不但与山地环境格局和变化研究密切相关，而且与山地灾害、山区发展研究密切相关；从问题的前沿性来看，山地环境系统对全球变化的响应及山区可持续发展是国际山地科学前沿研究领域，也是多山国家经济社会发展面临的重大现实课题。由于我国山地环境具有很强的区域代表性和独特性，研究我国山地环境系统对全球变化的响应和可持续发展战略也将对世界山地科学发展做出不可或缺的贡献。

山地环境系统如何响应全球变化和人类活动的影响，与在此背景下如何构筑我国山区可持续发展战略是一个问题的两个方面。只有在深入研究我国山地环境系统特征、格局和变化的基础上，才能更好地构筑我国山区可持续发展战略。另一方面，只有着眼于山区可持续发展的国家战略需求，山地环境系统研究才能找到理论和应用结合的契机。山地环境系统研究特别关注区域差异性、梯度性、山地环境变化的系统性和人地关系协调性，这些对于山区可持续发展战略研究都是至关重要的。我们只有全面考虑我国广大山区的区域差异，考虑从大陆尺度到局地尺度的环境和经济社会发展水平的梯度性特征，考虑山地环境变化和山区发展的系统性，才有可能提出中国山区发展的根本战略。同时，构筑我国山区可持续发展的支撑战略，包括山地灾害预防、山区人口发展、山区社会与文化发展、山区经济发展及山区生态安全建设等战略，也有待于对我国山地环境系统的深入、切实研究。

三、山地环境大断面研究

为了回答我国山地环境系统如何响应全球变化，及如何构筑我国山区可持续发展战略的问题，需要对我国山地环境系统进行全面、系统性的研究。为此，我们提出山地环境大断面的研究构想。这个构想是，通过贯穿我国地貌3级阶梯的东西向断面，贯穿热带山地-寒温带山地的南北断面，和贯穿湿润气候基带山地和干旱气候基带山地的青藏-西北断面等3条大断面，选择代表性地点，系统研究我国山地环境系统格局、变化和山区可持续发展战略。

为什么要提出山地环境大断面研究构想？首先，我国山地环境系统存在大陆尺度的系统大格局，包括地貌3级阶梯，季风区与干旱区差异，以及从热带到寒温带的地带性差异[52]，3条断面研究可以紧紧抓住地貌大格局和气候(温、湿)大格局对山地环境的总体影响，并有效整合山地环境的梯度性、区域差异性和系统性的研究。其次，我国山地环境极端复杂多样，山地环境特征与山区经济发展水平、社会、文化发展状况存在紧密的关联甚至耦合，断面研究将可以系统地考察山地环境与山区发展的关联特征，为构筑我国山区发展根本战略提供切实思路。此外，过去的研究表明，通过局地区域或零星个案研究，已很难达到对山地环境变化和山区发展战略的完整理解，必须对全国范围的代表性山地区域进行系统研究，才有望获得符合我国山地环境和山区发展实际的关键认识。

作为一个大陆尺度的系统研究，山地环境大断面研究应该包括山地环境系统格局、山地灾害及其影响格局、山地环境变化(过程及响应)格局、山区人类活动和社会经济发展格局以及山区可持续发展战略构架(根本战略和支柱战略)等系列内容。以断面上各地带代表性的中、小流域为基本研究单元，点、面、断面互为呼应，表层过程研究与遥感空间研究相结合，区域或局地的深入研究和全球对比研究相结合，地貌、气候、植被等自然地理要素研究与生物地球化学循环研究相结合，高地与低地研究相结合，环境变化与发展研究相结合。从大陆尺度到单个山体尺度的梯度格局(包括气候梯度，生态梯度，人类活动强度和经济发展水平的梯度等)，从山地到低地的系统关联(包括生态影响，水循环关联，生物地球化学循环上的关联，经济联系和文化联系等)以及不同空间尺度的区域差异，是山地环境大断面研究的切入点和大断面综合的关键线索。山地环境系统的格局、干扰、过程、响应和适应等则是贯穿始终的主题。

3条山地环境大断面各有其关键科学问题。贯穿我国地貌3级阶梯的东西向断面，动力地貌过程及其梯度变化是我们关注的重点，全球变化带来的山地动力地貌过程强度、速率和幅度变化，尤其是山地灾害及其他坡面过程在不同区域的响应，以及如何针对经济发展水平东-中-西梯度格局，实现不同山区的可持续发展，是这条断面需要研究的关键科学问题。贯穿热带山地-寒温带山地的南北断面是我国生物资源主要分布区，是全球陆地重要碳汇[54]，水热配置的纬度地带性变化是背景，研究不同纬度带山地环境对全球变化的不同响应特征，以及不同地带山区可持续发展如何因地制宜、人类社会如何适应气候变化，如何大力发展生物能源和生物固碳建设等，是这条断面需要研究的主要方面。贯穿湿润气候基带山地和干旱气候基带山地的青藏-西北断面，山地和流域水循环对全球变化的响应是核心科学问题，而如何应对这个问题，发展节水型循环经济，则是这一地区可持续发展战略研究的重心。

山地环境大断面研究对我国山地科学发展和世界山地研究具有重要意义。我国山地环境大格局由地貌3级阶梯、季风区与干旱区以及从热带到寒温带的地带性控制。从全球角度看，山地环境包含如此完整的大陆尺度格局的实属罕见。同时，我国山区经济正处于重要的转型时期，山区发展问题在世界上具有独特的示范性意义，而山区发展现状与山地环境大格局存在紧密关联。山地环境大断面研究正是依据这一大格局，对我国山地进行多向切片式研究，以把握我国山地环境格局、变化和山地发展格局的关键事实，以此对我国山地环境系统和山区发展战略进行解析和综合。这样大大拓宽我国山地科学发展的思路，提升我国山地科学在世界山地学术界的地位，也将对世界山地研究和发展做出重要且不可替代的贡献。

四、结语

世界山地科学研究面临的山地环境变化和山区发展挑战问题，预示着山地环境系统研究的范式转型已经开始。在地球系统科学概念、全球变化研究和可持续发展思路的引领下，山地科学研究将进入一个新的发展阶段。我国山地面积广大，山地环境类型多样，山区发展问题紧迫，在世界山地科学发展的背景下，我国山地环境系统研究应该也是可以有所为的。

对于山地环境系统研究，我们有这样的几个理念：

第一，山地环境相对其他地理区域，在响应全球变化和人类活动影响方面更敏感，更脆弱，更易受气候变化和灾害性事件的冲击，山区发展相对于其他地貌区域更需强调可持续性和对环境的影响；

第二，山地环境格局和山区发展格局是相互关联、密不可分的，是一个问题的两个方面，山区发展格局在很大程度上受山地环境格局的控制，而山地环境格局也在相当程度上受山区发展格局的影响和冲击；

第三，中国山地环境大格局是地貌上的阶梯格局、气候上的地带性格局和季风-干旱区格局的梯度组合结果，在全球范围内是独特的，山地环境研究和山区发展研究都要着眼于这个大格局；

第四，中国山区发展具有世界范围的独特性和示范意义，代表着经济崛起阶段国家的山区发展路径，极有可能从中总结出一些有代表性的问题，甚至是代表发展中区域的山区发展模式——中国模式。

我们的结论是：

山地环境和发展研究是地球科学领域重大而迫切的课题；

山地研究的核心科学问题是：我国山地环境系统是如何响应全球变化和人类活动影响的？在此背景下如何构筑我国山区可持续发展的根本战略和支撑战略？

需要通过山地环境大断面研究来抓住我国山地环境变化和山区发展研究的核心问题和切入点。

第三节 山地环境学研究对象、理论与重点领域①

山地环境问题的研究受到世界各国的重视[55]。在国际地理学会和联合国大学的推动下，1980 年成立了国际山地学会，并出版了《山地研究与发展》杂志。1983 年在尼泊尔

① 本节作者钟祥浩、刘淑珍，在 1998 年成文基础上作了修改、补充。

首都加德满都成立了“国际山地综合发展中心”(ICIMOD)，不少国家和地区相继成立了加强山地资源管理和山地环境综合治理与保护有关的机构。1992年在巴西召开的联合国环境与发展大会通过的《21世纪议程》，对脆弱山地生态系统的管理与可持续发展给予了高度的重视[56]。会后的五年来，保护山地资源和加强山地环境研究的意识有了显著的提高，围绕山地可持续发展为中心的山地环境演化(退化)、治理和保护的研究[57]，已成为全球环境研究的热点之一。

我国是个多山的大国，山地资源的开发、利用与环境保护在实现我国可持续发展战略中占有非常重要的地位。由于人口众多和山地资源的不合理开发带来的森林植被覆盖度降低、水土流失严重、土地退化面积迅速扩大和山地灾害频繁发生等山地环境问题日趋突出，面对世界山地环境研究发展形势和我国山地环境的现实，迫切需要加强山地环境的综合研究，尽快建立山地环境学理论体系，以适应社会经济发展向广阔山地空间扩展的需要。

一、山地环境特点

环境的概念是相对的，但又是具体的。针对某一特定主体或中心而言，可将环境分为生物环境、人类环境、社会环境、地球环境、区域环境、山地环境、平原环境等等。所谓生物环境是指以生物为主体的栖息地以及直接或间接影响生物生存和发展的各种因素。而所谓山地环境是指以山地为中心的地域空间以及直接或间接影响山地形成、演化的各种要素；这些要素包括地质、地貌、气候、土壤、水文、生物等。这些自然环境要素性质各异，并拥有各自状态和变化节律，但是它们之间又互为联系和相互制约，各要素的状态和变化服从山地环境总体演化规律，这种演化规律影响着人类社会的发展，而人类社会的发展又给山地自然环境带来影响。但是，山地自然环境要素作为人类社会发展的环境基质具有不稳定性、脆弱性、易变性等特点。因此，研究对山地形成与演化有直接或间接影响的自然环境要素状态、过程与规律，是保证山区人类社会科学发展的基础。因此，认知山地自然环境特点、过程和规律显得十分的必要。

(一)高位能、多动力协同作用的斜坡环境

山地具有不同于平原(平地)的自然属性，其显著特征是具有明显的三维空间和不规则变化的斜坡，其中具有一定海拔高度和起伏度的斜坡是决定山地自然属性的关键要素。斜坡的存在使坡面物质位能自下而上增加、坡面热能自下而上降低，进而使山地斜坡具有其他自然体所没有的物质不稳定性和生态现象、过程梯度变异的快速性。山地斜坡具有复杂的物质结构和多样的形态要素，是由多元体系构成的一种特殊的斜坡环境系统，并经受着多种动力要素的作用。这些动力包括雨水和冰、雪融水的冲刷力及分解力，边坡物质的重力、岩石和土体的构造应力，昼夜和季节温差变化引起的冻涨力与收缩力，坡度变化的梯度应力、地质构造应力以及地震力等。斜坡体某一动力的变化，可引起其他动力的改变而发生物质的移动，进而引发运动物体的牵动效应形成灾害链。

(二)环境的不稳定性和脆弱性

在湿润条件下当斜坡坡度$>25°$时，坡面松散沙石物质可自然下滑；在干燥条件下当

坡度＞35°时，沙石物质会自然滚落。可见，山地斜坡物质处于极不稳定的状态。由于山地斜坡有多种动力的存在，使山地环境系统中的物流和能流的动态平衡难于保持在一个比较稳定的状态上，在自然力和人为的干扰下，极易发生变化。如组成山地环境系统的土壤生态系统，抗御人类干扰和自然突变干扰的能力很差，一旦土壤丧失，即可导致植被生态系统的毁灭，出现石漠化或荒漠化环境，可见，山地环境系统是一种自组织能力低下的系统，具有不稳定性和脆弱性特点。

(三)生境的多样性

由于地理位置、海拔高度、地貌部位、坡度、坡向等的不同，山地斜坡具有非常复杂和不规则的形态，几乎找不出坡度、坡长和坡形完全相同的两个坡面。不同山体和山脉的斜坡变化以及不同山地高度的斜坡形态组合特点都不一样，可见，山地斜坡环境具有多样性和复杂性特点。复杂多样的斜坡环境形成复杂多样的生境类型。

在宏观上，受纬度和经度地带性因素的影响，不同地区的山地具有不同的光、热、水条件，进而形成山地环境类型空间分布的多样性。

山地环境类型和生境类型的多样性带来山地生物多样性特点非常突出。在全球环境受到严重破坏的今天，山地生物多样性的保护成为山地环境学研究的重大课题。

(四)环境变化的过渡性和复杂性

山地垂直地带性规律是山地环境的重大特征之一。由于受山脉走向、山体坡向、坡度以及切割密度和切割深度的影响，山地环境变化显得非常复杂。在实际工作中，很难找到呈等高线分布的气候“带”、地貌“带”及生物“带”等。气候的垂直变化是一种渐变的过程，具有明显的过渡性特点。生物垂直变化呈犬牙交错的非常态分布，在上下两种不同生态系统类型的交错带，往往是生物多样性较丰富的过渡带，以往对此研究不多。因此，通过山地斜坡环境多样性和复杂性的深入研究，有可能对山地垂直地带性规律的认识取得突破性进展。

(五)环境的敏感性

山地区具各种各样的气候类型，而且气候要素的水平与垂直变化的梯度现象十分典型，梯度变化大的地方，往往是对外界干扰响应最敏感的地方，不仅表现在坡面的物理过程和化学过程，而且表现在生物过程方面尤为突出。在森林与灌草过渡带、有植物与无植物过渡带、冻土与冰川过渡带等对气候变化的响应尤为敏感。正是由此，山地环境成为当今全球变化研究关注的热点。

(六)环境系统物流和能流的非线性

山地环境系统是开放的巨系统，系统之间存在着非线性耦合作用，是一种混沌有序的非线性动力过程。这表明山地环境学研究的方法论将有其自身的特点。

二、山地环境学研究对象和内容

(一)研究对象

首先须明确山地环境系统的含义。山地环境系统是指山地表层各种自然环境因素及其相互关系的总和。它与山地生态系统的区别在于山地环境系统着眼环境的整体，而后者侧重于生物彼此之间以及生物与环境之间的相互关系。山地环境系统具有整体性、多样性、开放性和易变性特点。山地是陆地表层系统中的一种复杂而又特殊的地域类型。在该地域内，自然因素之间以及自然因素与人工自然因素之间相互关系耦合作用形成的山地环境系统具有特殊的能流和物流过程，表现为水、土、气、生界面过程的敏感性和能流、物流以输出为主的特征。山地环境系统中复杂的界面过程及其耦合作用，不仅影响山地形成与演化，而且直接影响到人类的生存与发展。因此，以山地自然环境系统结构、功能及其各子系统界面过程耦合作用机理与调控为对象的山地环境学的研究，是山地学科的重要研究领域之一，是山地学和山地环境科学的交叉边缘学科。山地学以人—山(地)关系地域系统结构、功能变化及其调控为研究对象。环境科学主要研究人类活动引起的任何不利于人类生存和发展的自然环境结构和状态的变化及其调控。山地环境学重点研究自然因素变化引起的自然环境结构和状态变化规律，突出地表现为山地自下而上自然环境垂直结构与状态的变化；研究人为因素引起山地生态结构、功能演化与调控，以及全球气候变化引起的山地自然环境结构与状态的变化，该变化表现为滑坡、泥石流、水土流失等环境过程及生态过程的变化等。通过这些变化的研究为探寻山地人类生存与发展途径与对策的制定提供科学依据。

(二)研究内容

1. 山地自然环境系统的研究

山地自然环境系统有其自身的结构、特征和发生、发展规律，只有了解、认识和掌握其规律，才能更好地保护它、改造它和利用它，使其与人类社会取得协调持续的发展。主要研究内容如下。

(1)山地自然环境的形成与演变。

重点研究第四纪以来的山地环境变迁和有人类活动历史以来的环境变化，从宏观上把握环境演变规律，预测未来环境变化的趋势。

(2)山地自然环境系统的结构与功能特性。

研究山地自然环境系统及其各分系统的特征和相互之间的关系，对山地自然环境系统影响起重大作用的斜坡环境系统开展定位深入的观测与研究，探究各动力要素在维系和影响斜坡环境系统功能的物理机制和变化规律。

(3)山地自然环境质量评价。

研究对人类社会经济发展有直接和间接影响的环境本底和各种环境场(如光热场、电磁场等)，自然灾害的危险度、发生频率和强度以及资源开发可能出现的各种问题，揭示自然环境对人类的适生度，可开发利用的前景和人口环境容量。

(4)山地环境区划与规划。

开展不同尺度的山地环境的区划与规划研究，对不同分区的山地环境开发利用与保护作出规划，研究不同分区发展战略、方向、途径与对策。

2. 山地环境建设研究

由于人口增加和人类生产生活空间的扩展使得许多山区原来的自然生态环境面貌发生了显著的变化，出现人居环境的新格局。受人类社会改造和影响的环境空间，实际上已演变成山地社会经济环境系统的范畴。为使山地社会经济环境系统朝着更有利于人类生存方向发展，需要开展山地环境建设的研究，其内容包括建设科学的农田生态系统、林木生态系统、草地生态系统和城市生态系统等，做到既对山地环境资源最充分、合理地利用，同时又使环境得到优化。为此，需要开展如下内容的研究。

(1)山地环境的退化。

研究山地环境退化(含物理性、化学性和生物性退化)类型、分布、退化过程与机理，退化环境的恢复与建设的理论与技术。

(2)山地农业环境建设。

研究农业环境资源(光、热、水、气、土等非生命资源和动、植物生命资源)的有效合理的开发利用，提出使山区乡村环境呈现林、果、农布局有序和沟(渠)、堰(塘、库)、路合理安排、建设花园式乡村的模式及技术体系。

(3)山地城镇环境建设。

研究适合山地环境特点的山地城镇布局、规划、设计的理论与方法，使山地城镇环境既有乡村的特色和风格，又有适应现代化的功能，实现山地人居环境的可持续发展。

(4)山地专项环境建设。

充分利用和挖掘山地环境多样性的有利条件，开展山地专项环境建设研究，如旅游环境、保护区环境、矿山环境、重大工程环境、乡村企业环境等。

(5)山地生态安全屏障保护与建设。

山地生态安全屏障作用主要通过山地生态系统(以植被为主体)屏障作用表现出来。山地生态系统屏障作用表现为对物流和能流的储存、缓冲、过滤和调节，具有复杂的物理学和生物学过程，通过这些过程形成生态系统的生态功能(保护和改善环境，为人类提供生态产品)与生产功能(为人类提供物质产品)，给人类生存发展与安全提供保障。不同山地条件下的生态系统服务功能及其生态安全水平不一样，为此，需要加强不同山地自然生态系统保护和退化生态系统建设的研究，改善生态系统结构，提高生态系统服务功能，为区域生态环境安全，特别是山地中下游流域生态环境安全提供保障。

3. 山地环境的监测与研究

主要工作有如下几个方面：①高山冰冻圈和山地敏感带对全球变化响应的监测与研究；②山地自然环境系统能流和物流规律及其对全球环境变化响应的监测与研究；③退化环境区山地环境建设的环境效应的监测与研究；④山地环境退化对生物多样性变化影响的监测与研究；⑤建立典型山地类型区山地环境监测网站和重点山地区域信息服务平台，为山地资源合理开发、国土安全和经济社会协调发展提供环境信息保障。

(三)主要基础理论问题

1. 山地环境系统结构、功能与演化

(1)山地垂直自然带结构与动态。

山地垂直自然带宏观与微观结构特征，山地垂直自然景观内部与景观之间能量流动与物质循环之间关系，不同垂直自然带物理、化学、生物过程的差异性特征，山地景观异化动因及景观格局的改善。

(2)山地主要自然环境过程与规律。

揭示与当代生态环境问题有关的山地环境自然过程速率—自然变率(如坡面自然侵蚀速率、自然成土速率、自然地表反射率等)是山地环境学最基本最基础的理论问题。当今已出现许多超出或违背自然变率的生态环境问题，如土壤加速侵蚀，土壤加速沙化、土地快速荒漠化等的防治为社会各界所重视，但是治理工作缺少科学性问题较为突出，对不同山地区域土壤自然成土速率与地表侵蚀量之间关系并不清楚，治理工作往往带有一定的盲目性。

(3)山地环境过程与格局的相互作用。

山地环境过程多样复杂，各种山地环境过程必然产生相应的景观格局，而景观格局的变化会影响环境过程的进程，进而出现功能的变化。为此基于过程与格局相互作用及其功能变化机理的研究，显得十分必要。

2. 山地表层过程的综合模型

开展以水热平衡、生命元素地球化学循环为核心的山地表层界面过程的研究，包括辐射平衡、蒸发、水分转化、碳循环、养分循环、水蚀过程、冻融过程等，这是认识山地表层环境格局形成机制及研究全球变化的基础。目前，我国乃至世界各国还没有就山地这一特殊环境类型各种界面过程进行高层次的综合研究。

基于全球变暖和淡水资源短缺为当今和未来世界面临两个重大环境问题的考虑，以及山地“水塔”功能和碳减排功能作用的重要性，加大力度开展以水循环和碳循环为纽带的山地环境界面过程的研究，显得非常之必要。在此基础上，建立山地环境系统水、CO_2和热通量界面过程的综合模型，对不同山地不同时空内气候与土地优化利用之间关系作出预测。

3. 山地环境演化动力学

山地环境灾害(如滑塌、滑坡、泥石流、土壤加速侵蚀等)形成、发生最本质的原因是山地斜坡环境各种动力耦合作用下形成的暂时态平衡受到破坏。因此，研究山地斜坡环境各种动力学特征，如构造应力、坡面物质重力、植被根系抓力、岩土固结力与黏聚力以及土壤水分变化产生的张力与压力等，以及这些动力之间协同作用下出现平衡态耦合模型的建立，是山地环境不稳定性判识的重大基础理论问题。

4. 山地环境资源承载力

山地环境既是生物和人类赖以生存发展的基础，又是与人类社会经济发展与进步密不可分的主要资源。因此，资源环境承载力的研究是山地开发利用与保护必须解决的重大基础与理论问题。研究重点包括资源承载力、环境承载力、生态承载力，在深入研究基础上开展脆弱性研究与风险评估，建立基于能预测山地环境可持续性维护与可能出现波动态势的资源环境承载力模型。

5. 山地环境与全球变化

近来，山地环境已成为在迅速的全球变化中受影响最强烈的地区之一，其中在山地所特有的许多特征“线”(带)，如雪线、季节性冻土带、冰缘带下线、树线、林线、生命线上限、以及半湿润与半干旱和半干旱与干旱之间的过渡带等，是对全球变化响应最为敏感的地区。因此，开展这些特殊“线”(带)生物生态特征、物种多样性变化、坡面物质移动速率、坡面微形态和物质微结构变化等现象与过程的观测与研究，不仅可为人类开发利用山地环境资源提供科学依据，而且可以快速有效地发现和揭示全球变化影响及其过程特点，为寻求适应全球变化对策的判定提供理论依据。

(四)重点研究领域

基于山地环境学研究对象、内容和基本理论问题的综合考虑，近中期山地环境学研究应着重开展如下四个领域的研究，这四个领域相互关系见图 4-1。为区别山地环境学研究领域与山地生态学、山地灾害学及山地学研究领域之间的差异，对山地环境学研究领域主要研究内容作简要阐述。

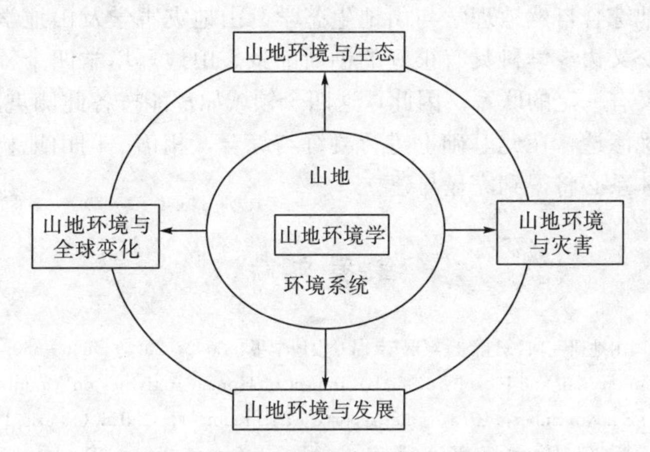

图 4-1　山地环境学重点研究领域示意图

1. 山地环境与生态

山地环境系统与山地生物之间相互关系形成的山地生态系统是山地生态学的主要研究对象。作为山地环境对生物发生、发展与演化影响的山地环境学研究的重点领域应是环境对生态的影响关系。主要研究山地梯度变化的环境综合效应与自然环境过程速率、区域尺度生态环境问题发生、过程与机制、生物生态适宜性环境阈值、生态环境退化过程与机理、退化生态环境恢复重建的理论与技术、环境自然演化与退化过程监测、山地景观格局与过程相互关系、生态系统服务功能环境尺度效应等。

2. 山地环境与灾害

山地环境系统在内外营力作用下形成的灾害与山地灾害系统(包含灾害形成、过程、动力学机理，灾种类型及其灾害链、灾害预警及其综合防治技术与对策等)是山地灾害学的主要研究对象。作为山地环境对灾害形成影响的山地环境学研究的重点领域应是山地环境与灾害的耦合关系。主要研究山地灾害区域分布规律、基于山地环境要素不同组合的山地环境不稳定性判识、大中尺度(跨流域、跨地区)山地环境灾害危险性评估、以及基于山地灾害危险性的山区工程建设和经济发展的规划与布局等。

3. 山地环境与发展

山地自然环境系统与人文环境系统之间相互关系形成的人山关系地域系统是山地学(又称山地综合学)主要研究对象。作为山地环境对山区发展影响的山地环境学研究重点领域应是山地环境对人类生存发展的影响。主要研究山地环境资源承载力、人居环境适宜性、山地环境与发展的可持续性、山区聚落与城镇的合理布局、灾害对山区发展的影响、基于山地环境资源特点的山区发展战略、山区农村与城镇建设规划与布局等。

4. 山地环境与全球变化

当前，山地环境已经成为在迅速的全球变化中受影响最强烈的地区之一，其中山地所特有的特征“线”带以及冻土、冰川分布区等是全球变化响应最为敏感的地区。作为山地环境学在全球变化中应重点研究的领域是，在全球气候变化影响下的山地生态过程与速率、山地环境过程强度及其变化趋势预测、山地环境灾害发生变化趋势以及山地环境保护与发展适应性对策等。这些研究内容与上述三个领域都有关系。

综上所属，山地环境学有其鲜明的特点，它与山地生态学、山地灾害学和山地学都有所区别，是山地综合自然地理学与山地生态学、山地灾害学及山地学之间的交叉边缘学科，这种新兴交叉边缘学科具有很好的创新前景。山地环境学四个领域的研究内容各有侧重，但彼此又有一定的联系。因此，这四个领域如都能按各此侧重点进行深入研究，而且又能互为交叉渗透，在此基础上进行凝练与综合，相信一门山地科学的新方向—山地环境学的理论体系必将得到完显与建立。

参 考 文 献

[1] 钟祥浩. 20 年来我国山地研究回顾与新世纪展望 [J]. 山地学报，2002，20(6)：646～659.

[2] UNESCO，Program on Man and Biosphere(MAB). Impact of Human Activities on Mountain and Tundra Ecosystem. Lillehammer [R]. November，1973，Final report，MAB report 4，UNESCO Paris. 1～132.

[3] UNCED(United Nation Conference on Environment and Development). Agenda 21 [R]，Chapter 13，1992.

[4] Jao D I，Messerli B. Progress in theoretical and applied mountain research [J]. Mountain Research and Development，1990，10(2)：101～127.

[5] United States，Longress，Senate. 2002 International Year of Mountain(IYM) [Z]. 1998.

[6] A Ifred Becker，Harald Bugmann. Global Change and Mountain Regions [R]. IGBP Secretariat the Royal Sweidish，Academy of Sciences，2001.

[7] Mountain Research Center and Mountain State University. Detecting Change Defining Consequences：A New Global Focus on Mountain Research [DB/OL]. http：//mountains.

[8] John G. Mountain Environments：An Examination of the Physical Geography of Mountain [M]. The MTT Press Cambridge，Massachaetts，1994，1～260.

[9] Elizabeth B，Jason E. Mountain Forum Moderators，Mountain Forum Global Information server Node [R]. Moderators. The Mountain Institute，Franklin，WV 26807 USA，1998.

[10] Scottish Natura Heritage. Centre for Mountain Studies. Mountain of Northern Europe：Conservation，Management People and Nature [M]. 2005：1～416.

[11] John Harlin. The world's Most significant climber [J]. American Alpine Journal，2003：1～428.

[12] Laurence Hamilton，Linds MeMillan. Guidelines for Planning and Managing Mountain Protected Areas [M].

2004：1～83.

[13] Gabriele Broll. Beato Keplin. Mountain Ecosystems：Studies in Treeline Ecology [M]. Gabriele Broll，2005：1～354.

[14] Don Funnell. Romola Parish. Mountain Environments and Communities [M]. Romols Parish，2001：1～368.

[15] Henry F. Diaz. Climate Variability and change in High Elevation Regions [M]. Nosa/Oar/Cde，Boulder，CO. 2003：1～344.

[16] 李文华. 全球变化与全球化对山地环境的影响及对策 [A]. 见：冯志成、徐思淑. 山地人居与生态环境可持续发展国际学术研究会论文集 [C]. 北京：中国建筑工业出版社，2002，248～251.

[17] Earth System Science Committee. Earth System Science：A Closer View [M]. Washington，D. C.：NASA Advisory Council，1988：1～205.

[18] Keith D Alverson，Raymond S Bradley，Thomas F Pedersen(des). Paleoclimate，Global Change and the Future [M]. Berlin：Springer-Verlag，2003：1～220.

[19] World Commission on Environment and Development. Our Common Future [M]. Oxford：Oxford University Press，1987：1～43.

[20] 钟祥浩. 山地研究的一个新方向：山地环境学 [J]. 山地研究(现山地学报)，1998，16(2)：81～84.

[21] UNEP World Conservation Monitoring Centre. Mountain Watch 2002 [M]. Cambridge：UNEP world Conservation Monitoring Centre，2002，1～80.

[22] Alfred Becker，Harald Bugmann(eds). Global Change and Mountain Regions——The Mountain Research Initiative [R]. IGBP Secretariat，Royal Swedish Academy of Sciences，2001：1～86.

[23] William M Davis. The geographical cycle [J]. The Geographical Journal，1899，14(5)：481～504.

[24] Walther Penck. Morphological analysis of land forms，a contribution to physical geology [M]. London：MacMillan and Co，1953：1～429.

[25] Alexandervon Humboldt Essaisurla. Geographiedes plantes [M]. Paris Libraires Chez Levrault-Schoellet Compagnie，1805：1～155.

[26] Maureen E Raymo，William F Ruddiman，Philip N Froelich Influence of late Cenozoic mountain building on ocean geochemical cycles [J]. Geology，1988，16(7)：649～653.

[27] Peter Molnar，Philip England Late Cenozoic up lift of mountain ranges and global climate change chicken or egg [J]. Nature，1990，346，29～34.

[28] Peter U Clark，Patrick J Bartlein. Correlation of late Pleistocene glaciation in the western United States with North Atlantic Heinrichevents [J]. Geology，1995，23(6)：483～486.

[29] Michael A. Summerfield Geomorphology and Global Tectonics [M]. Chichester John Wiley &Sons，2000：1～367.

[30] Philip N Owens，Olav Slaymaker(eds). Mountian Geomorphology [M]. Londorr. Edward Amold，2004：1～313.

[31] William F Ruddinan(ed). Tectonic Uplift and Climate Change [M]. New York Plenum Press，1997：1～535.

[32] Arthur L Bloom. Geomorphology. A Systematic Analysis of Late Cenozoic Landforms [M]. third edition. Upper Saddle River Prentice Hall，1998：1～482.

[33] Douglas W Burbank，Robert S. Anderson Tectonic Geomorphology [M]. Malden：Blackwell Science，2001：1～274.

[34] Mateo Gutierrez. Climatic Geomorphology [M]. Amsterdam：Elsevier B. V.，2005：1～760.

[35] McInnes R，Jakeways J，Fairbank H，et al(eds). Landslides and Climate Change [M]. Londorr. Taylor& Francis，2007：1～514.

[36] Stallard R F，Edmond J E. Geochemistry of the Amazon 2 the in fluence of the geology and weathering environments on the dissolved load [J]. Journal of Geophysical Research，1983，88(C14)：9671～9688.

[37] F Ahnert. Functional relation ships between denudation，reliefand up lift in largemid-latitude drainage basins [J]. American Journal of Science，1970，268，243～263.

[38] Millot R，Gaillardet J，Dupre B，et al. The global control of sillcate weathering rates and the coupling with physi-

calerosion new insights from rivers of theCanadian Shield [J]. Earth and Planetary Science Letters，2002，196，83～98.

[39] Milliman J D. Fluvial sedinent in coastal seas flux and fate [J]. Nature and Resources，1990，26：12～22.

[40] Suzanne P Anderson，Alex E Blum. Controls on chemicalweathering small and large－scale perspectives [J]. Chemical Geology，2003，202，191～193.

[41] Bemard Dupre，Celine Dessert，Priscia Oliva，et al. River，chemicalweathering and earth's climate [J]. Comptes Rendus Geoscience，2003，335：1141～1160.

[42] Joshua A West，Albert Galy，Mike Bickle. tectonic and climatic controls on silicate weathering [J]. Earth and Planetary Science Letters，2005，235：211～228.

[43] Martin Beniston. Environmental Change in Mountains and Uplands [M]. London Amold 2000：1～172.

[44] John Flenley. TheEquatorial Rain Forest a geological history [M]. London Butterworths，1979：1～162.

[45] Donald G M，Velichko A A，Kremenetski C V et al Holocene treeline history and climate change across northe-mEurasia [J]. Quatemary Research，2000，53：302～311.

[46] Uli M Huber，Harald K，Bugmann M，Mel A Reasoner(eds). Global Change and Mountain Regions A Overview of Current Know ledge [M]. Dordrecht Springer，2005：1～650.

[47] Martin Beniston. Climatic change in mountain regions：A review of possible impacts [J]. Climatic Change，2003，59：5～31.

[48] Romola Parish. Mountian Environments [M]. Harlow：Prentice Education，2002：1～348.

[49] Martin F Price(ed). Mountain Area Research and Management [M]. London Earthscan，2007：1～302.

[50] 中国科学院、水利部成都山地灾害与环境研究所. 山地学概论与中国山地研究 [M]. 成都：四川科学技术出版社，2000：1～327.

[51] 程裕淇. 中国区域地质概论 [M]. 北京：地质出版社，1994：1～517].

[52] 中国科学院中国自然地理编辑委员会. 中国自然地理总论 [M]. 北京：科学出版社，1985：1～413].

[53] 邹逸麟. 中国历史地理概述 [M]. 福州：福建人民出版社，1993：1～243].

[54] 于贵瑞. 全球变化与陆地生态系统碳循环和碳蓄积 [M]. 北京：气象出版社，2003：1～460].

[55] D Ives，Bruno Messerli. Progress in Theoretical and Applied Mountain Research，1973～1989，and Major Future Needs [J]. Mountain Research and Development. Vol. 10，No. 2，1990：101～127.

[56] UNCED(United Nation Conference on Environment and Development)，Agenda 21，Chapter 13.

[57] Messerli B，Ives J D. Mountains of the World：Challenges for the 21th Century. Printed by Paul haupt Verlay，Switzerland，1997：2～5.

第五章 山 地 分 类①

第一节 山 地 概 念

一、山地概念简述

(一)国内

南京大学等单位主编的《地理学辞典》[1]对山和山地分别进行了诠释，指出山一般指高度较大，坡度较陡的高地。它以明显的山顶和山坡区别于高原，又以较大的高度区别于丘陵。习惯上一般把山和丘陵通称为山。山地是许多山的总称，由山岭和山谷组合而成。其特点是具有较大的绝对高度和相对高度，切割深，切割密度大，通常多位于构造运动和外力剥蚀作用活跃地区，地质结构复杂，如我国西部一些山地。该定义对山、丘陵、高原和山地作了明确的区分。对山地的解释，强调了相对高度和绝对高度两者的结合以及具有切割深和切割密度大的特征。赵松乔认为[2]，山地必须具有下列两个条件之一：第一，有较高的海拔，一般在500m以上，如超过3000m则不论坡地或平地均可称为高山或山原；第二，有一定的相对高度，相对高度超过500m即属山地，不足500m者称为丘陵，而不论其海拔如何。程鸿认为[3]，山地是与平原相比较而言，是由一定绝对高度和相对高度组合的地域，既包括山麓以上的山体，也包含山体之间排水的谷地，既包括独立的山岳和山系，也包括群山丛聚的地区。王明业等人[4]指出，山地是指具有一定海拔和坡度的地形，并认为山地是由山组成的群体，丘陵、台地和高原是山地的特殊类型。他把山地分为广义山地和狭义山地两类。广义山地包括高原、盆地和丘陵。狭义山地仅指山脉及其分支。肖克非在《中国山区经济学》一书中[5]，将起伏高度大于200m的地段统称为山地，并指出起伏高度是指山地脊部与其顺坡向到最近的大河(流域面积大于500km^2)或到最近的较宽的平原或台地(宽度大于5km)交接点的高差。徐樵利等人认为[6]，在多数情况下宜应用广义的山地定义，并将相对高度大于200m的地段统称为山地，它不仅包括低山、中山、高山、极高山，而且包括高原、山原、丘陵及其间的山谷与山间盆地。《山地学概论与中国山地研究》一书对国内山地基本概念做了较详细的描述[7]。

---

① 本章作者钟祥浩、刘淑珍，首次发表。

(二)国外

牛津英文词典将海拔大于2000英尺(600m)区域定义为山地[8]。Fairbridge基于地质学视角，提出山地由造山运动形成，是地质构造受褶皱、隆升和火山作用的结果，并将世界山地划入5个主要的造山运动(Cale－donian，Hercynian，Meso－zoic，Caenozoic，and Alpine)[9]。值得一提的，Hollerman[10]和Troll[11]根据雪线和树线分布进行山地划分，体现气候学、地貌学和生态学等多学科交叉的山地分类。Gerrarg在《Mountain Environment》一书中认为[12]，山地是地球表面高出其周边地面，有显著高度和陡坡的地段，而且海拔大于700m。Jack在《Mountain of the World》一书中指出[13]，陡坡和高度是组成山地的基本要素，并把高度极大的高原列入山地范畴。UNESCO在人类与生物圈中指出[14]，山地是一种巨大的地形，这种地形高出地面并有一定面积的山顶形态，在空间上呈连续分布，其坡度通常比丘陵陡。UNEP－WCMC提出划分山地四个标准[15]：①海拔300～1000m，相对高度大于300m；②海拔1000～1500m，坡度大于5°，或相对高度大于300m；③海拔1500～2500m，坡度大于2°；④海拔大于2500m。欧洲有些国家划分山地的标准有所不同[16]：意大利海拔600m以上，相对高度600m；西班牙海拔1000m以上，坡度大于18°；罗马尼亚海拔600m以上，坡度大于20°；英国只有海拔大于240m一个指标；比利时也只有海拔大于300m一个指标。可见，国外尚无划分山地的统一标准。各有关国家都是根据本国的山地特点确定自已山地划分标准。

二、前人山地概念评述

通过前面国内外山地定义的综述可以看出，迄今为止尚无一致的认识，对山地内涵的解释可以说是五花八门，主要观点可归纳为如下方面。

(一)以海拔高度界定山地

国内赵松乔把海拔大于500m和超过3000m的不论坡地或平原都归为山地。有的人认为海拔应大于2500m，并把具有海拔300～2500m，同时拥有较陡坡度的高地划为山地范围。有的国家依据本国情况只用海拔高度一个指标。

实际情况表明，若只用海拔高度一个指标来界定山地显然是不合适的，因为相对于海平面海拔高度，如中国采用500m或大于该高度的有些地段是平原或盆地。

(二)以相对高度界定山地

有人将相对高度大于200m的地段统称为山地。该定义难以对复杂山地类型进行科学的区分和合理开发利用。例如，中国相对高度大于200m的山地分布广泛，而且区域差异明显，不同相对高度山地的坡度不一样，对外力作用的敏感性及其开发利用困难性差异很大；又如，相对高度为200～500m的中国东部丘陵山地与相对高度达1000～3000m甚至5000m以上的西部山地相比较，开发利用策略以及山地灾害潜在危险性有天壤之别。如按相对高度大于200m界定山地，那么相对高度小于200m的丘状高原或山原不属于山地范畴。显然，这一定义的科学性欠缺。

(三)强调海拔高度和相对高度(又称起伏度)的组合特征界定山地

该定义较好地突出了山地的基本形态。相对高度是山地最基本的特征，但是不同海拔高度的山地相对高度有所不同，自然地理过程不一样。因此，把这两者有机结合起来定义山地，能较好地揭示山地基本形态特征。

(四)用海拔高度和坡度界定山地

国外文献多用“elevation”和“steep”来定义山地。按“elevation”词义，是指高度，尤指海拔高度。前已述及，用海拔高度定义山地不科学。强调海拔高度与坡度的组合特征可以较好地揭示山地基本形态与属性，因为坡度蕴含了相对高度的概念。该定义有一定的合理性，但是海拔高度与坡度之间的定量关系较为复杂，在实际工作中难于操作。

(五)强调海拔高度、相对高度和坡度组合特征界定山地

南京大学等单位主编的《地理学辞典》的山地定义，充分表达了作为组成山地的基本元素，必须有海拔高度、相对高度以及坡度，虽然定义文字表达中没有“坡度”二字，但强调了切割深和切割密度大的特征，其中蕴涵了坡度的概念。此外，在强调这三个基本元素外，还指出山地由山岭和山谷组合而成。该定义对山地内涵的表述比较科学和规范。

(六)广义与狭义山地概念

广义山地概念可归纳为三种表达：第一种把地貌分类系统中的丘陵、山地和高原统称为山地(或山区)，这三种地貌类型的划分遵循地貌分类标准；第二种把相对高度大于200m的地段均称为山地，因为它排除了具有宽阔平坦的高海拔高原，属亚广义概念；第三种把高出平原的高地统称为山地，但是平原与高地概念不明确，具有模糊性特点。

狭义山地概念，不包括丘陵和高原，而且强调必须具有一定高度(相对高度)和坡度。

(七)山地地域概念

程鸿认为山地是一种地域，强调山地具备海拔高度、相对高度和坡度三要素的同时，还应具有山岭、山麓和谷地等组成要素。该概念较客观反映了山地实际。

三、山地定义

国内外各种山地定义都是作者在长期、大量野外实际工作和山地开发实践经验基础上归纳总结提炼出来的，因此都有其一定的客观依据，其中南京大学《地理学辞典》山地定义有一定的合理性，但文字表述欠精炼。程鸿的山地定义突出了地域的内涵，而其他定义缺乏体现山地本身所具有的独特自然属性。

目前社会上广泛使用“山地”和“山区”两种概念。自然科学工作者多从海拔高度、相对高度和坡度方面对山地进行定义，并给出了相应的部分界定指标。人文科学工作者多从山地具有人文属性考虑，比较多的使用“山区”一词，但没有给出界定“山区”的指标，把凡有山的区域都称为山区。学术界和社会上长期以来形成的两种既没有严密指

标界定，又缺少科学内涵概念的混杂使用状况，既不利于山地科学研究工作的深入和山地学科理论体系的建立，亦不适应广大山地区资源合理开发利用、生态环境保护和社会经济发展的需要。

山地不但拥有一定的海拔高度，而且具有一定相对高度和陡度的斜坡，同时还有与高度和斜坡效应密切相关的山前坡麓、山间谷地以及与其相应的复合生态系统等。

为此，我们把山地定义为陆地上拥有一定海拔高度、相对高度和坡度的高地及谷地复合类型的地域。山地“三度”特征中最本质特征是相对高度，相对高度决定了山地坡度特性，具有一定高度与陡度的斜坡决定了山地坡地过程、气候过程、成土过程、水文过程、生态过程等具有垂直分异的特殊性和复杂性特点，这些过程的环境效应直接影响到坡下谷地环境与生态过程。可见，山地是有“山”、有“坡”、有“谷”之地，即既有“坡地”，又有“谷地”之地；具有不同于平原或平地的三维空间和不规则变化的高能量斜坡环境，以及具有坡面生态垂直分异复杂性特征，是由不同海拔高度、起伏度、坡度的坡地和谷地及其生态系统类型有机组成的一种特殊地域类型。按此理解，山地不再是地貌学上的就山论山的一种分类，而是具有明显山地自然属性和地域特征的地域类型的划分。可以说山地分类是山地土地特征类型的划分。中国地域辽阔，既有高海拔山地地域类型，又有低海拔山地地域类型，既有寒温带山地地域类型，又有亚热带山地地域类型。不同海拔高度地域具有不同气候条件和不同起伏度与坡度形态组合类型，同一纬度带不同海拔高度山地水热过程不同、生态系统复合类型和山地地表形态特征有异。可见，不同山地地域类型不仅生态系统结构、功能不一样，而且地表过程强弱及其发生演变过程特点也不同，由此导致开发利用方向有别。显然，山地地域类型结构与功能在空间格局上具有显著的尺度性和层次性特点，这是山地分类的重要理论依据。为要深刻认识不同地区山地地域类型结构、功能的差异性，需要对组成山地地域类型基本要素特征及其固有自然属性从发生渊源关系上进行深入分析与分类研究。

山地地域类型与非山地地域类型在自然属性方面存在显著的差别，除了在自然条件的垂直变化方面的差异之外，突出地表现在物质结构和动力结构的明显差异，由此导致前者的物质——能量运动方式、过程较后者更复杂，前者的结构和功能稳定性较后者脆弱，前者对人类活动(扰动)的承载力较后者低[7]。山地地域类型拥有岩石圈、气圈、水圈和生物圈相互作用的复杂界面机制，以及特有的山地环境动力学过程，是一种具有能流、物流过程以输出为主的特殊地域系统，不但具有系统的脆弱性和水、土、气、生界面过程的敏感性，同时还拥有极高的山地灾害风险性和生态环境不安全性。这是山地地域类型区别于非山地地域类型最本质的自然属性。

第二节　中国山地分类

一、前人山地分类综述

前人从不同学科、专业和不同用途对“山地”进行了多角度的分类，分类的名目可谓是纷繁多样，大体可归纳如下方面：

(一)按山地形成的不同地质构造作用的山地分类

依据不同地质构造内力作用，将山地分为褶皱山、断块山、穹隆山和火山等。褶皱山是地壳岩层在挤压力作用下，使岩石中面状构造变形弯曲，形成背斜和向斜两种基本褶皱形式，在长期剥蚀、侵蚀作用下，形成形态各异的背斜山和单斜山(单面山)。断块山是地壳岩层在压力和张力作用下，使岩层发生断裂位移呈块状上升的高地。依据断层上原来相对邻接两点在断层中的相对运动状况形成的断层特点，又可进一步分为走向滑动断层山、倾向滑动断层山、正断层山、逆断层山和斜向滑动断层山等。穹隆山是地壳岩层在地球内部向上张力作用下，使岩层发生弯曲变形，并突起呈圆顶形状的山。火山是地球内部熔岩在地球内力作用下，冲破地壳岩层向上隆起，并在地表冷却形成的岩熔流山。

(二)按不同地表外营力作用的山地分类

地表外营力(流水、风力、太阳辐射、冻胀等)通过多种方式对表层物质不断进行风化、剥蚀、搬运和堆积形成的山地气候地貌类型，主要有流水侵蚀山地、风力侵蚀山地、冻融侵蚀山地、冰雪剥蚀山地和溶蚀山地(喀斯特山地)等。

(三)按地貌形态差异的山地分类

地貌形态山地分类，实际上是基于基本地貌形态的山地地貌分类。山地基本地貌形态包括海拔高度、相对高度、坡度、走向等。依据这些山地地貌形态要素分出多种山地类型：①按海拔高度的不同，分为丘陵、低山、中山、高山、极高山等；②按相对高度差异，分为缓起伏山、小起伏山、中起伏山、大起伏山和极大起伏山等；③按坡度的不同，分为缓坡山、陡坡山等；④按走向的不同，分为东西向山、南北向山、东北-西南向山、西北-东南向山等。

李炳元等人[17]依据海拔高度和起伏度的组合特点，将中国陆地地貌划分出 28 个基本类型，其中丘陵山地类 20 个。

(四)按组成山地地层岩性差异的山地分类

依据地层岩性的差异，可分为三大类，即变质岩山地、火成岩山地和沉积岩山地。不同地层岩性山地，由于岩性、构造、矿物成分等的差异，在外力作用下的抗风化强度和风化速率都不同，因而在长期风化剥蚀作用下形成千奇百态的山地地貌类型。依据岩性出露特点及其景观特色分为碳酸岩山地、黄土山地、紫色岩山地、花岗岩山地、丹霞山地等。

(五)按自然垂直带谱结构差异的山地分类

山地自然垂直带谱结构能较好地反映山地生态地理类型的基本特征。不同地区的山地以及相同山体的不同坡向自然垂直带谱结构都不一样。因此，通过山地自然垂直带谱结构地域差异性与相似性的分析，可以对复杂的山地体系进行生态地理分类。张新时[18]将中国山地垂直带谱归纳为 7 个基本山地生态地理类型。刘华训划分出 14 个山地生态类型[19]。张百平等人[20]在前人研究基础上，将中国山地垂直带谱划分出 3 大自然区带谱、12 个温度带谱和 31 个基本带谱系列类型。

二、山地分类体系建立的必要性、原则和基本思路

(一)必要性

1. 基础于中国山地类型多样复杂性分类的必要

从前述山地多种山地分类和名目繁多的山地类型名称表明，建立科学的山地分类体系很有必要。产生这些问题的原因在于山地类型的多样复杂。正是由于山地系统类型拥有多样复杂性特点，所以至今难以取得为大家所接受的一致认识，这正说明开展山地分类研究的必要。

中国山地空间分布基本格局和山地地貌形态特征是长期地质历史时期内外营力共同作用的结果。山地的形成与演化经历了漫长而又复杂的过程，不同的地壳物质和地壳运动方式与强度，形成不同的构造形态。水热条件在时间和空间上的变化对山地的形成、演化及其现状特征产生了深刻的影响。

中国地处欧亚板块之东南部，其陆地部分受到印度板块和太平洋板块(含菲律宾)的夹持，在板块的俯冲和碰撞的漫长地质历史时期形成了中国山地的基本构架。由于板块碰撞作用形成的喜马拉雅型造山带在我国分布广泛，包括喜马拉雅—喀喇昆仑—唐古拉、冈底斯—念青唐古拉、大兴安岭、昆仑、祁连、秦岭褶皱系等都属于这种类型；而我国华南山地属于太平洋板块俯冲到欧亚板块下形成的俯冲式造山带。不同地质构造单元的高大山系构成了我国大陆地势基本骨架，整体上形成西高东低的三级阶梯走势，反映在海拔高度上，由东部海拔小于 1000m，向中部过渡为 1000～2000m，到青藏高原高达 3500m 以上。可见，中国基于不同地质构造单元的山地类型具有多样复杂性特点。

中国山地地质建造具有类型复杂，时间跨度长和造山多旋回性等特点。因而表现在岩石特性上具有类型多样性和地域巨大差异性特征。不同岩石类型山地的岩石物理、化学和力学性质差异很大，它们在内外营力作用下表现出不同的抗压、抗冲、抗蚀的能力，进而形成千姿百态的山地地表形态类型。

中国大陆主体部分地处北半球欧亚大陆的东南部中纬度地带，热量纬向和水分经向变化明显。热量变化上，从南往北依次可分为热带、亚热带、温带和寒温带；水分变化上，从东往西拥有湿润、半湿润、半干旱和干旱四种类型。由于水热组合条件的地域差异，导致山地地表形态变化的外营力作用过程和强度有所不同，进而形成多样复杂的山地地貌形态类型。不同水热条件下的山地，其地表自然地理过程及环境资源潜力差异非常显著。

上述表明，中国山地类型十分多样复杂，不同山地的形态类型、自然环境特点、生态系统垂直分异、环境资源潜力、坡面物质稳定性和生物多样性等千差万别，对这些纷繁复杂的山地特征进行科学的归纳与分类，非常必要。

2. 有助于推动山地学科理论体系的建设

山地人-山关系地域系统结构、功能与演变是山地学科研究的核心。“人”是指人类社会经济活动，“山”是指人类赖以生存发展的自然环境。人-山关系是矛盾对立统一

体。人－山组合关系具有明显的地域差异，不同地区人－山关系地域系统结构、功能与演变规律不一样。作为人－山关系地域系统重要组成部分的山地自然环境系统，具有独特的自然属性，表现为动力系统不稳定性、能量梯变性、物质循环的单向输出性、坡面物质易变性、生态异质性、生态系统脆弱性和山地灾害的易发性等特点。该系统对人－山关系的协调发展起着重要的制约作用。因此，基于山地自然属性为理论基础的山地分类是认知山地科学规律的基础，有助于推动山地学人－山关系协调发展理论体系的建立与发展。此外，作为对山地自然环境系统结构与功能影响最大的山地地貌是形成山地生境和生态系统多样复杂性的最基本要素，由地貌形态要素空间变异产生的各种生态现象和过程是山地生态学研究的核心内容。可见，山地分类研究还有助于推动山地生态学科的发展。

3. 有利于山地的可持续发展

山地是一个复杂的环境资源系统，它具有特定的结构与功能，拥有丰富的水资源、生物多样性资源、土地资源、旅游资源和矿产资源等。然而，由于山地自然环境系统区域差异极大，由此形成的自然资源类型、数量、质量千差万别。当今山地资源的合理开发与保护面临经济全球化的挑战。因此，通过突显山地自然属性为依据的山地分类，可为科学利用山地资源、合理调整产业结构、协调区域经济平衡发展、促进农业和农村现代化、加快城市化进程，实现经济社会可持续发展提供重要的科学依据。

综上所述，中国山地分类研究既是推动山地学科综合研究的深入和山地学科理论体系建立的基础，又是保障山地资源环境合理开发利用和保护的前提，可为山地管理立法、实现山区可持续发展和我国生态环境安全提供理论与实践依据。

（二）山地分类原则

1. 山地地貌形态与地带性相结合的原则

中国自然环境突出特点之一是山地面积广阔，是地域分异因素作用下的历史发展产物，其地表自然环境要素具有非地带性与地带性因素相互作用的三维地带性特点，表现为山地具有自已的发生统一特征。山地任何一地的地表物理、化学与生物过程都受到纬向、经向和高度变化因素综合作用的影响，表现为山地垂直地带的有些特点与纬向水平带有相同之处，如山地垂直自然带的基带与水平带类同；同时还表现出山地特有的垂直自然带及其特有的地表过程，如高山流石滩稀疏植被带。可见，一定区域山地垂直带是在相应纬向水平带基础上形成的，其山地垂直带结构特点具有不同于其他纬向水平带上的山地垂直带。这是山地分类首先必须坚持的地带性原则。

但是，山地地貌形态类型多样复杂，它对气候要素起再分配作用，通过改变光、热、水等生态因子，形成千差万别的生境类型和生物群落。可以说山地地貌形态是形成山地地域系统结构和功能、导致山地各种生态环境现象和过程发生变化的最根本的因素。不同海拔高度的温度与水分组合形成不同的生物类群，不同起伏度形成不同的生态系统垂直结构，不同坡度由于地表动力过程不同而形成不同的坡面形态，不同坡向接受太阳辐射和大气环流水汽差别明显，而出现不同的生境和生物群落。可见，基于地貌形态要素组合特征的空间变化带来的山地生态环境十分多样复杂。

突出以地貌形态主导因素与地带性相结合的原则能比较正确地反映山地地域类型分

异情况，能较好地把握山地生态环境的空间差异及其发生发展的原因与态势，进而为山地生态环境的保护和山地生态安全屏障的建设提供科学依据。

2. 分类体系的层次性和区域性原则

中国山地面积辽阔，自然生态环境空间差异悬殊，既有大地构造和大地貌结构上的差异，又有热量和水分条件上的不同，更有不同地貌形态要素组合的差异及由此带来生态系统结构与功能的显著差别。这种差异是山地地域类型的空间分异，这种分异具有层次性和系统性特点。山地分类实际上是将复杂的山地地域系统作为一个整体，依据组成这一大系统的不同组分分解为若干子系统，大系统与子系统之间具有一定从属关系，高级类型与低级类型之间具有等级依存关系，同一级别的类型是一种并列关系，并在类型划分的标准上具有一致性。每一等级类型都占据一定区域空间，山地系统分类等级又构成区域空间系列，两者紧密联系。这种分类充分体现山地分类体系的层次性和区域性原则。

3. 山地系统分类相对一致性与差异性原则

相对一致性原则要求在划分类型时，必须坚持同一类型，其山地自然属性特征的相对一致。不同等级类型单位，其自然属性特征是不同的，各有不同的划分标准。分类单位具有抽象性和概括性。如，基于不同大地构造－地貌特征的“山地大区”类的划分，主要考虑同一大区类型内大地构造特点及其相应大地貌格局的大致相似性。基于气候条件差异性的“山地带”类型的划分，重点考虑同一“山地带”类型内山地基带热量条件相似及相应山地气候地貌形态类型的大致相同。基于不同海拔地区起伏度和坡度组合特征的差异，可根据海拔高度、起伏度和坡度的相似性，分别作出分级标准相对一致的类型，其地表与生态过程有一定相似性。

4. 分类指标定量化和可操作性原则

现代遥感、GIS、GPS、卫星导航(DNSS)等技术的快速发展，为山地地貌和山地环境资源等数据的采集提供了有利条件。因此，涉及山地分类相关的各项指标的定量化成为可能。实际情况表明，地貌形态的多数指标均可数值化，并可依据数字模型进行自动化计算。然而，由于地貌形态指标的定量界定及其分级分类具有复杂性特点。目前不同国家的地貌形态分类所采用的量化指标有较大差异，我国不同学者所采用的地貌形态量化指标也有所不同。因此，结合中国山地的实际，从有利于我国山地开发利用、山地生态环境保护和山地管理立法，提出具有较强科学性和可操作性的山地分类定量化指标，显得非常必要。

(三)山地分类基本思路

山地分类是山地研究中最基础的工作。根据组成山地要素的共同点和差异点，将其划分为不同的类别。分类中通过比较识别不同山地类型之间的共同点和差异点，根据共同点将其归并为较大的类，根据差异点将其划分为较小的类，从而将山地分类梳理成具有一定从属关系的不同等级系统。每一级个体单位类型在空间上呈分离态，级别越高，共性越少。

基于山地分类目的的不同，可分为山地自然属性分类，山地经济属性分类和山地综合特性分类。前人尚无山地分类系统和分类体系的研究，因此本山地分类方案设计立足于先易后难的原则，采用山地地貌要素为主的自然属性分类，其基本思路：地质构造奠定地貌格局，地貌影响气候，气候影响生态并改变地貌，构造-地貌-气候-生态组合决定山地类型性质，其中地貌对山地表生过程及灾害发生的影响起着主导作用。因此基于地貌要素为主的自然属性分类，可以较好地揭示不同气候水平地带性下的不同地貌形态要素与生态异质性、灾害易发性和资源可利用性的关系。

山地具有为人类生产生活提供生态产品和物质产品的重要生态功能，同时又有对人类安全和区域可持续发展产生不利影响的诸多因素。因此，山地分类等级系统的建立和分类指标体系的确定要能充分体现山地的自然属性，要能为国家生态安全和国土安全战略布局提供依据，突显山地分类的生态学思想和有助于扩展山地环境与灾害科学理论的应用范围。

山地是内外营力长期作用的结果。内营力作用形成具有显著地质构造特征的构造地貌。它奠定了山地空间骨架。构造地貌在外营力作用下形成具有侵蚀、剥蚀特征的气候地貌。构造地貌和气候地貌都不同程度地保留了各种营力作用的形态特征，在一定地域空间上形成具有该地域特征的形态地貌。组成形态地貌的基本形态要素包括海拔高度、起伏度、坡度、谷地等，由这些形态要素组成的山地地域类型具有空间的尺度性和层次性特点。

中国地处欧亚板块、印度板块和太平洋板块的交汇区，板块之间经历长期相互作用形成中国大陆南、北有别，东、西差异显著的地质结构单元，大陆地势由西往东呈三级阶梯变化。第一级阶地为青藏高原(包含祁连山和横断山系等)，海拔 3500m 以上；第二级阶地介于青藏高原与大兴安岭—太行山—巫山—雪峰山一线之间，主体部分海拔 1000～2000m，部分山地海拔 2000m 以上；第三级阶地为大兴安岭—太行山—巫山—雪峰山一线以东的丘陵山地区，海拔 500～1000m 以下，包括华北平原、长江中下游平原。这种大地构造格局奠定了中国山地的空间构架，并由此形成了中国大陆山地自然环境的巨大区域差异，表现为青藏高原气候寒冷干旱，高原面温度条件自南而北具有纬度地带性变化特征；西北内陆地区气候温暖干燥，水分自东而西呈现经度地带性变化；东部丘陵山地区气候温暖湿润，温度自南而北纬度地带性变化明显。基于中国构造-地貌影响下的自然环境在空间展布上的巨大差异，可将中国山地分为三大区：青藏高寒山地大区、西北干旱山地大区、东南季风山地大区。

构造作用形成的山地经历气候因素主导下的风化、剥蚀、侵蚀与搬运的长期作用，形成当今的山地形态特征及相应的生态系统类型。不同山地地域类型区不仅地貌形态(如坡度、谷地等)不同，而且生态系统类型、结构与功能差异显著。可见，气候因素不仅直接影响到山地地貌形成与演化，而且影响到作为具有山地生态类型特质标志的山地自然垂直带基带组成的差异，即不同纬度气候带的山地自然垂直带基带组成要素不同，突出地表现为自然生态系统及相应的人工生态系统不一样；此外，不同气候带的谷地和坡面形态也有差别。这些是区分山地地域类型差异的主要标志。因此，以气候为主导因素和相应山地基带生态系统类型特征为主导标志，可将中国山地划分为 10 个山地带：即热带山地、南亚热带山地、中亚热带山地、北亚热带山地、暖温带山地、中温带山地、寒温带山地、高原亚热带山地、高原温带山地、高原亚寒带山地。

不同山地带不仅山地自然垂直带谱下部基础带即基带的组成要素不同，而且地表过程及相应的地表形态也有较大差异，突显出山地生境与生态的空间异质性。在同一山地带内，山地基带特性随海拔高度升高而有所分异，起伏度大小和坡度陡缓也伴随海拔高度变化而变化。不同海拔高度与起伏度组合特征的不同，不但山地自然垂直带谱结构不一样，而且坡度的陡缓也有差异。因此，基于山地带的地貌基本形态要素分异规律与分类研究可以较好地揭示不同海拔高度、起伏度和坡度有机组合特征及其相伴谷地、坡地生态系统的空间分异。

(四)山地分类等级系统

依据中国山地的特点及上述山地分类原则和山地分类基本思路，首先以大地构造格局为基础，突显构造−地貌区域差异及其相应综合自然环境特点的不同，作出“山地大区”类的划分。然后针对每个山地大区生态系统复合类型和山地现代气候地貌过程的纬度地带性分异特点，作出“山地带”类的划分。在此基础上，开展以山地地貌形态类型为基础的类型划分。山地分类等级系统见表 5-1。

表 5-1　山地分类等级系统及其划分依据

等级系统	划分依据	制图尺度
山地大区	以宏观地质−地貌格局及相应自然环境空间差异特点为依据划分山地大区	全国和省(市、区)
山地带	依据山地基带气候条件的温度指标划分山地带，揭示山地生态宏观异质性	
山地大类	以海拔高低和起伏度组合特征划分山地大类，突显山地结构的空间格局，揭示山地生态系统类型多样性	
山地类	在山地大类基础上，以坡度为特征划分山地类，突显山地坡面稳定性(水土灾害易发性)和坡面利用适宜性	
山地小类	在山地类基础上，以坡向和坡度组合为特征的坡元太阳辐射为依据划分山地小类，突显坡面光热潜力与生态微观异质性	县(市、区)
山地型	在山地类基础上，以谷地形态和坡度组合特征划分山地型，突显山地区可利用土地资源与发展潜力	

山地大区从大尺度上反映出山地分布的宏观格局，揭示地势地貌、山地气候环境(热量与水分组合)及其相应的山地植被、土壤等空间组合特点。山地带从中大尺度上反映出山地垂直带谱结构、生态系统类型与资源环境特点的空间格局，揭示山地基带热量条件及其相伴植被、土壤等空间组合的水平变化。山地大类从中观尺度上反映出山地形态类型的空间变异，突显山地结构的空间格局，揭示山地自然地理过程垂直分异的空间差异。这三级类型属于大尺度山地分类，适用于全国和跨省(区)制图。山地类反映山地坡面动力学梯度变化，突显山地坡面物质稳定性和坡地利用适宜性。山地小类在山地类基础上，以坡向和坡度组合为特征的坡元太阳辐射特征山地小类的划分，突显坡面热动力过程和光热潜力。山地型以谷地形态和坡度组合为特征的山地谷地形态的划分，突显山地可利用土地资源与发展潜力。这后三级类中的“小类”和“型”属于小尺度分类，适用于县(市、区)级大比例尺制图，其中“类”依据坡度划分等级多少，确定制图比例尺。

在山地大区内，依据热量条件水平分异，可以划分出相应的以温度为标志的山地带。在每个山地带内，依据地形地貌的地域差异，可划分出相应的以地貌形态基本要素为标志的山地大类、山地类、山地小类和山地型。可见，每个山地大区内包含了一定数量的山地带，每个山地带内都可分出山地大类、山地类、山地小类和山地型。

第三节　中国山地类型划分指标体系

一、中国山地范围确定的依据和指标

依据前述山地概念，除平原以外的地貌类型都属山地范畴。因此，平原与山地的科学界定显得非常重要。山地与平原不仅是一种地貌基本形态划分，同时也反映了最基本的内营力和外营力地貌过程[17]。前人从地质构造和地貌形态特点对平原和山地进行了定性的界定。在地质构造上，平原是以较大范围内没有受到变动的水平构造为主，而山地一般是由变动构造所构成。在地貌形态上，平原是地表起伏平缓，以较小起伏度显著区别于丘陵，且具有较宽广的面积；而山地是陆地上海拔较高、起伏度较大和坡度较陡的高地。在组成物质上，平原主要为第四系松散冲、洪积物，有些平原或盆地主要为第四系松散风积物；而山地主要为风化残积坡积物或裸露岩石。可见，平原具有地壳较稳定、面积宽广和深厚第四系松散沉积物等特点。此外，由剥蚀、侵蚀、堆积形成的不同海拔高地的小面积平缓地段，如山间盆地、平坝及台地等。这些平缓地段面积大小不同，可把拥有松散冲、洪积物的较大面积的这种平缓地区划入平原的范围。

前述山地定义表明，起伏度是构成山地诸要素中最关键的要素。为此，有不少科学工作者对起伏度的指标进行了研究。不同国家科学工作者从本国山地地形特点提出划分平原起伏度指标。我国科学工作者提出多种划分平原的指标[21-25]，归纳起来有如下几种：＜20m、＜30m、＜50m。中国科学院地理研究所主编(1987)的 1∶100 万地貌图制图规范将起伏度定义为“山脊(顶)与其顺坡向最近的大河(汇流面积大于 500km^2)或到最近、较窄的(宽度大于 5km)平原或台地交接点的高差“。李炳元等人[17]的中国陆地基本地貌形态的分类中，把起伏度＜30m 的地形划为平原，丘陵起伏度不超过 200m。依据中国宏观地貌形态特征，平原起伏度一般在 30m 以下，但是具有平原特点的台地起伏度多数介于 30～100m。此外，在我国平原和台地分布区，多有低矮圆浑小丘，起伏度＜30m，但一般不超过 50m，其坡度较平缓，有较大的开发利用潜力。基于上述情况的综合考虑，我们提出将起伏度＜50m 的平缓地段划入平原范畴。这种平缓地段在不同海拔地区都有所不同。为此，可分出低海拔平原，中海拔平原和高海拔平原等多种类型。不同海拔平原的气候条件有差异，但地表平缓，表生过程变异小，有利于不同用途的开发利用。此外，在我国西北干旱区和青藏高寒区除分布有起伏度＜50m 的沙漠、戈壁外，还有一定数量起伏度＞50m 的流动和半固定沙丘，由于其处于易变的不同稳定状态中，我们认为不应把这部分地段划为山地范畴。综上所述，中国陆地除去起伏度＜50m 的各类平原和起伏度＞50m 的流动、半固定沙丘分布区后的其余国土确定为山地范畴，包括起伏度＜200m的丘陵。

二、中国山地大区和山地带确定依据

基于《中国综合自然区划》初稿[22]较好地揭示了中国山地的空间分异特点，此外，伍光和[26]认为每一个区划单位都属于一定类型的观点，为此，我们将《中国综合自然区划》中的“自然大区”和“温度带”作为山地大区和山地带划分依据。

(一)山地大区的确定

《中国综合自然区划》初稿依据中国大地构造单元、地势地貌、大气环流、气候环境及其相应的植被、土壤空间分异特点，将中国陆地划分为三大自然区，即东部季风大区、西北干旱大区和青藏高寒大区。每个大区既有山地，又有平原与盆地。前已述及，中国东部及中部部分海拔<1000m 的丘陵山地区均属于东部季风气候区，拥有起伏度<50m 的大面积的低海拔平原，因此除去这些平原外的其余地区为山地区域，称之为东部季风山地大区。西北干旱大区和青藏高寒大区除去起伏度<50m 的平缓地段和起伏度>50m 的不稳定沙丘等外的其他地区，属于山地范围。综上，将中国三大自然大区界线确定为中国山地大区的界线，其名称分别为：东部季风山地大区、西北干旱山地大区和青藏高寒山地大区。这三个山地大区山地基带总体特点可分别概括为：湿、干、寒。

(二)中国山地带的确定

中国三个山地大区地域辽阔，对植物生长和其他自然地理过程影响起主导作用的热量条件空间分异显著，并呈现出从南往北递减的纬度地带性规律。热量条件的地带性因素决定了地表自然地理过程的地域差异，突出地表现在山地基带气候－植被－土壤的地带性分异。不同山地带自然属性的最大区别在于基带，不同基带的山地不仅基带自然地理过程差异显著，而且基带以上的垂直带谱结构及其物理、化学、生物等方面的属性与过程也有差别。因此，采用反映热量条件呈纬度地带性地域分异的热量指标对山地地域分异进行划分。依据前人研究，中国东部从南往北的热量带依次为热带、亚热带、暖温带、中温带和寒温带，青藏高原周边为高原温带(其中西藏高原东南部局部山地为亚热带)、内部腹地为高原亚寒带[27]。这些热量带的热量过程及其伴随出现的植被－土壤特点，在山地基带部分表现得最为突出，并依此为基础，形成了具有基带属性特征的山地自然垂直带谱和特定生态系统结构与功能。因此，以山地基带热量特征为基础的山地带的划分，可为山地生态系统结构与功能研究和山地资源环境开发利用与保护提供重要依据。依据我国热量带的空间分异特点，将我国山地分为如下 10 个山地带：准热带山地、南亚热带山地、中亚热带山地、北亚热带山地、暖温带山地、中温带山地、寒温带山地、高原亚热带山地、高原温带山地、高原亚寒带山地。山地带界线的确定在参考前人研究成果基础上，依据山脉走向和气象台站资料作适当调整。

三、中国山地大类和山地类的划分指标

(一)山地大类的划分指标

山地最显著特征是起伏度。起伏度的大小，不仅反映山地生态系统垂直分带多样性，而且揭示山地坡面势能及坡面物质迁移运动的差异性。一般说来，相对高度越大的山地，构造抬升和河流下切强烈，高差大，生态系统垂直结构复杂，坡面物质势能高，稳定性差；相反，则简单、稳定性好。中国山地的实际情况表明，不同海拔山地，相对高度差异很大。中国东部丘陵山地海拔多在 1000m 以下，山地相对高度变化于 200～1000m。中

国中部山地主体部分海拔一般为1000～2000m，相对高度可达500～1000m，局部地方达1000～2500m。青藏高原山地海拔3500m以上，高原边缘山地最大相对高度可达2500m以上。可见，起伏度和海拔有机组合能够较好地显示中国山地的基本结构。采用相对高度(以下称起伏度)指标和海拔指标相结合的方法确定山地空间范围能够较好地反映起伏复杂、多台阶的中国山地基本特征。

1. 山地起伏度分级指标的确定

起伏度是指两个任意地点的绝对高度之差，表示地面某个地点高出另一个地点的垂直距离，是表征地势起伏大小的一个重要指标，对山地生态系统垂直结构以及山地物质稳定性和山地灾害危险性有重要影响。起伏度越大，山地灾害危险性、山地生境多样性和山地生态异质性越大。依据中国山地特点，山地起伏度差异很大，青藏高原东南山地山峰与河谷之间的起伏度最大可达5000～6000m以上，中国东部丘陵地区，丘顶与河谷之间的起伏度一般为200～500m。不同起伏度的山地，不仅气候-植被-土壤垂直带谱数不一样，而且山地生态系统垂直结构与功能、环境资源潜力及山地灾害危险性都显著不同。显然，对不同起伏度山地进行分类，其理论与实践意义不言而喻。

目前国内外尚没有公认的山地起伏度分类指标。李炳元等人[17]对起伏高度形态类型划分及其指标作了较多的研究。他们按中国陆地地势起伏变化很大的情况，依据起伏度大小从定性上将中国山地划分为平原、台地、丘陵、小起伏山地、中起伏山地、大起伏山地和极大起伏山地7个基本形态类型。由于起伏高度变化很复杂，其含义和测定方法不一样，因此中国山地起伏度划分指标的确定存在不同意见。周廷儒等人[21]以起伏度50m和500m为指标，将起伏度分为三级，即0～50m、50～500m和>500m。刘振东[28]和陈志明[25]采用欧洲国际地貌图形态分类中的计算方法，以21km^{2}为起伏度的统计单元，并利用国家数字高程模型将中国地表起伏度划分出0～20m、20～75m、75～200m、200～600m和大于600m共计5级。李炳元等人[17]认为，上述定义虽较简明，但由于DEM为网格状高程点，在其数据库中并没有该点地貌部位(山顶到谷底的坡面形态)的属性，同时，在中国起伏度大的山区一些山地形状走向多变及起伏高大的山区与山顶至谷底距离较长地区，21km^{2}范围统计单元内没有包含山脊最高点与顺流方向河谷最低点，取得的高度差并不能反映真正的起伏高度。因此，21km^{2}起伏度统计单元及其起伏度分级指标，不适合中国的实际。中国科学院地理研究所主编的1∶100万地貌图制图规范的起伏度定义为“山脊(顶)与其顺坡向最近的大河(汇流面积大于500km^2)或到最近、较宽的(宽度大于5km)平原或台地交接点的高差”。李炳元等人[17]按这个定义对中国山地起伏度进行了分级并给出了相应的名称如下：丘陵(<200m)、小起伏山地(200～500m)、中起伏山地(500～1000m)、大起伏山地(1000～2500m)和极大起伏山地(>2500m)。

起伏度(m)较好地反映山地坡面物质位能、势能的大小以及物流和能流的强烈程度；同时，较好揭示了气候、生物和土壤等要素自然过程坡面梯度变化的差异。不同起伏度等级在这些方面的差异简述如下：

起伏度<200m的丘陵，即从丘顶到丘脚的相对高差变化于0～200m，丘陵坡面气候、生物和土壤等从下往上的变化微小，对植被-土壤过程影响起主导作用的气温变化一般只有0～1.2℃，植被垂直分异不明显。但是坡面物质的位能与势能增大较显著，特别是坡度较大和岩层破碎的坡面，其物质稳定性差，外力干预下易发生水土流失和山地

地质灾害。

起伏度200～500m的小起伏山地，从谷底到山顶(山脊)的最大高差达500m，山地坡面的气候、生物、土壤等从下往上出现较大的变化，谷底与山顶气温差可达3℃左右。由此带来的生物与生态过程从谷底到山顶出现较大的差异，其中土壤物理化学过程和生态过程差异较显著。山地坡面物质的位能、势能显著增大，坡度较大和岩层破碎的坡面，其物质不稳定性及发生水土流失和山地地质灾害的危险性较大。

起伏度500～1000m的中起伏山地，从谷底到山顶(山脊)的最大高差达1000m，山地坡面的气候、生物、土壤等从下往上出现显著的变化，谷底与山顶气温差可达6℃左右，由此带来的生物与生态过程从谷底到山顶的差异较显著。山地坡面物质的位能、势能很大，稳定性差，断裂构造发育区发生山地地质灾害的潜在危险性大。

起伏度1000～2500m的大起伏山地，从谷底到山顶(山脊)的最大高差达2500m，上下温差一般可达10～15℃，山地坡面的气候、生物、土壤等从下往上的变化非常显著。自然垂直带分异很明显，生态系统垂直结构复杂。山地坡面物质的位能、势能显著增大，坡面物质稳定性很差，山地地质灾害的潜在危险性很大。

起伏度大于2500m的极大起伏山地，从谷底到山顶(山脊)的最大高差达2500m以上，上下温差可达15℃以上，山地坡面的气候、生物、土壤等从下往上的变化极为显著，自然垂直分带非常明显，生态系统垂直结构很复杂。山地坡面物质的位能、势能极大，坡面物质稳定性极差，发生山地地质灾害的危险性极大。

2. 山地海拔指标的确定

海拔是指地面某个地点高出海平面的垂直距离，是表征地势变化的一个重要指标。它决定山地气候基带的属性。高海拔山地气候基带与同纬度低海拔山地气候基带差异显著，表现为前者地表热量条件差，气温低。海拔越高的山地，气温越低，生物生产力越小。中国山地海拔变化很大，东部沿海丘陵山地多为200～1000m，中部山地多为1000～2000m，部分山地2000m以上，青藏高原＞3500m。不同海拔山地，自然地理要素结构与过程不一样，与此相伴形成的环境资源潜力不同，特别是高海拔高原山地对大气环流产生影响，并由此带来自然地带性结构变化，进而形成地势地貌、气候、植被、土壤等差异显著的三大非地带性自然区域。不同海拔山地相对高度差异很大，不仅自然垂直带谱结构差异明显，而且山地地理-生态结构、过程、功能不一样，特别是外力作用下发生自然灾害的潜在危险性差异显著。可见，基于海拔变化的山地分类的意义是毋庸置疑的。

刘振东[28]和陈志明[25]根据国家DEM数据，将中国山地海拔分为6级：丘陵海拔(＜500m)、低山海拔(500～800m)、中山海拔(800～2000m)、高中山海拔(2000～3000m)、高山海拔(3000～5000m)和极高山海拔(＞5500m)。李炳元等人[17]对中国山地海拔分级及其指标作了较深入的研究。他认为，由于DEM数据点没有山地或平原等地貌部位的属性，其统计的高程频率分布包括山地平原总的地面高程频率，而不是仅代表山顶地貌高程频率的变化，因而依此来确定山地分级指标显然存在不合理性。沈玉昌[29]依据气候地貌特点确定山地海拔分级指标。把大致与现代冰川与雪线相符合的海拔高度5000m作为极高山的下限。依据山地剥蚀作用变化明显的界线，也是西北地区林线，即海拔3500m作为高山与中山的界线。＞3500m山地以寒冻机械风化为主，＜3500m山地以水力剥蚀侵蚀为主。此外，把中山与低山界线确定为1000m，其依据是我国东部湿润山地大部分在 1000m 以下，而且受湿润季风气候的影响，流水侵蚀作用和化学生物风化作用十分旺盛，而且风化壳很厚。

依据张百平等人[20]的研究资料，“中国现代冰川与雪线、融冻风化密切相关的多年冻土下线和森林上线与气候地貌相关要素的海拔的区域差异很大。根据中国科学院兰州冰川冻土所的研究，西藏阿里地区现代雪线最高达 6200m，新疆阿尔泰山为 2800m，高差变幅达 3400m。依据周幼吾等人[30]的研究资料，喜马拉雅山多年冻土的下限海拔高度为 5300m，而大兴安岭为 1500m，两者相差达 3800m。李炳元等人[17]认为，以某一地区的气候地貌有关的界线作为划分全中国山地海拔分级指标是不妥当的。他们通过中国三大地貌台阶海拔的空间分异和宏观地貌格局的分析，并考虑中国山地地貌面海拔划分与现有研究精度相适应，提出山地海拔分级与指标如下：海拔＜1000m 以下为低海拔山地，海拔 1000～2000m 为中海拔山地，海拔 2000～4000m 为高中海拔山地，海拔 4000～6000m 为高海拔山地，海拔＞6000m 为极高海拔山地。我们认为，这种分级比较符合中国山地的实际情况。但是，把海拔 6000m 作为高海拔山地与极高海拔山地分界线有待商榷。青藏高原海拔＞6000m 的山地主要分布于高原西南部少数高大山脉，其面积不大；另外，高原自然-人文环境的实际情况表明，海拔 5500m 以上高原山地气候严寒、寒冻风化形成的流石滩、碎屑坡十分发育，植被极为稀少，甚至没有，基本上属于无人区。为此，可以把这一海拔高度以上几乎无生命的不毛之地划为极高海拔山地。此外，依据西北地区森林线分布高度多在 3500m 左右，而且该高度山地剥蚀作用变化比较明显，即＞3500m 山地以寒冻机械风化作用为主，＜3500m 山地以水力剥蚀作用为主。因此，海拔 3500m 可作为中山与高山的分界线。另外，我国中西部大部山地最冷月均温 0℃线位于海拔 2500m 左右，亚热带常绿阔叶与落叶混交林可以分布到这个高度。因此，海拔 2500m 可将中山带进一步分出上下两个不同的山地海拔类型。基于上述的认识，我们提出如下山地海拔类型分级：低海拔山地(＜1000m)、中海拔山地(1000～2000m)、高中海拔山地(2000～3500m)、高海拔山地(3500～5500m)和极高海拔山地(＞5500m)。不同海拔等级的山地类型命名分别为低山、中山、高中山、高山和极高山。

3. 基于起伏度和海拔高度组合特征的山地分类

通过前述起伏度等级类型和海拔高度等级类型相互依存关系的综合，可以得出中国山地类型的山地大类分类系统(表 5-2)。分布于不同海拔的丘陵有较大开发利用潜力，但开发利用潜力有差别，对可利用土地资源少的中国来说，很有必要把丘陵的不同潜力类型分列出来。

表 5-2　基于海拔高度和起伏度的中国丘陵、山地类型

海拔/m 起伏度/m	低海拔 (＜1000)	中海拔 (1000～2500)	高中海拔 (2500～3500)	高海拔 (3500～5500)	极高海拔 (＞5500)
丘陵(＜200)	低海拔丘陵	中海拔丘陵	高中海拔丘陵	高海拔丘陵	极高海拔丘陵
山地(＞200)	低山	中山	高中山	高山	极高山
小起伏(200～500)	小起伏低山	小起伏中山	小起伏高中山	小起伏高山	小起伏极高山
中起伏(500～1000)	中起伏低山	中起伏中山	中起伏高中山	中起伏高山	中起伏极高山
大起伏(1000～2500)		大起伏中山	大起伏高中山	大起伏高山	大起伏极高山
极大起伏(＞2500)			极大起伏高中山	极大起伏高山	极大起伏极高山

(二)山地类的划分指标

山地地貌形态另一显著特征是坡度多样性及其空间变化复杂性。山地地貌形态的演变首先表现为坡面形态的变化，其中坡度是影响山地坡面形态和山地地貌演变的重要因素。它直接影响到山地坡面物质的稳定性和物流能流的强度，对山地资源的开发利用有重大影响。不言而喻，坡度大小及其空间变异是揭示山地坡面物质稳定性、山地利用与保护适宜性特征的重要依据，更是山地环境资源开发与保护进行立法管理的重要依据。有资料表明，坡度＞3°即可产生切沟侵蚀；＞15°不能开展中小型四轮机作业；＞25°山坡重力侵蚀大量出现，要禁止耕作；＞35°山坡重力侵蚀易发，表现为坡面错落、滑坡、泻溜等重力侵蚀。因此，基于认知山地空间分异规律以及服务于山区社会经济发展布局为主要目的的山地大类划分基础上，作出服务于生态环境问题整治与山地灾害危险性判识以及山地坡地资源合理开发利用为主要目的的山地类的划分，显得非常必要。

国际地理学会地貌调查与野外制图专业委员会将坡度分为7级：0°～2°为平原至微倾斜坡，2°～5°为缓倾斜坡，5°～15°为斜坡，15°～25°为陡坡，25°～35°为急陡，35°～55°为急陡坡，＞55°为垂直坡。通过中国水土流失、崩塌、滑坡发生发展和坡地利用等方面有关坡度分级资料的分析，参考国际上坡度划分标准，提出中国山地类划分的指标及其分级命名如下：

微缓坡(3°～7°)：多分布于山前丘陵地带，坡面物质稳定性程度较高，物质迁移运动速度较慢；有细沟、浅沟侵蚀发生，坡面侵蚀较弱。可利用潜力高，可开垦为耕地，是山区建设用地较为理想的坡地。

缓坡(7°～15°)：坡面物质稳定性弱，物质迁移运动较快；易发生细沟、切沟侵蚀，坡面侵蚀较强；可利用潜力较高，既可开垦为旱作耕地或水浇果园(须进行梯地建设)，还可用作建设用地。依据我国人口众多和平原少的特点，该斜坡地有可能成为我国未来重要建设用地之一。

较陡坡(15°～25°)：坡面物质稳定性程度较差，物质迁移运动速度较快，切沟侵蚀易转化为冲沟侵蚀，坡面侵蚀加剧。梯地建设难度大，成本高，但具有发展林果业、草畜业和生态旅游业的较大潜力。

陡坡(25°～35°)：25°为松散物质的临界休止角，坡面物质稳定性程度差，外力作用下物质迁移运动速度快，重力侵蚀大量出现，为退耕还林(草)的上限坡度。对植被受到破坏的陡坡带应营造可适度经营的水土保持林和水源涵养林，发展生态经济型林业和生态旅游观光业。

极陡坡(35°～45°)：＞35°坡面松散物质无水作用下便可向下移动，坡面物质稳定性程度很差，易出现坡面错落、滑坡、泻溜、冲沟等重力侵蚀，物质迁移运动速度很快，以致形成破碎的沟坡地。45°为植树造林的上限，对植被受到破坏的极陡坡带应营造非经营性的水土保持林和水源涵养林，禁止极陡坡带林草的开采，以提高生态产品的产出为主，增大山地“水塔”功能的环境效应。

剧陡坡(＞45°)：坡面物质稳定性程度极差，重力侵蚀起主导作用，易发生崩塌、错落等重力侵蚀，禁止任何人类活动的干扰，发挥生态功能作用。

依据制图比例尺及不同的用途，采用不同坡度分级。上述坡度分级适用于县级，省

(区)级和国家级应减少级别。

四、中国山地微观类型的划分

前述表明，坡度在研究山地地貌形态演化和山地资源开发与保护方面的意义重大。不同坡度下的坡向光热潜力及其坡面物理、生物和化学过程有差异；不同坡度(谷坡坡度)下的谷地形态特征及其水、土等资源潜力也不一样。因此，在以坡度为依据的山地类划分基础上，进一步研究突出不同坡度与坡向和不同坡度与谷地形态组合特征的分类，有重要的理论与实践价值。

(一)山地小类

山地坡面的朝向，即山地坡向是决定山地表面接收阳光和重新分配太阳辐射量的重要地形因子，它直接影响山地坡面气候和生态过程的差异，如，南坡向和北坡向气候垂直分异和生态系统垂直结构差异明显；有的山地同一高度的北坡和南坡极端温度差竟达3～6℃，进而导致不同山地坡向植物群落的不同，南坡森林上线比北坡高100～400m。

不同坡向接受阳光的多少与坡度有关，相同坡向下的不同坡度接收的阳光量不一样，其原因在于坡度和相应起伏度影响下的地形自身对阳光的遮蔽和周围地形相互遮蔽的影响。有人把具有一定坡度、坡向的坡元受到周围地形遮蔽时，坡元能见到全部天空的一部分称之为地形开阔度[31]。因此，在地形起伏条件下，在求取坡度与坡向地形参数基础上，通过山地地形开阔度分布模式的建立，可以计算出特定山地地形开阔度。有研究资料表明，地形开阔度与散射辐射呈正相关关系[32]；即开阔度大的地区，其散射辐射量高，散射辐射的提高，有利于增加植物光能利用率和森林生态系统的碳交换。因此研究中国不同山地区地形开阔度及其对太阳辐射空间分配的影响，对充分利用山区太阳能资源，科学地布局和调整山区土地利用方向，具有重要的理论与应用价值。

有人从不同DEM分辨率和不同坡元(坡向与坡度的组合)探讨了地形开阔度的空间尺度效应[31]。在地面平坦条件下，地形开阔度为1；在山地谷地区，坡元受到周围地形的遮蔽，开阔度小于1；完全遮蔽的深切隘谷，开阔度等于0。可见，山地地形开阔度值介于0～1之间，这为山地地形开阔度分类提供了理论依据。通过地形开阔度与太阳辐射关系的分析，可以计算出不同地形开阔度的年或月太阳辐射量，这为山地气候资源、土地资源的开发利用提供科学依据。

基于具有一定坡度、坡向格网单元为坡元的数字高程模型(DEM)计算出来的地形开阔度数值，结合中国山地的实际情况，可以对坡元开阔度进行分级。初步设想将坡元开阔度从小到大分为6级：微开阔、小开阔、中开阔、大开阔、极大开阔和全开阔。通过坡元开阔度与太阳辐射关系模式的建立，可以计算出不同坡元开阔度级别的太阳辐射量。这样可以用太阳辐射值级别表征坡元开阔度级别。依据坡元开阔度从小到大的变化所对应的太阳辐射值从弱到强的变化，可以对坡元辐射的强弱进行分类，并给出如下的分类名称：微辐射坡、弱辐射坡、低辐射坡、中辐射坡、强辐射坡和极强辐射坡(近似平地)。此外，也可通过地形开阔度与太阳光照的数字高程模型(DEM)的建立，对不同坡元光照强弱进行分类，并给出相应的分类名称：微光照坡、弱光照坡、低光照坡、中光照坡、强光照坡、极强光照坡。这两种分类名称取舍取决于DEM模型的建立。

上述情况表明，这种类型在坡度分类基础上，即山地类基础上，由坡度和坡向构成之坡元的光热潜力特征分类，它突显了与坡度有关的坡面光热特征，故在分类的命名上贯以“山地小类”的名称。

(二)山地型

作为山地重要组成部分的河谷是山地区人类赖以生存发展的根基。河谷包括谷底和谷坡两部分。谷底由河床和河漫滩组成；谷坡为河谷两侧的斜坡，一般发育了多级阶地，阶地面平缓宽阔，是人类生产生活的重要场所。

河谷是内外营力长期综合作用的结果。由于地质构造和气候条件的区域差异，河谷形态千差万别。依据河流横断面形状，河谷形态分为如下 4 种类型：隘谷、峡谷、窄谷、宽谷。不同河谷形态类型可利用土地资源、水资源和生物资源等有显著差异。隘谷谷地深窄，两岸山坡陡峭，谷坡近似直立，谷底全为河床占据，多分布于地壳上升河流下切强烈和垂直节理发育的坚硬岩层地段。这种河谷一般有较好的水力资源，但没有可利用土地资源，人类无法生存。峡谷是由隘谷进一步发展而成，深宽比仍比较大，主要分布于新构造运动强烈的山区河段，谷坡陡峻，属“V”型谷。该河谷水力资源较好，同样谷底无可利用土地资源。窄谷主要由河流旁蚀作用形成，谷底较宽，河漫滩较发育，河床是谷底的一部分，两岸谷坡较陡，发育多级河流阶地，阶地较窄。该河谷为人类生产生活提供了较好的土地资源和水资源等条件。宽谷是具有复杂结构的河谷，谷底平坦而宽阔，谷坡坡度较缓，并有宽阔的多级阶地分布，横剖面形态上呈阶梯状。实际情况表明，宽谷的谷底宽度、谷坡坡度、河谷宽度与深度比等，区域差异很大，形态类型多样。不同山地带由于水热条件不一样，河谷形态类型差别很大。总的说来，各种类型的宽谷土地资源和水资源等条件优越，具有集聚人口和发展规模经济的有利条件。

基于山区河谷形态类型特点及其对山区人类社会经济发展关系密切，开展以河谷形态特点为基础和山区人居环境优化和社会经济发展为目的山地河谷分类非常必要。作为对人类生存发展有重要影响的河谷，资源环境潜力及人居环境质量的高低，直接受气候环境和斜坡环境的影响。因此，在以山地坡度为依据的山地类划分基础上，通过坡度(谷坡)与河谷深宽比组合特征的综合分析，作出山地河谷形态分类，该分类是在坡度分类基础上的拓展，分类结果具有一定几何形态特征，故取名为山地型，“型”还有类型的含义。

基于山地河谷形态特征和有利于人类生产生活和山区社会经济的发展，提出山地型划分指标项为：河谷深宽比和谷坡坡度。依据不同河谷深宽比和谷坡坡度与河谷形态特征的相互关系，一般可分为峡谷、窄谷、宽谷、大宽谷、宽阔谷。通过典型区基于 DEM 河谷形态特征的试验研究，建立山地河谷形态分类及划分指标体系。在此基础上开展县域大比例尺山地谷地形态分类图的编制。

山地小类和山地型这两级分类指标及方法的可行性尚有待于通过不同小尺度典型区试验研究作进一步的完善。

第四节　中国山地分类体系与命名

通过上述山地大区、山地带、山地大类、山地类、山地小类和山地型科学含义及其划分指标体系的分析，初步提出中国山地分类等级系统与分类名称一览表(表 5-3)。

不同山地大区拥有的山地带有所不同。东部季风山地大区包括了从准热带山地到寒温带山地，西北干旱山地大区只有暖温带山地和中温带山地，青藏高寒山地大区拥有高原亚热带山地、高原温带山地和高原亚寒带山地。一般说来，每个山地大区和山地带都拥有山地大类、山地类、山地小类和山地型；每个山地大类中依据坡度等级可分出若干山地类；在每个山地类中通过坡元太阳辐射强度差异可分出若干山地小类，以及依据谷坡坡度和谷地深宽比组合特征分出若干山地型。

山地大区命名：突出大地构造基础上的宏观地貌结构与水热组合特点命名：东部季风山地大区、西北干旱山地大区、青藏高寒山地大区；

山地带命名：突出热量地带性，划分出 10 个山地带，如准热带山地、寒温带山地等；

山地大类命名：起伏度＋山地海拔类型，如小起伏低山、中起伏高山等；

山地类命名：起伏度＋山地海拔类型＋坡度类型，如小起伏低山缓坡、中起伏高山陡坡；

山地小类命名：起伏度＋山地海拔类型＋坡元辐射强度类型(坡元体现了坡度与坡向的结合)，如小起伏低山强辐射坡、中起伏高山弱辐射坡等。

山地型命名：起伏度＋山地海拔类型＋谷地形态类型(后者体现坡度与谷地类型的结合)，如中起伏低山宽谷、大起伏高山窄谷等。

山地分类等级系统都给出了相应的主代号和次代号(表 5-3)。

表 5-3　中国山地分类体系与分类名称

等级系统	代号		区域与类型命名	备注
	主代号	次代号		
山地大区	Ⅰ、Ⅱ、Ⅲ		Ⅰ东部季风山地大区，Ⅱ西北干旱山地大区，Ⅲ青藏高寒山地大区	理论上，每个大区都拥有不同的山地带，并都包含了 B 到 E 的各种类型
山地带	A	A_1、A_2…A_{10}	A_1准热带山地，A_2南亚南热带山地，A_3中亚热带山地，A_4北亚热带山地，A_5暖温带山地，A_6中温带山地……A_{10}高原亚寒带山地	依据山地基带热量指标划分山地带，不同山地大区有不同的山地带，理论上，每个山地带不同程度地包含了 B 到 E 的类型
山地大类	B	B_1、B_2…B_{22}	举例：B_1小起伏低山，B_2小起伏中山，B_3小起伏高中山，B_4小起伏高山，B_5小起伏极高山，B_6中起伏低山，B_7中起伏中山……B_{22}极大起伏极高山	以海拔高度和起伏度组合特征划分山地大类，理论上，每个山地大类不同程度地包含了 C 到 E 的类型
山地类	C	C_1、C_2…C_n	举例：C_1小起伏低山缓坡，C_2小起伏中山缓坡，C_3小起伏高中山陡坡，C_4小起伏高中山较陡坡，C_5中起伏低山陡坡，C_6中起伏低山极陡坡……C_n极大起伏极高山剧陡坡	以坡度特征为基础划分山地类，通过坡度与坡向、坡度与谷地形态的分析，派生出 D 和 E 类型

续表

等级系统	代号		区域与类型命名	备注
	主代号	次代号		
山地小类	D	D_1、D_2…D_n	举例：D_1小起伏低中山中辐射坡，D_2中起伏低山弱辐射坡，D_3大起伏高山强辐射坡……D_n极大起伏极高山弱辐射坡	在山地类基础上，结合坡向与坡度影响下的太阳辐射变化的分析，确定山地小类
山地型	E	E_1、E_2…E_n	举例：E_1小起伏低中山宽谷，E_2中起伏低山中宽谷，E_3大起伏高山窄谷……E_n极大起伏极高山峡谷	在山地类基础上，结合谷地深宽比与坡度组合特征的分析，确定山地型

第五节　基于GIS的中国山地大尺度分类

一、大尺度类型的划分

(一)山地大类的划分

山地大类是由起伏度和海拔高度两个指标确定的形态类型。因此，采用起伏度指标和海拔高度指标相结合方法确定的山地大类型，可以较好地揭示中国山地空间结构特点。

1. 起伏度的提取方法

起伏度的大小与确定度量的区域单元密切相关，地形起伏度的提取关键在于统计面积的确定。

欧洲1∶250万地貌图的起伏度是指$16km^2$矩形区域中的最高点与最低点的高差。中国1∶100万地貌图规范中的山地起伏度和实体高差是另外两种计量方法。山地起伏度是指山脊(顶)与其顺坡向到最近的大河(汇流面积大于$500km^2$)或到最近较宽(宽度大于5km)的平原或台地的交接点的高差，而实体高差则指单个地貌实体最高点与其外缘各点平均高度的高差。

郎玲玲[33]等通过比较多尺度DEM提取的地形起伏度，认为福建低山丘陵地区在1∶25万DEM下地形起伏度的最佳分析区域为$4.41km^2$。而张磊[34]在基于1∶25万DEM的京津冀地区地形起伏度研究中，认为该地区的最佳分析区域为$9.61km^2$。王雷[35]等在基于1∶25万地形图研究昆明地区地貌形态时，认为该地区的最佳分析区域是4km×4km。可见，不同地区、不同地貌类型的实验样区对应不同的地形起伏度最佳分析区域。

涂汉明、刘振东[36]结合中国地貌类型的基本特征，提出地势起伏度最佳统计单元应满足山体完整性与区域普适性两条原则，并通过对全国600个样点和两个小区的详细研究，运用模糊数学方法，论证了中国地势起伏度最佳统计单元的存在，得出我国地势起伏度最佳统计单元为$21km^2$。

在中国地形起伏度的提取及在水土流失定量评价的应用研究中，刘新华、汤国安等[37]使用1∶100万DEM数据提取地形起伏度值，考虑到样区均衡性因素，在全国采集6个样区，运用GIS窗口分析法，经过统计、分析得出基于该数据的我国地形起伏度最佳统计窗口大小为 5km×5km。

起伏度的计算采用了刘新华、汤国安等人的方法，使用 5km×5km 的统计窗口来计算整个中国的地形起伏度(彩色图版：图 1-5-1～图 1-5-6)。

2. 海拔高程的提取方法

以中国 SRTM90m 高程数据为基础，依据上述海拔高程等级的划分结果，运用 GIS 技术分别提取不同海拔高程分布图(彩色图版：图 1-5-7～图 1-5-11)。

3. 基于起伏度和海拔高程相叠加的山地分类

将海拔高程与起伏度数据叠加，对叠加结果进行重分类，剔除非山地的平原、沙漠、戈壁和沙丘等后，得出中国山地分类结果(彩色图版：图 1-5-12)。该图表明：丘陵类型 5 种，分别为：低海拔丘陵、中海拔丘陵、高中海拔丘陵、高海拔丘陵、极高海拔丘陵；山地类型 17 种，分别为：小起伏低山、小起伏中山、小起伏高中山、小起伏高山、小起伏极高山、中起伏低山、中起伏中山、中起伏高中山、中起伏高山、中起伏极高山、大起伏中山、大起伏高中山、大起伏高山、大起伏极高山、极大起伏高中山、极大起伏高山、极大起伏极高山。

(二)山地大区的划分

以全中国 SRTM90m 高程数据为基础，设定最小水道给养面积阈值为 1000 个栅格数，流域范围内集水面积超过该阈值的那些栅格为河网，以划分出的河网为基础将全中国划分为 4871 个流域，其中最小流域面积为 9.37km^2，最大流域面积为 31705.46km^2。以流域为单元，以流域边界山脊线为界限，同时参照郑达贤[38]以流域为基本单元划分中国自然区的方法将中国划分为 3 个山地大区(彩色图版：图 1-5-13)，即西北干旱山地大区、青藏高寒山地大区和东部季风山地大区。

(三)山地带的划分

郑景云、尹云鹤、李炳元[39]在已有气候区划基本理论与区划方法的基础上，根据全国 609 个气象站 1971～2000 年的日气象观测资料，将我国划分为 10 个热量带。在郑景云热量带的划分的研究基础上将中热带与边缘热带合并重新命名为准热带，将内陆以及台湾、海南岛划分为 10 个温度带，分别为：准热带、南亚热带、中亚热带、北亚热带、暖温带、中温带、寒温带、高原亚热带、高原温带、高原亚寒带，并由此将中国山地划分出 10 个山地带(彩色图版：图 1-5-14)。

二、中国各类型山地面积统计

(一)山地大区

东部季风山地(丘陵加山地)大区面积 3622629.75km^2，占中国陆地面积 38.3%，占中国山地面积的 52.1%；西北干旱山地(丘陵加山地)大区面积 1060121.85km^2，占中国陆地面积 11.2%，占中国山地面积 15.3%；青藏高寒山地(丘陵加山地)大区面积 2267671.32km^2，占中国陆地面积 23.9%，占中国山地面积 32.6%。中国山地面积(丘陵加山地)占全国陆地面积的 73.4%，其中，丘陵面积占 18.2%，山地面积占 55.2%(注：

平原加沙丘等面积占 26.6%)。

(二)山地带

中国山地带面积见表 5-4。从表中看出，热量条件最好的亚热带(南、中、北亚热带及高原亚热带)和准热带山地面积占中国陆地面积的 23.4%，热量条件次之的温带(暖温、中温带)占 24.7%，热量条件最差的高原温带和亚寒带占 24.3%，几乎各占 1/3。热量条件最好的亚热带和准热带处于中国季风区，不但热量条件好，而且水分条件也好；而温带和高原温带和高原亚寒带山地热、水组合条件差，其面积几乎占中国陆地面积的一半。这表明中国自然条件好的山地面积较少。

表 5-4　中国山地带面积统计　(单位：km^2)

	丘陵面积	山地面积	合计占中国陆地面积%
准热带	2742.08	88814.24	0.9
南亚热带	168867.26	350096.01	5.5
中亚热带	252425.90	937504.28	12.6
北亚热带	147830.34	203245.46	3.7
暖温带	239463.28	504530.31	7.8
中温带	615860.75	983425.05	16.9
寒温带	9896.77	93048.39	1.0
高原温带	33868.33	1081160.52	11.8
高原亚寒带	227850.54	954542.07	12.5
高原亚热带	1041.57	68726.17	0.7
合　计	1724534.5	5226888.42	73.4

(三)山地大类

中国山地大类面积见表 5-5。从表中看出，山地大类共计 22 类，山地部分中的低山、中山和高山面积占中国陆地面积的 49.8%，接近中国陆地面积的一半，其中低山、中山和高山面积分别占 16.5%、14.8%和 18.5%，而高中山和极高山面积分别只有 4.3%、1.1%。在海拔<1000m 的低山分布区，小起伏低山和中起伏低山分别占中国陆地面积的 7.02%和 9.51%；在海拔 1000～2500m 的中山分布区，小起伏中山、中起伏中山和大起伏中山分别占中国陆地面积的 6.68%、5.41%和 2.68%；在海拔 3500～5500m 的高山分布区，小起伏高山、中起伏高山、大起伏高山和极大起伏高山分别占中国陆地面积的 6.36%、7.26%、4.84%和 0.05%。从起伏度分布方面看，起伏度 50～200m 的微起伏丘陵面积占中国陆地面积的 18.22%，起伏度 200～500m 的小起伏山地占 20.89%，起伏度 500～1000m 的中起伏山地占 24.31%，而起伏度 1000～2500m 的大起伏山地占 9.95%，大于 2500m 的极大起伏山地只有 0.08%。可见，起伏度 500～1000m 的中起伏山地面积最多，其中中起伏低山和中起伏高山占中国山地(不含丘陵部分)面积的 30%；而起伏度 200～500m 的小起伏山地中的小起伏中山和小起伏高山占占中国山地(不含丘陵部分)面积的约 24%。这两者合计占中国山地(不含丘陵部分)面积的一半以上。

表 5-5　中国山地大类面积统计

丘陵山地	类型名称	海拔高程/m	起伏度/m	面积/km²	比例/%
	低海拔丘陵			1179286.1	12.46
	中海拔丘陵			280767.3	2.97
丘陵	高中海拔丘陵	<1000	50~200	19391.4	0.20
	高海拔丘陵			245045.0	2.59
	极高海拔丘陵			44.7	0
	小起伏低山	<1000		664773.1	7.02
	小起伏中山	1000~2500		632023.7	6.68
	小起伏高中山	2500~3500	200~500	71237.2	0.75
	小起伏高山	3500~5500		601573.4	6.36
	小起伏极高山	>5500		7403.7	0.08
	中起伏低山	<1000		900138.6	9.51
	中起伏中山	1000~2500		511707.9	5.41
	中起伏高中山	2500~5500	500~1000	135956.0	1.44
山地	中起伏高山	3500~5500		686988.3	7.26
	中起伏极高山	>5500		65761.7	0.69
	大起伏中山	1000~2500		253553.7	2.68
	大起伏高中山	2500~3500	1000~2500	199056.2	2.10
	大起伏高山	3500~5500		457789.1	4.84
	大起伏极高山	>5500		31054.3	0.33
	极大起伏高中山	2500~3500		1929.6	0.02
	极大起伏高山	3500~5500	>2500	4336.0	0.05
	极大起伏极高山	>5500		605.9	0.01

致谢：本章在成文过程中，郑度院士给予了热情的关怀和支持，提出了中肯建议和修改意见；成都山地所吴积善、杜榕桓、陈昱、陈国阶、付绶宁、柴宗新、程根伟和王小丹等十多位专家提出宝贵的修改意见，在此一并表示感谢。

参 考 文 献

[1] 南京大学. 地理学辞典(第一版) [M]. 北京：商务印书馆，1982.
[2] 赵松乔. 中国山地环境的自然特点及开发利用 [J]. 山地研究，1983，(3).
[3] 程鸿. 中国山地资源的开发 [J]. 山地研究，1983，1(2)：1~2.
[4] 王明业，郑霖，朱国金. 中国山地 [M]. 成都：四川科技出版社，1988.
[5] 肖克非. 中国山区经济学 [M]. 北京：大地出版社，1988.
[6] 徐樵利，谭传凤等. 山地地理系统综论 [M]. 南京：华中师范大学出版社，1994.
[7] 钟祥浩，余大富，郑霖. 山地学概论与中国山地研究 [M]. 成都：四川科学技术出版社，2000.
[8] Derruau M. (1968). Mountains. In：Fairbridge RW，editor. The Encyclopaedia of Geomorphology. New York：

Rheinhold，pp 737－739.

[9] Fairbrldge R. W. (1968). Mountain systems. In：Fairbridge RW，editor. The Encyclopaedia of Geomorphology. New York：Rheinhold，pp 747－757.

[10] Hollerman P. (1973). Some reflections on the nature of high mountains with special reference to the western United States. Artic and Alpine Research，5(3)：149－160

[11] Troll C. (1973)High mountain belts between the polar caps and the equator：their definition a lower limits. Artic and Alpine Research 5(3，2)：A19－A27

[12] Gerrarg A. J. Mountain Environment，1990.

[13] Jack. D. Ives，B. Messrli and E. Spiess. Mountain of the world－A Global Priority. New York，London：The Paarthenon Publishing Group，1996，1～3.

[14] UNESCO(MAB)，Impact of human activities on mountain and tundra system，Lillehammer，Novermber，1973.

[15] UNEP－WCMC. Mountain and Mountain Forest，2002，Cambridge UK.

[16] European observatory of Mountain Forests，2000，National Reports.

[17] 李炳元，潘保田，韩嘉福. 中国陆地基本地貌类型及其划分指标探讨 [J]. 第四纪研究，2008，28(4)：535～542.

[18] 张新时. 西藏植被的高原地带性 [J]. 植物学报，1978，20(2)：140～149.

[19] 刘华训. 我国山地植被的分布规律 [J]. 地理学报，1988，36(3)：267～279.

[20] 张百平，周成虎，陈述彭. 中国山地垂直带信息图谱的探讨 [J]. 地理学报，2003，58(2)：164～170.

[21] 周廷儒，施雅风，陈述彭. 中国地形区划草案 [M]. 中国自然区划草案. 北京：科学出版社，1956，21～56.

[22] 黄秉维. 中国综合自然区划(初稿) [M]. 北京：科学出版社，1959.

[23] 苏时雨，李钜章. 地貌制图 [M]. 北京：测绘出版社，1999.

[24] 周成虎，程维明，钱金凯. 中国陆地 1∶100 万数字地貌分类体系研究 [D]. 地球信息科学学部分参考文献.

[25] 陈志明. 1∶400 万中国及其毗邻地区地貌图说明书 [M]. 北京：中国地图出版社，1993，7～13.

[26] 伍光和，蔡运龙. 综合自然地理学 [M]. 北京：高等教育出版社，2004.

[27] 郑度. 青藏高原自然地域系统研究 [J]. 中国科学(D辑)，1996，26(4)：336～341

[28] 刘振东. 中国地形起伏度统计单元的研究 [J]. 热带地理，1989，9(1)：31～38.

[29] 沈玉昌. 中国地貌区划(初稿) [M]. 北京：科学出版社，1959，24～29.

[30] 周幼吾，程国栋，郭东信，等. 中国冻土 [M]. 北京：科学出版社，2000，10～45.

[31] 孙娴，林振山，王式功. 山区地形开阔度的分布式模型 [J]. 中国沙漠，2008，29(2)：344～348.

[32] 尹静秋，邱新法，何永健，等. 起伏地形下浙江省散射辐射时空分异规律模拟 [J]. 大气科学学报，2011，34(1)：93～98.

[33] 朗玲玲，程维明，朱启疆，等. 多尺度 DEM 提取地势起伏度的对比分析—以福建低山丘陵为例 [J]. 地球信息科学，2007，9(6)：1～6.

[34] 张磊. 基于地形起伏度的地貌形态划分研究——以京津冀地区为例 [D]. 河北师范大学，2009：26～32.

[35] 王雷，朱杰勇，周雁. 基于 1∶25 万 DEM 昆明地区地貌形态特征分析 [J]. 昆明理工大学学报(理工版)，2007，32(1)：6～17.

[36] 涂汉明，刘振东. 中国地势起伏度最佳统计单元的求证 [J]. 湖北大学学报：自然科学版，1990，12(3)：266～271.

[37] 刘新华，杨勤科，汤国安. 中国地形起伏度的提取及在水土流失定量评价中的应用 [J]. 水土保持通报，2001，21(1)：57～62.

[38] 郑达贤. 以流域为基本单元的中国自然区划新方案 [J]. 亚热带资源与环境学报，2007，2(3)：10～15.

[39] 郑景云、尹云鹤、李炳元. 中国气候区划新方案 [J]. 地理学报，2010，65(1)：3～13.

第六章　山地环境动力系统[①]

第一节　山地环境动力系统概述

依据系统动力学理论，自然界中存在着大量随时间演变的体系，即该体系中所有可能的状态随时间的演进而发生变化，具有这种特性的系统称之为动力系统。实际情况表明，组成山地自然环境要素(地质、地貌、气象、水文等)的状态几乎都有随时间演进而发生变化的特性，而且极易受到不可避免的不确定性因素的干扰而发生变化。山地自然环境要素的这种特性决定了由这些环境要素组成的山地环境结构单元也有随时间演进而变化的特性，而且由这些结构单元组成的山地环境系统同样有随时间演进而变化的特性，亦即系统的时间响应处于非衰减状态。可见，山地环境系统是具有以山为背景的特殊而又复杂的动力系统。

山地作为地球陆地表面的突起部分拥有明显不同于平原或平缓地段的物质运动和能量变化的复杂过程。造成这种差别的原因在于山地经受多种动力要素的作用。这些动力要素在山地环境条件下彼此互为影响，形成山地特有的复杂的动力系统。该动力系统影响着山地环境的形成、演化。

山地环境动力系统是地球动力系统的组成部分，或者说是地球环境动力系统的重要表现形式之一。在实际工作中，很难给山地环境动力系统以明确的界定。加之，这方面的系统研究难度较大，因此对组成山地环境动力系统各分系统之间的相互关系的认识，尚处于一种探索阶段。把山地环境动力系统单列出来进行讨论，目的是引起人们对山地环境的特殊性问题的关注，以便在山地资源开发、利用与保护等问题上，减少盲目性。在自然状态下，山地地表形态和生态环境特征以及各种自然资源的类型、分布和储量都是在山地环境动力系统综合作用下建立的暂时性的一种力的平衡。这种平衡既受动力系统本身变化(如地震、暴雨)而变化，也受人类活动影响而失衡。因此建立与山地环境动力系统相适应的人类活动和科学地保护人类的生存与发展，必须对山地环境动力系统的基本特性有深刻的了解，以达到对山地资源与环境的科学利用和促进山地学科理论的深化。

一、山地环境动力系统与地球环境动力系统关系

山地的形成、发展和演化有着深刻的地球环境动力学背景。概括地说来，地球环境

① 本章作者钟祥浩，在2000年成文基础上作了些补充。

动力系统由构造动力系统和地表外营力系统两大部分组成。这是创造和改造地球表层特征的两大动力系统。前者总是趋向于使地球地壳褶皱和山脉隆升；后者趋向于使山脉高度降低、削平。构造动力系统中的板块碰撞与挤压力引起地壳的隆升与山脉的形成。地表外营力系统依地表形态的不同，出现不同的外营力作用，一般可分为山地、平原和湖沼等三种外营力系统。其中山地外营力系统是地球表层最活跃和最重要的外营力系统。它由山地风化营力系统、山地水文动力系统和山地重力动力系统组成，可称之为山地表层动力系统。该系统使山脉和高地产生剥蚀和使高度降低。它与构造动力系统中的板块作用构造力和山地阻力系统综合组成山地动力系统。该系统与地球环境动力系统之间关系可示意为图 6-1。

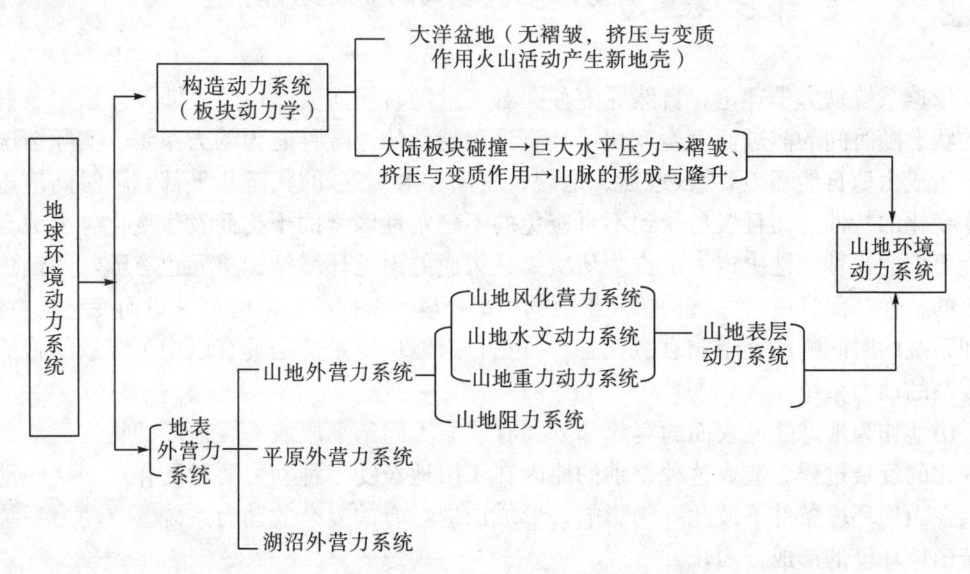

图 6-1　山地环境动力系统与地球环境动力系统之间关系示意图

二、山地环境动力系统组成与相互关系

由地球内能引起的构造动力系统使地壳隆升和山脉的形成，同时产生一系列的新构活动，如地震和火山等。由太阳能和重力势能作用下形成的山地表层动力系统产生强大的剪应力，使地表岩土物质剥蚀与搬运，进而导致山地形态发生变化和山地高度降低。山地坡面物质的下移和搬运受到一系列阻力要素的作用。不同山地阻力系统综合作用产生的抗剪强度不一样。因此由山地表层动力系统形成的剪应力与阻力系统形成的抗剪强度之间的关系成为山地环境系统稳定性好坏的关键。

山地物质剥蚀、搬运过程的剪应力(作用力)和抗剪强度(反作用力)相互作用的内在机理和外在表现形式非常复杂。产生作用力的山地风化营力、水文动力、重力动力系统和产生反作用力的阻力系统以及构造动力系统对山地演化过程的作用与影响见图 6-2。

构造动力作用形成的山地，由于其地理位置、高度、走向和坡向的差异，出现山地所特有的多样性水热组合类型及相应的外营力要素组合特征和外营力系统，表现为山地风化营力系统和山地水文动力系统的地域差异明显。在湿润热带和亚热带山地，生物风化与化学风化作用过程强烈，风化营力主要表现为以植物根系扩张产生的根压力以及生物和水质综合作用产生的化学溶蚀力(或叫化学崩解力)。在风化营力长期作用下，在山坡形成厚层红色风化壳，为水流侵蚀与搬运奠定了基础。在寒冷湿润的高山和亚高山地区，由于温度季节变化和日变化产生的融冻作用，霜冻作用十分强烈，风化营力表现为岩石矿物质的不均匀热胀冷缩和水分的冻结与融化产生的膨胀力，这种力使岩石物质结构破坏和疏松，在重力和融水作用下出现岩土物质的崩裂、崩解和蠕动。在干旱与半干旱山地，气温日较差特别大，温度剧烈变化产生的岩石崩解作用尤为强烈。

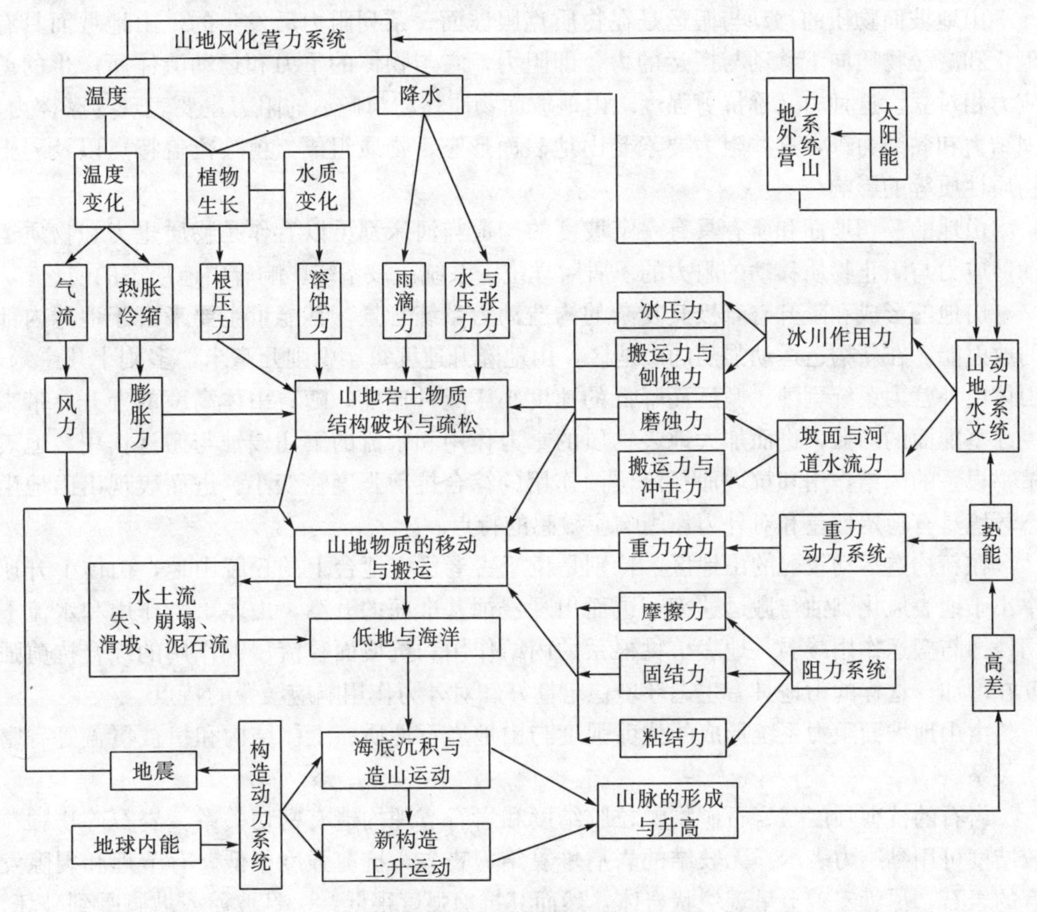

图 6-2　山地环境动力系统示意图

风化营力系统主要由物理、化学和生物作用形成的各种营力的组合。这些营力要素除上述涉及的膨胀力、根压力、溶解力外，还有温差变化引起的风力，降雨对地表土壤的溅击力，降水进入岩缝和土隙内产生的张力与压力以及蒸发作用影响下出现的土壤毛细张力与粘结力的变化。

由风化营力系统形成的坡面疏松物质的移动与搬运力主要来自于物质重力势能作用下的水文动力系统。水文动力系统主要由两部分组成，一为固态水动力，即冰川运动产生的冰压力和冰川搬运力与刨蚀力，二为液态水动力，即坡面径流与河道水流产生的水流冲力、磨蚀力和搬运力。水文动力系统除具有使地表疏松物质移动和搬运的力外，还有使岩土物质结构破坏的力，以及使搬运的物质进一步发生破坏的力。

山地坡面物质以及沟道河床物质的移动与搬运的能量，既有水动力能，也有物质重力势能。重力势能产生的物质重力的搬运作用力较为复杂。在平缓坡面条件下物质移动的力主要来自于物质沿坡面向下的分力；在具有潜在滑坡面上的物质移动力为沿坡面向下的剪应力。物质重力势能的大小取决于高差，高差越大重力势能越大，物质在坡面上移动和搬运的力也就越大。此外，在不同温度与降水组合条件下出现的物理、化学与生物过程中，也表现出重力的存在与作用，如冻结膨胀、湿水膨胀、土壤盐水的上移、植物的生长等。

山地坡面物质的移动与搬运是在物质克服坡面一系列阻力后发生的。山地坡面具有阻止和减缓物质向下移动与搬运的力，即阻力，它与物体的重力和运动流体所产生的剪应力相对立，这种力又称抗剪强度。山地坡面物质移动与搬运的阻力主要表现为摩擦力、固结力和黏结力等，这些阻力要素受山地表面形态、物质组成、植被覆盖特点以及岩土物质性质等的影响。

山地的一切坡面和所有具有一定坡度的沟道与河床都可以看作是物质重力和物质运动剪应力与阻止物质移动的阻力的矛盾对立统一系统。该系统影响着山地形态的演化。

山地的形成和隆升有着极其复杂的构造动力系统背景，其能量主要来自于地球内部的放射能。在新构造运动强烈的山地区，山地隆升速度每年少则几毫米，多则十几毫米，山体由外营力系统剥蚀、搬运而降低的速度小于隆升速度。随着山体高度的上升，带来侵蚀基准面的降低，进而加大地表物质的重力作用和水流的下切侵蚀与搬运作用。地表植物根系的固结作用和抗坡面径流侵蚀作用的综合抗剪强度在变小。进而表现出山地生态环境具有稳定性差和对外力作用响应敏感的特点。

在新构造运动较弱的山地区，特别是位于古老稳定地台上的丘陵山地，山体上升速率小于地表风化剥蚀与搬运速率，进而出现侵蚀基准面的升高，山体重力作用和水流下切侵蚀与搬运作用减弱，地表植物根系的固结作用和抗坡面径流侵蚀作用的综合抗剪强度在增加。这样的山地具有生态环境稳定性好和对外力作用响应缓慢的特点。

由山地坡面阻力系统形成的抗剪强度与山地岩石性质、土体结构和植被覆盖等有密切关系。

岩石的抗剪强度与岩石矿物颗粒胶结度和岩石节理构造有密切关系。岩石矿物颗粒胶结度可用黏结力表示。无胶结的岩屑堆黏结力丧失，抗剪强度很低。有节理和裂隙发育的岩石，尽管宏观上呈现块状岩体，然而其抗剪强度很低，一旦坡麓或坡脚受到破坏，便可出现崩落或滑塌。

覆盖于山地坡面上的土壤层对坡面径流侵蚀力的减缓作用，主要表现为土壤入渗率增大而使地表径流总量减少。入渗能力强的土壤、地表水量减少，流水侵蚀力便降低。土壤层以下具有节理和裂隙发育风化岩层，其透水性很强，很少出现地表径流，如石灰岩地区，其地表物质搬运冲刷作用较弱。另外，土壤本身含水量的多少对入渗率有重要影响。在土壤被充分湿润的情况下，土壤表面张力和毛管传导力降低，在暴雨条件下，地表径流形成快，并有利于洪峰的形成，水流侵蚀力增大。此外，黏粒含量高的黏土具有较高的抗雨滴撞击和水流冲刷的能力。但由于其入渗能力低，这种土壤的表面容易产生较强的地表径流，进而产生强烈的地表冲刷。

山地坡面植被覆盖的好坏直接影响坡面物质移动与搬运的速度和强度。其原理很简单，一是植物叶面与树干截留；二是产生枯枝落叶层增大雨水的土壤入渗，同时减轻雨滴的溅击作用；三是植物根系对土壤的固结作用。但是必须指出，植物抗坡面物质搬运的能力是具有一定限度的。在湿润的高山深谷区，当地质岩性比较破碎和坡度又比较陡(一般>35°)的情况下，森林植被生长良好，可形成厚实的地表枯枝落叶层，这对地表水的入渗作用十分有利。当土壤下覆破碎岩层裂隙被水充分饱和或下覆光滑坚硬岩层以上的土壤被水充分饱和等情况下，都容易出现森林群落与下覆土壤层或岩层的斑块状滑塌。这一事实说明，在无人类活动的地质时期，山地物质的侵蚀与搬运，并没有因为当时植被覆盖好而停止。

上述表明，山地特别是海拔1000m以上的中山、高中山、高山和极高山地区，由太阳能和重力势能形成的山地表层动力系统对山地进行着强烈的破坏与改造，尽管坡面上有以植被为主的阻力系统抗拒着坡面物质的移动与搬运，但是这种抗拒力总是有限的，难于甚至不可能阻止由上述营力系统形成的强大的剪应力对坡面物质的侵蚀与搬运。在无人类的地质历史时期，山地就存在着土壤的侵蚀、水分的流失、坡面的崩塌、滑坡与泥石流等山地坡面过程和沟道过程。在有人类活动的影响下，坡面森林植被被砍伐，坡地被开垦，这就极大地破坏了坡面抗侵蚀的阻力系统，导致水土流失的加速以及崩塌、滑坡和泥石流过程的加快。

山地表层动力系统对山地坡面生态环境系统的功能与演化有重要的影响。由山地表层动力系统综合作用形成的总剪应力与山地表层阻力系统形成的总抗剪强度之间处于一种相对静止的动态过程。在无人类活动影响的自然条件下，山地坡面生态环境系统的平静是一种相对的暂时平衡态。在强暴雨条件下或地震发生时，这种平衡就被打破。暴雨可在植被覆盖好的情况下，产生强烈的地表径流，使坡面侵蚀加快；地震使陡坡上被节理分割的岩块崩落。这种山地表层动力系统的特点，决定了山地坡面生态环境系统物质和能量循环的不平衡性，属于以物质和能量输出为主的不完整的循环系统。由于山地坡面生态环境系统具有这样的特点，在人类不合理开发利用坡地资源，特别是对森林植被的随意破坏，进而加大了系统物质和能量的输出，使本来就以物质和能量输出为主的不稳定系统进一步加大输出，只有输出没有输入的系统，必然出现系统功能的紊乱和破坏，其结果必然造成山地坡面生态环境系统的“崩溃”，表现为山地表层沙石化、裸岩化或沟壑林立、河床淤积的劣地。

因此，在实施山地资源开发与利用和山地生态环境整治与建设中，要充分地认识到增加坡面森林植被覆盖是减少坡面生态环境系统物质能量输出，进而提高坡面抗剪强度，达到或建立山地表层动力系统综合作用力与坡面阻力系统反作用力之间的一种相对的暂时平衡态。这种相对的暂时平衡态具有对外力干预反应敏感的特点。下面就组成山地动力系统中各分系统的主要动力作用特征及其对山地环境形成与演化的影响作粗略的分析。

第二节　山地构造动力系统

一、构造动力与山脉的形成

构造动力系统非常复杂，它由地球内部能量变化引起的各种动力要素组成。地球内部能量变化与地球内部物质分异密切相关。从地表到地心可分为地壳、地幔和地核。根据地震波速度所揭示的地壳和地幔的特征，地壳部分可分为上地壳和下地壳，地幔部分可分为上地幔(顶盖，低速层)和下地幔。其中上地幔中的顶盖以及下地壳和上地壳组成板块，上地幔中的低速层为柔软的软流圈，它是地球内部最活跃的圈层，对板块的运动有着深刻的影响。板块运动受板块运动驱动力和板块运动阻力所支配。根据 Forsyth 和 Uyeda(1975)意见[1]，板块运动驱动力由洋脊推力(每公里脊长从洋脊推动板块的力)和板块拉力(每公里海沟长度一个板块的俯冲端拖拉该板块的力)组成。板块的阻力包括作用于板块底部的黏度阻力、软流圈对板块俯冲的黏度阻力、转换断层摩擦力和碰撞阻力。在板块运动的作用下，产生造山运动。陆地造山运动的机制十分复杂，不同山脉造山运动过程与机制有所不同。Bird 对喜马拉雅造山运动机制作了如下解释[2]：在印度和欧亚板块碰撞以前，附属于印度的特提斯海板块正在俯冲。这个板块的地幔部分继续和印度板块的地幔部分连在一起，而地壳部分从大洋到大陆是不连续的。当特提斯海板块由于它的低温和高密度而下沉时，印度板块的地幔部分被向下拉动，并与地壳撕离。这样软流圈与地壳底部相接触，并通过传热导作用使地壳底部加热，进而给变质作用和花岗岩侵入作用提供足够的热。许志琴等人[3]对我国松潘－甘孜造山带经历造山阶段的双向收缩、造山后期的伸展、巨大的平移等过程作出了科学的解释。运用“变形构造动力学”的新理论探讨“造山作用”的机制问题；对青藏高原北部隆起的物理作用进行了研究，建立了深部构造物理动力源新模式。

地壳中分布的地质构造体系非常复杂。根据李东旭等人的地质力学观点[4]，全球地质构造体系在总体形态和空间分布上，具有一定的规律性，有些具有高度的相似性，有些具有明显的差异。这些规律和特点是由地壳运动的定向性和变形性规律所决定的。具有全球规模的地质构造体系可分为三大类，即纬向地质构造体系，经向地质构造体系和扭动地质构造体系。纬向和经向地质构造体系是由全球统一构造应力场作用的结果。即在纬向水平压力和经向水平压力作用下形成的。扭动地质构造体系是由各种不同规模的区域性构造运动引起的。根据构造力的不同，又可分为直扭地质构造体系和旋扭地质的构造体系，前者是由力偶的直线扭动造成，后者是由于地块在外力作用下围绕某一中心发生相对扭动形成。纬向和经向水平压力把大陆或大洋向东西方向分裂和产生大陆边缘强烈挤压形成雄伟巨大的褶皱山脉。这种水平压力与地球自转离心惯性力方向正好一致。看来，这是造成沿大陆边缘分布巨型线状褶皱山脉的主要动力。

二、构造动力与山脉的构造和形态

沿大陆边缘分布的巨型线状褶皱山脉构成地球的一个显著的构造特征。有人认为这是岩石圈板块运动的结果[5]。板块之间的碰撞引起造山运动，进而形成当今地球呈巨型线状分布的褶皱山脉带。板块理论认为，山脉带是地槽沉积物的狭长褶皱带，它是由地槽变形形成的；大陆地盾包含着一系列以前的山脉带，这些山脉带“焊接”在一起，被侵蚀夷平至海洋平面，较老的变形靠近地盾的中心部分，而较年轻的山脉分布在大陆边缘地区。

有人把地球山脉带的基本构造特征概括为如下几点[5]：①山脉起源于大陆的边缘地带，常常伴随地震带和火山活动带；②山脉带的岩层被褶皱过和被逆掩断层移运过；

③山脉地带的沉积岩层一般比年代相同的大陆内部的沉积岩层厚 8～10 倍；④山脉地带的变形作用不仅仅只影响到地壳的表层，而且影响到整个地壳。因此，山脉的“根部”向下延伸到地幔中；⑤基岩的侵入和区域变质作用发生于褶皱带的深部；⑥造山运动发生于各个地质时期。

现今地球上最引人瞩目的年轻活动的两个山脉带是科迪勒拉山(cordillean)带(包括落基山脉和安第斯山山脉)和喜马拉雅—阿尔卑斯山带。前者呈南北向分布，纵贯北美洲和南美洲；后者呈东西向延伸，横跨亚洲、欧洲和北非。此外，地球上还分布有较大影响和较老的山脉带有美国东部的阿巴拉契亚山，澳大利亚东部的山脉和俄罗斯的乌拉尔山脉，这些山脉的变形作用已经停止，但仍显现出显著的地形起伏。

地质构造事实表明，每一个山脉带的内部构造都是由于构造力作用的结果。这种力主要来自于强大的水平挤压力。在这种力的作用下，使岩石变形，使褶皱更加紧缩，以致最终发生破裂，使褶皱的一部分逆掩到另一部分之上，形成复杂的褶皱构造。

褶皱岩层的几何形状和地表形态有如下特征[5]：①褶皱岩层的基本形态像是有了皱纹的毯子；②褶皱岩层的上部被侵蚀，则每一层的露头线都在地表形成锯齿状山峰；③抗侵蚀强的岩层形成山脊，抗侵蚀弱的岩层则形成山谷；④倾伏褶皱的地表形态，常常是一系列的山脊和山谷的交替；倾伏背斜中地层的地表形态呈 V 字形，V 字形的顶点指向倾伏的方向。

山脉带所含沉积岩层的厚度，比大陆内部相同年代里沉积的岩层厚度要厚许多，如喜马拉雅山地层厚度达 10～15km，而邻近地台区同样的岩层平均厚度不超过 1km。这表明，山脉带的地壳沉降比大陆其余部分大。褶皱山脉带的深部变形非常强烈，因而使原来的沉积岩和火山岩变成片岩和片麻岩。在山脉带核心部位的高热异常可以形成围绕着热力中心的同心环状变质带。在不少山脉带的深部，变质作用非常强烈，以致形成花岗岩质的混合杂岩体。混合岩大都由附近早已存在的岩石的部分熔融发育而成，显然不是从很远的地方运移而来。这一点对深入理解岩浆在变形山脉带的演化过程中发育形成是很重要的。

在山脉带中存在变质作用和火成岩活动与褶皱、断层之间的复杂关系。一般说来，褶皱和冲断层是较浅层构造现象，变质作用发生于较深的部位。在接近地表出现的冲断层岩石的围岩压力较小，在较深处紧密褶皱发育，并在山脉带的深部变得更为复杂。在山根的最深处，岩石已经变质，并发育直立的叶理，垂直于挤压力。当花岗岩质岩浆上升时，它便切割上部的褶皱层理，这里的地层并未变质，只是因褶皱和断层而变形。

现今构造引力活动观测表明，水平应力大于垂直应力。在地壳的所有深度上，水平应力都大大超过由于覆盖层重量而引起的岩石中的铅直应力，地震时发生在山地中的断层水平位移量大于垂直位移量正是由此原因造成的。

山体岩石的变形和破坏在于受地应力的作用。当地应力超过屈服极限时，则出现岩石的塑性变形，表现为以滑移或双晶方式的塑性形变。当地应力集中到一定值时，出现超过晶界传递到另一批晶粒中的位移。随着位移的发生，晶粒产生转动，其间有利滑移的晶粒方位发生改变，不再继续滑移，而另一批晶粒却达到有利滑移方位而发生滑移。有人[4]将岩石破坏分为四种类型：①在岩石处于常温、常压力或孔隙液压及应变率较高时，岩石表现为塑性变形，当应力达到一定值时，平行最大主应力方向产生张裂；②在围压、温度稍高或应变率和孔隙压稍低的情况下，出现脆性张烈；③在围压、温度较前更高或应变率、孔隙压更低的情况，出现脆性至延性的过渡破裂状态，出现较窄的破碎带和节理发生；④在温度、围压更高或应变率更低的情况，则产生较宽的剪切破裂。

地球上山脉的分布有它自身的特点，首先它们都是以脊岭的形式出现，其次山系本身都呈链状分布，且链状山系似乎形成全球性体系，属于这样一个全球性体系的山系被认为是属于一个造山系。这种全球性造山系的存在是地壳构造动力系统综合作用的结果。目前关于造山作用力的解释有许多的说法。从不同学派的解释中可以看出，对地壳中存在如下几种力的作用的认识是共同的，认为地壳的某些地区已经受到压缩力(即地壳的缩短)，另一些地区已经受到张力(中洋裂谷)，而还有某些地区受到剪切应力(破碎带)的作用。一个造山作用要被接受，必须充分考虑在地壳中所产生的足够大小的压力、张力和剪切力[6]。

第三节 山地外营力系统

山地气候水平与垂直变异明显。随着海拔升高，出现温度和降水的垂直变化十分强烈。由于山地岭谷高低悬殊产生的热力作用、水动力作用以及山风、谷风和焚风的区域差异明显。山地复杂的气候变化产生的各种动力对山体造成破坏，其破坏表现为地表岩土物质结构破坏与疏松，形成坡面残积层和残积层被搬运。前者是风化营力作用的结果，后者受流水动力和重力的双重影响。因此山地外营力系统中的风化营力系统和水文动力系统对山地起着剥蚀破坏与搬运作用。下面就这两种动力系统的主要作用力特征及其对山地形态的破坏与演变分析如下。

一、山地风化营力系统

(一)膨胀力

由于水和温度变化形成的膨胀力对山体岩石和土体起着强烈的破坏作用。山地由于气候变化对地表岩石造成的破坏作用的类型及其速度，是通过温度和水变化的时间与空间差异表现出来。首先由于岩石吸热与导热率性质的差异，出现岩石在太阳热力作用下的升温程度的不同，进而产生不同的膨胀力，使岩石中互相密集的矿物颗粒彼此分离，裂隙逐渐扩大，变成松散状态。膨胀力最重要的类型是水冷却结冰产生冰冻作用或冰楔作用。在高山地区，白天气温上升，冰雪融化，融水渗入岩石裂缝、张口的节理、层面、叶理面或者岩石的其他空隙。到晚上气温下降，使裂隙水冻结，体积膨胀，产生膨胀力，进而把岩石撑裂，产生棱角状碎块石。在冷热季度变化大的山区，夏天雨水多，雨水渗入岩石裂隙，到冬天气温下降结冰，产生冰楔作用。裂隙中的雨水或冰雪融水，尽管只是一部分被封闭在岩石空隙里，也会给周围岩石产生很大膨胀力。水冻结时产生的膨胀约为其体积的9%[7]。岩石裂隙中的水每冻结一次，就产生一次膨胀力。每次冻结所产生的力量大致等于一个7kg重的钢球从3m高的地方掉下来所产生的力；零下22℃时每平方厘米面积上产生108kg的压力，这个压力远远超过了岩石的抗压强度。

固体岩石的膨胀有时能产生很大的力，如果温度变化在300℃以上，膨胀可直接使岩石破裂[3]。这样的温度，一般来自于雷电和林火。

植物生长对岩石的破坏主要表现为植物根系钻入岩石裂隙中，随根系的长大形成的膨胀根压力(实为膨胀力)对岩石产生崩解破坏作用。

土壤中的膨胀作用，具有使表面向上隆起的趋势，并且在侧向作用时也形成龟裂。含水量变化、温度变化以及较小程度上风化时的化学变化和植物根的生长，都可以引起膨胀产生膨胀力。含水量变化产生的膨胀，是由于毛细管凝聚作用的结果。在降雨时，张力集中在湿缝处，但当土壤干旱时，张力就分布在整个土壤剖面。

冻结的日循环和年循环，能引起冻结隆起。冻结日循环引起的膨胀隆起变幅较小，但由于频繁发生，在温带至亚北极带或中山至高中山地带所形成的上下移动的积累量，比非常寒冷地区一年所产生的一次大幅度隆起引起的向坡下移动的过程中具有更大的影响。可溶盐结晶体在干旱气候下的化学沉淀和冰形成时所产生的情况相似，亦能产生膨胀力。

(二)雨滴力

当雨滴打击在山体斜坡面上时，斜坡地面产生一定的净压力，这个力形成两个分力，一个向地面中作用的压实力，另一个为沿地面作用的剪切力[8]。

降雨击溅至少能使直径达10mm的岩屑直接移动[9]，并能使较大碎石块间接移动。其发生的机制：碎石块的下坡面不断受到雨滴溅击的掏蚀，它外面的细微物质被移走，直至将碎石块下的土掏空而使石块翻倒下来。

(三)风力

风力与风速成正比，风速越大，风力也就越大。风力对山地坡面形态的影响不大，但是在无植被覆盖的干燥(或干旱)的山地，风力的吹蚀作用是强烈的。在长期山谷风的作用下，坡面细土被吹蚀，地表物质主要为砾石、块石或裸岩。但是这方面定量观测研究的资料不多。鉴于此，风作为山地的一种动力，把它纳入山地动力系统进行研究还是必要的。

地形对风有明显的影响。在狭谷或喇叭口特殊地形的影响下可出现大风。气流从开阔的地方流入峡谷时，峡谷里的风速比开阔地风速大，形成大风，风速可达3～6m/s。这种风力作用具有一定的破坏作用。在沿海的山区经常受风速达60～70m/s的台风的影响。在湿润和半湿润的热带和亚热带山区常有雷暴大风的发生，其风速有时可达40m/s以上。这些大风有很大的破坏力。在半干旱和干旱山区，常有强大的风沙出现，破坏力也很大，在泥质岩坡上，形成蜂窝状的锅穴地形。

(四)水的压力与张力

降水在平坦低洼处积聚，在静止水体表面下，重力产生一种压力，它等于单位面积上的水体重量。山地地表静水压力对岩土物质的破坏作用不大。当土壤孔隙没有被水充满时，土壤孔隙产生毛管张力，可使土壤颗粒紧密集结。土壤呈饱和态时，水分在孔隙中产生压力，有使土壤颗粒拉开的势能。当土壤水分蒸发变干时，毛管张力增大，在黏粒含量高的土壤出现与表面垂直和平行两个方面的收缩力，在该力的作用下产生土壤的龟裂。这在季节干旱严重的云南元谋干热河谷变性土分布区，由土壤水分变化引起的土壤龟裂现象尤为典型。

(五)溶蚀力

地表水在空气和生物等作用下形成具有对岩石矿物溶解破坏的溶蚀力。流水的溶解作用一般是看不见的，但是从河水的化学组成来看溶解作用是使山地降低的一种重要方式。根据世界主要河流化学成分分析测量估计，流水每年从大陆上带走的溶解物质达到35亿 t。可见溶蚀力对山区地形和岩石的破坏作用不能低估。

二、山地水文动力系统

山地水文动力系统是指液态水和固态冰川在运动过程中产生的各种动力。下面就山地坡面与河道水流和冰川运动的动力作用分析如下。

(一)坡面与河道水流动力

1. 搬运坡面与河道物质的主要水文动力

1)磨蚀力

所有流水侵蚀的基本作用是由砂、砾石和滚石在被流水沿坡面或河底搬运时产生的磨蚀作用。这些物质在坡面或河底运动过程中产生磨蚀力，不断地磨蚀坡面和河床底面。这种磨蚀作用力很强烈，特别是山区河流像在采石场切割大石块所用的拉线锯[5]，把石榴子石、刚玉或者石英一类的磨料用线拉着擦过岩石，就能把石块切开。用砂子和砾石进行磨蚀能把最坚硬的基岩凿穿。一个洼坑里的石子或卵石在流水带动下打转，起着钻洞的作用。原来的石子磨损后又有新的石子掉进来继续钻蚀河床，可形成直径几厘米到几米的锅穴。流水的磨蚀作用也会掏蚀河岸，大块的石头和表土坍塌下来成为流水搬运物质的一部分。在山区河流往往有瀑布和急流，在瀑布和急流底部的掏蚀作用特别强烈，水力作用特别显著。

2)冲刷力

流水本身的力量——水力可以把土壤、黏土、砂和砾石等未固结的松散物质很快冲刷掉，特别是在山区高速水流这种冲刷力作用尤其强烈。尽管直接的流水作用不能迅速冲刷大量坚固基岩，但流水冲入裂隙和层面中产生的压力足以从河底或两岸把石片或石块冲走。

3)水力和重力作用下的溯源侵蚀力

在水力和重力作用下，斜坡沟谷朝着供应流水的集水地面向未切割的斜坡上方延伸，这种溯源侵蚀是山区水系演化的普遍趋势。

溯源侵蚀作用的发展，可以出现河流袭夺现象。河流袭夺多半发生于梯度较陡或者河道发育在较易侵蚀的岩石上。在褶皱岩石出露的山区有利于河流袭夺并出现格子状水系。

2. 坡面与河道水流动力作用分析

1)坡面水流动力作用与坡面形态变化

水在山坡表面的流动一般表现为厚度不同的股流，通常流入特殊的小水道即细沟。

进入细沟的水流厚度一般不大，影响水流的要素相对较大，甚至可以露出水面。山坡股流和细沟水流通常出现于暴雨期，在这期间，降雨的击溅作用，既阻碍了水的流动，又促使物质变成悬移状态。这种情况下的水流通常是很短暂的，水道上很少形成波纹式沙丘和曲流或者难于出现界限明确的水道。

具有一定沟谷形态或类似明渠的水流动力可以分解为水道中水体的顺流分力与作用于沟床和沟壁的摩擦力。根据这些力可以计算出水流的速度。摩擦力的大小取决于流水床面最大颗粒粒径。

水流类型的出现，取决于水流的黏滞力、惯性力和重力的相对量。当黏滞力较大时，水流是层流，上下不发生混杂。当黏滞力较小时，水流是紊流，水流层次大量混杂。坡面水流通常以层流和紊流两种形式之一出现。在低流速时，呈恒定流；在高流速时，呈射流。出现这种转变的点，取决于惯性力和重力的比率。

水流底部的颗粒，受到几种力的作用：①高速流对颗粒产生的动压力；②颗粒的顶与底部之间的平均顺流速度差产生的上升力；③涡流流速提供的紊乱力，这些力使一些床面颗粒升起，进入水流。上述力受到颗粒重量、颗粒间的摩擦力和连接力的抵抗，以及当颗粒被嵌入土中时还受到颗粒黏滞力的抵抗。上升力在水中一旦出现，就与具有沉降趋势的颗粒重量达到平衡。靠近床面移动的颗粒，也可以撞击其他运动颗粒，从而提供了一个辅加上升力，即所谓的颗粒扩散应力[9]。

抵抗水流的摩擦力，以曳引力的形式传递给床面和沟壁物质，这种曳引力有使颗粒顺流移动的趋势。

在某种程度上，泥沙搬运公式都是经验性的，但它们既和曳引力直接有关，也与直径为 d 的颗粒的总曳引力对作用于颗粒的重力的无因次比率有关[6]。

2)沟道、河道水流动力作用与水系及河谷的形成和发展

(1)侵蚀沟的形成与发育。

山区大气降水在地表的流动很少而且只有在很短时间内表现为层流流动。由于山地斜坡起伏不平，使水流迅速汇合起来形成集中水流。这种集中水流的侵蚀作用很快形成各种不同状态的小沟涧，这些小沟涧很快扩展，特别是植被稀少的松软土壤分布区，形成雏谷——侵蚀细沟。侵蚀细沟在水流作用下进一步向长、宽、深三个方面发展成为侵蚀切沟。侵蚀切沟增长的速度变动很大，在松散土地区，几年就可以发展成为几十米深、几米宽的侵蚀冲沟。通常在松散土质层每年能增长 3～4m，但也存在冰雪融解期间侵蚀沟增长达数百米长的记录。在坚固的土层上，如黏壤土和黏土分布区，沟蚀作用不强，切沟增长速度很慢，每年只有 1～2m。

由于山地斜坡起伏和性质的差异，沟床的大小和形态有差别。造成这种差异的原因：地表组成物质的差别，由此引起抗蚀强度、渗透强度的不同；原始地形上的差异，如原生地形高低、原生坡形和原生坡长的不同；植被覆盖度的不同。由于存在上述的差异，往往在易冲刷的地方便形成较大的沟床，相反，在不易冲刷的地方则出现较小的沟床。

沟床的形成和发育与水力坡度有密切关系，在水力坡度等于地表坡度时，不仅不出现沟床，而且不产生冲刷现象，只有水力坡度大于地表坡度的情况下，沟床才得于形成和发育。地表坡度越大，水力坡度越大，沟床发育明显加快。实际情况表明，在由疏松土层组成的山地斜坡地带，侵蚀沟(细沟、切沟、冲沟)的发育是很快的，在暴雨频率高

的山地，特别容易产生强烈地表径流，进而形成各种类型的侵蚀沟，如我国黄土高原和云南金沙江下游元谋组地层分布区，侵蚀沟特别发育，在我国南方红壤土分布区，崩岗侵蚀沟发育。

(2)水系的形成与发展。

水系的形成过程非常复杂，在不同情况下，可能有不同的形成方式。从地表径流的形成过程来看，在斜坡地带首先出现纹沟、细沟和切沟，切沟进一步扩展形成冲沟。在一定的地形单元内形成一个径流汇集系统，亦可称之为沟谷系统[11]。这个系统的形成是从小到大，从上游到中、下游逐渐形成的。而明显的沟形通常最先出现在坡度转折处。细沟、切沟和冲沟的最大特点是没有连续的水流，所以也就不能称之为河流，但这些沟是水系的组成部分。因此，水系是由无数大小不等的侵蚀沟与不同级别的河流所组成。现代地貌学家和水文学家主张采用河流的级别来表示流域内水系等级的划分。

(3)河谷的形成与类型。

一条河谷的形成主要通过三种作用，即河谷的加深、加宽和延伸。河谷的加深受水力作用、河底磨蚀作用、沿河床的掏穴作用、河床的风化作用(在间歇性河流上)以及水力作用冲去风化物质等影响。河谷的加宽一般通过如下方式完成：河谷内的水力和冲蚀加宽作用、谷坡上的雨蚀和片蚀加宽作用、谷坡上的沟道发育的加宽作用、支流汇注加宽作用。河谷的延伸途径：溯源侵蚀、河流弯曲增大、地壳上升或侵蚀基准面下降。不同发育阶段，河谷形态有明显的差异。山区河流一般具有幼年期阶段的特征，其具体表现形式为：河谷呈V形；有排水不良的较宽阔的河间地；没有泛滥平原，河流的边缘有谷坡；有瀑布和急流出现；分水岭宽广，轮廓不明显；河流弯曲出现于平坦的和未分割的原始地面上，或者嵌入于较高地面以下的“强割河曲”。

根据河谷发生类型与大地构造关系有如下的山地河谷分类[12]：沿走向的河谷(向斜谷、背斜谷和单斜谷)；切割走向的河谷(顺向谷和逆向谷)；斜向河谷；在断层区的河谷(横向的、纵向的、斜向的)；近代火山活动区的河谷；古代和近代冰川作用区的河谷(槽谷和悬谷)。有人从工程角度考虑，提出山地河谷分类。还有根据形态的分类，划分为隘谷、障谷、峡谷(又叫V形谷)、浅槽谷、阶梯状谷、不明显的河谷等。

(二)山地冰川作用力

高山地区水文动力系统主要表现为山地冰川的形成、运动与消融。在它的形成、运动和消融过程中，产生冰川特有的动力作用，对高山地区的地表形态进行强烈的改造，形成高山地区特有的地貌类型。

山地冰川主要分布于极高山山地和高纬度山地，其中亚洲极高山地区的冰川最多。根据山地冰川的形态，可以分为如下几种类型：山谷冰川、冰斗冰川、悬冰川、平顶冰川、再生冰川和火山口冰川[13-16]。其中山谷冰川是山地冰川中发育最早的一种类型。它有明显而完整的发源地粒雪盆和伸入谷地中达几公里至几十公里长的冰舌，具有山地冰川的全部功能。悬冰川是山地冰川中数量最多、体积最小的冰川，它们对气候变化反应灵敏，容易消退或扩展[13]。

冰川运动的动力来自于重力作用。由于冰川冰是一种黏塑性体，在重力作用下发生黏塑性变形，于是出现冰川的缓慢流动。另外，冰川作用在重力作用下也可能出现滑动，这种滑动包括冰层滑动和基层滑动两种。冰层滑动产生于冰川各冰层之间，基层滑动则产生于冰川底冰和山体岩床之间[13]。

冰川运动过程中产生强大的刨蚀力和摩擦力，对冰川底部岩床和冰川两侧的岩壁产生强烈的刨蚀和磨蚀作用。冰川的这种侵蚀作用是冰川存在的时间和流动冰体在冰川体系中的流速的函数。在冰川的长期侵蚀作用下，最终使岩床形成冰斗状和槽谷状地形，在基岩面上有沟槽和擦痕。另外通过其他类型冰川的作用，形成刃脊和角峰等冰川侵蚀地形。

冰川运动至雪线以下或更低海拔的山谷中，产生冰川的消融和消失，在冰川末端形成各种类型的冰川堆积地形，如终碛垅、侧碛垅、中碛垅、槽碛垅、冰碛丘陵等。

冰川上的雪、粒雪和冰川冰在夏季升温的情况下出现融化和蒸发。冰川融化的冰水向冰体的边缘流动，可形成一些冰湖。在冰川体的前缘出现新的水流系统，它携带着大量冰川物质和冰川两岸山坡风化下落物质进入河流。山地冰川融水对高山和极高山地区河谷的形成与发育起着重大的改造作用，由于冰湖溃决造成的洪水灾害和泥石流灾害成为高山地区的严重自然灾害，这些灾害过程对山区河道和山区工程建设设施及人民生命财产带来严重的危害。但是在干旱区山地冰川消融产生的水流，给下游人民生活带来无限的好处。

第四节　山地重力动力系统

一、斜坡上物质的重力特性

作用于任何物体的重力，都是通过该物体的重量表示的。在坡面上的物质重量可分解为两个分力，一是沿坡面向下的力，另一个是垂直于表面的力。前者使坡面物质向下移动，后者起着把物质保持在坡面上的作用。

山区地貌垂直高差大，处于斜坡上的物质重力随斜坡高度增加而增大，这是造成斜坡物质不稳定的重要原因。从根本上说来，重力是传递重力的重量之向坡下的分力。这个分力等于重力与坡度角正弦的乘积。可见，该分力是坡度的序列，或者可以说，它是传递坡面诸点之间高差信息的斜坡剖面。这样，坡面或河流纵剖面起着“电话线”的作用，它把坡面或河流下部的条件信息传递到分水岭[6]。除了传递环节的作用外，还可把坡度看作借以将地形固有的总有效能量分配到整个景观的媒介，因而重力作用在陡坡上最有意义，因为这时重量沿坡面向下的分力最大。

当斜坡上颗粒物质的沿坡向下分力(剪切力)大于法向分力时，则出现颗粒物质的向下移动。其中要克服颗粒物质与坡面之间的阻力。这种阻力可称之为抗剪强度。抗剪强度由如下几个部分组成。一是平面摩擦力；二是不同物质间的连接力，这两者的组合又称内摩擦力；三是有效法向力，即物质的内摩擦系数与连续推动物质颗粒的力的乘积；四是黏结力，即使细微颗粒凝聚在一起的连续拉引力。这些力之间的综合作用，可用如下通俗的表达式加以表示：

$$S = C + \sigma \mathrm{tg}\varphi$$

式中：S 为抗剪强度(kg/cm^2)；C 为黏结力；φ 为内摩擦角(又叫剪切阻力角)。

抗剪强度的计算或测定是一个十分复杂的问题。本式只是给出一般的表达形式。显而易见，当斜坡物质的剪切力大于抗剪强度时，则出现物质的坡面移动。实际情况表明，斜坡物质抗剪强度随风化作用的加强而发生明显变化。如斜坡固体岩块破坏变成岩屑堆积过程中，抗剪强度随之发生变化，表现为物质间的黏结力丧失。由于抗剪强度在岩屑到崩积物的风化顺序中的变化非常复杂，目前国内外对其研究了解不多。以崩积物为主的物质的抗剪强度变化很大，其中粒径的大小对抗剪强度起着重要的影响。实验资料表明，砂土的黏性小，而 φ 值比较大；黏土却具有获得黏结力和失去一些内摩擦力的趋势；热带花岗岩风化形成的残积土壤的抗剪强度，随风化程度而显著变化。

二、岩体不稳定过程的力学特性

固结岩体表面经长期的风化作用形成疏松的岩屑覆盖，在这种岩石破坏过程中，不可能使物质从坡面上移走。风化作用形成的残积物的实际移动，是通过后来发生的岩石崩塌、土壤侵蚀和土壤蠕动而引起的。这些过程的发生是在重力作用下进行的。也就是说风化岩屑与主体岩石的分离，与其存在的重力一起，足以能够使岩屑从坡面上迅速移走。剥落过程引起的岩石碎块节理面的瞬时剥落，楔形岩块的滑动机理，分散岩石碎片的崩落，峭壁面上的粒状崩解，这四种岩体不稳定过程都是在重力的作用下伴随着其他力学过程变化而发生的。

岩石碎块沿节理面的瞬时剥落现象多分布于河道两侧，有与河岸平行的垂直节理分布的山坡。这种情况下的岩体稳定性，取决于河流侵蚀下切的强度和与张力裂隙发展的深度。若河道两侧为黏土坡，并在其顶部出现张力裂隙，这预示着将有大型深切滑坡的发生。

若河道两侧山坡岩体既有大节理又有无规节的小节理，在这两种节理的作用下，容易出现岩崩。随着沟谷或河道的继续下切侵蚀，凭借与斜坡邻接的石块将一块块或数块同时脱落下来，斜坡将按一定的角度，通过崩落过程而后退。岩崩的力学机理在于重力应力集中在岩体内局部区域，这种机理，适用于岩体的较宽的区域。

有些岩体虽有节理，但比较紧密，岩崩不易发生。但遭受岩石剥落过程的作用，即以小块或岩屑的形式，从悬崖面上脱落下来，表现出一块一块脱落或大量石块同时脱落。这种岩石剥落的力学性质在于岩石开始破坏及其扩展，主要局限于悬崖表面岩层的风化力引起的，其剥落程度始终产生于岩墙表面的小范围内。

有些岩体没有小型裂隙，不但岩崩不易发生，岩石剥落也很少见。但是在长期风化作用下，产生岩体表面或浅表层胶结物的破坏，结果出现单个颗粒的脱落或崩解。这种粒状崩解的力学机理是胶结物的溶解，使颗粒从岩体上分离出来，在重力作用下产生粒状崩解。另外，也有可能是热效应形成不同矿物对热量吸收不同而引起颗粒状崩解，或者是冻结作用下使粒状分解崩落。

三、土体不稳定的力学特性

山区土体崩塌和滑动现象经常出现，这种现象多为浅层性的，其原因多半是工程建设改变自然坡面造成的。实际情况表明，在修路、挖渠和建房开挖山坡中，极易出现滑塌或滑坡，其发生机制是剪应力增大或抗剪强度减小。在工程建设中，减少剪应力以减轻斜坡的稳定性，一般是容易做到的。在许多情况下，在工程完成之后，剪应力很少变化的情况下，发生滑塌，其原因是抗剪强度减小。

浅层土体滑坡是自然坡面之最普遍的不稳定形式。其稳定性取决于阻碍滑动的抗剪强度与引起移动的剪应力的对比关系。采用有效应力法对其进行长期稳定性分析时，必须了解孔隙压力的变化，因为它对抗剪强度有重要影响。在实际工作中，通过水井和水压计对孔隙压力的观测资料以确定孔隙压力的型式。在许多情况下，由于地表水和平行于斜坡表面的地下水的存在而出现最坏的孔隙压条件。这种情况，往往出现于具有良好透水性的残积土壤覆盖物和不透水的岩石。当覆盖物透水性差，而覆盖物下面基岩透水性好的情况下，有可能使动水压力增大。因此，浅层土体稳定性与孔隙压的变化有密切关系。

实际情况表明，并非所有深厚的土体都能出现深层滑坡，且深层土体滑动仅限于黏质土，而很少出现在砂质土中。黏土块体深层滑动一般是转动式滑动，平面式深层滑坡少见，而岩体深层滑坡经常在平面上发生。由此可知，深层土体滑坡稳定性力学特性与深层岩体滑坡稳定性力学特性之间存在着明显的差别。深层滑坡仅限于黏土而不会在砂质土中出现的原因在于剪应力随深度增加而增加，符合方程 $\tau=r\cdot z\cdot\sin\theta\cdot\cos\theta$，式中 τ 为剪应力，r 为单位重，z 为介质面至滑动面的厚度，θ 为坡面角。抗剪强度虽也随土体的厚度而增加，但在黏土情况下增加量很少。此外，在黏土块体表面，有一定数量的起因于黏结力的强度。

四、泥石流形成与运动力学特性

泥石流是介于坡面块体运动与沟槽水流运动之间的一种山区特有的自然现象，是具有以固体物质的重力为主要动力，沿坡面或沟谷运动的流体。因此，它既有滑坡发生的重力动力作用特征，又有沟道水流的动力特性，即具有沿坡面或沟谷运动的各自独特的动力状态[16]。实际情况表明，泥石流从形成、搬运到堆积的整个过程充满着力的发生、发展的复杂变化关系。泥石流形成的物质基础——松散岩土，是各种风化营力、重力动力和冰川动力作用的产物。这些松散岩土物质堆积于山坡或具有一定坡度的沟槽，它受物质本身黏结力、物质重力和物质之间摩擦力的综合作用，处于一种暂时的力的平衡态。保持这种平衡态的力中的任一种力发生变化，就有可能引起坡面物质的移动。沟槽两岸物质在水流侧蚀和下蚀加强的情况下产生滑移。当这种滑移量足够大，以致堵塞水流，在水的作用下，使滑移岩土物质黏结力发生破坏，当具有为物质重力动力发挥作用的适当坡度条件下，泥石流即可发生。泥石流发生机理十分复杂。但是，从力学角度研究泥石流起动前松散岩土物质内部各种力的变化以及与引起其变化因子之间的关系，是认识泥石流发生机理的关键所在。

泥石流是液相和固相组成的二相流体，即是由水与高含砂、砾、泥土混合的一种特殊流体，具有一般水流所没有或性质有所差别的泥石流运动力学特性。泥石流流动的条件是流体运动产生的剪切力大于各种阻力形成的抗剪强度。当剪切力等于抗剪强度，泥石流运动停止。泥石流运动剪切力是多种动力的综合作用力，它包括物质重力，流体动压力，流体中石块冲击力，浆体中颗粒悬浮力、脉动力、推移力、涡动力等。但是不同流态的泥石流，其运动过程中的力学特性不一样。紊动泥石流与一般挟沙水流的紊动力相似，但以稀性或过渡性泥浆作为搬运介质时，其脉动力、涡动力比清水小，而悬浮力比清水大，同时具有较强的石块撞击力和明显的静切力；扰动泥石流处于紊流与层流之间的过渡性流态，脉动力、涡动力很小以致消失，而流体静切力明显加大，流体与底床强烈作用引起剧烈的扰动，因而石块间的撞击力很大，搬运力极强。蠕动泥石流介于塞流和层动流之间的一种过渡流态，多表现为塑性或黏性泥石流体，流体的黏度力和静切力很大，但没有涡动和脉动力和扰动引起的撞击力，它主要在自身物质重力切向分力作用下运动，深厚液体向前运动产生一定强度的推压力。滑动泥石流明显不同于上述几种流态的泥石流，它具有一个内部相对位移很小或无位移的滑动体核，核与底层之间有一层流速梯度很大的滑溜层[15]，其运动过程中存在着流体内部摩擦力、流体与床面间的阻力以及流体本身重力切向分力等的作用。

由于泥石流黏粒含量的不同，影响到泥石流浆体的浓度、结构特性、结构强度和黏性程度，进而产生不同力学特性的泥石流运动模式。塑性蠕动泥石流具有极高的泥浆结构力和黏滞力以及运动时石块之间泥浆变形产生很强的阻力；黏性阵性泥石流具有高流速运动及流体重力综合作用下的切应力，而黏结力和结构力较小；阵性连续泥石流具有较强的搬运力和流体中石块的碰撞力，而黏结力和结构力明显减小；稀性泥石流具有水流的力学特征。

不同力学特性和运动模式的泥石流可形成不同的沟床侵蚀与堆积地貌形态。塑性蠕动泥石流多见于坡面上或小支沟内，一般由滑坡或滑溜体液化演变而成，无明显的沟床演变[15]；但是当滑坡体被水饱和后，沿着滑面向下移动，并发生坡体物质的扰动，而演变为泥石流，流至坡脚或平缓坡段发生堆积，形成前缘较陡的小型堆积扇。黏性泥石流(含黏性阵性泥石流和阵性连续泥石流)具有较强的搬运力和冲击力，可形成明显的滩槽之分，且沟槽多呈箱形或梯形，切割在比较宽阔平坦的滩地之中。在近沟床的滩地上一般有龙岗状、舌状或裙边状堆积体[15]。稀性泥石流沟沟床的冲淤、演变和沟型与高含沙水流河床的冲淤和演变很相似，表现为游荡型、双汊型、弯曲型和顺直型等几类。

此外，自然界中常见形成于流动性黏土或超敏感性黏土中的泥流现象，它以黏性流体形式沿坡面流动。其发生与流动的力学机理较为简单。当坡面黏土非扰动强度大于重塑强度时，黏土不发生流动。坡面黏土在水分的作用下，黏土结构力发生变化，使非扰动态黏土向重塑态黏土转变。当黏土自然含水量超过重塑条件下的含水量时，黏土则具有黏滞流体的特性，出现坡面泥流现象。

泥流发生开始之时破坏程度不大，接着出现较高的流动速度，并产生溯源延伸，在极短的时间内可形成呈碗形洼地的陡崖。在流动黏土滑坡的情况下，原始滑坡体中的物质很快变成流体，并迅速脱离主土体，其结果为以后土壤块体的支持，即使有也很少，从而引起新的破坏。

泥石流形成影响因素众多，动力学过程十分复杂，是迄今尚未突破的前沿课题[17]。泥石流运动动力学特征是泥石流学科的一个重大问题，因其形成过程复杂并具有爆发突然、破坏力强而受到人们的高度关注，近年来对泥石流运动过程中力学模型转化机理，泥石流流体力学特性，包括流速、冲击力和磨蚀力等作了一定程度的探析，并相继建立了宾汉模型[15]、拜格诺膨胀流模型[15,18]、黏塑流模型[19]、膨胀塑流模型[20]和混合流理论动量守恒方程[21]等。兰恒星等人[17]通过大量文献资料和实例研究认为，目前泥石流动力学研究的主要难点问题有如下方面：①已有泥石流动力学本构模型不完善和不适用；②已有数值模拟方法之间存在分歧，难以选择应用；③泥石流动力学复杂环境(地形、水文等)效应问题远未得到很好的解决；④泥石流动力学数值模型耦合与GIS集成不足。

发生于山地环境条件下的泥石流受三维地域众多环境因素的影响，这些环境因素包括地形、地质、岩性、降雨、水文和土地利用变化等，就地形因素而言，既有海拔高度变化、坡向和坡度变化，又有斜坡曲率和组成物质的不同，这些地形环境因素地域差异很大，不同山地区地形环境因素组合特点不一样，泥石流发生动力学过程特点也不同。一般说来，山地复杂环境因子，通过影响泥石流内部和基底的三维应力(剪切力和正应力)分布特征、流体内部多维动力传输特征、孔隙水压力分布与传输特征等，这些特征的变化影响到泥石流由触发到堆积的整个物理过程[17]。复杂三维地形造成了泥石流应变的不均一性，并由此产生应力的不均一性，从而形成泥石流动力学过程的差异性和极其复杂性特征[17]。所以到目前为止还没有建立起具有山地三维地形下的三维泥石流动力学模型，其中有很多的难点，如控制方程和相关参数的选取、泥石流体的起始和边界条件的确定等迄今尚未得到有效的解决。

山地降雨因素对泥石流动力学过程的影响也是迄今有待深入研究的难题。降雨因素包括雨量、临界雨强、降雨持续时间及降雨空间分布与变异等，这些因素对泥石流动力学特征的影响十分复杂，其中对泥石流体中的孔隙水压力重分布和传播的研究难度很大，是泥石流动力学特征研究的重要问题。高孔隙水压力可以使库仑摩擦力显降低，而库仑摩擦是造成泥石流体能量耗散的主要原因[17]，它直接影响到泥石流体的运动距离和影响范围。因此，精确地确定不同降雨因素条件孔隙水压力的分布特征是提高泥石流预测结果准确性的关键。

目前对于泥石流山地降雨因子的研究成果尚不能提供一个较好的理论框架来解释降雨过程的瞬时孔隙水压力的响应行为及其分布特征，还不能有效地分析降雨水文过程对泥石流发生地点、时间和速率的影响。泥石流发生的实际情况表明，同一降雨过程可造成同一地区泥石流发生行为模式和规模的明显不同，有的泥石流发生突然且运动速度很快，而有的则反应迟缓，且泥石流运移距离很短。目前还不能对这种情况下不同泥石流由触发、流动到堆积的全部物理过程作出预测。可见，加强山地环境条件下复杂不规则地形、降雨等气候因子与泥石流体相互作用动力学过程与机理的研究显得非常必要，山地科学工作者，特别是泥石流科学工作者任重道远。

参考文献

[1] Forsyth D, Uyeda. On the relative importance of the driving forces of plate motion. Geophys [J], J. R. Astron. Soc.，1975，43，163～200.

[2] Bird P. Initiation of intracontinental subduction in theHimalaya [J]. Geophys. Res.，1978：83，75～88.

[3] 许志琴，侯立玮，王宗秀. 中国松潘－甘孜造山带的造山过程 [M]. 北京：地质出版社，1992：1～190.

[4] 李东旭，周济元. 地质力学导论 [M]. 北京：地质出版社，1986.

[5] 汉布林 W K. 地球动力系统 [M]. 北京：地质出版社，1975.

[6] 卡森 M A，柯克拜 M J. 坡面形态与形成过程 [M]. 北京：科学出版社，1984.

[7] Ward W H. Soil movement and weather. Proceedings of 3rd International Conference on Soil Mechanics and Foundation Engineering，1953，1，477～82.

[8] Laws J O，Parsons D A. The relation of raindrop size to intensity. Transactions of American Geophysical Union，1943.

[9] 阿德里安.夏德格(谢鸣谦、谢鸣一译校). 地球动力学原理 [M]. 北京：科学出版社，1977.

[10] Rogo G B. Mountain weather and Climate. Printed in the United States of America，1981.

[11] Bagnold R A. Some Hume experiments on large grains but little denser than the transporting fluids，and their implications. Proceedings of the Institution of Civil Engineers，Paper 6041，174～205.

[12] 沈玉昌，龚国元. 河流地貌学概论 [M]. 北京：科学出版社，1986.

[13] 施雅风. 中国冰川学的成长 [M]. 北京：科学技术文献出版社，1995.

[14] Carson M A，Kirkby M J. Hillslope from and process [M]. Cambridge at the University press，1972：1～512.

[15] 吴积善，田连权，康志成，等. 泥石流及其综合防治 [M]. 北京：科学出版社，1993.

[16] 钟敦伦，谢洪，韦方强，等. 论山地灾害链 [J]. 山地学报，2013，31(3)：314～326.

[17] 兰恒星，周成虎，王小波. 泥石流本构模型及动力学模拟研究现状综述 [J]. 工程地质学报，2007，15(03)：314～320.

[18] 姚德基，商向朝. 七十年代的国外泥石流研究 [C]. 泥石流论文集(1)，重庆：科技文献出版社重庆分社，1981：132～141.

[19] Takahashi T. Debris flow on prismatic open channel [J]. Journal of the Hydraulics Division，1980，106(HY3)：381～396.

[20] Chen C L. General solution for visoplastic of debris flow [J]. Journal of Hydraulic Engineering，1988，114(3)：259～282.

[21] Gordon E G. Critical flow constrain flow hydraulics in mobbile－bed streams：a new hypothesis [J]. Water Resources Research，1997，33(2)：349～358.

第二篇　特殊环境下的生态过程特征

第七章　金沙江干热河谷环境特征与生态退化

第一节　金沙江干热河谷环境特征与生态系统演化①

环境的概念是针对某一特定主体或中心而言的。干热河谷环境是指以干热河谷为中心的地域空间以及直接或间接影响该地域形成、演化的各种要素，这些要素性质各异，并拥有各自的状态和变化规律，而且它们之间既互为联系又相互制约，各要素状态和变化服从干热河谷环境总体演化规律。干热河谷环境具有其特定的景观形式及其内部过程。景观形式、结构及其内部过程对生态系统的结构、功能及其演变产生深刻的影响。山地自然环境区域差异非常明显，生境条件千差万别。干热河谷环境是山地环境的一种特殊类型。可以说，有什么样的环境，就有什么样的生态系统结构与功能。金沙江干热河谷有其自身特有的环境属性，并在这种特有环境属性作用下形成与这种特有环境属性相耦合的生态系统结构与功能。这种生态系统结构与功能的改变会对环境的属性带来一定的影响，但是不可能从根本上改变在青藏高原背景下形成的干热河谷环境本质特性。因此，深入探析金沙江干热河谷环境的特殊性特征，以及由此可能产生的生态效应过程与机理，显得非常必要。通过这方面的系统深入研究可为该地区退化生态系统恢复与重建目标的确定，以及退化生态系统恢复与重建途径、对策的确定提供科学依据。

在云南省和中国科学院省院合作办的支持下，于1998年立项开展“金沙江干热河谷典型区土地退化与治理途径研究”（1997～2000）。该项目由云南省农业科学院热带亚热带经济作物研究所和中国科学院水利部成都山地灾害与环境研究所共同主持，项目负责人钟祥浩、沙毓沧，两所参加研究人员共计23人。该项目通过四年的研究，完成路线考察约1万km，调查植被样方50个，采集土壤样品219个，开展了9条冲沟沟头溯源侵蚀野外观测和试验区生态效益观测，建成1000亩退化土地治理试验区和1100亩示范区，完成“金沙江干热河谷典型区土地退化与治理途径研究”科研技术报告和工作总结报告各1份，发表论文41篇。该项目研究成果于2002年获云南省科技进步二等奖。本章是本节作者及其同事在该项目研究中的部分文章。

① 本节作者钟祥浩、刘淑珍，本节内容是在1998年开展省院合作项目前期研究未发表的论文基础上修改、补充而成。

一、范围及生态环境退化特点

(一)范围

依据张荣祖关于横断山区干热河谷划分指标[1]，金沙江干热河谷主要分布于云南省鹤庆县中江乡至四川省金阳县对坪镇之间的金沙江干流沿岸带和干流两侧支流下游河谷、盆地地带。金沙江干流长 802km，河谷底部海拔为 700～1200m，谷底以上相对高度达 300～500m，海拔上限阴坡一般 1350m，阳坡可达海拔 1600m。

(二)生态环境退化特点

1. 生态系统退化

干热河谷区内自然生态系统已遭受严重破坏。目前河谷两侧坡地不但没有林，连散生矮树也罕见。乡土灌木被大量砍伐用作薪材，目前只能见到少量矮小、散生的小灌木。整个研究区植被覆盖度低，荒坡地及沙质土地面积大，海拔 1500m 以下水土条件较好的谷底可见人工引种林木。分布于河谷两岸坡地天然植被几乎都是次生的，属于严重退化类型。这些次生天然植被的显著特点是：植物种类单一，普遍具有多毛、多刺、叶小等适应干旱环境的形态特性；草本植物发达，盖度一般为 50%左右，局部地段可达 70%～80%以上，主要种类有扭黄茅(*Heteropogon contortus*)、孔颖草(*Bothriochloa pertusa*)、拟金茅(*Eulaliopsis binata*)以及旱茅(*Eremopogon delavayi*)等；灌木矮小疏生，主要有车桑子(*Dodonaea viscosa*)、余甘子(*Phyllanthus emblice*)、滇榄仁(*Terminalia franchetii* Gagnep)和石山羊蹄甲(*Bauhinia craib*)等。目前金沙江干热河谷植被生态系统是适应干热条件和退化贫瘠土壤生态条件为特征的退化植被生态系统。

2. 水土流失

由于地表植被的大量破坏以及不合理的过渡垦荒带来的水土流失问题较为严重，研究区水土流失面积占该区总土地面积的 60%以上，其中，元谋干热河谷区水土流失面积占该地区的 74.4%，巧家为 71.4%，东川为 68.5%[2]，元谋县坡度 8°～15°的燥红土区侵蚀模数达 8740t/(km^2 · a)。研究区冲沟发育，冲沟溯源侵蚀速度快，沟谷密度一般为 3～5km/km^2，最大达 7.4km/km^2。金沙江干热河谷区成为长江上游主要产沙区，从攀枝花至屏山流域多年(1954～1984 年)平均悬移质输沙模数达 2412t/(km^2 · a)，平均年输沙量达 1.9 亿 t，区间流域产沙占长江上游的 35.5%，而流域面积和年径流量分别仅占 7.8%和 8.9%[3]。

3. 土地退化

金沙江干热河谷区的谷坡较陡，其中深切谷地坡度多数都在 25°以上。人多地少矛盾突出，使得大量陡坡地被过渡垦殖，由此引发严重的水土流失，耕地土壤层变薄，保水能力变差，土壤旱化加重，水土流失严重区出现岩石裸露现象，成为丧失生产能力的劣地。元谋干热河谷区裸岩化和石漠化土地面积约达 10%。据有关资料[2]，元谋干热河谷两侧坡地荒山荒坡面积大，其中可开发利用的面积仅有 50813hm^2，由于冲沟侵蚀形成的土林面积达 3333hm^2。

二、退化生态恢复与重建简要回顾

20世纪50年代以来，有关部门在干热河谷生态恢复与重建的实践与研究中做了大量的工作。其中在植树造林方面投入的物力和人力较大。在50～70年代，由地方政府组织实施了以云南松(*Pinus yunnaness*)、思茅松(*Pinus langbianensis*)和马尾松(*Pinus massoniana*)为主的飞播造林，这种造林方式进行过多次。造林的结果是，投入很大，成功率很低，收效极小。据70年代对元谋县直播的云南松、思茅松的观测[4]，干热河谷区成活的松树，第6年自然稀疏到1050～6750株/hm^2，第8年锐减到450～1050株/hm^2，第13年进一步减少到450～600株/hm^2，直到第18年后还在继续减少。攀枝花市乔木种植试验也出现类似的结果[5]。该市曾在前进乡等地采用云南松、思茅松、赤桉(*Eucalypus oamaldulensis*)、火绳树(*Eriolaena malvaoea*)等60多个树种的容器苗造林，次年保存率为70%，但到第三年、第四年，因树体增大，蒸发增强，水分和养分得不到满足而大量死亡，最终导致失败。

前述植树造林不成功的教训引起国家和相关科研院校的重视。1972～1985年，云南省营林勘察大队等单位在干热河谷区的元谋、东川等地开展过树种筛选、整地、播种等的试验研究。1995年，中国林业科学研究院资源昆虫研究所开始了干热河谷造林技术方面的研究。20世纪80年代后期，国家列专项开展了生态脆弱区生态恢复与重建的研究，其中在云南干热河谷于“八五”、“九五”期间连续开展了生态恢复与重建的试验研究与示范。在中国科学院成都山地灾害与环境研究所、西南林学院、中国林业科学研究院资源昆虫研究所、云南省林业科学院和云南农业科学院热带亚热带经济作物研究所等科研单位的协同攻关下，在树种筛选、立地划分、育苗技术、造林技术方面取得了较显著进展，筛选出桉树和相思树(*Acacia* spp.)等造林树种，并做了较大面积的示范推广。但是在立地条件差和难于人工灌溉的荒坡地雨养型生态恢复与重建中迄今未取得有推广价值和能被当地农民所接受的技术与样板。到20世纪90年代中期，云南省政府和中国科学院高度重视干热河谷退化生态系统的恢复与重建工作，计划开展为期5年的省院合作项目，项目名称为“金沙江干热河谷区土地退化与治理途径研究”，着重对元谋干热河谷区退化生态系统恢复与重建的对策与途径进行深入研究。

三、干热河谷原始生态系统形成与演变

金沙江干热河谷地处青藏高原东南缘。金沙江深切河谷的形成及相继出现的生态效应与青藏高原隆升过程有密切关系。青藏高原在新生代经历了复杂的地质构造运动，具有独特的环境演变过程和相应的生态效应。始新世晚期，青藏高原海拔还很低，没有超过500m，高原地势呈北高南低和东高西低的格局。这时高原北部气候干旱为亚热带干旱荒漠和荒漠草原，高原南部气候湿热，金沙江中下游地区(包括现今干热河谷区)形成以栎树、桦树和榆树等为主的落叶阔叶林。中新世早期，青藏高原受地中海气候和印度洋季风的影响，出现较温暖湿润的气候，到中新世末期，现今元谋盆地地区受喜马拉雅造山运动影响而出现断陷，在盆地中分布有多种大小不一的湖泊，河边生长茂密的灌丛和草地，山坡上则有以松为主的成片针阔叶混交林，气候温和偏干[6]。到了上新世晚期，随着喜马拉雅造山运动的强化(高原海拔已达1000m)和全球气候变冷的影响，高原北部气候变干，而高原

南部包括现今的金沙江干热河谷区相对湿润，发育了以暖温带针阔叶混交林为基带的植被垂直带。早更新世初期，青藏高原继续强烈隆升，高原海拔达 2000m，有些山地海拔超过 3000m，现代季风开始形成。在距今 340 万～300 万年期间，元谋盆地气候湿润温暖，发育了相当于北亚热带的针阔汁混交林植被类型。在距今 300 万～187 万年期间，依据元谋组地层孢粉和动物化石的分析，气温有所增加，出现南亚热带常绿阔叶林的植被类型。到了距今 180 万～130 万年期间，气温有所降低，形成了暖温带针阔叶混交林的植被类型，在距今 170 万年期间为元谋人的生存提供了有利环境条件[6]。

更新世早期发生的元谋运动对金沙江中下游河谷区环境产生重大影响。元谋运动后，青藏高原加速抬升，造成了西风环流在冬季受阻而分为南北两支，加快了西部地区环境的恶化，形成了大面积分布的离石黄土，而在南方则有红土堆积[6]。在高原进一步强烈隆起的同时，伴随河流强烈下切，使河流逐渐贯通了早更新世形成的湖盆，金沙江水系形成，在元谋盆地中形成了龙川江水系。

到中更新世时期，青藏高原面上升至海拔 3000m 以上，喜马拉雅山脉超过海拔 5000m，高耸的高原和高山阻挡了印度洋暖湿气流，在高原南部降水充沛，河流下切作用强烈，现代深切河谷地貌轮廓已形成。在深切河谷区受西风南支环流影响及相继出现的山谷焚风效应，干湿季分明和干季时间长的干热河谷气候环境基本形成。

到了全新世早期，即末次冰期与全新世大暖期的过渡期，高原及其周边气候总的特点是温度偏高，加之南支西风环流和山谷焚风效应的影响，金沙江下游深切河谷区气候变得更为干热，形成了具有干热气候特征的稀树草原植被类型[7]，有人将其称为“河谷型萨王纳植被[8]。

上述情况表明，金沙江干热河谷稀树草原是随自然环境演变而逐步形成的，亦即它是在青藏高原隆升演变这一大环境格局下逐步形成的。对于金沙江干热河谷在第四纪期间最终形成的原始稀树草原群落结构、物种组成等特点，到目前为止还未见有人对此进行过深入研究。

萨王纳(savanna)是非洲当地语言的音译，通常被意译为“稀树草原”。稀树草原在非洲分布于热带雨林南北两侧的热带地区，准确来说应称之为“热带稀树草原”，是典型的纬度地带性植被。热带稀树草原分布区气候环境的显著特点是：终年高热，降水季节分配不均，干季时间持续 5～7.5 月。在这种气候环境下形成的植被以草本为主，雨季生长茂盛，干季则枯萎；树木稀疏分布，并都具有适应干旱气候的生理构造，树木间距离通常是树木高度的 5～10 倍。金沙江干热河谷区从其所处地理位置和气候与地貌环境，以及土壤环境等特点考虑，其原生稀树草原植被群落结构、物种组成及物种生理生态特点与热带稀树草原是有显著的差别的。把金沙江干热河谷区植被称为“热带稀树草原”显然不恰当。金振洲等[8]称之为“河谷型萨王纳植被”，这种提法有新意，突出了金沙江干热河谷的环境特点。我们认为，把它称为“具有中国金沙江河谷特色的稀树草原植被”也许更为恰当。所谓“特色”，特在什么地方，稀树稀到什么程度，最适树种是什么，树、灌、草之间是什么关系以及形成这种群落结构的环境特质是什么等都有待于深入研究。因此，科学地揭示干热河谷环境的特质和稀树草原植被的特色，是当今需要重点研究的重大课题。把这些问题研究清楚了，也许对该地区退化稀树草原生态系统恢复与重建的目标和技术可作出科学的回答。

近年关于该地区恢复什么植被类型的问题，引起了人们的关注，有不少学者提出恢复重建的目标：一种观点认为，干热河谷具有多元顶极群落，只要采取正确的造林技术与适宜的树种，无论是在砾石层阶地、土石山地和泥岩山地都可以营造成林乔木[9]；第二种观点认为，干热河谷植被恢复应以绿化荒山、改变生态环境为主，不应强求成林成材，能林则林，能灌则灌，能草则草[2]；第三种观点认为，干热河谷种植乔木会因树冠蒸腾耗水量大，以及旱季或旱年土壤水分严重缺乏而枯死，强烈的蒸发使乔木丧失水源涵养功能，加剧深层土壤干旱，因而只能恢复草灌植被[5]；第四种观点认为，干热河谷区应根据立地异质性进行“板块镶嵌”式适度造林，宜乔则乔，宜灌则灌，宜草则草，宜荒则荒[10]；第五种观点认为，营造大面积人工林并不现实，应将目标定在恢复干扰前的状态[11]。

朗南军[11]把金沙江干热河谷植被恢复定在恢复干扰前的状况，对此观点的评述，本文在前文中已有所涉及。该地区早期形成的稀树草原群落到目前为止还没有人对它的原始态进行过研究，可供参考的有关资料很少。此外，金沙江干热河谷区，传统农耕方式历史悠久，自然植被破坏严重，加之自然保护意识滞后，在干热河谷区没有建立有利于原始植物生态系统保护的自然保护区。因此，把恢复目标定在恢复干扰前的状态还是带有一定盲目性。为此，有人把关注的目光放在干热河谷区以前植被类型与特点的研究上。

金振洲等通过金沙江干热河谷的植物区系成分的多样性研究[8]，认为在植物区系成分中热带成分占 67.26%；生长型以草本植物为主，其所占比例超过半数；生活型以高位芽植物和一年生植物为主；叶型以小型叶为主，其比例超过半数。这些生态成分揭示了生态环境的干热特点。他通过对金沙江干热河谷区植物区系成分的进一步分析，认为该地区植物区系历史上以热带区系为主，其近代区系起源于热带。根据新石器时代的出土文物考证，3000 年前元谋的气候已与现在相似，低山丘陵区被灌草占据，山地密布的常绿硬叶阔叶栎类林表现为矮栎类乔木和灌丛。依据元谋县志，公元 1718 年的元谋自然景观表现为山丘光热干燥，不长高大乔木，遍地草丛[9]。依据徐霞客的考察记，公元 1638 年记述的元谋干热河谷植被已与现在的稀树灌丛景观相差无几。Rober K. Mosley 和唐亚通过对金沙江干热河谷植被的研究发现，目前干旱河谷植被分布范围与 150 年前相比，没有显著变化[12]。上述这些研究，尚不能科学地回答作为金沙江干热河谷环境下形成的早期(未受人类干扰前)稀树草原群落结构及物种组成的真实景况。

四、干热河谷环境的本质特征

(一)热量特征

依据金沙江攀枝花市仁和气象站(海拔 1108m)和金沙江支流龙川江元谋气象站(海拔 1118m)资料，这两个站的≥10℃积温分别为 7442℃和 7969℃，最冷月平均气温分别为 12.0℃和 15.0℃，最热月平均气温分别为 31.8℃和 27.0℃，年平均气温分别为 20.3℃和 21.0℃。这些指标表明，该地区具有南亚热带的热量特征。

仁和和元谋两气象站地处我国中亚热带纬度上的河谷地区，在金沙江下游低海拔河流谷地出现具有南亚热带特征的热量指标，其主要原因在于其地处大陆内部的地理位置和高山深谷的地貌形态及其焚风效应。因此，从气候水平地带性观点考虑，金沙江干热河谷气候是一种非地带性类型，显然其植被类型也是非地带性类型。

前已述及，非洲“热带稀树草原”是典型的地带性植被类型，而金沙江干热河谷出现的非地带性“稀树草原”类型与“热带稀树草原”有很大的差别，只是在景观外貌上有相似之处，植被生态系统结构、物种组成及功能等的差异很大。

(二)水分特征

依据仁和和元谋气象站资料，金沙江干热河谷区年均降水量为600mm左右，就降水量而言，达到了我国半湿润气候年降水量值。但是，该地区降水量的季节分配极不均衡，雨季开始于6月上旬，结束于10月，其中降雨天数一般只有80天左右，6~9月降水量占全年降水日数的80%左右，占全年降水总量的90%以上，而且7、8两个月降水量几乎占全年降水量的50%。该地区每年11月至翌年5月为干季，干季的平均天数达到230天左右，在这期间仁和站(1966~1988年资料)平均降水量为103.8~121.5mm，其中1、2、3、4月平均降水量分别只有1.2mm、1.8mm、2.9mm和15.4mm，最热月5月份平均降水量为46.3mm。可见，该地区干湿季降水量差别之大，为我国东部季风湿润区所罕见。尽管热量条件具有南亚热带的特点，但降水的季节悬殊差异是我国南亚热带所没有的。

(三)干旱特征

热量(≥10℃持续积温)与该积温持续时间降水量之间关系可以较好地揭示区域干旱状态。依据 $K=0.16\sum T/R$（$\sum T$ 为日均温≥10℃持续积温之和，R 是持续时间总雨量，0.16是中国常数)计算出来的仁和站年干燥度为2.64，元谋站为3.30，其干燥度大于2.0的月数达7个月。依据张荣祖的干旱河谷分类指标，金沙江干热河谷区年干燥度为2.1~3.4，属于半干旱类型，但是干季期间的干燥度远大于4.0，其中3~4月干燥度大于10.0，属于干旱类型。

(四)干暖同期

金沙江干热河谷区从11月至次年的5月期间，降水量很少，而蒸发量却很大。依仁和站(1976~1996年)资料，1、2、3、4、5月的平均降水量分别为1.1mm、0.9mm、3.6mm、14.2mm和43.8mm，而蒸发量分别达138.8mm、199.4mm、297.9mm、331.9mm和367.4mm，相对湿度分别为57%、44%、38%、40%和48%，在这几个月期间的干燥度达4.0以上；元谋11月至次年4月干燥度达10~16[13]，在干季期间，光照强、日照时数多、气温高，1~5月各月平均气温分别为12.1℃、15.6℃、20.1℃、23.5℃和26.2℃，比同纬度地区高出许多。仁和站最热月(5月)平均气温达31.8℃，平均极端最高气温达40.4℃，2、3、4月分别达到31.9℃、36.5℃和37.9℃。5月日照时数为255.3时，平均每天日照时间达8.2小时；3月和4月日照时数分别达285.7时和268.3时，平均每天日照时间分别达9.2时和9.0时；3月份日照时数最高，接近全国最高水平。在干季期间，太阳辐射很强，12月至次年5月每月平均比同纬度地区高出113J/cm²。此外，干季期间特别是3~5月有强劲的干燥风，这进一步加大了地面蒸发和干旱化程度。

可见，研究区干季期间，特别是春季和春夏之交期间有同纬度所没有的高温、高日照、高辐射和缺雨、低湿、高干燥度的有机组合，形成亚热带地区所特有的干暖同季环境，并由此产生特殊的生态效应，进而形成相应的具有该环境特征的特殊生态系统类型。

(五)雨热同季

仁和站气象资料表明，6、7、8三个月各月平均雨量分别达140.6mm、188.8mm和183.1mm，日照时间分别为197.6mm、194.2mm和219.0mm，日平均温度分别为25.7℃、25.8℃和24.9℃。降水和温度组合关系好，对植物生长十分有利，这是干热河谷环境的重要特点之一，也是干热河谷环境的优势所在。对能熬过干季恶劣环境的植物，在此期间能像雨后春笋般的快速生长发育，形成了与该环境特征相适应的生物种群和生态系统类型。

五、土壤环境特性

依据何毓蓉等[14]的研究，金沙江干热河谷主要土壤类型有燥红土、干热的半干润变性土、薄层土和紫色土，其中干热的半干润变性土主要分布于元谋组黏土层，或亚黏土层出露处和第四系古红土层被剥蚀后的地段。燥红土受到人为的破坏，土壤性状发生了较大变化，依据土壤基本性状可分为普通燥红土、表蚀燥红土和变性燥红土三个亚类。燥红土是基带土壤，A层一般为红棕色至红色，有机质含量少，多低于10g/kg，pH=4.8～5.2，土壤富铝化过程弱，土壤黏粒的硅铝率(SiO_2/Al_2O_3)为2.43～2.68，含有较多的高岭石和水云母。土壤结构特点是，A层为黏粒块状，B层为核状和块状，并含多量的铁锰胶膜和铁质颗粒，C层也主要为块状，整个土壤剖面结构致密坚实，透水性差，抗水蚀能力强。发育于元谋组沙质和粉沙质层上的表层燥红土破坏后，土壤侵蚀加速，并很快出现冲沟状侵蚀。干热的半干润变性土，土质黏重，黏粒和粉粒高，粒径＜0.002mm黏粒含量多≥30％，细粒物质(粒径＜0.05mm)含量≥60％，具有膨胀收缩性强的特点，pH=7.8～8.9，钙含量高者可达236.6g/kg。

分布于元谋的燥红土水热状况特殊，土壤水分控制层段(深度20cm)土壤水吸力＞1.5Mpa，干燥时间长达8个月，土壤年均温度23.4℃，显现干热的土壤水热状况特性。在雨季期间，元谋普通燥红土和变性燥红土表层相对持水量分别为51.3％和37.2％，有效水分保证率分别为30.5％和2.8％。可见，即使雨季，干热河谷区土壤墒情也欠佳[15]。

金沙江干热河谷区土壤表层受高温和强蒸散作用的影响，土壤水分亏缺问题突出，在植被覆盖度差的退化土壤表层凋萎湿度长达7～8个月。表土层以下的土壤水分在雨季期间有显著的增加，但是到了干季期间，20～60cm土层凋萎湿度持续时间亦可达6个月以上。这成为抑制植物生长的重要瓶颈。依据有关资料[16]，元谋普通燥红土和表蚀燥红土有效水分分别为222.6g/kg和174.2g/kg，表明退化严重的表蚀燥红土有效水分大为降低。

六、干热河谷环境生态效应

(一)热量生态效应

前已述及，金沙江干热河谷区的主要热量指标具有南亚热带的热量特征。按理我国南亚热带特别是分布于云南西段南亚热带的植物种类可以在金沙江干热河谷区生长。有关资料表明，地处云南热带北缘向南亚热带的过渡区的原生植被为季风常绿阔叶林。由于受人为破坏，该区域原始森林生态系统退化严重，目前现存次生植被群落中的主要乔木植物种类有：短刺栲(*Sastanopsis echidnocarpa*)、刺栲(*C. hystrix*)、红桥(*Schima tcallichii*)以及粗穗石砾(*Lithocarpus grandifolius*)和思茅松(*Pinus langbianensis*)等，灌木种类主要有珍珠伞(*Ardisia maculosa*)、小叶干花豆(*Fordia microphylla*)等，草本多为毛果珍珠茅(*Seleria herbecarpa*)及蕨类等。金沙江干热河谷目前的次生植被群落种类中几乎没有这些植物的出现。其重要原因在于干热河谷区虽有能满足南亚热带植物生长的热量条件，但不能满足其生长对水分的要求。因此，干热河谷坡地退化生态系统恢复与重建中不能盲目从南亚热带或北热带地区引种。

(二)水分生态效应

前已述及，金沙江干热河谷区年均降水量达到了我国半湿润地区的水平，按理应该可以发育森林草原植被类型。但是由于降水季节分配极不均衡，干季时间长达7~8个月，这期间的干燥度远高于4.0，甚至有些区域达到10.0以上。按照中国自然景观与其干燥度的划分标准，年均干燥度>2.0，为草原荒漠，>4.0为荒漠。可见，干热河谷区干季期间具备了形成荒漠景观的水分条件。一般说来，在荒漠景观条件下，根本不可能有任何树木可以生存。但是，干热河谷区的荒山、草坡上偶尔可见零星的矮小树木，其原因可能与这种树木的生理特性或局地小生境有关。也许有这种可能，即干热河谷区干季期间有些地段的土壤凋萎湿度持续时间尚没有超出树木生理忍受的极限。

(三)干暖同期生态效应

金沙江干热河谷区在很长的干季期间内，气温和土壤表层温度均显著高于我国南亚热带西段区的云南部分。干暖同期的有效组合，形成了我国特有的环境生态类型。生态效应突出地表现在如下方面：①产生的强劲干燥大风，易出现土壤风蚀与扬沙天气；②地表岩土物质的物理风化作用加快，水蚀和沟蚀作用停止；③河谷两岸坡地一片枯黄，而土壤和水分条件较好的河谷低地一片青绿，是发展淡季蔬菜和水果的良好季节。

(四)雨热同季生态效应

金沙江干热河谷区的6~9月份，既是雨水集中期，又是热量条件较高期，雨热同季十分有利于植物的生长。在这期间，河谷两侧坡地草本植物生长迅速，经过一个雨季时期，以扭黄茅为主的禾草植物生长便可形成较好的地表覆盖。若不遭破坏或火烧，有3~4年的时间，草本枯枝落叶层增厚，草被覆盖度显著提高，进而可起到良好的抗土壤侵蚀的作用。实际情况表明，干热河谷区坡地封山育草是退化生态快速恢复和防治坡面土壤侵蚀的最有效途径。干热河谷区人口密集，农民经济收入低，生活能源短缺，难以实现全面的封山育林措施。为此，雨热同季是有利于生物资源品种培育和生长的良好条件，可在封山的同时，适当引进优良草种，发展草地畜牧业，可在立地条件较好的坡地发展以乡土品种为主的雨养型生态经济型植物。

(五)土壤环境生态效应

金沙江干热河谷区土壤退化问题严重，突出地表现为土层浅薄，土壤有机质、腐殖质含量低(有机质含量一般低于10g/kg)，土壤保水持水能力下降，土壤有效水分严重短缺，土壤凋萎湿度持续时间长达 7～8 个月，由此带来退化生态系统恢复与重建难度大。在干热河谷荒山草坡，目前还可看到零星分布的矮小余甘子、车桑子等，显然它们是适应这种退化土壤环境的耐瘠耐旱品种。为适应这种特殊的环境，这些物种形成特有的外表形态，如余甘子叶片小，叶片两面有较厚的角质层，在生理构造上表皮细胞壁厚，栅栏组织发达，细胞间隙小。在干热河谷环境下植物生长所需水分大部分用于蒸腾，只有极小部分用于有机质的合成。在干季环境下，地表蒸散作用强，土壤表层土壤有效水分已严重丧失，植物蒸腾水分主要来自土壤下层，因此，能在干旱土壤环境下生存的乔、灌木都有土壤深层主根系发达的特点。

在土层浅薄的退化土壤区，其土壤有效水分严重丧失的情况下，具有深根系特点的乔、灌木无法成活。在这种情况下通过人工松土加大土壤层厚度和人工浇水种植的树木，开始几年长势良好，当停止人工浇水便很快出现枯萎。我们在实际调查中还发现，引进外来树种，试验的头几年看似成功，但无法大面积推广。有的将乡土树种，如酸角栽种在海拔 1200m 以上的阳坡上，通过浇水得以成活，几年后看似长势良好，而停止了浇水，到了开花季节不开花，有的开了花不结果，有的结了果而质量差。分析其原因，与土壤缺水有密切关系，因为酸角在干热河谷区主要分布于土壤和水分条件较好的房前、路旁。实践表明，违背植物生理生态特性盲目引进外来种和引栽乡土种都不可能取得成功。

七、干热河谷退化生态恢复与重建有待深入研究的科学问题

(一)生态恢复与重建的目标

金沙江干热河谷区环境特质的分析表明，这种环境条件下的生态恢复与重建的最终目标只能是形成具有该干热河谷环境特性的稀树草原。稀树到底稀到什么程度，恢复重建什么树种，这是当前该地区植树造林时值得深入研究的一项重大课题。至于草原恢复与重建问题，突出当地乡土草种，采用人工封育措施，可以较快恢复，并能较快地产生保土保水生态效益。当今需要研究的科学问题是：如何提高草地的经济效益，如何引种优良牧草发展草地畜牧业。

(二)生态恢复与重建的功能分类与分区

金沙江干热河谷区生态环境条件差异较大，河谷底部最低为 700m 左右，最高可达 1200m 左右，河谷相对高度达 300～500m，在阴坡上限为 1200m 左右，在阳坡可达 1600m。此外，坡度变化大，土壤类型较多样，加之不同区域人口密度和开发利用方式与强度也有差异，因此，首先需在对干热河谷区生态系统退化程度进行深入调查的基础上，作出退化生态系统退化程度的分级及不同等级的空间分布，然后依据不同退化程度提出相应的生态恢复与重建的途径与措施。对于水分和土壤条件较好的宽谷平坝区已有生态农业、生态果蔬业等多种模式，需加以总结，提升规模和技术水平，向现代农业方向迈进。对于河谷两侧坡地要依据坡度大小、海拔和现有土壤条件等作出土地可利用适宜性分类与评价。对于距河床高度较小的缓坡地，在有水源条件情况下，通过水利工程设施建设，可适当发展灌溉农业和林果业，对于距河床高度较大的坡地，由于发展工程

浇水成本高等原因，其退化生态恢复与重建要立足于天然降水，发展雨养型植被生态系统。可以说，河谷两侧坡地是干热河谷区退化生态恢复与重建难度最大的地段。对这种地段的利用是以生态功能为主，还是以经济功能为主，或是生态、经济功能兼有，对此需要开展功能分类与分区研究，这是金沙江干热河谷区坡地退化生态恢复与重建及其开发利用方向目标确定中必须加大力度研究的重大课题。

(三)加强环境演化与退化环境特点的研究

前文对金沙江干热河谷区的环境特点以气候为主作了剖析。金沙江干热河谷区环境经历了漫长的形成与演化过程，目前的环境是整个演化过程中现代状态的一种表现。青藏高原还在隆升，特别是近半个世纪以来全球气候变化在加剧，这对金沙江干热河谷区环境不可避免地会产生一些影响，因此应对退化生态恢复与重建的物种选择和恢复模式可持续性等问题给予足够的关注和重视。

前已述及，研究区人类活动历史悠久，人为干预造成的生态系统破坏和由此带来的环境退化问题是相当严重的，突出地表现为土壤退化。土壤是植物生态系统赖以生存的基石，可以说，在一定气候环境下，有什么样的土壤，就有什么样的植被生态系统。发育于基岩上的土壤，一旦流失便岩石裸露，成为石漠化劣地；发育于沙质、粉沙质元谋组地层上的土壤，一旦破坏，便可快速产生冲沟侵蚀。土壤侵蚀带来土壤退化以及环境退变过程机理亟待深入研究。目前干热河谷区土壤，绝大部分都处于不同侵蚀退化的状态，不同退化土壤的物理化学性状，特别是干旱问题等都不一样，因此，植被生态恢复与重建必须深刻把握土壤退化状态及其特性。如严重退化土壤表层乃至中下层土壤凋萎湿度在干季持续时间长达 7～8 个月，引进新种，必须考虑其耐旱特性。有些植物甚至热带干旱区植物对凋萎湿度的忍受程度只有一个多月的时间，若把它栽种在凋萎湿度长达 7～8 个月的退化土壤区，肯定不能成活，干热河谷区以前在造林树种选择上的不成功的重要原因就在于树木生理特性与退化环境的不相匹配。

(四)加强基于冲沟侵蚀形成演化机理与防治对策研究

元谋干热河谷沟蚀发育，类型多样，主要有浅沟、切沟和冲沟侵蚀类型，其中冲沟侵蚀类型分布面广，规模大，侵蚀产沙剧烈。冲沟形态特征突出的表现为沟壁陡立，沟头多呈上凸下凹形态，沟道崩塌物丰富，主沟和小支沟发育，在空间上呈叶脉状分布。冲沟发育过程中伴随崩塌发生，加剧沟道侵蚀产沙，沟道侵蚀加快，又为崩塌产生创造条件，沟蚀崩塌循环往复，这种过程长此以往给元谋干热河谷土地资源造成严重破坏。

实地调查发现，元谋干热河谷冲沟侵蚀在元谋组地层分布区最为强烈。元谋组地层厚度 673.6m，从下往上分为四段 28 层[6]：第一段(1～4 层)为湖沼相为主的湖河相；第二段(5～13 层)为河流相为主的河湖交替相；第三段(14～23 层)主要为河流相；第四段(24～28 层)为冲、洪积交替相，间夹湖沼相。元谋组地层岩性特点：主要由白色砂砾层或砾砂层和砂层及粉粒亚黏土与黏土组成，夹有暗灰色、灰绿色或灰黑色黏土与泥岩条带。元谋组地层受构造运动影响，使水平状态地层发生强烈变化，褶皱、断裂的痕迹明显[19]，出现层理倾斜、直立、甚至倒转的现象。随着元谋地区地壳间歇性抬升，龙川江下切侵蚀加快，元谋组地层被切割出露，在海拔 1000～1300m 可见 2～6 级的阶地，每一级阶地上都形成了风化程度有所差异的红色铁质风化壳，有的覆盖于元谋组地层，有的覆盖于中更新世以来形成的河流砂砾层或冰川砾石堆积层。调查发现，以元谋组地层为母质的红色铁质风化壳被破坏后的冲沟溯源侵蚀速度加快，这种冲沟侵蚀在坡耕地边缘尤为剧烈，使阶地和缓坡上的耕地变得支离破碎。

基于上述分析，我们认为加强冲沟侵蚀形成演化机理与防治对策研究非常必要。近期需对如下一些问题开展调查与研究：

1. 元谋组地层岩性易蚀性特点与冲沟发生发展关系

在查明地表、近地表及沟壁出露的元谋组地层层状结构特点基础上，对不同产状地层岩性特征及其土力学特点(内摩擦角、黏聚力、非饱和黏土、砂土吸附力和膨胀力等)进行观测与试验研究，揭示不同产状地层岩性抗侵蚀性状，探索不同地层岩性与冲沟发生发展关系。

2. 红色铁质风化壳抗侵蚀特性与冲沟发育关系

元谋盆地干热河谷分布有三种不同时期形成的红色铁质风化壳类型[6]，这些类型具有抗侵蚀力强的特点。查明这些类型在空间分布的基础上，对不同红色铁质风化壳剖面特征，古土壤层抗剪强度进行系统观测与试验研究。揭示红色铁质风化壳抗侵蚀性状及不同厚度红色铁质风化壳沟头溯源侵蚀速率和沟头形态特征，探索不同红色铁质风化壳对沟蚀发生特别是对冲沟发育的影响关系，提出具有红色铁质风化壳覆盖的坡地合理开发利用与保护的对策。

3. 元谋干热河谷区沟蚀分类与防治对策

对元谋干热河谷区浅沟、切沟、冲沟现状特征进行定性与定量的调查与研究，查明沟蚀与地形、降水、植被盖度、土壤及土地利用的关系，重点对冲沟不同侵蚀发育阶段形态特征，形成机理进行系统观测与试验研究，在此基础上做出冲沟的科学分类，对不同发育阶段冲沟类型的侵蚀敏感性和稳定性程度进行评价，提出不同冲沟类型科学防治对策。

第二节　干热河谷元谋土地荒漠化特征及原因分析①

我国土地荒漠化问题突出，据初步估计，因风蚀、水蚀、次生盐渍化和污染等原因所形成的荒漠化土地面积约有 76.6 万 km^2，约占国土总面积的 7.97%[17]。我国土地资源人均数量少，耕地质量差，加之人口增加和各种建筑用地的需要，土地资源供需矛盾日趋突出，土地荒漠化仍在持续之中，金沙江干热河谷土地荒漠化问题已引起社会的关注。因此，开展干热特殊环境下的土地荒漠化特征及其原因分析试验很有必要。

一、环境背景

试验区位于云南省元谋县中南部，位于 101°45′～102°00′E、25°32′～25°47′N，地貌区位属青藏高原东部横断山系的中南段、金沙江的支流龙川江河谷下游，为元谋盆地的

① 本节作者刘淑珍、黄成敏等，在 1996 年成文基础上作了修改。

一部分。

元谋盆地构造上处于川滇南北向构造带中段，该构造带是一条长期活动的深大断裂，沿断裂带新构造运动痕迹广布，现代地震活动频繁，因此位于元谋盆地内的试验区不仅是生态环境脆弱带，而且是新构造运动强烈活动带。

试验区地貌形态呈东西两侧高、中部低的盆地形态，东部是由白垩系、侏罗系红色砂页岩组成的中山山地，习称元谋东山，海拔为1400～2500m；西部主要为下元古界昆阳群片麻岩、石英岩等变质岩组成的中山山地，海拔为1300～1800m；中部是由更新统胶结较差的河湖相砂砾黏土层组成的丘陵、阶地等。

龙川江自南而北流经试验区的西部，老城河自东而西贯穿试验区的中部，汇入龙川江。试验区的南部分布有丙间、麻柳等小型水库。

试验区受地形影响，形成了特殊的河谷干热气候。受西南季风影响，夏季来自印度洋的暖湿气流经高黎贡山、怒山、云岭等山系的层层阻挡，到达元谋地区水分已散失大部；冬季来自伊朗等地的干燥大陆性气流水分更少。另外因为北部有大小凉山作为屏障，阻挡了冬季北方寒冷气流的侵袭，加上“盆地地貌的深陷封闭性”，形成了元谋盆地的干热气候特征。据元谋气象站观测，试验区多年平均气温为21.75℃，≥10℃的积温达8000℃。年均降水量为615.1mm，年均蒸发量高达3569.2mm，是年均降水量的5.8倍，年均相对湿度为53%，海拔1300m以下的地区仅为43%。年降水量的季节分配也很不均匀，雨季(6～8月)降水量占全年降水量的86.5%，而且常有暴雨，旱季长达7～8个月，因此水热矛盾非常突出。

区内土壤以燥红土为主，其次有紫色土、红壤、干热变性土、水稻土、冲积土等。由于受干热气候的影响，试验区内自然植被除了东西两侧山地有少量森林分布外，其余大部分地区以灌木草丛为主，可以称为半自然稀树草原或稀树灌草丛自然植被。该类植被群落结构简单，季相变化明显，常见的草本植物有扭黄茅、孔颖草、旱茅等，灌木以余甘子、坡柳等为主。盆地内的乔木有合欢、木棉等，山地的森林植被主要是云南松、思茅松等[18]。

二、土地荒漠化表现特征

1993年5月联合国土地荒漠化防治国际公约第一届政府间谈判会议把土地荒漠化定义为“由于气候变化和人类活动等原因所造成的干旱、半干旱和干燥半湿润地区的土地退化”，根据此定义，由上述原因所形成的土地生产力下降的土地退化都应属于土地荒漠化的范畴。

土地资源的特点是数量上的有限性和质量上的可变性，而土地荒漠化则主要表现在使土地资源数量减少和质量下降。数量减少体现在表土的丧失、整个土地被破坏或被非农业占用等；质量下降则主要体现为土壤在物理、化学、生物学等方面的质量下降。从生态学的意义上来讲，土地荒漠化就是由于种种原因而导致植物生长环境的恶化，致使生物生产力下降，最终导致土地荒废。

(一)土地资源不断丧失

试验区中部的丘陵区，物质组成为更新统胶结不好的河湖相堆积物，由于其地表植被覆盖很差，在季节性流水的侵蚀作用下依细沟—切沟—冲沟—宽沟劣地的模式，最终发育成崎岖不平的劣地。目前，试验区冲沟劣地广为发育。这些冲沟沟壁陡峭，沟底堆积大量泥沙，旱季为干沟，雨季暴雨时形成流量大、流速快的挟沙暂时性流水，侧蚀力和逆源侵蚀力都很强，除了对沟壁、沟底、沟源产生强烈的侵蚀作用外，并产生崩塌、滑坡和泻流作用，使冲沟迅速扩展和延长。据调查，元谋试验区冲沟年均延伸长度约3m，最长可达6m，由于这种侵蚀作用，试验区中部千沟万壑，土柱成群，局部地段发育成特殊的地貌景观——“土林”，成为元谋县的一大旅游资源。侵蚀作用使试验区土地表层富含有机质的土壤层不断被剥蚀，土地失去生产能力而最终荒废。由于冲沟不断扩大，土地不断被蚕食，在土林发育的地段土地资源的生产力几乎完全丧失。

(二)土壤退化

土地荒漠化的另一重要表现形式是由土壤退化而导致的土地质量劣化，致使土地生产力下降。元谋试验区由于强烈的土壤侵蚀作用使土壤产生严重的物理性、营养性、生物性退化。

1. 土壤物理性退化

土壤物理性退化首先表现在土层浅薄化。由于土壤侵蚀强烈，试验区土地表土流失严重，使土壤表层(A层)变薄。如紫色土自然侵蚀状态下表土层一般厚17cm左右，而加速侵蚀状态下的紫色土土壤表层一般仅厚10cm左右。在加速侵蚀严重的地段甚至造成A层缺失，形成层次不完整的剖面，如自然侵蚀状态下的红壤层次为A—B—C，而加速侵蚀状态下的红壤剖面仅有BC—C层，且BC层仅厚5cm左右。

土壤物理性退化还表现为土壤质地粗化，其机械组成中细粒物质相对减少。试验资料表明，退化燥红土、紫色土和红壤物理性黏粒(<0.01mm)含量大大低于无明显退化的土壤，其中退化燥红土含量不到未退化燥红土的一半，而这些退化土壤表土中的砂、砾含量相对增加，出现粗化、沙质化现象。据元谋县土壤普查资料，元谋县土壤机械成分中物理性砂粒有70%～95%的旱地，占耕地面积的62.5%，造成这种状况的原因除有土壤母质的影响外，重要的原因就是土壤加速侵蚀所致。在“土林”发育区土壤粗化现象更加明显。土壤粗化后保水保肥能力降低，抗侵蚀能力差，加剧了土壤侵蚀的发展和肥力的衰竭，形成恶性循环，导致土地荒漠化过程的加速。

2. 土壤营养性退化

通过对试验区样品分析数据的分析，发现相同母质发育的红壤在加速侵蚀和自然侵蚀状态下养分含量有很大不同。其中氮、碱解氮和速效磷的含量，加速侵蚀的分别为自然侵蚀的29.89%、40.91%、49.01%，说明土壤因加速侵蚀作用养分流失严重。

土壤营养性退化的另一表现形式是有机质贫化。土壤有机质是监测土壤退化的重要指标，试验区所有同类土壤中，加速侵蚀作用下退化土地的三种退化土壤(燥红土、紫色土和红壤)有机质含量均低于自然侵蚀状态下无明显退化的土壤，其中以红壤和燥红土最甚，退化燥红土有机质含量只有无明显退化燥红土的25%。一般认为燥红土具有特殊的有机质累积过程，其表土有机质含量常高达30～40g/kg，若植被遭到严重破坏，土壤加速侵蚀，有机质含量将下降到10g/kg以下。试验区燥红土因受到强烈侵蚀，土壤退化严重，有机质含量仅3.77g/kg。紫色土和红壤也有同样规律，仅程度上有所差异。

从样品分析数据中可以看出，试验区土壤退化不仅表现为原土有机质贫化，而且表现为重组、轻组有机质含量、松结态腐殖质和紧结态腐殖质之比(即 A/C 值)均呈下降趋势。

3. 土壤生物性退化

土壤生物性退化主要表现为土壤酶活性衰减。农业生态系统中土壤酶活性的测定，作为评价肥力强度的指标在国外日益受到重视。不同退化程度的土壤其酶活性值差异很大。因此土壤酶活性与肥力结合是评价土地荒漠化的重要指标之一。

对试验区自然侵蚀状态下无明显退化的土地和加速侵蚀状态下退化土地的土壤分别采样分析，加速侵蚀使土壤中酶活性值大大降低(表 7-1)，尤其是燥红土和红壤，无明显退化的土壤的 3 种酶活性值是具有明显退化的土壤的十倍至几十倍。

对酶活性值进行处理后，将酶活性值总量作为指标比较土壤中的酶活性的高低效果更佳。从各种土壤酶活性值总量统计结果中可以看出，具有明显退化的土壤的酶活性值总量均小于无明显退化的土壤，且基本上是负值(除紫色土外)，其中燥红土和红壤最明显。

表 7-1　试验区土壤酶活性值比较

土壤类型		土壤深度/cm	过氧化氢酶		蔗糖酶		脲酶		酶活性值总量[2]
			$0.1NKMnO_4$ /(ml · g^{-1} · 20min^{-1})	标准值[1]	$0.1Na_2S_2O_2$ /(ml · g^{-1} · d^{-1})	标准化值[1]	NH_2-N /(g · kg^{-1} · d^{-1})	标准化值[1]	
紫色土	明显退化	0～10	3.40	−0.01	2.62	−0.15	0.524	0.78	0.62
		10～20	4.86	0.91	0.65	−1.12	0.022	−0.53	−0.74
	无明显退化	0～17	3.42	0.01	4.90	0.98	0.743	1.51	2.50
		17～45	2.72	−0.43	3.64	0.35	0.392	0.34	0.26
红壤	明显退化	0～5	0.84	−1.61	0.84	−1.02	0.026	−0.88	−3.51
	无明显退化	0～15	4.34	0.58	5.64	1.34	0.934	2.15	4.07
		15～36	3.03	−0.24	2.26	−0.33	0.242	−0.16	−0.73
燥红土	明显退化	0～12	0.57	−1.78	0.46	−1.21	0.011	−0.93	−3.92
		12～26	1.08	−1.48	0.12	−1.38	0.011	−0.93	−3.77
	无明显退化	0～20	5.28	1.17	5.81	1.42	0.454	0.55	3.14
		20～40	5.30	1.18	4.16	0.61	0.081	−0.70	1.09
		40～60	4.26	0.53	2.04	−0.43	0.403	0.38	0.48
干热变性土	明显退化	0～5	3.90	0.31	2.18	−0.41	0.044	−0.82	−0.92
		5～22	4.68	0.79	5.54	1.29	0.205	−0.28	1.80

注：1)为了消除几种土壤酶活性值数据数量级相差大的问题，分别对 3 种酶活性值数据进行了标准化处理。$x_i'=(x_i-x)/\sigma$。其中 x_i'为标准化后的值；x_i为酶活性值；x 为同种酶活性值的均值；σ 为酶活性值的标准差值。2)酶活性值总量是 3 种酶标准化后值的总和。

(三)植被退化

1. 植被类型退化

试验区自晚更新世以来气候日趋干燥，加之近、现代的人为作用影响，植被已由地质历史时期的针阔叶混交林退化为稀树灌木草丛类型和荒草地，局部地段已退化为裸地。

2. 植物种类组成退化

对孢粉组合资料的分析表明，早更新世早期(3400～300ka B. P.)，试验区以木本植物为主，占总数的76%～95%，其中松属占46%～87%；元谋人生活时代(1700～1300ka B. P.)，木本植物占50%以上，其中松属占43.20%；晚更新世(100ka B. P.)，木本植物、草本植物和蕨类植物各占1/3，木本植物中以松为主，草本植物中占绝对优势的是蒿[19]。而现今的稀树灌草丛植被以扭黄茅为优势，层盖度一般为60%～80%，河谷两侧山坡有极少的栎类稀树；灌丛以明油枝、坡柳为标志。试验区海拔1600m以上山地现存云南松乔木层盖度约为50%左右，而滇中高原其他地区同类植被的云南松乔木层盖度一般保持在50%～70%。

3. 植物群落结构退化

随着植被类型的退化，群落结构也发生了相应的变化。原植被外貌结构复杂，一般可划分出乔、灌、草三个结构层次，乔木层为主要层，季相变化不明显。而现在的稀树灌木草丛外貌呈稀树草原状，结构单一，草本层为主要层，乔木稀疏，配置不均匀，灌木层不明显；灌丛混生在草丛之中，由于干湿季分明，植被的季相变化十分明显，6～10月山丘坡呈斑状翠绿，11月至翌年5月的旱季则一片枯黄。

4. 植被分布不均，覆盖率下降，生产力退化

由于特殊的环境条件和人为干扰，试验区海拔1600m以下的山丘主要生长着稀树灌草丛植被；1600m以上的山地水分条件稍好，出现高山栲、云南松林等，但以残次生灌木为主；海拔2000m以上的山地才有成片森林分布。

水平方向上森林分布也不均匀，元谋县花园、羊街两乡土地面积占全县总面积的12.9%，森林面积占全县森林面积的63.5%；而土地面积占全县总面积56%的燥热丘陵区，灌木林的覆盖率只有0.06%。

从新石器化石遗址出土的文物考证，3000年前试验区山地森林茂密，河谷两侧的丘陵地带以灌草丛为主。据县志记载，20世纪50年代初，植被虽遭受一定破坏，但山地仍有成片森林分布，元谋全县森林覆盖率达12.8%，但50年代以后，森林遭到严重破坏，覆盖率急剧下降，1957～1985年，45%的森林面积变成萌生的残次灌丛和疏林，16%的有林地变为无林地，1985年林业普查的结果显示，全县森林覆盖率仅为5.2%。

植被退化的另一表现是生产力下降，首先体现在植被类型由森林退化为稀树灌草丛；其次体现为现存森林乔木稀疏、矮小、蓄积量低、材质差(表7-2)。河谷、丘陵稀树灌草丛以禾本科扭黄茅等为主，草质差，其蛋白质含量是云南省各类草地中最低的，仅占干重的4.3%，其产量、载畜能力均不如同一海拔分布的山地稀树灌草丛(表7-3)。

表 7-2 元谋现存云南松林与滇中同类林比较

地区	乔木层盖度/%	平均树高/m	蓄积量/($m^3 \cdot hm^{-2}$)	干型
元谋	50	13～15	110	园型通直
滇中	50～70	20	200～300	基干粗大，稍弯曲

表 7-3 草地生产力比较

草地类型	鲜草产量/($kg \cdot hm^{-2}$)	载畜能力/($hm^2 \cdot$ 牛单位$^{-1}$)
河谷稀树灌草丛	8796.6	1.04
山地稀树灌草丛	10702.5	0.85

三、土地荒漠化原因分析

根据本次试验研究和对前人研究资料的综合分析，认为试验区土地荒漠化的主要原因是伴随青藏高原隆起而产生的气候变化和人类活动干扰而导致的流水加速侵蚀作用所致。

(一)自然原因

试验区气候变化主要是受大的地貌格局变化的影响。第四纪以来，特别是晚更新世以来，由于印度板块的北移，青藏高原及其横断山地区强烈隆起，处于横断山中南段滇中高原的元谋同样经历着强烈的抬升作用，滇中高原上升到平均海拔 2400m，最高达 4000m；而金沙江及其支流龙川江下切形成河谷盆地，盆地底部平均海拔 1000m，相对高差达 1000～2000m，盆地群山环绕，阻挡了外部水汽的进入，加之焚风效应强烈，形成试验区的干热河谷气候。气候变化，导致植被由更新世的森林植被演变为稀树灌草丛植被，引起土地退化。此外，试验区岩性主要为抗侵蚀很弱的砂砾、粉砂质元谋组地层，雨季降雨强度大，坡面侵蚀作用剧烈，并极易发育成冲沟。

(二)社会原因

1. 滥垦土地

由于人口快速增加和各种建设用地扩大，试验区人均耕地面积急剧减少，元谋县 1950 年人均耕地面积达 0.23hm^2，到 1990 年人均不足 0.1hm^2；同时受自然条件的制约，粮食产量的提高非常困难，这就加速了耕地开垦，特别是坡耕地的大量开垦，新开的坡耕地由于水土流失 3～5 年即丧失生产能力。据调查，试验区坡耕地土地荒漠化的模式为：

山坡草地或稀树灌丛草 —开垦→ 坡耕地 —水土流失→ 光板地(或撂荒地) —植被难以恢复→ 土地荒废(完全荒漠化)

目前元谋县尚有 0.6 万 hm^2 宜农荒坡地，如开垦利用不当，势必导致荒漠化加速。

2. 乱砍滥伐林木

人口的快速增长，增加了对木材和薪炭的需求。据调查，元谋县年户均木材消耗量：山区为 8.1m^3，丘陵平坝区为 3.3m^3，全年用材量达 93457m^3，而县境内林木生长量仅为

22640m³，需求量远远大于生长量。另因烧柴奇缺，过量乱砍幼树、活树，甚至挖树根、拔草根作燃料，致使区内植被遭到严重破坏。现在全县森林面积比新中国成立初期减少59%，年均覆盖率下降0.88%。新中国成立初期全县有林地面积2.6万hm²，人均有林地面积0.38hm²；1985年有林地面积减少为1.04万hm²，人均仅0.06hm²。海拔1350m以下的丘陵区有林地和灌木林的覆盖率仅占土地总面积的0.06%，光山秃岭，水土流失严重，地表呈现千沟万壑，耕地不断荒废。

3. 过度放牧

新中国成立以来，试验区畜牧业也得到了较快的发展，牲畜种群数量大幅度增加。元谋县1952年有牲畜2.5万个牛单位(含折合成牛单位的羊数)，1983年增加为6.27万个牛单位，1992年又增加到9.06万个牛单位。可见草地载畜量大幅度增加造成超载越来越严重，形成牧畜数量—草场生产水平—载畜量之间的恶性循环。同时对草山草坡缺乏科学管理，沿袭自由放牧的习惯，对陡坡草场和幼树破坏严重。由于长期超载和自由式放牧，草场退化严重，牧草中豆科牧草大幅度减少，草质严重下降，蛋白质缺乏，家畜也因营养不足，生长缓慢，产量低下。

4. 政策性失误

新中国成立以来几次大的政策性失误使森林植被遭到毁灭性破坏，如众所周知的大炼钢铁、"文化大革命"等。长期以来虽然也进行了植树造林，但效果欠佳。元谋县4次飞播造林7.1万hm²，但保存率仅2%，"四旁"植树3023万株，保存率为12%。近年来采取了一些有效的措施，情况有所好转。

四、防治土地荒漠化的措施讨论

试验区土地荒漠化的原因是多方面的，但近期土地荒漠化加速发展的主导因素是人为作用。因此其防治措施必须从控制人类不合理的活动和加强人为改善生态环境等方面着手。

(一)控制人口增长，提高人口素质，依法治理土地荒漠化

从土地荒漠化进程加快的原因方面分析，人口压力是重要因素之一。因此控制人口快速增长是防治土地荒漠化的首要对策。

元谋县人口从20世纪50～70年代呈快速增长态势。70年代后期由于国家采取了计划生育的基本国策，人口增长趋势有所缓和，但据实际调查，农村计划外生育仍很严重，特别是偏辟山区，超生现象比较普遍。因此，要确保控制人口的快速增长，还需下大力气，真正做到严格控制。提高人口素质主要包含三个方面的内容：一方面要提高人口的文化素质和科学技术水平；另一方面要加强宣传教育，提高人们保护土地资源的意识；第三方面是要进一步贯彻执行土地资源保护法，对土地垦殖、开发利用、种植、放牧、污染物排放、工矿民用建筑等都要依法进行制约，依靠法律的力量达到保护土地资源、防治土地荒漠化的目的。

(二)科学调整产业结构，增加投入，扩大地表植被覆盖率

元谋地区自然生态环境复杂，土地类型多样，由于不同土地类型自然环境因子组合的差异，影响植物生长的光、热、水和养分状况，因此要求在进行产业结构布局时，根

据不同土地类型的适宜性，科学、合理布局。

元谋地区属干热河谷盆地，植物生长发育所需的热量是充足的，而水分条件则是制约植被生长的主要因子。据前人研究，在干旱地区各种植物水分供应依土壤质地(粒径大小)而定，降水的数量仅是间接重要的，土壤中贮存并可供植物利用的水的数量更为重要[20]。据试验，在干旱地区的平坦地面，降水下渗的深度依不同质地土壤的田间持水量而定，假如有50mm的降水落到干旱的土壤上全部浸渗到土地中，因土壤质地的不同其雨水渗透深度明显不同(图7-1)。雨过天晴地表开始蒸发时，不同质地土壤其水分丧失比例亦不相同。从图7-1中可以看到干旱地区黏土形成最干旱的生境，而沙质土却有较好的水分供应，石质裂隙母质土壤提供了最潮湿的生境。

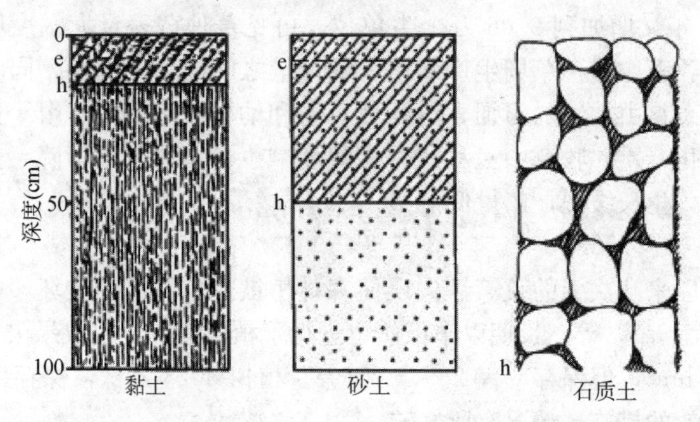

图7-1　干旱地区降水50mm后各种土壤持水情况示意图

从元谋地区地表物质组成分布特征和植被分布情况中可以看出，植被类型的分布与前人研究结果基本吻合，即石质土山地水分条件好，适宜林木生长；由黏土、亚黏土夹砂砾组成的丘陵区水分条件差，以灌草丛分布为主，后来由于人类活动的干扰和破坏，海拔2000m以下的山地森林覆盖率急剧下降。因此，为改善生态环境，防止土地荒漠化的进一步发展，应因地制宜，合理调整农林牧业结构。河谷低阶地，地表平坦，土壤以沙质土为主，水分条件较好，具有发展种植业和现代农业的有利条件；而丘陵地带其组成物质为早更新世的黏土、亚黏土夹砂砾组成，水分条件差。特别是燥红土、干热变性土，黏粒含量高，形成干旱生境，只适宜栽种浅根性灌草，盲目造林成活率低。因此，要改变以往单一造林的指导思想，引进抗干旱性能强的优质牧草，建设人工草场，以发展畜牧业为主，在其发展中又应以割草圈养为主，严禁自由放牧。石质土山地因水分条件好，应适当开展植树造林。对于山丘区的坡耕地，凡是坡度>25°的一定要退耕还林还草，坡度较缓的亦需加大投入进行坡改梯，改良土壤，提高保水保肥能力。通过合理布局、种草植树等措施可增加地表覆盖率，达到控制水土流失，防治土地荒漠化的目的。

第三节　干热河谷土地荒漠化评价指标体系①

土地荒漠化问题已引起国内外众多专家的关注，关于土地荒漠化的评价指标和评价方法国内外的学者进行了研究[21-25]，但是，关于荒漠化土地的评价指标体系问题到目前为止尚无一个大家所公认的统一标准。

本文在查阅前人研究的基础上，通过大量的野外实地调查、样方测试及样品分析，对金沙江干热河谷土地荒漠化的发展过程、各个阶段(即不同荒漠化程度的土地)及其最终结果——荒漠化土地的表现特征等方面进行了全面研究，提出干热河谷土地荒漠化评价指标体系和评价方法，仅供同行们讨论。

一、评价指标体系建立原则

(一)多因子综合性评价原则

土地是自然、社会共同作用下的综合，是在地带性因子、非地带性因子以及人类活动因子的共同作用下形成的各具特色的土地的“个体”。而土地荒漠化正是这种“个体”的外界干扰，使其内部发生了变化，导致生产力下降，因此评价这种变化及其结果也必须遵循多因子综合性评价原则。

(二)主导因子原则

土地荒漠化类型多样，各种类型有共同的特征，但也有其各自自身的特点，在其形成过程中其主导营力是产生土地荒漠化的驱动力，因此，对每一种类型在评价过程中要遵循主导因子原则，突出其主要形成机制及表现指征。

(三)定性和定量结合.以定量为主的原则

土地荒漠化评价指标体系是评价和衡量土地衰退的过程和程度的标准，定性评价带有经验性特色，在技术水平达不到获取各评价因子定量指标的情况下，定性评价的方法在各种评价工作中作出了贡献，但随着科学技术的发展，各种评价因子可以通过一定的技术手段获取定量指标，引入定量评价的方法补充和修改定性评价中的不足，使评价研究从定性向定量逐步过渡，因此，定性和定量结合，以定量方法为主将使评价工作向前推进一大步。

(四)局部和全局结合的原则

除了以全国为范围评价土地荒漠化外，大部分情况下是以某个地区为研究对象评价该区域土地荒漠化，因此，就会出现局部与全局的问题，每个地区都有其特殊性，因此进行评价时，要把其特殊性与全国的共性结合起来，使建立的评价指标体系尽量更贴近全国的共性。或者建立一种相关的关系，使得所评价的结果能与全国其他地区有可比性。

---

① 本节作者刘淑珍、范建容等，在2002年成文基础上作了修改。

(五)可操作性原则

评价因子和指标的获取尽可能简单容易，具有较强的可操作性，才能被推广和应用。

二、评价指标体系的建立

前面谈到，影响土地荒漠化的因子是复杂的。这些因子直接或间接地使土地内部发生了变化，即使土地质量降低，成分、结构、功能等发生衰退，生产能力下降，而最终导致土地荒芜。而评价因子的选择，首先要能反映土地数量减少或质量的下降。我们以攀枝花市和元谋县老城乡为典型区对影响土地荒漠化(含直接因子和间接因子)作单因子图并进行贡献率分析，经研究和筛选，确定以下评价因子和评价指标。评价等级的划分参考前人常用的五分法，进一步更合理地划分有待更加深入的研究。

(一)地貌因子

1. 切割密度或破裂度

切割密度是单位面积沟谷侵蚀的长度，其值越大，反映地表被流水侵蚀破坏得越严重。破裂度是单位面积沟谷侵蚀面积占土地面积的比例，与切割密度相同，是反映土地被破坏的程度。

根据我们的研究，在目前的条件下，破裂度的获取难度较大，主要是沟谷的宽度测定难度较大，而且精度不高，因此在本评价体系中采用切割密度作为土地荒漠化土地劣化程度的评价指标，其分级如下。

(1)无明显荒漠化：≤2km·km^{-2}；

(2)轻度荒漠化：2.1～3km·km^{-2}；

(3)中度荒漠化：3.1～4km·km^{-2}；

(4)强度荒漠化：4.1～5km·km^{-2}；

(5)极强度荒漠化：＞5km·km^{-2}。

2. 坡度

坡度是一项间接指标，它本身并不能反映土地荒漠化程度，但是它能间接地影响土地荒漠化的变化过程及最终结果。如坡度越大，土地表层松散物质潜在的不稳性越强，在流水作用下被侵蚀的可能性就越大，增加了地表水土流失而使土层变薄的可能性，因此坡度大小作为评价土地荒漠化间接指标很有说服力。根据对坡度与土地荒漠化关系的研究，将坡度分为五级。

(1)无明显荒漠化：＜7°；

(2)轻度荒漠化：7.1°～15°；

(3)中度荒漠化：15.1°～25°；

(4)强度荒漠化：25.1°～35°；

(5)极强度荒漠化：＞35°。

(二)土壤因子

土壤因子是反映土地荒漠化的重要因子之一。本次研究，根据实地样方调查及土壤样品分析，在土壤物理指标、化学指标等众多指标中对土地荒漠化程度贡献率进行了相关的运算和分析[26,27]，其结果表明，在研究区，土壤物理指标中土壤层厚度与土地荒漠化有极显著的关系(表 7-4)。

在土壤化学指标中经分析显示，土壤有机质，全氮和有效氮有显著的相关性，其中以有机质最为显著(表 7-5)。

表 7-4　土地荒漠化与土壤物理性质的相关分析结果

相关变量	RCD—sl	RCD—cs	RCD—sd	RCD—wz	RCD—xs
R 值	0.2948	0.2103	0.9115 *	−0.4328	−0.0721

sl、cs、sd、wz、xs 分别代表坡度、粗砂、厚度、物黏、细砂；* 表示极显著水平。

表 7-5　土地荒漠化与土壤化学指标相关分析结果

相关变量	RCD—AN	RCD—AK	RCD—AP	RCD—OM	RCD—TK	RCD—TN	RCD—TD
R 值	0.5882	−0.0112	0.1391	0.9373 *	0.0058	0.8915	0.2136

AN、AK、AP 代表有效氮、有效钾、有效磷，TN、TK、TP 代表全氮、全钾、全磷，OM 代表有机质；* 表示极显著水平。

据此将土壤厚度及土壤有机质作为土地荒漠化土壤因子的两个评价指标，并分别分为五级，其定量指标如表 7-6 所示。

表 7-6　土地荒漠化评价土壤指标分级表

指标	土地退化/荒漠化程度				
	无明显	轻度	中度	强度	极强度
土壤厚度/cm	>25	15.1～25	10.1～15	5～10	<5
土壤有机质/(g · kg^{-1})	>33	25.1～33	15.1～25	5～15	<5

(三)植被因子

根据野外调查及查阅国内外大量文献，我们认为土地荒漠化是在人和自然因子的综合作用下，地表环境退化的总过程，其实质是土地减弱或丧失生长绿色植物的能力。因此，植被因子是评价土地荒漠化的关键因子。

1. 植被盖度及生物量与土地荒漠化的关系

通过野外调查和室内研究发现，植被盖度是土地荒漠化景观的直接反映，生物量则反映出土地生产力高低。盖度和生物量能很好地反映土地是否荒漠化和荒漠化的强弱程度，其关系如表 7-7 所示。

表 7-7　土地荒漠化与植被盖度及生物量的关系

植被		土地退化/荒漠化程度				
		无明显	轻度	中度	强度	极强度
盖度/%		>80	50.1～80	10.1～50	0.1～10	0
生物量(干重)	草地/(g · m^{-2})	>400	250.1～400	120.1～250	0.1～120	0
	灌丛草地/(10^{-2}kg · m^{-2})	>30	15.1～30	5.1～15	0.1～5	0

2. 植被指数与盖度、生物量的关系

植被盖度和生物量虽能反映地面土地荒漠化程度，但构成遥感图像的各个像元的亮度值均是地表各种地物光谱特征的综合记录。因此，先要从混合信息中提取植被信息，并且所提出的植被信息必须与盖度和生物量有很高的相关性。

植被在近红外光区反射强烈，反射率与植物长势、盖度以及生物量呈线性正相关；在红光区呈强吸收谷，是因红光被叶绿素大量吸收而作为光合作用的能量，故反射率与植物长势呈负相关。与之对应的 TM4(近红外)波段对植被盖度、长势、生物量敏感；TM3(红光)波段对叶绿素敏感，它们的不同组合，如比值 TM4/TM3，差值 TM4－TM3，归一化差值(TM4－TM3)/(TM4＋TM3)等，称作植被指数。植被指数随植物长势、生物量的增大而增大，随植被空间分布的密度(或盖度)的增大而增大。

由于归一化差值能使植被信号放大，消除或削弱地形阴影的影响，故考虑金沙江干热河谷地形的特点，选用如下公式达到从混合信息中提取植被信息：

$$VI = k\frac{\mathrm{TM4}-\mathrm{TM3}}{\mathrm{TM4}+\mathrm{TM3}}+C \tag{7-1}$$

式中，VI 为植被指数；k、C 为常数。

借助相关分析，将各调查样地的盖度、生物量分别与相应地段图像的植被指数进行线性回归，结果得出，植被指数与盖度的相关系数为 0.87，与生物量的相关系数为 0.83。将盖度、生物量同时与植被指数进行线性回归，得到如下数学模型：

$$VI = 137.20 + 0.33x_1 + 4.91x_2 \tag{7-2}$$

式中，VI 为与调查样地相对应的植被指数；x_1为调查样地的盖度；x_2为生物量。

3. 植被指数与土地荒漠化的关系

从前文中已经知道，植被盖度、生物量能很好地反映土地是否荒漠化和荒漠化的强弱程度，同时，从遥感图像上获取的植被指数与盖度、生物量具有很高的相关性，因此宜采用植被指数来评价土地荒漠化程度。

通过野外调查与分析，获得了植被指数与土地荒漠化的关系，表 7-8 是元谋试验区的分析结果。研究区土地荒漠化综合评价指标体系见表 7-9。

表 7-8　植被指数与土地荒漠化的关系

荒漠化程度	无明显	轻度	中度	强度	极强度
植被指数	>150	133~150	126~132	111~125	≤110

表 7-9　土地荒漠化评价指标体系

因子	指标	评价等级				
		无明显荒漠化	轻度荒漠化	中度荒漠化	强度荒漠化	极强度荒漠化
地貌	切割密度/(km·km^{-2})	≤2	2.1~3.0	3.1~4.0	4.1~5	>5
	坡度/(°)	<7	7.1~15	15.1~25	25.1~35	>35
土壤	土壤厚度/cm	>25	15.1~25	10.1~15	5~10	<5
	土壤有机质/(g·kg^{-1})	>33	25.1~33	15.1~25	5~15	<5
植被	植被指数	>150	133~150	126~132	111~125	≤110

三、土地荒漠化的评价

(一)模糊综合评判的数学模型及参数确定

采用多层次模糊综合评判方法，即先对低层次的各类因子进行综合评判，然后对各类因子的评价结果进行高层次的综合评判。经过一个由低层次、小系统过渡到高层次、大系统的逐渐综合过程，可实现土地荒漠化的模糊综合评价。

1. 划分因子集并给出评语集

将整个土地荒漠化因子集 X 划分为地貌(X_1)、土壤(X_2)、植被(X_3)三个子集，即

$$X = \{X_1, X_2, X_3\}$$

三个子集分别为

$$X_1 = \{x_1, x_2\}, X_2 = \{x_3, x_4\}, X_3 = \{x_5\}$$

拟定土地荒漠化的评语集为

$Y=$ {无明显荒漠化，轻度荒漠化，中度荒漠化，强度荒漠化，极强度荒漠化}

2. 确定评价因子的权重

采用因子分析法确定土地荒漠化各大类因子的权重。根据野外样地调查及室内测定数据，进行因子分析，得到土地荒漠化权数集：

$$A = (0.2199 + 0.3295 + 0.4506)$$

应用多目标决策中的“二元对比法”原理[28]，确定因子集中各评价因子的权重，得到各因子集相应的模糊权数集为

地貌子权数集 $A_1=(0.55+0.45)$

土壤子权数集 $A_2=(0.53,\ 0.47)$

植被子权数集 $A_3=(1.00)$

3. 单因子评价

选用升降半梯形分布，建立一元线性隶属函数，计算每个因子对各评语的隶属程度，诱导出因子集的模糊关系 R，即单因子评价矩阵为

$$R = \begin{bmatrix} r_{11} & r_{12} & \cdots & r_{1n} \\ r_{21} & r_{22} & \cdots & r_{2n} \\ \vdots & \vdots & & \vdots \\ r_{m1} & r_{m2} & \cdots & r_{mn} \end{bmatrix}$$

式中，r_{mn} 为 m 因子对于 n 等级的隶属度。通过单因子评判矩阵，可了解各评价要素的土地荒漠化等级状况。

4. 综合评判

评价因子被分为两层，因此，要做两级综合评判，即一级综合评判和二级综合评判。一级综合评判是由各类因子的权数集 A_i 与该类的单因子评判矩阵 R_i 进行模糊变换，求得各类一级因子的评价结果 B_i，即

$$B_i = A_i \cdot R_i = (b_1, b_2, \cdots, b_i, \cdots, b_n)$$

其中，

$$b_i = \sum_{i=1}^{n} u_i r_u$$

二级综合评判是将每个 X_i 作为一个因子看待，用 B_i 作为它的单因子评判，于是构成单因子集 X 的单因子评判矩阵：

$$R = \begin{bmatrix} b_1 \\ b_2 \\ b_3 \end{bmatrix} = (b_u)is$$

用土地荒漠化权数集 A 与 R 进行模糊变换，即得土地荒漠化的综合评语 B：

$$B = A \cdot R$$

(二)土地荒漠化模糊综合评价

采用前文所述的模糊综合评判的数学模型进行土地荒漠化评价。下面以元谋老城乡的一个样地为例。

首先对地貌各因子进行评价，每一因子对各评语的隶属程度为

$$x_1(0,0,1,0,0)$$

$$x_2(0,0.8889,0.1111,0,0)$$

从而得到单因子评价矩阵：

$$R_1 = \begin{bmatrix} 0 & 0 & 1 & 0 & 0 \\ 0 & 0.8889 & 0.1111 & 0 & 0 \end{bmatrix}$$

同理可得到土壤单因子评判矩阵 R_2 及植被单因子评判矩阵 R_3：

$$R_2 = \begin{bmatrix} 0 & 0.5556 & 0.4444 & 0 & 0 \\ 1 & 0 & 0 & 0 & 0 \end{bmatrix}$$

$$R_3 = (0,0,0.2,0.8,0)$$

再进行一级综合评判，得到样地土地荒漠化的地貌类综合评判结果：

$$B_1 = A_1 R_1 = (0,0.4,0.6,0,0)$$

同样可求出土壤类的一级综合评判结果：

$$B_2 = (0,0.1567,0.3133,0.3180,0.2120)$$

最后，进行二级综合评判，其单因子评判矩阵为

$$R = \begin{bmatrix} B_1 \\ B_2 \\ B_3 \end{bmatrix} = \begin{bmatrix} B_1 \\ B_2 \\ R_3 \end{bmatrix} = \begin{bmatrix} 0 & 0.4 & 0.6 & 0 & 0 \\ 0 & 0.1567 & 0.3133 & 0.3180 & 0.2120 \\ 0 & 0 & 0.2 & 0.8 & 0 \end{bmatrix}$$

综合评判结果为

$$B = AR = (0,0.1396,0.3253,0.4653,0.0699)$$

根据最大隶属原则，该样地属强度荒漠化。同时，如果对这类土地稍加治理，荒漠化程度很易得到控制。表 7-10 中有部分样地的模糊综合评判结果。

四、评价结果的验证

从表 7-10 中可看出，评价结果与实地调查结果基本相符。研究表明，土地荒漠化的模糊综合评判方法是可行的，具有较高的科学性。但评价结果的准确程度还依赖于各评

价因子的数据来源。因此，数据来源一定要可靠，现势性要强。

表 7-10　样地模糊综合评判结果与实地调查结果的对比

样地号	地貌		土壤		植被指数	模糊评语(土地退化/荒漠化程度)					评价结果	样地特征与实地调查结果
	沟谷密度/(km·km^{-2})	坡度/(°)	有机质/%	厚度/cm		无	轻度	中度	强度	极强度		
1	0	5	2.5	>100	144	0.5050	0.0900	0.000	0.0000	0.0000	无	微倾斜台地，土壤为燥红土；群落优势种扭黄茅长势良好，草高105cm；其间种植少量酸角、龙眼，长势良好，1992年封禁；植被盖度90%以上。属无明显退化/荒漠化土地
2	0	5	0.6	60	140	0.3550	0.4343	0.0360	0.1397	0.0349	轻度	缓坡中部，变形土；群落优势种扭黄茅和孔颖草成团状交错分布，草平均高50cm；其间种植少量酸角，长势较差，1992年封禁；植被盖度51%。属轻度退化/荒漠化土地
3	4	12	0.3	15	131	0.0000	0.1396	0.3253	0.4653	0.0699	强度	撂荒地(撂荒地10年)，撂荒后放牧过度，土壤中钙质结核很多；群落优势种扭黄茅被牲畜啃后只剩下2～3cm高的营养枝；植被盖度26%，土壤明显劣化，属强度退化/荒漠化土地
4	0	0	0.66	10	134	0.2199	0.1983	0.3556	0.2053	0.0210	中度	荒草地，基岩裸露面积占19%，土层较薄；群落优势种扭黄茅高27cm；植被盖度33%。属中度退化/荒漠化土地

第四节　干热河谷生态退化及恢复与重建途径[①]

为保护金沙江干热河谷区人类可持续发展的根本利益，首先必须保证生态系统初级生产的持续稳定，而初级生产持续稳定的根本前提，必须保证植物群落的良好环境。因此，可以说生态系统初级生产的持续稳定是环境保护的首要动因，也是环境保护的基本目的所在。

① 本节作者钟祥浩，在2000年成文基础上作了修改、补充。

植物群落环境包括光、温、气、水构成的外部环境和植物群落自身发展、演替过程中形成的内部环境。一般情况下，光、温、气、水(大气降水)是相对稳定的，人为干扰不易引起大的改变。研究区是山区，工业污染引起的外部环境的改变不明显，因此植物群落环境的改变主要来自于群落层片结构的破坏和群落组成的减少，从而导致生态系统的根基——土壤的变化。可见，生态系统的退化，首先表现为植物群落结构和土壤性状的退化。本节着重对前者和后者退化特征、机制和恢复重建途径进行讨论。

一、环境背景特征

本节涉及的云南金沙江干热河谷典型区范围为华坪至巧家段的干热河谷区。该地区最基本的环境特征是既热又干。所谓热，是指具有南亚热带的温度条件；所谓干，是指干燥度达到半干旱气候的标准。具体指标见表 7-11。

表 7-11　金沙江干热河谷部分气象站水热状况

	最热月均温/℃	最冷月均温/℃	≥10℃积温/℃	年均降水量/mm	年干燥度	旱期月数(月干燥度>2.0)
元谋	27.0	15.0	7996	614	3.30	7
渡口	26.0	11.6	7352	762	2.33	8
华坪	26.7	11.8	7108	1052	1.67	7
龙街	29.0	16.1	8541	635	4.37	8
巧家	27.4	12.2	7299	790	2.33	7

从表 7-11 中可见，研究区热量条件十分丰富，是我国分布最北的一块“热区”，其中干燥度是根据伊万诺夫公式计算得出的结果。根据 1984 年出版的《中国自然地理》意见，干燥度 1.6～3.5 为半干旱气候。按此标准，研究区大部分地区大于 2.0 干燥度持续达 7 个月以上，可见半干旱草原植被气候持续时间之长。

从表 7-11 中看出，研究区年均降水量不少，远高于我国地带性半干旱气候带的降水量。但是，研究区地形焚风效应作用明显，河谷风大，加之温度高等因素带来的蒸发量很高，以致不少地区，不仅干季干旱，雨季也出现严重的水分亏缺现象。如元谋龙川江河谷地带 6～8 月的蒸发量高于同期降水量 105mm[1]。

云南金沙江干热河谷干热区域分布的海拔，不同地区有所差别，一般位于河床以上 300～600m 的河流两岸阶地和山坡，在华坪、永胜、宾川、大姚、永仁、元谋、武定、禄劝、东川、巧家等县(区)，干热河谷干热带阴坡上限带上限达 1350m，阳坡上限达 1600m，具体分布海拔及干热区域的面积和涉及乡镇数见表 7-12。

表 7-12　云南金沙江流域干热区域分布

县(区)	干热带上限海拔/m	干热区面积/km²	干热区乡/个
华坪	1500	463	6
永胜	1500	2000	6
宾川	1600	532	14
大姚	1500	405	1

续表

县(区)	干热带上限海拔/m	干热区面积/km²	干热区乡/个
永仁	1400	423	3
元谋	1350	797	8
武定	1500	318	2
禄劝	1400	2450	10
东川	1400	273	10
巧家	1500	290	8
合计		7951	68

根据云南金沙江干热河谷干热区其他县(市)有关资料的分析，上至丽江，下至会泽、昭通和永善等县(市)也有干热区分布。估计金沙江干热河谷干热区面积可达1万km^2，人口约250万。

二、植被生态系统的退化

金沙江干热河谷由不同植物群落所组成的植被生态系统经历漫长的演变过程而形成。在上新世至更新世初期(250万年前)，青藏高原海拔约为1500～2000m，达到高原南侧水汽凝结的临界高度，深厚的季风开始形成。这期间，金沙江干热河谷地区温热多雨，在元谋龙川江河谷地区发育了亚热带常绿阔叶林间有热带雨林的植被生态系统。大约距今170万年左右时，由于受青藏高原隆升的影响，这里气候温暖偏干，发育了属暖温带针阔叶混交林的植被生态系统。至中更新世初期(约70多万年前)，青藏高原海拔达到3000～3500m，与冰期温度下降相耦合，高原进入冰冻圈。冰川和积雪的气候效应，影响环境形势和季风变化，西风带向南移，使南支西风急流增强；加之这期间金沙江下游河谷河流下切作用强烈，高山深谷地貌形成，南支西风急流的地形焚风效应作用加强，河谷气候逐渐趋向干暖。到晚更新世时期，青藏高原平均海拔达4000m以上，横断山系基本格局已经形成，来自西南印度洋暖温气流到金沙江下游河谷地带已成为强弩之末，加之受深切河谷地形的影响，河谷气候逐渐变得干热。距今3.0万～1.5万年的末次冰期，金沙江下游河谷地带气候可能比较干暖。这期间受高原隆起影响而形成的西南季风系统比较强。大约距今1.2万年时，这种季风强度达到最盛时期，形成冬季较为干冷、夏季较温暖的气候，这时气候有利于落叶阔叶林的发育。根据孢粉分析和^{14}C样品分析资料，自全新世中期以来，西南季风系统出现逐渐减弱的趋势，反映在植被上，耐干旱的常绿硬叶阔叶栎类林成分增多，落叶阔叶林成分逐渐减少。常绿硬叶阔叶栎类林的增加，表明这期间的气候特点为：冬春和夏初干旱化程度加强，冬夏之间温差的进一步缩小，降水季节分配拉大，夏季仍保持热湿，显然属于现代气候类型。可见，研究区在人类活动较弱的时期，大约距今3000～5000年前，金沙江下游的元谋龙川江河谷两侧山坡的原始植被有常绿硬叶阔叶栎类林。受干旱生境的长期影响，这种原始植被类型表现为矮栎类林与灌丛。

随着人类活动的加强，硬叶常绿阔叶矮栎类林受到破坏，出现稀树灌木草丛。目前在元谋分布的稀树灌木草丛，显然是一种退化类型。随着人为干扰强度的加大，以及对稀树乔木和灌木的进一步砍伐，出现灌木草丛景观或草丛景观退化类型。人为割草或过度放牧继续有增无减必然带来草丛的破坏，形成稀草草坡，并最终出现光板地或裸岩。

金沙江干热河谷干热区，生态系统在人为干扰作用下的退化序列可表示如下：

人为干扰不止

硬叶栎类林（矮栎类型）⟶稀树灌木草丛⟶灌木草丛⟶草丛⟶稀草草坡⟶光坂地或裸岩

原始类型　轻度退化　中度退化　重度退化　强度退化　极强度退化

目前在金沙江下游从金江街至对坪的干热河谷区分布有大面积的重度退化草丛生态系统，属于以耐旱禾草为优势种的草丛群落。这些禾草主要为扭黄茅(*Heteropogon contortus*)，拟金茅(*Eulaliopsis binata*)、蔗茅(*Erianthus fulvus*)、孔颖草(*Bothriochloa pertusa*)等。植物种类数量少，群落结构简单。局部地段可以见到少量萌生力较强的幼小旱生灌木，如余甘子(*Phyllanthus emblice*)和车桑子(*Dodonaea ongustifolia*)。此外，呈强度退化状态的稀草草坡生态系统也有较大面积的分布，主要组成成分为扭黄茅等。该系统生物量很低，一般低于 1.0t/hm^2。

三、植被生态系统退化对环境的影响分析

(一)河谷区环境干旱程度加剧

研究区环境的干旱化主要表现为植物群落赖以生存发育的土壤环境的干旱化。在结构良好的植物群落下的土壤，一般拥有厚层的地表枯枝落叶，它既可增加雨季径流的入渗，又可减少旱季土壤水分的蒸发，使土壤水分保持良好的状态，可减少旱季期间土壤凋萎湿度持续的时间。有资料表明[29]，元谋干热河谷退化普通燥红土和变性燥红土 20cm 深度土壤水分含量，一年中有 7～8 个月的土壤水分含量处于植被无法利用的凋萎湿度状态。

土壤旱化程度的加大，必然导致植被旱生性种类增多和旱生群落外貌的出现。金沙江下游干热河谷区土壤水分条件要求较高的三叶槭、黑枪杆、纲膜草等种类已经消失，而代之以大面积分布的耐干旱的扭黄茅、拟金茅、孔颖草等禾草类干旱草丛。不少河谷区干旱环境的干旱植被分布上限较前 60 年上升了 200m 左右。

(二)河流泥沙量增加

生态系统的破坏，必然带来生态系统拦沙固土和保水生态功能的降低，其结果带来河流泥沙含量的增加。金沙江下游屏山站多年平均泥沙含量为 1.7kg/m^3，远高于长江宜昌站 0.5kg/m^{3}的水平。这表明金沙江屏山站以上土壤侵蚀严重。由屏山站开始经华坪、渡口、石鼓、巴塘等站，其泥沙含量分别为 1.83kg/m^3、1.62kg/m^3、0.76kg/m^3、0.51kg/m^{3}和 0.53kg/m^3，呈明显下降的趋势。从中可知屏山站泥沙主要来自于渡口站以下的金沙江下游干热河谷。从金沙江下游主要支流水文站泥沙含量的历史变化资料(表 7-13)中可看出，泥沙含量从 20 世纪 60 年代以来一直处于明显增加趋势。

表 7-13　金沙江下游主要支流水文站含沙量变化对照　（单位：kg/m³）

		站名	60 年代	70 年代	80 年代
金沙江干流		屏山	1.62	1.66	1.83
		华坪	1.30	1.27	1.62
金沙江支流	安宁河	湾滩	1.16	1.18	2.12
	龙川江	小黄瓜园	3.81	5.32	6.65
	黑水河	宁南	1.25	1.55	2.76
	昭觉河	昭觉	1.54	1.28	2.90
	美姑河	美姑	1.53	1.64	2.02
	横江	横江	1.08	1.54	1.82

(三)侵蚀劣地和土地荒漠化面积扩大

研究区河谷两侧山坡暴雨径流侵蚀作用强烈。在有深厚沙砾、粉砂和亚黏土、黏土互层分布的土坡，流水侵蚀作用造成的沟谷地貌非常发育，冲沟溯源侵蚀速度很快。如元谋地区元谋地层上发育的冲沟，其溯源侵蚀速度，每年平均达 50cm 左右，最大可达 200cm。沟谷密度很大，一般为 3～5km/km²，最大达 7.4km/km²，地表形态显得破碎不堪，成为难以开发利用的侵蚀劣地，局部地区发育成为特殊的地貌形态“土林”。

在没有厚层松散物质分布的基岩山坡，一般为风化层和坡积层，其土壤层厚度一般不大。坡面径流的侵蚀作用，轻则表层土壤流失，形成难利用的薄层土；重则变为无法利用的裸岩或石漠。根据典型地区调查，裸岩化和石漠化土地面积占调查面积的 10%～15%。

四、生态系统退化原因分析

(一)生态系统脆弱性度高

所谓生态系统的脆弱性是指外界因素作用下，特别是人类活动干扰下，出现系统结构与功能的易变性，并表现出具有恢复和重建难的特点。生态安全阈值是表征生态系统生态安全的重要指标。研究区生态系统生态安全阈值很低，即在轻度的外界压力的干扰下，即可出现生态系统的退化。我们认为，低生态安全阈值的生态系统，具有脆弱性度高的特征，生态安全阈值的高低，取决于诸要素中处于最低状态的那个要素。

干热河谷区限制生态系统发生与发展的最关键的要素是水分。从年降水量来看，一般为 600mm 左右至 1000mm 左右，高于我国半干旱区降水量，从总量上说，应不是主要限制因素。研究区的问题在于降水量的季节分配极不均匀和蒸发量为降水量的 4～6 倍，特别是 3～5 月份，极度干热，成为许多植物的“死亡季节”。其中土壤水分状况，对地表植物生态系统起着至关重要的影响。前已述及，元谋干热河谷区土壤水分含量处于凋萎湿度以下的时间长达 7～8 个月，这是影响生态系统诸要素中最关键最本质的要素。为此，可以以凋萎湿度持续时间的长短作为衡量该地区生态安全阈值的指标。通过对实际资料的统计分析，发现干热河谷区以土壤凋萎湿度为表征的生态安全阈值符合“最小限制规律”[15,30]。人类活动对植被的破坏和由此引起的土壤物理性的退化，极大地降低了生态安全阈值，这是造成该地区生态系统快速退化的根本原因。

(二)具有对流水动力作用响应敏感的地貌形态

研究区河谷两侧山坡处于河床与高山区的过渡带，高山区的丰富降水最终汇聚于山坡下部，显然这里是暴雨山洪强烈冲刷侵蚀地带。由于该地区新构造上升运动强烈，因此，主河、支流以及次级支沟的侵蚀基准面均比较低，具有形成和发育各种沟谷侵蚀的有利地形条件，进而导致该地区河床下切侵蚀和沟谷溯源侵蚀作用十分强烈。生态系统的破坏，无疑会增加地表径流，进而加快和加速水流对河沟的冲刷侵蚀。

研究区从河床向两侧山坡的过渡，在河谷剖面的变化上，出现多处地形明显转折变化形态，如河床与河岸的过渡带、阶地之间的过渡带，沟谷后缘与山坡或平台的过渡带等，这些都是对水动力作用响应的敏感带，在水动力的作用下，极易发生侵蚀、崩塌或滑坡。对这些敏感带不加保护和任意破坏，必然加速侵蚀作用的发生，最终形成支离破碎的侵蚀劣地[31,32]。

此外，研究区河谷两侧山坡较陡，土壤发育程度较差，土层一般不厚。雨季的地表径流，流走的多入渗的少。根据土壤底部岩石的风化主要取决于水分循环的观点[5]，干热河谷山坡土壤水分循环作用弱，底部岩石风化速度低，这样就使得许多地区出现表层侵蚀搬运大于土壤底层自然风化。在人为破坏地表植被的情况下，土壤加速侵蚀，致使侵蚀速率远大于土壤底层的风化成土速率，其结果，必然是土层越来越少，并最终成为裸岩地。

(三)人类不合理开发利用土地植物资源

前面已述及，研究区干热河谷两侧山坡生态系统十分脆弱，山坡物质稳定性差。长期以来，人类对此特性认识不足，更确切地说，人类为了生存，需要砍树开垦，逐步把不应砍伐的树林给砍伐了。树林砍伐后，引起生境的改变，原来林下的灌木和草本随之消失，并重新生长发育适应新生境(旱性加强)的灌木草丛。人类干扰的加强，特别是羊、牛牧业的发展，给这种新生的灌木草丛以进一步的践踏破坏，使其进而演变为破碎的侵蚀劣地或裸岩地[33]。

五、退化生态系统的恢复与重建

研究区生态系统退化的根本原因在于其生态系统十分脆弱和人类对生物资源的需求压力过大。退化系统的恢复与重建要立足于经济和生态效益统一的原则，即既要考虑经济上的恢复与重建，又要考虑生态上的恢复与重建。重度以上退化生态系统的分布区，一般说来，不能作为当地经济发展的立足点，当前要立足于轻度退化土地资源的挖潜开发，发展复合高效型生态农业。同时，要着眼于干热河谷带以上水分条件较好的半山区和亚高山地带经济林木和用材林木的发展。通俗说来，叫做“抓两头，带中间”。对于重度以上退化生态系统分布区，特别是强度和极强度退化区，要给予其休养生息的机会，应采取以自然生态恢复为主的途径。

下面就干热河谷典型区元谋龙川江河谷带退化生态系统恢复与重建的途径进行讨论。

根据退化生态系统植被组成、覆盖度与生物量，土壤厚度与母质，地表沟谷切割密度以及系统所处地貌部位与坡度等特征，将研究区退化生态系统分为五种主要类型，各类型的基本特征及其恢复与重建的途径简述如下。

(一)极强度退化类型

地表植被为极稀疏的以扭黄茅为主的禾草类植物，覆盖度小于20%，生物量小于2t/hm^2[6]；坡度一般在30°以上；土壤A、B层基本缺失，C层出现不同程度的侵蚀，并呈斑块状分布，其厚度一般为5～10cm，C层以下为基岩；裸岩化面积占调查类型面积的10%～15%。

需采取彻底封禁的“自然恢复”途径，即在停止人为干扰和牲口践踏的条件下，使禾草类植物自然生长。研究区夏季雨量较丰富，热量条件好，具有雨热同季的有利自然条件，实行封山育草后，禾草类植物生长较快，在有一定土壤母质层的坡地，当年就可形成较好的草被覆盖层，坚持数年，土壤表面就可形成一定厚度枯枝落叶层，对土壤性状特别是土壤水分条件的改善将起到良好的作用。

(二)强度退化类型

地表冲沟发育，沟谷切割密度一般为3～5km/km^2，最大达7.4km/km^2；沟谷两侧坡比较陡，坡度一般为35°～45°，部分谷坡达70°～80°，呈近似垂直状态；谷坡植被稀少，块状崩塌严重；沟床坡度较大，一般为5°～10°，下切侵蚀作用强烈[32]。沟头溯源侵蚀速度大，年平均达50～60cm，最大为200cm；沟谷密集区土壤侵蚀模数高达20000t/(km^2·a)，是研究区地表侵蚀产沙最为严重的类型，同时是元谋龙川江泥沙的主要来源区，对金沙江下游泥沙产生严重的影响。

需在采取以“自然恢复”为主的条件下，辅以一定工程的措施。即首先要停止对谷坡植被的破坏并对沟源区实行封禁的措施，禁止开荒垦殖，实施退耕还草。其次，在沟床要因地制宜修建拦沙坝，达到淤沙和稳坡的作用，同时在沟源区根据地形条件，修建不同类型的排水渠或蓄水池，减少地表径流对沟谷的冲刷。在相对稳定的沟谷滩地，土层厚，水分条件好，具有发展速生林木的有利条件，当前需要因地制宜地作出与当地经济基础相适应的薪炭林和经济林发展规划。

(三)重度退化类型

地表植被以扭黄茅为主，并有少量的车桑子灌丛，覆盖度一般为20%～30%，生物量2～5t/hm^2；坡度为20°～30°；土壤A层缺失，B层侵蚀严重，C层大面积出露，其厚度一般为10～30cm；土壤侵蚀模数达8000～10000t/(km^2·a)，并出现局部的裸岩化面积。

需采取封禁条件下的草被”自然恢复”途径和在坡度较缓及土层较厚的坡地采取人工种植、发展具有提供生活能源功能的车桑子等灌丛。

(四)中度退化类型

地表植被主要为扭黄茅—车桑子群落，覆盖度为30%～50%，生物量为6～7t/hm^2；

坡度为10°～20°；土壤A层基本缺失；B层广泛出露，其厚度为30～70cm，土壤母质主要为第四系元谋组泥沙质沉积物；土壤侵蚀模数为4000～8000t/(km^2·a)。

需采取封禁与人工改造、引种相结合的途径，突出以生态效益为主的雨养型的生态系统的建设，我们称这为退化生态系统的改建。一方面让现有扭黄茅—车桑子群落在无人为干扰下自然生长，同时引入具有速生特性和显著生态效益的灌木和乔木，使生态环境得到快速的改善。在改善生态环境的基础上，可作适当的采伐，以缓解当前农民生活能源短缺的矛盾。

(五)轻度退化类型

地表植被基本上以扭黄茅—车桑子群落为主，并有少量人工种植的银合欢、余甘子等乔木树种，其覆盖度达50%～70%，生物量为8～10t/hm^2；地表比较平缓，坡度一般小于10°；土壤A层出现不同程度的侵蚀，但厚度较大，一般都在70cm以上；土壤母质为第四系元谋组泥沙质沉积物；土壤侵蚀模数小于4000t/km^2。

要科学地对扭黄茅—车桑子群落进行改造，降低或改变对人类社会经济发展作用不大的成分，使生态系统进一步远离它的初始状态。为此，需要通过对灌溉设施的建设，引种有高经济价值的经济林木和作物，建立雨养加灌溉的人工经济型群落。这种强调以经济效益为主的新生态系统建设，我们称之为重建。

上述不同退化类型的恢复与重建途径可概括为自然恢复、改建与重建，其中重度以上退化类型为自然恢复，中度和轻度退化类型分别为改建和重建。为能更好地区分不同途径发展起来的生态系统，我们提出如下三种不同的称谓，即自然恢复可称为自然雨养生态型，改建称为人工雨养生态经济型，重建称为人工雨养、灌溉经济型。

目前研究区已开展了这三种模式的试验与示范研究，其生态与经济效益已初见成效。

第五节 干热河谷元谋盆地冲沟沟头形态学特征①

金沙江干热河谷是中国西南独特的生态类型区，气候炎热，植被稀疏，生态环境脆弱[33]。冲沟侵蚀是该区主要的生态环境问题之一，冲沟发育造成土地严重劣化，对土地资源危害很大[34]。据统计，在金沙江干热河谷元谋盆地，“土林”总面积达50km^2，面积大者达8～10km^2，小者1～2km^2，土壤侵蚀模数高达1.64×10^4 t/(km^2·a)[35]，而且这种侵蚀作用由于地表植被的破坏正在加速进行。因此研究冲沟发育、土地利用变化和沟头形态特征的相互关系及其时空变化规律，对保护该地区的土地资源及保证区域的可持续发展有着重要的现实意义。

国内外许多学者从地貌学和水文学等角度，对冲沟侵蚀的影响因子(临界条件的确定)、发育过程和防治措施进行了深入研究[36-40]。但是，对冲沟形态学特征(包括空间形态和土壤形态)的研究并不多见[41]。有的文献仅仅通过定性描述和图示的手段反映冲沟形态特征，缺乏定量研究。本文基于侵蚀过程的非欧几何性、复杂性，以及土壤的自相

① 本节作者王小丹、钟祥浩等，在2005年成文基础上作了修改、补充。

似特征，采用分形理论与方法，计算出沟头的分形弯曲度和土壤分形维数，并分析不同土地利用方式下，这两个非线性特征量与冲沟发育之间的相关关系，为定量评价冲沟的特征与发育提供了新的思路。

一、材料与方法

(一)研究区域概况

研究区金沙江干热河谷元谋盆地在行政区划上隶属于云南省元谋县，该县因发现170万年前元谋直立人化石(简称“元谋人”)而闻名。地理位置为101°35′～102°06′E、25°23′～26°06′N，总面积20.215×10^{4}hm^2。境内元谋组地层广泛分布，厚673.6m，分为4段28层，为河流相、湖沼相或河流交替相沉积，层次表现为砂层、粉砂层、黏土层、亚黏土层及砂砾层互层，岩性松散，易侵蚀[42]。气候干热，年平均温度21.8℃，最热月(5月)均温27.1℃，最冷月(1月)，均温14.9℃，≥10℃积温达8000℃，无霜期350～365d，年日照时数2550～2744h。年均降水量615.1mm，雨季(5～10月)雨量占年雨量的90%，降水过度集中，为冲沟发育创造了动力条件。旱季(11～4月)长达半年之久，年蒸发量高达3569.2mm，是降水量的5.8倍，可见干旱之甚。植被类型为热带稀树灌丛草原，自然植被以扭黄茅(*Heteropogon contortus*)、旱茅(*Eremopogon delavayi*)等多年生草本植物为主，其中间有余甘子(*Phyllanthus emblica*)、仙人掌(*Opuntia stricta*)、银合欢(*Acacia farnesian*)、铁橡栎(*Quercus cocciferoides*)、木棉(*Gossampinus malabarica*)、酸角(*Tamarindus indica*)等灌、乔木稀疏分布，植被盖度低，仅为5.2%。

样点选择在元谋县城南沙地村旁台地上，这里发育的冲沟除沟头的土地利用方式有所差异外，影响冲沟发育的自然因素(如地质、地貌和坡度等)基本一致，为了使问题简化，在研究中假定它们对每条冲沟的影响值相同，不予考虑。沟头的土地利用方式包括5种类型：①银合欢纯林，地表无其他植被；②人工种植经果林，套种农作物；③农耕地；④银合欢、灌丛和扭黄茅组成的林灌草组合；⑤裸地。

(二)沟头形态分形特征

1. 沟头长度的分形维数

运用分形理论中的改变初始化程度求维数的方法，也就是用不同长度(r)的线段集合，去近似复杂的沟头边缘线，测出一个与r有关的沟头长度，然后改变线段r的长度，测出一系列与r有关的沟头长度(图7-2)。这时，线段的总长度为

$$L = N(r)r \tag{7-3}$$

式中，$N(r)$为近似沟头边缘线的线段r的总数。

显然，对于一定的沟头长度，如果改变测量标度r，则线段总数$N(r)$也要随之改变。r变大，$N(r)$则变小；r变小，$N(r)$则变大。即$N(r)$是r的函数。根据分维数的定义，如果某曲线具有

$$N(r) = C_r^{-D_f} \propto r^{-D_f} \tag{7-4}$$

的关系，则称D_f为该曲线的分维数。式中C是与r无关的常数。对(7-4)式两边取对数得

$$\lg N(r) = \lg C - D_f \lg r \quad (7\text{-}5)$$

这是关于 $\lg r$ 与 $\lg N(r)$ 的直线方程，其直线的斜率 D_f 就是沟头长度的分维数[43,44]。

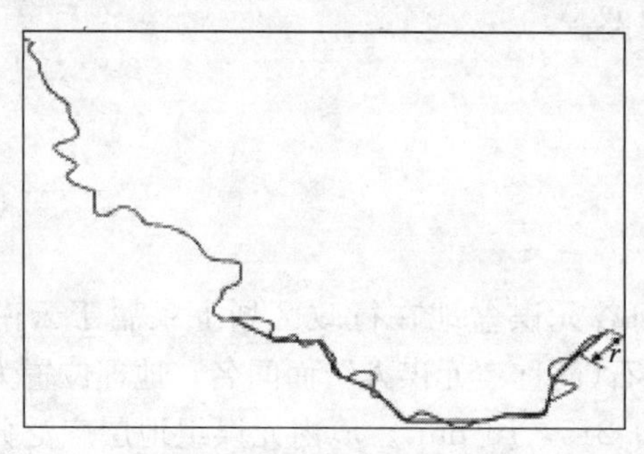

图 7-2　用长度为 r 的线段测量沟头长度

2. 沟头分形弯曲度

目前，尚未发现对冲沟沟头弯曲度有明确的定义和研究，但曲线总是相对于直线而言的，直线理所当然应成为曲线弯曲度的参照系。偏离直线越远，弯曲程度越大；偏离直线越少，弯曲程度越小，这很容易理解。因此，把沟头弯曲度定义为：所测沟头的直线长度与实际长度之比。从分形理论的角度来看，应该是：用分形无标度区(图 7-3)的上、下限测量所得到的沟头长度之比，即

$$P_\tau = L_x / L_s \quad (7\text{-}6)$$

由(7-3)式、(7-4)式、(7-5)式可得到

$$P_\tau = L_x / L_s = Cr_{x1-D_f} / Cr_{s1-D_f} = (r_x / r_s)^{1-D_f} \quad (7\text{-}7)$$

式中，P_τ 为分形弯曲度；r_s 为无标度区的测量上限；r_x 为无标度区的测量下限；L_s 为用 r_s 测量到的沟头长度；L_x 为用 r_x 测量到的沟头长度。从(7-7)式可知：只要知道无标度区的上、下限以及沟头长度的分形维数，就可求得沟头的弯曲度。

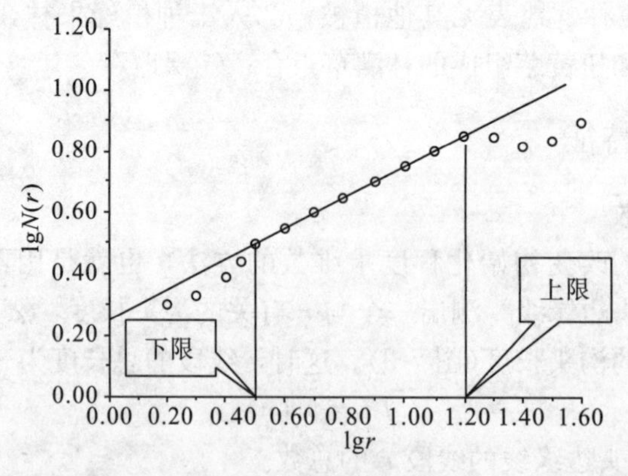

图 7-3　无标度区示意图

(三)沟头土壤粒径分布分形维数

有研究表明[45]，土壤颗粒大小的分布遵循关系 NR^{Di} = constant(其中，R_i 为第 i 粒级的颗粒半径；N 为粒径大于 R_i 颗粒的数目；D 为颗粒大小分布的分形维数)。由于 N 值很难通过实验直接测得，Arya[46]、Turcotte[47]、Alexandra[48] 等基于此关系式先后推

导出具有可操作性的计算公式。但 Tyler[49]、杨培岭等[50]等用土壤粒径的重量分布取代数量分布，采用极限法推导出的土壤粒径分布的分形维数公式更受欢迎

$$\left[\frac{\bar{d}_i}{\bar{d}_{\max}}\right]^{3-D}=\frac{w_i(\delta<\bar{d}_i)}{w_0} \tag{7-8}$$

式中，$\bar{d}_i$ 是两筛分粒级 d_i 与 d_{i+1} 间土粒的平均直径；$\bar{d}_{\max}$ 是最大粒级土粒的平均直径；D 是土壤颗粒表面的分形维数；$w_i(\delta<\bar{d}_i)$ 是土粒直径小于 $\bar{d}_i$ 累积的重量；w_0 是全部各粒级土粒的重量和。可见公式(7-3)的参数利用常规实验数据就可以直接获得。

由(7-8)式得到(7-9)式

$$D=3-\frac{\lg w_i/w_0}{\lg \bar{d}_i/\bar{d}_{\max}} \tag{7-9}$$

二、结果与讨论

(一)沟头分形弯曲度计算结果

用不同标度 r 测量 5 种土地利用下的冲沟沟头，得到 $N(r)$ 值，根据公式(7-5)，将测量数据分别点在 $\lg r-\lg N(r)$ 图上，再取无标度区范围内的拟合线段，线段的斜率即沟头的分维数。运用公式(7-7)便可获得沟头分形弯曲度，最后求出 5 种土地利用方式下沟头分形弯曲度的平均值，其计算结果见表 7-14。

表 7-14　研究区不同土地利用下冲沟沟头分形维数及分形弯曲度

土地利用	分形维数 D_f	下上限之比(r_x/r_s)	分形弯曲度 P_τ
银合欢纯林	1.2107	0.1667	1.4586
经果林+农作物	1.3111	0.2500	1.5392
农耕地	1.3526	0.1667	1.8808
林+灌+草	1.2020	0.1667	1.4360
裸地	1.2561	0.1250	1.7032

(二)沟头土壤粒径分布分形维数计算结果

采集沟头土壤样品，每类样品重复采样 10 次，在实验室用吸管法分析测定土壤颗粒组成，并求出每类样品颗粒组成的平均值(表 7-15)。

表 7-15　沟头不同土地利用方式下土壤粒径分布

土地利用方式	沟头土壤不同粒径范围(mm)内重量与总重量之比						
	2~1	1~0.5	0.5~0.25	0.25~0.05	0.05~0.02	0.02~0.002	<0.002
银合欢纯林	2.20	0.68	27.25	30.34	6.61	8.06	24.86
经果林+农作物	1.10	0.21	9.39	30.68	11.29	21.43	25.90
农耕地	3.03	0.47	7.43	33.65	13.44	13.11	28.87
林+灌+草	3.86	0.70	4.07	28.35	18.62	27.37	17.03
裸地	0.19	0.26	8.93	26.56	8.12	30.20	25.74

根据表 7-15 和(7-9)式，分别以 $\lg w_i/w_0$、$\lg \bar{d}_i/\bar{d}_{\max}$ 为纵、横坐标作双对数曲线，将 5 种土地利用方式下沟头土壤的粒径分布数据绘制于图上，如图 7-4 所示，用最小二乘法将土壤粒径分布数据拟合成一条直线并计算其斜率 α，由(7-4)式知 $\alpha=3-D$，所以供试土壤的分形维数即为 $D=3-\alpha$(表 7-16)。

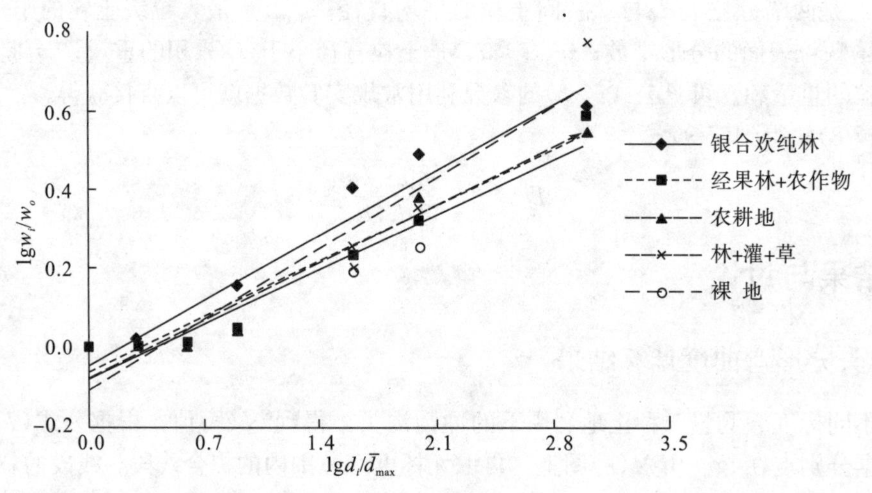

图 7-4 沟头 5 种土地利用方式下土壤的 $\lg w_i/w_0$ 与 $\lg \bar{d}_i/\bar{d}_{\max}$ 关系图

(三)不同土地利用方式下的沟头分形特征与冲沟发育

从表 7-14 和表 7-16 可知，分形弯曲度的大小关系为：农耕地>裸地>经果林+农作物>银合欢纯林>林+灌+草；土壤粒径分布分形维数为：裸地>农耕地>经果林+农作物>银合欢纯林>林+灌+草。2002 年雨季前 3 月 11 日和雨季末 10 月 27 日观测到的沟头溯源侵蚀平均速度为：裸地>农耕地>经果林+农作物>银合欢纯林>林+灌+草(表 7-17)，除裸地和农耕地外，这种大小关系与前面计算的分形弯曲度以及野外调查的冲沟发育速度基本一致，即：分形维数越高发育越快，维数越低发育越慢。这说明沟头的分形特征与冲沟发育呈显著的正相关关系，它能较为正确地表征冲沟发育与空间形态、土壤形态变化之间的定量关系，可作为科学化、定量化研究冲沟的重要特征量。

沟头分形弯曲度和土壤分形维数的大小与沟头的土地利用方式密切相关，能较好地反映出土地利用方式变化对冲沟发育的影响。①裸土地缺乏地表植被覆盖，土壤分形维数最大，分形弯曲度居第二，沟头的发育速度最快。②研究区农耕地采用传统的耕作方式，人为扰动加速了冲沟的溯源侵蚀，分形弯曲度最大。这种扰动使土壤结构受到扰动，粒径趋于不均匀分布，细粒物质增加，土壤总比表面积增大，导致土壤分形维数增加，而经果林+农作物模式的水土保持耕作方式(注：沟头土地为元谋县水土保持局试验地)，可以有效地保持水土、减缓沟头的发育速度，降低其分形弯曲度和土壤分形维数值。③林灌草相结合的模式对降水的拦蓄效果明显好于纯林，无论是分形弯曲度还是土壤分形维数均最小，沟头溯源侵蚀速度最缓慢，这与前人的研究结论是吻合的。可以看出，一方面土地利用的变化会使沟头分形弯曲度和土壤机械组成分形维数值发生变化，最终影响冲沟的发育；另一方面分形弯曲度和土壤分形维数能间接反映人类活动对冲沟变化的影响，以及量化和预测未来冲沟的变化，为冲沟研究提供了新的思路。

表 7-16　沟头不同土地利用方式下土壤粒径分布的分形维数

土地利用方式	分形维数	拟合相关系数
银合欢纯林	2.7667	0.9460
经果林+农作物	2.7943	0.9524
农耕地	2.8013	0.9565
林+灌+草	2.7468	0.9029
裸地	2.8033	0.9191

表 7-17　2002 年冲沟侵蚀长度观测

土地利用方式	组合沟头侵蚀长度/cm	
	最小变化长度	最大变化长度
银合欢纯林	7	28
经果林+农作物	11	50
农耕地	35	241
林+灌+草	3	13
裸地	52	373

(四)有待进一步研究的问题

(1)金沙江干热河谷沟头形态多样，有的一条冲沟发育一个沟头，有的一条冲沟的源头常是几个沟头复合组成，对不同空间形态的冲沟，如何对其沟头作出科学的、定量化的界定，有待深入研究。本研究采用经验和野外实地考察相结合来确定，把冲沟分为沟头与沟道，沟道两岸的沟壁较平直、稳定，而沟头的沟壁呈弧形弯曲，二者有一个转折点，将冲沟沟壁具有明显转折点以上的弧形部分划为沟头。但是，如果研究范围进一步扩大，冲沟形态将更加复杂，应有一个统一的判据来确定其沟头起点和终点，减少主观因素的影响使冲沟形态学特征的定量研究更加科学。

(2)冲沟的空间形态特征复杂多样，应在多维空间中开展多角度研究，以及建立沟头分形弯曲度和土壤分形维数与冲沟发育程度之间的定量关系。

(3)土壤是一个较为复杂的三相系统，呈现多种形式的分形特征，其中粒径分形和土壤质地联系较为密切，但是，并非土壤的所有性质都是简单的单区间分形，可能存在多个分形区间。因此，沟头土壤不同分形特征也值得进一步探讨。

第六节　干热河谷元谋盆地土地利用/土地覆盖对冲沟侵蚀的影响[①]

金沙江干热河谷元谋盆地冲沟发育不仅与元谋组地层的岩性、地表组成物质、干旱气候环境因素有着密切关系[51]。而且，冲沟集水区不同土地利用方式对冲沟的发育影响

① 本节作者范建容、刘淑珍等，在 2004 年成文基础上作了修改、补充。

十分明显，即不同土地利用方式下的冲沟沟头溯源侵蚀速度不同，其中尤以裸地(俗称光板地)最快，其次是耕地，有林地和草地溯源侵蚀较慢；同时，冲沟集水区植被群落结构和沟底植被覆盖状况对冲沟侵蚀也有明显影响。对冲沟影响因子的研究，对制定冲沟侵蚀防治对策、保护土地资源具有重要意义。当前土地利用与土壤侵蚀关系的研究多限于坡面和小流域[52]，侧重于面状侵蚀，土地利用与沟蚀关系的研究报道少见。

一、研究方法

研究区位于金沙江下游干热河谷的元谋盆地，盆地内气候干热，年均温 21.8℃，年降水量 615.1mm，雨季(5～10 月)雨量占全年雨量的 90%，旱季(11～4 月)长达半年之久，年蒸发量高达 3569.2mm，是降水量的 5.8 倍。研究区主要为元谋组第三段地层，台地边缘冲沟发育，溯源侵蚀强烈，沟谷大多仅在降雨时才有径流。

对不同土地利用/土地覆盖的 9 条冲沟及 17 个沟头进行调查，包括集水区的面积、坡度、土地利用方式、植被群落结构、沟底植被覆盖情况等；同时从 2000 年起每年雨季后对冲沟进行 1 次测量，以测定冲沟溯源侵蚀速度。测量方法是首先在冲沟沟边 10m 以外较稳固的地方埋设控制点，共计设置控制点 11 个。每次观测前进行控制点检测，使用稳定的控制点进行观测，保证每个观测周期均使用相同的基准。冲沟观测使用 SETIIC 型全站仪，控制点点位中误差为±1cm，冲沟观测点点位中误差为±5cm。

9 条冲沟中，1，2，3，4 号沟位于人工水平沟种植银合欢林的台地边；5 号沟位于开垦耕种的台地边；6 号沟原为耕地，于 2001 年改为经果林；7 号沟的 7-1 沟头位于人工种植的桉树与银合欢林的台地边，7-2 沟头位于酸角扭黄茅地边；8 号沟的集水区为裸地；9 号沟集水区为草地。2000 年开始在 1～7 号沟沟底撒播银合欢。

二、集水区土地利用/土地覆盖的影响

(一)冲沟集水区不同土地利用方式对沟头溯源侵蚀速度的影响

对同一台地上的 9 条冲沟 17 个沟头的观测结果表明，集水区土地利用方式不同，冲沟溯源侵蚀速度也不同，见表 7-18。其中以裸地最快，如 8 号沟头平均每年前进 146.7cm；其次是经果林、耕地，如 5 号和 6 号沟，平均每年前进 30.0～86.3cm；9-2 号沟头平均每年前进 29.3cm；有林地的沟头溯源侵蚀较慢，如 1，2，3 号沟，平均每年前进 5～16.7cm；有的集水区为林地的冲沟溯源侵蚀基本停止，冲沟发育处于稳定状态，如 4 号和 7 号沟的沟头。

年降水量对冲沟发育有很大影响。集水区土地利用方式不同，年降水量对沟头溯源侵蚀影响的程度也不同(表 7-19)。集水区是裸地、草地的冲沟溯源侵蚀速度随降水量增减而增减，如 8 号沟(集水区为裸地)和 9 号沟(集水区为草地)随着年降水量的增加，冲沟溯源侵蚀加快，随年降水量的减少，冲沟溯源侵蚀变缓。而集水区为有林地、经果林、耕地的冲沟溯源侵蚀则与年降水量相关关系不明显。

表 7-18　集水区土地利用与冲沟溯源侵蚀速度

沟号	沟头编号	沟源区			平均溯源侵蚀长度/(cm · a^{-1})
		面积/m^2	平均坡度/(°)	土地利用方式	
1	1—1	265	1	有林地	8.7
2	2-1	469	3	有林地	7.7
	2-2	704	3	有林地	7.7
3	3-1	200	3	有林地	16.7
4	4	160	2	有林地	<5
5	5-1	10210	3	经果林	82.3
	5-2		3	经果林	30.0
	5-3		3	经果林	78.7
	5-4		3	经果林	86.3
6	6-1	731	4	耕地	75.3
	6-2	702	4	耕地	31.3
	6-3	799	4	耕地	43.7
7	7-1	1692	6	有林地	<5
	7-2	0			6.7
8	8-1	945	6	裸地	146.8
9	9-1	0			13.7
	9-2	600	3	草地	29.3

(二)集水区植被群落结构的影响

从表 7-20 可以看出，冲沟集水区植被群落结构有灌草、乔灌草、乔草、草、灌等，其中尤以覆盖较好的灌草(7-1 沟头)、乔灌草(7-2 沟头)结构能有效地遏制冲沟沟头的侵蚀。覆盖度在 75%以上的乔草结构，加之沟底植被的覆盖也基本能遏制冲沟的发展，如 1-1，2-1，2-2，4-1 等沟头。3 号沟沟头集水区植被盖度为 70%，而沟底盖度仅 45%，在这种情况下，冲沟仍在以每年 16.7cm 的速度发展。单纯的草结构有一定的控制作用，但效果不显著，如 9-2 沟头。而纯灌结构的冲沟前进仍很快，不能起到控制作用，如 5 号沟沟头。

表 7-19　年降水量对冲沟溯源侵蚀的影响

年份	年降水量/mm	溯源侵蚀速度/(cm · a^{-1})																
		1-1	2-1	2-2	3-1	4-1	5-1	5-2	5-3	5-4	6-1	6-2	6-3	7-1	7-2	8-1	9-1	9-2
2000	683.8	16	13	13	16	<5	85	25	89	36	23	17	38	<5	8	185	16	20
2001	916.3	<5	<5	<5	17	<5	150	32	125	16	65	31	68	<5	6	204	20	45
2002	800.2	<5	<5	<5	17	<5	12	36	22	207	138	46	27	<5	6	198	<5	23

表 7-20 冲沟集水区植被结构对冲沟侵蚀的影响

沟号	沟头编号	冲沟集水区植被		平均溯源侵蚀速度/(cm·a^{-1})
		结构	盖度/%	
1	1-1	乔草	76	8.7
2	2-1	乔草	76	7.7
	2-2	乔草	76	7.7
3	3-1	乔草	70	16.7
4	4-1	乔草	76	<5
5	5-1	灌	30	82.3
	5-2	灌	30	30.0
	5-3	灌	30	78.7
	5-4	灌	30	86.3
7	7-1	灌草	93	<5
	7-2	乔灌草	95	6.7
9	9-2	草	80	29.3

三、沟底植被覆盖的影响

表 7-21 为沟底植被覆盖对冲沟侵蚀的影响。

表 7-21 沟底植被覆盖对冲沟侵蚀的影响

沟号	沟头编号	集水区土地利用	沟底植被		均溯源侵/(cm·a^{-1})
			结构	盖度	
1	1	合欢林地	灌草	74	8.7
2	2-1	合欢林地	灌草	80	7.7
	2-2	合欢林地	灌草	79	7.7
3	3	合欢林地	灌	45	16.7
4	4	合欢林地	草	90	<5

从表中可以看出，在同一合欢林地，沟底植被盖度越大，冲沟沟头溯源侵蚀越慢。这是由于沟底的植被覆盖不仅可以减缓流速有助于防止沟底下切侵蚀，而且拦截侵蚀的泥沙，淤积沟床，抬高侵蚀基准面，随着侵蚀基准面的抬高，冲沟下蚀、侧蚀能力减弱。

四、结论

金沙江干热河谷元谋盆地冲沟集水区土地利用/土地覆盖对冲沟侵蚀有显著的影响，主要表现为：

(1)集水区不同土地利用对冲沟溯源侵蚀速度的影响明显，裸地最快，有林地最慢。

(2)集水区为裸地和草地的冲沟溯源侵蚀与年降水量呈正相关。

(3)集水区植被以覆盖较好的灌草、乔灌草结构能有效地遏制冲沟溯源侵蚀，而单纯的草结构和灌结构遏制作用较小。

(4)沟底植被盖度越大，冲沟溯源侵蚀越慢。

参 考 文 献

[1] 张荣祖. 横断山区干旱河谷 [M]. 北京：科学出版社，1992.

[2] 李贵华，纪中华，沙毓沧，等. 云南金沙江流域热区土地资源可持续利用. 干热河谷生态恢复研究 [M]. 昆明：云南科技出版社，2006.

[3] 纪中华，段曰汤，沙毓沧等. 金沙江干热河谷脆弱生态系统植被恢复及可持续生态农业模式. 干热河谷生态恢复研究 [M]. 昆明：云南科技出版社，2006.

[4] 杜天理. 西南干热河谷开发利用方向 [J]. 自然资源，1994，9(1)：41～45.

[5] 柴宗新，范建容. 金沙江干热河谷植被恢复思考 [J]. 山地学报，2001，19(4)：381～384.

[6] 钱方，周国兴，等. 元谋第四纪地质与古人类 [M]. 北京：科学出版社，1991.

[7] 李文华，周兴民. 青藏高原生态系统及优化利用 M]. 广州：广东科技出版社，1997.

[8] 金振洲，欧晓昆. 元江、怒江、金沙江、澜沧江干热河谷植被 [M]. 昆明：云南大学出版社，2000.

[9] 周麟. 云南干热河谷植被恢复初探 [J]. 西北植物学报，1998，18(3)：450～456.

[10] 费世民. 川西南山地生态脆弱区森林植被恢复机理研究 [D]. 北京：中国林业科学研究院，2004.

[11] 朗南军. 云南干热河谷退化生态系统植被恢复影响因子研究 [D]. 北京：北京林业大学，2005.

[12] Mosley Roberta K，唐亚. 云南干旱河谷 150 年来的植被变化研究及其对生态恢复的意义 [J]. 植物生态学报，2006，30(5)：713～722.

[13] 刘刚才，刘淑珍. 金沙江干热河谷区水环境特性对荒漠化的影响 [J]. 山地研究，1998，16(2)：156～159.

[14] 何毓蓉，黄成敏. 云南干热河谷的土壤分类系统 [J]. 山地研究，1995，13(2)：73～78.

[15] 黄成敏，何毓蓉. 云南元谋干热河谷土壤水分的动态变化 [J]. 山地研究，1997，15(4)：234～238.

[16] 黄成敏，何毓蓉，张丹，等. 金沙江干热河谷典型区(云南省)土壤退化机理研究Ⅱ——土壤水分与土壤退化 [J]. 长江流域资源与环境，2001，10(6)：578～587.

[17] 朱震达. 荒漠化概念的新进展 [J]. 干旱区研究，1993，(4)：8～10.

[18] 欧晓昆. 元谋干热河谷植被类型研究 [J]. 云南植物研究，1987，(3)：53～58.

[19] 钱方等. 元谋第四纪地质与古人类 [M]. 北京：科学出版社，1991：134～152.

[20] H · 沃尔特. 世界植被 [M]. 中国科学院植物生态室译. 北京：科学出版社，1984：107～113.

[21] 刘毅华，董玉祥. 刍议我国的荒漠化与可持续发展 [J]. 中国沙漠，1999，19(1)：17～22.

[22] 卢金发，崔书红. 金衢盆地丘陵荒山土地退化评价及其时空分异特征 [J]. 地理学报，1997，52(4)：339～344.

[23] 张登山. 青海共和盆地沙漠化影响因子的定量分析 [J]. 中国沙漠，2000，20(1)：59～62.

[24] 杨根生，樊胜岳. 黄土高原地区北部风沙区土地沙漠化因子的定量分析 [J]. 干旱区研究，1991，8(4)：42～47.

[25] 申建友. 沙漠化特征、等级与区划 [J]. 干旱区地理，1988，11(3)：78～80.

[26] 刘刚才，刘淑珍. 金沙江干热河谷区土地荒漠化程度的土壤评判指标确定 [J]. 土壤学报，1999，36(4)：559～563.

[27] 刘淑珍，柴宗新，范建容. 中国土地荒漠化分类系统探讨 [J]. 中国沙漠，2000，20(1)：35～39.

[28] 吴望名，陈永义，黄金丽，等. 应用模糊集方法 [M]. 北京：北京师范大学出版社，1985：98～108.

[29] 黄成敏，何毓蓉. 云南省元谋干热河谷的土壤抗旱力评价 [J]. 山地研究，1995，13(2)：79～84.

[30] 晏磊. 可持续发展基础 [M]. 北京：华夏出版社，1998：1～238.

[31] 卡森 M A，柯克拜 M J. 坡面形态与形成过程 [M]. 窦荷璋译. 北京：科学出版社，1984：113～114.

[32] 刘淑珍，张建平，范建容，等. 云南元谋土地荒漠化特征及原因分析 [J]. 中国沙漠，1996，16(l)：1～2.

[33] 张建平. 元谋干热河谷土地荒漠化的人为影响 [J]. 山地研究，1997，15(1)：53～56.

[34] 柴宗新. 金沙江下游元谋盆地冲沟发育特征和过程分析 [J]. 地理科学，2001，21(4)：339～343.

[35] 高维森. 有偿投入开发治理小流域效益及可行性 [J]. 水土保持通报，1997，17(3)：21~26.
[36] Poesen J W. Gullyty pology and gully controlmeasures in the European loessbelt [A]. In：Wicherek S(Ed.). Fam Land Erosion in Temperate Plains Environment and Hills [C]. Elsevier Sciences Publishers，Amsterdam，The Netherlands，1993：221~239.
[37] Nachtergaele J，Poesen J. Assessment of soil losses by ephemeral gully erosion using high－altitude(stereo)aerial photographs [J]. Earth Surface Processes and Landforms，1999，24：693~706.
[38] Giordano A，Marchisio C. Analysis and correlation of the exis－ting soil erosion maps in the Mediterranean bas in [J]. Quadernidi Scienzadel Suolo，1991，3：97~132.
[39] Wasson R J，Olive L J，Rosewell C J. Rates of erosion and sediment tran sport in Australia [A]. In：Walling D.，Webb B. (Eds). Erosion and Sediment Yield：Global and Regional Perspectives [C]. IAHS Pub. l No. 236，1996：139~148.
[40] Poesen J，V and aele K，van Wesemael B. Contribution of gully erosion to sedim ent production on cultivated lands and rangelands [A]. In：Walling，D.，Webb，B. Eds.，Erosionand Sed－iment Yield：Global and Regional Perspectives [C]. IAHS Pub. l No. 236，1996：251~266.
[41] Poesen J. Gully erosion and environmental change：importance and research needs [J]. Catena，2003，50：91~133.
[42] 钱方，周国兴. 元谋第四纪地质与古人类 [M]. 北京：科学出版社，1991：9~67，127~132.
[43] 李后强，程光钺. 分形与分维 [M]. 成都：四川教育出版社，1990：17~20，40~42.
[44] 李文兴. 岩溶洞穴的分形弯曲度 [J]. 中国岩溶，1995，14(3)：241~244.
[45] Tyler S W，Wheatcraft S W. Application of fractalm athem atics to soil water retention estimation [J]. SoilSci Am. J.，1989，53：987~996.
[46] Arya L M，Paris J F. A physicalem pirical model to predict the soil moisture characteristic from particle－size distribution and bulk density data [J]. Soil Soc. Am. J.，1981，45：1023~1031.
[47] Turcotte D L. Fractalfragm entation [J]. J. Geography Res.，1986，91(12)：1921~1926.
[48] Alexandra Kravchenko，Zhang R D. Estimating the soil－water retention from particle－size distribution：a fractal approach [J]. Soil Soc. Am. J.，1998，62(3)：171~179.
[49] Tyler S W，Wheatcraft S W. Fractal scaling of soil particle size distributions：analysis and limitations [J]. Soil Sci Am. J. 1992，56：362~369.
[50] 杨培岭，罗远培，石元春. 用粒径的重量分布表征的土壤分形特征 [J]. 科学通报，1993，38(20)：1896~1899.
[51] 柴宗新，范建容，刘淑珍. 金沙江下游元谋盆地冲沟发育特征和过程分析 [J]. 地理科学，2001，21(4)：339~343.
[52] 柳长顺，齐实，史昌明. 土地利用变化与土壤侵蚀关系的研究进展 [J]. 水土保持学报，2001，15(5)：10~13.

第八章 高山山地环境与生态

第一节 横断山环境特征及其资源、生态效应①

横断山的范围界限目前尚无统一的意见。有人把川、滇两省西部和西藏自治区东部之间南北向山脉称为横断山脉[1]，因横断东西间交通，故名。这是“狭义”的横断山。另有人把东起四川的龙门山和大凉山一线以西，西至西藏自治区内的伯舒拉岭和云南西部边境的高黎贡山，北抵四川的色达、松潘一线，南达中缅边境的广阔高原山地称为横断山区[2]，这是“广义”的横断山。本文讨论的范围是后者。

横断山区在大地构造上处于南亚大陆与欧亚大陆镶嵌交接带的东翼，是我国东部环太平洋带与西部古地中海带间的过渡带，在地貌形态上有一系列近似南北向展布的山脉和河流，在气候上兼受太平洋和印度洋暖湿季风的影响，在水文上是我国唯一兼有太平洋和印度洋水系的地区，在动、植物地理分布上是多种动、植物区系相互交错、汇聚和种属演化替代的交接地带。可见，横断山区不仅是我国独具一格，而且是世界上独具特色的一个地理单元。在此单元内，地质构造复杂，地貌形态奇特，生物区系绚丽多彩，古老、孑遗动、植物种类纷繁多样，矿产、水利、森林和草场资源十分丰富。因此，探索区内各种自然现象发生发展及其演变过程，考察和研究各种自然资源的开发利用及其保护有着十分重要的理论和实践意义。

在自然地理条件方面别具一格的横断山早为世人所注目。早在15世纪30年代，我国著名地理学家徐霞客对横断山南段腾冲一带的火山和地热以及云南的水系等地理现象作了深入的调查和生动的描写，在他的游记“江源考”一节中首次提出长江发源于昆仑山之南的论述。19世纪80~90年代，有许多西方学者到川滇藏一带进行过实地考察[3,4]。1902年，我国邹代钧先生通过他对我国西南地形的考察研究，首次提出“横断山脉”一词[5]。而后有不少国内外科学家相继到横断山旅游和考察。英国人华特(F. K. Wate)于1913年发表了多篇有关我国西南地区的地理著作，对横断山，特别是金沙江、澜沧江和怒江的河谷地貌及冰川作了描述。20世纪20~40年代，到横断山区探险、旅游和从事地质、地理以及矿产资源等方面考察研究的外国科学家逐步增多[6,7]。我国著名地质和地理方面科学家李春昱、尹赞勋、谭锡畴、李承三和卞美年等到川西、滇西北和滇西南进行过地质、地貌、地震、火山以及古生物地层等方面的路线考察和专题研究。徐近之先生于1931年考察西藏高原，后来编写了青藏地区自然地理资料丛书[8]，系统地介绍了地

① 本节作者钟祥浩、刘淑珍，在1988年成文基础上作了些修改、补充。

质、地文、气候、河流、湖泊和植被等方面的情况，其中不少内容涉及了横断山区部分。

新中国成立后，对横断山的考察研究从以前少数学科和专业的单一研究逐步发展为多学科多专业的全面综合的考察和深入研究。1959～1962年，由中国科学院会同有关部门和单位组成南水北调考察队着重对滇西北、川西地区进行了以南水北调为主要内容的全面综合考察。1978年，中国科学院成都地理研究所成立了山地地理研究室，钟祥浩任研究室主任，组织开展了横断山典型地区地理综合考察和新构造问题的专题研究[9]。1981～1983年，中国科学院自然资源综合考察委员会，组织了中国科学院地学和生物学有关的研究所、高等院校和地方生产部门等30多个单位计250人的考察队，对横断山区进行了全面的考察[10,11]。在此以前，国内还有不少研究单位和部门在本地区做过专题考察和研究。

根据我们对横断山地理的研究和前人的考察资料，现就有关横断山区环境特征及其资源生态效应和今后需深入研究的问题分析如下。

一、特殊的地质构造环境

目前国内地质学界对横断山地质构造背景特征的解释和各构造单元的命名不尽一致。板块论者认为，本区处于欧亚板块、印度板块和太平洋板块之间，它们彼此间的碰撞、相互挤压对区内地质构造的发生、发展和演化起着重要的影响。按传统地质学观点，本区位于扬子地台与青藏褶皱带两个迥然不同的构造单元的过渡带上，全区跨越了三个一级大地构造单元，即西藏滇西准地台、松潘甘孜褶皱系和康滇地轴，不同构造单元之间的接触带是地质构造活动最强烈的地区。按地洼说观点，本区正好位于我国南北地洼区的南段和西部壳体之中，其地理范围与西部壳体和南北地洼的周界一致，由喜马拉雅山地槽区(东南段)、滇西地洼区、藏北地洼区和南北地洼区四个构造单元组成。仅从这三个学派的观点不难看出横断山在大地构造上所处位置的特殊性及其地质构造环境的复杂性。

区内复杂的地质构造集中表现为深大断裂带极为发育，它们是构成本区地质构造格局的重要特征。区内主要深大断裂带自西而东有：①怒江断裂带；②澜沧江断裂带；③金沙江断裂带；④金河-永胜-宾川断裂带；⑤绿汁江断裂带；⑥安宁河-大渡河断裂带；⑦凉山-小江断裂带。这些断裂带基本上呈南北方向展布，它们对区内山川南北纵向平行排列的地貌格局的形成起着重要的控制作用。怒江、澜沧江和金沙江深大断裂带向北和向南分别从南北向转为北西向和南东向，向北西方向延伸与西藏东西向断裂带相连接；向南东方向延伸成为控制云南西南地区山川发育的主要构造线。把这一带的哀牢山、无量山、临沧大雪山等视为横断山脉的余脉部分。区内的东北部，在石棉以北有北东向的龙门山深大断裂带和鲜水河深大断裂带，这两条断裂带对区内地质的发育、地貌的形成以及地震活动起着重要的控制作用。有人把龙门山深大断裂带及其向西南的延伸部分——小金河深大断裂视为一条古老的板块俯冲带或缝合线[12]。

根据板块构造论者观点，上述深大断裂带形成历史悠久，可能在上元古代(距今800百万年)或更早时这些断裂带已经存在，它们经历了复杂的构造运动，其中尤以中、新生代构造运动的影响最为强烈。这些深大断裂带在地质时期的历次运动期间都有过强烈的岩浆喷出活动，因而断裂带中各种类型的岩浆岩，特别是基性和超基性岩广泛发育，重力异常常有一定的反应，推测这些深大断裂带切穿了岩石圈，而且可能影响到地球深处的软流层。

目前用板块理论对青藏高原的形成作了较为合情理的解释。据此理论，青藏高原是在印度板块和欧亚板块挤压下形成的。在印度板块向北推进力的作用下，在青藏高原南部的喜马拉雅山一带受到强烈的压缩，在高原内部表现为相对拉伸，最北部则出现大规模的东西向的左行性走滑断层[13,14]。青藏高原在此断层的引导下出现向东和东北推进的趋势，区内龙门山深大断裂是在青藏高原向东移动下产生的[15]。而区内南北向深大断裂主要是在印度板块和太平洋板块共同作用下形成的。在新生代期间，印度板块沿金沙江—元江断裂作北东方向俯冲，横断山区自东北向西南逐渐脱离古地中海隆起成陆。在第三纪末以前，本地区为统一的夷平面(准平原)，第四纪期间的喜马拉雅山造山运动，本区急剧抬升，其中北部和中部的广大地区上升量达 3000～4000m，与青藏高原的上升量大体一致[15]。上述表明，横断山在地质构造上与青藏高原有着密切的联系。横断山脉与喜马拉雅山脉一样都属于构造上的年轻山脉。

深大断裂带不但对区内地质构造的发生、发展和演化有着直接的影响，而且对第四纪期间的新构造活动和现代构造运动——地震活动的频率及强度有重要的影响。

区内新构造活动主要有如下几种形式：快速掀起、断块差异升降、新断裂的产生、负向“线状”凹陷和东西向隆起。新构造活动在使统一夷平面抬升解体的同时，又形成了许多新活动构造块体，这些块体之间的结合带，或叫新活动断裂带，它与深大断裂带具有明显的继承性。

本地区地震发生频率之高，强度之大，为全国少见。根据资料，区内从公元前 116 年(有历史资料记载以来)到 1974 年 6 月，大于 4.7 级地震共发生过 481 次，其中 6～7 级为 99 次，7～8 级 14 次，大于 8 级为 3 次。研究发现，区内地震的发生与深大断裂带有密切关系，特别是强震多出现在深大断裂带上[13]。

区内地层组成复杂。金沙江至元江一线以西属于东滇西地层区，其中中生代陆相沉积和海相沉积广泛发育，几乎占该地层区面积的一半。其次岩浆岩分布面积大，且几乎沿深大断裂带分布，其中金沙江—元江花岗岩带、澜沧江花岗岩带和怒江花岗岩带规模最大，它们形成的时代分别为距今 36～33、244～191 和 112～54 百万年以前。本地层区内除有大面积的侵入岩外，还有多期的火山喷出岩，其中云南腾冲地区有大面积的火山岩出露。据调查证实，新近纪上新世曾有两期火山活动；第四纪更新世和全新世各有一期熔岩出喷，前者为橄榄玄武岩，后者为安山玄武岩。据推测，上述岩浆岩和火山岩的形成均与板块(印度板块和欧亚板块)碰撞的地质背景有关。区内四川甘孜藏族自治州和阿坝藏族羌族自治州大部分地区为三叠系的砂板岩和碳酸盐岩，且有轻微变质，在地层分区上，这一带属于巴颜喀拉地层区。北起康定，南至云南哀牢山，东、西分别以凉山、小江断裂带和金河、永胜、宾川断裂带为界的南北狭长地带属于扬子区地层，叫康滇地轴。这里自古生代开始便是一个长期处于隆起的地带，地层主要由前震旦系的结晶岩和变质岩组成。这个地带具有多条平行展布的南北向深大断裂及一系列线状褶皱，因而发育了多期和呈群带分布的各类岩浆岩。

二、别具一格的地貌环境特征

横断山区地貌形态的结构特点表现为辽阔的丘状高原面和被分割的山顶面可连接为

一个统一的“基面”,“基面”上有山岭,“基面”下有深切河谷和众多的盆地。从河谷到山顶，有多级阶地面、剥蚀面和夷平面，在垂直剖面上呈层状分布。

区内地势北高南低，山川相间排列、南北纵贯、岭谷高程悬殊、地貌类型垂直分异明显等是横断山区地貌形态的重要特征[16]。

区内地势由北往南呈阶梯状下降，大体可以分出三个阶梯：①奔子栏、冕宁一线以北为第一阶梯级，平均海拔4500m左右，山峰多在海拔5000m以上；②奔子栏、冕宁一线以南至永平、下关、宾川一线以北为第二梯级，平均海拔3500m左右，只有少数山峰超过5000m；③永平、宾川一线以南为第三个梯级，平均海拔在2000～1500m以下。

区内地貌形态从东往西的变化特点如下：本地区东北部龙门山呈北东向，其西南端与茶坪山相连接。岷江近似南北向流经龙门山和邛崃山之间，岭谷高差一般为2000～3000m。邛崃山脉由北西向转为东北向，经夹金山向南延伸至大相岭和大凉山，岭脊海拔3000m以上，主峰四姑娘山海拔6250m，其东南坡相对高差达5000余米，著名的卧龙大熊猫自然保护区即坐落于此。邛崃山脉以西为大雪山脉，闻名中外的横断山脉最高峰贡嘎山高耸于大雪山脉群峰之上，海拔7556m。其东坡从大渡河谷底到山顶水平距离仅29km，而相对高差竟达6400m，为世界所罕见。大渡河穿插于上述两大山脉之间，在石棉转向东流。西昌地区的安宁河谷与大渡河谷南北呼应。有人认为，以前大渡河是通过安宁河流入金沙江的。大雪山西侧为金沙江支流雅砻江，再向西侧为沙鲁里山脉，它北起雀儿山，向南经海子山延伸至玉龙雪山，山岭连绵长达600余千米，岭脊高峻雄伟，海拔一般在5000m以上。山峰巍峨挺拔，雀儿山主峰海拔达6168m，玉龙雪山主峰海拔5596m，山上积雪终年不化，山谷冰川发育，形似“玉龙”飞舞，玉龙雪山因此得名。沙鲁里山以西依次为金沙江、宁静山脉(向南延伸为云岭)、澜沧江、怒山(向北延伸为四莽大雪山和他念他翁山)、怒江和高黎贡山(向北延伸为伯舒拉岭)。其中金沙江、澜沧江和怒江，即所谓“三江”，相距最近处在27°30′N附近，直线距离仅76km，可是它们的入海口却相隔甚远，如金沙江下游和怒江下游的萨尔温江，入海口相距在3000km以上，成为地球上奇特的自然现象之一。就在27°30′N附近，“三江”自东向西的江面高度成阶梯状递减，金沙江江面海拔2700m，澜沧江为1900m，怒江则仅有1600m，这是地球上另一个少见的奇特现象。“三江”江面狭窄，两岸陡峻，属典型的“V”字形深切河谷，其中以金沙江石鼓附近的虎跳峡最为典型。虎跳峡全长15km，相对高差达3000余米，两岸如刀削斧砍，江面宽仅60～80m，峡内险滩密布，水流湍急，势如万马奔腾，声如猛虎咆哮，是世界著名的峡谷之一。

由于区内岭谷高程悬殊，塑造地貌形态的外营力垂直变异非常明显，因此从河谷到山顶地表面的地貌过程不同，并由此形成的气候地貌类型呈现出垂直带性。一般可分出2～3个带，最多可分出4个带，如贡嘎山东坡自下而上的气候地貌带有[17]：①物理风化作用为主的气候地貌带，分布于海拔1500m以下的亚热带半干旱河谷区；②流水侵蚀作用为主的气候地貌带，位于海拔1500～3700m的高度，拥有亚热带和温带的湿润气候条件；③冰缘作用气候地貌带，海拔为3700～4900m，气候冷湿；④冰雪作用气候地貌带，位于雪线以上，即4900m或5100m以上，气候终年寒冷。

区内在距今200多万年以前，地面形态起伏很小，为海拔仅1000m左右的准平原，与青藏高原可联成为一个统一的夷平面。在第四纪期间，区内出现三次强烈的新构造上升运动，该构造运动具有间歇性和差异性上升的特点。在这种特殊构造活动影响下，统一的夷平面全面解体，使全区地势出现北高南低，呈阶梯状下降的局面。伴随三次强烈新构造运动的同时，区内出现三次大的冰川活动，冰期和间冰期期间的地貌外营力活跃，冰川和流水对地表的剥蚀作用和河流的下切作用强烈，进而在统一夷平面解体后相应形成不同高度的剥蚀面和阶地面。以致形成区内地貌形态在垂直剖面上呈明显的成层性，即从上而下可以划分出夷平面、剥蚀面和阶地面多级层状地貌类型。夷平面为区内分布较广泛的一级地貌面，它是区内重要地貌特征之一。其分布海拔呈现出由北向南逐渐降低的趋势。在区内北部的色达、理塘一带一般为4700～4500m，中部的丽江、剑川地区为3000m左右，南部的元江、思茅一带仅有1700m左右。剥蚀面分布于夷平面之下，它在垂直剖面上亦表现出梯级状分布，如四川西昌的螺髻山4200m夷平面下有3800m、3500m和3200m三级山前剥蚀面。云南剑川附近3000m夷平面下有2700m、2550m和2350m三级山前剥蚀面。类似这样的剥蚀面区内广泛发育，怒江、澜沧江、金沙江及其支流一般可见到二级剥蚀面。本地区内阶地一般有4～6级，有些地方最多可达8级，如澜沧江上游的昌都附近。在夷平面之上，山岭高耸，一般高出夷平面1000～1500m，少数高出3000m左右。海拔5000m以上的山岭，现代冰川发育，主要为海洋性山谷冰川。贡嘎山是区内冰川最发育的地区，全区冰雪覆盖面积达360km^2，有现代冰川71条，长度超过10km以上大型山谷冰川5条，其中东坡海螺沟冰川长达14.8km，伸入森林带6km，冰川前缘下降至海拔2850m。云南境内的梅里雪山和玉龙雪山是我国纬度最低的雪山，其中前者山谷冰川下降高度为2600m，这是世界亚热带纬度上所少见的，这为现代冰川的研究提供了极为有利的条件。

区内大部分地区在海拔2600～2400m的山麓地段保存有比较完好的第四纪冰川作用遗迹。前人对这些古冰川遗迹做过大量的调查研究，并在此基础上对横断山区第四纪期间的冰川活动的次数及其时代做了探讨[18,19]。有人认为，区内第四纪期间玉龙雪山地区有过两次冰川作用。另有人提出，区内北段的雀儿山在第四纪期间有过3次冰川作用。中国科学院原成都地理所通过贡嘎山古冰碛和古冰川地貌的考察研究，提出该地区在第四纪期间有过3次冰期的看法[20]，并认为，该地区与青藏高原的第四纪冰川发育过程除时间上、规模上有先后与大小之别外，在冰期的次数及其时代的对比上，有完全的一致性[15]。

三、垂直自然带结构的复杂性

横断山区高山深谷地貌环境生态效应，突出表现为植物随海拔变化的多层性和垂直自然带谱结构的复杂性及其类型的多样性。

在山区随着海拔增高，在气候、植被、土壤、农业以及景观地球化学特征等方面所出现的有规律的更替现象，人们称之为垂直自然地带性，即从山脚到山顶可以划分出自然地理景观上基本相似并呈带状分布的不同的自然带。人们把组成某一山地若干自然带的现象称为垂直自然带谱。不同山地地区垂直自然带谱的结构是不一样的。

区内垂直自然带结构的复杂性是区内特殊地质构造、复杂的地貌过程与多变的气候特征等自然环境条件历史发展的产物。研究区地域辽阔，南北跨越纬度达10°，东西经度宽达7°。因此，气候具有明显的纬度地带性和经向地带性的变化特征，具体表现为热量条件随纬度增高而降低，水分条件在经向方向上随距海远近而变化。前已述及，本区地势南低北高；山川南北纵贯，平行排列；相对高程悬殊，一般为 1000～3000m，不少地区在 3000m 以上；地貌形态复杂多样。这种地貌格局和特征严重地干扰了气候纬度地带性和经度地带性的分布规律[21,22]，这是形成区内垂直自然带结构和类型具有复杂多样性特征的根本原因。

横断山区从南到北可以分出如下 7 个气候带：北热带、南亚热带、中亚热带、北亚热带、暖温带、温带和寒温带。而同纬度的我国东部地区只有北热带、南亚热带、中亚热带和北亚热带。这表明本地区气候基本特征是纬度地带性气候上叠加了垂直地带性的变化。区内降水时、空变化具有明显的区域性特征。全区受高空西风环流、印度洋和太平洋季风环流的影响，具有不同于我国同纬度的降水特征，即冬干夏雨，干湿季非常明显，一般 5 月中旬到 10 月中旬为湿季，降水量占全年的 85%以上，不少地区超过 90%，且集中于 7、8、9 三个月。从 10 月中旬到翌年 5 月中旬为干季，降水少，日照长，蒸发大，空气干燥。区内降水的空间变化表现出明显的经向性差异(表 8-1)。从表 8-1 中看出，降水从贡山到巧家随经度的增大而减少，但其中间有明显的起伏。这种变化反映了地形变化的复杂性。

表 8-1　横断山区降雨经向变化

地区	贡山	维西	丽江	盐边	米易	巧家
经度(E)	98°48′	99°31′	100°26′	101°34′	102°06′	102°53′
年平均降水/mm	1667	952	950	1076	1094	796

区内山体高大，且岭谷高程悬殊，因而气候在垂直方向上变化明显，据贡嘎山东坡气象观测研究资料，温度(月均温和≥10℃积温值)随海拔的变化有如下的关系[21]

$$T5-3\text{月}=22.943-0.637H \quad R5-3\text{月}=0.64$$

$$T1\text{月}=12.354-0.519H \quad R1\text{月}=0.52$$

$$T7\text{月}=31.748-0.659H \quad R2\text{月}=0.66$$

$$T6-9=27.733-0.591H \quad R6-9\text{月}=0.59$$

$$T\geqslant 10=\begin{cases}8747-306H & H\leqslant 28.58\text{百米}\\ 0 & H>28.58\text{百米}\end{cases}$$

式中，R 值为相应月份的气温递减率，以℃/百米计，T≥10℃为大于和等于 10℃的积温值。

在玉龙雪山，从海拔 2393m 的丽江到海拔 3240m 的云杉坪，年均温递减率为 0.84℃；从海拔 1883m 的石鼓到云杉坪为 0.64℃。在四姑娘山的东南坡(卧龙自然保护区)，从海拔 1120m 的岷江边到海拔 4500m 的巴朗山口，1 月气温递减率为 0.42℃，8 月气温递减率为 0.5℃。

气温在垂直方向上的有规律的变化是山地气候垂直带形成的基本原因。区内大体在纬度 30°的高大山体可以分出如下 6 个山地气候垂直带：山地河谷干热或半干旱带、山地亚热带、山地暖温带、山地温带(或寒温带)、亚高山亚寒带、高山寒带等。此线以北和以南气候垂直带的数目逐渐减少。

由于地形的复杂性，区内降水随海拔变化规律的研究不多。干热和半干旱河谷在横断山区内广泛分布。多数地区在一定海拔范围内降水随海拔增加，如贡嘎山东坡，在大渡河谷地的泸定至瓦斯沟口一带，年平均降水量只有600m左右，而在海拔3000～3700m的高度上，年平均降水量达到1700～1800mm。

综上所述，区内水、热条件的时、空变化虽有一定规律可循，但总的说来是复杂多变的。区内地势南低北高，因而气候水平地带性叠加了地势垂直变化的影响。因此，区内不同地区的气候基带具有纬度地带和垂直地带的双重性质。由于地形焚风效应的影响，区内许多地方(一般在河谷区)的气候特征发生变化，表现为气温升高，降水减少。

植被是气候的敏感器，土壤是气候和植被特征的综合反映。因此，区内植被和土壤在水平和垂直分布上基本上与气候的变化相吻合。

根据水、热要素为主导因素，植被和土壤要素为主要标志的综合性原则，区内自然带从南到北可以分出如下四个带：①北热带季雨林——红壤带；②亚热带常绿阔叶林——红壤和黄壤带；③暖温带针阔叶混交林——褐色土和典型棕壤带；④寒温带亚高山暗针叶林草甸——暗棕壤和亚高山草甸土带。这四个带实际上组成了具有斜降山原性质(从北往南斜降)的垂直自然带谱，然而每一个带又是代表特定地区内垂直自然带谱的基带。以亚热带常绿阔叶林——红壤和黄壤为基带的垂直自然带谱结构最完整，具有从亚热带常绿阔叶林——红壤黄壤带到极高山永久冰雪带的所有自然带。以贡嘎山为例[22]，其东坡的带谱结构如下：①山地亚热带常绿阔叶林——黄红壤、黄壤带(河谷区气候受地形影响，土壤发生过程有些变化，海拔1000～2400m)；②山地暖温带针阔叶混交林——棕壤带(海拔2400～2800m)；③山地温带、寒温带暗针叶林——暗棕壤、灰化土带(海拔2800～3500m)；④亚高山亚寒带灌丛草甸——亚高山草甸土、高山草甸土带(海拔3500～4400m)；⑤高山寒带流石滩植被——寒漠带(海拔4400～4900m)；⑥极高山永久冰雪带(海拔4900m以上)。区内中部地区，即高山峡谷区域，其垂直自然带谱一般都有六个带，由这一区域往南和往北，垂直自然带谱结构都逐渐简单。

前已述及，区内降水具有经向变化和河谷区有受地形焚风效应影响的特征。因此，区内垂直自然带基带性质在热量条件相似的一定纬度范围内表现出明显的地区差异。根据基带性质(主要为植被和土壤的组成)的不同，可将本地区垂直自然带划分出如下几种类型[23-28]：①亚热带湿润型；②亚热带半湿润型；③亚热带干热型；④亚热带半干旱型；⑤暖温带湿润型；⑥暖温带半湿润型；⑦暖温带半干旱型；⑧寒温带湿润型；⑨寒温带半湿润型；⑩北热带湿润型。不同垂直自然带类型具有不同的立体农业结构特征。因此，区内垂直自然带类型的准确划分可为该区山地农业区划和山地资源的合理利用提供重要依据。

四、高山深谷地貌环境的生物资源效应

横断山区自然资源不但多样，而且非常丰富，有我国“自然资源宝库”美称。区内主要自然资源有生物、矿产、水利、土地、气候、地热和旅游等多种资源。其中生物资源、矿产资源和水利资源尤为丰富，在全国自然资源中占有重要的地位。现就区内最具特色的自然资源分析如下。

(一)生物资源

横断山区地域辽阔，地貌形态和气候类型复杂多样，这种复杂而又独特的自然地理条件为各种动物的栖息繁衍和植物的生长发育提供了极为有利的条件。动、植物种类之多，类型之齐全和资源之丰富为世人所注目，其主要特点可归纳为如下几个方面。

1. 动、植物种类繁多

区内动物种类中的鸟类和兽类最为丰富，据不完全统计，其中鸟类约占全国总数的50%。据中国科学院昆明动物研究所资料，云南淡水鱼类达300余种，约占全国总数的44%；两栖类有80余种，约占全国的37%；爬行类133种，占全国的42%。这些动物绝大部分分布于横断山区范围内。根据资料[23]，仅横断山区内的龙门山地区的脊椎动物计有679种，占四川省脊椎动物总数1292种的50%以上。区内植物中以蕨类、裸子和被子植物种类最为丰富，如裸子植物约占全国总数的40%以上。仅横断山区内的四川西部山区有云杉属11种，占全国云杉属种数的42%；冷杉属10种，占全国的45%[24]。这两属种类在横断山区的中部高山峡谷区高度密集分布，是组成本地区森林植被的主要树种，横断山区有"高山花卉摇篮"之称，杜鹃花多达300种以上，约占世界杜鹃花种数的40%，报春花和龙胆花均约占世界种数的一半[25]。这三种世界名花广泛分布于区内海拔1500～4500m的范围，每年从春到秋，山上山下，百花争艳，万紫千红。

2. 动、植物区系组成成分复杂

在动物区系组成上，本地区兼有古北界和东洋界的成分。从常见的优势种组成及其生态地理特点来看，横断山区北部为高山森林草原——草甸草原、荒漠动物群的组成部分；低、中山区则为亚热带森林动物群；区内南部的低、中山地区属于热带森林动物群。因此动物组成十分复杂，而且具有许多原始的和特有的种类。在全国动物区划上，除横断山区南段的云南西、南部地区划为华南区外，其余大部分地区被划为独立的区——西南区。在植物区系成分上，本地区具有古北植物区系、中亚植物区系、喜马拉雅植物区系和印度马来植物区系等多种成分的渗透和混交，是我国植物区系成分最复杂的地区[25]。

3. 具有大量稀有珍贵、源古老的孑遗动、植物

本区在第四纪冰期时，受北方大陆冰川影响较小，加之有南北向河谷的有利地形，因此有新近纪动、植物"避难所"和一些生物种类发生"摇篮"之称，致使许多古老、稀有孑遗动、植物种类得以保存、生长和发展。据不完全统计，被列为国家保护的动物中，横断山区的动物几乎占一半，是全国稀有珍贵动物最多的地区。被誉为"国宝"和具有"活化石"之称的大熊猫，除陕西、甘肃有少量分布外，主要分布于区内龙门山、邛崃山、夹金山、小相岭和大凉山山区。著名的稀有珍贵动物还有金丝猴、牛羚、白唇鹿、梅花鹿以及云南金丝猴、云南野牛、亚洲象、各种长臂猿、扭角羚、红斑羚等。区内中、北部常见的稀有珍贵植物有珙桐树、水青树、连香树等。区内南段的滇西南山地常见的有木兰科的木莲、拟含笑、黄缅桂，龙脑香科的东京龙脑香、毛坡垒，裸子植物的苏铁、倪藤以及树蕨等，有"活化石"之称。此外，在横断山区还间有起源于古生代和中生代的许多蕨类植物和起源于古近纪的裸子植物，这些裸子植物是油杉、铁杉、云杉和冷杉。调查发现，仅本区内的川西山地拥有古老裸子植物就多达14种以上。

4. 生物资源蕴藏量大

区内生物资源中的森林资源极为丰富，有各种各样的森林植被类型和森林植被生态群落[26]。森林植被类型主要有云杉林、冷杉林、高山松林、落叶松林、云南松林、油松林、桦木林、柏木林、常绿阔叶林、常绿阔叶与落叶阔叶混交林、松栎混交林、各种竹林以及热带雨林、季节性雨林和季雨林等。森林植被类型可从河谷一直分布到海拔4000～4200m的群山峻岭之中。区内森林资源集中分布于亚高山区和各主要河流支流的中、上游地段。在水平分布上，主要集中于德格—理塘—新龙一线以南至滇北高山峡谷区[27]，这里森林覆盖率高，一般都在20%以上，不少县高达30%～50%；木材蓄积量高，以材质优良的云、冷杉为主，成为我国第二大林区——西南林区的主体部分。如金沙江流域森林总蓄量达11亿m^3，其中成熟林积蓄量7.8亿m^3，占全国总量的22.3%。

区内草地也十分丰富，有各种各样的天然草地类型。其中高山草甸草地类型分布面积最大。仅区内的四川甘孜、阿坝地区有这种草地资源面积6786万亩。此外这两个地区的总草地面积约1.9亿亩，占四川省草地面积的71.2%，是我国主要牧区之一。

区内药用植物，种类之多，数量之大，为全国省见。据不完全统计，区内药用植物达3000种以上，其中贝母、虫草、三七、大黄等不但产量高，而且质量好，享誉中外。

(二)特殊地质地貌环境的资源效应

横断山区内地质构造活动具有多期性和复杂性特征，这为良好成矿条件的产生创造了有利条件。区内成矿条件具有成矿物质来源丰富和成矿过程中矿物富集与赋存良好等特点。前面已述及，区内深大断裂带发育，为岩浆岩的侵入活动提供了通道，即为内生矿床的形成提供了丰富的矿物来源。区内拥有各种类型的岩浆岩，其中以中酸岩分布最广，如金沙江复背斜的石英闪长岩、黑云母花岗岩、花岗岩、斑状花岗岩以及雀儿山至稻城一带的花岗岩带，呈雁状排列产出；其次为基性和超基性岩在区内也广泛分布。区内南北向深大断裂带和在此基础上形成的次一级的各种构造有利于矿物富集与赋存，如中酸性岩以及基性、超基性岩有关的岩浆岩型矿床及热液矿床主要形成于南北向深大断裂带中，并成为我国著名的多金属矿带之一；但是矿带内重要矿区、矿田或矿体却主要分布于次级的一些南北向、北东向或北西向断裂、褶皱等构造带内，如安宁河断裂带有大型的铅锌矿、攀枝花式的钒钛磁铁矿；会东至攀枝花的东西向构造带有大量的赤铁矿、菱铁矿等。已查明，金沙江、澜沧江和怒江成矿带，不但矿藏规模大，而且含有以有色金属为主的各种矿藏多达百种以上，攀枝花式的钒钛磁铁矿含铁量为16%～36%，并伴生有多种金属，如钒、钛、钴、钼、镍和铬等。攀枝花地区，不但铁矿储量很大，而且有得天独厚的丰富的煤炭资源、水力资源以及发展钢铁工业所需的石灰石、白云石和黏土矿等，是发展钢铁工业的理想基地。目前攀枝花市已建成兼有钢铁、煤炭、电力、机械建材和化工等多种工业的工业化城市。随着建设规模的扩大，这里同时有可能成为我国生产钒钛金属和其他有色金属及稀有金属的重要基地。

区内有色金属矿床种类繁多，其中铜矿、铅锌矿分布广，储量大。本区内铜矿在成因上可分为五个类型：①热液型；②斑岩型；③沉积变质-热液富集型；④火山沉积变质型；⑤沉积型。铜矿藏广布于全区，其中云南省的东川和四川省的会理、会东地区最集中，储量最大。东川自古以来就是我国著名的产铜中心，因其储量大的铜质优良而闻名于世。已探明，仅会理、会东地区的铜矿储量占四川省全省铜总储量的64.2%，其次九龙县占16.5%，可见区内铜储量非常丰富。区内铅锌矿在成因上可分出两种类型：①热液型；②沉积再造型。该矿在区内分布较广泛，其中以四川省的西昌—攀枝花地区、会东—宁南—金阳一带以及云南省西北三江峡谷地带附近的金顶储量最为丰富。如金顶巨型铅锌矿床区矿藏储量达1400万吨，是世界上储量最大的矿藏之一。区内金矿引人注目，其矿床类型一般可分为砂金和脉金两大类。金沙江具有淘砂金的悠久历史，早在宋元时，淘砂金就成为江岸人民的重要产业。金沙江正是因为河里有砂金而得名。金沙江最大支流雅砻江亦以产沙金而闻名，有“小金沙江”之称。沙金来源于何处？沿江地区有无大型金矿床？这些问题已引起人们的极大兴趣，并有不少地质、地貌学家正为此作深入的考察和研究。不久前已探明，本区南段哀牢山西坡边缘的墨江县有一个储量可观的石英脉型和蚀变构造带型金矿藏，矿藏储量可达100t，工业储量5.5t。此外，区内有丰富的稀有金属及放射性和分散元素矿产，已查明区内稀有金属有锂、铍、铂、锗、铌、钽、锆、重稀土、轻稀土、铷、铯等；放射性元素有铀；分散元素有镓、镉、铪、硒等。

区内非金属矿产种类齐全，其中白云母和石棉的储量较大。此外，区内还出产许多特种非金属矿产，如压电水晶、熔炼水晶、光学萤石和蓝石棉等，以及各种建筑材料。

(三)水利资源

横断山地势起伏明显，河流源远流长，水利资源极为丰富，为我国水能资源蕴藏量最大的地区。区内各河流受地质构造与地面倾向的控制，河流流向主要表现为南北向和西北—东南向。水系形态，在南北向河谷区呈羽状，流域形态狭长。区内各河流河道以石质为主，河道纵坡陡，如区内中部高山峡谷区河道纵坡一般为1‰～3‰，而且河流多险滩，谷岸陡峭，水流湍急。区内河流水量丰富。根据各主要河流河口或河口附近水文站观测资料，各主要河流年平均径流量(m^3/s)如下：金沙江4720，雅砻江1781，大渡河1530，岷江(紫坪铺站以上的上游区段)494，澜沧江1850，怒江1660。据粗略估算，本地区水力资源蕴藏量约占全国水力蕴藏量的37%。据调查资料，仅金沙江流域水能资源蕴藏量多达1.1亿余万千瓦，占全国水能总蕴藏量的37%，可开发电能约9920亿度，折合原煤4.96亿t，这个数字约相当于我国目前全年煤总量的70%。目前金沙江水力资源的开发仅占其可能开发的0.49%，可见金沙江水力资源可开发的潜力是何等之大。如果把区内其他江河的水力资源合计考虑，那么横断山区完全可称得上是我国最大的“能源宝库”。

五、加强资源开发的科学研究

我国近期发展国民经济战略布局大体从东往西为三个带，东部带主要包括沿海各省、市区，中部带为江西、湖南、湖北、河南及安徽等地区，西部带主要为新疆、西藏、青海、甘肃、陕西、四川、贵州等高原山地区。根据目前社会经济基础和科学技术等条件，东部带被确定为近期战略开发的重点，中部带次之，西部带为后。西部带地域辽阔，具有丰富的后备资源。东、中部带社会经济的发展可以带动西部资源的开发和经济的振兴，西部带资源的开发和经济的振兴可以促进东、中部带经济的持续发展。横断山区的自然资源特别是水力资源、森林资源和矿产资源十分丰富，在全国占有重要的地位。因此，目前加强这一地区自然资源开发的科学研究，在发展国民经济的战略布局上具有重要的意义。

(一)水资源的开发与研究

区内水资源非常丰富，但水力资源的利用率不到1%，而水利资源的利用率更低。如此丰富的水资源年复一年地付诸东流和南流，多少人为之叹息。20世纪50年代曾有中央领导同志和科学工作者高瞻远瞩地提出横断山区的河水可以北调，以解决西北和华北广大地区的干旱缺水问题。为此，有不少科技工作者参与了1959～1961年的横断山区南水北调的考察研究，并提出了南水北调三条引水路线的规划意见。这个规划可以说是建设富强中国的伟大宏图，它的实现将对我国工农业生产的发展带来深远的影响。完成这样一项伟大工程，当然要有坚实的经济基础和雄厚的科学技术力量，但更重要的是要有深入的科学研究。前期的考察在地质、地貌、气候、水文、森林和草场等方面做了大量的工作。但由于当时科学技术设备和计算机应用技术等条件的限制，未能从全局的观点和综合的角度采用系统工程理论全面评价研究这项工程可能带来的环境与灾害问题。横断山区南水北调工程的提出，在国内外均有相当影响。随着历史的进步、生产力的发展、国内经济实力的增强和社会物质需求量的增加，横断山区南水北调工程将会重新提到议事日程上加以深入研究。

我国不可更新资源(如煤、石油)是有一定限度的。因此，作为可更新资源——水力资源将成为今后经济建设和日常生活的主要能源之一。我国水资源宝库——横断山区水能资源在未来的作用和影响是显而易见的。由于区内地质构造复杂，环境条件特殊，水力资源的开发将牵涉到工程地质、生态环境等一系列问题，这方面有大量的理论和技术问题有待于深入研究。

(二)森林资源的开发与保护

横断山区有我国第二大林区之称。目前森林主要分布于各主要河流支流中的中上部高山峡谷区。这些森林在涵养水源、保护土壤方面起着重要的作用。近来对本地区森林资源的开发利用有许多不同的争论意见，这些意见归纳起来不外乎是两种观点，一是认为本区内森林资源要绝对地加以保护；二是长江不会变成“黄河”，树还是可以砍的。发表不同见解的所有作者都列举了一些事实和资料来阐明自己的观点。但是，我们发现他们当中有一个共同点就是都缺乏对该地区从点到面作系统深入的分析研究。因此，当前开展本地区森林生态系统功能效益(包括生态和经济方面)的研究十分必要。开展这种研究需要建立定点观测站，通过长期系统的观测试验，把握生态系统发生、演化规律，提出区内不同地区农业结构(农、林、牧用地比例关系)和林种结构(防护林、用材林、经济林、薪炭林和特种林地的比例关系)的科学规划，只有在这样的基础上才能做到合理开发利用和保护森林资源。

(三)合理的山地农业布局的探讨

区内相对高差大，具有发展立体农业的良好条件。立体农业一般理解为河谷地区农业(种植业)、中山地带林业、亚高山地带牧业。河谷地区资源的开发历史悠久，几乎区内所有能发展种植业的河谷地区都得到不同程度的破坏性的开发和利用。目前这里的森林覆盖率极低，有不少地方已变成荒坡裸地，水土流失严重，山崩、滑坡和泥石流灾害频繁发生，生态系统已处于难以恢复的恶化阶段。河谷地区是区内人口分布最稠密的地区，人们为了生活用柴、建设用材和增加经济收入，仅靠河谷地区的种植业已经无法维持了。因此目前农用砍树、破坏森林的现象十分严重，中山地带的森林正像被蚕食一样，从下往上日趋缩小。因此，对河谷地区千篇一律地搞农业、种粮食的这种传统的方式有必要作深入的研究。区内河谷地区，除少数地方有较宽的平坝、阶地外，多数地方河谷狭窄，河流两岸山坡陡峻，加之降水季节分配不均，干季时间长达6~8个月以上，山地生态系统非常脆弱，一旦受到过度的干扰破坏，便溃退为岩石裸露的穷山恶水。因此，区内像这样的河谷地区，要加强人居环境适宜性和退耕还林(草)研究，土层较厚的缓坡地带发展既有生态效益又有经济效益的经济林木或果木。陡坡土层浅薄地带应采取自然恢复途径，逐步恢复适应干旱环境的灌木草丛。但是人－地关系矛盾如何解决？山区贫困农牧民如何脱贫？这就需要对山区农林牧业的合理布局问题作深入探讨，这个问题既是山地生态学、山地农业地理学研究的重要课题，又是山地科学研究的理想场所。

第二节　横断山东缘中段地区垂直自然带①

研究区范围介于北纬28°～35°和东经102°～104°30′，包括广元—都江堰—雅安—屏山一线以西，南坪—松潘—黑水—鹧鸪山—康定—贡嘎山主脊以东地区。本区为南北延伸的弧形狭长地带，是青藏高原向四川盆地过渡的高山峡谷区。区内地形复杂，气候类型多样，垂直自然带谱结构区域差异大，动物和植物种类繁多，资源十分丰富，四川省的重点自然保护区多分布在这一区域内。因此，深入开展区内自然环境特征和山地垂直自然带特点的研究，对于山地资源的合理开发、利用和保护等具有十分重要的意义。

本节是在实地考察贡嘎山和岷江中游流域卧龙自然保护区等山地垂直自然带的基础上，并参考前人的有关资料[24-29]，对研究区山地垂直自然带的结构特征及区域分异规律作初步探讨。

一、垂直自然带形成条件

区内山岭叠嶂，主要有如下几条较大的山脉组成：①龙门山脉，占据着区内北段，呈东北西南向，山岭海拔一般3500m左右，主峰九顶山高达4982m，为阿坝藏族羌族自治州东南部的一扇“屏风”；②邛崃山脉，北起鹧鸪山，向南延伸与夹金山相接，山岭海拔一般为4000m左右，主峰四姑娘山海拔6250m，为四川省第二高山；③夹金山，北接邛崃山脉南端，呈北北东走向，长达百余千米，最高峰5000余米，为大渡河与青衣江支流天全河、宝兴河的分水岭；④大相岭，北西走向，一般海拔2500～3000m，为大渡河与青衣江的分水岭；⑤大雪山脉(南段)，南北走向，主脊线海拔5000m左右，贡嘎山主峰海拔7556m，为青藏高原东部最高山峰；⑥小相岭，位于石棉以南，主峰铧头尖峰海

① 本节作者钟祥浩，在1983年成文基础上作了修改、补充。

拔4500m，在小相岭的东南部为海拔1500～3500m的山原；⑦小凉山，在本区南部，山岭海拔约3000m左右，大风顶高达4035m。由于区内山体高大陡峻，河谷深邃狭窄，岭谷高差十分悬殊，一般高差在1000～4000m，其中卧龙地区达5000m，贡嘎山东坡达6400m，这为本区山地垂直自然带谱的形成奠定了有利条件。同时，山体的位置、山体大小以及坡向的不同，导致山地垂直自然带谱结构特征有明显的区域性。

本区属中亚热带气候。东南季风、西南季风和西风急流南支影响着本区南部的天气过程。本区的北部主要受东南季风和西风急流南支的控制，造成气候上的区内差异性。同时，由于山脉多作南北走向，也导致山体东西两坡向之间的气候差异(表8-2)。热、水等条件的不同，导致了山地垂直自然带谱结构的区域分异。

表8-2　各站气象资料

站名	马边	汉源	雅安	泸定	灌县	汶川	小金
海拔/m	541.2	796	682	1321	706.7	1448.5	2465
年平均气温/℃	17.0	18.0	16.2	15.5	15.2	12.8	11.9
年降水量/mm	1108.5	741.8	1805.4	664.4	1264.7	513.9	617.2
≥10℃积温/℃	5483.2	5844.7	5088.6	4768.2	4690.0	3796.0	3485.0
年平均相对湿度/%	80	67	79	66	81	69	52
资料统计年份	1956～1970	1951～1970	1951～1970	1960～1970	1954～1970	1959～1970	1951～1970

二、不同区域的垂直自然带

(一)龙门山、邛崃山小区

该小区包括平武、北川县全部，都江堰、崇庆、汶川、茂汶、松潘、绵竹和安县等县的部分地区。山地垂直自然带谱由下列自然带组成。

1. 山地亚热带常绿阔叶林——山地黄壤带

该带位于海拔2000m以下，年平均气温在10～24℃，≥10℃积温小于5000℃，1月份平均气温0～4℃，7月份平均气温16～24℃，年降水量1100mm左右。

自然植被为常绿阔叶林，主要以耐寒的种类组成，如山毛榉科的青枫(*Cyclobalanopsis glauca*)、曼青枫(*C. oxyodon*)、包石栎(*Lithocarpus cleistocarpus*)等和樟科的油樟(*Cinnamomum longipaniculatum*)、黑壳楠(*Lindera megaphylla*)、汶川钓樟(*L. limprichtii*)等。灌木层多以油竹(*Sinarundinaria ferax*)占优势。在海拔1600m以上，常绿树成分减少，而落叶阔叶树成分增多。在卧龙地区的落叶树多为连香树(*Cercidiphyllum japonicum* var. *sinensis*)、珙桐(*Davidia involucrata*)、水青树(*Tetracentron sinese*)，以及野核桃(*Juglans cathayensis*)等。由于人为影响，在海拔1600m以下地段植被盖度为30%左右，在海拔1600m以上可达70%。栽培植被主要有玉米、小麦、马铃薯和水稻等。这一带发育的土壤为山地黄壤、山地黄棕壤。

2. 山地暖温带针阔叶混交林——暗棕壤带

该带分布在海拔2000～2500m，其上限为冬季积雪线的下限；年平均气温4～10℃，1月均温0～4℃，7月均温12～16℃，≥10℃积温<2000℃。在卧龙自然保护区“五一

棚”1979年观测资料，年平均气温6.26℃。

自然植被主要由松科的铁杉属(*Tsuga*)、云杉属(*Picea*)、落叶松属(*Larix*)和桦木科的桦属(*Betulla*)，槭树科的槭属(*Acer*)，杨柳科的杨属(*Popnlus*)，椴树科的椴属(*Tilia*)等组成乔木层①。盖度达70%~90%。灌木层以大箭竹(*Sinarundinaria chungii*)占优势，其他灌本种类稀少，常见的有绒毛杜鹃(*Rhododendvon pachytrichum*)、星毛杜鹃(*R. asterochnoum*)等。该带为大熊猫的主要活动场所。栽培植物主要是马铃薯、乔麦等。本带发育的土壤为暗棕壤。

3. 亚高山寒温带暗针叶林——山地棕色暗针叶林土带

该带分布于海拔2500~3600(3800)m，≥10℃活动积温<1000℃，无霜期35天左右。自然植被多以岷江冷杉(*Abies faxoniana*)纯林的林型出现，在局部地方有落叶松属的四川红杉为主的林型。在半阴坡，还混杂有云杉属的植物和黄果冷杉(*Abies ernest*)，以及落叶阔叶树的桦属树种。灌木以冷箭竹(*Sinarundinaria fangiana*)占优势，此外还有杜鹃花科(Rhododendron)、忍冬科(Lonicera)和蔷薇科(Rosa)的植物。草本植物稀少，地表苔藓地衣发育，层外植物有长松萝。该带发育酸性的山地棕色暗针叶林土。

4. 亚高山亚寒带灌丛草甸——亚高山草甸土带

该带分布于海拔3600~4600m，风大寒冷。自然植被一般分灌木、草本和苔藓植物。灌木多为低矮的杜鹃花科植物，如紫丁杜鹃(*Rhododendron violaceum*)，此外，还有柳(*Salix*. spp)、高山绣线菊(*Spiraea alpina*)、岩须(*Casspe fastigiata*)等。草本植物主要有蒙自藜芦(*Veratrum mentzeanum*)、珠牙蓼(*Polygonum viviparum*)、银莲花(*Anemone tomentosa*)等。在卧龙巴郎山的阳坡有硬叶常绿阔叶的高山栎(*Quercus*)。土壤为亚高山草甸土。

5. 高山寒带疏草——寒漠土带

该带位于海拔4600~4900(5000)m，气候严寒，一般植物已不能生长。在寒冻风化作用下，到处都是大大小小的石块，形成石海。在茫茫石海中，生长有一些耐寒的垫状植物，如苞叶风毛菊(*Saussurea obovallata*)、水母水莲花(*S. medusa*)、绵参(*Eriophyton wallichii*)、垫状点地梅(*Androsace tapete*)和蚤缀(*Arenaria* sp.)等。该带发育的土壤为多石的寒漠土。

6. 极高山冰雪带

该带在海拔4900m以上地段，为冰雪覆盖区。以四姑娘山为中心的邛崃山脉的冰雪覆盖面积计约50km²左右，是青藏高原最东的冰雪覆盖区。

(二)夹金山东南部、大相岭东北部小区

该区包括荥经、天全、宝兴、芦山等县的全部和大邑、邛崃、名山、峨眉等县的一部分。山地垂直自然带谱具有4个自然带。

1. 山地亚热带常绿阔叶林——山地黄壤带

该带在海拔2200m以下，年均温12~16℃，≥10℃活动积温达5200℃左右，1月份均温为2~6℃，7月份均温18~25℃，年降水量1200~1600mm。

---

① 据秦自生、胡锦矗(1981)待发表资料。

由于人为活动的影响，在海拔1800m以下的地段，自然植被已被破坏。但从幸存的树木中可以看出，该地段是以山毛榉科的栲树(*Castanapsis fargesii*)，樟科的峨眉黄肉楠(*Actinodaphne omeiensis*)、西南赛楠(*Nothpboebe cavaleriei*)和山茶科的厚皮香(*Ternstroemie gymnathera*)等组成的亚热带常绿阔叶林，林中夹有少量的喜湿桫椤植物。在该带的中部主要为峨眉栲(*Castanopsis platyacantha*)、包石栎、青㭎(*Cyclobalanopsis glauca*)等。在海拔1800m以上，常绿树减少，落叶阔叶树(如珙桐、连香树、水青树以及桦树和槭树等)的成分增多。灌木以箭竹为主。栽培植被有水稻、玉米、小麦、马铃薯等。由于岩性的影响，在较低海拔处侏罗系紫红色砂、页岩出露的地方，发育酸性紫色土，其他大部分地方发育山地黄壤。

2. 山地暖温带针阔叶混交林——暗棕壤带

该带处于海拔2200～2700m，年平均气温为6～12℃，≥10℃活动积温<2500℃，1月均温0～6℃，7月均温12～18℃。该带的下限与夏季云雾线下限相一致，而带的上限为其他季节的云雾线的下限。

由于人为活动的影响，大部分地区森林已被采伐。但是，总的来看，较大面积的植被仍以铁(杉)—槭、桦混交的形式出现。在天全、宝兴等地保留有小片铁杉(*Tsuga chinensis*)和云南铁杉(*T. dumosa*)纯林。在天全、宝兴、芦山一带有岷江冷杉、黄果冷杉等混杂于林中。在雅安、名山和峨眉一带，有峨眉冷杉混生于带的上部。落叶树种有青榨槭(*Acer davidii*)、五尖槭(*Acer maximowizii*)等及桦木科的粗皮桦(*Betula utilis*)、白桦(*B. platyphylla*)等。灌本层以多种杜鹃(*Rhododendron* spp.)和箭竹(*Sinarundinaria nitida*)占优势。草本植物稀少，活地被发达。发育山地暗棕壤。

3. 山地寒温带暗针叶林——漂灰土带

该带分布在海拔2700～3700m，终年云雾缭绕，为喜湿耐寒的峨眉冷杉(*Abies faberi*)为主的纯林，群落外貌呈深绿色，结构简单，郁闭度达70%～80%。在个别地方混杂有岷江冷杉和麦吊杉(*Picea brachytyla*)。由于林内阴暗潮湿，活地被十分发育，厚达10cm以上。在土壤形成过程中，漂灰化作用明显，形成漂灰土。

4. 亚高山亚寒带灌丛草甸——亚高山草甸土带

该带分布在海拔3700m以上的山顶部分。自然植被因坡向而异，在阴坡主要有柳、杜鹃灌丛，以及银莲花、珠芽蓼、委陵菜和报春等草本。在阳坡有绣线菊(*Spiraea* sp.)等灌丛和早熟禾(*Poa* sp.)等草本。发育亚高山草甸土。

(三)贡嘎山东南部、小相岭北部小区

该小区在贡嘎山主脊岭线以东和小相岭、大相岭之间的高山峡谷区，包括泸定、石棉、汉源等县，以及甘洛、峨边等县的大部分。区内山地垂直自然带谱结构复杂，从河谷底部到山顶可划分出下列7个带。

1. 山地亚热带常绿阔叶林——黄壤、黄棕壤带

该带在海拔2400m以下，年均温为12～18℃，≥10℃积温为4500～6000℃，1月均温4～9℃，7月均温18～24℃。带的上限为冬季积雪线的下限。河谷底部区域年降水量为650～850mm。依彭曼公式计算，其干燥度为1.0左右，属半湿润气候。在甘洛、峨边一带分布有马尾松(*Pinus massoniana*)林，在汉源、石棉和泸定县城以南的大渡河谷，海拔

1400m以上地段，分布有云南松(*Pinus yunnanensis*)林。在海拔1400～2000m的河谷，有多喜湿的油樟(*Cinnamomum longipaniculatum*)、山楠(*Phoebe chinensis*)，以及润楠(*Machilus pingii*)等樟科植物。在海拔2000～2400m，主要有竹叶楠(*Phoebe faberi*)、包石栎、细叶楠(*Phoebe hui*)等常绿树种，同时混生有连香树、水青树，以及多种槭树和桦树。栽培植被主要有水稻(限于海拔2000m以下)、玉米、小麦、马铃薯等。

由于生物及气候条件较为复杂，在河谷底部地域发育山地黄褐土(或山地褐土)，由此往上发育山地黄红壤、山地黄壤和山地黄棕壤。

2. 山地暖温带针阔叶混交林——暗棕壤带

该带位于海拔2400～2800m，年平均气温为6～12℃，≥10℃积温为2500～5000℃，1月平均气温0～4℃，7月平均气温12～18℃，年降水量1200～1400mm。

自然植被为铁杉—槭、桦混交林。针叶树主要有铁杉和云南铁杉，此外，在带的上部有少量峨眉冷杉和油麦吊杉(*Picea brachytyla* var. *Complanata*)混杂林中。落叶树种有多种槭和糙皮桦、香桦(*Betula insignis*)等。林下灌木以箭竹占优势。该带已无人工植被。发育的土壤为山地暗棕壤。

3. 山地寒温带暗针叶林——漂灰土带

该带分布于海拔2800～3500(3800)m。在贡嘎山东、南坡，年降水量达1400～1800mm。带幅内终年云雾带缭绕，寒冷潮湿。自然植被为冷杉(*Abies fabri*)纯林，林下灌木甚少，只有小量大白杜鹃(*Rhododendron decorum*)等；草本植物少，而活地被十分发达，厚达20cm以上，主要有锦丝藓(*Actinothuidium hookeri*)和山羽藓(*Abietinella abietina*)等。由于环境潮湿，土壤多为发育在第四纪冰碛物上的漂灰土。

4. 亚高山亚寒带灌丛草甸——亚高山草甸土带

该带只见于贡嘎山东坡，分布于海拔3500～4200m的缓坡。自然植被为金露梅(*Potentilla fruticosa*)、理塘杜鹃(*Rhododendron litangense*)、高山绣线菊和多种早熟禾(*Poa* spp.)、珠芽蓼、报春(*Primula*)等组成的亚高山灌丛草甸。此外还有川贝(*Fritillaris cirrhosa*)和虫草(*Cordycepes sinensis*)等名贵中药材。带内发育亚高山草甸土。

5. 高山寒带草甸——高山草甸土带

该带分布于海拔4200～4600m的山地中上部，为高山草甸植被。群落组成主要是四川嵩草(*Kobrisia setchwanensis*)、高山嵩草(*K. Pygmaea*)、淡黄香青(*Anaphlis flavescens*)、乳白香青(*A. lactea*)、黄总花草(*Spenceria ramalana*)、蓝钟花(*Cyananthus hookeri*)、独一味(*Lamiophlomis rotata*)、岩须、蚤缀、羊茅(*Festuca ovina*)和康定萎陵菜(*Potentilla tatsienensis*)，以及多种龙胆(*Gentiana* spp.)等。高山草甸土是该地区地带性土壤，土层薄而多岩屑。

6. 高山寒冻疏草——寒漠土带

该带位于海拔4600～4900m。由于地势高亢严寒，以寒冻风化作用为主，形成大大小小的岩屑群(又叫流石滩)。在这样恶劣的条件下，一般植物已不能生长，但是，在大小石块之间，生长着不畏严寒强风的植物，如水母雪莲花、四裂红景天(*Rhodiola quadrifida*)和扭连线(*Phyllophyton comlanatum*)等垫状、多绒毛、根长的植物。在大小石块之间，往往在流水线和低洼处发育有土层极薄的砂质土壤——高山寒漠土。

7. 极高山冰雪带

贡嘎山东坡，由于受西南季风和东南季风的控制，降水十分丰富，所以，雪线一般都在海拔 4900m 上下。在这一线以上至山顶为终年冰雪覆盖的冰雪带。

(四)小凉山小区

本区分布于黄茅埂以东的马边、雷波、峨边等县。山地垂直自然带谱具有下列 4 个带。

1. 山地亚热带常绿阔叶林——山地黄壤、黄棕壤带

该带在海拔 2400m 以下，年均温 13～17℃，≥10℃活动积温在 5500℃左右，一月均温 2～7℃，7 月均温 20～26℃，年降水量 1000mm 左右，位于金沙江和大渡河河谷的雷波、马边，年雨量为 850mm 左右。

在海拔 1500m 以下地段，主要是以栲树和刺苞米槠(*Costanopsis carlesii*)为主的常绿阔叶林，此外，林内还混有少量樟科、山茶科及五加科植物。在海拔 1500～2000m 以丝栗(*Castnopsis platyacantha*)、华木荷(*Schima sinensis*)为主的林型，林内附生、寄生和藤本植物较多，有些地方呈现出亚热带季雨林的景色。在海拔 2000～2400m 的常绿阔叶林以峨眉栲、包石栎为主，同时杂生有珙桐、香桦和多种槭树，组成常绿阔叶与落叶阔叶混交林。栽培植被，在海拔 1000m 以下以水稻、小麦、玉米、红苕、花生为主要农作物；在 1000～2000m 以玉米、水稻为主；在 2000～2400m 以玉米、马铃薯为主。土壤分布状况，在海拔 2000m 以下为山地黄壤，2000m 以上为山地黄棕壤。

2. 山地暖温带针阔叶混交林——暗棕壤带

该带分布于海拔 2400～2900m。针叶树以云南铁杉为主，此外还有铁杉、峨眉冷杉、油麦吊杉(*Picea brachytyla* var. *complanata*)和糙皮桦及多种槭组成的针阔叶混交林。林下灌木以大箭竹(*Sinarundinaria chungii*)、冷箭竹、箭竹占优势。栽培植被主要是马铃薯、荞麦、燕麦和豆类。土壤为山地暗棕壤。

3. 山地寒温带暗针叶林——漂灰土带

该带在海拔 2900～3800m，年降水量达 1800mm 左右。自然植被为以峨眉冷杉为主的亚高山阴暗针叶林，在带的下部有油麦吊杉和云南铁杉混生。林下植物以箭竹为主，此外还有多种杜鹃，成土过程以漂灰化作用为主，发育山地漂灰土。

4. 亚高山亚寒带灌丛草甸——亚高山草甸土带

该带只有在大风顶等海拔 4000m 左右的山岭才有分布。自然植被主要由地盘松(*Pinus densata* var. *pygmaea*)、腋花杜鹃(*Rhododendron racenosum*)、川滇高山栎(*Quercus aquifolioides*)、箭竹和野青茅、羊茅、珠芽蓼等组成的亚高山灌丛草甸。土壤发育为亚高山灌丛草甸土。

三、山地垂直自然带谱的区域差异性及成因初探

从上述可以看出，本地区山地垂直自然带谱的基带属于湿润亚热带常绿阔叶林——山地红壤、山地黄壤带。但是，由于山体的地理位置和山体大小不同，山地垂直自然带谱的结构特征以及同一自然带的分布高度和带的组成成分等方面都有区域性差异。

(一)基带分布高度由南而北降低，自东而西升高

小凉山小区的山地亚热带常绿阔叶林带的上限为海拔 2400m，而夹金山东南部和大相岭东北部小区为 2200m，龙门山—邛崃山小区为 2000m。而常绿阔叶林的分布高度由南向北依次为海拔 2000m、1800m 和 1600m。

基带自东向西的变化，主要表现在夹金山东南部、大相岭东北部小区与贡嘎山东南部、小相岭北部小区之间，前者的山地亚热带常绿阔叶林—山地黄壤带分布上限为 2200m，后者分布高度为 2400m。常绿阔叶林植被类型分布的高度，自东而西分布为 1800m 和 2000m。

(二)组成基带的建群植物南北不同、东西有别

小凉山小区的常绿阔叶林以栲树林和刺苞米槠林为主，在该带的中部以丝栗和华木荷为主，林内附生和寄生现象普遍。夹金山东南部和大相岭东北部小区以樟科和山毛榉科的植物占优势。龙门山和邛崃山小区以樟科的钓樟属和木姜子属植物最为普遍。

自东向西的变化，在贡嘎山东南部和小相岭北部小区的河谷喜湿性的常绿树种类较少，而在海拔 1600m 以上湿性成分明显增加，但在种类和群落结构上都比东部地区简单。

(三)其余各带的植物组成亦有明显的区域差异

就山地暖温带针阔叶混交林—暗棕壤带而言，其中组成混交林的针叶树种中，龙门山小区以铁杉、云南铁杉为优势；夹金山东南部和大相岭东北部小区亦相同；而在本区南部的小凉山小区则以云南铁杉占优势。

在亚高山寒温带暗针叶林带的成分上，龙门山和邛崃山小区以岷江冷杉占优势；在夹金山东南部和大相岭东北部小区、小凉山小区则以峨眉冷杉为主。但森林上限区域分异不明显。

在土壤方面，本区北部暗针叶林下的成土过程中漂灰化作用差，而中南部暗针叶林下的漂灰化成土作用较强。

造成本地区山地垂直自然带的区域差异，主要是区域性热、水条件不同所致(表 8-2)。热量条件自南向北减少，如马边的年平均气温为 17.0℃，≥10℃活动积温为 5483.2℃，而汶川的年平均气温为 12.8℃，≥10℃活动积温为 3796.0℃，前者比后者分别高 4.2℃和 1687.2℃。热量条件的南北差异，是导致山地垂直自然带南北区域分异的重要因素之一。同时，由于东、西之间降水量的不同，如雅安年降水量为 1805.4mm，而泸定的年降水量只有 664.4mm，东、西两地之间降水量相差一倍以上，这是山地垂直自然带东、西差异的主要原因。

第三节　贡嘎山垂直自然带①

既往对贡嘎山地区的自然地理研究很不系统，现有资料为数不多，而且在垂直自然带方面几乎还未研究过。现以1979～1980年的两次野外综合地理考察结果和室内分析资料为依据，对区内垂直自然带的形成和分带、各带结构特征、当地及其邻区的垂直自然带对比等问题作初步分析研究。

一、垂直自然带形成的条件

贡嘎山位于青藏高原东缘，主峰海拔7556m，介于29°20′～30°20′N和101°30′～102°15′E之间，处于四川省泸定、康定、九龙和石棉四县交接地区，面积约1万km^2。境内海拔6000m以上山峰多达45座，是青藏高原东缘横断山地区著名的极高山区。

区内自第四纪以来的新构造运动(强烈的差异性断块抬升)对自然地理过程影响深刻，形成了目前相对高差约达6000m(东坡)的极高山，这为垂直自然带的形成和发育奠定了基础。由于岭谷高差悬殊，山体主脊线呈南北走向，致使热、水状况在东西两坡和垂直方向上的分布产生明显的差异。

本区在气候上处于东部季风区亚热带与青藏高寒区温带的过渡带上。东坡热量条件较好，如泸定≥10℃积温值4768℃，7月均温22.8℃，1月均温6.2℃[30]。无疑，该坡山地垂直自然带谱建立于亚热带的基础上。西坡由于地势高，热量条件远较东坡差，如新都桥≥10℃积温值979.1℃，7月均温13.0℃，1月均温－3.8℃[31]，这属于山地寒温带气候。显然，该坡山地垂直自然带谱与东坡迥然不同。西坡太阳辐射总量高[一般为120～150($\times 10^3$K)/($cm^2 \cdot a$)]、紫外线强、气温年较差小，以至出现许多特殊的自然地理现象，如雪线、森林线以及农作物分布高度等均比区内其他各坡高。

区内东西两坡降水差异明显。东坡降水除受西南季风的影响外，还受到东南季风和来自于四川盆地的暖湿气流的影响，降水丰沛，海拔1600～3500m处的年降水量达1000～1700mm。地处海拔1600m的磨西，干燥指数为0.65，属于湿润气候，这就决定了当地垂直自然带的类型为湿润型。区内大渡河谷地区，由于受地形影响，年降水量偏少，但自上游的瓦斯沟沟口向下游的田湾河河口增加。如泸定的年降水量为638.5mm，抵田湾增至1229.6mm；泸定的干燥指数为1.0，据推测，泸定以下至田湾河河口的干燥指数小于1.0。可见，大渡河谷地的气候仍属湿润气候类型。西坡降水主要受西南季风的影响，由于水汽沿途输送并受山脉阻挡而减少，至此已为强弩之末，所以西坡年降水量远较东坡为少，如沙德仅有779.5mm。不同的水分条件必然导致东西两坡垂直自然带结构特征的差异。

二、垂直自然带的分带原则及分带系统

山地垂直自然带是地貌、气候、植被和土壤等自然要素的统一体。因此，山地垂直自然带的划分应当着重考虑这些主要要素之间的相互作用和相互关系。

---

① 本节作者钟祥浩、郑远昌，在1983年成文基础上作了修改、补充。

地貌形态(山体高度、大小及走向等)直接影响热、水在空间上的再分配。它是山地垂直自然带形成的基础。而在一定地貌条件下，热、水的变化则是垂直自然带形成的主要因素。因此，垂直自然带的划分应以热、水状况的组合关系(实为潜在的土地生产力)为根据。

植被是气候的敏感器，它以一定的群落外貌特征和季相变化反映热、水状况的差异。在一定的热、水状况下，植被就有其相应的生态型，即有一定的植被类型(建群种的生活型)；一定的植被类型就有其相应的群系和群丛组合。因此，植被是划分垂直自然带的重要标志。

在一定生物气候条件下，土壤有其相对稳定的成土过程。该过程表现为一定的成土作用。不同的成土作用，形成不同的土壤属性。根据区内东西两坡部分土壤剖面的分析资料，发现剖面 pH、盐基饱和度和剖面表层有机质与热、水状况和植被组成有一定的从属关系(图 8-1)。因此，不同成土条件和成土过程的土壤属性及剖面特征是划分垂直自然带的重要依据。

根据上述原则，可把本区垂直自然带划分如下(图 8-2)。

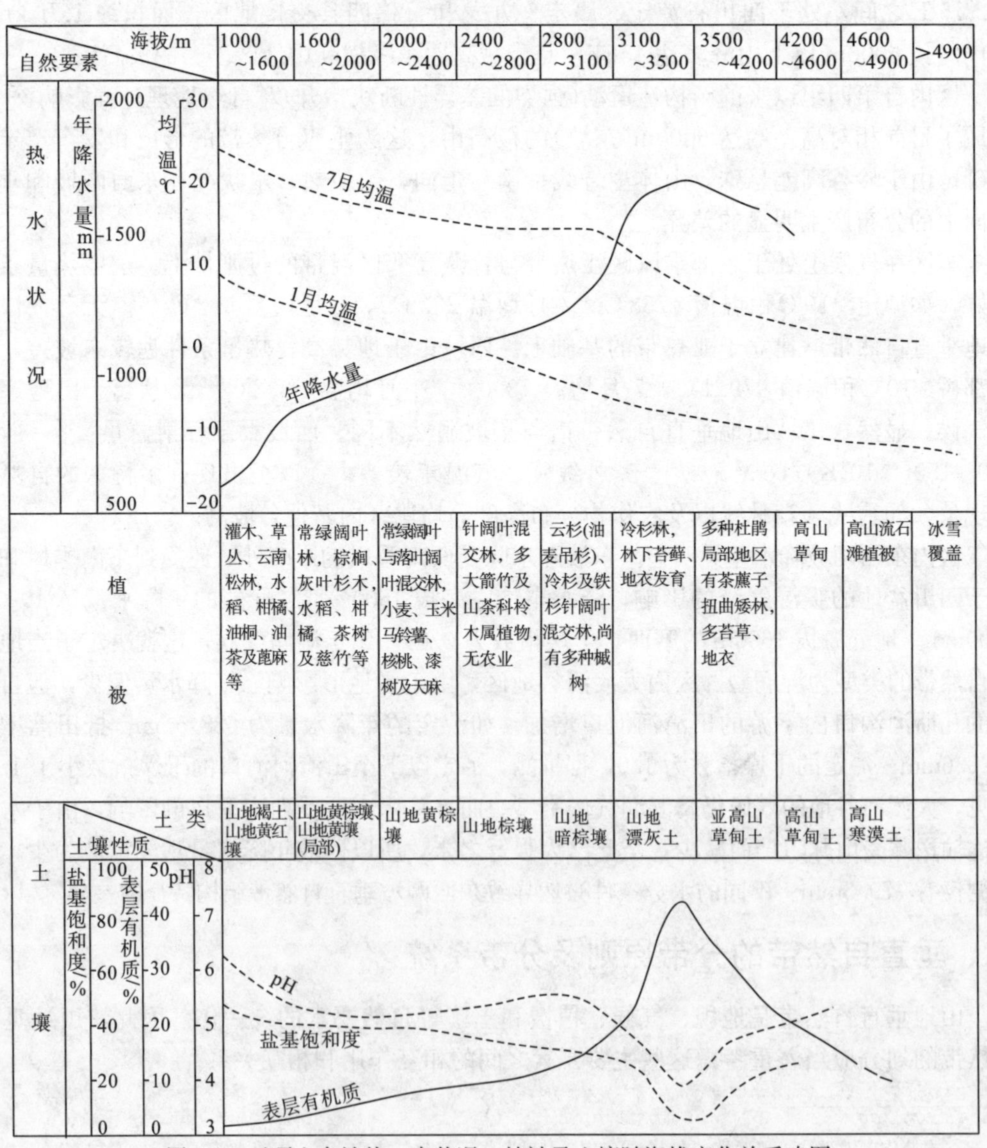

图 8-1　贡嘎山东坡热、水状况，植被及土壤随海拔变化关系略图

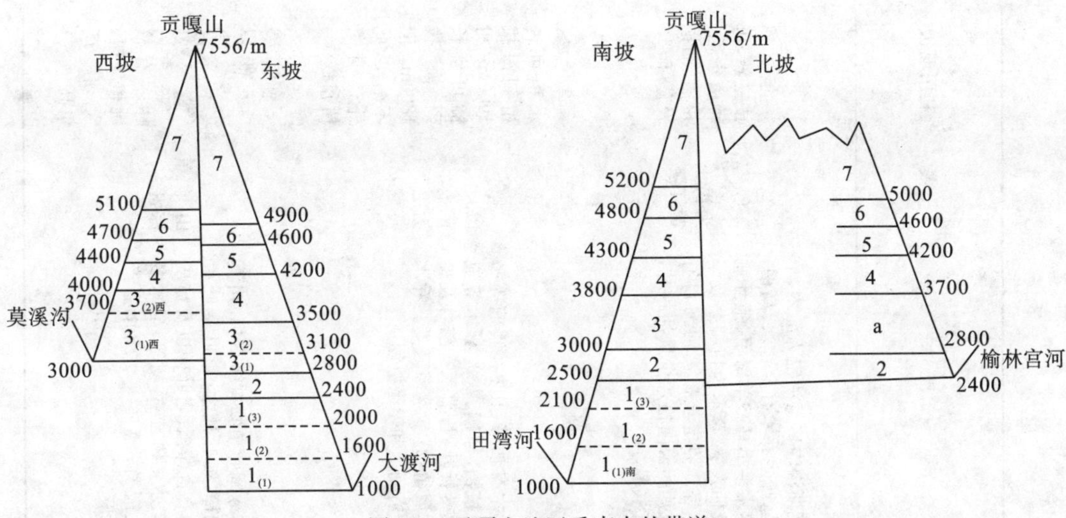

图 8-2　贡嘎山地区垂直自然带谱

1. 山地亚热带常绿阔叶林带

　1$_{(1)}$河谷亚热带灌木、草丛、云南松林亚带

　1$_{(1)南}$河谷亚热带次生常绿阔叶林、云南松林亚带

　1$_{(2)}$山地亚热带常绿阔叶林亚带

　1$_{(3)}$山地亚热带常绿阔叶、落叶阔叶混交林亚带

2. 山地暖温带针阔叶混交林带

3. 山地寒温带暗针叶林带

　3$_{(1)}$山地寒温带云杉、冷杉、铁杉林亚带

　3$_{(1)西}$山地寒温带云杉、冷杉林亚带

　3$_{(2)}$山地寒温带冷杉林亚带

　3$_{(2)西}$山地寒温带硬叶常绿阔叶林亚带

4. 亚高山亚寒带灌丛草甸带

5. 高山寒带草甸带

6. 高山寒带疏草寒漠带

7. 极高山冰雪带

东坡和西坡各带的基本特征分别见表 8-3、表 8-4，而北坡和南坡各带未予描述，列出带谱仅供对比用。

三、垂直自然带的主要特征

(一)垂直自然带谱结构完整

由表 8-3、图 8-2 可见，东坡自谷地至顶峰有 7 个垂直自然带。东坡各带特征分述如下。

1. 山地亚热带常绿阔叶林带

在东坡其上限为海拔 2400m，有些地区则降低为海拔 2000～2200m；垂直变幅宽达 1000～1400m。根据带内各主要自然地理要素的变化，特别是生物、气候要素的差异，又可把这个带分为三个亚带。各亚带中起主导作用的是水分条件。

现把东坡这三个亚带的基本特征分述如下：

表 8-3　东坡垂直自然带基本特征

垂直自然带		所在位置	海拔/m	热、水状况						植被	土壤	利用现状
				热量指标/℃					年降水量/mm			
				1月均温	7月均温	6~9月均温	年均温	≥10℃积温				
1. 山地亚热带常绿阔叶林带	1(1) 河谷亚热带灌木、草丛、云南松林亚带	分布于大渡河谷地瓦斯沟沟口至田湾河河口段，属深切河谷，得妥以上河谷开阔，发育有冲洪积扇与阶地，为主要农业区。得妥以下河谷狭窄，河面宽100~150m，谷坡陡峻，植被立地条件差	1000~1600	9.0~5.5	24.0~21.0	22.0~18.5	18.0~13.0	5000~3800	600~1000	瓦斯沟沟口至泸定为灌木、草丛，疏生乔木有金合欢、乌桕；灌木多小马鞍羊蹄甲、狼牙刺及仙人掌；草本为扭黄茅及旱茅等。泸定至田湾河河口有成片的云南松及少量油杉林，草本多青茅	泸定上、下分别为褐土、黄红壤	一年二熟或三熟，可种植水稻、柑橘、油桐及蓖麻
	1(2) 山地亚热带常绿阔叶林亚带	主要分布于磨西河下游的磨西台地及其两侧支沟和湾东沟下游的阶地。磨西台地为主要农业区	1600~2000	5.5~2.0	21.0~19.0	18.5~17.0	13.0~10.5	3800~2500	1000~1300	乔木有油樟、山楠、润楠等樟科植物，棕榈、灰叶杉木等亚热带针叶树；灌木有慈竹及柃木属植物；草本多蕨类。乔木上有附生和攀缘植物	以山地黄棕壤为主	一年二熟，水稻可种植到海拔1900m；柑橘可生长到海拔1800m，但不结实，此外还有茶树和慈竹
	1(3) 山地亚热带常绿阔叶、落叶阔叶混交林亚带	主要分布于磨西河两侧支沟中下游段的阶地、缓坡阴湿处	2000~2400	2.0~0.0	19.0~16.0	17.0~13.5	10.5~8.0	2500~2000	1300~1500	常绿阔叶植物有多变柯、川滇钓樟、细叶楠木；落叶阔叶植物有青榨槭、扇叶槭以及糙皮桦、水青树、连香树等；灌木多大箭竹；草本多水麻；盛产天麻	山地黄棕壤	一年二熟或一熟，以玉米、小麦、马铃薯为主，经济林木有核桃和漆树，天麻产量高

续表

垂直自然带	所在位置	海拔/m	热、水状况						植被	土壤	利用现状
			热量指标/℃					年降水量/mm			
			1月均温	7月均温	6~9月均温	年均温	≥10℃积温				
2. 山地暖温带针阔叶混交林带	分布于磨西河八字房至新店子一带，以及磨西河两侧支沟（海螺沟、燕子沟、南门关沟、胜利沟）的阴坡和半阴坡	2400~2800	0.0~−2.5	16.0~13.5	13.5~11.0	8.0~5.0	2000~1500	1500~1600	乔木有铁杉、云南铁杉、糙皮桦及多种槭树和少量油麦吊杉；灌木以大箭竹为主，柃木属植物亦不少，草本有鳞毛蕨、鹿蹄草	山地棕壤	无农业
3. 山地寒温带暗针叶林带 3(1)山地寒温带云杉、冷杉、铁杉林亚带	分布于磨西河及其支沟的阶地和缓坡处	2800~3100	−2.5~−4.0	13.5~11.5	11.0~9.5	5.0~3.0	1500~1000	1600~1800	乔木多油麦吊杉，次为冷杉和铁杉；灌木以麦秧子竹为主，并有多种茶藨子；草本稀少，多苔藓、地衣；乔木挂有松萝	山地暗棕壤	无农业
3(2)山地寒温带冷杉林亚带	分布于磨西河及其支沟中、上游的阴湿处和缓坡段	3100~3500	−4.0~−6.0	11.5~8.6	9.5~7.0	3.0~0.8	<1000	1800~2000	乔木以冷杉为主，郁闭度可达90%；灌木少，主要为杜鹃；苔藓、地衣极为发育，有锦丝藓、泥炭藓、毛梭藓、合睫藓、卷叶苔、密叶指苔及石蕊等	山地漂灰土	无农业，盛产虫草（海拔3300m以上的无林草地）
4. 亚高山亚寒带灌丛草甸带	位于森林线以上	3500~4200	−6.0~−10.0	8.6~4.0	7.0~3.0	0.8~−3.5			灌木有多种杜鹃，局部地区出现茶藨子扭曲矮林；草本以苔草为多，次为嵩草、马先蒿、羊茅草等；苔藓、地衣较多	亚高山草甸土	有夏季牧场
5. 高山寒带草甸带	灌丛草甸带之上	4200~4600	−10.0~−11.5	4.0~1.5	3.0~0.8	−3.5~−6.0			多圆穗蓼、珠芽蓼及少量苔草、早熟禾，植株矮小，呈莲座状、垫状和团状，覆盖度为60%~80%	高山草甸土	有零星夏季牧场
6. 高山寒带疏草寒漠带	高山寒带草甸带之上	4600~4900	−11.5~−13.0	1.5~0.0	0.8~−1.5	−6.0~−9.0			有零星流石滩植被分布，主要为雪莲花、星状风毛菊、垫状点地梅、红景天等，植株矮小，质厚多绒毛，根系长，生长期短	高山寒漠土	
7. 极高山冰雪带	高山寒带疏草寒漠带之上	>4900	<−13.0	<0.0	<−1.5	<−9.0					

表 8-4　西坡垂直自然带基本特征

垂直自然带		所在位置	海拔/m	热、水状况				植被	土壤	利用现状
				热量指标/℃			年降水量/mm			
				1月均温	7月均温	年均温				
3. 山地寒温带暗针叶林带	3(1)西山地寒温带云杉、冷杉林亚带	主要分布于巴王沟口至莫溪沟上游谷地底部及支沟下游	3000~3700	−3.0~−7.0	12.0~9.5	5.0~0.0	700~900	乔木有鳞皮冷杉、川西冷杉、川滇冷杉、鳞皮云杉及少量红杉和糙皮桦，个别地方冷杉、云杉可分布到海拔3800m；灌木有多种忍冬、杜鹃、绣线菊、金腊梅；草本有嵩草、珠芽蓼；乔木挂有松萝	山地棕壤(局部淋溶褐土)	在六巴以下有冬小麦，其他地方为青稞、圆根和马铃薯
	3(2)山地寒温带硬叶常绿阔叶林亚带	主要分布于莫溪沟左岸针叶林带以上，其中贡嘎寺后山分布集中，在子梅山东坡的山脊及半阴坡有成片分布	3700~4000	−7.0~−8.5	9.5~7.5	0.0~−2.0		乔木有川滇高山栎，郁闭度达80%，多为矮林，一般高48m；灌木有忍冬、蔷薇，并有少量高山绣线菊、茶藨子、金腊梅等；草本生长在林间空地，有早熟禾、报春花、龙胆及少量星叶草；乔木上挂有松萝	山地暗棕壤	玉农溪谷地内有青稞、荞麦、马铃薯和圆根等
4. 亚高山亚寒带灌丛草甸带		贡嘎寺后山坡度较缓处及玉农溪内的宽谷、缓坡段	4000~4400	−8.5~−10.0	7.5~4.0	−2.0~−4.5		灌木多高山柏，次为川滇高山栎和窄叶杜鹃；草本有多种青茅、羊茅草、四川嵩草、萎陵菜等	亚高山草甸土	夏季牧场
5. 高山寒带草甸带		亚高山亚寒带灌丛草甸带之上	4400~4700	−10.0~−12.0	4.0~2.5	−4.5~−6.0		有高山嵩草、萎陵菜、羊茅草、香茅及马先蒿等草本植物	高山草甸土	有夏季零星牧场
6. 高山寒带疏草寒漠带		高山寒带草甸带之上	4700~5100	−12.0~−14.0	2.5~0.5	−6.0~−8.0		流石滩植被，如水母雪莲花、雪莲花、凤毛菊、红景天、垫状点地梅等	高山寒漠土	
7. 极高山冰雪带		高山寒带疏草寒漠带之上	>5100	<−14.0	<0.5	<−8.0				

$1_{(1)}$河谷亚热带灌木、草丛、云南松林亚带，海拔1000～1600m，分布于大渡河谷地瓦斯沟沟口至田湾河河口。水分条件自上游向下游变佳，即瓦斯沟沟口至泸定，气候由半干旱过渡为半湿润；泸定至田湾河河口，气候由半湿润过渡为湿润。因此，植被、土壤表现出明显的差异。泸定之北以旱中生灌木、草丛为主，乔木稀少，成土过程明显以褐土化为特征，这表现为有机质含量低，盐基饱和度高，心土多呈核状和块状结构，土壤为山地褐土；泸定之南多云南松林，并有次生的樟科植物，成土过程表现为轻度黄壤化和微弱的脱硅富铝化，土壤为山地黄褐土和山地黄红壤。

$1_{(2)}$山地亚热带常绿阔叶林亚带，海拔1600～2000m，分布于大渡河支流磨西河下游新兴至磨西一带及其两侧支沟(海螺沟、磨子沟)下游，以及湾东沟下游。年降水量为1000～1300mm。植被组成成分：下部多属偏干性的常绿阔叶树种，如滇青冈(*Cyclobalanopsis glaucoides*)，上部多偏湿性常绿阔叶树种，如油樟(*Cinnamomum longipaniculatum*)、润楠(*Machilus pingii*)、山楠(*Phoebe chinensis*)、曼青冈(*Cyclobalanopsis oxyodon*)、灰叶杉木(*Cunninghamia lanceolata*)和棕榈等；林下灌木多照叶型种类，如山茶科柃木属，此外慈竹(*Sinocalamus affinis*)较多；乔木上多附生和攀缘植物。土壤有一定的淋溶作用，表层有机质含量不高，盐基饱和度达40%左右，成土过程表现为中度黄化过程，发育了山地黄棕壤。

$1_{(3)}$山地亚热带常绿阔叶林、落叶阔叶混交林亚带，主要分布于磨西河、海螺沟、磨子沟、燕子沟及湾东沟海拔2000～2400m的沟谷两岸阴坡或半阴坡。这一带降水量明显增加，年降水量约1400mm，降水多集中于夏季，因此夏季气温偏低，6～9月均温为13.5～17.0℃。常绿阔叶树种以耐寒性成分为多，如多变柯(*Lithocarpus variolosus*)、细叶楠木(*Phoebe sp.*)、川滇钓樟(*Lindera supracostata*)及卵叶钓樟(*Lindera limprichetii*)；并有较多的落叶阔叶树种，如扇叶槭(*Acer flabellatum*)、青榨槭(*Acer davidii*)、糙皮桦(*Betula utilis*)、水青树(*Tetracentron sinense*)、连香树(*Cercidiphyllum japonicum*)及康定木兰(*Magnolia dawsoniana*)；灌木多大箭竹(*Sinarundinaria chungii*)和斑竹(*Phyllostachys bambusoides*)，林下植被发育，附生植物有瓦韦和石韦。土壤淋溶作用明显，剖面SiO_2含量达60%左右，心土较紧实黏重，表层有机质含量达8%，呈现出一定程度的棕壤化过程特点，但不甚明显，土壤为山地黄棕壤。

2. 山地暖温带针阔叶混交林带

海拔2400～2800m，分布于磨西河八字房至新店子一带与磨西河两侧支沟(南门关沟、胜利沟、燕子沟及海螺沟)的阶地和阴坡或半阴坡处。气候温凉湿润，1月均温低于0℃，≥10℃积温值小于1500℃。乔木为铁杉(*Tsuga chinensis*)、云南铁杉(*Tsuga dumosa*)和少量油麦吊杉(*Picea brachytyla*)为主的针叶林；还有以糙皮桦和多种槭树(*Acer*)为主的针阔叶混交林。土壤表层有机质含量达10%；在表层盐基饱和度较高，达50%～55%，心土和底土为20%～30%；整层淋溶作用和黏化作用均较明显，发育了山地棕壤。

3. 山地寒温带暗针叶林带

海拔2800～3500m，分布于磨西河及其支沟的台地和缓坡处。气候寒冷湿润，6～9月均温为7～11.0℃，7月均温为8.6～13.5℃，海拔3100～3500m处年降水量可达1600～1700mm。带内终年云雾缭绕，空气湿度也最大。此外，该带已接近冰舌，有的地方(如海螺沟)冰川已伸入林内达 6km。显然气温因降水量大、空气湿度高和受冰川影响而偏低，如森林线一带 7 月均温为 8.6℃。根据本带热水状况、植被和土壤属性的差异，自下而上可分出两个亚带。

$3_{(1)}$山地寒温带云杉、冷杉、铁杉林亚带，海拔 2800～3100m。乔木多油麦吊杉，次为冷杉(*Abies fabri*)、铁杉和云南铁杉；林下灌木多麦秧子竹(*Sinarundinaria fangiana*)和多种茶藨子(*Ribes*)；草本植物稀少，层外植物多松萝。土壤表层有机质可达 21%，剖面盐基饱和度小于 30%，有较明显的淋溶作用，发育了山地暗棕壤。

$3_{(2)}$山地寒温带冷杉林亚带，海拔 3100～3500m。群落结构较简单，针叶树种以冷杉占绝对优势，郁闭度可达 90%，林下杜鹃较多，呈小乔木状，苔藓、地衣极为发育，盖度达 100%，厚度一般为 20cm。成土过程表现为 pH 低，有机质及铁、铝均明显淋溶，SiO_2相对聚积，在 A_1层下出现明显的漂灰层，发育了较典型的山地漂灰土。

4. 亚高山亚寒带灌丛草甸带

海拔 3500～4200m。气温受冰川影响较大，6～9 月均温为 3.0～7.0℃。植物生长期气温低。海拔 3500～4000m 处多亮叶杜鹃(*Rhododendron veronicosum*)，海拔 4000～4200m 处则以窄叶杜鹃为主；草本植物以禾本科为多，如苔草。土壤表层有机质含量可达 20%，表层水解性酸高达 18mg 当量/100g 土，土壤层薄，粗骨性明显，属亚高山草甸土。

5. 高山寒带草甸带

海拔 4200～4600m，其上限即为 6～9 月均温 0℃等温线所处海拔。这表明一年中气温低于 0℃的月份长达 9 个月左右，气候严寒。在这种温度条件下只能长有生长期短的草本植物，如圆穗蓼、珠芽蓼及少量苔草和早熟禾。土壤发育程度较低，土层厚一般为 20cm，草根盘结层紧实，呈斑状分布，属于高山草甸土。

6. 高山寒带疏草寒漠带

海拔 4600～4900m，其上限就是 7 月均温 0℃等温线所处海拔。带内寒冻风化剥蚀作用十分强烈，呈现出一种特殊的泥石流景观。植被只有零星分布的雪莲花、红景天、星状凤毛菊、垫状点地梅等短命植物。土壤处于原始成土阶段，为高山寒漠土。

7. 极高山冰雪带

海拔 4900m 以上，终年为冰雪所覆盖。

(二)东西两坡垂直自然带的结构差异显著

垂直自然带数目西坡少于东坡(表 8-4、图 8-2)，这主要是由于基带海拔在西坡远高于东坡所致。现以东西两坡相似高度的“同名带”进行比较，可见各自的带谱结构变化有显著差异。

东西两坡垂直自然带的差异如下(表 8-3、表 8-4、图 8-2)：

(1)山地寒温带阴暗针叶林带，在西坡海拔为 3000～4000m，而在东坡海拔为 2800～3500m。西坡带幅比东坡带幅宽 300m。根据九龙、沙德和新都桥气象资料推算，本带 7 月均温 10℃等温线所处海拔在西坡为 3500m(在东坡为 3300m)，即相同海拔上的 7 月均温在西坡比东坡高。西坡森林线——川滇高山栎矮林林线海拔为 4000m，这与 7 月均温 7.5℃等温线所处海拔相当；而东坡森林线海拔为 3500m，则与 7 月均温 8.6℃等温线所处海拔相一致。

(2)据沙德降水资料推算，西坡海拔3000～4000m处年降水量为700～900mm，远低于东坡相同海拔处的年降水量(1500～1700mm)。然而，7月均温和1月均温在西坡都比东坡高。就热、水状况而言，西坡属于偏干冷气候，东坡则属于偏寒湿气候。这表现在东西两坡的植被组成及其垂直分布上差异明显。西坡乔木主要以耐干冷的鳞皮冷杉(*Abies squamata*)、川西云杉(*Picea balfouriana*)、鳞皮云杉(*P. retroflexa*)和川滇冷杉(*A. forrestii*)等为主；林下多喜干冷的灌木和草本。而东坡乔木则以耐湿冷的冷杉及喜湿凉的油麦吊杉为主。在海拔3300m上下灌木组成有差别，其下多箭竹；其上多杜鹃，且苔藓、地衣极为发育。此外，还有这样一个特点，即西坡的针叶树种(云杉、冷杉及红杉等)混杂分布，且云杉分布比冷杉高；而东坡针叶树种(云杉及冷杉)分布较有规律，下部为云杉和少量铁杉，上部则为冷杉纯林。

(3)东西两坡成土过程和土壤属性均有差异。东坡的山地寒温带阴暗针叶林带下部(海拔2800～3100m)，土壤成土过程表现为暗棕壤化成土过程；上部(海拔3100～3500m)的土壤，表现出典型的漂灰化成土过程。而西坡的山地寒温带阴暗针叶林带的下部(海拔3000～3700m)，土壤成土过程属于有机质累积较少、淋溶作用较弱、盐基饱和度较高的棕壤化和轻度褐土化兼有的成土过程；上部(海拔3700～4000m)的土壤表层有机质累积较明显，黏粒有向心土聚积的现象，可溶盐全部淋失，盐基饱和度为25%～70%，表现为暗棕壤成土过程。

(4)山地寒温带阴暗针林带以上的各垂直带东西两坡兼有，但各带的分布海拔、植被、土壤有差异。西坡的亚高山亚寒带灌丛草甸带分布于海拔4000～4400m，灌丛植被在阳坡或半阳坡处多高山柏，次为川滇高山栎及窄叶杜鹃等，在阴坡或较阴湿的沟谷内多亮叶杜鹃；土壤为亚高山草甸土，有机质累积少，淋溶作用弱，剖面基本色调为浅棕至浅棕黄。东坡的亚高山亚寒带灌丛草甸带分布于海拔3500～4200m，灌丛植被主要为亮叶杜鹃，在海螺沟阴湿处出现茶藨子扭曲矮林；土壤有机质累积较少，淋溶作用较强，剖面颜色为棕至暗棕色。较阴湿处的心土层下出现灰化迹象的暗灰层。

四、贡嘎山地区及其邻区的垂直自然带对比

本区处于四川盆地与青藏高原的过渡带上，其东西两坡垂直自然带，分别与四川盆地西缘山地(以下简称盆西)垂直自然带，以及青藏高原东部的川西山原垂直自然带有相似之处。

(一)东坡垂直自然带与盆西垂直自然带的对比

1. 基带界线

东坡垂直自然带基带界线与盆西垂直自然带基带界线如图8-3所示。图8-3表明，盆西山地亚热带常绿阔叶林带上限所处海拔，在峨眉山为2000m，在二郎山为2200m；而东坡山地亚热带常绿阔叶林带可分布至海拔2400m。由此可见，贡嘎山以东的亚热带常绿阔叶林上限所处海拔，由东往西递增；亚热带常绿阔叶林不是终止于盆西，而是终止于贡嘎山东坡。

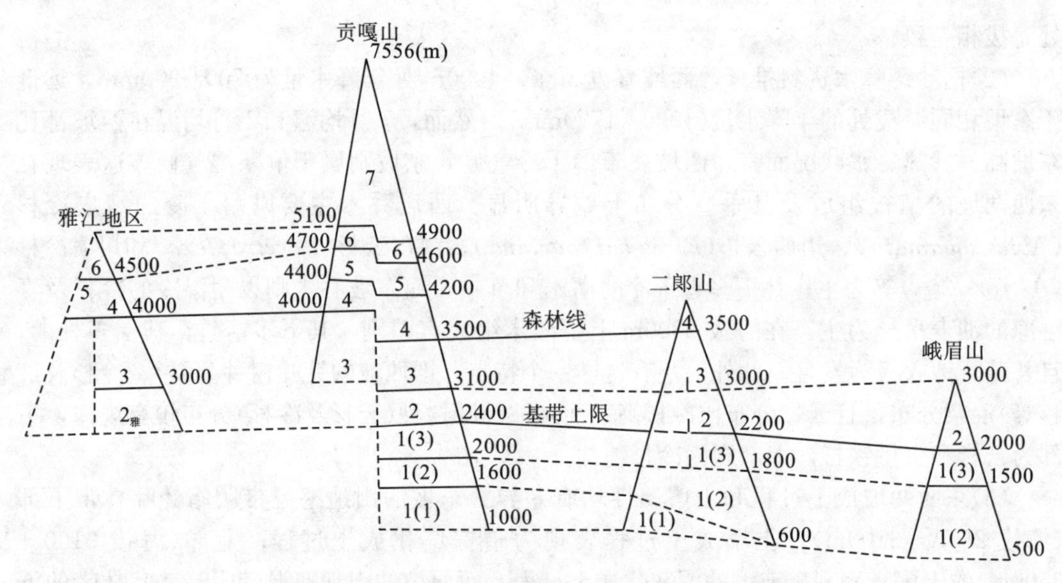

图 8-3　贡嘎山地区及其邻区的垂直自然带对比图

1. 山地亚热带常绿阔叶林带

$1_{(1)}$. 河谷亚热带灌木、草丛、云南松林亚带

$1_{(2)}$. 山地亚热带常绿阔叶林亚带

$1_{(3)}$. 山地亚热带常绿阔叶、落叶阔叶混交林亚带

2. 山地暖温带针阔叶混交林带

$2_{雅}$. 河谷暖温带灌丛、高山松林带

3. 山地寒温带阴暗针叶林带

4. 亚高山亚寒带灌丛草甸带

5. 高山寒带草甸带

6. 高山寒带疏草寒漠带

7. 极高山冰雪带

2. 基带植被及土壤

东坡的植被没有象盆西那样的典型亚热带低山常绿针叶林，但作为组成亚热带低山常绿针叶林的重要树种杉木，在东坡却出现于海拔 1000～1900m 的谷地内，其中大渡河谷内分布在田湾河河口至上田坝一带。湿性常绿阔叶林的主要树种樟科植物，在盆西一般分布于海拔 1800m 以下，在东坡分布至海拔 2000m 处。耐寒性常绿阔叶林的主要树种山毛榉科植物，在盆西分布至海拔 1800～2000m，在东坡分布至海拔 2300～2400m。因此，就亚热带常绿阔叶林各主要树种分布上限的所处海拔而言，在东坡比盆西为高，但两者的建群植物种类基本相似。东坡和盆西共有常绿阔叶与落叶阔叶混交林带的许多主要落叶阔叶树种，如糙皮桦、连香树和水青树等。

二郎山(属盆西)海拔 1550m 以下，土壤为山地黄壤；海拔 1550～2000m，土壤为山地黄棕壤[32]。东坡海拔 1600m 以下谷地内土壤为山地黄红壤；海拔 1600～2400m 处土壤主要为山地黄棕壤。

综上所述，基带植被类型和土壤分布在东坡和盆西有相似之处，但两地的植被组成和土壤属性有一定的差异。这无疑是两地热水状况有一定的差别所致。

3. 基带以上的各带结构特征

由图 8-3 可见，山地暖温带针阔叶混交林带上限所处海拔在东坡较盆西为高，即由峨眉山→二郎山→东坡依次为海拔 2600m、2700m 和 2800m，由东往西略有递增；带内建群种主要为铁杉(混有云杉、冷杉)和多种槭树及桦树；气候暖湿；土壤为山地棕壤。山地寒温带阴暗针叶林带上限所处海拔在东坡和盆西相同；带内建群种主要为冷杉，次为油麦吊杉等；气候冷湿，土壤为山地漂灰土。这表明两地的热水状况随海拔增加基本趋于一致。

亚高山亚寒带灌丛草甸带以上各带，在盆西已缺失。

4. 大渡河谷地内自然带性质的讨论

大渡河谷地海拔 1600m 以下，在热水状况、植被及土壤上与盆西有差异。有人正是根据这种差异，把它称为干热(或干旱)河谷，我们认为这一提法欠贴切。

此处涉及的大渡河谷地仅限于瓦斯沟沟口至田湾河河口段。本段热量条件较好，泸定、石棉气象资料统计结果表明，≥10℃积温值为 4600～5400℃，1 月均温为 6.0～8.0℃，7 月均温为 24℃左右，这接近我国东部中亚热带热量指标。水分条件从上游至下游变化明显：据烹坝和泸定的年降水量资料推算，瓦斯沟沟口至泸定和泸定至加郡年降水量分别为 500～600mm 和 600～800mm；又据磨西和田湾两地年降水量推算，加郡至田湾河河口年降水量为 800～1100mm。由有关气象台站资料推算和泸定土壤普查组提供的资料可见，上述三个地段的干燥指数从上游至下游分别为 1.5～1.0，1.0 和 1.0～0.6，属半湿润向湿润过渡的气候。从热水状况来看，大渡河谷地具备了从亚热带常绿阔叶林向亚热带森林草地过渡的条件。这在植被和土壤上也有反映。比如，近年来在湾东、加郡、德威和上田坝等多处的松散沉积物中发现有木质完好的樟科朽木；上田坝至湾东、田湾河河口一带的杉木生长良好；由加郡沿河而下两岸间有散生的樟科、茶科和山毛榉科次生植物。土壤类型在泸定以下属山地黄红壤。由上表明，大渡河谷地内泸定以下具有我国东部中亚热带的特性，实际上并不属于干热河谷；而瓦斯沟沟口至泸定就其干燥指数而言，属半湿润气候，而现在却生长旱中生灌木、草丛植被，即当地的实际热水状况与植被不符，这是山坡陡峻，加之人们长期开发利用不当所致。“干热河谷”这一说法只反映了事物的现象，没有反映出事物的内在本质。

(二)西坡垂直自然带与川西山原垂直自然带的对比

西坡基带在海拔 3000m 以上，其垂直自然带谱结构与川西山原有近似之处。现以西坡与雅砻江河谷(属雅江县)的垂直自然带谱为例加以对比(图 8-3)。

(1)雅江地区海拔 3000m 以下为河谷暖温带灌丛、高山松林带，土壤为碳酸盐褐土。西坡无此带。

(2)两地海拔 3000～4000m 均为山地寒温带阴暗针叶林带，针叶林优势树种为鳞皮冷杉、川西云杉和高山松(*Pinus densata*)。在阴坡或半阴坡有以川滇高山栎为主的硬叶常绿阔叶林或灌丛成片分布。雅江地区高山松可分布到海拔 3800m，西坡在沙德一带高山松分布于海拔 3200～3500m，贡嘎山主峰下的莫溪沟未见高山松林，这可能是受冰川影响而使气温偏低所致。两地带内土壤：下部均为淋溶褐土，上部均为山地棕壤和暗棕壤。

(3)两地海拔 4000m 以上均为亚高山亚寒带灌丛草甸带，植被组成：灌木以多种杜鹃为主，如两色杜鹃(*Rhododendron dichroanthum*)、理塘杜鹃(*Rh. litangense*)，此外还有矮高山栎(*Quercus menimotricha*)等；草本植物有多种报春花以及四川嵩草(*Kobresia setchwanensis*)、珠芽蓼、圆穗蓼等。

五、自然区域划分的讨论及其土地利用方向

以往有人把贡嘎山地区东坡大部分和部分南坡划为青藏高原区[33]；有人则将本区划为青藏高寒区[34]。我们认为，上述意见均值得商榷。

本区处于四川盆地与青藏高原的过渡带上，故各自然要素均具有过渡性。在地貌上，东坡和盆西均属于高山峡谷地貌，而西坡和青藏高原东部相连为山原向高原过渡的地貌类型。在地质构造上，东西两坡岩性明显不同。在气候上，东坡具有我国东部季风区的特点，而西坡则具有高原气候的特点，一般属半湿润气候类型。

在农业的利用改造及其发展方向上，东坡与东部季风区十分相似，可种水稻、柑橘、油茶、油桐、桑树、竹类等亚热带作物及经济林果；西坡则与青藏高原东部相似。

综上所述，贡嘎山地区东西坡的综合自然条件有着显著的差异，即东坡(包括南坡)接近东部季风区域，西坡(包括北坡)则接近于青藏高寒区域。因此，贡嘎山主脊线不仅可以作为本区的一级自然区划界线，而且还可以作为我国西部自然区划“0”级单位(即带与“区域”)或“一级”单位(即区域)的一条重要界线。

在生物气候条件方面，东坡大渡河谷地与其南部的安宁河谷地有某些相似之处。因此有人把贡嘎山东坡的大渡河谷地区(其东以二郎山、二郎岭为界)划归为川西南山地偏干性常绿阔叶林亚带[24]；另有人把本区东坡和南坡划为四川盆地边缘山地常绿阔叶林区[26]。从综合自然区划观点来看，我们认为可将本区东坡(包括南坡)划为亚热带湿润地区东部亚地区常绿阔叶林亚地带。

前已述及，东坡大渡河谷地目前所具有的植被状况，完全是由于人为活动造成的，它具有发育亚热带常绿阔叶林植被类型的潜在热水条件。稀树灌木、草丛景观主要出现于瓦斯沟沟口至泸定的局部地段。云南松林主要分布于谷地的低处(一般为海拔 1400～1600m 以下)，在海拔 2400m 以下地区主要发育了湿性常绿阔叶林，其中海拔 1800～2400m 出现许多与盆西相同的常绿阔叶树种。而西昌一带的安宁河谷地区建群植被主要为云南松纯林或栎类、云南松混交林，该植被类型可分布到海拔 2600～2800m；其土壤主要属红壤或褐红壤。从生物气候条件及土壤发生类型来看，本区东坡和南坡均与西南山地地区有较明显的差异，而比较接近于盆西。根据同一个亚地带内应该具有更加相似的垂直自然带结构的原则，似乎把本区东坡(包括南坡)在自然区划中划为亚热带湿润地区东部亚地区常绿阔叶林亚地带更为适宜。

至于自然地带下属的自然区(相当于自然省[33])和小区(相当于自然州[33])的划分，应反映地质、地貌、局地气候、植被、土壤及土地利用的差别。我们认为，把东坡和南坡划为川西山地区，把西坡和北坡划为横断山脉北部区是合适的。进而又在川西山地地区内分出三个小区，即烹坝小区、冷碛小区、磨西草科小区；在横断山脉北部区内亦分出三个小区，即康定小区、子梅小区、玉农溪小区(图 8-4)。

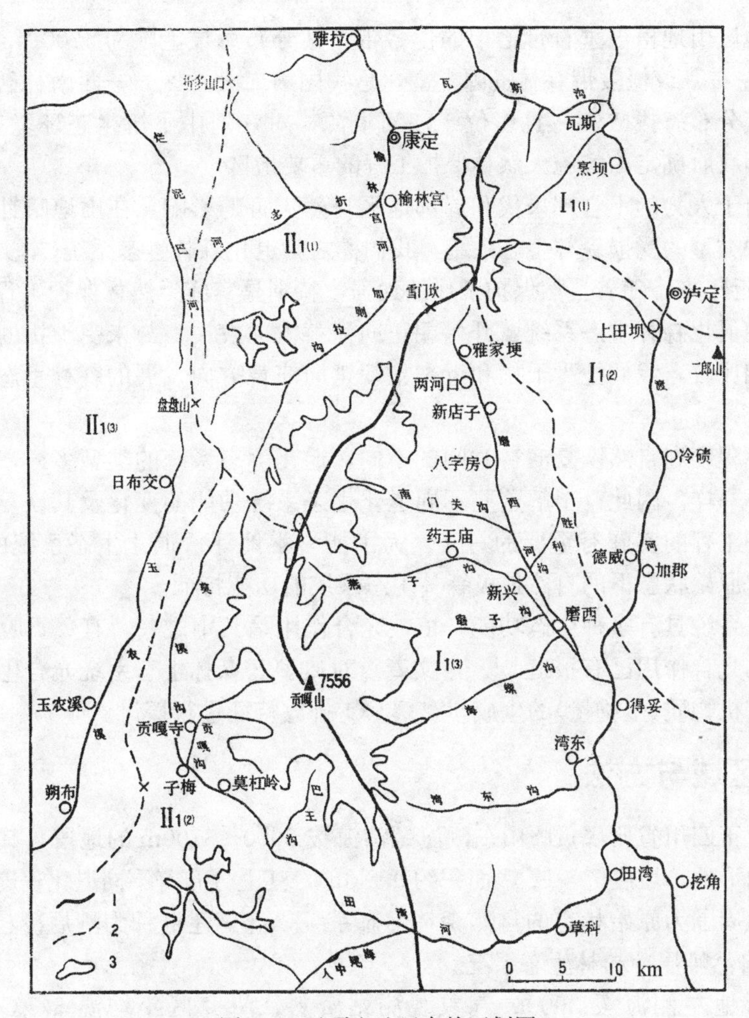

图 8-4　贡嘎山地区自然区划图

I. 亚热带湿润地区东部亚地区常绿阔叶林—红壤与黄壤地带

I_1. 川西山地区：$\mathrm{I}_{1(1)}$ 烹坝小区；$\mathrm{I}_{1(2)}$ 冷碛小区；$\mathrm{I}_{1(3)}$ 磨西草科小区

Ⅱ. 青藏高原区半湿润地区草甸与针叶林地带

II_1. 横断山北部区：$\mathrm{II}_{1(1)}$ 康定小区；$\mathrm{II}_{1(2)}$ 子梅小区；$\mathrm{II}_{1(3)}$ 玉农溪小区

1. 地带界线；2. 小区界线；3. 冰雪区

第四节　贡嘎山暗针叶林带自然与退化生态系统的生态功能特征①

山地暗针叶林带泛指分布于亚热带纬度位置海拔 2800(2900)m 以上以云杉(*Picea*)和冷杉(*Abies*)为建群种的森林植被带。有人称之为亚高山暗针叶林带[35]；另有人称之为高山暗针叶林[36]。该植被带具有阴暗、潮湿的生态环境特征，在横断山地区有大面积的

① 本节作者钟祥浩、罗辑，在 1999 年成文基础上作了修改。

分布，是该地区山地植被垂直带谱中的优势带。其分布海拔上限为4200(4300)m，带幅宽达1400m左右，该植被带森林资源丰富，是我国第二大林区——西南林区的主体组成部分。由于其分布海拔较高，且多位于江河上源，对江河中下游生态环境有重要影响，近年来被中国政府确定为实施天然林保护工程的重要地区。

过去，由于人为的不合理采伐和局部地区自然灾害的影响，在山地暗针叶林带分布区出现了多种类型的受损森林生态系统，我们称之为退化森林生态系统(本文简称为退化生态系统)。近年来，随着自然保护工作的加强，特别是实施天然林保护工程以来，以前呈逆向演替的退化森林生态系统，开始朝正向演替方向发展。与未受干扰的自然顶极森林生态系统相比较，我们把受干扰和近来正朝正向演替方向发展的森林生态系统统称为退化生态系统。

由于破坏程度和自然恢复演替时间的不同，退化生态系统的类型多样，它们的生态功能特征也不一样。因此，了解这些不同退化生态系统功能的变化及其恢复状况，对指导天然林保护工程的实施有重要的意义。为了能科学地评价退化生态系统的功能变化，首先需要了解原始状态下的自然顶极森林生态系统的功能特征。

森林生态系统具有多种生态功能，植被光合作用是其中之一，有关贡嘎山亚高山森林系统植被的光合作用已有报道[37]。本文着重对典型区森林生态系统光合生理过程中的能量转换及有机物质(生物量)的生成与土壤CO_2排放特征进行探讨。

一、研究区域与方法

研究区位于四川省西部贡嘎山东侧海螺沟海拔3000～3100m的地段，其中有泥石流活动形成的扇形地，坡度7°～12°，面积约0.5km²，其上分布有不同退化程度的生态系统类型。扇形地周围为原始状态的自然森林生态系统，群落建群种为峨眉冷杉(*Abies fabri*)，可称为自然峨眉冷杉林生态系统。

根据扇形地左侧海拔3000m气象观测站资料，研究区年均温3.7℃，7月均温12.7℃，1月均温-4.5℃，≥10℃活动积温950℃，年均降水量1817mm，年均相对湿度90.2%，年日照880h，日照百分率20%。可见，研究区气候寒冷而潮湿。根据退化生态系统退化程度的不同，我们选择了三种退化生态系统类型和一种自然森林生态系统类型(作为对照类型)进行重点研究。

在上述四种类型中，共布设了16块观测样地，样地面积为100～500m²。观测调查时间为1998～1999年。生物量的测定采用收获法；光合生理过程有关项目的测定，采用美国制造的CI-301PS CO_2分析仪；林冠上空太阳辐射、光合有效辐射等项目的测定，采用中国长春气象研究所生产的TBQ-4-1型分光辐射传感器；四种被观测调查的生态系统类型形成年代的确定，采用枝轮法和树木年轮法。

二、研究结果

(一)自然和退化生态系统的群落特征

为了叙述方便，对被确定重点调查观测的四种类型取名如下：自然型、轻度退化型、中度退化型和重度退化型，并分别以英文大写字母N、L、M、H表示。各类型的群落特征简述如下：

N型，为原始状态下的自然峨眉冷杉林生态系统，群落形成年龄为170a，属于开始进入顶极状态的原始峨眉冷杉林群落。建群种为峨眉冷杉，树高35～42m，密度145株/hm^2，林冠层盖度0.70，有林木衰老死亡形成的林窗。次林层比较明显，组成树种为糙皮桦(*Betula utilis*)和五尖槭(*AcermaximowicaÜ pax*)；灌木层较发育，盖度0.5，主要种群为美容杜鹃(*Rhododendron calophylum*)、冰川茶藨子(*Rioes glaciae*)、桦叶荚迷(*Viburnum befulifolium*)和心叶荚迷(*Viburnum cordifolium*)以及多种绣线菊(*Spiraea* sp.)等。草本亦较发达，主要种类有鹿药(*Smilacina japonica*)、多种苔草(*Carex* sp.)以及水金凤(*Impatiens nolitangere*)、冷水花(*Pilea* sp.)和石松(*Lycopodium annotinum*)等。

L型，是峨眉冷杉和冬瓜杨(*Populus Purdomii*)兼有的针叶阔叶混交林，群落形成年龄为92a，主林层以峨眉冷杉为主，树高在22～30m，密度为850株/hm^2；冬瓜杨处于次林层地位，树高17～22m，密度110株/hm^2，糙皮桦已开始进入次林层。主林层和次林层形成较大的盖度，达0.8～0.9，因此林下灌木和草本植物较少，灌木有心叶荚迷和更耐阴的绒毛杜鹃(*Rh. pachytrichum*)，草本有山酢浆草(*Oxalis griffithii*)和水金凤等。

M型，是以冬瓜杨和川滇柳(*Salix rehderana*)为建群种和峨眉冷杉优势木已进入主林层的阔叶针叶混交林，群落形成年龄为52a。冬瓜杨树高17～22m，密度415株/hm^2，川滇柳(*Salix rehderana*)树高13～18m，密度114株/hm^2，出现衰老死亡现象，峨眉冷杉优势木树高14～20m，密度1100株/hm^2。由于川滇柳的逐步死亡，出现一定的林窗，因此，林下灌木和草本较发育，灌木主要有悬钩子(*Rosa tricolor*)、冰川茶藨子和大叶冷水花和桦叶荚迷；草本植物有水金凤、黄水枝(*Clintonia udensis*)和七筋姑(*Tiarella polyphylla*)等。

H型，为峨眉冷杉林彻底破坏后的8a生迹地型退化生态系统，自然状态下，植被自然更新状况好，有多种悬钩子(*Rosa tricolor*，*Rubes mesogaeus*)和多种乔木树种幼苗(冬瓜杨、川滇柳、峨眉冷杉等)混生，并有较多的早熟禾(*Poa pemoralis*)和马蹄莲(*Zantedeschina aethiopica*(L.)*sprenger*)等较不耐阴植物。

(二)自然型与退化型生态系统的生物量和净初级生产量特征

不同退化生态系统类型与自然生态系统类型植物群落的生物量和净初级生产量情况见表8-5。

从表8-5中看出，原始状态下的自然峨眉冷杉林生态系统植物群落(N型)总生物量和净初级生产量都最高，除立枯量比L型和M型低和层间植物生物量比L型低外，其他各层生物量均处于最高的水平。轻度退化的针叶阔叶混交林生态系统植物群落(L型)总生物量为N型的75.89%，净初级生产量为N型的87.0%。中度退化的阔叶针叶混交林生态系统植物群落(M型)总生物量只有N型的34.62%，净初级生产量为N型的49.80%。重度退化的8年生迹地生态系统生物量和净初级生产量都处于极低水平。

表 8-5　自然型与退化型生态系统植物群落生物量与净初级生产量[1)]

类型	乔木层	灌木层	草本层	地被层	层间植物	凋落物	立枯量	总生物量	净初级生产量
N	321.033	12.689	1.183	16.831	0.108	3.637	6.697	351.844	11.335
L	257.368	1.481	0.454	7.536	0.177	1.186	40.723	267.015	9.862
M	114.414	4.051	0.834	2.456	0.047	3.161	17.435	121.802	5.645
H	0.469	0.008	0.027	0.005	—	0.023	0.002	0.509	0.346

1)单位：生物量(t/hm^2)，净初级生产量［$t/(hm^2 \cdot a)$］。

从表 8-5 中看出，轻度退化生态系统灌、草层生物量均比中度退化生态系统低，其原因在于峨眉冷杉林在这期间得到快速生长，控制主林冠层，盖度达 0.8 以上，同时主林层下还有一定数量的冬瓜杨阔叶林，两者形成比较郁闭的林下环境，灌、草植被不易发育，而耐阴的苔藓地衣植物得到较好的生长。此外，这期间冬瓜杨出现较大量的衰老死亡，所以立枯量比较高。冬瓜杨及前期川滇柳等落叶阔叶林的生长为峨眉冷杉林的生长创造了良好的生态环境条件，随着冬瓜杨的大量死亡，峨眉冷杉得到快速生长，并成为这期间群落生物量的主要贡献者，乔木层生物量占群落生物量的 96.38%，既高于 M 型，也高于 N 型。但是其总生物量还远比不上 N 型，从这一点上说来，它还是属于一种不健全的退化生态系统类型。

M 型中的灌木、草本层生物量较高的原因在于这期间与冬瓜杨一起进入主林层的川滇柳出现大量衰老死亡的现象。川滇柳的死亡，形成一定面积的林窗，这为灌、草植被的发育提供了较多的光照资源，特别是灌木层生物量得到较明显的提高，它在 M 型植物群落总生物量中占 3.32%，接近于 N 型灌木层生物量在群落总生物量中的比例。但是 M 型群落总生物量只有 L 型的 45.62%。显然，相对于 N 型来说，其退化程度还是比较明显的。

作为重度退化的 H 型，其各层生物量中的乔木层(实质上为乔木树种幼苗)生物量占绝对的优势。可见，在湿度条件较高的峨眉冷杉林分布区，迹地的更新中，乔木树种得到较快的更新，其中冬瓜杨和川滇柳生长发育特别快。

我们对 N 型和 L 型植物群落中的乔木层、灌木层、草本层的叶面积指数进行了调查测定与计算，其结果见表 8-6。

表 8-6　N 型和 L 型乔、灌、草本层叶面积指数

类型	乔木层	灌木层	草本层	总计
N	4.537	3.291	1.143	8.970
L	7.620	0.375	0.032	8.030

从表 8-6 中可知，作为进入顶极群落状态的自然峨眉冷杉林乔木层叶面积指数并不高，比轻度退化类型低约 60%，而灌木层和草本层叶面积指数均高于轻度退化类型。N 型群落总叶面积指数比 L 型高。产生这种现象的原因，在于进入顶极状态的自然峨眉冷杉林出现较大面积的林窗(因少量衰老林木的死亡形成)，这为林下灌木层、草本层以及地被层的发育提供了有利的条件，使这些林下植物得到较好的发育。可见，原始状态下

的自然顶极森林生态系统具有自身调节生态资源特别是光能资源在各层次中合理分配的功能，这样就使得其生物量、生产力以及保土保水、调节气候等生态功能达到最高的水平。而未进入顶极状态的其他森林生态系统缺乏对生态资源合理分配的能力，表现在它们的整体生态功能上是不高的或者有缺陷的，所以称它们为退化的生态系统。

上述分析可以得出这样一个认识，所有退化森林生态系统的生产力功能都比不上原始状态下的自然森林生态系统，其中的重要原因之一是生态资源特别是光能资源没有得到充分合理的利用，表现为乔、灌、草等各层叶面积指数比例的不协调。

(三)自然型和退化型生态系统光合生理特征

森林生态系统的光合作用是植物生产力的基本因素，一定时间内生物量积累的测定常被认为是光合作用的一种测量。森林生态系统植物光合作用的强弱，决定了净初生产力的大小。不同地区不同森林生态系统类型光合作用的生理过程不同，同一地区(地段)不同植物组成的森林生态系统类型光合作用的生理过程也不一样，表现为其生物量和净初级生产量有差别。按此原理，我们对研究区自然型和退化型生态系统优势种群和部分灌木、草本层有关种的光合生理特征进行了测定，结果见表 8-7。

森林生态系统各组成成分之间的能量交换是生态系统的基本功能之一。太阳辐射是进入生态系统的主要能源，但其中只有 400～700nm 可见光部分的辐射才能被绿色植物的光合作用所利用，到达森林的光合有效辐射能被森林植被吸收利用的，又只是很少的一部分。被森林植被吸收的光合有效辐射用于物质的合成与固定，同时驱动水分循环和养分循环并最终形成森林生态系统的各种服务功能。

从表 8-7 中可看出，不同森林生态系统类型的乔木层优势种群对光合有效辐射的利用是很不相同的。作为适应阴暗潮湿生态环境的峨眉冷杉，它的光饱和点不高，亦即在

表 8-7　不同生态系统类型优势种群光合生理有关指标[1)]

物种	样本数[2)]	光补偿点	光饱和点	最大净光合速率	净光合速率	蒸腾速率	水分利用效率	层片	生态系统类型
峨眉冷杉(一年生叶)	46/358	6.683	346	13.80	6.617	0.635	10.420	乔木	N
峨眉冷杉(二年生叶)	33/346	4.991	368	10.17	5.3396	0.493	10.878	乔木	N
峨眉冷杉(阴叶)	42/381	4.648	140	9.97	4.671	0.325	14.372	乔木	N
冬瓜杨	59/1472	28.863	2081	27.32	11.655	2.874	4.055	乔木	M、L
川滇柳	27/146	18.880	1995	19.76	10.422	1.953	5.336	乔木	M、L
榨叶荚迷	27/146	26.034	115.5	16.78	9.638	1.183	8.17	灌木	H、林缘
悬钩子	34/274	13.451	424	22.21	8.603	1.223	7.034	灌木	H、林缘
早熟禾	16/65	12.504	1071	22.51	9.572	1.274	7.513	草本	H、林缘
马蹄莲	65/1538	34.523	1232	21.12	14.829	2.083	7.119	草本	H、林缘

1)除水分利用效率单位为 μmol/mmol 外，其余有关物理量单位均为 μmol/(m^2 · s)。

2)此栏各物种数值的分子为样本数，分母为平均光合速率的样本数。

光合有效辐射(PAR)没有超过 346μmol/(m^2 · s)(一年生叶)以前，光合速率随光照的增强而迅速增加，研究中发现，超过此值后，光合速率下降。二年生叶和阴叶也有相似的特性，其中阴叶虽光合速率不高，但有充分利用弱光的特性。同时，峨眉冷杉还表现出水分利用速率较高，而蒸腾速率较低的特点，从而就能理解峨眉冷杉为什么非潮湿阴暗的环境不长。峨眉冷杉林一旦遭破坏，阴暗潮湿环境发生改变，光照增强，为其他剩存峨眉冷杉树木所不适应，进而被喜阳植物所占据。

表 8-7 清楚地反映出，冬瓜杨和川滇柳是比较喜阳的植物，光饱和点分别高达 2081μmol/(m^2 · s)和 1995μmol/(m^2 · s)，高出峨眉冷杉 6～14 倍。在峨眉冷杉林被破坏而光照条件较好的地方，冬瓜杨和川滇柳能够迅速成长，净光合速率和最大净光合速率都远高于峨眉冷杉，生物量积累很快，使小生境朝着有利于峨眉冷杉生长的方向发展。但是，以冬瓜杨和川滇柳为建群种的森林生态系统，对水分的利用效率较低，蒸腾速率比较大。从水源涵养功能考虑，大面积的冬瓜杨和川滇柳生态系统的出现，将会减少地下水对江河的补给。可见，在横断山地区山地暗针叶林分布带，实施天然林保护工程，对保护和改善江河上源水源涵养功能的重要性不言而喻。

上述分析表明，研究区退化森林生态系统的功能退化不仅表现为生物量和生产力方面，还表现为对生态资源利用的分配上不合理，加大了水分的蒸腾，降低了水源涵养功能的作用。

研究中发现，研究区的大部分灌木和草本植物的蒸腾速率比较低，而水分利用效率比较高。但是在峨眉冷杉林受到破坏的地方和在峨眉冷杉林缘处，其中不少灌木和草本植物表现出较高的光合速率和蒸腾速率。如表 8-7 中所列悬钩子、早熟禾和马蹄莲在迹地和林缘处有较多的分布，并表现出较高的光合速率和蒸腾速率。退化森林生态系统中的灌木和草本，大多数都具有与喜阳建群种相似的光合生理特性。

(四)自然型与退化型生态系统土壤 CO_2 排放特征

不同生态系统下的土壤特性是不一样的。原始状态下的自然峨眉冷杉林下土壤为山地暗棕色森林土，土层较厚，有机质含量较高，0～7cm 有机质含量为 536.36g/kg，7～15cm为 163.74g/kg，15～35cm 为 83.13g/kg。轻度退化生态系统(L 型)土壤表层 0～8cm有机质含量达 565.33g/kg，明显比前者高，但是 8～20cm 土层有机质含量只有 9.22g/kg，比前者低得多。中度和重度退化生态系统土壤有机质富集与 L 型相似，即表层含量高，表层以下低。

土壤 CO_2 排放的强弱与土壤类型有关，更确切地说与土壤微生物活动和植物根系呼吸有关，而后者又与土壤温度状况有密切关系。不同生物系统类型土壤温度状况、微生物活性及植物根系呼吸强弱是不同的，反应为土壤 CO_2 的排放有差别。通过对 1998～1999 年 5～11 月不同生态系统类型土壤 CO_2 排放通量的测定(表 8-8)，发现迹地退化型(H)最高，轻度退化型最低，而无退化的自然型居中。

表 8-8　不同类型生态系统土壤 CO_2 排放通量　［单位：kg/(hm² · d)］

月份	H型	L型	N型
5	285.04	261.74	200.42
6	465.32	164.91	229.62
7	408.52	202.65	304.36
8	510.14	199.20	329.14
9	564.16	145.07	257.33
10	318.04	115.76	199.28
11	22.62	66.17	183.58
平均	233.91	123.76	218.48

出现上述情况的原因：①与地面生态系统结构有关。H 型地表只有疏稀的灌、草植被，地表和土壤升温较快，温度高有利于地表有机物质的分解，因而出现 CO_2 的排放大于吸收；L 型中的峨眉冷杉处于旺盛生长的时期，而且林下有一定数量的冬瓜杨阔叶树，郁闭度较高，地表光照作用弱，土壤温度相对偏低，因而出现 CO_2 的排放小于吸收；N 型生态系统结构处于最佳状态，乔、灌、草层搭配合理，地表升温作用既慢于 H 型，又高于 L 型，因而出现对 CO_2 的吸收与排放处于相对的平衡状态。②可能与 5cm 深处的土壤温度有较密切的关系。根据我们对这三种类型 5cm 深处土壤温度的观测（图 8-5），发现 5～11 月份，H 型土壤温度明显高于其他两种类型，而 N 型土壤温度恰好介于 H 型与 L 型之间。从而进一步说明无退化的自然生态系统土壤 CO_2 的排放与吸收处于一种比较协调的状态。因此，218.48kg/(hm² · d)可作为评价森林生态系统是否处于退化状态的一个参考指标。

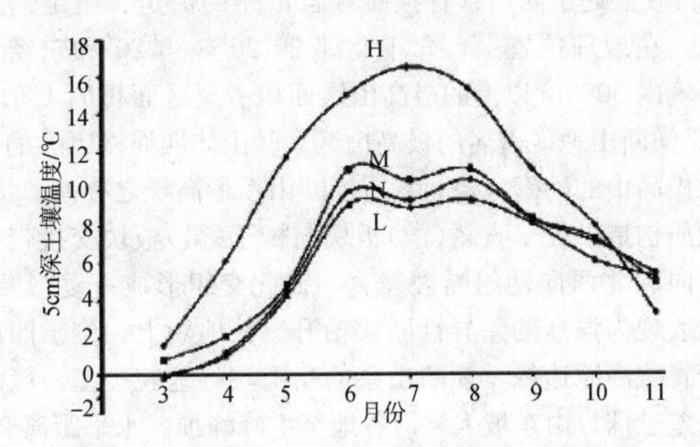

图 8-5　不同生态系统类型 5cm 深处土壤温度(月均值)变化对比图

三、小结

对自然与退化森林生态系统生物量、净初级生产量、光合生理特征和土壤 CO_2 排放通量及其与土壤温度之间关系等方面的研究，从一个侧面揭示了研究区暗针叶林带森林生态系统功能的现状特征。进入顶极状态的自然峨眉冷杉林生态系统的生物量、净初级生产量、光合生理过程中的有关参数以及土壤 CO_2 排放通量等可以作为评价退化森林生态系统退化度的参考指标。对自然与退化森林生态系统上述功能特征的研究，从另一个侧面揭示了青藏高原东缘横断山区山地暗针叶林带原始冷、云杉林生态系统一旦受到破坏，在自然条件下，恢复到最佳结构与功能状态需要很长的时间。对贡嘎山峨眉冷杉林分布带来说，恢复时间起码要100a。可见，在山地暗针叶林分布区实施天然林保护工程，建设功能高效和服务功能多样的山地暗针林叶生态系统，不仅要对其重要性有足够的认识，而且对其长期性要有充分的思想准备。

第五节 贡嘎山高山生态系统观测试验站的科学意义及其应用前景[①]

1987年中国科学院正式建立“中国生态系统研究网络”(The Chinese Ecosystem Researeh Network，CERN)。CERN是将中国科学院分布在全国不同区域的代表性生态系统类型生态研究站联结成一个综合研究的网络体系。组成该网络体系的30个生态研究站主要分布于我国东部湿润地区的纬向地带性、沿北纬40°线径向地带性和西南典型山区垂直地带性上的代表性地域。贡嘎山高山生态系统观测试验站(以下简称贡嘎山站)属于后者，它代表了青藏高原东缘面积达60万km^2的高山深谷山地生态系统类型，是长江上游高山深谷地区唯一的“中国生态系统研究网络站”。钟祥浩作为贡嘎山站筹建负责人和正式建站第一任站长，对贡嘎山站建站科学意义、应用前景及其研究方向作了论证。

一、地理环境背景

贡嘎山位于青藏高原的东缘、长江上游大渡河中游地区的康定城南部，主峰海拔7556m。贡嘎山在行政上处于四川省甘孜藏族自治州的泸定、康定、九龙和雅安地区的石棉四县交接地区。在地理位置上，介于北纬29°20′～30°20′和东经101°30′～102°15′，面积约1万km^2。境内5000m以上的极高山区面积占全区面积的1/6，海拔6000m以上山峰多达45座，是横断山地区著名的极高山区。其山体四周以巨大的落差急剧下降，衬托出青藏高原东缘极高山的磅礴气势，素有横断山系最高峰之称。

贡嘎山，在地质构造上处于青藏(微)板块与杨子(微)板块交接带，属青藏高原的组成部分。境内北东向和北西向两组断裂发育，彼此交织形成一菱形断块。第四纪以来，新构造运动活跃，表现为强烈的差异性断块抬升。在地貌上，位于四川盆地与青藏高原的过渡带上，属于青藏高原边缘—横断山系的高山峡谷地貌类型。境内山脉、河流近似南北伸延，岭谷高差悬殊，由东坡大渡河谷地至主峰峰顶，水平距离29km，而相对高差达6400m之巨，实为世界所罕见。在气候上，本地区位于我国东部亚热带温暖湿润季风与青藏高原东部高原温带半湿润区的过渡带上，山体两侧气候差异明显。地貌和气候从东向西具有过渡性的特点，加之境内相对高差悬殊的高山深谷地貌形态的影响，致使本地区内的各种自然地理过程表现出过渡性、混合性和复杂性特点。

贡嘎山地区，生物种类多样，野生动物400种，包括兽类近100种，鸟类220种，

① 本节作者钟祥浩等，在1988年成文基础上作了修改、补充。

以及多种爬行动物和昆虫。其中属于国家保护的珍贵动物有 28 种，占四川省保护动物(54 种)的 52%。维管束植物达 185 科、659 属、2500 余种，其中蕨类 29 科、51 属、120 余种，种子植物 156 科、818 属、2380 余种，生物区系与生物地理成分具有复杂性、古老性、分异性和近亲种替代现象十分明显的特点。在植被类型上，具有从亚热带至寒带的各种植被类型，植被垂直自然分带十分显著。境内东坡发育了亚热带常绿阔叶林、亚热带常绿阔叶与落叶混交林、暖温带针阔叶混交林、寒温带暗针叶林、亚寒带灌丛草甸和寒带疏草等六个带。北坡发育了暖温带针阔林带以上的各植被带，西坡发育了寒温带暗针叶林带以上的各植被带。

在综合自然区划上，贡嘎山主山脊正当位于我国一级自然区划界线的位置上，主山脊线以东为我国东部季风区域，以西为我国青藏高原区域。在农业利用及其发展方向上，东坡与东部季风区十分相似，可种水稻、油菜、油桐、桑树、竹类等亚热带作物及经济林果；而西坡则与青藏高原东部相似，只能种植洋芋、青稞以及发展牧业。东坡的自然地理过程还表现出四川盆地边缘山地常绿阔叶林亚带和川西南偏干性常绿阔叶亚带的混合性特征。

地处温暖湿润季风区的高耸云天的贡嘎山体，为海洋性冰川的发育创造了有利条件。境内冰雪覆盖面积 360km^2，其中冰川面积 297.5km^2，是我国接近人烟稠密地区的最大的一个冰川群。冰川类型有树枝状复式山谷冰川、悬冰川和冰斗冰川；现代冰川计有 71 条，围绕主峰呈放射状展布。这些冰川中最大的冰川有东坡的海螺沟冰川、燕子沟冰川，西坡的贡巴冰川，南坡的巴王沟冰川和北坡的加则冰川，其中海螺沟冰川最为壮观。该冰川长达 14.7km，冰川舌末端海拔 2850m，为横断山地区最长和下降高度最低的冰川之一。冰川伸入森林内达 6km 之长，海洋性冰川的千奇百态和冰川两岸的苍松劲林，形成一幅冰川公园的壮丽图景。

贡嘎山东坡沿海螺沟从下往上的垂直自然带有：山地亚热带常绿阔叶林带(1000～2400m)、山地暖温带针阔叶混交林带(2400～2800m)、山地寒温带暗针叶林带(2800～3500m)、亚高山亚寒带灌丛草甸带(3500～4600m)、高山寒带疏草寒漠带(4600～4900m)和极高山冰雪带(＞4900m)。每个带根据植被类型及优势树种的差异以及气候和土壤的特征又可分出若干亚带，如山地亚热带常绿阔叶林带可分出河谷亚热带灌木、草丛和云南松林亚带、山地亚热带常绿阔叶林亚带及山地亚热带常绿阔叶林与落叶阔叶混交林亚带。海螺沟自然生态系统类型的多样复杂性实属少见。该流域内不仅自然生态系统类型多样，而且保存较为完好，海拔 2000m 以上基本处于未开发的原始状态，具有自然生态系统原生性强的显著特点，形成了低海拔的现代冰川、古冰川遗迹的广泛分布以及热矿泉和高山冰雪相匹配的旅游风光。所有这些特征使贡嘎山海螺沟成为了科学性、知识性和趣味性融为一体的多功能自然综合体，它不仅是开展高山生态系统观侧试验的理想场地，而且也是深入了解贡嘎山地区和横断山区各种自然地理现象和过程以及监测区域环境动态的最理想的代表性区域。

二、科学意义

(一)可为深入研究青藏高原的形成、演变提供依据

贡嘎山地区作为青藏高原的组成部分，其地质过程、第四纪以来的地貌过程，特别是新构造运动过程与青藏高原的形成演变有着密切的联系。因此通过对贡嘎山地区第四纪地貌过程的产物——各种沉积物和沉积相的分析对比，对新构造环境效应特征的捕捉，以及对现代地貌过程各种遗迹的研究，有可能为青藏高原第四纪以来的形成演变过程的认识提供科学依据。贡嘎山海螺沟拥有新构造运动和冰川活动所记录的丰富的地质地貌和沉积信息。以海螺沟内所设置的观测试验站为点，以贡嘎山地区和毗邻地区为面，对各种沉积物特征和新构造现象进行以点带面的综合观测和对比分析研究，可为探索贡嘎山的隆起及其与青藏高原的形成演变关系提供宝贵的资料。

(二)可为山地学科的建立和发展提供资料

我国山地面积占国土面积的比例约为70%，而西南地区山地面积占该地区土地面积的95%以上。青藏高原东部的横断山区，在地质构造上处于南亚大陆与欧亚大陆镶嵌交界带的东翼，是我国东部环太平洋带和西部古地中海带间的过渡带。这里地质构造极为复杂，新构造运动异常强烈，地貌形态上表现为典型的高山深谷类型，山体一般高大挺拔，高山和极高山分布面积大，岭谷高差悬殊，自然生态系统的垂直变异非常明显，立体农业的垂直分异最为典型，生物区系绚丽多彩。对以海螺沟为点的垂直梯度的生物、气候、土壤、水文以及大气质量的长期观测试验，可为山地气候学、山地土壤学、山地水文学、山地生态学和山地环境学的形成和建立提供宝贵资料；对这些学科资料的分析和综合，有可能为我国山地学科的建立奠定坚实的基础，亦可为区域性环境动态变化和全球气候变化提供有价值的事实依据。

(三)可为建立和发展我国山地生态学科理论提供基础数据和方法

山地具有坡陡、土薄的特点。一般说来，山地生态系统比较脆弱。我国西南山区，特别是横断山区，山高、坡陡、土层薄的特点尤为突出，山地生态系统更为脆弱。青藏高原东缘的横断山区，海拔3000m以上的高、中山占总面积的90%以上。本地区山脉、河流南北纵贯、相间排列，山体高大，坡度陡峻，岭谷相对高差悬殊，生物种类丰富，植被类型复杂，自然地理条件和自然生态系统类型独具一格，开展以横断山为中心的山地生态系统研究，必将推进我国山地生态学科的研究工作的深入和发展。

贡嘎山作为横断山区的重要组成部分，具有与该区基本相似的特点。因此，开展以海螺沟为点的高山生态系统的定点观测试验研究，结合以贡嘎山区及其毗邻地区为面的对比研究，可以丰富和发展山地生态学的研究内容。对海螺沟不同垂直自然带中的自然生态系统的长期观测和试验，可积累有关山地生态系统的科学资料；对不同垂直自然带中自然生态系统结构、功能特征的长期观测研究，可为我国山地生态学科的理论和方法的建立提供依据。

(四)为发展和完善我国冰冻圈学科理论提供方法和数据

冰冻圈学科是近代随着人类向寒区的经济开发活动的需要而发展起来的一门新兴学科。贡嘎山是横断山地区海洋性冰川最集中最发育的地方，同时也是我国中低纬度海洋性冰川分布最典型的地方。冻土与冰川的分布紧紧相连，贡嘎山地区高山多年冻土分布面积达 317.4km^2，一般在冰川前缘发育了多年冻土。可见贡嘎山是开展海洋性冰川和亚热带纬度上冻土研究的好场所。贡嘎山地区现代冰川和现存多年冻土是地质和自然地理等自然因素综合作用的结果，但是目前冰川、冻土的消长却与现代环境变化有着密切的关系。因此对以海螺沟冰川和冻土变化为内容的系统观测研究，并结合近代气候的变化，探索冰川、冻土变化的趋势，建立这种变化趋势与环境变化的数学模型，不仅可为我国今后几十年内冰川、冻土变化趋势作出预测，而且可为发展和完善我国冰冻圈学科理论提供事实和数据。

三、应用前景

(一)为横断山地区生态系统脆弱河谷区的资源开发利用及生态建设与保护提供经验

横断山地区南北向河谷是该地区人口最集中、资源开发利用强度最大的地区。由于地形效应作用，这些河谷区水、热条件组合失调，年蒸发量大于年降水量的数倍，无雨的干季时间长达半年以上。加之河谷区坡陡，人类不合理的开垦利用土地，以及在夏季降雨集中的影响下，坡地土壤严重流失，致使许多地区出现荒漠化、半荒漠化和沙石化的现象。因此，对生态系统脆弱的广大河谷地区，如何合理开发利用，以及对生态系统失调的地区，如何恢复，是当前急待解决的课题。

海螺沟在磨西以下与磨西河汇合注入大渡河。贡嘎山东坡的大渡河谷区，气候较干热，部分河谷段年降水量 500～600mm，干季时间长，山区土层薄，生态系统较为脆弱。其中，泸定县城以上至瓦斯沟河谷段，两岸山坡已出现严重的沙石化现象。开展以海螺沟下游为点的生态环境特征的系统观测和生态农业建设的试验研究，结合大渡河谷面上的调查和设点观测对比研究，找出该地区生态农业建设的有效途径，这不仅对推动大渡河谷及其他地段的有效开发利用有指导意义，而且亦可为横断山地区其他干热、干旱和半干旱河谷生态建设与保护提供示范。

(二)为横断山区亚高山森林植被的合理开发与保护提供科学依据

我国西南地区拥有仅次于东北的森林资源，其中主要集中分布于横断山地区，特别是川西海拔 2000m 以上的中、高山区。这些地区的森林植被对长江上游水源涵养和河流泥沙的控制起着重要作用。由于人口的增加和国民经济发展的需要，国家和地方对木材的需求压力日趋增大，随之而来森林砍伐和破坏的现象日趋严重，存在着森林植被消失的潜在危险。目前已有许多河谷区，干热、干旱或半干旱河谷森林分布下限高度出现上升的趋势。横断山地区生态环境的退化和长江河水泥沙含量增加，到了令人担忧的地步。合理开发和保护这一地区的森林已引起各界的极大关注。

分布于这一地区的森林主要为冷杉、云杉林，其中在海拔 3000～4000m 处分布最为集中。由于交通不便，开发利用的难度大，许多地区出现过熟林的状况，老朽、腐烂的现象严重，林下自然更新差。因此，如何合理利用和保护这一高度带的森林是急待研究、解决的重大课题。

贡嘎山海螺沟海拔 2400m 以上，集中分布以铁杉、云杉和冷杉为主的针叶林，对以海螺沟为点的森林生态系统结构、功能特征及其演变趋势的观测试验研究，以及森林水文效应的长期观测研究，找出合理开发利用及其保护的有效途径，对于川西地区，乃至横断山地区森林植被的开发与保护有着重要的现实指导意义。

该站可作为国家资源环境控制与动态监测观测实验的研究基地，亦可作为大区域环境动态变化监测研究观测点。

(三)可为人类环境的全球变化研究提供服务

随着人口的增长、工业化和城市化迅速发展、农业集约化经营的推进、人类经济活动的加强，大气中由于CO_2增加，带来温室效应的全球气候变暖问题，为越来越多的人所关注。由工业发展带来的环境污染已成为当代重大的科学研究课题。贡嘎山海拔 5000m 以上终年为冰雪所覆盖，主峰周围山谷冰川发育，冰川的消长及其退缩演变与气候环境的变化的关系非常密切，冰川水化学特征直接受大气物质组成成份的影响。贡嘎山东邻人口稠密的四川盆地，南有我国西南最大的攀枝花钢铁基地。该区降水除受印度洋暖湿季风的影响外，在盛夏还受到来自四川盆地及其东部地区上空暖湿气流的影响。因此对贡嘎山冰川水化学和大气化学成份的观测和对比研究，可为环境污染趋势的预测及污染源的追踪提供依据。对冰川消长变化的长期观测和对比分析，还可为气候变化趋势的预测、区域环境动态变化乃至全球气候变化研究提供依据。

此外，贡嘎山地区，特别是海螺沟保留了大量第四纪的冰川沉积物和原始森林，它们记录了历史气候变化和环境演变的信息。对该地区古代和现代冰碛物的深入观测分析，以及对现存原始森林树木年轮及同位素的分析研究，可以为第四纪更新世以来和近百年来地理环境的演变提供依据。

(四)可为贡嘎山地区旅游资源的开发提供服务

贡嘎山地区已列为国家级风景名胜区。该地区拥有以地貌形态奇异、生物资源丰富、生态环境原始性强、森林原始状态保存好，以及多姿多态的低海拔冰川而著称的自然景物和风光，有着极高的旅游开发经济价值。

随着人类文明的进步，人们对自然景物和风光的兴趣将越来越大。贡嘎山离成都只有不到一天的驱车路程，随着公路交通的改善，将来也许半天就可到达。自海螺沟冰川公园开放以来，旅游参观和科学考察的人员日趋增多。目前，旅游开发对生态环境带来的破坏开始出现，更严重的是贡嘎山四周河谷区都是人口稠密的农业区，人口的增长对该地区森林资源的破坏日趋严重。因此，以海螺沟观测试验站为点，开展生态环境本底的全面调查和观测，结合贡嘎山地区面上的全面考察分析和整理，可使众多的旅游资源更具有科学性、知识性和趣味性，做到科学研究促旅游，旅游开发带动经济发展，经济发展促生态与环境的保护。

四、研究方向及近期研究内容

贡嘎山站是以多层次的山地生态系统（含冰冻圈生态系统）为主要研究对象的综合观测试验站，应把多层次山地生态系统的结构、功能和人类活动对生态系统的影响作为研究的重点。从环境与生物的整体出发，通过多学科长期综合研究，探索山地生态系统的形成、演变规律及其高生产力调控途径，高原隆起和冰川消长对山地生态系统的影响以及人类活动对生态环境的作用，预测大区域环境演变趋势，可为合理开发利用山地资源，保护和改善山地生态环境提供科学依据。对长期观测资料的积累和研究，可为山地学的建立和发展提供理论基础，为全球气候变化提供服务。

就近期来说，贡嘎山站的研究方向应突出多层次的森林生态系统的类型、特征、结构、功能及其形成和演化。鉴于贡嘎山和整个青藏高原东缘的优势森林带为亚高山暗针叶林生态系统，以及该系统在保护和改善本地域生态环境中的重要作用，确定本站近期以亚高山森林生态系统作为研究的重点。从环境与森林生态系统的整体出发，应用系统生态学、森林生态学、植物生态学、地学和生物学以及现代新技术、新方法，多学科综合研究亚高山暗针叶林生态系统的结构、功能及其调控途径，高原隆起和冰川消长对系统的影响，并通过重建稳定的、结构合理的、高生产力的森林生态系统的综合试验研究，可为合理开发利用和保护贡嘎山地区乃至青藏高原东部广大高山深谷地区森林资源提供科学依据。

近期主要研究内容有以下几方面：①贡嘎山亚高山暗针叶林生态系统的现状特征与环境调查，重点查明该系统的群落类型特征以及影响该系统的环境因素本底条件的基本特征；②贡嘎山亚高山暗针叶林生态系统的结构和动态的调控措施研究，重点研究系统的植物、动物和微生物的种类组成，系统的水平和垂直结构，系统的演替系列及其与环境条件的关系及调控措施；③贡嘎山亚高山暗针叶林的能量生态及生产力的调控措施研究，重点研究系统的能量固定分配及系统生产力、净生产力及其与环境条件的关系，系统的生产潜力及调控生产力的途径；④贡嘎山亚高山暗针叶林生态系统主要元素地球化学循环规律研究，重点研究C、N、P及部分微量元素在系统的循环规律，研究森林植被对重要元素的吸收、分配、消失、归还及土壤养分库动态变化；⑤贡嘎山亚高山暗针叶林生态系统的生态功能研究，重点研究该森林生态系统的微气象效应，寻求各主要树种生长和发育所需的适宜气候和微气候条件，探索该森林生态系统在蓄水、耗水和水分再分配过程中的作用，寻求调控森林水文功能的途径；⑥贡嘎山站主要生态系统及所代表地区的环境、生物信息汇总，建立用以研究资源和环境现状、动态的地理信息系统；⑦人类经济活动与旅游对亚高山暗针叶林生态及其生态环境影响的动态监测。

第六节　贡嘎山森林植被与冰川退化迹地的植被演替[①]

由于贡嘎山研究具有重大的科学意义，历来为中外学者所关注。在20世纪50年代

① 本节作者钟祥浩、罗辑等，本节内容是在1999年论文基础上补充、修改而成。

以前，有不少探险者及地质、地貌和植物学家对贡嘎山地区进行过考察[38-42]。1987年中国科学院成都山地灾害与环境研究所在贡嘎山东坡海拔3000m处建立了高山气象观测站。1988年8月国务院批准贡嘎山为国家级风景名胜区，同年中国科学院正式批准建立贡嘎山高山生态系统观测试验站(简称贡嘎山站)，随后贡嘎山站被编入《中国生态系统观测网络》。1991年磨西台地(东坡)建立第二个气象观测站。贡嘎山站建立以来，做了大量有关贡嘎山地区的生态环境背景与本底调查，在此基础上，开展了“八五”国家攀登计划专题“青藏高原东缘山地生态系统结构、功能与动态”研究(1993～1996年)。该专题由中国科学院成都山地灾害与环境研究所、成都生物研究所共同主持，钟祥浩和唐亚为专题负责人。该专题研究以贡嘎山站为依托，以贡嘎山地区为主要研究范围，开展由点到面的山地森林生态系统结构、功能与动态研究。在为期五年的研究中，该研究完成野外调查植物群落样方面积1万m^2，采集各类植物标本2100多号、6500余份，土壤样品346个；调查解析木125株，采集树木圆盘340个。由钟祥浩、吴宁、罗辑主编出版了《贡嘎山森林生态系统研究》专著。本节依据调查分析有关资料就贡嘎山地区现代森林植被特征与冰川迹地的植被演替进行分析与讨论。

一、山地植被生态系统类型的多样性

贡嘎山岭谷高差悬殊。在其东坡从大渡河谷地到主峰水平距离29km，相对高差达6400m；在其西坡水平距离15km，相对高差为4500m。贡嘎山南坡有与东坡相似的特征，北坡有与西坡相同的特点。贡嘎山位于中国东部季风区亚热带与青藏高寒区温带的过渡带上，大落差的山体为其东西坡气候生态系统的形成与发育提供了有利条件。

在气候上，贡嘎山位于中国东部亚热带湿润季风区与青藏高原寒冷气候区的过渡带上，其东西坡气候差异明显。东坡从河谷到高山带年降水量达1000～3000mm，而西坡从河谷到高山带年降水量为600～1000mm。东西坡降水条件的明显差异，导致了东西坡山地生态系统类型及其层次变化特征的明显不同。根据植被群落外貌和季相变化、建群种生活型和相应的群系与群丛组合特征，可将贡嘎山东坡植被生态系统分为6个带，3个亚带；西坡分为4个带，2个亚带[43]。

二、植被带与气候之间的关系

根据郑远长对贡嘎山地区主要植物种类形成气候指标的计算资料[44]，贡嘎山云冷杉林及其次生林分布上限的温暖指数(WI)为8.0～12.0℃·月，生物学温度(BT)为3.0～3.5℃；亚高山暗针叶林和针阔叶混交林之间过渡区温暖指数为40.0℃·月，生物学温度为6.5～7.0℃；常绿阔叶林带下限温暖指数为80.0℃·月，生物学温度为12.0℃；谷地灌丛带温暖指数为90.0℃·月，生物学温度为12.5℃；海螺沟植被垂直带特征气候条件之间的关系见图8-6。

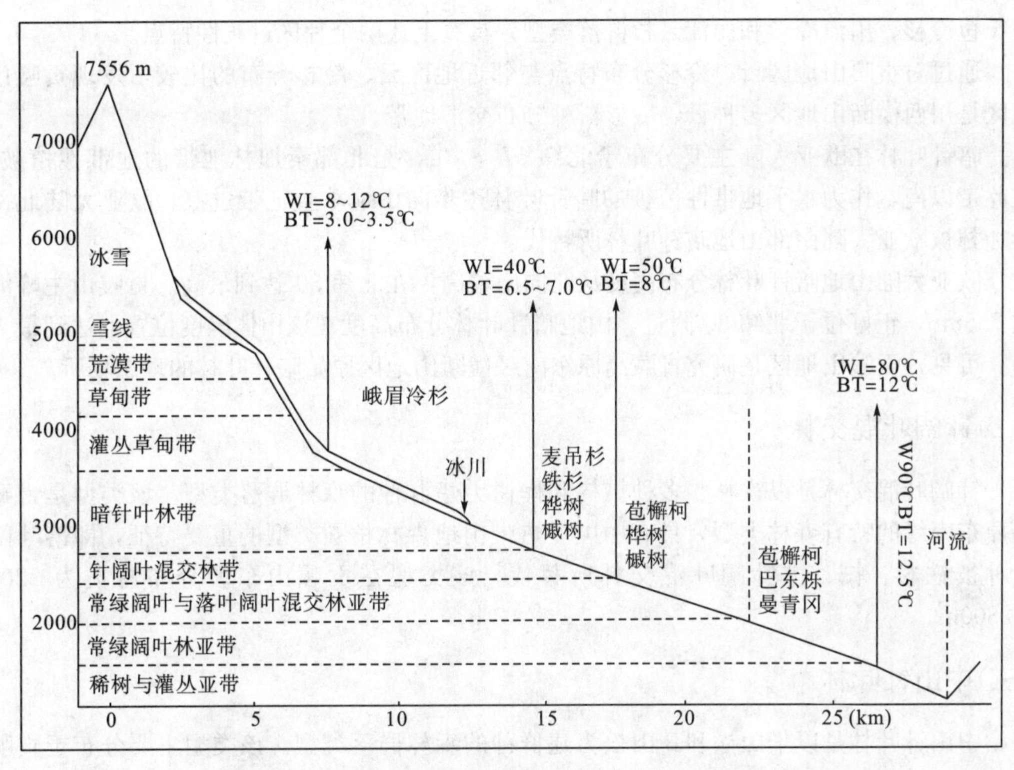

图 8-6　贡嘎山东坡海螺沟植被垂直带与气候条件特征

三、主要森林植被类型与分布

贡嘎山地区主要森林植被类型特点如下。

(一)亚高山暗针叶林

亚高山暗针叶林主要由冷杉林和云杉林组成，其分布高度在贡嘎山东坡为海拔2800~3600m，在西坡海拔为3000~4000m。它是贡嘎山地区分布幅度最宽和最重要的森林分布区。

亚高山暗针叶林树种组成较复杂，总计达23种，其中以云杉和冷杉属树种为多，计15种。以川西云杉(*Picea balfouriana*)、丽江云杉(*P. likiangensis*)、黄果云杉(*P. likiangensis* var. *hertella*)、麦吊杉(*P. brachytyla*)、鳞皮冷杉(*Abies squamata*)、峨眉冷杉(*A. fabri*)、长苞冷杉(*A. georgei*)和川滇冷杉(*A. forrestii*)等为主要建群种的群落是贡嘎山地区暗针叶林的主要类型，分布面积大。

根据暗针叶林建群种地域分布特点，可将贡嘎山地区暗针叶林分布划分为如下三个片区：①贡嘎山东坡片区。区内主要为喜湿冷的峨眉冷杉和麦吊杉群落类型；在垂直分布上，海拔2400~2800m主要为麦吊杉群落，海拔3000~3600m为纯峨眉冷杉群落，它们两者构成东坡暗针叶林的主体；冷杉分布比云杉高。②贡嘎山西坡片区。区内主要为耐干冷的川西云杉、黄果云杉、鳞皮冷杉、康定云杉和鳞皮云杉群落类型；在垂直分布上，海拔3000~3800m主要为鳞皮冷杉、川滇冷杉和长苞冷杉群落，而海拔3800m以上为川西云杉、黄果云杉群落；云杉分布海拔高于冷杉。③贡嘎山西南侧片区。区内主要为长苞冷杉、川滇冷杉和丽江云杉群落类型，具有上述两个片区过渡性特点。

通过对贡嘎山地区云、冷杉分布特点与邻近地区云、冷杉分布的比较，发现贡嘎山地区是川西横断山地区多种云、冷杉树种分布交汇地带。

暗针叶林在欧亚大陆主要分布于北纬57°～70°，是北部泰加林地带的地带性植被。在此带以南，作为水平地带性植被的暗针叶林逐步向山地垂直地带过渡，欧亚大陆北部泰加林被欧亚大陆南部山地暗针叶林所替代。

欧亚大陆山地暗针叶林分布高度从北向南增高，在北纬30°达到最高。贡嘎山主峰海拔7556m，正好位于北纬30°附近，山地暗针叶林分布高度在该山体经度位置上达到最大值。可见，贡嘎山地区是研究青藏高原东南缘横断山地区原始暗针叶林的理想场所。

(二)针阔叶混交林

针阔叶混交林是以铁杉、多种槭树和桦树为建群种的森林群落类型。该类型是青藏高原东南缘的特有森林类型，具有中国亚热带山地森林植被类型的重要特征，即落叶阔叶林被铁杉、槭、桦针阔叶混交林所替代。该类型在贡嘎山东坡分布海拔为2200～2800m。

(三)中山针叶林

中山针叶林是以华山松和高山松为建群种的森林群落类型。该类型主要分布于贡嘎山西侧的力丘河流域和九龙河上游谷地，其分布海拔为2900～3500m，其中高山松群落为横断山地区特有。

(四)低山针叶林

低山针叶林是以云南松、云南油松、柏木、杉木等为建群种的森林群落类型。组成贡嘎山地区低山针叶林的大部分种类具有一个共同特点，即在区域分布上均处于它们自然分布区的边缘地带。以云南西北和四川西南为分布中心的云南松和云南铁杉，在贡嘎山地区均有分布，并成为其分布的最北界，在四川广泛分布的柏木和杉木在贡嘎山地区也有分布，但这里是这两种树种分布的最西缘。这些情况说明，贡嘎山是生态环境多样性和生态区域过渡性地区。

(五)常绿阔叶林

常绿阔叶林主要组成树种有苞槲柯、野桂花、巴东栎、曼青冈，其分布海拔为1600～2000m，部分树种可达海拔2400m。这表明贡嘎山地区植被垂直带中的基带具有亚热带特性。

(六)硬叶常绿阔叶林

硬叶常绿阔叶林主要由耐寒冷和干旱的栎属和杜鹃属组成，其分布海拔为2800～4200m，跨越了数个生物气候带，这是青藏高原东南山地垂直带谱的一种特殊现象。

四、森林生态系统生物量和净初级生产量

(一)贡嘎山东坡森林生态系统生物量和净初级生产量的垂直变化

通过对代表性地段和样方调查资料的分析，该区森林垂直带主要群落类型的生物量详见表 8-9。从表 8-9 中看出，乔木层生物量明显高于其他各层，麦吊杉、槭、桦混交林生物量高于其他森林群落类型生物量；表 8-10 表明，不同林型净初级生产量随海拔变化而变化，净初级生产量海拔 2200m 以上随海拔增加而增大，在海拔 3150m 处达到最大值。

表 8-9　贡嘎山东坡主要林分生物量构成　　（生物量单位：t/hm^2）

林型（样地海拔）	生活型	种数	乔木层			灌木层	草本层	地被层	层间植物	合计
			株数/(株·hm^{-2})	生物量	平均生物量					
苞槲柯、香桦、扇叶槭林(2200m)	常绿	4	384	154.672	0.403	5.816	—	—	—	220.082
	落叶	9	544	57.644	0.106	0.488	0.538	0.142	0.762	
麦吊杉、槭、桦林(2800m)	常绿	—	—	—	—	6.439	—	—	—	568.008
	落叶	4	33	9.042	0.274	10.628	1.223	0.424	0.034	
	针叶	3	84	540.218	6.431	—	—	—	—	
峨眉冷杉林(Ⅰ)(3580m)	常绿	—	—	—	—	7.424	—	—	—	544.519
	落叶	1	2	0.409	0.234	7.593	0.946	2.845	0.083	
	针叶	1	272	525.159	1.931	—	—	—	—	
峨眉冷杉林(Ⅱ)(3580m)	常绿	—	—	—	—	87.380	—	—	—	282.558
	落叶	—	—	—	—	0.078	0.007	0.634	0.014	
	针叶	1	345	194.445	0.567	—	—	—	—	

表 8-10　贡嘎山东坡森林类型净初级生产量　[生产量单位：t/(hm^2·a)]

林型	海拔/m	乔木层	灌木层	草本层	地被层	层间植物	合计
苞槲栎、香桦、扇叶槭林	2200	9.342	0.387	0.154	0.042	0.037	9.962
麦吊杉、槭、桦林	2780	8.328	1.036	0.368	0.392	0.006	10.067
峨眉冷杉林(Ⅰ)	3150	11.012	0.854	0.297	0.745	0.022	12.936
峨眉冷杉林(Ⅱ)	3580	3.112	1.140	0.002	0.164	0.004	4.962

(二)峨眉冷杉林生物量和其他地区冷杉林的比较

峨眉冷杉林是贡嘎山东坡的重要森林群落类型，同时也是我国四川盆地西缘山地地区峨眉冷杉林的组成部分。该类型处于中国—日本森林植物亚区与中国喜马拉雅森林植物亚区的过渡带。在这个过渡带的峨眉冷杉林于海拔 2600～3600m 范围内形成暗针叶林带。这是中国四川省所特有的一种森林类型，而且对长江水源涵养作用有重要的生态学

意义。

由于生态环境条件的区域差异，该区内不同山地地区的峨眉冷杉林生物量有所不同。在峨眉冷杉林分布区内选择海拔、坡向、土壤相似的三个有代表性的峨眉冷杉林群落，这三个群落所处位置分别为：贡嘎山东坡(1 号点)、峨眉山(2 号点)、小凉山(3 号点，贡嘎山东南部)，各群落生境条件见表 8-11。

表 8-11　不同地区峨眉冷杉林群落的生物量、生态与环境条件

地点编号	海拔/m	≥10℃积温/℃	年均温度/℃	7月均温/℃	1月均温/℃	年均降水量/mm	年均风速/(m·s⁻¹)	静风天数的比例/%	土壤类型	受冰川影响	生物量 $F/(t \cdot hm^{-2})$
1	3100	955.0	4.0	12.7	−4.5	1900	0.5	30	棕色森林土	大	544.5
2	3047	586.4	3.1	11.8	−6.0	1959	1.0	15	棕色森林土	无	338.0
3	3000	761.0	5.0	12.2	−5.0	1484	1.0	20	棕色森林土	无	383.3

表 8-11 表明，贡嘎山东坡 1 号点峨眉冷杉生物量明显高于 2 号点和 3 号点。其原因分析如下：

(1)贡嘎山东坡 1 号点温度条件明显高于其他两个点，三个点的降水虽有差异，但都属降水量丰富的地区，降水量应不是影响峨眉冷杉生长的主要因素。

(2)贡嘎山东坡 1 号点的风速小于其他两个点，低风速有利于地表温度的升高。

根据天气寒冷指数计算公式：

$$C = (1 + 0.27V)(1 - 0.04t)$$

式中，V 是风速，t 是年均温度，对三个点的寒冷指数进行计算，其结果：1 号点=0.95，2 号点=1.11，3 号点=1.02。从这些指数看出，贡嘎山东坡 1 号点明显比其他两个点温暖。

(3)贡嘎山东坡 1 号点离现代冰种很近，冰川对附近温度可能有一定的影响。其影响机理如下：现代冰川冰舌前端海拔 2940m，冰川伸入林线下达 6km 长，冰川表面和冰川内部温度多数时间为 0℃。在夏天，冰川温度为 0℃，而附近峨眉冷杉区气温达 10℃以上。因此冰川作为一种“冷源”，对邻近地区气温起调节作用，在不下雨的比较干热的天气下，林区仍可保持适宜的温度。在冬天，根据 12 月份测定的冰川表面温度高于−1℃，1～2 月份冰川表面温度也只有−2℃左右。这期间邻近冷杉林区气温为−4℃左右，有时低于−4℃。显然，冰川作为一种“热源”，对周围冷杉林区气温起着一定的调控作用，使其保持在一个适宜的水平上。

五、亚高山暗针叶林区冰川退缩迹地植被演替和环境变化

贡嘎山地区现代冰川发育，是青藏高原东南缘横断山地区最大的冰川分布中心。全区现代冰川和永久积雪的面积约 360km²，其中冰川面积 255km²。贡嘎山东坡海螺沟冰川长达 13km，面积 25.74km²，冰川末端海拔为 2940m，冰川相对高度达 4535m。

在海螺沟现代冰川前端前面 2000m 的距离内，有小冰期形成的 8 道终碛(图 8-7)。这些终碛都被植被覆盖，并呈现完整的原生演替序列。对不同终碛植被的优势种群变化和优势种年龄的研究，可以揭示冰川退缩和环境变化之间的关系。

研究方法：在海螺沟冰川前端小冰期形成的终碛堤上选择典型的代表性样方 10 个，

对每个样方的优势种群、群落特征进行调查，并对树龄和土壤性状进行测定。在此基础上，计算和编制10个样地编年序列上优势种群密度表(表8-12)。

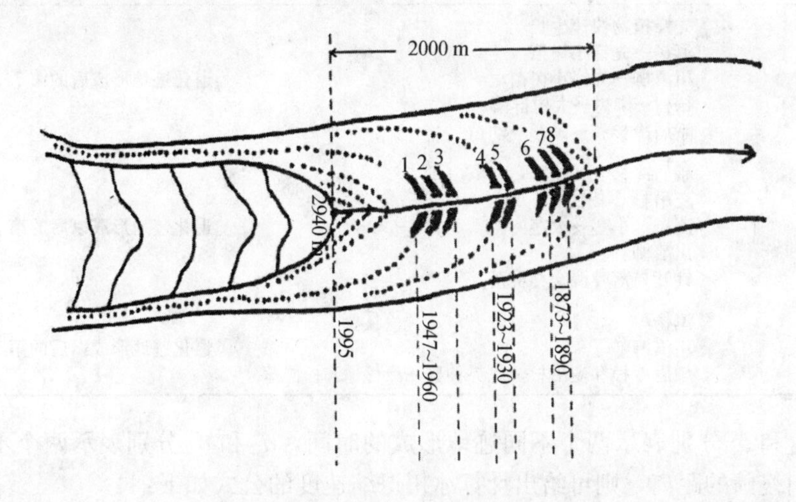

图8-7　1995年海螺沟冰川舌前端2000m内小冰期时期形成的8道终碛堤

表8-12　编年序列上的优势种群密度　　(单位：株/hm²)

	阶段	第一	第二		第三						第四
	样地号	1	2	3	4	5	6	7	8	9	10
	裸地形成	1992	1989	1979	1967	1959	1955	1950	1941	1931	1891
群落类型	杨树群落	33	1060	6960	7640	1300	1280	1210	614	266	6
	川滇柳群落	450	2430	14840	6820	530	450	240	16	0	0
	沙棘群落	0	280	9270	1980	350	260	130	12	0	0
	桦树群落	0	0	0	44	67	80	110	58	18	8
	冷杉群落	0	0	0	230	260	280	210	186	225	230
	麦吊杉群落	0	0	0	30	67	67	67	67	67	134

根据表8-12资料，对10个样地植被群落相似系数进行计算，并通过数学方法，把这10个样地植被原生演替序列划分为四个阶段。表8-12中的1号样地为第一阶段，2～3号样地为第二阶段，4～9号样地为第三阶段，10号样地为第四阶段，不同阶段样地原生演替序列和年代见表8-13。

通过对退化迹地植被演替与历史资料的比较发现，植被演替不同阶段的时间和方向与不同时代冰川退缩过程有密切关系。作为建群种滇杨的树龄可以揭示不同历史时期冰川退缩的速度。

表8-13　不同阶段退化迹地(样地)原生演替序列和年代

阶段	植被原生演替	年代
第一	多枝花芪 大叶黄芪 柳叶菜 }先锋植物	退化迹地形成以后植被开始生长约4年

续表

阶段	植被原生演替	年代
第二	先锋植物快速生长 滇杨→先锋小树苗 川滇柳→先锋小树苗 杨树+柳树→大树群落 峨眉冷杉和麦吊杉→幼苗	退化迹地形成后的第 7~28 年
第三	峨眉冷杉 } 小树苗 麦吊杉 } 滇杨 小茎→大茎 川滇柳 针叶与落叶混交林群落	退化迹地形成以后的第 29~104 年
第四	滇杨 川滇柳 峨眉冷杉和麦吊杉→优势种群→冷杉+云杉群落	退化迹地形成以后的第 105 年以后

如果 b_1 和 b_2 分别表示两个不同迹地形成的时间，d_1 和 d_2 分别表示两个不同迹地距 1995 年冰川终碛的距离，则可给出计算冰川退缩速度的公式如下：

$$V=\frac{d_2-d_1}{b_2-b_1}$$

式中，$d_2>d_1$，$b_2>b_1$。使用表 8-10 资料，可计算出海螺沟冰川在不同年代的平均退缩率，其结果见表 8-14。

冰川对气候变化敏感。表 8-14 表明，海螺沟冰川退缩速度从 1946 年到 20 世纪 50 年代后期达到最大，1959~1978 年又出现一次快速退化，到 1995 年退缩速度较 1959~1966 年减少了 50%。若考虑海螺沟冰川退缩变化滞后于北半球气候变化 10 年左右的时间，那么这种变化规律基本上与 1990 年以来北半球温度变化相吻合。

表 8-14 海螺沟冰川在不同年代的退缩率

年份	1891~1930	1931~1940	1941~1945	1946~1949	1950~1954	1955~1958	1959~1966	1967~1978	1979~1988	1989~1995
退缩速度/($m\cdot a^{-1}$)	2.24	20.43	22.05	35.86	39.36	22.72	35.85	29.75	19.71	17.78

第七节 贡嘎山晚更新世以来环境变化与生态效应[①]

贡嘎山东坡海螺沟是一条典型的冰蚀河谷，沟长 30.7km，沟谷左岸海拔 1900~3200m 分布大量末次冰期(距今 2.5 万~1.5 万年)形成的冰川沉积物，并呈冰碛台地状展布，台面宽约 300~600m，高出河床 60~120m。该冰碛台地上部的观景台发育了自全新世中晚期以来形成的冰川-冰水沉积，在海螺沟冰川作用下，形成相对高差约 60m 的沉积剖面。海拔 2600m 处的水海子，为末次冰期形成的冰碛湖，在长期流水作用下，湖内堆积了一套近代沉积。我们在这两个地方分别进行了孢粉和 ^{14}C 测年样品的采样、分析与

① 本节作者钟祥浩、李逊、熊尚发，在 2002 年成文基础上作了修改。

测定。现就该两处沉积物特点及通过孢粉分析与^{14}C年代测定所反映出来的环境背景及其生态效应等特点讨论如下。

一、采样点基本情况概述

(一)观景台采样点

观景台位于海螺沟左侧海拔3200m的冰碛台地上，台面靠山一侧生长以峨眉冷杉(*Abies fabri*)为建群种的暗针叶林群落。从观景台台面至海螺沟现代冰川面发育了一套近似垂直的沉积剖面，相对高差约60m。在剖面的中上部有厚约20m的冰川-冰水作用形成的砾石和砂、黏土互层沉积(图8-8)。该地层剖面的基本特征描述如下。

从图8-8中可看出，剖面分为上、中、下三段。上段为巨厚的坡积物，厚度约6m，含大量次棱角-棱角状砾石，砾径大者1.3m，大于0.5m砾石占30%，20～50cm的砾石占60%，小于20cm的砾石占10%。该段地层是由观景台一侧山坡风化崩塌堆积而成。它直接覆盖于冰川堆积物之上。

中段厚约20m，层理清楚，自上而下，可明显地分出7层，各层特征简述如下。

(a)层：厚度1.64m，为浅黄色、黄红色粉砂条带互层，上部含较多的炭化木，中部夹红黄色小砾石条带，下部为灰白色砂层，底部为棕红色铁质砂层。

(b)层：厚度5.10m，为黄褐色粗砂条带、灰色和棕黄色含细砾粗砂条带与几个砂砾层组成几个次一级的旋回。砂砾层中砾径小于20cm，下部砾径小于10cm，砾石基本为次棱角状，长轴方向与层面平行。

(c)层：厚度0.83m，上部为灰白色砂层，中部为灰色黏土层，并含炭化木，下部为棕红色铁质中砂和灰色粗砂条带，底部为砂质黏土。

(d)层：厚度4.34m，上部为棕黄色砂质细砾层，细砾径为5mm～10cm，夹黑色砂质条带和棕黄色粗砂条带；在上部的下层为棕红色铁质粗砂条带与灰白色云母质中砂条带互层。中下部为砾石层，砾径一般在15～30cm，砾石为次棱角状，并夹有小砾石的黄色粗砂条带。下部为黄色粗砂层，含小砾石，砾径在10cm以下。

(e)层：厚度1.42m，上部为灰白色砂层、粉砂层与灰白黏土层互层，并在黏土层中含炭化木。中部为黄色粗砂层，含大量小砾石。下部为灰黑色粗砂层与黄色中细砂、细砂互层。

(f)层：厚度3.52m，为砾石层，砾石呈棱角、次棱角状，砾径范围2～50cm，多数在20cm以下，大于20cm的砾石约占30%，砾石层内部夹有细砂层及砂质透镜体。

(g)层：厚度2.86m，上部为灰色、棕褐色、黑色细砂层与棕色粉砂层，棕褐色粉砂质黏土与灰色、灰白色黏土互层，局部有小砾石层；紧接着为灰黑色黏砂土夹大量云母、石英碎块，并含有炭化木。中下部为黄褐色、灰黑色粗砂、中砂、细砂互层，其中夹灰黄色、灰白色、褐色亚黏土、黏土层。

下段为冰砾石堆积，厚度约30m，砾石排列无规律性，砾径大者达1m，小者5cm以下，多呈次棱角状。漂砾间填充着砂、细砂、粉砂及亚黏土。

根据上述地层的物质组成，我们在中段的(a)，(c)，(e)和(g)层分别进行了孢粉样品的采样，采样的间距依物质组成、结构和颜色等情况而定(图8-9)，共计采集孢粉样品28个，采集^{14}C测年样品5个。

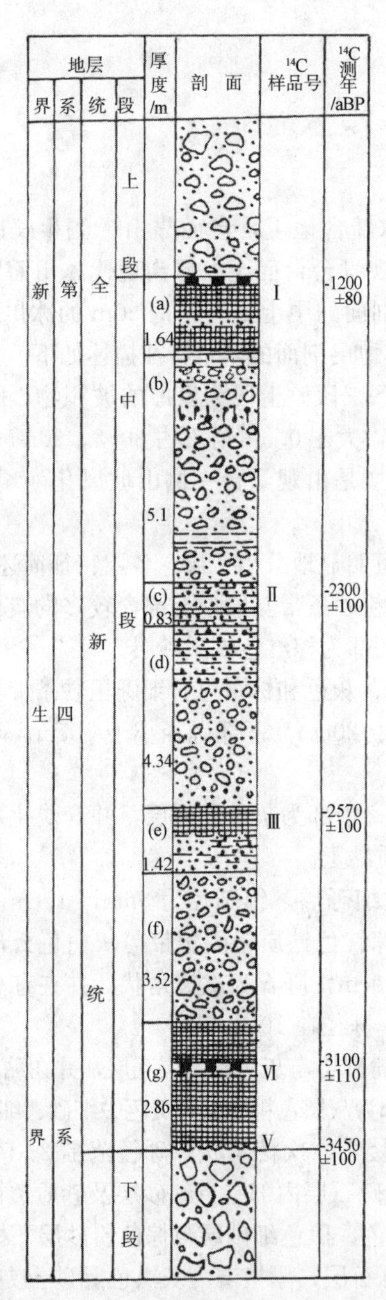

图 8-8　海螺沟观景台剖面柱状图

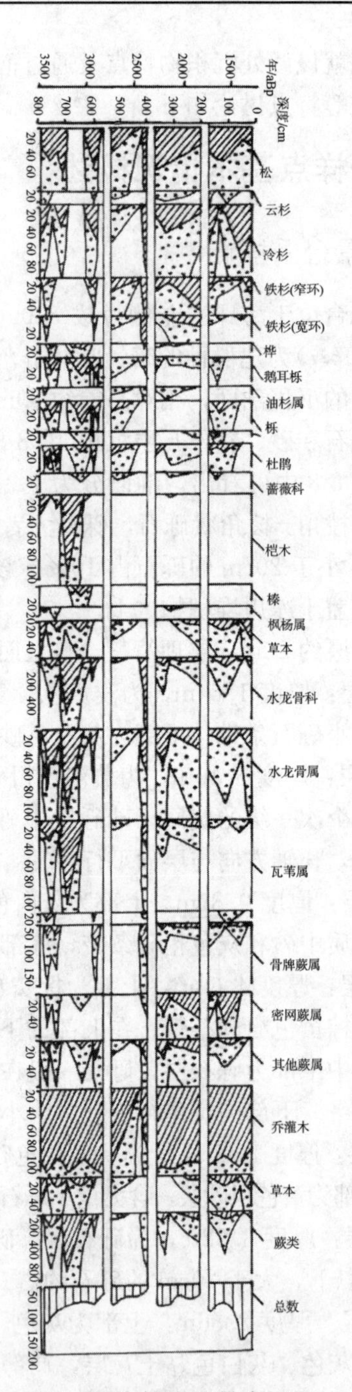

图 8-9　海螺沟观景台沉积物孢粉组合图式

(二)水海子采样点

水海子位于海螺沟左侧海拔 2600m 的针阔叶混交林带内，是末次冰期作用形成的冰碛湖。该湖靠山一侧的坡面水流通过湖体流入海螺沟，在长期流水作用下，该湖底沉积了较厚的流水沉积物，湖靠山部分已被泥沙淤积而露出湖面，并长满了草。

在湖边用自制活塞钻孔取样，钻孔深 257cm，样品以棕褐—灰黄的细颗粒粉砂黏土质沉积物为主。按 6cm 间隔取样，共计采集孢粉样品 41 个，^{14}C 测年样品 2 个。

上述两处孢粉样品由成都理工大学(原成都地质学院)孢粉分析室分析。^{14}C 样品由中国科学院西安地球环境科学研究所(原中国科学院西安黄土室)分析测定。

二、分析结果与讨论

(一)^{14}C 测年结果

观景台剖面采集 5 个^{14}C 测年样品，其样品号从老到新为 V，Ⅳ，Ⅲ，Ⅱ和 I，^{14}C 测年结果分别为 3450±100aBP，3100±100aBP，2570±100aBP，2300±100aBP 和 1200±80aBP。显然，观景台剖面中段约 20m 厚沉积地层形成于距今 3450±100aBP 到 1200±80aBP 之间。

在这期间，沉积物的组成、结构和颜色等呈现出一定节律的变化。这种变化较好地反映了沉积物形成的环境，其中(a)，(c)，(e)，(g)层沉积主要为砂、粉砂和黏土，颜色较深，有机质含量较高，并有炭化木。对这些层次沉积物孢粉的分析，为揭示该地段这期间的环境特征及其相应的生态效应提供了依据。

水海子采集^{14}C 测年样品 2 个，其^{14}C 测年结果分别为 2540±100aBP 和 650±110aBP。这两个^{14}C 样品分别取自距地表 197cm 和 108cm 处。水海子采集孢粉样品的深度为 20～257cm。对 20～257cm 沉积层花粉组成特征的分析，为揭示距今约 3000 年以来该地段沉积物形成期间的环境演化及其相应的生态效应提供了宝贵资料。

(二)观景台剖面沉积相孢粉组合特征所展示的环境变化与生态效应分析

从图 8-8 中可以看出该地的沉积相特征与环境变化特点，观景台剖面中段约 20m 的沉积相从老到新可以明显地分出四个相对稳定的沉积旋回。

第一个旋回发生于距今 3500～3000 年，沉积物以棕褐、灰黑、黑色和黄褐色调为主，并以砂质和细砂质黏土为多，表明是水流相对稳定和气候相对较暖和的一种类湖相沉积。沉积物含有较多的有机质，并保存了一定数量的炭化木，说明当时该地区森林植物较为丰富。第一旋回以后，出现厚度达 3.32m 的砾石层，砾石呈棱角－次棱角状，砾径范围为 20～50cm，其中小于 20cm 的砾石占 70%，并在砾石层内部形成细砂层及砂质透镜体。这表明，当时气候转冷，该地段冰川发育。砾石呈棱角－次棱角状和大于 20cm 砾径砾石占 30%的情况，表明该沉积物为冰川－冰水相。相对于第一旋回，这期间气候较为寒冷。其持续时间为 3000～2800aBP。

第二个旋回发生于距今 2800～2500 年。在此期间沉积了一套 1.42m 厚的砂、细砂和黏土质互层，并在黏土层中保存了一定数量的炭化木。沉积物的颜色由下而上依次为灰黑、黄色和灰白色。以上情况表明，这套物质只是在水流相对稳定和气候相对暖和条件下的一种类湖相沉积，其附近的森林植被较好。第二旋回后，出现厚度达 4.34m 的砂砾层，从下往上依次为含小砾石的黄色粗砂层、砾径为 15～30cm 的砾石层(其中夹有黄色粗砂条带)、棕黄色砂质细砾层(夹黑色和棕黄色粗砂条带)。这表明，当时的冰川前进速度较快，该地区又一次出现冰川—冰水沉积，形成时代为距今2500～2400年左右。

第三个旋回发生于距今2300年左右，在此期间，沉积了一套0.83m厚砂质黏土层，并在其中保存有较好的炭化木，其下部出现棕红色的铁质砂层。这些情况表明，当时的生态环境处于相对较温暖和冰川移动相对缓慢的时期。该旋回后，出现厚度达5.1m的多条与层面平行的砂砾质条带，砂砾层中的砾径一般小于20cm，颜色为黄褐(粗砂条带)和灰色—棕黄色的细砾粗砂条带，表明冰川又进入加快移动的时期。该地区再一次为冰川—冰水沉积所覆盖，其持续时间直到距今约1600年前。

第四个旋回发生于距今约1600～1000年。在此期间沉积了一套1.64m厚的砂质黏土层，并在其中保存有较好的炭化木，和出现棕红色的铁质砂层，其沉积环境与第三旋回类似。该层顶部被坡积物所覆盖，因此距今1000年后的环境特征及其变化不能从该剖面中获得信息。

(三)观景台孢粉组合特征所揭示的环境特征与生态效应分析

前已述及，观景台中段20m厚沉积相中的孢粉分析样品采自第一、第二、第三、第四旋回的沉积剖面，孢粉分析结果见图8-9。该区不同旋回孢粉组合特征及其所揭示的环境特征与生态效应分析如下。

第一旋回沉积剖面孢粉组成特征为：①松(*Pinus*)、冷杉(*Abies*)花粉数量较高，云杉(*Picea*)和铁杉(*Tsuga*)较少，并都表现出中间缺失间断的现象；②桤木(*Alnus*)、水龙骨科(*Polypodiaceae*)、水龙骨属(*Polypodium*)和瓦苇属(*Lepisorus*)等花粉和孢子数量比较多，并表现出与松、杉等针叶林花粉分布相反的情况，即出现在松、杉花粉较少的中部地层；③在该旋回的下部和上部沉积物中出现较多的铁杉花粉。

上述孢粉组合特征所揭示的环境特征与生态效应表明，目前海拔3200m左右处的森林为纯峨眉冷杉(*Abies fabri*)林，其分布海拔为3000～3600m。在此高度上未见铁杉的生长，其分布最高海拔为2900m。另外，在海拔2900m以下至海拔2400m有较多的麦吊杉(*Picea brachytyla*)(云杉属的一种)分布。观景台剖面花粉中出现冷杉、云杉和铁杉的组合分布，其中的冷杉和云杉可能就是峨眉冷杉和麦吊杉。在当时海拔约3200m处出现一定数量的铁杉，表明当时在此海拔上的气候虽然比较寒凉，但是比现在暖和。另外，在该旋回沉积物的中部出现较多的温暖湿润的桤木、水龙骨科、水龙骨属以及瓦苇属等植物花粉，进一步表明，当时海拔约3200m处的气候比现今暖和得多。由此推测，当时峨眉冷杉林的分布海拔比现在高。根据现代铁杉的分布，估计当时峨眉冷杉林带的上限达海拔4000m左右。

综上所述，在距今3500～3000年，该地区的气候较现今气候温和湿润。在其后，气候的温和度又有所下降，表现为前面已经提到的有冰川作用形成的一套深厚的砾石层，其持续时间长达200年左右，即距今约3000～2800年期间。

第二旋回沉积剖面孢粉组成特征可以概括为：①孢粉总的数量明显比第一旋回少；②云杉花粉只在一个样品中检出1粒，铁杉花粉出现明显减少的趋势，冷杉花粉数量也比较少；③桤木花粉未见，水龙骨科和水龙骨属以及瓦苇属等孢子只有零星几粒。

上述孢粉组合特征所揭示的环境特征与生态效应讨论表明，根据该旋回沉积剖面中部^{14}C测年结果为2570±100aBP，表明距今2500年左右期间，该地区的气温和湿度比前期(距今3000～2800年)有所升高，呈现出一种相对暖和湿润的气候。但总的说来，较第一旋回气温低，表现为铁杉花粉减少，并出现逐步趋于消失的状态，表明其分布海拔明显下降。由此推测以峨眉冷杉为建群种的暗针叶林带分布海拔也有所降低，降低幅度约100～200m。在该旋回以后，气温又进一步下降，表现为冰川—冰水作用形成的砾石层厚度较大，其持续时间不长，约为距今2500～2400年。

第三旋回沉积剖面孢粉组成特征为：①孢粉总数较第二旋回高；②铁杉花粉数量明显增多，冷杉花粉数量也很高，在该沉积剖面中部一个孢粉样品中的木本花粉含量达45%，其中冷杉花粉占30%，铁杉占13%；③水龙骨科和水龙骨属以及瓦苇属喜温湿植物孢粉含量有所增加；④喜阴湿的蕨类孢子数量比较高，占孢粉总数的60%左右。

以上孢粉组合特征所揭示的环境特征与生态效应分析如下：根据对该旋回沉积剖面中部^{14}C测年样品的测定，其形成时代为估计距今2400～2100年。在此期间，该地区气温又有所回升，湿度明显提高，表现为铁杉花粉数量的明显增多，推测峨眉冷杉分布海拔明显增高，估计可能达到接近第一旋回期间峨眉冷杉分布的高度。该旋回后，气温又出现下降的势头，表现为冰川—冰水沉积物作用较强，形成砾砂质条带。其持续时间约为距今2100～1600年。

第四旋回沉积剖面孢粉组成特征为：①孢粉总数较第三旋回多；②冷杉花粉也明显增多，并呈现出逐步增长的趋势，在该旋回上部一个样品中的木本花粉占孢粉总数的51%，而其中冷杉花粉占木本植物花粉总数的77%；③水龙骨科和水龙骨属孢粉比前期有所减少，蕨类植物孢子数也有所下降。

以上孢粉组合特征所揭示的环境特征和生态效应分析如下：根据对该旋回上部^{14}C测年样品的测定，其形成时代为1200±80aBP左右，看来在距今1600～1000年，该地区气温出现回升的趋势。但总的说来，当时该地区的气候还是比较温凉湿润的，表现为冷杉花粉数量比较高。

(四)水海子孢粉组合特征所揭示的环境特征与生态效应分析

在水海子近260cm的钻孔沉积物中采集孢粉样品41个，其分析结果见图8-10。

从图8-10中看出，水海子孢粉的组成特征是：①孢粉总数高，41个孢粉样品平均约达400个；②孢粉中以木本植物花粉含量最高，其平均量占孢粉总数的90%以上，部分样品高达99%；③木本植物中，以松、冷杉、铁杉和云杉花粉为多，此外还伴生有一定数量的桦(*Betula*)、栎(*Quercus*)、鹅耳枥(*Carpinus*)、油杉(*Keteleeria*)等；④林下地被植物不发育，含量较高的植物有水龙骨科、水龙骨属、瓦苇属，其次为蕨类植物及少量的莎草科(*Cyperaceae*)、五茄科(*Araliaceae*)和冬青(*Ilex*)等。上述孢粉组合特征表明，在当时海拔2600m的水海子一带气候较温暖湿润。

对水海子沉积剖面2个^{14}C测年样品的分析，表明水海子近260cm厚的沉积物形成年代达3000多年的时间。因此，水海子孢粉样品孢粉组成、结构和数量的变化，较好地揭示出距今3000多年来的环境演化及其相应的生态效应。现就此情况讨论如下：上述孢粉组合特征及其含量变化(图8-10)，表明海拔2600m的水海子一带在距今3000多年来气候较为温暖湿润，形成了以针阔叶混交为特色的森林生态景观，但是温暖湿润的程度有所波动，总的说来，温度呈现降低的趋势，反映为松属花粉由高变低(该花粉可能主要来自于山下的云南松、油松等)，而云杉、冷杉花粉呈现由低到高的变化。铁杉花粉变化不明显，但是含量较高，其原因是水海子 2600m 一带为海螺沟铁杉生长的中心地带(亦可称为最适地带)。温度的轻微波动，对其生长影响不大，而中心带两侧(上部和下部)铁杉的生长对温度变化反应较为敏感，即当气温下降，铁杉生长往下移动，中心带的下部铁杉数量增加，相反，中心带的上部铁杉数量增加。这种特点表现在中心地带的上部和下部铁杉花粉数量有比较明显的波动变化，观景台剖面铁杉花粉的变化反映了这个特点。

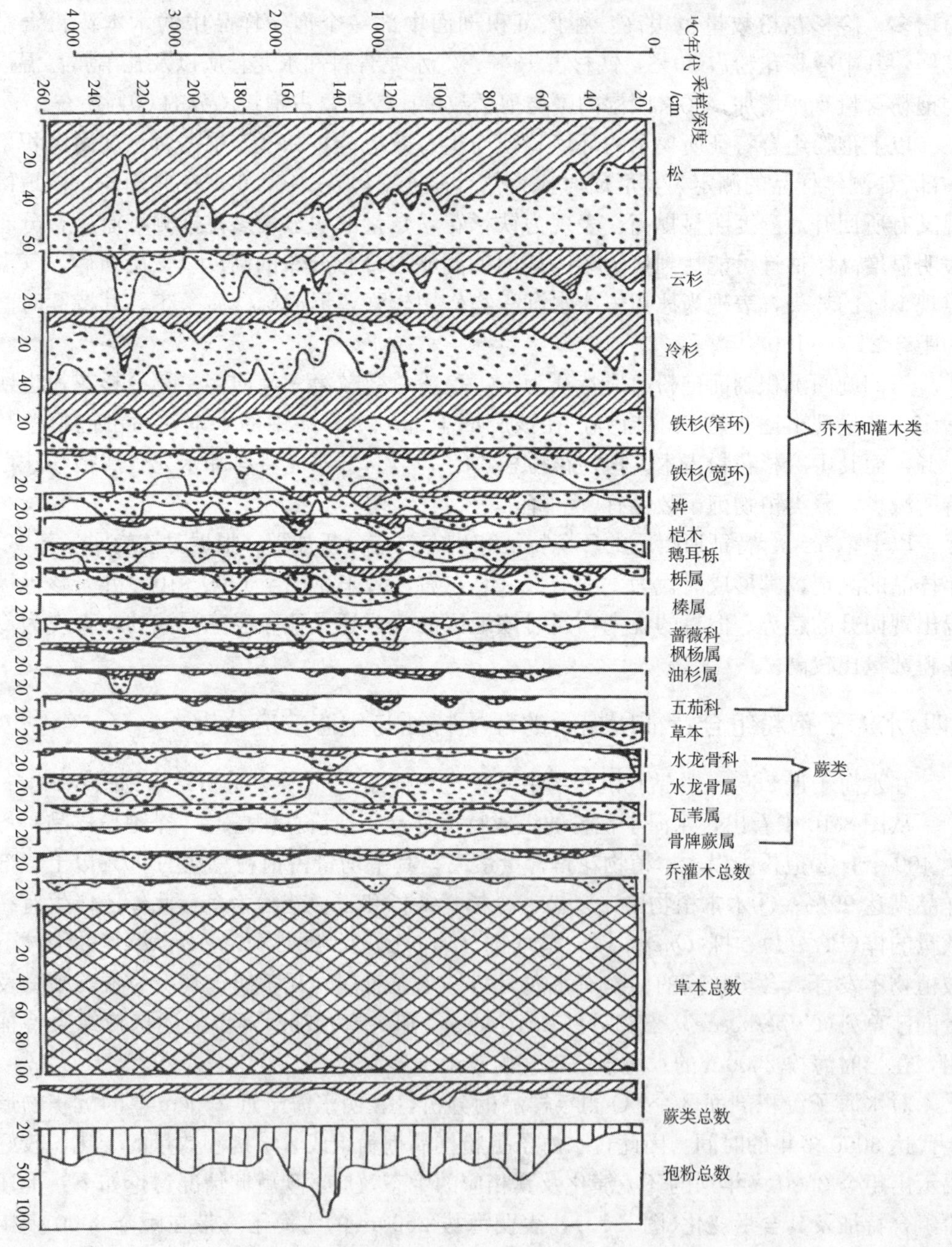

图 8-10　海螺沟水海子沉积物孢粉组合图式

目前水海子海拔2600m一带的森林主要由麦吊杉、铁杉以及桦、槭等组成，峨眉冷杉很少，只呈零星分布。前已述及，水海子距今3000年来冷杉(峨眉冷杉)花粉含量比较高，其原因可能与冷杉在海拔3000m左右的波动有关，由此导致当时海拔2600m左右高度上冷杉花粉含量较高。

前已述及，海拔3200m观景台冷杉花粉自3500aBP以来呈现出由低到高的变化趋势，与水海子冷杉花粉变化基本符合。

研究区峨眉冷杉群落温暖指数(WI)为22.0℃·月[45]，其目前主要分布于海拔2900～3600m；麦吊杉群落温暖指数为42.0℃·月[45]，其目前主要分布于海拔2400～2900m。在海拔2900m左右的高度范围，既是峨眉冷杉分布的下限，又是麦吊杉分布的上限，因此，该高度范围内，峨眉冷杉和麦吊杉分布数量的多少，可以较好地揭示温度的变化趋势。根据这一原理，海拔2600m的水海子峨眉冷杉和麦吊杉花粉多少的变化，可在某种程度上揭示当时气候的变化。从图8-10中可以看出，冷杉花粉在距今3500年出现一个峰值，表明距今约3500年左右，该地区冷杉生长处于旺盛期，冷杉生长的下限高度有较大幅度下降，所以这时的水海子一带有较多的冷杉分布。在2700aBP左右，冷衫花粉又出现一个较高的峰值，相对于这时期的松树花粉为低值。这表明在此之前约100～200年，气温一度下降，致使冷杉和松树的生长出现下移的现象，即冷杉下移，缩小与水海子一带的距离，松(云南松)下移，拉大了与水海子一带的距离。在1600～900aBP期间，冷杉花粉数量明显地减少，表明这期间冷杉生长不好，这可能与气温升高有关。冷杉生长的下限高度上移，拉大了与水海子一带的距离，其花粉对该地的影响变小。自此以后，冷杉花粉出现逐渐上升的趋势，到400～100aBP期间，冷杉花粉显著增多，并出现很大的峰值，表明这期间该地区气候温暖指数有所下降，冷杉生长下限高度显著降低，从此奠定了现今冷杉分布的格局。

(五)距今4000多年来贡嘎山东坡环境与生态变化讨论

根据观景台沉积剖面特征和观景台与水海子沉积物孢粉组合图式特点，并参考前人有关冰碛地形和阶地分布等资料[46-49]，将贡嘎山东坡海螺沟距今4000多年来气候变化、冰川活动、阶地形成和峨眉冷杉林带变化之间的关系综合为图8-11。

前已述及，观景台和水海子沉积剖面孢粉组合特征较好地反映了4000aBP以来气候变化过程与趋势。在4000～3000aBP期间，海螺沟海拔2600～3200m高度带受全新世中期“气候适宜期”这一大环境的影响，出现温凉湿润到温寒湿润的气候。当时海拔3000m的年均气温比现今高2～3℃，目前该地(三营气象站)的年均气温为3.7℃，按年均温递减率0.647℃/100m考虑①，在4000～3000aBP期间，年均温相当于0℃的森林带上限约为海拔4100m，亦即峨眉冷杉林带的上限达到海拔约4100m，其下限海拔约为3500m。在4000～3000aBP期间，水海子冷杉花粉和松花粉分别出现峰值和低值，云杉和铁杉花粉也有类似的现象，表明在此期间，气候曾一度转冷，冷杉生长高度下移，这可能是前观景台冰进期的一种生态现象。

观景台沉积剖面特征和观景台与水海子沉积物孢粉组合图式表明，3000～2800

① 根据吕儒仁计算数据。

(2700)aBP 期间，气候变冷。根据我国东部这期间年均气温的推算，海拔 3000m 的三营附近年均气温在前期基础上下降约 2～3℃，那么当时峨眉冷杉林带上下限高度分别约为 3800m 和 3200m。气温下降，冰川向下伸展，出现 3000aBP 以后的第一次冰期，可称为观景台冰进，我们认为这是观景台冰进的第 1 期(记作新冰期 I，图 8-11)。新冰期 I 以后，气候较暖，并一直延续到约 2100aBP，其中一度(约为 2500aBP)气温有所下降，但总的说来，2800(2700)～2100aBP 期间，气候相对温和，峨眉冷杉林带上下限高度分别为 4000m 和 3400m，冰川消融退缩加快，反映为观景台剖面沉积了一套较厚的冰川—冰水沉积。这期间的山下流水侵蚀作用较为强烈，目前磨西面台地东侧四级阶地中的第三级阶地(T_3)就是在这期间形成的。

从观景台沉积剖面特征和观景台与水海子沉积物孢粉组合图式中还可看出，距今约 2100～1500aBP 期间，气候明显变冷，年均气温在前期基础上下降约 2℃，反映为当时峨眉冷杉林带的上下限高度分别为 3700m 和 3100m。气温下降，冰川作用加强，出现 3000aBP 以后的第二次冰期，为观景台冰进持续时间较长的一次，我们称之为观景台冰进的第二期(记作新冰期Ⅱ，图 8-11)。新冰期Ⅱ以后，气候显著转暖，持续时间较长，在海拔 2600～3200m 的水海子—观景台一带具有全新世晚期“小温暖期”的山地气候特征，气温在前期基础上上升约 1.5～2.0℃，以峨眉冷杉为主的针叶林带又一次向上扩展，其上下限高度分别约为 3900m 和 3300m。气候温和，冰川消融退缩加快，在观景台形成了一套较厚的冰川—冰水沉积。这期间的流水侵蚀作用也较为强烈，形成了目前磨西面台地东侧四级阶地中的第二级阶地(T_2)。

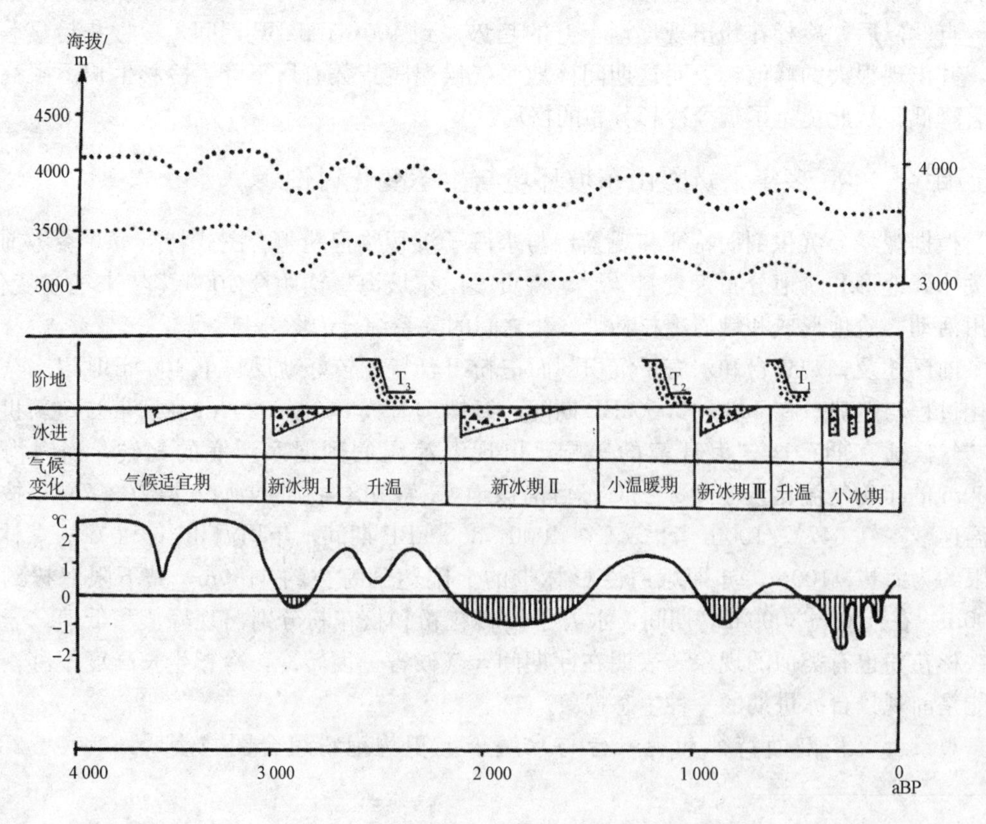

图 8-11　海螺沟环境与生态变化综合图式

水海子沉积物孢粉组合图式对 1000aBP 以来气候波动有较好的反映，总的表现为气温呈逐渐下降的趋势。从图式中的冷杉、云杉和铁杉花粉的变化中可粗略地看出有 3～4 次降温期，其中 1000～750aBP 期间，降温较显著，出现观景台冰进的第三期(记作新冰期Ⅲ)，峨眉冷杉林带分布的上、下限高度有所降低。在 750～400aBP 期间，气温又有所回升，流水侵蚀作用加强，形成现今磨西台地东侧高出河床 5～10m 的第一级阶地(T_1)。根据有关研究资料[46-49]，距今 400 年后，出现过三次山谷冰川活跃期，称为“小冰期”，峨眉冷杉林带的上下限高度进一步下降，基本上奠定了现今分布的高度。距今 100 年特别是 70 年以来，气温出现上升的趋势，反映在峨眉冷杉林的上下限高度上可能有一定的变化，但缺乏研究。气温升高带来流水侵蚀作用，特别是泥石流作用的加强较为明显。

第八节　贡嘎山地貌特征及地貌发育史①

早在 20 世纪 30 年代初期，瑞士学者 A·哈安姆[50]考察了东坡的部分地区，描述了海螺沟冰川和燕子沟冰川。1957 年崔之久[51]考察过冰川地貌，较为详尽地论述了区内的现代冰川地貌及现代冰缘地貌。前人的研究仅限于冰川地貌问题，考察范围也较为局限。

1979～1980 年，我们对贡嘎山地区进行了地貌考察，在此基础上，结合对遥感图像的解释，并参考前人成果，写成本节。文中提出了贡嘎山山地为一菱形断块山地，并论述了东西两坡的地貌差异、层状地貌、湖泊地貌、地貌垂直地带性及第四纪冰川遗迹，用 ^{14}C 同位素年代测定法，确定了某些阶地的年代，最后初步探讨了本区的地貌发育史。但因认识水平和条件所限，有些问题(如夷平面解体问题和阶地时代问题等)只是粗浅涉及，有待深入研究。

一、地貌特征

(一)构造控制着地貌格局

本区整个地貌发育过程，一直经受着青藏板块和扬子板块的东西向挤压作用。印支—燕山期形成了一系列南北向构造带(如子梅山向斜、莫溪沟背斜、贡嘎山向斜、草坪背斜及草科向斜)，并相继产生南北向、北西向和北东向三组断裂带，此后还生成一组北东东向断裂带。北东向与北西向各自平行的两条断裂带相交便构成菱形断块构造。因此，贡嘎山山地为菱形断块山地——青藏高原东缘的最高山地。

南北向构造带使区内主要山脉、河流相间排列，大体呈南北向延伸，自东而西为大渡河、贡嘎山、莫溪沟和子梅山等。但因受北西向、北东向两组断裂带的影响，南北向山脊线往往略呈弧线，贡嘎山主脊线和子梅山山脊线属之。各组断裂一般发育有沟谷。如大渡河沿南北向断裂带发育；雅拉河、磨西河沿北西向断裂带发育，田湾河在莫杠岭以上沿北西向断裂带发育，而莫杠岭以下沿北东东向断裂带发育，整条河流发育在一弧形构造内；海螺沟、磨子沟和燕子沟受北东东向断裂带控制。大渡河右岸许多支流沿北东向断裂发育，呈雁行排列。

① 本节作者刘淑珍、刘新民、赵永涛等，在 1983 年成文基础上作了修改。

(二)东西两坡地貌差异明显

贡嘎山南北延伸的主脊线，将本区宏观地貌分成截然不同的东西两坡（表 8-15）。东坡临近两大板块的交接带，呈陡峻的高山和峡谷；西坡属青藏高原的一部分，辽阔的高原面上发育有宽谷。

表 8-15　贡嘎山东西两坡地貌差异

项目		东坡	西坡
地貌形成条件	构造	由一系列褶皱和断裂组成，褶皱两翼倾角为60°～80°，断裂倾角均较陡，为 65°～85°，甚至直立	由一系列褶皱和断裂组成，褶皱两翼倾角为30°～60°，断裂倾角较缓，而且多为逆断层
	岩性	二叠系石英砂岩，片岩及元古界石英闪长岩、斜长花岗岩，抗风化能力较强	三叠系千枚岩、砂岩、板岩和片岩等，局部为花岗岩，抗风化能力较弱
	降水	年降水量为 900～2000mm	年降水量为 600～900mm
地貌形态	比降	20%	10%
	相对高度	一般大于 1000m，最大为 6400m	一般小于 1000m，最大为 4000m
	切割密度	$1km/km^2$以下的面积占总面积的 29%，$2km/km^2$以上的面积占总面积的 35%	$1km/km^2$以下的面积占总面积的 48%，$2km/km^2$以上的面积占总面积的 11%
	坡度	小于 25°的面积占总面积的 18%，大于 35°的面积占总面积的 51%	小于 25°的面积占总面积的 45%，大于 35°的面积占总面积的 19%
	谷地	峡谷幽深，横剖面呈复合型和 V 形，复合型上部为 U 形，下部为 V 形，宽度只有几十米	宽而浅，横剖面呈箱形，最宽达 1～2km，支沟沟口普遍发育有大型洪积扇

(三)层状地貌发育

所谓层状地貌，指的是夷平面、剥蚀面、阶地成层分布的地貌结构。

1. 夷平面和剥蚀面

夷平面是削切了不同地层的平坦（或起伏和缓）的地貌面。其为后期构造运动所抬升，现今分布于山顶（或山脊）上。区内西坡夷平面分布广泛，保存较好；东坡夷平面保存较差。本区夷平面有两类，一为高原面，面积较大，面上有相对高度为百余米的零星蚀余残丘，见于子梅山、盘盘山和宁圭拉托等处，面积达 40 多平方公里，地面坡度小于 5°；二为丘陵面，丘顶平齐，丘陵相对高度小于 200m，见于烂泥巴河两岸。区内计有 4～6 级夷平面。各级夷平面之间呈明显的坡折过渡。坡折过渡区有的处于断裂带一带（常发育有沟谷），有的处于岩性变化的部位。

西坡有 4 级夷平面：第一级夷平面，海拔 5900～6200m，属区内最高一级夷平面。第二级夷平面海拔 5000～5200m，零星分布于莫沟溪以东的山顶（或山脊）上，面积较小。第三级夷平面海拔为 4600～4700m，分布于玉农溪两侧的山顶（或山脊），面积较大，呈南北向条带状分布；第二、三级夷平面坡折处为莫溪沟断裂带。第四级夷平面，海拔 4200～4400m，分布于立启河两侧，面积亦较大；第三、四级夷平面坡折处为三叠系上统侏倭组粉砂岩、砂岩、砂质板岩与新都桥组黏土板岩、砂质板岩接触带。

东坡有 6 级夷平面，海拔分别为：5900～6200m、5000～5200m、4600～4700m、4200～4400m、3500～3700m、2900～3200m，均呈零星分布。

东西两坡各级夷平面以主峰为中心，向四周倾斜。

本区夷平面削切的最新地层为古近纪上乌红层。因此，可以认为，夷平面形成于古近纪之后。贡嘎山地区夷平面与川西滇北夷平面一样，属统一的夷平面。后来，沿断裂带因有差异抬升而使统一的夷平面解体成多级夷平面[52]。

夷平面之下普遍可见 2～3 级剥蚀面(有的人称之为谷肩[52]，表 8-16)沿沟谷两侧断续分布于较高处的坡地上。

表 8-16 贡嘎山地区部分河流剥蚀面 (单位：m)

地点＼项目		第一级		第二级		第三级	
		海拔	高出河面	海拔	高出河面	海拔	高出河面
东坡	磨西河 新兴	2200	360	2500	660	3100	1260
	大渡河 加郡	1520	320	1910	710	2200	1000
西坡	立启河 前卫	3760	400	4000	640		
	玉农溪 六巴	4240	320	4540	640		

剥蚀面上，覆有厚度不等的黄棕色黄土状物质或零星分布的磨圆砾石，如磨西河雅家埂一带的剥蚀面上就有砾石分布。高出河面 300～400m 的剥蚀面较发育，地势平坦，多分布有村舍及农田。

2. 阶地

本区的一些较大谷地内(大渡河及较大支流)，一般发育有 4～5 级阶地，而小支沟只有 3～4 级阶地(表 8-17)。

(1)大渡河谷地内的阶地。

自瓦斯沟沟口经冷碛至得妥一带大多可见 5 级阶地。

第一级阶地(T_1)：沿河呈带状分布，高出河面 10m，阶地面宽 10～20m 不等，向下游微倾。阶地构成物质为砾径 10～20cm 磨圆较好的砾石和砂，属堆积阶地。

第二级阶地(T_2)：在瓦斯沟沟口高出河面 15m，得妥一带高出河面 20m，阶地面宽 30～50m。阶地由砾石层(砾石磨圆较好)和粉细砂层构成，二元结构明显，系堆积阶地。

第三级阶地(T_3)：在瓦斯沟沟口高出河面 50m，得妥一带为 40m。以元古界石英片岩等作为阶地基座，上覆砾径 10～20cm 的砾石夹砂层，厚 10～20m，未胶结，水平层理清晰，属基座阶地。

第四级阶地(T_4)：在瓦斯沟沟口高出河面 120m，得妥一带为 80m。阶地构成物质为砾石夹砂，厚度不等，多遭后期破坏，属基座阶地。

第五级阶地(T_5)：在瓦斯沟沟口和得妥均高出河面 210m。阶地上部覆有砾石夹砂层，厚约 30m，半胶结，属基座阶地，因后期破坏，分布零星。

(2)磨西河(大渡河右岸支流)谷地内的阶地。

磨西至新兴一带可见 4 级阶地，第一、二两级阶地分别高出河面 10～15m、20～30m，属堆积阶地，由磨圆较好的砾石夹砂构成；阶地面宽窄不一，南门关沟沟口处宽达 1km 以上，胜利沟沟口处仅宽 15～20m。第三、四两级阶地也为堆积阶地。

表 8-17　河谷阶地一览表

阶地级数 \ 高出河面/m \ 地点	东坡														
	大渡河					磨西河							田湾河		
	瓦斯沟沟口	上田坝	得妥	磨西河河口	田湾河河口	草坪子	小河子沟沟口	新兴东	新兴西	龙摆尾沟沟口	磨子沟沟口	蔡阳坪	杜河坝	田湾	毛坪
T_1	10△	10△	10△	10△	5～10△	5△	20△	5～10△	5△	10△	10△	5～10△	5△	10△	5△
T_2	15△	20△	20△	16～35△	25△	30△	30△	35△	30△	20△			15△	25△	15△
T_3	50＋	50～60＋	40＋	50～65＋	50△	65＋	50＋	65△	50△	70△	54△	80△	30△	75△	70△
T_4	120＋	130～150＋	80＋	120＋			80＋	85△	80△	115＋	110＋	99	80＋	90＋	160＋
T_5	210＋		210＋				200＋		180＋			150＋	220＋	200＋	
备考		参考1∶20万荥经幅区域地质测量报告						T_4所含朽木的^{14}C同位素年代为7420±90年							

阶地级数 \ 高出河面/m \ 地点	东坡					西坡						北坡				
	燕子沟		海螺沟			立启河			玉农溪		贡嘎沟	榆林河				
	南关河坝	药王庙	共和二队	柏杨坪	海螺沟沟口	桂花桥	沙德	生古	朔布	日布交	贡嘎寺	康定城北	康定城南	毛纺厂	吊海子	驷马桥
T_1	15△	5～10△	10△	10△	5～10△	6△	6△	4△	5△	5△	5～10△	5△	6△	15△	10△	8△
T_2	29△	30△		20△	30△	16△	10～15△	16△	20△	15△	30△	20△	30△			22△
T_3		50△	60△	40△	90△	31△	40△	30△	40△	55△	80△			50△	60△	62△
T_4	100△	100△	80＋	70＋	140＋	40△	110△	53△			120～160＋	110＋	106＋	160＋	110＋	110＋
T_5						64＋	140＋	90＋								
备考	T_1所含朽木的^{14}C同位素年代为732±30年	T_2所含朽木的^{14}C同位素年代为1790±70年				参考1∶20万贡嘎幅区域地质测量报告										

注：△表示堆积阶地；＋表示基座阶地。

磨西台地属第四级阶地，阶地面宽达 1km，南北长 14km，阶地面坡度仅 5°～7°。堆积物厚达百余米，在高出河面 30m 处见有 0.5m 厚的灰黑色淤泥质粉砂夹朽木层；朽木经 ^{14}C 同位素测得年代为 7420±90 年，属全新世早期。磨西台地在磨西以下系基座阶地，基座为闪长岩等。

(3)立启河谷地内的阶地。

河谷宽阔，阶地发育，一般可见 5 级阶地。

第一级阶地(T_1)：在桂花桥一带高出河面 6m，阶地面宽达 30～40m。阶地由砾石夹砂层构成，砾石含量为 65%，磨圆较好。

第二级阶地(T_2)：高出河面 16m，阶地面宽达 40m。在桂花桥一带这级阶地构成物质由下而上为：细砂层、砂砾层和灰黄色粉砂层。

第三级阶地(T_3)：高出河面 31m 左右，阶地面宽达 40m。桂花桥一带这级阶地构成物质自下而上为：半胶结砂层、砂砾层、砾砂层、砾石层和黄色砂土层。

第四级阶地(T_4)：高出河面约 40m，阶地构成物质为半胶结砂砾层和黄色砂土层。

以上 4 级阶地均为堆积阶地。

第五级阶地(T_5)：高出河面 64m，阶地面宽达 50 多 m。阶地构成物质为半胶结砂砾层和黄灰色砂土层，下伏三叠系侏倭组砂岩，属基座阶地。

(4)阶地时代。

这里用的仅是某些阶地所含朽木的 ^{14}C 同位素年代数据。但因数量不多，又未考虑到影响年代的其他一些因素，故仅供参考。

燕子沟南关河坝第一级阶地所含朽木的 ^{14}C 同位素年代 732±30 年。燕子沟药王庙上游 1km 处第二阶地所含朽木的 ^{14}C 同位素年代为 1490±70 年。大渡河大岗山附近牛肉房第三级阶地所含朽木的 ^{14}C 同位素年代为 2100±90 年。磨西河与燕子沟汇合处磨西台地(即第四级阶地)所含朽木的 ^{14}C 同位素年代为 7420±90 年。

(四)湖泊广布

贡嘎山地区有各类湖泊 38 个。按其成因可以分为如下几类。

1. 冰蚀湖

主要分布在本区北部和西部，如笔架山一带的黑海子、下黑海子，另外有希热协海子、白海子、蛇海子等，西北部则以九海子一带较为集中，现有大小湖泊 9 个。

九海子海拔为 4500～4600m，由 9 个大小不一的冰蚀洼地积水而成；最大的一个处于海拔 4600m，长 500m，宽 50～200m，泄水口处有羊背石分布。海子的形态不一，有的呈葫芦状，上小下大；有的呈圆形。最小的一个就是直径 100m 的圆形海子，现已干涸。9 个海子皆分布在一个长 3km、宽 1.5km 的大型古冰斗底部。

目前，冰蚀湖都处于萎缩状态，有的甚至干涸，这与冰雪补给减少有关。

2. 冰碛湖

在区内零星分布，面积较小(如浑海子、猪腰子海、吊海子和绿海子)，多由冰川后退遗留下来的侧碛堤内侧的低洼部位积水而成。其中吊海子位于雪门坎以北，湖面海拔 3750m，处于海螺沟冰期的两道侧碛堤之间的低洼地带，呈南北向，长 200m，宽 30～50m；泄水口不在长轴方向上，而在靠近现代河床一侧。

猪腰子海位于两河口之上，湖面海拔 3550m，在海螺沟冰期终碛堤内侧，呈东西向，长 250m，宽 100～200m，水深约 1m，南岸略突出，呈猪腰形，由此而得名。

3. 堰塞湖

由冰碛物堵塞沟谷而成。零星分布于沟谷中游，长轴与流向一致。巴王海子，其湖面海拔 2900m，长 1km，宽 300～400m，水深 5～15m。

此外，田湾河支流五圣庙沟内的人中尾海是区内最大的湖泊，长 3km，宽 400～500m，属近代泥石流堵沟而成。

(五)第四纪冰川遗迹广为发育

区内有过三次冰期，第四纪冰川遗迹异常发育，分布着古冰川谷、冰碛堤、冰碛台地、冰川漂砾以及贡嘎山主峰四周星罗棋布的古冰斗和冰斗湖。

1. 古冰斗普遍发育

就目前所掌握的 247 个古冰斗(其中部分为冰斗湖)而言，按海拔高低可分为 4 级(表 8-18)。

第一级古冰斗。紧接在现代冰斗之下，低于现代雪线 150～200m，数量不多，规模较小。冰斗底部海拔：东坡为 4750～4850m，西坡为 4900～5000m。冰斗一般长 300～400m，宽约 300m，保存完好。有些古冰斗内冰碛物下伏有死冰。此级古冰斗属贡嘎山地区最新冰期——贡嘎新冰期的产物。

第二级古冰斗。低于现代雪线 300～400m，冰斗底部海拔：北坡为 4680m，东坡为 4610m，西坡为 4700m，南坡为 4640m。冰斗的后壁和刃脊保存较好。部分冰斗积水成湖(如九海子)。这一级冰斗规模不大，冰斗底长一般 500～600m，宽约 500m，分布不广。

表 8-18　各级古冰斗的海拔

级数 海拔/m 坡向	第一级古冰斗	第二级古冰斗	第三级古冰斗	第四级古冰斗
北	4830(6)	4680(16)	4450(42)	4200(7)
西	4920(6)	4700(43)	4540(40)	
南	4880(6)	4640(22)	4470(36)	
东	4830(6)	4610(2)	4410(7)	4150(8)

注：1. 第一、四级古冰斗海拔以冰斗口的海拔为准；第二、三级部分古冰斗海拔以冰斗湖海拔为准。各级冰斗的海拔取的是平均值。

2. ( )内的数值是所统计的古冰斗个数。

第三级古冰斗。比现代雪线低 500～600m，冰斗底部海拔：北坡为 4450m，西坡为 4540m，南坡为 4470m，东坡为 4410m。此级古冰斗分布广，规模大，虽已遭一定的破坏，但冰斗的形态轮廓仍较清晰。冰斗形态均为长条形谷首冰斗，一般宽 1～2km，长 2～3km，如玉农溪一小支流曼达日沟源头的古冰斗长 3km，宽 2km。西坡和北坡的这级古冰斗大多已积水成湖。

第二、三两级古冰斗为海螺沟冰期两个阶段的产物。

第四级古冰斗。本区最低一级古冰斗，分布较少，绝大多数已遭破坏而难以辨认，仅东坡和北坡保留少数不完整的冰斗形态。这级古冰斗海拔：北坡为4200m，东坡为4150m。冰斗壁较低，坡度较缓，呈簸箕形宽浅洼地。

上述可见，坡向不同，古冰斗的海拔亦不尽相同。这表明当时西坡、南坡古雪线偏高，而东坡、北坡古雪线偏低。

冰斗湖集中分布在西、北两坡，而东、南两坡的冰斗大多不积水。这一差异主要是由东、南两坡坡度大，降水量丰沛，侵蚀作用比西、北两坡强烈所造成的。

2. 古冰川谷、冰碛堤及冰碛台地众多

区内古冰川谷见于磨西河、玉农溪等河谷上游。磨西河上游古冰川谷长15km，宽1.0～1.5km；玉农溪古冰川谷长达30km；燕子沟、海螺沟等上游也有发育。古冰川谷横剖面呈U形，谷深与谷宽比多为1∶2.5～1∶3.0，属窄型冰川谷。这是海洋性冰川谷的特征之一。

古冰川谷内叠有冰碛堤，谷口分布着冰碛台地，如南门关沟沟口的冰碛台地，长1km，台面宽60～100m，散布有大漂砾。磨西河上游古冰川谷内，海螺沟冰期侧碛堤内叠于南门关冰期侧碛堤中。海螺沟冰期侧碛堤顶面高出河面120m，宽数百米。这一侧碛堤的构成物质为花岗岩大漂砾夹石块和砂，其前端终碛堤内发育有猪腰子海。此外，巴王沟沟口、康定毛纺厂附近都有冰碛台地分布，燕子沟冰舌两侧有两道侧碛堤，内侧的一道为现代冰川侧碛堤，外侧的一道为贡嘎新冰期侧碛堤，此堤高出冰面50～70m，离开现代冰舌下游1km处，则高出水面100～120m，构成物质：下部为砾石夹砂层，分选不好，无磨圆，厚60～70m；上部为砂砾层、砾石层(砾石成分有黑灰色砂岩、板岩和花岗岩)略具层理。

(六)现代地貌作用垂直分带明显

贡嘎山地区岭谷高差悬殊，热、水状况垂直变化明显，因此塑造地貌的外营力呈现明显的垂直地带性。现据外营力组合及地貌形态组合，自谷地至峰顶可划分出三个气候地貌带。

1. 流水作用气候地貌带

该带的宽度在东西两坡有明显的差异，东坡由河面至海拔3600～3700m，而西坡由河面至海拔4200～4300m。带内气温垂直变化较大，东坡7月均温：大渡河河边约23℃，海拔3600～3700m处约8～10℃，此带温度季节变化明显，物理风化和化学风化作用都能充分展开。带内降水丰沛，年降水量：东坡为900～2000mm，西坡为700～900mm，因而主导外营力为流水作用，辅之以坡地重力作用。

流水侵蚀作用强烈，地表切割破碎，特别是东坡，切割密度最大达4.3km/km^2。近半个世纪以来，海拔3000m以下的山地森林破坏严重，植被覆盖面积大大缩小，于是便加剧了侵蚀作用。小河子沟附近的山地在1km距离内发育了5条冲沟。冲沟沟口大多有洪积扇和洪积锥，如胜利沟沟口至折田坝4km距离内，竟发育有6个小型洪积扇。

西坡较东坡的流水作用为弱，故西坡的山坡更为平缓，残坡积层较厚，如贡嘎寺后山海拔4000m处的山坡就是如此。

带内东坡海拔3200～3300m处，西坡海拔3500～3600m一带，常年云雾缭绕，湿度较大，松散堆积物含水量较大，故崩塌、滑坡屡见不鲜。

2. 冰缘作用气候地貌带

分布于森林线与雪线之间，东坡海拔为3600～4900m，在西坡为4200～5100m，年均温低于0℃，现代冰缘作用明显，主导外营力为冻结破碎作用和融冻作用，此外还有流水作用和重力作用。

1)冻结破碎作用

这一作用在本带内极为强烈，东坡燕子沟新房圈(海拔3800～3900m)一带，可见强烈的冻结破碎作用，其所产生的大石块构成倒石堆，石块最大直径可达40m。此作用除受气候控制外，还与岩石物理性质有关。比如，新房圈一带大面积出露垂直节理发育的花岗岩体，夏季流水沿节理下渗，冬季水体冻结，特别是在春夏及秋冬交替季节，白天冰体融化，晚上水体冻结，年复一年，裂隙不断扩大，在重力作用下，岩体失稳坠落，生成倒石堆，故石海成片。西坡贡嘎寺后山上部，北坡加则拉沟、野人沟及九海子一带都有此类现象。

2)融冻作用

主要发育于堆积物较厚，植破稀少的坡地上。暖季坡地表层融解，深层冻结，冰融水无法下渗，以致表层物质含水过量，而在重力作用下向下滑塌和蠕动，形成融冻滑塌体，或舌状泥流阶地等。如北坡的盘盘山，西坡的子梅山、贡嘎寺后山上部等地都有分布；雅家埂一带舌状泥流阶地成群分布，台阶相对高度0.5～1m。西坡贡嘎沟海拔4700m一带古冰碛堤的斜坡上及九海子等地普遍发育有热融滑塌。

由于融冻过程中有分选作用，带内石海、石河、石流等冰缘地貌形态也广为分布。如子梅山、雪门坎等地就见有大片石海和多条石河。

3)冻土作用

由上可见，带内有各种冰缘地貌作用及地貌形态，因此必然有众多的冻土现象。为了解冻土性质及冻土现象分布状况，我们进行了部分坑探工作，挖了5个探坑。

东坡海拔4150m探坑，5月下旬见融化层为2.1m，2.5m深处温度为-1.5℃，含水量25%。海拔4300m的探坑，5月下旬见融化层为1.8m，2.0m深处冻土层温度为-1.0～-2.0℃，含水量为30%。

西坡海拔4300m探坑，6月中旬在1.8m深处见到薄层状冰，其温度为-0.5～-0.7℃，含水量为22%～25%；2.5m深处冻土层温度为-2.0℃，含水量40%。海拔4700m探坑，6月中旬在1.6m深处见冻土层，出现粒状冰，有的冰呈网状结构，1.9m深处冻土层温度-2.5℃，含水量30%。

北坡海拔4600m探坑，7月上旬在1.5m深处见冻土层，厚约15cm，其中有层状冰和网状薄层冰，温度为-0.5～-1.0℃。

上述可见，海拔4150m一带5月份的融化深度约2.1m，海拔4300m则约1.9m，而海拔4600～4700m一带6、7月份融化深度为1.5～1.6m，下伏冻土层。根据区内气象资料得知，带内一年之中有半年以上气温低于0℃，地表冻结时间较长，季节性冻土确有存在。但因探坑深度不够，探坑开挖时间又不在最热月份，因此，带内是否存在多年冻土有待今后研究确定。

3. 冰雪作用气候地貌带

区内现代雪线海拔：东坡为4900m，西坡为5100m，北坡为5000m，南坡为5000m。

雪线以上的大部分地区终年冰雪覆盖，局部地区因坡度陡峻而基岩裸露。带内以冰雪侵蚀作用及寒冻风化作用为塑造地貌的主要营力。

1)现代冰川

区内冰雪覆盖面积约 360km^2，有现代冰川 159 条。冰川类型有树枝状复式山谷冰川、悬冰川和冰斗冰川。这些冰川围绕主峰呈放射状展布。

西北坡和东北坡冰川规模较小，东南坡和西南坡冰川规模较大。贡巴冰川和海螺沟冰川为区内两条最大的山谷冰川。海螺沟冰川长 14.8km，末端海拔 2850m，伸入森林带 6km；冰内温度 0℃，冰面流水温度 0.3℃，消融强烈，冰川末端冰洞出水流量达 7～10m^3/s；冰川表面见有黑色冰跳蚤。可见，海螺沟冰川属典型的季风海洋性冰川。

本区冰川近期处于退缩阶段。西坡海拔 5100m 左右的冰斗正在萎缩，冰舌末端明显后退。按 A·哈安姆 1930 年考察记录："燕子沟冰川从贡嘎山和燕子山之间流出，象蜗牛一样向北拐，然后向东流去，从西北方向来的一小支流(流量为 3～43m^3/s)汇入燕子沟冰川的冰洞中，然后在 3～4km 的燕子沟冰川末端随着燕子沟冰川融水一起流出。"[1] 1966 年 12 月拍摄的航空照片所见，燕子沟冰川的冰舌末端位于主支流汇合处下游 650m。1980 年考察时，冰舌末端已退至主支流汇合处上游。经推算得知，1930～1966 年，冰川后退约 3km，每年平均后退百余米；而 1966～1980 年，冰川后退 650m，每年平均后退 40～50m，后退速度锐减。

2)角峰、刃脊和冰川谷

贡嘎山主峰本身就是一个金字塔形的巨大角峰，由二长花岗岩组成，顶峰突起，基部宽大，金字塔坡度大于 45°，坡面多雪崩槽。区内计有海拔 6000m 以上的角峰 45 座，集中于主峰一带。刃脊呈锯齿状。这种角峰和刃脊属珠穆朗玛峰型，处于壮年期阶段。

区内山谷冰川发育，因此属冰蚀地貌一个重要类型的冰川谷亦很发育。冰川谷谷型呈 U 形，两壁陡立，底部宽平，纵剖面上多冰阶坎(尤其在上游)，阶坎高度可达数百米，冰川运动到阶坎处，突然垂直下落，形成冰瀑布。

3)冰斗

分布于主山脊线两侧，多为谷首冰斗及较大山谷冰川源头的粒雪盆。如贡巴冰川、海螺沟冰川、燕子沟冰川等源头就有较大的粒雪盆。西南坡贡巴冰川发育有两级冰斗，海拔分别为 5100～5200m(正在退缩中)和 5300～5400m。后者正处于发展阶段，南北宽 1.5km，东西长 1km，后壁与主峰相连，壁坡坡度大于 45°。东坡的海螺沟冰川和南门关沟冰川亦有两级冰斗，海拔分别为 4900～5000m 和 5200～5300m。

二、地貌发育史

根据近年来在贡嘎山地区所取得的地层、构造、地貌、冰川以及同位素年代等资料，对本区地貌发育史作一初步探讨。

贡嘎山菱形断块位于青藏板块东缘，属前古生代古老的青藏海洋板块与扬子板块的俯冲带的西侧。断块的东北界、东南界是青藏板块与扬子板块的分界。

中生代三叠纪，康定—雅家埂—磨西—石棉—冕宁一线可能突出于大海之中，成为分隔古特堤斯海与太平洋海的岛屿状天然屏障。晚三叠世，印支运动晚期，贡嘎山地区发生褶皱而隆起成陆，并先后产生南北向和北西向两组断裂带。这些褶皱和断裂控制了当地的山川格局。侏罗纪末期的燕山运动对本区似乎无多大影响。从邻区资料分析来看，侏罗纪至白垩纪，本区古气候由湿热逐渐变为干热。当时，区内以剥蚀夷平作用为主，印支运动形成的背斜山、向斜谷等不断遭剥蚀夷平，岭谷间相对高度逐渐降低。白垩纪末至古近纪始新世中期的最后一幕燕山运动，即目前一般所称的喜山运动第一幕，形成一组北东向断裂。这组断裂与北西向断裂相交，最终奠定了贡嘎山菱形断块的基本构造轮廓，并沿玉农溪断裂带产生了玉农溪河谷及一系列的小型断陷盆地。此时贡嘎山地区大地貌骨架已具雏形。

渐新世，整个川西高原处于炎热的气候环境之中，玉农溪断陷盆地中沉积了一套厚为 405～450m 的红色河湖相地层——上乌红层。

渐新世末期的喜山运动第二幕，本区抬升明显。此后，长期处于剥蚀夷平状态下。

中新世末期的喜山运动第三幕，区内除老构造进一步加强外，隆起和岩浆上托作用亦很强烈。正是这种岩浆上托作用，而使贡嘎山主峰高耸于群峰之上。

上新世，区内剥蚀夷平作用强烈，原先形成的山岭不断遭夷平。

上新世末至早更新世初的喜山运动第四幕，本区主要表现为老断裂复活。如玉农溪断裂的复活，导致三叠纪地层逆冲在古近纪地层之上。此外，还形成了一组北东东向平推断裂，它对区内第四纪以来的水系发育、冰川运动及现代地貌形态的形成均起着十分重要的作用。继而，外力作用仍以剥蚀夷平作用为主，早期形成的背斜山、向斜谷逐渐消失，准平原面宽广平坦，其上分布有零星的蚀余残山，统一的夷平面至此告成。

中更新世，本区再度发生强烈的构造运动，在整体快速抬升过程中呈现有差异性断块抬升作用。由此，统一的夷平面开始解体。后期气候变湿转暖，河流下切加剧，地形开始分化。

晚更新世，区内发生了一次十分强烈的新构造运动，差异断块抬升作用增强，这使统一的夷平面完全解体，形成多级夷平面。

中更新世至晚更新世初，当地气候变冷，出现南门关冰期。此期冰川活动规模较大，主、支谷均发育有冰川，属复式山谷冰川。保存至今的冰川遗迹为，南门关沟沟口、巴王沟沟口、贡嘎寺后山等地的冰碛台地；燕子沟、巴王沟、南门关沟等上游宽达 1.0～1.5km 的古冰川谷；海拔 4150～4200m 的那级古冰斗。

晚更新世中期，气候一度转暖，属间冰期，即为巴王沟间冰期。在此期间各地普遍堆积了一套河湖相地层，如大渡河海子坪一带最厚达 320m 的地层即属此层。

晚更新世晚期，本区加速抬升，河流强烈下切，地形分化大体完成，现代地貌轮廓基本定型。此时，寒冷气候又来临，出现海螺沟冰期。此期冰川活动规模较小，只在支谷中发育有冰川，也属山谷冰川。海螺沟冰期中期，气候转暖，出现了间冰阶段。海螺沟冰期的冰碛地形、冰蚀地形保留较好，如贡嘎寺、草坪子一带的侧碛堤和终碛垄，代表此次冰期两个阶段的第二、三两级古冰斗(海拔分别为 4600～4700m、4400～4500m)。

晚更新世末至全新世初，区内又有强烈抬升，贡嘎山主峰一带隆起，西坡地面倾向高原内部，贡嘎山主脊线开始起屏障作用，以致东坡多雨，西坡少雨。同时，气候转暖，冰川后退。这时称为磨西高温期。此后，近万年间地壳呈间歇性抬升，伴以强烈的地震活动，形成 2～3 级剥蚀面和 4～5 级阶地，并有特大型滑坡产生，如磨西海子凼滑坡，并曾堵断磨西河河道。西部高原区，由于有南北向差异抬升，致使沟谷上下游阶地级数、级差和谷形不一。比如，立启河上游新都桥一带仅有 1 级阶地，而中游桂花桥一带却有 5 级阶地；桂花桥一带第四级阶地高出河面 40m，而下游沙德一带则为 110m；桂花桥以北谷地为宽谷，而沙德以南谷地呈峡谷。

距今约 3000 年前，本区发生了一次小规模的冰川活动，出现了贡嘎新冰期。这在雪门坎一带可见终碛垄、侧碛堤和冰碛湖。

参考文献

[1] 严德一. 横断山脉 [J]. 地理知识，1956，3.
[2] 陈富斌. “横断山脉”一词的由来 [J]. 山地研究，1984，2(1).
[3] 布特塞尔. 西康贡嘎山之高度与位置 [J]. 李旭旦译. 方志月刊，1934，7(3).
[4] 任乃强. 西康图经 [M]. 新亚细亚学会，1934.
[5] 邹代钧. 京师大学堂中国地理讲义 [M]. 京师大学堂，1900～1901.
[6] 洛克(秦理斋译). 贡嘎探险记. 旅行杂志，1931，5(9－10).
[7] Heim A. The Glaciation and Solifluction of Minya Gongkar [J], Geographical Journal, 1936, 87(5).
[8] 徐近之. 青藏自然地理资料 [M]. 北京：科学出版社，1960.
[9] 中国科学院成都地理研究所. 贡嘎山地理考察 [M]. 重庆：科学技术文献出版社重庆分社，1983.
[10] 中国科学院青藏高原综合科学考察队. 横断山文集(1) [M]. 昆明：云南人民出版社，1983.
[11] 中国科学院青藏高原综合科学考察队. 横断山考察文集(2) [M]. 北京：科学技术出版社，1986.
[12] 中国科学院地质研究所大地构造编图组. 中国大地构造基本特征及其发展的初步探讨 [J]. 地质科学，1974.
[13] 国家地震局西南烈度队. 西南地区地震地质及烈度区划探讨 [M]. 北京：地震出版社，1977.
[14] 李吉钧. 青藏高原的地貌轮廓及形成机制 [J]. 山地研究，1983，1(1).
[15] 李钟武. 横断山区形成过程浅识 [J]. 大自然探索，1986，5(15).
[16] 刘淑珍、柴宗新. 横断山区地貌特征 [J]. 大自然探索，1986，5(15).
[17] 刘淑珍，刘新民等. 贡嘎山地区地貌特征及地貌发育史. 贡嘎山地理考察 [M]. 重庆：科学技术文献出版社重庆分社，1983.
[18] 罗来兴，杨逸畴. 川西滇北地貌形成的探讨. 中国科学院地理研究所地理集刊，第 5 号 [G]. 北京：科学出版社，1963.
[19] 崔之久. 贡嘎山现代冰川的初步考察 [J]. 地理学报. 科学出版社，1958，24(3).
[20] 李钟武，等. 贡嘎山地区地质构造. 贡嘎山地理考察 [M]. 重庆：科学技术文献出版社重庆分社，1983.
[21] 段长麟，等. 贡嘎山地区水热基本特征及光合生产潜力 [M]. 重庆：科学技术文献出版社重庆分社，1983.
[22] 钟祥浩，郑远昌. 贡嘎山地区垂直自然带初探. 贡嘎山地理考察 [M]. 重庆：科学技术文献出版社重庆分社，1983.
[23] 郑远昌，等. 龙门山地区动物资源 [J]. 大自然探索，1985，4(2).
[24] 四川植被协作组. 四川植被 [M]. 成都：四川人民出版社，1980.
[25] 管中天. 四川云冷杉植物地理 [M]. 成都：四川人民出版社，1982.
[26] 杨玉波，李承彪，等. 四川森林分区的初步研究 [J]. 西南师范学院学报，1981，(1).
[27] 管仲天. 小凉山树木图志 [M]. 成都：四川人民出版社，1980.
[28] 李德融，朱鹏飞. 关于四川森林土壤地理分区的初步研究 [J]. 土壤学报，1965.
[29] 胡锦矗. 卧龙自然保护区大熊猫、金丝猴、牛羚生态生物学研究 [M]. 成都：四川人民出版社，1981.
[30] 成都中心气象台. 泸定气象资料(1960—1970) [R]. 1972.
[31] 成都中心气象台. 新都桥气象资料(1956—1970) [R]. 1972.
[32] 彭家元，李仲明，等. 二郎山土壤分布及山地农业土壤调查 [J]，山地农业科学. 1958.
[33] 中国科学院自然区划工作委员会. 中国综合自然区划(初稿) [M]. 北京：科学出版社，1959：4～35.
[34] 全国农业自然资源调查和农业区划委员会《中国综合自然区划概要》编写小组，1980，中国综合自然区划概要

(修订稿).
[35] 李承彪. 四川森林生态研究 [M]. 成都：四川科学技术出版社，1990：3～53.
[36] 蒋有绪. 川西高山暗针叶林群落特点及其分类原则 [J]. 植物生态学与地植物学丛刊，1963，1(1～2)：40～50.
[37] 杨清伟，程根伟，罗辑，等. 贡嘎山东坡亚高山森林系统植被光合作用 [J]. 山地学报，2001，19(2)：115～1191.
[38] Heim A. The Glaciation and solifluction of Minya Konka. Geogr [J]. 1936，87
[39] Roch J F. The glaciers of Minya Konkar [J]. Nat. Geogr. Mag. 1973，October.
[40] Burdsoil R L, Emmons A B. Men against the Clouds，the Conquest of Minya Konka [M]. Harper and Brothers，1935，New York and London.
[41] Bian Meinian，Yuan Fuli. Topographical and archaeological studies in the Far East by Anderson [J]. Geolog. Rev. 1940，5.
[42] Cui Zhijiu. Preliminary observation of present glaciers in Mt. Gongga [J]. Acta Geogr. Sinica，1958，24，318～338.
[43] Chengdu Institute of Geography，Chinese Academy of Sciences，Geographic Expedition in the Gongga Mountain [M]. Documents Press of Science and Technology，Chongqing，1983，79～95.
[44] Zheng Yuanchang. Relationship between the main species formation distribution and climatic condition in Gongga Mountain Region [J]. Mountain Research. 1995，12，200～201.
[45] 钟祥浩，吴宁，罗辑，等. 贡嘎山森林生态系统研究 [M]. 成都：成都科技大学出版社，1997.
[46] 李克让，张王远. 中国气候变化及其影响 [M]. 北京：海洋出版社，1992.
[47] 李钟武，陈继良，胡发德，等. 贡嘎山地理考察 [M]. 重庆：科学技术文献出版社重庆分社，1983.
[48] 郑本兴，马秋华. 贡嘎山区全新世冰川变化与泥石流发育的关系 [J]. 山地研究，1994，12(1)，1～8.
[49] 叶笃正，陈泮勤. 中国的全球变化预研究 [M]. 北京：地震出版社，1992.
[50] Heim A. The glaciation and soliflucton of Minya Gongkar [J]. Geographical Journal，1936，87(5).
[51] 崔之久. 贡嘎山现代冰川的初步观察 [J]. 地理学报，1958，24(3)：318～337.
[52] 罗来兴，杨逸畴. 川西滇北地貌形成的探讨. 中国科学院地理研究所地理集刊 [G]. 北京：科学出版社，1963：1～57.

第九章　高原高寒山地环境与生态效应①

第一节　青藏高原地质环境的演变与生态系统的形成

一、地质时期生态系统演化的历史回顾

青藏高原在新生代经历了复杂的地质构造运动，具有独特的环境演变进程和区域分异过程。在始新世晚期，印度板块和亚欧板块已经连成一体，但青藏高原地区的海拔还很低，为500m以下。境内地势呈北高南低和东高西低的格局。这时唐古拉山—他念他翁山—怒山相对较高，成为当时湿润热带和干热亚热带的气候分界线。该线以北和以东地区，气候干旱，为亚热带干旱荒漠和荒漠草原，植被主要为草本和麻黄类；该线以南和以西地区，气候湿热，植被以栎树、桦树、杨树和榆树等落叶阔叶类为主。

在渐新世时期，青藏高原雏形已经形成，这时的海拔为500～1000m。总的说来，地表起伏不大。在渐新世晚期的青藏高原地区针叶树成分增多，显示了高原上升和全球气候变冷的影响[1]。

自始新世晚期印度板块和亚欧板块连接以来，海陆热力差异的逐步增强，导致季风的形成。到中新世早期，青藏高原受地中海气候和印度洋季风气候的共同影响，出现较温暖湿润的气候。这时青藏高原地区的植被以高山栎类硬叶常绿阔叶林为主。中新世早期高原面海拔在1000m以下，这为生态系统垂直分异的形成奠定了基础。在高原内部特别是高原的边缘地区出现了气候、植被和土壤的垂直分异。在亚热带分布区，山地植被垂直带的下部发育了由高山栎组成的硬叶常绿阔叶林，由此往上依次为亚热带山地针叶林和高山灌丛植被。到中新世晚期，高原植被呈现湿热气候的特征。在中新世期间，青藏高原可分出三个自然带，昆仑山以北为亚热带干旱荒漠草原，雅砻江谷地以南地区为热带亚热带常绿林，而广大中间地带为亚热带森林和森林草原，气候纬向分异明显。根据唐领余等的研究，当今西藏的伦坡拉盆地早期以针叶林为主，后期以落叶阔叶林为主；昆仑山南北坡植被有明显的差异，北坡为不含热带和亚热带成分的植物群，山坡上部以山地常绿针叶林为主；南坡至念青唐古拉山以南地区为亚热带硬叶常绿落叶阔叶混交林，在山坡上部，云杉(*Picea*)和冷杉(*Abies*)占优势，同时，还夹有一定数量的热带和亚热带针叶林树种。这种湿热气候条件下形成的生态系统景观一直延续到上新世中期。

到上新世晚期，青藏地区趋近于夷平状态，气候变得温暖[2]。随着喜马拉雅造山运

---

①　本章1～4节作者钟祥浩，在1998年文章基础上作了修改。

动的强化和全球气候变冷的影响，在青藏高原北部地区气候明显变干，出现了晚新生代以来最早一次成盐期；在青藏高原南部地区气候仍较湿润。如西藏南部山地形成了以暖温带针阔叶混交林为基带的植被垂直带，但是在喜马拉雅山北坡和念青唐古拉山以南地区，植被组成与上新世早期相比，雪松、云杉、冷杉和栎属(*Quercus*)相对减少，而落叶成分和草本植物有所增加。在西藏北部和昆仑山南麓出现由山地针叶林变为灌木草本为主的生态系统景观。在整个青藏高原北部地区出现干旱的气候，呈现以草本为主的生态系统景观。

到早更新世初期，青藏高原继续强烈隆起，从上新世晚期到早更新世晚期的130万年中，高原平均上升了约1000m，高原海拔达2000m，山地海拔超过3000m，现代季风已经形成，属于气候比较湿润的时期，受北半球降温的影响，气候变冷，在高山区开始出现山地冰川。这时唐古拉山已上升到相当的高度，使昆仑山区降水大为减少。据唐领余研究资料，昆仑山前和昆仑山垭口以及沱沱河等地区形成灌丛草原植被景观；从川西理塘到青海共和盆地和青海湖区的青藏高原东北部地区，呈现亚热带山地针叶林景观；青藏高原的东北缘，森林草原中亚热带和暖温带乔木增多。

中更新世时期青藏高原构造运动和气候变化十分强烈[2]，高原面上升至3000m以上，喜马拉雅山上升高度已超过5000m，高大的山脉阻挡了南来的暖湿气流，致使喜马拉雅山脉北坡和以北的广阔高原地区气候显著变干。这时高原边缘地区却出现强烈的侵蚀作用，河流的下切作用明显。雅鲁藏布江、印度河和横断山区各河流在中更新世时期形成相对高差显著的深切河谷地貌类型。朗钦藏布(象泉河)在扎达盆地将上新世至早更新世巨厚的湖相与河流相地层切割成相对高差达800～900m的峡谷。中更新世时期的高原内部，虽也出现断陷谷地并接受了沉积，但其构造运动形式与高原边缘完全不同。在中更新世时期，高原气候进一步变冷，发育了第四纪规模最大的冰川[2]，山地冰川广泛分布。高原高山灌丛草甸和亚高山山地针叶林逐渐退至山坡下部或湖盆边缘。

中更新世以后，高原高度继续增高，高原气温在降低。由于南来水汽受阻，水分供应不足，高原冰川规模减小。到晚更新世时期，青藏高原地区新构造运动仍然十分强烈，高原平均海拔达4000m，喜马拉雅山脉海拔已达相当的高度，约为海拔6000m，最高达7000m以上。南来的暖湿气流受高大山脉的阻挡，造成南坡降水丰富，北坡及以北地区干旱少雨。因此，在喜马拉雅山脉南坡的樟木、亚东、吉隆、察隅和墨脱等地区形成亚热带针阔叶混交林或亚热带、热带常绿季雨林和雨林生态系统景观，而高原内部为灌丛草原生态系统景观。受冰期和间冰期不同气候的影响，高原内部的生态系统类型有所不同。在冰期主要为干草原或荒漠草原生态系统；间冰期发育了灌丛草甸或山地针叶林生态系统。在末次冰期的最盛时期，高原内部气候干冷，羌塘高原的可可西里仅有少量中旱生草本植物和灌木；柴达木察尔汗盐湖地区为麻黄(*Ephedra*)、藜科、蒿属(*Artemisia*)和白刺属(*Nitraria*)为主的荒漠植被；若尔盖和红原一带的森林线下降1200m，呈现稀疏高山荒漠草原景观；西藏东南部八宿地区植被为荒漠草原，与现今表土显示的亚高山森林草甸花粉谱相差较大。

全新世时期，青藏高原仍处于强烈的上升过程中。在气候上，经历了末次冰期的寒冷期而出现湿润的气候。在全新世的不同时期，气候水热状况有所不同，反映在生态系统类型及其多样性上有较明显的差异。

在全新世早期，属于末次冰期与全新世大暖期的过渡期，气候总的特点是温度偏高，并伴随强烈频繁的冷暖波动，一年中夏季温暖而冬季寒冷，但这种特点在高原的不同地区有所不同，反映在植被类型上，不同地区有明显差别。青藏高原东南部植被以中生落叶和中生针叶树占优势；高原东北部的青海湖区为以蒿属、藜科为主的亚高山草原；在若尔盖地区则形成以亚高山常绿暗针叶林为主的植被类型；在高原中部地区，以稀疏的草本植被为主；高原南部地区以稀树灌丛草原为主；高原西部地区是以蒿属为主的草本植物。

在全新世中期，气候总的趋势呈现气温升高和降水增加的特点，反映在植被的分布上，不同地区的特点有所不同。距今9100～7800年，高原东南部植被以常绿栎类、中生落叶阔叶和中生针叶树为主，铁杉和杉木树增加；川西南地区，落叶阔叶成分较不丰富。而在距今7800～4000年，耐旱的常绿硬叶栎类增加，中生落叶树种明显增多。距今8000～7500年的高原东北部的青海湖区植被以亚高山针叶林为主。而在距今9100～7000年的若尔盖山地丘陵地区则以亚高山常绿暗针叶林，海拔较低的地区以禾草草甸和莎草沼泽草甸为主。在全新世中期的高原中部地区草本植物发育，莎草科植物明显增加。这期间的西藏南部地区则呈现森林灌丛草甸景观，高原西北部地区为以蒿草草原为主的植被类型。

在全新世晚期，气候总的趋势呈现气温下降、降水季节性差异加大的特点，反映在植被的分布上，不同地区的特点亦有所不同。高原东南部地区常绿硬叶树占优势；高原东北部的青海湖区为以蒿属、藜科为主的亚高山草原景观；若尔盖地区针叶林减少，草本成分中的菊科和藜科植物增多；高原中部为高山草原景观；西藏南部为灌丛草甸；高原西部为荒漠草原景观。

二、生态系统迁移与演化的驱动力

生态系统的分布，从宏观的范围来看，主要受气候因子的驱动，并在漫长的气候条件变动的情况下，发生迁移与演化。新生代以来，全球和青藏高原地区发生的多次冷暖交替，以及冰期和间冰期的反复出现，与高原本身多次抬升与夷平的相互交替，成为生态系统迁移与演化的重要驱动力。根据达尔文关于冰期中植物迁移的理论，我们设想西藏的暗针叶林与欧亚大陆暗针叶林，在历史发生上可能具有统一的过程：自新近纪以来，北半球气候逐渐变冷，并具有几次冰期与间冰期的反复交替。随着冰川的缓慢进退，在欧亚大陆也像在北美洲一样，植物界线经历了不止一次沿子午线的整群的迁移。随着北半球冰期的到来，北方的生物逐渐顺序地向南迁移，而山地植物也逐渐向山的下部和平原转移，在那里遇到从北方迁移来的植物，并进行适应、混合、竞争和分化。冰期最盛时，原来分布在高山上部和北极地区的植物，会出现于较低的纬度。例如，孢粉分析的资料已经证明云杉和冷杉在冰期中不仅曾出现在我国北部平原地区，并且曾出现在华东地区的长江流域和洞庭湖畔的平原上。而在西藏地区暗针叶林分布的高度较目前也曾下降在1200m以上。据研究，在我国东部地区冰期最盛时温度比现在低7～10℃。西藏地区的研究也证明冰期中降温的幅度达到7～8℃[3]。间冰期到来时，随着温度的回升和冰川的退缩与消融，经过混合和变化了的植物群落，必将逐渐向北退却和向山地攀登。当温暖完全恢复的时候，不久前曾共同生活于低纬度低地的同一种群落或物种，将会出现于欧亚大陆北部的水平带，以及许多距离很远且又彼此隔绝的山地垂直带中。因此我们认为欧亚大陆水平地带和山地垂直带中的暗针叶林是在第四纪中的植物群落，在间冰期和后冰期随着气候的回暖，沿着水平和垂直的两条不同的路线迁移和发展的结果。在我国西藏和我国西南地区的其他山地，由于固有的季风气候，迁移的距离较短，加以山地的隔绝和有利的生态条件，都为多种古老物种的保存和新物种的形成创造了有利的条件。而向北迁移的暗针叶林却需要经过漫长的历程，经历更多的自然条件的障碍。因此，北方的暗针叶林中保存的植物是贫乏而单调的，很容易使人们联想到是南方暗针叶林在比较严酷的条件下的贫乏的衍生物。但是，不论是向山地攀登，还是向北方迁移的暗针叶林，在对不断改变着的生态环境的长期适应和物种之间的生存竞争中，都大大地丰富了新的特有的成分。需要指出的是青藏高原生态系统的迁移除了子午向的移动外，还伴随着纬向的迁移。研究证明，在东部地区，特别是云南地区相对古老的山地，新近纪以来的区系成分和植被类型与现在青藏高原东部的植被有很大的近似性，青藏高原隆升较晚，且地质条件变动剧烈，因此，它可能是北方和东部古老的生态系统向南和向西迁移的衍生物。

青藏高原生态系统的研究及其与北方和东部平原山地的对比为上述假说提供了有力的证明。这可以从大量的地理替代种的存在中得到说明。以冷杉为建群种的生态系统为例，自青藏高原向东北，可以看到暗针叶林建群种的冷杉属中耐寒系列的西藏冷杉(*Abies spectabilis*)、川滇冷杉(*A. forresti*)、长苞冷杉(*A. georgei*)、苍山冷杉(*A. delavayi*)，在河南、湖北、陕西等地区被巴山冷杉(*A. fargesii*)代替，继续向北在群落中被臭冷杉(*A. nephorolepis*)和西伯利亚冷杉(*A. sibirica*)代替；冷杉属中喜温系列中的黄果冷杉(*A. ernestii*)、秦岭冷杉(*A. chensiensis*)和沙松冷杉(*A. holophylla*)[4]，它们以发生学起源和生态学特性的近似性，分布在典型的亚高山暗针叶林带以下，通常与其他树种混交，从而形成地域隔离的间断分布的替代种。从青藏高原向东，长苞冷杉、急尖长苞冷杉(*A. smithii*)等在大面积分布的暗针叶林中已不复存在，但是近年来在广西发现的残存的资源冷杉(*A. ziyuanenisi*)和元宝山冷杉(*A. yuanpaoshanensis*)，以及在浙江发现的百山祖冷杉(*A. beshanzuensis*)证明了冷杉林在冰期时在我国东部达到平原低纬度地区。特别值得指出的是这些隔离的分布区，它们的分布海拔和带幅与其所在的地理位置有着严格的规律性[5,6]。尽管不同地区建群种的种类不同，其林下的植物却具有着较其上层建群种更大的共同性。这表现在下木层中有大量共同的属，如槭树属(*Acer*)、忍冬属(*Lonicera*)、蔷薇属(*Rosa*)、花楸属(*Sorbus*)、卫矛属(*Euonymus*)、稠李属(*Padus*)、山茱萸属(*Cornus*)、樱属(*Prunus*)、茶藨子属(*Ribes*)、乌饭树属(*Vaccinium*)、悬钩子属(*Rubus*)、珍珠梅属(*Sorbaria*)、荚蒾属(*Viburnum*)、瑞香属(*Daphne*)等在草本层和苔藓层中甚至包括大量共同的种，例如酢浆草(*Oxalis acetosella*)、林木贼(*Equisetum silvaticum*)、山尖子(*Cacalia hastata*)、深山露珠草(*Circaea caulescens*)、圆叶鹿蹄蕨(*Pirola rotundifolia*)、蹄盖蕨(*Athyrium felixfemina*)、塔藓(*Hylocomium splendens*)、树藓(*Pleurozium ruthenica*)、拟垂枝藓(*Rhytidiadelphus*)、毛梳藓(*Ptilium crista－castrense*)以及多种地衣等。此外，在本区林下存在许多瘠种属。造成这种情况的原因显然是由于在历史上生态群落发生过整体的迁移，在此过程中，林冠下的小环境显然要比处于上部界面的建群种的环境的变动要缓和得多，从而林下种的进化较慢，使得在群落的迁移过程中保留了较多相同的物种，也形成了一些瘠种的属。青藏高原的多种属大部分集中于生态交界线(ecotone)处。如在树线与灌丛和草甸的交界处的杜鹃花属(*Rhododendron*)、柳属(*Salix*)、龙胆属(*Gentiana*)、报春花属(*Primula*)、马先蒿属(*Pedicularis*)、虎耳草属(*Saxifraga*)、紫堇属(*Corydalis*)、风毛菊属(*Saussurea*)、垂头菊属(*Cremanthodium*)、橐吾属(*Ligularia*)等。这显然是青藏高原的抬升，造成了环境的变化，在环境的胁迫下，促进了物种分化的结果。

在科学家们承认青藏高原是许多物种分化中心的同时，对高原是否是某些科属的发源地的问题则持极为审慎的态度。在这方面，我国许多著名分类学家发表过重要见解。特别是青藏地区成陆的年青性、隆升的近代性以及高原环境的不稳定性，使得它不可能是许多古老属种的起源地，即使在这里同一属内存在着大量的物种。例如在本区大量的云杉和冷杉物种的存在并不能说明这里就是上述属的起源地，因为早在晚白垩纪就已经在欧亚大陆北部和北美洲发现了这些属的大量孢粉和化石，包括在目前温带地区已经绝灭的铁杉(*Tsuga*)也曾在北方更古老的地层中发现。而青藏高原的阔叶树种组成的生态系统早在古近纪时已在欧亚大陆的北部有充分的发育。因此，很可能本区的生态系统是起源于欧亚板块和印度板块的区系及其生态系统，是在青藏高原抬升与夷平的过程中，在气候冷暖交替的驱动和生物的多途径的传播条件下，发展与演化的结果。

第二节　青藏高原地貌环境特征与生态系统的空间格局

一、高原地貌影响下的大气环流及其生态效应

青藏高原平均海拔 4000m 以上，是我国大陆地势上最高的一级台阶，也是地球上最高的一级地貌台阶，有“世界屋脊”之称。它既是一系列巨大山系和辽阔的高原面的组合体，也是近 300 万年来大面积强烈隆起的巨大的构造地貌单元。具有巨大的高度和辽阔面积的大高原对大气环流产生深刻的影响，进而形成本地区特有的大气环流。

冬半年(10 月中旬至翌年 5 月)主要为干冷的西风带所控制，气候寒冷，干燥少雨，多大风。高耸的青藏高原伸入大气对流层 1/3～1/2，其本身形成的动力扰动和热力作用对西风带有重大的影响，在 30°N～40°N，把西风急流在高原的西端分为南北两支。南支沿高原南缘(28°N～30°N)流动，成为强度大而又稳定的西南气流，对青藏高原南部的西藏影响较大；北支沿高原北缘(37°N～42°N)流动，成为强度较弱且不及南支稳定的西北气流，对青藏高原北缘有较大影响，表现为干旱荒漠化过程加重和生态系统具有脆弱性等特征。

高亢的青藏高原对西南季风的形成和建立产生着重大的影响。它使西南季风成为夏半年(6 月至 10 月中旬)控制高原南部特别是它的东南部的主要季风。该季风对这些地区生态系统有重要影响。在季风的影响下，形成温暖湿润的气候，有利于森林生态系统的发育和发展。来自印度洋暖湿水汽的西南季风，从如下三个方面进入青藏高原：其一，从孟加拉湾沿东喜马拉雅山脉和横断山脉进入高原；其二，翻越喜马拉雅山脉进入高原，对喜马拉雅山南坡和藏南地区降水有重要影响；其三，从阿拉伯海沿高原西侧进入高原

西部，其中以东支暖湿气流对青藏高原南部的西藏气候影响较大。受西南季风影响的这些地区，都形成了较好的山地森林生态系统和高山灌丛草甸生态系统。在 93°40′E 以东的雅鲁藏布江下游的西藏边境正好处于西南气流转为东北气流的位置上，降水量十分丰富，年均降水量最高达 4494mm，发育着茂密的亚热带常绿阔叶林和热带季雨林。西南暖湿气流可沿雅鲁藏布江和藏东“三江”河谷进入高原，对西藏东南部的气候起着支配性作用，其影响范围甚至有时可达青海南部和羌塘高原东南部地区，对高山和高寒草甸生态系统的发育有重要的影响。

西风环流和西南季风受青藏高原的影响，在高原上空发生着有规律的周期性更替。冬季环流形式向夏季环流形式过渡和夏季环流形式向冬季环流形式过渡都具有突进或跃进的特征。总的说来，11～3 月为高原冬季风控制，气候少雨、干冷，对生态系统产生严重的影响；7～9 月为夏季暖湿气流盛行期，气候多雨、暖湿，十分有利于各种生态系统的发育；4～6 月和 9～10 月为高原冬夏季风明显交替期，气候上表现为冷、暖、干、湿的急剧变化。这种天气的周期性更替和过渡急剧的特点，造成高原气候具有如下的特征：冬季干冷而漫长，夏季暖湿而持续时间短，春季升温迅速，秋冬降温快，春秋季过渡短暂，干湿季节分明。显然，这种气候特点，极大地制约了该地区生态系统的可持续利用与发展。

高耸的青藏高原，与同纬度的东部低地相比，其对流层厚度要少 4000m 左右，气柱重量要少 1/3，加之空气水分和杂质少，形成强烈的太阳辐射，高原的热力作用加强，使高原成为耸立在对流层中部的巨大“热岛”。在夏季，由于强烈的加热作用，形成热低压。在高原东部，尤其是东南部产生低压带，夏季降水多；在冬季，由于高原的冷却作用而在上空形成冷高压。受夏季热低压和冬季冷高压的影响，在高原西部的阿里地区，冬夏降水都很少。高原面上降水呈现由东南向西北减少的趋势，年降水从藏东高原的 600mm 向西逐渐减少至羌塘高原西部的阿里为 50mm 左右。反映在生态系统的分布上，由藏东高原的高寒灌丛草甸，向西逐渐为高寒草原和高寒荒漠所替代。

高耸于对流层中的青藏高原，对大气环流所引起的绕、爬和水平辐合、辐散以及高原对大气的加热或冷却作用，使流经高原的大气环流发生改变，形成了以高原及其邻近地区为整体的区域性环流。冬季的冷高压和夏季的热低压，造成高原地区冬夏冷暖气流的显著季节性变化，即冬夏高原季风明显，气候日变化趋于显著，高原湖泊逐渐干涸，西部地区出现沙漠化。可以预料，随着青藏高原的继续隆起，青藏高原地区季风将更加发展，气候日变化将进一步明显，冷干气候将更加严重，高原地区的局部荒漠化也必将进一步得到发展。

二、特殊的高原地貌形态奠定生态系统空间分布格局

青藏高原地貌类型多样，既有高大的山脉，又有高原湖盆、山原湖盆、谷地和高山深谷等多种特殊地貌类型。

青藏高原面为小起伏高山、高海拔丘陵和宽谷盆地的组合体，小起伏高山和高海拔丘陵为不同时代的地形面，而宽谷盆地主要为第四纪的堆积面。在青藏高原形成过程中，后期内外营力的作用，使高原面有不同程度的变形，整个高原地势由西北向东南倾斜，地处腹地的羌塘高原面保存较好，而处在高原边缘的横断山脉地区为残留的平坦山顶面。

青藏高原面及其四周边缘有一系列巨大高山山脉。根据山脉的走向，大体可分为两组：一组为东西向山脉，另一组为南北向山脉。东西向山脉占据了青藏高原的大部分地区，从北到南有阿尔金山—祁连山、昆仑山、巴颜喀拉山、喀喇昆仑山、唐古拉山、冈底斯山、念青唐古拉山和喜马拉雅山。这些山脉除祁连山山顶海拔为4500～5500m外，其余山脉山顶都在海拔6000m以上。南北向山脉主要分布于高原东南部的横断山地区，自西向东有伯舒拉岭、他念他翁山、宁静山、大雪山和龙门山—夹金山—大凉山。这些山脉山顶海拔多在4500～7000m。东西向和南北向两组山脉成为整个青藏高原地区的地貌骨架，控制着高原地区地貌的基本格局，进而也控制着整个高原地区生态系统的空间分布格局。

分布于高原北面的阿尔金山—祁连山，山脉高大，东西延伸约1500km；祁连山南北宽200～300km，由一系列北西西—南东东向的平行山脉和谷地所组成，这些方向的河谷成为东南暖湿气流和西伯利亚—蒙古干冷气流的交汇带，使该地区植被的分布具有多样性和复杂性特点。昆仑山位于柴达木盆地的南面，并一直延伸至青南高原。柴达木盆地是介于阿尔金山—祁连山与昆仑山之间的一个封闭盆地，气候干燥，发育着荒漠植被。青南高原自西北向东南倾斜，受西南季风的影响，气候较湿润，发育着以高寒灌丛草甸为主兼有少量暗针叶林的生态系统景观。分布于高原南面的喜马拉雅山脉，东西绵延2400km，山势高峻，群峰林立，成为高原南缘的一道巨大屏障，阻挡了来自印度洋的暖湿气流的北上，使喜马拉雅山南坡产生丰富的降水，为热带和亚热带森林生态系统的发育提供了有利的水分条件，为农业生态系统持续高效的利用奠定了良好的基础。而喜马拉雅山以北地区有冈底斯山—念青唐古拉山和唐古拉山对印度洋暖湿气流北上的进一步拦截，使得这些地区降水量急剧减少，加之地势高亢、气温低，基本上没有森林分布，发育着以高寒灌丛、高寒草甸、高寒草原和高寒荒漠植被类型为主的高寒生态系统，农业生态系统的开发难度较大，牧业生态系统相对发达。

南北延伸的横断山区的各大山脉，有利于印度洋暖湿气流从南向北扩散和延展。在这些山脉的南段发育了亚热带针阔叶混交林。到中段地区，由于河谷焚风效应作用，河谷气候干热，发育了特殊的干热或干旱河谷稀树灌丛草地植被类型，热量有余，水分不足，农业生态系统的开发受到限制。这些地区，随着海拔升高，降水量和相对湿度相对增加，一般在海拔3000m以上的山地发育着以云杉、冷杉为主的暗针叶林生态系统，其分布高度可达4000m，甚至4200～4300m，成为青藏高原东南部横断山地区森林植被垂直带谱中最具特色的优势带。南北向山脉的河谷地区，具有雨热同季的优越水热组合条件，农业相对发达，并成为青藏高原地区的粮食生产的主要场地。

青藏高原地貌形态的另一显著特点是其四周由极大起伏的高山峡谷所环绕，一般都以2500～4000m相对高差与外部平原、丘陵或盆地相连接。这种特殊的地貌形态产生青藏高原所特有的高原生态系统的边缘效应。这种边缘效应表现为高原边缘山地生态系统垂直结构的复杂性和山地生态系统类型的多样性和特殊性，其特点可归纳为如下几个方面：

(1)东喜马拉雅山南坡是热带北缘山地，具有最大的垂直幅度与陡度，其上发育着地球上最复杂多样的植被垂直带系统，起始于山地热带雨林的基带而终于高山草甸带与高山冰雪带[7]。其下半部具有强度的热带植被性质与区系，上部却具有温带高山植被与区系特征，属于旧热带植被向泛北温带植被的过渡[8]。

(2)高原北缘的昆仑山北坡却有着最贫乏单调的荒漠性山地植被垂直带系统结构，其基带的山地荒漠植被向上延展达亚高山带，经狭窄的亚高山草原带或发育十分微弱(或不存在)的高山嵩草(Kobresia)草甸带与垫状植被带而向山地内部过渡为高原高寒荒漠带[9]。

(3)高原东侧的横断山系具有东亚西部亚热带常绿阔叶林带的植被垂直带系统特征。峡谷底部常是干热河谷的旱生多刺灌丛带，山坡中部为针阔叶混交林带或常绿暗针叶林带，顶部为高山灌丛草甸带，逐渐向高原内部过渡[10]。

(4)高原西侧为西北喜马拉雅山，具亚热带稀树干草原地带的山地植被垂直带系统，其基带为含金合欢的有刺灌丛草原，向上经蒿类草原—地中海型常绿硬叶的栎林带—雪松与五针松的常绿针叶林与云杉、冷杉的暗针叶林而至高山草甸带。

高原边缘山地植被无论从植被类型还是从区系组成上均大大丰富了高原内部，它们不仅是多样环境与生物群落的复杂镶嵌结合，而且是生物的避难所与物种进化的前沿地带。在这些山地植被中不仅保留着古老的区系成分与群落类型，而且随着山地隆升到新的高度而演化形成新的群落类型[8]。

第三节　青藏高原气候环境的复杂性与生态系统的分布

青藏高原地区南北跨越近10个纬度，相同海拔不同纬度的地区气候差别很大。由于其地势高亢，高原面积辽阔，与同纬度的东部平原地区相比，高原气温随纬度的变化要大得多。在高大的东西向山脉的影响下，高原地区的纬度地带性得到了明显的加强，因此青藏高原具有自己的气候地带性特征，在纬度地带性烙印基础上，受到了高原地势水平变化和高山地貌垂直变化的深刻影响。在水平变化上，从南往北可以划分出热带、亚热带、高原温带、高原亚寒带和高原寒带等气候带；在垂直变化上，不同地区又可分出以当地气候基带为基础的气候垂直带谱。可见，青藏高原地区气候环境相当复杂，为生态系统多样性的形成与发育奠定了良好的基础。

一、太阳辐射特征及其生态效应

青藏高原的动力和热力作用是造成高原独特气候的重要原因，其中太阳辐射是青藏高原动力和热力作用的主要能量来源。它不仅对该地区气温、气候和天气类型有重要的影响，而且是形成高原特有生态现象的主要能量来源。

青藏高原太阳总辐射量达(5.861~7.954)$\times 10^5 J \cdot cm^{-2} \cdot a^{-1}$，是全国太阳总辐射值最高的地区。由于地貌条件的差异，不同地区太阳总辐射值有所不同，总的分布规律是从东南往西北增高。如藏东南和横断山地区一般小于6.70$\times 10^5 J \cdot cm^{-2} \cdot a^{-1}$，高原西北部的阿里地区、羌塘高原和柴达木盆地达6.70$\times 10^5 J \cdot cm^{-2} \cdot a^{-1}$以上，与同纬度东部低地比较，偏高(2.93~4.61)$\times 10^5 J \cdot cm^{-2} \cdot a^{-1}$。珠穆朗玛峰北坡海拔5000m的绒布寺，1959年4月至1960年3月总辐射量高达8.37$\times 10^5 J \cdot cm^{-2} \cdot a^{-1}$，接近北非等世界上辐射最强的地区，比邻近的四川和贵州地区高2.5倍多[11]。

青藏高原地区太阳总辐射量一年中的季节变化有如下特点：夏季最大，春季次之，冬季最小。如拉萨市，夏季太阳总辐射量占年总辐射量的 29.4%，冬季只有 18.6%。太阳总辐射量与年降水分布有一定的关系。一般降水季节，云量多，太阳总辐射偏少。如藏东南的察隅、波密等地区，雨季开始后 5 月份出现少雨天气，太阳总辐射量比雨季高；7 月份降水偏多，太阳总辐射量少，到 8 月份降水相对减少，云量少，太阳辐射量又偏高。高原地区太阳总辐射的月际变化亦比较明显。就西藏地区来说，月总辐射量最大值出现在 5 月，而拉萨和日喀则可达 8.37×10^4 J·cm^{-2} 以上，绒布寺地区曾达 9.34×10^4 J·cm^{-2}。高原地区日总辐射量值很高，拉萨最大日辐射总量达 3.35×10^4 J·cm^{-2}，为其他地区所少见。

太阳辐射量的生态效应表现为如下几个方面：①有利于光合作用的增强，进而增加作物和林草生物生产力。植物在光合作用过程中，主要同化波长是 0.38～0.71μm 的可见光能量，这种光合有效辐射量占太阳总辐射的一半。可见，高原地区光合有效辐射强度高，有利于植物产量的提高。②太阳辐射量高有利于提高地面、近地层以及植株体表面温度。在气候温凉的高原地区，近地层温度的提高，显然对农作物的生长发育是有利的。③有利于提高农作物的种植密度，进而提高农作物产量。

二、温度的时空变化及其生态效应

青藏高原地域辽阔，地形复杂，海拔变化很大，地面气温地域差异十分显著。总的说来，高原边缘气温较高，而且具有明显的垂直梯度变化。温度最高的地方分布于雅鲁藏布江大拐弯以南地区和横断山区的三江流域地区，年均气温分别在 18℃和 12℃以上；温度最低的地方分布于高原内部，藏北高原、巴颜喀拉山的玛多和清水河，以及祁连山的托勒为青藏高原低温中心，无论冬夏，等温线都在高原上形成一个闭合低温区。

青藏高原温度年内变化很大，不同地区，这种变化的差异显著[11]。

1 月平均气温的地区差异：藏北高原、巴颜喀拉山和祁连山地区 1 月平均气温低于－18℃，极端最低温度为－41℃。除雅鲁藏布江大拐弯以南和横断山区东南部河谷区气温在 0℃以上外，其余地区都在 0℃以下。12 月和 2 月平均气温的水平分布特点与 1 月份基本相似。寒冷的冬季，给高原农业和畜牧业的发展带来严重的影响。

7 月平均气温的地区差异：藏北高原的气温仍比较低，多数地方低于 10℃，与同纬度东部平原相比，温度要低 20℃左右。这期间，藏东南气温可达 20℃以上；柴达木盆地、湟水流域和横断山区的河谷地带气温都接近 20℃。7 月前后两个月气温的水平分布特点与 7 月份基本相似。夏季气温水平分布，总的说来具有高原边缘气温高和高原内部气温低的特点。

青藏高原的热量状况的区域分布特点可以日平均气温稳定通过 0℃、10℃的日数和≥10℃的积温分布三个指标来说明。青藏高原日平均气温稳定通过 0℃的日数，藏东南地区最长，可达 300～365d；其次为横断山区的三江谷地，为 250～300d，柴达木盆地为 210d，祁连山地区为 150d 左右；羌塘高原最短，在 120d 以下。日平均气温稳定通过 10℃日数，藏东南地区最长，达 260～350d，这期间≥10℃积温值达 4500～7500℃，十分有利于喜温暖的热带和亚热带常绿阔叶林中植物的生长发育。三江谷地和柴达木盆地达 120d，积温值为 2000℃左右。祁连山地区为 30d 左右，积温值仅有 500℃。高原中部的藏北高原很少出现或几乎不出现日平均气温≥10℃的情况，不能种植作物，只能生长稀疏的耐寒牧草。

以上只是对青藏高原气温和热量条件一般分布规律进行了分析。由于青藏高原的特殊性(即高耸而又辽阔)，其形成了自身所特有的热量条件特征，这些特征可归纳为如下几点：

(1)“热岛”效应明显。青藏高原在夏季具有巨大的增温作用，使得该地区出现比同纬度东部地区较为优越的热量条件，如太阳总辐射和有效辐射都比同纬度东部地区高；气温比同纬度的相同高度自由大气层的气温高。

(2)纬向地带性界线比同纬度东部地区高。如西藏东南部热带界线可达 30°N，我国东部地区其界限大致在 24°N(按年平均气温 22℃为热带北界推算)。

(3)气温日较差大，而年较差小。如西藏林区气温日较差为 11～13℃，较我国林区高出 4～5℃。在年较差方面，前者比后者小 29～33℃。

(4)积温有效性高。如西藏森林分布区，夏季雨水多，不容易出现不适宜林木生长的高温，水、热协调程度较好，冬天气温比同纬度的东部林区气温要高，极端最低温度也比东部小。

上述特点给高原地区带来许多有利的生态效应，具体表现为如下几个方面：

(1)有利于生态系统生物生产力的提高。如藏东南部察隅生长的云南松(*Pinusyunnanensis*)，木材蓄积量达 1000m^3·hm^{-2}，380 年生的林芝云杉，最大胸径 2.1m，树高 72m，单株材积量达 60m^3。森林生态系统生产力很高，西藏森林平均年生长量 4.46m^3·hm^{-2}·a^{-1}，为其他地区所少见[12]。青藏高原农作物单位面积产量很高，分布于青海香日德的春小麦单产可达 15195kg·hm^{-2}；海拔 2400m 的云南丽江冬小麦试验地连续 5 年最高单产达 12000kg·hm^{-2}以上。

(2)各种植物和植被类型垂直分布上限高。在藏东南海拔 2500m 的茶树生长良好，柑橘在巴塘上限海拔达 2400m。在藏东南和横断山地区，针叶林分布海拔上限(林线)可达 4300～4500m，川西北鳞皮冷杉分布上限达 4600m 以上，为其他地区所少见。此外，不少农作物出现分布上限最高的记录，如春小麦在西藏浪卡子可分布到海拔 4460m，冬小麦在西藏的林周可达海拔 4320m，水稻在云南宁蒗海拔 2700m 生长良好，油菜在西藏文部可达海拔 4700m[12]。

三、水分的时空变化及其生态效应

青藏高原的降水主要受暖湿西南季风所支配，随印度洋西南季风的爆发及向高原的逐步逼近和侵入，整个高原从东南往西北雨季相继开始，降水量也沿同一方向相继减少。年均降水量的变化规律如下：西藏东南部的平均降水量在 4000mm 以上，其中巴昔卡年降水量达 4500mm，是我国降水最多的中心之一，由此逐渐向高原西北部地区减少，到柴达木盆地的西北部年降水量只有 20mm 左右。整个藏北高原年均降水量为 300～500mm。可见，青藏高原各地降水量相差极为悬殊，最大降水量地区的降水量与最小降水量地区的降水量相差 200～250 倍。在喜马拉雅山南坡降水极为丰富，年平均相对湿度达 70%左右，是青藏高原最为湿润多雨的地区。在藏东昌都地区和横断山地区，由于南北向山脉的地形作用，金沙江、澜沧江和怒江三江流域的谷地降水量只有 300～400mm，随着海拔的升高，降水量增大，海拔 2800～4000m 处，年降水量可达 600～1000mm，年均相对湿度达60%以上，为云杉、冷杉暗针叶林的发育提供了有利条件。在喜马拉雅山北麓与雅鲁藏布江之间，有一狭长的少雨区(即雨影区)，年均降水量少于300mm。东念青唐古拉山以北地区，降水量较多，为400～600mm，那曲、丁青和类乌齐地区，气候相对湿润，年降水量亦达400～600mm，成为藏北的多雨中心。拉萨一带的雅鲁藏布江谷地降水量为400～500mm。阿里地区的噶尔、森格藏布(狮泉河)一带年降水量只有50～80mm，相对湿度约30%，成为高原仅次于柴达木盆地的少雨地区。

高原各地区降水季节分配极不均匀，雨季和旱季分异非常明显。除喜马拉雅山南坡雨季(6～9月)降水量占年降水量60%左右外，高原其他地区一般雨季降水量占年降水量的90%左右。如拉萨5～9月降水量占年降水量的97%；阿里地区的噶尔仅8月份的降水量就占全年降水量的46.6%。藏东南和横断山地区河谷地带，全年降水以液态为主，藏东北和羌塘高原地区以固态降水为主，其中11～4月全为降雪，5～10月降雪量占该月降水总量的90%以上，只有7～8月才以降雨为主。最大积雪深度大多出现在春秋两季，积雪最深的地区分布于聂拉木和帕里等地，可达40～100cm。其他地区最大积雪深度相对较小，一般在20cm以下。

高原降水的日变化非常明显，夜雨率达50%以上。夜雨率最明显的是雅鲁藏布江河谷地区，其中段的泽当、拉萨、日喀则和朋曲流域的定日等地，夜雨率达80%；阿里地区的森格藏布(狮泉河)、普兰和改则的夜雨率在70%以上；藏北高原夜雨率也达50%～60%。夜雨有利于各种植物的生长。

青藏高原生态系统的分布和分异与上述降水的区域变化关系密切，即以水分为主导因素的纬向地带性规律明显。自藏东南往高原西北部地区相继出现雨林、常绿阔叶林、常绿针叶林、灌丛草甸、草原和荒漠。以水分为主导因素的植被垂直地带性规律也非常典型，如喜马拉雅山南段，基带为雨林，向上依次为常绿阔叶林、山地常绿针叶林、亚高山常绿针叶林、杜鹃矮林、高山灌丛草甸、流石坡稀疏植被。

四、风的特征及其生态效应

青藏高原地区不仅大风多、强度大，而且连续出现的时间长。这些特点对生态系统有重要影响，主要表现为对地表土粒的搬运，对植物水分平衡和气体交换的影响，进而影响植物的生长和形态，使生态系统发生变化。

高原年平均大风(≥8级)日数多达100～150d，最多可达200d，比同纬度的东部地区多4～30倍。在海拔4500m以上的开阔地区，在山脉走向与高空西风环流流向基本一致的地区，如藏北高原地区，全年大风日数多达150～200d，最多年份可达231d，成为北半球同纬度地区地面上极为少见的大风区。在阿里地区的噶尔，大风连续出现的持续时间多达31d。

高原大风的季节变化十分明显，主要出现在12～5月，该期间内，大风日数占全年大风日数的75%左右，其中以2～5月大风日数最为集中，占全年大风日数的50%左右。可见，高原大风集中于冬、春两季的分布特征，对于农业和牧业生产极为不利。这期间，本来降雨就少，气候比较干燥，大风起到了“雪上加霜”的作用。如在地势高亢的藏北高原，由于植被生长的水、热条件较差，地面覆盖一般较稀疏，在不合理的人为利用影响下(过度放牧)，极易出现风沙侵蚀，造成严重的荒漠化现象。

第四节　青藏高原土壤环境与生态系统

在一定历史时段内，在一定地域上的土壤与生态系统形成相对一致和稳定的土壤-生态系统自然复合体，并进行着有序的能量交换和养分循环，进而使生态系统保持着一定的结构与功能特点。维系生态系统能量流动的能量主要来自太阳能，对一定地域生态系统来说是相对稳定不变的。维系生态系统养分循环的养分来自于空气、岩石、土壤和地面生物，这些相对易变，其中土壤是生态系统养分的主要来源。其养分特征易受外界环境和土壤自身环境的影响而发生变化。因此土壤的性质、结构和生态功能的好坏是影响生态系统生产力的关键因素。

青藏高原土壤类型、分布、性状及其变化比较复杂。其形成受地形、气候、生物、母质和时间等五大因素的制约。在不同母质地域条件下的不同历史时期，有着不同的地面形态和气候生物条件，进而所形成的土壤类型及其性状不一样。前已述及，青藏高原地形及其气候和生物的变化，在经历了较长时期地质演化后形成了相对稳定和有一定规律可循的空间分布格局。根据地形、气候、生物相对一致性，并结合母质和土壤的分布，将青藏高原分为如下七个土壤生态区①：

Ⅰ.山地亚热带湿润森林土壤生态区；

Ⅱ.高原温带湿润、半湿润森林灌丛土壤生态区；

Ⅲ.高原温带半干旱灌丛草原土壤生态区；

Ⅳ.高原亚寒带半湿润、湿润灌丛草甸土壤生态区；

Ⅴ.高原亚寒带、温带半干旱草原土壤生态区；

Ⅵ.高原亚寒带半干旱草原土壤生态区；

Ⅶ.高原寒带干旱荒漠土壤生态区。

现就各区土壤生态的基本特性及其对生态系统的影响分述如下。

Ⅰ区：主要分布于东喜马拉雅山南翼雅鲁藏布江大拐弯处的墨脱及其邻近的察隅一带。受印度洋暖湿气流的影响，气候温暖湿润，年均降水量1000～2000mm，最热月均温24℃，≥10℃积温可达6500℃，发育着雨林、季雨林、常绿阔叶林和针阔叶混交林等森林生态系统类型。土壤垂直带谱结构复杂，基带土壤为砖红壤、赤红壤和黄壤。从砖红壤基带，往上相应发育着黄壤、黄棕壤、暗棕壤、漂灰土、黑毡土、草毡土和寒漠土。森林土壤上限可达海拔3900～4100m。本区森林土壤风化层较深，土壤黏土矿物以水云母为主，表层蒙脱石含量高。表层生物积累作用明显，有较深厚的腐殖质层。土壤淋溶作用强烈，泥炭化和灰化作用明显，硅、铁、铝、锰在剖面内分异显著，可分出弱脱硅富铝化、棕化和铁的还原淋溶等成土作用，土壤呈酸性至强酸性反应，可溶性盐和碳酸盐强烈淋失。土壤中锰和氟的含量较高，而硒的含量偏低。高氟和低硒都对人类有害。

Ⅱ区：主要分布于藏东昌都地区的三江流域和川西、滇北的横断山地区，为典型的高山深谷地貌类型区。印度洋暖湿气流可沿河谷深入，因而气候相对温暖湿润，年降水

① 西藏土壤环境背景值研究课题组. 1991. 西藏土壤环境背景值研究（内部资料）

量可达400～900mm，但季节差异十分明显，5～9月为雨季，降水量占全年降水量的80%～90%。河谷带≥10℃积温在1500～4200℃。从河谷向山顶，积温值逐渐降低，南北走向的山脉所形成的河谷增温效应突出，因而该区内可分出干热型、干暖型、干温型等河谷气候类型。植被类型以针阔叶混交林和以云杉、冷杉为主的暗针叶林为主。由于区内地势具有南低北高的变化，因此植被类型从南往北具有水平地带性加上垂直地带性双重影响的特性，在气候－生物组合特征的综合影响下，形成了本区特有的土壤垂直带谱。基带主要土壤类型为褐土或棕壤，从褐土基带往上，依次发育着棕壤、暗棕壤、漂灰土(主要分布于湿润的阴坡)、黑毡土、草毡土和寒漠土。棕壤和暗棕壤为本区内主要森林土壤，泥炭化和灰化过程不明显，淋溶作用相对较高，铁的还原淋溶、有机酸的络合和淀积作用均不明显。土壤多呈酸性至微酸性反应。由于淋溶作用和生物循环的强烈影响，不同元素呈有规律的剖面分异现象，其分异特点在于某些亲铜元素在土壤剖面的A(B)层富集，而亲铁元素在A、B层的背景值小于C层。分布于河谷区灌丛下的褐土类土壤，一般有腐殖质层、黏化层和碳酸盐淀积层，因而可以分出淋溶褐土、褐土和碳酸盐褐土三个亚类。土壤pH，分别为中性、中性－碱性和碱性。

Ⅲ区：主要分布于喜马拉雅山北坡的雨影区和泽当以上的雅鲁藏布江谷地。区内气候较干旱，年降水量由日喀则以东地区的400mm，逐步向西递减到200mm左右，气温也出现由东向西递减的趋势，在日喀则以东地区年均气温4～8℃，日喀则以西地区为4～0℃，属高原温带半干旱气候类型。植被以山地灌丛草原、亚高山草原化草甸、亚高山草甸为主。相应发育着如下的土壤垂直带结构：基带为巴嘎土或寒钙土，有些地方基带为寒毡土。巴嘎土主要分布于宽谷湖盆周围的山地、冰水冲积平原和洪积－冲积平原。表层有机质较多，一般可达2%；但石灰反应明显，剖面中下部有钙淀积层，黏粒含量为5%～10%，剖面石砾含量稍高，易干旱，地力瘠薄。巴嘎土分布区大部分被用于牧业，在砂性较重的巴嘎土分布区，风沙侵蚀比较严重。

Ⅳ区：主要分布于四川和青海的接壤地带以及西藏那曲的部分地区，为丘状高原和山地河谷的过渡地带。气候相对比较湿润，除四川若尔盖地区为湿润气候外，其余为半湿润气候。气温较低，年均气温－4～2℃，东部的若尔盖地区年均温较高，属高原温带气候；西巴颜喀拉山的北侧年均温为－4℃，为高原亚寒带气候，是高原三大低温中心之一。降水量由东南往西北减少，区内东南部的若尔盖地区为700～600mm，西北部减少到500～400mm。积雪季节，日平均积雪深度5cm左右，部分地区达15cm左右。植被以亚高山草甸和灌丛占优势，区内西部地区嵩草(*Kobresia*)草甸有较大面积的分布。土壤垂直结构比较简单，基带土壤是寒毡土(原称亚高山草甸土)、寒冻毡土(原称高山草甸土)和永冻薄层土(原称高山寒漠土)，区内西部仅有后两种土带。寒毡土表层有机质含量高达15%，腐殖质组成以富里酸为主，pH5.0～6.0，盐基饱和度较高，黏粒含量低。寒冻毡土表层有机质含量为10%左右，腐殖质组成中胡敏酸和富里酸的比值约为1.0，土壤呈中性反应，盐基饱和度较高，黏粒含量不高。

Ⅴ区：主要分布于祁连山东段的西宁市地区和青海湖区。包括了祁连山东段的黄河和湟水河两侧海拔3000m以下的梁状或塬状丘陵以及海拔3000m以上的青海湖内陆盆地。年降水量250～500mm。气温地区差异较大，年均气温为2～8℃，黄、湟谷地气温较高，年均值可达8℃以上，青海湖区一带及其西北地区属于高原亚寒带半干旱气候，黄、湟谷地为高原温带半干旱气候。植被从谷地往上依次为温性草原、寒温性森林、高寒灌丛及高寒草甸。土壤以灰钙土为主，土壤垂直带谱的组成是灰钙土、栗钙土、黑钙土、腐棕土(原山地草甸土)、寒毡土和永冻薄层土。灰钙土表层有机质含量一般为1.0%~2.5%，土壤剖面具有弱季节性淋溶特点，有钙积层，一般分布层位较高，厚度可达20~30cm，土壤呈碱性反应，pH8.5~9.5，但盐渍化现象不明显，该土类是当地农业和牧业的主要类型。

Ⅵ区：主要分布于青海西南部和西藏北部的广阔高原地区，包括了西藏那曲地区中西部与阿里地区的东部以及青海玉树地区的部分地区。地形为平坦辽阔的高原地貌，海拔4000~5000m。年均温为-6.0~0.1℃，年均降水量为100~300mm，属于高原亚寒带半干旱气候，植被以高山草原为主，次为高寒草甸草原和高寒荒漠草原。土壤垂直带结构简单，由寒冻钙土直接过渡为永冻薄层土。寒冻钙土(原称高山草原土，藏语称莎嘎土)全剖面富含砾石，表层不形成草皮，有机质含量1.5%左右，养分含量低，全剖面呈碱性反应。寒冻钙土为纯牧业用地，牧草适口性较好，草质中等，但由于冬季缺水，草场开发利用难度大。永冻薄层土(原称高山寒漠土)成土年龄短，土层浅薄，剖面通体为粗骨质细石砾，厚度仅20~30cm，呈碱性反应，仅能生长耐寒植物，盖度不足2%。

Ⅶ区：主要分布于青藏高原西北部地区，包括青海柴达木盆地、阿尔金山至祁连山西段、昆仑山和喀喇昆仑山以及羌塘高原的西北部。年降水量不足100mm，多数地区为25~70mm，气温地区差异较显著，柴达木盆地、昆仑山和祁连山北坡年均气温变化于0~4℃，其余地区为0~-4℃，气候的显著特点是降水量稀少，属高原寒带干旱气候。植被以高原温性荒漠山地草原以及高山和高寒荒漠草原为主。由于区域性地貌条件和气候条件的差异，组成荒漠草原的类型有所差别，在柴达木盆地发育着荒漠草原、荒漠和山地草原类型；在昆仑山和祁连山西段则以高山荒漠草原和高寒荒漠为主，相应的土壤类型主要为高寒雏漠土、永冻薄层土和冷漠土。这些土类的共同特征是土层很薄，而且砾石含量很高。

第五节　西藏高原雅鲁藏布江中游地区环境灾害成因分析①

西藏自治区位于我国西南边陲，是青藏高原的主体，由于海拔高亢，生态环境极其脆弱。雅鲁藏布江(以下简称雅江)中游地区位于西藏自治区的南部，是西藏自治区社会、经济、文化等最为集中的地区，也是西藏自治区人口密度最大、经济社会发展最快的地区。但是由于人们对生态环境保护认识不足，在建设中因不合理的开发产生了一系列的环境问题，严重地段形成环境灾害。值此西部大开发之际，加强该区生态环境建设，治理环境灾害，保持区域经济持续发展已势在必行。

一、区域环境特征

雅江是西藏自治区最大的河流，中国境内长为2091km(指巴昔卡以上部分)，流域面

① 本节作者刘淑珍、范建容等，在2001年成文基础上作了修改。

积达 23.8 万 km^2，多年平均流量为 1395 亿 m^3，占我国河流径流量的 1/20，仅次于长江、珠江，居全国河流第 3 位[13]。

本书所指雅江中游地区西起日喀则地区的拉孜县，东至山南地区的桑日县，位于东经 87°～90°、北纬 28°～31°之间，行政区划上包括日喀则地区的拉孜县、日喀则市、江孜县、白朗县、南木林县、谢通门县，山南地区的贡嘎县、扎囊县、琼结县、乃东县和桑日县，拉萨市的城关区、达孜县、林周县、墨竹工卡县、曲水县和尼木县，共 18 个县(市区)，面积约 6.65 万 km^2。

(一)地势高亢，新构造运动活跃

雅江中游地区地处青藏高原南部，喜玛拉雅山北坡，平均海拔约 4500m，河谷地带海拔 3800～4200m，两侧山地大部分为海拔 5000m 以上的高山、极高山，地势高亢，河谷两侧山地山高坡陡，地表物质处于高能量潜在不稳定状态，寒冻风化作用强烈，地表覆盖有寒冻风化作用形成的大量岩屑，物质松散，极易移动，为地表的各种侵蚀作用和山地灾害的形成创造了条件。

该区地处雅鲁藏布江断裂带，地质构造复杂，新构造运动强烈。在青藏高原总体抬升的背景条件下，雅江河谷地带，特别是宽谷地带，由于断裂差异升降作用，处于相对下沉状态，导致沿江形成一系列的断裂河谷和断陷盆地，组成宽窄相间的串珠状河谷。在宽谷处河床比降小，大量泥沙沉积，物质松散，为风沙灾害创造了沙源。

(二)气候干冷，多大风

区内气候寒冷，河谷内年平均气温为 4.7～83℃，平均最高和最低气温分别为 13.5～16.2℃和−3.0～1.2℃，且日温差较大[14]。

区内干湿季分明，5～9 月为雨季，集中了全年 80％的降水，平均降水量由东向西减少，平均降水量为 251.7～508mm；但蒸发量却很高，而且自东向西增加，平均为 2289～2733.9mm，干燥度在 5～10 以上。10 月至次年 4 月为旱季，旱季不仅降水少、干旱，而且多大风，大风多集中在冬半年(11 月至次年 5 月)[14]，正是区内最干旱的时期，地表植被枯死，地表盖度最低，给风沙灾害造成了有利的条件。

(三)土壤发育程度低

青藏高原由于气候寒冷、干燥，土壤形成过程中矿物质物理风化强烈，化学风化和生物风化过程较弱，因此不论山地还是河谷盆地、洪积扇、阶地，表层土壤均呈粗骨状，发育程度低。表现在土层浅薄，总厚度一般为 10～40cm，土体风化程度低，剖面发育差。土中多碎石，据调查，山地土壤中碎石含量多数大于 30％，土壤中有机质含量较低，由于气温低，微生物活动弱，植物残体分解缓慢，土壤中有机质以粗有机质形式积累而且含量低。另外，受土壤母质的影响，土壤中含有大量钙质结核[15]。

(四)植被盖度低，植株矮小

寒冷干燥的气候及贫瘠浅薄的土壤导致区内植被发育不良，不仅盖度低，而且植株矮小。山地土层浅薄，相当部分坡面基岩裸露，植被无法生存。河谷地带，特别是宽谷地带，虽然地表平坦、土层深厚，但因受游荡性河型的影响，河谷地带的植被形成“春生夏死”(夏季被洪水淹没而死)植被发育也很差，只散生或片状分布一些干草原和温性灌丛草原植被，盖度在5%～75%，多数植被高度仅5～50cm，长势较差。区内林地面积少，包括人工林及天然灌木林，森林覆盖率仅2.29%，其中河谷地区林地盖度仅1.12%[14]。这样的植被条件，使区内多数地表处于裸露和半裸露状态，为各种环境灾害的形成创造了条件。

二、环境灾害及成因

脆弱的生态环境，特别加上人为的不合理利用的干扰，使区域内形成多种环境灾害，现简述如下。

(一)洪水灾害

洪水是区内主要灾害之一，每年洪水给河流两岸人民的生命和财产造成巨大损失。1962年8月，日喀则地区继当年7月下旬降雨85.5mm之后，8月1日至14日又降雨167.3mm，以致部分地区洪水成灾，计倒塌房屋3234间，冲坏主要道路41.75km、桥梁21座，死亡50人，死亡牲畜130余头。1978年因局地降水，江孜县卡麦区山洪暴发，淹没土地87hm²，14户房屋被冲毁，塔杰强久、康莎、班久伦布等公社大部分耕地被淹。

拉萨河历史上曾出现多次大洪水，但由于人烟稀少，距今时间太长，对于洪灾损失很难说清。根据《西藏日报》1961年6月11日报道：据西藏史籍记载和访问老人时介绍，共有4次洪水淹没拉萨市区，即500年前、200年前、100年前以及60多年前，其中以500年前和60年前的两次洪水最大，几乎全部淹没了拉萨市区，“八角街低洼处需乘牛皮船才能通过，其他地区也得提衣涉水”。1962年实测洪水最高高出市区各主要街道约0.2～1.5m。

1998年，雅江洪水给两岸群众带来了巨大的灾难。雅江泽当段，1998年洪水翻过1.5m左右高的土堤，进入城区，在沿江公路上用沙袋筑堤约80cm高，阻挡洪水入城，但公路靠江一侧的农田、房屋等均被淹没。拉孜县1998年洪水淹没农田200多hm²，86%的基础设施遭到破坏。耗费1270万元投资修建的水渠，被该年一场洪水冲毁。

根据调查，区内洪水灾害成因有以下几点：

1. 区内洪水形成的主要因素是雨水和融水

区内河川径流属雨水补给和地下水补给为主要类型的河流，其洪水主要由雨水组成。雅江中游及拉萨河为雨水补给型，年楚河虽为地下水补给型，但其洪水仍以雨水型洪水为主。雨水型洪水又有两种，其一为大面积降水而引起的主干流洪水，另一种为局部暴雨而引发的中小支流洪水[16]。

区内大部分地区降水集中在6～9月份，这一时段又是年内气温最高的季节，也是冰雪融水量最大的季节，年最大洪峰流量也大部分出现在这一季节。根据资料分析，区内年内最大洪峰流量多出现在8月份，如拉萨河拉萨水文站1962年最大洪峰流量出现在8月31日，实测为2850m³/s，雅江中游泽当段1998年最大洪峰流量出现在8月22日，为8540m³/s。

拉萨市洪水按降雨特征分为两大类型，即大面积强降水过程洪水和局部暴雨洪水。干流发生洪水通常由大面积的强降水过程形成，而拉萨河支流和尼木玛曲发生的洪水大多为局部暴雨洪水。支流洪水涨落历时短，通常在 1d 以内，小流域洪水过程为 2～3h，拉萨河干流从上而下，旁多水文站洪水过程历时一般为 1～2d，唐加为 2～3d，拉萨水文实验站为 3～5d[16]。

2. 串珠型河谷的影响

区内河流受地质构造的影响，形成宽窄河谷相间发育的串珠状形态，导致区内宽谷河段成为洪灾严重区。宽谷上游由于河谷突然展宽而比降突降，流速减慢，同时因谷底平展，河水自由漫流；而宽谷下游因河面收窄又引起壅水，河水流动不畅，向宽谷两侧溢漫，在洪水季节，形成洪水溢出河床，淹没两侧农田、居民地等造成灾害。

3. 人为不合理利用的影响

据调查，1998 年山南地区泽当镇雅江干流洪峰流量虽比 1962 年洪峰流量少 10%，但是洪水水位却高于 1962 年的洪水位，且淹没范围及造成的灾害损失亦远大于 1962 年。分析其原因，可能是由于河流两岸山坡植被的破坏，加剧了水土流失，河流泥沙增加(表 9-1)，河床抬高，原来的防洪堤标准偏低，洪水破堤而出，淹没两侧农田、林灌和基础设施。

表 9-1　雅江干支流含沙量、输沙量

沙量	雅江干支流含沙量/(kg·m^{-3})				输沙量/t			
	雅江支流		雅江干流		雅江支流		雅江干流	
	拉萨河	年楚河	奴洛河	羊村	拉萨河	年楚河	奴洛河	羊村
20 世纪 50 年代	0.08	1.10	0.58	0.35	57.22	82.06	773.72	818.65
20 世纪 70 年代	0.09	1.59	0.65	0.44	74.39	136.74	1040.72	1226.28
20 世纪 90 年代	0.12	1.56	0.82	0.48	107.20	127.14	1274.53	1350.00

(二)风沙灾害

风沙灾害是本区第二大灾害，它不仅使区内土地沙漠化日趋严重，而且破坏交通、水利等基础设施，造成很大的经济损失。

1. 可利用土地面积减少，质量下降

风沙灾害，使土地沙漠化日趋严重，蚕食了可利用的耕地、草地，特别是沙丘的前移、入侵，使河谷的可利用土地面积不断缩小。如据当时的中国科学院兰州沙漠研究所①调查，扎囊县 1980～1992 年，由于干旱沙埋等危害，有 106.67hm^2 的农田被迫弃耕，农田平均递减速度为 8.89hm^2/a[14]。

风蚀作用，使土壤层变薄，细粒物质被吹走，土壤质地粗化，结构破坏，更进一步使有机质大量损失。据调查，沙漠化最严重的日喀则地区，年最大风蚀深度可达 8～10cm，每公顷损失有机质可达 1330.5kg，问题之严重是不言而喻的。

2. 公路、水利及城镇建筑物等基础设施被破坏

区内风沙淹埋公路、水利设施、城镇建筑物等现象比比皆是。如中尼公路是我国通往尼泊尔的国际公路，然而在大竹卡至和平机场段出现严重的公路沙害，大竹卡沙害路

① 中国科学院兰州沙漠研究所存在于 1978～1999 年，是现中国科学院寒区旱区环境与工程研究所的前身之一。

段长约 600m；19 道班至和平机场沙害路段长 72km，由于沙埋公路，交通养护部门每年都要投入大量人力和机械清沙，仅此一项每年给国家造成数十万元的经济损失①。

水利是农业的命脉，但因风沙灾害填淤渠道减少灌溉面积在本区每年达 3 万～5 万 hm^2。如谢通门县的雄荣水渠，投资 20 万元建成后，由于被风沙埋没，大部分渠道已废弃不能用；日喀则市江北干渠，全长 37km，有 1/3 受到风沙危害。

3. 污染环境，影响人们生活

风沙灾害一般发生在冬春两季，特别是春季，大风天气从地表卷起的沙尘遮天敝日，使空气混浊，能见度下降，严重时旷野 2～3m 内看不清景物，极大地影响了人们的生活和生产活动。同时，沙尘物质还污染水、食物，对人畜健康产生直接损害。

大风天气空气混浊，能见度下降，对民航产生严重危害。贡嘎机场是西藏对外的窗口，但是由于风沙灾害每年造成停飞多次。据统计，1992～1998 年因沙暴、扬沙、浮尘等风沙灾害造成飞机停飞 50 架次，返航 14 架次，造成经济损失达 360 万元[14]。

从以上论述可以看出，风沙灾害已成为影响区域经济发展的主要灾害之一。根据调查分析，风沙灾害形成的原因有以下 4 点：

(1)沙源。地表物质含有一定数量的松散沙粒是风沙灾害形成的物质基础。区内山坡、河谷及冲洪积扇等地貌部位都不同程度地含有沙物质，成为风沙灾害的沙源，但其分布极不均衡。山坡、山麓冲洪积扇、阶地上虽有分布，但量少，构不成主要沙源。主要沙源分布于拉孜至大竹卡、曲水至泽当的宽谷及宽谷盆地区。河流在此地段形成网状游荡型河型，河水由上游窄谷或峡谷进入宽谷后，河道突然展宽，流速变缓，所含泥沙大量沉积。据奴各沙羊村、江孜和拉萨水文站不完全统计资料计算，拉萨河及年楚河年输沙率分别为 31.1kg/s 和 28.7kg/s，而雅江干流两个宽谷段年输沙率分别高达 458kg/s 和 466kg/s，年输沙量分别高达 1450 万～1472 万 t。根据输沙量和输沙率推算，仅在曲水—泽当宽谷段，每年沉积的泥沙至少在 78.3 万 t 以上，其尚不包含推移质。因此，雅江河谷区，特别是中游宽谷盆地区是本区风沙灾害的主要沙源地。

(2)河型。宽谷盆地区发育的网状游荡型河型，使河流处于极不稳定状态，每当汛期来临，洪水便越过主河道向两边谷地溢漫，洪水对周围的植物产生强烈冲刷，植物“春生汛死”，生长困难，难以形成植被覆盖，加之人为破坏作用，河谷两侧植被盖度极差。枯水期河漫滩、心滩、江心洲等大量露出河面，地表无植被覆盖，其汛期沉积的沙质松散沉积物直接暴露于地表，冬春干旱多风的季节，风吹沙扬，形成严重风沙灾害。

(3)气候。气候干旱，多大风，是形成风沙灾害的重要原因，特别是春冬两季，区内降水极少，气候干旱，另一方面，冬春二季多大风。从图 9-1 中可以看出，虽然区内全年每月都有大风日，但以春冬为多，冬春季节植被枯死，加之干旱、多大风，为风沙灾害的发生创造了条件。

(4)人为活动。人为活动破坏地表植被，使地表植被盖度降低。据调查，该区由于矿物质能源缺乏，其生活能源主要以生物质能源为主，非林区农牧民薪柴消耗 90%以上靠樵采爬地柏、沙生槐、沙棘等天然灌木林，虽然民主改革后每年大量植树造林，但砍伐步伐超过新造林量，地表植被盖度呈下降趋势。

---

① 据日喀则地区交通厅提供资料修改。

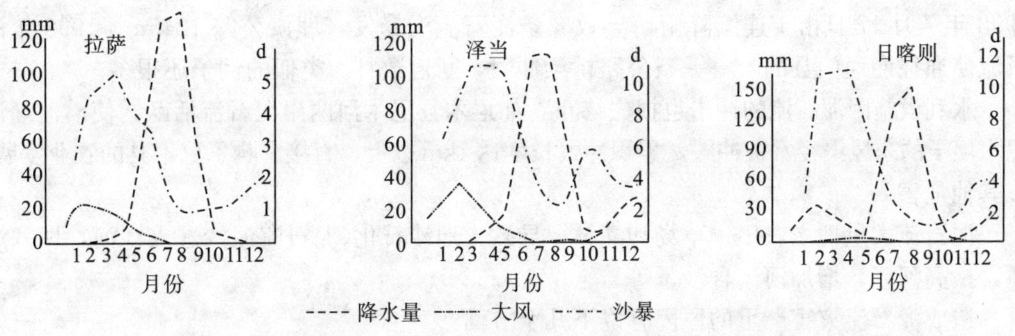

图 9-1　拉萨、泽当、日喀则 3 站大风、沙暴、降水量的年内变化①

(三)山地灾害

区内山地灾害广泛分布，而且暴发频率较高，给区内国民经济建设造成很大损失。区内山地灾害类型主要为泥石流。据不完全统计，区内有泥石流 240 条。据不完全调查，1998 年汛期，区内发生泥石流百余处，其中造成损失较大的有：日喀则市东嘎乡泥石流，发生于 1998 年 7 月 3 日晚 8 时，规模大，来势迅猛，造成 8 人死亡、6 人重伤，直接经济损失达 340 万元；日喀则市联乡泥石流，1998 年 6 月 30 日凌晨暴发，有 4 个自然村 191 户严重受灾，冲毁桥梁和农田，造成直接经济损失 100 余万元；拉孜县彭措林乡泥石流，7 月 3 日晚 10 点 30 分暴发，造成 9 人死亡、18 人受伤，其中重伤 3 人，冲走大小牲畜 11 头、山绵羊 40 只，大量居民住房、希望小学、乡政府被泥石流物质淹埋，8 月 22 日 10 点 40 分该处又发生第二次泥石流，两次泥石流造成的损失达 260 余万元。

滑坡和崩塌在本区不很发育，多以小型坍塌为主，特别是峡谷和窄谷段，小的滑塌随处可见，因规模小，损失不大，主要是堵塞交通。

泥石流灾害对区内造成的危害是多方面的，其主要表现在如下几个方面。

1. 对城镇的威胁

城镇一般都是一定区域内社会、经济、文化的中心，由于区内山高坡陡，城镇建设选址难度较大，其中不少城镇选址于比较大的泥石流扇形地上，随时都受到泥石流的威胁。如日喀则市西侧的卡弄沟，近年来多次暴发小规模的泥石流，流域内由于受人为因素的影响，松散物质大量积累，具备暴发大泥石流的条件。根据地貌条件和日喀则市城市布局，城市的 1/3 处于泥石流危害的威胁之中。

2. 对村乡的危害

村、乡是农村基层政府所在地，是农村基层政治、经济、文化中心，区内大部分乡、村都位于支沟内，而区内支沟几乎条条都有泥石流发育史，因此对村、乡威胁很大。如日喀则市东嘎乡、拉孜县彭措林乡在 1998 年汛期都因泥石流暴发造成巨大损失。

3. 对交通、水利等基础设施的破坏

泥石流暴发对区内交通、水利等基础设施破坏严重。公路是西藏长期以来唯一的交通方式，也是该区经济发展的生命线，但是由于泥石流暴发常常阻断公路，严重影响区内交通的正常运行。如 318 国道拉孜路段 K5018＋450～K5018＋900 的仅 450m 长路段，

① 据中科院沙漠所资料修改。

1998年7月17日由于连续降雨，导致8条泥石流沟暴发，埋淤公路1245m。1998年泥石流使通往谢通门县的唯一一条公路桥梁冲毁，断道数月。类似的例子还很多。

水利设施因泥石流的冲击也损失惨重，如尼木县尼木河两岸泥石流活跃，使沿河灌溉尼木坝子的东风渠经常被冲毁，累积冲毁长度达1km以上，直接影响了尼木县的农业发展。

4. 其他危害

泥石流大量埋淤农田、草场和灌林，导致土地沙石化(泥石流泥沙进入江河，埋塞河道，抬高河床，增加河流含沙量等)。

造成泥石流灾害严重的原因有以下几个方面：

(1)山高坡陡，冲沟纵比降大。区内山高坡陡，相对高差大，一般岭谷相对高度都在1000～2000m，属极大起伏山地，河谷两侧山地坡度绝大部分在25°以上，冲沟纵比降多在10%～20%，为泥石流的形成创造了有利的地貌条件。

(2)丰富的风化物质。该区处于雅鲁藏布江断裂带，地质构造复杂，断裂发育，地表物质结构松疏，加之区内寒冻风化作用强烈，大量风化物质堆积于沟谷之中。另外，区内第四纪冰川发育，很多沟谷上游都是古冰川谷，谷内保留有第四纪古冰碛物，特别是新冰期以来的冰碛物，几乎没有胶结，为泥石流形成准备了物质基础。

(3)点(阵)暴雨的触发因素。由于局地环境的影响，在西藏山区常常因地方性对流引起阵性降雨，或称点暴雨，这种点(阵)暴雨常常成为山区泥石流暴发的触发因子[17,18]。

(4)人为破坏环境。人为破坏地表植被，使暴雨时汇流时间短，地表径流短时间内激增，由洪水引发泥石流；另外人为开山采石，使大量碎石堆积沟中，加剧了泥石流灾害。

三、结语

(1)西藏自治区虽然地广人稀，但因自然条件恶劣，生态环境极其脆弱，一旦破坏，极易恶化，形成环境灾害，因此对西藏自治区生态环境的保护应作为重要议题加以重视。

(2)雅鲁藏布江流域中游地区是西藏自治区政治、经济、文化等发达地区，也是人类活动干扰比较严重的地区，已经出现了生态环境问题，局部地段已恶化为环境灾害，影响着区域经济的可持续发展，且有日趋发展的趋势，因此建议尽快采取必要的治理措施，恢复生态环境，保持区域发展、社会稳定。

第六节 西藏高原洛扎冰湖溃决危险度评价①

西藏自治区境内湖泊星罗棋布，除了纳木错、色林错等大型构造湖以外，在高山、极高山地区分布有大量冰川作用形成的冰斗湖、冰碛湖等，这些湖泊有些已完全脱离了现代冰川，但相当部分还受后缘的现代冰川影响，在全球气候变化及各种因素的干扰下形成冰湖溃决，给下游地区的居民生命安全及其财产造成威胁。

从已有资料中得知，在20世纪30～90年代的60余年间，西藏共有13个冰川终碛湖发生过15次溃决，形成了大规模的洪水和泥石流灾害，给当地人民群众的生命财产造成

① 本节作者刘淑珍、李辉霞等，在2003年成文基础上作了修改、补充。

了巨大的危害，与其他类型的地质灾害相比，冰湖溃决形成的灾害爆发突然，规模大，危害严重。

洛扎县位于西藏自治区南部，属山南地区，县境内大小冰湖283个，是西藏自治区冰湖分布较多的县(区)之一，2002年9月18日位于县城东南25km处的得嘎普冰湖溃决，形成冰湖溃决泥石流，造成直接经济损失超过3000万元人民币，为此引起洛扎县人民政府对冰湖溃决的高度重视，组织人员对县境内冰湖调查及溃决危险度评价。

一、区域概况

(一)区位

洛扎县位于西藏自治区南部，属山南地区所辖，地理位置为27°50′～28°34′N、90°15′～91°29′E。东西长116.5km，南北宽65.3km，国土面积4426km^2。北、西与浪卡子县相接，东北、东南与措美县、错那县相邻，南面与不丹王国接壤，距西藏首府拉萨市310km，距山南地区所在地泽当镇354km，山南地区“西南环形”公路自北向东南方向贯通全县。

(二)自然概况

1. 地貌、地质

洛扎县地处喜马拉雅山东南段，喜马拉雅山呈东西向横穿县境中部，将全县分为南北两部。全县地势西北高、东南低，海拔6000m以上的山峰有6座，海拔最高的库拉抗日主峰海拔7538m，县境内最低海拔2740m，地貌类型以大起伏的高山、极高山为主，有少量中山及河谷盆地。极高山顶部分布有现代冰川。第四纪冰川遗迹广为分布。

洛扎县大地构造上处于雅鲁藏布江大断裂带与南部吉隆—岗巴—洛扎—错那断裂带挟持的喜马拉雅板块内，在南北向应力的作用下，区内断裂发育。受喜马拉雅山隆升作用的影响，县境内新构造运动强烈，地壳处于不稳定状态。县境出露的地层主要有元古代聂拉木群中等变质的杂岩系片岩、片麻岩，中生代三叠系涅如群的页岩、砂岩、灰岩等，以及第四系各种成因形成的松散堆积物和喜山期的花岗岩。

2. 气候、水文

洛扎县地处西藏南部，按所处纬度应属亚热带地区，但因地势高亢，喜马拉雅山横贯县境中部，将全县分为南北两部，受喜马拉雅山的屏障作用，南北两部气候具有明显差异，北部属藏南温带半干旱高原季风气候，与附近的隆子县气候相近，年均气温为5℃，极端最高温度27.1℃，最低温－20℃，年降水量279.4mm，平均蒸发量为2342.6mm，年均日照时数2983h。降水的85%集中在6～9月份，夏季气温较高，月均温为12.7～10.7℃。南部因受喜山屏障阻挡，年均温可达9.5℃，年均降水量可达340mm，夏季突发性降水多，日照少。属高山深谷温暖湿润、半湿润气候。

该县属恒河流域，县境内最大河流为洛扎雄曲及其支流虾久曲和浦错麦进曲。

洛扎雄曲源于曲措多良岗浦冰川前缘，经蒙边、嘎波、申格、拉康等地流入不丹王国汇入恒河，全长131.5km，落差较大，流速2.8m/s，流量75.0m^3/s。

浦错麦进曲源于曲吉麦乡珍杠日北部雪山，流经色、桑玉区，汇入洛扎雄曲，全长

57.4km，流速为4.0m/s，流量为8.0m^3/s。

虾久曲源于柏日米龙拉雪山，经边巴、措美界入洛扎县后汇入洛扎雄曲，全长46.2km，流速0.7m/s，流量18.50m^3/s，另外还有多条支沟。全县河流总长367.1km，境内降水量不多，水源主要是冰雪融水补给，洛扎县是西藏自治区现代冰川分布较多的县(区)之一，全县冰雪覆盖面积736.7km^2，占国土面积的16.6%。较大冰川有七条：西南的安比浦—良岗浦冰川、狼姆桑浦冰川；南部的惰拉浦冰川、错拉龙浦冰川；中部的热嘎浦冰川、余拉浦冰川、借久错上游的冰川。另外还有数十条较小的冰川。

3. 土壤、植被

受气候、母质及生物作用的影响，发育有12个土类，受气候、植被垂直带的影响，土壤呈垂直带状分布。

高山寒漠土，分布于海拔5200～5500m地带；高山草甸土，分布于4700～5200m地带；高山草原土分布于海拔4600～5200m喜山的北坡。

亚高山草甸土，分布于海拔3800～4500m地带。

亚高山草原土分布于3500～4500m地带；灌丛草甸土分布于海拔2300～4000m的地带；草甸土分布于沿河平坦及渍水低洼地带，另外有两类森林土壤，即灰褐土，分布于海拔3600～4000m地带；淋溶褐土分布于海拔3100～3600m的山地地带。

县境内以山地为主，受垂直地带性影响，植被分布从低海拔向高海拔呈垂直分布，县境内的海拔最低处发育有郁郁葱葱的混交林，向上依次分布着：

海拔2300～3500m，为针、阔叶混交林及林下草地；

3500～4400m，喜山北坡为温性草原，南坡为山地草甸；

4600(4400)～4900m，为高寒草原；

4900～5200m，为高寒草甸；

>5200m，为垫状植被。

局部低平积水处形成沼泽草甸植被。

二、冰湖类型及分布

冰湖是由冰川作用形成的湖泊，大多数是第四纪冰川作用后遗留下来的，特点是分布海拔比较高，多数位于古冰川谷、古冰斗内，形状各异，与大型构造湖比较，面积较小，但因其中一些冰湖后缘与现代冰川相连或距离现代冰川冰舌较近，在现代冰川前进或跃动时易造成冰湖溃决形成灾害。

洛扎县是西藏自治区冰湖分布较多的县(区)之一。根据最新TM卫星影像解译，洛扎县现有各种冰湖283个。按照其成因可分为以下两类。

(一)冰碛湖

冰川后退时在其前端形成多道终碛垄，在终碛垄后缘与现代冰川冰舌的前缘之间由于冰川融水积累而成湖。其湖泊多沿冰川谷分布，呈长条状，有的终碛湖面积较大，如洛扎县最大的冰湖白马湖就是终碛湖，湖泊长约3.7km，宽约0.45km，面积1.687km^2，距后缘现代冰川冰舌距离为1.65km。根据统计，洛扎县283个冰湖中，属终碛湖的有121个，占总数的42.76%。冰川溃决危险度比较高的多为终碛湖。因为终碛湖前缘湖堤为终碛垄，是冰川后退形成的垄状堤，组成物质为冰碛物，多为砂砾石，胶结较差，或者无胶结，稳定性很差，同时因位于现代冰川舌的前端或离现代冰舌前端较近极易受后缘现代冰川的影响，一旦有外力作用即会产生溃决。在本次对冰湖溃决危险度评价中，危险性比较高的冰湖中，终碛湖占了75.36%。

另一类冰碛湖为侧碛湖，即在冰川侧碛堤之间积水成湖。283个冰湖中侧碛湖只有10个，占总数的3.53%，而且这10个侧碛湖大部分为中、低危险程度。

(二)冰斗湖

冰斗湖分布于县境内海拔较高的地区，是第四纪冰川后退后遗留下的古冰斗积水而成湖，因为第四纪冰川作用有几期，因此冰斗湖也有几级，如加朗卡湖群，由二级四个冰斗湖组成，其中加朗卡湖为一级，海拔5028m，而其他三个为高一级，海拔为5075m，高出加朗卡湖50～60m。因为湖泊规模较大，且后缘都离现代冰舌较近或紧贴现代冰舌，虽然冰湖前缘有基岩冰斗坎为堤，但冰湖涌水溃决的危险性仍较高。洛扎县冰湖中冰斗湖有152个，占冰湖总数的53.71%。大部分冰斗湖因规模小，且前缘有基岩冰斗坎为堤，稳定性较高，溃决危险性较小。这次评价的283个冰湖中，危险性较高的69个湖泊中冰斗湖有17个，占危险性较高的冰湖的24.64%，溃决的危险性小。

(三)冰湖的分布

冰湖空间分布与第四纪冰川作用及现代冰川分布有密切关系，洛扎县第四纪冰川活动及现代冰川分布主要在喜马拉雅山地区，因此冰湖分布也基本上在县境内的喜马拉雅山分布地区，也就是说主要集中在县境内的西南、南部，少量分布在东部，其中西南、南部分布的冰湖有270个，占95.41%，分布在东部的有13个，占4.59%。2002年9月18日发生的冰湖溃决事件即是位于县境东偏南的得嘎普冰湖，并挟带冰川谷中的大量冰碛物形成冰川泥石流，给下游人民群众生命财产造成了巨大损失。

冰湖基本上都分布在海拔4000m以上的高山、极高山地区，经统计洛扎县冰湖分布在海拔5000m以上的占53.6%，4000～5000m的占45.7%，<4000m的只有2个，占0.7%，也就是说超过半数的冰湖分布在海拔5000m以上的地区，远离人类活动区，从某种角度说，降低了溃决造成破坏的程度。

三、冰湖溃决危险度评价

(一)冰湖溃决危险度评价指标

冰湖溃决不仅形成洪水，而且可以引起泥石流，对下游人民群众的生命财产造成威胁，因此，进行冰湖溃决危险度评价，对危险度高的冰湖提高警惕，对下游的居民及农田、公路、设施等采取一定的防护措施，尽量减少损失很有必要。根据对洛扎县冰湖的调查分析，提出以下评价指标。

1.冰湖的类型、规模及稳定程度

冰湖的类型、规模及稳定程度是评价冰湖溃决的重要指标之一[19]。一般情况下，终碛湖比冰斗湖溃决的可能性大，因为终碛湖的湖堤为古冰川后退时形成终碛垄，物质松散，稳定性差，在外力作用下易产生溃坝形成溃决。特别是新冰期和小冰期的冰碛物，物质新，胶结差，稳定性低，容易溃决。而冰斗湖是由冰川刨蚀作用形成的冰斗积水而成，湖堤多为基岩，稳定性较好，只有在冰湖规模较大、水量较多、后缘作用力较大时，湖水翻过堤坝形成洪水或泥石流。冰湖规模是决定灾害大小的重要因子，冰湖规模越大，溃决后的水量越大，其形成的灾害的规模和影响范围相应越大，越容易形成大的灾害。

2. 现代冰川的类型、规模及发展趋势

冰湖后缘现代冰川的类型、规模、冰舌纵比降、冰舌前端裂隙发育程度等都是诱发冰湖溃决的重要因素。冰斗冰川相对比较稳定，而悬冰川因冰舌前端冰面坡度陡、纵比降大，其势能高，跃动冲击冰湖的能量大，对冰湖溃决威胁也最大。山谷冰川一般冰面纵比降小，但如果冰舌末端突然变陡或刚好位于冰坎上形成冰瀑布，将对冰湖形成极大威胁。现代冰川变化趋势也是一个重要的标志，如果冰川处于退缩阶段，从发展的角度来看对冰湖溃决影响不大，若现代冰川处于前进时期，则应随时关注冰川前进的动态。现代冰川冰舌前端裂隙的发育程度应作为引起冰湖溃决的重要标志予以考虑，因为冰裂隙发育，冰川前端随时都可能产生崩滑跃动，冲击冰湖而引发溃决。

3. 沟谷的长度、纵比降及沟内物质

这里所说的沟谷的长度主要指冰湖离居住地、农地、公路及各种设施的距离。如果冰湖远离居住地及各种设施，且纵比降比较小，即使发生冰湖溃决，由于沟谷纵比降小，洪水或泥石流的流速比较小，在漫长的距离内能量消耗较大，到下游后破坏力大为降低，造成的损失也大为减少。如果冰湖距离下游居民地、各种设施距离较近，且沟谷纵比降大，冰湖溃决后快速下泄，将对下游造成巨大破坏。特别是冰湖所在的沟谷海拔高，寒冻风化作用强烈，沟内常堆积大量寒冻风化作用形成的松散物质，而且很多沟谷是古冰川谷、沟内堆积了大量古冰碛物，这样沟内由古冰川作用和寒冻风化作用形成的大量松散物质，在洪水冲击下形成泥石流，常常形成毁灭性灾害。

4. 环境条件

受全球气候变化的影响，青藏高原近 40 年来气温升高，对洛扎县现代冰川产生了一定的影响。夏季气温高，冰川融水加大，大量融水通过冰川裂隙及冰内水道渗入冰床，对冰川运动起了润滑作用，增大了冰川的活动性。特别是受环境影响，气候变化异常，常常形成异常高温[20]，而促使现代冰川末端产生跃动而形成冰湖溃决。

(二)洛扎县冰湖危险度评价

依据以上冰湖危险度评价指标对洛扎县的 283 个冰湖进行初步评价，其结果为：

高危险度冰湖有 69 个，占总数的 24.38%，其中冰川终碛湖 52 个，占高危险度冰湖的 75.36%，冰斗湖 17 个，占 24.64%。这些冰湖的特征，其一，大多数规模较大，据统计 20 个湖面面积>0.2km^{2}的冰湖中，危险度高的有 17 个，占 85%(表 9-2)。其二，冰湖后方距离现代冰川距离较近，或现代冰川冰舌伸入冰湖中即零距离。在危险程度高的冰湖中，扎日朗浦湖、温加错、折玛错、加郎卡湖、昂格错等均与后方现代冰川为零距离，有的现代冰川末端冰舌伸入冰湖中，如 2002 年 9 月 18 日发生冰湖溃决的得嘎沟源头的冰湖，虽然冰湖面积有 0.027km^2，但因后方现代冰川冰舌几乎伸到冰湖内，在气候异常变化中，冰川跃动引起冰湖溃决。其三，冰湖的稳定性，在危险度比较高的冰湖中，大部分为终碛湖，前已述及，终碛湖的湖堤大多为终碛垅，特别是新冰期和小冰期后退时形成的终碛垅因时间短、无胶结、物质松散，极易溃坝产生灾害。其四是距离居民地、公路、农田等较近，易形成灾害。

中危险度的冰湖有 81 个，占总数的 28.62%，低危险度的冰湖有 133 个，占总数的 47%，从初步评价中可以看出中-低危险度的冰湖占 75.62%。也就是说绝大多数冰湖溃决的危险性还是比较低的。高危险度的冰湖虽然只是少数，但是给下游广大群众生命和国家财产的威胁是不可忽视的。

表 9-2　湖面面积≥0.2km² 的冰湖一览表

序号	冰湖谷	冰湖类型	平均海拔/m	面积/km²	距现代冰川冰舌前端距离/m	距居民地、设施距离/km	危险度	备注
1	介久错	终碛湖	4650	0.84	200	4	高	现代冰川伸入后方一个 0.16km² 的冰湖
2	白马错	终碛湖	4500	1.69	900	4	中	湖群中最后一个湖
3	折公错	终碛湖	4750	0.35	250	5	高	距离现代冰川距离近
4	温加错	终碛湖	5140	0.31	0	2.5	高	牲畜棚
5	折玛错	终碛湖	5200	0.32	0	3	高	牲畜棚
6	加郎卡	终碛湖	5028	0.36	0	2.5	高	牲畜棚
7	白朗错	终碛湖	5170	0.91	1500	8.5	高	
8	董布错	终碛湖	4750	0.59	0	4	高	湖群
9	夏　错	终碛湖	4650	6.39	1000	8	高	桥
10	狼　错	冰斗湖	4210	0.67	0	6	低	
11	贡嘎错	终碛湖	4630	0.52	800	4	高	牲畜棚
12	巴里加错 1	终碛湖	5423	0.28	0	4	高	
13	巴里加错 2	终碛湖	5335	0.21	1500	2	高	离巴里加湖
14	申错冰湖	冰斗湖	4270	0.20	0	8	低	
15	昂格错	终碛湖	5012	0.21	0	7	高	牲畜棚
16	谷母错	冰斗湖	5010	0.20	1200	2	高	牲畜棚
17	窝脚湖	终碛湖	5450	0.24	50	9	高	
18	扎日朗浦湖	终碛湖	5404	0.23	0	8	高	
19	卡热缰北湖	终碛湖	5470	0.25	150	4	高	
20	碾窝卓果错	终碛湖	5354	0.20	0	6.5	高	

四、冰湖溃决防护对策

冰湖溃决是一种自然现象，是由于气候变化而导致冰川的进退、跃动等作用引起的，如果没有造成生命和财产的损失就是一种自然现象，但是当它对生命财产造成损失时它就是一种灾害，因此为了减少灾害造成的损失应采取相应的防护对策。

(一)加强领导，提高认识

冰湖溃决是一种由于气候变化等间接因素而引发的自然现象，因此往往不易引起人们的重视，但是当其危及人们生命财产安全时又形成灾害，所以要广为宣传，让广大干部群众提高认识，对可能造成灾害的冰湖采取有效的防护措施，尽量减少灾害造成的损失。

(二)对冰湖危险度进行评价

本次仅仅是初步评价，应在本次评价的基础上对危险度高的冰湖进行实地调查，调查冰湖规模、水量、冰湖堤稳定性，后缘现代冰川的运动趋势、冰裂隙发育状况等，进一步筛选出危险程度高的冰湖，提出防护对策。

(三)定期监测，掌握冰湖及其后方现代冰川的变化趋势

对危险度高的冰湖实行定期监测制度，特别是春末、夏季及秋初季节气温变化异常时应增加监测次数，及时掌握冰湖及其后方现代冰川变化动态，及早发出警报。

(四)在评价基础上制订防护规划及措施

在评价的基础上，制订防护规划。对危险度高的冰湖及其所在沟谷采取一定的措施，如沟谷的拦挡工程及生物措施，下游居民地、农田、公路等修建防洪堤等，尽量使灾害造成的损失降到最低。

第七节　高原山区的一种特殊灾害生态现象①

泥石流是山区常见的一种自然灾害。由泥石流形成的泥石流堆积物(或者叫泥石流滩地)在山区广泛分布。泥石流堆积物是由土体、水体和气体所组成的多相分散体。一般土体占堆积物总体的65%以上，最高可达89%，水体和气体含量为相互互补，通常气体含量不少于3%[21]。可见，泥石流滩地具有植物生长的基本条件和开发利用的价值。实践表明，山区泥石流滩地都生长着不同性质、类型的自然植被群落和人工生态型植物或人工生态经济型作物群落。泥石流滩地表面形态的差异、物质组成的不同以及其所处地理位置和海拔的差别，从而出现泥石流滩地生态现象的复杂性。一般说来，这种复杂的泥石流滩地生态现象可分为两大类，一类为人工生态过程，另一类为自然生态过程。前者又可分为农业开发利用型、林业开发利用型和草地开发利用型，或农、林复合和林草复合等利用型式。后者根据泥石流滩地分布海拔的不同，一般可分为低、中、高海拔自然生态型。实际情况表明，低海拔山区，特别是人口稠密的谷地，自然生态型泥石流滩地较为少见，而它一般出现在人烟稀少的中、高海拔山地地区。在青藏高原东部的横断山系高山深谷区，河谷区泥石流滩地十分发育，一般在海拔2500m以上高中山和高山地区分布有较多的自然生态型的泥石流滩地。在这些泥石流滩地上，生长着反映不同环境类型、不同泥石流滩地形成期和不同自然生态演替过程的多样性植物群落类型和多样性物种，它们与周围植被的生态类型和物种组成有明显的差别，我们称这种现象为泥石流灾害生态现象，也可以说，这是山区的一种特殊灾害生态现象。

本节试图对较高海拔泥石流滩地的泥石流灾害生态现象进行剖析。我们调查发现，

① 本节作者钟祥浩、潘葛峰等，在2000年成文基础上作了修改。

在青藏高原东缘的横断山系亚高中山和高山带(一般为海拔 2500～4200m)，大量分布以云杉(*Picea*)属和冷杉(*Abies*)属种类为主要建群种的暗针叶林，它是我国第二大林区的主要组成部分，同时又是我国主要江河，特别是长江上游重要的水源涵养林分布区。由于该地带山高坡陡，加之降水充沛，常有泥石流发生，对森林植被造成严重的破坏和危害。泥石流发生后形成的泥石流滩地处于一种自然恢复过程，不同时期形成的泥石流滩地有着不同的生态现象和生态过程，这就为深入开展泥石流灾害生态现象和过程研究提供了理想的场所。

一、泥石流灾害生态现象的典型实例

(一)典型区概况

贡嘎山东坡海螺沟上游左岸海拔 2900～4900m 发育了一条泥石流沟，名为黄崩溜沟。该沟长 2.5km，流域面积约 1.6km^2，沟口以下泥石流堆积物形成的滩地(呈扇形地状)面积约 0.5km^2，据滩地东侧气象站观测资料，该地年均温 3.7℃，年均降水量 1871.0mm。在海拔 2900～3600m 处发育了以峨眉冷杉(*A. fabri*)为建群种的暗针叶林带。泥石流滩地周围均为原始的峨眉冷衫林。

黄崩溜沟泥石流活动频繁，一些小规模泥石流，一两年内即可发生一次，大规模泥石流几十年或上百年发生一次[22]。每次较大规模泥石流的发生都对原滩地上生长的森林植被带来冲击和危害。泥石流所经之处，灌丛和草本植被被淹埋，经 2～3 年后，乔木随之死亡，同时植被生态系统开始恢复。调查发现，该泥石流具有“今天河东，明天河西”的现象。因此，泥石流扇形地上不同程度地保留了不同时期泥石流滩地形成的植物群落类型。

根据对该泥石流沟扇形地上植物群落特性的调查，可以分出 5 种主要群落类型(图 9-2)。

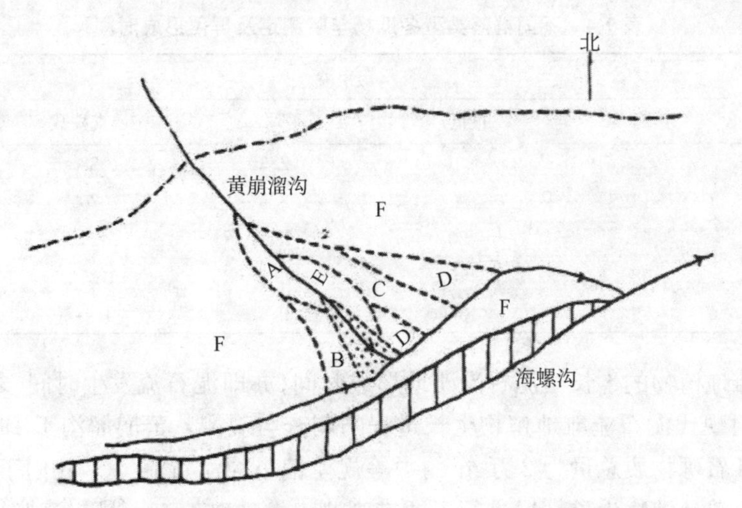

A. 川滇柳、冬瓜杨幼苗群落　B. 川滇柳、冬瓜杨幼树群落
C. 冬瓜杨、川滇柳林群落　D. 冬瓜杨、峨眉冷杉林群落
E. 峨眉冷杉中龄林群落　F. 原始峨眉冷杉林群落

图 9-2　黄崩溜沟泥石流扇形地及其邻近地区主要植物群落分布示意图

上述各种群落类型的主要群落特性见表 9-3。

表 9-3　不同群落类型的主要群落特性

群落类型	主要建群种	主要乔木树种密度/(株/hm²)和高度/cm	群落外貌特征
A	川滇柳 冬瓜杨	川滇柳：密度 32.42 万，平均高 20，最高 70 冬瓜杨：密度 7.67 万，平均高 14，最高 35	稀疏低矮灌木群落
B	川滇柳 冬瓜杨	川滇柳：密度 5.32 万，平均高 180，最高 320 冬瓜杨：密度 2.61 万，平均高 150，最高 280	茂密灌木群落
C	冬瓜杨 川滇柳	冬瓜杨：密度 500，高度 800～100 川滇柳：密度 667，高度 650 左右(次林层) 峨眉冷杉幼苗：密度 1167，高度一般为 20～50	茂密低矮的落叶阔叶林
D	冬瓜杨 峨眉冷杉	冬瓜杨：密度 275，高度 1700～2200 峨眉冷杉：密度 1294，高度 1400～2000 桦树：密度 533，高度 500～1000	针阔叶混交林
E	峨眉冷杉	峨眉冷杉：密度 1100，高度 2400～2800 冬瓜杨：密度 50 五尖槭：密度 799 多对花楸：密度 313 (冬瓜杨、五尖槭、多对花楸为次林层)	暗针叶林

(二)不同群落类型年龄的确定与泥石流形成时间的关系

不同群落类型主要建群种的年龄可以较好地反映该群落类型形成的时间跨度。表 9-3 表明，5 种主要群落类型建群种分别为川滇柳(*Salix rehderana*)、冬瓜杨(*Populus purdomii*)和峨眉冷杉。对幼苗和幼树年龄的确定采用枝轮法，乔木年龄的确定采用生长锥钻芯法。调查发现，冬瓜杨在同一群落中不同株体的年龄结构差别不大。通过对同一群落不同冬瓜杨树木年龄的测定，可以较好地反映群落形成的时间。不同群落类型冬瓜杨年龄测定结果及群落形成时间见表 9-4。

表 9-4　不同群落类型冬瓜杨年龄测定及群落形成时间

群落类型	冬瓜杨年龄				群落形成年数
	最高/a	最低/a	平均/a	调查株数	
A	4	1	2.3	33	4
B	13	4	8.8	70	13
C	31	20	23.4	21	31
D	58	45	49.8	16	58
E	79	56	68.0	9	79

泥石流滩地植物的生长与泥石流滩地形成时间(亦即泥石流发生时间)之间关系的确定，需通过对现代泥石流滩地植物生长过程的调查与观测。黄崩溜沟于 1989 年 7 月 26 日发生有泥沙石砾物质总量为 2 万 m^3 的中等规模偏小的泥石流[22]。我们于 1995 年夏季对该次泥石流滩地植物生长情况进行了调查观测，发现滩地有大量川滇柳、冬瓜杨幼苗以及耐瘠的先锋草本植物，如多枝黄芪(*Astragalus Polycladus*)、东方草莓(*Fragaria orientalis*)、长叶大绒草(*Leontopodiun longifolium*)等。通过分析研究，冬瓜杨幼苗年生长枝轮清晰，与其他植物同时出现于滩地上，通过对冬瓜杨优势树苗和平均树苗共计

33株的年龄侧定，最高年龄为4a，最低为1a，平均年龄为2~3a。从中可知，泥石流滩地形成后的1991年就出现冬瓜杨的生长，这就是说，泥石流滩地形成后的第二年就开始有植物的生长。因此，调查年代减去泥石流滩地现代植物群落年龄+2，就等于泥石流发生的时间。按此规律，可以推算出黄崩溜沟泥石流扇形地上不同植物群落形成前泥石流发生的时间分别为：A→1989年，B→1980年，C→1962年，D→1935年，E→1914年。

(三)不同植物群落类型物种多样性变化

采用样方调查法，对黄崩溜沟泥石流扇形地上不同时期滩地的主要植物群落类型植物物种进行了详细调查，其结果如表9-5所示。

表9-5　不同群落类型物种组成

群落类型	乔木种数	灌木种数	草本种数	物种总数
A	3	4	14	21
B	10	15	28	53
C	8	23	25	56
D	16	40	30	86
E	8	17	21	46

从表9-5中看出，物种多样性最高值出现在D类型，即冬瓜场、峨眉冷杉林群落，其乔、灌、草种数都高于其他群落类型。

前已述及，A→E各类型分别代表不同时期泥石流滩地上发展起来的植物群落。这些群落类型体现了黄崩溜沟扇形地植物群落从老到新的一种自然演替过程。从该过程中可以看出，原始森林植被被泥石流破坏后，在无人类影响条件下，进行着一种自调节、自组织的发展过程。其发展的初期阶段主要以落叶阔叶树种为建群种的植物群落，其生物多样性呈现由低到高的发展趋势。到D类型阶段，即距泥石流滩地形成时间约60a左右的时间，形成以落叶阔叶和常绿针叶树种为建群种的植物群落，这期间的生物多样性达到最高值。到E类型阶段，即在上述群落基础上经历约20a左右的时间，针阔叶混交林植物群落变为以峨眉冷杉为主的针叶林群落，生物多样性明显减少。

我们对在黄崩溜沟泥石流扇形地附近冰川堆积物上发育的原始峨眉冷杉林群落进行调查，发现形成时间长达400a以上的冷杉林群落植物总数只有35种[23]，较D类型减少了51种，其中乔木种数减少最为明显，现有乔木种数只有D类型乔木数的25%。

可见，泥石流灾害在川西亚高山暗针叶林带内有增加植物群落类型和物种组成多样性的作用。

二、泥石流灾害生态现象研究的意义

(一)为近代泥石流活动规律的深入研究提供依据

泥石流灾害生态现象在山区广泛分布。在人口稠密的河谷区，泥石流滩地植被破坏严重，灾害生态序列难以保存。但是，在人迹罕至的较高海拔谷地，泥石流灾害生态序列保存完好，特别是西藏自治区东南部的河流谷地，到处可见近代泥石流滩地上发育形成的特殊植物生态群落，如帕隆藏布江河谷泥石流沟出口处的泥石流滩地上发育了与周围常绿阔叶林完全不同的以桤木为主的落叶阔叶林群落。同一泥石流沟的不同规模堆积扇上发育了不同外貌和结构的桤木林。通过对这些恺木林群落特征的研究，可以揭示泥石流形成的历史。

上述泥石流灾害生态现象研究可以较好地揭示近代几十年甚至几百年来泥石流的活动规律。对于千年以上泥石流活动规律的认识则需要通过表土孢粉分析和^{14}C年代测定及其他方法的综合分析。

在揭示近代泥石流活动规律的基础上，可进一步为近代环境变化规律的深入研究提供依据。

(二)可以揭示自然植被生态系统的演替过程和规律

对贡嘎山东坡黄崩溜沟泥石流灾害生态现象的研究表明，海拔2900～3600m的峨眉冷杉林一旦受到破坏，要经历约80a左右的时间才能基本得到恢复。在这期间出现植物种多样性最高值，亦即在以冬瓜杨和峨眉冷杉为建群种的针阔叶混交林阶段，峨眉冷杉密度达1294株/hm^2，并有多种新的乔木树种和灌木植物侵入，形成不但郁闭度高，而且地表枯枝落叶层较厚的地表覆盖，形成一个保水保土功能均较强的生态系统。随着时间的推进，峨眉冷杉逐渐控制了主林层，并最终形成与当地生态环境相适应的顶极群落——具有较大林窗斑块的过熟林。

通过泥石流灾害生态现象研究所揭示的这种植被演替规律，对合理开发利用与保护该地区暗针叶林生态系统有重要的指导意义。在暗针叶林受到人为破坏的长江上游源头山地地区植被的恢复，不能盲目地种植冷、云杉幼苗或播撒冷、云杉种子，而须采取彻底封禁的措施，让其自然恢复与发展，或先栽种有关的落叶阔叶树种。

(三)促进灾害学与生态学科的渗透

泥石流灾害的加速发生与生态系统的破坏有着密度的关系。有关森林植被破坏使泥石流灾害发生频度和强度加大方面的研究，前人已做了不少工作。这实际上是一种灾害生态的研究。对贡嘎山东坡黄崩溜沟泥石流滩地生态过程的实地研究，进一步揭示了泥石流灾害与生态的关系，亦即在亚高山暗针叶林环境条件下，泥石流灾害可以增加暗针叶林生态系统森林群落类型的多样性和植物物种的多样性。从这点上看，不能认为泥石流一点好处和功用都没有。对泥石流灾害与生态之间关系的深入研究，可以更好地为人类提供改造自然和保护自然的知识。

参考文献

[1] 张林源. 青藏高原形成过程与我国新生代气候演变阶段的划分. 见：青藏项目专家委员会编. 青藏高原形成演化、环境变迁与生态系统研究. 学术论文年刊(1994) [M]. 北京：科学出版社，1995：267～279.

[2] 李吉钧，等. 青藏高原隆起的时代、幅度和形式的探讨 [J]. 中国科学(B)，1979：(6)：608～616.

[3] 施雅风，李吉均，李炳元. 青藏高原晚新生代隆起与环境演化 [M]. 广州：广东科技出版社，1997.

[4] 中国科学院青藏高原综合科学考察队. 西藏森林 [M]. 北京：科学出版社，1985.

[5] 李文华，韩裕丰. 西藏地区特有的几种松林 [J]. 自然资源，1982a，(3)：30～39.

[6] 李文华，韩裕丰. 西藏暗针叶林概论［J］. 自然资源，1982b，(2)：1～17.
[7] 张经炜，王金亭，陈伟烈，等. 西藏植被［M］. 北京：科学出版社，1988.
[8] 张新时. 青藏高原的生态地理边缘效应. 见：青藏项目专家委员会编. 青藏高原研究会第一届学术讨论会论文选. 北京：科学出版社，1992.
[9] 崔恒心，王博，祁贵，等. 中昆仑山北坡及内部山原的植被类型［J］. 植物生态学与地植物学报，1988，12(2)：91～103.
[10] 郑度，杨勤业. 青藏高原东南部山地垂直自然带的几个问题［J］. 地理学报，1985，40(l)：60～90.
[11] 中国科学院青藏高原综合科学考察队. 西藏气候［M］. 北京：科学出版社，1984.
[12] 张谊光. 青藏高原农业气候资源特点与功能. 见：青藏项目专家委员会编. 青藏高原研究会第一届学术讨论会论文选. 北京：科学出版社，1992.
[13] 中国科学院青藏高原综合科学考察队. 西藏河流与湖泊［M］. 北京：科学出版社，1983：83.
[14] 董光荣，董玉祥，李森，等. 西藏"一江两河"中部流域土地沙漠化防治规划研究［M］. 北京：中国环境科学出版社，1996：8，16.
[15] 西藏自治区土地管理局. 西藏自治区土壤资源［M］. 北京：科学出版杜，1994：63.
[16] 中国科学院青藏高原综合科学考察队. 西藏河流与湖泊［M］. 北京：科学出版杜，1984：77.
[17] 中国科学院-水利部成都山地灾害与环境研究所，等. 西藏泥石流与环境［M］. 成都：成都科技大学出版社，1999：179.
[18] 朱平一，程尊兰，游勇. 西藏培龙藏布泥石流堵江成因初探［J］. 自然灾害学报，2000，9(1)：80～83.
[19] 中国科学院成都山地灾害与环境研究所等. 西藏公路水毁研究［M］. 成都：四川科学技术出版社，2002：74～80.
[20] 中国科学院成都山地灾害与环境研究所等. 西藏泥石流与环境［M］. 成都：成都科技大学出版社，1999：48～51.
[21] 田连权，吴积善，康志成，等. 泥石流侵蚀搬运与堆积［M］. 成都：成都地图出版社，1993.
[22] 吕儒仁，高生淮，潘蓊峰. 黄崩溜沟自然环境与泥石流. 贡嘎山高山生态环境研究［C］. 成都：成都科技大学出版社，1993.
[23] 钟祥浩，吴宁，罗辑，等. 贡嘎山森林生态系统研究［M］. 成都：成都科技大学出版杜，1997.

第十章　高原高寒山地冻融作用与冻融侵蚀

第一节　寒冷环境土壤侵蚀类型①

土壤侵蚀是全球性的环境灾害之一。随着全球气候变化加剧，土壤侵蚀、水土保持与全球环境变化已成为全球共同关心的热点问题。

一、土壤侵蚀分类现状

土壤侵蚀发生发展过程中所呈现的各种形式或形态称为侵蚀类型[1]。通过土壤侵蚀分类，认识土壤侵蚀发生发展的机理、空间分布特征及规律，可为其防治提供科学依据。

土壤侵蚀是多种自然因素与人为因素相互作用、相互制约的结果。国内外学者多以侵蚀外营力作为划分土壤侵蚀类型的依据。我国关于土壤侵蚀类型的研究始于20世纪50年代，经过半个多世纪的研究，建立了较为合理的中国土壤侵蚀分类系统。

20世纪80年代，辛树帜、蒋德麒在《中国水土保持概论》中将全国土壤侵蚀类型划分为水力、风力和冻融3个一级类型[1]。陈浩等根据地理环境与土壤侵蚀的关系，认为土壤侵蚀类型和方式是不同层次的统一体，它取决于侵蚀环境系统中的侵蚀营力子系统，并根据营力分类原则将我国土壤侵蚀划分为五大类型，即水蚀、风蚀、重力侵蚀、融冻侵蚀及人为侵蚀[2]。

1996年颁布的中华人民共和国行业标准《土壤侵蚀分类分级标准》，全国一级区的划分以发生学原则(主要侵蚀外营力)为依据，分为水力侵蚀、风力侵蚀、冻融侵蚀三大侵蚀类型区[3]。

21世纪初唐克丽等主编的《中国水土保持》一书归纳总结前人有关土壤侵蚀分类思想，提出“中国土壤侵蚀分类系统”，该系统共分四级，其中第一级按外营力划分为水力侵蚀、风力侵蚀、重力侵蚀、冻融侵蚀及复合侵蚀5个类型[4]。

在这些土壤侵蚀分类中，对寒冷地区的土壤侵蚀一级类型基本上都划分为冻融侵蚀。陈浩等的分类系统中冻融侵蚀的侵蚀方式为面状侵蚀，侵蚀形态为条状泥流、斑块状泥流，典型分布区为高寒与寒冷地区。唐克丽等的分类系统一级分类中为冻融侵蚀，二级分类中为冻融风化和冻融泥流，三级没有划分，四级为以冻融侵蚀面积占总面积比例划分侵蚀强度，具体划分指标没有给出。水利部主持编制的土壤侵蚀分类分级标准把冻融侵蚀作为一级类型区，其二级类型区中划分了两个类型区，即北方冻融土壤侵蚀区和青

---

① 本节作者刘淑珍、吴华，在2008年成文基础上作了修改。

藏高原冰川侵蚀区，并且给出了范围和特点，但是在土壤侵蚀强度分级中只给出了水力侵蚀、重力侵蚀、风力侵蚀、混合侵蚀等侵蚀强度分级指标，缺失冻融侵蚀强度分级指标。从以上论述可以看出，由于水力侵蚀、风力侵蚀等造成的危害是显而易见的，因此得到了广泛的重视，而寒冷地区由于环境恶劣、社会经济发展滞后，因此土壤侵蚀造成的危害较长时间没有得到足够重视，土壤侵蚀特点、过程、类型等调查研究也较缺乏。

二、寒冷地区土壤侵蚀环境特征及营力分析

(一)环境特征

所谓寒冷地区，主要指气候寒冷的高海拔地区及高纬度地区，在我国主要分布在西藏、青海、新疆、内蒙、甘肃、四川、黑龙江等七省(区)。高海拔地区指海拔3500～4000m以上高山、高原地区，高纬度地区指纬度较高的寒带、寒温带地区。这些地区环境特点如下。

1. 气候寒冷

海拔高亢或地处寒带、寒温带，使这些地区冬季漫长、寒冷，年均温多在0℃以下，<0℃的时间超过半年。如我国东北的兴安岭地区，年均温－1.5～－5℃，一年中有7个月的月均温在0℃以下，年降水量在350～600mm，主要集中在7～8月[5]。青藏高原的可可西里地区，年均温－4.1～－10.0℃，年降水494.9～173.0mm，其中楚玛尔河谷海拔4480～4500m，年均温－6.2℃，五道梁子海拔4610m，年平均气温－6.5℃[6]。天山乌鲁木齐河源区大西沟气象站观测(海拔3588m)年均温为－5.4℃，年降水仅430.2mm，主要集中在夏季6～8月，占全年的66%；海拔4000～4500m的山脊，年均温可达－8～－12℃，海拔3000m以上的地区负温季节达7～8个月[7]。长白山天池(海拔2670.0m)，年均温－7.3℃，年均降水量1298mm。

2. 气温年较差、日较差较大

寒冷地区一年中大部分时间天气晴朗，白天太阳辐射强烈，气温升高，夜晚地表辐射强烈，降温快，在植被稀少地区更为明显，因此昼夜温差大。寒冷地区无四季之分，一般情况下只有冷、暖季之分，气温日较差、年较差都较大，特别是日较差非常突出。上述的可可西里地区，气温年较差15～26℃，日较差亦达10～19℃。东北长白山的天池，气温年较差可达57℃。青藏公路沿线气温年较差平均为23～26℃，日较差平均约为13℃。冷暖季及昼夜的较大温差为寒冻风化作用创造了有利条件。

3. 降水固液态相变频繁

受气候的影响，降水在这些地区相变频繁，冷暖季相变，昼夜亦有相变。大气降水暖季以液态形式出现，产生径流对地表产生侵蚀。冷季以固态形式出现，或积累形成积雪覆盖地表，或形成冰川对地表形成侵蚀。积雪暖季融化后亦形成径流产生侵蚀。暖季液态降水渗入地表松散堆积物或基岩裂隙中，冷季冻结体积膨胀，或白天为液态、夜晚为固态，液固态相变引起的体积变化在物体内部产生的压力，造成岩石破碎；暖季地表松散堆积物中的冰融化后使坡地含水的松散物质在重力作用下产生移动，造成侵蚀。

4. 植被稀疏

因气候寒冷，生境条件恶劣，大部分地区植被生长较差，除东北大、小兴安岭寒温

带有森林发育，大部分地区以草地为主，特别是青藏高原的荒漠带及海拔5000m以上的极高山地区多数为砂砾地、裸岩(地)，荒漠草原地区植被盖度多低于30%，地表保护作用很差，白天易于吸收热量，夜晚散热快，使地表昼夜温差增大，为土壤侵蚀造成有利条件。

5. 地带性明显

在高山、极高山地区垂直地带性明显，在高纬度地区水平地带性明显。随着海拔或纬度的升高，负温持续的时间增长，固体降水时间增长，土壤侵蚀类型、方式都呈现地带性变化。

6. 人类活动较弱

由于环境恶劣，人类活动较弱，大部分地区土壤侵蚀为自然侵蚀。但随着社会经济的发展，近年来人类活动有增加的趋势，特别是随着全球气候变暖，寒冷区边界明显有所抬升(或北移)，土壤侵蚀有加速的趋势。

(二)营力作用分析

1. 热营力作用

陈永宗等综合各家侵蚀定义提出的侵蚀的确切涵义为：地表物质(岩石和土壤)在外营力作用下的分离、破坏和移动。因此地表物质的分离和破坏是土壤侵蚀能否进行的前提。

实验表明，寒冷气候条件下的岩石在昼夜强烈热辐射产生和消失的热营力作用下形成急剧的升温或降温，由此在岩石内部产生层间的快速温差变化，其结果导致岩石内部的矿物产生强烈的胀缩，这种热营力的作用导致岩石内部结构的破坏。

不同类型的岩石在不同的条件下对同一外界环境变化的反应是不相一致的，但是对于高海拔地区而言，岩石普遍接受较强的太阳辐射，使得它们在日际的冷暖交替中，经历较快的温度变化，也就是说强烈的热幅射直接作用于岩石表面，可以使岩石表面急剧升温或冷却，短时间内岩石内部产生较大的温度差，形成相应的热应力，从而对其结构造成破坏[8,9]。

朱立平等的实验表明岩石的性质决定着不同类型的岩石对外界辐射热量变化的反映，岩石接受热量辐射所引起的温度变化与其吸热率成正比，如黑色矿物有较强的吸热能力，黑色矿物含量较多的岩石温度变化率明显偏大。另外不同的矿物体积膨胀系数差异较大，如石英为0.00031，长石为0.00017，膨胀系数差异较大时，当温度剧烈变化时，这些矿物的差别膨胀就引起岩石的破碎，这是基岩崩解脱离母体的最初阶段[10]。

2. 膨胀力作用

在寒冷气候条件下，冻融过程中冰水相变所产生的膨胀力对岩石形成巨大的挤压作用。最近干湿过程与其他非寒冻因素在岩石冻融过程中的作用越来越引起人们的重视，水分一直是讨论的焦点。岩石孔隙中的水结冰，体积增大，对岩石产生很大的压力，引起岩石的崩解已经得到共识。湿度主要影响岩石孔隙和裂隙中的含水量，而含水量的多少影响冻结时冰产生压力的大小，因此岩石的孔隙率、节理的密度和节理裂隙的宽度及岩石组成的特点，均对岩石的寒冻风化作用产生影响。

3. 冻融作用和寒冻作用

由上述两种营力共同作用所形成的冻融作用和寒冻作用是寒冷地区物质分离、破坏产生土壤侵蚀的主要形成因素，这两种作用在寒冷地区的作用机理及作用强度在不同条件下亦有不同。

实验表明，冻融作用主要在环境温度波动于0℃的某一范围内最为强烈，随着温度波动范围平均值的下降，特别是当温度变化范围低于0℃时，冻融过程就不再活跃了。随着环境温度长期维持在较低水平，甚至整体波动范围均低于0℃时，岩石对温度变化则不十分敏感，甚至仅保持“冻着”的状况，这种现象表明，寒冻强度仅在某一温度范围内控制着岩石的寒冻风化作用的强度，其他实验也得出同样的结论，即仅增加寒冻强度对岩石的寒冻机械破碎并没有更多的作用，寒冻强度必须伴以相关的“融化”过程才有重要意义[10,11]。也就是说“冻”“融”交替出现频度的高低是该地区侵蚀强度的重要因子之一。

4. 重力和水力、风力作用

重力和水力、风力作用仍是寒冷地区土壤侵蚀的重要营力，岩石经寒冻风化作用及冻融作用崩解后在重力作用下产生位移，堆积于缓坡或坡麓地带。再在水力和风力作用下发生侵蚀。寒冷地区水力来源主要有两方面：一方面是暖季降雨及其径流，另一方面是春季积雪融化形成的径流侵蚀。风力侵蚀主要是冬季大风侵蚀，寒冷地区一般冬季都多大风，如西藏自治区很多地区大风日数超过百日，而且多分布在11月至翌年3月。因此寒冷地区的土壤侵蚀严格说是一种混合侵蚀或者说是复合侵蚀，即侵蚀营力在时间上相互交替，在空间上交错分布，暖冷季节交替时以冻融作用和重力作用为主，暖季以水力侵蚀为主，寒季以风力侵蚀作用为主。

三、寒冷地区土壤侵蚀类型

前已述及，我国土壤侵蚀类型的划分主要依据营力分类的原则，将全国分为水力侵蚀、风力侵蚀、冻融侵蚀等，在此分类系统将寒冷地区基本上都划为冻融侵蚀，但未作进一步的分类。根据笔者对寒冷地区土壤侵蚀营力的调查分析，寒冷地区应划分为以下三种土壤侵蚀类型。

(一)冻融侵蚀

冻融侵蚀以冻融作用为主，主要营力为热应力、膨胀力，其使基岩崩解，在重力作用下产生移动。笔者认为冻融侵蚀主要分布在年均温0℃至最热月均温0℃的范围的区域。该区域年平均温度波动在0℃上下，每年约有6个月以上为冻结期，这个期间，温度昼夜变化大，白天在太阳辐射照耀下温度迅速升高，产生“融解”现象，晚间温度快速下降产生“冻结”，昼夜“融解”和“冻结”交替，岩石昼夜胀缩交替，“水”“冰”相变频繁，岩石崩解破碎，特别是暖季多雨季节来临前，节理裂隙密集的岩体充水，加之频繁的冻融加剧了基岩的崩解过程。崩解的物质，在重力作用下堆积于缓坡或山麓形成倒石堆、岩屑坡等地貌形态，这种作用在春秋季节表现尤为明显。暖季在冰雪融水及降水形成的径流侵蚀下，在倒石堆、岩屑坡表面形成众多冲沟。在地表松散堆积物比较厚的区域，频繁的冻融作用使物质结构变得更加松散，当暖季土中水分不断增加，达到饱和状态，且又有一定的地形条件，在重力作用下水沙、泥、块石混合体顺坡缓慢蠕动，形成融冻泥流，这种融冻泥流多分布在山坡和山麓地带，一般宽5～20m，最宽可达50～100m，长20～30m，最长可达100m，冻融侵蚀是寒冷地区土壤侵蚀比较严重的类型。

(二)寒冻侵蚀

寒冻侵蚀主要分布于最热月均温0℃以下的极高山等极寒冷地区。以寒冻风化作用为主的区域，随着海拔和纬度的升高，环境温度维持在较低水平，温度整体波动范围均低于0℃，岩石温度变化整个在负温的范围内，保持在“冻结”的状态。裸露的基岩面热量的收入主要来源是太阳辐射，白天它们在太阳直射下不断升温，它们的表面温度高于气温，并向空气送热，夜间因地面辐射冷却而降温，以致温度低于气温，空气向地面导热，温度如此的昼夜变化加剧了寒冻风化作用。因寒冻风化崩解的岩屑在重力作用下堆积于山地缓坡或山麓，形成石海、石河、石冰川、岩屑坡、岩屑裙等地貌形态。冬季大风季节，风力侵蚀强烈，细粒物质多被侵蚀，地表物质以块石为主。此区域土壤侵蚀微弱，基本属于自然侵蚀。

(三)冰川侵蚀

在很多土壤侵蚀分类中把冰川侵蚀笼统地一并划入冻融侵蚀范围。笔者认为冰川侵蚀应单独划为一个类型，冰川侵蚀与冻融侵蚀在营力和方式上都有本质区别。冰川有很强的侵蚀力，根据冰岛河流含沙量的分析，冰源河流含沙量超过非冰源河流的5倍[11,12]。冰川的侵蚀方式可分为两种，即拔蚀作用和磨蚀作用[13]。冰川侵蚀产生的大量物质及由山坡上崩落的碎屑随着冰川向前推进，在冰川舌前端堆积，再由流水带到河流，因此冰川侵蚀作用应单独划为土壤侵蚀的一个类型。

根据以上的分类原则和方法，寒冷地区土壤侵蚀应划分为三个类型，即冻融侵蚀、寒冻侵蚀和冰川侵蚀。这三种侵蚀类型均以自然侵蚀为主，局部冻融侵蚀区在人为作用干扰下可能产生加速侵蚀。但在人类社会快速发展的过程中，应加强研究，保护这些地区生态环境，尽量避免人为干扰产生加速侵蚀，因为这些区域生态环境脆弱，一旦破坏很难恢复。

第二节　西藏高原土壤侵蚀类型[①]

西藏自治区位于我国西南边陲，是青藏高原的主体，平均海拔4000m以上，形成了独特的中低纬度的高寒环境。由于地域辽阔，区城生态环境差异明显，土壤侵蚀类型复杂多样，区域间土壤侵蚀类型组合及强度各具特色。因此研究西藏自治区土壤侵蚀类型时空分布规律，对该区水土流失治理和退化生态环境修复具有重要的科学价值和实际意义。

---

①　本节作者刘淑珍、张建国，在2006年成文基础上作了修改。

一、土壤侵蚀环境背景特征

(一)地表形态特征

西藏高原在其漫长的地质发育过程中，既经历了多次强烈的造山运动，同时又遭受了强烈的外营力作用，形成既有高亢高原、高大山脉，又有高原湖盆、宽谷盆地和高山深谷等复杂特殊的地貌环境。根据西藏境内地势变化、地貌形态和地貌类型组合特征，可将西藏地貌环境划分为四大类型。

1. 高原

由许多起伏和缓的丘陵山地和宽谷湖盆构成的波状起伏的高原面，高原面地势由西北向东南倾斜，海拔 5500～4000m，高原内部受到轻微切割，但保存完整。

2. 山地

在巨大的高原面上及边缘分布有一系列绵延耸立的巨大山脉，相对高差悬殊，坡度陡峻，形态各异，有东西向的昆仑山、唐古拉山、喀喇昆仑山、冈底斯山－念青唐古拉山、喜马拉雅山等，南北向的有横断山，海拔从 8000m 到藏东南的几百米，有极高山、高山、中山、低山等各种山地类型。

3. 平原

平原包括雅鲁藏布江中游及其支流年楚河、拉萨河、尼洋河等中下游宽谷平原及藏南藏北高原湖泊的湖滨平原。

4. 峡谷

藏东南分布着一系列深切河谷和峡谷，著名的雅鲁藏布大峡谷，迫龙藏布大峡谷，三江大峡谷，山峰高出江面 2000～6000m，山谷坡陡峻，常形成干旱河谷。

(二)地表物质特征

西藏自治区是目前我国新构造运动强烈的区域之一，地表断裂带广布，特别是高海拔地区，基岩因强烈冻融作用而破碎。在不同地貌部位其地表物质有明显差异。

1. 高海拔山地

海拔 4000m 以上的山地由于强烈冻融作用，基岩破碎，在重力作用下堆积于山坡中下部形成倒石堆、碎屑坡(裙)，物质粒径大小不等，细粒物质在夏季雨水及春季冰雪融水侵蚀作用下进入河流。

2. 河流宽谷

雅鲁藏布江干支流中下游河谷宽阔，夏季洪水季节大量泥沙进入江河，枯季河水减小，河床两侧大量冲积物出露，冲积物含大量沙物质为风蚀作用创造了有利条件。

3. 湖盆

藏北、藏南湖盆广为分布，由于湖盆不断萎缩，湖滨沙质沉积物出露为风蚀沙化提供了大量沙物质。

(三)土壤侵蚀营力和作用特征

西藏自治区地域辽阔，气候类型复杂，几乎包涵了全球陆地上所有的土壤侵蚀营力及其作用，简述如下。

1. 水力侵蚀作用

西藏自治区降水自东南向西北减少，东南部低山河谷区平均降水量在4000mm以上，是我国降水量最多的地区之一，向西北逐渐减少，藏北高原为100～500mm，最小不足100mm。降水不仅地区差异明显，而且季节分配不均，雨季旱季分异明显。喜马拉雅山南坡雨季降水量占年降水量50%以上，高原内部雨季降水量占年降水量90%左右，雨季降水多对地表形成强烈侵蚀。另外由于地形复杂，在西藏受局地地貌影响常形成点暴雨，引发山洪及泥石流等复合侵蚀。

2. 风力侵蚀作用

西藏自治区不仅大风多、强度大，而且连续出现时间长。全自治区年均大风(≥8级)日数0～200d，其中狮泉河、那曲、申扎、改则均在100d以上。西藏大风季节变化明显，主要出现在12月至翌年5月，在此期间，大风日数占全年大风日数的75%以上，其中以2～4月最为集中，占全年大风日数的50%以上，而这段时间又是气候干燥、地表植被最为稀少的季节，大风对地表细粒物质形成强烈的风蚀作用。

3. 冻融侵蚀作用

在高寒地区，气温变化而使岩体各部分或不同矿物成分形成差异膨胀和收缩，或岩体孔隙和裂隙中的水结冰对岩体产生压力，引起岩体的崩解，并在冻胀力、重力、冰雪融水力等作用下产生位移和堆积，称为冻触侵蚀作用。严格讲，冻融侵蚀是一种复合侵蚀，其作用分为两个阶段：第一阶段以寒冻风化作用为主，岩石是由矿物组成的，各种矿物颗粒膨胀系数相差较大，如体积膨胀系数石英为0.00031，长石为0.00017[13]，所以当温度剧烈变化时，由于矿物的差别胀缩，极易引起岩石破碎。另外，温度的变化可以引起岩石空隙或裂隙中的水结冰对岩石产生压力，引起岩石的崩解。第二阶段是寒冻风化形成的碎屑物在重力、冻融力、冰雪融水力和降雨径流等作用下产生位移。西藏自治区地势高亢，冻触侵蚀作用在土壤侵蚀中占有十分重要的地位。

二、土壤侵蚀类型特征

土壤侵蚀类型由主导侵蚀营力决定，前面谈到西藏自治区几乎包涵了陆地上所有的侵蚀营力，即水力、风力、融冻力、重力、复合营力等。受地貌、气候等因素的影响，土壤侵蚀有如下特征。

(一)土壤侵蚀类型丰富多样

根据土壤侵蚀产生的主要营力，可将土壤侵蚀划分为多种类型，每种土壤侵蚀类型又可以根据土壤侵蚀形成的地貌的外部形态，划分为不同的形式，如水力侵蚀又可划分为面蚀、沟蚀等。如前所述，西藏自治区土壤侵蚀背景复杂，土壤侵蚀营力多样，因此不仅土壤侵蚀类型复杂，而且形式多样，同时呈现空间交错，时间交替分布，独具特色。全区土壤侵蚀类型有水力侵蚀、风力侵蚀、冻融侵蚀、重力侵蚀、混合侵蚀、冰川侵蚀等。

(二)冻融侵蚀广泛分布

西藏地势高亢，海拔4000m以上的高原和高山占国土面积的92%，因此冻融侵蚀是西藏自治区分布最广泛、占国土面积最大的土壤侵蚀类型。据笔者调查，冻融侵蚀约占土壤侵蚀面积的50%以上，是西藏自治区非常重要的土壤侵蚀类型，同时也给西藏国民经济建设带来一定的危害。前面谈到由于冻融作用岩石崩解产生的碎屑物在重力、膨胀力及冰雪融水等作用下产生位移、堆积形成一些特殊的地貌形态，如高寒地区广泛分布的岩屑坡(裙)、发生在山坡上的冻融泥流、山坡上成片分布的鳞片状小滑塌。但是由于冻融侵蚀长期以来没有得到应有的重视，研究较少，因此冻融侵蚀类型分布的范围长期以来没有明确的界定。根据笔者多年来在西藏对土壤侵蚀的研究及查阅有关资料，提出以年均温0℃等温线所处的海拔作为冻触侵蚀作用界限，在此界限以下的地区，一年中有半年以上的时间气温≥0℃，地表冻融作用不强烈，在此界限以上的地区(高海拔)一年中大部分时间气温≤0℃，地表处于冻结状态，在昼夜温差剧烈变化中，冻触作用强烈。据朱诚等[7]研究，气温在0℃左右波动时冻触最强烈，对岩石的劈裂作用也愈显著。根据笔者计算，西藏冻融作用分布的范围界限有由北向南增高的趋势，藏北江达、安多、日土等大约在海拔4100～4200m，西藏中部，拉萨、工布江达、波密等大约为4300～4500m，藏东南察隅、米林、墨脱一带约为4600～4700m，藏西南康马、亚东、岗巴、普兰一带上升到4700～4900m。笔者将此海拔以上的地区称为冻融作用区，在此区内物质在重力、冻融水或冻融力作用下产生移动或蠕动，形成冻融侵蚀作用，在冻融区地势平缓的区域，有冻融作用产生，但并不形成侵蚀、搬运作用，不构成冻融侵蚀。因此冻融作用区轻度以上侵蚀作用划为冻融侵蚀作用。笔者定义的冻融作用的范围比传统定义的“以多年冻土分布”[14]为界的范围稍大，根据笔者定义的冻融作用区的范围计算(冻融侵蚀区界定方法见本章第四节)，西藏自治区各地(市)冻融作用区的面积见表10-1。其中拉萨、昌都、那曲、阿里四地(市)冻融作用区面积占国土面积的比例在50%以上，这些地区都存在不同程度的冻融侵蚀作用，而且形式多样。如冻融泥流、冻融侵蚀、冻融滑塌、鳞片状小滑塌等类型在上述四地(市)广为分布。

根据笔者研究，冻融侵蚀强度受多种自然因子与人为活动的影响，其中主要因子有气温年较差、年降水量、坡度、坡向、植被盖度等，而人为因子多数情况下是通过改变植被盖度等间接影响冻触侵蚀强度，通过研究笔者提出西藏冻融侵蚀强度因子特征值(表10-2)。

表10-1　西藏各地市冻融作用区面积

项目	国土面积/km^2	冻融作用面积/km^2	占国土面积/%
拉萨市	29465.9	17214.2	58.43
昌都地区	108720.3	55132.4	50.71
山南地区	79160.4	15896.5	20.08
日喀则地区	181200.2	80184.8	44.25
那曲地区	391467.3	281626.8	71.94
阿里地区	297267.1	195066.9	65.62
林芝地区	114595.5	19195.8	16.75
合计	1201876.6	664317.4	55.27

表 10-2　西藏冻融侵蚀强度评价因子特征值

强度分级	微度侵蚀	轻度侵蚀	中度侵蚀	强度侵蚀
气温年较差/℃	≤18	19～20	21～22	>22
年均降水量/mm	≤150	150～300	300～500	>500
坡度/(°)	0～5	5～15	15～25	>25
坡向/(°)	315～45	45～90，270～315	90～135，225～270	135～225
植被盖度/%	>75	50～75	30～50	<30

根据此因子特征值，在GIS支持下对西藏冻融侵蚀空间分布进行评价并编制了冻融侵蚀强度空间分布图(图 10-1)，其结果表明西藏不同强度冻融侵蚀空间分布差异明显，藏北改则、尼玛、那曲、轰荣等广大区域，虽然海拔高、气温低，且日温差大，但因降水少、地势平坦、草甸草原盖度高，冻融侵蚀强度小。喜马拉雅山的北坡湖盆区，包括定日、白朗、岗巴、康马一带，由于气温日较差小，地形坡度小，坡向以阴坡为主，冻融侵蚀强度也较小；藏东的贡觉、芒康、左贡一带虽然地形起伏大、降水丰沛，但是植被盖度高，冻融侵蚀强度仍较小。冻融强度高的地域集中分布于：①念青唐古拉山吉热格帕峰以东的地区，山高谷深，坡度陡峻，降水丰沛，冰雪积累、消融量大，是强度和中度冻融侵蚀集中分布的地区；②冈底斯山、阿伊拉日居山脉以南的区域，日温差大，坡度陡峭，植被盖度小，冻融侵蚀强烈；③阿里北部日土县等区域，昆仑山南麓，地形坡度大，日温差大，植被稀疏，冻融侵蚀强烈；④喜马拉雅山脉聂拉木以西地区，以高山、极高山为主，起伏大，坡度陡，降水丰沛，冰雪作用和冻融侵蚀均很强烈。

(三)土壤侵蚀类型在三维空间呈现有规律的变化

全区土壤侵蚀类型自东向西由水蚀为主→风蚀为主→冻融侵蚀为主。东部三江地区，山高谷深，坡度陡峻，降水较丰富，土壤侵蚀以水蚀为主，中部高原湖盆区，沙物质丰富，气候干寒，冬春多大风，土壤侵蚀以风蚀为主，西部高原海拔高亢，气候寒冷，降水稀少，多大风，土壤侵蚀以冻融侵蚀为主。自南向北有同样的规律，南部以水蚀为主，中部以风蚀为主，北部以冻融侵蚀为主。由于境内多高山、极高山，土壤侵蚀在垂直方向上亦呈现有规律的变化，海拔 3000～4000m(或 4500m)以下以水蚀为主，4000～5000m(或雪线)左右，一般为冻融侵蚀，雪线以上有冰川或积雪分布区，为冰川侵蚀。

(四)土壤侵蚀类型随季节变化

西藏自治区土壤侵蚀类型随季节变化而变化，由此产生在同一地区不同季节有不同侵蚀类型发生，形成土壤侵蚀类型交替发生。如冻融侵蚀与水力侵蚀交替发生，在高山地区 0℃等温线以下的山地，春秋季节由于温度变化频繁，岩体不断被破坏，破碎物质在重力或春季雪(冰)融水作用下发生侵蚀，导致冻融侵蚀作用强烈，大量破碎物质由于融冻侵蚀在缓坡地带堆积形成碎屑坡(裙)。而夏季在水力作用下这些堆积体表层又受到侵蚀，细粒物质被流水携带进入江河，在碎屑坡上形成细沟、切沟，慢慢发育成冲沟，在冻融侵蚀堆积体上叠置明显的水力侵蚀地貌。驱车从拉萨到日喀则，公路北侧的山地上可非常清楚地看到这种叠置现象。

水力侵蚀和风蚀的交错发生，前面谈到西藏自治区侵蚀营力多样，而且交错发生，夏季集中了全年80%以上的降水，水力侵蚀强烈，冬季又多大风，风蚀作用强烈，因此在某些区域夏季水力侵蚀强烈，冬季风力侵蚀强烈，两种侵蚀地貌在同一地区交错分布，如从贡嘎机场到拉萨市沿途可以清楚地看到雅鲁藏布江两侧的山地既有流水侵蚀形成的冲沟又有风力侵蚀形成的沙坡、沙丘等。在藏西藏北的山麓地带的冲洪积扇形地上既分布有侵蚀沟，同时又广泛分布有风蚀作用形成的不少沙砾地(细砂已吹蚀贻尽，留下的粗砂砾地)，充分反映出这种交错侵蚀现象。

(五)土壤侵蚀以自然侵蚀为主

西藏自治区地广人稀，全区平均人口密度为2.17人/km^2(2004年)[15]，各地市人口密度差异较大，最大的为拉萨市，为14.26人/km^2，最小的阿里地区仅为0.26人/km^2(表10-3)。藏北羌塘高原保护区为无人区，因此西藏大部分地区以自然侵蚀为主，仅拉萨市及雅鲁藏布江及其支流河谷地区、青藏公路沿线等人类活动比较活跃的地区人为加速侵蚀较严重，应该引起充分的注意。另外，藏东、藏东南山地因坡度陡峻，植被盖度较低的半干旱地区应加强保护，严格控制人类活动，防止人为土壤侵蚀发生。

表10-3　西藏各地市人口密度表

西藏各地市	人口密度/(人·km^{-2})
拉萨市	14.26
昌都地区	5.37
山南地区	6.38
日喀则地区	3.57
那曲地区	0.98
阿里地区	0.28
林芝地区	1.99

注：根据西藏自治区2005年统计年鉴提供的2003年人口数计算。

三、结语

西藏自治区土壤侵蚀类型复杂多样，以冻融侵蚀为主，冻融侵蚀在西藏虽然分布面积比较大，目前仍以自然侵蚀为主，在人类活动比较频繁的区域受人类活动影响有所加强，对区域经济造成一定的影响。但目前我国对冻融侵蚀研究较少，今后应加强研究，在研究形成机理、演变规律的基础上提出防治对策。

第三节　西藏高原土壤侵蚀评价体系及监测方法①

我国自20世纪80年代以来已开展了三次全国土壤侵蚀状况调查，西藏也做了相应的水土流失调查，为政府相关部门制订土壤侵蚀防治对策提供了有效的科学依据。西藏自治

① 本节作者刘淑珍、刘海军等，在2009年成文基础上作了修改。

区政府对土壤侵蚀防治非常重视，在国家投入及地方政府的共同努力下，在水土流失防治方面取得了显著的成效，但因西藏地势高亢，其土壤侵蚀特征与我国中东部地区差异显著，对西藏土壤侵蚀现状的评价及其监测方法都有待于进一步研究和完善。笔者根据多年对西藏高原土壤侵蚀的调查与研究，提出适合于西藏特点的土壤侵蚀体系及监测方法。

一、土壤侵蚀评价体系

(一)评价体系建立的原则

鉴于前面(本章第二节)所述西藏土壤侵蚀的特征，我们认为评价体系和方法与我国中东部地区应有所差别。西藏土壤侵蚀评价体系及监测方法建立应符合以下三个原则：其一，符合西藏高原的实际，客观科学地反映西藏高原土壤侵蚀的特征、时空分布规律，为其土壤侵蚀防治对策的制定提供科学依据；其二，能够与全国接轨，与水利部制定的评价体系衔接，评价结果能与全国其他区域有可比性，为国家宏观调控提供依据；其三，评价和监测方法具有可操作性，评价因子、指数和参数具有可获取性。根据这三个原则，提出西藏高原土壤侵蚀评价体系及监测方法。

(二)评价体系

笔者认为西藏高原土壤侵蚀评价应分为以下两大体系。

1. 土壤侵蚀潜在危险度评价体系

“地面自然生态平衡失调后可能出现的土壤侵蚀危险程度”为土壤侵蚀潜在危险度(degree of soilerosion potential danger)。西藏自治区地域辽阔，人口稀少，平均人口密度仅为2.28人/km^2，高原广大无人区，虽然目前没有产生加速土壤侵蚀，但因其生态环境极其脆弱，地表植被及地表物质一旦遭到破坏或扰动，自然生态平衡失调将产生严重的土壤侵蚀，因此对该区域应进行土壤侵蚀潜在危险度评价，对区域内不同自然侵蚀类型与强度，进行土壤侵蚀危险度评价，为制定该区域土壤侵蚀预防保护对策提供依据。具体评价体系参照中华人民共和国水利行业标准SL190—2007“土壤侵蚀分类分级标准”的土壤侵蚀潜在危险分级[16]，便于与全国接轨。

2. 土壤侵蚀分类分级评价体系

针对人为活动区，即人为加速侵蚀区，采用水利部颁布的土壤侵蚀分类分级评价体系。按照中华人民共和国水利行业标准“土壤侵蚀分类分级标准”，西藏高原属该标准中全国土壤侵蚀类型区划中的Ⅲ类的Ⅲ2，即青藏高原冰川侵蚀区。西藏自治区境内海拔跨越较大，从几百米到5000m以上，因此土壤侵蚀类型复杂，即有冻融侵蚀、水力侵蚀、风力侵蚀、重力侵蚀、混合侵蚀(泥石流)，还有复合侵蚀，即雨季为水力侵蚀，旱季为风力侵蚀，春秋冻融侵蚀强烈，冻融区雨季又有水力侵蚀等现象。因此，其评价指标体系的建立除了采用“土壤侵蚀分类分级标准”中的土壤侵蚀类型、土壤侵蚀强度分级标准以及面蚀分级指标、沟蚀分级指标、重力侵蚀强度分级指标、风蚀强度分级、泥石流侵蚀强度分级标准外，根据西藏高原冻融侵蚀广泛分布的特征，补充提出冻融侵蚀强度分级指标(表10-4)。

表 10-4　冻融侵蚀强度评价指标体系

强度分级	微度	轻度	中度	强度
气温年较差/℃	≤18	19~20	21~22	>22
年均降水量/mm	≤150	150~300	300~500	>500
坡度/(°)	0~5	5~15	15~25	>25
坡向/(°)	315~45	45~90 270~315	90~135 225~270	135~225
植被盖度/%	>75	50~75	30~50	<30

注：气温年较差：一年中最高月平均气温与最低月平均气温之差。

二、土壤侵蚀监测方法

依据西藏高原土壤侵蚀的特殊性和土壤侵蚀评价原则，提出西藏土壤侵蚀监测方法如下。

(一)人机交互遥感解译法

笔者认为西藏自然侵蚀区面积大，其动态变化的驱动力主要是自然营力，除了地震等突发因素外，降水、气温、风力及植被等的变化属于缓慢型，随全球气候变化，以冻融为动力产生的冻融侵蚀现象会有所增加，为科学地掌握其动态变化，建议采用人机交互式遥感解译监测法[17]，20a 一个周期。遥感解译标志可以根据前人对无人区的考察及周边地区多次遥感调查的结果建立，在第一次建立本底数据库时可以根据需要进行路线考察，对建立的遥感解译标志进行验证完善，对解译结果进行修正，完成基础数据库的建设，以后每隔 20a 进行一次监测，对数据进行更新，监测土壤侵蚀 20a 的动态变化。

(二)定量评价监测的方法

针对人为加速侵蚀区，采用定量评价的方法。

多年来在中央政府的大力支持下，西藏自治区对生态环境及土壤侵蚀方法进行了不少的研究工作，具有一定的研究积累，如在西藏降雨侵蚀力、西藏地形起伏度、西藏土壤可蚀性 K 值、西藏植被指数(N/DV1)、西藏冻融侵蚀区分布图等方面都进行了大量的工作，初步构建了西藏土壤侵蚀因子数据库。建议在此基础上选择适合西藏土壤侵蚀特征的土壤侵蚀过程模型，定量估算土壤侵蚀量，并完成土壤侵蚀现状评价。

为了使定量评价的结果符合实际，建议以县为单位，根据土壤侵蚀类型及强度的区域差异，在不同类型、不同强度的区域，选择具有代表性的小流域，采用实地调查和高分辨率的遥感数据相结合的方法进行调查。土壤侵蚀强度的计算采用土壤侵蚀模型法，进行定量监测。选择有代表性的小流域个数要能覆盖人为加速侵蚀区各种类型和强度，土壤侵蚀模型的选择要结合西藏的实际并与全国接轨，该项工作有待进一步加强和完善。

第四节　界定西藏冻融侵蚀区分布的一种新方法①

冻融侵蚀是高寒地区温度变化，导致土体或岩石中的水分发生相变，体积发生变化，以及由于土壤或岩石不同矿物的差异胀缩，造成土体或岩石的机械破坏并在重力等作用下被搬运、迁移、堆积的整个过程。冻融侵蚀多发生在高纬度、高海拔等气候寒冷的区域，是除水蚀和风蚀之外的第三大土壤侵蚀类型。纵观国内外土壤侵蚀的研究历史及现状可以发现，对土壤侵蚀的研究集中在水蚀和风蚀方面，尤其是水蚀方面[18,19]，而对冻融侵蚀研究起步晚，相关文献很少[20]。在我国，冻融侵蚀尚未列入现代侵蚀研究范畴[19]。西藏海拔高、气温低、温差大的气候特性为冻融侵蚀的发展创造了条件。冻融侵蚀是该区最主要的侵蚀类型，也是西藏所面临的主要生态环境问题之一[21]。冻融侵蚀给当地的生产和人们生活造成了很大危害，严重地威胁着耕地、草地资源以及公路、堤坝等建筑物的安全，成为制约西藏社会经济发展的主要因素之一。研究冻融侵蚀问题不仅对西藏自治区生态环境规划和区域经济的可持续发展具有重要意义，而且是对全国乃至世界土壤侵蚀研究的必要补充，对完善冻融侵蚀理论具有积极作用。本节以西藏自治区为例，对冻融侵蚀区的界定进行探讨，提出冻融侵蚀区界定的理论依据，并在 GIS 技术支持下实现了西藏自治区冻融侵蚀区的界定。

一、西藏冻融侵蚀区界定

(一)西藏冻融侵蚀区下界的确定

虽然冻融侵蚀区一定有冻融侵蚀发生，但冻融侵蚀区与有冻融侵蚀发生的区域是两个不同的概念。冻融侵蚀区是指以强烈的冻融作用为特征的寒冷气候条件，冻融作用是最普遍、最主要的外力侵蚀过程，同时应有相应的冻融侵蚀地貌形态表现。判断一个区域是否属于冻融侵蚀区，关键是看该区域的侵蚀动力是否以冻融作用为主。冻融侵蚀区一定存在冻融侵蚀，但发生冻融侵蚀的区域并不一定都属于冻融侵蚀区，因为有冻融侵蚀发生的区域冻融作用未必占主要地位。如果把发生冻融侵蚀的区域等同于冻融侵蚀区，显然扩大了冻融侵蚀区的范围。一些学者把西藏多年冻土区的下界作为西藏冻融侵蚀区的下界。如水利部水土保持司编的《水土保持技术规范》[22]规定：冻融侵蚀是多年冻土在冻融交替作用下发生的土壤侵蚀现象，发生在多年冻土区的坡面、沟壁、河床、渠坡等处。然而人们发现在多年冻土区外围 100～300m 的范围内，外力作用仍以冻融(冰缘)作用为主，地貌类型也以冻融侵蚀地貌(冰缘地貌)为主。如果以西藏多年冻土区的下界作为冻融侵蚀区的下界，显然缩小了西藏冻融侵蚀区的范围。根据实地考察，笔者认为西藏冻融侵蚀区的下界与冻土学中冰缘区的下界更为接近，取冰缘区的下界作为冻融侵蚀区的下界更为合理。

对于冰缘区的界定迄今尚未取得共识，多数学者认为，就冰缘地貌形成的环境条件

① 本节作者张建国、刘淑珍，在 2005 年成文基础上作了修改。

及形态类型来说，冰缘区与多年冻土区之间存在许多共同之处，但冰缘区应包括多年冻土区，因为一些实属冰缘的形态在多年冻土区之外亦有出现[23]。邱国庆等[23]通过研究发现，冰缘区下界比多年冻土下界低100～300m，因此认为冻融侵蚀的下界应比多年冻土区的下界低200m左右；并利用78个气象站的资料对青藏高原冻土区的年平均气温(T)与纬度(X_1)、经度(X_2)及海拔(H)的关系进行回归分析，得到回归方程为

$$T = 66.3032 - 0.9197X_1 - 0.1438X_2 - 0.005596H \tag{10-1}$$

邱国庆等认为青藏高原多年冻土带下界与年平均气温－2～－3℃相当[23]，选择年平均气温－2.5℃作为多年冻土带的下界。在此基础上再降低200m作为西藏冻融侵蚀区的下界可行，因此笔者取年均温－2.5℃的海拔减去200m作为西藏冻融侵蚀区下界。由式(10-1)推出西藏冻融侵蚀区下界海拔的计算公式为

$$H = \frac{66.3032 - 0.9197X_1 - 0.1438X_2 + 2.5}{0.005596} - 200 \tag{10-2}$$

式中，H 为冻融侵蚀区下界海拔，m；X_1为纬度，°；X_2为经度，°。

(二)西藏冻融侵蚀区上界的讨论

冻融侵蚀区在空间上是指位于邻近冰盖外围的地区，在山地地带也就是山地冰川作用带以下的外围地区。一些学者把“雪线”当成是山地地区“冻融作用上限”，并认为既然是“上限”，在上限以上就不应有任何冻融过程，即这里只有永久低温而不会有融化和冻结过程。如Шумский估计喜马拉雅山雪线以上没有冻融过程[24,25]；Bruce和Smythe也认为喜马拉雅山上部只有永久的低温，而不存在冻融交替[25]。国内的一些学者[25]却发现在我国西部39°N以南的高山上部，如慕士塔格山(7546m，28°30′N)、昆仑山(36°N～37°30′N)、唐古拉山(32°N)，尤其是在纬度最低的喜马拉雅山中段(28°N)主峰体上部，皆在雪线以上见到了多种冻融过程和冻融侵蚀地貌现象。这说明雪线不是“冻融作用的上限”，只不过雪线以上冻融过程的强度较弱，类型较少而已。因此将雪线作为冻融侵蚀的上限显然不科学。事实上在雪线以上，如果为永久冰雪覆盖区，则土壤侵蚀主要为冰川侵蚀，包括冰川的刨蚀、掘蚀及刮蚀等；如果不是永久冰雪覆盖区，就一定存在冻融侵蚀，而且冻融侵蚀是主要的侵蚀类型。为此笔者认为在西藏冻融侵蚀区没有上限，只不过在雪线以上由于冻融作用相对较弱，冻融侵蚀以微度或轻度为主。

(三)西藏准冻融侵蚀区

按式(10-2)计算的区域只能说是准冻融侵蚀区，这有两方面的原因：①在此海拔以上的区域分布有一定数量的冰川，而这些冰川覆盖的区域土壤侵蚀以冰川侵蚀为主，包括冰川的刨蚀、掘蚀及刮蚀等；②在此海拔以上往往风力强劲，风蚀的侵蚀力较强，在一些地段风蚀是主要的土壤侵蚀类型，并造成了这些地段的土地沙漠化。为此需在准冻融侵蚀区中剔除以冰川侵蚀和风蚀为主的区域，方为冻融侵蚀区。

二、西藏冻融侵蚀区分布图获取

根据前面的分析，为了获取冻融侵蚀区分布图，首先利用式(10-2)计算冻融侵蚀区海拔下限，确定准冻融侵蚀区；然后从准冻融侵蚀区中剔除冰川区和沙漠化区，得到冻

融侵蚀区。具体技术路线如图 10-1 所示。

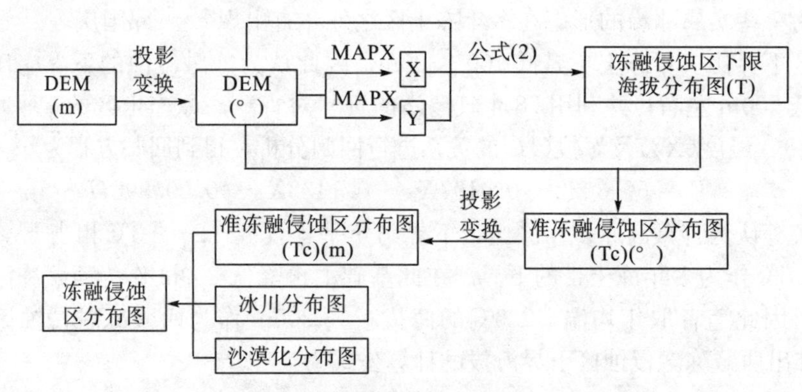

图 10-1　西藏冻融侵蚀区分布图获取技术路线

由于获取的 DEM 的坐标为平面坐标(单位为 m)，而公式(2)中所要求的经、纬度单位为度，因此首先需利用 ArcGIS[26] 的 ArcToolbox 模块中的 Projection Wizard 工具将 DEM 的投影变换成 GEOGRAPHIC 形式；再在 ERDAS[27] 的 Modeler 模块中利用数据生成函数(Data Generation)中的 MAPX 函数，生成一个像元值为相应像元经度坐标值的栅格图像 X，用 MAPY 函数生成一个像元值为相应像元纬度坐标值的栅格图像 Y；然后在 Modeler 模块中利用公式(2)将 DEM、X、Y 三幅图像综合，计算出西藏冻融侵蚀区下限海拔分布图 T。把西藏 DEM 与得到的西藏冻融侵蚀区海拔下限分布图(T)做减法运算，并在 Modeler 模块中将运算结果按像元值的正、负分成两级，正值为准冻融侵蚀区，负值为非冻融侵蚀区，得到西藏准冻融侵蚀区分布图 Tc。为了便于与其他图层进行叠加运算，再次利用 Projection Wizard 工具，将准冻融侵蚀区分布图 Tc 的投影变换成跟其他图层一样的形式(单位为 m)，并转换成矢量图层。最后把准冻融侵蚀区分布图与冰川分布图和沙漠化分布图在 ArcGIS 中叠加，在准冻融侵蚀区剔除冰川区和沙漠化区，可得到冻融侵蚀区分布图。

三、西藏冻融侵蚀区分布特点

在 ArcView[28] 软件支持下，将冻融侵蚀区分布图与行政区划图进行叠加分析，得到冻融侵蚀区在各县/区域的分布面积(表 10-5)。

表 10-5　西藏冻融侵蚀区分布

	冻融侵蚀区面积/km²	国土面积/km²	冻融侵蚀区面积/国土面积/%	冻融侵蚀区面积/自治区冻融侵蚀区总面积/%
拉萨	16987.3	29465.9	57.7	2.6
昌都	51739.6	108720.3	47.6	7.8
山南	15494.1	79160.4	19.6	2.3
阿里	201082.7	297267.1	67.6	30.3
日喀则	79645.8	181200.2	44.01	2.0
那曲	281318.0	391467.3	71.9	42.3
林芝	18122.9	114595.5	15.8	2.7
合计	664390.4	1201876.7	55.3	100.0

由图及表 10-5 可以看出西藏冻融侵蚀分布特点：

(1)冻融侵蚀区分布范围广。西藏冻融侵蚀区面积为 664390.4km^2，占国土面积的 55.3%。

(2)雅江南北差异明显。雅江以北区域冻融侵蚀连片分布，分布范围广；雅江以南呈岛状分布，分布范围小。

(3)地区分布差异明显。冻融侵蚀区主要集中在那曲和阿里地区，其中那曲的冻融侵蚀区面积为 281318.0km^2，占西藏冻融侵蚀区面积的 42.3%；阿里地区冻融侵蚀区面积为 201082.7km^2，占西藏冻融侵蚀区面积的 30.3%。山南地区、拉萨市和林芝地区冻融侵蚀区面积较小，其中山南地区为 15494.1km^2、拉萨市为 16987.3km^2、林芝地区为 18122.9km^2，分别占西藏冻融侵蚀区面积的 2.3%、2.6%和 2.7%(图 10-2)。

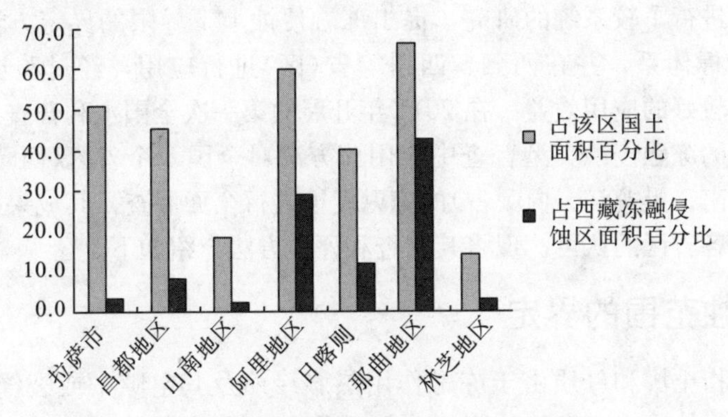

图 10-2 西藏冻融侵蚀区分布地区差异

(4)从冻融侵蚀区面积占该区国土面积的百分比来看，那曲为 71.9%，阿里为 67.6%，拉萨为 57.7%，昌都为 47.6%，日喀则为 44.0%，均超过该区国土面积的 40%(图 10-2)，说明冻融侵蚀是其最主要的土壤侵蚀类型；林芝地区和山南地区的冻融侵蚀区面积分别占其国土面积的 15.8%和 19.6%，说明冻融侵蚀不是其最主要的土壤侵蚀类型。

四、结语

作为我国主要侵蚀类型之一的冻融侵蚀，多分布于我国西部地区，一直未能引起国内外学者的足够重视。目前国内外对冻融侵蚀的研究甚少，远远落后于对水蚀和风蚀的研究。随着西部大开发的实施，为了保证环境与经济协调发展，迫切需要了解西部地区的土壤侵蚀类型、程度、分布等基本情况，以便为政府决策部门提供科学依据。因此，对我国西部地区冻融侵蚀的研究显得尤为重要。本节以西藏自治区为例，探讨了冻融侵蚀区界定的理论依据，提出基于 GIS 技术的冻融侵蚀区快速界定方法，在一定程度上丰富了冻融侵蚀的相关理论。

第五节　我国冻融侵蚀调查与评价方法①

冻融侵蚀是分布在高寒环境下的主要土壤侵蚀类型，在我国广泛分布于高海拔和高纬度地区，随着全球气候变暖，高寒地区生态环境日趋恶化，冻融侵蚀问题日趋突显。但是在我国已开展的全国土壤侵蚀调查[29]，均无全国统一的冻融侵蚀调查和评价方法，仅限于各省(区)根据本区域的实际和对冻融侵蚀的理解进行调查和评价，各省(区)之间的数据缺乏可比性。自 20 世纪 90 年代中期以来，中国科学院成都山地灾害与环境研究所刘淑珍等在对青藏高原进行水土保持研究中，对青藏高原广泛分布的主要土壤侵蚀类型——冻融侵蚀进行了较系统的研究，提出冻融侵蚀上下界限的界定方法及冻融侵蚀强度评价方法及指标体系，并在西藏、四川等省(区)进行应用，经过验证其结果符合实际[30-37]，取得了较好的应用效益。在 2011 年开展的第一次全国水利普查水土保持调查专项土壤侵蚀调查的冻融侵蚀类型普查中应用该方法对全国 8 个省区(西藏、青海、新疆、甘肃、四川、云南、黑龙江、内蒙古)的冻融侵蚀进行全面调查，其成果得到国家相关部委及冻融侵蚀区各省区的认可。现将其调查和评价方法介绍如下。

一、冻融侵蚀范围的界定

冻融侵蚀是指土壤和母质由于冻融作用热胀冷缩及其空隙中或裂缝中的水分冻结，体积膨胀而形成土体或岩石发生碎裂，消融后其抗蚀性大为降低，在冻融力及其他外力作用下产生位移的现象。冻融侵蚀区是指具有强烈冻融作用为特征的寒冷气候条件，且冻融作用是最普遍、最主要的外营力，同时有冻融侵蚀地貌形态分布的区域。第一次全国水利普查水土流失情况普查冻融侵蚀调查采用下列公式确定冻融侵蚀区海拔的下界：

$$H=\frac{66.3032-0.9197X_1-0.1438X_2+2.5}{0.005596}-200$$

式中，H 为冻融侵蚀区下界的海拔，m；X_1 为纬度，(°)；X_2 为经度，(°)。

在此界限之上的区域，年平均气温在 0℃以下，即一年中有 6 个月以上的时间地表处于冻结或冻融交替的状态，冻融侵蚀是该区域主要的土壤侵蚀类型。

二、冻融侵蚀强度评价方法

(一)评价因子及指标

根据研究，选择对冻融侵蚀影响比较强烈的 6 个主要影响因子作为评价因子，以揭示冻融侵蚀的分布规律。这 6 个因子为年冻融日循环天数、日均冻融相变水量、年均降水量、坡度、坡向和植被盖度。根据各因子在冻融侵蚀过程中的影响程度，确定各因子对冻融侵蚀影响的赋值指标，具体赋值结果见表 10-6。

---

① 本节作者李智广、刘淑珍(执笔)、张建国、张立新等，在 2011 年成文基础上作了修改。

表 10-6　冻融侵蚀强度分级评价指标赋值

指标		赋值
年冻融日循环时间/d	≤100	1
	100～170	2
	170～240	3
	>240	4
日均冻融相变水量/($m^3 \cdot m^{-3}$)	≤0.03	1
	0.03～0.05	2
	0.05～0.07	3
	>0.07	4
年均降水量/mm	≤150	1
	150～300	2
	300～500	3
	>500	4
坡度/(°)	0～8	1
	8～15	2
	15～25	3
	>25	4
坡向/(°)	0～45，315～360	1
	45～90，270～315	2
	90～135，225～270	3
	135～225	4
植被盖度/%	60～100	1
	40～60	2
	20～40	3
	0～20	4

(二)各因子权重确定方法

采用层次分析法与专家调查重要性标度法确定 6 个因子在冻融侵蚀强度评价中的权重，具体权重值见表 10-7。

表 10-7　冻融侵蚀强度分级评价指标权重

年冻融日循环时间	日均冻融相变水量	年均降水量	坡度	坡向	植被盖度
0.27	0.15	0.10	0.26	0.07	0.15

(三)侵蚀强度评价模型及评价指标

目前，我国对冻融侵蚀研究尚处于定性评价阶段，因为没有较长时段的实测资料支撑，因此无类似于水力、风力侵蚀定量评价方程。因此现阶段冻融侵蚀强度等级划分只能通过多因子加权综合评价来实现。多因子加权综合评价方法是解决复杂地学问题最有效的方法之一，已在地学多个领域得到广泛应用。因此本次全国冻融侵蚀普查采用多因子加权综合评价的方法，即将影响冻融侵蚀强度的主要因子，采用加权加和的方法获得综合评价指数，其计算公式为

$$I = \sum_{i=1}^{n} W_i I_i / \sum_{i=1}^{n} W_i$$

式中，I 为综合评价指数值；W_i 是第 i 个因子评价指标对应的权重；I_i 是第 i 个因子的赋值；n 为评价因子数。

为了与水蚀、风蚀的侵蚀强度对应，将综合评价指数 I 值分为 6 个等级(表 10-8)。

表 10-8 冻融侵蚀强度分级综合指标

区域	微度侵蚀	轻度侵蚀	中度侵蚀	强度侵蚀	极强烈侵蚀	剧烈侵蚀
青藏高原区	≤1.84	1.84~2.04	2.04~2.24	2.24~2.76	2.76~ 3.08	>3.08
西北高山区	≤1.92	1.92~2.12	2.12~2.36	2.36~2.76	2.76~3.08	>3.08
东北地区	≤1.28	1.28~2.24	2.24~2.36	2.36~2.76	2.76~3.08	>3.08

三、评价因子数据获取方法

(一)年冻融日循环天数

年冻融日循环天数是指一年内冻融日循环发生的天数，反映了温度(冻融)对冻融侵蚀强度的影响作用。获取方法是通过星载多波段微波辐射计 AMSR-E(advanced microwave scanning radiometer－earth observing system)测得的数据，计算出冻融判别指数，统计一年内冻融日循环发生的天数(d)。

年冻融日循环天数的计算步骤如下。

(1)选择并拼接 AMSR－E 亮温数据第三级产品(L3)。在低纬度地区，1d 的数据不能达到全国覆盖，故需将连续 2d 的观测数据进行拼接。

(2)提取通道的亮温用以衡量地表温度的变化，并计算其比值用以衡量地表发射率的变化。

(3)将提取得到的数据代入下式进行计算，并比较计算结果的大小，若 $F>T$，则为冻土(<0℃)，反之为融土(>℃)

$$F = 1.47T_{b36.5\mathrm{V}} + 91.69\frac{T_{b18.7H}}{T_{b36.5\mathrm{V}}} - 226.77$$

$$T = 1.55T_{b36.5\mathrm{V}} + 86.33\frac{T_{b18.7H}}{T_{b36.5\mathrm{V}}} - 242.41$$

(4)对计算结果进行标识，获取年冻融日循环发生区域和累计年冻融日循环天数。

(二)日均冻融相变水量

日均冻融相变水量是土体中冻融循环过程中发生相变的水量，相变水量增加，冻结时由于水体结冰体积增大而对土(岩)体的破坏作用增大。该因子的获取方法亦是通过星载多波段微波辐射计 AMSR-E 测得的数据，经计算获取。

日均冻融相变水量的计算步骤如下。

(1)选择并拼接 AMSR-E 亮温数据第三级产品(L3)，在低纬度地区，1d 的数据不能达到全国覆盖，故需将连续 2d 的观测数据进行拼接。

(2)提取通道 10.65V 和 36.5V 的亮温数据，计算$\frac{T_{\mathrm{bd10.65V}}}{T_{\mathrm{bd36.5V}}}$同$\frac{T_{\mathrm{ba10.65V}}}{T_{\mathrm{ba36.5V}}}$的比值，用以衡量地表发射率的变化，求取升降轨数据的准发射率的差异。

(3)将提取得到的数据代入下式进行日冻融相变水量的计算：

$$m_{\mathrm{vpt}} = A \cdot \left(\frac{T_{\mathrm{bd10.65}_H}}{T_{\mathrm{bd36.5V}}} - \frac{T_{\mathrm{ba10.65}_H}}{T_{\mathrm{ba36.5V}}}\right) + B$$

式中，m_{vpt}为日冻融相变水量值(volume phase translation water)，$\mathrm{m^3/m^3}$；A、B 为回归系数；$T_{\mathrm{bd10.65}_H}$ 和 $T_{\mathrm{bd36.5}_H}$ 分别为 10.65GHz 垂直极化和 36.5GHz 垂直极化降轨亮温；$T_{\mathrm{ba10.65}_H}$ 和 $T_{\mathrm{ba36.5}_H}$ 分别为 10.65GHz 垂直极化和 36.5GHz 垂直极化升轨亮温；A 的取值为 3.0185，B 的取值为 0.0008。

(4)累计年冻融相变水总量，并基于年冻融日循环时间进行平均，获取日均冻融相变水量。

(三)年均降水量

降水(含降雨和降雪)是冻融侵蚀的重要影响因子，降水直接影响土体含水量，影响冻融侵蚀强度，同时降雨和冰雪融水是冻融侵蚀物质移动的重要动力。数据获取方法为收集冻融侵蚀区(包括西藏、四川、云南、青海、新疆、甘肃、内蒙古、黑龙江等省、区)气象台站 1981~2010 年的逐年降水数据。同时，因冻融侵蚀区气象台站稀少，利用降水卫星数据进行补充，计算多年平均降水量。基于 GIS 软件绘制年均降水量等值线图，并对降水量等值线图进行空间插值，根据年均降水量分级标准进行赋值，得到年均降水量因子图。

(四)植被盖度

植被对冻融侵蚀的作用表现在三个方面：其一是植被的地上部分对地表起到减轻侵蚀的保护作用；其二是植被地下部分可提高土体的稳定性，降低因冻融作用对土体的破坏作用；其三是植被可减小地表温度较差的作用，因此，将植被盖度作为评价冻融侵蚀强度的重要影响因子。其数据的获取方法是利用最新卫星遥感数据，并通过调查单元野外现场调查数据对遥感数据进行验证、纠正，然后根据冻融侵蚀植被盖度因子赋值标准进行植被盖度分级，得到冻融侵蚀植被盖度因子图。

(五)坡度与坡向

坡度直接影响冻融侵蚀物质移动的速度和距离，是冻融侵蚀的重要影响因子之一。

坡向影响太阳辐射的总量和强度，不同坡向昼夜温差变化明显，直接影响冻融风化作用的强度。数据获取方法为，利用 DEM 数据，在 GIS 软件中生成坡度、坡向图，进行分级评价。

四、普查成果的质量控制

冻融侵蚀普查包括野外实地调查和侵蚀强度评价两个阶段，野外调查由冻融区各省(区)完成，侵蚀强度评价由中国科学院成都山地灾害与环境研究所完成。

(一)野外调查阶段

1. 调查单元的布设

野外实地调查单元布局是以全国统一的国际分幅地形图网格为基础，参照水利部《关于划分国家级水土流失重点防治区的公告》中对防治类型区的规定，确定冻融侵蚀区调查单元布局的密度。冻融侵蚀区水土流失非重点防治区域以 1∶10 万地形图为一个网格，调查单元布设在图幅的中心位置；水土流失重点防治区以 1∶5 万地形图为一个网格，调查单元布设在图幅的中心位置。因受交通或其他因素限制难以达到的不布设。全国布设野外调查单元 1604 个，布设到县，将各省(区)调查单元布设图(含各调查单元经纬度)发放到各省(区)，提供给县作野外调查使用，最终全国完成 1627 个单元(西藏自治区自行增加)。

冻融侵蚀野外调查分为数据准备、野外调查和数据整理汇总等三个环节。

2. 数据准备

该阶段主要是为野外调查做好准备，其工作内容及质量控制要求如下：

(1)建立存储调查数据的文件夹体系，应保证文件夹目录的完整性、正确性。三级目录要求含有各县级调查单元的分布图，其调查单元数量应与国家规定的数量一致；四级目录中应含有调查单元的编号，高分辨率卫星影像及其预解译土地利用类型、图斑界限的图片文件及其基本信息(包括填图人、经纬度等)。

(2)国家规定的“冻融侵蚀野外调查表”。

(3)预解译的土地利用图，要求土地利用类型边界准确，偏差小于 1mm，属性确定正确。

3. 野外调查

该阶段要求对调查单元进行冻融侵蚀调查，并对预解译的土地利用图进行验证及纠正，填写“冻融侵蚀野外调查表”，拍摄照片。质量控制要求如下：

(1)对预解译的土地利用类型及图斑界限进行验证及纠正，类型界限要求偏离小于 1mm，属性确定要求误差小于 10%，图件要求界限清楚，绘制清晰，编码符号标准、清楚。

(2)要求“冻融侵蚀野外调查表”中每个选项填写准确，整个表格共 10 大项 25 个数据，要求填写差错率小于 4%。

(3)要求拍摄近景(中心位置)、远景(四周景观)及冻融侵蚀形态照片并将其位置标注在土地利用图上。

(4)要求记录 GPS 航迹图，以县(区、市、旗)为单位，路线连续，调查单元齐全。

4. 数据整理汇总

数据整理汇总阶段工作内容质量控制要求如下：

(1)完成文件夹，要求完整、准确，三级目录要求包含县级调查单元分布图与GPS航迹图的调查单元一一对应(如果发生变化，应该写出说明)；四级目录下含有经纠正重新数字化后的土地利用类型图及冻融侵蚀形态照片标注的图片文件，土地利用类型界限精度要求偏差小于1mm，属性偏差小于10%，冻融侵蚀形态照片位置标注要正确。

(2)要求“冻融侵蚀野外调查表”录入准确，差错率小于4%。

(3)照片近、远景及冻融侵蚀形态齐全。

(4)文件夹中图、表、照片统一、完整。

(二)侵蚀强度计算分析评价阶段

对采集的数据进行分析和验证后，根据前述冻融侵蚀强度评价方法和模型，应用采集并经验证的各评价因子的数据对冻融侵蚀区冻融侵蚀强度进行评价和分析，完成我国冻融侵蚀范围、强度分布图(8个省、区)及普查报告。

1. 质量控制内容

侵蚀强度计算分析阶段质量控制的核心内容是对计算评价出的冻融侵蚀强度进行审查，采用野外调查获取的调查资料(照片、表格、图等)判断的冻融侵蚀强度对全国冻融侵蚀强度评价结果进行验证。

2. 质量控制要求

(1)利用野外调查单元的数据修正和验证植被、坡度、坡向等的等级判断结果，准确率达到≥75%。

(2)使用野外调查单元资料判断所得的冻融侵蚀强度与对应位置全国冻融侵蚀强度评价计算结果进行比较，准确率≥75%。

(3)利用野外调查单元所拍摄景观照片判断的冻融侵蚀强度与计算所得的冻融侵蚀强度进行比较，准确率≥75%。

五、小结

冻融侵蚀是我国仅次于水蚀和风蚀的第三大土壤侵蚀类型，也是第一次全国水利普查水土保持情况普查的土壤侵蚀类型之一，其普查方法的制订和正确运用对普查结果有重要影响。笔者阐述的冻融侵蚀评价方法对于补充我国土壤侵蚀的调查评价方法以及科学评价我国冻融侵蚀现状、发展趋势和预测预报具有一定的意义。

第六节 我国土壤冻融侵蚀现状及防治对策[①]

冻融侵蚀是我国三大主要土壤侵蚀类型之一，是仅次于水蚀、风蚀而在全国分布较广的土壤侵蚀类型。2010～2012年，在全国冻融侵蚀区各省(区)水保部门的大力支持和

① 本节作者刘淑珍、刘斌涛、陶和平、张立新，在2012年成文基础上作了修改。

国普办水土保持专项工作组的领导与指导下，在国家级技术支撑单位中国科学院/水利部成都山地灾害与环境研究所、北京师范大学等单位的共同努力下，经过前期准备、野外调查、冻融侵蚀因子计算、冻融侵蚀强度空间评价4个阶段的工作，圆满地完成了普查任务，普查成果通过了专家评审及冻融侵蚀区各省(区)的认可。本研究简要介绍本次普查工作的概况及其取得的成果。

一、冻融侵蚀普查概况

(一)冻融侵蚀普查的范围、任务及内容

冻融侵蚀普查的范围系我国内陆地区北方冻土侵蚀区、青藏高原冰川冻土侵蚀区等有冻融侵蚀分布的8个省(区)，包括黑龙江省、甘肃省、内蒙古自治区、青海省、四川省、云南省、西藏自治区、新疆维吾尔自治区。

本次冻融侵蚀普查的内容包括：确定冻融侵蚀区范围[35]、野外调查单元调查、冻融侵蚀因子的调查及计算、冻融侵蚀强度空间评价[38]。

野外调查单元调查是获取冻融侵蚀区地面实测资料，补充完善冻融侵蚀各因子普查和冻融侵蚀强度普查数据，为冻融侵蚀因子和冻融侵蚀强度的精度验证提供依据的重要途径。调查的内容主要包括全国1604个冻融侵蚀野外调查单元的调查表、土地利用类型数据和冻融侵蚀方式照片等数据的采集[39]。

冻融侵蚀因子的普查和计算，是基于野外调查单元调查的数据、地形图资料的地形数据和遥感信息的空间数据获取年均降水量、年冻融日循环天数、日均冻融相变水量、坡度、坡向和植被盖度等6个评价因子的值并进行计算的。

冻融侵蚀强度空间评价主要是通过综合评价模型计算，从空间上获取每个县、省(区)到全国的不同等级冻融侵蚀强度空间格局和面积[38]。

(二)技术路线与方法

本次冻融侵蚀普查采用野外实地调查、基础数据采集、冻融侵蚀评价模型相结合的综合调查方法，即在地理信息系统(GIS)技术支持下，利用冻融侵蚀综合评价模型计算获得冻融侵蚀强度指数，判断冻融侵蚀强度等级[38]，综合利用野外调查、高分辨率遥感影像、典型区研究等多种方法对结果进行验证。

二、普查成果与分析

(一)普查成果

本次普查，全面查清了我国冻融侵蚀区冻融侵蚀强度、面积和空间分布情况。依据冻融侵蚀下界海拔计算模型，确定全国冻融侵蚀区总面积为190.32万km^2，扣除其中的水域、冰川和永久积雪地、建设用地、沙地(沙漠)等后的总面积为172.48万km^2，占我国陆地国土总面积的17.97%。

全国冻融侵蚀面积66.096万km^2，按侵蚀强度划分，轻度侵蚀面积341845.66km^2、中度188324.10km^2、强烈124216.93km^2、极强烈6462.72km^2、剧烈106.23km^2，分别

占51.72%、28.49%、18.79%、0.98%和0.02%。我国冻融侵蚀以轻度、中度侵蚀为主，极强烈侵蚀和剧烈侵蚀面积非常小且主要分布在青藏高原的西藏自治区和四川省。

表10-9给出了全国各省(区)的冻融侵蚀强度分级面积数据。从表10-9中可以看出，西藏自治区是我国冻融侵蚀最严重的地区，冻融侵蚀面积达323229.65km^2，占我国冻融侵蚀面积的48.9%；其次是青海省，冻融侵蚀面积达155768.07km^2，占我国冻融侵蚀面积的23.57%；其余省(区)冻融侵蚀面积从大到小依次为新疆、四川、甘肃、内蒙古、黑龙江、云南。

表10-9　全国各省(区)冻融侵蚀面积　　(单位：km^2)

省(区)	冻融侵蚀	轻度	中度	强烈	极强烈	剧烈
内蒙古	14469.48	13454.28	1015.20	0.00	0.00	0.00
黑龙江	14100.88	13295.13	805.75	0.00	0.00	0.00
四　川	48366.85	17916.89	16010.51	14120.92	318.38	0.15
云　南	1305.54	182.38	393.23	720.47	9.47	0.00
西　藏	323229.65	138278.82	94108.68	84655.79	6080.28	106.08
甘　肃	10162.73	7889.97	1847.72	424.83	0.22	0.00
青　海	155768.07	99189.45	40272.59	16270.65	35.37	0.00
新　疆	93552.43	51638.74	33870.42	8024.27	19.00	0.00
全　国	660955.63	341845.66	188324.10	124216.93	6462.72	106.23

(二)冻融侵蚀强度评价精度分析

本次冻融侵蚀普查采用多因子综合评价方法对全国冻融侵蚀强度进行评价和分级，其成果通过与野外调查单元实地调查结果验证，与已有典型观测站(点)土壤侵蚀监测数据对比及与同位素^{137}Cs采样测试数据进行对比[40]，同时采用典型小流域高分辨率卫星影像比较等多种方法验证，本次全国冻融侵蚀强度分级分布精度在90%以上，其成果可靠，能够较好地反映我国各冻融侵蚀区冻融侵蚀强度的分布趋势。为了进一步检验本次普查成果的可靠性，在国普办水土保持工作组的组织与主持下，除专门召开专家评审会得到专家的充分肯定外，还分别向四川、青海、甘肃、云南、新疆、西藏、内蒙古、黑龙江8省(区)及新疆生产建设兵团等有关领导和专家就本次冻融侵蚀普查成果进行了咨询，各省(区)专家对本次冻融侵蚀普查成果均给予了肯定，认为基础数据来源可靠、评价方法科学严谨，其分布面积、强度分级空间格局等符合各省(区)实际情况。

三、我国冻融侵蚀空间分布特征

图10-3是利用冻融侵蚀区范围计算公式确定的中国冻融侵蚀区范围分布图[35]。从图10-3中看出，我国冻融侵蚀主要分布在青藏高原、天山山脉、阿尔泰山和大兴安岭地区，其中，青藏高原是我国冻融侵蚀分布的主体部分，总面积约148.95万km^2(含微度侵蚀，以下同)，占我国冻融侵蚀区面积的86.36%；大兴安岭地区是我国第二大冻融侵蚀分布区，冻融侵蚀面积约14.38万km^2，占我国冻融侵蚀区总面积的8.34%；天山山脉横亘于我国新疆维吾尔自治区中部，其冻融侵蚀区面积为7.40万km^2，占我国冻融侵蚀区总面积的4.29%；阿尔泰山山脉是我国第四大冻融侵蚀分布区，其冻融侵蚀区面积

为 1.75 万 km^2，占我国冻融侵蚀区总面积的 1.01%。

图 10-4 为中国冻融侵蚀强度分级分布图。从图 10-4 中可以看出，我国冻融侵蚀中强烈侵蚀、极强烈侵蚀和剧烈侵蚀主要分布在青藏高原南部、东南部和天山山脉的南坡，其中以冈底斯山脉东段和念青唐古拉山南部冻融侵蚀强度最高，其强度基本都在中度以上。该区域冻融侵蚀强度高是气候、地形和植被等多方面因素造成的：①该区域的年冻融日循环天数可达 240d 以上，最高达 320d(位于西藏自治区浪卡子县和措美县交界处一带)，也就是说一年中有 8～10 个月的时间都处于冻融交替中，强烈的冻融循环作用使岩土体抗侵蚀能力降低，土壤侵蚀强度大为增加；②该区域地形十分陡峻，绝大多数坡面坡度在 25°以上，甚至可达 70°～80°，复杂的地形条件大大增加了区内土壤侵蚀的潜在危险性；③该区域冻融侵蚀下界海拔在 5000m 左右，已在高山林缘线之上，主要植被类型为较低盖度的草地和垫状植被，由于没有林地等良好植被覆盖，加上纬度较低，岩土体表面白天在太阳辐射下强烈升温融化，夜间急速降温冻结，这种冻融作用机制是导致该区域冻融侵蚀强烈发育的重要原因。

羌塘高原、唐古拉山脉西段、巴颜喀拉山脉、阿尼玛卿山、喀喇昆仑山脉东段、昆仑山、阿尔金山、天山山脉东段、阿尔泰山、大兴安岭地区以微度、轻度侵蚀为主。特别是羌塘高原地域广阔，冻融侵蚀以微度侵蚀为主，主要是由于该地区位于青藏高原高原面上，地势比较平坦；其次该地区气候十分寒冷，地表冻结的时间较长，冻融循环天数一般在 160～220d，虽然海拔高但冻融侵蚀强度反而要低于冈底斯山和念青唐古拉山地区；再次是该地区降水十分稀少，这也是造成冻融侵蚀强度低的一个原因。

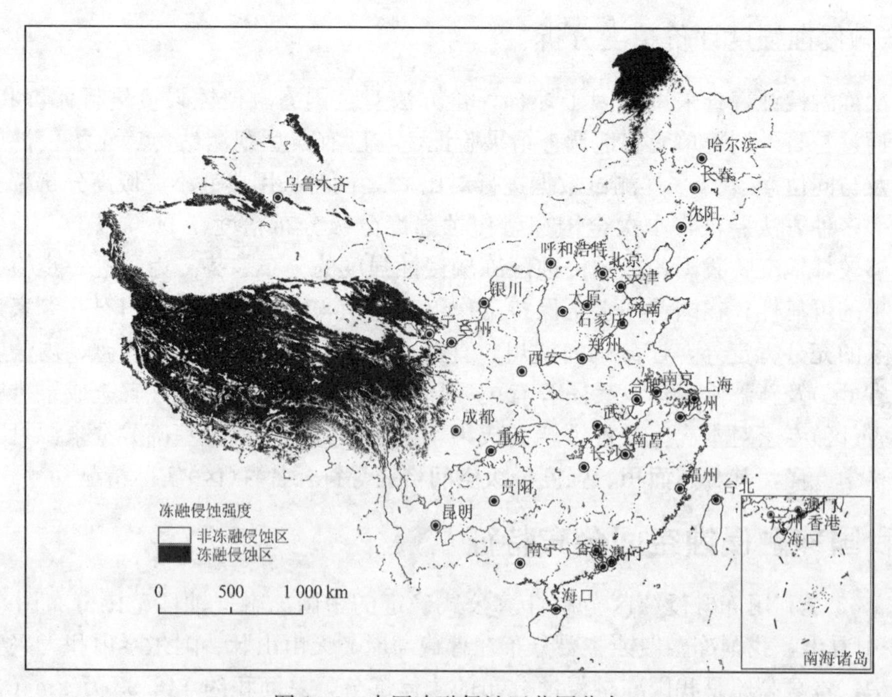

图 10-3　中国冻融侵蚀区范围分布

从图 10-4 中可以看出，横断山区冻融侵蚀比例很高，几乎全都为中度侵蚀和强烈侵蚀。横断山区是我国典型的生态环境脆弱区，山地坡度陡峻，高海拔区域植被盖度差，但降水较充沛，因此该区域水力侵蚀、重力侵蚀、冻融侵蚀强度均比较高，其土壤侵蚀应引起有关部门的高度重视。

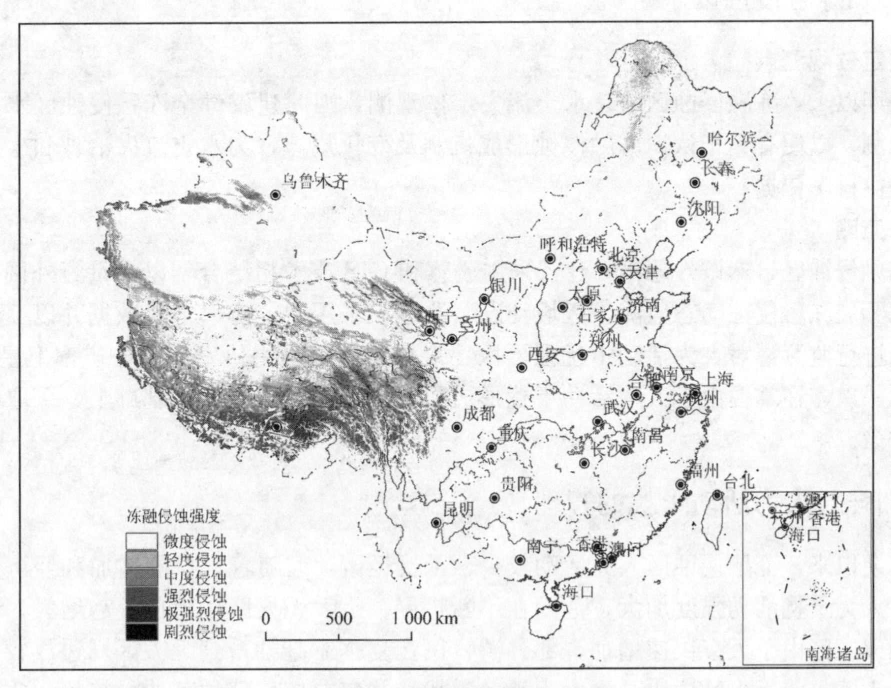

图 10-4　中国冻融侵蚀强度分级

四、冻融侵蚀区生态环境保护对策

冻融侵蚀分布于寒冷条件下，其生态环境脆弱，产生的土壤侵蚀治理难度非常大，因此防治冻融侵蚀对保护生态环境有着非常重要的意义。冻融侵蚀区多数人为活动较弱，目前其生态环境保护相对较好，大部分地区处于无明显侵蚀状态，特别是高海拔区多以自然侵蚀为主，只有少部分地区因人为干扰水土流失加剧，处于中度以上侵蚀状态。但是，随着人类活动的加剧，特别是近年来由于人为干扰的加重，冻融侵蚀有加剧发展的趋势，因此加强冻融侵蚀区土壤侵蚀防治势在必行。根据调查掌握的情况，特提出如下防治对策。

(一)建立健全的法律法规体系及执法体系

尽快制定与水土保持法相配套的冻融侵蚀防治法律法规或规范性文件，为该区域水土资源保护提供法律支持。冻融侵蚀区绝大部分属生态环境脆弱区、敏感区，在国家主体功能区划及生态功能区划中属禁止或限制开发区，因此应制定相关的法律法规，提高开发建设项目准入的标准或门槛。对已经获得开发准入的单位应提出相应的水土保持要求，开发建设项目中必须采取相应的水土保持措施，建设单位必须履行相关的法律义务。同时，各级政府要建立相应的监督执法机构，形成自上而下的监督执法体系，加强预防监督，对发生的水保违法行为按照相应的法律法规进行处理。

(二)加强冻融侵蚀区水土流失监测

1. 设置定位观测点

长期以来，冻融侵蚀区缺乏水土流失定位观测，因此建议健全冻融侵蚀区水土流失定位观测，以便有利于认识冻融侵蚀形成机制及变化规律，为水土流失治理和生态环境建设提供科学依据。

2. 动态监测

冻融侵蚀区自然条件恶劣，建议采用遥感和GIS技术相结合辅以少量野外调查验证的方法开展冻融侵蚀动态监测。区域动态监测建议采用中分辨率卫星数据并以5年为一个周期进行监测，对人为活动干扰强烈区建议采用我国自主研发的高分辨率卫星数据2年监测一次，在掌握由于人为活动干扰形成的冻融侵蚀发展趋势的基础上，采取必要的防治对策。

(三)加强对人为活动干扰的管理

长期以来，冻融侵蚀区人为活动较少、干扰轻微，但随着人口的增加和经济建设的发展，人为干扰活动强度加大，范围在不断扩展，广大无人区压力也日趋增大，青藏高原冻融侵蚀区由于人畜快速增加，部分游牧民在夏季驱赶牲畜到无人区周边放牧，不断蚕食无人区，使无人区周边受到人为活动干扰，并有向核心部位延伸的趋势，致使冻融侵蚀区土壤侵蚀强度由微度向轻度、中度甚至强度发展。随着全球气候的变化，东北地区冻融侵蚀区春小麦的耕种逐步进入高寒的冻融侵蚀区，近年来开荒种麦面积逐年递增，特别是山区，由于土层较薄，人为活动的干扰在冻融侵蚀作用下产生了严重的水土流失，潜在的威胁不容忽视[41]。同时，由于开矿、基础设施、交通等开发建设项目的开展，冻融侵蚀区人为活动日趋强烈，一些开发建设项目由于开挖边坡、弃渣堆积等形成的冻融侵蚀常引发大型滑塌，或由于地下水、雪融水、降雨的共同作用产生泥石流等灾害，造成人员伤亡和财产损失。因此，要加强对开发建设项目的管理，建立健全项目管理制度，将责任落实到人，对违反水土保持法的行为进行严厉查处。

(四)加强冻融侵蚀的科学研究

1. 防治技术研究

由于自然环境独特，现有的大量的水土保持防治技术对冻融侵蚀区不太适用，冻融侵蚀区水土保持防治技术的研究还基本处于探索、试验阶段，成熟的防治技术还很缺乏，科学、合理的开发技术也相对较少，严重影响了冻融侵蚀区水土保持防治工作的开展，如植被恢复技术、边坡防护技术等都有待于进一步深入研究、试验、示范，因此加强这方面的研究为冻融侵蚀区提供比较成熟的防治技术势在必行。

2. 冻融侵蚀理论研究

冻融侵蚀理论研究在我国还处于非常初级的阶段，特别是冻融侵蚀机理及预测模型、评价体系等的研究还仅仅处于探索阶段，但是随着全球气候变化及国民经济的快速发展，对冻融侵蚀研究的需求越来越迫切，建议组织相关科研院所、高校加强研究，尽快从理论上有所突破，为水土保持、生态环境建设等提供科技支撑。

(五)加大冻融侵蚀区已产生的水土流失治理力度

由于近年来各项建设活动增多，冻融侵蚀区局部产生了由人为干扰造成的水土流失且有日趋发展的趋势，但长期以来冻融区的水土流失没有引起有关部门足够的重视，基本上没有投入经费进行有效的治理。由于冻融侵蚀区生态环境极其脆弱，水土流失潜在危险性大，地表植被一旦破坏很容易产生水土流失，而且治理难度大，因此我们不仅要加强对冻融侵蚀区生态环境的保护，而且要对已产生的水土流失尽快进行有效的治理，避免其进一步发展，国家及冻融侵蚀区各省(区)都应加大对冻融侵蚀区水土流失治理的投入强度。

第七节 我国水土流失调查评价方法若干问题的思考①

2010～2012年我国进行了历时3年的全国第一次水利普查工作，其普查成果《第一次全国水利普查》经国务院批准，第一次全国水利普查领导小组办公室于2013年3月26日发布。全国水土保持情况普查(也称全国第四次土壤侵蚀调查)是本次水利普查的第八专项，通过普查进一步摸清了全国水土流失状况和水土保持措施等情况，为国家宏观生态建设决策和水土流失防治提供了科学依据。此次普查方法科学，技术手段先进，组织严密，工作有序，成果可信，对推进我国水土保持工作信息化、现代化建设意义重大[42]。

本次水土保持情况普查与前三次土壤侵蚀调查比较无论是整体设计、技术路线、还是其调查、评价方法都有了很大的进步，实现水土保持情况半定量、定量评价，其中水蚀、风蚀采用模型评价方法；冻融侵蚀采用了全国统一的评价指标体系和方法，调查和评价方法有了突破性提高。笔者有幸全程参加了这次水土保持普查工作，对我国土壤侵蚀现状及其调查、评价和监测方法等有了更全面的了解和认识，通过对整个普查过程的回顾和思考，深感我国水土流失具有复杂性和特殊性，为使我国今后水土流失普查能更好地反映我国的实际情况和更具科学性，对水土流失调查、评价方法提出有待改进和完善的一点建议，供同行讨论。

1. 因地制宜分区域设计调查、评价方法及频次

我国国土辽阔，地貌、气候、植被类型复杂多样，各地域自然、社会环境差异明显，为此建议根据不同地区土壤侵蚀影响因子、侵蚀营力、侵蚀类型等来设计其调查、评价方法及频次。王礼先在《水土保持学》中将土壤侵蚀划分为自然侵蚀和加速侵蚀两大类[43]，在没有人类活动干扰的自然状态下，由自然因素引起的地表侵蚀过程，其速率非常缓慢，叫自然侵蚀。但是在有人类居住的地方随着人类活动强度逐渐加大带来陆地表面自然状态的破坏，因而改变了地表覆被的结构，在外力的作用下使土壤侵蚀速度加剧，表层土壤侵蚀速率大于成土速率，土壤遭到严重破坏，这种侵蚀过程称之为加速侵蚀。我国地域辽阔，人口分布极不均衡，据不完全统计，西藏、青海、新疆等省(区)人口密

① 本书作者刘淑珍、刘斌涛等，在2013年成文基础上作了修改、补充。

度<1 人/km^2的无人区(或称人口活动微弱区)面积约有 180 万 km^2。另据调查全国各类各级自然保护区面积约 150 万 km^2(其中国家级自然保护区 363 个，其面积达 94.15 万 km^2)。两者相加约 330 万 km^2，约占我国国土面积的 1/3。这 1/3 国土面积人类活动极其微弱，基本上为自然侵蚀，因此建议对这部分区域采用“潜在危险性评价方法”进行调查和评价。不同地区土壤侵蚀影响因素的组合特征有所不同，因此“土壤侵蚀潜在危险度”(degree of soil erosion potential danger)不同，自然侵蚀类型区一般来说自然生态环境脆弱，但是其脆弱性程度有区域差异，其中脆弱度高的区域土壤侵蚀潜在危险性大，虽然目前没有产生加速侵蚀，但是一旦地表植被及地表物质遭到破坏或扰动，自然生态平衡失调将产生严重水土流失，因此开展这些区域土壤侵蚀潜在危险性调查和评价很有必要。在对不同自然侵蚀类型进行土壤侵蚀危险度评价的基础上，制定相应的预防保护和监督措施。自然侵蚀类型区野外工作条件比较艰苦，现场调查艰难，因此建议采用遥感调查，辅助少量人工验证，如能采用部分高分辨遥感数据，其调查精度完全可以达到要求。

土壤侵蚀调查频率(或周期)也应该考虑区域差异选择不同的频率(或周期)，对于自然侵蚀区，侵蚀速度缓慢，调查频度可大大减小，周期加长，建议 10～20 年为一个周期，调查一次；对于加速侵蚀区调查周期，建议全国 5～10 年，省级 3～5 年为一个周期调查一次，局部人类活动剧烈区建议 1～3 年调查一次。

2. 点、面结合的调查方法

本次土壤侵蚀调查首次在全国范围内应用中国土壤流失方程(CSLE)，在全国范围内布设 33966 个野外调查单元[42]，对每个野外调查单元土壤侵蚀影响因素进行实地调查采集数据，计算调查单元土壤侵蚀强度面积比例，然后采用空间插值生成省级(或县级)行政区水蚀强度分级比例和水蚀面积比例[44]。该方法是我国学者将美国通用土壤流失方程(USLE)经多年试验，结合我国国情创造性地应用到我国及本次土壤侵蚀调查与评价。但因受我国多种条件的限制，其抽样的数量大大的少于美国，美国规模最大的 1982 年抽样调查，全国共有 321000 个 PSU(抽样单元)和 800000 个采样点[45]，而我国本次调查仅三万多个野外调查单元，是美国的 1/10(美国陆地面积 919.5 万 km^2，我国陆地面积 960 万 km^2)，可见，我国抽样调查单元明显偏少，如四川省茂县国土面积 4064km^2，才一个调查单元，汶川县 4084km^2，也只有 2 个调查单元。因此建议国家布设一定数量的基本控制调查单元，各行政区域(省、市、县)根据水土保持需要和经济条件自行加密，提高调查精度。我国是一个多山的国家，山地、丘陵面积占国土面积的 73.45%[46]，山区地貌类型复杂，用有限的调查单元数据空间插值完成县域(或省域)的水土流失空间格局显然是非常困难的，因而本次调查缺乏省级及县级土壤侵蚀强度空间格局分布图。为此笔者建议采用点面结合的方法完成县域(或省域)土壤侵蚀强度空间格局分布图，既采用遥感调查方法实现区域无缝隙评价(我国第二、第三次土壤侵蚀调查的方法)，结合本次调查单元所计算的不同地类的侵蚀模数，验证遥感调查方法确定的土壤侵蚀强度及侵蚀模数，弥补遥感调查方法的三个不足[44]，实现优势互补。通过这两种方法的结合可以较好地完成水蚀强度空间格局分布，完成县域(或省域)土壤侵蚀强度空间格局分布图，为县域水土保持规划提供各类侵蚀强度空间分布格局，便于水土保持项目在县域内布置到乡级。在本次水土流失调查后期，中科院成都山地所在四川省采用该方法编制的县域土壤侵蚀图效果较好，较客观地反映了县域土壤侵蚀空间格局分布现状。

3. 坡面侵蚀调查与侵蚀沟调查结合

本次水蚀评价方法采用国产化的通用土壤流失方程，与前几次土壤侵蚀调查与评价相比有了很大的进步，但本方法主要适用于坡面土壤侵蚀调查与评价，我国地貌类型复杂，土壤侵蚀环境与美国土壤侵蚀环境有较大的差异，在我国土壤侵蚀中沟道侵蚀是不可忽视的重要侵蚀形式，据本次水土保持调查，黄土高原侵蚀沟道达666717条，其中黄土丘陵沟壑区侵蚀沟道556425条，占83.46%[47]，东北黑土区侵蚀沟道共计295663条，其中松花江流域侵蚀沟道224529条，占75.94%[48]。大兴安岭东坡丘陵沟壑区、呼伦贝尔高平原区沟壑密度高达0.56km/km、0.36km/km，而且大部分属于发展期侵蚀沟，其土壤侵蚀量及对地表的破坏程度可想而知，可见仅仅采用CSLE评价的土壤侵蚀强度在侵蚀沟道发育的区域可能会有一定的偏差。因此为使今后的全国土壤侵蚀普查结果科学性更强，更符合实际，需要加强侵蚀沟侵蚀强度及评价模型的研究，建议在黄土区、黑土区、紫色土区和红壤区等侵蚀沟发育区设立侵蚀沟道观测研究站，通过观测、研究建立沟道侵蚀评价模型，将CSLE评价模型与沟道侵蚀评价模型相结合对区域土壤侵蚀进行评价，就可以更客观、全面地评价一些侵蚀沟道比较发育的区域的土壤侵蚀强度。在这方面我国学者已进行了大量的探索，如江忠善[49]提出了黄土高原区浅沟侵蚀影响的因子，在USLE模型中考虑了沟蚀影响因子，笔者在进行青海省土壤侵蚀评价中采用江忠善模型，并修正了其中参数，提出了浅沟发育区界定方法，合理评价了坡面、沟蚀复合下的区域土壤侵蚀强度。

4. 复合侵蚀区的调查与评价

从我国土壤侵蚀的现状分布状况可以看出，水土流失比较严重的区域主要分布在降水量300～600mm的范围内，大致包括西北、东北、华北半干旱、半湿润地区和西南山区等区域，而且这些区域的大部分都是水、风、冻三种侵蚀类型复合发生的区域，一年四季不同季节不同土壤侵蚀类型交替发生，冬春干旱大风季节一方面物理风化强烈，给水蚀提供了松散物质，另一方面大风作用形成强烈的风蚀；而夏季由于降雨集中，特别是在半干旱地区，少量降水主要集中在夏季，形成强烈的水蚀；而春、秋季节又是冻融侵蚀发生的季节，因此在这些区域，水、风、冻三类侵蚀复合发生，某些区域可能水、风、冻在同一地块不同季节交替发生，特别是冻融侵蚀区冬春的风蚀、夏季的水蚀在局部地区还是比较严重的。因此建议加强对复合侵蚀区侵蚀量和侵蚀强度的监测、评价方法的研究，提出合理的、科学的评价方法。

5. 加强冻融作用对土壤侵蚀影响的研究

本次水土流失普查中对我国冻融侵蚀区采用了统一的调查和评价方法进行了冻融侵蚀调查，冻融侵蚀区界限采用了模型来确定。我国国土面积大，除在界定的冻融侵蚀区外还有广大区域存在冻融作用。根据笔者研究，反复的冻融作用对土壤物理性质，如团聚体稳定性，水分传导率，抗剪切力，可蚀性等都产生一定的影响，进而降低土壤抗侵蚀能力，同时冻融作用对土壤性质的破坏增加了水力、风力、重力等侵蚀作用的物质来源。据张瑞芳等利用1961～2007年我国累年年平均气温年较差的空间分布图的研究[50]表明，我国冻融侵蚀除主要分布于青藏高原、西北地区，黑龙江、内蒙古局部地区外。东北大部、华北地区以及黄河以南长江以北的广大区域也是受冻融作用影响较大的区域，根据此次水利普查资料，年冻融循环天数和日均冻融相变水量可作为定量描述冻融作用的指标，年冻融日循环天数大于 30 天(即一个月)是一个区域有冻融侵蚀现象发生的重要标志。据调查华北平原冻融期平均可达 106 天。东北的侵蚀沟内的大量物质是由于冬春冻融作用产生的松散物质坠落于沟道形成的，春天冰雪融水及夏季降水对沟内松散物质冲刷造成严重水土流失，同时加快了侵蚀沟道的发育，冻融作用常伴随着水蚀、风蚀、重力侵蚀等相互作用，对土壤造成严重侵蚀。因此加强冻融作用对土壤侵蚀影响研究很有必要。建议在东北、西北、西藏、青海、四川等冻融作用比较发育的区域选址建立观测研究站，进行观测研究，研究不同的年冻融日循环作用天数和日均冻融相变水量对土壤侵蚀强度的影响，建立和完善相应的水蚀、风蚀、冻融侵蚀的评价模型。

参考文献

[1] 辛树帜，蒋德麒.中国水土保持概论［M].北京：农业出版社，1982：31～35.
[2] 陈浩，等.流域坡面与沟道的侵蚀产沙研究［M］北京：气象出版社，1993：12～13.
[3] 中华人民共和国水利部水土保持司.土壤侵蚀分级分类标准［S].见：焦居仁.水土保持生态建设法规与标准汇编［Z].北京：中国标准出版社，2001，2：628～639.
[4] 唐克丽.中国水土保持［M].北京：科学出版社，2004：80～82.
[5] 任宪平，景国臣，刘丙友，等.大小兴安岭公路涎流冰的形成及其防治［J].水土保持研究，2005，12(2)：190～191.
[6] 李树德，李世杰.青海可可西里地区多年冻土与冰缘地貌［J].冰川冻土，1993，5(1).
[7] 朱诚，崔之久.天山乌鲁木齐河源区冰缘地貌的分布和演变过程［J].地理学报，1992，47(6)：526～531.
[8] 陈永宗.黄土高原现代侵蚀与治理［M].北京：科学出版社，1988：41～42.
[9] 朱立平，王家澄，彭万巍，等.寒冻条件下热力作用对岩石破坏的模拟实验及其分析［J].地理研究，2000，19(4)：437～442.
[10] 朱立平，W B Whalley.寒冻条件下花岗岩小块体的风化模拟实验及其分析［J].冰川冻土，1997，19(4)：312～319.
[11] MeGreevy J P，Whalley W B. Rock moisture content and frost weathering under natural and experimental conditions：A comparatire discussion Arctic and Alpine Research，1985，14：157～162.
[12] 杨景春.地貌学原理［M].北京：北京大学出版社，2006：84.
[13] 季子修.天山中部现代冰缘作用［J].冰川冻土，1980，2(3)：5～6.
[14] 唐克丽，等.中国水土保持［M].北京：科学出版社，2004：110～111.
[15] 西藏自治区统计局.西藏统计年鉴(2005)［M].北京：中国统计出版社，2005：1～60.
[16] 中华人民共和国水利部水土保持司.土壤侵蚀分类分级标准(SL190—2007)［S].北京：中国水利水电出版社，2008：3～12.
[17] 杨勤科.区域土壤侵蚀普查方法的初步讨论［J].中国水土保持科学，2008，6(3)：1～7.
[18] 唐克丽.中国水土保持［M].北京：科学出版社，2003：3～27.
[19] 唐克丽.中国土壤侵蚀与水土保持学的特点及展望［J].水土保持研究，1999，6(2)：2～7.
[20] 范昊明，蔡强国.冻融侵蚀研究进展［J].中国水土保持科学，2003，1(4)：50～55.
[21] 董瑞琨，许兆义，杨成永.青藏高原的冻融侵蚀问题［J].人民长江，2000，31(9)：39～41.
[22] 水利部水土保持司.水土保持技术规范［M].北京：中国标准出版社，1985：53～55.
[23] 邱国庆，周幼吾，程国栋，等.中国冻土［M].北京：科学出版社，2000：15，115.
[24] 谢自楚.珠穆朗玛峰地区科学考察报告［A].现代冰川与地貌［C].北京：科学出版社，1975：20～24.
[25] 崔之久.青藏高原冰缘地貌的基本特征［J].中国科学，1981，(6)：725～733.
[26] 党安荣，贾海峰，易善桢，等.ArcGIS 8 Desktop 地理信息系统应用指南［M].北京：清华大学出版社，2003：

462～466.
[27] 党安荣，王晓栋，陈晓峰，等. ERDAS IMAGEINE 遥感图像处理方法 [M]. 北京：清华大学出版社，2003：508～523.
[28] 刘良明. ArcView 基础教程 [M]. 北京：测绘出版社，2002：69～85.
[29] 郭素彦，李智广. 我国水土保持监测的发展历程与成就 [J]. 中国水土保持科学，2009，7(5)：19～24.
[30] 刘淑珍，张建国，辜世贤. 西藏土壤侵蚀类型研究 [J]. 山地学报，2006，24(5)：592～596.
[31] 王礼先，孙保平，余新晓，等. 中国水利百科全书：水土保持分册 [M]. 北京：中国水利水电出版社，2003：49.
[32] 刘淑珍，吴华，张建国，等. 寒冷环境土壤侵蚀类型 [J]. 山地学报，2008，26(3)：326～330.
[33] 张建国，刘淑珍，杨思全. 西藏冻融侵蚀分级评价 [J]. 地理学报，2006，61(9)：911～918.
[34] Zhang Jianguo，Liu Shuzheng，Yang Siquan. The classi-fieation and assessment of freeze-thaw erosion in Tibet [J]. Journal of Geographical Sciences，2007，17(2)：165～174.
[35] 张建国，刘淑珍. 界定西藏冻融侵蚀区分布的一种新方法 [J]. 地理与地理信息科学，2005，21(2)：32～34.
[36] 张建国，刘淑珍，范建容. 基于 GIS 的四川省冻融侵蚀界定与评价 [J]. 山地学报，2005，23(2)：103～108.
[37] 张建国，刘淑珍. 西藏冻融侵蚀空间分布规律 [J]. 水土保持研究，2008，15(5)：1～6.
[38] 李智广，刘淑珍，张建国，等. 我国土壤冻融侵蚀普查方法 [J]. 中国水土保持科学，2012，10(4)：1−5.
[39] 国务院第一次全国水利普查领导小组办公室. 水土保持情况调查 [M]. 北京：中国水利水电出版社，2010：118.
[40] 李俊杰，李勇，王仰麟，等. 三江源区东西样带土壤侵蚀的^{137}Cs 和^{210}Pb$_{ex}$示踪研究 [J]. 环境科学研究，2009，22(12)：1452−1459.
[41] 赵会明. 东北黑土区水土流失现状、成因及防治措施 [J]. 水利科技与经济，2008，14(6)：477−478.
[42] 刘震. 我国水土保持情况普查及成果运用 [J]. 中国水土保持科学，2013，10：1～5.
[43] 王礼先，朱金兆. 水土保持学(第二版) [M]. 北京：中国林业出版社，2005：92～93.
[44] 刘宝元，郭索彦，李智广，等. 中国水力侵蚀抽样调查 [J]. 中国水土保持，2013，10：26～34.
[45] 谢云，赵莹，张玉平，等. 美国土壤侵蚀调查的历史与现状 [J]. 中国水土保持，2013，10：53～60.
[46] 钟祥浩，刘淑珍. 中国山地分类研究 [J]. 山地学报，2014，32(2)：129～140.
[47] 王庆，李智广，高云飞，等. 基于 DEM 及高分辨率遥感影像的西北黄土高原侵蚀沟道普查 [J]. 中国水土保持，2013，10：61～63.
[48] 王岩松，王念忠，钟云飞，等. 东北黑土区侵蚀沟省级分布特征 [J]，. 中国水土保持，2013，10：67～69.
[49] 江忠善，郑粉莉，武敏. 中国坡面水蚀预报模型研究 [J]. 泥沙研究，2005，4：1～6.
[50] 张瑞芳，王瑄，范昊明，等. 我国冻融区划分与分区侵蚀特征研究 [J]. 中国水土保持科学，2009，7(2)：24～28.

第三篇　山地生态退化与生态建设

第十一章 中国山地生态系统①

生态学家马世骏认为，生态系统是生命系统和环境系统在特定空间的组合[1]。按此推理，山地生态系统应是山地生命系统和山地环境系统在特定空间的组合。山地环境系统类型的多样性，致使山地生命系统空间变异具有复杂性特征。不同山地和同一山体的不同部位都有相应的山地生命系统和山地环境系统的空间组合。由此可见，山地生态系统具有多样性和复杂性特点。近来出现许多以环境要素、生物种类以及其他属性命名的生态系统，如植被生态系统、土壤生态系统、水生生态系统、城市生态系统等。任何一个生态系统的提出，都取决于人们所研究的对象、内容、方式，以及人们所要达到的目的。中国山地生态系统的提出，是基于山地生物的多样性和山地植被的破坏与重建及其保护已成为当代人们关注的热点。因此，本章山地生态系统所涉及的内容实际上是山地生物系统。鉴于山地生物中的微生物和动物研究薄弱和相关的资料少，因此，本章着重对以植物为标志的中国山地生态系统进行分析研究。山地作为陆地表面的突起部分，有着明显不同于平原地区的生命系统和环境系统的组合特征，突出表现为分层性和类型与物种的多样性。不同山地地区，这些特征均有明显的差异。因此，研究探讨中国山地生态系统的空间分布规律及其多样性特征，对山地生态系统的利用与保护有着十分重要的理论与实践意义。

第一节 山地生态系统的地域分异

一、山地生态系统地域分异影响因素分析

(一)地理位置与气候对山地生态系统的影响

中国位于欧亚大陆的东南部，濒临太平洋的西岸，西北伸入亚洲大陆腹地，西南与南亚大陆接壤，与印度洋相隔不远，南北长达 50 个纬度，东西宽跨 61 个经度，具有优越的地理位置并形成了多样的山地生态系统类型。

欧亚大陆地表热动力条件和太平洋与印度洋表面热动力条件有着明显的差异，海陆之间热动力条件的巨大差异，产生了其他地区所无法比拟的强大气流，即季风气流，形成中国独具特色的季风气候。在冬季，受西伯利亚和蒙古高原寒冷气流的影响，盛行干冷的西北大风，使我国大部分地区寒冷而干燥，给动植物生命系统的生长、发育产生重

① 本章第一至第三节作者钟祥浩、郑远昌，在 2000 年成文基础上作了修改、补充。

大的影响。在夏季，受太平洋和印度洋潮湿气流的影响，盛行西南和东南季风，使中国东南半壁以及西南和西北的大部分地区成为世界上同纬度地区雨量丰富而集中于夏季的地区，雨热同季的气候对植物和农作物生长发育十分有利[2]。

受距海远近不同的影响，致使中国大陆降水分布从沿海到内陆呈现经向递减的趋势。中国东部沿海地区年均降水量为1000～1100mm，属于湿润气候；黄土高原和内蒙古高原及青藏高原中部年均降水量明显减少，为550～300mm，为半湿润和半干旱气候；内蒙古和甘肃的西部、西藏西北部以及新疆部分地区年均降水量不足200mm，其中不少地区在100mm以下，属于干旱气候。水分条件的经向变化对山地生态系统类型及其物种组成以深刻的影响，表现为从东向西依次出现湿润型、半湿润型、半干旱型和干旱型山地生态系统类型。不同类型山地生态系统的差别在于基带优势种和物种组成的不同，以及山地生态系统垂直结构与功能的显著差异。

(二)大地势变化与山地系统对山地生态系统的影响

中国大陆地势由东向西增高。根据海拔的差异和地表形态特征，从东往西呈三级阶梯式增高。第一级分布于中国东部地带，大致位于大兴安岭—太行山—巫山—雪峰山一线以东。

第一级阶梯西界以西至青藏高原东缘和北缘之间的广阔地区为第二级阶梯，在该阶梯内分布有内蒙古高原、黄土高原、云贵高原以及四川盆地和新疆塔里木盆地等主要地貌类型。地表海拔一般为800～2000m，其中部分山地海拔在2000m以上。

第三级阶梯为“世界屋脊”的青藏高原，高原平均海拔4000m以上，不但是中国，而且是全球海拔最高的一个巨型构造地貌单元，它由高原面和一系列高大山系所组成。

中国大陆地势三级阶梯式的变化，奠定了中国山地生态系统区域分异的基本格局。第一级阶梯的山地生态系统基本上属于湿润型，山地生态系统垂直结构比较简单，山地生态系统基带是优势带，其垂直幅度最大，自然植被群落结构复杂，物种最为丰富，在当地农业资源开发利用中占有主要地位。由于该阶梯内人口密集，经济较发达，由此对山地生态系统带来的破坏，特别是对基带的破坏十分严重。由于该阶梯内水热条件优越，退化山地生态系统具有易恢复和重建难度不大的有利条件。

第二级阶梯的山地生态系统比较复杂，拥有湿润、半湿润、半干旱和干旱等多种类型，其中半干旱型和干旱型山地生态系统面积大，并具有破坏容易，恢复和重建难的脆弱性特点。在山地生态系统垂直结构上，比前者复杂，表现在基带物种组成、群落结构特征地域差异十分明显。西南哀牢山系、苗岭山系、乌蒙山系和武陵山系具有与第一阶梯南部山地生态系统相似的特性。但由于山地海拔高，山地生态系统垂直结构比东部地区复杂。西北黄土高原以及甘肃和新疆等半干旱和干旱地区，是全国山地生态系统最脆弱的地区，不论是山地生态系统的垂直结构，还是每个垂直带内的植物群落结构都比较简单，生态功能和经济功能都比较差。

第三级阶梯山地生态系统南北和东西方向差异均较明显。喜马拉雅山系南坡具有世界上最复杂的山地生态系统结构和物种组成。其东部的横断山系山地生态系统具有水平地带性和垂直地带性综合作用的特性，表现在水平和垂直变化上出现不同带之间的镶嵌和众多物种跨带分布。该阶梯的北部和西部山地生态系统基带具有与第二级阶梯西北部山地生态系统相似的特性，但由于山体高大，其山地生态系统的垂直结构远比前者复杂。

值得指出的是山地系统的走向对山地生态系统有重要的影响。中国主要山地系统走向可归纳为如下几种：东西走向、南北走向和东北－西南走向。不同走向山地系统对山地生态系统结构与功能的重大影响有所不同。

（三）土壤与岩性对山地生态系统的影响

在一定历史时段内，在一定地域上的土壤与生态系统形成相对一致和稳定的土壤-生态系统自然复合体，并进行着有序的能量交换和养分循环，进而使生态系统保持着一定的结构与功能特点[3]。维系生态系统能量流动的能量主要来自太阳能，对一定地域生态系统来说是相对稳定不变的。维持生态系统养分循环的养分来自空气、岩石、土壤和地面生物，这些相对易变，其中土壤是生态系统养分的主要来源。其养分特征易受外界环境和土壤自身环境的影响而发生变化。因此土壤的性质、结构和生态功能的好坏，是影响生态系统生产力的关键因素[3]。

实际情况表明，土壤对山地生态系统中的植被生态系统的影响关系是非常复杂的。如在亚热带湿润气候条件下的碳酸盐岩类分布区，岩溶地貌十分发育，土层浅薄，而且透水、漏水，土壤干燥，出现与正常生物气候土壤带完全不同的生境，其植被具有钙质土植被的特征，表现为组成成分不同于同纬度的亚热带植被，并具有岩生性、旱生性生态特征；在生活型方面，常绿乔木少，灌木和藤状灌木多，草本多呈丛状或单生状的根茎草本。

在湿润暖温带的华北山地，在火成岩上形成的中酸性棕壤土上，分布着辽东栎、油松林和板栗林等，而在石灰岩或黄土母质形成的石灰性或中性褐色土上，则分布着含榆科树种的落叶阔叶杂木林、侧柏疏林等[4]。

在四川盆地紫色砂页岩分布区，地带性土类——黄壤被剥蚀。在大面积分布的碱性紫色土上，生长与亚热带常绿阔叶林群落完全不同的柏木林。在典型热带的云南南部，常绿阔叶林分布于酸性砖红壤土上，而落叶阔叶－常绿阔叶的半常绿季雨林，则多分布在石灰岩母质土壤上。

横断山系为典型的高山深谷地貌类型区，其中土壤与山地生态系统之间的影响关系，显得比任何其他山系复杂。南北走向排列的山脉形成河谷增温效应，从河谷至山顶形成本区特有的土壤垂直带谱，在本山系内的中北部河谷区，基带为褐土或棕壤，在褐土以上，依次发育着棕壤、暗棕壤、漂灰土、黑毡土、草毡土和寒漠土，相应的植被类型为稀树灌木草丛、常绿与落叶阔叶混交林、针阔叶混交林、暗针叶林、灌丛草甸、草甸和流石滩稀疏植物。

二、山地生态系统地域分异基本特征

中国大地势的有规律变化和山地系统走向及其组合特征的复杂性以及水热条件明显的地域差异性，导致山地生态系统的分布具有显著的区域分异特征。

（一）山地生态系统的纬向变化

热量条件的纬向变化，导致形成不同热量带山地生态系统能量及其功能的纬向变化，其中在中国东部表现得尤为明显，从海南岛到黑龙江北部可以分出如下山地生态系统：热带山地生态系统、亚热带山地生态系统、温带山地生态系统和寒温带山地生态系统，其中亚热带山地生态系统分布面积最大，集中分布于东南沿海山系、秦巴山系、乌蒙山—大娄山—武陵山山系以及横断山系等。

(二)山地生态系统的经向变化

中国从东部沿海到内陆腹地，降水呈现经向变化的递减趋势，这对山地生态系统结构的影响十分明显，并相应的表现出其功能从东往西呈递减的趋势。根据水分的变化，从东往西可以分出如下山地生态系统：湿润山地生态系统、半湿润山地生态系统、半干旱山地生态系统、干旱山地生态系统。湿润山地生态系统主要分布于中国大陆地势变化的第一级阶梯和第二级阶梯的南部。湿润山地生态系统最主要的特征是森林生态系统发育，一个森林带一般出现多种森林类型，是人类经济活动最强烈，开发利用最充分的地区；半湿润山地生态系统的基带植被主要为森林草原、草甸、草原和偏干性的森林；半干旱山地生态系统的基带植被主要为干旱草原；干旱山地生态系统基带植被主要为荒漠草原和荒漠。

(三)山地生态系统的垂向变化

任何一个山地生态系统都呈现出一定的垂直变异。由于山地海拔和相对高度的不同及其所在地理位置的差异，不同地域山地生态系统的变异程度及其相应的垂直结构有所不同。例如，湿润寒温带的大兴安岭北部山地生态系统，垂直变异不甚明显，自海拔200m到1400m左右，基本上只有一个森林植被带，即明亮针叶林(南泰加林)带。山体自下而上主要为兴安落叶松林或兴安落叶松与樟子松林，土壤主要为棕色灰化土。而横断山系中的山地生态系统垂直变异却十分明显，自河谷到山岭一般可分出多个森林植被带，如常绿阔叶林带、常绿阔叶与落叶阔叶混交林带、针阔叶混交林带、暗针叶林带。上述例子表明，山地生态系统垂向变异程度与山地所在水平地带气候以及山地海拔与相对高度特征有密切关系。

第二节　山地生态系统分区

根据中国大地势变化和热量、水分条件的纬向与经向变化规律以及山地生态结构的变异特征，可将中国山地生态系统的地域差异分为3个大区和8个亚区，并依据第五章中国山地类型划分原则与指标，将中国山地生态系统分为15个类和43个亚类。中国山地生态系统分区及类型、亚类分布见图11-1(分类原则及类型与亚类命名见后)。

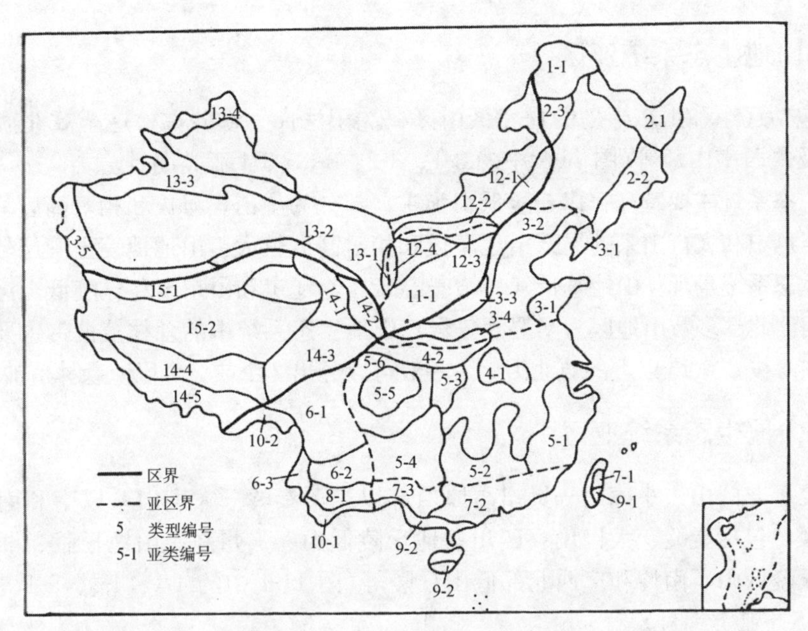

图 11-1　中国山地生态系统分区及类型、亚类分布示意图

一、东南部湿润山地区

该区范围为大兴安岭—燕山—太行山一线以东和秦岭—横断山系北部至喜马拉雅东段南部以南的中国东南部半壁河山，在气候上属于中国季风湿润区，受夏季季风的影响，降雨丰富，十分有利于森林植被的生长发育。山地生态系统中以各类森林生态系统占优势。该区内各类山地既是我国森林主要分布区，又是中国生物种类最丰富的地区，同时又是中国山地人工农林复合生态系统大面积分布区(图 11-1 中 1 至 10 类型编号)。

根据区内热量条件的南北差异、山地系统组成结构，特别是海拔与相对高度的不同以及山地地表组成物质(土壤与岩性的组合类型)的区域差异，可将该区内的山地生态系统分为如下 5 个亚区。

(一)东北山地生态系统亚区

该区包括分布于东北地区的大兴安岭、小兴安岭东部完达山、张广才岭、老爷岭及长白山等主要山系(图 11-1 中的 1-1、2-1、2-2、2-3 亚类编号)。

山地生态系统主要特征：山地海拔较低，属丘陵低山区，一般为 200～1000m，相对起伏较小，山坡比较平缓，坡地土层较厚，有机质含量高。山地基带气候主要为温带，少数山地(如大兴安岭北部)属寒温带。山地生态系统中的森林植被带分异不明显，大兴安岭北部的寒温带地区，海拔 1200m 以下，基本只有一个明亮针叶林带，垂直带谱中缺乏针阔叶林和阔叶林两个带。在小兴安岭和长白山，除个别海拔 1000m 以上山地可分出 2 个以上森林植被带外，多数丘陵低山区基本上也只有一个针叶与落叶阔叶混交林带，垂直带现象不明显。

（二）华北山地生态系统亚区

该区包括辽东和山东半岛的丘陵低山区、沈阳法库—铁岭古松辽至冀北燕山山系和太行山系及鲁西南山地等（图 11-1 中的 3-1、3-2、3-3、3-4 亚类编号）。

山地生态系统主要特征：以丘陵低山为主，部分为中山，海拔和相对高度均不大，土层较厚；但燕山和太行山系的局部山地海拔和相对高度较大，山地地表土壤层较薄，呈现石质山地生态系统景观。山地基带气候为暖温带，除辽东和山东半岛丘陵低山区降水较丰富外，区内西北部多数山地区为半湿润气候。山地生态系统中的森林植被带主要为落叶阔叶林带；在海拔 2000m 以上的冀北山地，一般可以分出 2 个或 2 个以上森林植被带。

（三）华中山地生态系统亚区

该区位于龙门山—小凉山—贵州高原西部以东、秦岭—大别山系以南和南岭以北的山地丘陵区，包括秦岭、大巴山、四川盆地丘陵低山、贵州高原山地丘陵、湘赣低山丘陵、闽浙丘陵低山、南岭和广西北部低山丘陵等（图 11-1 中的 4-1、4-2、5-1、5-2、5-3、5-4、5-5、5-6 亚类编号）。

山地生态系统主要特征：地势西高东低，秦巴山地海拔一般超过 2000m，局部达 2500m 以上；贵州高原多数山地岭脊为 1000～1500m，四川盆地丘陵低山海拔 500m 左右，盆地周边多为海拔 1500～3000m。湘、赣、闽、浙丘陵低山海拔多数小于 500m，南岭和广西北部低山丘陵一般海拔 500～1000m。在气候上为典型的亚热带季风气候，山地丘陵基带植被为亚热带常绿阔叶林，垂直结构总的说来比较简单，多数丘陵低山区一般只有一个基带。秦巴山地、四川盆地周边山地以及黔桂石灰岩低山、低中山等山地有 2 个和 2 个以上的垂直带，秦巴山地南侧基带为常绿阔叶与落叶混交林带，具有暖温带向典型亚热带过渡的特性。

（四）华南山地生态系统亚区

该区位于福建、广东、广西的南部，包括台湾和海南岛等。区内有闽、粤沿海丘陵和台湾中央山系及其低山丘陵，桂南丘陵和海南岛山地丘陵等（图 11-1 中的 7-1、7-2、7-3、9-1、9-2 亚类编号）。

山地生态系统主要特征：除台湾中央山系海拔 3500m 以上外，其余绝大部分为海拔 300～1000m 的丘陵低山。地形起伏不大，山地垂直分异不明显。闽、粤沿海丘陵以及台湾中北部植被基带为具有热带季雨林特性的南亚热带常绿阔叶林，海南岛和台湾中南山地及桂南丘陵山地植被基带为热带季雨林、雨林带。

（五）西南山地生态系统亚区

该区包括龙门山—夹金山—小相岭—陀峨山（蒙自附近）以西和横断山系北部—喜马拉雅山东段南部以南的山地，主要山系有横断山系、哀牢山系和东喜马拉雅山南侧山系（图 11-1 中的 6-1、6-2、6-3、8-1、10-1、10-2 亚类编号）。

山地生态系统特征：除云南高原上的丘陵低山外，其余山地海拔较高，属高中山和中山，而且岭谷高低悬殊，其中滇西北、川西南和藏东南山地最为突出，表现在山地生态系统垂直结构方面具有复杂性特点。在亚热带干旱河谷山地区，植被基带不是亚热带常绿阔叶林带，而是稀树灌木草丛带。山地中上部出现我国其他山地区所没有的铁杉林及大面积分布的云、冷杉林，并以此形成我国其他山区所没有的垂直分布幅度最大的亚热带山地暗针叶林带。

二、西北部干旱山地区

该区范围为大兴安岭—太行山以西、西昆仑山—阿尔金山—祁连山—秦岭以北的山地丘陵。由于距海较远，加之其周边被一系列东西向和南北向以及东北－西南向山系所包围，夏季暖湿气流难以抵达大陆腹地，形成大面积的半干旱和干旱气候，成为中国大陆降水少、水资源贫乏和气候最干的地区。因此，该区内山地生态系统中的森林生态系统不发育，形成以荒漠为主，并有较大面积荒漠草原和干草原以及小面积森林草原为特色的山地生态系统景观，是中国山地生态系统最脆弱，退化山地生态系统分布面积最大、最严重的山地区(图 11-1 中 11、12、13 类型编号)。

根据区内水分条件的经向变化和山地生态系统垂直结构的差异，可将区内山地生态系统分为如下 3 个亚区。

(一)内蒙古东部高原丘陵生态系统亚区

该亚区包括大兴安岭以西和阴山—大青山以北的内蒙古东部高原丘陵及高原东南部边缘山地丘陵(图 11-1 中 12-1、12-2)。

该亚区山地生态系统主要特征：高原丘陵面积大，地表和缓，物理风化强烈，有较多的砾质、砂质及岩石风化残积层的分布，风蚀和水蚀作用微地貌较发育。区内山地基带气候从东往西出现逐渐变干趋势，以半干旱气候为主，西部局部地区为干旱气候。在广大高原面上发育了以温带干草原为主的草原生态系统，在高原边缘山地丘陵区，在以干草原植被为基带的基础上，发育了森林草原—松栎林—针叶林的山地生态系统。

(二)黄土高原山地生态系统亚区

该亚区包括太行山以西、秦岭以北、阴山—大青山以南和贺兰山—六盘山以东的丘陵及山地，包括山西高原、陕北、陇东高原和陇西高原(图 11-1 中 11-1、12-3、12-4 亚类编号)。

该亚区山地生态系统主要特征：丘状起伏的黄土高原分布面积大，山丘海拔和相对高差均不大。坡面组成物质为黄土，表层有机质含量不高。东部太行山西坡地表和缓，相对高差一般为 300～500m；北部阴山海拔较高，南坡地形较陡峭，相对高差达 800～1000m；西部贺兰山和六盘山东坡地形较西坡陡，相对高差一般为 500～800m。区内山地基带气候从东往西出现逐渐变干的趋势。气候总体特征属半干旱气候，东南部为半湿润气候，山地生态系统基带为森林草原，在黄土高原的塬面上一般发育丛生禾草草原植被，山地生态系统中的基带植被主要为干草原，在山地中部和中上部一般有森林的分布，主要为针叶－落叶阔叶混交林。

(三)甘新干旱山地生态系统亚区

该亚区包括贺兰山—六盘山以西，西昆仑山—阿尔金山—祁连山以北的我国内陆高大山系及其山前低山丘陵区(图 11-1 中 13-1、13-2、13-3、13-4、13-5 亚类编号)。

山地生态系统主要特征：山地海拔较高，相对高程较大，坡面土壤发育程度较差，多数表现为石质化、荒漠化山地。阿尔金山、祁连山北坡山前低山丘陵地带属于暖温带气候，气温相对较高，而北疆的天山南北坡和阿尔泰山南坡山前低地带为温带气候。尽管温度区域差异明显，对生态系统有一定影响，但制约山地生态系统的关键因素是水分。在甘肃河西走廊山前地带年降水量为 250～500mm，北疆山谷为 200～150mm，属于典型的干旱气候，发育了荒漠植被为基带的山地生态系统，山地中部和中上部形成针叶林为主的森林带。在极端干旱的山地以荒漠带和草原带为主，只局部有块状稀疏云杉林，而无森林垂直带[4]。

三、青藏高原寒冷山地区

该区主要指青藏高原内部的高山和高原上的丘状山地，山地生态系统划分为 2 个类型和 7 个亚类(图 11-1 中 14-1、14-2、14-3、14-4、14-5、15-1、15-2 亚类编号)。青藏高原面平均海拔 4000m 以上，其间分布着若干海拔超过 6000m 的极高山。由于海拔高，形成了气候高寒、少雨的特殊气候类型。在这种气候条件下，形成了高寒草原为特色的植被类型。在极端干寒区出现高寒荒漠，在水分条件较好地带形成高寒草甸。高耸于高原面上的极高山山地生态系统一般可分出 2 个植被带，即高寒草原带、流石滩稀疏植被带或高寒草甸带(图 11-1 中 14、15 类型编号)。

第三节　山地生态系统类型及生物多样性

一、山地生态系统类型的多样性

山地生态系统类型多样性首先表现在山地本身的各种以植被为表征的山地生态系统类型方面。从大农业资源开发利用角度考虑，可以分出山下农业生态系统(实际上主要为农田生态系统)、山腰林业生态系统和山上牧业生态系统。从自然植被类型考虑，可以分出山地阔叶林生态系统、山地针叶林生态系统、山地灌丛生态系统、山地稀树草丛生态系统和山地草甸生态系统，其中每个山地生态系统根据生活型的不同，又可分为若干亚系统，如山地阔叶林生态系统可以分出山地常绿阔叶林生态系统、山地常绿阔叶与落叶阔叶混交林生态系统、山地落阔叶林生态系统、山地硬叶常绿阔叶林生态系统；山地针叶林生态系统可以分出山地常绿针叶林生态系统和山地落叶针叶林生态系统，前者还可以进一步分出山地亚热带常绿针叶林生态系统和亚高山常绿针叶林生态系统……。从生态形态出发，可以分出山地木本植物生态系统、山地草本植物生态系统、山地半木本植物生态系统和山地叶状体植物生态系统，其中每一个生态系统又可以进一步分出若干亚系统，如山地木本植物生态系统可以分出山地乔木生态系统、山地灌木生态系统和山地竹类生态系统……。可见，发生于中国山地本身的生态系统类型十分多样复杂。

其次是山地植被生态系统结构组合类型的多样性。前面已不同程度地提到由于山地海拔和相对高度的不同，可形成不同垂直结构的山地植物生态系统类型。在山体高度相同的情况下，由于其所处地理位置的不同，可形成不同优势植被类型的山地生态系统类型。在相似地理位置条件下，由于地表组成物质的不同，可形成不同群落结构和不同物种组成的山地生态系统。在同一个山系的不同坡向，其山地植被生态系统结构与功能也有明显的差异。仅从植被这个层次上考虑就可以看出，我国山地生态系统类型非常丰富多样。

(一)山地生态系统的分类原则

中国山地生态系统自山麓到山顶的垂直结构变化非常复杂，其中包括植物、动物和微生物等生命系统的垂直结构变化，也包括对生命系统有直接影响的非生命系统的垂直结构变化。组成山地生态系统各组成成分之间彼此相互依存，互相制约，进而形成开放的复合巨系统，要对我国山地这种复杂系统作出科学的分类，就目前的水平来说，难度较大。为此，我们提出以植被为重要标志的山地生态系统分类思想。大家知道，组成山地生态系统的植被生态系统是山地动物生态系统和山地微生物生态系统赖以生存和发展的基础。山地植被生态系统结构与功能的好坏，直接影响到整个山地生态系统的结构与功能。然而山地生态系统结构与功能，特别是它的生产力功能与温度和水分条件有着密切的关系。因此，温度的纬向地带性，水分的经向地带性和温度、水分的垂直地带性的“三向地带性规律”是进行山地生态系统分类的重要理论依据。此外，作为植被生态系统中植物资源的合理开发利用与保护对山地生态系统结构与功能的影响最为直接，对山地生态系统生物多样性的影响最为敏感。因此，突出以植被生态系统结构、功能为标志的山地生态系统分类可以较好地反映和揭示山地生态系统的性质。为此，我们提出如下分类原则。

1. 植被基带为主要标志的原则

不同地区山地，从山下到山顶的山地生态系统垂直结构是不同的。任何山地生态系统垂直结构的变化始于基带植被类型，具有相同基带植被的山地生态系统是区别于其他山地生态系统最主要的标志。因此，可以把植被基带的相似性作为划分山地生态系统类型的重要依据。

2. 对山地生态系统生产力影响起作用的主导因素原则

温度和水分对山地生态系统生产力的影响起主导作用。一般说来，湿润地区，温度高低对生态系统生产力起主要作用；在一定温度条件下，水分的多少对生态系统生产力有直接重大影响。因此，温度的纬向变化、水分的经向变化以及温度和水分不同坡向的垂直变化规律及有关指标，可作为划分山地生态系统类型的参考依据。

3. 以植被垂直分异为重要标志的分层次性原则

具有相同植被基带的山地，由于山地海拔和相对高度的差别，而出现不同分层的山地生态系统垂直结构。多层次的山地生态系统，一般说来，其功能强于单层结构或简单结构的山地生态系统。因此，可以把山麓至山顶垂直结构层次的多少作为划分山地生态系统亚类的重要依据。实际情况表明，海拔 1000m 以下的低山丘陵(可分为海拔＜500m 和起伏度＜200m 的丘陵；海拔＞500m 和起伏度＞200m 的低山)，起伏度较小，一般以基带植被占绝对优势；海拔 1000～2500m 的中山，起伏度较大，多数山地达 500～1000m，一般有 2～4 个自然植被带；海拔 2500～3500m 的高中山起伏度多达 1000m 以上，一般有 4~6 个自然植被带；海拔 3500~5500m 的高山和海拔 5500m 以上极高山一般有自然植被带 5~6 个以上。因此可以用丘陵、低山、中山、高中山、高山和极高山直观地表征不同山系山地生态系统垂直结构的复杂性程度。

4. 地表组成物质差异性原则

具有相似热量或水分条件的山地，由于地表组成物质的不同，而出现基带植被类型及其组成成分的差异。因此，可以把组成山地坡面物质的差异性作为划分山地生态系统亚类的参考指标。

5. 不同坡向植被基带显著差异性原则

具有重要地理分异作用的一些东西向和南北向山系，其南北坡或东西坡水热条件有明显的差异，导致形成不同坡向山地生态系统的明显差别，集中表现于基带植被的明显不同和相应的山地生态系统垂直结构也有差异。因此，同一山系中具有重大生态差异的不同坡向可划为不同的亚类。

6. 开发利用与保护相对一致性原则

山地生态系统中可供开发利用的资源有植物、动物等，不同山地系统这些资源的分布及其组合条件是不同的，同时不同山地系统山地生态系统稳定性及退化山地生态系统恢复与重建的可行性程度也不一样，因此山地资源的开发利用要充分考虑这一特点，对稳定性程度高、再生能力强和恢复与重建难度小的山地生态系统可划为一类，需要加强保护的可划为另一类。

(二)山地生态系统类型

根据上述原则，并结合前面提出的中国山地生态系统三大区的特点，将中国山地生态系统分为 15 个大类和 43 个亚类(图 11-1)。类的命名突出基带植被类型和对生态系统生产力起决定性作用的水热条件的差异。在东南部湿区(含半湿润区)突出温度的作用，加上体现温度差异的气候带名称；在西北部干区(含半干旱、干旱区)突出水分的作用，加上体现水分差异的气候干湿类型名称；在青藏高原寒区突出水分的差异性。亚类划分的原则，强调山系的连续性和完整性，山系的高度和形态的相似性，山系地表组成物质的特殊性以及不同大坡向生态系统垂直结构的重大差异性。亚类的命名体现易记和使用的方便，为此，以突出山系或有特色的地表物质进行命名，同时加上能体现生态系统垂直结构复杂性程度的山地分类名称。

Ⅰ　东南部湿润山地区

1. 寒温带落叶针叶林山地生态系统

　　1-1　大兴安岭北部丘陵低山生态系统

2. 温带针叶-落叶阔叶混交林山地生态系统

　　2-1　小兴安岭丘陵低山生态系统

　　2-2　长白山低山中山生态系统

　　2-3　大兴安岭中南部丘陵低山生态系统

3. 暖温带落叶阔叶林山地生态系统

　　3-1　辽、鲁半岛丘陵生态系统

　　3-2　燕山、太行山低山中山生态系统

3-3　晋陕南部黄土丘陵低山生态系统
3-4　秦岭北坡低山中山生态系统
4. 北亚热常绿阔叶与落叶阔叶混交林山地生态系统
4-1　大别山丘陵低山生态系统
4-2　秦巴中山高中山生态系统
5. 中亚热东部常绿阔叶林山地生态系统
5-1　闽浙丘陵低山生态系统
5-2　湘赣丘陵低山生态系统
5-3　鄂西低山中山生态系统
5-4　黔桂石灰岩低山中山生态系统
5-5　四川盆地紫色丘陵生态系统
5-6　四川盆地周边中山高中山生态系统
6. 中亚热西部常绿阔叶林山地生态系统
6-1　川西滇北横断山系高中山高山生态系统
6-2　滇中丘陵低山生态系统
6-3　滇西中山高中山生态系统
7. 南亚热带东部常绿阔叶林山地生态系统
7-1　台中北中山高中山生态系统
7-2　闽中南、粤北低山丘陵生态系统
7-3　桂中南石灰岩低山丘陵生态系统
8. 南亚热带西部常绿阔叶林山地生态系统
8-1　滇中南丘陵低山生态系统
9. 热带东部季雨林雨林山地生态系统
9-1　台中南中山高中山生态系统
9-2　粤西南、桂南、海南岛低山丘陵生态系统
10. 热带西部季雨林雨林山地生态系统
10-1　滇南低山丘陵生态系统
10-2　藏东南高中山高山生态系统
Ⅱ　西北部干旱山地区
11. 半湿润-半干旱森林草原山地生态系统
11-1　晋陕北部和甘肃东部黄土高原生态系统
12. 半干旱干草原山地生态系统
12-1　内蒙古高原东南缘温带丘陵低山生态系统
12-2　大青山、阴山北坡温带低山中山生态系统
12-3　大青山、阴山南坡低山中山生态系统
12-4　贺兰山东坡中山生态系统
13. 干旱荒漠草原山地生态系统
13-1　贺兰山西坡低山中山生态系统
13-2　祁连山、阿尔金山、西昆仑山北坡高中山高山生态系统

13-3　天山高中山高山生态系统

13-4　阿尔泰山南坡高中山高山生态系统

13-5　西昆仑山、阿尔金山北坡高山极高山生态系统

Ⅲ　青藏高原寒区

14. 半干旱寒冷草甸草原与草甸山地生态系统

14-1　祁连山西段南坡和积石山高中山高山生态系统

14-2　祁连山东段高中山高山生态系统

14-3　巴颜喀拉山高山极高山生态系统

14-4　冈底斯山、唐古拉山高山极高山生态系统

14-5　喜马拉雅山中西段高山极高山生态系统

15. 干旱寒冷荒漠草原山地生态系统

15-1　昆仑山、阿尔金山南坡高山极高山生态系统

15-2　羌塘丘状高原生态系统

二、山地生态系统生物多样性

生物多样性(biodiversity)是指所有生物种，种内遗传变异和它们的生存环境的总称。物种的多样性是指生命有机体的复杂多样化。

中国是世界上生物多样性最丰富的国家之一，而山地生物多样性在中国生物多样性中占有十分重要的地位，并具有如下几个特点：物种丰富，特有属种多，区系起源古老，栽培植物、家养动物及其野生亲缘的种质资源十分丰富。这些特点的形成，与中国山地生态系统类型多样复杂有密切关系。下面就中国山地森林生态系统、山地草原生态系统和山地农区生态系统类型及其物种多样性特点分析如下。

(一)山地森林生态系统生物多样性

1. 山地森林生态系统类型及植物种类的多样性

中国森林生态系统主要分布于山地，其中集中分布于中国东南部的低山、低中山和中山地带。东北低山、低中山林区和西南低中山、中山林区是中国原始森林生态系统保存最好和生物多样性最为丰富的地区之一。按照森林外貌考虑，山地森林生态系统中的针叶林生态系统和阔叶林生态系统分布面积最大，其中的生物多样性最为复杂，并具有中国的许多独特性特点。

1)山地针叶林生态系统

山地针叶林生态系统广泛分布于中国各种山地，其主要类型有：东北寒温带山地针叶林，各地亚高山寒温带针叶林，东北、华北温带和暖温带丘陵、低山、低中山针叶林，华南、西南亚热带和热带丘陵、低山、低中山针叶林。

东北寒温带山地针叶林属于落叶松林，由兴安落叶松、黄花落叶松和西伯利亚落叶松三种类型组成；温带山地有红松林；暖温带山地有油松林、赤松林和侧柏林等主要类型；亚热带丘陵低山主要有马尾松林、杉木林、柏木林、云南松林、华山松林等；热带山地主要有南亚松林、思茅松林等；亚热带和热带亚高山(实为中山带)分布大量冷杉林、云杉林、铁杉林和松林(高山松林和乔松林)等。

各类山地针叶林生态系统拥有多样丰富的物种种类，估计其中松科(Pinaceae)10属，柏科(Cupressacae)8属，罗汉松科(Podocarpaceae)2属，杉科(Taxodiaceae)5属，红豆杉科(Taxaceae)4属，总计约达200种。

2)山地阔叶林生态系统

我国山地阔叶林树种不仅有大、中型阔叶林，而且有不少小型阔叶林，其种类非常丰富，估计有1000属左右，其中乔木树种达2000多种。作为阔叶林类型有落叶阔叶林、常绿阔叶林、硬叶常绿阔叶林、常绿阔叶与落叶阔叶混交林、季雨林、雨林与季节性雨林及竹林。

落叶阔叶林广泛分布于温带、暖温带和亚热带山地；常绿阔叶林主要分布于亚热带山地，是湿润亚热带山地基带植被类型，种类非常丰富，其中高等植物约占全国种类的50%以上；硬叶常绿阔叶林主要分布川西、滇北和藏东南山地海拔2000~3000m的阳坡；落叶阔叶与常绿阔叶混交林主要分布于北热带东部低山丘陵以及亚热带石灰岩山地区；季雨林属地带性植被类型，主要分布于季风热带较干旱的丘陵地区；雨林、季节性雨林主要分布于热带海拔500~700m以上的低山区。竹林主要分布于亚热带和热带低山丘陵区，此外，在亚热带和热带低中山－中山地带也有少量分布。

3)山地针叶与落叶混交林生态系统

主要有两种类型：红松、阔叶树混交林，它是温带地区的地带性类型，分布于东北长白山和小兴安岭低山丘陵地带；铁杉、阔叶树混交林，主要分布于亚热带西部湿润低中山地带。

2. 山地森林生态系统中特有珍稀和濒危植物种类丰富

山地森林生态系统内部有着非常丰富的地衣种类，中国有约2000种，其中约200种为中国特有。山地森林生态系统孕育着多种苔藓植物。中国苔藓有2200种，占全世界的9.1%，其中中国特有属和东亚特有属共35个，占中国苔藓数的7.09%[5]。这些特有属主要分布于中国东南部湿润区内的横断山区、长江流域中游山区和东南沿海山区。此外，中国山地森林生态系统下的蕨类植物非常丰富，其中为中国特有的蕨类植物多达500种以上。

在中国北方寒温带和亚热带中山至高山地带分布大面积各类针叶林，其中有大量起源古老的残遗和孑遗裸子植物。中国裸子植物有10科34属约250种，是世界上裸子植物最丰富的国家，其中有不少为特有的单型属或少型属，如单种科有银杏科(Ginkgoaceae)，单型属有水杉(*Metasequoia*)、水松(*Glyptostrobus*)、银杉(*Cathaya*)、金钱松(*Pseudolarix*)和白豆杉(*Pseudotaxus*)；此外，还有半特有单型属和少型属，有台湾杉(*Taiwania*)、杉木(*Cunninghamia*)、福建柏(*Fokienia*)、侧柏(*Platycladus*)、穗花杉(*Amentotaxus*)、油杉以及多种苏铁(*Cycas* spp.)和冷杉(*Abies* spp.)等残遗种。横断山地区是中国特有云、冷杉裸子植物种属分布最集中的山地区之一。

中国山地森林生态系统下的被子植物特有属、种也十分丰富，被子植物特有属246个，特有种约17000种。其中不少古老孑遗种如连香树(*Cercidiphyllum japonicum*)、领春木(*Euptelea pleiospermum*)、水青树(*Tetracentron sinensis*)、洪桐(*Davidia involucrata*)、鹅掌楸(*Liriodendron chinensis*)等。中国被子植物特有属、种主要分布于秦岭—大别山一线以南，横断山脉以东的东南部山地，其中有特有属、种分布相对集中的3个中心：①川东—鄂西—湘西北中心，这里的被子植物特有木本属几乎均为落叶乔木或灌木，具有温带性；②川西—滇西北中心，即横断山脉南段，这里的草本属在全部属中占的比例较高，被子植物的木本属几乎全为落叶乔木或灌木；③滇东南—桂西中心，其乔木特有属中几乎一半为常绿植物，特有藤本属全部为木质藤本植物[5]。

3. 山地森林生态系统中野生动物种类繁多

丰富多样的山地森林生态系统类型为野生动物栖息提供了有利的条件。中国山地森林生态系统野生动物资源估计约有 1800 多种，其中稀有珍贵动物种类较多，如东北虎(*Panthera tigris altais*)、雪兔(*Lepus timidus*)、驼鹿(*Alces akces*)、大熊猫(*Ailuropoda melanoleuca*)、金丝猴(*Rhinopithecus roxellanae*)、野牛(*Box gaurus*)、野象(*Elephas maximus*)、长臂猿(*Hylobates* spp.)。

分布于东北大兴安岭和小兴安岭北部以及阿尔泰山寒温带针叶林生态系统中的主要野生动物有：驼鹿和马鹿(*Cerus elaphus*)、狍(*Capreolus capreolus*)、麝(*Moschus moschiferus*)和野猪(*Sus scrofa*)。肉食动物有棕熊(*Ursus arctos*)、紫貂(*Martes zibellina*)、黄鼬(*Mustela sibirica*)等，它们是极为珍贵的毛皮动物。此外，还有各种珍贵的鸟类，如松鸡(*Tetrao urogallus*)、榛鸡(*Bonasa* spp.)等。

温带山地森林动物主要分布于东北针叶林以南到秦岭—淮河一线以北之间的低山、低中山地区，除马鹿、狍、野猪较多外，还有东北虎、豹(*Panthera pardus*)、棕熊、黑熊(*Selenarctos thibetans*)和紫貂等。

亚热带山地森林生态系统中的野生动物主要分布于云南西北部和川西山地以及贵州和其他省区自然保护区。其中较为珍贵的动物有大熊猫、金丝猴、短尾猴(*Mandrillus arctoides*)、红腹松鼠(*Callosciurus erythralus*)、花松鼠(*Tamiops swinhoei*)、灰竹鼠(*Rhizomys sinensis*)、穿山甲(*Manis pentadactyla*)、华南虎、云豹、豹和豹猫、大灵猫、果子狸等。

中国热带山地森林生态系统面积不大，但野生动物种类最为丰富，并保存有大量特有的科属种，如树鼩科(Tupaiidae)、长臂猿科、灵猫科(Viveridae)、象科、红腹松鼠、蓝腹松鼠(*C. Pygerythrus*)、花松鼠、猕猴、短尾猴、叶猴(*Presbytis francoisi*)、蜂猴(*Nycticebus coucong*)以及犀鸟(*Buceros* spp.)等多种珍贵鸟类。

中国山地森林生态系统中分布有大量特有动物种类，其中最为著名的有大熊猫，现存仅 1 属 1 种，为中国特有的科；麋鹿(*Elaphrus davidianus*)、藏羚(*Pantholops hodgsonii*)、复齿鼯鼠(*Trogopterus xanthips*)、沟牙鼯鼠均为中国特有的属，现存仅有 1 种；此外，还有马鸡属(*Crossoptilon*)、藏马鸡(*C. Corssoptilon*)、长尾雉鸡等均为珍贵的特有种、属。这些特有种属在世界脊椎动物多样性中占有非常重要的地位。

(二)山地草地生态系统生物多样性

在中国西北部半干旱和干旱区以干草原和荒漠草原为基带的山地生态系统拥有较丰富的植物和动物种类。

1. 植物种类多样性特点

在温带草原山地生态系统中的基带植被草原植物物种丰富度高，有种子植物 3600 多种，其中菊科种类最多，占干草原区植物总数的 16%，其次为禾本科和豆科[5]。作为建群种的针茅属(*Stipa*)种类较丰富，有一定数量的特有种，但无特有科和特有属。基带以上的低中山山地一般都有 1~2 个森林植被带，乔木树种多样性较为简单。

在荒漠化草原山地生态系统中的基带植被荒漠植物具有古老性和独特性特征，但与温带草原相比，物种显得比较贫乏。

2. 动物种类多样性特征

在温带草原山地生态系统中的动物主要有如下几类：有蹄类，如黄羊（*Procapra gutturosa*）；啮齿类，以啮齿目和兔形目种类为多；此外还有食肉类、鸟类和各种昆虫类。已知国家重点保护动物中有Ⅰ级 14 种，Ⅱ级 48 种[5]。

在温带荒漠山地生态系中的动物主要有野马、野驴和野骆驼、高鼻羚羊等有蹄类；此外，还有较多的各种啮齿类，而昆虫类动物较少。

（三）高原高山高寒山地生态系统生物多样性

在青藏高原和高山、极高山地区生物多样性具有其他山地生态系统所没有的独特性。

1. 在植物多样性方面

不同生态系统植物多样性有所不同。高寒灌丛草甸生态系统以各种高山嵩草为优势种，种子植物达 500 种；高寒灌丛主要为名贵杜鹃，散生于高寒草甸中。在高寒草原生态系统中，紫花针茅分布面积大，其次为羽状针茅、沙生针茅、昆仑针茅等，其中种子植物有 300 多种；在高寒荒漠生态系统中，主要有垫状驼绒藜、藏亚菊、粉花蒿等，其中种子植物 100 种左右。

2. 在动物多样性方面

不同生态系统中的动物多样性也不同。在高寒灌丛草甸生态系统中主要有鸟类和哺乳类、两栖类、爬行类。其中鸟类 103 种，哺乳类 45 种，两栖类有 7 种。在高寒草原生态系统中鸟类达 118 种，哺乳类和爬行类分别为 35 种和 3 种；在高寒荒漠生态系统中只有鸟类和哺乳类，而其种数分别只有 17 种和 26 种[5]。

（四）山地农区生态系统的生物多样性

中国山地开发历史悠久，在长期的山地资源开发中，建立了各种类型的中国式山地农区生态系统，如梯田生态系统（含水田生态系统和旱地生态系统）、经济林园和果园生态系统、经济作物栽培生态系统、人工草场生态系统、家畜养殖生态系统、中草药栽培生态系统、各种人工林生态系统等。

适应于山区水田生态系统的作物种类十分多样，仅水稻品种约有几十种；山区旱地生态系统中的作物种类比山区水田更为多样，多达几百种。中国是世界上主要作物起源中心和多样性分布中心之一，作物的遗传资源非常丰富，其中大量分布于山区的黍稷、裸大麦、裸燕麦、荞麦等起源于中国。此外，还有大量适应于山区生长的豆类、薯类、油料、纤维、糖料等多种作物种类。

经济林园、果园生态系统，又称种植园（场）生态系统，该系统在中国山区广泛分布，从北到南和从东到西的山区形成了丰富多彩的多种类型的种植园，如北方的苹果园、梨园、桃园、李园，新疆的葡萄园，南方的茶园、桔园、菠萝园等均驰名中外。中国有各种栽培果树达 200 多种，其中苹果属、梨属、李属种类之多，居世界首位，这些果园和果树多数分布于低山丘陵区，而且一般接近生物多样性的林区，同时又有农田穿插其间，形成山区特有的混农林生态系统生物多样性特征。

中国约有7000年的农业开发历史，先人利用山前低山丘陵拥有丰富野生动、植物资源的有利条件，通过长期驯化栽种和培养，使许多野生动物、植物变成家养和栽培类型，并在家庭驯化过程中，以野生物种类型为原料，培育无数的品种和品系，创造了极为丰富的遗传多样性，使中国成为地球上主要作物和家养动物起源中心和多样性分布中心之一。目前已收集到的各类作物遗传资源30多万份，家养动物的品种和类群有2222个[5]，其中大多数起源于山区。

(五)生物多样性丰富而又独特的典型山区

1. 横断山系高中山、高山深谷区

青藏高原东南缘为岭谷相间排列和山脉南北走向的著名横断山系分布区，在该山系的中西部紧接喜马拉雅山系的东段，也是典型的高山深谷地貌类型，两者构成中国生物多样性十分丰富而又非常独特的山地区。这里拥有古北界东亚和中国喜马拉雅成分为主的植物区系和属于东洋界西南区中的西南山地亚区动物区系，是明显物种分布和分化中心[5]。根据调查资料，仅横断山系有维管束植物219科，1467属，8559种。该地区集中了80个中国高等植物特有属，是中国高等植物特有属最集中分布的地区之一。云、冷杉属种类丰富，仅四川西部横断山区有云杉属11种，占全国云杉属种数的42%，冷杉属10种，占全国的45%[6]。这里同时还是中国真菌类最集中分布的地区，已发现真菌种数达4000种以上。

横断山系有鸟类585种，占全国鸟类种数的49.4%，其中属国家重点保护的鸟类有89种，其中15种为中国所特有，如角雉属(*Tragopan*)、虹雉属(*Lophophorus*)含有多个特有种。横断山系有两栖动物81种，爬行动物117种，分别占全国种数的29.2%和29.7%，其中角蟾(*Megophrys*)、齿突蟾(*Scutiger*)和齿蟾(*Oreolalax*)等属含有多种特有种。该地区有各种昆虫达3080种，其中1229种为该地区特有。此外还拥有丰富的珍稀、濒危物种，如横断山系北段有大熊猫、金丝猴、小熊猫、羚牛、水鹿(*Cervus unicolor*)、白唇鹿(*Cervus albirostris*)，该山系南段还有野牛、滇金丝猴等。

2. 滇南西双版纳低山区

该地区是季节性雨林分布区，物种非常丰富。在植物方面，拥有高等植物达4000多种，其中88%为热带成分，可以说是中国热带山地植物种类丰富的地区，有不少泛热带种和中国特有种。在动物方面，仅兽类102种，占全国总数的1/4，绝大多数为灵长类和灵猫类，其中野象、印度野牛(*Bosgaurus*)、白颊长臂猿(*Hylobates leucogenya*)、鼷鹿(*Tragulus javanicus*)、印度虎(*Panthera tigris*)均为国家Ⅰ级保护动物。此外有各种鸟类427种，两栖类38种，爬行类80种[5]。

3. 南岭丘陵低山区

该区位于中国中亚热与南亚热带的交界处，拥有中亚热带与南亚热带多种植物成分，是中国动植物种类最丰富的地区之一。据统计，包括蕨类以上的维管束植物有271科，1206属，3262种，分别占全国科属种数的83.6%、36.5%和12.3%。在动物方面，有陆栖脊椎动物22目，46科，60属，270多种，其中属国家保护的珍稀动物有华南虎、金钱豹等25种。

4. 秦岭山系中山、高中山区

秦岭山系是中国南北气候的主要分界线，同时也是动植物南北分界线，北坡植被基带为落叶阔叶林带，往上有两个森林植被带以及灌丛和草甸带；南坡植被基带为常绿阔叶林与落叶阔叶林带，往上有明显的垂直变化。因此，该山系植物具有明显的过渡性特征，汇聚了华北、华中和横断山系的多种植物成分计有植物 143 科，2377 种，其中特有种子植物 100 种以上，有世界性单种属植物 37 属，少种属(2～5 种)60 属。动物方面，具有过渡性特征，种类繁多，区系成分繁杂。世界著名的大熊猫、金丝猴、羚牛等均有分布。

以上数例表明，中国山地是生物多样性丰富而又独特的地区。《中国生物多样性国情研究报告》中提出中国生物多样性保护的关键区域(critical regions)，其中属陆地类关键区域有 11 个，这些都分布于中国不同地域的山地区。这 11 个关键区域是：横断山南段，岷山—横断山北段，新、青、藏交界处高原山地，滇西西双版纳地区，湘、黔、川、渝、鄂边境山地，海南岛中部山地，桂西南石灰岩地区，浙、闽、赣交界山地，秦岭山地，伊犁—西段天山山地和长白山地[5]。

此外，山地又是中国自然保护区集中分布区，到 1995 年止，已建县级以上自然保护区总数达 799 个，总面积达 $71906710hm^2$，其中绝大部分分布于不同类型的山地区，这些山区自然保护区所保护的生态环境类型和动植物种类在全国自然保护区中占绝对的优势和举足轻重的地位。

第四节　山地退化森林生态系统①

依据前述中国山地分类表明，起伏度大于 200m 的山地面积占中国陆地面积的 55.2%，起伏度小于 200m 的丘陵面积占 18.2%，作为世界屋脊的青藏高原和若干东西向、南北向、东北-西南向及西北-东南向的巨大山系奠定了中国自然生态环境的基本格局，对中国环境与生态过程和社会经济发展产生深刻的影响，在维系我国生态安全、改善与提高全国人民生存环境质量、建设美丽中国等方面起着巨大的作用。

由于长期受传统农耕经营方式的影响，半个多世纪以来山地人口快速增长和经济快速发展对山地资源需求压力增大，带来山地生态系统大面积破坏和生态环境严重退化等问题，原始自然植被生态系统所剩无几，不同退化程度的退化山地生态系统广为分布，山地生态系统服务功能显著减弱，表现为减少江河泥沙淤积、减轻洪涝灾害危害、增加干季河流水源补给、维护生物多样性和改善气候环境等方面的功能大为降低。自 20 世纪 90 年代末以来，通过实施防护林体系建设、天然林保护和退耕还林等多项国家重大生态建设工程，山地生态面貌有所改善，森林覆盖率和植被覆盖度有所提高，但是山地生态系统的空间布局不尽合理，植物群落结构和物种组成单一，生态系统服务功能和生态安全屏障作用尚未得到显著提高，有些山地区石漠化和荒漠化面积仍处于有增无减的退化状态，特别是脆弱生态与贫困并存的局面，迄今没有得到显著的改变。山地生态退化状况尚未得到有效的改善。

山地生态退化的重要特点是：一旦生态系统遭到破坏，生物赖以生存的土壤流失、土层变薄乃至岩石裸露，生态恢复与重建难度很大，有些退化严重区甚至成为不可逆转

① 本节作者钟祥浩，在 1998 年初稿基础上补充成文。

的裸岩劣地。当前我国山地生态退化突出地表现为山地林、草生态系统结构破坏，生态系统服务功能降低，水土流失和土地沙石化以及各种山地特有自然灾害的频发等。本节就我国山地森林生态系统退化问题作概要分析。

一、森林生态退化及其恢复

森林生态系统退化是指自然森林生态系统在人为或自然干扰下形成偏离干扰前的自然状态，与干扰前相比，在结构上表现为种类组成和结构发生了改变，在功能上表现为生物生产力、水源涵养和土壤保持以及生物间相互关系改变等生态学过程发生紊乱等。目前，不同学者和研究组织对森林生态系统退化概念的诠释存在差异。朱教君等[7]认为森林退化是林木产品和生态服务功能的逆向改变。有国外学者提出，森林退化是指生产力降低或质量下降，或确保发挥作用和功能的林地的受损[8]。国际热带木材组织[9]把森林退化分为三种类型：①退化的原始林，是由不合理或破坏性的木材利用导致的退化；②次生林，是原始林被大面积砍伐后形成的天然更新林分；③退化的林地，是林分被过度采伐以致森林不能自然更新的无林地。由于对森林退化定义的不同理解，因而对退化森林生态系统恢复目标的确定、恢复效果评价参照系和评价指标与标准的选择都有所差别。依据中国山地森林退化的实际，我们认为山地退化森林生态系统恢复目标的确定需充分考虑退化森林所在区域的气候、土壤条件、经济社会基础及其森林生态功能环境效应所能影响的空间尺度。对于人口稠密和经济落后的山区，特别是丘陵低山区应强调提供物质产品为主、兼顾生态效益为目的的人工林木生态系统的重建；对于人口较少的偏僻山区，森林退化多属于退化的原始林，其恢复目的应突出其生态功能特别是保水保土功能和生物多样性维护功能作用的发挥，有利于促进区域森林生态系统的可持续发展。恢复目的的不同，恢复评价指标和标准有所不同。对于人口稠密的丘陵低山区退化森林生态系统恢复评价指标应重点选择森林生物质生产功能指标，如生物量、初级生产力及其他林副产品生产能力，其次为土壤肥力的改善及保水保土功能等。对于人口较少的中高山和亚高山地区退化森林生态系统的恢复评价指标应重点选择未受干扰前生态系统的结构与功能状态指标，主要包括物种数量、密度、生物量、土壤理化性状、水源涵养与水土保持功能以及植物、动物和微生物间形成的食物网状况等。对这类地区指标的选定及其标准确定的关键是参照系的选择。根据我们在贡嘎山研究的经验，亚高山(高山带下部)暗针叶林退化状态评价参照系的选择，要从紧邻的老龄林(顶极态林分)或相似生态环境条件下残存的老龄林中挑选。在此基础上，对被选定的森林生态系统物种组成、多样性特征、群落结构、生产力等关键生态功能指标信息进行监测，然后与实测不同林龄次生林恢复演替阶段群落的各相关指标特征值作比较分析，从中对退化原始林生态系统不同退化类型(不同林龄)恢复状态作出定量评价。

二、结构性退化

(一)退化概况

我国现有森林面积很小，而且碎裂分散。森林覆盖率低，地区差异大，主要分布于东北、西南等边远山区及东南丘陵低山区。第五次森林资源清查结果，全国森林覆盖率为16.55%，人均森林面积相当于世界人均水平的1/5。近年森林面积虽有提高、森林覆盖率达20.36%，但森林生态系统结构性退化问题突出。全国除在西南、东北及天山山脉等地还保存有少数的原始森林外，其他地区的森林几乎都可归属于退化森林生态系统的类型。对分布于不同区域山地的森林生态系统结构性退化的研究表明[10]：①寒温带-温带退化森林生态系统，主要指东北东部和北部一些山地丘陵地带。在该系统中，一些针叶林(如落叶松 *Larix* 等)遭到破坏，被一些阔叶树种(如栎类 *Quercus*、桦类 *Betula* 及榛 *Corylus* 等)所取代，形成落叶阔叶林或落叶灌丛。②暖温带退化森林生态系统，包括华北山区燕山山脉、太行山山脉等以及胶东半岛和鲁中南山地等区域，其主要特征是落叶乔木被一些落叶小乔木(如山杨 *Populusv davidiana*、刺槐 *Robinnia pseudo*-*acacia* 和山杏 *Prunus armeniaca* 等)、落叶灌木(如酸枣 *Zizphus jujuba*、荆棘、黄栌 *Cotinus coggyria* var. *cinerea* 和胡枝子 *Lespedeza* spp. 等)或草本植物(如蒿 *Artemisia* spp.、黄背草 *Themida triandra* var. *japonica* 等)所取代形成杂木林、灌丛或退化成荒山草坡等。③亚热带退化森林生态系统，北起秦岭南坡、南至南岭山地，西至四川盆地西部边缘，东到东南沿海，包括米苍山—大巴山、大别山、川东平行岭谷、江南丘陵地带以及南岭山地等广阔区域。该区域由于人口众多、农业相对发达，废林垦荒现象比较严重，原始森林生态系统几乎都遭到破坏而退化成为灌丛或其他一些杂木林，严重的山地区还退化成草山草坡甚至裸露土地，成为我国水土流失发展较快的地区。④西南石灰岩山区退化森林生态系统，包括广西、贵州和云南东部石灰岩山地区。该区域由于自然条件恶劣(如土壤瘠薄、坡度大等)，森林生态系统原本相当脆弱，再加上地方经济相对落后，森林被大肆开发，森林生态系统退化成灌丛或草地，严重地区甚至岩石裸露形成石漠化。⑤西南亚高山退化森林生态系统，包括滇西北、川西及川西北等地。该区域地形陡峭，高山峡谷众多，河谷地带森林遭到破坏后，往往被干旱河谷灌丛所取代，而且很难恢复。如在滇西北林区，除中甸、德钦保存有部分原始林外，大部分地区已被灌丛、草坡和少数次生林代替。川西亚高山林区更为严重，20世纪50年代初，其森林覆盖率达30%以上，到90年代初期则下降到20%以下。⑥热带退化森林生态系统，包括西双版纳及海南的一部分。其主要的表现是原始热带雨林遭到破坏后，被热带疏林和热带灌丛所取代，此外，还有一部分被人工林代替。

(二)退化特点

依据上述资料，并结合其他山地森林生态系统退化情况，我国山地森林生态系统结构性退化特点可概括为：①保持顶极森林群落结构的原始森林生态系统所剩无几，约90%的山地森林生态系统属于退化类型；②现有退化山地森林生态系统的结构简单、残次低效林多，分布广、面积大；③森林生态系统年龄结构不合理，中、幼林面积占了绝大部分；④森林生态系统在空间分布上表现出高度的破碎化，许多山地森林大都呈片状、斑块状或孤岛状分布；⑤结构单一的人工林多分布于立地条件较好的低山丘陵区。南方红壤低山丘陵区的马尾松纯林、大面积种植的桉树人工林以及西南山地的云南松林和四川盆地的柏木林(由人工桤柏混交林演化形成)等，树木种类单一而密集，缺乏灌木层和草本层，生物多样性减少或缺失，林下地力衰退等问题突出，被称之为“绿色沙漠”。这种“绿色沙漠”保水保土能力很差，一般比较干燥，既容易发生病虫害，又易发生火灾。

不言而喻，保护我国现有原始森林和恢复重建我国退化森林生态系统，提高其服务功能，是当今我国生态文明建设亟待加强的一项重大历史任务。

三、功能性退化

(一)功能性退化与环境效应

结构良好的山地森林生态系统具有强大的生态服务功能，表现为涵养水源、保持水土、维系生物多样性、改善土壤生态条件、净化空气、调节气候、提高人居环境质量、减轻干旱和洪涝灾害、提供木材和其他林副产品。

森林生态系统结构性破坏，导致一系列山地生态环境问题的出现，其中最为突出的是水土流失加剧，如四川省(含重庆市)20 世纪 50 年代水土流失面积仅 600 万 hm^2，80 年代增加到 2470 万 hm^2，占长江上游水土流失面积的 70.1%；皖南山区水土流失面积达 8653.5km^2，占全区面积的 36.8%；广东省 1950 年初水土流失面积仅 7000 多 hm^2，到 1985 年增加到 1.2 万 hm^2，江西赣江流域由于水土流失造成的荒山荒地面积由 1975 年的 86.3 万 hm^2，增加到 1985 年的 115.0 万 hm^2。由于地表森林植被覆盖减少，加快了山地山洪、泥石流等灾害的发生，其中地处我国第一级阶梯向第二级阶梯过渡的山地，特别是高山深谷区，山地灾害尤为严重。由于该地区坡度大，土层薄，有的陡坡地在干旱年份可发生“土流”下泻，在多雨年份，便发生崩塌、滑坡、泥石流和山洪。由森林植被破坏后形成的次生林均处于生态效益和经济效益低下的状态，而且这种低效林面积大、分布广。它们不仅保土保水能力差，而且生产力很低。据我们对四川盆地低效林生产力特点的研究表明，15～20 年生的柏木疏林、桤柏混交林生物量分别为 15～20t/hm^2 和 20～35t/hm^2，净初级生产量分别为小于 2t/(hm^2·a)和 2.5～3.0t/(hm^2·a)；马尾松林生物量和净初级生产量分别为 18～30t/hm^2 和不足 3t/(hm^2·a)。据有关资料，由于森林植被破坏带来全国受威胁和濒危的高等植物种数约 4500 种，濒危植物种比例为 15%，高于世界平均受威胁和濒危植物的比例 10%；珍稀濒危植物多达 388 种，其中已经灭绝或濒于灭绝的森林植物有崖柏(*Thuja sutchuanensis*)、海南梧桐(*Firmiana hainanensis*)、天目铁木(*Ostrya rehderiana*)、圆籽荷(*Apterosperma oblata*)、猪血木(*Euryodendron excelsum*)、缘毛红豆(*Ormosia howii*)、华盖木(*Manglietiastrum sinensis*)、金佛山兰(进兰)(*Tangtsinia nanchuanica*)、雁荡润楠(*Machihilus minutiloba*)等 20 多种[11]。

自 20 世纪 80 年代以来，各地不同程度地实施了退化生态系统恢复重建工程，山地森林面积有所增加，但山地森林生态系统结构性问题尚没有得到明显的好转。因此，森林生态功能仍处于低下状态，突出地表现为土壤保持和水源涵养功能作用很弱，特别是在生态环境十分脆弱的西南石灰岩山区，干热、干旱河谷区以及少数民族聚居的半山区土地退化、石漠化和地表干旱缺水等问题较为突出，贫困面貌难以得到改善。下面就退化森林生态系统水源涵养功能现状特点作概要分析。

(二)退化森林生态系统水源涵养功能退化机理

森林植被的水源涵养功能作用是通过森林-土壤系统对降雨的截留和拦蓄作用实现的。森林-土壤系统对降雨的截留与拦蓄取决于组成该系统的森林子系统和土壤子系统的结构及其树种成分和物质组成性质。不同森林子系统，其土壤子系统有所不同，进而对降雨截留量大小不一样。相同森林子系统下的土壤子系统，其对降雨截留与拦蓄功能具有相对一致性。因此，森林-土壤系统对降雨截留与拦蓄功效的大小取决于森林子系统与土壤子系统的协调性。原始森林与其原始土壤的组合具有最佳的降雨截留与拦蓄功效；当原始森林受到破坏，但其土壤子系统没受到损害，该森林-土壤系统的截留与拦蓄功效较前者低，但还能保持较高的水平。原始森林受到严重破坏后，土壤流失加速以致土层变薄，这时的森林-土壤系统截留与拦蓄功效很低。通过植树造林，森林覆盖率显著提高，有的地区甚至达到40%以上，但是其土壤层还较薄，这时的森林-土壤系统的截留与拦蓄功能不高。

森林植被对降雨的截留量，实际上是湿润森林子系统内全部枝叶和树干所需的雨量。因此，组成森林子系统的群落结构越复杂，湿润全部枝叶和树干所需的雨量就越大，落入地表形成径流的雨量就越小；相反，森林系统退化程度越严重，其群落结构越简单，雨水进入地表形成径流量就越大。在降雨时，雨水对森林植物群落湿润过程中有少量的蒸发，但在降雨期间的蒸发量不大。一次降雨后有短时的停顿，再次降雨的截留量不会有明显的减少。不同地区不同结构的森林子系统有其截留量的最大容量值，亦即减少降雨落入地表的最大量，减少量越大，对减少洪水流量的贡献就越大。

尽管森林植被对降雨有一定的截留作用，但是从截留量来看，一次降雨截留最大值一般不超过10mm。也就是说，在遇上日雨量50～100mm的暴雨，仅靠森林植被截留以达到减少地表暴雨径流和洪水量的作用是很小的。

原始状态下的土壤子系统具有很高的储水能力，一般一次降雨土壤截持拦蓄雨水量可达200mm，甚至更高。因此，日雨量50～100mm的暴雨，可被土壤全部拦蓄入渗，而不产生地表径流。

良好森林-土壤系统分布区，降雨通过森林子系统与土壤子系统的截留拦蓄，使降雨地表产流大为减少，即使在短时暴雨情况下，也不会产生地表径流。但是，在初次暴雨后，接着发生持续时间较长的暴雨，暴雨量超过森林-土壤系统截留蓄水最大容量值时，便可产生暴雨径流或暴雨洪流。不同地区不同森林-土壤系统的截留蓄水最大容量值是不同的，不同森林退化系统，其土壤退化程度不同，相应的退化森林-土壤系统截留蓄水最大容量值也不一样。它们各自拥有相应的截留蓄水最大容量值，而且这个值随季节而变化。在雨季期间的雨期和间雨期都不一样。从某种意义上说来，森林植被对水源涵养功能的影响关系，实际上是森林-土壤系统截留蓄水容量对暴雨接纳程度之间的关系。

1. 横断山地区山地退化森林生态系统

横断山地区位于青藏高原东南缘，其范围介于25°～32°N，96°～102°E之间。境内地势高耸，山川相间，南北纵贯，山高谷深，相对高度一般为2000～3000m，最大达6500m，是我国乃至世界上最为典型和面积最大的高山深谷区。受特殊的地形和多样复杂的山地气候的影响，形成了丰富多彩的植物群落类型，其中山地森林植被类型的多样性为我国其他山地所不及，其中，属于"中国植被"群系组一级单位的类型主要有亚热带常绿阔叶林、硬叶常绿阔叶林、暖温性常绿针叶林、温性常绿针叶林、温性针阔叶混交林、寒温性常绿针叶林等；每个一级单位下又都可分出多个类型，总计有12个类型。横断山区是我国西南林区的主体组成部分，森林资源丰富，森林生态系统的生态安全屏障作用巨大，是长江和多条国际河流的重要水源地，生态战略地位十分重要。

由于长期受人类经济活动的影响，原始森林生态系统遭受严重破坏，仅自然保护区和交通不便的偏远高山地区保留少量的以云、冷杉林为主的原始林，其余地区都属于不同退化程度的退化森林生态系统。不同退化森林生态系统生态功能有所不同，其中不同退化森林-土壤系统水源涵养功能现状有如下的特点。

1)森林植被对降雨的截留

依据贡嘎山亚高山原始林和不同退化森林林冠截留的观测，程根伟建立了该区域不同退化峨眉冷杉林林冠截留概念性模型：原始林（过熟林）$Ic=1.69[1-\exp(-0.41P)]+0.19P$；轻度退化林(成熟林)：$Ic=1.60[1-\exp(-0.47P)]+0.16P$；中度退化林(中龄林)：$Ic=1.56[1-\exp(-0.58P)]+0.13P$；重度退化林(幼龄林)：$Ic=1.02[1-\exp(-6.88P)]+0.09P$。

贡嘎山实际观测资料表明，当降水量<0.5mm 时，雨水几乎全部被林冠截留；当降水量<15mm，原始林截留率可达 20%。轻度和中度退化林截留率有所减少，而重度退化林林冠截留率只有 5%～10%。

2)枯枝落叶层对降雨的截留

枯枝落叶层截留持水与森林退化状况有关。不同退化森林类型枯枝落叶层的成分、厚度及分解程度等有所不同。原始林枯枝落叶层一般可分为三层，即未分解层、半分解层、已分解层。不同分解层持水率、吸水速度不同，表现为有效滞留雨水量有明显差别。退化森林枯枝落叶层都受到不同程度的破坏，严重者地表裸露。依据实际观测资料，横断山亚高山原始云、冷杉林枯枝落叶量 16～38t/hm^2，轻度退化的铁、槭、桦混交林枯枝落叶量为 15～30t/hm^2；它们最大持水量分别为 4.7～11.0mm、6.9～8.6mm。重度退化森林枯枝落叶量和最大持水量分别只有 1.0～8.0t/hm^2 和 1.0～2.0mm；14 年生马尾松林枯枝落叶层最大持水量为 2.7mm。可见，横断山地区原始林和退化森林枯枝落叶层最大持水量差异较大。总的说来，处于原始状态下的森林枯枝落叶层最大持水量为 10mm 左右。

3)土壤层对降雨的滞蓄

土壤蓄水能力与土壤物理性质有密切关系，包括土壤剖面构型、有机质、容重、质地、非毛管孔隙、毛管孔隙、总孔隙以及渗透性等，不同退化森林类型土壤物理性质不同，土壤蓄水能力有别。根据横断山河谷区土壤性状调查分析资料，土层厚度一般为 15～40cm，非毛管孔隙度和总孔隙度都很低，分别只有 5%和 40%左右；而贡嘎山东坡原始冷杉林土壤表层的非毛管孔隙度、总孔隙度分别达 11%和 95%。川西其他亚高山地区原始云、冷杉林土层厚度 80～150cm，土壤非毛管孔隙度一般为 10%～20%，总孔隙度为 70%～90%，具有这种特性的土壤持水能力很高。通过调查发现，横断山东部的川西亚高山云、冷杉林区土壤最大持水能力可达 2500～3500t/hm^2，相当于降水量 250～350mm。贡嘎山海拔 3000m 原始峨眉冷杉林下土壤持水能力的实验资料表明，地表入渗水量达 500～1000mm 也不会产生地表径流；夏季较强暴雨入渗的野外实测发现，通过森林-土壤系统的穿透雨全部转化为壤中流和地下径流。可见，横断山地区亚高山原始森林-土壤系统水源涵养功能状态极好，而河谷两侧山坡退化森林-土壤系统水源涵养功能很弱，亟待提高。

2. 东北山地退化森林生态系统

长白山位于我国东北黑龙江、吉林、辽宁东部及朝鲜两江道交界处。北起三江平原南侧，南延至辽东半岛与千山相连，包括完达山、老爷岭、张广才岭、吉林哈达岭等山脉，主峰长白山海拔2750m，从山脚到山顶相对高度达2000m。从山下到山顶依次分布阔叶红松木、针阔叶混交林、针叶林、岳桦林和高山苔原，具有完整的植被垂直带谱。该山地区森林生态系统都不同程度地受到破坏，现存有不同退化程度的森林生态系统类型。依据长白山系支脉老爷岭森林生态定位站和老爷岭支脉金沟岭林场调查资料[12,13]，这两个地区退化森林生态系统类型主要有：红松人工林、落叶松人工林、针阔叶人工混交林和杨桦次生林等。据长白山老爷岭生态定位站观测，杨桦次生林、云冷杉针阔混交林和39年生人工落叶松林枯落物现存量分别为29.0t/hm^2、29.6t/hm^2和34.6t/hm^2，相应的最大蓄水量分别为43.6m^3/hm^2、41.9m^3/hm^2和33.1m^3/hm^2。这几种退化森林生态系统与当地未遭破坏的原始林枯枝物现存量及其最大蓄水量(分别为56.4t/hm^2和62.1m^3/hm^2)相比较有较明显的差异。据对老爷岭支脉金沟岭的观测，天然次生林、针阔叶人工混交林和25年人工落叶松林枯落物现存量分别为9.4t/hm^2、14.2t/hm^2和28.9t/hm^2，与长白山老爷岭生态定位站相比较明显偏小，表明后者退化程度较前者严重。土壤表层枯枝落叶现存量的多少对涵养水源和保护土层免遭侵蚀起着重要作用，它的存量多少在一定程度上反映森林生态系统退化严重程度。土壤非毛管孔隙度是表征土壤发育程度好坏的重要指标之一，同时又是反映土壤涵养水源能力高低的重要指标。金沟岭地区属于退化类型的天然次生林、针阔人工混交林、落叶松人工林的土壤非毛管孔隙度分别只有2.5%、4.2%、7.1%，远低于未经人类干预的原始林土壤非毛管孔隙度(大于14%)。

3. 燕山山地退化森林生态系统

燕山山脉位于河北省北部，西起八达岭，东至山海关，山脉呈东西走向，是华北平原重要生态安全屏障。该山地海拔500～1500m，由云雾山、雾灵山、都山、军都山等组成，主峰雾灵山海拔2116m。山势北高南低，山地南部为海拔小于500m的丘陵。该山地属于暖温带大陆季风气候。海拔700m以下山地丘陵区植被为以栎类为主的落叶阔叶林，海拔700～1500m为针阔混交林，海拔1500～2000m为针叶林。原始森林生态系统已遭受严重破坏，目前森林生态系统多数属于退化类型，其中油松人工林、次生杨桦林、落叶松人工林、落叶阔叶人工混交林等分布广泛。根据有关观测资料[14]，地处燕山山地的东灵山暖温带落叶阔叶林区(海拔1050～1250m)的油松人工林、落叶松人工林和落叶阔叶人工混交林的土壤总贮水量(0～60cm)分别为794.2m^3/hm^2、647.0m^3/hm^2和455.0m^3/hm^2。这三种退化类型林分总持水量分别为：830.0m^3/hm^2、718.7m^3/hm^2和495.7m^3/hm^2。该山地区退化森林生态系统土壤总贮水量和林分总持水量都处于较低的水平。

4. 秦岭山地退化森林生态系统

秦岭主体位于中国中部陕西与四川交界处，海拔多为1500～2500m，主峰太白山海拔3767m，山脉呈东西走向，西起甘肃南部，经陕西南部到河南西部，长约1600km，为黄河支流渭河与长江支流嘉陵江、汉水的分水岭，是中国南北自然环境分界线。秦岭以南为亚热带湿润季风气候，以北为暖温带半湿润-半干旱季风气候，它既是中国的重要分水岭，又是中国重要的生物地理分界线。

秦岭北南坡植被垂直带谱完整，但带谱结构有明显差异。以秦岭太白山为例，其北坡植被垂直带从山麓到山顶依次为：落叶阔叶林带(2800m 以下)、针叶林带(2800～3400m)(该带下部以巴山冷杉林为建群种，上部建群种以太白红杉林为主)、灌丛草甸带(3400～3767m)；其南坡植被垂直带从下往山顶依次为：常绿与落叶阔叶林带(1000m 以下)、落叶阔叶林带(750～2600m)、针叶林带(2600～3350m)(该带下部以四川冷杉为建群种，上部以落叶松纯林为主)、灌丛草甸带(3350m 以上)。

由于森林资源长期遭受不合理的开发利用，秦岭山地自然森林生态系统保存面积很少，受到法律保护的秦岭自然保护区面积只占秦岭山地总面积的 8%，其他森林生态系统都不同程度地受到人类的干预乃至破坏，退化森林生态系统类型广为分布，秦岭北坡海拔 600～900m 低山丘陵原始落叶阔叶林几乎消失，替代为农耕植被，只见较陡坡地有次生栎类和灌草丛。海拔 900～2800m 主要为次生栎林和桦林，并伴生温性次生侧柏林、油松林和华山松林。秦岭南坡海拔 500m 以下为农耕植被，海拔 500～1000m 低山带多为次生常绿和落叶阔叶树种，海拔 1000～2650m 多为次生落叶阔叶栎类和桦林。

由于森林植被破坏带来的生态退化问题突出，秦岭山地森林上线较 20 世纪 50 年代有了显著的下降，而森林下线则上升了 300～500m。据有关资料[15]，目前该山地区坡耕地中有约 50%是毁林开荒形成的，森林面积减少和原始森林生态系统结构破坏导致水源涵养功能明显下降，自 70 年代以后，秦岭山地北坡河流有 80%成为间歇河，作为西安市重要水源地的黑河年径流量下降了 $2.44\times10^8 m^3$。而森林植被未受破坏的区域，森林生态系统水源涵养功能保持较高的水平。据卜红梅等[16]研究，发源于陕西秦岭南坡的佛坪国家自然保护区的汉江一级支流金水河流域，森林植被面积 $703.7km^2$，占流域面积的 96.40%，其中，针阔混交林面积($344.50km^2$)占植被面积的 47.19%，阔叶林面积($148.37km^2$)占 20.32%，高山箭竹林($142.68km^2$)和灌林木面积($61.77km^2$)合计占 19.55%，针叶林面积($6.38km^2$)占 0.87%。阔叶林、针阔混交林、高山箭竹、灌木林和针叶林林冠对降雨的截留率分别为 31.2%、27.8%、21.6%、19.6%和 29.9%。这几种森林类型的水源涵养量分别为 $92.20\times10^6 m^3$、$224.66\times10^6 m^3$、$101.04\times10^6 m^3$、$44.86\times10^6 m^3$和 $4.04\times10^6 m^3$，合计达 $466.79\times10^6 m^3$，平均每平方公里森林植被水源涵养量约为 66 万 m^3。丹江口水库以上汉江流域面积约 8 万 km^2，若按 65%的森林植被面积每平方公里水源涵养量达到金水河流域森林植被的 60%的水平，那么南水北调工程中的汉江流域森林植被水源涵养量可达到 $171.6\times10^8 m^3$，约占年入库水量的 45%。目前汉江流域森林植被生态系统结构与功能离这个目标有很大差距。

5. 南方山区退化森林生态系统

南方山区指长江以南的湖南、江西、浙江、福建和广东丘陵山地。五省陆地面积 78.17 万 km^2，其中丘陵面积 25.68 万 km^2，山地面积 29.40 万 km^2，丘陵山地面积占该区陆地总面积的 71.0%。该区域属亚热带季风湿润气候，少部分为热带季风湿润区。地带性植被主要为亚热带常绿阔叶林。由于该区域人类开发历史悠久，人口众多，而且密集，长期以来受人类活动影响，地带性植被受到严重的破坏，原始常绿阔叶林和季风常绿阔叶林面积所剩无几，大部分丘陵低山区被开垦为耕地和经果园。目前，远离顶极生态系统的退化类型有如下几种：次生林、次生灌丛、次生灌草丛、人工林和裸地。

次生林主要表现为如下几种形式：次生常绿落叶阔叶混交林、次生落叶阔叶林、次生季风常绿阔叶林、次生针阔叶混交林(其中，针叶树主要为马尾松(*pinus massoniana*)，次为杉木(*Cunning –hamia lanceolata*))。次生灌丛是常绿阔叶林在人类多次砍伐下，由萌条能力很强的乔灌木树种所形成，群落一般高2～4m，少有超过5m的。次生灌草丛是由次生灌丛遭到砍伐，或薪炭林经营不善，生境干旱化，灌木种类和数量减少，草本种类和数量增多，成为以草本植被占优势的群落。人工林指人工营造的马尾松林、杉木林、桉树林、毛竹林及其他单优势种的人工林。裸地，顾名思义，为不毛之地。宋永昌等[17]对中国东部常绿阔叶林生态系统退化机制与生态恢复进行了系统深入研究，研究内容包括：①常绿阔叶林生态系统结构受损退化类型中植物群落、土壤动物群落、土壤微生物群落等的作用与响应、优势种更替，以及物质生产与营养循环的动态响应；②片断化引起的边缘效应、岛屿效应、小种群效应等在景观受损退化类型中的作用；③常绿阔叶林生态系统退化的评价模型及常绿阔叶林生态系统受损的生态阈值；④不同干扰条件下常绿阔叶林的定位恢复实验及恢复实践。

贺淑霞等[14]对位于中亚热带湖南会同退化类型27年生杉木林和位于南亚热带鼎湖山退化类型56年生马尾松林水源涵养功能特性的观测表明：杉木林和马尾松林凋落物蓄积量分别为9.96t/hm^{2}和5.58t/hm^2，最大持水量分别为24.9m^3/hm^{2}和32.4m^3/hm^2；杉木林和马尾松林林分总持水量分别为2515.6m^3/hm^{2}和997.4m^3/hm^2。这两种退化类型水源涵养功能特性虽没有达到顶极常绿阔叶林和顶极季风常绿阔叶林的水平，由于其林龄较长，且又没有受到人类的干扰，因而达到较高的水源涵养能力。依据崔向慧等[18]的研究资料，位于中亚热带江西大岗山的杉木人工林、马尾松人工林和天然次生常绿阔叶林枯落物现存量分别为15.9kg/hm^2、25.5kg/hm^{2}和21.3kg/hm^2，凋落物最大持水量分别为40.9m^3/hm^2、51.2m^3/hm^{2}和45.3m^3/hm^2。而广东宣山杉木林和马尾松人工林枯落物最大持水量只有4.0m^3/hm^{2}和16.6m^3/hm^2，水源涵养功能尚处于较低水平。

结语：上述仅就几个典型山地退化森林生态系统水源涵养功能状态作了分析，分析表明这些山地水源涵养功能都比较弱。实际上这些山地乃至全国其他山地退化森林生态系统整体服务功能都不高。依据我国第七次森林清查资料，全国乔木林生态功能指数为0.54，生态功能好的仅占11.31%；乔木林单位面积积蓄量为85.88m^3；中幼林面积比例大。按森林生态系统退化程度，分为原始林、次生林和疏林。其中，次生林面积最大，分布最广，目前其生产与生态功能都很低。如何提高天然次生林的生产与生态功是当前亟待加强研究的重大课题。我们认为首先需依据不同天然次生林分布区自然生态环境和人文社会经济环境作出综合分析，在此基础上作出生态区划，依据生态区位特点，提出不同生态区天然次生林恢复和重建的目标，依据不同目标采取不同的保护与经营措施。对于大江大河源头区，特别是对中下游生态环境安全有重要影响的重点流域，需要进一步加大水源涵养和水土保持生态工程建设力度，加快退化生态系统正向演替，这种演替是漫长的过程。退化森林生态系统水源涵养功能特性与进展演替阶段有关，不同进展演替阶段，功能作用不同。在不受人为干扰下，加上人工辅育，退化生态系统随时间的推移，群落种类组成增多，结构趋于复杂，正向演替进程加快，水源涵养功能会逐步好转，生态系统整体服务功能将显著提高。对于水热条件好的丘陵低山区，特别是南方丘陵低山区，应立足于森林资源质量的提高，加大具有显著经济效益的用材林、经济林及其他珍贵稀缺生物资源恢复重建工程的建设力度。

参 考 文 献

[1] 马世骏. 现代生态学透视 [M]. 北京：科学出版社，1990.

[2] 中国自然地理编辑委员会. 中国自然地理 · 气候 [M]. 北京：科学出版社，1985.

[3] 钟祥浩. 青藏高原自然生态环境特征与生态效应. 青藏高原生态系统及优化利用模式(青藏高原研究丛书) [M]. 广州：广东科技出版社，1997.

[4] 中国科学院《中国自然地理》编辑委员会. 中国自然地理 · 植物地理(下册) [M]. 北京：科学出版社，1988.

[5] 国家环境保护局. 中国生物多样性国情研究报告 [M]. 北京：中国环境科学出版社，1998.

[6] 管中天. 四川云冷杉植物地理 [M]. 成都：四川人民出版社，1982.

[7] 朱教君，李凤芹. 森林退化衰退的研究与实践 [J]. 应用生态学报，2007，18(7)：1601～1609.

[8] Hitimana J，Kiyiapi J L，Njunge J T. Forest structure characteristics in disturbed and undisturbed sies of Mt. Elgon Moist Lower Montane Forest，Westem Kenya. Fores Ecology and Management，2004，194：269～291.

[9] Lamb D，Gilmour D. Kehabilitation and kestoration of Degraded Forest. Gland，Switzerladn：IUCN－International Union for Conservation of Nature and Natural Resources，2003：7.

[10] 刘国华，傅伯杰，陈利顶，等. 中国生态退化的主要类型、特征与分布 [J]. 生态学报，2000，20(1)：14～20.

[11] 《中国生物多样性国情研究报告》编写组. 中国生物多样性国情研究报告 [M]. 北京：中国环境科学出版社，1998.

[12] 刘畅，满秀玲，刘文勇，等. 东北东部山地主要林分类型土壤特性及其水源涵养功能 [J]. 水土保持，2006，20(6)：31～34.

[13] 方伟东，亢新刚，赵浩彦，等. 长白山地区不同林型土壤特性及水源涵养功能 [J]. 北京林业大学学报，2011，33(4)：40～47.

[14] 贺淑霞，李叙勇，莫菲，等. 中国东部森林样带典型森林水源涵养功能 [J]. 生态学报，2011，31(12)：3285～3294.

[15] 刘康，马乃喜，胥艳玲，等. 秦岭山地生态环境与保护与建设 [J]. 生态学杂志，2004，23(3)：157～160.

[16] 卜红梅，党海山，张全发. 汉江上游金水河流域森林植被对水环境的影响 [J]. 生态学报，2010，30(5)：1341～1348.

[17] 宋永昌，陈小勇，等. 中国东部常绿阔叶林生态系统退化机制与生态恢复 [M]. 北京：科学出版社，2007.

[18] 崔向慧，王兵，邓宗富. 江西大岗山常绿阔叶林水文生态效应的研究 [J]. 江西农业大学学报，2000，26(5)：661～666.

第十二章　长江上游生态退化与对策[①]

长江上游是指湖北宜昌以上的长江流域区。从宜昌到江河源头干流全长4511km，占长江总长度(6380km)的70.7%，流域面积100.5万km^2，占长江流域面积(1.8×10^6 km^2)的55.8%。在行政区划上涉及青海、西藏、甘肃、陕西、四川、云南、贵州、重庆和湖北9省(自治区、直辖市)。长江上游具有远离我国东部沿海地区的不利区位条件，但具有联结我国东、西部和南、北部的良好区位优势，其战略地位十分重要。

该地区水、矿和生物等自然资源十分丰富，在实施我国西部大开发战略中占有重要的地位。由于该区具有地质地貌环境不稳定性、山地生态系统脆弱性和人口环境容量局限性特点，不合理的资源开发极易产生水土流失、滑坡、泥石流等山地灾害。近50年来，由于人类经济活动影响而出现的山地生态系统退化问题突出，表现为植被生态系统土壤保持、水源涵养、生物多样性保护和抗自然灾害能力等功能下降，由各种山地灾害造成的损失加重，各种侵蚀类型产生的大量泥沙对三峡工程和长江中下游带来严重危害。为适应国家对长江上游资源开发战略的需要，深入了解该地区山地生态系统特点、生态退化现状和变化趋势，并以科学发展观为指导，研究退化生态恢复、重建的科学对策与有效途径，为长江上游生态安全屏障的建设和实现可持续发展总目标提供依据，显得十分必要。

第一节　生态环境特点

一、生态类型的多样性

长江上游地跨我国大陆一、二级阶梯，广元—都江堰—雅安—东川一线以西为第一级阶梯，江源区处于一级阶梯的阶面上，地势平坦、开阔，海拔为4500～5000m。江源区以东，地势逐渐下降，河流侵蚀切割作用强烈，形成山川相间排列、岭谷高差悬殊的高山深谷地貌。从西往东有沙鲁里山、大雪山、邛崃山等高大山系，河流依次为金沙江、雅砻江、大渡河和岷江上游。山岭高程一般为海拔3000～5000m，岭谷高差达1000～3000m，最高峰贡嘎山高达7556m，为长江上游地区第一峰。这种山川南北走向、东西相间排列和岭谷高差悬殊的高山深谷地貌景观，不仅为我国罕见，而且为世界所少有，具有“三向地带性”综合作用的复杂性特点，生境类型极为多样，生境类型多样性为生态系统类型多样性的形成奠定了基础。

---

① 本章作者钟祥浩，在2010年成文基础上作了修改、补充。

长江上游是以山地地貌为主的地区，其中，低山以上的山地类型面积占50%，高原占30%，丘陵占18%，平原只占2%，生态类型具有以山地地貌为背景的生态系统多样性特征。

长江上游地跨我国东部季风区的中亚热带和北亚热带以及青藏高寒区的高原温带和高原亚寒带。受地形区域差异和山地岭谷高程悬殊的影响，水热再分配问题十分复杂，表现为水平和垂直方向的显著变异。四川盆地区为亚热带气候，其周边山地则在亚热带为基带的基础上，依次出现暖温带、温带和寒温带的立体气候。在研究区西部的高山深谷区，从南往北，河谷区依次出现亚热带、暖温带、温带和寒带等的垂直变化。在不同纬度河谷区，相应出现以该地河谷气候带为基带的垂直气候带谱[1]。河谷区纬度地带性变化基础上的南北向垂直变化及伴随这种变化的山体垂直变化，使得研究区生态系统类型具有非常复杂的多样性特点。

全区生态系统类型既有湿润、半湿润生态系统类型，又有高寒半湿润和半干旱生态系统类型。湿润型生态系统以山地常绿阔叶林为基带，主要分布于四川盆地及其周边山地和乌江流域等地区，基带向上依次为山地针阔叶混交林、山地暗针叶林、高山灌丛草甸等；半湿润型生态系统主要分布于横断山区，由于谷地干旱，以旱中生落叶灌丛为基带，基带向上依次为山地针阔叶混交林、山地暗针叶林和高山灌丛草甸等；高寒半湿润型生态系统和高寒半干型生态系统主要分布于江河源头的高原宽谷盆地区，基带分别为高山灌丛草甸和高寒草原，前者基带以上为高山草甸和高山冰缘稀疏植被等生态系统，后者基带以上为高山冰缘稀疏植被等生态系统。

二、山地生态的脆弱性

山地生态系统具有脆弱性特点，其脆弱性特征突出地表现为陡坡山地生态的不稳定性和敏感性，其不稳定性和敏感性特征分析如下。

(一)不稳定性特征

由生物与环境相互作用形成的生态系统的稳定性，既与生物自身活力、种群结构等特点有关，又受生物所处环境过程的强度与速率的影响。处于高势能状态的山地坡面过程具有不稳定性特点，这种不稳定性必然带来生态系统的易变性[2]。长江上游山地具有特殊的坡面环境物质与能量过程，在全球变化和人类活动影响下，极易出现超自然率状态，致使该地区成为我国山地地表过程最强烈的地区。因此，长江上游山地生态稳定性具有地表物质与能量不稳定性带来生态系统不稳定性的综合特征，是一个生态脆弱性具有显著山地特征的地域。

山体坡面物质受自身重力作用的影响，存在着从上坡向下坡位移的倾向，这种倾向可用“不稳定”来表述。在相对高度越大、坡度越陡，加之岩层破碎的情况下，坡面物质从上往下位移的倾向就越大，即不稳定性程度就越高，在自然力(如地震力、水动力等)和人力作用下，即可产生坡面物质的运移，表现为崩落、滑塌、滑坡和土壤侵蚀等。影响长江上游地区山地坡面物质不稳定性的自然因素有：地质构造、地震和岩层特性以及地貌结构(相对高度、坡度、地势变化)和降水等。下面就这几方面因素与坡面物质不稳定性关系分析如下。

1. 地质不稳定性

研究区处于欧亚板块、印度板块和太平洋板块的交接带，构造活动强烈，深大断裂发育，主要有金沙江南北向断裂带、鲜水河断裂带、安宁河断裂带、岷江南北向断裂带、邓柯－甘孜断裂带、龙门山断裂带、川藏“歹”字形断裂带、则木河－小江断裂带等八大深大断裂带。这些断裂带主要分布于龙门山—大凉山—乌蒙山一线以西，断裂带岩层破碎，节理裂隙发育，特别是有软弱岩层(如千枚岩、页岩、泥岩和煤系地层等)分布的地区，岩体十分破碎，在外力作用下(如地震、暴雨、人类活动等)，极易产生崩塌、滑坡、泥石流和坡面土壤加速侵蚀过程，成为我国滑坡、泥石流等重力侵蚀最发育的地区。如云南东川小江断裂带，岩层十分破碎，在人类活动的强烈影响下，滑塌、滑坡发育，泥石流异常活跃，在 45km^{2}的小江流域内，有泥石流沟 107 条[3]，几乎每年都有泥石流发生，成为我国泥石流最发育的地区，有“泥石流博物馆”之称。

2. 地貌不稳定性

长江上游自江源区向东呈明显的梯级下降，从江源区最高峰各拉丹冬海拔 6621m 至宜昌站海拔不足 100m，水平直线距离约 2000km，总落差达 6500m，地势变化十分明显。由这巨大落差引起的重力和水动力侵蚀作用强烈，其侵蚀作用的强弱，与自上而下梯级变化的梯度有关[4]。

长江上游宜宾以上的横断山系部分，是青藏高原东缘地势梯度变化最明显的地带，其次为四川盆地周边山地与盆中丘陵之间的地势梯度变化。地势梯度变化大的地区，是侵蚀作用强烈的不稳定地区。

坡面物质的不稳定性随物质重力势能的增大而增加，重力势能的增加与地表相对高度和坡度的大小有关。斜坡稳定性与坡度和相对高度关系极为密切[5]。谷岭相对高度大的山地，坡度陡，山地生态系统稳定性差。研究表明，面蚀临界坡度为 22°～26°，沟蚀临界坡度大于 30°，重力侵蚀临界坡度可能会更大[6]。长江上游地区大于 25°的山地面积约占全区面积的 45％。贡嘎山东坡大于 35°的坡地面积占东坡面积的 51％[7]。在四川盆地边缘山地区，相对高程大，岭谷高差一般为 200～800m，坡度较陡，坡度大于 35°的斜坡面积约占该区面积的 34％，坡面物质稳定性较差。可见，研究区具有发育面蚀、沟蚀和重力侵蚀的面积大，坡面物质不稳定性问题不言而喻。

3. 降水时空变异带来的不稳定性

降水对坡面和沟道物质不稳定性影响，主要通过降水强度、降水量、降水持续时间以及降水的季节分配表现出来。

长江上游降水总的特征为：年降水量丰富，一般为 800～1220mm，最高达 2000mm；降水年内季节分配不均，6～9 月降水量占年降水量的 60％～80％；多数地区降水强度大，日降水量在 25mm 以上的降水强度经常发生，日降水量 150～300mm 甚至 300mm 以上也时有发生。川西龙门山区暴雨中心年暴雨天数 7 天，大巴山区暴雨中心暴雨天数 6～7.5 天。降水量丰富、降水强度大和夏季降水集中都对坡面和沟道的侵蚀与搬运有重大的影响。降水作用引起的坡面和沟道物质不稳定性问题突出。暴雨对坡面侵蚀和沟道物质搬运的影响最大。1981 年 7 月 12～14 日，日降水量超过 100mm 的范围涉及嘉陵江、涪江和沱江流域十多个县，其中，射洪县过程总降水量达 341.1mm，特大暴雨造成毁灭性的水土流失和洪涝灾害。

长江上游山地降水量具有随海拔升高而增大的规律，一般在海拔2500～3500m出现大降水带，降水量可达1300mm～1500mm，有些山地可达1600～1800mm。这一高度带降水量丰富，但降水强度不大，其降水特点表现为降水持续时间长，有时整天毛毛细雨，浓雾遮天，这一特点有利于泥石流的形成。如云南东川小江流域，在海拔1300m以下为河谷少雨区，2400m以上降水量增多，最大降水带出现在海拔2500～3300m，它正好控制着小江流域各泥石流沟的形成区，从而为泥石流的形成提供了充分的水分条件，成为这一带影响山地坡面和沟道物质不稳定的重要因素。

(二)敏感性特征

所谓敏感性是指山地生态系统对外力作用具有快速反应的特性，它直接反映了产生生态与环境问题的可能性大小[2]。长江上游以山地为主的山地生态与环境各要素的关系在不合理的人类活动影响下易于发生变化，往往一个要素的变化或扰动会触发其他多个要素的“链式”反应[8]，进而对环境整体的质和量的关系产生根本性的影响。

由于研究区山地生态系统具有不稳定性特点，因此对来自外部人为的影响或扰动的响应较平原或平缓地区敏感，而且一旦受到破坏，就容易演变为不可逆转的退化环境。影响山地生态系统的重要环境要素是气候和土壤。它们与山地生态系统构成一个有机的链锁关系，其中，土壤是最容易影响和改变山地生态系统性质的要素。在相似气候条件下，可以说有什么样的山地土壤(特别表现在土壤层的厚薄上)就有什么性质的山地生态系统结构与功能[9]。

山地陡坡土壤具有薄层性特点，薄层土壤条件下发育的生态系统抗干扰能力弱。在一定高度位置上的气候要素不易受人为的干扰而变化，而土壤则不同，它对人为干扰的响应敏感。一旦土壤表层覆盖受到破坏，土壤加速侵蚀随即发生，其侵蚀强度，随坡度的增加而显著增大。长江上游陡坡山地植被破坏后，土壤流失非常强烈，少则几年，多则十几年，土壤层则可流失殆尽，土壤一旦流失，就成为岩石裸露的石漠化山地，这是长江上游水土流失不同于黄土高原的根本点。黄土高原有流不尽的土，而长江上游的土经不起流。

可见，长江上游山地生态系统具有脆弱性特点的重要原因之一，在于山地坡面物质的不稳定性和土壤变化对人为作用的响应的敏感性，以及人为作用下的土壤流失的快速性以及流失后果的严重性和不可逆性。

三、山地生态恢复与重建的困难性和长期性

在地质地貌环境不稳定性和山地生态系统敏感性的背景下，人口快速增加和不合理的经济活动是造成长江上游自然生态系统破坏的主要原因。1951～1982年，长江上游毁林开荒面积达$1.867\times10^6hm^2$[10]，仅四川省森林蓄积量从$2.5\times10^9m^3$减少为$1.192\times10^9m^3$，到1991年林木消耗量还大于生长量。新中国成立以来各种形式的毁林开荒，使坡耕地面积大量增加，目前大于10°坡耕地面积约达$8\times10^6hm^2$，占上游地区耕地总数的53%，如此大面积的坡耕地成为上游江河泥沙的主要来源区。此外，在过去50年里，大量铁路、公路、水利和建筑等工程建设诱发和加快了崩塌、滑坡和泥石流等山地灾害的发生，不仅给人民生命财产造成巨大损失，同时也增加了江河库堰泥沙的淤积。

据统计资料，1990年长江上游地区总人口为1.55亿，全区国内生产总值为1655亿

元，农民人均纯收人约470元；1997年全区国内生产总值为6097亿元，农民人均纯收入为1200～1700元。1997年全区国内生产总值较1990年虽有了较大幅度的增长，但与长江中下游比较，相差甚远，前者人均国内生产总值达7488.5元，后者只有3627.5元。1997年长江流域农业总产值只占工农业总产值的17%，而长江上游高达30%以上。近年，这种结构仍未发生大的变化，特别是广大边远山区农村基本上还是属于以生产粮食为主的传统的种植业经济。这种落后的经济活动方式，是造成生态与环境退化以及退化生态与环境恢复与重建难的重要原因。

上游地区土地特别是耕地人口环境容量小，人地矛盾尖锐。随着人口的增加，人口对土地资源需求压力将进一步加大，见表12-1和表12-2。

表12-1　长江上游主要土地利用类型状况

年份	总人口/亿	耕地		林地		牧草地	
		面积/万 hm^2	人均/hm^2	面积/万 hm^2	人均/hm^2	面积/万 hm^2	人均/hm^2
1990	1.55	1515.2	0.098	3369.0	0.22	3256.8	0.21
2000	1.78	1473.7	0.080	3446.2	0.19	3293.3	0.18
2030(预测值)	2.40	1446.4	0.060	3494.4	0.15	3268.6	0.13

资料来源：长江上游地区资源开发和生态环境保护总体战略研究。

表12-2　长江上游主要土地利用类型状况

总面积	耕地面积/万 hm^2		2000年人均耕地面积/hm^2	全国人均耕地面积/hm^2	世界人均耕地面积/hm^2
	>10°坡耕地比例/%	中低产耕地比例/%			
1515.2	53	65	0.080	0.084	0.367

从表12-1和表12-2可见，上游地区随着人口增加，人均耕地、林地和牧草地减少明显，其中耕地不仅人均数量少，而且有限耕地面积的质量又不高，坡地上的中低产耕地面积大。广大山区农民特别是秦巴山区、武陵山区、乌蒙山区和横断山区等贫困山区迄今还没有完全摆脱以种植业为主的传统经营方式。坡耕地水土流失难以得到有效遏制，自然生态的保护和退化生态的恢复与重建难度很大。

以山地为主的长江上游地区具有土壤流失快和成土作用慢的特点，形成25cm厚的土壤，石灰岩地区需要4000年以上，紫色泥页岩地区需125～500年。由此可见，在森林植被破坏和坡耕地水土流失造成的土壤浅薄化和土地石质化地区，土壤蓄水保水库容的提高将是一个漫长的过程。从土壤保水和减洪防旱角度考虑，长江上游水土保持生态建设将是一个长期的任务。

第二节　生态退化现状与特点

长江上游的生态退化突出地表现为山地生态系统退化。山地生态系统退化是指由于人类对山地自然资源不合理开发利用造成的山地生态系统结构破坏、功能衰退、生物多样性减少、生物生产力下降以及土地生产潜力降低和土地资源丧失等一系列生态与环境劣化的现象。退化生态系统的组成、结构、功能、动态及其对环境改善的效能都偏离了初始生态系统。

长江上游山地生态退化的特点是：山地生态系统一旦遭到破坏，特别是土壤层的流失，使山地生态系统平衡失调，恢复重建难度大，甚至可成为不可逆转的裸岩劣地环境。当前长江上游地区山地生态退化问题主要表现在森林生态系统的退化、草地生态系统的退化、土壤侵蚀的加速和土地退化与劣质化以及由此造成的水、土、生环境资源质量的下降和各种山地灾害的频繁发生。

一、森林生态系统退化

1990 年长江上游林业用地面积为 $3.61\times10^7\text{hm}^2$，占长江上游面积的 34.3%，其中，全区的林地、灌木林地、疏林地和未成林地占林业用地面积比例分别为 44.6%、23.2%、9.7%和 2.6%，森林覆盖率为 15.2%①。根据有关资料分析，自 20 世纪 80 年代后期实施“长防工程”、“长治工程”以及“天保工程”和“退耕还林工程”以来，长江上游森林覆盖率有显著的提高，1999 年达 17.1%。2000 年遥感数据与 1970 年遥感数据对比分析表明，长江上游地区林草植被覆盖都有一定程度的增加，而耕地面积减少了 3.2%[11]；另外，四川省森林覆盖率 1998 年为 24.2%(不含重庆市)[10]，到 2004 年达 27.9%(含“四旁”树)。可见，近年来长江上游森林生态系统的建设取得了显著的成绩。但是森林生态系统退化问题仍很突出，其退化特征表现在如下几个方面。

(一)结构性退化

1. 空间结构的变化

在人类社会的长期作用下，研究区地带性植被呈现如下退化演替序列：常绿阔叶林→常绿与落叶阔叶林→针阔叶混交林→针叶林→灌丛→草丛→裸岩。目前亚热带常绿阔叶林生态系统已被次生的亚热带针叶林和其他人工林生态系统所代替，以亚热带针叶林为主的森林生态系统几乎遍布长江上游的丘陵低山区，针叶化倾向十分突出。在退化严重的丘陵山坡出现灌草丛植被群落和石质化荒山。在研究区西部干旱河谷地带，目前其北部为干旱灌丛，南部为稀树灌木草丛[12]。在垂直方向上，不少山地的温带针阔叶混交林和寒温带暗针叶林等森林生态系统的针叶林被杨、桦等为主的阳性阔叶林或灌丛所替代。上述表明，地带性森林生态系统的空间结构已发生了重大的变化。

研究区人类活动强度大，在人口较稠密的低山丘陵区和干旱河谷区，现有森林大都呈片状、点状和块状分布，破碎化程度很高。森林生态系统功能的维持一般都要达到其最小面积[13]，破碎化使森林生态系统面积减少，从而增加了它们的脆弱性。

2. 群落层片结构变化

在自然状态下的森林生态系统群落结构具有多层性特征，特别是在湿润亚热带生境条件下的森林生态系统群落结构具有复杂性特点。长江上游丘陵低山区以马尾松、柏木和云南松为主的针叶林生态系统群落结构十分简单，除少数地区有乔、灌、草三层结构外，多数地区为稀疏乔、草二层结构和既无灌又无草的单层结构[9]。近年来森林覆盖面

① 长江上游地区资源开发和生态环境研究课题组. 1992. 长江上游地区资源开发和生态环境研究. 154～156。

积虽然增大了，但是森林生态系统的内部层片结构单一，有些地区林下无灌草覆盖，呈裸露状态。四川盆地丘陵区的人工柏木林群落，乔木层由单一树种构成，林冠整齐，群落内植物种类少，灌、草层盖度低[14]。而在川西滇北干旱河谷带植被生态系统多为灌草丛或稀疏草本为主的简单结构，凡乎所有的群落类型中的优势层均以灌木草本为主[12]。

3. 林种和物种组成结构变化

在自然森林生态系统彻底受到破坏后，恢复和重建起来的次生林和人工林生态系统，物种组成结构发生了重大的变化，原有的多数阴生植物消亡，阳性植物大量生长。特别表现为组成森林生态系统的优势种群显著减少，多数地区出现单一树种的纯林[9]。此外，人工林分布面积大，特别是出现大量的人工纯林，如马尾松纯林、杉木纯林、柏木纯林和云南松纯林分布面积大。这些人工纯林群落植物种类数量少，如四川盆地丘陵区平均树高达 5.5～8.5m 的人工柏木纯林群落植物种类只有 41 种[14]。四川盆地紫色土丘陵低山区，20 世纪 70 年代中后期和 80 年代初发展起来的大面积桤柏混交林(针阔叶混交)，在促进该地区生态与环境建设方面起了重要作用。但是，近年来出现桤树死亡的现象，针阔叶混交林逐渐退变为纯柏木林。其结构简单，林下灌、草成分很少，生物多样性贫乏，自我调节能力差，容易发生病虫害，近年来，柏木虫的危害面积呈增加的趋势。50 年代初期，四川盆地深丘低山区有林灌草型为主的脊椎动物群落，目前形成以农田草灌型为主的脊椎动物(鼠形动物)群落，陆地生态系统的食物链网关系发生了显著变化。

4. 年龄结构变化

目前，长江上游地区森林生态系统的林龄结构不合理的问题突出。在川西滇北高山深谷区海拔 2500～3800m 以上的亚高山地带，成熟林和过熟林比例大，反映为有林地活立木蓄积量中，成熟林占 80%，过熟林占 1.5%。20 世纪 90 年代初，研究区有林地林龄结构很不合理，全区幼龄林和中龄林分别占林地面积的 32%和 25%，在人口稠密的四川盆地及乌江流域，幼龄林和中龄林面积分别占林地面积的 65%和 30%。近年来，研究区林龄结构有了新的变化。据有关资料分析，四川省幼龄林和中龄林面积占有林地面积的 21%和 26%，呈现减少趋势。

5. 林种结构与布局不合理

目前，长江上游森林生态系统存在林种结构不合理的问题，如四川省防护林面积占有林地面积约达 63%，而用材林和薪炭林面积占有林地面积分别为 22%和不足 2%。在四川盆地和云贵高原丘陵低山区，以水土保持林为主的防护林广为分布，分辨不出与农民切身利益密切相关的薪炭林、用材林等林种的布局。长江上游丘陵低山区，地貌形态多样复杂，不同地貌部位应布设不同的林种，如土层深厚的缓坡带应发展速生丰产用材林或经济林；陡坡易蚀带、沟谷易冲带、脊顶薄土带等应发展具有水土保持效益的护坡林、沟间防冲林、脊顶防护林等水土保持型林种。目前，组成水土保持林的这些林种在群落结构配置和管护上没有采取相应的措施，致使真正应该发挥水土保持功能作用的水土保持型林种没有发挥其应有的作用，处于低功能状态。

(二)功能性变化

结构良好的森林生态系统具有强大的生态服务功能，表现为保持水土、涵养水源、维护生物多样性、改善土壤生态条件、净化空气、减轻干旱与洪涝灾害、提供木材和其他林副产品等。前已述及，山地森林生态系统在人为干扰下出现的结构性退化严重，其结果必然导致功能性退化。现就该地区退化森林生态系统生物量、水源涵养、碳汇功能、保土减沙与减灾等功能现状特征分析如下。

1. 生物量与净初级生产量低

长江上游退化森林生态系统面积大，根据部分地区有关森林类型资料分析发现，四川盆地低效林生物量和净初级生产量显著低于川西山地原始林[7]，见表 12-3。

表 12-3　长江上游部分森林类型生物量与净初级生产量

地区	林龄	林型	生物量/($t \cdot hm^{-2}$)	净初级生产量/[$t \cdot (hm^2 \cdot a)^{-1}$]	状态
四川盆地紫色土丘陵区	15～20	柏木疏林	15～20	＜2	人工次生林(处于正向演替阶段的退化类型)
		桤柏混交林	20～35	2.5～3.0	
		栎柏混交林	20～25	2～2.5	
		马尾松林	18～30	＜3	
	25～30	柏木纯林	35～45	3～4	
川西山地	50～60	峨眉冷杉林	121	5.6	自然次生林(正向演替阶段的退化类型)
	＞150	峨眉冷杉林	351	11.3	原始林
	＞130	杜鹃冷杉林	370	8.4	原始林

从表 12-3 中看出，研究区以幼、中龄林为表现形式的退化森林生态系统生物量和净初级生产量很低。在四川盆地紫色土丘陵区由于早期森林植被破坏带来土壤的大量流失，致使土层浅薄，虽然目前都长上了林，但是土壤的形成要经历漫长的时间，所以这些林分生物量和净初级生产量的提高还要经历很长的时间。

2. 水源涵养和保土防蚀功能不高

森林生态系统的水源涵养作用是通过森林－土壤系统对降水的截留和拦蓄作用实现的。森林－土壤系统对降水截留和拦蓄取决于组成该系统的森林生态子系统和土壤生态子系统的结构及其物种和物质组成性质，具有乔、灌、草多层结构和富含枯枝落叶与土层深厚的森林－土壤系统分布区，土壤非毛管孔隙大，水源涵养功能作用明显，一次降水中所拦蓄的降水量是低效林的 6～10 倍[15]。

调查分析发现，目前四川盆地紫色土上生长的桤柏混交林和柏木林等森林生态系统的水源涵养功能不高，群落对降水的截留量一般只有 10%～15%，与正常截留量(21.0%)相比，低了 11.0%～6.0%。正常状态下的森林枯枝落叶层的持水量为本身质量的 4 倍，并借此良好土壤结构将地表径流转化为地下径流。目前，四川盆地多数丘陵地区土壤最大持水能力仅变化于 20～50mm，相比于盆地边缘低山区常绿阔叶林生态系统土壤最大持水能力为 200～250mm 和亚高山暗针叶林土壤最大持水能力达 250～350mm，相差甚远，可以说是一种低功能态[16]。

目前，长江上游低效林面积大，其中受人类活动影响较大的丘陵区、低山区和中山区自然次生林和人工林生态功能低下的问题突出，不但林冠截留和地表枯枝落叶层持水能力弱，而且土壤层浅薄，土壤水文特性差。据有关资料[14]，川中丘陵区土壤层厚度一般为 20～50cm，土壤容重 1.3～1.6g/cm^3，土壤最大含水量 20%～35%。根据低效林分布区的森林－土壤水文特性，按平均土壤容重 1.4g/cm^3，平均土壤厚度 35cm 和平均土壤含水量 25%，对分布于四川盆地约 4.3 万 km^{2}的低效林－土壤系统蓄水能力进行计算，得出该区域森林－土壤系统总蓄水量约 53 亿 m^3，占宜昌站多年平均(1990～2000 年)径流总量的 0.01%。可见，研究区低效林分布区森林－土壤系统水源涵养功能很弱，对下游径流调节作用非常有限。森林－土壤系统水源涵养功能作用的发挥主要靠土壤库容，土壤库容的增大主要取决于土层厚度的增加和土壤非毛管孔隙度等土壤水文特性的改善，而这些过程是极其缓慢的。因此，研究区森林植被的恢复重建不能满足于森林覆盖率的提高，而要立足于森林－土壤系统结构与功能的改善。可见，研究区高功能森林生态系统的建设是一项长期任务。

广泛分布于丘陵低山区和干旱河谷带的低效林，其保土防蚀功能较低。四川盆地紫色土丘陵区的柏木、马尾松低效林和川西南滇北地区的云南松低效林，林下土壤侵蚀模数最低为 500t/(km^2·a)，最高达 3000t/(km^2·a)，一般为 1500～2500t/(km^2·a)，处于轻度至中度侵蚀状态。

3. 碳汇功能弱

长江上游森林类型多样，主要类型有松林(马尾松林、云南松林和高山松林)、杉木林、柏木林、阔叶林(常绿阔叶林、落叶阔叶林、常绿阔叶与落叶混交林)、暗针叶林、灌木林和竹林等。不同森林类型碳贮量有显著差异。目前，长江上游主要森林类型面积约 27.3 万 km^2，其中，阔叶林面积约 4.0 万 km^2，灌木林面积约 6.0 万 km^2。根据有关研究资料[17,18]推算，长江上游主要森林类型碳贮量达 697.3Tg(1Tg=10^{12}g)，其中，阔叶林碳贮量 181.7Tg，灌木林碳贮量 68.5Tg。可见，占长江上游森林面积 14.6%的阔叶林碳贮量比占长江上游森林面积 22.0%的灌木林碳贮量大约 1.7 倍。目前，长江上游阔叶林多数为幼、中龄林，主要分布于水热条件较好的亚热带丘陵、低山和中山区，这些地区原本是常绿阔叶林和常绿阔叶与落叶混交林分布区，由于人为破坏历史长久，原始阔叶林所剩无几，而发育了大面积的马尾松林、云南松林和柏木林等。随着现有幼、中龄阔叶林的生长和低效松柏针叶林向阔叶林方向的演替，其碳贮量还有很大的提升空间。长江上游灌木林除亚高山林线以上灌木林外，其余也多分布于水热条件较好的亚热带丘陵、低山和低中山等地区，通过对灌木林的人为改造，重建新的森林生态系统的潜力很大，进而可使碳汇功能得到进一步提高。

二、草地生态系统退化

长江上游草地面积达 3257.0 万 hm^2，占全区面积的 32.4%，从低海拔的河谷、丘陵到高海拔的高山高原均有分布，其中江源和川西北地区以及云贵高原和四川盆地边缘山地分布面积较大。草地生态系统在维系长江上游保水保土生态功能方面发挥着重要的作用。

研究区高原高山草地面积约占长江上游草地面积的 80%。这些地区气候寒冷，年均温度在－5.0～1.5℃，年降水量 300～700mm，全年 80%以上降水集中在 6～9 月，且降雪量占年降水量的 30%以上，霜冻、雪暴和干旱等自然灾害严重。由于人们对草地生态脆弱性认识不足，长期的过度放牧和不合理的草地资源利用，造成草地的严重退化。江源区的青海省玉树州退化草地面积达 560.65 万 hm^2，占该州可利用草地面积的 50.6%[19]；川西北的退化草地面积达 1.67×10^6 hm^2，占该地区可利用草地面积的 14%。

草地退化特征主要表现在如下几个方面：

(一)草地植被盖度下降

自然状态下，江源区高寒草甸植被盖度可达90%以上，高寒草甸草原30%～80%，高寒草原20%～60%。江源区和川西北高原高寒草甸、高寒草甸草原和高寒草原植被盖度呈现下降趋势，高寒草甸植被盖度小于60%的草地面积约占该类草地面积的25%，高寒草甸草原和高寒草原植被盖度分别下降为20%～60%和15%～45%。江源区青海省玉树州黑土型退化草地植被盖度为45.2%，沙化型退化草地植被盖度为30%左右[20]。草地植被盖度下降，使原生草地生态景观破碎化程度加大，带来风蚀、水蚀作用加强。

(二)土壤侵蚀和草地沙化在发展

长江源区强度和极强度水土流失面积为1.02万km^2[20]。江源区的楚玛尔河和沱沱河谷出现大型沙丘，在沱沱河至奔错切湖约50km的主河谷，小丘状新沙地连绵不断，沙丘高1m左右，长10～30m。近山坡处出现风蚀洼地，长10m左右，深1.0～2.5m，被吹物的白沙覆盖于山坡上部，甚至越过山地小垭口，呈垅状堆积在另一坡。长江源头地区土地沙化面积达到了195万hm^2，其中青海省玉树州土地沙化面积119.0万hm^2[19]。在沙化地区，大风吹跑了地表肥沃土壤，形成风蚀地，当地百姓将这种寸草不生的裸露性土地称为“黑土滩”。青海省玉树州黑土滩面积达185.5万hm^2[19]。

在川西北的阿坝州草地沙化面积出现增加的趋势，近年来沙化面积每年以3300hm^2的速度扩大，已由1982年的4.7×10^4 hm^2增加到了1995年的5×10^4 hm^2，退化草地面积达166.6万hm^2。另外，有7×10^4 hm^2的低洼地和小溪出现干涸、干裂、起沙等干旱化和沙化现象①。

(三)草地生产力降低

据调查资料分析，江源区高寒草甸草地可食鲜草产量由20世纪50年代的1200 kg/hm^2下降到90年代初的690kg/hm^2；每个绵羊单位需草地面积由50年代的2.5hm^2增加到90年代初的3.3hm^2。青海省玉树黑土型退化草地平均鲜草产量400.5kg/hm^2，仅占未退化草地产量的13.2%，沙化型退化草地产量下降了60%～70%[20]。通过1980年和2000年遥感调查资料对比分析，15年间长江源区一、二等牧草地面积分别减少了11%和5%[21]。四川西部甘孜、阿坝和凉山产草量由原来每公顷4t多下降为目前的1.5t左右。在四川盆地丘陵区的林间和田间草地，在正常情况下每公顷可产鲜草12t以上，但这类草地面积很少。近来由于过度利用，产量和面积均出现下降趋势。

(四)鼠虫害严重

长江源区以鼠兔为主的鼠害猖獗，玉树州鼠害面积达3.3万hm^2，占可利用草地面积的29%，每年因鼠害造成的牧草损失达4.7×10^9 kg。此外，该州草原虫害面积达40万hm^2，每年虫害造成的牧草损失达3.6×10^8 kg[20]。四川省草地鼠虫害面积占牧草地面积的18.2%，鼠虫害最严重的石渠县受害面积达184万hm^2，占该县可利用草地面积的

① 四川省环保局. 四川省生态环境综合治理工程对策研究，2001。

97.7%。江源区草地到处是大大小小的鼠洞，严重区有效鼠洞密度每公顷达1335个，出现草地越退化，老鼠数量越多的现象。

三、土壤侵蚀与土壤退化

(一)土壤侵蚀现状

长江上游土壤侵蚀类型多样，主要有水力、风力、重力和冻融等侵蚀类型，其中以水力侵蚀分布最广。水力侵蚀包括面蚀(溅蚀、片蚀、细沟侵蚀)和沟蚀(浅沟、切沟和冲沟侵蚀)、溶蚀和河流侵蚀等形式，尤以面蚀最为普遍，广泛分布于坡耕地、荒山荒坡及疏林幼林地上。坡耕地是长江上游土壤侵蚀主要源地，是长江悬移质泥沙的主要源区。长江上游耕地面积约 $1.515\times10^{7}hm^{2}$，其中旱作坡耕地约占53%，其中约60%处于无水土保持措施状态，即约有 $4.82\times10^{6}hm^{2}$ 的坡耕地水土流失较严重，土壤侵蚀模数为 $1000\sim8000t/(km^{2}\cdot a)$。

根据1985年的调查统计资料，长江上游水土流失面积为 $3.52\times10^{5}km^{2}$，占上游总土地面积的35%，其中，轻度侵蚀区 $1.33\times10^{5}km^{2}$，占流失面积的37.8%，中度侵蚀区 $1.11\times10^{5}km^{2}$，占31.5%，强度侵蚀区 $7.2\times10^{4}km^{2}$，占20.5%，极强度侵蚀区 $2.6\times10^{4}km^{2}$，占7.4%，剧烈侵蚀区 $1.0\times10^{4}km^{2}$，占2.8%。强度以上流失面积占30.7%。

自20世纪80年代后期长江上游实施“长治工程”和“长防工程”以来，土壤侵蚀面积有所减少，土壤侵蚀强度有所减轻。1989～1999年，累计治理水土流失面积 $5.83km^{2}$，治理区林草覆盖率由22.8%上升到41.1%[10]。根据长江水利委员会的资料，1989～2001年，治理水土流失面积约 $7.0\times10^{4}km^{2}$，平均每年治理面积约 $5300km^{2}$。

20世纪90年代后期，土壤侵蚀遥感现状调查资料表明，1999年长江上游土壤侵蚀面积较80年代中期有所减少。如四川盆地丘陵区，减少幅度达10%左右，目前的水土流失主要表现为中度和轻度侵蚀。

嘉陵江是长江上游地区的重点产沙区之一，也是长江上游水土流失重点治理区，通过近10年来“长治工程”的实施，土壤侵蚀面积减少了25.8%，通过嘉陵江北碚站和上游武胜站、涪江小河坝站、渠江罗渡溪站之间 $9733km^{2}$ 的水土流失治理区输沙量的统计分析，发现1999年年均输沙量较前10年减少了87.4%。由此可见，治理区土壤侵蚀减沙效果非常显著。

但是，长江上游边治理边破坏的问题还比较严重，据调查资料分析，自1989年以来，特别是实施西部大开发战略以来，由各类基础设施建设带来的人为土壤侵蚀有所增大，土壤侵蚀面积每年以约 $1000km^{2}$ 的速度增加[22]，1989～2001年总计新增土壤侵蚀面积达 $1.4\times10^{4}km^{2}$，扣除这个值，这期间实际治理水土流失面积只有 $5.6\times10^{4}km^{2}$。按1985年长江上游土壤侵蚀面积为 $3.52\times10^{5}km^{2}$ 计算，2002年后仍有 $2.96\times10^{5}km^{2}$ 的土壤侵区水土流失需要治理。2002～2005年长江上游完成水土流失治理面积约 $2\times10^{4}km^{2}$。按此治理速度，长江上游土壤侵蚀的彻底治理还要五十多年的时间。已有众多人士感言，今后水土流失治理必须有新的思路。

通过20世纪90年代后期土壤侵蚀遥感调查结果与80年代中期遥感调查结果的对比分析，发现长江上游重点治理区的土壤侵蚀面积和侵蚀强度有明显的减少，但是非重点区却出现相反的现象。如川西南凉山州地区，1987 年以水力为主的土壤侵蚀面积占全区土地面积的 39.0%，1999 年达到 46.0%，其中强度侵蚀面积由 1987 年的 0.03%增加到 1999 年的 10.0%，中度侵蚀由 6.7%增加到 14.0%，同时还发现极强度和剧烈侵蚀面积，分别占全区国土面积的 2.4%和 0.5%，在 1987 年未见此两类侵蚀。此外，在甘孜和阿坝州地区，以水力为主的土壤侵蚀面积由 1987 年占国土面积的 30.0%，上升到 1999 年的 42.0%。

上述情况表明，防止土壤侵蚀进一步扩大和彻底治理已有土壤侵蚀的任务还相当艰巨。

(二)土壤退化特征

1. 土层浅薄化

根据长江上游土壤侵蚀的现状、分布和有关典型区土壤退化调查资料的分析，由土壤侵蚀造成土层不足 70cm 的退化土壤约达 3.5×10^5 km^2，其中，土层 70～50cm 的轻度退化土壤占退化土壤面积的 38%，50～30cm 的中度退化土壤占 30%，30～10cm 的强度退化土壤占 20%，<10cm 的极强度退化土壤占 12%。

据三峡库区调查资料，土层厚度只有 10～25cm 的强度退化土壤占该区总面积的 52.1%，25～50cm 的强度－中度退化土壤占 36.5%，两者合计达 88.6%。四川盆地紫色土丘陵区坡地土层浅薄性问题十分突出，如琼江流域旱坡地土层不到 30cm 的强度退化土壤占坡耕地面积的 40%，特别是发育于遂宁组紫色砂泥岩上的石骨土，土层厚度一般只有 10～30cm，处于强度退化阶段。有的地方土壤已全部流失，基岩裸露。土层越薄，土壤保水能力越差，生物生产力越低。60cm 以上厚度的紫色土可维持基本稳定的生产力水平[23]和较好的土壤水文性状。

薄层化土壤蓄水保水能力很低，抗旱能力很弱，并表现出大雨大流，小雨小流，无雨则旱的现象。一般说来，大雨后 4～7 天的连续太阳照晒，土层 20cm 左右的浅薄粗骨化土壤有效水分丧失，一个星期后，进人凋萎湿度状态，作物出现枯萎。这种现象在四川盆地低山丘陵区和川西滇北干旱河谷区的山坡地经常出现。薄层化土壤带来的生态问题，严重地制约区域的可持续发展。

2. 土壤性状和养分退化

研究区粗骨化土壤分布面积较大，在土层<30cm 的强度和极强度退化土壤分布区，都呈现出明显的粗骨化特征，主要表现为≥0.2mm 土壤颗粒含量一般达 30%以上，土壤侵蚀严重区高达 40%～60%。如四川盆地发育于飞仙关页岩母质上的紫色土≥0.2mm 的粗颗粒达 22.5%～55.6%，仅四川盆地粗骨化土壤面积达 1.438×10^5 hm^2[24]。

研究区土壤氮、磷、钾含量分别≤0.59/kg、≤5mg/kg 和≤30g/kg 的贫氮化、贫磷化和贫钾化的退化土壤均有较大面积的分布。按此标准，氮、磷、钾贫乏的退化土壤面积，在四川盆地分别为 1.21×10^6 hm^2、3.28×10^6 hm^{2}和 7.05×10^6 hm^2[24]。

四、土地劣化

土地劣化是指难于开发利用，甚至丧失土地利用价值的石漠化土地(包括石质山地和沙砾石滩地)，如各种形态的冲沟、泥石流沟，风成沙丘与沙龙，次生盐渍化、酸化和碱化土地以及人为乱采、乱挖等形成的难利用土地。

(一)石漠化劣地

石质山地是由于土壤长期遭受侵蚀造成土层极其浅薄(几厘米)甚至岩石裸露的一种劣地。在水土流失严重的石灰岩、花岗岩和紫色砂页岩山地，出现“光石山”、“白沙岗”和“秃顶红丘”等石质化景观。石灰岩山区土层浅薄和呈蜂窝状的石质山地面积较大，乌江流域石质化山地面积占该流域面积的7%[9]。三峡库区土地石质化问题也较为突出。

沙砾石滩地是指山区支沟、溪谷每年由泥石流和山洪等山地灾害淤埋与冲刷农田形成的一种劣地。这部分土地改造利用难度大，目前长江上游地区估计有$1\times10^4hm^2$左右。

长江上游地区以石质山地和沙砾石滩地为主要表现形式的石漠化劣地达$5.0\times10^4km^2$以上，其中，研究区内的四川省有$2.1\times10^4km^2$，云南和贵州省有约$2.0\times10^4km^2$，长江源区石砾地和裸岩地有$1.21\times10^4km^2$[21]。

(二)冲沟、泥石流沟劣地

这部分劣地主要分布于断裂作用强烈、岩层破碎和第四纪含砾松散沉积物比较发育的山区。这些地区一般生态比较脆弱，在人为干扰下，容易出现由水动力和重力综合作用下的沟蚀侵蚀过程，主要表现为冲沟侵蚀和泥石流侵蚀。

冲沟是长江上游主要侵蚀类型之一，其中川西滇北高山深谷区，特别是昔格达组和元谋组地层分布区，冲沟侵蚀作用十分强烈。冲沟集水面积较小，小者只有几百平方米，大者达几平方千米，多数在$0.1km^2$以下。调查发现，元谋龙川江中下游丘陵低山区，冲沟密度达$3\sim6km/km^2$，最大者$7.4km/km^2$，冲沟溯源侵蚀速度一般为$0.5\sim1.0m/a$，最快达$2.0m/a$[25]。冲沟的快速侵蚀，造成坡面的破碎化，形成沟壑密布的特殊地貌景观。

长江上游地区泥石流发育，已查明全区有泥石流沟6800余条，其中有准确位置的泥石流沟为3515条[21]，在武都—广元—都江堰—雅安—东川一线以西的高山深谷区，受地质构造控制，崩塌、滑坡和泥石流均十分发育，仅四川巴塘以下的金沙江段沿岸泥石流沟多达千余条，其中，安宁河断裂带有260余条，小江断裂带107条。据有关调查研究资料显示，攀西地区有崩塌、滑坡4000余处，其中，体积大于$1\times10^6m^3$的大型、特大型滑坡占77%[26]。按泥石流沟平均流域面积(沟口以上)$5km^2$计算，整个长江上游地区泥石流沟面积约为$3.4\times10^4km^2$；沟口以下为泥石流堆积区，多呈扇形或锥形，由大小石块和泥沙混杂堆积，地面坎坷不平，既有沟道，又有垄岗，是山区的一种特殊难利用土地，在长江上游山区随处可见，广为分布。泥石流沟具有坡面物质不稳定性特征，在外力作用下，特别是在暴雨诱发下，容易发生泥石流。因此，从这种意义上来说，这些泥石流沟以及各种类型的崩塌、滑坡是长江上游地区不良地质环境或者说退化环境下形成的一种特殊“劣地”。

五、江河泥沙的变化

(一)土壤侵蚀与河库泥沙

长江上游地区每年未进入河槽坡面的侵蚀物质除部分淤积于各种水利工程外，其余堆积于凹地、坡麓或近河岸处。这部分物质每逢大洪水，特别是特大洪水，便可大量进入江河，出现长江上游地区有大水大沙、小水小沙的输沙规律。在有特大洪水年时段，宜昌站输沙量明显增加(表 12-4)。

表 12-4　宜昌站典型时段水沙含量

项　目	1654～1959 年	1963～1968 年	1980～1985 年
径流量/$10^8 m^3$	4430	4770	4560
输沙量/$10^4 t$	58100	61300	60900
含沙量/(kg/m^3)	1.31	1.29	1.33

表 12-4 所列三个时段都有较大的洪水年，所以输沙量都远大于宜昌站多年平均输沙量($5.01\times10^4 t$)。个别特大洪水年输沙量可达 7×10^4～$8\times10^4 t$。这些泥沙对长江中下游江湖的淤积产生重大的影响。

根据长江上游主要水文站 20 世纪 50 年代初期至 2000 年的资料统计，多年平均输沙量区域差异明显。金沙江下游屏山站多年平均输沙量达$2.57\times10^8 t$，占宜昌站的 51.3%，其中，从渡口站至屏山站区间多年平均输沙量占宜昌站的 35.3%，可见，金沙江泥沙主要来自金沙江下游区段。嘉陵江下游北碚站多年平均输沙量为 $1.15\times10^8 t$，占宜昌站的 23.0%；岷江高场站多年平均输沙量 $4.9\times10^7 t$，占宜昌站的 9.8%；乌江武隆站多年平均输沙量 $2.81\times10^7 t$，占宜昌站的 5.6%；沱江李家湾站多年平均输沙量 $9.7\times10^6 t$，占宜昌站的 2.0%。可见，长江上游土壤侵蚀产沙对长江泥沙影响较大的河流主要为金沙江和嘉陵江。

通过水文站资料统计分析发现，从 20 世纪 50 年代初期到 2000 年宜昌站输沙量呈下降态势，1990 年前多年平均输沙量为 $5.21\times10^8 t$，2000 年前多年平均输沙量下降为 $5.01\times10^8 t$。从该站年径流量和年输沙量双累积曲线图(图 12-1)可以看出[27]，自 1984 年后曲线斜率呈减小趋势，这说明 80 年代中期以后，该站输沙量有所减少。

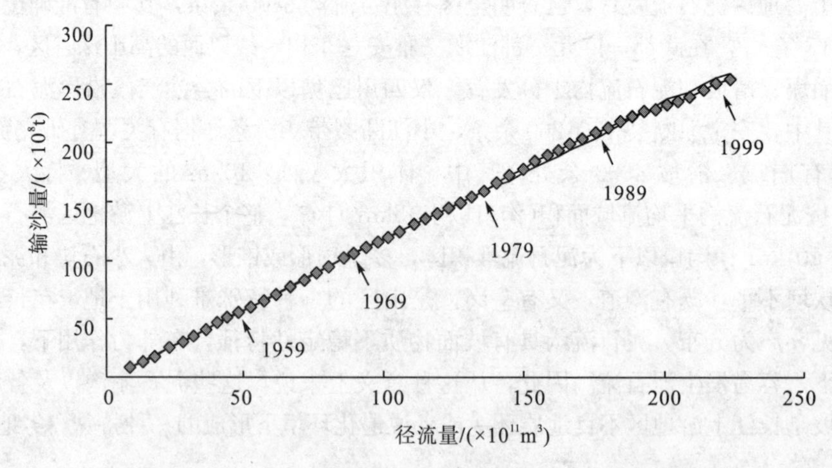

图 12-1　宜昌站年径流量与年输沙量双累积曲线图

金沙江下游屏山站泥沙含量从 20 世纪 60 年代以来呈明显增加的势态，60 年代平均为 $1.63kg/m^3$，70 年代 $1.66kg/m^3$，80 年代 $1.82kg/m^3$，90 年代 $1.97kg/m^3$(表 12-5)；90 年代龙川江黄瓜园站达 $7.88kg/m^3$[25]。60 年代以来金沙江屏山站输沙量也表现出增长的趋势，其中，80 年代以来增长趋势明显，从该站年径流和年输沙量双累积曲线图(图 12-2)可以看出，从 1983 年后的曲线斜率略有增大，1995 年后增大趋势明显。

表 12-5　金沙江下游干支流历年平均含沙量变化　　（单位：kg/m³）

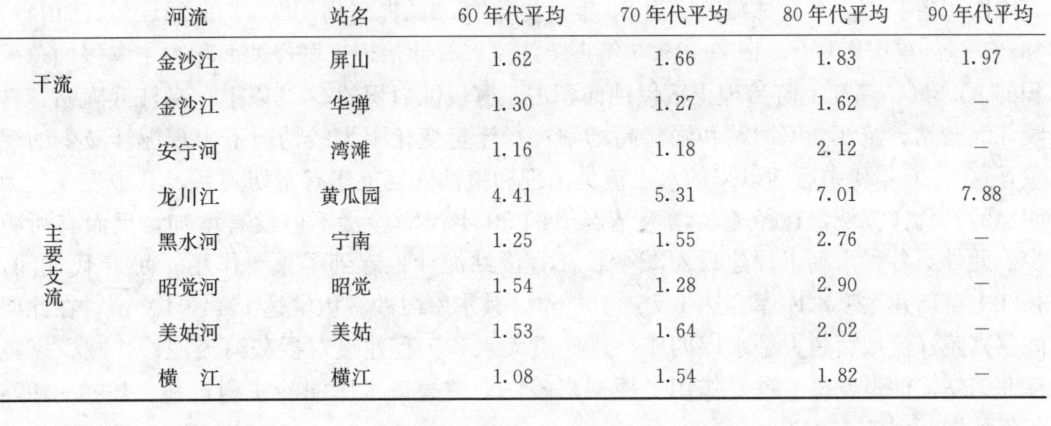

	河流	站名	60 年代平均	70 年代平均	80 年代平均	90 年代平均
干流	金沙江	屏山	1.62	1.66	1.83	1.97
干流	金沙江	华弹	1.30	1.27	1.62	—
主要支流	安宁河	湾滩	1.16	1.18	2.12	—
主要支流	龙川江	黄瓜园	4.41	5.31	7.01	7.88
主要支流	黑水河	宁南	1.25	1.55	2.76	—
主要支流	昭觉河	昭觉	1.54	1.28	2.90	—
主要支流	美姑河	美姑	1.53	1.64	2.02	—
主要支流	横　江	横江	1.08	1.54	1.82	—

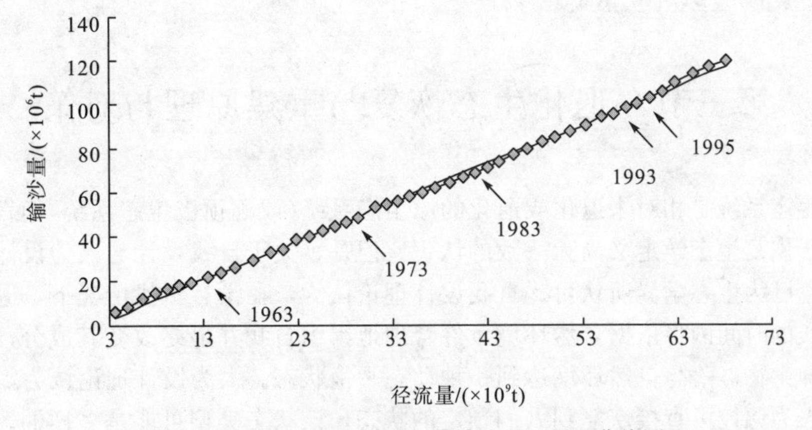

图 12-2　屏山站年径流量与年输沙量双累积曲线图

屏山站河流泥沙含量增加主要来自于渡口至屏山的金沙江下游段，其间各种侵蚀量不但没有得到有效的控制，反而有所增加。其原因在于：①该区间范围内以崩塌、滑坡、泥石流和冲沟为主的侵蚀比较严重，由于其治理难度高，“长治工程”投入的力度不够；②该区间区位条件差，交通不便，经济发展不快，广大农民群众生活比较困难，生态建设进度慢，生态保护工作难度大。上述原因，导致该区间水土流失和各种重力侵蚀加重，表现在金沙江下游主要支流河水泥沙含量呈上升趋势(表 12-5)。

(二)宜昌站泥沙变化态势及其原因初步分析

长江干流宜昌站 20 世纪 50～80 年代泥沙变化比较平稳，在 1991～2000 年尽管金沙江屏山站泥沙有所增加，但宜昌站总的呈现减少的态势，这与乌江武隆站、嘉陵江北碚站、沱江李家湾站和岷江高场站含沙量和输沙量自 50 年代至 2000 年呈现减少的趋势有关。这期间武隆站径流量略有增大，北碚站径流量略有减少，其他各站径流量变化不大。从这四个站年径流量和年输沙量双累积曲线图的分析比较中，发现输沙量从 50 年代至 2000 年呈现不同程度的减少态势，并表现出 90 年代减少幅度最为明显。其原因简析如下。

长江上游自 20 世纪 80 年代中后期以来，实施了以水土流失治理和森林植被恢复重建为内容的“长治工程”和“长防工程”，其中嘉陵江流域、沱江流域和乌江流域上游为重点治理与建设区。森林覆盖率由六七十年代的10%～15%提高到90年代后期的22%，其中四川省和重庆市森林覆盖率由80年代初的16.3%提高到1997年的24.2%(四川省)和26.8%(重庆市)[28]。1989～1996年嘉陵江流域累计治理土壤侵蚀面积占土壤侵蚀总面积的25.8%，乌江上游治理土壤侵蚀面积占土壤侵蚀面积的20%以上。乌江武隆站、嘉陵江北碚站、沱江李家湾站和岷江高场站在径流量变化不大的情况下出现泥沙减少的现象，这与80年代中后期以来的水土流失治理和植被恢复重建有密切关系，其中表现最为明显的是乌江流域，在径流量增大情况下的90年代输沙量不但没有增加，反而有所减少。此外，各种水利工程建设对减少长江宜昌站泥沙也起到了重要作用。90年代期间，长江上游新建大型水库库容达$1.75\times10^{10}m^3$，其水库泥沙淤积量达$1.14\times10^{8}m^3$，在此期间仅嘉陵江流域新建大型水库四座，这些重大水利工程建设对拦截河流泥沙，减少嘉陵江北碚站输沙量发挥了重要作用。根据嘉陵江上游碧口水库泥沙实测资料，1990～1998年年均淤积泥沙$1.21\times10^{7}m^3$。

第三节 退化生态恢复与重建原理与对策

退化生态系统是相对未退化或退化的原生态系统(或称顶极生态系统)而言的。目前国内外关于恢复生态学定义尚无一致的认识，但是，关于自我设计与人为设计这一恢复生态学理论已为生态学界所认可。自我设计理论认为，在没有干扰情况下，退化生态系统在足够长的时间内将依据自然环境条件合理地组织自我并最终改变其成分，进入到顶极状态，即生物群落与自然环境达到一种动态平衡状态。人为设计理论认为，退化生态系统通过人为调控可直接恢复到人们预定的状态，该状态类型可能是多样的。可见，自我设计理论是以自然演替理论为基础，把恢复放在系统层次上，强调退化生态系统的自然恢复，而人为设计理论把恢复放在个体或种群层次上，强调基于了解退化生态系统原因、机理、过程基础上的人为调控退化生态系统恢复的技术与方法。

前已述及，长江上游自1989年实施“长治工程”和“长防工程”以来，森林植被盖度有明显提高，水土流失重点治理区土壤侵蚀面积和侵蚀强度有显著降低。但土壤侵蚀实际治理速度平均每年只有约5000km²，按此速度，还需五十多年的时间才能彻底完成治理。我们认为长江上游土壤侵蚀治理和生态与环境的改善，需要新的思路和对策。长江上游水热条件较优越，具有自然修复的有利条件，应在恢复生态学和生态经济学理论指导下，遵循因地制宜和因害设防方针，采取自然恢复与人工重建与改建相结合的原则，按不同生态经济区的生态与环境问题和生态建设方向，提出不同地区不同退化生态类型的恢复与重建途径[28]。

一、退化生态的恢复

根据恢复生态学自我设计理论，退化生态系统的恢复是指退化生态系统从远离初始状态的方向转移到初始状态[29]，为达此目的，需要采取必要的封禁措施，即停止人类活动干预条件下，按生态演替原理，让退化生态系统自然恢复，并最终达到其初始状态。实际情况表明，使退化生态系统自然恢复到初始顶极状态要经历漫长的过程。因此，不考虑人类生存发展对生态系统物质产品的需求，大面积封禁是行不通的。为此，只有局部退化生态区和部分退化生态系统类型可以实施封禁条件下的自然恢复。这部分退化生态系统自然恢复的生态学意义与价值在于保护和创造生物多样性繁衍栖息环境，在于为人类生存发展提供生态服务。因此，退化生态系统的自然恢复，首先要了解退化生态系统退化现状原因与特点，根据不同退化生态系统类型现有群落特点及其生境现状，做出实施退化生态系统自然修复的分类与分区。根据长江上游地区山地退化生态系统的现状特点，我们认为具有如下特点的退化生态区应采取封禁条件下的自然恢复对策：①生态极脆弱区(高寒与陡坡生态敏感区)退化生态系统；②具有繁衍和发展珍稀、濒危、特有物种基本条件的退化生态系统分布区；③具有发展生态旅游和重大科学研究价值的退化生态系统分布区。

当前急需明确退化生态系统自然恢复区的空间位置及其范围，在此基础上，制定自然恢复得于有效实施和顺利发展的法规和管理条例。根据目前的认识，分布于如下两类脆弱生态区的退化生态系统急需采取自然恢复对策。

(一)江河源头高寒生态脆弱区退化生态系统的自然恢复

分布于长江源头区的沱沱河、通天河、楚玛尔河、当曲河流域区以及雅砻江、大渡河和岷江上游，气候寒冷、年均温为－10.0～4.0℃，年均降水量为200～500mm，植物生长期短，初级生物量低，土壤成土作用弱，生态系统内部组成相对简单，以草地和湿地生态系统为主，系统能量及物质循环缓慢，生态环境十分脆弱，生态系统破坏后的恢复难度大。由于长期受过度放牧和其他人类活动的影响，以高寒草甸、草原和沼泽草甸为主的草地生态系统破坏严重，退化草地生态系统分布面广，有些地区退化草场面积达到可利用面积的26％～50％，植被优势种发生变化，优良牧草比例下降。草地的退化，带来鼠害猖獗，并进一步加速草地退化。该区内海拔4000～4200m以下的少量高原寒温性针叶林生态系统也受到一定程度的破坏，退化云、冷杉林生态系统呈块状、岛状分布。以沼泽型、河床型为主的湿地生态系统也不同程度地表现出退化状态。

生态系统的退化严重地威胁到高寒特有野生动植物物种的生存，使长江“水塔”功能作用减弱。为此，急需加大这一退化生态区保护与建设力度。当前，急需开展生态环境脆弱度分级与分区，在此基础上，对破坏容易恢复难的重度和极度脆弱生态区退化生态系统实施退牧还草和退耕还林等生态工程，促进退化生态系统自然恢复。对现有自然保护区核心区内退化生态系统实施彻底封禁条件下的自然恢复的同时，要加强自然保护区缓冲区退化生态系统保护与建设力度，划定不允许人类活动介入的重点保护区域范围。在此基础上，采取必要措施，如退牧还草，禁牧和围栏封育，封山育林，退出不合理的生产经营活动，妥善安置退出人口的生产生活，使退化草地生态系统逐步恢复到初始状态。这些工作须与有关长江源自然保护区生态保护和建设总体规划以及长江源生态相衔接。

(二)山地陡坡脆弱生态区退化生态系统的自然恢复

山地坡面物质稳定性程度与坡度有密切相关，在气候条件和坡面物质相似的情况下，坡度越陡，坡面物质稳定性越差。前已述及，35°坡面上的松散固体物质处于一种临界平衡态。在外力(如地震、雨滴撞击、地表径流冲击等)作用下，极易发生运移；35°～55°的坡面，在有植被覆盖下的土壤物质处于一种相对稳定状态，自然植被覆盖一旦受到破坏，坡面物质快速下移。我们把大于35°陡坡山地称之为极脆弱生态区。据初步统计，长江上游35°～55°的陡坡山地面积约达$2.5\times10^5\mathrm{km}^2$，占上游面积的25%。

长江上游大于35°陡坡上的植被均不同程度地受到破坏，其中上游东部地区低山和中山及西部干旱河谷大于35°陡坡地植被破坏尤为严重，现有次生林、灌丛和草丛呈现出稀疏低矮状、斑块状、条带状分布。这种退化生态系统处于十分脆弱的状态，表现为土壤侵蚀严重、土层浅薄、植物群落结构简单、物种多样性贫乏。因此，对大于35°陡坡山地及其退化生态系统应让其在封禁条件下自然恢复，在有条件的山区，可采用人为促进下(如引种、补植等)的自然恢复。为此，当前急需界定大于35°陡坡山地的分布范围，并从国家层面上制定有利于退化生态系统自然恢复的管护规程与条例。

二、退化生态的重建

根据恢复生态学人为设计理论，退化生态系统的恢复是指退化生态系统在人为调控下朝着有利于人类生存和生活方向发展的新的生态系统建设[29]。这种新的生态系统具有其初始状态自然环境的基本特性，但是少有初始状态生态系统成分、结构与功能。在生态系统个体与种群层次上更多地体现人为的设计与调控上，即更多地表现为对人类能产生直接生态与经济效益的新特性状态。这种人为调控下的退化生态系统的恢复，实际上是人为恢复，具有重建(包含改建和补建)的性质。为区别前述自然恢复，我们称之为退化生态系统重建。在其重建过程中，不过多地追求初始状态的顶极目标，而更多的是追求在重建过程对新建生态系统(实际上是退化生态系统的不同阶段)的利用。如速生丰产用材林生态系统、薪炭林生态系统、经济林生态系统、人工草场生态系统、稳产高产农田生态系统、农林复合生态系统以及农林牧复合生态系统均属重建生态系统。对于目前长江上游实施的“天然林保护工程”、“退耕还林工程”等，其最终目的不是让其都发展到只追求其生态效益，而不准开发利用的初始顶极态，通过改建、补建和重建，让其中的部分或大部分能够更好地为人类提供不仅是生态的，而且是经济上的服务。

长江上游地区陆地退化生态系统主要有三大类型：退化森林生态系统、退化草地生态系统和退化农田生态系统，这三种类型分布面积大，对长江上游地区社会经济发展和长沙下游生态与环境有重大的影响。现对这三大类型的重建或改建对策，讨论如下。

(一)退化森林生态系统的重建

属于退化森林生态系统重建范围的为小于35°坡度的退化森林生态系统分布区以及大于25°坡度的大部分退耕土地。

分布于小于35°坡度退化森林生态系统的退化程度及其所在生境条件和区域社会经济基础差别较大。因此，重建的内容及其系统结构模式与功能的要求有所不同。一般来说，在受人类经济活动影响较大和坡度较缓(一般小于25°)以及水、热、土条件相对较好的退化森林生态系统分布区，退化森林生态系统的重建应朝着有利于提高农民经济收人和缓解木材以及生活能源短缺的方向发展，即重建与当地农民群众切身利益密切相关的经济林、速生丰产用材林、薪炭林等生态经济型生态系统。

在坡度较陡(一般为25°～35°)和土壤层较薄的退化森林生态系统分布区，要突出以保持水土为中心，同时又能产生一定经济效益的生态经济型森林生态系统的建设，即建设既能为当地群众提供一定林副产品，又能产生较好生态效益的水土保持林、水源涵养林、一般用材林等兼用型森林生态系统。该系统既保留与当地生境相适应的原有系统的一些特性，同时又具有对人类能产生直接经济效益的新特性状态。

对于大于25°坡度的退耕土地生态系统重建，应根据现有土层厚度和当地社会经济条件，确定生态系统重建的类型。一般说来，土层浅薄(不足20cm或15cm以下)的退耕地应首先发展自然草地生态系统，或种植豆科优良牧草，在亚热带湿润、半湿润区，1～2年后就可收到明显保土防蚀的效果。在此基础上，逐步形成新的生态经济型生态系统。

(二)退化草地生态系统的重建

长江上游地区退化草地生态系统的分布面积亦比较广，既有亚热带丘陵低山退化草坡，又有高山和高原退化草地。前已述及，对于分布于生态十分脆弱的江源退化草地生态系统应采取封禁条件下的自然恢复对策，那么除此之外的所有其他退化草地生态系统都应实施人工作用下的重建及少数地区实施改建的对策。重建的内容主要包括草地围栏和草地改良，使之成为既有生态效益，又能提供发展牧业所需的青草饲料。在草场土地条件和水、热条件以及交通条件都比较好的退化草地分布区，采用改建的对策，即建设稳产高效的人工草场生态系统，推行舍饲、半舍饲圈养，发展畜牧业，实现保护生态和草原可持续利用的。

(三)退化农田生态系统的重建

长江上游地区退化农田生态系统广为分布，大于25°坡耕地面积有176.16万hm^2，其中低产和水土流失问题尤为突出，坡耕地年均侵蚀量约占长江上游侵蚀量的60%[21]。前已述及，大于25°坡耕地应退耕还林或还草。至目前，退耕还林还草工作已取得显著成效。小于25°旱作坡耕地多数处于无水土保持措施的顺坡耕作状态，土壤侵蚀严重，是长江上游泥沙的主要来源之一，因此，应把这部分土地作为退化农田生态系统重建的重点。重建的内容包括以坡改梯为中心、高产稳产农田生态系统建设为目的，以坡面水土保持工程与生物体系建设以及高效农林牧复合生态系统建设为目标的小流域山、水、田、林、路综合治理。实践表明，坡改梯工程适用于5°～15°范围内的坡耕地[30]。对于较陡坡耕地适用生物篱措施。在三峡库区试验研究表明[31]，在暴雨情况下，25°陡坡耕地上，一年生植物活篱笆可使径流减少22%～43%，侵蚀产沙量减少62%～67%，虽不及石坎水平梯田的保水减沙效益，但其投资仅是石坎水平梯田的10%～20%。在边远贫困山区，应力推这一生物篱措施。

第四节　退化生态恢复重建途径

一、生态建设与生态经济分区

长江上游生态退化面积大，退化程度区域差异明显，退化原因各地有所不同，因此不同地区退化生态恢复与重建的途径应有所差别。此外，长江上游地区退化生态恢复与重建不仅与自然环境条件有关，而且牵涉到社会经济条件各个方面，与广大人民群众利益密切相关。因此，退化生态的恢复与重建，不能就生态论生态，就恢复论恢复，就重建论重建，必须同时考虑生态学和经济学原则，必须同时考虑人类的经济发展的愿望和环境治理的现实，兼顾生态和经济效益[32]。为此，必须从综合和发展的观点上，对研究区退化生态恢复与重建的宏观布局做出综合的评价。

退化生态的恢复与重建是生态建设的重要内容。生态建设是以可持续发展为目的，涉及区域自然生态环境和社会经济条件具有显著的综合性和区域性特点。因此，退化生态的恢复与重建必须建立在生态经济分区的基础上。生态经济分区是以自然环境和生态系统功能为基础，同时考虑社会经济条件的综合分区。不同生态经济区，退化生态恢复与重建的方向与途径有所不同。

在生态经济学理论的指导下，按地貌形态为主导因素原则和生物-气候、社会经济基础和退化生态现状特点的相似性原则，同时考虑有利于促进“二保”（保水、保土）和“二减”（减沙、减灾）生态屏障功能作用发挥的原则，作出长江上游生态建设的生态经济分区(图 12-3)。

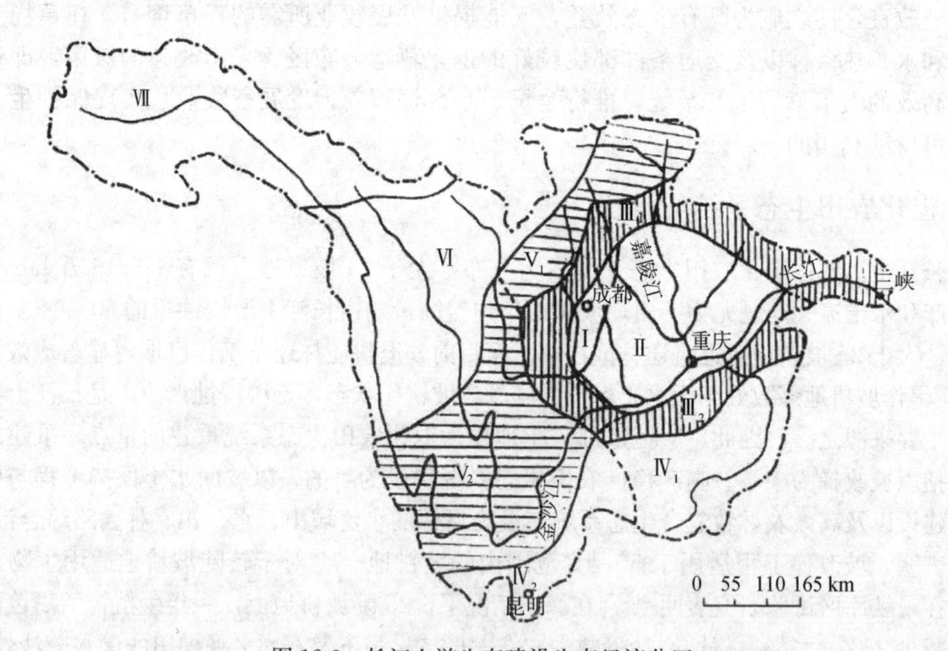

图 12-3 长江上游生态建设生态经济分区

Ⅰ.成都平原生态经济区；Ⅱ.四川盆地生态经济区；Ⅲ.盆周山地生态经济区：$Ⅲ_1$盆北盆西山地生态经济亚区，$Ⅲ_2$盆东南山地丘陵生态经济亚区；Ⅳ.云贵高原生态经济区：$Ⅳ_1$乌江流域生态经济亚区，$Ⅳ_2$滇东北生态经济亚区；Ⅴ.高山深谷生态经济区：$Ⅴ_1$川西北陇南高山深谷生态经济亚区，$Ⅴ_2$川西南滇北高山深谷生态经济亚区；Ⅵ.山原谷地生态经济区；Ⅶ.江源高原生态经济区

二、各生态经济区生态建设的方向与途径

(一)成都平原生态经济区(Ⅰ)

全区面积 $1.5\times10^4 km^2$。以建设绿色高效农业生态系统为中心内容，结合城市化发

展的需要，选择具有高质、高效、高产的粮食与经济作物，果树、花卉、药用等品种及其栽培管育技术，按照生态工程设计原理和无污染化生产要求，通过系统组装，建立城乡结合的和适应市场需求的可调控模型化生态系统，实现农业生态系统与城乡生态系统之间的协调发展。

(二)四川盆地生态经济区(Ⅱ)

1. 生态建设方向

全区面积为 $1.2\times10^5\mathrm{km}^2$。建设以水土保持林(乔灌草结合)为主，多林种布局合理，结构有序的高效生态经济型林业生态系统。通过坡耕地和低效林的改造，建立具有保水、保土生态屏障作用的高效旱作生态农业，最终建成高效复合混农林生态系统，促进该区经济、社会可持续发展，实现生态与经济良性循环。

2. 生态建设途径

坚持以小流域为单元的山、水、田、林、路综合治理是开展该区退化生态的恢复与重建的有效途径。其建设内容包括：①以水土保持林为主的多林种的恢复与重建。大于35°的陡坡、坡坎、沟头等易侵蚀区，应采取封禁条件下的自然恢复为主的途径，建成具有紫色土丘陵区特色的禁伐性水土保持林绿色屏障；25°～35°坡地采取重建途径，建设具有提供薪材、木材等经营性水土保持林体系；25°以下的农田分布区，建设农田防护林以及护路林、护岸林和庭园林等。②加强水土保持工程体系建设。该体系包括坡改梯工程、小型蓄水工程、引排水工程、坡面截流工程、沟道整治工程以及截潜流和排洪工程等。③健全水土保持农业技术措施。包括等高耕作、沟垅耕作、聚土免耕、带状间作、套作密植、地面覆盖等。④草被重建。包括天然草被的恢复、优良牧草栽培、新的人工草场建设等。

四川盆地生态建设和农村经济发展如何再上一个新台阶，达到“人口－资源－环境－社会经济”系统的协调发展，是当前急待研究解决的重大课题。为此，我们建议采取农村生态经济工程建设的途径。

所谓农村生态经济工程建设是以经济和生态协调发展为目标，运用生态经济学原理，对农村现有退化生态系统、人工生态系统与资源进行改造、调控与保护的综合工艺过程[33]。为此，我们认为应首先开展以流域为单元或以乡、县级行政单元为单元的区域生态经济系统结构与功能特点、问题的分析，找出影响和制约生态经济系统协调发展的结构性问题。该地区生态退化的根本原因在于农村经济的落后，生态的重建使之进入良性循环，必须着眼于基于市场机制的农村经济结构的调整，着重发展具有地方资源特色和市场前景的以农林牧副产品的生产、加工、销售为主要内容的第二、第三产业，逐步建立以小城镇为依托，以发展乡镇企业和农业产业化为重点的农村经济可持续发展模式。为此，需要对传统的农村经济结构模式进行调整，彻底改变以农业经济占绝对主导地位的不合理结构，以此带动土地资源的合理配置，建立适应于市场机制的合理的土地利用结构，建立与新的经济结构模式相适应的高效的农林牧复合生态经济系统。只有建立这样的系统，才能使该地区退化生态得到彻底改善，促进生态效益的提高，并最终成为长江上游生态安全屏障中的第一道良好屏障。

(三)盆周山地生态经济区(Ⅲ)

1. 生态建设方向

全区面积为 $1.4 \times 10^5 km^2$。建设具有显著水源调节作用和以水源涵养林为主的多层结构山地生态系统，同时加强低山深丘区经营性水源涵养林建设和坡改梯的建设，在减轻暴雨洪流对四川盆地和长江干流影响以及增加枯季河流水量等方面发挥重要的生态安全屏障作用。

2. 生态建设途径

将海拔 1000m 以上山地呈中幼林状态的退化森林生态系统划为保护性水源涵养林，采取自然恢复和人工管育下恢复的措施。处于暴雨中心分布地带的陡坡森林应确定为禁伐性水源涵养林，使森林流域范围内的水源涵养林涵养水源的功能得到显著提高。对于海拔 1000m 以下，坡度大于 25°以上的退化森林生态系统，通过人为管育下的林种结构调整与改造等重建途径，建成具有较强保水、保土功能的经营性水源涵养林(可做适当的薪材、木材的摘伐或间伐)。在海拔 500～1000m 和相对高度大于 200m 的低山缓坡带以及深丘缓坡带可适当安排经济效益显著的速生丰产用材林基地、特用经济林基地等。加大低山深丘区陡坡退耕还林和旱作坡耕地的坡改梯力度，对坡度较缓、土壤层较薄、蓄水保水能力较差的坡改梯农田，采取挑沙面土或聚土垅作等途径增加土壤层厚度，使之成为既有加大地表径流入渗，又有一定抗旱防旱能力的高产稳产良田。

(四)云贵高原生态区(Ⅳ)

1. 建设方向

该区属于云贵高原的组成部分，全区面积为 $1.75 \times 10^5 km^2$，重点建设具有保水防旱功能的混农林生态系统，把生态效益寓于经济效益之中，通过具有带动农村经济发展的农林复合生态系统的建设，促进区域生态与经济的协调发展。

2. 生态建设途径

在乌江流域石灰岩丘陵山地区，应围绕农田生态系统功能的提高这一核心，开展以保水防旱为主要内容的小流域综合治理。通过坡改梯的途径提高面广量大的旱坡耕地粮经作物单位面积产量。充分利用一切可以利用的土地资源营造生态与经济效益兼有的人工林生态系统，改造现有低效林生态系统，达到既促进农经牧综合发展，又使生态环境得以逐步改善，最终建成多功能、多层次、多成分并与农田生态系统互为穿插、互为影响的农林复合生态系统。在滇北高原丘陵山地区，应着眼于现有缓坡耕地的改造，花大力气搞好坡改梯农田基本建设，做到既减少水土流失又能提高粮经单产，从而促进和加快陡坡退耕还林还草。陡坡退耕地的利用和退化低效林的改造与重建须与农民切身利益挂钩，要着重营造具有明显经济效益，同时兼具生态效益的经济林、薪炭林、用材林及其他土特名优产品植物。

(五)高山深谷生态经济区(Ⅴ)

1. 生态建设方向

全区面积为 $2.45 \times 10^5 km^2$。遵循地带性规律和因地制宜、因害设防的原则，在河谷带应做好滑坡、泥石流等山地灾害危险度区划和综合防治规划，建设以水土保持林为主的生态经济型混农林生态系统。在高中山带和亚高山带(高山带下部)建设具有显著保水功能的针阔叶混交林和暗针叶林生态系统。在具有暖温带特性的半湿润-湿润中山带，重点发展经营性水土保持林和水源涵养林(提供部分薪柴和木材)及经济林(核桃、板栗等干果类)。在水平和垂直空间上，形成林种布局合理，山地系统内部结构有序，具有显著保水减沙防灾功能的生态安全屏障。

2. 生态建设途径

该区在干旱山坡的坡脚缓坡带一般都开辟为旱作农地，具有土层较厚和土壤侵蚀较轻的特点，但干旱和收成不高的问题突出。通过兴修水利，挖掘水资源潜力，发展灌溉型高效农田生态系统或经果林生态系统，应是这一缓坡干旱带退化生态系统重建的重要途径。实施这一重建途径的关键是水利设施建设，包括小型水库、引水渠道或引水管道、喷灌或滴灌、地下水或河水的抽灌等。建议将此项工作纳入国家生态农业建设工程规划和国家农田水利建设工程规划，加大投资力度，逐步实施上述各类水利设施工程。

对于土层较厚、坡度较缓(<25°)而又无法发展灌溉条件的干旱山坡，应实施雨养型生态经济植被重建途径。采取工程措施与生物措施相结合，充分有效地利用降水资源。工程建设内容包括：①梯田工程建设，包括水平梯田、坡式梯田和隔坡梯田；②坡面蓄排工程，包括截水沟、蓄水池、沉沙池、引水沟、水窖等，使坡面水流得到有效的拦蓄和合理分流，减少土壤侵蚀，增加土壤入渗；③生物工程，采用等高固氮植物篱或其他植物篱代替土石坎，形成生物梯田。在等高植物篱之间的坡地，采取引进或培育乡土经济植物为主的生态重建措施。应加大力度对该区这种干旱山坡类型的坡改梯工程建设和非耕地生态经济型植被生态系统建设，使有限的雨水得到最充分合理的利用。

对于土层浅薄、坡度较陡(>35°)和土壤侵蚀严重的干旱山坡和冲沟，应实施雨养型生态植被恢复途径，即在停止人类活动干预下的自然恢复或在人工促进下，加速自然恢复过程。

在距干旱河谷 300~500mm 以上的“二半山”，水分条件有明显的好转，一般说来，属于半湿润或湿润地带，应该作为干旱河谷生态系统重建的重要组成部分。重点建设对河谷区农民经济收入提高有重要促进作用的经济干果类林木以及能缓解河谷区农民生活能源短缺的薪炭林和提供木材的用材林。通过这一山地垂直带新的多种人工和半人工生态系统的重建，可以达到减轻对山地下部干热(旱)山坡带生物资源需求的压力。

在海拔 2500(2800)m 以上，为实施天然林保护工程的重点地带，重点建设以涵养水源、保持土壤为目的水源涵养林。对陡坡地带已受破坏的针阔叶林生态系统和冷、云杉林生态系统，实施自然恢复措施，停止人类活动的干预，使其逐步达到或接近初始的顶极群落状态。

在做好山地灾害危险度区划和综合防治规划的基础上，应加强对城镇、交通干线和人口稠密乡村山地灾害的预测预报和综合治理工作。

(六)山原谷地生态经济区(Ⅵ)

1. 生态建设方向

全区面积为 $1.75\times10^5\text{km}^2$。通过河谷区混农林生态系统建设，亚高山天然林的保护和高原、高山退化草地生态系统的重建，形成具有良好保护水土和减轻山地灾害危害的山原谷地生态安全屏障。

2. 生态建设途径

在干旱河谷区，通过类似高山深谷生态区的退化生态恢复与重建途径的实施，建成具有良好生态与经济效益的混农林生态系统。对于大于35°陡坡及亚高山冷、云杉林带实施天然林保护工程，采取封禁条件下的自然恢复途径，使退化森林生态系统逐步达到或接近初始状态。对于轻-中度退化草地，按照依草定牧的原则，采取围栏圈养、草地改良等重建途径，对于强度退化草地和生态环境脆弱区草地应采取封育途径。

(七)江源高原生态区(Ⅶ)

1. 生态建设方向

全区面积为1.35×10^{5}km^2。以丘状高原和高山地貌为主，平均海拔4000m以上。该区生态十分脆弱，草地退化严重，目前受威胁的生物物种占该地区种类的15%～20%，高于世界10%～15%的平均水平[34]。在全球气候变暖和过度放牧影响下出现的草地生态系统退化问题日趋突出。因此，生态建设方向应围绕该区属于国家级水源涵养功能区和高寒生物多样性保护功能区的功能定位，加大现有自然保护区保护与建设力度，通过实施天然草地、天然湿地保护和退化生态系统恢复与重建工程，使长江“水塔”功能作用得到有效发挥，高寒生物自然种质资源库得到有效保护，生态环境实现良性循环，对长江中下游水资源和水环境安全起到重要的保障作用。成为长江上游具有重要“水塔”功能的生态安全屏障区。

2. 生态建设途径

以现有自然保护区保护与建设为重点，按保护区的功能分区，采取核心区严格保护、缓冲区重点保护和实验区一般保护的原则，对各功能区退化生态系统实施相应的自然恢复和人为调控下的重建与改建途径。对自然保护区外的其他退化生态区，则需按生态环境脆弱度大小和生态系统退化程度，采取不同的恢复与重建途径。对重度和极度脆弱生态环境区的退化生态系统，应采取封禁下的自然恢复或辅以必要人工措施加快恢复进程。对轻度-中度脆弱生态环境区的退化生态系统，按照依草定牧的原则，采取退牧还草、围栏封育、人工草场建设、游牧民定居和传统能源替代等措施。在实施上述措施的同时，要依据区内特色优势资源，发展特色经济，建设具有高原高寒特色的可持续产业，为实现生态环境与社会经济可持续发展提供支撑。

参 考 文 献

[1] 钟祥浩，余大富，郑霖，等. 山地学概论与中国山地研究［M］. 成都：四川科学技术出版社，2000：1～271.
[2] 钟祥浩，王小丹，刘淑珍，等. 西藏高原生态安全［M］. 北京：科学出版社，2008：1～250.
[3] 唐邦兴. 中国泥石流［M］. 北京：商务印书馆，2000：1～375.
[4] 沈玉昌. 长江上游河谷地貌［M］. 北京：科学出版社，1965：1～180.
[5] 方光迪. 山地生态环境脆弱带初步研究. 见：赵桂久，刘燕华，等. 生态环境综合整治和恢复技术研究［M］. 北京：中国科学技术出版社，1992：152～159.
[6] 胡世雄，靳长兴. 坡面土壤侵蚀临界坡度问题的理论与实践研究［J］. 地理学报，1999，54(4)：347～356.
[7] 钟祥浩，吴宁，罗辑，等. 贡嘎山森林生态系统研究［M］. 成都：成都科技大学出版社，1997：1～271.

[8] 刘燕华. 脆弱生态环境研究初探. 见：赵桂久，刘燕华，等. 生态环境综合整治和恢复技术研究 [M]. 北京：中国科学技术出版社，1992：1~10.
[9] 钟祥浩，何毓成，刘淑珍. 长江上游环境特征与防护林体系建设 [J]. 北京：科学出版社，1992：1~207.
[10] 柴宗新，范建容. 长江上游环境演化与水土流失分期 [J]. 水土保持学报，2002，16(6)：89~91.
[11] 伍星，沈珍瑶，刘瑞民. 长江上游土地利用/覆被变化特征及其驱动力分析. 北京师范大学学报(自然科学版)，2007，43(4)：461~466.
[12] 张荣祖. 横断山区干旱河谷 [M]. 北京：科学出版社，1992：1~211.
[13] 刘国华，傅伯杰，陈利顶，等. 中国生态退化的主要类型、特征及分布 [J]. 生态学报，2000，20(1)：13~19.
[14] 向成华，骆宗诗，陈俊华，等. 四川盆地丘陵区主要森林群落结构特征 [J]. 四川林业科技，2005，26(5)：25~29.
[15] 李文华. 长江洪水与生态建设 [J]. 自然资源学报，1999，14(1)：1~8.
[16] 钟祥浩. 长江上游森林植被变化对削洪减灾功能的影响 [J]. 自然灾害学报，2003，12(3)：1~5.
[17] 慕长龙，龚同堂. 长江中上游防护林体系综合效益的计量与评价 [J]. 四川林业科技，2001，(l)：15~23.
[18] 张林，王礼茂，王睿博. 长江中上游防护林体系森林植被碳贮量及固碳潜力估算 [J]. 长江流域资源与环境，2009，(2)：112~114.
[19] 马宏义. 玉树州草地生态失衡成因分析及治理对策 [J]. 草原生态，2008(9)：34，35.
[20] 马宏义. 三江源区草地生态环境现状及可持续发展对策 [J]. 草业与畜牧，2007，(6)：29，30.
[21] 崔鹏，王道杰，范建容，等. 长江上游及西南诸河区水土流失现状与综合防治对策 [J]. 中国水土保持科学，2008，6(l)：43~50.
[22] 史立人. 加快长江上游水土保持步伐为西部开发奠定坚实基础 [J]. 中国水土保持，2000，(4)：3~5.
[23] 朱波，况福虹，高美荣，等. 土层厚度对紫色土坡地生产力的影响 [J]. 山地学报，2009，(6)：735~739.
[24] 何毓蓉. 我国南方山区土壤退化及其防治 [J]. 山地研究，1996，14(2)：110.
[25] 钟祥浩. 干热河谷退化生态系统的恢复与重建——以云南金沙江河谷典型区为例. 长江流域资源与环境 [J]. 2000，9(2)：337~383.
[26] 谭万沛，王成华，姚令侃，等. 暴雨泥石流滑坡的区域预测与预报 [M]. 成都：四川科学技术出版社，1994，1~252.
[27] 许全喜，石国钰，陈泽方. 长江上游近期水沙变化特点及其趋势分析 [J]. 水利科学进展，2004，15(4)：420~426.
[28] 钟祥浩，刘淑珍. 浅析长江上游山地生态系统及其退化问题. 见：长江流域山地开发与灾害防治(论文集) [M]. 成都：成都地图出版社，1992：44~46.
[29] 康乐. 生态系统恢复与重建. 见：马世骏. 现代生态学透视 [M]. 北京：科学出版社，1990：300~305.
[30] 李秋艳，蔡国强，方海燕，等. 长江上游紫色土地区不同坡度坡耕地水保措施的适宜性分析 [J]. 资源科学，2009，(12)：2157~2163.
[31] 蔡国强，吴淑安. 紫色土陡坡地不同土地利用对水土流失过程的影响 [J]. 水土保持通报，1998，18(2)：1~8.
[32] 包维楷，陈庆恒. 退化山地植被恢复和重建的基本理论和方法 [J]. 长江流域资源与环境，1998，7(4)：372~374.
[33] 钟祥浩. 盆中丘陵区生态恢复重建的生态与经济效益亟待提高 [J]. 山地学报(增刊)，2003，4~9.
[34] 虞孝感. 长江流域生态环境的意义及生态功能区段的划分 [J]. 长江流域资源与环境，2001，10(4)：323~326.

第十三章　长江上游防护林体系建设与生态效应

第一节　川江流域地貌环境特征与林业生态评价[①]

一、地貌环境特征与林业

长江上游川江流域是指长江以北的四川盆地及盆周山地北缘的大巴山、米仓山，以及西缘的龙门山地区和岷江上游的高、中山地区，包括四川境内长江干流段以北主要支流沱江、涪江、嘉陵江(四川境内)、渠江及岷江都江堰市以上流域，按流域统计面积约为15.54万km^2，占四川幅员的28%。本区处于我国大陆地势第二级阶梯并由此向第三级阶梯的过渡带上，地貌内外营力均十分活跃，形成独具特色的地貌景观。

地貌是自然生态环境中的一个基本要素，它不仅影响水热条件以及地表物质的迁移、转化和积累，而且通过这些条件的变化影响着森林植被的生长和土壤的分布，可见地貌既是森林立地分类的基础，又是森林生态系统的制约因素。为此，对本区地貌进行科学的分类，无疑对防护林体系的建设有着重要的意义。

根据应用性原则、形态成因原则和多因子综合性原则，并充分考虑研究区地貌环境特征及其可利用性特点，提出如下的地貌分类系统：

(1)地貌形态类型子系统(表13-1)。

(2)现代地貌外营力作用类型子系统(表13-2)。

(3)地貌组成物质类型子系统(表13-3)。

通过三个子系统图例的设计和1∶20万地貌图的编制，使复杂的地貌结构、形态特征与成因的分布规律清晰地展示在图上，为地貌环境特征的分析和林业地貌的评价提供了基础，并通过面积的量算，为防护林体系建设的科学布局提供了定位、定性和定量的依据。本区地貌的基本特征概述如下。

全区地貌有六大形态类型：平原、台地、低(浅)丘陵、高(深)丘陵、山地和山原。

平原类型面积29019.45km^2，占全区面积的17.99%。以海拔的不同可分出低、中、高海拔平原，它们的面积分别为28593.16km^2，144.43km^2和281.86km^2。可见低海拔平原占绝对优势，主要分布于成都平原的东北部及四川盆地内各江河两岸的冲积阶地上。这些地区为四川省的主要粮食作物种植区。

---

① 本节作者刘淑珍，在1992年成文基础上作了修改、补充。

表 13-1 地貌形态类型子系统和指标

代号	1			2			3					
类型名称	平原			谷地			低(浅)丘陵					
代号	11	12	13	21	22	23	31		32		33	
亚类名称	低海拔	中海拔	高海拔	低海拔	中海拔	高海拔	低海拔		中海拔		高海拔	
							a	b	a	b	a	b
							缓坡	陡坡	缓坡	陡坡	缓坡	陡坡
相对高度/m	<20			台面<20 台坎 20~200			20~100					
海拔/m	≤1000	1000~3000	>3000	≤1000	1000~3000	>3000	≤1000		1000~3000		>3000	
坡度	≤7°			台面≤7° 台坎>10°			≤25°	>25°	≤25°	>25°	≤25°	>25°

代号	4						5			
类型名称	高(深)丘陵						山地			
代号	41		42		43		51		52	
亚类名称	低海拔		中海拔		高海拔		低山		低中山	
	a	b	a	b	a	b	a	b	a	b
	缓坡	陡坡	缓坡	陡坡	缓坡	陡坡	缓坡	陡坡	缓坡	陡坡
相对高度/m	100~200						>200			
海拔/m	≤1000		1000~3000		>3000		≤1000		1000~2500	
坡度	≤25°	>25°	≤25°	>25°	≤25°	>25°	≤25°	>25°	≤25°	>25°

代号	5						6		
类型名称	山地						山原		
代号	53		54		55		61	62	63
亚类名称	中山		高山		极高山		低海拔	中海拔	高海拔
	a	b	a	b	a	b			
	缓坡	陡坡	缓坡	陡坡	缓坡	陡坡			
相对高度/m	>200						原面≤200 原坡>200		
海拔/m	2500~4000		4000~5000		>5000		≤1000	1000~3000	>3000
坡度	≤25°	>25°	≤25°	>25°	≤25°	>25°	原面≤10° 原坡>10°		

表 13-2 现代地貌外营力作用类型子系统

代号	外营力作用类型	包括范围
A	堆积作用	冲积、洪积、坡积、残积、湖积、冰积、冰水堆积、溶积等
E	剥蚀-侵蚀作用	片蚀、沟蚀、溅蚀、侧蚀、河流侵蚀、风蚀等

续表

代号	外营力作用类型	包括范围
K	喀斯特作用	渗水溶蚀、流水溶蚀、溶蚀-侵蚀等
G	冰缘作用	融冻、蠕动(融冻)、冻裂、冻胀、雪蚀等
S	冰雪作用	雪崩石流、冰川侵蚀、雪蚀等

表 13-3　地貌组成物质类型子系统

代号	物质类型名称	包括范围
(1)	第四纪松散堆积物	砂、砾、粉砂、黏土等松散堆积
(2)	泥、页岩	以泥、页岩为主夹有薄层砂岩
(3)	砂、砾层	以砂、砾岩为主夹有薄层泥(页)岩
(2-3)	砂、泥(页)岩互层	砂、泥(页)岩等厚(近似等厚)互层
(4)	碳酸盐岩	灰岩、结晶灰岩、白云质灰岩、白云岩、大理岩等
(5)	变质岩	板岩、片岩、千枚岩等
(6)	酸性岩	花岗岩、二长岩等
(7)	中、碱性岩	闪长岩、斜长岩、正长岩、安山岩等
(8)	基性岩	辉长岩、次闪岩、辉岩、辉绿岩、玄武岩、角闪岩、橄榄岩等

台地类型面积 3715.03km^2，占全区面积的 2.3%。以海拔的不同可分出低、中、高海拔台地。其中前者占台地面积的 98.3%，主要分布于四川盆地内，由水平岩层或近似水平岩层经侵蚀切割形成。台面一般较平，为当地的主要粮食作物种植区。

低丘陵类型面积 20519.03km^2，占全区土地面积的 12.72%。其中陡坡低丘陵仅 560.62km^2，占低丘陵面积的 2.75%，可见缓坡低丘陵占绝对优势，其中 10°～15°的丘陵占低丘陵面积的 95%。由于低丘陵主要发育于紫色砂泥岩上，土质宜耕性强，加之坡度不大，因此垦殖率很高，林业发展的潜力不大。

高丘陵类型面积 15768.99km^2，占全区土地面积的 9.78%，其中低海拔高丘陵 15768.19km^2，占高丘陵面积的 99.99%。受岩性和构造的影响，高丘陵的形态各异，四川盆地内多为平顶阶梯状、馒头形阶梯状和一般的阶梯状高丘陵，盆地北部和东部有单斜高丘陵。高丘陵的相对高度介于低丘陵与山地之间，其农业利用虽不及低丘陵，但优于山地，其垦殖指数达 40%，具有发展林业的一定土地潜力。

山地类型面积达 89315.55km^2，占全区土地面积的 53.40%。根据山地海拔和相对高度的差别，本区山地又可分出低山、低中山、中山、高山和极高山等类型。根据坡度的不同，每个类型又分出相应的两种亚类，共计 10 个亚类。

低山面积 38023.70km^2，占川江流域统计面积的 23.57%，占山地面积的 42.57%，是本研究区分布面积最大的地貌类型。低山主要分布于四川盆地中部向大巴山与米仓山的过渡区和川东的平行岭谷区以及面积不大的龙泉山和荣威低山。低山区垦殖指数为 23.97%，具有发展林业的土地潜力。

低中山面积 25171.84km^2，占山地面积的 28.18%。呈弧形分布于四川盆地的西北缘和北缘。这些山地处于东南暖湿气流的迎风坡，夏季多暴雨，具有发展林业的优越条件。流经四川盆地的主要江河多数发源于这些山地，因此这里是本区水源涵养林建设的主要场所。

中山面积 18554.34km^2，占山地面积的 20.77%，主要分布于涪江上游和岷江上游地区，由平武县西部向西南延伸到汶川呈东北-西南向宽条带状分布。这些地区耕作业不发达，具有发展林业的充足土地资源，且又处于江河的上源，具有建设水源涵养林的有利条件。

高山和极高山面积合计只有5353.2km^2，只占山地面积的5.99%。这些山区气候高寒，坡度陡峻，不具备发展林业的条件，但可发展具有一定水源涵养能力的灌木林和灌丛草地。

山原面积3018.16km^2，占山地面积的3.38%，其中低海拔山原面积很小，高海拔山原气候寒冷，因此林业发展的潜力不大。

通过上述分析，本区地貌环境的显著特点可概括为如下几个方面：①地势变化明显，从西北向东南呈现出由高原、高山、中山、低中山、低山和丘陵与平坝逐级下降的阶梯式分带结构。山地呈弧形分布于区内的西北部和北部；②地貌类型极其多样复杂；③坡面物质稳定性差，流水侵蚀作用强烈和具有发生多种地貌灾害的潜在危险。

地貌的阶梯式-分带结构和山地的弧形分布给本区气候带来显著的影响。在冬季，阻挡了南下的冷空气袭击，使本区内冬季受冷空气影响较小，大部分地区冬暖春早，日均温≥10℃的持续时间长，其积温值较同纬度的东部区高。本区有37个县适宜柑橘、柠檬、夏橙等果木的生长，且产量高，质量好。而同纬度的湖南、江西、湖北的地区却不能生长。此外，受西部和北部山地的保护，本区内海拔2000m以下的山地冬季有明显的增温效应，使本区山地气温明显高于同纬度其他地区的山地，这种增温效应为山地林木生长发育提供了极为有利的条件，使山地植被垂直带上限高度明显高于同纬度其他地区的山区。如亚热带常绿阔叶林带，在相同纬度上的湘赣两省上限海拔为800～1000m，而本研究区上限海拔为1500～1600m，卧龙自然保护区亚热带常绿阔叶林上限为海拔1150～1600m，米仓山和大巴山为海拔1500～1600m。

本区内的这种地貌格局和地势变化对水分的再分配也产生很大的影响。区内地势由东南向西北和由南向北逐渐抬高，有利于山地降水的形成。因此，本区海拔1500～2500m的米仓山、大巴山、龙门山、邛崃山等山前降水特别丰富，并成为本区的暴雨和多雨中心，十分有利于多种林木的生长发育，加之这些山地又是区内众多小河流的发源地，因此，这些地区也就自然成为本研究区水源涵养林的重要营造区。

区内地貌类型多样复杂，形态类型上有平原、台地、低丘、高丘、低山、低中山、中山等，成因类型上有堆积作用、剥蚀作用、喀斯特作用、冰川作用、冰雪作用等地貌类型。区内最高海拔6250m，最低海拔167m，相对高程达6000m。复杂多样的地貌类型使热量和水分的空间分布变得复杂化，即水平地带性和垂直地带性互相交错，互为影响，进而形成多种多样的生态环境类型，为多种林木的生长奠定了良好的基础，有利于建设类型多样、结构复杂的防护林体系。

二、林业生态地貌分区与评价

地貌是生物赖以生存的实体。研究地貌各要素与生物之间相互联系、相互影响的科学称为生态地貌学。生态地貌的形成、演化及其结构特征直接或间接地影响生物的生长发育及生态系统的结构、功能等，如地貌侵蚀作用加强了，使坡地和坡耕地土层变薄，土壤养分减少，必然影响植物的生长发育和使农作物产量下降，进而影响人类的生活与生存；反过来由于人类活动的干扰，破坏了地貌表面形态，使其变松或失去保护层，为侵蚀作用创造了条件，激发或加速侵蚀作用的进行。本研究目的为长江上游防护林体系建设布局提供科学依据，因此需采用生态地貌学的方法，研究生态地貌系统各要素与植物(重点是森林)之间的关系，特别是地貌的形态、结构、演化与森林的生长和变化之间的关系。

林业生态地貌分区是在研究地貌形态特征、结构差异与森林生长和变化关系的基础上，对宜林地貌的地域差异性和相似性进行划分。

(一)生态地貌分区原则

1. 综合性原则

生态地貌系统是一个多因素综合作用的复杂系统，它以多种因素综合影响生物的结构和功能，因此分区时采用多因子、多指标综合处理的原则。

2. 定性和定量结合的原则

本生态地貌分区遵循从定性向定量过渡的原则，采用一套比较严密的多因子定量指标分等级数字化的方法，利用计算机技术进行分区。

3. 生态地貌特征的相似性和差异性原则

相似性与差异性是一切分区的基础，生态地貌分区也不例外。根据生态地貌的形态、结构和组成物质与森林生长之间的地域相似性和差异性原则进行分区，为防护林体系的科学布局提供依据。

(二)生态地貌分区指标体系

(1)基本单元的确定。以区内每个县(或县级市、区)地貌分区的小区为基本单位，整个研究区共 261 个基本单元(又称样区)。

(2)指标体系见表 13-4。

表 13-4　生态地貌分区评价因子、参数指标、等级表

因子、参数	指标＼等级	一级(优)	二级(良)	三级(中)	四级(差)	五级(劣)
地貌形态因子	主要地貌类型	平原、浅丘	浅丘、深丘	深丘、低山	低中山、中山	中山、高山
	海拔/m	<500	500～1000	1000～2500	2500～4000	>4000
	起伏度/m	<50	50～100	100～200	200～500	>500
	平均坡度	<7°	7°～15°	15°～25°	25°～35°	>35°
	>25°坡度比例/%	<10	10～20	20～30	30～50	>50
组成物质因子	岩性	松散堆积物	泥(页、片、板、千枚)岩	砂泥岩互层、花岗岩	钙质胶结砂岩	硬砂岩、砾岩、灰岩
	岩体完整性系数	<0.2	0.2～0.4	0.4～0.65	0.65～0.8	>0.8
水热条件因子	年均温/℃	>15	10～15	5～10	0～5	<0
	年降水/mm	>1000	800～1000	500～800	300～500	<300
	干燥系数	≤0.49	0.50～0.99	1.00～1.49	1.50～1.99	>1.99
外营力因子	降雨侵蚀力	<25	25～50	50～100	100～200	>200
	相对化学风化度	>2	1～2	0～1	~1－0	<－1

注：1)干燥系数计算公式：$K=\frac{016\sum t}{r}$，r 为年降水量，$\sum t\geqslant 10$℃积温。

2)相对化学风化度计算公式：$W=\frac{1}{K}\sqrt{T_7-20}$，$K$ 为干燥系数，T_7为 7 月均温。

(三)生态地貌分区方法与结果

生态地貌分区的定量方法是以专家智能为基础，采用主区域部分的确定和制图综合技术。分区过程由两部分组成。

1. 分区专家系统

是主体软件系统，又分为：

(1)数据输入子系统。需要输入的数据有两类：①专家提供的样区(基本单元)评价表；②邻居函数表。

(2)数据预处理子系统。由以下几个软件组成：①数据预处理软件；②粗分类软件；③滚雪球软件；④再分类软件；⑤主区域扩张软件。

(3)输出子系统。输出阶段成果和最终分区结果。

2. 成图专家系统

此系统是将分区专家系统的结果以地图的形式表现，由下列子系统组成。

(1)扫描输入子系统。

(2)主处理子系统。分为：①采样－图斑识别－补充采样子系统；②图形匹配子系统；③编码转换子系统。

3. 分区结果

全区共分出六个区，各区名称如下：

Ⅰ 西南部平原区；

Ⅱ 中南部红色丘陵区；

$Ⅱ_1$ 东南部红色泥岩为主浅丘平原亚区；

$Ⅱ_2$ 中部红色沙泥岩等厚互层阶梯状丘陵亚区；

Ⅲ 中北部台阶状低山深丘区；

Ⅳ 北部、东部低中山、平行岭谷区；

Ⅴ 西北部龙门山低中山、低山区；

Ⅵ 西北部中山、高山区；

各分区具体分布位置见图 13-1。

(四)生态地貌分区评价

1. 西南部平原区(Ⅰ)

西南部平原区位于研究区的西南部，包括新都、广汉、都江堰、彭县、什邡、绵竹、安县、德阳、江油、金堂、绵阳、三台、射洪、蓬溪、遂宁等县(市、区)的全部或部分地区，面积约 7020.25km²，占研究区的 4.35%。

1)生态地貌特征

平原是本区的主要地貌类型，由岷江、沱江、涪江等山前冲积平原及涪江阶地平原组成，占本区面积的 97.7%。另有少量丘陵和台地分布。平原主要特征如下：①以成都平原为主体的冲洪积扇平原：自东北的安县至西南的都江堰市是成都平原的一部分，其地势由西北向东南降低，整个扇形平原自西北向东南大体珂以分为三带。第一带从各自扇顶向东南到安县秀水—绵竹—彭县—郫县火箭—温江—寿安—都江堰市安龙一线，属

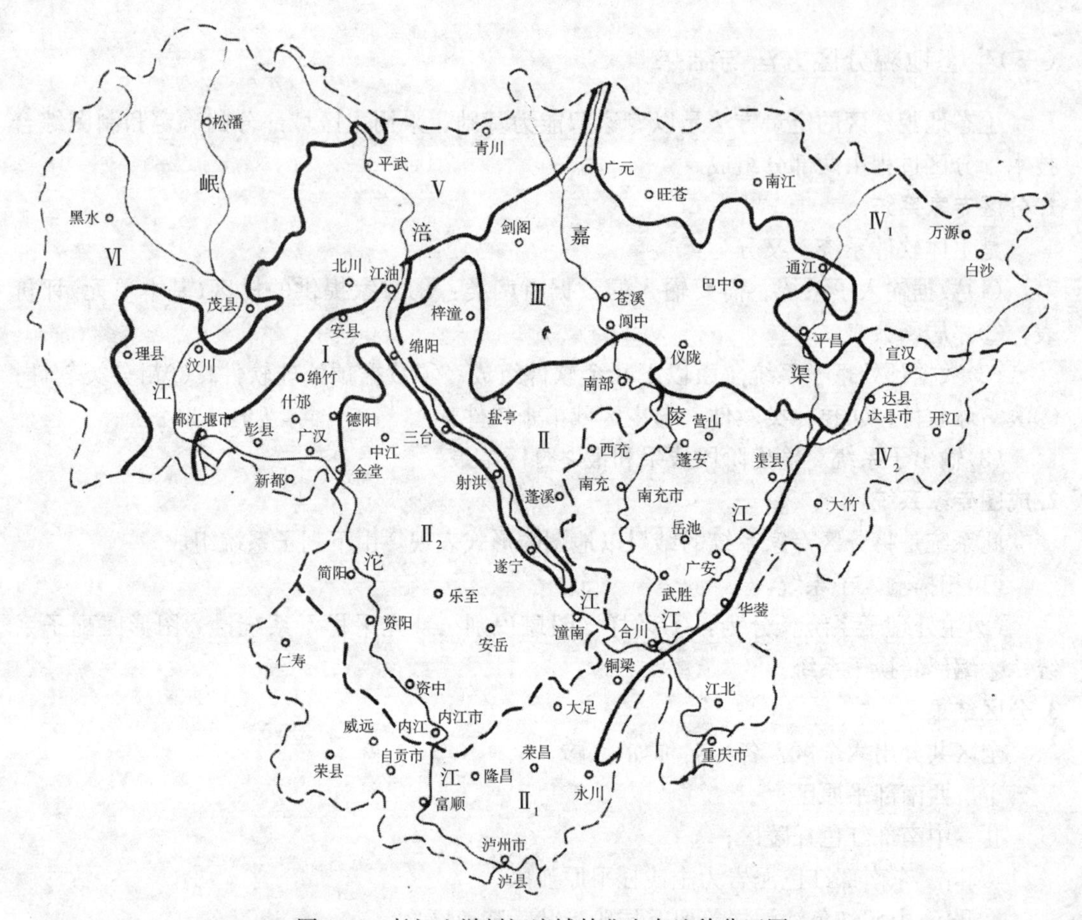

图 13-1　长江上游川江流域林业生态地貌分区图

扇形地的上段，地表纵比降比较大，一般为 6‰～11‰。此带向东南为第二带，为扇形地的下段至扇缘，以冲积扇为主，地表平坦，纵比降很小，一般为 2.5‰～4‰，各扇的前缘及两个扇之间分布有条带状的洼地等微地貌。再向东为第三带，由扇形地的前缘至龙泉山西麓，为浅丘、台地、平坝镶嵌分布，地表起伏不平，为老的阶地径流水切割侵蚀形成的浅丘和台地，(台)丘间分布有沟谷平坝。②涪江冲积阶地平原：自江油到遂宁为长条带状分布的涪江阶地平原，由涪江冲积而成的一级、二级阶地平原、河漫滩、心滩(沙洲)组合而成。沿江有江油坝、马斯坝、茂园坝、遂宁坝等数十个阶地平原。

本区热量丰富，降水丰沛，区内现代地貌外营力以流水作用为主，次为化学风化，流水作用的侵蚀作用和堆积作用明显。

2)林业生态地貌评价

本区是研究区内生态地貌条件最优越的区域，等级积分值平均为 19.14，12 项生态地貌指标中有 11 项为 1～2 级，生态地貌条件总的特征属于优－良级，适宜多种林木生长。

林业在本区应在农业发展的基础上，利用有利的生态地貌条件，发展农田防护林、四旁绿化林、护坡林、护岸林，达到防护、调节环境，美化环境的目的。建设好江河护岸林、护坡护坎(阶地陡坎)是本区防护林建设的重要任务，平原河流由于流水侧蚀作用造成岸线不断外移，凹岸尤其突出，特别是洪水季节，这种作用成倍加强，因此一定要建设好护岸、护坡林，保护岸坡的稳定。另外阶地平原要搞好阶地陡坎护坡林的建设，所有阶地陡坎都不宜开荒耕种和放牧，陡坎坡面应种植根系发达固土力强的林木。此外阶地面与陡坎交界的部位应密植根系深扎的树种，保护边坡稳定，防止崩塌的发生。阶地面上冲沟比较发育，特别是老阶地冲沟发育较快，洪水季节冲沟的侵蚀作用加强，为了保护阶地面上的耕地，冲、溪沟两侧应栽种耐湿固土力强的树种，组成防护林带，减小洪水对两岸农田的袭击。

2. 中南部红色丘陵区（Ⅱ）

位于研究区中南部红色丘陵广泛分布区，包括渠县、营山、南部、盐亭、绵阳以南，华蓥山以西，龙泉山以东的广大地区，其中含有龙泉山背斜低山和威荣穹隆低山，面积约 59556.98km^2，占全研究区面积的 36.91%。根据区域内部的差异，本区又分为两个亚区。

1）东南部红色泥岩为主浅丘平坝亚区（$Ⅱ_1$）

位于本区的东部和南部，东部与平行岭谷区接壤，南部毗临长江，包括仁寿、荣县、富顺、自贡、泸县、荣昌、隆昌、武胜、南充、岳池、蓬安、大足等县的全部及永川、铜梁、华蓥、广安、渠县、营山、西充、蓬溪、合川等县的一部分，面积约 30655.26km^2，占本区的 51.47%，占整个研究区的 19.00%。

本区生态地貌特征为丘陵和平原镶嵌分布，浅丘和平坝为本区主要地貌类型，平坝面积约为亚区面积的 37.60%，浅丘和低山分布较少。全亚区地势北高南低，长江自西而东流过亚区的南缘。

区内丘陵体形态受构造和岩性的影响明显，东部渠县、广安、华蓥、合川、铜梁、永川等分布于向斜轴部的丘陵多呈桌状或圆顶状，而靠近背斜山麓的丘陵多为单斜丘陵。南部隆昌、荣昌、泸州、自贡、富顺、仁寿等地为缓丘平原，丘陵呈孤立、连座状散布于平坝中，丘坡和平坝之间和缓相连，坡折线很不明显。

本亚区河流阶地平原也很发育。亚区西南部分布有威荣穹隆低山。

本亚区热量丰富，降水充沛，现代地貌外营力中的风化作用和流水侵蚀作用非常强烈，尤其是本亚区遂宁组和沙溪庙组泥砂岩组成的丘陵风化强烈，在夏季暴雨集中季节形成严重水土流失。

另外，在威荣穹隆低山顶部石灰岩分布区喀斯特作用活跃，形成喀斯特槽谷、峰丛、残丘等，槽谷内漏斗、洼地等喀斯特地貌发育。

本亚区林业生态地貌评价，其等级积分平均值为 24.9，12 项生态地貌参数中有 9 项为 1～2 级，生态地貌条件总特征为优－良级，为林木生长创造了良好的生态地貌环境。亚区内地表起伏和缓，沟谷平原和阶地平原广为分布，丘陵体低矮，且水热条件好，对发展农林业都十分有利。丘陵体绝大部分已开垦耕种，丘坡、丘麓、丘顶几乎都是耕地，是四川省垦殖指数仅次于西南部平原区的区域。多种经营中柑橘是本亚区的优势产品，特别是沙溪庙组地层分布区，丘体上部排水良好，阳光充足，热量丰富，土壤母质中含有丰富的矿质微量元素，使柑橘生长良好，品质佳，闻名国内外。

本亚区林业应重点发展具有防治水土流失作用的护坡林、护坎林。其次要加强坡耕地的改造，同时配合营造护坎林、护坡林带，在梯地前后缘各营造护坎林带保护陡坎，桌状丘陵桌边应布局护坎林带，宜选择固土力强的林木。

2)中部红色砂泥岩等厚互层阶梯状丘陵亚区(II_2)

位于研究区中部，包括简阳、资阳、资中、内江、安岳、乐至、潼南、中江、金堂、德阳、遂宁、蓬溪、射洪、三台、绵阳、梓潼、盐亭、西充、南部等全部和部分地区，面积约28901.72km²，占全区的48.53%，占全研究区的17.91%。

生态地貌特征。本亚区位于川中台拗区，基底稳定，褶皱平缓，其地貌类型以阶梯状丘陵为主，平坝为辅，有少部分低山、山原分布。丘陵面积占幅员的60.89%，其中浅丘约占37.45%，深丘约占22.32%，台地约占1.14%，平坝约占30.12%。

亚区内地势北高南低，相对高度也由北向南逐渐降低。亚区内地貌类型的分布也由北向南呈规律性变化，北部以深丘窄谷为主，中部乐至一带浅丘面积明显增加，至南部浅丘、平坝已占主导地位，深丘很少。

本亚区最大特点是丘陵体的主要组成物质为产状近似水平的白垩系、侏罗系砂泥岩等厚(近似等厚)互层出现的地层，形成圆顶或平顶的阶梯状丘陵体。阶梯的级数视切割深度(相对高度)而不同，北部一般为4~5级，最多可达5~6级，中部一般为3级，至南部丘体多分散，呈弧丘或桌状散布于平坝之中。

涪江和沱江自西北向东南流经本亚区，涪江遂宁以下潼南县境内及沱江沿岸形成数十个大小阶地平原和心滩。亚区西部为龙泉山背斜低山。

本亚区夏季多暴雨，现代地貌外营力作用主要为风化作用、流水作用和少量的重力作用。其中泥岩崩解破碎的物理风化作用强烈，由此带来的水土流失十分严重。

本亚区林业生态地貌评价，其等级积分平均值为26.55，12项生态地貌参数中有8项为1~2级，生态地貌条件总特征为良级，宜于多种林木生长发育。亚区内连绵起伏的丘陵及丘间沟谷平坝和阶地平坝历来是四川省粮、油经济作物的主产区。

本亚区丘陵顶部特别是圆顶丘陵顶部及阶梯状丘陵第三阶梯以上的地貌部位降雨汇流快，流水沿坡面侵蚀冲刷，产生严重水土流失，特别是泥岩圆顶丘陵风化松散物质很容易被侵蚀，而且由于长时期的侵蚀冲刷作用，土层薄、土壤中养分缺乏，不宜耕种，应加强有显著固土保水作用的灌草栽植。

阶梯状丘陵丘坡要营造护坡林，护坎林。在阶梯的陡坎上营造护坎林，因陡坎坡度陡，土层薄，造林难度大，因此要选择固土力强，抗旱耐瘠薄的树种，而且林下要种草保护地表。阶梯的台面应根据不同地貌部位布局不同功能的护坡林，一般可以营造三带护坡(坎)林，第一带位于台面的前缘与陡坎交界的部位，其功能为保护陡坎上部不崩塌，拦阻台面径流对台坎的冲刷。林下栽种香根草等植物篱。第二带为台面上泥岩缓坡的坡麓，其功能主要是拦沙阻水，一是拦截径流，缩短坡长，减少流水的冲刷能力，二是拦砂保土，林下应种植一道严密的香根草等植物篱，拦阻从坡上冲刷下来的泥沙，逐渐堆积成自然的梯坎，篱以上的坡土逐渐形成梯土。第三带布局在台面的后缘(上一台陡坎脚)，其主要功能是防止上台土及陡坎上流水对坎脚的冲刷和掏蚀。

本亚区的沟谷平原除了采用营造农田防护林外，北部和中部的窄谷或中谷的沟谷源头应营造成片的防护林，这些沟谷多数为壮年期冲沟，有一定的溯源侵蚀能力，使源头地区由于溯源侵蚀而产生崩塌，因此需营造防护林保护沟谷平坝中的耕地不受坡面上的径流和泥沙的侵蚀和淤积，同时保护源头的稳定。

3. 中北部台阶状低山深丘区(Ⅲ)

位于研究区的中北部，Ⅱ区以北，即盐亭、南部、仪陇、营山以北，广元、南江以南，包括剑阁、苍溪、巴中、仪陇的全部和梓潼、盐亭、南部、阆中、营山、平昌、达县、通江、南江、广元等的部分地区，面积约20852.81km²，占全研究区的12.93%。

1)生态地貌特征

本区位于大巴山、米仓山的南部。全区地势北高南低，嘉陵江自北部(西北为主，东部为支流渠江)入境，贯穿全区，众多支流侵蚀切割使区内地表破碎，山体无明显脉络。全区以低山为主，占幅员的69.77%，其次为山原，约占6.99%，平原、台地、低中山、丘陵均零星分布。区内北部为叠瓦状单科山，中南部的广大地区为台阶状低山。质地软弱的泥岩形成台阶面(又称台土扁)，砂岩形成陡坡山地，垂直剖面形成台阶面、陡坡交互排列的台阶状山地地貌景观。

本区降水比Ⅰ、Ⅱ区丰富，年降水量可达1100～1400mm，流水侵蚀作用强烈，滑坡、崩塌等屡有发生，是四川省滑坡高发区。

2)林业生态地貌评价

本区等级积分值平均为30.25，生态地貌12项参数指标中有6项为1～2级，5项为3～4级，1项为5级，其生态地貌条件总特征属中－良级，森林植被生长发育的限制性因素不多。

本区虽然以山地为主，但低山水热条件仍比较优越，广泛分布的台阶状低山的台土扁，地表起伏和缓，泥岩风化快，土层厚，是四川省比较重要的粮、棉、油的主要发展地区。同时本区也是多种经营和林业发展的基地，经济林、果园分布较多，尤其是经济林是本区经济发展的优势。

本区平原、台地、山原等地表起伏小的地面不足20%，而80%是坡地，绝大多数坡地是由抗风化能力较差的红色砂泥岩组成，加之本区降水丰富，且夏季多暴雨，坡地的侵蚀作用非常强烈，同时本区是众多小河流的发源地，因此要注意水源涵养作用强的防护林建设。根据本区的生态地貌结构特征，单斜山的逆倾坡和台阶状低山的陡坡(陡坎)应是造林的重要地貌部位，这些地貌部位坡度陡峻，一般可达30°～60°，除了坡面侵蚀严重外，还是滑坡、崩塌等重力地貌作用活跃区，应该作为禁伐性水土保持林区。

4. 北部、东部低中山、平行岭谷区(Ⅳ)

本区位于研究区的北部和东部，包括旺苍、万源、白沙、城口、宣汉、开江、大竹、江北县、重庆市区、达县、平昌、南江、通江、广元等全部和部分地区，面积约31544.13km²，占全研究区的19.58%。

本区分属于研究区北部的米仓山、大巴山山地和东部平行岭谷区，根据其生态地貌特点又分为两个亚区。

1)北部米仓山、大巴山低中山亚区(Ⅳ$_1$)

本亚区位于研究区最北部，为川陕与川鄂交界的米仓山、大巴山山地。包括广元、旺苍、万源、南江、通江、平昌、宣汉的全部和部分地区，面积约20369.99km²，占研究区的12.63%。

全亚区地势北高南低，主要地貌类型为低中山，约占全亚区面积的57.10%，其中陡坡低中山占低中山面积的56.23%，低山约占34.29%，其他山原、平原、台地、丘陵等零星分布，低中山比较集中地分布于亚区的北部，分为东西两部分，西部为米仓山断块，东部为褶皱低中山。亚区内西北部、中部、东北部为石灰岩分布区，发育有喀斯特低中山。

亚区内南部有少量侏罗系、白垩系近似水平的砂泥岩互层的岩层组成的圆顶或平顶的台阶状低山，间或有低中山分布。

嘉陵江中小支流多数发源于本亚区北部，并自北而南流经本亚区，多形成深切窄谷，仅局部河段河谷较宽堆积有冲积阶地平坝。

本亚区水热条件垂直变化明显，南部低山年均温 15～16℃，北部低中山地区仅为 11～13℃，降水量随海拔升高大幅度增加，年均降水由南部的 1100～1200mm，向北增加至 1400～1600mm，是四川省的多雨中心之一，现代地貌外营力中流水侵蚀作用强烈，此外重力地貌作用与喀斯特作用也比较活跃。

本亚区等级积分值平均为 36.47，12 项参数中只有 3 项为 1～2 级，有 7 项为 3～4 级，2 项为 5 级，生态地貌条件总特征介于中、差级之间，森林植被生长的限制性因素较多，特别是陡坡山地和石灰岩山地占亚区内 40％左右，一旦植被破坏难以恢复。

亚区内除南部水热条件较好，平坝、台地、台阶状山地台土扁和单斜山地缓坡可以发展种植业外，大部分地区不利于种植业的发展。中北部大面积低中山、低山地区，除少数质地坚硬的砾岩、灰岩、砂岩组成的陡峻山地外，虽然热量不丰富，但降水充沛，适于落叶树种及针叶树种的生长发育。但长期以来由于不合理的砍伐森林、开垦荒地，使地表森林覆盖率大幅度降低，山区涵养水源的功能大大缩小，水土流失日趋严重。根据生态地貌特征，本亚区南部砂泥岩台阶状低山、泥岩山顶及砂岩陡坡应加强保水保土功能好的防护林建设。台土扁应根据微地貌特征布局护坡林、护坎林。北中部低中山应考虑水源涵养林基地的建设。本亚区大面积石灰岩喀斯特山区在营林工程中应特殊对待，保护好石灰岩山区的森林和加速荒山造林有特殊重要的意义。鉴于本区为众多中小河流的发源地，因此本亚区石灰岩山地应建设禁伐性水源涵养林。

2)东部平行岭谷亚区($Ⅳ_2$)

位于研究区东部，包括宣汉、开江、大竹、江北县、重庆市区、北碚区、达县、渠县、广元、华蓥、合川、永川等县的全部或部分地区。面积约 11174.14km^2，占全研究区的 6.93％。

本亚区为四川东部平行褶皱构造带的一部分，受构造控制，背斜成窄条状山地，向斜形成宽缓的“谷”地，“谷”中分布有丘陵和平坝，山“谷”相间平行排列，组合有序，山地以低山为主，约占亚区幅员面积的 41.14％，“谷”中以丘陵为主，浅丘约占 19.05％，深丘约占 16.62％，平坝、台地约占 18.84％，全区地势由北向南倾，“谷”地的地势亦由北向南降低。

本亚区山地的形态受岩性和构造的影响非常显著，山体呈“一山一槽二岭”或“一山二槽三岭”。

条状山之间宽缓的向斜“谷”中，地貌类型呈有规律的排列组合，河流两侧发育有冲积阶地平坝，平坝外侧分布有浅丘和台地，靠近背斜山麓为叠瓦状单斜高丘，相对高度由中部的阶地平原向两侧增大，呈现有规律的变化。

亚区内水热条件变化较大，向斜“谷”中水热条件比较好，山地水热条件随海拔增高而呈现有规律的变化，年均温度由低山的15～16℃，到低中山山顶，年均温为10℃左右，年降水由低山的1100～1200mm，至低中山可增加到1600～1800mm，山地东坡明显高于西坡。受水热条件决定，亚区内地貌外营力以流水侵蚀作用、溶蚀作用为主，风化作用和重力地貌作用也较强烈，形成山地坡面侵蚀、沟谷侵蚀作用都较强烈，无植被保护的山地水土流失严重，另外，碳酸盐岩分布区喀斯特作用强烈，形成喀斯特地貌，向斜谷中由于砂泥岩差异风化作用形成台阶状浅丘，山地中由于重力作用经常发生滑坡和崩塌等地貌灾害。

亚区内平均等级积分值为28.31，但亚区内差异较大，山地偏高，生态地貌条件总特征为差级，“谷”中偏低，生态地貌条件总特征属于良级，因此林业布局应因地制宜。

本亚区地貌类型比较多，而且山、丘、坝呈现有规律的排列组合，致使农业利用也呈现由山—丘—坝有规律的变化，因此，防护林体系也应依山—丘—坝呈带状布局，从“谷”中平坝到背斜山地分带布局护岸林—护坡林、护坎林—水土保持林—水源涵养林。首先是“谷”地中部的河流阶地平坝要沿河两侧及阶地上冲沟的两岸营造护岸林，阶地陡坎营造护坎林：平坝外侧的浅丘根据其形态，丘顶营造水土保持林，阶梯状丘陵台面营造护坡林，陡坎坡面及台面前后缘营造护坡林和护坎林，同时要配合以改田改土等农田基本建设措施和一定的水利工程措施。山麓深丘及低山坡面除少数缓坡改坡为梯后可发展种植业外，其大部分应建设防护林，特别是陡坡耕地要退耕还林。低中山地是本区中小河流的源地，要集中成片营造水源涵养林。

5. 西北部龙门山低中山、低山区（Ⅴ）

位于研究区的北部，属四川盆地向川西高山高原的过渡地带，以龙门山山地为主体，行政区划上包括青川县、平武县、北川县、广元市、江油县、绵竹县、安县、彭县、什邡县、都江堰市等的全部和部分地区，面积约18331.93km²，占全研究区的11.36%。

1）生态地貌特征

本区位于四川盆地向川西高原的过渡地带，山地自盆西平原西部拔地而起，由海拔750m急骤抬高，形成地势上的一个大斜坡，这种特殊的地貌格局和大的地貌位置给本区地貌形态的发育形成深刻的影响。

区内地貌类型以低中山、低山为主，中山次之，低、中山面积占全区面积的69.48%，其中陡坡占低、中山的62.57%；低山主要分布在本区东部与平原交界的地带，呈很窄的条带状，海拔750～1000m，其组成物质主要为侏罗系砂泥岩及少部分三叠系砂板岩，由于岩性质地较软，风化强烈，山地表面风化壳比较厚，山体比较和缓，多为圆顶和次圆顶的单斜山。而区内大面积分布的为低中山，因构造和岩性的影响，形态各异，北部青川、平武、北川主要由浅变质的砂岩、页岩、板岩、千枚岩组成，山脊受片状、层状节理影响呈梳状、锯齿状；而南端都江堰市、彭县、绵竹西北部大面积出露花岗岩，受花岗岩球状风化作用呈宝塔状，中段北川县东南部石灰岩分布区发育有喀斯特山地，峰丛、残丘密布。

本区处于东南暖湿气流的迎风面，成为本研究区乃至四川省多雨中心，低中山山地年降水可达1600～1800mm，而且夏季多暴雨，因此流水的侵蚀作用十分强烈。此外由于本区地表破碎，新构造运动活跃，山坡陡峻，因此重力地貌作用很活跃，青川、平武、北川等县不仅是本研究区，也是四川省地貌灾害的多发区。

本区是许多大中河流的发源地，川江的支流沱江发源于本区，沱江比较大的支流石亭江、绵远河均发源于本区。涪江上游流经本区，许多中小支流发源于本区的山地。岷江流经本区西南部，从都江堰市进入平原。

2)林业生态地貌评价

本区等级积分值平均为 38.54，是研究区较高的一个区，12 项生态地貌参数中有 7 项大于 3，其中 4 项为 4~5 级，其生态地貌条件总特征属于差级，森林植物生长不利的因素较多。

本区以山地为主，是低中山占优势的区域，降水丰沛，暴雨集中，陡坡又占多数，而且是众多河流的发源地，因此加强水源涵养林的建设具有重要的意义。

依据本区生态地貌特点，海拔 2000m 以上的山地，尤其是河流源头一般应为禁伐水源涵养林区。河流源头，由于流水的溯源侵蚀，常形成漏斗状沟头，易发生崩塌，因此需选择根深、固土力强的树种，增强稳坡作用。

本区地貌的另一特征是河谷狭窄，谷坡陡，河谷两侧滑坡、崩塌发育，因此河谷两侧除了需要营造护岸林外，两侧谷坡需大量营造护坡林。

6. 西北部中高山区(Ⅵ)

位于研究区的西北部，属川西高山高原区的一部分，包括松潘、黑水、理县、汶川、茂县、平武、北川等县的全部和部分地区，面积约 24013.94km²，占研究区幅员面积的 14.89％。

1)生态地貌特征

本区属四川西部高山高原区的东部边缘，地势高亢，且西高东低，海拔由东部的 2500m 左右向西逐渐升高至 4000m 以上，西部边缘超过 5000m，主要地貌类型为中山、高山，河谷两侧分布有少量低中山、平原、台地。中山面积约占全区面积的 68％，其中陡坡占 80.63％。邛崃山位于汶川县和理县的西部，主峰四姑娘山海拔 6250m，为全研究区的最高峰，向北沿黑水县西侧呈南北延伸的是鹧鸪山，再向北为岷山山脉，呈北南向展布于松潘县的东部，主峰雪宝顶海拔 5588m，以上南北走向的诸高山如屏障一样排列在区内西部，阻拦了西北部寒冷气流的南下，对整个研究区水热条件都产生了很大的影响。这些海拔 5000m 以上的极高山多数终年积雪，发育有现代冰川，融冻冰川地貌发育。

海拔 4000~5000m 的高山在寒冻风化作用和融冻作用下，山体上部基岩裸露，下部被崩落的岩屑覆盖，物质粗，对土壤发育十分不利。本区中山分布面积大，其地貌过程垂直变化明显，海拔 3000~3500m 以下，物理风化和流水作用强烈，山坡上有一定厚度的粗糙残坡积物，此外沟谷两侧崩塌，滑坡发育。3000~3500m 以上融冻作用强烈和季节性积雪时间较长，各种冰缘地貌发育。

本区西北角松潘和红原交界部分，高山原分布较多，其高度多为海拔 3600~3700m、4000~4200m、4300~4500m、4600~4900m，地表起伏和缓，表面有冰缘地貌发育。

岷江发源于本区北部松潘县境内，自北而南流经全区，松潘县城以北为浅切割河谷，以南为深切割河谷，切割深度达 1500~2000m，因多沿断裂发育，谷坡岩层破碎，崩塌、滑坡、泥石流发育。

2)林业生态地貌评价

本区是研究区内等级积分值最高的，平均为43.91，12项指标中有9项平均值大于3，生态地貌条件总特征属于差级，影响森林植被生长的因素多，植被一旦破坏难以恢复。

本区生态地貌的特点为山地高耸，河谷深切，地表起伏悬殊，地貌及水热条件垂直变化大，这些特殊深刻地影响了区内土地利用的方式和农、林、牧业的发展。种植业多分布于3000m以下的河谷冲积阶地平原、冲洪积扇形地平原，台地及山原和部分缓坡山地的阳坡。海拔3000m以上的少数河流阶地平坝和台地虽也有耕地分布，但多因热量不足，产量较低。

本区是长江重要的水源涵养林区，也是川西平原的“绿色屏障”。但由于区内新构造活跃，断裂发育，地表物质稳定性差，植被一旦破坏，不仅坡面侵蚀加速而且滑坡、泥石流、崩塌等灾害频繁发生，大量泥沙进入河中，对下游河床及水库造成严重危害。一旦森林植被的破坏，则水源涵养功能急剧下降，给下游平原区用水带来困难，因此本区的防护林建设应给予足够的重视。

第二节　生态经济分区与防护林体系分类及其功能定位[①]

“七五”国家重点科技攻关课题“长江上游水源涵养林和水土保持林营造技术研究”要求对长江上游地区的生态环境和社会经济条件进行研究与评价，为水源涵养林和水土保持林的建设提供科学依据。为此，该课题安排对“长江上游生态环境和社会经济条件研究与评价”这一专题进行专门的研究。根据要求，本专题研究的范围包括乌江流域和四川境内的嘉陵江、渠江、涪江、沱江和岷江(都江堰市以上)流域，计120个县(市、区)，面积达25万km^2。本节将四川境内的各江简称为川江流域，其地理位置介于北纬28°50′～33°10′和东经102°35′～109°15′之间，流域面积15.54万km^2。

中国科学院-水利部成都山地灾害与环境研究所承担了“长江上游生态环境和社会经济条件研究与评价”专题，钟祥浩作为该专题负责人，负责专题总体设计和实施方案的制定，组织本所、中科院及高等院校等12个单位，计94人，进行了为期近5年(1986～1990年)的研究。研究工作按乌江流域和川江流域两部分进行，并分别提交了“川江流域防护林体系建设环境特征、问题及战略对策综合研究”和“乌江流域防护林体系建设环境特征、问题及战略对策综合研究”两份研究报告；同时还完成了各种比例尺图件300余幅，其中1∶20万图件有土地利用现状图、地貌类型图和坡度图；1∶50万图件有土壤图、植被图、岩组类型分布图、水土流失图、植被覆盖度图、人口密度分布图和生态环境卫星影像图等；1∶100万图件包括地质构造、地貌、土壤、植被、气候、水土流失、土地利用现状、社会经济和生态经济等分区图。上述研究成果都通过了验收、鉴定，并出版了《长江上游环境特征与防护林体系建设》(川江流域)和《长江上游环境特征与防护林体系建设》(乌江流域)两部专著。本项目研究成果获得了中国科学院科技

① 本节作者钟祥浩，在1992年成文基本上修改、补充而成。参加本节研究的主要成员有杨定国、陶和平、熊尚发等。

进步一等奖和国家科技进步三等奖。本节对钟祥浩负责完成的部分研究内容作介绍。

一、基于防护林体系建设的环境综合评价技术路线

长江上游(宜昌以上)流域面积100.6万km^2，占长江流域面积的55.8%，总人口1.4亿，占长江流域人口的34%。本研究区虽只占长江上游地区面积的25%，但其人口数量、耕地面积和工农业总产值分别占长江上游的55.0%，79.7%和60%，可见川江流域和乌江流域在长江上游占有重要的地位。由于本研究区人口多、土地利用强度大以及由此带来的生态环境问题严重，因此，开展以水源涵养林和水土保持林营造为内容的生态建设，对长江上游乃至长江流域生态环境的改善无疑有着重要的意义。

水源涵养林和水土保持林是防护林的重要组成部分。在人口稠密和经济不发达的我国南方丘陵山区营造水源涵养林和水土保持林，必须树立“三大”效益(生态、经济和社会效益)观点。历史的教训值得记取，就林论林，难于成功。因此营建具有生态效益的水源涵养林和水土保持林，要考虑其经济和社会效益的发挥。实际情况表明，仅强调水源涵养林和水土保持林的营建，而忽略其他林种，如用材林、经济林、薪炭林和特用林的建设，是不可能从根本上改善长江上游水土流失状况的。因此，要把所有林种的建设都纳入防护效益的体系之中，即在强调其经济效益和其他功用的同时，要强调其生态效益的发挥。只有当防护林的防护效益和其他林种防护效益都得到最大发挥的时候，才能真正使林地的水土流失得到控制和促进生态环境质量的提高。从长江上游的实际情况考虑，防护林的建设既要有生态效益，又要有经济效益，使具有明显生态效益的林种尽量发挥其经济效益，使具有明显经济效益的林种尽可能发挥其生态效益，使生态性防护林的生态效益寓于经济效益之中，使生产性防护林的经济效益寓于生态效益之中。本研究将这种具有多功能和多效益复合体系的生态林业建设称为防护林体系建设。显然，本研究中涉及的防护林和防护林体系是两种不同的概念。防护林体系主要包括林业用地上的生态性林业和生产性林业及部分农业用地上的农用林业。防护林体系建设实际上是以木本植物为主要手段，用以改造、治理环境并充分合理利用土地，发挥土地最大生产潜力的生态林业工程建设，亦即把防护林体系建设纳入生态林业体系建设之中。

就水土流失而言，长江上游水土流失来自于林地、农地、草地及其他用地。因此，水土流失的有效控制，除了要搞好林地的防护林体系建设外，需要考虑农地、草地和其他用地的水土流失防治。此外，用于防护林体系建设的林业用地的确定需要考虑土地利用的结构问题。可见，防护林体系的建设不能就林论林，需要将其置于农、林、牧这一大系统中加以分析考察，以求得不同发展时期的农、林、牧用地的合理结构。长江上游水土流失的真正有效的防治，需要建立良好的农、林、牧复合生态系统，简称为农业复合生态系统。

良好的农业复合生态系统建设的成败，取决于自然生态环境系统和社会经济环境系统的协调性程度。因此，对防护林体系建设的可行性及其在减少长江上游水土流失中的作用的评价，需要将其置于自然生态环境系统和社会经济环境系统所组成的大系统进行分析和考察。防护林、防护林体系和农业复合生态系统三者的差别及它们在自然生态环境系统和社会经济环境系统中的关系见图13-2。

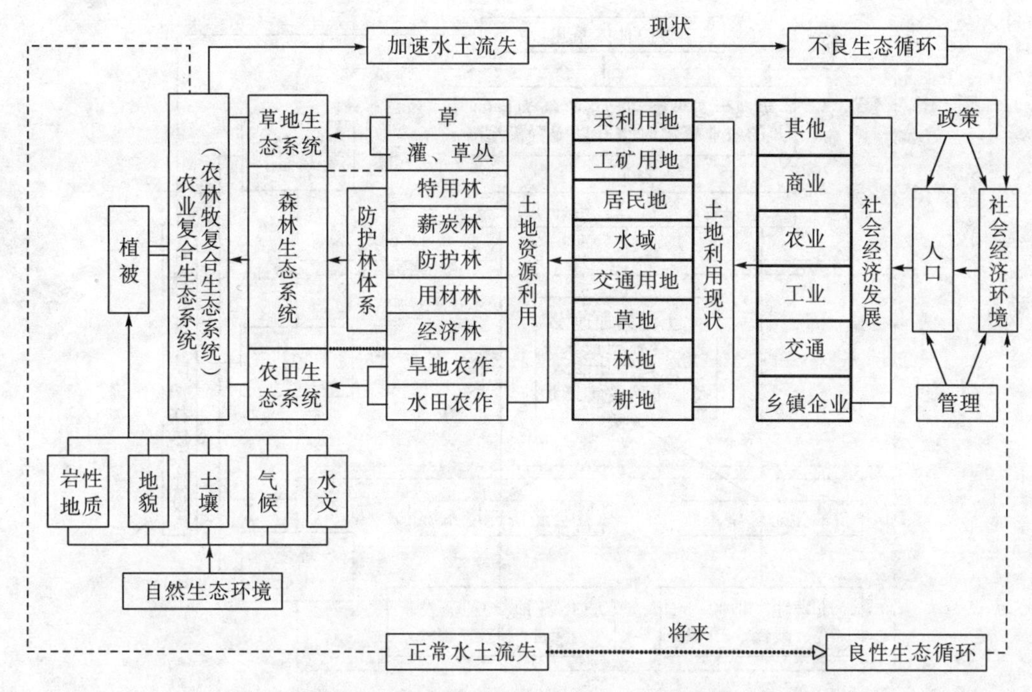

图 13-2　防护林、防护林体系和农业复合生态系统的关系

从图 13-2 中看出，森林生态系统(防护林体系)、农田生态系统、草地生态系统三者共同组成农业复合生态系统。这个系统实际上包括了整个陆地面上的绿色植被，该系统受自然生态环境系统和社会经济环境系统两大方面的影响和制约。当社会经济环境系统和自然生态环境系统出现不协调的时候，则带来农业复合生态系统的紊乱，表现为森林植被的减少、水土流失的加速发生，由此导致农业产量的下降，形成不良循环。目前长江上游正是处于这一不良循环状态之中。因此，防护林体系的建设要有助于促进这一不良循环向良性循环方向转化。科学防护林体系建设，一方面要研究其在农业复合生态系统中的功能和作用，同时要研究其在促进自然生态环境系统和社会经济环境系统实现协调发展中的作用。只有通过这些方面的综合研究，才能为防护林体系建设的可行性及其发展的前景作出实事求是的评价与预测。

基于上述思想认识，本研究采用了有别于前人在防护林体系建设上的环境评价技术路线和方法。把防护林体系看作一种动态的和可调控的生态林业子系统，该子系统的动态变化受自然生态环境和社会经济环境两大系统所制约。因此，防护林体系建设影响因素的评价，立足于生态经济系统的整体性、系统性、综合性和协调性，在全面分析影响防护林体系建设的农业复合生态系统内部物流和能流相互关系的基础上，立足于资源(光、热、水、气、土等)、生产和消费之间平衡的建立，将各种错综复杂的相互联系和制约的因素有机地逻辑地联系起来，并着重从农业生态经济系统的高度上，把防护林体系建设问题嵌入该系统中，按照形成问题、明确目标、系统辨识、建立模型、系统综合分析、选择最优系统、系统开发实施等问题的先后步骤，进行防护林体系建设可行性系统分析，把防护林体系建设置于最优开发配置和资源开发的能流与物流的总量平衡中加以考察，进而得出防护林体系建设前景的定量预测。

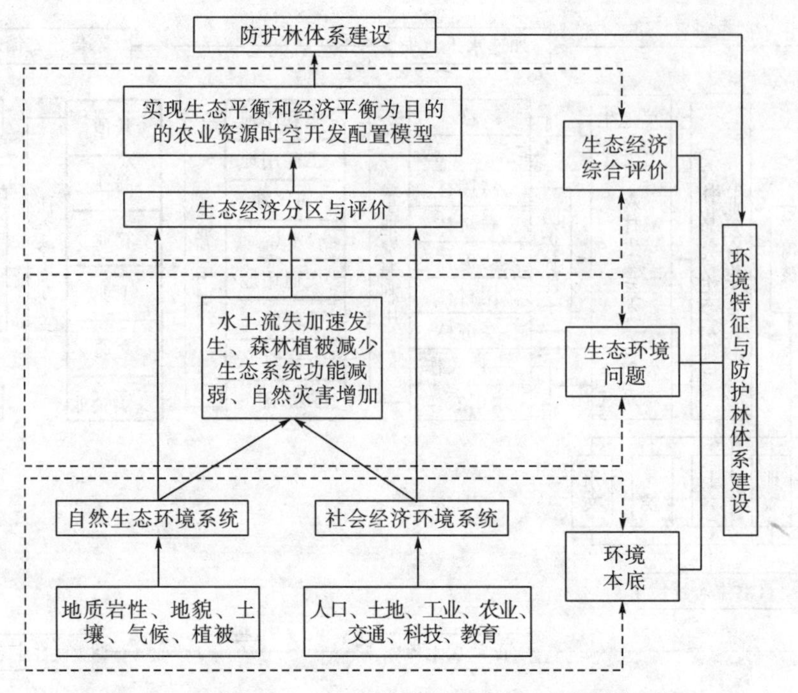

图 13-3　环境特征与防护林体系建设研究的层次结构图解

在研究的程序上按如下三个层次进行(图 13-3)。第一层次是防护林体系建设的自然生态环境和社会经济环境条件的研究。自然生态环境是防护林体系建设的客观基础，社会经济环境是防护林体系建设的促进因素和制约因素，通过这一层次的研究，查明与防护林体系建设有关的各环境要素的基本特征及其对防护林体系建设的影响关系。第二层次是分析由自然生态环境系统和社会经济环境系统不协调发展带来的一系列生态环境问题，特别是水土流失问题，分析这些问题的现状特征、发生发展的过程及其原因，并对目前森林生态系统功能及其效益作出评估。第三层次是对前二个层次研究资料的综合，通过防护林体系建设生态经济分区的研究，对防护林体系建设环境进行全面的评价。在此基础上，综合研究自然生态环境和社会经济环境协调发展的关系，建立以实现生态平衡和经济平衡为目的的农业资源时空开发配置模型，提出最终实现生态经济良性循环的防护林体系建设的战略目标与对策。

钟祥浩除负责本专题总体设计和技术路线的制定外，还具体负责第三层次防护林体系建设生态经济分区与生态经济综合评价研究。本节对该研究内容作专门介绍。

二、生态经济分区

(一)生态经济学的发展及其应用

随着世界范围的经济工业化和社会城市化的发展，人类对自然资源的利用和自然环境的改造，不断地改变着各地区的自然生态环境结构和社会经济环境结构。尤其是进入20 世纪 60 年代以来，在世界范围内出现了人口膨胀、资源破坏、粮食不足、能源短缺和环境污染等社会问题。人口、资源和环境问题成了当代困扰人类社会经济发展的主要矛盾。这些矛盾导致“生态危机”日益加剧，经济增长速度减缓，局部地区出现社会动荡。这就迫使人类不得不考虑自己在生态系统中的位置。人类通过自己的实践认识到，为了长期生存和发展，就必须与其所处的环境协同进化，为此就需要综合探讨和系统研究自然再生产与经济再生产过程及两者之间的关系，使自然资源和自然环境可保永续利用，达到既发展经济又保护和改善生态环境，使人与自然之间的关系处于和谐协调之中。为了达到这一目的，不少科技工作者在这方面进行了大量的研究，并从实践中认识到，既要发展经济，又不破坏人类生存的环境，就不能孤立地研究生态系统和经济系统，而必须将生态系统和经济系统作为一个有机的整体——生态经济系统来看待。这一思想和认识导致了研究生态经济系统运动规律的科学——生态经济学的产生。美国经济学家鲍尔丁(K. E. Boulding)于20世纪60年代发表题为《一门科学——生态经济学》的论文。标志着生态经济学的研究开始进入一个新的时期。这同时表明，生态经济学是社会生产力发展到一定水平的必然结果，是系统科学将生态学与经济学有机结合起来的产物。生态经济学是生态学和经济学互相渗透和有机结合而形成的一门研究生态-经济复合系统的结构和运动规律的边缘学科，它以人类经济活动为中心，在人类与环境的生态关系的基础上，研究人口、资源和环境之间的相互生态经济关系[1]。生态经济学作为一门新兴的边缘学科，在国际上受到各国的重视。鲍尔丁论文发表后，美、英、日、法、苏等许多国家相继进行了有关生态经济学的研究，并出版了一批影响较大的生态经济学方面的著作，如《生存的蓝图》、《2000年的忧虑》、《只有一个地球》、《最后的资源》等。日本坂本良滕于1976年出版了世界性第一部《生态经济学》专集。从西方发达国家的生态经济学研究中可以看出，他们比较重视人类社会发展的未来和所谓“全球问题”的研究，对生态经济学的基本原理、范畴和学科体系的探讨不多，这方面的理论成果较少。而苏联和东欧的一些国家都比较重视生态经济学理论体系的研究。如苏联查伊采夫著的《生态经济学概论》和图佩察著的《自然利用的生态经济效益》等，对生态经济学的研究对象、内容、人与自然的关系以及生态经济系统的管理等问题进行了有益的探讨。1981年出版的《生态经济系统动态》专著表明苏联生态经济学的研究达到了一个新的高度。同年德国的汉斯、罗斯和冈特·施特莱布尔等所著的《环境保护与自然资源经济学》一书出版，对社会再生产中人与环境的关系、自然条件的重建和形成以及社会资源的经济基础等方面进行了系统的研究，对生态经济学的应用也作了有意义的探索。

以上研究对当代人类面临的严重生态经济问题提出了许多有重要价值的见解，但在如何解决人类面临的生态经济问题上，观点和理论不很一致。多数人认为应该用积极的态度来研究人与自然、社会经济和环境保护之间的关系，使人类的社会经济活动与自然生态环境相互促进和协同进化，保证生态经济系统的良性循环，最终求得社会经济的持续发展。

我国在生态经济学方面的研究起步较晚，20世纪70年代我国首次提出“大农业”的观点，它冲破了就农业抓农业，就种植业抓种植业的单一经营思想，明确提出了农、林、牧、副、渔是一个整体，强调了农村经济发展的生态经济思想以及经济发展要注意生态环境保护等一系列生态经济学思想和观点。到1980年我国经济学家许滌新、著名生态学家马世骏和侯学煜等提出加强我国生态经济问题研究和建立我国生态经济学的倡议。1984年成立了中国生态经济学会。次年出版了《生态经济》杂志。1985年后多部生态经济学著作问世[2-5]。尔后，陆续出版了一些生态经济学方面的文章和专著。《生态经济学杂志》发表了邓宏海论农业生态经济学的有关论文[6,7]。

可见我国生态经济学这门新兴学科的建立历史很短。但是，20 世纪 80 年代中期以来，我国社会科学与自然科学工作者，对生态经济学的研究取得了大量有益的成果。随着生态经济学的发展，我国在生态经济学的应用方面也相继做了一些工作。农业、牧业等有关部门以及城市和重点经济开发区的经济开发研究中，都不同程度地运用生态经济学的思想探讨生态经济学的应用研究，其中生态经济分区(或区划)的研究较为活跃。自 80 年代以来，我国对小区域生态经济研究工作做得比较多，但其研究的范围都比较小，其中以县为对象的农业生态经济分区居多[8]，以大流域为单元和以防护林体系建设为中心的生态经济分区未见有研究报道。

(二)面向防护林体系建设的生态经济分区

川江流域的防护林体系建设，是从防护效益上考虑的一种森林生态系统建设。森林生态系统是陆地上分布最广、面积最大、组成结构最复杂和物种资源最丰富的生态系统。森林作为陆地生态系统的组成部分，与自然生态环境因素之间进行物质能量的交换。由于组成这个系统的主体——森林，具有生长周期长的特点，因而它对周围生态环境的影响具有长期稳定的作用。特别是作为一个顶极群落的森林生态系统，不仅内部组成的种群数量丰富、结构合理、生态功能高，而且生产能力和生物质总量也是最大的。此外，当它遭受到外界因素的干预和影响时，也表现出较大的适应性和调节功能。对人类来说，森林生态系统与人类的生存和发展有直接的关系，即为人类提供林木产品和林副产品。人类对森林资源的索取形式和强度是受一定社会经济条件制约的。因此，人类对森林生态系统的利用及对其重要性的认识带有历史的特点[9]。

森林生态系统的发生、发展及其功能的发挥是有其客观规律的。人类的社会经济活动若超越了这种规律，就会导致森林生态系统功能的下降，以致带来生态环境的变化。实际情况表明，森林生态系统的变化和破坏，主要是由于人类不合理的社会经济活动引起的。根据森林生态经济学的原理，在一定历史条件下，森林生态系统受到破坏的地区重新建立起新的人工森林生态系统，要靠人类自身社会经济活动的调控。国内外历史的实践证明，生态危机是人类社会发展的历史产物，而重建新的有利于人类社会生存和发展的生态平衡，不仅是可能的，而且也是历史的必然。为此，需要研究人类社会的不同历史阶段对森林资源的利用和生态环境遭到破坏的规律，进而探讨如何接受历史教训，重建和创造新的对人类社会更为有利的生态平衡的社会经济条件和取得更大的经济效果。

林业和农业都是土地经济的组成部分，林业的发展是农、牧业发展的的保证条件。林业不仅可以生产木材和其他林副产品，而且可以通过森林经营为大农业提供稳产高产的保障，为人类的生存和发展提供重要的生存环境条件。这样就概括了森林生态系统的作用，同时也表明，森林生态系统是人类社会经济生态系统中的重要组成部分。因此森林生态系统的开发利用和新的人工森林生态系统的重建必须纳入区域生态经济系统中进行综合考虑。

人类的社会经济活动，离不开生态经济系统，该系统是生态系统和经济系统的统一体，森林生态系统是这个统一体中不可分割的部分。由于各种生态经济要素在不同地域条件下的数量、分布、组合及变动状态是不同的，人类对这些要素的能动性干预、调控能力以及对该地域的开发方案、开发强度等方面存在着差异，因而生态经济系统存在着明显的地域差异性特征。作为深受地域生态经济条件影响的森林生态系统，同样存在着明显的地域差异特征。不同类型生态经济区的森林生态系统有一定边界的特定空间，这个空间范围的确定，是以地理单元为基础的。所谓地理单元，就是在地貌、气候、土壤、生物等特征具有相似性、能产生类同综合效应的自然地理景观类型。众所周知，不同自然地理景观类型中的森林生态系统结构功能是不同的，为此，把自然地理景观类型作为生态经济区域的边界，充分表明了森林生态系统与生态经济系统的密不可分的关系。可见，为防护林体系建设服务的生态经济分区，具有区域性、宏观性、整体性和综合性的特点。

为防护林体系建设的生态经济分区，实质上是防护林体系建设的一种宏观调控技术。生态经济宏观调控是生态经济调控管理中带有全局性的属于最高层次的统一管理，生态经济分区是生态经济宏观调控中的重要内容之一。生态经济分区是人们对客观存在的区域生态经济系统特征认识的反映，它是对生态经济要素和生态经济活动在空间存在状态的分类。通过这种分区，目的在于查清区域中自然生态环境和社会经济环境的基本特征以及生态资源和经济资源的数量、分布和现状，揭示区域生态经济系统结构与功能特点及对防护林体系建设的影响关系，探讨区域生态经济发展的规律和防护林体系建设的战略与途径，为决策部门提供宏观调控的依据。

为防护林体系建设服务的生态经济分区，是为了一定的生态经济目的，把防护林体系建设置于生态经济发展的总体目标之中，从总体角度对区域范围内的大规模的防护林体系建设活动，进行全面性的统一规划、全面协调，以达到生态经济系统的最高收益，即整体效益最佳。

1. 分区的指导思想

1)*以经济和生态协调发展为核心的生态经济系统功能区*

在一定自然生态环境条件下的人类经济活动对生态环境的影响一般表现为两种情况，一是社会经济环境系统与自然生态环境系统处于和谐协调之中，二是社会经济环境系统与自然生态环境系统之间出现矛盾甚至对抗的状态。在一定自然生态环境条件下，生态系统的生产力是有一定限度的。如果人类对生物资源的需求超出生物生态系统自身的生产能力，必然出现生态系统结构与功能的破坏。只有当人类合理利用这种生产力，并给予适当的物质和能量的投入，才能保持生态系统的平衡，使人类的社会经济活动与自然生态环境之间处于和谐的状态之中。只有人类的社会经济活动符合经济规律和生态平衡自然规律的要求，才能实现资源的合理配置与利用，保证国民经济持续协调地发展。

本流域的生态问题，如森林植被的破坏，水土流失的加速发展，是由于人类不合理的经济活动造成的。那么生态问题的解决，需要通过合理的经济活动来调控，需要从生态经济系统的高度上寻求解决问题的途径。解决问题的途径有多种，但是首先必须从区域生态经济的宏观上进行调控，其中的方法之一是以生态经济分区。分区的目的在于找出研究区域内部生态经济系统功能的差异性以及不同地区间在功能上的关联性。显然，这种分区不同于以往的国土规划、综合农业区划以及其他行业区划。生态经济分区强调其系统的功能分区，它既要考虑区域内部发展功能强度，也要考虑区域之间互为关联的功能联系强度。不同地区生态经济功能强弱，集中体现于物质和能量的转换上。一定区域条件下的生态系统，物质与能量转换的自然力是相对稳定的，区域生态经济系统功能强弱的关键是劳动力与自然力的结合。这里指的劳动力是以人为核心的经济基础与经济技术实力。因此，在生态环境受到破坏的地区，其生态平衡的重建和生态经济系统功能提高的关键在于经济上的活力。以寻求生态经济问题解决为目的生态经济分区，实质上是寻求以经济和生态协调发展为核心的生态经济系统功能分区。

2)具有农业生态经济分区特点的生态经济分区

川江流域总人口5855万人(1995年)，其中农业人口占86.5%。由于广大农村经济较落后，众多的农业人口为解决粮食、生活能源和经济收益等问题，不合理地利用自然资源造成土地资源和生物资源的破坏。人口、资源、环境和经济发展之间的矛盾十分尖锐，并成为影响区内农村经济发展的主要矛盾。为缓解这一矛盾，根本措施是控制人口的继续膨胀。但是，该措施的真正有效落实，需要有一个比较长的过程。当务之急是要立足于现有农业自然资源条件，全面挖掘和利用现有土地资源的潜力，解决好农、林、牧各业合理用地结构，并使其生产力得到最好的发挥，使非耕地中一切可以利用的土地资源成为可供永续利用的生产生物质资源的宝地，达到土地、生物资源的有效利用和生态环境的优化。这一工作的实质是高功能农业复合生态系统的建设与优化。研究区域内，平地面积小，丘陵山地面积大，耕地多分布于山坡上，农、林生态系统互相穿插，互相影响。农业复合生态系统功能的提高离不开森林生态系统的支持，森林生态系统的发展，需要有良好的农田生态系统作为基础。实践表明，森林作为大农业生态经济系统中的一个组成部分，它的兴衰受农业生态经济这一大系统制约，与农村经济发展水平有着密切的关系。因此，要使林业得到发展，防护林体系的建设收到真正的成效，必须把这一工程纳入农业生态经济系统中统一考虑。因此，为防护林体系建设服务的生态经济分区在一定程度上具有农业生态经济分区的特点。

3)具有不同于综合农业区划特点的生态经济分区

川江流域生态经济分区与综合农业区划有一定的相似之处，在分区的原则上都体现了生态、经济条件与问题的地域相似性和差异性。因此，四川省综合农业区划对本流域内生态经济分区有重要的参考作用。但是，以农业生态经济分区为基础和为防护林体系建设服务的生态经济分区有它自身的如下几个特点：

(1)强调自然条件对生态系统影响的同时，更着重强调社会经济和技术条件对生态系统的影响作用。

(2)把流域生态经济系统作为分区研究的对象，把流域农业生态系统作为分区考虑的主要内容，侧重从物质和能量上的变换进行系统分析，综合考虑自然生态系统、社会经济系统和技术系统之间的关系及其对林业发展的影响。

(3)在分区指标体系上，综合考虑了与林业发展有密切关系的自然、经济、技术和社会各个方面。在强调经济条件对生态系统影响时，着重对经济效益指标的分析，真实地反映和表达生态状况到底是否失调。从生态经济学观点出发，把生态问题看成是经济问题，生态问题造成的经济损失最终体现在经济效益上。如果不着重从经济上考虑，就很难说清楚保护和恢复“生态平衡”的意义以及解决为何造林、造多少林和造林后的可能保存程度。

(4)把区位条件和自然资源条件作为分区的重要因素加以考虑。

(5)在分区的方法上，采用定性与定量相结合，最大限度地提高分区的定量化水平。

2. 分区的原则

1)科学性和实用性原则

科学性体现为分区指导思想的正确性、资料数据的可靠性和分区方法的先进性。实用性主要体现为对防护林体系建设有指导性作用，即强调为林业服务的原则，同时对流域国土资源的综合开发规划的制定和生态环境的建设有参考的价值。

2)定性和定量相结合的原则

由于生态经济系统的复杂性和对此认识水平的局限性，目前还不可能对生态经济系统物质和能量变换机制作出深入的研究，因此现今能够采集的指标和参数是有限的。此外，目前已有的社会、经济和技术方面的统计数字，特别是土地、经济产值数字科学性上存在着一定的问题。因此，采用这些数字进行数学处理所得出的生态经济分区只具有相对可靠性意义。更重要的是区域间的差异界线本来就是模糊的，因此完全根据定量的数学方法得出的分区界线与实际情况可能会有一定的出入。所以需要有定性和定量的结合，使定量研究水平提高，同时又加深对定性的认识，进而达到分区结果更加符合实际。

3)自然生态环境本底条件相似性与差异性原则

自然生态环境本底条件包括地质、地貌、气候、水文、生物和土壤等。自然生态环境本底的差异是影响生态经济系统结构与功能差异的客观自然基础。在相似环境本底条件下形成的生态经济系统结构与功能的差异，则主要是由于社会经济与技术条件差异造成的。因此，在生态经济分区时，保证各功能单元自然生态环境本底条件基本一致，就能够把评价工作置于相同的自然生态环境本底条件下，在分析生态经济系统时，有利于正确识别引起生态经济结构与功能差异的原因，进而找出提高与改善生态经济系统功能的有效途径，因此，自然生态环境的区划是生态经济分区的基础。

4)人口、资源、环境和经济之间的组合特征相对一致性原则

在一定的生态经济区内，生态经济系统功能水平的高低，集中表现为组成该生态经济区内的人口、资源、环境和经济发展之间协调性程度，即人口的数量与经济技术条件和自然资源的现状与潜力之间的组合特征处于相对一致性状态。从理论和实践上，可以找出它们之间协调性程度的等级差别，这种差别是生态经济分区的重要依据，为因地制宜地进行防护林体系的建设提供科学依据。

5)分层次的原则

生态经济系统在空间上具有分层性特点。因此，生态经济区具有多层性特征。在一个较大的生态经济区内，一般可分为不同层次和各具特色的生态经济功能单元。对不同层次生态经济区生态经济结构与功能特征的研究，可为防护林体系建设的系统规划和为各级领导的分类控制与指导提供科学依据。

6)行政区域完整性原则

生态经济分区的目的，在于为区域生态经济建设与发展提供指导性依据。为使生态经济区能有效地发挥作用，防护林体系建设规划得以有效地进行，需要行政部门强有力的组织领导。因此，生态经济分区界线和县的行政界线保持一致是必要的。

7)适当考虑流域整体性原则

防护林体系建设要达到生态与经济效益的统一，流域的整体性有利于生态效益的计量和评价。

(三)生态经济分区的方法与分区

1. 分区方法现状与分区方法的确定

目前应用于生态经济分区的方法可归纳为三类：①定性法；②半定量法；③定量法。

定性法一般采用因素分析法、系统思维演绎法、类比分析法和举例说明法。其中因素分析法应用最为普遍。

半定量法有如下几种：权重法、图表分析法、统计分析法和模型说明法。目前用得较多的为前面两种。

定量法目前用得最多的是数值分类法。在数值分类法中大多属多元统计法，它包括聚类分析、判别分析、主成分分析以及它们的组合应用。由于生态经济分区涉及的分析数量量相当大，其中的关系非常复杂。因此提取主成分进行载荷分析的主成分分析法近年来得到较普遍的应用。上述方法的实际应用模式可归纳为如下几种：

(1)原始数据→标准化→计算距离→统计聚类→根据聚类结果进行空间映射以划区；

(2)原始数据→提取主成分作载荷计算分析→以主成分得分进行聚类分析→作出类型区；

(3)原始数据→相关矩阵→主成分分析→主因子排序图→从图上的分布位置作归类划分→根据分类结果进行分区；

(4)原始数据→关系矩阵→聚类分析→判别分析。

聚类分析和主成分分析法在生态经济分区的实践应用中得到较快的发展，在聚类分析中形成了系统聚类、模糊聚类、灰色聚类等各具特色的分支，对主成分分析的结果的解释，可以得到以往其他方法难以解释的认识。

目前生态经济分区研究中，定性方法仍被得到广泛的重视。但是不少的定性分析有停留于少量表面现象(或因素)的主观综合偏向。然而来自于有丰富实践经济和丰富理论知识专家的综合，其分区界线的可靠性一般比较接近于实际。

定量方法的应用，建立于对本学科理解深度和广度以及本学科实际发展的理论和实践基础上。由于生态经济学兴起的时间较短，特别是本流域内影响生态经济系统功能水平的物质、能量的变换关系的研究基础相当差。因此反映区域功能差异的定量指标体系的选取较难，致使定量法分区研究工作的深入受到限制。因此，本研究中采用定性和定量相结合的方法，通过定性的研究提高定量研究中定性认识水平，通过定量的研究加强定性认识的深度。因此本生态经济分区研究采用的技术路线如图 13-4。

2. 方法过程与步骤

1)定性法

采用定性法进行生态经济分区时，遵循如下几条原则：

(1)主导因素与辅助因素相结合的综合性原则；

(2)生态经济基本特征与问题相似性与差异性原则；

(3)防护林体系建设方向与生态经济条件大体一致的原则。

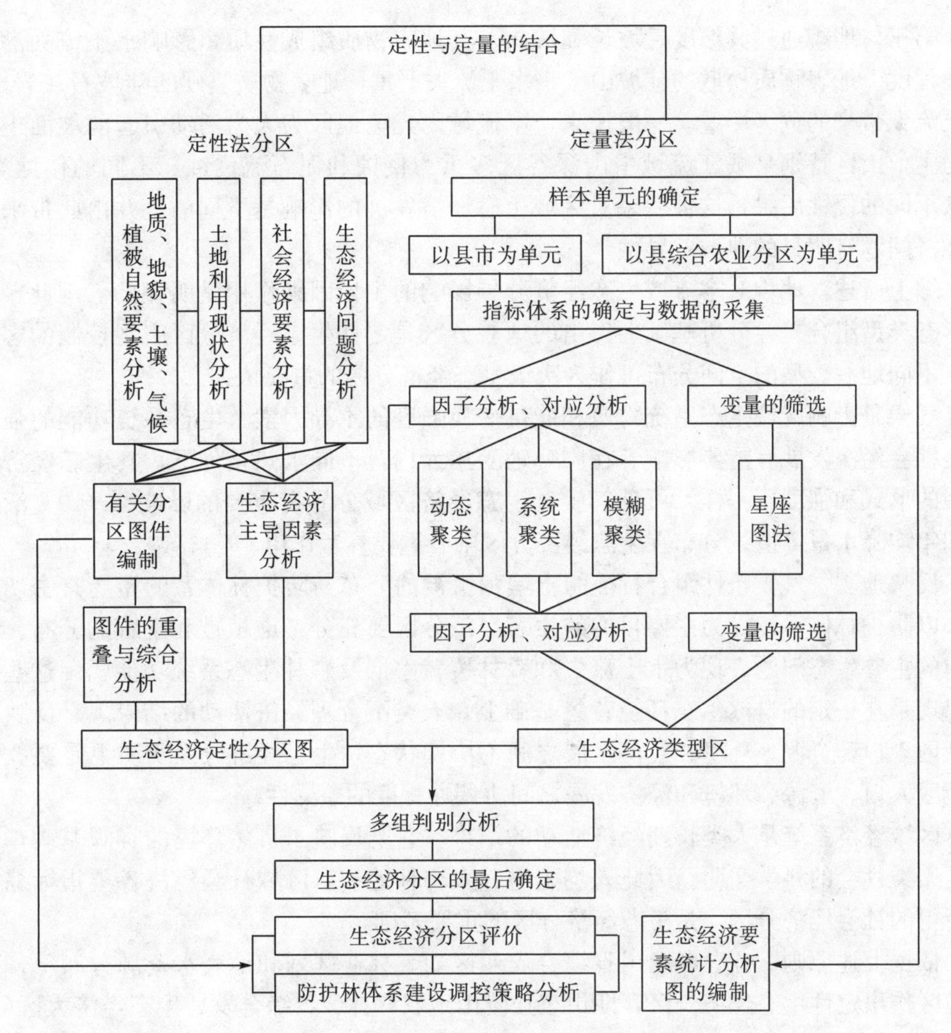

图 13-4　川江流域生态经济分区技术路线框图

该方法过程如下：

本流域自然生态类型多样复杂，不同自然生态类型下的经济条件差异明显，其中的主要原因是地貌形态类型的复杂多样性。平原地区形成了盛产商品粮为主的生态经济类型，丘陵地区则粮、经、果多种经营的生态经济类型为特征，中山深谷区形成林牧业为主的生态经济类型。可见，本流域的地貌形态类型是影响生态经济地域差异的主导因素。地貌对生态经济地域差异的影响作用可概括为如下几个方面：

第一，地貌首先通过其山脉走向、山体大小和山体的高低，影响水热条件的再分配。本研究区地处中亚热带的范围，由于大地貌的影响，同一气候带内，水、热地域分异很明显。如相似纬度上的北川和梓潼，气候条件差别非常大。大地貌不但影响水热条件水平方向的变异，而且使其出现垂直方向的差异，带来生物土壤类型的地域分异。

第二，地貌通过其形态类型的空间组合差异不但影响水热条件的再分配，而且直接影响着农、林、牧的空间布局和交通的发展。山地林区，交通不便，商品经济落后，农民生活和经济水平低下；丘陵平坝农作区，交通发达，商品经济容易得到发展，农民生活和经济水平高。可见地貌对区域经济发展的影响深刻。

第三，地貌通过其坡度、坡长和坡向及其地表物质组成性质，影响水土流失潜在危险性程度。地表物质松散的陡坡山区，水土流失严重，地表物质坚硬的陡坡石灰岩山区，水土流失带来的危害严重。一般说来，本流域内丘陵地区为人为活动引起的坡面土壤侵蚀为主，山区特别是岷江流域中山深谷区多重力侵蚀和泥石流侵蚀。不同的侵蚀类型，带来不同的侵蚀后果，这种后果对区域生态经济发展的影响是不同的，并由此带来的生态经济问题有明显的地域差异性。

综上所述，地貌对本流域生态经济分异影响的主导因素作用是明显的。因此，在地貌形态类型组合差异分析基础上作出的地貌分区是定性生态经济分区宏观控制的客观基础。不同地貌类型的空间分布可作为次级生态经济分区的重要依据。

气候是影响区域生态系统物质和能量变换强度的主导因素。生态系统功能的强弱对人类社会经济发展有重要影响。在同一地貌单元内，不同水热条件下，其生态经济功能表现的形式和强度不一样。可见气候对生态经济区域分异有重要的影响。≥10℃活动积温和年均降水量等值线分布在生态经济分区中有重要参考作用。

反映地貌、气候条件组合特征的土壤和植被的分布与防护林体系的布局有密切的关系，以防护林体系建设为主要目的的生态经济分区要充分考虑植被和土壤的分布。本流域内的主要生态问题表现为水土流失和森林覆盖率低及森林生态系统功能弱。这些问题的出现是在一定的自然生态环境背景基础上，人类不合理经济活动的结果。它反映了本流域内人口、资源、环境和经济发展之间不协调状态，生态经济分区实质上是要找出不同地区人口、资源、环境和经济发展之间协调性程度的差异性。

区域经济系统是人类长期经济活动的结果。它既反映了自然环境的客观基础，也反映了人类社会的科学文明。因此人均土地、人均林地和以区域社会经济各类指标综合分析所得的社会经济分区，是生态经济分区的重要基础。

依据上述原则，并参考四川省综合农业区划、林业区划和地表水资源分布等，对本研究区作出定性生态经济分区，即川东丘陵山地农、林、牧综合发展生态经济大区(下分5个二级态经济亚区)和川西高原山地林、牧业定向发展生态经济大区(下分一个二级生态态经济亚区)。

2)定量法

为减少定性判断的误差，我们又进行了定量法的生态经济分区。通过二种方法的比较综合得出定量法的生态经济类型区，方法简介如下：

(1)数值分析法(因子分析和对应分析相结合)。

①样本单元的确定。通过全流域自然生态条件的宏观调查和全流域各县(市、区)综合农业区划及其他农业区划的调查分析，发现以县(市、区)为样本单元具有资料可取性和工作方法实施可行性等有利条件。研究区内县(市、区)级样本单元共78个。

②分区指标体系的确定。根据生态经济分区的指导思想和原则，川江流域生态经济分区指标体系应充分反映本流域生态经济系统基本特征和系统内物质循环与能量转换的基本特点，特别是经济活动对生态环境的影响和对森林兴衰的作用。指标体系确定的原则如下：

第一，能够比较准确地反映对农业和林业有直接影响的自然环境本底特征、经济活动的效益以及现代化技术对生态经济系统的影响特征。

第二，由于本流域内生态经济系统物质和能量变换过程和机理的研究程度较差，在指标体系的选择上难于做到系统化和完善化。因此，指标体系的确定建立在对现实统计资料的充分分析和筛选的基础上，使所选指标具有较高的代表性，尽可能做到以较少的指标能较好地反映自然环境和社会经济活动的复杂多样性。

第三，指标的易取性，除了搜集已有数据资料外，尽量利用现有各种图件并结合野外的实地调查能够获得所需的资料，并通过分析、筛选、综合加工获得所需指标以达到分区的需要。本研究所用经济指标以 1985 年政府部门统计资料为基础。

根据以上原则，提出 64 个生态经济分区变量指标。这些指标可以分为如下几类：

第一，自然环境本底指标：(a)地貌形态类型指标；(b)地表坡度变化指标；(c)气候特征指标(着重反映光、热、水特征)。

第二，生态环境问题现状特征指标：(a)水土流失；(b)地面森林植被覆盖。

第三，土地利用强度指标(着重反映人与土地之间矛盾，揭示造林土地潜力)：(a)耕地(含水田和旱地的现状)；(b)林地的潜力；(c)草地的数量。

第四，农业经济指标：(a)农、林、牧、副、渔各业产值结构与变化；(b)农业人口经济水平。

第五，工业化水平指标。

第六，社会经济综合指标。

第七，技术文化指标。

③因子分析和对应分析。在原始变量指标的标准化处理、相关系数矩阵的计算、因子特征值和对应于特征值特征向量的求取以及各变量指标在各主成分中权系数的确定等步骤完成的基础上，再作 $R-Q$ 型因子载荷分析(对应分析)，作出对应分析图，从图中找出变量之间、样本之间和变量与样本之间的关系，进而确定独立变量指标。在上述方法的基础上，再通过数学方法计算得出样本的生态经济类型。

(2)星座图法。

该方法本身为具有定性和定量双重特性的多变量图表法，方法的步骤包括数据的选择、变换、取“权”值，在给定半径的半圆内作出样本是座图。样本在星座图中的分布展现了其生态经济分类特征。

通过数值分析法结果和星座图法结果的分析综合，得出川江流域生态经济类型(区)，即 5 个类型，类型下分亚类(12 个)。

3)定性与定量法研究结果的综合

将生态经济类型(亚类)分布图和定性生态经济分区图进行比较和综合，对于有差异的部分，采用多组判别分析法，作了局部调整，最后得出川江流域生态经济分区图(图 13-5)。分区等级系统和命名如下：(各分区概况、发展方向等评述略)

P. 川东丘陵山地农、林、牧业综合发展生态经济大区

I. 盆西平原山地复合生态经济区

I_1　成都、江油平原生态经济小区

I_2　盆西平原西缘山地生态经济小区

Ⅱ. 盆中丘陵生态经济区

$Ⅱ_1$ 盆中西北部深丘平坝生态经济小区

Ⅱ$_2$　盆中心丘陵平坝生态经济小区

Ⅱ$_3$　盆中西南部平坝浅丘生态经济小区

Ⅱ$_4$　盆中东部丘、坝、山生态经济小区

Ⅲ. 盆北低山生态经济区

Ⅲ$_1$　剑阁、巴中台状低山生态经济小区

Ⅲ$_2$　达县、大竹平行岭谷低山丘陵生态经济小区

Ⅳ. 盆地北缘山地生态经济区

Ⅳ$_1$　盆地西缘低中山中山生态经济小区

Ⅳ$_2$　盆地北缘北部低中山生态经济小区

Ⅳ$_3$　盆地北缘南部低山生态经济小区

E. 川西高原山地林、牧业定向发展生态经济大区

Ⅴ. 岷江上游中山高山深谷生态经济区

Ⅴ$_1$　汶川低中山中山生态经济小区

Ⅴ$_2$　茂县、松潘中山高山生态经济小区

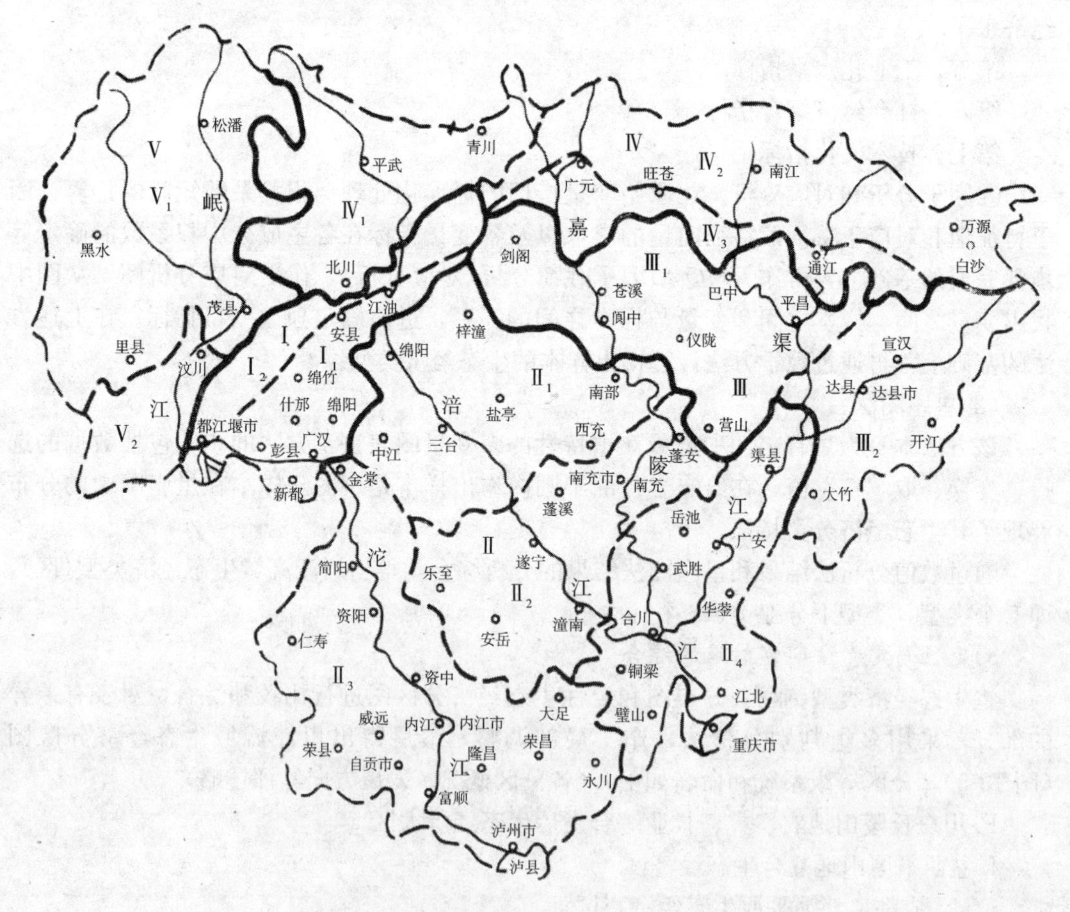

图 13-5　川江流域防护林体系建设生态经济分区图

四、防护林体系分类及其功能效益和分析

本流域生态问题源于经济上不富裕带来对土地资源不合理的过度开发。以改善生态环境、促进流域生态与经济协调发展为主要目的的防护林体系建设必须充分地考虑经济效益的发挥以及能有效地解决人们生活中所面临的切身利益等问题。为此，按照林业部关于《森林资源调查主要技术规定》中“防护林”种的纯生态观点的要求进行本地区防护林的建设，在实践上很难行得通。本地区防护林的建设应赋以它新的含义，即把所有其他的林种都纳入实现生态和经济效益统一的体系中，本研究称这一体系为防护林体系，以此区别“五大”林种中的“防护林”。可见，在这里“防护林”与“防护林体系”是两种不同的概念。在人多地少的农业区，防护林体系的建设实质上是农业复合生态系统建设的重要内容。因为这个体系与农田生态系统互相交错、相互影响，它既提供农民生活所需的物质产品，又为农田生态系统生产力的提高提供良好的生态环境支撑，也就是说防护林体系既有生产性功能，又有生态性功能。作为川江流域防护林体系的总体效应，实质上是组成该体系中各不同林种的不同功能的综合效益。如何使这两种组合不致成为杂乱无章的凑合，进而达到生态经济效益总体上最优，则需要对防护林体系作出科学的分类及对各类林种在实现总体最优中扮演的功能“角色”给出比较合理的评价。防护林体系分类及其功能讨论如下。

(一)防护林体系分类

从本流域防护林体系建设的目的出发，要求所建防护林体系既要有改造生物圈的生态功能，又要有为人类提供物质产品的生产功能。不同区域的防护林体系对其功能的要求有所不同。根据功能的差异，可将防护林体系分为二个亚体系，前者强调以生态功能为主，后者突出生产功能。

不同功能的防护林体系，其效益不同。根据效益的差异，可将防护林体系分为三个类，即生态型防护林、生态经济型防护林和经济生态型防护林。前者强调以生态效益为主；中间者强调生态效益的同时，兼顾经济效益；后者强调经济效益的同时，兼顾生态效益。

按传统的分类，防护林包括水土保持林、水源涵养林、农田防护林、护岸林、护路林及防风固沙林等。川江流域水土流失严重区主要分布于四川盆地中部丘陵区。这里人口稠密，人均耕地和林地面积都很少，人-地关系矛盾带来的水土流失问题严重。从治理水土流失考虑，盆地区防护林体系建设方向应是重点营造水土保持林。如果在有限的土地上，只强调营造具有生态效益的水土保持林，不考虑其经济效益的发挥，显然生态性的水土保持林难于营建，即使把林造上了，也是难于成林的。为此，需要考虑水土保持林效益的多重性问题。在水土流失潜在危险性大的陡坡和沟头等地，应强调发挥生态效益为主的水土保持林，在经营和管理上一般是禁伐性的；而在水土流失潜在危险性不大的缓坡地带，应强调生态和经济效益兼有的水土保持林，在经营和管理上一般是禁伐性的；而在水土流失潜在危险性不大的缓坡地带，应强调生态和经济效益兼有的水土保持林，在经营和管理上应与前者不同。显然，水土保持林可以分为禁伐性水土保持林和经营性水土保持林。因此，在防护林体系分类的归属上，前者应归属为生态型防护林，

后者归为生态经济型防护林。

根据川江流域地貌类型以及气候水文等条件，四川盆地北缘的秦巴山区和西北缘的龙门山区都应是水源涵养林分布区。岷江上游生态环境脆弱，并负有都江堰灌区灌溉用水和成都市工业生产与生活用水的重要任务，因此上游山区是理所当然的水源涵养林分布区。但是从目前生态经济特征上考虑，秦巴山区和龙门山区，在人口数量和人均土地面积以及农村经济水平等方面都与岷江上游地区差别很大。在这种情况下，都强调生态效益为主的水源涵养林的建设，显然不符合秦巴山区的实际情况。这些山区人多地少的矛盾较突出，有限的林业用地不可能全封禁起来搞生态型水源涵养林，需要考虑水源涵养林经济效益的发挥。因此，水源涵养林可以分为禁伐性水源涵养林和经营性水源涵养林。在防护林体系分类的归属上，前者应归属为生态型防护林，后者归为生态经济型防护林。

根据川江流域的土地利用现状特点，平原农田的田埂、沟渠水网边缘、坡地农田的田埂以及田间陡坎都栽植各种经济林木和速生用材林木。这些林木如按传统的林种分类都归为农田防护林。如果把本流域这些农田防护林都归属为防护林，即生态型防护林，显然与本流域的实际情况不符。实际上，本流域的平原农田和坡地农田中间栽植的各种林木都具有明确的经济目的，而且具有明显的经济效益。因此在防护林体系分类的归属上，应归为生态经济型防护林。

本流域内的护岸林和护路林，多数地区都是单株成行。防治水土流失的作用不大，木材和其他林副产品的产出量也很小，其效益主要表现在绿化环境、美化景观、提高生态环境质量方面。从防护林体系分类上，可将其归属于生态型防护林。

用材林、经济林和薪炭林，是以提供人类生活所需物质产品为主的林种。从防护功能上考虑，这三个林种不能单纯地强调物质产品的生产，要注意其生态效益的发挥。如果不考虑这些林种的生态效益，则林业用地上的水土流失不可能得到控制。因此从防护功能上考虑，可把它们纳入防护林体系，在分类上，将它们归为经济生态型防护林，在强调经济效益的前提下，要兼顾生态效益。

本流域用材林主要有两种；木材用材林和竹材用材林。竹林用材林分布广泛，它不但可作为竹材用于编制各种家具、用具，而且作为造纸的原料，可以促进造纸工业的发展，进而提高农民的经济收入。此外，竹林枯枝落叶丰富，根系发达，盘根错节，具有保土固土的良好作用，可见，竹材既有良好的经济效益，又有木材用材林所不及的生态效益。因此，在防护林体系分类上，可将用材林分成两类。

本流域的经济林特色明显。以柑橘类为主的经济果木林呈块状广泛分布于浅丘坡地和丘陵坡脚。以蚕桑为主的经济林木，呈带状、条状穿插于田边渠旁和地坎等空隙地，形成田中有林，林中有田这一四川盆地特有的经济林体系。这两种经济林的经济效益十分显著，但是保土和调蓄径流的作用差，今后要注意其林下地表覆盖层的培育，使之成为既具经济效益，又有生态效益的经济生态型防护林。

组成特用林各主要林种，一般说来都不是以追求经济效益为目的，它们都各有其特殊功用。川江流域特用林主要有自然保护区林、风景林、环境保护林、国防林、实验林、母树林等，数量不多，分布面积很小。这些特用林经济效益都比较小，它们都各有其特殊的功用。但是在改善生态环境和提高生态环境质量方面能起着重要的作用，是防护林体系的重要组成部分，可归属于生态型防护林。

根据以上分析，结合川江流域自然生态环境和社会经济环境的特点，以及农村生态经济系统的地域差异特征，提出川江流域防护林体系的分类系统(图 13-6)。

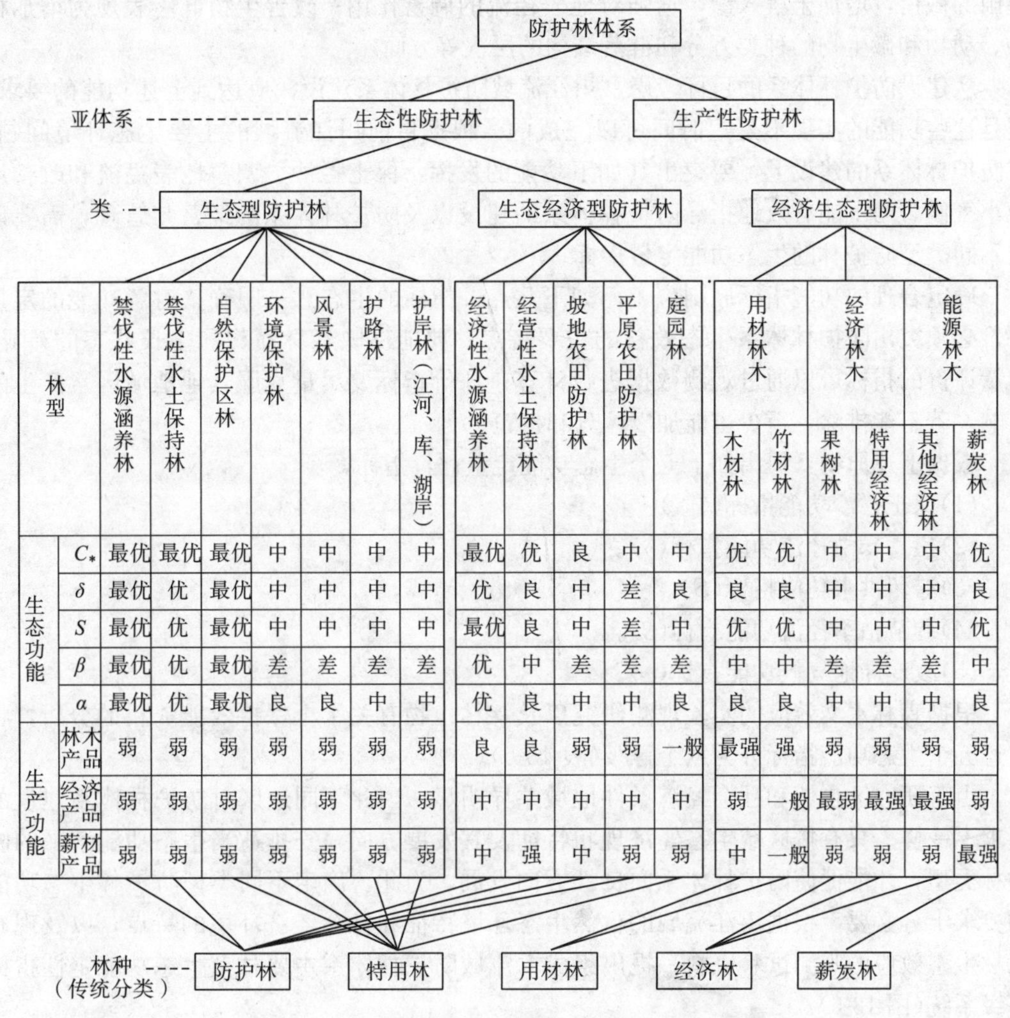

类		生态型防护林							生态经济型防护林					经济生态型防护林					
林型		禁伐性水源涵养林	禁伐性水土保持林	自然保护区林	环境保护林	风景林	护路林	护岸林（江河、库、湖岸）	经济性水源涵养林	经营性水土保持林	坡地农田防护林	平原农田防护林	庭园林	用材林木		经济林木		能源林木	
														木材林	竹材林	果树林	特用经济林	其他经济林	薪炭林
生态功能	C_*	最优	最优	最优	中	中	中	中	最优	优	良	中	中	优	优	中	中	中	优
	δ	最优	优	最优	中	中	中	中	优	良	中	差	良	良	良	中	中	中	良
	S	最优	优	最优	中	中	中	中	最优	良	中	差	中	优	优	中	中	中	优
	β	最优	优	最优	差	差	差	差	优	中	差	差	差	中	中	差	差	差	中
	α	最优	优	最优	良	良	中	中	优	良	中	中	良	良	良	中	中	中	良
生产功能	林木产品	弱	弱	弱	弱	弱	弱	弱	良	良	弱	弱	一般	最强	强	弱	弱	弱	弱
	经济产品	弱	弱	弱	弱	弱	弱	弱	中	中	中	中	中	弱	一般	最弱	最强	最强	弱
	薪材产品	弱	弱	弱	弱	弱	弱	弱	中	强	中	弱	弱	中	一般	弱	弱	弱	最强

图 13-6　川江流域防护林体系分类及其功能要求

(二)防护林体系功能及其经营管理要求述评

1. 防护林体系的功能问题

为了提高川江流域防护林体系综合效益，需要对组成防护林体系各防护林类型的功能提出一定的要求，根据不同功能要求，采取不同的经营、管理措施，以保证防护林体系得以持续稳定地发展。

根据本流域生态经济特征与问题，防护林体系应具有防治水土流失，改善生态环境质量和提供物质产品的功能，即，既要有明显的生态功能，又要有良好的生产功能。

1)防护林体系的生态功能

从生态学的观点出发，本流域防护林体系应具备的生态功能可以分为以下几方面：改善气候、保护和提高土壤肥力、改善水分条件和生物群落。改善气候功能表现为调节空气的湿度、温度、蓄积降水和减低风速；保护和提高土壤肥力功能表现为减少地表土壤的流失和增加土壤有机质，改善土壤的物理化学性质；改善水分循环功能，表现为对降雨的截留，增加土壤入渗，增强对地表径流的调蓄作用；改善生物群落表现为增加植物、动物和微生物的种类万分和群落结构的层次等方面。

从建设防护林体系的目标考虑，川江流域防护林体系建设，应达到上述功能的要求，但是这些功能的实现不是短时间可以完成的。根据目前川江流域的主要生态环境问题，在防护林体系的建设上，要突出其如下功能的发挥：保土拦沙、调蓄地表径流和改善局地小气候。为了能有效地指导防护林体系的建设以及防护林体系的经营与管理，需要确定不同类型防护林的生态功能定量指标。

确定合理的功能指标原则应遵循如下几点；指标的生态意义明确；对各功能的定量评价必须突出防护林体系生态效益的主要特点；要能反映森林面积和生长状态的差异；定量评价的指标可以通过观测数据进行计算；评价指标要尽量克服其他地域因素产生的影响，若不能排除，至少也能加以区分和校正。

根据上述原则，提出如下五个生态功能定量评价指标。

(1)保土拦沙功能指标(C_*)。

(2)拦蓄暴雨径流功能指标(δ)。

(3)滞留洪水功能指标(S)。

(4)调节枯季径流功能指标(β)。

(5)改变局地气候功能指标(α)。

根据森林水文效应的实验观测研究以及森林植物有关水土保持效能资料的分析，将上述五个生态功能指标分为六个等级(表 13-5)。

由于研究区自然和社会经济条件地域差异明显，因此不同地区对防护林体系建设的要求不一样。只有按区域生态经济现状特征及其发展方向，安排适当生态功能水平的防护林类型，才能促使防护林体系向良性方向发展。为此，确定不同类型防护林生态功能的要求十分必要。根据川江流域的自然生态环境特征和社会经济环境的特点，以及现有森林生态效应的观测试验资料，提出组成本流域防护林体系主要林型生态功能定性指标等级系统(图 13-6)。

表 13-5　森林生态功能定量指标等级系统

功能指标＼等级	最优	优	良	中	差	劣
保土拦沙功能 C_*	0.05～0.06	0.06～0.10	0.10～0.25	0.25～0.50	0.50～0.70	0.70～1.00
拦蓄暴雨径流功能指标(δ)	0.80～0.70	0.70～0.60	0.60～0.50	0.50～0.35	0.35～0.10	<0.10
滞留洪水功能指标(S)	0.30～0.50	0.50～0.70	0.70～0.80	0.80～0.90	0.90～0.95	>0.95
调节枯季径流功能指标(β)	0.35～0.30	0.30～0.25	0.25～0.20	0.20～0.10	0.10～0.05	<0.05
改变局地气候功能指标(α)	0.95～0.80	0.80～0.75	0.75～0.70	0.70～0.65	0.65～0.45	<0.45
森林状态指标，K	1.0～0.9	0.9～0.7	0.7～0.6	0.6～0.4	0.4～0.15	<0.15

注：K 不是生态功能指标，但却是决定其他生态功能指标的最重要因素，不同防护林类型的最直接特征是其生长状态，K 体现了近地面层的水分作用带的垂直厚度，包括林木枝叶、树干及地面活性土壤层的综合作用。以原始森林为标准，其 K 值取 1.0，而裸地 K 值为 0。

表13-5和图13-6所列各林型生态功能定性等级指标的确定提供了定量依据，防护林体系分类与具体生态功能的数量化关系的确立，有利于对不同类型防护林进行分区和综合，是确定某一林地类型应达目标的计量尺度，还可以根据某一地区不同林型分布面积和生长状态，分区计算出各林地的各项指标，再求得全区的总体生态指数。反过来，也能用当地林分实际指标值来判定该林地是否达到了预期的生态目标。

2)防护林体系的生产功能

防护林体系通过自身的生命活动，不仅在保护人类生存环境和对整个陆地生态系统的平衡起着决定性的影响作用，而且源源不断地为人类生存和生活提供各种林木产品及林副产品。如果把前者称为防护林体系的生态功能，那么后者称为防护林体系的生产功能。

从生态经济学观点出发，把防护林体系看作既为人类生存和社会的发展提供保证条件的一个资源库，同时又为人类的生存和发展提供重要的环境条件。根据生态经济学的原理，只有遵循生态平衡的原则下，才能谈得上经济效果。因此对组成防护林体系各林型生产功能强弱的要求，必须建立在有利于人类生存和社会发展的生态平衡基础上。根据本流域的生态经济问题，防护林体系生产功能应主要体现为如下几个方面：生产木材、经济产品(各种林、果木副产品)和薪材(生活和工业生产能源)。组成防护林体系的不同林型所能生产这些产品的能力是不同的，从防护林体系总体目的出发，需要对它们的生产功能提出具体的要求。根据有关资料的分析，提出如下的生产功能指标：木材经营强度、经济产品经营强度和薪材经营强度。每一指标相应地分出五个经营强度等级，即最强、强、中、一般和弱。由于研究工作尚未深入，未能提出经营强度等级的定量要求。

2. 防护林体系的分类经营与管理

在川江流域，由自然生态环境系统与社会经济环境系统耦合而成的生态经济系统，具有明显的地域差异性特征。因此不同地区，对防护林体系功能的要求有所不同。在人口稀少的江河上游中山深谷区要强调具有水源涵养功能的生态型防护林的建设，而在人口稠密的丘陵盆地区，则要突出具有保土保水生态功能和提供人们生活所需物质产品的生态经济型或经济生态型防护林的营造。为保证不同地区防护林体系功能的有效发挥，需要对防护林体系进行分类经营与管理。

1)生态型防护林

以发挥生态效益(包括公益性的社会效益)为主要目的，具有涵养水源、保土保水，改善局地气候、净化空气和水及美化环境的功能，为人类生存和社会的发展提供优良的自然环境，促进人类身心健康与长寿。因此，对生态型防护林的经营与管理，要贯彻“保”字方针，要配套制定出有利于生态型防护林建设与发展的政策与条例，要有对此类森林进行保护性经营与管理的具体措施。根据组成生态型防护林各类型功能与效益的差别，在经营与管理上应有所不同。

(1)禁伐性水源涵养林。该林型以发挥水源涵养功能为主要目的，它除具有森林生态系统的一般功能外，还具有明显强于其他森林类型的蓄水调流功能。

按川江流域地貌、气候和水文的地域特点，该林型应主要布局于岷江上游、沱江、涪江、渠江上游和嘉陵江的中上游(旺苍、广元、青川一带)。但是从生态经济的综合特征考虑，上述流域的有些地区人－地关系矛盾较突出，人口与粮食、燃料、用材以及经济开发之间的矛盾给禁伐性水源涵养林的建设带来困难，即难于做到禁伐。因此，川江流域真正可以布局禁伐性水源涵养林的面积较为有限。该林型布局可供考虑的地带为主要江河的一、二级支流，具体范围为林线上下纵向200m垂直幅度，支流两侧横向500m水平距离内的森林分布带[10]，草甸灌丛中的孤立森林(面积小于20hm^2)，主要河流及支流尾部(500～1000m)的森林[11]。这些地带具有发挥水源涵养功能的森林植被群落多层结构、厚实的地表枯枝落叶层和苔藓地衣层以及土壤层深厚、疏松和渗透力强等特点。但是有些地带不完全具备上述水源涵养的特点，特别是在坡度较陡的中山区，一般土层较薄，但是从长远考虑，有可能形成具有较好水源涵养作用的水源林区。

对被确定的禁伐性水源涵养林的地带，在经营和管理上要有特殊的政策和措施，基本上禁止采伐，或可以进行适当的抚育间伐，但绝对禁止主伐。要停止破坏性的人类经济活动，如放牧、采矿。要使禁伐性水源涵养林分布区的森林植被覆盖度保持在95%以上，苔藓地衣层厚度达到8～10cm，枯枝落叶层每公顷保持在10～15t，林地径流系数小于1%。五项生态功能都达到最优的标准。

(2)禁伐性水土保持林。该林型以发挥保土和保水生态功能为主要目的，其中要特别突出防止土壤侵蚀和稳定坡面土壤物质功能的发挥。

川江流域陡坡山地面积大，在山脊两侧的陡坡地带，特别是地层破碎的陡坡区，土壤侵蚀潜在危险性很大，森林植被一旦受到破坏，即可出现严重的水土流失。依岩层的性质不同，水土流失的后果可出现两种情况，一种表现为裸岩化，使土地丧失林业利用的价值；另一种表现为严重的沟蚀、浅层重力侵蚀，并逐步发展成为泥石流侵蚀。因此，坡度超过40°或45°以上，且土层又较薄和土壤侵蚀潜在危险性大的陡坡地带，都应考虑作为禁伐性水土保持林营造区；岷江半干旱河谷两侧的陡坡地带以及山脊两侧的陡坡和泥石流沟的上部也都应划为禁伐性水土保持林建设区。上述这些地区，通过长期的封山育林和人工的栽植抚育，有可能达到较好的保土保水功能，但由于这些地区坡度较陡，即使有了较好的森林植被覆盖，也难于形成厚实的土壤层，因此不可能成为像禁伐性水源涵养林区那样的水源涵养功能。

禁伐性水土保持林区，最好采取封山育林育草和人工栽植抚育相结合的措施，禁止林、灌的砍伐，停止放牧和其他人类经济活动，要使禁伐性水土保持林区的森林植被覆盖度保持在95%以上，保土拦沙功能达到“最优”的标准，拦蓄暴雨径流和滞留洪水功能方面都达到“优”级标准，枯季调节径流功能够达到“良”级的水平。

(3)自然保护区林。自然保护区是一块具有重要自然价值的自然地区。它既有保护的内容，也有支持发展的内容。其作用可概括为如下几个方面：①维护基本生态过程和生命维持系统；②保存物种的多样性；③生物资源及其功能永续利用的样地；④作为科学研究的场所；⑤保存、维护和改善环境的实体。川江流域自然保护区属中国东部季风区域以保护森林生态系统为主体的自然保护区。这些保护区按照国家法律得到保护，多数具有较好的森林生态系统的结构和功能或森林生态系统正在向良好的方向发展。从防护功能考虑，自然保护区森林生态系统是生态型防护林中的重要组成部分，其森林生态功能可以达到甚至超过禁伐性水源涵养林。

为了更好地提高自然保护区森林生态系统的生态功能，需要进一步明确川江流域内自然保护区的经营目的，加强和健全各种保护条例和措施，制定出评价保护对象生态完整性和经营措施适宜性的指导原则和衡量标准。

(4)环境保护林。该林型主要包括城镇、厂矿、学校、机关、医院和疗养院等周围的林木。它的主要功能体现于绿化环境、净化空气、改善局地气候、降低噪音、提高人们文化娱乐的情趣和增进人们身心健康等方面。尽管环境保护林在控制土壤侵蚀、改善地表径流和改造生物圈等方面的生态功能并不明显，但是它在改善人类社会生存的生态环境质量方面，起着重要的作用。从防护功能考虑，显然它应归属于生态型防护林。在经营上要精心抚育，在管理上要采取各种措施加以保护，严禁砍伐。

(5)风景林。该林型主要指名胜古迹、革命圣地、旅游圣地、各类公园的林木以及村寨附近的零星古树。其功能主要体现于美化环境，创造人类对于艺术追求、增强人类品德和心理高尚以及人类交往和社会活动的生态环境。它与环境保护林有相似的功能，但又有明显的区别。显然，它在改善生态环境和提高生态环境质量方面起着重要作用，可归属于生态型防护林的组成部分。在经营和管理上与环境保护林相同。

(6)护路林。该林型主要指铁路和公路两旁的林木，由于川江流域山区面积大，铁路和公路两旁林木多为单株成行。林木在防治土壤侵蚀和调节地表径流等方面的作用并不明显，其功能主体体现于美化铁路和公路两旁环境，净化空气，提高路基稳定性等方面。从防护功能考虑，护路林是区域景观生态的重要“廊道”，它在改善整个区域景观生态系统中的生态功能起重要作用，应归属于生态型防护林。在经营和管理上，要精心抚育和保护，严禁砍伐。

(7)护岸林。该林型主要包括江河两岸、水库和大湖两岸的林木。其功能主要体现于稳定岸边土体和减轻水浪对岸边的冲击侵蚀。其分布具有线性的特点，同样是区域景观生态系统结构中的重要“廊道”，在改善整个区域景观生态系统中的生态功能上起重要作用。从防护功能考虑，应归属于生态型防护林。在经营和管理上，要重点保护，可作适当的择伐。

2)生态经济型防护林

以发挥生态效益为主，兼顾经济效益为目的，即既要考虑其水源涵养、保土拦沙、改善小气候，提高生态环境质量等功能的发挥，又要考虑其要有提供物质产品的功能。因此，在经营与管理上，既要有利于生态效益的提高，又要注意能最大限度地发挥经济效益。根据组成生态经济型防护林各类型功能与效益的差别，在经营和管理上应有所不同，具体的经营与管理措施分述如下。

(1)经营性水源涵养林。

以发挥水源涵养之生态功能为主要目的前提下，要兼顾提供林木产品和其他林副产品的生产功能。

川江流域的秦巴山区和龙门山区，尽管这些地区山高坡陡、暴雨集中，需要建设高功能的水源涵养林带，但由于其人口较为稠密，人口增长对木材产品和林副产品的需求压力较大，不可能营建禁伐性水源涵养林。因此，除主要江河一、二级支流人口较少地区可以营建局部的禁伐性水源涵养林外，其余地方应主要考虑经营性水源涵养林的建设。

从水源涵养功能考虑，经营性水源涵养林的生态功能，除滞留洪水和保土拦沙要达到“最优”这一等级标准之外，其余四项生态功能应达到“优”这一等级标准。为达到上述生态标准，该类型森林覆盖率要保持在90%以上，森林的状态指标为0.9～0.7，苔藓地衣层厚度起码要达到5cm以上，枯枝落叶层每公顷保持在10t左右。

为此，在经营上要注意间伐，禁止过伐。总的采伐强度，在山原区不能超过40%，高山峡保区不超过50%，盆地边缘山区不超过60%[11]。林木的皆伐区，要注意灌草的保护，保持良好的地面覆盖。此外在经营性水源涵养林区要停止探矿、开荒、放牧和樵采树根，收取枯枝落叶等人类经济活动，以确保水源涵养功能的发挥。此外，在管理上要划出经营性水源涵养林区的范围和制定出相应的保护条例。

(2)经营性水土保持林。

以发挥保土拦沙及保水生态功能为主要目的前提下，兼顾提供林木产品和林副产品的生产功能。

该林型主要布局于土壤侵蚀潜在危险性较小以及人口稠密但水土流失较严重的地区。这些地区的经营性水土保持林，在生态功能的要求上，根据不同地区的生态问题而有所侧重。如盆中丘陵区，土壤侵蚀潜在危险性不大，河流泥沙输移比值不高，干旱缺水和暴雨洪水的危害较严重。因此经营性水土保持林的营建上，要注意具有较好保水功能森林生态系统的建设。因此该类型森林的群落结构最好为乔灌草三层。在经营上要注意乔木的适当皆伐，尽力培育和保护灌草层的覆盖，地面植被覆盖度要保持在80%以上，林分郁闭度一般不能少于70%。为此，保土拦沙功能需达到“优”级标准，拦蓄暴雨径流和滞留洪水功能分别需达到“优”级和“最优”级的标准。

在人口密集、林地面积小的浅丘区，尽管土壤侵蚀潜在危险性不大，但由于人类活动强烈，目前土壤侵蚀强度较大，一般为中度和强度以上。这类地区土层较薄，已有的植被基础较差，全面发展森林有一定的困难。这类地区就是发展了林木，由于紧邻村寨，农民有就地取材之便的习惯，更重要的是农民有为生存要求的需要，因此难于保持结构复杂的高生态功能的防护林生态系统。因此，从长远考虑，这些地区应主要发展既能防止土壤侵蚀，又有经济效益的经营性水土保持性。因此该类型群落结构一般以乔草或灌草结合，其中草被层要密集厚实，以达到有效的保土拦沙作用。在经营上要注意速生乔、灌木和多种经济林木和果木的结合。地表植被覆盖度保持在70%左右，林分郁闭度不低于50%。为此，保土拦沙功能可以达到“优”级标准，但拦蓄暴雨径流和滞留洪水功能只能要求达到中级水平。

(3)坡地农田防护林。

川江流域坡地垦殖程度高，坡地农田呈台坎状和梯状分布于丘陵低山。田块之间的田埂和坡坎都可用于栽植各种林木，包括用材林、经济林和薪炭林。这些林木既有保护土壤，调节地表径流，改善农田小气候等生态功能，又有为农民直接提供林木产品和林副产品的生产功能，即既有生态效益，又有经济效益。从区域景观生态系统考虑，田块之间的坡坎农田防护林是组成区域景观生态系统的“嵌块体”，在改善农田生态环境质量、提高农田生态系统物流能流方面起重要作用。因此，它是生态经济型防护林的组成部分。在经营上注意引导其向优质、高效的方向发展，使之在保护农田、改善农田生态环境和提供多种林副产品方面发挥更大作用。

(4)平原农田防护林。

该林型主要分布于平原农田地埂和水渠沟道两旁。在川江流域，该类型以桑树为主的经济林木为多，它在提高农民经济收入和改善农田生态系统功能方面，发挥着重要的作用。在经营上注意多种经济林木、果木的发展和有利于提高农田生产力，做到既充分利用土地，增加物质产品又能促使农田生态环境向良性方向发展。

(5)庭园林。

以提高农民切身利益有关的生活物质产品和美化村民居住环境为目的。它主要分布于居民住宅周围及其附近的“四旁”空隙地。这些地方水热和土壤条件都比较好，是发展经济林木、果木和速生优质树种的好场所。在优化农村居民点生态环境的同时，又可获得农民生活所需的多种林副产品，使经济效益寓于生态效益之中，达到生态经济效益的统一。这种星罗棋布般的点状或块状庭园林是川江流域生态经济型防护林的重要组成部分，对促进本流域防护林体系的建设、巩固和发展流域防护林体系整体效益方面发挥着重要的作用。

3)经济生态型防护林

以发挥经济效益为主，兼顾生态效益为目的。即首先考虑其提供最多最好林木产品和林副产品的前提下，要考虑其要有保持水土、改善小气候和提高生态环境质量等功能。因此，在经营与管理上，既要注意有利于经济效益的提高，又要兼顾生态效益的发挥。为此，把以前以提供物质产品为目的的用材林、经济林和薪炭林纳入防护林体系。鉴于川江流域人多、地少和农村经济落后的生态经济问题突出，在现阶段甚至今后的更长时期内，都要十分重视用材林、经济林和薪炭林的建设。但由于生态经济问题带来的水土流失严重这一生态环境问题又很突出，因此，用材林、经济林和薪炭林的建设要有生态的观点，要赋予它们生态学的内容，从防护林体系建设的角度上考虑，称之为经济生态型防护林。

(1)用材林。以生产木材为主要目的，同时兼顾水源涵养和水土保持等生态效应。该林型主要布局于立地条件较好的林地，采用现代最先进的技术和引进或培养优良树种，发展速生丰产林，建立一定规模的用材林商品生产基地。按用材目的不同，可建立规模不等的造纸、坑木、加工、建筑等行业的原材料林基地。它可以采取集中资金、劳力、技术力量和运用高度集约经营的措施快速培育。在经营上，注意乔灌草结合或乔灌或乔草结合，以达到既生产木材，又有较好的保持水土和改善生态环境质量的功能。

(2)竹材林。川江流域具有生产多种竹材的优越自然条件和悠久的传统历史，特别是农村居民点周围及村前屋后适生多种竹木。农舍周围的竹林在宏观上呈现斑块状，像一块块绿色的地毯镶嵌于丘陵山地与平原上，为农村经济的发展和农民经济收入的提高以及改善整个区域生态环境质量起着重要作用，它是经济生态型防护林的组成部分，同时，在完善和提高川江流域防护林体系的结构和功能中，具有重要的作用。

(3)经济林(含果树林、特用经济林和其他经济林木)。以生产果品和林木产品为主要目的，同时要兼顾一定的生态效益。该林型主要分布于水热条件和土壤条件都比较好的地带。采用优质高产技术和现代农业集约化经营手段，发展名特优多种经济林木和果品。它是改善农民经济收入和为防护林体系的全面建设提供经济基础的重要途径。鉴于川江流域地形破碎和经济果木品种多的特点，经济林多呈斑块状、带状或层状分布。作为经济生态型防护林的组成部分，在改善区域生态环境质量方面起一定的作用。在经营管理上，要注意林下植被的抚育，尤其绿肥植物的培植，减少地表土壤的流失和提高土壤肥力。

(4)薪炭林。以解决农民薪柴矛盾为目的，同时又具有一定的生态效益。该林型对立地条件要求较低。根据川江流域土地条件的差异，既可集中连片地发展规模薪炭林，也可充分利用“四旁”空地和其他间歇地。薪炭林要采用易繁殖和萌发力强的树种，做到一次造林，多年受益。经营方式上，多以短轮伐萌生矮林作业为主。川江流域可营造薪炭林的地区有荒山、荒地、河滩、沙石堆积带、“四旁”、陡坎以及土层较薄的石骨子土区等。川江流域薪炭林的建设具有优越的气候条件和充足的多种土地资源。薪炭林的建设要注意乔灌草、或乔草、或灌草结合，达到既充分利用土地资源，又能达到保水保土的良好生态效益。

第三节　江岸带防护林布局与发展前景分析[①]

长江中上游干流及其主要支流中下游的河谷、河床宽阔，河漫滩广布，河堤发育，谷坡形态复杂，是长江中上游地区具有特殊意义的重要土地资源之一，同时也是保护和改善长江生态环境具有最直接意义的地带。由于该河谷地带及其相邻地区人口密集，土地资源少，人－地关系的矛盾比较尖锐，以致出现高强度的土地开发利用现象，谷底部分的河漫滩和河谷两侧的谷坡以及河堤两侧的土地多数被开垦为耕地、园地、菜地，只有少量地段栽种了不连续分布的护岸护堤林。由于河谷地带以水动力和重力为营力的侵蚀作用十分强烈，因此沿江河两岸地表物质稳定性很差，具有侵蚀容易保护难的特点，在不合理的人类社会经济活动影响下，极易产生谷坡径流侵蚀、坡麓洪水掏蚀、谷底河漫滩洪水冲蚀等不良地貌过程，以致引发河岸崩塌、坡体滑坡、河堤抗洪能力降低和河流泥沙含量增高等生态环境问题。可见，如何合理利用和保护长江中上游江岸带意义重大。江岸带造林目的在于防护，因此称为江岸带防护林建设。

“八五”期间，在林业部和中国科学院主持的“林业生态工程技术开发”国家重大科技攻关项目中，安排了“长江中上游护岸护堤林发展潜力、优良类型与功能作用研究”的专题。该专题由中国科学院、水利部成都山地灾害与环境研究所主持，专题研究组组长钟祥浩，副组长何毓成、刘淑珍，参加调查研究的主要人员有李钟武、杨定国、程根伟、陶和平等计三十多人。

专题研究组通过五年(1991～1995年)的研究，提交了如下研究成果：①长江中上游江岸带造林立地分类研究报告；②长江中上游护岸护堤林发展潜力研究报告；③长江中上游护岸护堤林优良类型与功能作用研究报告；④长江中上游护岸护堤林发展潜力、优良类型与功能作用综合研究报告；⑤完成各类图件7份。在此基础上，钟祥浩作为第一作者编著出版了《长江中上游江岸带防护林建设研究》专著(1998)，本节是该专著中由程根伟、钟祥浩执笔完成的一部分内容。

一、江岸带造林基线问题分析

造林基线是指江岸带护岸(堤)林建设的适宜界线(包括上线或下线)。江岸带护岸

---

① 本节作者程根伟、钟祥浩等，成文时间1998年。由钟祥浩在1998年成文基础上修改而成。

(堤)称上下线的确定，是江岸带防护林体系布局的基础，上下线一旦被确定，就可知道护岸(堤)林的分布范围、林带的宽度和今后可能发展的规模及其前景。

造林基线的确定是一项非常复杂的难题，它牵涉到河流的洪水过程、河谷地貌形态、造林树木的生理生态学特性以及造林后对河流行洪的影响等多种因素。国内外对江岸带造林基线的研究不多，迄今为止未见有确定江岸带造林下线和上线的规范。因此，研究出适合于本研究区造林基线确定的方法，是江岸带防护林体系建设必须解决的首要问题。鉴于江岸带造林基线的确定牵涉到多种因素和不同江段的基线各不相同，我们认为目前难于找出所有江段都能适用的统一的方法。为能使该方法既有其科学性，又具有简便、易行的操作性，我们分别对洪水过程和河谷地貌形态类型与造林之间关系进行分析，并提出可供参考的有关资料和判别标志。

(一)洪水过程与江岸防护林布局

河流的洪水过程是影响江岸带护岸(堤)林布局的重要因素之一，它主要通过洪水的大小、洪水发生频率及其持续时间来影响护岸(堤)林的布局。本节就长江中上游江段区内不同洪水频率及其对应的洪水位高程作详细的分析，为护岸(堤)林在河谷纵剖面上的布局提供基础资料。

1. 水系特点

长江中上游包括长江川江段(宜宾至重庆)、长江三峡库区(重庆至宜昌)、长江中游上段(宜昌至武汉)，以及宜昌以上主要支流的中下段，包括岷江、沱江、涪江、嘉陵江、渠江和乌江。其中长江川江段流经四川盆地边缘，河流稳定，宽度适中(800～1000m)。三峡库区天然河谷宽窄相间，峡口江面约 200m 宽，建库后该区域为水库回水带，受水库调节，汛期水位将落到 145m，枯季可蓄水至 175m，因此存在约 30m 的变动水位带，此为季节性可利用区域，从施工到水库正常运行约 20 年的时间，可考虑种植速生季节性植物或作物。长江中游上段江面开阔，两岸属洪泛平原区，其中荆江段河流不稳定，两岸有大型人工堤防，洪水期水位有可能超出堤外地面高程，因此该段的防护林布局应同时考虑护岸和护堤。

长江支流的岷江、沱江、涪江、嘉陵江、渠江中下游均位于四川盆地内部丘陵区，河床比较稳定，部分江段蜿蜒曲折，河岸物质为砂层或黏土层，岸坡不陡，适宜树木和农作物生长，其中沱江和涪江作为此类河流的代表，将对其作重点分析。长江流域的洪水是由暴雨引起的，长江中上游的汛期从 6 月开始，约在 9 月中旬结束，7～8 月是主要的洪水期，其中长江上游及其支流的洪水只会淹没沿岸低地，除个别江段(成都平原局部、涪江河口)外，一般不发生大面积的洪泛，而长江中游的洪水则存在破堤泛滥的危险。

长江上游干支流的江河水位与过流量是同步的，即水位随流量而升降，汛期水位高于非汛期，而三峡库区则有所不同，三峡库区施工期和建成后，库区水位将受人工控制，一般是汛期处于低水位(145m 的防洪汛限水位)，汛后反而处于高水位运行(175m 的正常蓄水位)。通过水库的补偿调节，使下游的合成流量及水位满足堤防的防洪限制水位条件。确定设计洪水淹没时应该综合考虑各江段的这些差异。

2. 分析方法

江岸林布局必须掌握沿江各段的洪水特性及土地受洪水淹没的频率。我们选取长江干支流主要控制站近40个，分别对其历史洪水进行统计和概率分布计算，求得不同发生频率(亦即不同重现期)的设计洪水位，再将各站洪水位点绘在同一图上，进行比降和水面线合理性分析，最终确定各江段不同频率的洪水水位线，由此还可内插出沿江其他地方(无资料地区)的设计洪水位。在具体计算中主要进行了以下几个处理：

1)洪水特征值的挑选

根据水文系统的习惯，这里仍按年最大值法选择洪水特征值，即每年挑选最大一次洪水的流量 Q_m、水位 Z_m参加统计。

2)洪水系列的延展

长江中上游各主要站一般具有30～40年的观测资料，为了提高统计的可靠性，对一些站已知的调查特大洪水 Q_m，也选取作为特异值参加统计，这里采用了不连续样本的统计方法，即对 N 年调查期中的 a 个历史洪水并有 n 个实测洪水，各项经验频率为

$$Pa(i) = \frac{i}{N+i},\ i = 1-8 \tag{13-1}$$

$$Pn(i) = \frac{a}{N+1} + 1 - \frac{a}{N+1} \cdot \frac{i}{n+1},\ i = 1-n \tag{13-2}$$

统计参数为

$$\overline{X} = \frac{1}{N}\sum_{j=1}^{a} + \frac{N-a}{n}\sum_{i=1}^{n} x_i \tag{13-3}$$

离差系数为

$$C_v = \frac{\sqrt{\frac{1}{N-1}\left[\sum_{j=1}^{a}(x_j - x)^2 + \frac{N-a}{n}\sum_{i=1}^{n}(x_i - x)^2\right]}}{\overline{X}} \tag{13-4}$$

由此式求出离差系数 C_v后，采用假设 C_s/C_v的倍比，通过频率曲线的拟合最优来算出偏态系数 C_s，作为洪峰流量统计参数。

3)设计频率的选择

为提供较大的选择余地，在初步设计中我们考虑了较多的设计频率值，即选择 $P=$ 50%、20%、10%、5%、2%、1%共6个不同的设计值进行分析，代入各站的统计模式，可求出各站在这几个频率下的洪水位 Z_p。

4)高程基面

在水文记录中，由于历史的沿革或测站的变迁，所采用的水位高程有不同的参照基面，其中有吴松基面、黄海基面、假定基面和冻结基面，而这些基面的沿用时期不一样，换算方法也不统一，使水面淹没线分析难以进行，故在计算前，必须先将各水位基面换算成统一的参照系。由于长江干流中游以吴松基面为准，因此各相关水系最好也换算成吴松基面，即从各站的测站考证资料中确定该站的采用基础，再根据相关水准点换算成吴松基面，求得换算高程差 ΔZ，以后该站的所有水位数据均应加上换算差 ΔZ。本项工作很繁锁，但又非常重要，这是保证计算合理性的一个关键措施。

5)河段水位内插

本次工作需分析的河段总长约2000km，而实际的水文控制站只有约40个，平均约

40km 一个水文站，这不能满足造林所需的水位控制要求。为了具体确定某一河段的河岸洪水位及淹没频率，必须对洪水淹没线进行区间内插。

据对江河干流洪水线的分析，发现各江的水面比降比较稳定，不受洪水大小的影响，因此可以用水面比降 S 作为区间水位外延的工具，即若要确定断面 L 处的设计洪水位，可量出从 L 到最近的控制站 K 的距离 D，则 L 处的频率为 P 的洪水位 $Z_p(L)$ 可由 K 站的相应频率设计洪水位 $Z_p(K)$ 推出，公式如下

$$Z_p(L) = Z_p(K) \pm SD \tag{13-5}$$

式中，(±)是由 L、K 的相对位置决定，L 在 K 的上游时取(+)，反之则取(−)。这种方法可内插得长江干支流任意位置的洪水位，其误差在 0.5m 以内，可以满足防护林布局的要求。

6)三峡库区的处理

三峡建库后，库内水位将会有很大的变化，不能按原天然河流分析。按照建库后正常蓄水位 175m 的方案，三峡水库的回水可达重庆寸滩站。在此河段之中，库内水位主要受水库调节运行方式的影响。因此在库区的设计洪水位是按照长江三峡水库回水计算的结果经修正后采用的，其特征是，在库区以内，各设计频率的洪水位相差不大，基本上由水库回水线控制，而在寸滩开始发生转折，由此以上过渡到天然河道水位变化。

3. 干支流河段洪水位及频率

长江中上游主要干支流包括宜宾到武汉的长江干流、岷江、沱江、涪江、嘉陵江、渠江及乌江中下游。决定江岸林布局及土地潜力的关键因素是江河洪水所能淹没的高度和时间。

这里采用洪水位的设计频率作为洪水淹没可能性的指标，重点分析长江干流和沱江、涪江。其方法同样适合于其他江段。

1)长江中上游干流段

长江中上游干流河段可分为上游中段(宜宾—重庆)、上游下段(重庆—宜昌)和中游上段(宜昌—武汉)，各段分别长 372km、650km、627km，共有 41 个控制断面，平均每段长 40km。

长江干流水文站现隶属于长江水文局管理，除寸滩设立于 1892 年外，其余各站基本上是 20 世纪 40～50 年代建立，现已有约 40 年的连续水文资料，可满足水文统计的系列要求。

水文频率计算是按年最大值法，选择各站每年最大一次洪峰流量和水位作为统计样本，分别计算洪水的均值 $\bar{Q}_m$ 和水位均值 $\bar{Q}_z$，离差系数 C_v 和偏态系数 C_s。但为克服矩法求 C_s 的误差，实际上是采用假设 C_s/C_v 的比，由适线法确定 C_s 值。表 13-6 为干流主要站的年洪峰的统计参数。

根据表 13-6 的洪水参数代入 $P-$Ⅲ型分布模式，可以计算出设计频率 $P=50\%$、20%、10%、5%、2%、1% 各量级的洪水位，详见表 13-7、表 13-8、表 13-9，其中各站的水位均已折算为吴松基面，距离为从武汉起始的河流里程。

表 13-6　长江干流洪峰流量统计参数表

站名	n	$\bar{Q}_m$/(m³·s⁻¹)	$\bar{C}_v$	C_s/C_v	系列年份
宜宾	51	32700	0.24	4.7	1941~1988
李庄	16	36100	0.21	4.0	1944~1959
泸县	45	38300	0.24	4.5	1941~1985
朱沱	32	35800	0.26	4.9	1957~1988
寸滩	97	51900	0.26	2.9	1892~1988
万县	37	53600	0.21	5.9	1952~1988
宜昌	43	51900	0.21	4.4	1946~1988
螺山	35	48800	0.15	3.5	1953~1988
武汉	36	51900	0.14	2.0	1952~1988

表 13-7　长江上游中段设计洪水位　　单位：m

站名	距离/km	设计频率 P					
		50%	20%	10%	5%	2%	1%
长寿	1203						
寸滩	1270	180.3	184.4	186.7	188.9	191.3	193.1
重庆	1279	182.0	186.0	188.0	190.5	192.8	194.7
巴县	1299	185.5	189.7	192.0	193.8	196.4	198.0
江津	1351	195.6	199.2	201.0	203.2	205.5	207.2
朱沱	1425	210.2	213.0	214.9	216.5	218.7	220.2
合川	1462	220.1	223.0	224.5	216.5	228.2	230.0
泸县	1528	238.0	240.4	241.9	243.4	245.1	246.4
纳溪	1548	244.0	246.4	247.8	249.3	251.0	252.5
江安	1588	256.0	258.5	260.0	261.4	263.1	264.5
南溪	1608	262.0	264.6	266.0	267.5	269.2	270.3
李庄	1626	267.2	270.0	271.1	272.8	274.8	275.6
宜宾	1651	275.0	277.6	279.1	280.4	282.2	283.4

表 13-8　长江上游下段设计洪水位　　单位：m

站名	距离/km	设计频率 P					
		50%	20%	10%	5%	2%	1%
宜昌	627	51.0					
三斗坪	673	175.0	175.0	175.0	175.0	175.0	175.0
秭归	712	175.0	175.0	175.0	175.0	175.0	175.0
巴东	746	175.0	175.0	175.0	175.0	175.0	175.1
巫山	797	175.0	175.1	175.1	175.1	175.2	175.3

续表

站名	距离/km	设计频率 P					
		50%	20%	10%	5%	2%	1%
奉节	836	175.0	175.1	175.1	175.2	175.3	175.4
云阳	897	175.0	175.1	175.1	175.2	175.3	175.4
万县	954	175.0	175.1	175.1	175.2	175.3	175.4
忠县	1044	175.0	175.1	175.2	175.3	175.4	175.5
丰都	1102	175.0	175.1	175.2	175.3	175.5	175.6
涪陵	1159	175.1	175.4	175.5	175.8	176.2	177.4
长寿	1200	175.3	175.6	176.6	177.6	180.1	182.1
木洞	1239	177.2	179.3	182.1	183.5	185.7	187.4
广阳坝	1257	178.6	182.4	185.2	186.6	188.8	190.5
寸滩	1270	181.1	185.1	186.8	189.5	191.8	193.3
重庆	1277	182.0	186.0	188.1	190.3	192.8	194.5

表 13-9　长江中游上段设计洪水位　　　　单位：m

地名	距离/km	设防/m	警戒/m	保证/m	堤顶/m	设计频率 P					
						50%	20%	10%	5%	2%	1%
武汉	0	24.5	26.3	29.73	31.00	26.20	27.05	27.50	27.95	28.50	28.80
嘉鱼	132				33.40	28.50	29.40	29.80	30.28	30.75	31.05
洪湖	192					29.50	30.45	30.90	31.30	31.78	32.08
螺山	201	29.0	30.5	33.17	34.44	29.70	30.55	31.10	31.45	21.90	32.25
城陵矶	231					30.60	31.58	32.00	32.40	32.85	34.10
监利	331	32.5	34.0	36.57	39.23	33.10	34.15	34.50	34.95	35.40	35.70
石首	386	37.0	38.0	39.89	41.80	37.30	38.45	38.60	39.00	39.40	39.65
藕池口	395					37.70	38.45	38.80	39.25	39.75	40.82
新厂	411					38.20	39.00	39.40	39.85	40.40	40.65
公安	445	39.0	40.0	42.25	43.81	39.40	40.20	40.60	41.00	41.80	42.00
沙市	478	41.5	43.0	46.67	46.60	44.00	44.50	44.50	44.50	44.50	44.50
枝江	535					46.60	47.30	47.40	44.55	47.60	47.70
枝城	570					48.30	49.05	49.30	49.45	49.55	49.65
宜都	591					49.30	50.05	50.30	50.55	50.70	50.80
宜昌	627	52.0	52.0	55.73		51.00	51.85	52.20	52.50	52.70	52.75
三斗枰	673	（坝下）				53.20	54.10	54.50	55.00	55.20	55.30

2)涪江、沱江中下游

沱江和涪江是四川盆地有代表性的两条大河，它们的情况对其他支流也有代表性。沱江自登瀛岩以下至河口，全长 290km，约有 29 个控制断面，但仅有登瀛岩、石盘滩、李家湾三个水文站。涪江从射洪以下全长 245km，分为 15 段，控制水文站为射洪和小河坝。通过计算，求得沱江和涪江中下游各主要水文站点不同设计频率下的洪水位，详见表 13-10 和表 13-11。

表 13-10　沱江中下游设计洪水位　　单位：m

站名	距离/km	设计频率 P					
		50%	20%	10%	5%	2%	1%
邓家坝	0	331.5	334.3	336.3	338.3	340.4	342.7
登瀛岩	5	328.8	331.6	333.5	335.5	337.9	339.8
甘露镇	13	324.7	327.2	329.2	331.2	333.6	335.2
九龙庙	24	321.1	323.6	325.8	327.7	330.0	331.7
资　中	37	315.6	318.1	320.2	322.2	324.3	326.2
史家乡	73	300.0	302.6	304.7	306.7	308.9	310.7
内　江	86	296.5	299.0	301.0	303.0	305.2	307.0
谢家坝	95	294.0	296.5	298.5	300.5	302.7	304.5
碑木镇	98	292.6	295.1	297.0	299.2	301.4	303.1
金银石	116	285.1	287.7	289.7	291.7	293.8	295.7
白马镇	123	283.6	286.1	288.0	290.0	292.2	294.1
龙门镇	134	280.6	283.1	285.1	287.0	289.2	291.1
牛佛渡	151	275.8	278.3	280.4	282.4	284.6	286.5
花园凹	171	269.1	271.5	273.7	275.7	277.8	279.8
富　顺	182	267.6	270.0	271.8	273.7	275.7	277.7
李家弯	191	266.0	268.5	270.3	272.0	274.2	275.8
干坝子	194	265.6	268.0	269.9	271.5	273.7	275.2
横溪场	207	257.5	259.7	261.7	263.4	265.4	267.1
赵化镇	230	253.1	255.2	257.4	259.2	261.1	262.8
怀德镇	242	250.7	252.8	254.8	256.7	258.8	260.4
东药庙	260	243.6	246.0	247.9	249.6	251.7	253.5
通滩镇	264	242.6	245.0	246.8	248.6	250.7	252.4
胡　市	275	239.5	241.9	243.8	245.6	247.6	249.4
和丰镇	280	237.8	240.3	242.2	243.9	246.0	247.9
泸　州	291	236.0	238.7	240.7	242.3	244.4	246.3

表 13-11　涪江中下游设计洪水位　　单位：m

站名	距离/km	设计频率 P					
		50%	20%	10%	5%	2%	1%
王家坝	0	330.1	331.8	332.7	333.6	334.8	335.5
射　洪	4.5	327.0	328.8	329.8	330.7	331.8	332.6
青　堤	26.6	312.7	314.6	315.5	316.4	317.5	318.6
桂花园	58.6	292.2	294.0	294.9	295.8	296.9	297.9
清滩埝	75.1	281.4	283.4	284.3	285.2	286.3	287.2
遂　宁	83.6	274.1	275.9	277.0	277.8	278.8	279.9
龙凤场	94.1	272.4	274.3	275.4	276.1	277.2	278.4
荷叶溪	109	263.0	265.0	266.1	267.0	268.1	269.1
玉溪场	126	252.5	254.5	255.6	256.5	257.7	258.7
潼　南	155	238.7	241.0	242.4	243.7	245.0	246.2
太　和	169	231.8	234.0	235.6	236.8	238.6	239.9
小河坝	186	223.7	226.1	227.7	229.2	231.1	232.6
安居镇	221	213.5	215.6	217.7	218.9	220.8	222.3
邓家坝	225	207.4	209.6	211.5	213.2	214.9	216.5
较场坝	243	196.8	199.2	201.2	203.0	204.7	206.3
合　川	246	195.8	198.6	200.2	202.0	203.7	205.3

上述各有关江段主要站点不同洪水频率(P=50%、20%、10%、5%、2%、1%)下的洪水位高程资料，对江岸带造林基线的确定有重要参考价值。一般说来，洪水频率为1%(百年一遇)的洪水位线可考虑为护岸林的上线，该线以上，河流洪水对岸的冲击侵蚀几乎不发生，主要表现为坡面水土流失。实际调查结果表明，频率1%～10%的洪水位线之间的河岸，洪水淹没的机会很小，护岸对洪水的防冲防蚀作用不明显。因此，可根据江岸带地貌形态特点，从中选择频率为1%～10%的洪水位线作为护岸林的上线。关于护岸林的下线问题，根据当地群众的实践经验，频率为50%的洪水位线可作为护岸林基线的下线，即频率为50%的洪水位高程可作为选择护岸林下线的参考依据。

(二)河谷地貌形态类型与江岸防护林布局

1. 河漫滩造林问题分析

河流是河床与水流的统一体，这两者处于不断的相互作用之中，河床决定了水流的速度和流向，而水流则不断塑造着河床及河流地貌形态，因此，可以从河流地貌的形态来推断水流的某些特征，进而为护岸林基线(主要为下线)的确定提供地貌学依据。

河流地貌基本组成单元可分为中泓(主槽)、低漫滩、高漫滩、江心州、河岸(含阶地)等，有的地方还存在河堤。这里与江岸林关系密切的地貌形态为河漫滩与河岸，它们都具有相对平坦的台面和较陡的边坡，显然，这种地貌特点反映了它们受水流作用的某种规律。

1)河漫滩

低河漫滩是河漫滩的低位段，洪水淹没频率高，沉积物粒径较粗，细粒泥沙较少，地下水位高。

按照河流动力学原理，河床的形态特征与形成该河床的某一量级的洪水流量关系密切，这一流量称为造床流量。河漫滩可作为河床的边界，因此可以用平滩流量作为造床流量的代表，或者反过来，用河漫滩的高度来反映某量级洪水的作用范围。

水流对河床的塑造作用与流速(流量)、泥沙含量、泥沙粒径及作用历时有关。大洪水的动力作用强烈，对河床有剧烈的冲淤，但作用时间短，发生的可能性小，低水的作用时间长，但水流的动能不大，泥沙含量低，两者对河床的塑造贡献都不大，只有中等量级的洪水，既具有较高的频率、较长的持续时间，又有较高的动能和含沙量，才对河床形态起最大的作用。

确定造床流量的一个方法是给出流量的频率曲率 Q-f 和各级流量的输沙率曲线 Q-S，则可得到输沙率与频率的乘积曲线 $C=fS$，称 C 为河流的地貌功，并可在图上取曲线 C-Q 的峰值所对应的流量 Q_m 作为造床流量。

M. A. Bens 和 M. Thomas 按照这种方法，用美国九条河流的资料估算造床流量，结果是 Q_m 的出现保证率为 7.6%～18.5%(以年总历时的百分数表示)，平均 12.4%(即每年约有 42 天的流量)。苏联马卡维夫假定对俄罗斯平原的输沙率为

$$S = Q^2 J \tag{13-6}$$

这样得到的造床流量有两个，其中一个大致相当于多年平均最大洪水流量($P=1\%$～6%，平均 2%)，另一个稍大于年平均流量($P=25\%$～45%，平均 30%)，水位接近浅滩的滩面高程。

一般来说，造床流量多接近并略小于中小洪水相当的流量，据 Wolman 和 Miller 计算的 Q_m，约相当于每年发生 n 次的小洪水。D. J. Hughs 对英国 Cound 河的观测发现河岸坍塌变形发生在两个明显阶段，一个是每年出现 10～12 次的小洪水，另一个是发生在 1.5 年一遇的洪水。

上面从推理方式分析造床流量的重现期，确定造床流量的另一种方式是用平滩流量。E. D. Andrews 对 15 个水文站资料分析后认为，平滩流量与泥沙运动强度最大的流量相当，故与前面分析的基本原则相符。

钱宁综合国内外一些资料，认为在英国平滩流量出现的保证率约为 0.6%，即一年中有两天流量超过 Q_m；美国一些河流每隔一两年出现一次漫滩洪水；Woodyer 分析澳大利亚河流的漫滩机率是 1.02～1.21 年；W. W. Emmett 从美国爱达荷州 Salmon 河资料中得到的漫滩机率也是 1.5 年一次，但 G. P. Williams 从 36 个水文站分析发现河流平滩流量重现期出入很大，平均在 0.9 年左右。

综合以上讨论我们认为，用平滩流量作大道床流量是合理的，但平滩流量对应的洪水量级可能不是唯一的，而存在一个分布范围。国外的资料表明，平滩流量的平均值为 0.8～2.0 年一遇。但我国尚无这方面的分析成果。根据国外的资料，看来重现期为 1.5 年一遇的洪水作为平滩流量是合适的。而可取 2 年一遇洪水作为小洪水分布上限，即认为低河漫滩的后边缘是频率 $P=50\%$ 的小洪水淹没线。我们在沱江、涪江下游江段和重庆至宜宾江段调查发现，在低漫滩的后缘以上，栽植了较多的林木并且生长良好。

2)高河漫滩

高河漫滩是河漫滩的高位地段，其地表已形成较稳定的土壤覆盖，表面生长有灌丛和杂草，许多地方还是农田耕作带，其洪水淹没频率比低河漫滩低得多。

洪水漫上高河漫滩后，流速一般都不大，不但不会造成冲刷，反而会将泥沙沉淀下来。多数河流滩地每上水一次，就会淤高一次，这种趋势发展下去，滩地就会逐渐抬高，最终使得河滩成为难以上水的高台地，但是实际上高河漫滩地的增高会有一个限度，就是说到达一定高度之后，将不再增长，而仍有可能被漫溢，在这里起控制作用的主要是坡面的自然侵蚀。

假设高河漫滩每漫水一次增长的高度为 ΔH，则 T 年一遇的洪水产生的年平均淤高率为 $\Delta H > T$，而坡面的年自然侵蚀速率为 Δh，由此可见，对于中小洪水 $\Delta H/T > \Delta h$，则淤长率高于侵蚀率，高河漫滩会增高，而对大洪水 $\Delta H/T < \Delta h$，淤积量在重现期可以完全侵蚀掉，因此高河漫滩不会增高，由此可见高河漫滩的高度可由 $\Delta H/T = \Delta H$ 的交点 Q_k 来决定，即图 13-7 和图 13-8 所示。假定某河漫滩一次可淤积 10cm，而自然侵蚀速度为平均每年 1cm，则很自然，高河漫滩高度对应于 10 年一遇的洪水位。当滩地于此高度时，小于等于 10 年一遇的洪水将会使高河漫滩不断淤高，而当其高于此高度时，大于 10 年一遇的洪水不可能维持高河漫滩上每年 1cm 的自然侵蚀速度，这样一个平衡的高河漫滩高度正对应于 10 年一遇的洪水位。

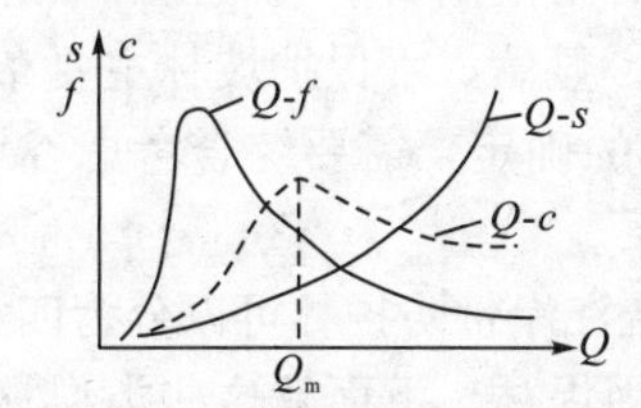

图 13-7　造床流量 Q_m 的确定图

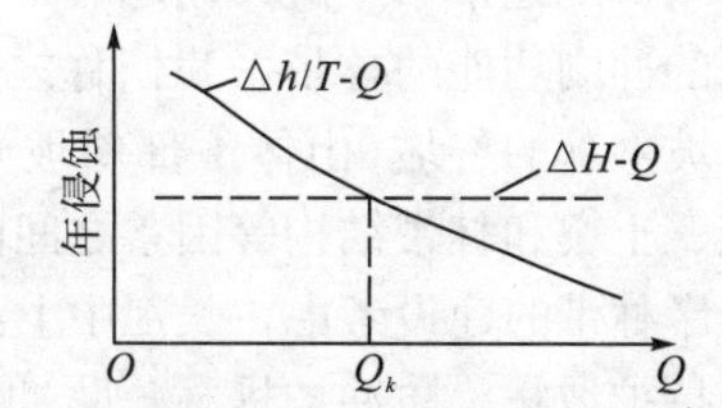

图 13-8　高河漫滩的年均淤积侵蚀曲线图

以上从成因的角度论述了高河漫滩高度的河流动力学机制，但要对每一河段都按这种方法分析洪水淹没频率是不可能的，只能根据大多数高河漫滩的淹没频次统计。据调查统计，对不同河流或不同河段，高河漫滩的淹没频率约在 5 年一遇到 20 年一遇之间变化，可取平均 10 年一遇的洪水量级作为高河漫滩的淹没频率。在实际野外调查中发现，在离常年枯水位线 1m 以上至 4m(或 5m)的高河漫滩与淹没频率 5 年一遇到 20 年一遇之间的洪水位线范围相当。综上所述，从河流地貌形态考虑，高漫滩的前缘可作为护岸林基线的下线。

二、江岸带造林带宽度的确定方法

上节对河流洪水过程和河流地貌形态类型特征的分析，为护岸(堤)林的布局提供了可供参考的资料和判别标志，但是没有解决造林后对江河行洪有无影响的问题，亦即在可造林的江岸带的地貌部位，到底造多宽的林带比较合适没有作出回答。

对于平原河流来说，江岸带造林的主要目的是护堤稳基，即保护堤防不受洪水的冲蚀，稳定堤防下部基础(迎水面的高漫滩部分)不受洪水的冲刷。因此，江岸林的建设既要防止洪浪对堤防的冲刷作用，又要有分流、缓流、挂淤稳基的功效，同时，对河流行洪不发生影响。能达到以上功能的宽度，称之为必要宽度或叫理论宽度。能够起到以上功能的江岸林，称之为防冲护堤林。可见，在平原河流的堤防外侧主要布局防冲护岸堤林，其林带宽度的确定，需要把河谷地貌形态、洪水特性和林带结构与稳基、护堤作为一个大系统进行综合研究，只有这样才能得出科学防冲护堤林带的必要宽度。

对于平原河流堤防内侧造林必要宽度的确定，主要考虑林带的建设要有利于堤防内侧禁脚地段地下水位的降低，防止出现水渍现象。我们称这种江岸林为防溃固堤林。可见，在平原河流堤防内侧可主要布局防溃固堤林。鉴于堤防内侧造林牵涉到占用耕地等问题，因此需要研究林带建成后林冠蒸发与地下水位降低之间的关系，进而提出防溃固堤林带的必要宽度。

山区河流江岸带造林与平原区河流江岸带造林有所不同。山区河流河谷的主要问题是，大洪水线以下岸坡受洪水冲刷作用产生冲刷、淘蚀和崩塌，大洪水线以上谷坡主要受坡面径流作用产生的土壤侵蚀。从护岸角度考虑，护岸林的建设要有分流、缓流和减少洪水对岸坡的冲刷、淘蚀的功能，同时又不影响河流的行洪。能够达到以上功能的江岸林称之为防冲护岸林，其林带宽度的确定，同样需要进行有关影响因素的综合研究，进而才能提出防冲护岸林的必要宽度。

从减少江河泥沙含量和美化河谷两岸景观角度出发，应考虑防冲护岸林以上谷坡的水土流失的防治问题，因为这些地带的水土流失直泻江河，对河流泥沙的影响最为直接。从有利于减少此地带水土流失问题考虑，需要营建具有防雨滴对土壤溅击和减轻坡面径流对坡面的冲刷功能的林带，我们称之为水保护坡林。显然，水保护坡林主要布局于山区河流岸坡上部的谷坡(山体下部斜坡)，其林带宽度的确定，需要综合考虑谷坡形态、斜坡径流、土壤和林带结构等因素之间的相互影响关系。

从江岸林带的建设考虑，长江中上游平原及其支流江岸带防护林可以分为四大类型，即水土保持护坡林、防冲护堤林、防冲护岸林、防溃固堤林。下面就这些类型林带必要宽度的确定方法予以分述。

(一)水土保持护坡林带的宽度

无人工堤防的江河存在着河流洪水对江岸冲击侵蚀作用和江岸上部岸坡的水土流失作用。本节讨论防治岸坡水土流失的水土保持护坡林建设宽度确定的理论问题。

1. 坡面土壤侵蚀的推理公式

关于坡面土壤侵蚀有许多试验资料，也有一些半经验公式，如美国水保局常用的水土保持通用公式为

$$N = RKLSCP \tag{13-7}$$

日本关于天然坡面的侵蚀公式为

$$N = FRS^{1.35}L^{0.35}P_{30}^{1.75} \tag{13-8}$$

这些公式有的不适合用于江岸林分布宽度的分析(如(13-7)式没有包括坡长)，有的缺乏具体的参数或形式不合理(如(13-8)式的坡度指数大于1.0)。针对江岸林的坡面特点，需要研究有关坡面土壤侵蚀的推理公式。

坡面水流以紊流为主，这些坡面单宽流量 q 与水深 H、坡度 S 的关系为下式

$$q = \frac{1.5}{n}H^{5/3}S^{1/2} \tag{13-9}$$

坡面水流的连续方程为

$$\frac{\partial h}{\partial t}+\frac{\partial q}{\partial l}=i-f \tag{13-10}$$

其中，i 为暴雨强度，f 为下渗速率，L 为坡长，n 为玻面糙率。对于恒流 $\partial h/\partial t=0$，则式(13-10)等价于

$$q=[i-f]^{+}L \tag{13-11}$$

式中的符号 $[\ ]^{+}$ 是取正算符，即

$$[a]^{+}=\begin{cases}a, a>0\\0, a\leqslant 0\end{cases} \tag{13-12}$$

式(13-9)和式(13-11)的联解得坡面流速：

$$U=(1.5N)^{0.6}S^{0.3}(i-f)^{0.4}L^{0.4} \tag{13-13}$$

设土壤抗冲刷流速为 V_0，则在流速 U 下的坡面土壤冲蚀强度为

$$N=K\frac{[U-V_0]^{+}}{V_0}=K\left[\left(\frac{1.5}{n}\right)^{0.6}S^{0.3}\frac{(i-f)^{0.4}}{V_0}L^{0.4}-1\right]^{+} \tag{13-14}$$

式中，K 为单位换算系数，N 为单位时间单位面积上的冲刷深度。(13-13)式是裸土表面侵蚀的推理公式，它反映了地表侵蚀强度 N 与坡长 L、坡度 S、土壤强度 V_0、表面情况 n、f 及暴雨 i 之间的关系。

若取典型情况下，坡面的 $n=0.5$、$V_0=0.1\text{m/s}$、$i=10\text{mm/hr}$，$f=2\text{mm/hr}$，则计算得不同坡长和坡度下的土壤侵蚀强度关系见图 13-9。

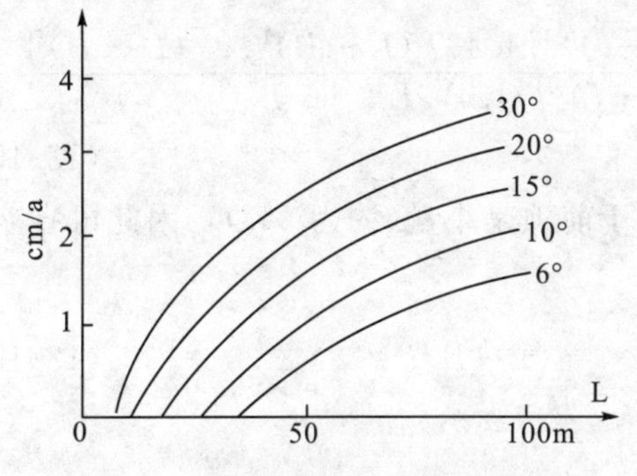

图 13-9　土壤侵蚀能力关系曲线图

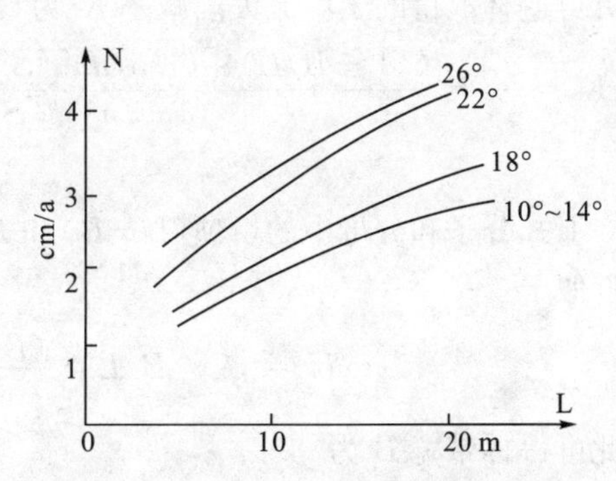

图 13-10　坡长与坡面侵蚀强度关系图

由图 13-9 可见，坡长与侵蚀强度的函数为下凹曲线，曲线起点不过原点，而是在 2~8m 的范围变化(与坡度和抗冲能力 V_0 有关)，这个理论公式有一定的代表性，图 13-10是陈明华根据试验山坡观测得到的坡长与地面侵蚀强度的关系，可见与图 13-9 很相似。另外，他总结出的坡面侵蚀公式为

$$LS=(\theta/10)^{0.78}(L/20)^{0.41} \tag{13-15}$$

式中的坡长 L 的指数 0.41 与推量公式 0.4 基本相同(但其坡度用的角度，$\sin\theta=S$，故两者的指数不可比)。

N 是单位面积上一定时间中的侵蚀深度，而整个坡面的总侵蚀量就是坡面土壤流失量 q，所以

$$q_s=\int_0^L N\mathrm{d}L=K\left[(1.5/n)^{0.6}S^{0.3}\frac{(i-f)^{0.4}}{1.4V_0}L^{1.4}-L\right]^{+} \tag{13-16}$$

在有植被的情况下，坡面侵蚀将大为减小。植被削减土壤流失有两方面的作用，一方面是防止了植被覆盖上的土壤流失，这时整个坡面上的可侵蚀长度变成了$(L-B)$，B是植被宽度。另一个原因是植被可以拦截坡面上游冲下的泥沙，其拦率率可用$(1-B/L)^{\alpha}$表示，当林下植被(灌丛草皮)完整时，拦沙能力强，α较大(可达8～10年)，在林下无灌草时，拦沙能力弱，$\alpha=1.0$，因此在有林带时的坡面土壤流失量q_s为

$$q_s = K(1-B/L)^{\alpha}\left[(1.5/n)^{0.6}S^{0.3}\frac{(i-f)^{0.4}}{1.4V_0}(L-B)^{1.4}-(L-B)\right]^{+} \tag{13-17}$$

对于保护良好，林下植被完整的林带，α可取4～5。

2. 水土保持护坡林带的宽度

在$P=10\%$洪水淹没线以上，林地受江河直接作用的机会小，江岸林主要起水土保持和维护岸坡稳定的作用，故称水土保持护坡林。

水土保持护坡林带的宽度可以用削减坡面土壤流失的指标来确定。若原坡面土壤流失量为q_s^0，造林能削弱坡面流失的比例为$K\times100\%$，则造林后的实际土壤流失量为$q_s=Rq_s^0$。

前面已经得到在林带宽度为B、坡长为S条件下的坡面水土流失的公式

$$q_s = k\left(1-\frac{B}{L}\right)^{\alpha}\left[\left(\frac{1.5}{n}\right)^{0.6}S^{0.3}\frac{(i-f)^{0.4}}{1.4V_0}(L-B)^{1.4}-(L-B)\right]$$

则可得造林取得的土壤流失削减率K为

$$K=\frac{q_s}{q_s^0}=\frac{k(1-B/L)^{\alpha}[(1.5/n)^{0.6}S^{0.3}(i-f)^{0.4}/1.4V_0(L-B)^{1.4}-(L-B)]}{(1.5/n)^{0.6}[S^{0.3}(i-f)^{0.4}/1.4V_0L^{1.4}]-L} \tag{13-18}$$

上式分子和分母中的后项$(L-B)$和L相对于前项是小量(约为5%)，因此可省略，则近似于：

$$K=(1-B/L)^{\alpha}\frac{(L-B)^{1.4}}{L^{1.4}}=(1-B/L)^{\alpha+1.4} \tag{13-19}$$

由此可得林带宽B为

$$B=L(1-K^{1/(\alpha+1.4)}) \tag{13-20}$$

这就是在指定坡面土壤流失削减率K时求得林带必要宽度的公式。该式说明决定林带宽度的主要因素是坡地长度L和林地状态指标α，对林下以裸土到完整植被的情况，α从1.0到5.0变化，设计中可取4.0。坡长L还与坡角θ和地表起伏高差D(相对高度)有关，$L=D/\sin\theta$，表13-12给出不同坡度和相对坡高条件下的必要林带宽。

表13-12　江岸带水土保持护岸林带必要宽度

$1-K$	D/m	20			50			100			150			200		
	θ/(°) / S/m	7	15	25	7	15	25	7	15	25	7	15	25	7	15	25
50%	L	164	77	47	410	193	118	821	386	237	1231	580	355	1641	773	473
	B	20	9.3	5.7	49	23	14	99	37	29	148	70	43	198	93	57

续表

1−K \ S/m \ θ/(°) \ D/m		20			50			100			150			200		
		7	15	25	7	15	25	7	15	25	7	15	25	7	15	25
60%	L	164	77	47	410	193	118	821	386	237	1231	580	335	1641	773	473
	B	26	12	7.4	64	30	18	128	60	37	191	90	55	256	120	74
70%	L	164	77	47	410	193	118	821	386	237	1231	580	335	1641	773	413
	B	33	15	9.5	81	39	24	164	77	47	245	116	71	328	154	95
80%	L	164	77	47	410	193	118	821	386	237	1231	580	335	1641	773	413
	B	42	20	12	106	50	31	211	100	61	317	149	91	423	199	122

注：D：相对高度；L：坡长；θ：坡角；B：林带最小宽度；$(1-K)$：土壤流失削减率

(二)防冲护岸(堤)林带的必要宽度

在 $P=50\%\sim100\%$ 的洪水线内的河漫滩上营造的防冲护堤(岸)林具有削波抗冲及挂淤作用，可以减弱水流和波浪对堤面或岸坡的冲刷，加速河漫滩的淤固，有利于河流的稳定。

在淹没河滩漫上布林后，林下流速 U 将低于无林时的当地流速 U_0，可由下式描述

$$U = U_0/\sqrt{1+KDH^{4/3}C_D/(2n^2)} \tag{13-21}$$

其中，K、D、H 为林地密度、树径和淹没深度，上式对林带宽阔的情况适用。对只有宽度为 B 的窄林带，应对其中的林地密度进行修正，一般在林宽超过 50m 时就可以视作宽阔林带，因此对窄林带的修正公式为

$$U_0/U = \sqrt{1+(1-e^{-B/50})KDH^{4/3}C_D/(2n^2)} \tag{13-22}$$

对于靠近堤岸的淹没林区，若 $U/U_0\leqslant0.5$，一般水边流速也将下降一半以上，同时水流的冲刷能量下降到原来的 1/4，因此可用 $U/U_0=0.5$ 作为确定林宽的指标，由此推得防冲护岸(堤)林的必要宽度：

$$B = 50\cdot\ln\left[1-\frac{6n^2}{C_DKDH^{4/3}}\right]-1 \tag{13-23}$$

对于一般情况，可取 $n=0.003$，$C_D=0.8$，$D=0.1$m，$H=1.0$m，树间距 2m，则 $K=0.25$，由此算得 $B=15.6$m。

因此，对于普通情况，可取防冲消浪林带宽 15~20m，即可使水边流速下降一半，水流冲蚀动能减少 3/4，若受河滩地宽度限制，林宽达不到 15m，则可种 8~10m 宽的林带，而在林下间种一排灌木，相当于增大了林带密度 K，也可取得相近的效果。

(三)防渍固堤林带的必要宽度

人工堤坝以内(背水面)的林带可以通过树冠的蒸发来降低地下水位，因此林带的必要宽度可以由林带的蒸腾速度与渗透水量来决定。

设林地蒸发强度为 ε(mm/d)，宽度为 B 的林带的总蒸发量为

$$q_g = \varepsilon B \tag{13-24}$$

地下来水量与土壤渗透率和渗透路径有关，若堤坝与堤基的综合渗透系数为 K

(m/d)，堤基的宽度为 L，坝前水深(相对堤内地面)为 H，则根据达西定律，地下渗水量 q_g 为

$$q_g = k\frac{H}{L} \tag{13-25}$$

在林带蒸散发与渗水平衡的条件下，地下水位可降到林地根系深度(约 0.5~1.0m)，则这时

$$q_g = q_B$$

即

$$\varepsilon B = \frac{H}{L}$$

所以

$$B = \frac{K}{\varepsilon}\frac{H}{L} \tag{13-26}$$

对具体河段，堤坝和地基的土壤渗透系数应根据土质查表 13-13。

以长江中上游一般情况为例，这时可取 ε 为 5mm/d，堤前水头 H=2m，堤底宽>15m，对黄壤堤坝河滩 K=0.5m/d，则林带的必要宽度为

$$B = \frac{0.5}{0.005}\times\frac{2}{15} = 13.3(\text{m})$$

表 13-13 渗透系数表

土质	$K/(\text{m}\cdot\text{d}^{-1})$	土质	$K/(\text{m}\cdot\text{d}^{-1})$
黏土	<0.005	中沙	5.0~20
亚黏土	0.005~0.1	均质中沙	35~50
黄壤土	0.25~0.50	粗沙	20~50
粉沙土	0.50~1.0	均质粗砂	60~75
细沙	1.0~5.0	圆砾石	50~100

而对于粉砂土河滩，渗透系数 K=1.0m/d，则林带宽应增至 26m。

在必要林带宽条件下，地下渗水可以完全被树木蒸腾消耗掉，而且这时树木的吸水主要集中在毛细根带，即地下约 lm 以下，这样地下水位可下降到地表 0.5~1m 左右，地面无渗水，有利于堤基稳定。

三、江岸带环境特征与江岸林布局和发展前景分析

(一)武汉—宜昌段

武汉—宜昌干流两岸为典型的湖积-冲积平原，海拔 100m 左右，相对高度只有几十米，地表坡度一般小于 5°，地势低平坦荡，河渠港汊纵横交织，湖泊星罗棋布，呈现典型的“水乡”景观。

武汉—宜昌段河谷形态呈显著的不对称性宽谷特征。受地球偏转力的影响，水流对南岸的冲刷强烈，江岸变陡，南岸往往紧靠丘陵或阶地，而北岸则往往是宽广的河漫滩。河流平面形态以宽谷为主，谷底宽一般为几公里至十几公里，如金口、牌洲和陵溪口谷底宽分别为 6.5km、5.5km 和 14km。由于部分河段两侧有坚硬岩石组成的丘陵，束缚了河流的侧向开拓，成为河流展宽的节点，出现相对窄的河谷形态，如城陵矶至螺山段谷底宽只有 1~3km。

本江段河床纵剖面呈波状性，表现为波状起伏的形态。根据河床纵剖面形态可以划出凸型岸和凹型岸。从宜昌至武汉可分出7个凸型岸和6个凹型岸。凸型岸的分布：宜昌—宜都段，松滋—枝江段、苑市—观音寺段、郝穴—石首段、塔市驿—荆江门段、城陵矶—燕子窝段和金口—阳罗段(武汉)。凹型岸的分布：宜都—松滋段、枝江—苑市段、观音寺—郝穴段、石首—塔市驿段、荆江门—城陵矶段、燕子窝—金口段。凹岸侵蚀崩塌严重，除采取生物措施固岸护堤外，还要配合相应的工程措施。凸岸有利于泥沙淤积形成滩地，在靠堤防的高漫滩面积较大，可适当营造防浪护堤林。

根据河谷形态特征，本江段可归并为两大类型：宜昌至城陵矶为弯曲河型，其中枝城至城陵矶的荆江段属于典型的冲积性平原自由弯曲型河流；城陵矶至武汉属分汊型河流，汊流发育并形成较多较稳定的江心洲。不同河型，护堤林带宽度及土地利用的方式不能一样。根据河谷形态、形成条件、组成物质等综合特征，可将宜昌至武汉段分为四大类，对不同类型河谷地貌和河流水文泥沙特征及其护堤林建设与有关土地的利用方向作了评述(略)。

(二)宜昌—重庆段(三峡库区)

本江段属于山地型河谷，河流两岸多为陡峻的山地，沿江两岸大于25°的陡坡山地面积占36.6%，小于7°缓坡山地面积为29.4%。组成沿江两岸物质主要为坚硬的灰岩、砂岩、花岗岩，次为软性紫红色砂页岩互层。在坚硬岩石分布区，岸坡陡峭，在紫红色砂页岩互层分布区，岸坡较缓。本江段河型以顺直微弯型为主，该河型长度占本江段51.9%。由于岩性差异造成宽窄相间分布的河谷形态，在坚硬岩石分布区多为峡谷型河谷，峡谷型河段长度占本江段的29.0%。在软性岩石分布区为宽谷型河谷。由于河谷宽窄相间，水流在窄处受阻，在宽处扩散，特别是在最窄的峡口处，造成水流的卡口，使洪水期洪水产生壅水，水能集积，水流纵比降变陡，流速增大，单宽流量增加，侵蚀强度增大，进而使岸坡稳定性程度降低。据调查资料，本江段稳定性较差的河段在右岸达33.9%，在左岸为31.8%。在这些河段容易发生崩塌、滑塌和滑坡等多种山地灾害。在宽谷型河谷，由于其两岸岩石为软性砂页岩，抗风化和抗侵蚀力差，坡度一般较缓，且多数被开垦为耕地，两岸水土流失比较严重。

上述情况表明，本江段护岸林的生态功能主要着眼于稳坡固岸和减少岸坡侵蚀。因而可考虑在百年一遇洪水位线(或50～100年一遇洪水线)以下和常年洪水位线(2年一遇)以上的岸坡，建设以防冲护岸林为主的防护林。在约30%峡谷段的岸坡主要为坚硬的基岩，这些岸坡不可能建设防冲护岸林。在以紫红色页岩等软性岩分布为主的岸坡，由于其坡度较缓和有一定厚度风化层或土壤层，可以考虑建设防冲护岸林。属这种岸坡的江段约占本江段的60%。在这些河段岸坡建设防冲护岸林的林带宽，建议采用常年洪水位线以上至大洪水位线(50～100年一遇)以下的宽幅，这种宽幅是斜坡上的长度。其长度随斜坡的坡度大小而变化。根据本江段宽谷带岸坡的情况分析，防冲护岸林带的宽度为10～30m，平均约为20m。

本江段三斗坪至重庆下游广阳坝为今后三峡水库的范围。因此，上述防冲护岸林带宽度，只适用于三峡水库蓄水以前的情况。在此期间，可考虑营建既能快速生长且成本又低的林草植物，达到既对蓄水前岸坡水土流失有所减轻，又能产生一定经济效益之目的。

当前需要做好三峡水库蓄水后防冲护岸林的建设的可行性论证，为三峡库区未来库岸带防护林体系建设规划方案的制定提供依据。

长江三峡库区从三斗坪至广阳坝全长583.8km。三峡水库建成后的运行态势：每年1～5月底，坝前水位由正常蓄水位175m逐渐下降为145m；6月初至10月底，水库按补偿调节下泄洪水流量，整个汛期水库水位维持在145m的水平；11月份蓄水，由145m上升至175m；12月份水库水位维持在175m水平。由此可见，三峡水库水位的年内变化规律是：每年11～12月份的枯水期出现最高水位，为175m；每年6～10月份的汛期出现最低水位，为145m；三峡水库水位在一年内变化于145～175m，最高与最低水位差为30m。这30m的库岸斜坡存在着库区水浪对岸坡的冲击侵蚀问题。因此，如何在这30m的岸坡和一年仅有5个多月的时间营建防冲护岸林，是值得深入研究的问题。

从上述水库运行安排可以看出，水位达175m的时间有2个月；在1～5月份，水位按每月6m的速度下降计算，3月底的水位下降为157m，按此考虑，从4月份到10月份的生长季期间，有12m宽的岸坡处于被水淹没的状态；1～3月份的非生长季期间，有18m宽的岸坡处于出水状态，而后有7个月(4～10月)继续处于出水状态。鉴于汛期水库坝前百年一遇洪水位可达166.7m，因而，这期间真正可被利用的出水岸坡宽应小于18m。如果考虑防冲护岸林的下线以3月底出水岸坡的水位线(即157m)为界，其生长期尽管有7个月之长，但是有近5个月的时间被水淹没。目前尚未找出具有耐水淹长达5个月的林木植物。已知道有些杨树耐水淹的时间可达3个月。为此，可考虑1月份的水位线(169m)作为以营建耐淹林木为主的防冲护岸林的基线(下线)，其林带宽度仅有6m左右。在出水长达7个月的生长季期间，可以考虑栽植具有美化景观的季节性花卉植物或具有固土防蚀生态经济效益显著的季节性植物。

如果按三峡水库库岸岸线总长4450.5km考虑，可建设以耐淹林木为主的防冲护岸林面积为26.7km^2，可栽植季节性花卉或固土防蚀生态效益型植物的面积为80.1km^2。

另外，在2月份水位下降6m岸坡(作为一种过渡性的岸坡)既不能种树，又不能种植适宜春夏秋生长的植物，可以考虑栽植具有美化景观作用的耐寒性的季节性植物。这部分的岸坡面积约26.0km^2。

三峡水库蓄水后，175m水位以上的岸坡应考虑坡面水土流失对水库的影响。为此需安排一定宽度的水土保持护坡林林带。其宽度的确定可依据表(13-12)或按公式$B=L(1-K^{1/(\alpha+1.4)})$，计算求得。在岸坡坡度为25°和相对高度为100m的岸坡，若水土流失削减率要达到80%，需营建水保护坡林的林带宽度起码要达到61m。三峡库区岸坡坡度为15°～25°的坡面面积约占整个库区岸坡面积的80%。按175m水面以上相对高度150m的幅度来考虑水保护坡林的建设，要求水土流失削减率达到70%的标准，需建设必要的水土保持护坡林林带宽度为149～91m。

(三)重庆—宜宾段

本江段流经四川盆地南缘的低山丘陵，河谷呈宽缓谷地态势，阶地较发育，并有一定面积的滩地。河型以弯曲型为主，占本江段的74.4%。其岸坡组成物质主要为厚层砂岩或夹少量泥页岩夹层的基岩，质地较坚硬，抗冲能力较强。江岸地貌形态以缓坡丘陵和阶地为主，其中缓坡深丘浅丘江段占该江段总长度的 36.2%，阶地临江的江段长占 4.7%，河漫滩临江长为 7.1%。可见，长江段岸坡比较和缓，岸坡稳定性较好，左右岸分别为 64.4%和 63.9%，崩塌、滑坡等病害较少。江岸坡的主要生态环境问题为岸坡径流侵蚀和洪水冲刷侵蚀，以及人为开垦岸坡地造成的水土流失。

本江段防护林体系建设主要有两大类型，一类为防冲护岸林，另一类为水土保持护坡林。前者主要布局于大洪水线与常年洪水位线之间的岸坡，河流地貌部位为高漫滩后缘以上的一级阶地斜坡至阶地面的前缘。根据野外调查，这个部位上的岸坡宽一般有 20～30m，也就是说最大可造林的林带宽度可达 20～30m。但本江段两岸人口稠密，以县(市、区)为单位的人口密度为 321～660 人/km^2，其中大多数地区人口密度在550 人/km^2 以上，是研究区内人口高密集江段之一。岸坡大部分土地被开垦为耕地，垦殖指数达 50%～60%，高者为 70%以上。例如合江至泸县江段达 71%，南溪江段达 76%。在这种情况下，建设具有 20～30m 宽度的防冲护岸林带困难较大。本江段江岸地带有丰富的热量资源，适于发展高品质、高价值及高经济产出的南亚热带和热带特种水果，诸如龙眼(桂园)、荔枝及枇杷等。从发展高价值和高产出的特种果木创立高效益经济生态型护岸林带模式补给农耕经济的角度考虑，本江段凡能种龙眼、荔枝等经济林木的耕地都可考虑退耕，建设 20～30m 的生态经济型的防冲护岸林带。

按本江段南、北岸线长 796.3km 和林带宽为 20～30m 考虑，本江段可建设生态经济型防冲护岸林的面积为 15.9～23.9km^2。

在一级阶地以上或洪水频率 50%以上的大洪水位线以上的岸坡，为防治坡面水土流失对江河和三峡库区的影响，应按表 13-2 的标准作好水土保持护坡林林带建设规划。

(四)沱江和涪江下游段

1. 沱江下游段

沱江从绵远河河源至泸州的长江入口处全长 634km，流域面积 2.78 万 km^2，干流平均比降为 3.35%。沱江从上游山区进入四川盆地紫红色砂泥、页岩丘陵区形成蜿蜒曲折的河流，从金堂赵镇到泸州沱江干流长 502km，弯曲系数达 2.11，亦即河流全长比走直线多出 2.11 倍。其中资阳以上河道谷宽达 1km 左右，资阳以下约 500m。内江以下的沱江下游河型与赵镇以下的中游河型基本相似，河曲多，凸岸河漫滩发育，凹岸岸坡较陡，移定性较差，坡面水土流失较严重。九曲回肠的河流，有利于减缓洪水的流速，增大凸岸部分的泥沙淤积，河谷宽度 1km 左右，河流上河漫滩不对称，最宽的河漫滩可达 200m，有些江段出现河心洲坝(江心洲)。

根据我们的野外实际调查，在沱江的内江段，河流蜿蜒曲折，在平面直线距离 26km 的范围内，其河流长 65km，其弯曲系数达 2.5。蜿蜒曲折的河流为洲滩地的发育提供了有利条件。常年枯水位线以上 50cm 为低漫滩，$P=50\%$的洪水(2 年一遇)可以被淹没。常年枯水位线以上至最大洪水线(相当于一级阶地面高度)之间的相对高度约 10m，从低漫滩后缘(亦即高漫滩的前缘)到一级阶地面前缘的岸坡长一般为 20m 左右，最短者不足 10m，长者达 30m。调查发现，内江市中区沱江段 130km 的绿化造林工程工作做得很出色，内江市中区政府提出常年洪水位线以上 20m 的岸坡作为造林带(防冲护岸林带)，按此要求，可造林面积达 2.6km^2(3900 亩)。由于内江市中区人口密度大，常年洪水位线以上约 20m 的岸坡，多数地段被开垦为耕地或菜地，退耕造林阻力很大。鉴于内江市中区政府要增加城市绿化面积的决心，因而采取了退耕补偿的政策，即退一亩耕地补偿 700 元，退一亩菜地补偿 1000 元(1994 年)。实践表明，只要政府有决心，政策符合实际，农民能得到实惠，加上措施得力，江岸带防护林建设是可以实现的。

我们在调查中发现，内江市中区江段以外的其他沱江江段，要建设 20m 宽护岸林带是有困难的。原因在于人多地少的矛盾突出，近期地方政府缺乏足够的补偿资金。

内江市中区至泸洲沱江干流长 205km，按防冲护岸林带 20m 宽的标准进行建设，可建林带规模为 4.1km^2。按照目前沿江带垦植指数 66.7%计算，需要退耕还林的耕地面积为 2.7km^2，但目前和今后一段时期内，要求已被利用的耕地都退耕还林，难度是相当大的。

本江段有大部分岸坡与丘陵山坡相联系。在最大洪水线以上的谷坡，若没有阶地或阶地状台地和梯田的谷坡，需考虑水保护坡林的建设，其必要的林带宽度按上述有关公式推算求得。

2. 涪江下游段

涪江于合川市汇入嘉陵江。遂宁市中区以下的涪江段称之为涪江下游。涪江遂宁市中区以下至合川干流全长 179km，平均比降 0.5‰。涪江下游段流经潼南，铜梁县至合川。流域内以中，低丘丘陵地貌为主，至合川后受华蓥山、歌乐山影响，间有岭状深丘、低山，海拔 200～600m。涪江下游河谷宽阔，河流迂回曲折，水流平缓，江面宽一般为 200～500m，谷宽一般 2～8km，最宽处的遂宁都口河谷达 10km，在遂宁市中区城市上下谷宽达 5km 以上。下游段河流两岸间隔分布着河流冲积层形成的宽阔平坝，地面一般高出江面 5～10m。在实地调查中发现，遂宁市中区涪江段的河谷形态和河流特征，不仅在涪江下游有一定的代表性，而且在涪江的中游以及嘉陵江和渠江中下游也有很好的代表性。为此，我们选择该江段作为典型研究的代表性江段进行了深入研究(研究方法与过程略)。

通过涪江下游遂宁市中区的深入研究，得出该区涪江段实际可造林面积达 14.86km^2，即 14860hm^2，占该江段土地面积的 18.17%。这一结果表明，涪江中下游江岸带实际可造林的潜力还是不小的，同时进一步说明，开展江岸带防护林体系建设研究和江岸带造林规划的工作很有意义，江岸带造林是长江上游生态经济型防护林体系建设不可忽视的重要组成部分。

第四节　森林植被变化对洪水的影响分析[①]

1998 年长江流域发生特大洪水后，社会上和学术界发表了许多的言论和文章讨论长江上游森林植被的破坏对洪水的影响，中央也因此加大了对长江上游以森林植被恢复重建为主要内容的生态环境建设力度，率先在四川省和长江上游地区实施“天然林保护工程”和“退耕还林工程”。目前长江上游地区生态环境建设工作出现了前所未有的大好形

① 本节作者钟祥浩、程根伟，在 2001 年成文基础上作了修改。

势。可以说，森林植被恢复重建与保护工作的重要性，已被广大干部和群众所接受。

森林生态系统具有强大的服务功能，具体表现为保持水土、涵养水源、减轻洪涝灾害、维护生物多样性、净化空气、提供木材和其他林副产品等。如何正确理解和评价这些功能，并科学有效地发挥其作用，是保证长江上游地区森林植被恢复重建工程健康有序发展的一项重大课题。本文对长江上游地区森林植被变化在调洪方面的功能及其作用进行讨论。

一、森林植被调洪作用的一般机理

森林植被的调洪作用是通过森林-土壤系统对降雨的截留和拦蓄作用实现的。森林－土壤系统对降雨的截留和拦蓄取决于组成该系统的森林生态子系统和土壤生态系统子系统的结构及其物种和物质组成性质。良好的森林生态系统一般具有乔木层、灌木层和草本层以及地表枯枝落叶层，乔、灌、草各层又由 1～2 个亚层组成，各层次都具有不同程度的降雨截留作用，其中各层中的叶面积与降雨截留关系最大，其次为枝干数量。前人对不同地区的森林类型林冠截留做过很多的观测，并建立了各种类型的截留模型。观测资料表明，不同地区不同林型林冠的截留量有较大的差异，不同树种的树冠截留量不仅与该树种的树冠特点有关，而且与降雨量和降雨强度有密切关系，小雨截留量大，大雨截留量小。在自然状态下的长江上游地区亚热带常绿阔叶林群落(具有乔、灌、草多层结构)的最大截留量可达到总降雨量的 20%～25%。分布于四川盆地大面积的人工林群落，降雨截留量不大，如 20 年生柏木林林冠在 50mm 雨量下的截留率为 14%。

森林生态系统对降雨的截留量，实际上是湿润系统内全部枝叶和树干所需要的雨量。因此，组成森林生态系统的群落结构越复杂，湿润全部枝叶和树干所需的雨量就越大，落入地表形成径流的雨量就越小。在降雨时雨水对植物群落湿润过程中有少量的蒸发，但在降雨期间蒸发量不大。一次降雨以后有几天晴天，再次降雨的截留量不会有明显的减少。不同地区不同结构的森林生态系统有其截留量的最大容量值，亦即减少降雨落入地表的最大量，减少量越大的森林生态系统对减少洪水流量的贡献就越大。

当森林生态系统全部被雨水湿润后，接着的降雨将进入地表枯枝落叶层，良好森林生态系统的林下枯枝落叶层一般可达 8～10cm，这一层的雨水截留率一般可达 5%～10%，最大蓄水能力可达 20～30mm。

通过枯枝落叶层后的雨水进入土壤。不同地区不同森林生态系统类型下的土壤蓄水能力差别很大。蓄水能力与土壤层厚度、有机质、质地、孔隙度等性质有关。在良好森林生态系统下的自然土壤具有很高的储水能力，如四川盆地西北中山暗针叶林区，其土壤厚度一般达 1.0～1.5m，非毛管孔隙达 10%～25%，土壤最大蓄水能力可达 2500t/hm^2，相当于 250mm 的水量。在暴雨条件下的土壤雨水入渗量取决于土壤的结构和坡度。在土壤表层较致密和暴雨历时又短的情况下，一般容易形成暴雨超渗产流。

上述表明，降雨在森林生态系统和土壤生态系统的作用下，使降雨径流量大为减少，在短时小暴雨情况下，一般不出现径流，但是在大暴雨和历时长的情况下，可能产生暴雨径流或暴雨洪流。不同地区不同森林－土壤系统的截留蓄水能力是不同的，它们各自拥有相应的截留蓄水最大容量值，而这个值是随季节而变化的，在雨季期间的雨期和间雨期也不一样。在某种意义上说来，森林植被对洪水的影响关系实际上是森林-土壤系统截留蓄水容量与暴雨接纳程度之间的关系。

二、森林调洪作用分析

(一)小流域调洪作用实验资料分析

1. 峨眉山多雨区对比流域实验资料分析

在峨眉山暴雨中心区设有两个径流实验流域，一个叫虎溪桥，为多林区，森林覆盖率 92%；另一个叫六角亭，为少林区，森林覆盖率 40%。前者面积为 0.470km^2，后者为 0.248km^2。

这两个流域紧紧相邻，地质、地貌和气候条件基本相似，具有研究森林面积差异对洪水影响的有利条件。

这两个流域年降雨量高达 1500mm 以上，6～9 月暴雨量级大，次数多。通过 1966～1975 年气象水文观测资料的分析，发现多林流域平均洪水径流系数为 0.72，而少林流域仅为 0.59；反映在洪峰特征上，多林流域洪峰流量模数(单位面积上的造峰流量)比少林流域低，多林流域虽然径流量大，但洪峰较低，一般为少林流域的 75%左右；此外还发现多林流域退水流量模数平均为 0.418m^3/(km^2 · s^{-1})，少林流域为0.51m^3/(km^2 · s^{-1})。可见，多林流域洪峰过后退化过程明显比少林流域高。以上特征可表示为图 13-11。

2. 三峡库区对比流域实验资料分析

王鸣远和王礼先在鄂西长江三峡库区北岸一级小支流上的两个相邻集水区开展了森林拦洪作用的对比观测与研究[12]。这两个集水区分别称之为有林沟和无林沟，前者面积 22086.7m^2，森林覆盖率 60%；后者面积23000.0m^2，森林覆盖率 10%。这两条沟的地质、地貌和气候条件基本相似。

1992 年 9 月至 1993 年 7 月进行了为期近一年的气象水文观测，他们对这一年的实验资料进行了分析，并总结出了如下的规律：在相同雨强下，有林沟洪峰径流模数明显小于无林沟；在相同雨量下，有林沟洪水径流深比无林沟低；在降雨或暴雨事件发生较近的情况下，由于雨前土地湿润情况较好的原因，在有林沟后续降雨的洪峰流量比前面相似雨量的洪峰流量大，表现出有林沟对后续降雨的拦洪作用随流域雨前蓄水量的增大而减小。

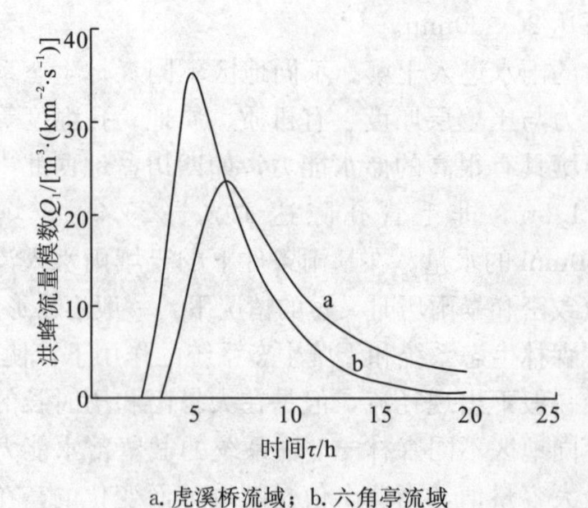

a. 虎溪桥流域；b. 六角亭流域

图 13-11　峨眉山区两个实验流域的洪水过程比较

3. 盆中丘陵区对比流域实验资料分析

盛志高等在盆中丘陵区的盐亭县林山乡的两个相邻小流域开展过森林对径流调蓄作用的研究。这两个小流域分别称为西沟和庙儿沟，前者面积 4.38km²，森林覆盖率 44.6%，后者面积 2.84km²，森林覆盖面积 2.94%。它们的地质、地貌和气候条件基本相似。

1981 年 9 月 1 日至 3 日这两个流域同时发生高达 294.9mm 的降雨量，24h 雨强为 197mm，为当地百年罕见。通过这两个小流域水文观测资料的分析，发现多林流域的减洪作用明显，实际洪峰流量，多林流域为 25.35m^3/s，少林流域为 19.75m^3/s；实际洪峰流量模数，多林流域为 5.97$m^3/(km^2 \cdot s^{-1})$，少林流域为 6.97$m^3/(km^2 \cdot s^{-1})$；修正后洪峰流量模数，前者为 6.11$m^3/(km^2 \cdot s^{-1})$，后者为 6.97$m^3/(km^2 \cdot s^{-1})$，多林流域洪峰流量模数比少林流域减少 10%左右。

中国科学院盐亭紫色土农业生态站在盐亭县林山乡试验林地对 1998 年 8 月 6 次暴雨与产流进行了观测(表 13-14)。

通过表 13-14 资料的分析，可以发现林地产流有如下的特点：

(1)雨前土壤较为干燥情况下的第一场暴雨(25.7mm)，按理土壤初始入渗率应该比较高，但由于暴雨历时短，雨强大，出现降水强度大于土壤入渗率，进而形成一定的超渗产流；

(2)时隔 5 天后的第二次暴雨(31.0mm)，雨量较前一场暴雨多，但由于暴雨历时长，雨强小，土壤入渗量较大，因此其产流量明显比第一场暴雨小；

(3)第二场暴雨后的第 5 天出现高达 122.0mm 的第三场暴雨，尽管雨强达 70mm/h，但历时达 31 小时，大部分雨水有足够的时间进入土壤，因而其产流量比第一、二场暴雨产流量还小；

(4)第三场暴雨后的第 5 天又一次出现高达 128.1mm 的第四场暴雨，其历时和雨强都较第三场暴雨大，因而其产流相应增大；

(5)第 4 场暴雨后的第 2 天，接着发生高达 112.6mm 的第 5 场暴雨，尽管其暴雨量比第 4 场暴雨小，但是其产流量大得惊人，高达 496.50m³，其原因显然与前期降雨使得土壤蓄水达到饱和状态有关；

(6)第 5 场暴雨后的第 6 天，虽然暴雨量只有 90.7mm，然而其产流量仍高达 314.10m³，表明土壤受前期暴雨的影响，其蓄水容量很小，大部分暴雨流走。

表 13-14　四川盆地盐亭县林山乡试验林地暴雨产流观测资料

降雨记录时间	暴雨特征	雨量/mm	径流量/m³
1998-08-03	历时 30min，最大雨强 150mm/h	25.7	74.40
1998-08-09	历时 120min，雨强较小	31.0	1.04
1998-08-14	历时 31h，最大雨强 70mm/h	122.0	0.65
1998-08-19	历时 4.5h，最大雨强 125mm/h	128.1	4.50
1998-08-20	历时 15min，最大雨强 130mm/h	112.6	490.50
1998-08-26		90.7	314.10

注：试验林地面积 15683 万 m³，森林覆盖率 60%，以约 20 年生柏树为主混有少量桤树，资料由盐亭站高美荣和刘刚才提供。

(二)典型洪水事件的森林调洪作用分析

1981年7月9日至14日，在四川盆地嘉陵江、涪江、沱江中下游出现历时6天的暴雨，其中11日、12日和13日三天总雨量超过200mm的面积达10.3万km^2，日雨量超过300mm的面积为5080km^2，最大点雨量达440mm。在这次暴雨前期，这些地区又发生过较大面积的降雨，土壤比较湿润，紧接着出现6天的暴雨过程，造成“三江”中下游大面积的洪水灾害。实际情况表明，大尺度流域下的流域坡度、形态和降雨量、雨强及其历时对洪水、洪峰的形成产生重大的影响，森林在其中对洪水、洪峰形成的作用及其影响关系较为复杂。目前还没有较好的方法来说清其关系。前已述及，森林植被对洪水的影响主要是通过森林-土壤系统对降雨的调节作用来实现的。大面积森林生态系统结构及其土壤生态系统结构特性的资料难以获取。为此我们试图采用水文模型模拟的方法，探索在这种情况下的森林植被变化对洪水能有什么样的影响。

为避免降雨差异及其他因素对森林与洪水之间影响关系的干扰，我们试图在对不同区域洪水径流系数计算的基础上，再通过这些系数区域差异与森林覆盖率变化关系的比较，来探索森林对洪水的影响关系。

据此，我们选取了分布于嘉陵江、涪江、沱江中下游干流上的主要水文站为控制站，根据水文站的分布和流域的自然地理条件划分出14个江区(嘉陵江划出5个江区，涪江5个，沱江4个)，每个江区分别选出10～20个雨量站，计算各江区连续6天的流域平均暴雨总量，根据控制水文站水文资料，算出各江区(流域)洪水总量。在获得各江区暴雨总量和洪水总量的基础上，通过各江区洪水总量与暴雨总量比值(称之为洪水径流系数)的计算，并把不同江区洪水径流系数与相应江区森林植被覆盖率点绘在直角坐标系中；并按点群分布特点定出相关曲线。通过对曲线图的分析，发现森林覆盖度较低的江区(主要分布于四川盆地中部丘陵区)森林覆盖率每增长10%，洪水径流系数减小0.10。在一定程度上，反映了森林植被的减洪作用。

三、森林调洪作用讨论

(一)森林调洪作用与森林－土壤系统之间关系

森林调洪作用的发挥不能就森林论森林，必须着眼于森林-土壤系统的结构及其截留蓄水的功能。森林-土壤系统通过地面森林生态系统群落结构对降雨的截留和地下土壤生态系统土层结构对雨水的储存来减少暴雨径流形成时间和暴雨径流量。良好的森林-土壤系统结构，必然有良好的截留蓄水功能，截留蓄水功能越强，暴雨对洪水的贡献就越小。研究表明，不同地区森林-土壤系统截留蓄水最大容量本底值，对指导以森林植被恢复重建为内容的森林-土壤系统的建设与保护以及进一步搞好防洪工作有重要意义。四川盆地紫色土丘陵区，森林覆盖率从20世纪60～70年代不到10%提高到现在的20%以上，森林覆盖率翻了一番，但是截留蓄水功能没有发生显著的提高，原因在于林下没有灌、草结构，更没有枯枝落叶层，特别是林下的土壤层仍很薄，土壤最大蓄水能力500m^3/hm^2，不及正常情况下的1/5，仍表现出大雨大流的现象。因此四川盆地生态环境建设，不能单纯地追求森林覆盖率这个指标，而必须着眼于生态系统结构的建设，特别是当前应采取有利于地表枯枝落叶层和土壤有机质提高的措施。

（二）不能过分地夸大森林调洪的作用

小流域和小集水区森林植被变化对洪水影响的实验资料表明，森林确实有调洪的作用，主要表现在它的截留作用，使雨水径流总量减小和使雨水汇流时间滞后。但是如果前期已发生降雨，森林植被被充分湿润下，其作用主要通过其粗糙度对降雨汇流运动产生影响。具有良好结构的森林生态系统，其粗糙度大，对雨水汇流的滞后作用大，但是对降雨形成汇流的削减作用很小。另外，森林对降雨拦蓄作用与降雨的大小有关，当降雨量很小时，其截留量很大，甚至可达到100%。随着降雨量的增大，其截留量不断减小。前已述及当降雨量加上其前期截留量大于森林生态系统可能最大截留容量时，超出的降雨量则不再被森林植被拦蓄而流失，若在这种情况下，加之土壤也被充分的湿润时，再出现大暴雨，则可快速形成洪峰径流。关于森林植被在“81·7”特大洪水事件的分析，只考虑了暴雨洪水径流系数与森林覆盖率的关系。实际情况表明，中-大尺度流域条件下的洪水的形成很复杂，其中影响汇流的因素很多，很难用几个参数或简单的模型就能揭示它们之间的复杂关系。通过四川盆地中部丘陵区洪水与森林和流域地形之间关系的一般分析，发现在<100km^{2}的小流域，坡面汇流比重较大，一般可占10%～30%，因此坡面森林植被对汇流的影响较大，但是到底有多大影响，尚需作进一步的深入研究。对于几百平方公里的中型流域，河道的汇流和河道的调蓄作用分布于流域山坡上的森林植被对汇流过程可能还有一定的阻滞作用，但是有多大，也有待于今后的深入研究。

对于几千甚至几万平方公里以上的中-大型和大型流域，河道的汇流和河道的调蓄作用起着十分重要的作用，分布于流域山坡上的森林植被对汇流过程的影响可能很小，或是小到可以忽略不计。

暴雨发生的时间、强度、历时及其空间分布对流域洪水的形成影响很大。暴雨强度小或历时短，相对于有茂密森林分布的大流域来说，发生洪水的可能很小。若暴雨发生在前期降雨之后，而且强度大、历时长和分布的面积又大，森林的调蓄作用可能就不大了。回顾四川盆地区从公元7世纪到19世纪共发生洪灾达133次[13]，造成了大面积灾害损失。历史时期的四川盆地森林覆盖率都是比较好的，在遇上述情况的暴雨，森林再好也是无济于事。

第五节　森林植被变化对削洪减灾功能的影响[①]

宜昌以上长江上游流域面积100万km^2。它地处青藏高原东缘，江源区地势平缓，干流主要河段自西至东流经地势高峻、山峦起伏的高山峡谷区，其中巴塘至宜宾、宜宾至重庆、重庆至宜昌河床比降分别为0.137%，0.027%和0.018%。研究区属亚热带季风气候，多数地区年均雨量达1000mm左右。除金沙江中上段、雅砻江和岷江上游基本上无暴雨外，其余地区均有暴雨出现，暴雨区面积多在4万km^{2}以下。四川盆地西缘龙

① 本节作者钟祥浩等，在2003年成文基础上作了修改。

门山—邛崃山—夹金山—小相岭和盆地北缘米仓山—大巴山是暴雨中心分布区。上游地区水系发育，主要支流有嘉陵江、沱江、岷江、金沙江、乌江等，其中嘉陵江、岷江、金沙江及其支流雅砻江流域面积超过 10 万 km^2，嘉陵江流域面积达 16 万 km^2。这些支流多年平均径流量在 1500m^3/s 以上，宜昌站多年平均径流量达 4480 亿 m^3，相当于长江下游大通站径流总量的 50%，有长江流域乃至中国“水塔”之称。汛期(5～10 月)，来自宜昌以上的洪水量占汉口站洪水量的 70%以上，占荆江段防洪区洪水量的 90%以上。上述情况表明，长江上游具有形成暴雨洪流和对长江中下游带来洪水威胁的自然条件。水利工程建设特别是大型水库工程建设可起到有效的调洪作用，这方面的工作已取得了举世瞩目的成就。与此同时，在以植树造林为主要内容的生态环境建设万面也做了大量的工作，这方面的资金投入达到了前所未有的水平。在森林水文生态功能方面开展了大量的试验示范与观测研究，特别是 1998 年大洪水后，在提高森林植被水源涵养和削洪减灾功能方面的工作引起了杜会各界的高度重视，“天然林保护工程”和“退耕还林工程”已在长江上游全面铺开。但社会上也出现了一些对森林植被削洪减灾功能期望过高的不正确认识，以及以削洪减灾为目的的森林植被的恢复、重建与保护的宏观布局不甚合理的现象，本节就此问题进行研究与探讨。

一、森林植被的削洪减灾功能

森林植被具有削减洪峰流量、减轻洪水灾害威胁的削洪减灾功能，这种功能是通过林冠层、枯枝落叶层和土壤层等对暴雨的截持拦蓄作用实现的，这已被多数人所认知。国内外大量的森林小流域观测实验资料已证实了这种功能[14-17]。苏联学者对森林覆盖率与洪峰模数关系作了较多的观测研究，通过 175 个流域资料的分析得出，洪峰模数与森林覆盖率呈线性负相关，在森林覆盖率达到 100%时，其洪峰模数的减少不超过 0.5。罗马尼亚学者的流域观测实验也得出了相似的结论。日本也有大量类似的森林小流域观测实验资料，在日本釜渊、龙之口山的观侧资料表明，一次雨量达 100mm 以上的大雨时，森林砍伐流域的洪峰流量是其砍伐前洪峰流量的 1.36～1.81 倍，并得出不论多雨区或少雨区砍伐后的洪峰流量都将增加的结论。同时，日本的流域观测资料还表明，当森林采伐率不超过 50%时，对洪水流量几乎没有影响。新西兰森林小流域观测实验资料发现，小暴雨过程下的砍伐流域洪峰流量的增加比大暴雨过程下的小，森林植被削洪和减轻洪水威胁程度与暴雨的大小有关。

长江上游开展了许多小流域森林植被变化对洪水影响的观测实验。原长江流域办公室在四川凯江流域的观测资料表明，在 81h 内降雨 687.5mm 的情况下，具有森林覆盖的流域的雨水拦蓄系数达 66.3%，使洪峰流量降低。中国科学院综合考察队在金沙江 4 级支流小集水区的观测资料表明，无林集水区洪峰径流模数为多林集水区的 2.5 倍，最大洪峰流量为多林集水区的 1.8 倍[18]。根据四川峨眉山暴雨区 2 个森林小流域的对比实验资料，多林流域洪峰流量模数比少林流域低，洪峰过后洪水的下降速度明显比少林流域的高[19]。四川盆地丘陵区森林小流域和小集水区的对比观测资料也表明了类似的规律。

上述分析表明，森林植被变化对削减洪峰流量、减轻洪水灾害威胁的作用是明显的，长江上游森林植被变化对洪水的影响规律与国外的研究结果相同。

二、长江上游森林植被削洪减灾功能的区域差异明显

影响流域洪水形成的因素主要为降雨因素和流域因素。降雨因素包括雨强、雨量和持续时间；流域因素包括地质、岩性、土壤、地形和森林植被等。可见，森林植被是流域洪水形成系统的组成部分。不同流域洪水形成因素的组合特征不同，因此其森林植被对洪水形成的影响必然有别。例如，在流域面积和森林覆盖率条件相似的情况下，四川盆地丘陵区森林植被的削洪程度不同于川西亚高山地区，其实质在于这两个流域的水文环境和水文通量具有空间异质性特点。在一定地质、地貌、气候条件下，森林植被削洪减灾功能的大小与森林植被类型、结构、地表枯枝落叶及林下土壤特性密切相关，亦即与组成该地区森林植被-土壤生态系统的结构有关[19]。不同地区森林植被-土壤生态系统的结构不同，因而其削减洪峰和延长汇流时间的功能不一样。森林植被-土壤生态系统对洪水过程的影响是通过该系统对降雨的截留拦蓄作用实现的，不同地区森林植被-土壤生态系统对降雨截持拦蓄的量是不同的，表现在该系统林冠层最大截留量、枯枝落叶层最大拦持量和土壤层最大持水量的不同。

根据长江上游主要森林类型林冠截留量资料的分析[20-23]，川中丘陵紫色土 20～25 年生柏木林、马尾松林和桤柏混交林郁闭度为 0.7 的林冠一次最大截留量(在前期无降雨下)可达 8～12mm，当这些林的郁闭度为 0.3 时，一次最大截留量仅有 2～3mm；川西亚高山常绿暗针叶林带原始冷杉林在前期无降雨下的一次最大截留量可达 20mm，次生冷杉林的一般为 10～15mm。

又据研究区枯枝落叶层截留量资料分析[20-23]，四川盆地大面积人工桤柏林、纯柏林和马尾松林林下枯枝落叶层很少，最大持水量为 0.5～2mm；乌江下游麻栎纯林枯枝落叶层为 4.0mm，杉木栎类林可达 6.4mm[24]。川西亚高山常绿暗针叶林带原始冷杉林枯枝落叶层最大拦持量一般为 10～15mm，有苔藓的情况下，最高可达 30mm。

在土壤最大持水量方面，也有不同的森林－土壤生态系统类型的观测实验资料[14,19-21]，四川盆地紫色土丘陵区，林下土壤层都比较薄，一般为 20～40cm，一次最大持水量变化于 20～50mm；川西亚高山常绿暗针叶林土壤层厚度较大，一般在 70～80cm 以上，有些地区达 100～150cm，一次最大持水量可达 250～350mm。

上述分析表明，长江上游森林植被-土壤生态系统各水文层在前期无降雨条件下的一次最大持水量的区域差异明显，不同地区森林植被-土壤生态系统一次最大总持水量的差别也很大，最高与最低可相差 4~6 倍。

三、长江上游森林植被削洪减灾功能的有限性

森林植被具有削洪减灾的功能，但是这种功能是有一定限度的，不能给予过分的夸大。前已述及，森林植被的削洪减灾功能是通过森林植被-土壤生态系统 3 个水文层对暴雨截持拦蓄实现的。在前期无降雨条件下的林冠层削洪功能是通过发挥其最大截留量作用而减少雨水对径流的形成。当林冠层截留量已达到最大值时(全部树叶和枝干已被湿润饱和)，还继续下雨，其减少雨水径流形成的作用即消失，因为下雨期间蒸发量很小。在雨季，长江上游暴雨具有间断性特点，当间断期间足够长时，林冠截留水被全部蒸发，若这时再出现暴雨，可又一次发挥其最大截留量作用而减少该次暴雨径流的形成；若间

断期短，林冠截留量水只部分被蒸发，这时的林冠层削洪量为最大截留量减去前期剩余截留量。林冠层截留变化过程比较复杂，与雨强、雨量和持续时间有关。但总的说来，林冠层截留量在森林植被-土壤生态系统中所占的比例较小，对减轻暴雨洪流形成的作用不大。枯枝落叶层削洪减灾功能过程与特点与林冠层类似。

森林植被-土壤生态系统中的土壤层在削洪减灾中发挥着重要作用，其特点表现如下：

土壤层持水蓄水功能取决于土壤水文-物理性质，与土壤厚度、毛管孔隙、非毛管孔隙、总孔隙和容重等密切相关。不同土类这些性质有所不同，因而其最大持水量有别，而且一年中不同季节土壤水分含量变化很大，一般雨季土壤含水量高，少雨季节特别是干季土壤含水量很低。因此，不同土类及同一土类不同季节的土壤最大容水量(最大持水量-实测含水量)是不一样的。显然，土壤层的削洪减灾功能取决于最大容水量。通过研究区不同森林土类最大持水量和各月实测土壤含水量资料的分析，土壤最大容水量的年内变化可表示如图 13-12。图中最大持水量线(R_1)与实测含水量线(R_2)之间部分(R)为土壤平均最大容水量年内变化规律。该图表明，雨季 6～9 月份 R 值最小，一般在雨后明显变小，在多次连续降雨下，R 值趋于零。四川盆地紫色土丘陵区尽管目前森林覆盖率已高达 25%，但是其林下土壤层还很薄，目前 7～8 月只有 200～300t/hm^2，夏季土壤最大容水量的平均值为 20～30mm。在夏季的干旱期间，土壤含水量很低，最大容水量可高达 30～50mm，可接纳 30～50mm 的降雨量。在川西亚高山常绿暗针叶林区，R 值变化不同于四川盆地地区，夏季土集最大容水量的平均值可达 100～150mm，有些地方还超过此值。春-夏过渡季节土壤最大容水量平均值高于夏季，若这时出现一次性暴雨，一般不容易产生暴雨洪流。只有在夏季出现连续长时间暴雨情况下，才会产生暴雨洪流。

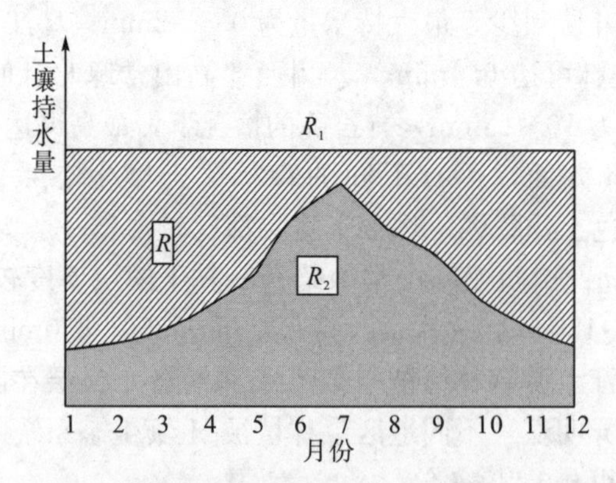

图 13-12　长江上游土壤平均最大容水量年变化规律图示

上述分析表明，森林植被-土壤生态系统 3 个水文层接纳降雨蓄存量都是有一定限度的，不同地区森林植被-土壤生态系统有其相应的最大持水容量值，而且一年中季节变化明显。当降雨量超过此值，便产生径流并进人河槽形成暴雨洪流。在一次暴雨量相同情况下，有林区暴雨洪水洪峰比无林区低；在多次连续暴雨情况下，有林区除对第一次洪峰有削减作用外，对后续暴雨形成洪水的削减作用逐渐降低，甚至有可能加大后续洪水的径流量，并使洪峰增高。程海云认为[25]，在众多大小支沟的水流向下汇集，特别是进入较大支流及干流，并经河槽调蓄之后，干流的洪水过程主要取决于河网的调蓄能力，与森林关系不大，而且森林覆盖率大的流域，由于前期入渗土壤的雨水转变成地下水流出，叠加在后续洪水上，有时反而会加大后续洪水的洪峰。因此，当前在实施森林植被恢复、重建的生态工程建设中，从削洪减灾作用考虑，不能盲目地认为森林覆盖面积越大越好，必须根据实际情况作出合理的布局。

四、减轻洪水威胁的长江上游森林植被建设的宏观调控对策

长江上游出口处宜昌站30天洪水量对长江中下游洪水灾害的发生有重要影响。根据黄燕等的资料[26]，宜昌站多年平均30天洪水量为896.2亿m^3，其中来自金沙江屏山站以上的洪水量占31.7%，岷江高场站以上的占19.1%，嘉陵江北碚站以上的占19.0%，乌江武隆站以上的占10.0%，屏山—寸滩区间和寸滩—宜昌区间分别占8.5%和7.7%，沱江李家湾站以上的只占4.0%。1998年宜昌站30天洪水量高达1379.2亿m^3，比多年平均30天洪水量多483亿m^3，其中来自金沙江(屏山站)的占36.6%，其次为嘉陵江(北碚站)，占15.2%，岷江(高场)和寸滩—宜昌区间基本相似，分别占12.6%和12.4%，乌江(武隆站)和屏山—寸滩区间比较接近，分别为10.4%和9.3%，沱江(李家湾站)最少，只占3.5%。从宜昌站30d洪水量的地区组成来看，金沙江对宜昌站洪水量的贡献最大，其次为嘉陵江，再次为岷江和寸滩—宜昌区间。从有利于宜昌站30d洪量的减少考虑，金沙江屏山站以上、嘉陵江北碚站以上，岷江高场站以上以及寸滩—宜昌区间洪水的调控对减轻长江中下游洪水的威胁有重要的意义。

真正有效的洪水调控需要水利工程和生态工程同时并举。以森林植被恢复、重建和保护为内容的生态工程建设在一定程度上可以减少宜昌站洪水量，其减少的关键点在于增加这些地区森林植被－土壤生态系统最大持水蓄水容量。嘉陵江北碚、岷江高场和金沙江屏山以上流域面积很大，通过这些地区森林植被-土壤生态系统结构和截持雨水功能的现状特点与区域差异的分析，对该地区森林植被恢复、重建与保护的宏观调控对策讨论如下。

金沙江屏山站以上流域对干流洪水形响较大的地区主要为金沙江和雅砻江中下游，其西界大体上为年均降水800mm等值线。在此区城内海拔2400(2500)～4000(4200)m的亚高山常绿暗针叶林分布带拥有较大面积的原始林，有些地区原始林虽遭受破坏，但灌木草被植被较好，地表枯枝落叶层和土壤流失较轻，土层深厚，一般都在70～80cm以上，而且许多森林土壤都发育在冰积物、坡积物等砾石含量较多的母质上，土壤非毛管孔隙发育，渗透性好，地表枯枝落叶丰富，苔藓地衣发育，森林植被－土壤生态系统持水蓄水能力很强，在日雨量200～300mm下都不产生地表径流，或者产生地表径流很少。这些地带应划为长江上游重点保护地段，应作为实施“天然林保护工程”中的重点地区，严格实行以封禁为主的保护措施。在金沙扛和雅砻江中下游河谷两侧山坡地带(一般为海拔2400m以下至谷底)，人类活动强烈，森林植被破坏严重，由此引起的水土流失问题突出，表现为土壤浅薄，持水蓄水功能很弱，森林植被恢复重建须在生态经济学原理指导下，发展生态经济型林木，根据土壤浅薄化程度和气象水文条件，进行土地利用结构的调整，不宜发展林木的土地应大力发展牧草，形成林、农、牧空间布局合理和森林群落乔、灌、草多层结构的高效农林牧复合生态系统。

必须清醒地认识到，这个地区森林植被－土壤生态系统持水蓄水功能的提高将是长期的过程，因为新的森林植被生态系统都是建在以前土壤受到侵蚀的薄层土壤上，土壤

的形成与厚度的增加是一个十分级慢的过程。

嘉陵江北碚以上流城对干流洪水影响较大的地区主要有渠江、嘉陵江、涪江中下游的四川盆地丘陵区和大巴山—米仓山—龙门山地带。大巴山—米仓山—龙门山地带海拔1800(1900)～3000m，是针阔叶混交林和暗针叶林分布区。这些地区原始林面积保留不多，但次生天然林植被发育良好，森林覆盖率较高，达35%左右，植物群落结构复杂，地被物丰富，土壤流失不重，总的说来土层较深厚，一般都在50cm以上，森林植被-土壤生态系统持水蓄水功能较强，多数地区可一次接纳大于150mm以上日雨量。这个地带降雨丰富，是长江上游暴雨中心分布区，加之山地与盆地过渡快，暴雨洪流对四川盆地的影响具有快速性特点。因此，加强这一地带森林植被-土壤生态系统削洪减灾功能的建设显得十分的重要。由于这一地带受人类活动影响历史较长，原始森林破坏较严重，目前森林植被-土壤生态系统的持水蓄水功能较原始状态有明显的下降。为此，建议加强这一地带天然林保护工程建设的力度，除采取封禁措施外，还应辅以人工改造、抚育等措施，使之尽快成为有利于减轻洪水对四川盆地和长江中下游洪水成胁的生态屏障。

嘉陵江北碚以上的四川盆地丘陵区，人口密度大，林地面积有限，约占总面积的30%～35%。目前林地虽然都已植树绿化，但森林植被-土壤生态系统持水保水功能很弱，加之造林前的严重土壤侵蚀带来的土壤浅薄化问题十分突出，现今林下土壤层一般只有20～40cm。土壤层的形成须经历很长的时间，因此，这个地区森林植被-土壤生态系统对减轻暴雨洪流对宜昌站的影响前景不大。从有利于降低盆地洪水对中下游的影响方面考虑，该地区具有蓄水和防止侵蚀土壤入江功能的各种农田水利工程建设应进一步加强。

岷江高场以上流城对干流洪水影响较大的地区主要为大渡河中下游和岷江西侧的邛崃山—夹金山—小相岭以及岷江上游。大渡河中下游海拔2400(2500)～4000(4100)m的亚高山常绿暗针叶林分布带有类同于前述金沙江和雅砻江中下游亚高山常绿暗针叶林带的特点，森林植被-土壤生态系统的保护与建设对策也和上述地区相同。岷江中游西侧的邛山—夹金山—小相岭地带发育了以亚热带常绿阔叶林为基带的山地植被垂直带，尽管原始森林植被保存不多，但近二三十年来，森林植被得倒了快速的恢复，森林覆盖率高达40%以上，林下地被物较发育，土壤层一般在50cm以上，森林植被-土壤生态系统持水蓄水功能较强。由于这里是暴雨中心分布区，山地与平原过渡快，山洪对平原影响大，因此应将这一地带作为长江上游防洪减灾工程建设的重点，加强天然林保护工程建设的力度。至于大渡河和岷江上游河谷地带(海拔2400(2300)m以下至谷底)森林植被-土壤生态系统调洪减灾作用的发挥及森林植被恢复重建对策，类同于金沙江和雅砻江中下游河谷带。

寸滩—宜昌区间洪水量占宜昌站洪水量的比例虽不算大，但它位于长江上游的下部，紧靠宜昌站，加之这里又是川东暴雨区，因此，加强这一地带森林植被-土壤生态系统持水保水功能的建设，对减轻这一地带洪水对宜昌站洪量的影响有重要意义。但是这一地带人多地少的矛盾突出，森林植被面积有限，加之土壤浅薄，通过森林植被-土壤生态系统持水保水功能提高来减轻本地区洪水对宜昌站洪量的影响前景不大。因此，本地区应进一步加强有利于蓄水保土功能提高的农田水利工程建设。

参考文献

[1] 赵景柱，黄正大. 生态经济学. 现代生态经济学透视［M］. 北京：科学出版社，1990：254～259.
[2] 马传栋. 生态经济学［M］. 济南：山东人民出版社，1986.
[3]《生态经济问题研究》编辑组. 生态经济问题研究［M］. 上海：上海人民出版社，1985.
[4] 许滁新. 生态经济学［M］. 杭州：浙江人民出版社，1987.
[5] 姜学民，郭犹焕，李卫武. 生态经济学概论［M］. 武汉：湖北人民出版社，1985.
[6] 邓宏海. 农业生态经济学的对象和任务［J］. 生态学杂志，1983，3.
[7] 邓宏海. 农业生态经济学的方法学基础［J］. 生态学杂志，1984，6.
[8] 胡柏. 农业生态经济分区探讨［J］. 生态学杂志，1985，3.
[9] 张建国. 对森林生态经济学几个问题的认识. 论生态平衡［M］. 北京：中国社会科学出版社，1982.
[10] 杨玉坡. 论川西高山林区森林的防护作用. 四川森林生态研究［M］. 成都：四川科学技术出版社，1990：49～53.
[11] 李承彪，刘兴良，邹伯才. 四川目前针叶林的特点及其经营的研究. 四川森林生态研究［M］. 成都：四川科学技术出版社，1990.
[12] 王鸣远，王礼先. 鄂西长江三峡库区森林集水区拦洪作用分析［J］. 长江流域资源与环境，1995，4(3).
[13] 程根伟，陈桂荣. 长江上游洪涝灾害分析及防灾减灾措施［J］. 长江流域资源与环境，1996，5(1).
[14] 马雪华. 森林水文学［M］. 北京：中国林业出版社，1993.
[15] 中野秀. 森林水文学［M］. 李云森译. 北京：中国林业出版杜，1983.
[16] 陈利华. 森林水文研究［M］. 余新晓等译. 北京：中国林业出版社，1983.
[17] 刘永宏，梁海荣，张文才. 森林水文研究综述［J］. 内蒙古林业科技，2000，增刊：3～7.
[18] 杨玉盛，陈光水，谢锦非. 论森林水源涵养功能［J］. 福建水土保持，1999，11：4～7.
[19] 钟祥浩. 森林植被变化对洪水的影响分析［J］. 山地学报，2001，19(5)：413～417.
[20] 向成华. 川中丘陵区农区坡地林农复合系统的水文效应［J］. 四川林业科技，1997，18(4)：3～10.
[21] 刘世荣，孙鹏森，王金锡，等. 长江上游森林植被水文功能研究［J］. 自然灾害学报，2001，16(5)：451～456.
[22] 覃志刚，王鹏. 盆北山地严重侵蚀坡面几种人工林水文效益研究［J］. 四川林业科技，1997，18(2)：18～22.
[23] 王鸣远，王礼先. 三峡库区马尾松林分对降雨截留效应的研究［J］. 北京林业大学举报，1995，17(4)：77～79.
[24] 谭龙云，张文章. 乌江下游森林枯枝落叶水文特性研究［J］. 西南林学院学报，1995，15(4)：32～37.
[25] 程海云，葛守西，闵要武. 人类活动对长江洪水影响分析［J］. 人民长江，1999，30(2)：38～40.
[26] 黄燕，郭海晋，张明波. 1998 年长江洪水地区组成分析［J］. 人民长江，1999，30(2)：11～13.

第四篇　高原山地生态安全屏障保护与建设

第十四章　西藏高原生态环境现状调查与分析①

第一节　生态环境现状调查技术路线与方法

国家环境保护总局依据我国西部生态环境现状与变化形势，于 2000 年 7 月发文(环发［2000］148 号)要求我国西部地区各省(市、自治区)开展生态环境现状调查，掌握西部地区生态环境现状，为西部地区经济结构战略性调整和重大项目布局提供依据。根据国家环境保护总局的文件精神，西藏自治区政府对开展西藏生态环境现状调查给予了高度的重视，成立了以自治区副主席尼玛次仁为组长的西藏自治区生态环境现状调查领导小组，下设办公室，由自治区环境保护局牵头组织自治区政府各有关部门和区内外有关

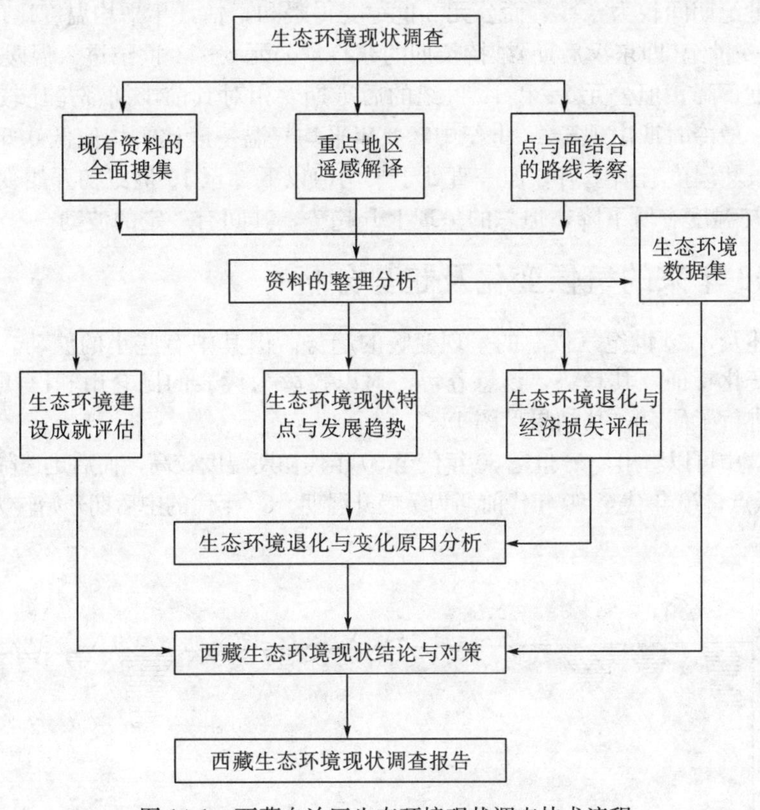

图 14-1　西藏自治区生态环境现状调查技术流程

① 本章作者刘淑珍、钟祥浩(参加工作的主要人员有文安邦、范建容、张天华、陶和平等)，在 2001 年成文基础上作了修改、补充。

科研单位进行全面、系统的调查。为使调查工作科学有序地进行，自治区环境保护局聘请中国科学院水利部成都山地灾害与环境研究所为该项目的技术支撑单位，该所刘淑珍为该项目的技术负责人。在技术负责人的组织下，成立了由自治区政府各有关部门技术人员(共计 14 人)组成的西藏生态环境现状调查组，采用现有资料汇总与遥感解译分析相结合的技术路线，编制了西藏生态环境现状调查技术规范，调查技术路线见图 14-1。调查过程中自治区统计局、农业局、国土局、水利局、气象局、林业局、环保局等部门提供了大量有关资料。通过近两年的调查研究，提交了三个方面的成果：①西藏自治区生态环境现状调查报告(14 万字)；②西藏自治区生态环境现状调查数据集(总计 339 张表格)；③西藏自治区生态环境现状电子演示版。由于篇幅所限，本章着重对西藏气候、土地利用、森林、草地、水生态和城市及农村生态现状及其变化趋势进行分析。

第二节　气候变化与生态效应

一、近 2000 年来的气候变化特点

根据有关资料[1]，西藏高原近 2000 年来的气候变化可表示为图 14-2。从图中可看出，公元 1 世纪期间较为寒冷，而公元 2 世纪变得暖和，估计年平均温度比现今高 1℃以上。公元 3～5 世纪(即东汉后期)维持长期的寒冷。公元 6～11 世纪进入温暖期。公元 12 世纪以后温度下降，但公元 14 和 15 世纪的后半期，相对其前半期都是比较温暖的。最近 500 年来，最冷时期出现于 17 世纪中叶，年平均气温一般比平均值低 0.5℃。公元 18 世纪中期，虽然温度有所上升，但一直处于平均值以下，至 19 世纪初开始变暖的趋势明显。20 世纪初温度有所下降，但总的呈现上升趋势，其间有一定的波动。

二、近 100 年来的气候变化及趋势分析

前面已述及，20 世纪气候总的呈现变暖的趋势。但其中有些小的波动。为进一步说明近代气候变化特征及其趋势，汤懋苍等[2]对以拉萨为代表的昆仑山和巴颜喀拉山以南的气候变化进行了研究，其结果见图 14-3。

从图 14-3 中可以看出，20 世纪 30 年代至 50 年代初期温度较高，而后迅速降温，60 年代中期降至最低点，70 年代至 80 年代前期为缓慢升温期，80 年代的中后期开始转为高温期。

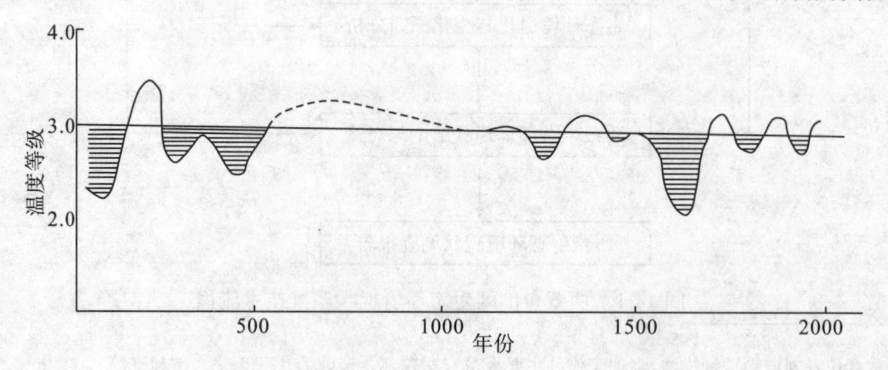

图 14-2　西藏高原近 2000 年来温度等级变化图

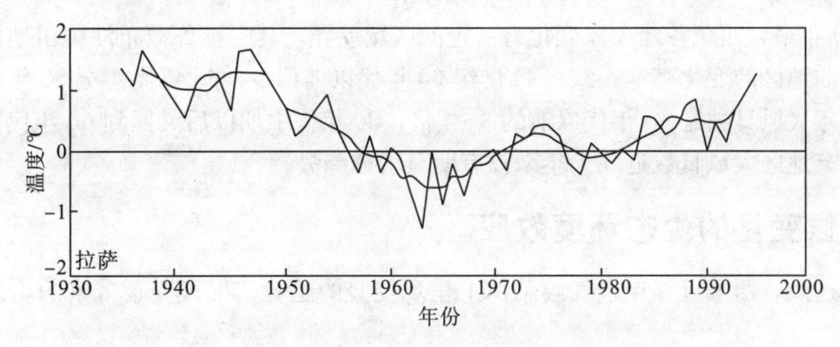

图 14-3　拉萨气温近 70 年的年际变化曲线

我们对拉萨 20 世纪 60 年代以来至 1999 年的年均气温进行了统计分析，其结果见图 14-4。

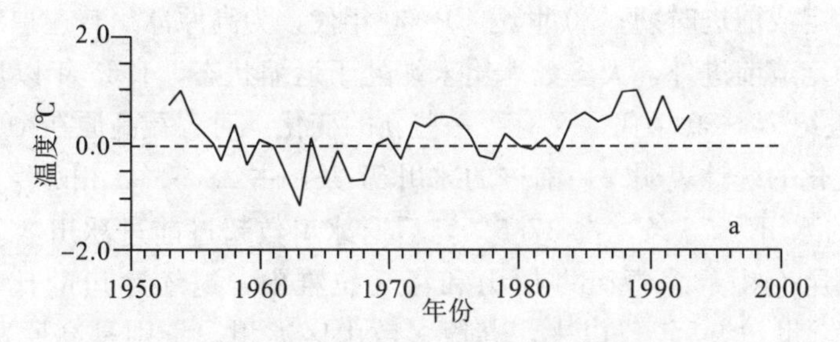

图 14-4　拉萨近 40 年来年均气温变化曲线

上述气温变化分析表明，近 40 年来西藏气温总体是升高的，增温幅度为 0.2～1.4℃，其中藏中、藏东和藏东南升温幅度为 0.2～0.6℃，雅鲁藏布江流域中部及那曲地区增温 0.9～1.4℃，其中拉萨增温最显著，达到 1.05℃。

20 世纪 60 年代以来至 1999 年，西藏年均降水量变化见图 14-5。

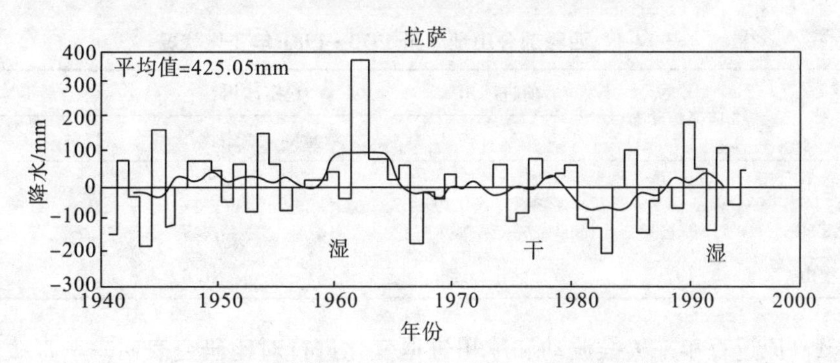

图 14-5　西藏近 40 年来年均降水量变化曲线

从图 14-5 中看出，20 世纪 50～60 年代变化不大，70 年代以后总体上呈现波动上升趋势，到 90 年代中期基本稳定在 400±100mm 之间，近几年降水量有所增加。

近 40 年来西藏各地气象站资料统计分析表明，不同地区降水量的变化存在着一定的差异，其中藏东北和藏中西部地区无明显升降趋势，呈现出较平缓的波动状态，而雅鲁藏布江中游地区于 20 世纪 60 年代末至 80 年代初呈现上升趋势，80 年代中期有一定的减少，之后出现逐年上升趋势。

近40年来，西藏各地大风变化有一定的区域差异，其中雅鲁藏布江中游地区、昌都地区及那曲地区的变化基本一致，20世纪60年代以前偏少，60年代初至80年代中期明显增多，年大风日数是60年代以前的3～4倍，80年代中期以后又回到60年代以前的水平；而林芝地区大风日数近几十年来没有明显增减趋势。

三、气候变化的生态环境效应

前已述及，西藏近百年来气候总体上呈现变暖的趋势，气候变暖带来的生态环境效应如下。

(一)冰川消融与退缩

青藏高原考察队多年研究的结果表明[1,3]，20世纪初至20世纪30年代，为高原大多数冰川相对稳定或前进时期；20世纪40～60年代，为高原冰川普遍退缩时期。这一时期除少数冰川稳定或前进外，大多数冰川末端处于退缩状态。1965年以后后退冰川数量逐渐减少。20世纪70～80年代，又有了一些新的变化。对青藏高原在1973～1981年200多条冰川进退变化的统计表明[1]，前进的冰川57条，占28.5%，相对稳定的冰川68条，占34%，后退的冰川为75条，占37.5%，后退冰川数超过前进冰川数。西藏的冰川主要分布区为喀喇昆仑山、念青唐古拉山和喜马拉雅山，退缩冰川的比例相对较高(表14-1)。而进入20世纪90年代以来，高原多数山区冰川，特别是高原边缘的喜马拉雅山、藏东南山地、喀喇昆仑山等地区的冰川普遍转入后退，希夏邦马峰北坡的抗物热冰川，1991～1993年，平均每年以6.36m的速度后退，著名的南迦巴瓦西坡的则隆弄冰川1968～1989年的21年期间由海拔2750m后退至2950m，后退距离约200m，而内部的唐古拉山、羌塘高原等可能是80年代至今前进的势头还没有完全过去，近年来后退的冰川的数量虽有所增加，但仍有相当数量的冰川还处于缓慢前进或趋于稳定状态[4]。

表14-1 西藏部分山地冰川1973～1981年变化状况

山地名称	统计冰川条数	前进冰川		稳定冰川		后退冰川	
		数量	占比/%	数量	占比/%	数量	占比/%
喀喇昆仑山	14	2	14.3	8	57.1	4	28.6
念青唐古拉山	11	4	36.4	2	18.2	5	45.4
喜马拉雅山	19	5	26.3	6	31.6	8	43.9

对青藏高原近百年来气候波动和冰川进退变化进行对比研究表明[4]，青藏高原近百年来冰川普遍退缩的总趋势与近百年来年平均气温变暖的大趋势基本一致。另外还发现它们之间有很好的对应关系。近百年来高原在增温与高原20世纪20～30年代及70～80年代多数冰川表现出的稳定或前进，若考虑冰川前进时对应于气候变冷的滞后时间，两者是完全可以对应的。40年代的增温变暖与高原40～60年代多数冰川强烈后退，若考虑冰川后退时对应于气候变暖的滞后时间也完全可以对应。冰川对气候波动的响应要经过一段时间才能在冰川末端反映出来，其反映的滞后时间受多种因素的影响，但主要受物质平衡变化及冰川运动速度性质及冰川类型等的影响，对山地冰川来说一般海洋性冰川

比大陆性冰川对于气候波动反应的滞后时间短，中小型冰川比大型冰川对气候波动反应的滞后时间也要短。从西藏近百年来冰川变化来看，冰川对气候波动响应的滞后时间为10～20年。根据西藏气象局统计分析，从80年代开始西藏气温呈现明显的波动上升趋势，至今升幅约为0.9℃，增长率达0.47℃/10年，据此可以预测，在21世纪初的10～20年，西藏的冰川受气候的影响总的变化趋势将以后退为主。

(二)湖泊水位变化

西藏的湖泊，特别是冈底斯山、念青唐古拉山以北的湖泊，多数是依靠冰川融水和天然降水补给的内陆湖泊。气温升高，冰川、冻土消融加快，导致部分湖泊水位上涨，如班戈和安多县交界处巴木错水位上涨达16m，湖泊面积的扩大导致周边草场淹没，有40多户牧民房屋和畜圈被迫搬迁。而在藏北西北部的阿里地区，气温升高，降水减少，致使部分区域干旱化趋势加强，如茂北兹格塘错近40年来面积缩小了4km^2，盐度上升了18%，水生生物多样性面临严重威胁。此外，帕里以北的嘎拉错，据1876年历史资料，其宽达3.2km，沿湖居民以打渔为主，到1966年湖面宽不超过1500m，湖水面几乎退缩一半以上；1974～1975年该湖便成为时令湖，即使雨季，水面宽也只不过数百米。

根据王洪道等[5]对水量平衡的计算，高原地区大多数湖泊处于负平衡状态，其水量入不敷出，湖泊向萎缩方向发展。

(三)河川径流的变化

近半个世纪以来，西藏河川径流随气候的波动而出现径流的不同程度变化。总的趋势，20世纪50年代后期低温少雨，河川径流偏枯；60年代气温仍低于多年平均值，但流域水量有明显的增加，河川径流量的增加更加显著，并在60年代中期达到最高峰。之后，随着气候变暖、变干，各河流量有所下降，70年代初多数河流降到了有记录以来的最低点，尔后，维持在多年平均值以下摆动。据有关资料，青藏高原7条大河的总径流量自1962～1966年的丰水期到1969～1973年的枯水期，共减少了714×10^{8}m^3，其中径流量减少最明显的是藏东南的金沙江和澜沧江，其减少幅度远大于西北地区的内陆河流。怒江和雅鲁藏布江自70年代中到80年代初径流量稍有增加，但随后又减少，到1986年降到了有记录以来的最低点。80年代雅鲁藏布江春季和夏季径流较60年代减少26.6%。

第三节　土地利用与土地退化趋势

一、土地利用与变化

(一)西藏土地利用空间分布的一般特点

西藏土地利用空间分布有如下几个方面的特点：

(1)分布类型东南多西北少，地域差异明显。藏东南地区兼有八大类土地中所有40个二级分类和8个三级分类。由藏东南向藏西北方向过渡，土地利用类型逐渐减少，林地、耕地、城镇交通用地和园地比重逐渐减少，而天然草场面积和未利用土地面积递增。

(2)土地利用垂直分带明显，土地利用分布基本上是由东南向西北呈现出随海拔逐渐增高的规律，这既是西藏土地利用现状布局，也是今后土地开发利用方向的指向。

(3)处于高海拔、高寒环境下的西藏未利用土地比重大，可见，西藏未利用土地开发前景不大。

(二)土地利用现状特点

西藏土地面积 120223218.70hm^2，土地利用率为 69.2%，土地利用方式与全国其他地区一样，有 8 个一级类型，其中雅鲁藏布江中游宽谷和藏东南深切河谷区土地利用率相对较高。

截至 1999 年年底，全区土地利用现状见表 14-2[6]。从表中看出，草地面积最大，占土地总面积的 53.63%，其次为未利用土地和林地，分别占土地总面积的 30.82%和 10.53%；园地、交通用地、居民点及工矿用地所占比例极小，分别为 0.0012%、0.020%和 0.031%，耕地也只有 0.31%。

表 14-2　西藏自治区土地利用现状*

指　标	1999 年面积/hm^2	占土地总面积/%	人均面积/hm^2
土地总面积	120223218.70	100	48.53
耕　地	367561.02	0.31	0.15
园　地	1515.06	0.0013	0.00061
林　地	12663099.63	10.53	5.11
草　地	64476821.27	53.63	26.03
居民点及工矿用地	36772.59	0.031	0.015
交通用地	23634.01	0.02	0.0095
水　域	5606612.37	4.66	2.26
未利用土地	37047202.76	30.52	14.96

按 1999 年年末全区总人口 247.72 万人考虑，全区各土地利用类型人均面积见表 14-2。从中可见，人均草地面积最大，达 26.03hm^2，交通用地和园地面积很小，分别只有 0.0095hm^{2}和 0.00061hm^2。

(三)各土地利用类型现状特点及其变化

1999 年全区各土地利用类型现状与 1986 年各土地利用类型情况的比较见表 14-3。现就各土地利用类型利用现状特点及其变化分述如下。

表 14-3　西藏自治区 1999 年和 1986 年土地利用情况对比表　（单位：hm^2）

指　标	截至 1999 年	截至 1986 年	1999 年减 1986 年
土地总面积	120223218.70	120223218.70	0
耕　地	367561.02	360549.61	+7011.41
园　地	1515.06	1175.35	+339.71

续表

指　标	截至1999年	截至1986年	1999年减1986年
林　地	12663099.63	12651976.47	+11123.16
草　地	64476821.27	64494334.41	−17513.14
居民点及工矿用地	36772.59	34006.87	+2765.72
交通用地	23634.01	22268.45	+1365.56
水　域	5606612.37	5607920.99	−1308.62
未利用土地	37047202.76	37050986.57	−3783.81

1. 耕地

西藏耕地总量少的特点突出，但人均耕地数较高。耕地中的旱地占99.6%，而水田面积很小。

1999年全区耕地总面积比1986年多7011.41hm²，表明最近十多年来，西藏的耕地面积在扩大，平均年增加数539.33hm²。其原因在于改革开放以来，主要农业区(如林芝和昌都河谷)农业综合开发与治理工程的实施，使这些地区的耕地面积有较大的增加，其中昌都地区面积增数最大，达2500.39hm²，林芝地区增加2448.60hm²，其他地区耕地面积增加很少。

2. 林地

林地面积只占全区土地面积的10.53%，其中有林地、灌木林地、疏林地、未成林造林地、迹地和苗圃分别占林地总面积的63.9%、27.7%、8.2%、0.06%、0.24%和0.004%。林地主要分布于藏东南地区，以雅鲁藏布江下游林地分布最集中，面积也最大，其次为帕隆藏布曲、尼洋河和易贡藏布曲流域以及怒江、澜沧江、金沙江流域。西藏森林覆盖率达9.86%，以地区而论，林芝地区27.86%，昌都地区12.18%，山南地区5.89%，日喀则和那曲地区分别只有0.54%和0.22%。

1999年全区林地面积比1986年多11123.16hm²，表明近十多年来，西藏重视林业的建设，平均每年增加林地面积达855.6hm²，其中山南地区林地面积增加最大，1986年以来，共计增加6086.20hm²，其次为拉萨市，增加数为2740.35hm²。值得一提的是阿里地区林地面积还扩大了815.82hm²，而林芝和那曲地区出现减少的趋势，减少量分别为268.33hm²和33.13hm²。

3. 园地

全区园地面积很小，仅占全区土地面积的十万分之一，1999年比1986年增加了452.5hm²，增加面积不大。

4. 牧草地

西藏各地区(市)1999年牧草地面积与1986年相比，均出现减少的趋势，减少面积最大的地区为山南、昌都和拉萨(市)，减少面积分别为4570.15hm²、3999.82hm²和3485.93hm²。其次为日喀则和林芝地区，分别为1972.75hm²和1667.94hm²；那曲和阿里地区减少数不大，分别只有964.50hm²和852.06hm²。

另外，全区已利用草地面积占全区草地面积90%以上，但是，其中临时性草地面积比重大，约达439.8万hm²，占全区天然草地面积的6.8%。

5. 居民点及工矿用地

该类型土地面积很小，只占全区土地面积的0.031%，其中城镇、农村居民点、独立工矿和特殊用地占居民点及工矿用地的面积分别为26.9%、59.8%、6.1%和7.2%。

西藏1999年居民点及工矿用地较1986年多2765.72hm^2，呈现增加的趋势，其中以拉萨市、那曲和林芝地区增加面积较大，分别为749.10hm^2、469.51hm^{2}和338.74hm^2，阿里和山南地区增加量较少。

6. 交通用地

该类型用地面积不大，只占全区土地面积的0.02%，其中以公路用地面积最大，占交通用地面积的66.2%，其次为乡村道路，占32.2%。

西藏1999年交通用地比1986年增加1365.56hm^2，年均增加105.04hm^2，其中昌都、那曲和林芝地区增加量较大，分别为514.55hm^2、420.92hm^{2}和300.2hm^2。其他地(市)增加量少，其中日喀则地区，1986年来只增加了26.10hm^2。

7. 水域面积

水域面积占全区土地面积的4.67%，其中湖泊面积最大，占全区水域面积的46.0%，其次为冰川和永久积雪面积，占44.8%，河流只占3.7%，其他水域面积均很小。

西藏1999年水域面积比1986年减少1308.62hm^2，其中山南地区减少面积最大，达1193.89hm^2，其次为日喀则地区和拉萨市，分别减少了54hm^{2}和77hm^2，那曲地区变化不明显。

8. 未利用土地

未利用土地面积较大，仅次于牧草地面积，其主要表现形式为荒草地、石砾地、盐渍地、沙地和裸岩等，其中荒草地面积较大，占未利用土地面积的约42.0%。

全区1999年未利用土地面积较1986年减少了3783.81hm^2，其中林芝和山南地区减少量最大，分别为1809.77hm^{2}和1228.71hm^2，其他地区(市)变化不大。

二、土地利用变化趋势

从以上分析可以看出，西藏各土地利用类型中，自1986年以来，耕地、园地、林地、草地、居民点及工矿用地均呈现增加的趋势，而水域和未利用土地面积出现减少的势头。其中，园地增幅最大，1999年比1986年增加28.9%，其次为居民点及工矿用地和交通用地。

第四节　土地沙漠化现状与发展趋势

一、沙漠化特征与危害

(一)特征

1. 类型多样分布广泛

西藏沙漠化土地类型多样，有流动沙(丘)地、半固定沙(丘)地、裸露沙砾地、固定沙(丘)地、半裸露沙砾地等类型。其中，流动、半流动(半固定)沙(丘)地面积为130.40

万 hm^2，占沙漠化土地的 6.37%；裸露、半裸露沙砾地面积为 1837.69 万 hm^2，占 84.15%。这些裸露、半裸露的沙砾地如不及时治理，进一步发展就可能成为流动、半流动沙地。

区内沙漠化土地广泛分布于全自治区 7 个地(市、州)73 个县(市、区)中的 68 个县(市、区)，占县(市、区)总数的 93.15%，除昌都地区的昌都县、江达县、类乌其县和那曲地区的巴青县、索县等 5 个县无沙漠化土地外，其余 68 个县(市、区)均有各类沙漠化土地分布。各地区(市)沙漠化土地和潜在沙漠化土地面积见表 14-4。

表 14-4　各地市州沙漠化土地面积[7]　　(单位：$\times 10^4 hm^2$)

序号	名　称	沙漠化土　地	潜在沙漠化土　地	合　计	占全区沙化土地百分比/%
1	那曲	1026.96	104.99	1131.95	51.83
2	阿里	628.96	13.32	642.28	29.41
3	日喀则	332.80	9.16	341.96	15.66
4	山南	18.03	2.32	20.35	0.93
5	昌都	15.03	4.79	19.82	0.91
6	拉萨	17.04	1.52	18.56	0.85
7	林芝	8.60	0.42	9.02	0.41
	合计	2047.42	136.52	2183.94	100

2. 沙漠化土地呈斑块状分布，并具有明显的地域差异

沙漠化土地广泛分布于自治区山间盆地、河流谷地、湖滨平原、山麓冲洪积平原及冰水平原等地貌单元，各种类型的沙漠化土地一般没有形成大面积集中的沙漠，而是与草地、耕地、林地、水域及其他地类相间分布，在高原面上呈斑块状，在河谷及湖滨则呈不连续带状分布。

藏北地区的沙漠化土地面积大、分布广泛，且以沙砾质沙漠化土地为主；藏南地区沙漠化土地面积较大，分布区域比较集中，以沙质与沙砾质沙漠化土地并重；藏东地区沙漠化土地分布面积较小，比较集中，以沙质沙漠化土地为主。整个自治区沙漠化土地分布自东南向西、北呈逐渐增加的趋势。

(二)危害

1. 可利用土地减少，土地质量下降

目前全区严重、极严重沙漠化土地面积已达 414298.216hm^2，这些土地不仅丧失了农牧业生产能力，而且很难恢复为农业用地或移作它用。

由于风蚀作用，土壤中的有机质、氮磷钾等营养元素和粉沙乃至黏土组分不断地遭到吹失而出现土壤贫瘠化和沙质化。自治区受风沙危害的草地约 1700 万 hm^2，受风沙危害草地产草量平均下降约 40%。

2. 破坏基础设施

沙漠化过程中所伴随的风蚀、风积及风沙活动常常破坏基础设施，城镇居民地被埋，公路、水渠等被破坏。如日喀则地区仲巴县城目前已处于流沙包围之中，街道上普遍堆积 20～60cm 的沙土，大多数建筑物的西、南墙流沙堆积高度已超过墙高的一半，有的已埋到屋顶，为此县城不得不另行选址准备搬迁。日喀则和平机场气象台大门口的积沙已达 1m 以上，车辆已难以通行。沙漠化对水利设施的破坏也是严重的，如日喀则市江北水渠全长 37km，有 1/3 受风沙危害，冬春风沙季节常被积沙填平，每年清沙用工在 3500 人次以上。拉孜县有较大干渠 9 条，总长 150km，其中受风沙危害的约有 60km，每年仅清沙用工就在 2 万个以上。类似例子很多，不一一列举。

区内大部分县乡公路都存在沙害问题。如扎囊—桑伊寺公路，1988 年投资 75 万元修建，第二年就被风沙掩埋，又花 3 万元维修才勉强通车。而因沙埋堵车的现象更是屡见不鲜，公路部门每年用来清理公路沙害的费用达上亿元人民币。

二、土地沙漠化发展趋势

(一)自然环境变化与沙漠化

在影响沙漠化变化的自然因素中气候是主要因子之一，气候通过气温、降水和大风变化影响土地沙化的发生发展。

前已述及，近 40 年来藏东南、藏南、藏北东部地区气温和降水增加，西部阿里地区气温升高，而降水减少。后者有利于沙漠化发生。

各地大风日数，20 世纪 60 年代初至 80 年代中期，雅江中游地区、昌都及那曲地区明显增多，年大风日数是 60 年代以前的 3～4 倍，这有利于沙漠化发生。但是，80 年代中期以后又回到 60 年代以前的水平，其中林芝地区年大风日数近几十年来无明显的变化[8]。

(二)人为活动强度变化与沙漠化

根据西藏和平解放 40 年平均人口增长速度和计划生育的有关政策，通过自然增长法、人口观测模型计算，到2010 年，全区人口数量将达到 258.39 万，较目前人口增长约 30 万。

人口急剧增长，有可能加快土地资源的过度利用，导致以滥垦、滥牧和滥樵为主的各种人类不合理的经济活动进一步扩大，牲畜对草场的压力将会增加，草场沙漠化潜在危险性会增大。

第五节　水土流失现状特点与变化趋势

一、水土流失特点

(一)土壤侵蚀类型多样，分布差异明显

西藏土壤侵蚀类型多，既有自然侵蚀类型，同时又有人类活动造成的人为加速侵蚀类型。从侵蚀营力看水力、风力、冻融和人为加速侵蚀均有分布。

西藏山地土壤侵蚀垂直分异明显，山顶部为冻融侵蚀区，中下部为水力侵蚀区和河谷的水力与风力侵蚀区。

(二)土壤侵蚀广泛分布，以冻融侵蚀为主

根据 1985 年水利部松辽水利委员会土壤侵蚀遥感调查结果，西藏自治区水土流失面积 103.42×10^4 km^2，占自治区总面积的 84.19%，其中水力侵蚀面积 62056km^2，占总面积的 5.05%；风力侵蚀面积 50592km^2，占总面积的 4.21%；冻融侵蚀面积 921580km^2，占总面积的 74.93%。侵蚀强度等级中轻度侵蚀面积 492655km^2，占总面积的 40.11%；中度以上侵蚀面积 541573km^2，占 44.08%。

(三)人为加速水土流失严重

人为土壤侵蚀是指人类生产活动中忽略水土保持而造成的土壤侵蚀。主要表现为城镇基础设施建设、公路交通建设、采沙石等无水土保持拦挡措施和群众燃料得不到保证，导致滥垦、滥伐、滥樵现象严重，大量灌木林被砍伐，致使水土流失加剧。据日喀则地区拉孜县群众薪材用量调查，群众燃料除牛粪、羊粪和部分农作物秸秆外，每人年均需伐材 150kg，根据拉孜县杰地大坝沙生槐生物量样方实测(植被盖度 45%，为雅江中游地区植被盖度中上地区)，每亩生物量 110kg，人均年需砍伐 1.36 亩灌木林，以西藏农业总人口 180.85 万人计算，西藏每年砍伐木材 27127.5×10^4 kg，相当于 164409.1hm^2的灌木林产量，仅此一项西藏全区内每年加速水土流失面积 1644.01km^2。

二、典型区域水土流失现状

我们于 1999 年对雅鲁藏布江中游地区拉萨市、山南和日喀则地区三个地(市)19 个县进行了 1∶20 万 TM 遥感图像土壤侵蚀解译，结果表明，雅鲁藏布江中游地区 19 个县土壤侵蚀总面积为 53145.64km^2，占雅鲁藏布江中游地区国土总面积(72303.85km^2)的 73.5%，以轻度侵蚀为主，占侵蚀面积的 85.3%(表 14-5)。

表 14-5　雅鲁藏布江中游地区土壤侵蚀现状

土壤侵蚀 \ 项目		面积/km^2	占国土总面积/%	占侵蚀总面积/%
微度侵蚀		19158.21	26.5	
土壤侵蚀	总面积	53145.64	73.5	100
	轻度侵蚀	23526.37	32.5	44.3
	中度侵蚀	21807.07	30.2	41.0
	强度侵蚀	5968.32	8.3	11.2
	极强度侵蚀	1244.00	1.7	2.3
	剧烈侵蚀	599.9	0.8	1.2

水力侵蚀面积 38924.12km^2，占区域国土总面积的 53.8%，占侵蚀面积的 73.2%，以轻度和中度侵蚀为主，占水力总侵蚀面积的 82.5%(表 14-6)。

表 14-6　雅鲁藏布江中游地区水力侵蚀现状

项目＼土壤侵蚀等级	微度	水力侵蚀强度等级					
		总面积	轻度	中度	强度	极强度	剧烈
总面积/km²	8687.85	38924.12	12561.43	19532.57	5080.62	1177.9	571.6
占土地总面积/%	12.0	53.8	17.4	27.0	7.0	1.6	0.8
占水蚀面积/%			32.3	50.2	13.0	3.0	1.5

风力侵蚀面积 2857.81km²，占区域国土总面积的 4.0%，占侵蚀面积的 5.4%，以轻度侵蚀为主，占风力侵蚀总面积的 68.3%(表 14-7)。

表 14-7　雅鲁藏布江中游地区风力侵蚀现状

项目＼土壤侵蚀等级	微度	风蚀强度等级			
		总面积	轻度	中度	强度
总面积/km²	159.57	2857.81	1951.81	533.8	372.2
占国土总面积/%	0.2	4.0	2.7	0.7	0.5
占风力侵蚀面积/%			68.3	18.7	13.0

冻融侵蚀面积 11363.83km²，占区域国土总面积的 15.7%，占侵蚀面积的 21.4%，以轻度侵蚀为主，占冻融侵蚀总面积的 79.3%(表 14-8)。

表 14-8　雅鲁藏布江中游地区冻融侵蚀现状

项目＼土壤侵蚀等级	微度	冻融侵蚀强度					
		总面积	轻度	中度	强度	极强度	剧烈
总面积/km²	10310.79	11363.83	9013.13	1740.7	515.5	66.1	28.3
占国土总面积/%	14.3	15.7	12.5	2.4	0.7	0.1	0.0
占冻融侵蚀面积/%			79.3	15.4	4.5	0.6	0.2

三、水土流失趋势分析

依据前述对西藏自然环境因素和人为环境因素变化的分析，西藏水土流失现象在短期内将可能有进一步恶化的趋势，主要表现在：①西藏西部和北部风力侵蚀有加剧的趋势；②东部和东南部水力侵蚀有加剧的趋势，尤其是雅鲁藏布江中游地区水力侵蚀加剧，风力侵蚀有减弱的趋势；③主要城市拉萨市、日喀则市和山南泽当镇等城市(镇)人为水土流失有加剧的趋势；④基本设施建设项目区新增水土流失现象将更加严重。

第六节　植被状况与变化趋势

一、森林资源概况与变化

(一)概况

西藏是全国最大的林区之一，森林资源十分丰富，天然林是西藏森林资源的主体。在西藏东南部的高山峡谷地带，分布着大片的被认为是目前全世界保存最完整的原始森林之一，这片森林不但是动植物资源的天然宝库，而且对青藏高原、我国西南地区甚至东南亚各国的生态环境有着重大的影响。

据1991年森林资源清查，全区有林地面积717万hm^2(中印边境我方实际控制线内为439.8万hm^2)，活立木蓄积20.85亿m^3(中印边境我方实际控制线内13.03亿m^3)，天然灌木林面积约500万hm^2，森林覆盖率为9.86%，森林面积居全国第五位，林木总蓄积居全国第一位。就目前控制线内来看，森林面积居全国第11位，林木蓄积量居全国第四位；成熟林蓄积量为10.57亿m^3，占全国成熟用材林蓄积量的20%，居全国首位；人均林木蓄积量为570m^3。

西藏森林集中分布于藏东南三江流域区、雅鲁藏布江下游和喜马拉雅山脉南坡外流水系区，其中雅鲁藏布江下游的林芝地区森林面积占西藏森林总面积的75%。

(二)森林变化的典型区域分析

长期以来，西藏自治区把林产业作为振兴经济的重要支柱产业之一，因而森林的采伐量比较大，特别是人口稠密区和公路沿线，森林破坏比较严重，其中雅鲁藏布江下游部分县和中游地区比较突出。下游地区森林资源的变化情况见表14-9。

从该表可以看出，近十年来西藏自治区森林资源在不断减少，其中有林地减少幅度较大。

根据1991年和1999～2000年森林调查，林芝县1991年有林地面积376008hm^2，疏林地面积18375hm^2，灌木林地面积94742hm^2，森林覆盖率(含灌木)54.43%，不含灌木的森林覆盖率为43.47%。而到1999～2000年，有林地面积为280621hm^2，减少95387hm^2，疏林地9801hm^2，减少8574hm^2，灌木林地162950hm^2，增加68208hm^2，森林覆盖率(含灌木)51.29%，减少3.14%，不含灌木的森林覆盖率为32.44%，减少11.03%。这说明森林覆盖近十年来每年以1.1%的速度减少，天然森林以每年2.5%的速度减少。森林受到破坏的地区，在人为的干预没有得到遏制的情况下，出现如下的逆向退化序列：森林→疏林→灌木林→稀疏灌木林→草地灌木林→草地。

表 14-9 西藏自治区雅鲁藏布江下游森林资源变化情况* (单位：hm^2)

县	年份	土地总面积	有林地	灌木林地	疏林地	森林覆盖率/%	
						含灌木	不含灌木
波密	1991	1666569	441731	77324	12532	31.15	26.50
	1999～2000	1666569	355663	102514	9106	27.78	21.34
	变化		−86066	25190	−3426	−3.37	−5.16
林芝	1991	864896	376008	94742	18375	55.10	43.47
	1999～2000	864896	280621	162950	9801	52.87	32.44
	变化		−95387	68208	−8574	−2.23	−11.03
米林	1991	935975	373090	119890	3510	52.67	39.86
	1999～2000	935975	246552	185176	6943	48.11	26.34
	变化		−126538	65286	3433	−4.56	−13.52
工布江达	1991	1288615	217341	438275	0	50.88	16.87
	1999～2000	1288615	141647	198607	20256	26.95	10.99
	变化		−75694	−239668	20256	23.93	−5.88

*到目前为止仅收集到两个年份数据。

雅鲁藏布江中游地区，由于长期樵采，使得自然灌丛植被退化为盖度很低的灌丛草坡、荒草坡，甚至为不毛之地。城镇周围山地灌木林已砍伐殆尽。近年灌木林的破坏范围仍在继续向外扩展。根据 20 世纪 70 年代和 90 年代卫星影像的对比分析，位于拉萨市以北的林周县，20 年间，盖度在 40%以上的灌木林地大面积减少。

(三)变化趋势

西藏自治区正着手天然林资源的保护工作，加快造林速度，对天然林的破坏速度趋慢，森林覆盖率的下降将得到控制，但森林总体质量特别是生态功能仍呈下降趋势。这是因为具有水源涵养、水土保持和生物多样性保持等重要生态效益的成熟林、天然林仍在遭砍伐，不断减少；虽然人工林和中幼龄林面积增加，但其水源涵养和水土保持功能差、生态系统不稳定，易发生病虫害。

人口快速增长，人口密度增大，人们对燃料的需求也愈来愈多，能源短缺的问题更加严重，造成人口对生物产品需求量与土地实际所能提供的低下的生物生产能力之间的尖锐矛盾。农牧民生活燃料近期内主要还是以畜粪和薪柴为主，电能、风能和太阳能等其他能源的利用由于技术水平和经济条件的限制，近期内不可能在农牧区推广和普及。这样，人们为解决燃料问题而对天然植被的樵采破坏将还会在很大程度上存在。

二、草地植被概况与变化

(一)西藏草地概况

西藏草地资源调查资料表明[9]，全区土地总面积 12022.32 万 hm^2，其中草原面积 8205.19 万 hm^2，占土地总面积的 68.1%。西藏草地生长着饲用植物 2672 种，隶属 63 种、557 属，分别占西藏草地植物科、属、种的 71.6%、87%和 84.3%。

由于自然因素和人为因素的共同影响，西藏草原已经和正在发生着逆向演替(退化)。

据1988～1990年西藏自治区草地资源调查[9]，全区草地退化面积达1142.8万 hm^2，占西藏全区可利用草原面积的17.2%，其中轻度6462681.00hm^2，占退化草地的56.6%，中度3635183.73hm^2，占退化草地的31.8%，强度1330208.8hm^2，占退化草地的11.6%，而且退化趋势日益严重。

(二)那曲地区草地退化

1. 高寒草原类退化

高寒草原类草地是那曲地区中西部的主要草地类型。尼玛县大部、班戈、申扎西南，占据着一个连续而广阔的空间，全地区草原类总面积1965.75万 hm^2(不包括荒漠草原)，可利用面积1562.6万 hm^2，分别占那曲地区面积及可利用面积的70.2%和65.7%。退化面积占该类草地面积的47.2%。其中轻度退化面积占退化总面积的57.5%，中度占31.0%，重度占11.5%(表14-10)。

表 14-10　高寒草原类各亚类面积、退化面积[10]

亚类 \ 数量 \ 项目	草地面积/万亩		退化面积/万亩				退化比率/%		
	总面积	可利用面积	无	轻	中	重	轻	中	重
高寒草甸草原	11982	111.34	48.72	45.58	20.52	5.00	64.0	29	7
高寒草原	1845.93	1451.28	989.96	439.26	281.26	135.46	51.0	33.0	16
高寒荒漠草原	618.70								
合　计	2608.45	1562.63	1038.68	484.84	301.77	140.46	57.5	31.0	11.5

2. 高寒草甸类退化

高寒草甸类草地是那曲地区重要的畜牧业生产基地，是牦牛的集中分布区，草地面积828.67万 hm^2，可利用面积812.10万 hm^2，分别占全地区草地面积及可利用草地面积的29.6%和34.1%。退化面积435.87万 hm^2，占草地面积的52.6%。本草地类分3个草地亚类，各亚类分布面积、退化情况及生产力见表14-11。

表 14-11　高寒草甸类各亚类分布面积、退化情况及生产力[10]

	草地面积/万亩		退化面积/万亩				退化比率/%		
	总面积	净面积	无	轻	中	重	轻	中	重
高原高寒草甸	56583.29	5545.12	2392.56	2346.86	755.79	163.08	71.9	23.1	5.0
高山高寒草甸	5350.24	5243.24	2878.66	1912.57	514.73	44.28	77.4	20.8	1.8
高寒沼泽草甸	1421.53	1393.10	620.79	616.03	140.29	44.42	76.9	17.5	5.6
合　计	12430.06	12181.46	5892.01	4875.46	1410.81	251.78	75.4	20.5	4.1

(三)草地退化成因及发展趋势分析

草地退化的成因很多，涉及面广，但主要是过度放牧，其次为自然因素及人为对灌、草的过度樵采。

有关研究结果表明[10]，西藏草原退化的主要原因：一是超载过牧，重畜轻草，掠夺式经营。如那曲地区 1951 年民主改革时有各类牲畜 200 万头只，目前年末存栏量达到 760 万头只，增加了 2.8 倍(图 14-6)，超过天然草原的承载能力，致使草原的实际可利用面积和产草量减少。二是干旱威胁。干旱是一种自然气候特征，由于自然变异等原因，近年来干旱的几率加大，危害程度加剧，使草原植被遭到破坏。三是鼠虫病害猖獗。有关研究结果表明，目前鼠害已危及全区 60％的草原，且有蔓延扩大的趋势。据测定，高原鼠兔日食鲜草 77.3g，约 50 只高原鼠兔全年啃食的牧草可养 1 只绵羊。而且鼠类掘洞堆土，覆盖牧草，形成众多土丘，造成风蚀和水土流失。草原毛虫以牧草叶为食，严重时草原所有牧草被蚕食殆尽。近年来鼠虫害面积不断扩大，危害程度日趋严重。四是人为破坏。草原上生长的灌木、半灌木草本等作为薪柴被大量樵采；草原上生长的虫草、大黄、秦艽和雪莲等药用植物被滥挖滥采；还有开矿、筑路等人为因素均对草原造成破坏。

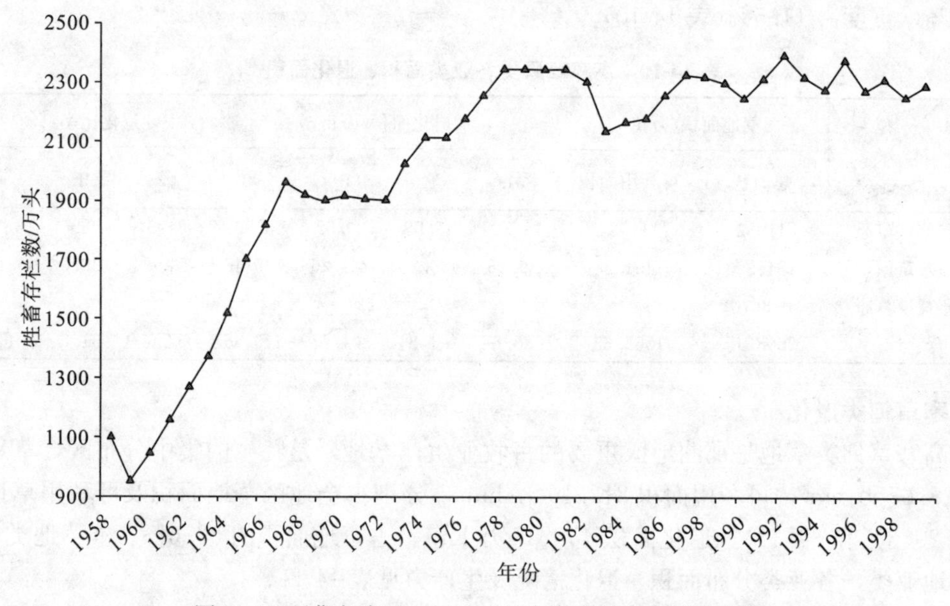

图 14-6　西藏自治区 1958～1999 年年末牲畜存栏变化图

1996 年中科院成都山地灾害与环境研究所以那曲地区聂荣县为例进行了研究。根据 1983～1995 年该县 16 项自然和社会因子的变化值及 1977 年和 1994 年遥感资料解释和西藏草地调查数据，计算出的草地退化增长速度，采用灰色预测模型对该县未来 10 年草地退化趋势进行了预测，结果表明 1995～2005 年草地退化面积将增长 25％，平均年增长速率为 2.5％。如果各种影响因子控制得当，此速度可望减慢。但要完全有效控制，短期内很困难。

三、生物多样性变化

在 20 世纪 80 年代，宝贵的药物资源胡黄连的蕴藏量还十分丰富，除供应当地所需外，还大批支援内地药厂制成中药；但到了 90 年代，胡黄连已被列入我国濒危物种清单，列入了《中国植物红皮书》。在它原来的分布区，现在很难见到完整的种群了。用于制作“诺迪康胶囊”的红景天本是分布很广泛的物种，它生长在高寒或高山区的流石坡、岩石缝、高山草甸等生态环境较脆弱的地区。过量的采挖使昔日常见的物种行踪难觅，且种群恢复很不容易。虫草身价一涨再涨，也直观地反映出了虫草的野生资源现状。现今全世界范围内物种消失的现象非常严重，在环境日趋恶化的西藏，目前已有一些物种受到了灭绝的威胁。

对这些资源植物的合理利用和保护是迫在眉睫的，需坚持生态优先，保护第一的原则，在保护前提下合理开发，以开发促保护。同时还需有计划地逐步开展野生资源植物的栽培引种驯化工作，逐步解决保护和利用的矛盾。

第七节　水生态现状及变化

一、河流、湖泊和湿地概况

西藏是全国河流最多的省区之一，素有“千水之王”的美称，是亚洲几条著名的大河——长江、湄公河、萨尔温江、布拉马普特拉河、恒河和印度河的发源地，既有太平洋水系和印度洋水系，又有藏北内流水系和藏南内流水系，水资源丰富。此外，西藏湖泊、湿地类型多、分布广。

(一)河流

1. 西藏河流概况

据不完全统计，西藏境内流域面积大于10000km^{2}的河流有20余条，大于2000km^{2}的河流有100条以上。按其径流的出境与否，可将西藏自治区境内河流分为外流水系和内流水系两大类。外流河流按其出境后最终进入的海洋，又分为太平洋水系和印度洋水系，这两个水系主要河流特征值见表14-12。内流河流按区域划分为藏北内流水系和藏南内流水系。外流水系总面积588758km^2，占西藏自治区总面积的49.02%；内流水系总面积612212km^2，占50.98%。

2. 雅鲁藏布江干支流径流、泥沙近期变化及原因分析

1)雅鲁藏布江干流

上游奴各沙水文站，20世纪60年代为丰水年，年均径流量为181.4×10^{8}m^3；70年代为偏丰年，为160.1×10^{8}m^3；80年代为枯水年，为136.2×10^{8}m^3；90年仍为偏丰年，为144.1×10^{8}m^3。中游羊村水文站60年代为丰水年，年径流量340.8×10^{8}m^3；70年代为偏丰年，年径流量281×10^{8}m^3；80年代为枯水年，年径流量250×10^{8}m^3；90年代与70年代一致，年径流量为280×10^{8}m^3。下游的奴下水文站径流量变化与中、上游完全一致，60~90年代径流量呈减少趋势(图14-7)。

雅鲁藏布江干流含沙量的变化：上游奴各沙水文站、中游羊村水文站和下游奴下水文站除60年代丰水期外，70~90年代均呈递增趋势。

表 14-12　西藏自治区境内主要河流特征值[5]

水系	河流名称	河流长度/km	汇水面积/km²	多年平均总径流量/(×10⁸m³)
太平洋	金沙江		24279	49.6
	澜沧江	499	38908	88.0
印度洋	怒江	1393	102691	389.8
	朋曲	389	24297	49.6
	朗钦藏布	369	23070	18.9
	森格藏布	419	27170	5.83
	雅鲁藏布江	2229	242004	1429.9
	年楚河	195.78	11103	11.4
	拉萨河	530.11	32588	104.4
	尼羊河	286	17535	166.2
	湘　曲	153	7407	22.2
	雅砻河	82.2	2130	3.82
	察隅曲	238	17681	231.0

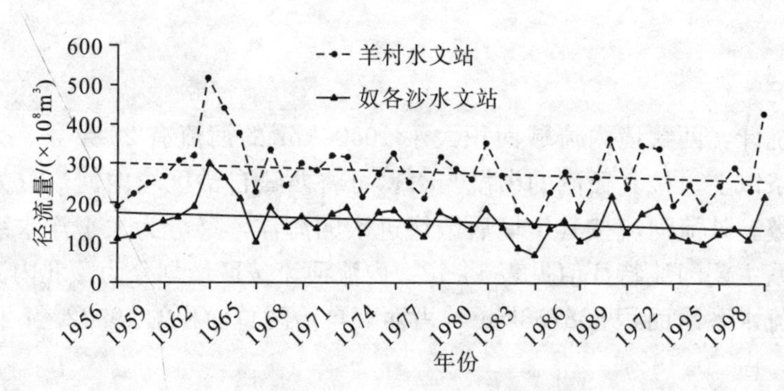

图 14-7　雅鲁藏布江干流水文站径流量变化

2)拉萨河

20 世纪 60 年代为丰水年，年径流量 $103\times10^8m^3$；70～80 年代为平水年，径流量为 $83.8\sim83.5\times10^8m^3$；90 年代为偏丰年，径流量为 $95.2\times10^8m^3$。含沙量的变化从 60 年代开始逐年递增；输沙量的变化除 60 年代丰水年外，70～90 年代仍呈递增趋势。上游、中游的旁多、唐加水文站径流、含沙量、输沙量的变化与拉萨站变化趋势完全一致。

3)年楚河

日喀则站 20 世纪 80 年代径流量 $9.86\times10^8m^3$；90 年代 $10.8\times10^8m^3$。输沙量 80、90 年代分别为 244×10^4t、313×10^4t；含沙量 80、90 年代分别为 $2.19kg/m^3$、$2.55kg/m^3$。80～90 年代径流量、含沙量、输沙量均呈递增趋势，与上游江孜站变化趋势完全一致。

雅鲁藏布江上游的奴各沙站除 70 年代径流量比 90 年代偏大外，其余站年径流，70 年代与 90 年代接近。而支流年楚河、拉萨河 90 年代径流量比 70 年代偏大，虽然 70～90 年代各流域降水量十分接近，其原因是由于受区域气候增温减湿效应的影响，5～6 月份冰川融雪量加大，造成河槽的水位抬高。因此，融雪量是增大径流量的主要原因；植被盖度的减少，可使产汇流加快。

河流含沙量、输沙量呈递增趋势的原因有二：①由于人类活动加剧、农业开发力度加大，破坏土壤的表层结构，水土流失加快；②灌丛林被大量砍伐、破坏，导致水土流失加剧。

(二)湖泊

1. 概况

西藏境内湖泊星罗棋布，数以千计，面积1～1000km^{2}的湖泊有1118个[5]。根据西藏水系和湖泊的分布特点，全区湖泊划分为藏东南外流湖区、藏南外流－内陆湖区和藏北内陆湖区。据1986年统计，全区湖泊总面积25788.60km^2，占全区土地总面积的2.14%，西藏各地区(市)湖泊面积统计见表14-13。

表14-13　1986年西藏自治区各行政区(市)湖泊面积统计

地(市)	土地总面积/km^2	湖泊面积/km^2	占区域总面积/%	占湖泊总面积/%	占西藏总面积/%
拉萨市	29539	766.70	2.6	3.0	0.06
昌都地区	100872	120.19	0.1	0.5	0.01
山南地区	79288	1154.66	1.5	4.5	0.10
日喀则地区	182066	3178.83	1.7	12.3	0.26
那曲地区	391817	14039.30	3.6	54.4	1.17
阿里地区	296823	6274.09	2.1	24.3	0.52
林芝地区	113965	254.83	0.2	1.0	0.02
合　计	1202370	25788.60	2.1	100.0	2.14

2. 湖泊近期变化

1)湖泊类型变化

西藏湖泊类型变化主要是由于入湖径流减少，加之湖面蒸发强烈，41个气象站的多年平均蒸发量在1500～2500mm，与我国西北地区相似，属蒸发强度大的地区，部分湖泊由淡水湖变成咸水湖或盐湖(表14-14)。

表14-14　西藏湖泊类型变化统计

湖泊名称	湖面海拔/m	湖面面积/km^2	湖泊类型
格仁错	4650	466	1998年前为淡水湖，现为咸湖
许如错	4714	208	1998年前为咸湖，现为盐湖
扎布耶茶卡	4400	235	1998年前为咸湖，现为盐湖
仁青休布错	4670	200	1998年前为咸湖，现为盐湖
普莫雍错	5009	284	1989年前为淡水湖，现为咸湖
阿果错	5000	55	1995年前为咸湖，现为盐湖

2)典型湖泊近期变化

羊卓雍错位于雅鲁藏布江南岸，行政区划隶属山南地区浪卡子县，地理位置为东经90°22′~91°05′，北纬28°46′~29°11′，流域面积6100km²。羊卓雍错白地站1974~1995年水位变化见图14-8，由图可见，羊卓雍错最高、最低和平均水位均呈下降趋势，最高水位下降3.86m，最低水位下降3.76m，平均水位下降3.80m。1974~1979年平均水位4440.78m；1980~1989年平均水位4439.56m；1990~1995年平均水位4438.02m；多年平均水位4439.47m(表14-15)。

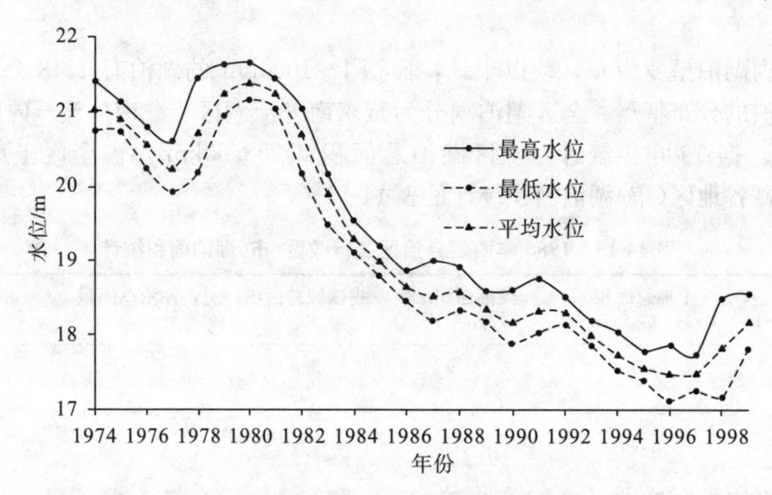

图14-8 羊卓雍错白地站水位变化图

表14-15 羊卓雍错70~90年代湖水面积和贮水量

年份	最高水位/m	最低水位/m	平均水位/m	平均水位的湖水面积/km²	平均水位的贮水量/(×10⁸m³)
1974~1979	4441.62	4439.93	4440.78	656.08	161.83
1980~1989	4441.64	4438.17	4439.56	638.75	156.30
1990~1995	4438.75	4437.39	4438.02	616.88	149.31
1974~1995	4441.64	4437.39	4439.47	637.47	155.89

根据《西藏河流与湖泊》[5]，水电部成都勘测设计院绘制的羊卓雍错水位-面积-容积关系曲线，不同时段羊卓雍错的湖水面积和贮水量，1974~1979年湖水面积656.08km²，贮水量161.83×10⁸m³；1980~1989年湖水面积638.75km²，贮水量156.30×10⁸m³；1990~1995年湖水面积616.88km²，贮水量149.31×10⁸m³。

1990~1995年平均湖水面积和贮水量与1974~1979年、1980~1989年两时段的平均湖水面积和贮水量相比，湖水面积分别减少了39.20km²和21.87km²，1990~1995年平均湖水面积分别为1974~1979年、1980~1989年两时段的平均湖水面积的94.0%和96.6%；1990~1995年与前两时段相比，贮水量分别减少了12.52×10⁸m³和6.99×10⁶m³，其贮水量分别为前两时段贮水量的92.3%和95.5%。

(三)湿地

1. 概况

根据《湿地公约》之定义，西藏湿地可划分为天然湿地和人工湿地。天然湿地主要指沼泽、湖泊、滩涂等，人工湿地主要指水田和水库等。根据西藏湖泊分布众多以及在国民经济中的独特地位，已对湖泊作了单独陈述和分析，本节不将其纳入湿地范围，只对天然湿地中的沼泽、滩涂和人工湿地(仅指水库)进行分析。

据1986年统计，西藏湿地总面积3167307.99hm²，占国土总面积的2.65%(表14-16)。

2. 典型湿地近期变化

西藏的典型湿地有拉鲁湿地。拉鲁湿地位于拉萨市北角，地理位置为东经91°03′48.5″~91°06′54.4″，北纬29°39′46.3″~29°41′5.5″，总面积6.2km²。拉鲁湿地在近50年来，其面积、水状况、植被、土壤和生产力等方面发生了一系列的变化，表现在以下几方面。

(1)拉萨市城市基本建设征地，湿地侵占严重，导致拉鲁湿地面积大大减少，由早期的数十平方千米，到20世纪60年代的十多平方千米，目前仅存面积6.2km²，60年代至今，面积减少50%左右。

表14-16　1986年西藏自治区湿地面积统计

项目 \ 地(市)		拉萨市	昌都地区	山南地区	林芝地区	日喀则地区	阿里地区	那曲地区
土地总面积/km²		29539	100872	79288	113965	182066	296823	391817
湿地面积	总面积/hm²	105464.12	53957.84	176230.41	94659.66	452629.28	684808.81	1599557.87
	天然/hm²	104934.49	53957.76	166149.08	93592.72	452552.87	684808.81	1599548.8
	人工/hm²	529.63	0.08	10081.33	1066.94	76.41		9.07
占区域面积/%		3.6	0.5	2.2	0.8	2.5	2.3	4.1
占湿地总面积/%		3.3	1.7	5.6	3.0	14.3	21.6	50.5
占西藏总面积/%		0.09	0.05	0.15	0.08	0.38	0.57	1.34

(2)20世纪60年代开挖排水渠、80年代流域砂石料的开采(废弃砂石阻塞拉鲁湿地的来水来沙)，90年代7.3km长的“3357”干渠工程建设等，导致拉鲁湿地地表集水变浅，地下水位急剧下降，原有的大片集水区以每年0.67~1.33hm²的速度被泥沙覆盖而沙化。

(3)拉鲁湿地的植被种类和结构发生变化，原有的优势种芦苇已逐渐消亡，仅存的部分芦苇长势由60年代的2m以上退化到目前的不足1m，次生杂草群落如小花灯心草演变为优势种，整个湿地区域内群落盖度和高度降低，草丛变矮变稀，生产力下降，湿地演替趋势为沼泽化湿地→沼泽化草甸→草甸→荒漠。

(4)土壤沙化退化严重，泥炭的大量开挖，导致土壤有机质含量减少，近期推出的骑马旅游项目，马匹践踏，土壤板结；北部夺底沟大量采石场出现，废弃砂石随地可见，汛期径流携带大量泥沙进入拉鲁湿地，掩埋湿地，目前已有十几公顷的草地严重沙化，沙化面积有进一步扩大的趋势。

(5)湿地生产力水平下降明显。1991年前，植被多样性和生物产量保持较高态势，1993年至今，生物量统计呈明显下降趋势，芦苇产量由1993年的31600kg/hm^{2}下降到目前的2287.5kg/hm^2，为1993年生物产量的7.24%；草甸牧草产量由80年代的12690kg/hm^{2}下降到目前的945kg/hm^2，降低了92.6%。受产草量限制，拉萨市“菜篮子工程”奶牛基地奶牛头数由80年代的3000头骤减到目前的不足200头，产量大幅度下降。

二、水资源

(一)水资源总量

据西藏自治区水文局测算，1999年西藏自治区水资源总量为4548.16×10^8 m^3(表14-17)。其中地表水资源总量3114.08×10^8 m^3，占水资源总量的68.5%；地下水资源总量1434.08×10^8 m^3，占31.5%。西藏水资源有以下特点。

1. 水资源总量大，但分布不平衡

西藏水资源总量总的分布趋势为藏东南的林芝和山南地区最高，其次为藏北的那曲、昌都和日喀则地区，中部的拉萨市和阿里地区最低。

藏东南的林芝和山南地区，土地总面积193253km^2，占西藏总面积的16.1%，水资源总量为3067.23×10^8 m^3，占全区水资源总量的67.4%，位居全区水资源之冠；藏北的那曲和阿里地区土地总面积688640km^2，占西藏总面积的52.3%，水资源总量为577.72×10^8 m^3，占全区水资源总量的12.7%，全区名列第2；西藏中部和南部的拉萨市和日喀则地区，土地总面积211605km^2，占西藏总面积的17.6%，水资源总量为459.60×10^8 m^3，占全区水资源总量的11.7%，名列第3；西藏东部的昌都地区，土地总面积100872km^2，占西藏总面积的8.4%，水资源总量为443.61×10^8 m^3，占全区水资源总量的9.8%，为西藏水资源最低的地区。

2. 人均水资源量地区差异大

从表14-17中可见，西藏人均水资源量多寡大体与水资源总量的区域分布一致，但区域间的差异明显，全区人均水资源量为18.36×10^4 m^3，居全国之首，其中：地表水12.57×10^4 m^3，占68.5%；地下水5.79×10^4 m^3，占31.5%。拉萨市人均水资源量2.21×10^4 m^3，仅为平均值的12.0%，为西藏人均水资源量最低的地区；其次为日喀则地区，人均水资源量分别为5.90×10^4 m^3，为平均值的32.1%；藏东昌都地区人均水资源量7.96×10^4 m^3，为平均值的43.4%；藏北那曲和阿里地区，人均水资源量较高，分别为12.97×10^4 m^{3}和15.79×10^4 m^3，为平均值的70.6%和89.8%；藏南山南地区人均水资源量26.65×10^4 m^3，比平均水平高45.1%；林芝地区人均水资源量为西藏全区最高地区，达151.27×10^4 m^3，为平均水平的8.24倍。

表 14-17　1999 年西藏自治区各行政区(市)水资源总量

地(市)	面积/km^2	地表水/($\times10^8m^3$)	地下水/($\times10^8m^3$)	水资源总量/($\times10^8m^3$)	人均水资源量/$\times10^4m^3$	比例/%
拉萨市	29539	67.57	20.22	87.79	2.21	1.9
昌都地区	100872	321.88	121.73	443.61	7.96	9.8
山南地区	79288	566.66	275.42	842.08	26.65	18.5
日喀则地区	182066	232.82	138.99	371.81	5.90	8.2
那曲地区	391817	216.63	245.83	462.46	12.97	10.2
阿里地区	296823	46.69	68.57	115.26	15.79	2.5
林芝地区	113965	1661.83	563.32	2225.15	151.27	48.9
合计	1202370	3114.08	1434.08	4548.16	18.36	100

(二)水质评价

西藏水资源水质总体良好，人为污染尚不突出，其水化学特征及独立性指标均达到国家水环境标准，局部河流有镉超标现象存在。根据 1999 年对西藏主要河流的水质监测资料，Ⅰ类水体占 3.4%，Ⅱ类水体占 62.8%，Ⅲ类水体占 26.9%，Ⅳ类水体占 2.4% 和Ⅴ类水体占 4.5%。枯水期水质有所下降，Ⅰ类水体基本为 0，基本为Ⅱ类以下水体，比全年平均高 7.9%；丰水期，水质有所提高，Ⅰ类水体占 3.4%。

1999 年水体水质与 1998 年相比，水质有所提高(表 14-18)，表现在工业污水排放量有所减少。

表 14-18　西藏自治区污水排放量统计

污水排放量	1998 年	1999 年	1999 年与 1998 年比较
工业污水排放量/($\times10^4$t)		2401.7	减少
工业污水 COD 排放量/t	2769.4	2690.4	−2.86%
工业污水硫化物排放量/t	109.89	95.58	−14.31%
生活污水排放量/($\times10^4$t)		2576.9	增加

第八节　农村与城市生态环境问题分析

一、农村生态环境问题

(一)农村能源结构单一带来植被破坏

据统计，西藏能源的消费结构是以生物质能为主，占 75.00%，其次是石油 12.76%、电力 8.54%、煤炭 0.41%，其他 3.29%。其中全部能耗的 80%以上用于城乡人民生活，故西藏农牧区能源主要依靠生物质能源，农牧区能源的单一和短缺是造成植被破坏、环境退化的重要原因。

据测算，西藏牧区饲养放牧的各类牲畜1750万头(只)，年粪便量约660万t，其中作为燃料的约400万t，高达牛羊粪总量的60%，过腹还草地的粪便仅占40%。

农区主要以薪柴为燃料，人均年消耗薪柴300kg，据对达孜、昌都等15县(地)调查，每县(地)抽查30户，除达孜、林周农村以柴草、牛羊粪作燃料，左贡、察雅农村以柴草为主，少量煤炭作燃料外，其他11个县(地)农村全部以柴草为燃料(表14-19)，也就是说西藏农村目前绝大部分燃料是以薪柴、草皮和秸秆为主。据当雄县调查，农村除砍伐灌丛作燃料自己烧外，还拿到市场上去卖。据当雄县统计资料，1998年副业收入中，薪柴收入占12.4%，达17万元。

表14-19　农村燃料结构调查表　　（单位：元）

县(地)名	煤炭	煤制品	柴草	木炭	其他(牛羊粪)
达　孜			1174		1774
林　周			786		168
昌　都			4030		
类乌齐			3965		
左　贡	12		5404		
察　雅	1		8313		
扎　朗			2400		
琼　结			994		
加　查			1304		
桑　日			1065		
南木林			1026		
萨　迦			786		
仁　布			741		
拉　孜			1192		
林　芝			4720		
合　计	13		37900		1942

又据对雅鲁藏布江中部流域(拉孜至加查段及拉萨河、年楚河中下游地区)的调查，农村能源几乎全部依靠生物质能源，农村能源年消耗量折合薪柴56万t，其中畜粪占52.93%，薪柴占36.78%，秸秆占10.17%，其他(油、电、太阳能)仅占0.33%，使得每年0.4万～0.67万hm^2灌木林遭到樵采和刨根等毁灭性破坏。

由上可见，要减少植被破坏，防止水土流失，保护生态环境，就要大力改变能源结构，特别是农牧区能源结构，减少对生物质能(薪柴、秸秆、牲畜粪便等)的依赖程度，大力开发、推广太阳能、风能、水能和地热能的利用。特别是太阳能和风能的推广利用适用于广大分散的农牧区。

西藏太阳能源丰富，太阳的年辐射在$(6000\sim8000)\times10^6 J/m^2$，是我国太阳能资源最丰富的地区，也是世界上最丰富的地区之一。一个4～6口之家的农牧民，使用一台$2m^2$的太阳灶，一年可节约薪柴或牛粪等生物质燃料1400～1600kg。

西藏又是我国的一大风区，有从阿里地区到那曲西北部、从日喀则到山南地区南部喜马拉雅山和冈底斯山之间的两个主风带，大风(风速大于 17m/s)在 100d 以上，风能密度为 150～200W/m^2，风能资源极为丰富，安装风力发电机可以解决农牧民照明、生活、电围栏等用电问题。

(二)畜禽有机废物利用不合理

西藏自治区每年畜禽粪便产生量为 878 万 t，但由于西藏农牧区能源紧缺，大部分地区，特别是牧区目前仍主要以牛粪作燃料，畜禽有机肥还田数量相对较少。据统计，牧区 660 万 t 牛羊粪中，有 400 万 t 作为燃料烧掉，只有 40%返还回了草地。多年来牧区为解决这个问题想了不少办法，做了大量工作，但尚未取得实质性突破。

西藏太阳能、风能资源丰富，农牧民分散，如何扩大太阳能、风能等在农村能源中的比例，是减少畜禽有机废物作为燃料的重要途径。

(三)农膜使用量快速增大

20 世纪 80 年代初，农膜开始在西藏试验性使用，但数量不多，仅限于城市农业部门的塑料大棚。

90 年代后，随着城镇郊区蔬菜生产的不断发展，农膜使用面积逐年增加。1999 年农膜使用面积达到 1400hm^2，其中约 70%分布于拉萨市郊，平均使用量 75kg/hm^2。而且，90%以上的农膜用于蔬菜生产，使用农膜面积仅占全部耕地面积的 0.6%。

目前，农膜污染还未对西藏耕地质量造成明显不良影响。原因有二：一是目前西藏农膜使用的面积小，用量少；二是农膜主要用于蔬菜生产，相对其他作物来说蔬菜种植精耕细作程度较高，农膜残留于耕地中的比例较小。

但是，随着农业生产的发展，农膜使用面积、农膜数量都会提高，应重视对农膜“白色污染”的防治。

(四)农药、化肥的科学施用欠缺

西藏农药使用已有二十多年历史，近年来有增加的趋势，但总体用量不大。1999 年西藏农药总用量 660t，平均只有 2.86kg/hm^2，分别比 1986 年增加 358t 和 1.5kg/hm^2。施用农药面积占全部耕地面积的 99.83%。

化肥从 20 世纪 70 年代开始使用，随着冬小麦的大面积推广，化肥作为重要的生产资料和增产措施得到大面积的推广应用。化肥施用量呈不断增长的趋势。1999 年，西藏化肥用量达到 26797t(按折纯量计算，下同)，比 1986 年的 12137t 增加 14660t，增长了 1.2 倍。主要化肥品种是尿素、磷酸二氨和三元复合肥。平均施肥量 116kg/hm^2，比 1986 年的 54.59kg/hm^{2}增加 61.4kg/hm^2，增长 1.12 倍。其中，氮肥施用量54.25kg/hm^2，磷肥施用量 17.75kg/hm^2，钾肥施用量 6.63kg/hm^2，复合肥施用量37.29kg/hm^2，分别比 1986 年增加 97%、236%、699%和 78%。

与全国相比，西藏化肥用量目前不算多，但局部地区化肥施用量较高。

值得指出的是，西藏所用的化肥品种一直比较单一，长期下去将会影响土壤养分平衡，故根据土壤缺肥情况，合理选择化肥品种，推广平衡施肥已提到农业发展的日程，但耕地肥力监测工作严重滞后，下一步应特别加强这方面工作，为科学施肥提供依据。

二、城市生态环境

(一)城市建设与发展现状

目前，全区设市城市已有 2 个(拉萨市为中等城市，日喀则市为中小城市)，县城 71 个，建制镇 112 个。城镇人口 42 万人，城市化水平达到 9.8%，城镇建成区面积为 147.98km^2。“九五”期间，7 个地(市)所在地城镇的总体规划均进行了新一轮修编，71 个县城的总体规划已有 41 个完成了新一轮修编。自治区政治、经济、文化中心——拉萨市的城市建设管理成就尤其引人注目，城市面貌今非昔比，令每一个重游拉萨的人都惊叹不已。

城镇供水、供气、公共交通、通信、电力等公共事业发展迅速，极大地方便和改善了城镇居民的生活。到 1999 年年底，全区 2 市 71 个县、2 个地区所在地建制镇自来水供水综合能力达到 32 万 m^3/d，供水管道总长 465km，城镇自来水普及率达到 60%，燃气和太阳能灶在许多城镇得到广泛普及。城镇拥有公共交通营运车辆约 800 辆，出租车大约 1500 辆。

“九五”期间，随着羊湖电站、沃卡一级电站、满拉水利枢纽的建成，全区电站装机容量达 34 万 kW，极大地改善了该区用电状况，拉萨、日喀则等 7 个地(市)所在地城镇“亮化”工程建设加快，一到夜晚城镇灯光亮丽。同时随着“兰—西—拉”光缆工程以及拉萨至山南、日喀则、林芝光缆工程的修通，全区电话装机容量发展到 58000 多门，为我区经济建设提供了强有力的信息保证。

“九五”期间，7 个地区所在地城镇都相继成立了城建监察大队(或支队)，加大了对城镇市容镇貌的管理，把抓城镇的绿化、美化落实到了实处，全区城镇现有绿地面积 2699hm^2，人均拥有公共绿地面积 10.42m^2，拉萨市区绿化覆盖率达 18.2%。仅 1999 年拉萨市义务植树 24.5hm^2、4.5 万余株，其中行道树 1.8 万多株，完成绿化投资 335.13 万元。目前拉萨市人均绿地面积 29.7m^2。各地城镇建设紧紧抓住 30 年大庆的机遇，先后建成了一批城镇标志性建筑，并结合藏民族的风格特点，建成了一些反映高原风光、民族风格的雕塑，极大地丰富了城镇景观，使城镇建设走上了一条与环境协调发展的道路。

(二)城市生态环境状况

1. 城市空气质量

1999 年，全区各主要城镇空气中二氧化硫日均值浓度为 1～54g/m^3，年均值浓度为 1～10g/m^3；氮氧化物日均值浓度为 1～92g/m^3，年均值浓度为 4～30g/m^3，总悬浮颗粒物日均值浓度为 20～432g/m^3。二氧化硫、氮氧化物日均值和年均值浓度均能满足国家《环境空气质量标准》的二级标准；风季总悬浮颗粒物日均值浓度在拉萨市、日喀则市、昌都镇都有所超标，全区超标率为 37%，最大日均值浓度出现在昌都镇，超标主要是气候条件恶劣、风季扬尘所致。拉萨市月均降尘量为 3.71～61.94t/km^2。

2. 城市水环境

1999年，流经全区各主要城镇的大江大河和中、深层地下水的水环境质量继续保持良好。但部分流经城镇市区的小河渠受到轻度的污染，部分浅层地下水中的氨氮、COD、细菌学指标等出现一定程度的超标。

3. 城市噪声

1999年，拉萨市、日喀则市、昌都镇区域环境噪声等效声级范围一类区为30.2～75.4分贝，二类区为35.2～77.8分贝，三类区为32.5～62.6分贝，四类区为36.0～80.8分贝，超标率达60%以上。拉萨市城市车辆与上年相比有较大增加，城市道路交通噪声昼夜等效声级范围为63.4～74.9分贝，全市平均值为69.9分贝，超标路段达55%。城镇噪声源构成中，道路交通、建筑施工、生活娱乐噪声占主导地位。

4. 城市垃圾

1999年，拉萨市、日喀则市共清运垃圾29.1万t、粪便2.11万t，清扫道路面积345万m^2。

1999年5月，西藏自治区环境保护局对拉萨市城市垃圾情况进行了一次调查。调查发现，拉萨市区内垃圾乱堆乱放的现象十分突出。已建成的东郊垃圾填埋场与拉萨河仅一路之隔，堆放的垃圾已超出路面1m多，其堆放量已远远超出设计处理能力，由于垃圾量大，清理工作跟不上，堆放的垃圾根本满足不了“一层垃圾，一层覆土”的设计堆放要求，雨季到来后，垃圾渗滤液便随着雨水往拉萨河里渗透，这对拉萨河的水质构成了很大的威胁。目前，拉萨市有关部门正着手对垃圾污染问题进行处理。

总的说来，西藏城市生态环境基本良好，但局部地区空气和水环境已出现轻度污染。

结语：通过对西藏自治区生态环境现状、特点及其变化趋势进行全面系统的调查分析，认为西藏在生态环境保护和法制建设等方面取得了显著成绩，局部退化生态与环境得到了治理与改善，全区生态环境整体上处于轻、中度退化状态；在人口较稠密和受人类活动影响较大地区生态环境退化趋势有所加大，在无人居住的高原高山区，受全球气候变化的影响，生态环境发生了一些变化，对变化趋势需加强监测与研究，为适应性对策的制定提供依据。

参 考 文 献

[1] 中国科学院青藏高原综合科学考察队. 西藏冰川 [M]. 北京：科学出版社，1984.
[2] 汤懋苍，程国栋，林振耀. 青藏高原近代气候变化及对环境的影响 [M]. 广州：广东科技出版社，1998.
[3] 蒲健辰，姚檀栋，王宁练，等. 近百年青藏高原冰川的进退变化 [J]. 冰川冻土，2004，26(5)：517～522.
[4] 孙鸿烈，郑度. 青藏高原形成演化与发展 [M]. 广州：广东科技出版社，1998.
[5] 中国科学院青藏高原综合科学考察队. 西藏河流与湖泊 [M]. 北京：科学出版社，1984.
[6] 西藏自治区统计局. 西藏统计年鉴(2000) [M]. 北京：中国统计出版社，2000.
[7] 中国科学院兰州沙漠所. 西藏自治区土地沙漠化防治规划 [M]. 兰州：甘肃科技出版社，1998.
[8] 中国科学院青藏高原综合科学考察队. 西藏气候 [M]. 北京：科学出版社，1984.
[9] 西藏自治区土地管理局，西藏自治区土地畜牧局. 西藏自治区草地资源 [M]. 北京：科学出版社，1994.
[10] 刘淑珍，等. 西藏自治区那曲地区草地退化沙化研究 [M]. 拉萨：西藏人民出版社，1999.

第十五章　高原生态环境脆弱性与生态安全战略

第一节　西藏生态环境脆弱性特点①

西藏高原自然环境独特，地质构造年轻，新构造活动强烈，高海拔高寒性、地表起伏极大差异性、气候变化多样复杂性，这些特点决定了高原区域生态环境具有脆弱性特点，表现为环境基质的不稳定性和环境与生态过程对外力作用的敏感性。本节基于西藏自然环境要素特殊性，对其自然生态环境脆弱性特点进行分析。

一、自然生态环境的不稳定性

(一)地质基础的不稳定性

地质基础包括断裂构造、裂隙构造以及地层岩性等。西藏高原长期处在印度次大陆与亚洲主大陆两大板块的强烈挤压中，在南北向挤压力作用下，造成地壳增厚，同时带来岩层的褶皱、断裂。西藏断裂构造发育和岩层破碎等不稳定性问题突出。地质基础不稳定性区域主要分布于雅鲁藏布江缝合带、班公错—怒江缝合带、藏东“三江流域”和藏东南波密—察隅“歹”字形构造带。这些地区断裂发育，岩层破碎，碎裂变质岩广泛分布，地表岩石物质处于极不稳定状态。

此外，印度板块每年以 5cm 的速度向北漂移，西藏高原平均每年上升 5～6mm，喜马拉雅地区年上升速度达 8～10mm[1]，高原山地的持续上升，使山地坡面物质势能加大，径流冲刷和河流溯源侵蚀速率加大。

(二)地貌基础的不稳定性

地貌基础主要指地表切割深度、沟谷密度，以及由此形成的陡坡形态。西藏地表形态区域差异明显，藏东昌都地区、藏东南林芝地区和喜马拉雅山地区岭谷高差悬殊，相对高度一般达 2000～4000m，山坡陡峻，>25°的陡坡山地面积占该地区面积 60%以上。在高山峻岭分布区，山地坡度多在 35°～45°。坡度和相对高度与稳定性关系可用下式表示[2]

$$K = 2C \cdot \sin\alpha \cdot \cos\varphi / r \cdot h \cdot \sin^2 \frac{\alpha - \varphi}{2}$$

① 本节 作者钟祥浩、刘淑珍等，在 2003 年成文基础上作了修改、补充。

式中，K 为斜坡稳定性系数，α 为坡度，h 为相对高度，r 为岩土容重，C 为内聚力，φ 为内摩擦角。从中可看出，K 与坡度和相对高度关系极为密切。此外有资料表明，面蚀临界坡度为22°～26°，沟蚀临界坡度>30°。西藏东部和东南部具有发育面蚀、沟蚀和重力侵蚀的地貌条件，是西藏地貌基础不稳定性主要分布区。

(三)土壤物质不稳定性

土壤物质不稳定性主要通过土壤质地特性表现出来。一般说来，细砂土、面砂土、砂壤土和砂质粉土可侵蚀度高。西藏高原山地成土作用差，多数土类具有年轻性、粗骨性、薄层性特点，其中河谷平坝区土壤粉砂质含量高，有机质含量低。通过西藏主要土类表层土壤可蚀性 K 值的分析，发现 K 值较高的土类有：盐碱土、风砂土、褐土、棕壤、黄棕壤、沼泽土、草甸土等，其中分布于干旱—半干旱河谷区的褐土和风沙土易蚀性程度很高，极易发生水蚀和风蚀。

(四)气候与生态环境不稳定性

降水通过其量的多少、强度的大小和持续时间的长短以及季节变化与年际变化，对环境与生态过程产生影响，由此带来坡面、沟道物质不稳定性和生态系统不稳定性问题突出。

藏东南湿润区，丰富的降水使岩土物质含水量增高，以致有些地方雨季常处于饱和状态，进而增大了坡面物质的不稳定性。夏季雨量集中和降雨强度大对坡面和沟道的侵蚀与搬运有重大的影响，强降雨引起坡面强烈的水土流失和沟道滑坡、泥石流的发生。

藏南雅鲁藏布江半干旱宽谷区、藏北和藏西高原半干旱和干旱区，降水量少，水分条件成为影响土地利用方式的主要因素，年降水量>400mm 的地区，春小麦可以生长，<400mm 则收成不稳定。在年降水 400mm 左右的地区，天然乔木生长不稳定，低于 400mm 的地区则不能生长。在年降水量<300mm 的广大高原及河谷区，蒸发量很大，地表干燥，地面物质处于松散的不稳定状态，在大风作用下地表物质易被吹蚀。在半干旱、干旱区不仅降水少，而且年内变化和年际变化大，容易出现旱灾，而且干旱频率高，致使结构简单的草原、荒漠草原和荒漠生态系统处于一种易变的不稳定状态，在过度放牧下，极易出现草地的退化。

热量通过与水分的配合状况影响生态环境，干燥度大的地区，生态环境稳定性差，干燥度与生态环境脆弱性呈正相关关系。

二、自然生态环境的敏感性

所谓生态环境敏感性是指生态环境对外力作用(主要为人类活动)具有快速反应的特性，它直接反映了产生生态环境问题的可能性大小。现就形成西藏主要生态环境问题的主要生态环境要素敏感性特点分析如下。

(一)植被退化敏感性

影响植被生长的自然条件主要为气候，其次为土壤、地貌及岩性等。其中气候条件中水、热要素与植物生长的关系尤为密切。不同水、热条件下的植被生态系统结构不同，结构的复杂程度影响到系统的功能强弱。一般而言，系统结构越复杂，其生产与生态功能越强，反之，则弱。实际情况表明，结构复杂的生态系统，植被总生物量高，该指标可较好地揭示植被退化敏感性程度。据此推理，植被总生物量高的地区，植被生态系统对外力作用反应的敏感性小。鉴于生态系统生态功能定量评价较为复杂，故采用单位面积植被生物量指标来反映生态环境敏感性程度，即反映在人为干预下出现植被退化可能性大小。李文华等对西藏各县植被总生物量进行了估算[3]，根据估算资料，我们将西藏植被退化敏感性分为5级：一级为极敏感，其单位面积生物量<5t/hm^2；二级为相当敏感，生物量为5～15t/hm^2；三级为中度敏感，生物量为15～30t/hm^2；四级为轻度敏感，生物量为30～80t/hm^2；五级为不敏感，生物量>80t/hm^2。

极敏感区主要分布于那曲和阿里地区的所有县，包括日喀则地区的康马、岗巴、定日、仁布、江孜、白朗、拉孜、萨迦、南木林，山南地区的琼结、曲松、桑日。相当敏感区主要分布于除日喀则上述县以及亚东、吉隆县外的其他所有县，拉萨市的所有县以及山南地区的乃东、扎囊和贡嘎县。中度敏感区主要分布于山南的洛扎、加查、错那县，日喀则地区的亚东、吉隆县。轻度敏感区主要分布于昌都地区各县。不敏感区主要分布于林芝地区各县。

(二)土壤侵蚀敏感性

土壤侵蚀的发生与降雨、土壤质地、植被、坡度与坡长因子有关。在人为作用(如植物破坏)下，土壤侵蚀加速。前述四种自然因子的组合特点决定了土壤侵蚀的类型及其过程。不同地区它们的组合特点不一样，因而对人为作用的反应也就不同，即有的地区在强度人为作用下，不至于出现严重的土壤侵蚀，而有的地区在轻度人为作用下，就可出现严重的土壤侵蚀。因此，通过对这四种土壤侵蚀因子组合特点的区域差异性研究，可以揭示土壤侵蚀敏感性的区域分布规律。

土壤侵蚀敏感性评价采用土壤侵蚀通用方程思路。通过对全区降雨侵蚀力、土壤可侵蚀性、植被盖度和起伏度(代替坡度与坡长因子)的计算，完成西藏水土流失敏感性分级分布图(彩色图版：图4-15-1)。结果表明，西藏土壤侵蚀极敏感的地区主要分布于藏东“三江流域”、藏东南察隅—易贡藏布流域和康格多山以北的错那、隆子县部分地区及雅鲁藏布江沿江山地。

(三)土地沙漠化敏感性

土地沙漠化形成的主要动力因素为风力，在干燥多大风的地区，地表植被稀少，地面物质疏松，风蚀作用易于发生，土地沙漠化敏感性程度高。通过对全区湿润指数、大风天数、土壤质地和植被覆盖等土地沙漠化形成因子的计算，并在GIS技术支持下完成了西藏土地沙漠化敏感性分级分布图(彩色图版：图4-15-2)，从图中看出藏北高原的大部分地区为土地沙漠化极敏感和相当敏感区；此外，在人口较稠密的狮泉河下游区、雅鲁藏布江上游区、朋曲流域区以及雅鲁藏布江中段河谷和年楚河、拉萨河属于土地沙漠化高敏感区。

(四)山地地质灾害敏感性

西藏山地地质灾害种类较多，其中对人类活动响应较为敏感的灾害主要有崩塌、滑坡和泥石流。前述生态环境不稳定因素中的地质、地貌、降水以及地表物质组成等都是构成这些灾害具有敏感性特点的内在原因。根据西藏泥石流敏感性评价指标与敏感性分类[4]和崩塌、滑坡危险度判别指标[5]，我们将西藏山地地质灾害敏感性分为三类：极敏感、较敏感和不敏感。极敏感区主要分布于藏东“三江流域”、藏东南地区的波密、林芝、墨脱、察隅等县，山南地区的错那、隆子和洛扎县以及日喀则地区的亚东、吉隆、聂拉木县和雅鲁藏布江中游谷地两侧山坡地带。

第二节　西藏高原生态安全战略①

一、生态安全面临的问题

(一)自然生态环境不稳定性在增大

前已述及西藏高原仍处于整体抬升过程中，其中喜马拉雅地区抬升速度达8～10mm。高原山地上升带来坡面物质的不稳定和河流下切侵蚀作用加强。藏东南和喜马拉雅山脉南侧谷地自然重力侵蚀作用的潜在危险性在增大。以突发性山地灾害为特点的安全隐患将对今后资源开发与经济建设构成严重的威胁。

(二)气候变暖对生态环境的不稳定性影响

西藏高原自20世纪60年代中期以来，气温出现波动式的增高，拉萨地区增幅为0.2～1.4℃，藏东和藏东南升温幅度为0.2～0.6℃，雅鲁藏布江中部及那曲地区增幅为0.9～1.4℃[6]。气温的升高造成冻土和冰川消融加快，由此带来融冻自然侵蚀作用加强和冰湖溃决及洪灾发生危险性增大。在藏北藏西半干旱、干旱区，气温升高带来蒸发量和干旱灾害发生几率增大，致使生态系统不稳定性程度增强。

(三)人类经济活动压力在加大

中央实施西部大开发战略给西藏经济发展带来前所未有的机遇，基础设施建设规模之大、速度之快是西藏有史以来的最好时期，基础设施建设的加快必将带来资源开发和经济建设强度的加大、加快，这些都将给西藏生态环境带来冲击。虽然各项重大工程都有环境保护的要求，但是一些潜在问题的出现需要经历时间的考验。

(四)人口的压力增加

西藏人口自然增长率居全国之首，这种增长的势头在今后较长的时间内难以扭转，按1990～2001年人口自然增长率平均12‰考虑，预计2020年，全区人口将增加到318.24万人，在2001年253.7万人基础上增加64.54万人。随着西藏改革开放的深入和旅游事业的发展，外来人口也将会出现较大幅度的增加。人口增加对自然资源需求的压力和对生态环境的破坏将随之加大，生态安全隐患也随之增多。

---

①　本节作者钟祥浩、刘淑珍等，在2003年成文基础上作了修改。

(五)农村能源短缺对生态环境的压力大

根据我们2001年入户调查，发现全区农村居民能源消费中以生物质能为主，所占比重高达98.7%。人均能源消费达1024.33kg SCE(SCE为标准煤)，与同期全国农村居民生活用能118.1kg相比，高出906.23kg SCE，这是因为西藏海拔高，农牧民用于取暖、做饭等方面的能耗较多。此外，由于高原缺氧，薪柴等生物质燃烧不足，能源转化率仅有14.3%，甚至更低。从薪柴消费看，西藏年人均需要薪柴528.43kg，相当于每年有2.6万～4.36万hm^2的灌木或草地遭到樵采、刨根等毁灭性破坏，给区域生态环境带来巨大冲击。

(六)生态环境问题日趋显露

1. 土壤侵蚀

1999年雅鲁藏布江中游地区19个县水土流失面积53145.6km^2，占该区域面积的73.5%，其中中度以上土壤侵蚀面积占53.4%。2002年中国水利部水土流失公告，全区水蚀风蚀112073.0km^2，占全区面积的9.2%。

2. 土地沙漠化

1995年全区土地沙漠化面积20.47万km^2，占全区总面积的17.0%，潜在土地沙漠化面积1.37万km^2。各地区土地沙漠化面积大小顺序为：那曲地区>阿里地区>日喀则地区>山南地区>昌都地区>拉萨地区>林芝地区，其中班戈、尼玛、改则、日土、仲巴5县土地沙漠化面积大于670～700km^2，全区有流动、半流动沙丘面积达1.30万km^2，裸露半裸露沙砾地面积18.38万km^2，多分布于山间盆地、河流谷地、湖滨平原和山麓冲洪积平原及冰水平原，一般与草地、耕地、林地、水域相隔分布，呈斑块状不连续带状分布。据中国科学院寒区旱区研究所2000年资料，全区土地沙漠化面积由20世纪90年代初到90年代后期增加了2151.7km^2，年均增长307.4km^2，相当于全国沙漠化地区年均扩大面积的1/8。

3. 草地退化

据1988～1990年资料，全区草地退化面积11.43万km^2，占全区可利用草地面积的17.2%，其中轻度面积占56.6%，中度占31.8%，强度占11.6%。据2000年成都山地灾害与环境研究所在那曲聂荣县的调查，1995年以来该县草地退化面积年均增长速率为2.5%[7]。

4. 河流泥沙含量呈递增趋势

根据对雅鲁藏布江干流从上游奴各沙站、中游羊村站到下游奴下站三个水文站泥沙资料的分析，发现20世纪70年代以来呈增加趋势，拉萨河从60年代开始，年楚河从80年代开始均呈增加趋势。

5. 山地地质灾害

根据实地调查和航卫片判译，全区有泥石流10264处，调查发现崩塌(含流沙坡)2732处，滑坡2572处，判译超过21300处[4]。分布于藏东“三江流域”区、冈底斯山和念青唐古拉山以南各类泥石流沟面积达48.95万km^2。分布于藏东“三江流域”和雅鲁藏布江中下游深切峡谷和主要公路沿线崩塌、滑坡面积达37.5万km^2。另外，1966～

1999年的30年间，每年都有洪灾发生，受灾面积也逐年加大。

二、生态安全战略

(一)生态安全总体战略

西藏作为青藏高原的主部分，是亚洲乃至世界最大“江河源”区，生态环境地位十分重要，生态功能作用显著，影响深远，对维护西藏周边地区生态安全具有非常重要的战略意义。

前已述及西藏生态环境脆弱性问题突出，具体表现为生态环境的整体不稳定和生态环境对外力干预反应的敏感性，大面积的高原寒冷干旱地区草地生态系统具有破坏容易恢复难的特点。目前西藏高原生态环境不稳定性与人类活动压力之间的矛盾正在加大，生态环境脆弱性与人口快速增加和社会经济快速发展之间处于一种不协调状态，由此导致植被退化、土壤侵蚀加速、土地沙漠化加快和自然灾害加重等一系列生态环境退化问题的出现，生态安全面临着严重挑战。开展生态安全研究，制定全区生态安全规划与计划显得十分必要。为此，提出西藏生态安全总体战略目标：实现西藏人类生存发展所需的生态环境处于不受或少受破坏与威胁的状态，使自然生态环境保持既能满足人类和生物群落持续生存与发展的需要，又能达到不损害自然生态环境的潜力，并使其社会经济处于可持续发展的良好状态。

西藏生态安全既是我们国家安全的重要组成部分，又是维系社会稳定的重要方面。实现西藏生态安全总体战略目标，不但是实施我国西部大开发战略的重要组成部分，而且是国家生态环境保护与建设的重大任务。

(二)生态安全战略对策

1. 实施整体保护战略，建设国家生态公园

基于对西藏生态环境地位的重要性、生态环境的脆弱性和生态环境问题日趋突出的综合考虑，提出对西藏生态环境应实施整体保护和重点开发的生态安全战略，把西藏(包括青海省的部分地区)建成具有国际影响和世界水平的我国国家级生态公园。把国家生态公园的性质、任务及其管理的体制与机制例入国家科技发展战略进行系统研究非常必要。

2. 加大现有自然生态系统保护的力度

在国家生态公园框架下，对现有自然生态系统特别是关键、特殊自然生态系统类型实施重点保护。加大高原高寒天然草地以及江河源区水源涵养和原始林保护的力度。

3. 加强生态环境敏感性地区退化生态环境恢复与重建工作

在西藏环境保护局的直接领导下，中国科学院成都山地灾害与环境研究所对西藏土壤侵蚀敏感性、土地沙漠化敏感性、生境敏感性以及植被退化敏感性和山地地质灾害敏感性进行了研究。根据敏感性研究评价结果，我们认为，近期应对敏感性区域退化生态系统的恢复和重要自然生态系统的保护作出规划，要加大力度对极敏感区和相当敏感区生态系统的保护与建设，尽快遏制人为生态系统的退化。

4. 加大特殊生态区生态环境保护工作

(1)雅鲁藏布江下游大峡谷地区。该区是青藏高原的水汽通道，通道地区生态环境独特，生物多样性极为丰富，是物种分化与分布中心和中国喜马拉雅动植物区系成分最集中区域，拥有超出其他大陆热带纬度界限的热带雨林和半常绿雨林[8]，具有十分重要的保护与研究价值。

(2)高寒灌丛草甸分布区。该区位于昌都地区的北部和那曲地区的东北部，属于青藏高原中东部高寒灌丛草甸地带的组成部分，具有高原亚寒带半湿润气候自然地域单元，同时是具有水平地带意义的、独特的自然地带[8]，发育了特殊的高寒灌丛草甸植被类型，是西藏发展以牦牛为特色畜牧业基地的主要场所，对这一地区的合理开发利用与保护显得十分重要。

(3)藏北寒冷干旱的荒漠草原与荒漠区。该区位于藏北羌塘高原的中部和北部，属于高寒干旱的生态环境，脆弱性很高，生物区系组成简单，但十分独特，拥有大量世界其他地方所没有的独特种类和独特的垫状植被景观，具有重要的科学研究价值和保护价值。

5. 加快特色生态经济类型区建设

为使西藏生态环境整体保护战略得以实施，需要建立能发挥当地特色资源优势的生态经济型产业基地。根据西藏特色优势资源特点及其生态环境状况，提出重点发展如下生态经济型产业基地：①以拉萨市、日喀则市、八一镇等主要城镇为依托的生态文化旅游产业基地；②“一江两河”粮、经、饲及农区畜牧业与食品业基地；③藏东北高寒灌丛草甸区以牦牛为主产的畜牧业基地；④藏西阿里低地河谷区以绒山羊为特色的畜牧业基地；⑤藏北高原湖区以绵羊、绒山羊为特色的畜牧业基地；⑥藏东南山地河谷区以林特生物产品为特色的食品与藏药业基地；⑦主要交通干线沿线国家急需矿产资源开发基地。

这些基地中的农牧业基地应主要建在区位条件较好和生态环境比较优越的河谷平原、水分条件较好的低地与湖滨平原。通过这些基地的建设，使分散、粗放、低效经营方式向集中、集约和高效经营方式转变，逐步实施生态移民，改变只追求数量而不注重效益的传统草原牧业模式，改变追求粮食产量而不注重高质高效的传统农业模式，使生态环境脆弱区的草山、草地得以保护，退化草场得以重建，生态环境整体保护战略最终得以实现。

6. 加强实施生态安全战略的科学研究

重点开展如下内容的研究：①在生态环境不稳定性与敏感性评价与研究基础上，开展生态安全格局、生态系统健康诊断、生态功能效益价值判断的研究；②研究西藏生态安全等级划分和生态环境变化允许值的判定；③建立生态安全评价指标体系和生态安全预警系统；④建立生态安全维护与管理体制与机制。

第三节　西藏高原土壤侵蚀敏感性分布规律及其分区①

西藏地形复杂，气候类型多样，具有发生多种土壤侵蚀类型的自然环境条件。依据土壤侵蚀动力的差异，西藏主要土壤侵蚀类型可分为如下几种：水力侵蚀、风力侵蚀、冻融侵蚀和重力侵蚀。不同侵蚀动力作用下出现的水土流失、土地沙漠化、冻融滑塌以

① 本节作者钟祥浩、王小丹等，在2003年成文基础上作了修改。

及崩塌、滑坡和泥石流等侵蚀类型在西藏广为分布，危害严重。不同土壤侵蚀类型的形成条件不同，因此，其侵蚀敏感性有明显的地域差异。对这些土壤侵蚀类型敏感性分布规律及其地域差异的研究，可为土壤侵蚀的防治和生态环境保护与建设提供依据。

一、研究方法

(一)水土流失敏感性

影响水土流失的因素有：降雨、地形、土壤、植被和农业措施，后者是人为因素。水土流失敏感性评价实际上是不考虑人为因素下对容易产生水土流失区域的判别。为此，采用水土流失通用方式的思路，对前述4个自然侵蚀因素进行求积，其结果可以揭示不同地区水土流失敏感性程度。

1. 水土流失敏感性分析

(1)降雨侵蚀因子(*R*)值计算。西藏气象站点及短历时雨强观测资料少，故采取如下方法计算 *R* 值：依现有气象站多年降雨资料，按周伏建建立的降雨侵蚀力计算公式计算各气象站点的 *R* 初始值。根据各站点的空间分布，结合内插法，完成各县 *R* 值的初始赋值，并生成西藏 *R* 值分布的初值图。在此基础上，以 *R* 初始值为底图，添加气候区划属性进行补充和修正，并在ArcView支持下完成西藏水土流失对降雨侵蚀力(*R*)敏感性单因素图。根据计算结果，*R* 值[单位：J · cm/(m^2 · h)]最高值出现在林芝地区，为1106.7～2233.3，最低值分布于阿里地区，为71.0～236.8，从西藏东南部向西北地区表现出由高到低的变化规律。依据西藏的实际情况，可分出如下敏感性级别：极敏感(1445.8～2233.3)、高度敏感(1445.8～1131.3)、中度敏感(1131.3～876.5)、轻度敏感(876.5～494.7)和不敏感(494.7～71.0)。

(2)地形因子值计算。地形对水土流失的影响可通过坡度(*S*)与坡长(*L*)的乘积进行量化。西藏地域辽阔，地形十分复杂，大尺度下的 *LS* 值难于计算。为此，采用地形起伏度值来反映地形因素对水土流失敏感性的影响。计算方法，首先根据西藏的实际将水土流失对地形起伏度敏感性分为如下5个级别：极敏感(＞500m)、高度敏感(500～300m)、中度敏感(300～100m)、轻度敏感(100～50m)和不敏感(＜50m)。在此基础上，以西藏1∶100万数字高程模型为基本信息源，通过ArcView编制出西藏水土流失对起伏度敏感性的分布图。

(3)土壤可蚀性因子值(*K*)计算。根据西藏土壤分类资料，对主要土类A层和B层土壤可侵蚀性 *K* 值进行计算，以西藏土壤类型图为工作底图，采用Arcinfo进行数字化，将计算的各土类 *K* 值连接到底图上，编绘土壤可侵蚀性 *K* 值分布图。结果表明，西藏土壤 *K* 值为0.2164～0.8991。结合西藏的实际，将西藏水土流失对土壤敏感性分为如下5级：极敏感(0.4669～0.8991)、高度敏感(0.4669～0.4258)、中度敏感(0.4258～0.3604)、轻度敏感(0.3604～0.3609)和不敏感(0.3009～0.2164)。

(4)植被覆盖因子(*C*)值计算。主要植被类型与植被指数有一定的相关性。西藏植被指数参照“中国夏季植被指数最大值合成影像”(数据时相为2000年)，运用相关软件进行图像处理后得到全区归一化植被指数NDVI图。结合西藏的实际，提出水土流失对植被敏感性等级划分指标：极敏感(无植被的裸土)、高度敏感(垫状稀疏植被、农耕地)、中度敏感(中山松林及铁、柏林、低山松林、灌丛)、轻度敏感(亚高山针叶林、草甸、沼泽)和不敏感(阔叶林、湖泊、冰川)。评价中参照植被指数图进行误差纠正，利用西藏植被图在ArcView中生成水土流失对植被的敏感性分布图。

2. 水土流失敏感性综合评价

将前述水土流失敏感性单因子计算结果，用ArcView进行乘积运算，再运用自然分界法(natural break)和定性分析相结合将乘积分为5级，即极敏感、高度敏感、中度敏感、轻度敏感和不敏感。在此基础上绘制出西藏水土流失敏感性分布图(彩色图版：图4-15-1)。ArcView的这种分类法是利用统计学的Jenk最优化法得出的分界点，能够使各级的内部方差之和最小。

(二)土地沙漠化敏感性分析

影响土地沙漠化的因素主要有湿润指数、土壤质地、起沙大风天数、地表植被覆盖等。根据西藏实际，对国家环保部颁布的《沙漠化敏感性分级指标)作相应的调整，调整结果见表15-1。

表15-1　西藏土地沙漠化敏感性评价指标及分级

指标	湿润指数	≥8级大风天数/d	土壤质地	植被覆盖
极敏感	<0.10	>60	参照前述土壤可侵蚀性 K 值分布图进行划分	参照前述植被覆盖因子 C 值分布图进行划分
高度敏感	0.1~0.20	40~60		
中度敏感	0.20~0.50	40~20		
轻度敏感	0.50~1.00	20~10		
不敏感	>1.00	<10		

采用GIS技术建立湿润指数、大风天数、土壤质地和植被覆盖4个单因子的图形库和属性库。按照表15-1标准进行单因子土地沙漠化敏感性评价。在此基础上，通过空间叠加分析得出西藏土地沙漠化敏感性分布图(彩色图版：图4-15-2)。

(三)冻融侵蚀敏感性分析

影响冻融侵蚀的因素主要有温度、降水和地形。根据西藏的实际，选取≥0℃天数、气温年较差、年均降水量和地形起伏度4个指标，并提出西藏冻融侵蚀敏感性评价指标分级(表15-2)。

表15-2　西藏冻融侵蚀敏感性评价指标及分级

指标	极敏感	高度敏感	中度敏感	轻度敏感	不敏感
≥0℃天数	>210	210~180	180~150	150~120	≤120
气温年较差/℃	>24	24~22	22~20	20~18	≤18
年均降水量/mm	>400	400~300	300~200	200~100	≤100
起伏度/m	>500	500~300	300~100	100~50	≤50
赋值	9	7	5	3	1

采用GIS技术建立≥0℃天数、气温年较差、年均降水量和起伏度单因子图形库和属性库。按照表15-2标准进行单因子冻融侵蚀敏感性评价。在此基础上，通过空间叠加分析得出西藏冻融侵蚀敏感性分布图(彩色图版：图4-15-3)。

二、土壤侵蚀敏感性分布规律

(一)水土流失敏感性分布规律

从书后彩图4-15-1中看出，极敏感区主要分布于雅鲁藏布中下游沿江山地、喜马拉雅山北侧高原湖盆区、林芝地区的易贡藏布流域和藏东“三江”流域的河谷地带，总面积12.63km^2，占自治区面积的10.5%。高度敏感区域主要分布于藏东“三江”流域和藏东南的林芝地区的林芝、米林、朗县和工布江达以及山南地区的加查，总面积10.9万km^2，占自治区面积的9.1%。中度敏感区主要分布于藏东南墨脱、隆子、错那等县南部，那曲地区东部怒江源以及雅鲁藏布江中游北侧山地，总面积19.6万km^2，占自治区面积的16.3%。轻度敏感和不敏感区主要分布于藏北和藏西高原，前者总面积的28.5万km^2，后者48.6万km^2，分别占自治区面积23.7%和40.4%。

上述分布规律有如下特点：①湿润的藏东南高山深谷区水土流失敏感性程度不是最高的，大部分地区处于中度敏感性水平。这与湿润地区良好植被覆盖有关，即使森林受到破坏，地表灌草生长快仍可降低水土流失敏感性。②半湿润的藏东“三江”流域、林芝地区尼洋河流域以及加查以下雅鲁藏布江中下游山地等地区，水土流失敏感性程度很高，是极敏感和高度敏感集中分布区。这与这些地区起伏度大和半湿润区森林植被破坏不易恢复和地表覆盖较差有密切关系。③半湿润的那曲地区东部，水土流失敏感性不高。这与地表起伏度小和高寒灌丛草甸盖度较好有关。④半干旱的藏南河谷湖盆山原区水土流失敏感性程度较高，其中极敏感区面积较大，这与这些地区起伏度较大、土壤质地较疏松、植被破坏难于恢复和目前地表覆盖差有密切关系。

(二)土地沙漠化敏感性分布规律

从书后彩图4-15-2中看出，土地沙漠化中度以上敏感区主要分布于藏北、藏西高原区以及藏南河谷湖盆山原区。在藏东及藏东南地区土地沙漠化敏感性程度很低。

土地沙漠化敏感性分布规律的基本特点：土地沙漠化高敏感区集中分布于半干旱和干旱气候区，在半湿润-湿润气候区土地沙漠化敏感性程度低。

(三)冻融侵蚀敏感性分布规律

从书后彩图4-15-3中看出，冻融侵蚀极敏感区主要分布于西藏东部和东南部的高山区，海拔一般为4600～4900m。由藏东南往西北冻融侵蚀敏感性程度逐步降低。

冻融侵蚀敏感性分布规律有如下特点：①极敏感区集中分布于湿润-半湿润高山区；②高度敏感区基本上分布于半干旱的高山高原区；③中度和轻度敏感区集中分布于高原高山干旱区；④年均温0℃高程线以下为冻融侵蚀非敏感区。

三、土壤侵蚀敏感性分区

通过对上述三种土壤侵蚀敏感性分布规律的分析可以看出，水土流失高度敏感和极敏感区主要分布于藏东和藏东南半湿润－湿润区以及藏南半干旱区，这些地区同时还是极敏感冻融侵蚀的主要分布区；土地沙漠化高度敏感和极敏感区集中分布于藏北和藏西半干旱－干旱区以及藏南半干旱区，这些地区冻融侵蚀敏感性呈现出从东南往西北减弱的趋势。从这些特点中可以进一步看出，藏南地区既是水土流失高敏感区，又是土地沙摸化和冻融侵蚀高敏感区，属于多种土壤侵蚀复合敏感区，具有明显不同于藏东南和藏西北土壤侵蚀敏感性的特点，呈现明显的地域差异。这为西藏土壤侵蚀敏感性区划提供了依据。

(一)土壤侵蚀敏感性区划的原则

1. 侵蚀动力的相似性和差异性原则

藏东和藏东南山地以水动力为主的水土流失敏感性程度高，土地沙漠化敏感性程度很低，甚至没有；由于山地岭谷高度悬殊，河谷地带的重力侵蚀和高山区的冻融侵蚀的敏感性也较高。藏北和藏西高原以风动力为主的土地沙漠化敏感性程度高，水土流失敏感性程度很低，在高山区有敏感性程度较低的冻融侵蚀。藏南谷地湖盆山原区不但水动力和风动力为主的水土流失和土地沙漠化敏感性程度高，而且冻融力作用产生的冻融侵蚀敏感性程度也较高。根据土壤侵蚀动力组合特点的相似性和差异性，可将西藏土壤侵蚀划分为三个一级区，即藏东和藏东南水土流失敏感区、藏北和藏西土地沙漠化敏感区、藏南水土流失和土地沙漠化复合敏感区。

2. 侵蚀敏感性程度的相似性和差异性原则

在以水动力为主的水土流失敏感区，依水土流失敏感性程度的相似性和差异性可以划分若干亚区。同样，在以风动力为主的土地沙淇化敏感区和在以水动力和风动力侵蚀兼有的复合敏感区，均可进一步划分若干亚区。

(二)区划方案及分区的主要特点

西藏土壤侵蚀敏感性区划及各分区的主要特点见图 15-1 和表 15-3。

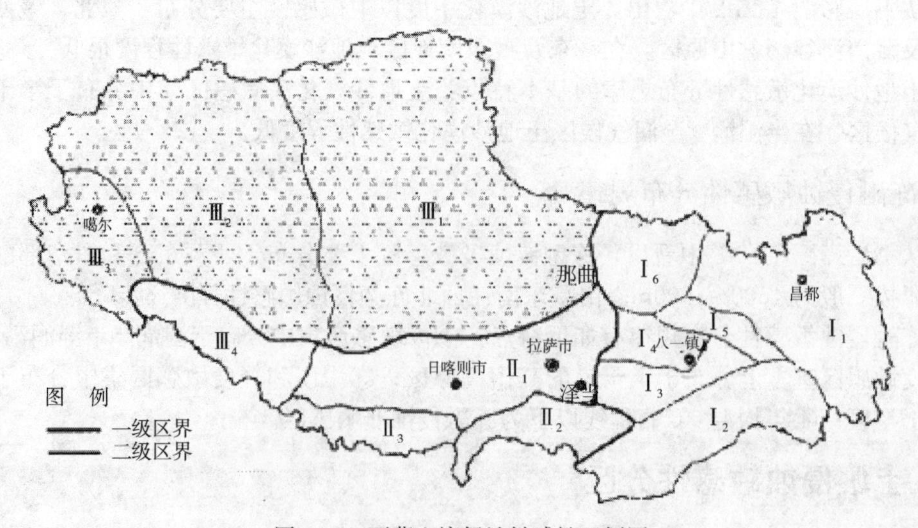

图 15-1 西藏土壤侵蚀敏感性区划图

表 15-3　西藏土壤侵蚀敏感性区划及各分区的特点一览表

一级区号	二级区号	名　称	主要特点
Ⅰ		藏东和藏东南水土流失敏感区	以水动力侵蚀为主，重力侵蚀作用强烈
	$Ⅰ_1$	藏东“三江”流域亚区	水土流失高度敏感区面积大，极敏感区分布于河谷地带
	$Ⅰ_2$	藏东南亚区	为水土流失中度敏感区
	$Ⅰ_3$	雅江中下游沿江山地亚区	为水土流失极敏感区，重力和冻融侵蚀发育
	$Ⅰ_4$	尼羊河流域亚区	为水土流失高度敏感区
	$Ⅰ_5$	易贡藏布流域亚区	为水土流失极敏感区，重力和冻融侵蚀十分发育
	$Ⅰ_6$	怒江源亚区	为水土流失轻度敏感度
Ⅱ		藏南水土流失和土地沙漠化复合敏感区	以风动力和水动力侵蚀为主，重力和冻融侵蚀较强烈
	$Ⅱ_1$	雅江中游河谷－山地亚区	谷地沙漠化极敏感，沿江山地水土流失高度－极敏感
	$Ⅱ_2$	藏南湖盆－山原亚区	湖盆、谷地沙漠化敏感，山原水土流失极敏感和冻融侵蚀发育
	$Ⅱ_3$	朋曲河流域亚区	谷地沙漠化高度敏感，山地水土流失极敏感，下游区重力和高山冻融侵蚀强烈
	$Ⅱ_4$	雅江上游亚区	谷地沙漠化高度敏感，水土流失轻度敏感
Ⅲ		藏北和藏西土地沙漠化敏感区	以风动力侵蚀为主
	$Ⅲ_1$	藏北高原中部亚区	土地沙漠化高度－极敏感，山地冻融侵蚀较强
	$Ⅲ_2$	藏西高原北部亚区	土地沙漠化高度－极敏感
	$Ⅲ_3$	藏西阿里南部高原－山地亚区	土地沙漠化敏感，山地冻融和重力侵蚀发育

第四节　西藏高原生态环境稳定性评价①

西藏作为青藏高原的主体部分，是亚洲乃至世界最大“江河源”区，生态环境地位十分重要，生态功能作用显著，对维护西藏及其周边地区生态安全具有非常重要的意义。随着高原的抬升和全球气候变暖，西藏生态环境脆弱性程度加大，表现为生态环境的不稳定性和对外力干扰响应的快速性，在不合理的人类活动干预下出现一系列的生态环境退化问题，生态安全面临严重挑战。西藏生态环境稳定性评价是基于生态环境自身稳定性评价和人为干扰性评价基础上的综合评价，通过建立相应的西藏生态环境稳定性评价指标体系，在 GIS 的支持下获得西藏生态环境稳定性的空间分布规律，分析西藏生态环境稳定性特点，从而为建立相应的生态安全战略，实现西藏生态环境与社会经济可持续发展提供重要的决策支持依据。

① 本节作者钟诚、刘淑珍等，在 2006 年成文基础上作了修改。

一、评价因子选择及其标准化

生态环境是指以人类为主体，其他生命物体和非生命物体被视为环境要素(如地形、气候、土壤、植被等)所组成的综合体[9-21]。生态环境具有自然因子与人文因子综合作用的属性，因此，不同地区生态环境特性不同，表现形式也不一样。前人对中国部分地区生态环境脆弱性[22-24]和山地生态稳定性问题做过较多的研究[25-27]。根据西藏生态环境特点，其生态环境脆弱性问题集中表现在组成生态环境的地表物质的不稳定性[28]，具体表现为土地沙漠化、荒漠化、水土流失和重力侵蚀等日趋突出。这种不稳定性是在自然因子和人文因子综合作用下形成的。因此，西藏生态环境稳定性评价需要建立在基于自然因子的自身稳定性评价和基于人文因子的人为干扰性评价基础上，进行综合评价。下面从生态环境的自身稳定性和人为干扰性两个方面进行评价因子的选择。

(一)生态环境自身稳定性评价因子选择

生态环境自身稳定性的强度取决于自然因子对地表物质运动能力影响的强弱，根据主导因素和指标易取性原则，提出西藏生态环境自身稳定性评价指标为：坡度、降水、大风、植被类型和土壤质地(表 15-4)。

表 15-4　西藏生态环境自身稳定性评价因子量化分级

评价因子		评价等级				
		1	2	3	4	5
坡度	指标	＜6°	6°～15°	15°～25°	25°～35°	＞35°
	指数	5	4	3	2	1
降水量/mm	指标	＜200	200～400	400～600	600～800	＞800
	指数	5	4	3	2	1
大风天数/d	指标	＜5	5～25	25～75	75～150	＞150
	指数	5	4	3	2	1
植被类型	指标	低山低中山阔叶林	亚高山针叶林、中山松林、铁柏林、灌丛和高山草甸	草原	荒漠草原和垫伏稀疏植被	荒漠或耕地
	指数	5	4	3	2	1
土壤质地(K 值)	指标	＜0.3009	0.3009～0.3604	0.3604～0.4528	0.4528～0.4669	＞0.4669
	指数	5	4	3	2	1

1. 坡度与稳定性

西藏地形区域差异显著，其东部和东南部地区为高山深谷，相对高差在 2000m 以上，山体坡度陡峻；西部和西北部地区为高原地形，坡度和缓。坡度对地表物质稳定性有重要影响，不同坡度下的坡面物质运动对外力作用响应的强弱不同。根据西藏地形与坡度特点，将坡度对水力侵蚀的稳定性分为 5 级：＜6°为极稳定，6°～15°为稳定，15°～25°为较稳定，25°～35°为不稳定，＞35°为极不稳定。

2. 降水与稳定性

降水通过降水量和雨强对地表物质运动产生影响。鉴于西藏气象站(点)少，雨强资料难于取得，根据现有气象站降水资料并通过内插法可以得到全区降水量等值线分布图。西藏降水空间分布差异明显，从藏东南大于2000mm降至藏西北不足50mm。年内季节差异悬殊，雨季降雨(6～8月)占年降水量的70%～80%以上。根据西藏降水的时空分布特点，将降水对地表物质水力侵蚀作用的稳定性分为5级：<200mm为极稳定，200～400mm为稳定，400～600mm为较稳定，600～800mm为不稳定，>800mm为极不稳定。

3. 大风与稳定性

西藏受高原季风和副热带西风急流的双重影响，形成大风多、强度大和风期长的气候特点。在有东西向宽谷地形的作用下，出现特有强劲的山谷风。在雅鲁藏布江谷地最大风速可达32.5m/s，月均最高风速达4.7m/s，年最多大风天数达172d[29]；藏西狮泉河宽谷年均大风144d，年均风速3.1m/s[30]。可见，大风是产生西藏生态环境不稳定性的重要动力因素。根据西藏实际情况，年均大风天数的多少较好地反映了大风与土地沙化、荒漠化之间的关系。因此，提出年均大风天数对风力侵蚀的稳定性分为5级：<5d极稳定，5～25d为稳定，25～75d为较稳定，7～150d为不稳定，>150d为极不稳定。

4. 植被类型与稳定性

西藏植被类型多样复杂，既有水平方向上的多样性，又有垂直方向上的多变性。从东南到西北呈现如下分布规律：雨林→季雨林→常绿阔叶林→针叶林→灌丛→灌丛草甸→草原→荒漠草原和荒漠等。不同植被类型群落结构不同，其抗御水力、风力侵蚀作用的强弱有别。根据西藏特点，将植被类型对风力、水力侵蚀的稳定性分为5级：低山低中山阔叶林(含雨林、季雨林、常绿阔叶林、落叶阔叶林等)为极稳定，亚高山针叶林、中山松林、铁柏林和灌丛以及高山草甸等为稳定，草原为较稳定，荒漠草原和垫伏稀疏植被为不稳定，荒漠或耕地为极不稳定。

5. 土壤质地与稳定性

西藏土壤类型多样，多数土类具有年轻性、粗骨性和薄层性特点。土壤质地特别是A层质地区域差异较大，因此其抗侵蚀作用能力的强弱明显不同。一般来说，细砂土、面砂土、砂壤土和砂质粉土可侵蚀度高。通过对西藏18种主要土类A、B层土壤质地资料的统计分析，对各土壤可侵蚀性K值进行计算[31]。根据不同土壤K值差异，将西藏各主要土类K值与稳定性关系划分以下5级：<0.3009为极稳定，0.3009～0.3604为稳定，0.3604～0.4528为比较稳定，0.4528～0.4669为不稳定，>0.4669为极不稳定。

根据以上分析，将生态环境自身稳定性强度评价指标量化分级归纳为表15-4。

(二)生态环境人为干扰性评价因子选择

生态环境的人为干扰性强度取决于人文因子对地表物质运动产生直接或间接影响的强弱。通过对西藏的实际调查发现，人口、放牧、垦殖和公路交通建设等人文因子对西藏生态环境的干扰性较大。

1. 人口干扰

西藏的人口数量不大，但是西藏生态环境人口容量很小，广大农牧区特别是高寒牧区，由于资源的过度开发，特别是由于生活能源短缺，过度樵采造成的地表植被覆盖差的问题比较突出，植被的破坏引起土地沙漠化和土壤侵蚀的加速。人口密度的大小与这些生态环境问题的出现有一定的相关性。从而提出人口密度对生态环境稳定性的干扰度分为 5 级：<1 人/km^{2}为弱干扰，1～6 人/km^{2}为较弱干扰，6～12 人/km^{2}为较强干扰，12～25 人/km^{2}为强干扰，>25 人/km^{2}为极强干扰。

2. 放牧干扰

西藏的牧业在国民经济发展中占有重要地位，自和平解放以来，西藏牧业得到快速的发展，并出现草场过度利用和超载放牧的现象。牧业发展对生态环境造成的干扰表现为草地退化、沙化、水土流失和鼠害严重。放牧度(每 10hm^{2}草地面积的羊单位数)的大小与这些生态环境问题的出现有较强的相关性。从而提出放牧度对生态环境稳定性的干扰度分为 5 级：<4 为弱干扰，4～8 为较弱干扰，8～12 为较强干扰，12～16 为强干扰，>16 头为极强干扰。

3. 垦殖干扰

在藏东南河谷区，特别是雅鲁藏布江中下游宽谷区，农业比较发达，耕地相对集中，其中以旱作耕地为主。在冬春大风季节，西藏耕地几乎都是处于裸露状态，成为大风扬沙天气沙尘的主要来源。耕地多的地方，水土流失和风力侵蚀较严重。垦殖指数可以较好地反映垦殖对生态环境的干扰。根据西藏情况，提出垦殖指数对生态环境干扰度分为 5 级：<0.2%为弱干扰，0.2%～0.6%为较弱干扰，0.6%～1.2%为较强干扰，1.2%～2.6%为强干扰，>2.6%为极强干扰。

4. 公路交通建设的干扰

西藏自改革开放以来，公路交通建设发展较快，在农牧区凡有公路通达的乡村，生态环境破坏都比较严重，公路沿线不仅崩塌、滑坡、泥石流灾害频发，而且公路沿线两侧的森林或草地都受到较大的干扰和破坏。公路密度(km/km^2)可以较好地反映这一现象。提出公路密度对生态环境稳定性的干扰度分为 5 级：<0.2 为弱干扰，0.2～0.6 为较弱干扰，0.6～1.2 为较强干扰，1.2～2.6 为强干扰，>2.6 为极强干扰。

根据以上分析，将人为因子干扰性强度评价指标量化分级归纳为表 15-5。

二、评价因子权重的确定和评价方法

西藏生态环境稳定性评价是基于生态环境自身稳定性评价和人为干扰性评价基础上的综合评价，采用层次分析法，分别求出稳定性评价和人为干扰性评价因子的权重(表 15-6、表 15-7)。

表 15-5　西藏生态环境人为干扰性评价因子量化分级

评价因子		评价等级				
		1	2	3	4	5
垦殖指数	指标	<0.2	0.2～0.6	0.6～1.2	1.2～2.6	>2.6
	指数	1	2	3	4	5
人口密度/(人/km^2)	指标	<1	1～6	6～12	12～25	>25
	指数	1	2	3	4	5
放牧度/(羊单位/10hm^2)	指标	<4	4～8	8～12	12～16	>16
	指数	1	2	3	4	5

续表

评价因子		评价等级				
		1	2	3	4	5
公路密度/(km/km^2)	指标	<0.1	0.1~0.2	0.2~0.3	0.3~0.4	>0.4
	指数	1	2	3	4	5

表 15-6　西藏生态环境自身稳定性评价因子权重

因子	坡度	降水量	植被类型	土壤质地	大风天数
权重	0.241	0.145	0.414	0.075	0.125

表 15-7　西藏生态环境人为干扰性评价因子权重

因子	垦殖指数	人口密度	放牧度	公路密度
权重	0.096	0.467	0.160	0.278

评价方法采用加权求和法，如公式(15-1)，先对自身稳定性强度和人为干扰强度进行评价，然后将自身稳定性强度和人为干扰强度的评价结果作为评价因子，进行最后的稳定性综合评价。

$$F = \sum_{i=1}^{N} r_i b_i \tag{15-1}$$

式中，F 为评价指数，r_i 为评价因子，b_i 为评价因子权重。

三、基于 GIS 的评价实现

评价过程通过栅格 GIS 的空间叠置分析来实现，采用 ArcGIS 的空间分析扩展模块——ArcGIS Spatial Analyst 作为实现工具，先进行自身稳定性评价和人为干扰性评价，将栅格格式的各评价因子单要素图根据量化分级结果进行重分类，然后用“栅格计算器”进行叠加操作，叠加结果图用自然分界法分为 5 级，得到西藏生态环境自身稳定性分布图(彩色图版：图 4-15-4)和西藏生态环境人为干扰评度分布图(彩色图版：图 4-15-5)。

将自身稳定性和人为干扰性的评价结果作为评价因子，进行生态环境稳定性的综合评价，评价前，先对自身稳定性因子和人为干扰因子进行量化分级(表 15-8)。

表 15-8　稳定性综合评价因子量化分级

评价因子		评价等级				
		1	2	3	4	5
自身稳定性因子	指标	极不稳定	不稳定	较稳定	稳定	极稳定
	指数	1	2	3	4	5
人为干扰性因子	指标	极强干扰	强干扰	较强干扰	较弱干扰	弱干扰
	指数	1	2	3	4	5

然后按照表 15-8 量化分级的结果，对自身稳定性评价图和人为干扰评价图进行重分

类，由“栅格计算器”完成叠加操作，叠加结果图用自然分界法分为 5 级，得到西藏生态环境稳定性综合评价图(彩色图版：图 4-15-6)。

四、评价结果分析

书后彩图 4-15-6 较直观地反映了西藏生态环境稳定性现状特征，同时也较好地揭示了西藏生态环境的人为干扰状况，为西藏生态安全格局的构建提供了依据。

“稳定性很好”的类型区，主要分布在藏西北高原和藏东南山地，面积达 342791km^2，占自治区面积的 28.52%，在该类型区内，组成生态环境的地表物质稳定性处于一种相对平衡状态，生态环境处于原生的自然状态。

“稳定性好”的类型区，主要分布于藏北羌塘高原南部湖区、雅鲁藏布江源区和藏西阿里部分地区，面积 353526km^2，占自治区面积的 29.42%。在该类型区内人为干扰强度很小，生态环境处于相对稳定状态，生态系统原生性保存较好，地表物质的风蚀和水蚀作用很轻。

“稳定性较好”的类型区，主要分布于昌都地区山地、那曲地区东部高原山地、喜马拉雅山脉北翼湖区和日喀则地区的西部，面积 387931km^2，占自治区面积的 32.28%。在该类型区内有一定的人为干扰，但生态环境稳定性总体上处于良好状态，生态系统虽受到一定程度的破坏，但仍具有较好的自恢复能力。

“稳定性较差”的类型区，主要分布于雅鲁藏布江中下游宽谷及其两侧山地、昌都地区山地河谷区和那曲地区东部河谷区，面积 109877km^2，占自治区面积的 9.14%。该类型区生态环境的自身稳定性较差，加之人为干扰较强，造成高原谷地的风蚀作用和山地陡坡的水土流失较严重，生态系统自恢复能力较差，生态环境处于退化态势。

“稳定性差”的类型区，主要分布于雅鲁藏布江中下游部分县的部分地区，如德龙堆庆、曲水、仁布、白朗、江孜、乃东、扎囊、贡嘎和加查等县，面积 7724km^2，占自治区面积的 0.64%。该类型区生态环境的自身稳定性较差，加之人为干扰强，造成人为作用下的风蚀、水蚀和沟蚀等侵蚀加速，特别是冬春大风季节，多沙尘天气，生态环境退化较严重。

总的说来，西藏生态环境基本上处于良好状态，“稳定性很好”和“稳定性好”的类型区面积占自治区面积的 57.94%，“稳定性较好”的类型区面积占 32.28%，“稳定性较差”和“稳定性差”的类型区面积只占 9.28%。从书后彩图 4-15-4 中可以看出，西藏生态环境处于自身“较稳定”、“不稳定”和“极不稳定”状态的面积较大，在这些地区，人类不合理的资源开发利用极易产生生态环境和不稳定，导致沙化、荒漠化和水土流失等生态环境问题的出现。因此，建议对这些区域的资源开发要慎重，坚持开发前的生态环境评价和做好保护规划；对于目前已处于“稳定性较差”和“稳定性差”的区域，要加大生态环境建设力度，纳入中国西部生态环境建设总体规划，实施重点治理，实现生态环境和社会经济的可持续发展。

参考文献

[1] 潘裕生，孔祥儒，钟大赉，等. 高原岩石圈结构. 演化动力学. 见孙鸿烈，郑度主编. 青藏高原形成演化与发展[M]. 广州：广东科学技术出版社，1998：3～64.

[2] 方光迪. 山地生态环境脆弱带初步研究. 见：赵桂久，刘燕华，赵名茶，等. 生态环境综合整治与恢复技术研究［M］. 北京：北京科学技术出版社，1993：152～159.

[3] 李文华，周兴民. 青藏高原生态系统及优化利用研究［M］. 广州：广东科学技术出版社，1998：254～264.

[4] 钟祥浩. 青藏高原东缘环境与生态［M］. 成都：四川大学出版社，2002：206～213.

[5] 乔建平. 滑坡减灾理论与方法［M］. 北京：科学出版社，1997：119～146.

[6] 汤懋苍，程国栋，林振跃，等. 青藏高原近代气候变化及对环境的影响［M］. 广州：广东科学技术出版社，1998：123～142.

[7] 刘淑珍，周麟，邱崇善，等. 西藏自治区那曲地区草地退化沙化研究［M］. 拉萨：西藏人民出版社，1999：39～79.

[8] 孙鸿烈，郑度. 青藏高原形成演化与发展［M］. 广州：广东科技出版社，1998：280～287.

[9] 林年丰，汤洁. 中国干旱半干旱区的环境演变与荒漠化的成因［J］. 地理科学，2001，21(1)：24～29.

[10] 张芸，朱诚，于世永. 长江三峡大宁河流域 3000 年来的环境演变与人类活动［J］. 地理科学，2001，21(3)：267～271.

[11] 梁锦梅. 梅州生态环境的历史变迁与经济可持续发展对策［J］. 地理科学，2001，21(4)：381～384.

[12] 李双成，郑度，张镱锂. 环境与生态系统资本价值评估的区域范式［J］. 地理科学，2002，22(3)：270～275.

[13] 王根绪，王建，仵颜卿. 近 10 年来黑河流域生态环境变化特征分析［J］. 地理科学，2002，22(5)：527～534.

[14] 黄方，刘湘南，张养贞. GIS 支持下的吉林省西部生态环境脆弱态势评价研究［J］. 地理科学，2003，23(1)：95～100.

[15] 刘惠清，许嘉巍，吴秀芹. 西藏自治区乃东县生态系统的健康性评价［J］. 地理科学，2003，23(3)：366～371.

[16] 李森，李凡，孙武，等. 黑河下游额济纳绿洲现代荒漠化过程及其驱动机制［J］. 地理科学，2004，24(1)：61～67.

[17] 李阳兵，王世杰，容丽. 西南岩溶山区生态危机与反贫困的可持续发展文化反思［J］. 地理科学，2004，24(1)：157～162.

[18] 韩茂莉. 辽代西辽河流域气候变化及其环境特征［J］. 地理科学，2004，24(5)：550～556.

[19] 禹贡. 城市生态环境形象设计的生态背景值研究［J］. 地理科学，2004，24(5)：605～609.

[20] 钟巍，熊黑钢，王立国，等. 塔里木盆地南缘策勒绿洲近 4000 年来的环境变化［J］. 地理科学，2004，24(5)：687～692.

[21] 赵跃龙，刘燕华. 脆弱生态环境与农业现代化的关系［J］. 云南地理环境研究，1995，7(2)：57～60.

[22] 刘燕华. 脆弱生态环境研究初探［A］. 见：赵桂久，刘燕华，赵名茶. 生态环境综合整治与恢复技术研究［C］. 北京：北京科学技术出版社，1995：2～10.

[23] 赵德龙，张玲娟. 脆弱生态环境定量评价方法的研究［J］. 地球科学进展，1998，17(1)：67～72

[24] 方光迪. 山地生态环境脆弱带初步探究［A］. 见：赵桂久，刘燕华，赵名茶. 生态环境综合整治与恢复技术研究［C］. 北京：北京科学技术出版社，1995：152～159.

[25] 郑国璋. 山地稳定性研究的动态数值模型［J］. 山地学报，1999，17(4)：363～367.

[26] 韩博平. 生态系统稳定性：概念及其表征［J］. 华南师范大学学报(自然科学版)，1994，(2)：37～45.

[27] 李晓秀. 北京山区生态系统稳定性评价模型初步研究［J］. 农村生态环境，2000，16(1)：21～25.

[28] 钟祥浩，刘淑珍，王小丹，等. 西藏生态环境脆弱性与生态安全策略［J］. 山地学报，2003，(21)：1～6.

[29] 李森，董光荣，申建友，等. 雅鲁藏布江河谷风沙地貌形成机制与发育模式［J］. 中国科学(D 辑)，1999，29(1)：88～95.

[30] 肖洪浪. 青藏高原西部狮泉河宽谷的荒漠化过程［J］. 干旱区研究，1994，11(2)：41～45.

[31] 王小丹，钟祥浩，范建容. 西藏水土流失敏感性评价及其空间分异规律［J］. 地理学报，2004，59(2)：183～188.

第十六章　西藏生态功能区划研究①

第一节　研究背景

生态功能又称生态服务功能，是指生态与生态过程所形成及所维持的人类赖以生存的自然环境条件与效用[1]。生态系统服务功能包括生物质的合成与生产、生物多样性的产生与维持、水源涵养与水文调节、土壤保持与土壤形成、气候调节、自然灾害的减轻、环境净化、娱乐文化等，这些功能的强弱与优劣取决于生态系统类型及其结构特点。西藏自治区拥有除海洋生态系统外的几乎所有陆地生态系统类型，而且其中有许多是西藏特有或者具有显著西藏特色的类型。可以说西藏是我国生态服务功能类型多样性最丰富的地区，生态系统服务功能及其作用在我国乃至世界上都占有十分重要的地位。维持生态服务功能正常发挥是实现区域可持续发展的基础与保障[2]。

西藏大部分地区生境条件具有高寒性、干旱性、多变性等特点，因而生态系统具有敏感性、脆弱性、易变性等特性，以致不合理的生态功能开发容易引起生态系统的破坏。不言而喻，查明西藏自治区生态系统类型的结构、过程及其空间分布特征，评价不同生态系统类型生态服务功能、生态敏感性特征和抗干扰能力，对区域社会经济发展具有重大的理论意义和实践价值。生态功能区的划分能够为西藏重点开发、限制开发和禁止开发区域的确定提供基础，为西藏资源合理开发利用、环境管理、生态环境保护与建设和可持续发展战略的实施提供科学依据。

西藏自治区人民政府对生态环境保护工作一贯十分重视，根据国家环保总局 2001 年 5 月 29 日甘肃张掖会议精神，于 2001 年 6 月成立了以自治区副主席为组长、自治区各有关部门领导为成员的西藏自治区生态功能区划领导小组，并在自治区环保局设立项目领导小组办公室，聘请中国科学院成都山地灾害与环境研究所为项目技术支撑单位，成立了钟祥浩为组长(负责项目总体设计和实施方案的制定)、张永泽为副组长的项目工作组，及时地编制了《西藏自治区生态功能区划实施方案》，于 2001 年 6 月 26 日上报国家环保总局批准。项目工作组于当年下半年就着手工作，并于次年 6～9 月分为三个调查小组开展野外调查工作。2002 年 10 月至 2003 年 6 月对所收集的资料、数据、图件进行处理、分析与统计。在此基础上，进行了深入的研究与评价，编制各类图件 40 余份，完成了西藏自治区生态功能区划报告的编写，自治区环保总局庄红翔对报告进行了审阅和修改。

---

① 本章作者钟祥浩、刘淑珍(王小丹、范建容、李祥妹和朱万泽等参加了研究)，在 2004 年研究报告基础上修改成文。

本项目提交的成果包括：

(1)《西藏自治区生态功能区划》综合报告(35万字)；

(2)《西藏自治区生态功能区划》报告简本(5.0万字)；

(3)1∶550万《西藏自治区生态功能区划图册》(44幅图)；

(4)1∶150万《西藏自治区生态功能区划图》。

2003年8月22日该项成果通过了西藏自治区人民政府组织的评审，项目工作组根据评审专家提出的意见和建议进行了认真的修改，完成了送审验收稿。

2003年8月30日，项目工作组根据审查会意见对《西藏自治区生态功能区划报告》进行修改完善后，上报国家环保总局进行了验收。国家环保总局认为《西藏自治区生态功能区划报告》符合国家《生态功能区划暂行规程》的总体要求。2006年6月，自治区人民政府第14次常务会议讨论通过了《西藏自治区生态功能区划》。

本章对自治区生态功能区划的技术与方法及分区功能作简要论述。

第二节　生态功能区划的原理、原则与流程

一、原理

1. 生态分异原理

西藏地形地貌、气候、土壤、水文和植被等自然环境要素在空间分布上的区域差异性十分明显，不同区域形成了不同类型的生态系统。不同类型生态系统的结构与功能各不相同。区内不同地域单元拥有不同的生态系统类型，由于生态系统结构和过程特征的差异，而表现出与生态系统相联系的生态服务功能的各异，可见，生态分异原理是生态功能区划的理论基础，不同等级生态功能分区实质上就是区域生态分异的结果。

2. 复合生态系统原理

受到人类活动影响的区域，都由自然环境系统、经济系统和社会系统三个子系统所组成，形成自然-经济-社会复合生态系统，在区域空间结构上是一个景观单元，是各类生态系统的复合体，这个复合体既有经济功能，又有社会功能和自然功能。其中的自然功能，即为生态服务的功能，它具有涵养水源、保持水土、防止土地沙化、调节气候、维护生物多样性以及净化水和空气污染物等作用。这些功能是保证区域经济、社会可持续发展的基础。人类经济社会活动与自然生态功能的相互依存、相互影响的复合生态系统原理，是生态功能区划的重要理论依据。

3. 生态服务功能原理

生态服务功能是指生态系统与生态过程所形成及所维持的人类赖以生存的自然环境条件与效用。生态系统不仅为人类提供生活、生产所必需的物质产品，而且通过其提供的生态产品创造和维持了地球生命支持系统，形成了人类生存、发展所必需的环境条件。可见，生态服务功能是人类生存和现代文明的基础。人类不合理的经济活动，导致生态环境的破坏，从而对生态服务功能造成了不同程度的损害，进而影响甚至威胁到人类赖以生存的环境。不言而喻，生态服务功能是生态功能区划的基础。

4. 分级区划原理

生态功能区划是按照生态学原理，从区域生态服务功能角度出发，依据生态功能的重要性、相似性和差异性进行地理空间分区。不同尺度范围内，生态系统类型及其结构与功能作用有所不同，进而表现出生态功能的区域性差异。正是地域条件的差异性和生态地理系统的分层性，决定了生态系统具有空间异质性和可分性(可分级)。这是生态功能分级区划的依据。

生态功能区划不同于生态分区或生态区划，生态区划是应用生态学原理和方法，揭示自然区域的相似性和差异性规律，是对自然生态环境划分的区域单元。生态区划虽然也考虑了生态系统结构和功能，但其着眼点在生态系统的区域特征上，是以生物或者生态系统为区划的主要标志。而生态功能区划致力于区分生态系统对人类活动的服务功能，以满足人类需求的有效性为区划标志，此外，生态功能区边界的确定需考虑生态系统结构和景观的完整程度。

二、基本原则

生态系统服务功能反映的是生态系统对人类社会发展所提供的效用，其区划与传统地理部门区划和综合区划有着不同的概念，它不仅要反映生态系统结构与过程的区域分异规律，还要综合考虑其对区域社会经济发展的支撑作用。为此，在参考《全国生态功能区划》原则基础上[3]；结合西藏实际提出如下区划原则：

1. 可持续发展原则

生态功能区划的目的是促进资源的合理利用与开发，避免盲目的资源开发和生态环境破坏，增强区域社会经济发展的生态环境支撑能力，促进区域的可持续发展。

2. 发生学原则

根据区域生态环境问题、生态环境敏感性、生态系统服务功能与生态系统的成因、结构、过程、格局的关系，确定区划中的主导因素及区划依据。

3. 区域相关原则

在空间尺度上，任一类生态系统服务功能都与该区域，甚至更大范围内的自然环境与社会经济因素相关，在评价与区划中，要从全区、流域乃至全国尺度考虑。

4. 相似性原则

自然环境是生态系统形成和分异的物质基础，虽然在特定区域内自然环境状况趋于一致，但由于自然因素的差别和人类活动影响，使得区域内生态系统结构、过程和服务功能存在某些相似性和差异性。虽然生态功能区划是根据区划指标的一致性与差异性进行分区的，但必须注意这种特征的一致性是相对一致性，不同等级的区划单位各有一致性标准。

5. 区域共轭性原则

区域所划分的对象必须是具有独特性特点，而且在空间上是完整的自然区域。即任何一个生态功能区必须是完整的个体，不存在彼此分离的部分。

三、区划目的

生态功能区划是依据西藏生态系统类型、生态系统受胁迫过程与效应、生态环境敏感性、生态服务功能重要性等特征的空间分异性而进行的地理空间分区，其目的是明确区域生态安全重要地区及生态环境高敏感区，明确各功能区的生态环境与社会经济功能，为产业布局、资源开发、生态环境保护与建设规划提供科学依据，为实现西藏自治区生态环境分区管理提供基础和前提。

四、生态功能区划流程

在确定生态功能区划目标前提下，通过对区域自然环境和社会经济现有资料的全面搜集和在重点地区遥感数据分析基础上，对自治区生态环境现状进行分析与评价，明确自治区生态环境现状及面临的主要问题，查明区内生态服务功能受损害的程度、原因及其产生的生态环境后果与社会经济代价。在此基础上，针对区域生态环境问题，分析不同生态环境问题的成因，对区域生态环境敏感性分异规律进行评价，评价内容包括水土流失、土地沙漠化、生境和冻融侵蚀等敏感性特征；同时，开展生态系统服务功能评价，重点评价生物多样性保护、水源涵养、土壤保持和沙漠化控制等生态服务功能重要性区域分异规律。以上述结果为基础，作出自治区生态功能分区，并对各分区(重点对三级区)给出自然环境与社会经济概况、生态系统类型及其服务功能特征，以及保护与建设的方向等。上述区划流程见图 16-1。

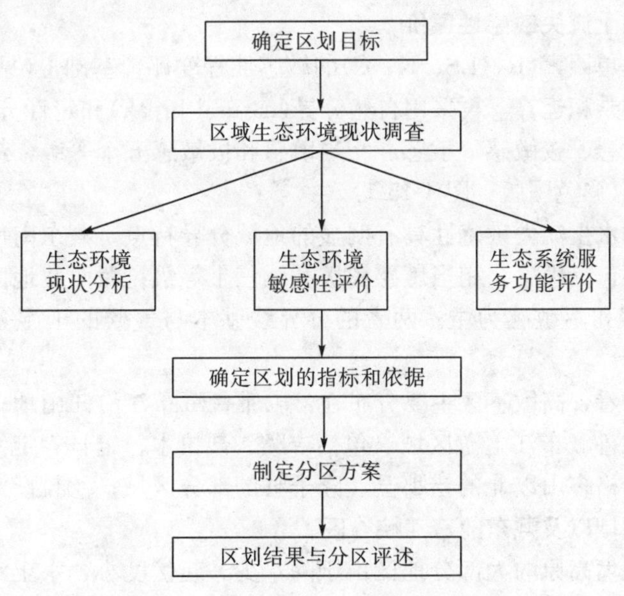

图 16-1　西藏自治区生态功能区划流程图

第三节　生态环境敏感性评价

生态环境敏感性是指生态系统对人类活动干扰和自然环境变化的反映程度，说明发生区域生态环境问题的难易程度和可能性大小[4]。

一、评价内容与方法

(一)评价内容

评价内容包括三个方面：①水土流失敏感性评价(含水动力为主的水土流失敏感性和冻融力为主的水土流失敏感性)；②土地沙化敏感性评价；③生境敏感性评价。

(二)评价方法

根据国家环保总局的技术规程，结合西藏的自然生态环境特点和人类活动强度，以定量分析和定性描述为基本手段，采用地理信息系统技术和数学模型相结合的方法，完成西藏水土流失敏感性、土地沙化敏感性和生境敏感性的单要素评价及其叠置后的综合评价。

二、评价结果

(一)水土流失敏感性评价

1. 水动力为主的水土流失敏感性评价

在对水土流失单因素(R、LS、K、C)的敏感性程度评价基础上(见本章第三节)，用地理信息系统进行乘积运算，再采用自然分界(natural break)和定性分析相结合的方法，将其结果分为不敏感、较敏感、敏感、相当敏感和极敏感五个等级，最后生成西藏水土流失敏感性分布图(彩色图版：图 4-15-1)。

西藏自治区的水土流失敏感性具有明显的地域分异特点。藏东南地区属水土流失高敏感性区域，主要包括敏感、相当敏感和极敏感三个等级；藏西北地区属水土流失低敏感区域，以较敏感和不敏感为主。两者的分界线基本与气候的干湿分界吻合，局部有差异。

从空间分布来看，高敏感区主要分布在：①雅鲁藏布江沿江山地；②冈底斯山与喜马拉雅山西南及雅鲁藏布江上游区域，包括吉隆、聂拉木、定日、定结、岗巴和亚东的大部分地区；③康格多山以北的错那县、隆子县的部分区域；④拉萨河、尼洋河、易贡藏布流域的山地区域以及藏东的三江峡谷区。

藏西北地区羌塘高原的大部分地区由于降水少、起伏度小，水土流失不敏感。主要分布于：安多、那曲、聂荣西北部区域，羌塘高原西北部荒漠区，马泉河、朗钦藏布流域。局部地区因受特殊的微地貌和小气候的影响，表现为较敏感。

统计结果是：水土流失不敏感的面积为 48.5903 万 km^2，占 40.39%；较敏感为 28.5282 万 km^2，占 23.72%；敏感的面积为 19.6014 万 km^2，占 16.30%；相当敏感为 10.9199 万 km^2，占 9.08%；极敏感为 12.6491 万 km^2，占 10.52%。

根据前面的分析，西藏自治区水土流失敏感、相当敏感和极敏感区的面积总计 43.1704km^2，占 35.89%，主要分布在人口较密集、经济较发达的藏东、藏南和藏中大部分地区，而且有的地方既是水土流失极敏感区也是山地灾害多发区(如沿川藏公路的易贡、通麦和古乡等地)，这增加了道路及沿线人民生命财产的潜在危险性。

水土保持规划和相应的治理措施应依据西藏水土流失敏感性的空间分异规律，积极探索适合西藏特殊自然环境条件下不同敏感程度水土流失防治模式，根据敏感性高低合理安排治理措施。

2. 冻融力为主的水土流失敏感性评价

依据本章第三节有关冻融侵蚀敏感性分析结果，在ARC/INFO中对各要素图层进行叠加，并根据敏感性指数分布得出西藏冻融侵蚀敏感性分布图(彩色图版：图4-15-3)。

西藏大部分地区属冻融侵蚀敏感区，敏感性总体分布表现为南部高海拔冻融侵蚀区的敏感性高于西北高纬度冻融侵蚀区。

冻融侵蚀不敏感区：主要分布在藏东南的雅鲁藏布江下游河谷和三江河谷地区。虽然这些地区≥0℃持续日数、降水量和起伏度较大，但由于其海拔偏低，几乎没有多年冻土分布，而且气温年较差低，为冻融侵蚀不敏感地区。

冻融侵蚀较敏感区：主要分布在藏北的昆仑山区及北羌塘北部，其降水量少，地形起伏度小，≥0℃的持续日数短，发生冻融侵蚀的可能性较小。

冻融侵蚀敏感区：主要包括南羌塘北部和北羌塘南部，其人口比较稀疏，受冻融侵蚀影响的人类活动的范围相对较小，但冻融侵蚀大规模破坏草场，阻碍了区域畜牧业的发展，要加强对这些区域草场资源的合理开发和保护。

冻融侵蚀相当敏感区：主要分布在南羌塘南部，其降水量和地形起伏较大，发生冻融侵蚀的可能性大，而且这些地区人口相对密集，冻融侵蚀的破坏性强，应采取积极、有效的保护措施来降低冻融侵蚀造成的损失。

冻融侵蚀极敏感区：主要分布在藏东南的高山、极高山地区，其地形起伏和降水量都很大，为冻融侵蚀的发生提供了外力条件，且≥0℃的持续日数都在180d以上，冰雪的消融强度大，发生冻融侵蚀的可能性最大。这些地区大都是人口较密集，经济活动较频繁的地区，冻融侵蚀的高敏感性严重威胁着人民生命财产的安全及区域经济的可持续发展，应该列为冻融侵蚀优先预防保护的区域。

(二)土地沙化敏感性评价

在单要素评价的基础上(见本章第三节)，计算出沙化敏感性综合指数(D_i)，运用ArcMap中的自然分界法对D_i字段分级获得西藏土地沙化敏感性分布图(彩色图版：图4-15-2)。

统计表明，西藏土地沙化敏感性各等级的面积差异大，不敏感面积为19.0215万km^2，占15.83%；较敏感为34.0835万km^2，占28.36%；敏感为44.3428万km^2，占36.89%；相当敏感为10.5495万km^2，占8.78%；极敏感为12.1911万km^2，占10.14%。

从空间分布来看，藏北高原的大部分地区属于极敏感和相当敏感，土地沙化敏感性强，主要包括：念青唐古拉山脉以西、黑阿公路以北的大部分地区以及昆仑山荒漠地带。这些区域大部分为无人区，野生动物的自由发展，给草地带来一定程度的破坏。在黑阿公路两侧人为过牧造成的土地沙漠化较严重。由于面积较大，沙漠化治理是一项长期而艰巨的任务。

用发展和效益的观点分析沙化敏感性格局，对那些零星分布于人口较密集、经济较发达地区的沙化高敏感区，应给予关注，纳入近期沙化治理重点。通过评价图的局部放大分析，提出近期西藏沙漠化治理的6个重点区域：狮泉河沙漠化敏感区；雅鲁藏布江上游沙漠化敏感区；朋曲河流域沙漠化敏感区；雅鲁藏布江中游、拉萨河、年楚河流域敏感区；怒江、澜沧江河谷沙漠化敏感区；那曲、安多、班戈草地沙漠化敏感区。这些地区具有很好的区位优势和经济发展基础，是西藏自治区经济实现跨越式发展的主要经济区域。但分析表明这些地区土地沙漠化敏感性高，影响和制约了区域经济的可持续发展。因此，采取切实有效的措施，优先安排投资治理这些地区的土地沙漠化具有重要意义。

(三)生境敏感性评价

通过生境敏感性评价方法和评价标准，对西藏生境敏感性程度进行了评价，其结果如下。

1. 藏东南山地热带、亚热带湿润生境极敏感区

该区位于西藏东南部，包括墨脱、察隅两县和错那县、隆子县部分地区。区内拥有国家一级和二级保护物种 119 种，其中一级保护物种 30 种，二级保护物种 89 种，是西藏自治区国家保护物种分布最多的区域，属于西藏生境极敏感地区。西藏唯一的国家一级野生保护植物桫椤分布于本区。

2. 藏东高原温带半湿润生境高度敏感区

本区地处西藏高原东缘，主要包括昌都地区和林芝东部部分地区。该区拥有国家一级和二级保护物种 101 种，其中一级保护物种 22 种，二级保护物种 79 种，仅次于藏东南山地热带亚热带湿润区，属于西藏生境高度敏感区域。该区分为念青唐古拉南翼、昌都地区中北部山地和昌都、林芝地区南部高山峡谷三个亚区。

3. 怒江源区高原亚寒带半湿润生境一般敏感区

本区位于那曲地区东南部，区内拥有国家一级和二级保护物种计 33 种，其中一级保护物种 6 种，二级保护物种 27 种，属于生境敏感性一般地区。

4. 藏南高原温带半干旱生境高度敏感区

本区地处西藏南部高原，行政区划上主要包括山南地区西北部、日喀则地区、拉萨市等。该区拥有国家一级和二级保护物种 89 种，其中一级保护物种 21 种，二级保护物种 68 种，属于西藏生境高度敏感地区。

5. 羌塘高原南部高寒生境中等敏感区

本区地处西藏北部高原，行政区域上包括那曲地区大部、阿里地区东南部。该区拥有国家一级和二级保护物种 40 种，其中一级保护物种 11 种，二级保护物种 29 种，属生境中等敏感地区。

6. 昆仑高寒寒带干旱中等敏感区

本区位于西藏高原西北缘，行政区域上包括那曲地区北部边缘和阿里地区北部、昆仑山以东。该区拥有国家一级和二级保护物种 39 种，其中一级保护物种 11 种，二级保护物种 28 种，属于生境中等敏感地区。

7. 阿里高原温带干旱生境一般敏感区

本区地处藏西边缘，行政区域上属于阿里地区西部。该区拥有国家一级和二级保护物种 34 种，其中一级保护物种 11 种，二级保护物种 23 种，属于西藏自治区生境一般敏感地区。

第四节　生态服务功能评价

本节主要对西藏自治区生物多样性保护、水源涵养、土壤保持和沙化控制等生态服务功能重要性进行评价。

一、生物多样性保护重要性评价

(一)优先保护生态系统评价

1. 优先保护生态系统评价准则

(1)优势生态系统类型。生态区的优势生态系统往往是该地区气候、地理与土壤特征的综合反映，体现了植被与动物物种地带性分布特点。对能满足该准则的生态系统的保护能有效保护其生态过程与构成生态系统的物种组成。

(2)特殊生态系统类型。它反映了特殊的气候、地理和土壤特征。一定地区生态系统类型是在该地区的气候、地理与土壤等多种自然条件的长期综合影响下形成的。相应的，特定生态系统类型通常能反映地区的非地带性气候、地理特征，体现非地带性植被与动物的分布，为动植物提供栖息地。

(3)中国特有生态系统类型。由于特殊的气候、地理环境与地质过程，以及生态演替，中国发育和保存了一些特有的生态系统类型，在全球生物多样性保护中具有特殊的地位和价值。

(4)物种丰富度高的生态系统类型。指生态系统构成复杂、物种丰富度高的生态系统，这类生态系统在物种多样性保护中具有特殊的意义。

(5)特殊生境。为特殊物种，尤其是珍稀濒危物种提供特定栖息地的生态系统，如湿地生态系统等，从而在生物多样性的保护中具有重要价值。

2. 优先保护生态系统评价

西藏是我国乃至世界上生态系统类型最为丰富的地区之一。西藏的自然生态系统类型主要包括森林生态系统、灌丛生态系统、草地生态系统、湿地生态系统、冰缘稀疏植被生态系统、冰雪生态系统和人工生态系统七大类，每个大类又可分为若干二级和三级小类。根据上述评价准则和西藏的实际情况，对西藏优先保护生态系统类型进行了评价，评价结果：优势生态系统类型有 3 个一级类型，5 个二级类型和 6 个三级类型；特殊生态系统类型有 8 个二级类型，21 个三级类型；中国特有生态系统类型有 8 个三级类型；物种丰富度高的类型有 6 个三级类型；特殊生境类型有 9 个三级类型。

(二)生物多样性保护重要地区评价

前述表明，西藏拥有其他地区所没有的特殊、优势等生态系统类型，为珍稀濒危特有物种提供了栖息繁衍生境。全区国家重点保护野生植物 39 种，野生动物 125 种。根据不同区域国家重点保护野生动植物的多少，提出西藏生物多样性保护重要地区的评价标准。依此标准，对生物多样性保护重要地区进行了评价。

评价结果：藏东南山地热带、亚热带湿润区属于西藏自治区生物多样性保护极重要地区；藏东高原温带半湿润区和藏南高原温带半干旱区属于中等重要地区；羌塘高原南部高寒区和昆仑高寒寒带干旱区属于较重要地区；怒江源区高原亚寒带半湿润区和阿里高原温带干旱区属于生物多样性保护一般地区。

二、水源涵养重要性评价

区域生态系统水源涵养的重要性在于整个区域对评价地区水资源的依赖程度及对洪水调节的作用。根据西藏的实际情况，着重从影响目标对水源涵养的要求提出水源涵养地的区域位置，按照影响目标对水资源需求与防洪的需要提出生态系统水源涵养重要性评价分级。

根据影响目标及水源涵养重要性评价分级标准，得出西藏水源涵养重要性分布结果(彩色图版：图 4-16-1)。西藏水源涵养重要性区域分布综述如下。

湿润区，藏东南地区因其降水量大，季节分配较均匀，县级城镇人口少，农田耕地面积小，用水总需求小，因此区内水源涵养对本区的作用基本为不重要等级。但是，该区是印度境内部分河流的发源地，其水源涵养功能对境外河流有一定的影响，因此，本区的水源涵养等级划为中等重要。

半湿润区，在东部三江地区，年降水量 500～800mm，由于降水量较大，河网密度较高，但农牧业生产规模较小，用水需求较小，其水源涵养对本区的作用较小，但是对三江流域下游县城和农田用水有较为重要的作用，其水源涵养的等级为中等重要；该区北部的那曲地区，由于降水量相对较东部地区有所减少，而且这里是西藏牧业生产基地和地区所在城镇地，牧业生产规模大，用水需求大，此外这里的植被主要为高山灌丛草甸，水源涵养作用强，因此本区的高山灌丛区为水源涵养极重要区，高山草甸区为水源涵养中等重要区。对县城用水来说，因城市规模小，用水需求小，因此县城水源地水源涵养作用主要是调节降水季节分配不均的问题，水源涵养作用等级为中等重要。

半干旱区，由于本区城市集中分布，且西藏仅有的两个建制市(拉萨市、日喀则市)就分布在该区，因此，城市用水需求量大，而降水量较小，季节分配不均，汛期有发生洪灾的危险，其用水源地的水源涵养作用等级为极重要。半干旱区主要分布在拉萨河及其支流的上游河流两岸地区、雅鲁藏布江的源头和两岸地区。同时该区南部是西藏重要农业生产基地，耕地主要沿雅鲁藏布江两岸呈带状分布，雅鲁藏布江的源头和两岸地区的高山草原植被的水源涵养作用对农业生产也有着极重要的影响，其作用等级为极重要。该区北部有广阔的湖泊分布，区内高山草原植被的水源涵养作用对该区农牧业生产及农牧民生活影响极大，其水源涵养等级为极重要。

干旱区，降水量很小，用水需求量也小，同时植被条件较差，除少数河流及湖泊、湿地外，本区大部分属于水源涵养不重要区。极重要区主要有班公湖流域。

三、土壤保持重要性评价

(一)土壤保持重要性评价方法

依据国家环保部制定的生态功能区划技术规范，并结合西藏实际作相应调整。以水土流失敏感性为基础，分析其可能造成对下游河流、水资源以及城乡经济发展的危害程度，评价内容包括四个部分：

(1)西藏河流与土壤保持重要性；

(2)大中城市、县域城镇分布与土壤保持重要性；

(3)水土流失敏感性分布、等级与土壤保持重要性；

(4)以前面三项评价为基础，进行西藏土壤保持重要性的综合评价。

评价结果又分四个等级来进行比较分析与讨论，即：极重要、相当重要、重要、一般。采用基本单元地理信息系统叠加(overlay)评价分析方法，最终完成西藏土壤保持重要性分布结果。

(二)土壤保持重要性综合评价结果

根据不同单元(河流、城市、敏感性)的评价结果，在 ArcMap 中实现点层、线层和面层的叠加，最后得出西藏自治区土壤保持重要性综合评价结果(彩色图版：图 4-16-2)。

结果表明：雅鲁藏布江中游地区、年楚河和拉萨河流域，无论从河流、城市还是水土流失侵蚀敏感性的角度，都体现出土壤保持的极重要性，属于“极重要”区。加强这些区域的保土工作十分重要，它们应作为西藏水土流失治理的优先区考虑。其次，尼洋河流域、易贡藏布流域和三江峡谷区是土壤保持“相当重要”区，特别是怒江干热河谷和澜沧江上游的昂曲、扎曲段，土壤保持的重要性尤为突出。此外，狮泉河、噶尔藏布和朗钦藏布流域作为河源区，对下游水质影响相当重要，但水土流失敏感性低，城镇分布较少，土壤保持重要性总体评价为“重要”级。那曲、安多、聂荣以及雅鲁藏布江中游以北的区域(大体在气候干湿交界附近)，土壤保持对河流、城镇的影响以及水土流失敏感性评价均为“重要”，因此，这些区域整体评价也属于“重要”级，应予以更多关注。

四、沙化控制重要性评价

(一)评价方法

在对西藏土地沙化现状和沙漠化敏感性评价的基础上，分析沙漠化直接影响人口数量来评价该区沙漠化控制作用的重要性。利用 GIS 强大的空间分析能力，采用综合分析方法得出西藏沙漠化控制重要性分布结果(彩色图版：图 5-20-5)。

(二)评价结果

西藏沙漠化控制作用重要性区域分异明显，沙漠化控制作用重要的区域与沙漠化发生区域大体一致，分布于干旱、半干旱和半湿润地区。沙漠化控制作用极为重要的区域为藏南河谷湖盆区的雅鲁藏布江上游仲巴县河谷，雅鲁藏布江中游日喀则宽谷、山南宽谷、拉萨河中下游河谷，阿里高原区的狮泉河宽谷盆地，藏北高原中部的安多县；沙漠化控制作用中等重要的区域为藏南的朋曲流域，藏北高原中部的班戈县、尼玛县，藏东“三江”河谷；沙漠化控制作用较重要区域为藏南高原湖盆区、藏北高原西部、阿里南部；沙漠化控制作用重要性不明显的区域为藏东南、藏北高原东部、藏北高原西北部。

第五节　生态功能区划

一、区划的依据和方法

(一)区划的依据

不同层次生态功能区划单位依据不同。根据国家环保部的有关区划技术导则要求，各省(区)生态功能区划进行三级分区。

1. 一级区划分依据

根据要求，一级区要与《中国生态功能区划》中的三级区相衔接。但是，需要依据西藏地貌与气候的空间变化特点进行适当调整。

2. 二级区划分依据

主要生态系统类型的相似性和生态服务功能类型基本一致性。

3. 三级区划分依据

生态服务功能的重要性、生态环境敏感性与主要生态环境问题、生态环境保护目标及其建设与发展方向等的差异性。

(二)区划方法

定性与定量相结合，并适当考虑重要自然地理界线和行政边界。

1. 一级区界线的确定

根据前述一级区划分依据，对西藏地貌与气候要素方面的有关图件进行叠加，根据叠加线条重叠情况，对照“青藏高原高寒生态大区”中三级区界线在西藏境内的位置[3]，并结合植被区划图件中的“植被区域”与“植被地带”两级区划单元界线的分布进行修正与综合，同时考虑山脉、河流等自然特征与地区级行政边界，划分出西藏生态功能区的一级区界线。

2. 二级区界线的确定

在一级区界线确定基础上，根据前述二级区划分依据，对重点反映生态系统类型区域分布和生态功能特征的有关图件进行叠加，根据生态系统类型与过程相对一致性和生态服务功能类型相似性划出二级区初步界线。在此基础上，适当考虑山脉、河流等自然特征及地区、县级行政边界，对初步确定的界线进行修正，最后划分出西藏生态功能区的二级界线。

3. 三级区界线的确定

在二级区界线确定的基础上，重点对水土流失敏感性、土地沙漠化敏感性和生境敏感性评价图件以及生物多样性保护、水源涵养、土壤保持和沙漠化控制重要性评价图件进行综合分析。在此分析基础上，结合对生态环境现状、问题和特点等有关图件的分析，并考虑尽可能与流域界线和县级边界的适当衔接，划分出西藏生态功能区的三级区界线。

本节给出西藏生态功能区划图(二级分区，彩色图版：图 4-16-3)。

二、区划的方案与命名

根据国家环保部的要求，按三级分区分别命名，每一级区的命名由三部分组成。

(一)一级区(称生态区)

命名体现分区内地貌与气候特征。气候特征包括湿润、半湿润、半干旱、干旱，热带、亚热带、温带、寒温带、亚寒带和寒带等；地貌特征包括高原、高山、山地、丘陵、平原、河谷、盆地等。名称由地名＋特征＋生态区构成。西藏生态功能区划一级区共分出 7 个。

(二)二级区(称生态亚区)

命名体现分区内的生态系统类型与生态服务功能的典型类型。生态系统类型包括森林、灌丛、草地、荒漠、湿地和农田等，命名中择其重要者或典型者。名称由地名＋类型＋生态亚区组成。西藏生态功能区划二级区共分出 17 个。

(三)三级区(称生态功能区)

三级区命名体现各分区的生态系统服务功能重要性、生态环境敏感性的特点。生态服务功能包括生物多样性保护、水源涵养、土壤保持、荒漠化控制、水文调蓄、自然灾害减轻、小气候调节、休闲娱乐(如生态旅游)等生态功能以及对区域经济发展起重要作用的农业、牧业、林业、渔业发展等生产功能。生态环境敏感性包括水土流失、沙漠化、盐渍化、山地灾害和冻融侵蚀等敏感性。名称由地名＋生态服务功能(或生态环境敏感性特征)＋生态功能区构成。西藏生态功能区划三级区共分出 76 个。

第六节　分区功能评价

根据国家环保部有关区划技术导则，在综合报告中对三级区(生态功能区)进行评价。本节限于篇幅，只对二级功能区功能定位和发展方向作简要的评价。

Ⅰ　藏东南山地热带雨林、季雨林生态区

$Ⅰ_1$　藏东南山地热带雨林、季雨林生态亚区

生态功能定位：生物多样性保护和水源涵养，下游河谷地区为特色农业开发。

发展与保护方向及对策：加强自然生态系统保护，限制开发，开展科研及生态旅游等限制性的开发活动。

Ⅱ　藏东高山深谷温带半湿润常绿阔叶林－暗针叶林生态区

$Ⅱ_1$　念青唐古拉山南翼常绿阔叶林、云冷杉林生态亚区

生态功能定位：谷地特色农林业的发展与水源涵养及生物多样性保护。

发展与保护方向及对策：发展河谷特色农林产业，≥25°以上的陡坡山地禁止开发，亚高山暗针叶林严格管护，加强公路沿线山地灾害预防力度。

$Ⅱ_2$　昌都地区北部云杉林生态亚区

生态功能定位：发展山原高原牧业和河谷农业，山地土壤保持和水源涵养。

发展与保护方向及对策：重点发展以牦牛养殖为特色的畜牧业，加强陡坡山地水土保持和亚高山暗针叶林水源涵养功能保护与建设力度。

Ⅱ$_3$　昌都地区南部硬叶常绿阔叶林、云南松林、云冷杉林生态亚区

生态功能定位：发展谷地农林业，山地土壤保持和水源涵养及生物多样性保护。

发展与保护方向及对策：发展河谷特色农林产业，加强“三江”并流区山地水土流失防治和亚高山暗针叶林保护。

Ⅲ　怒江源高原亚寒带半湿润高寒草甸生态区

Ⅲ$_1$　怒江源区下部灌丛草甸生态亚区

生态功能定位：水源涵养，谷地牧业和农业适度发展。

发展与保护方向及对策：加强生态建设与环境保护，提高怒江源水源涵养功能。

Ⅲ$_2$　怒江源区上部草甸生态亚区

生态功能定位：水源涵养，发展特色牧业。

发展与保护方向及对策：加大退化草地建设力度和高山天然草地保护。

Ⅳ　藏南山原宽谷温带半干旱灌丛草甸生态区

Ⅳ$_1$　雅鲁藏布江中游谷地灌丛草原生态亚区

生态功能定位：宽谷农业重点发展与综合开发，谷地防风固沙与防洪，山地土壤保持和高山水源涵养。

发展与保护方向及对策：为西藏农业生产基地和经济重点发展区，加大宽谷区防洪和防风固沙生态建设与环境保护力度；优化产业结构，大力发展特色农、畜产业和旅游业；加强山地土壤保持，提高高山区水源涵养能力；自然保护区核心区和缓冲区为禁止开发区域。

Ⅳ$_2$　中喜马拉雅北翼高寒草原生态亚区

生态功能定位：农牧业适度发展，土壤保持与土地沙化控制，生物多样性保护。

发展与保护方向及对策：高寒山原牧农业适度发展，喜马拉雅山南侧生物多样性保护及边境贸易与旅游。

Ⅳ$_3$　雅鲁藏布江上游高寒草原生态亚区

生态功能定位：宽谷牧业适度发展、沙化控制及水源涵养，为限制性开发区。

发展与保护方向及对策：以草定畜适度发展畜牧业，加强冬春草场建设，减少人类活动的强度，加强沼泽湿地的保护。

Ⅳ$_4$　“四江”源高寒湖泊-草原生态亚区

生态功能定位：水源涵养，限制开发，旅游适度发展。

发展与保护方向及对策：加强有利于“四江”源生态与环境改善和保护的生态建设。

Ⅴ　羌塘高原亚寒带半干旱草原生态区

Ⅴ$_1$　南羌塘高寒草原生态亚区

生态功能定位：牧业适度发展，荒漠化控制和特有野生动植物的保护。

发展与保护方向及对策：加强有利于保护与发展相协调的生态环境建设力度，预防土地沙化和荒漠化；加大自然保护区的建设和管理力度，适度发展生态

旅游。

V_2　北羌塘高寒荒漠草原生态亚区

生态功能定位：高寒荒漠草原珍稀特有物种保护，为禁止开发区。

发展与保护方向及对策：加大自然保护区管理和建设力度，加强野生动物保护。草场退化严重区实施退牧还草。

Ⅵ　昆仑山高原寒带干旱荒漠草原生态区

$Ⅵ_1$　昆仑山中段高寒荒漠草原生态亚区

生态功能定位：高寒特有珍稀生物多样性保护。

发展与保护方向及对策：加强自然保护区的保护和有利于特有动植物保护的监测与管理，保护生物物种资源，禁止捕杀野生动物。

$Ⅵ_2$　昆仑山西段高寒荒漠草原生态亚区

生态功能定位：高寒特有珍稀生物多样性保护。

发展与保护方向及对策：加强自然保护区的监管。

Ⅶ　阿里山地温带干旱荒漠生态区

$Ⅶ_1$　郎钦藏布谷地山原半荒漠生态亚区

生态功能定位：牧业适度发展和荒漠化控制。

重点发展与保护方向及对策：适度开发，加强荒漠化防治和生态建设与环境保护；加大自然保护区的建设和管理力度，适度开展以土林景观和古格王朝藏文化为核心的旅游。

$Ⅶ_2$　噶尔—班公错宽谷湖盆荒漠生态亚区

生态功能定位：牧业适度发展和荒漠化控制。

发展与保护方向及对策：适度开发，加强有利于特色牧业和旅游业发展的生态建设和环境保护，控制荒漠化的发展。

参考文献

[1] Daily G C, Nature Services: Social Dependence on Natural Ecosysterms [M]. Washington D C: Island Press, 1997.

[2] 欧阳志云，王如松. 生态系统服务功能、生态价值与可持续发展 [J]. 世界科技研究与发展，2000，22(5)：45～49.

[3] 环境保护部，中国科学院. 全国生态功能区划. 2008 年 35 号：1～42.

[4] 欧阳志云，王效科，苗鸿. 中国生态环境敏感性及其区域差异规律研究 [J]. 生态学报，2000，20(1)：9～12.

第十七章　西藏高原生态安全屏障保护与建设[①]

第一节　生态安全屏障内涵

近年来，有不少学者对与生态安全及有关的生态屏障的概念、内涵等进行了探讨[1-6]，但迄今为止，尚无统一的认识。根据有关学者的理解，并结合我们在西藏多年工作的实践，认为生态屏障应具有如下特点和功能：一定区域的生态系统的生态过程，对相邻区域环境或大尺度区域环境具有保护性作用.给人类生存和发展提供良好的生态服务。这里的"一定区域"具有特殊的含义，强调生态系统所处空间位置的特殊性和重要性，这个"区域"的范围大小依据实际情况而定。一定区域内的生态系统一般说来就是复合生态系统，既包括各种类型的自然生态系统，也包含半自然的和人工的生态系统。这些系统在空间上呈现多层次的结构和有序化的格局，不但与其所在区域自然生态环境相协调，而且与其所在区域人为环境相和谐，能够给人类生存和发展提供可持续的物质与环境服务，并对相邻区域环境乃至更大尺度区域的生态与环境安全起保障作用，特别是对空间格局上的陡坡山地、河源地带、江河沿岸、脆弱地带等的生态与安全起着极为关键的保障作用，具有这种功能的生态屏障是一种安全的屏障。因此，生态安全屏障定义可理解为：一个特定区域生态系统的生态结构与过程处于不受或少受威胁或破坏状态，形成由多层次、有序化生态系统类型组成的稳定格局，其生态系统服务功能能满足当代乃至后代人类生存与发展的需要，其中环境服务功能呈现出跨境性特征，对周边地区和国家的生态安全与可持续发展能力起着重要的保障作用。

第二节　构建西藏高原国家生态安全屏障的必要性

一、西藏生态安全屏障在国家生态安全中的独特作用

(一)西藏高原生态地位的独特性

西藏是青藏高原的主体，素有"世界屋脊"和"地球第三极"之称，是世界上独特

---

① 本章作者钟祥浩、刘淑珍(王小丹，周伟、李辉霞、李祥妹、朱万泽等编写了部分内容)，在研究过程中张永泽、田广华、张天华等给予了大力支持，并提出了宝贵的意见。此处在2010年成文基础上作了修改、补充。

的生态地域单元。该区发育了除海洋生态系统外的几乎所有的陆地生态系统，拥有许多我国乃至世界上其他国家所没有的特殊类型和独特的野生动植物种类，是世界上山地物种最主要的分化与形成中心，有高寒生物自然种质库之称，在全球生物多样性保护中拥有重要的战略地位。

西藏平均海拔4000m以上的国土面积占全区国土总面积的92%，是世界上面积最大的大陆高海拔高寒环境区域，冻融作用区面积9.1×10^5 km^2，占西藏国土总面积的75.83%。西藏高原发育了众多的冰川、湖泊和湿地，不仅是世界上山地冰川最发育的地区，而且是世界上湖泊面积最大、数量最多的高原湖泊区，还拥有世界上独一无二的高山湿地。众多的冰川、湖泊、湿地和冻土孕育了我国母亲河——长江和亚洲多条著名的国际河流，是世界上河流发育最多的区域，对这些河流的水源涵养和河流水文调节发挥着重要的作用，有亚洲大陆“水塔”之称。

高海拔的西藏高原以其自身独特的热动力学特性影响高原季风的形成与变化，是我国与东亚气候系统稳定的重要屏障，对我国旱涝分布气候格局乃至生态环境演变产生明显影响。

西藏高原对我国乃至东亚地区的生态安全屏障作用主要表现在：对我国与东亚地区地理环境格局产生深刻影响；影响我国与东亚地区气候系统的稳定；对众多亚洲重要河流水源涵养与河流水文起着重要的调节作用，是东亚、南亚水资源安全战略和中国水能资源持续利用的重要基地；不仅是全球高海拔生物多样性最丰富的区域，而且是我国乃至全球重要的生物物种基因库。

(二)对我国与东亚地区地理环境格局的深刻影响

青藏高原隆升是近三百万年以来亚洲大陆发生的最重大的地质事件，高原隆起导致了亚洲自然地理环境的重大改变，对我国乃至东亚地理环境格局产生深刻影响。在我国东部出现了世界上最强大的季风环流，使原处于副热带干旱区的我国东部长江流域纬度带成为全球同纬度最湿润地区。青藏高原的存在，使西风环流分为南北两支，北支环流加强了我国西北乃至蒙古地区干旱化程度，南支环流使印度洋暖湿气流带入我国东部地区，形成太平洋季风和印度洋季风并存的局面，构成了我国西北干旱、东部湿润、青藏高原寒冷三大自然区的地理环境格局。青藏高原对中国气候变化和生态系统类型的分布产生了深刻影响，形成了世界上最特殊的地带性与非地带性地域分异。我国东部地区热量自南而北的纬向地带性、温带地区水分自东而西的经向地带性和青藏高原地区的垂直地带性，构成了我国特有的三维地带性，使生态系统类型复杂多样。我国东部地区从南到北约35个纬度上，分布有从热带到寒温带的8个自然植被带；由于深居内陆的西北干旱区的干旱化程度的加强和海陆间差异的强化，从东到西以湿度为标志的地域分异十分明显，呈现出森林→草原→荒漠的多样性景观；高原及其周边有多座世界著名的高大山脉分布，呈现出由热带到寒带的复杂多样的植被垂直带谱。

(三)是我国与东亚气候系统稳定的重要屏障

西藏高原地势高耸，其地面海拔可抵达对流层的中部，足以使西风带产生极大的扰动，作为一个高海拔特殊的高原下垫面，对于四周大气而言，是一个巨大的冷热源，由高原引起的热动力作用对大气环流和天气的影响很大[7]。高原下垫面覆盖的变化影响热动力过程，进而在一定程度上影响大气环流与天气过程。

青藏高原对我国与东亚气候系统的影响主要通过其地表热动力作用，在热动力作用影响下，形成像海陆季风现象那样的高原范围的风的季节变化。冬季期间高原大气低层为冷高压控制，高原东部上空形成北风，从而加强了由海陆分布引起的东北季风；夏季期间为暖性低压控制，高原东部上空的西南季风得到加强，并使东部地区的降水增加。高原的热动力作用对气流产生屏障与分流作用，其屏障作用使得蒙古高原一带在冬季受暖平流影响弱，而夏季则有利于印度热低压的维持。高原的热动力作用对夏季风的形成、发生和维持起着重要的驱动作用。刘新等研究认为[8]，高原地区加热场的季节变化，明显地改变了亚欧大陆同印度洋的海陆热力差异的性质，给亚洲季风的爆发提供了条件。从此意义上来说，是青藏高原加热强迫作用的季节变化驱动了北半球大气环流的季节变化，并引发亚洲季风的爆发。高原通过近地面层及边界层辐射、感热和潜热的输送，形成了一个大范围“台地”型特殊热力场，构成了促使对流云发展的独特边界层动力、热力机制，这有利于形成频发的高原对流云，使高原及其东部周边地区成为中国东部夏季洪涝对流系统的重要源地之一。

高原下垫面条件变化，特别是地表植被和冰雪覆盖的改变，可导致地面热力、动力的异常，进而影响到亚洲乃至北半球大气环流系统的稳定性。研究表明[9]，青藏高原夏季加热对大气环流的影响，进一步加强了欧亚大陆尺度的加热对大气环流的影响，对中亚的干旱和东亚的季风起着放大器的作用，而青藏高原荒漠化的加剧与东北亚地区频繁的沙尘暴事件[10]有一定关系。刘晓东等的数值试验表明[11]，高原主体的地表反射率只要增加 0.05 就能带来明显的气候效应；地面反射率增大将造成东亚季风减弱，使我国西北东部、华北、东北地区气温升高及东部地区季风降水减少。近年来，高原地区暖化趋势的加大带来冰雪的消融和冻土层退化的加快，人类活动强度的加大带来植被退化和土地沙化面积的扩展。这些变化都在一定程度上使地面反射率加大，进而对东亚季风带来影响。目前，地表植被覆盖变化带来的地面反射率变化量及其对高原热源改变的程度，有待于今后深入研究。

(四)是亚洲重要江河源区和中国水资源安全战略基地

西藏不仅是我国河流最多的省区之一，而且是我国国际河流最多的一个省区，流域面积大于 2000km^2 的河流就多达 100 条以上；亚洲多条著名的大江大河均源于或流经西藏。全区河川多年平均径流量 4.394×10^{11}m^3，占全国河川径流量的 16.5%，相当于长江上游宜昌站多年平均径流总量。其中，出区总水量 4.1344×10^{11}m^3，占全区总量的 94.1%；直接出国境水量 3.5152×10^{11}m^3，占全区总量的 80%。此外，西藏境内地下水年径流量 9.77×10^{10}m^3，冰川储量约 3.0×10^{11}m^3。可见，西藏水资源十分丰富，是我国重要的战略水源库，在调节我国重要江河及邻近国家河流水量平衡和水资源的需求中发挥着重要的作用。

西藏水力资源理沦蕴藏量达 2.01×10^{8}kW，占全国的 30%，居全国各省(区)首位。其中理论蕴藏量 1.0×10^{4}kW 以上的河流有 358 条，技术可开发量 1.16×10^{8}kW，年发电量 6.076×10^{11}kW·h。此外，全区还有水力资源理论蕴藏量 1.0×10^{4}kW 以下的河流技

术可开发量 9.82×10^6 kW。不难看出，西藏水力资源十分丰富，是我国未来西电东送的接续能源基地。

西藏丰富的水资源与西藏生态及环境条件有密切关系。西藏水资源集中分布于藏东"三江"水系、藏中和藏东南雅鲁藏布江中下游水系以及喜马拉雅山南翼诸河流。这些地区受印度洋暖湿气流的影响，降水丰富，成为河川径流的重要补给源。同时，这些地区植被，特别是森林植被面积大，冰川积雪发育，季节性冻土广布，对江河水源涵养与水文变化起着重要的调节作用。

藏东南和藏东森林生态系统具有较高的水源涵养能力。野外调查观测资料分析表明，藏东南亚高山云、冷杉林生态系统群落结构好，土壤表层苔藓地衣十分发育，土壤深厚，其最大持水能力达 $3000\text{m}^3/\text{hm}^2$ 以上。如前所述，西藏森林生态系统水源涵养总量约达 $3.55\times10^{10}\ \text{m}^3/\text{a}$，占全区河川径流总量的 8.1%，相当于雅鲁藏布江年径流总量的 21.4%。全区草甸、草原、草甸草原和荒漠草原四大类草地生态系统年水源涵养总量达 $1.065\times10^{11}\text{m}^3$，其中属外流区水系流域草地生态系统水源涵养总量约为 $4.46\times10^{10}\text{m}^3$，约占直接出境水量的 12.7%。可见，西藏植被生态系统在江河水源涵养和河流水文调节中起了重要作用，是维护我国未来战略水源库安全的重要生态屏障。

西藏冰川发育，冰川面积和储量分别占全国的 48.2%和 53.6%，冰川年融水径流量达 $3.4915\times10^{10}\text{m}^3$，占全国冰川年融水量的 57.7%，占西藏河川径流总量的 8.0%，比拉萨河、尼洋河、年楚河年径流总量之和还大。其中，属外流区水系流域范围的冰川年融水径流量达 $2.44\times10^{10}\text{m}^3$，占全区冰川融水量总量的 75%。可见，冰川这一固体水库，对江河水文起着重要的调节作用。

西藏永久性和季节性冻土面积大。近三十年来，高原季节性冻土厚度减小、持续时间缩短[12]，季节性冻土的消融对江河水文也将起到一定的调节作用。

近几十年来，西藏经济社会的快速发展带来森林草地植被的破坏较为严重。由此导致森林、草地生态系统水源涵养功能和水土保持功能的减弱，以致局部小河流出现断流、水量减少和一些大江大河泥沙含量增加。这种功能退化趋势的进一步发展，有可能对我国这一战略水资源库和未来的西电东送持续能源基地构成威胁，并有可能产生国际社会的水纷争。

(五)是全球重要生物物种基因库和生物多样性保护重要区域

1. 生态系统的完整性和独特性

西藏地域辽阔，生态类型复杂多样，如前所述，西藏几乎包括了我国除海洋生态系统以外的所有陆地生态系统类型。从东南往西北呈现出森林→草甸→草原→荒漠的水平变化规律。在藏东南，发育了从热带雨林到寒带高山冰缘流石滩植被生态系统，其间从下往上分布着常绿阔叶林、硬叶常绿阔叶林、落叶阔叶林、针阔叶混交林、常绿针叶林、落叶针叶林、灌丛草甸、草甸等生态系统。在高原草甸、草原、荒漠分布区，相应发育了以高寒草甸、高寒草原、高寒荒漠以及温性荒漠为基带的垂直带谱。可见，西藏生态系统完整胜特点非常突出。

西藏森林生态系统分布区，拥有世界上北半球纬度最高的热带雨林和季雨林生态系统，分布于热带雨林以上的常绿阔叶林、硬叶常绿阔叶林和针叶林均具有典型的中国喜马拉雅区系特征。分布于喜马拉雅山东段南翼的常绿阔叶林处于最大降水带，群落结构复杂，物种组成丰富，林地非常潮湿，苔藓遍布，具有“雾林”或“苔藓林”特征。在针叶林中，具有西藏特有的林芝云杉林、喜马拉雅冷杉林、亚东冷杉林、墨脱冷杉林、西藏白皮松林、察隅冷杉林等类型。研究表明[13]，西藏高原高寒生物群落中的植物，特别是群落优势建群种类，主要是由青藏高原特有成分、中国喜马拉雅成分和青藏高原－亚洲中部高山成分组成。在植物群落的组成上，西藏高山冰缘植被的种类组成中，青藏高原特有种占70%；西藏垫伏植被组成中，中国喜马拉雅高山成分占71%。可可西里地区的高寒草原和高寒草甸群落中，青藏高原特有成分和以青藏高原为主要分布区的植物占总种数的79%[13]。在草原生态系统类型中，拥有西藏或者说青藏高原所特有的高寒干旱荒漠、高寒半干旱草原和高寒半湿润高山草甸等类型。可见，西藏生态系统具有我国其他地区乃至世界上其他国家所没有的特殊性。

2. 生物物种的多样性与独特性

根据作者对最新资料的调查统计，西藏约有维管植物6530种，维管植物物种多样性丰富度仅次于云南和四川，居全国第三位；药用植物1000多种，其中有特殊用途的西藏中药材300多种；珍稀濒危保护植物348种，其中55种为西藏特有，39种被列为国家重点保护野生植物。西藏拥有丰富的特有植物种类，属中国特有的种约2700种，其中约1200种为西藏特有，分别占西藏维管植物总数的41.3%和18.3%。青藏高原裸子植物丰富，其中不少属于西藏特有，如林芝云杉、喜马拉雅冷杉、墨脱冷杉、察隅冷杉、亚东冷杉、西藏白皮松和巨柏等。西藏有被子植物5296种，其中955种为特有种，占被子植物总数的18%。被子植物中青藏高原有85属为中国特有，其中14属为西藏和唐古拉山地区特有，36属系西藏高原东部横断山区所特有，4属只产于西藏东南部的喜马拉雅山南翼。据研究[13]，这些西藏和唐古拉山地区特有属以及其他地区新特有种，是在高原隆起过程中适应高寒环境而衍生出的新类群，即所谓的新特有种[14]。

西藏有野生脊椎动物900种(亚种)，其中哺乳动物151种，爬行类84种，分别占我国的25%和20%；两栖类68种，鱼类71种(亚种)，分别占我国的20%和7%；鸟类616种，占全国的49%。西藏野生脊椎动物中有近200种为西藏高原所特有，其中125种被列为国家重点保护动物，占全国重点保护野生动物的1/3以上。此外，西藏有昆虫类动物4000多种，其中1100多种为西藏高原特有种，1000多种属于资源昆虫，60余种为珍稀种。野生食用菌也很丰富，约为94种。

不言而喻，西藏高原是全球高海拔生物多样性最丰富的区域，并有高寒生物自然种质库之称。

3. 遗传的多样性、特有性和重要性

遗传的丰富度与物种多样性相关。前已述及，西藏高原具有生境类型的复杂性和生态系统类型及生物物种的多样性特点。遗传多样性的分化与变异是物种多样性的基础，西藏高原极为丰富的动植物物种多样性充分反映出该地区遗传基因多样性也极为丰富。西藏遗传的多样性表现在遗传性方面非常突出，特有的物种具有特有的遗传基因。如上所述，西藏高原特有种十分丰富，这些特有的类群无疑包含着独特的遗传单元。这是西藏高原地区遗传多样性的特有性方面，是极其重要的遗传基因源。

西藏高原的遗传研究具有特别的重要性，对西藏特有物种特有遗传基因的研究，不仅可深层次揭示高原生命演化奥秘，而且可为优质、高产、抗逆新品种的培育提供新的方向和新的途径，特别是可为新药的培育与开发提供广阔前景，进而为人类作出不可估量的贡献。不言而喻，西藏生物多样性的保护具有全球性意义。

(六)是我国重要的沙源地之一

西藏具有发生沙尘暴的动力条件和沙源。白虎志等认为[15]，高原西北部羌塘高原和雅鲁藏布江流域移动沙丘较多，生态环境极为脆弱，成为我国纬度最低的沙尘暴多发区域；作为“世界屋脊”沙漠化的加剧，不但影响当地环境，也必将给下游的东部地区和相关地带带来生态灾难。

由于高原地势从西北海拔 5000m 以上向东南 3500～4000m 倾斜，当西风急流调整时，高原主体上主要有沿雅鲁藏布江的西风和经羌塘高原的西风及柴达木盆地吹来的西北风，它们可在拉萨一带和长江源区形成强大的辐合上升气流，为沙尘扬升提供动力条件，使高原粉尘物质被扬升到西风急流区[16]。特别在春季，被扬升的粉尘在低层随涡旋系统、高层随西风急流，向下游传输至中国东部沿海乃至韩国、日本和北太平洋海域。

西藏高原流动沙丘遍布，全区沙化土地面积占全区土地面积的 18.1%，其中位于喜马拉雅山脉和冈底斯山脉间的雅鲁藏布江及其支流河谷沙丘和沙化土地面积大。此外，在藏北羌塘高原和藏西阿里河谷地带，也有较大面积的沙丘和沙漠化土地。在沙漠化分布区，其下普遍发育有距今 2.4 万～1.4 万年前期间形成的厚沙层，为沙尘暴的形成提供了充足的沙源。

人类经济活动的加强和草地生态系统的破坏，带来沙化土地和荒漠化土地的扩大，特别是在冰期时形成的厚沙层分布区地表草被的破坏，加快加重了沙尘暴和沙尘天气的发生。方小敏等通过 1961～2000 年青藏高原 40 年来平均沙尘暴日数的统计分析[10]，发现西藏羌塘高原是沙尘暴高发区，沙尘暴天数在 15 天以上，分布趋势大体上以羌塘高原为中心向东南逐渐减少。

依据日本和韩国多年 12 月至次年 3 月黄沙分析资料[17]，认为这期间观测到的沙尘物质可能来自于青藏高原的雅鲁藏布江中上游河谷和藏北羌塘高原南部至北部等地。这些地区 12 月至次年的 3 月，是沙尘暴发生频率最高和强度最大的时期。实际情况表明，沙尘暴挟持的较粗颗粒一般沉积于海拔较低山坡和山凹处或就近的下游地区，给当地生态、环境以及居民生产生活带来严重影响与危害。由于西藏高原具有使沙尘扬升的动力条件，相对于我国其他沙尘暴发区，西藏高原更容易将沙尘暴中的细粒粉尘物质吹扬到西风急流区，进而传输到更远的我国东部乃至北太平洋沿岸国家和海域。韩永翔、宋连春等研究认为[16,17]，沉降于北太平洋海域的沙尘可使海洋中有机碳和叶绿素大幅度增长。这种沙尘带来的海洋生物泵效应，可通过降低大气中 CO_2 浓度，对全球气候产生影响。

因此，加强西藏高原植被的保护，特别是羌塘高原草地和雅鲁藏布江流域灌丛-草地的保护，防止土地沙漠化面积的扩大以及加强退化草地和沙化土地的修复治理，对减少沙尘暴、对当地和亚洲东部地区乃至全球气候变化的影响有着非常深刻的意义。

二、脆弱生态环境与经济快速发展之间的矛盾突出

(一)生态环境极敏感区域面积大

前已述及，西藏高原生态环境具有脆弱性特征，其脆弱性表现为生态系统对外力作用的敏感性。西藏高原生态系统是我国最敏感的系统之一，即在相同外力作用下，生态系统变异及由此出现各种生态环境问题的概率比其他地区都大，造成的危害及潜在损失价值比其他地区更严重，更难以治理和恢复。

研究表明，西藏土地沙漠化敏感性面积大，其中极敏感区和相当敏感区分别占全自治区总面积的10.1%和8.8%，敏感区占36.9%，较敏感区占28.4%，不敏感区不到15%；西藏水土流失极敏感区和相当敏感区分别占自治区总面积的10.5%和9.1%，敏感区和较敏感区分别占自治区总面积的16.3%和23.7%；冻融侵蚀敏感区分布面积很大，藏东和藏东北海拔4000～4300m和藏西及藏南海拔4400～5000m均为极敏感区。西藏冻融侵蚀面积占西藏全区国土总面积的55.3%。

(二)经济快速发展与生态环境之间的矛盾日趋突出

改革开放以来，特别是20世纪90年代以来，西藏经济的发展进入了快速发展阶段，国内生产总值从1990年的2.77×10^{9}元增长到2004年的2.115×10^{10}元，年均增长率达15.63%，高于我国平均水平。西藏每年创造的各类财富得到了快速发展，人均国内生产总值由1990年的1276元增长到2004年的7779元，年均增长速度达13%以上。与此同时，居民消费也有了快速发展，全区人均居民消费水平由1995年的1202元增长到2004年的3166元，年均增长11.3%，2004年比2003年增长341元。居民消费水平由1995年的762元增加到2004年的1422元，年均增长66元，2004年比2003年增长200元。可见，西藏经济发展速度非常之快，已进入了跨越式发展阶段。

西藏经济的快速发展，与近十年来中央实施西部大开发战略，加大西藏基础设施建设，进而拉动西藏经济增长有直接关系。1990年西藏基本建设投资占财政支出的11.34%，2003年这一比重达到40.11%，2004年为23.81%。根据西藏自治区国民经济发展规划，到2010年，全区人均生产总值进入全国中等行列，城乡居民收入稳定增长，农牧民人均纯收入进入全国中等行列，到2020年实现全面建设小康社会的目标。

从发展的一般规律来看，经济发展对环境的压力在人均GDP为$(1.5\sim4.0)\times10^{4}$元的时候上升最快，即在区域经济发展初级阶段随着经济的快速发展，相应的环境压力和环境负荷也在不断增大。根据西藏当前发展态势，到2009年人均GDP将达到1.5894×10^{4}元，从2009年开始到2016年，人均GDP达到4.0×10^{4}元之间的8年时间，将是西藏生态系统和环境承受经济发展压力最大时期，也是出现生态环境破坏最危险的时期。因此，脆弱的高原生态环境区域，与发达地区一样追求GDP发展目标的发展思路需要改变，当前急需调整保护与发展的关系。依据西藏高原环境特点，必须坚持在保护优先的前提下，科学规划环境保护与经济发展目标。

如何使生态环境脆弱区群众生活水平达到或超过全国平均水平，同时又不使生态环境受到破坏或使破坏减到最低程度.这是区域发展中的重大问题。为此，需要开展区域国

土功能定位与规划。作者认为，按照西藏生态安全屏障功能分区，编制保护与建设规划，显得十分必要和迫切。

(三)高原生态环境正经历着前所未有的强烈变化

近 40 年来，在全球变暖的影响下，西藏大部分地区的年平均气温呈上升趋势，增温最明显的是拉萨市、山南地区大部以及那曲地区中西部和阿里地区，升温率都在 0.2℃/10 年以上[18]。温度升高，带来一系列的生态环境问题，20 世纪 90 年代成为 20 世纪最暖的 10 年，由此带来高原生态环境过程出现前所未有的强烈变化。喜马拉雅山脉冰川已成为全球冰川退缩最快的地区之一，近年来正以年均 10～15m 的速度退缩。冰川退缩已经显示出非常严峻的影响，冰湖溃决，洪水泛滥和河流系统的不稳定将成为当地人类经济社会发展的主要问题。据不完全统计，在喜马拉雅山中段的朋曲和波曲河两个流域，有大小冰川湖泊 270 个，其中 34 个冰渍湖随冰川消融水位上涨而存在溃决危险。喜马拉雅山脉冰川消融带来的冰湖溃决不仅影响到我国，而且危及印度和尼泊尔等国家成千上万以冰川融水为生的人群的生产生活。随着冰川快速消融时间的延续，几十年后受冰川补给的河流将出现河流水量减小以致干枯，这必将给流域内人类生存带来新的灾难。1975～1996 年，西藏安多—两道河公路两侧 2km 范围内，多年冻土岛的面积缩小 35.6%，高原其他地区自 20 世纪 60 年代以来冻土下界上升幅度达 50～80m。冻土的消融带来草地生态系统的退化和冻融侵蚀的加强。根据西藏气象局统计分析，自 20 世纪 80 年代以来，西藏气温一直处于明显波动上升趋势，气温增长率达 0.47℃/10 年，气温按此速率持续升高带来的冰川退缩，冻土消融和地表侵蚀过程加快等生态环境问题，必将对西藏社会经济发展带来严重的危害，而且势必波及周边地区乃至造成对全球的影响，应引起人们足够的注意。

受全球变暖的影响，部分湖泊湿地水位下降，水量减少，盐度增加，进而导致湖区湿地生态系统退化和物种的减少和消失。如藏北的兹格塘错近四十年来，面积缩小 $4km^2$，盐度上升了 18%；拉萨拉鲁湿地自 20 世纪 60 年代初以来缩小了 40%，目前其面积仅剩下 $6km^2$。有些地区暖湿化趋势加强、冰川消融加快导致部分以冰川融水为补给的湖泊水位上涨，湖面扩大，湖岸优质草场被淹，严重地影响着湖区农牧民的生产生活。如那曲地区班戈、安多两县交界处的蓬错，近年来湖水水位上涨了 15.6m，湖面面积增大了 $46.6km^2$，淹没接羔育幼、防抗灾草场基地共计 $5.3km^2$，淹没一般草场 $41.3km^2$，被迫搬迁居民 40 户，还有 102 户面临搬迁威胁。

西藏这个全球生态环境变化最敏感的地区，不仅经历着自然环境自身变化带来的各种灾害灾难的威胁与危害，同时还经历着人类自身活动带来的一系列生态环境问题的困扰。全自治区沙漠化土地面积已达 $2.168\times10^5km^2$，占全区土地面积的 18.1%；全区退化草地面积占可利用面积的 52.2%，草地退化以每年 5%的速度推进；全区荒漠化面积占全区土地总面积的 36.1%，土地沙漠化和荒漠化面积仅次于新疆、内蒙古，居全国各省(区)第三位。阿里地区狮泉河盆地周围数十平方千米土地沙化问题突出；雅鲁藏布江上游仲巴县河谷土地沙化严重，县城被迫搬迁。雅鲁藏布江流域中游地区土壤水力侵蚀面积已为该区面积的 52.9%，山南地区 5 县 20 年间，流入雅鲁藏布江的泥沙量平均达 $1.47\times10^7t/a$，造成河流淤积，沙质漫滩发育，并成为沙尘天气的主要来源。沙尘天气和沙尘暴发生频率高，已影响贡嘎机场的飞行安全。

面对自然和人为的挑战，西藏高原生态环境正经历着前所未有的快速变化，为适应全球变暖的影响和应对生态环境问题日趋加重的局面，编制生态安全屏障保护与建设规划就显得非常必要和迫切。

三、西藏高原国家生态安全屏障的构建事关国际影响

西藏高原是雅鲁藏布江等国际河流的发源地，河流源区和中下游地区的生态安全直接影响着流域的生态系统安全，对保持流域水、生物等资源的永续利用，保障下游国家的生态安全和经济社会的可持续发展具有举足轻重的作用。近年来，西藏高原自然保护区建设、江河源区草地恢复、防护林体系建设等生态环境保护与建设工程的实施，对涵养水源、保持水土、维护流域生态系统平衡发挥了重要的作用，产生了良好的国际影响。在全球气候变化的影响和人为活动的干扰下，西藏高原部分江河源区出现了冰川消融加快、湿地退化、土地沙化等生态环境问题，不仅直接影响到西藏的发展和稳定，对下游国家也构成了一定的生态威胁。因此，加强西藏高原国家生态安全屏障的保护与建设，保障国际河流的生态系统安全，有利于维护和提升我国负责任的大国形象。

中国是《国际生物多样性公约》的缔约国。西藏高原是全球重要的生物物种基因库和生物多样性保护的重要区域。西藏建立了各类自然保护区 38 个(其中，国家级的 9 个，自治区级的 6 个)，保护区面积达到 $4.083\times10^5\ km^2$，占西藏国土总面积的 34.03%，居我国首位，为全球生物多样性保护做出了积极贡献。构建西藏高原国家生态安全屏障，加强自然保护区的建设与管理，保护好西藏丰富的生物多样性资源，有助于中国更好地履行《国际生物多样性公约》。

中国是《气候变化框架公约》、《京都议定书》的缔约国，从总量上讲也是碳排放大国之一，在国际气候谈判中面临着越来越大的减、限排压力。初步的研究表明，目前青藏高原高寒草原分布区为碳“弱汇”地区。以森林、草地退化为主要特征的高原生态系统退化，使高原生态系统的碳蓄积功能减弱，甚至有些地区有可能向“碳源”方向转化。加强西藏高原国家生态安全屏障的保护与建设，保护和恢复西藏高原良好的植被生态系统，可使目前的碳汇状态得以增强，在全球碳平衡中发挥重要作用。

由于工业化和城市化水平较低，西藏的环境污染相对较轻，水、气环境质量一直保持在良好状态，是世界上环境质量最好的地区之一。据 2005 年中国科学院可持续发展战略研究组的研究，西藏的区域环境水平在全国 31 个省、市、自治区中名列第一，表明以水、气污染为标志的环境条件是好的。但区域生态水平、区域环境抗逆水平分别排列第 20 位和第 31 位，表明生态环境十分脆弱，治理水平较低。据 2004 年中国环境监测总站的研究，西藏的生态环境质量在全国 31 个省、市、自治区中排列第 26 位，表明生态环境质量较差，生态环境保护与建设任务十分繁重。加强西藏高原国家生态安全屏障的保护与建设，可改善西藏的整体环境质量，有助于驳斥国际反华势力借用所谓西藏环境问题对我国的攻击，维护我国在全球环境保护中负责任的大国形象。

第三节　生态安全屏障构建原理与基本思路

一、屏障构建原理

在自然条件下，一定区域内生态系统结构及其服务功能处于与当地自然环境条件相适应和相协调的状态，这种系统可谓是健康系统。当这种系统同时具有既能满足当地人类生存发展需要的环境服务和物质产品服务功能，又能对邻近地区环境起调节与保护作用时，可称之为一种生态安全系统。该系统对系统内部和系统外部周边环境起着调节、过滤、缓冲等生态安全屏障作用。但是，作为一种生态安全系统，生态安全屏障作用是不一样的，其安全水平取决于生态系统所处区域的自然环境条件，如高寒干旱环境条件下的生态系统，面临较大的生态风险，其生态安全水平相对较低，因此，该区域生态安全屏障的构建必须与区域自然环境相适宜。

西藏生态系统类型多样，依自然环境条件的时空差异而呈现出有规律的水平变化与垂直变异，在空间上形成了由水平地带性与垂直地带性互为交错的三维地带性多层次结构体系。因此，西藏生态安全是多层次生态系统体系的安全，这个体系在空间上的有机组合与布局，决定了西藏生态安全屏障是由多层次生态屏障组成的安全屏障体系。

(一)生态系统地带性原理

在西藏境内由东南往西北呈现出森林→草甸→草原→荒漠等生态系统的水平地带性变化规律；从喜马拉雅山中段南坡往北，依次为森林→灌丛草原→草原→荒漠的带状更迭。这种水平方向上的生态系统空间带状分布，奠定了西藏生态安全屏障的水平空间格局。

从东南往西北和从南往北呈水平地带性分布的每一个自然植被生态带，都代表着一定区域水热条件下的自然基带，每一个自然基带上都发育了具有该基带属性的多层次生态垂直带谱，如高原东南缘山地具有以热带雨林为基带的多层次生态垂直带谱；在高原内部形成具有高原特色的高原草甸、高原草原和高原荒漠水平地带；在每一个水平地带基础上，都相应形成了具有该水平带属性的山地生态垂直带谱。不同水平基带的山地生态垂直带谱结构与功能不一样，同一山地生态垂直带谱中的不同自然植被生态带的生态系统结构与功能也不一样。显然，西藏生态安全屏障体系具有从低地到高地和从河谷到高山的多层次环带式结构特点。

西藏境内湖泊、沼泽湿地数量多、面积大，湖泊、沼泽湿地发育了非地带性特征的植被生态系统。西藏湖泊、沼泽湿地呈分散状分布，在藏北羌塘高原南部和藏南高原山地相对密集。以湖泊、沼泽湿地为特色的非地带性湿地生态系统，以斑块状镶嵌于具有水平地带性特点的植被生态安全屏障之中，在维系西藏生态安全上发挥着重要作用，是西藏高原生态安全屏障的重要组成部分。

(二)以生态系统服务功能重要性为依据的原理

生态系统服务功能包括生态功能和生产功能，即环境服务功能和提供物质产品功能。

环境服务功能包括水源涵养与水文调节、土壤保持、气候与大气调节、生物多样性保护、水质净化等；提供物质产品功能包括食物、原材料生产等。生态系统所具有的这些服务功能处于不受或少受威胁状态，通过自身的调节和人为的辅助干预，达到和保持与当地自然条件相适应的服务功能，能满足当地一定人口容量下人类目前和长远生存与发展的需要，并对相邻区域环境起着保护和调节作用。

西藏生态条件地域差异明显，生态系统类型多样，不同地区、不同生态系统类型的服务功能不一样。生态系统服务功能价值的高低，从一个侧面反映出生态系统生态安全屏障作用的重要程度。因此，西藏生态安全屏障保护与建设的布局，应遵循西藏自然生态环境的区域差异性及其生态系统服务功能重要性原则。如地处藏东南的湿润热带区，以雨林和季雨林为主体的森林生态系统具有生物多样性非常丰富的特点，因此在生态安全屏障保护与建设的布局上，就应突出其生物多样性保护这一重要功能；又如藏东“三江”流域亚高山带，以云、冷杉为主体的森林生态系统涵养水源和保持水土的功能重要，因此在生态安全屏障保护与建设的布局上应突出这一功能作用的发挥；再如藏北高原那曲地区东北部以高寒草甸为主体的草原生态系统不仅水源涵养功能作用强，而且牧草产量高和质量好，因此在生态安全屏障保护与建设的布局上，在突出水源涵养功能作用发挥的同时，应重视发展以牦牛为特色的畜牧业。

(三)系统性和综合性原理

西藏高原国家生态安全屏障的构建，应突出保护与建设并举。保护内容牵涉到自然保护区保护、重要生态功能区保护、生态敏感性区(含高寒冰缘－冰雪自然生态区)保护等，其保护的区域较广，既有湿润的热带山地，又有干旱高寒的高原，既有森林植被分布区，又有灌丛、草原、荒漠带等。建设内容包括了退化草地的修复、水土流失和沙化土地治理等，其建设的区域既有重要生态功能区和生态敏感区，又有自然环境条件相对较好的经济发达区。可见，西藏生态安全屏障保护与建设是一项复杂的系统工程，既牵涉到需要实施保护的区域人口的搬迁安置问题，又涉及经济较发达建设区的经济社会发展问题。不言而喻，西藏生态安全屏障保护与建设工程的全面实施的难度很大。为保证这一宏伟工程得以顺利实施，就必须开展相应的支撑保障体系建设，其内容包括生态经济重点发展区生态移民安置和相应的高效优质人工生态系统建设和生产生活基础设施建设，监管与监测体系建设(包括监督管理能力和监测网络)以及科学技术和法律法规建设等。通过这些工程的建设，形成人工生态系统与人工管理系统相结合的生态安全屏障保护与建设的支撑保障体系。显而易见，西藏高原国家生态安全屏障保护与建设，是一项系统性和综合性很强的系统工程。

二、屏障构建的基本思路

西藏高原北部自西向东有平均海拔 6000m 以上的昆仑山脉和唐古拉山脉，分别为西藏与新疆、西藏与青海的界山，该两大山脉以其巨大的高度和长度横亘在西藏高原北缘，是对高原环境与生态过程有重要影响的地形屏障。在昆仑山脉—唐古拉山脉以南和冈底斯山脉—念青唐古拉山脉以北为高亢的藏北高原，高原面地势呈现由西北向东南倾斜，平均海拔 4500m 以上，在高原面上自西北向东南依次发育了高寒荒漠、高寒荒漠草原、高寒草原、高寒草甸草原和高寒草甸等高寒草原生态系统。在这些生态系统分布区内，自然环境十分严酷，受冻融侵蚀作用影响大，生态系统非常脆弱，具有破坏容易恢复难的特点。分布于藏北高原的这些草原生态系统不仅具有保护高寒特有生物多样性、防止土地沙漠化和荒漠化、减少扬沙天气对周边地区乃至我国东部及更远区域生态安全影响的重要功能，而且具有调节高原热动力过程的重要功能，对保障我国与东亚气候系统的稳定发挥着重要的屏障作用。可见，保护藏北高原自然草地生态系统显得十分重要。因此，在区域开发的对策上，要突出保护优先的原则。藏北高原北部，包括尼玛县和双湖特区北部以及改则、日土县北部，既是西藏高原生态最脆弱的区域，又是高寒干旱特有物种集中分布的区域，为此，须确定为禁止开发的区域，重点建设高寒特有生物多样性保护屏障带，使高寒特有生态系统类型和物种得到保护，土地荒漠化进程得以减轻。藏北高原南部，包括那曲地区中部和东部的部分地区、阿里地区全部以及雅鲁藏布江上游地区，既是西藏的主要草原牧区，又是高原湖泊－湿地集中分布区，除那曲县外的其余地区为高寒半干旱和温性干旱半干旱生态环境，以高寒草原和温性荒漠草原为主的脆弱草地生态系统分布面积大，是土地沙化易发区和高原湖泊－湿地生物多样性重点保护区，因此，总体上应为限制开发区域，在局部水、热组合和交通条件较好的区域重点发展草原畜牧业和生态旅游业，建设具有土地沙化控制和高原湖泊－湿地保护功能的屏障带。

在高寒草原生态系统分布区，已经采取了建立自然保护区和划定重要生态功能保护区等保护措施，但是，这些保护区离规范化保护管理有很大距离。为此，急需实施自然保护区保护工程和重要生态功能区保护工程。在高寒草原生态系统分布区，除部分地区划为自然保护区和重要生态功能区外的其余地区的绝大部分区域为生态脆弱区，这些地区须实施天然草地保护工程，包括生态极脆弱区的生态搬迁工程、生态严重退化区的围栏禁牧、生态轻度退化区的季节性休牧等。通过上述工程的实施，使高寒自然草原生态系统得到有效保护，生态系统服务功能得到有效发挥，成为西藏高原的一道重要生态屏障，对该地区脆弱生态系统的保护乃至高原东部和东南部地区的生态安全起保障作用。

在藏北高原南部为冈底斯山脉，向东延伸为念青唐古拉山脉，这两大山脉与南端的喜马拉雅山脉之间为藏南宽谷与山原，其中“一江两河”地区水、热组合条件和土地条件较好，具有发展农牧业和二、三产业的有利条件，是西藏重点发展的区域。该区域平均海拔 4000m 以上，发育了具有高原温带性质的温性灌丛和温性草原生态系统。在喜马拉雅山脉北侧山原带为高寒草原生态系统，在藏南宽谷与山原区是冻融侵蚀和水力侵蚀混合作用较为强烈的地带，同时又是人类活动较为强烈的地区。该地区水土流失、冲沟侵蚀和植被退化等生态环境问题较为严重。因此，在这些地区需要实施以生态环境治理为主的生态建设工程，包括水土流失与沙化土地治理工程、人工草地建设工程、退化林草修复与防护工程，以及生态搬迁安置工程等。通过这些工程的实施，建立以自然灌丛－草原生态系统与多种人工生态系统有机结合的生态屏障。该屏障不仅应具有保持水土、防止土地退化、减轻沙尘天气危害的功能，还应有保护和改善人居环境，提高生物质生产能力的功能，以便更好地促进雅鲁藏布江中游“一江两河”地区经济社会的发展，并为西藏生态极脆弱区生态搬迁提供空间。

藏东南和藏东是以山地森林生态系统为主体的地区，不仅是多条国际河流的重要水源涵养区，而且是西藏乃至我国生物多样性最丰富的区域之一。但是，由于该区山高坡陡，谷深流急，山地坡面物质稳定性差，是水土流失和山地灾害易发区，因此不具备人口和经济集聚的环境条件，须实施整体上限制开发，局部区域重点发展的对策。在此原则指导下，开展以森林生态系统为主体的生态屏障建设。

在藏东南和藏东地区河谷带和海拔3500m以上的亚高山和高山带，人类活动和过度放牧带来的生态功能退化问题较为突出，因此，实施江源区原始林的保护以及河谷区实施以水土流失及山地灾害防治为主的工程显得十分必要。该地区已经采取了建立自然保护区和确定重要生态功能保护区等保护措施，但是，这些保护区同样离规范化保护管理有很大距离。为此，除要加大力度实施水土流失治理和山地灾害防治工程外，还需安排自然保护区保护和重要生态功能保护与建设等工程。通过这些工程的实施，建立以森林生态系统为主体的生态屏障，对保护生物多样性，特别是对保障国际河流的水环境安全和树立我国在全球环境保护中负责任的大国形象具有重要意义。

第四节　生态安全屏障功能分区与功能定位

一、分区原则

依据西藏高原生态系统类型空间分布特点和赖以生存发展的生态环境条件(地质岩性、地形地貌、气候、水文、土壤、植被等)，以及社会经济制约因素等，提出西藏高原国家生态安全屏障功能分区的如下基本原则。

(一)景观尺度性和层次性

不同区域生态系统服务功能是有等级的，并发生着空间转移。所以，生态安全屏障具有景观尺度性和层次性特点。不同景观尺度的生态安全屏障功能环境效应尺度是不一样的，大尺度生态安全屏障功能环境效应影响范围大，一般对大区域、大流域乃至国家生态安全起保障作用。大尺度生态安全屏障由若干中尺度屏障或关键性地域屏障所组成。大尺度屏障功能环境效应尺度大小，取决于中尺度屏障功能作用的强弱。中尺度屏障功能作用的强弱决定于组成小尺度屏障主要生态系统结构与功能的有效发挥。西藏高原国家生态安全屏障在空间上具有分层性和互依性特点，国家层面上屏障功能作用的发挥，须通过不同层次生态安全屏障功能作用的发挥才能实现；而不同层次生态屏障功能作用能否正常发挥，又必须依赖于国家层面的生态屏障功能作用的构建和发挥。

(二)主体生态系统主要功能过程环境尺度效应与作用相似性

《西藏自治区生态功能区划》充分反映了生态系统类型特征的区域分异规律，并综合考虑了该区划对区域社会经济发展的支撑作用，因此，生态安全屏障功能分区须以该区划为依据。在此基础上，突出主体生态系统主要功能过程的环境尺度效应及其对周边区域和国家的影响作用的相似性。因此，依主体生态系统类型(森林、灌丛、草原)为依托的主要功能过程环境尺度效应与作用相似性，是生态安全屏障功能分区的重要依据。

(三)生态环境和社会经济条件组合特征的相对一致性

生态安全屏障建设的最终目的是为人类生产生活服务。自然环境是生态系统地域分异的基础，也是人类生存与发展的重要条件。一定区域内社会经济的发展必须与其生态环境容量相协调。一般说来，生态环境质量的好坏对区域社会经济发展起重要的甚至是决定性作用，如高海拔高寒干旱生态环境，人类无法生存，更不可能发展。在西藏境内，经过人类社会的长期发展，形成了具有明显地域特色的生态经济区。因此，以生态环境和社会经济组合特征为基础的生态经济系统结构与功能的相似性和差异性，是生态安全屏障分区的重要依据。

(四)适当考虑流域单元的相对完整性

流域是生态系统最基本的依存体系。通常，在一个流域内，生态系统空间结构及其相应的生态功能作用具有相对一致性。因此，在进行生态安全屏障功能分区中应适当考虑流域的完整性，从而保证功能分区的实用性和有利于生态效益的计量与评价。

二、生态安全屏障功能分区

依据《西藏自治区生态功能区划》、生态安全屏障分区原则，以及《全国生态环境建设规划》对西藏生态保护与建设的要求，对西藏高原国家生态安全屏障功能进行三级分区：一级屏障功能区以大地貌单元为基础和主体生态系统类型为依据，分出三个一级屏障功能区，即以草原(含荒漠)生态系统为主体的生态安全屏障区，以灌丛(含草原)生态系统为主体的生态安全屏障区和以森林生态系统为主体的生态安全屏障区。二级屏障功能区的划分，在一级屏障功能区内，以水热条件为基础和优势生态系统类型为依据，分出13个生态安全屏障亚区。三级屏障功能区的划分，在二级屏障功能区内，以生态系统服务功能特点、生态脆弱性及生态经济发展方向的相似性为依据，划分出若干三级生态安全屏障功能区，这些区相当于《西藏自治区生态功能区划》中的三级生态功能区。一级区和亚区的命名及其分布见西藏生态安全屏障功能分区图(彩色图版：图4-17-1)。本节只对一级区和亚区的基本概况及功能定位进行简述。

西藏高原生态安全屏障功能分区名称如下：

Ⅰ　草原－荒漠生态系统为主体的生态安全屏障区(简称藏北高原草原生态安全屏障区)

$Ⅰ_1$　羌塘高原北部高寒特有生物多样性保护亚区

$Ⅰ_2$　阿里地区西部土地沙化－荒漠化预防亚区

$Ⅰ_3$　羌塘高原西南部天然草地保护－土地沙化预防亚区

$Ⅰ_4$　羌塘高原南部湿地生物多样性保护－牧业适度发展亚区

$Ⅰ_5$　羌塘高原东部水源涵养－牧业重点发展亚区

$Ⅰ_6$　雅鲁藏布江上游水源涵养－土地沙化预防－牧业适度发展亚区

Ⅱ　灌丛－草原生态系梳为主体的生态安全屏障区(简称藏南灌丛－草原生态安全屏障区)

$Ⅱ_1$　雅鲁藏布江中游土地沙化与水土流失预防－农牧业重点发展亚区

$Ⅱ_2$　喜马拉雅山中段北侧土地沙化预防－牧业适度发展亚区

Ⅱ$_3$　喜马拉雅山中段南侧生物多样性保护－山地灾害预防亚区

Ⅲ　森林生态系统为主体的生态安全屏障区(简称藏东和藏东南森林生态安全屏障区)

Ⅲ$_1$　昌都地区北部江河上游水源涵养－水土保持－牧农业发展亚区

Ⅲ$_2$　昌都地区南部生物多样性保护－水土保持－农牧、旅游业发展亚区

Ⅲ$_3$　雅鲁藏布江中下游水源涵养－生物多样性保护－农林、旅游业发展亚区

Ⅲ$_4$　喜马拉雅山东段南翼生物多样性保护亚区

三、生态安全屏障功能区功能定位

(一)藏北高原草原生态安全屏障区(Ⅰ)

1. 概况

该区包括藏北高原那曲地区的大部分、阿里地区全部和雅鲁藏布江上游高原山地地区，总面积 $8.11\times10^5 km^2$，占西藏国土总面积的 67.6%。

该区是冻融作用较强烈和以草甸－草原－荒漠生态系统为主体的草原生态安全屏障区。区内主要草原生态系统类型从东往西为高寒草甸、高寒草原、高寒荒漠草原和温性荒漠类草原，在日土、改则县北部为高寒荒漠。

2. 功能定位

该区屏障功能主要是通过天然草地的保护，使区内特有高寒野生动植物和湿地生态系统得到保护，草原牧业适度发展，人为土地沙化、荒漠化得到控制，作为青藏高原乃至全国重要的沙源地分布区，大风扬沙与沙尘对周边地区乃至我国东部地区的影响得到减轻。

3. 生态安全屏障亚区

Ⅰ$_1$　羌塘高原北部高寒特有生物多样性保护亚区

A. 概况

该区包括羌塘高原北部高原和昆仑山南翼高山地带，行政区划上包含那曲地区的尼玛县、双湖特区中北部和阿里地区的改则县和日土县北部，涵盖了羌塘国家级自然保护区(面积 $2.98\times10^5 km^2$)，总面积 $3.55\times10^5 km^2$。区内昆仑山脉地形屏障作用明显，气候严寒干旱，生境严酷，人迹罕至，整个区域均为冻融作用高寒荒漠草原区，草地生态系统极为脆弱，自然状态下草地盖度为 5%～10%。生态系统类型主要为高寒荒漠，次为高寒荒漠草原，拥有保护价值极高的高寒特有野生动植物种类。

B. 功能定位

严格保护高寒特有珍稀野生动植物种类，其次预防人为土地荒漠化的发展。因此，现有国家级羌塘自然保护区和藏西北高寒干旱荒漠区应该划为禁止开发区，保护自然生态系统不受破坏，使高寒特有物种得到有效保护，为藏羚羊等国际关注的珍稀物种的生态安全提供保障，形成西藏高原北部海拔最高、对本区域和周边地区生态过程有重要调节及保护作用的生态安全屏障带。

Ⅰ$_2$　阿里地区西部土地沙化－荒漠化预防亚区

A. 概况

该区包括藏北高原西部的部分高原及冈底斯山和喜马拉雅山西段山地，以及高原－山地间的班公错流域区、狮泉河宽谷和象泉河谷区等，面积 $9.04\times10^4 km^2$。区内年

降水量不足200mm，太阳辐射强烈，生境极端干旱，发育了温性荒漠类草原生态系统，主要由强旱生的驼绒藜属和亚菊属植物组成，地表植被盖度5%～20%，在河滩沙地和洪积扇下部水分条件稍好区域有少量温性荒漠草原。受全球气候变化影响，干旱化趋势有所加强，加之人类开发利用强度加大，土地沙化及宽谷区扬沙影响日趋凸显。

B. 功能定位

加强对强旱生荒漠类和荒漠草原类生态系统的保护，减缓和防止土地沙化和荒漠化过程的加快，预防土地沙化－荒漠化。为此，应采取限制和局部地区禁止开发的措施，使自然生态系统不受破坏，退化生态系统得以恢复，为土地沙化的减轻、特有生物多样性的保护和世界级及国家级精品旅游资源的保护提供安全保障。

I_3　羌塘高原西南部天然草地保护－土地沙化预防亚区

A. 概况

该区为藏北高原西南部的高原－丘陵区，包括革吉县、改则县南部、仲巴县北部及尼玛县西部和措勤县北部地区，面积$1.155\times10^5km^2$。该区为高原亚寒带半干旱－干旱气候，年降水量250～150mm，处于高寒草原与高寒荒漠的过渡带，发育了以高寒荒漠草原为主的生态系统类型，在自然状态下，地表植被盖度可达20%～40%。该类型抗干扰能力弱，生态敏感度高。

B. 功能定位

在坚持整体上限制开发的前提下，使抗旱耐寒天然荒漠草原类生态系统得到有效保护，预防土地沙化，使人为土地沙化得到遏制，水热土生境条件较好地域草原畜牧业得到适度发展，大风扬沙与沙尘对周边地区乃至更大范围的影响得到减轻。

I_4　羌塘高原南部湿地生物多样性保护－牧业适度发展亚区

A. 概况

该区地处羌塘高原南部，区内湖泊－湿地面积大，在行政区划上包括尼玛县南部、申扎县全部及班戈县西部地区等，包含了色林错和纳木错自然保护区，面积$9.04\times10^4km^2$。区内属高原亚寒带半干旱气候类型，年降水量150～350mm，暖季温凉短暂，冷季严寒漫长，发育了以高寒草原为主的生态系统类型，在自然状态下，地表植被盖度可达20%～50%。在湖滨和河谷低地分布有少量的高寒草甸和沼泽草甸类型，盖度可达60%左右。受全球气候变化影响，出现暖湿化趋势，局部湖泊水位上涨和局部山地高寒草甸干化。

B. 功能定位

高原湖泊－湿地和高原丘陵山地生态系统生物多样性保护，为牧业适度发展和区域气候环境的改善及土地沙化的预防提供保障。

I_5　羌塘高原东部水源涵养－牧业重点发展亚区

A. 概况

该区位于羌塘高原东部，包括唐古拉山脉南翼山原，在行政区划上，包括那曲地区东部的那曲、聂荣、安多等县及比如、巴青和班戈县部分地区，面积$8.82\times10^4km^2$，地处怒江源头区及部分地区处于西藏内外流分水岭山原。区内属高原亚寒带半湿润气候类型，年降水量350～600mm。具有气温低、雨量适中的气候特征，发育了以高寒草甸为主的生态系统类型，其次有少量的高寒草甸草原生态系统。

由于区内气候较湿润和牧草生长快及适口性好，加之交通方便，该区成为西藏高原草原畜牧业较发达地区，人口密度和草原牲畜承载均较大，在全球暖湿化和人类活动双重驱动力作用下，草地退化较突出，冻融侵蚀作用明显。

B. 功能定位

加强怒江源区水源涵养功能保护和高寒草甸区草原畜牧业的发展，在实施生态脆弱区退牧还草的同时，积极开展以发展牦牛特色产业为主的草地生产基地建设，为该区乃至西藏牧业发展和怒江国际河流水资源与水环境安全提供保障。

I_6　雅鲁藏布江上游水源涵养－土地沙化预防－牧业适度发展亚区

A. 概况

该区包括雅鲁藏布江上游宽谷及宽谷两侧的冈底斯山南翼和喜马拉雅山北翼山原地带，在行政区划上包含仲巴、萨嘎县部分地区以及普兰县东部山原湖区，涵盖了马泉河以及狮泉河、象泉河和孔雀河上游源区，即“四河源区”，面积 5.79×10^4 km^2。区内气候寒冷少雨，发育了以高寒草原为主的生态系统类型，在宽谷湖滨水分条件较好地带有高寒草甸类型的分布。

由于区内交通条件较好，开发历史悠久，草地退化较严重，源头区水源涵养功能和河谷区防沙化功能有所减退。

B. 功能定位

加强“四河”源区水源涵养功能保护，实施土地沙化易发区退牧还草和草原牧业适度发展，为该区大风扬沙减轻和国际河流水环境安全提供保障。

(二)藏南灌丛－草原生态安全屏障区(Ⅱ)

1. 概况

该区是以河谷温性灌丛草原和山地高寒草原生态系统为主体的灌丛－草原生态安全屏障区，包括雅鲁藏布江中游流域区和喜马拉雅山脉中段北侧山原湖盆区及该山脉南侧山地区，总面积 1.73×10^5 km^2，占西藏国土面积的 14.4%。该区域除喜马拉雅山南侧低山区外的其余地区都不同程度地存在冻融侵蚀作用。区内主要生态系统类型有河谷灌丛、灌丛草原和高寒草原等。

2. 功能定位

加强高山区自然生态系统保护和河谷区土地沙化与水土流失的预防，为河谷平原区农牧业生态系统结构优化和经济重点发展提供良好的环境基础，为雅鲁藏布江国际河流泥沙减少及水资源、水环境安全提供保障，形成对本区域乃至西藏地区生态－经济良性互动有重要支撑作用的生态安全屏障带。

3. 生态安全屏障亚区

$Ⅱ_1$　雅鲁藏布江中游土地沙化与水土流失预防－农牧业重点发展亚区

A. 概况

该区主要分布于雅鲁藏布江中游河谷区，涉及日喀则、山南地区和拉萨市 18 个县(市、区)，面积 9.6×10^4 km^2。本区属于半干旱气候，是水力侵蚀和冻融侵蚀混合侵蚀区，而且多大风，是风力侵蚀和扬沙天气多发区。区内生态系统主要为温性灌丛和灌丛草原等。区内人口较多，是西藏耕地集中分布区和西藏经济发展中心，土地与生物资源开发程度较高，由此带来的草地退化、土地沙化、水土流失和风沙灾害等生态环境问题较为突出。

B. 功能定位

保护好高山和山原区的天然草地及水源涵养功能，控制住河谷区水土流失和土地沙化，为该区域经济社会可持续发展和雅鲁藏布江水资源和水环境安全提供保障。

$Ⅱ_2$　喜马拉雅山中段北侧土地沙化预防－农牧业适度发展亚区

A. 概况

该区主要分布于喜马拉雅山脉北侧的山原湖盆区，涉及日喀则地区的岗巴、定结、定日、康马、洛扎、措美、聂拉木、隆子和错那等县的部分地区，面积$5.9\times10^4km^2$。由于地势高亢和受喜马拉雅山脉焚风效应的影响，气候寒冷干旱，发育了以高寒草原生态系统为主的生态系统类型。区内高寒自然生态系统较为脆弱，表现为土地退化和沙化敏感性程度较高，在人为不合理的干预下出现的草地退化、土地沙化等生态环境问题较为突出。

B. 功能定位

在坚持整体上限制开发的前提下，加强山原区和湖盆低地区天然草地保护及土地沙化预防，为区域牧业良性发展和湖泊－湿地生物多样性保护提供保障。

$Ⅱ_3$　喜马拉雅山中段南侧生物多样性保护－山地灾害预防亚区

A. 概况

该区主要位于喜马拉雅山脉中段的南侧，主要涉及聂拉木、定日、定结、亚东、洛扎和错那等县的山地峡谷区，面积$1.9\times10^4km^2$。受印度洋暖湿气流的影响，发育了以亚热带或暖温带为基带的多层次山地生态系统，生态系统类型多样和珍稀特有野生动植物种类较为丰富。在全球变暖影响下，喜马拉雅山地冰川消融加快，由此带来的山地灾害增多。

B. 功能定位

在坚持限制开发的前提下，突出以天然林保育为主的生物多样性保护和加强保护区建设及山地灾害的预防，适度发展边境旅游和边境贸易，为该区乃至邻国生物多样性和水土资源安全提供保障。

（三）藏东和藏东南森林生态安全屏障区（Ⅲ）

1. 概况

该区是以森林生态系统为主体的森林生态安全屏障区，包括藏东南林芝地区和藏东昌都地区各县，面积$2.723\times10^5km^2$，占西藏国土面积的22.7%，是亚洲重要江河和多条国际河流发源与流经的地区。该区属于湿润和半湿润区，降水丰富，热量较充足，发育了类型多样的森林生态系统，沿河谷从南往北依次有热带雨林、季雨林、亚热带常绿阔叶林和常绿阔叶与落叶阔叶混交林、暖温带和温带松林及针阔叶混交林、寒温带暗针叶林及落叶松林等，呈现明显的南北水平方向上的垂直变异，南北向的森林生态系统分带明显。在南北向河谷中的每一个森林基带之上，又相应的发育了多层次森林生态系统。不言而喻，该区是以森林生态系统为主体的生态安全屏障区。此外，该地区森林带以上发育了具有较强生态功能的亚高山灌丛草甸和高山草甸生态系统。

2. 功能定位

在总体限制开发的前提下，加强以森林为主体的生态系统水源涵养和生物多样性保护功能的维护与发挥，重视重要资源植物的研发，加强水土保持和山地灾害的预防，在资源环境和经济、人口集聚条件较好的河谷平地重点发展特色产业，为生物多样性安全和重要江河水资源的持续补给与水环境安全提供保障，形成对本区域和周边地区水土过程和生态过程具有重要调节、过滤和缓冲作用的生态安全屏障带。

3. 生态安全屏障亚区

Ⅲ_1　昌都北部江河上游水源涵养－水土保持－牧农业发展亚区

A. 概况

该区包括昌都地区北部的丁青、类乌齐、昌都、江达、边坝、洛隆等县，及察雅、贡觉县的部分地区，面积 $8.6\times10^4\text{km}^2$，是多条大江大河的重要源区。该区处于高山深谷与高海拔高原的过渡带，山原地貌分布面积大，河谷切割不甚强烈，气候温和湿润，发育了以亚高山云杉林为主的暗针叶林生态系统和亚高山灌草草甸、高山草甸生态系统。此外，在河谷区拥有温性灌草丛生态系统。这些生态系统构成该区生态安全屏障的主体。区内人口较多，资源开发强度较大，森林和草地生态系统破坏严重，其中河谷区森林生态系统多退化为灌草丛和荒草坡，水土流失较严重。

B. 功能定位

该区主要屏障功能为水源涵养和水土保持，其次为生物多样性保护。在资源环境和经济、人口集聚条件较好的河谷平地，应有计划地发展特色牧农业。须采取保护封育为主，辅以工程治理的对策。在加强河流源头区天然草地及水源林保护的同时，加大水土流失和退化草地的治理，为区域农牧业良性发展和江河源水资源与水环境安全提供保障。

Ⅲ_2　昌都南部生物多样性保护－水土保持－农牧、旅游业发展亚区

A. 概况

该区分布于昌都地区南部的芒康、左贡、八宿及林芝地区察隅县东部，面积 $3.5\times10^4\text{km}^2$，是典型的横断山系高山峡谷地貌类型，坡面物质稳定性差，河谷与高山生物气候差异明显，在中低山带以上至亚高山带发育了以云、冷杉为主，兼有硬叶常绿阔叶林的山地森林生态系统，在亚高山以上为高寒草甸。该地带生物多样性丰富，水源涵养和保持水土等生态功能较强。在河谷区多为半干旱草丛和荒坡，生态系统结构单一，生态功能较弱。区内开发历史悠久，人口较多，森林生态系统特别是河谷区林草生态系统遭受到不同程度的破坏，表现为水源涵养功能减弱，水土流失与山地灾害较严重。

B. 功能定位

该区屏障功能主要为生物多样性保护和水源涵养，其次为土壤保持和山地灾害预防。在资源环境和经济、人口集聚条件较好的河谷平地发展特色农林业和旅游业。实施保护为主、兼顾治理建设的对策措施，在亚高山区重点加强原始林、水源林及灌丛草甸的保护和封育，在低中山地带还应加强能源和经济植物的引种开发，在河谷区应加大水土流失和山地灾害的治理力度，为该区域农林业和旅游业良性发展提供环境基础，为国际河流水资源、水环境安全和生物多样性保护提供保障。

Ⅲ_3　雅鲁藏布江中下游水源涵养－生物多样性保护－农林、旅游业发展亚区

A. 概况

该区包括林芝地区的波密、林芝、工布江达和米林等县，面积 $6.1\times10^4\text{km}^2$，是典型的高山深谷地貌类型，山高坡陡，降水丰富，现代冰川发育，水土流失和山地灾害敏

感性程度较高。区内主要生态系统类型为温带针阔叶林、寒温带暗针叶林、亚高山和灌丛草甸与高山草甸，并有少量的河谷亚热带常绿阔叶林。区内水、热条件较优越，经济发展较快，人口较密集，也由此带来了森林生态系统不同程度的破坏，并有较严重的山地灾害。

B. 功能定位

该区屏障功能主要为水源涵养和生物多样性保护。应采取保护保育为主，兼顾治理建设的方针。在继续加强已建自然保护区建设和河谷重点区山地灾害治理及防治土地沙化的同时，大力发展特色生物资源产业和生态旅游业，促进区域经济的可持续发展，同时为雅鲁藏布江国际河流的水环境安全提供保障。

Ⅲ_4　喜马拉雅山东段南翼生物多样性保护亚区

该区主要分布于林芝地区墨脱、察隅县南部地区和山南地区错那县南部及隆子县东部地区，面积 $8.9\times10^4\,km^2$。区内水热条件优越，受印度洋暖湿气流影响，降水丰富，发育了以热带雨林、季雨林为基带的多层次山地生态系统。山地森林生态系统类型多样，结构复杂，野生动植物种类极为丰富，其屏障功能为生物多样性保护。坚持实施以保护育林为主的对策措施，在加强墨脱和察隅等县现有自然保护区保护建设的同时，还应加大人口密集的河谷区经济建设与保护的力度，发展具有高原山地特色的农林业。

第五节　生态安全屏障保护与建设的指导思想、原则与目标

一、指导思想

《全国生态环境建设规划》(1998—2050)对全国生态环境的建设进行了全面规划，主要包括：天然林草等自然资源保护、植树种草、水土保持、防治荒漠化、草原建设、生态农业等，其中，青藏高原冻融区和草原区被列为全国生态环境保护与治理的重点区域。西藏冻融区面积约达 $9.13\times10^5\,km^2$，其中占全区草地面积93%的高寒草地分布于冻融区。可见，西藏冻融区和草原区不仅是全国生态环境建设的重点，显然也是西藏高原国家生态安全屏障保护与建设的重要区域。因此，根据《全国生态环境建设规划》的要求，并结合西藏高原的实际及其在维护国家生态安全的重要性，提出西藏高原国家生态安全屏障保护与建设的指导思想：以邓小平理论和“三个代表”重要思想为指导，深入贯彻落实科学发展观，以构建西藏高原国家生态安全屏障为目标，正确处理生态环境保护与经济社会发展的关系，特别是要处理好草地畜牧业和维护草地生态平衡的关系；坚持生态环境保护优先，重点突出冻融区和草原区的保护和封育，重视自然修复，切实加强具有重要水源涵养、水土保持和生物多样性保护功能的山地天然林草植被的保护和封育，通过必要的保护与建设措施，实现生态系统良性循环，保障国家生态安全；促进广大农牧区生产生活条件的改善和农牧民的增收，为全面建设小康社会和社会主义新农村奠定良好的生态环境基础，实现和谐西藏和中华民族大家庭的共同繁荣发展，树立我国在全球环境保护中负责任的大国形象。

二、基本原则

(一)以《全国生态环境建设规划》为指导

《全国生态环境建设规划》明确了我国到2050年生态环境建设的指导思想和奋斗目标，并从全国生态环境建设的实际需要和不同生态特征出发，将全国区划为8种生态环境建设类型，其中青藏高原冻融区和草原区是构建西藏高原国家生态安全屏障的重要组成部分。为此，须以国务院批准发布的《全国生态环境建设规划》为指导，重点加强冻融区的保护和草原区的治理。

(二)坚持生态环境保护为主，生态建设和治理为辅

积极推进自然保护区、重要生态功能区和重点资源开发区的生态保护战略，优先保护天然植被，重视自然封育修复；实施退化林草的修复与防护、退牧还草、防沙治沙、水土保持等生态治理工程，在实施生态治理时尊重自然规律，坚持从实际出发，因地制宜，讲究实效，采取生物措施与工程措施相结合，科学配置各种治理措施，发挥综合治理效益。

(三)确保生态系统空间结构的合理性，维护生态服务功能

西藏高原拥有除海洋生态系统以外的所有陆地生态系统，在长期的演化过程中，形成了以高寒草地生态系统为主的独特而完整的体系，并具有我国其他地区无可替代的重要生态功能。要按照确保生态系统空间结构的合理性和维护重要生态功能的原则，把整个西藏高原作为一个系统进行生态安全屏障的构建和工程项目的布局。

(四)以生态安全屏障的构建促进可持续发展

西藏高原独特的生态环境和丰富的林草资源，是广大农牧民赖以生存和提高生活水平的基础，生态安全屏障的构建不仅仅是生态环境保护的需要，而且是实现可持续发展的必然要求。因此，要遵循构建生态安全屏障促进西藏可持续发展的原则，坚持把生态环境建设与产业开发、农牧民脱贫致富和区域经济发展相结合，把增加农牧民收入和改善农牧区生产生活条件作为主要任务。

(五)统筹规划，合理布局，突出重点，示范引导，分期实施

按照整体推进生态环境保护与建设、有效整合项目和资金的原则，统筹规划，从社会-经济-自然复合生态系统的角度合理布局保护、建设、支撑保障三大工程体系。在各项工程的实施中，突出重点，分步进行，示范引导，认真抓好对自治区和周边地区有重要影响的重点区域和重点工程的整治，力争在较短的时间内有所突破。

(六)充分依靠科技进步，依法保护与治理生态环境

以科技进步为先导，建立科技支撑体系，依靠先进的科学技术加快保护与建设进程；加强效益监测、监管和调控；贯彻执行生态环境保护和治理法规，进一步健全和完善法律法规保障体系，使生态环境保护和建设法制化，工程规划设计、施工和管理科学化。

三、目标

根据《全国生态环境建设规划》要求和西藏生态环境与社会经济条件的实际，提出从 2006 年到 2030 年期间西藏生态安全屏障建设应达到的目标。

(一)总目标

到 2030 年，通过加强保护与建设途径、措施的实施，减轻和消除重要生态保护区的人为干扰，使自然保护区、重要生态功能区和生态脆弱区自然生态系统得到有效的保护。对重点和适度发展区实施必要的生态建设与恢复工程，基本遏制由人类活动造成的生态环境退化趋势和减缓由自然因素造成的退化速度，形成多层次有序化的生态系统结构与格局，高原生态系统物质生产能力和水源涵养、生物多样性保护、水土保持、防风固沙等生态服务功能得到显著的改善和提高。建成藏北高原区以草甸－草原－荒漠生态系统为主体的屏障区、藏南及喜马拉雅山中段以灌丛草原生态系统为主体的屏障区、藏东和藏东南以森林生态系统为主体的屏障区，使之在维护国土安全、改善农牧区生产生活条件、增加农牧民收入、促进经济社会可持续发展等方面发挥重要作用，为西藏和全国的发展及生态安全提供良好的生态保障。

(二)近期目标

到 2015 年，大江大河及其主要支流源区和重要湖泊与湿地生态系统退化势头、重要河谷区沙化与水土流失和生物多样性受损状况得到基本遏制，受损林草生态系统得到有效修复，自然保护区、重要生态功能区和生态脆弱区得到有效保护；重点发展区的主要生态环境问题得到整治；主要生态系统生态屏障功能有比较明显的改善和提高，初步建成生态安全屏障保护监管体系和监测网络系统，西藏高原生态系统保障国土安全的屏障作用能基本显现。基本形成生产发展、生活改善、生态良好、资源节约的经济社会与生态环境协调发展态势。

(三)远期目标

从 2016 年到 2030 年，西藏高原生态系统进入良性循环状态，重要生态功能得到有效发挥，人为活动造成的生态环境问题得到全面治理，经济社会与生态环境协调发展，西藏高原对我国乃至周边国家和地区的生态安全保障作用得到充分发挥，初步建成西藏高原国家生态安全屏障。

第六节　生态安全屏障保护与建设工程布局

一、工程布局

从生态安全屏障空间格局看，西藏高原国家生态安全屏障由藏北高原以草地生态系统为主体的生态屏障、藏南以灌丛草地生态系统为主体的生态屏障以及藏东和藏东南以森林生态系统为主体的生态屏障构成。各屏障功能区保护与建设工程总体布局见书后彩图 4-17-2。

藏北高原以草地生态系统为主体的生态安全屏障面积最大，自然环境最为严酷，气候寒冷干旱，冻融区面积大，草地生态系统十分脆弱，是西藏生态安全屏障中以保护为主的重点地区，应主要实施以天然草地保护为主的保护工程。依据该区内各亚区生态屏障功能的定位和主要生态环境问题，保护工程布局有所不同。I_1亚区重点实施以国家级自然保护区为基础的野生动植物保护工程、自然保护区建设工程，国家级生态功能保护区保护工程以及自然保护区核心区生态搬迁安置工程。I_2～I_6亚区重点实施以天然草地保护为主的禁牧、休牧等退牧还草工程，游牧民定居工程，天然草地改良和牧区传统能源替代工程等。通过上述工程的实施，使生态极其脆弱的冻融区高寒草地生态系统功能得到有效的保护与提高，高寒特有野生动植物种类(如藏羚羊等)得到保护，退化草地区草地植被覆盖有显著提高，作为我国重要沙源地之一的土地沙化得到缓解，使该区大风扬沙与沙尘对周边地区乃至中国东部地区的影响得到减轻。

藏南以灌丛草地生态系统为主体的生态屏障面积较前者小得多，自然环境条件较前者好，属温性半干旱气候，是人口较多、经济较发达的地区。该屏障区处于冻融侵蚀与水力侵蚀的过渡地带，由自然和人为影响下的冻融侵蚀和水力侵蚀综合造成的水土流失、沟蚀与土地沙化等生态环境问题较突出，应采取保护与治理并重的途径。在高山区和山原地带，重点实施以天然草地保护为主的保护封育工程，包括退牧还草、游牧民定居、鼠虫毒草害防治等工程；在河谷平坝区，重点实施以防沙治沙和水土流失治理为主的建设工程、农牧区传统能源林代工程和生态搬迁安置工程等。通过这些工程的实施，建成以灌丛-草原自然生态系统与人工林、草、农生态系统有机结合的生态屏障，使地表植被盖度提高，雅鲁藏布江水资源环境得到改善，风沙危害减轻，区域经济社会发展得到有效保障。

藏东和藏东南以森林生态系统为主体的生态屏障面积不大，约占西藏自治区面积的23%，但境内自然环境条件较好，属于湿润、半湿润气候，森林类型多样，生物多样性丰富，而且是多条亚洲重要江河的重要水源涵养区。由于人类活动造成的原始森林破坏以及河谷地区水土流失和地质灾害较严重，故需采取保护保育为主、治理建设为辅的途径，重点实施以水源涵养和生物多样性保护为主的保护工程。依据该区内各亚区生态屏障功能定位和主要生态环境问题，保护工程及建设工程布局有所不同。$Ⅲ_1$亚区重点实施河流源头区天然草地保护和生态公益林保护工程以及河谷区的水土流失治理工程；$Ⅲ_2$亚区和$Ⅲ_3$亚区重点实施以自然保护区和重要生态功能区为基础的野生动植物保护工程、自然保护区建设工程和重要生态功能区保护工程，同时在河谷区实施水土流失治理和地质灾害防治工程以及农区传统能源件代工程等；$Ⅲ_4$亚区重点实施以生物多样性保护为主的野生动植物保护及自然保护区建设工程。通过这些工程的实施，使藏东和藏东南森林生态安全屏障区天然林得到有效保护，林草植被覆盖率提高，森林生态系统水源涵养、水土保持和生物多样性保护功能得到显著改善，为长江和重要国际河流水资源持续利用和水环境安全起保障作用。

综上所述，西藏高原国家生态安全屏障保护与建设的内容，可以概括为生态系统保护体系和生态系统建设体系。保护体系包括天然草地保护、生态公益林保护、自然保护区保护、重要生态功能区保护和重要湿地保护。建设体系包括特殊地带防护林体系建设、人工种草与天然草地改良、防沙治沙、水土流失治理、矿山迹地修复、地质灾害防治等。为保障上述两大体系的顺利实施，需安排支撑保障体系项目，包括生态监测与监管能力建设和科技支撑。

通过上述三大体系建设工程的实施，使具有重要生态功能作用的天然草、林植被生态系统得到保护，退化草、林植被生态系统得到恢复与重建，人与自然和谐共处，最终建成西藏高原国家生态安全屏障，为西藏可持续发展和国家生态安全提供保障。

二、主要工程

(一)生态系统保护工程

生态系统保护工程重点是自然生态系统的保护。西藏自然生态系统类型多样，不仅拥有生态服务功能极为重要的多种优势生态系统类型和物种丰富度高的生态系统类型，而且拥有保护价值极高的特殊生态系统类型和中国特有生态系统类型：①优势生态系统类型，是指能反映西藏地区地形、气候与土壤综合特征的生态系统，体现了动、植物种群地带性分布特点，主要有低中山热带森林生态系统、中山温带森林生态系统、亚高山寒温带森林生态系统和高寒草甸生态系统、高寒草原生态系统和高寒荒漠生态系统；②物种丰富度高的生态系统类型，是指生态系统构成复杂、具有特殊意义的类型，主要有热带雨林与季雨林生态系统、亚热带常绿阔叶林生态系统以及温带针阔叶混交林生态系统等；③特殊生态系统类型，是指特定生态系统类型，通常能反映地区的非地带性气候地理特征，体现非地带性植被分布与植物的分布，为动植物提供栖息地，如湖泊湿地生态系统、盐碱地生态系统等；④中国特有生态系统类型，是指特殊地质过程和地理环境下发育和保存的中国特有的生态系统类型，且在全球生物多样性的保护中具有特殊的价值，主要有云南松林、铁槭桦混交林、巨柏林、高山栎林、西藏柏木林、乔松林、高寒草甸、高寒草原、高寒荒漠等。可见，这些生态系统类型反映了西藏高原环境特点，具有鲜明的地域特色，在维系西藏高原乃至周边地区和国家的生态安全等方面发挥着重要作用，是西藏高原国家生态安全屏障保护与建设的重点。为使这些优先保护自然生态系统类型得到有效的保护，须实施如下保护工程，各工程概况分述于后。

1. 天然草地保护工程

西藏天然草地面积很大，在西藏高原国家生态安全屏障的构建中占有非常重要的地位，但是在人为的作用下，天然草地生态系统结构与功能的破坏较为严重。目前(2005年)，全区退化草地面积已达 $4.2667\times10^7 hm^2$，占草地总面积的 51.6%，其中，轻度退化面积 $1.60003\times10^7 hm^2$，占退化面积的 37.5%，中度和重度退化草地面积达 $2.66667\times10^7 hm^2$，占退化草地面积的 62.49%。

天然草地的持续退化带来草地生产力持续下降，不仅影响西藏牧业的发展，而且影响西藏乃至周边地区和国家的生态安全。可见，天然草地保护工程是西藏自然生态系统保护工程的重点。工程应以天然草原生态系统保护和退化草原植被修复为主，采取禁牧、休牧围栏、补播以及鼠虫毒草害防治等措施，使生态极脆弱区自然草原生态系统得到有效保护和中度退化草地基本得到治理。

2. 生态公益林保护工程

根据国家林业局制定的生态公益林建设标准，西藏属于全国八大生态公益林类型中的青藏高原冻融地区生态公益林建设类型区域，其重点为水源涵养林、水土保护林、防风固沙林、农田牧场防护林、护路护岸、国防林等。西藏全区重点公益林保护面积达$1.053\times10^7\mathrm{hm}^2$，主要分布在藏东“三江”流域、藏东南林芝地区、雅鲁藏布江中游以及喜马拉雅山南坡等地。工程内容是加强以原生森林植被为主的重点公益林保护，对容易恢复的迹地实行自然保育修复，配备专职森林管护人员，修建简便林道，开展森林防火和病虫害防治等。

3. 自然保护区保护工程(含野生动植物保护工程)

截至目前，西藏已建各类自治区级以上自然保护区 15 个，其中，国家级的 9 个，自治区级的 6 个，自然保护区总面积$4.083\times10^5\mathrm{km}^2$，占全区国土总面积的 34.03%，居全国之首，初步形成了类型比较齐全、分布比较合理的自然保护区网络。自然保护区是西藏高原国家生态安全屏障的重要组成部分，在保护生物多样性和维系西藏自身和周边地区生态安全等方面发挥着重要作用。

全区以保护特有、珍稀和濒危野生动植物为对象的森林、灌丛和草地生态系统，其自然保护区面积约占西藏自然保护区总面积的 95%，突显了西藏高原优势生态系统、物种丰富度高的生态系统、特殊生态系统和中国特有生态系统生物多样性的保护。但是，目前自然保护区的保护存在着资金投入严重不足、保护区资源本底不清、管护机构不健全、管护能力弱以及保护与发展之间矛盾突出等问题。为此，须加大保护区保护与建设力度，其内容包括：天然植被保护与恢复工程、科研与监测工程、种质资源本底工程、宣传教育工程、基础设施工程(管护能力建设)、社区发展工程等。近期完成 9 个国家级自然保护区和 6 个自治区级自然保护区的规范化建设。在此基础上，进一步完善这些自然保护区的可持续性建设。

4. 重要生态功能区保护工程

重要生态功能保护区，是指在涵养水源、保持水土、调蓄洪水、防风固沙、维系生物多样性等方面具有重要作用的重要生态功能区。建立重要生态功能保护区，保持特定区域重要生态系统生态功能，对于防止和减轻自然灾害，协调流域及区域生态保护与经济社会发展，保障国家和地方生态安全具有重要意义。

西藏是我国乃至亚洲地区大江大河的发源地，江河源头区众多，主要有雅鲁藏布江源头及其主要支流拉萨河、年楚河、雅砻河和尼洋河源头、怒江源头、易贡藏布源头、帕隆藏布源头，这些江河源头区对于保障下游江河水源的补给，保障下游地区生态安全发挥着重要的作用。西藏物种资源、遗传基因资源十分丰富，是世界上重要的种质库和基因库，除自然保护区生物多样性得到保护外，还有其他地区也具有生物多样性，值得重点保护，如雅鲁藏布江中游湿地及其上游马泉河源头区、昌都南部藏滇交界处等，这些区域对于保障西藏生态安全，促进区域经济社会发展有着重要意义。

国家环境保护部把重要生态功能区保护与建设作为推进形成主体功能区，构建资源节约型、环境友好型社会的重要任务。根据西藏的实际情况，近期内开展西藏雅鲁藏布江源头国家级重要生态功能保护区、藏西北羌塘高原荒漠国家级生态功能保护区、横断山南部(含西藏部分)生物多样性国家级生态功能区以及怒江源和拉萨河—易贡藏布源头自治区级生态功能保护区的规范化建设的试点与示范。建设内容包括：管护能力(管理局、信息中心、宣教能力等)和社会发展示范项目等。在此基础上，完善其他重要生态功能保护区规范化建设，实现重要生态功能区服务功能的正常发挥。

5. 重要湿地保护工程

西藏高原是世界上海拔最高的高原湖沼分布区，是我国湖泊、沼泽分布最集中的区域之一。西藏高原湿地分为湖泊湿地、河流湿地、沼泽湿地、库塘四大类，面积约 $6.0\times10^6 hm^2$，占全区土地总面积的 4.9%。西藏高原湿地具有重要的水源涵养、生物多样性保护、水文与气候调节等功能。

根据《全国湿地保护工程规划(2002—2030)》和《全国湿地保护工程实施规划(2005—2010)》，在色林错、珠穆朗玛峰、雅鲁藏布江中游河谷、拉萨拉鲁湿地等 4 个国家级自然保护区以及纳木错自治区级保护区已纳入野生动植物保护及保护区建设工程基础上，近期安排如下 11 个湿地保护工程建设：玛旁雍错、麦地卡湿地、班公错、然乌湖、洞错湿地、昂拉错—马尔下错湿地、扎日南木错湿地、马泉河流域湿地、桑桑湿地、拉萨周边湿地和日喀则城郊湿地等。工程内容包括：湿地植被恢复、宣传教育与培训，以及可持续利用示范建设等。

为保障上述保护工程的顺利实施，需要开展如下保障工程：

(1)游牧民定居工程。在自然生态脆弱、环境恶劣、灾害频繁和经济社会发展水平较低的高寒牧区，实施游牧民定居工程，是减少草地破坏和保护天然草地生态功能的重要途径之一。近期对全区尚未定居的 2.5×10^5 余人完成定居。定居工程包括房屋、牲畜暖棚、贮草棚和人畜饮水等建设。

(2)农牧区传统能源替代工程。目前，西藏大部分地区农村能源主要依靠畜粪、薪柴等生物质能，辅以电能、太阳能等。据调查，农村能源消费中薪柴占 30.7%，畜粪约占 31.4%，草皮约占 12.6%，生物质能占生活能源消费量的比重达 74.7%，水电和太阳能仅占 7.5%。西藏年人均生活耗能折合标准煤为 700kg，高于全国人均年消耗量约 70%。大量的农村生活用能，尤其是传统能源的消耗造成区域林灌草生态系统的退化，同时在牧区因为牲畜粪便用作燃料导致草地肥力下降。农村传统能源替代已经成为西藏自然生态系统保护中一个重要问题。通过本工程的实施，使自然生态系统得到有效保护。

根据西藏的实际，农牧区传统燃料替代主要考虑以电代薪、农村沼气建设和太阳能应用三方面。近期通过实施以电代薪和农村沼气建设工程，已基本解决无电人口的生活用电问题。在农牧区居住较为分散的区域，实施太阳能应用工程，推广配置新型太阳灶。

(3)生态搬迁安置工程。应该实施生态搬迁的区域主要为自然保护区核心区及部分缓冲区和试验区，以及环境容量低下的生态极脆弱区。通过本工程的实施，使自然保护区原始生态系统和生态极脆弱区自然生态系统得到保护。搬迁的人数以及安置区域有待于进一步的深入调查与分析。

(二)生态系统建设工程

由于长期受人类活动的影响，西藏自然生态系统多数都不同程度地受到干扰与破坏。前述生态系统保护工程着重对特殊重要地域自然生态系统的保护与建设。实际情况表明，西藏有许多水热和土地条件较好的区域，由于人类活动强度大，生态系统破坏较严重，但是自然环境的潜力还较大，通过实施以人工为主的建设工程，可以使退化生态系统得到较快的恢复和重建。人工为主的建设工程概况简述如下。

1. 防护林体系建设工程

防护林体系主要由水源涵养林、水土保持林、特用林、国防林和农用防护林等组成。在生态公益林保护工程项目中已包含了这些林种。本工程着重对生态区位重要的局部地区以及造林困难和风、沙、洪水等灾害较严重地带或地段，主要包括大江大河护岸护堤林、公路干线两侧以及城镇周边地区防护林，在条件较好的地带建设生态经济型防护林。这些地区防护林网的建设，成为高原生态安全屏障的重要组成部分。工程内容包括树种选择，苗圃、示范基地建设和管护等。

2. 人工种草与天然草地改良工程

西藏草地面积虽大，但由于其自然环境恶劣，草地生态系统生产功能弱，载畜能力低。随着人口数量不断增加，草畜矛盾特别是冬春草场的超载过牧问题日渐突出。对这个问题的解决，需要增加人工草场和优质草场的面积。目前，全区在农区和半农半牧区有 $8.67\times10^4 hm^2$ 人工草地，但是，优质高效人工饲草料基地少，补充饲料能力差，产草量低。从客观上讲，西藏发展人工草地的条件差，缺乏开展大面积人工草地建设的条件。根据西藏农牧部门对农区和半农半牧区调查资料，可发展人工草地的面积为 $6.7\times10^4 hm^2$。为缓解西藏草畜矛盾，可在牧区选择少量水、热和地形条件较好的区域开展天然草地改良工程。实施人工种草与天然草地改良工程，开展草种繁育基地建设、水利设施建设以及草料加工厂房建设等。

3. 防沙治沙工程

西藏沙化土地主要分布于"一江两河"流域、藏西北区域(包括阿里地区及那曲地区中西部)以及喜马拉雅山脉中段北侧山原湖盆宽谷区。

全区重度沙化土地面积 $8.483\times10^5 hm^2$，中度沙化土地面积 $1.14085\times10^7 hm^2$，轻度沙化土地面积 $9.4231\times10^6 hm^2$。近期开展重要区域重度沙化土地的治理，工程重点布置在"一江两河"流域的日喀则、山南和拉萨三地(市)的城镇和机场周边地区以及藏西北狮泉河流域。工程内容包括草方格沙障、挡沙堤、砾石压沙、封沙育草以及机械固沙等。

4. 水土流失治理工程

目前西藏水力侵蚀面积 $6.27\times10^6 hm^2$，其中中度以上侵蚀面积为 $3.78\times10^6 hm^2$，占60.3%。侵蚀形式主要为沟蚀和面蚀，主要分布在人口密度较大、社会经济发展相对较好的雅鲁藏布江中游、藏东南和藏东'"三江"流域。针对西藏特殊的自然环境条件和水土流失现状，充分考虑全国水土流失治理的目标和构建生态安全屏障的需要，近期重点开展中度以上水土流失的治理，基本控制人为因素产生新的水土流失。

5. 矿山迹地修复工程

主要针对历史遗留的矿山迹地进行修复，对新建和正在生产的矿山，坚持"谁破坏，谁治理"的原则。近期完成所有历史遗留矿山迹地 $8813.4 hm^2$ 的修复。

6. 地质灾害防治工程

西藏特殊的地形、地质、气候、植被等条件，在全球变暖和人为活动影响下，成为全国乃至全球地质灾害种类和发生频率最多的地区之一，其中泥石流、滑坡、崩塌、工程基础水毁、冰湖溃决和地震等尤为发育。

近20年来，西藏对危害严重的地质灾害进行了重点整治，修建了一批防治工程，取得了一定成效。但是，由于西藏地质灾害面广量大，在地质灾害防治中，还存在投入较少、治理程度较低等问题。近期在全区已开展地质灾害调查县的基础上，选择对城镇、交通和人口密集区危害大的地质灾害进行预防和治理，重点对已完成前期工程勘查设计的灾害点进行治理，同时对重要灾害点开展勘查设计和监测、预警预防工作。

（三）支撑保障工程

1. 生态监测与监管能力建设工程

在生态监测方面，整合规划区内现有的监测资源，在充分发挥环保、水利、农牧、林业、气象等行业现有监测能力的基础上，立足构建西藏高原国家生态安全屏障，建立密度适宜、布局合理的生态监测站网与监测体系，逐步建立以地面站与“3S“技术相结合的生态监测与评价系统，为生态安全屏障功能评价和建设成效的评估提供基础数据支撑。为实时监控生态屏障区的生态环境动态变化，客观科学评价生态安全屏障功能，在健全完善自治区生态监测站(在拉萨市)的同时，在9个生态安全屏障亚区建设若干必要的地面生态观测站。

为配合西藏高原国家生态安全屏障的构建，全面提升农牧、林业、水利、国土等行业的监测能力，需要开展草地生态监测、野生动植物疫病疫源监测、水土保持监测、地质环境与灾害监测等监测体系建设。

在监管能力建设方面，全面加强农牧、林业、水利、国土、环保等行业自治区、地(市)和县(市、区)三级生态监管机构和执法能力建设，重点开展环境监察、草原监理、土地和矿产监管、水政执法、草原与森林防火等执法能力建设。

2. 科技支撑项目

由于历史的原因，加之西藏地理环境的特殊性和复杂性，高原生态环境现状及其演变规律等方面的研究尚缺乏全面性和系统性，各种环境与生态过程方面的实地观测基础数据不多，资料不全，因而对生态安全屏障功能的环境效应尺度评价的合理性难于作出科学的评判，因此，对生态安全屏障构建可能产生的效益评价指标体系及保护与建设中的关键技术等急需开展研究。可见，科学技术支撑项目的安排非常必要。

近期围绕生态安全屏障保护与建设工程，急需开展三个领域重大科学技术问题的研究。这三个领域是：高寒干旱退化生态系统恢复与重建技术集成、生态安全屏障功能评价体系和生态补偿机制。前者的主要研究内容是：防沙治沙关键技术，草地退化机理与治理技术，毒草防治技术，人工种草关键技术，水土流失现状、变化趋势及治理技术，山地灾害综合防治技术，湿地退化机理与保护，主要退化生态系统恢复与重建技术集成，生态屏障功能区保护与建设技术集成，资源开发对生态系统的损毁性与积累性影响及对策措施；生态安全屏障功能评价体系的研究内容为：主要生态系统格局、过程、功能及关键指标阈值，评价指标体系建立及模型构建，主要生态系统类型承载能力，生态安全屏障预警系统，生态安全屏障功能与可持续发展；关于生态补偿机制方面，重点开展生态系统类型功能尺度环境效应，生态系统服务功能价值定量评估，生态保护与建设工程效益评估以及生态补偿、标准与方法等。

结语

对西藏生态安全屏障保护与建设的必要性、重要性、生态安全屏障理论，以及屏障保护与建设指导思想、原则和工程总体布局的全面系统的论述，为西藏高原生态安全屏障保护与建设规划的编制提供了充分的科学依据。2005 年，中共中央国务院关于进一步做好西藏发展稳定工作的意见明确指出：将西藏纳入国家生态环境重点治理区域，构建西藏高原生态安全屏障。西藏自治区人民政府对此十分重视，成立了自治区人民政府领导为组长的规划领导小组和以孙鸿烈院士为组长的规划咨询专家组，由自治区环境保护局组织实施，聘请中国科学院成都山地灾害与环境研究所为技术支撑单位，钟祥浩为技术组组长，主要技术成员有刘淑珍、张天华、王小丹、周伟、鄢燕、李祥妹、朱万泽、陶和平、田广华、普布丹巴、税燕萍、杨莉等。在张永泽局长的组织指导下和自治区人民政府各有关部门的大力支持下，通过近两年的精心研究，以及与国家政府有关部门生态工程项目的协调，完成了《西藏高原国家生态安全屏障保护与建设规划》。该《规划》从生态安全屏障重点保护、重点建设和支撑保障体系三个方面进行了项目规划，包括三个方面的 10 大类重点工程：天然草地保护工程、森林防火和有害生物防治工程、野生动植物保护区建设工程、重要湿地保护工程、农牧区传统能源替代工程、防护林体系建设工程、人工种草与天然草地改良工程、防沙治沙工程、水土流失治理工程和生态安全屏障监测工程。西藏自治区人民政府在北京组织召开了《规划》论证会，全国人大、全国政协、国家发展改革委、财政部、农业部、水利部、国土资源部、环境保护总局、林业总局的领导及中国科学院、中国工程院的院士和专家参加了论证会，会议通过了《规划》。该《规划》于 2009 年 2 月 18 日得到了国务院的批准。《规划》投入资金 155 亿元，规划期限为 2008～2030 年，通过规划的全面实施，使西藏高原生态环境系统进入良性循环状态，建成西藏高原国家生态安全屏障。

基于西藏高原生态安全屏障保护与建设理论、技术综合系统研究成果的先进性、创新性和实用性，以《西藏高原国家生态安全屏障保护与建设规划》为主要内容的《西藏高原生态安全研究》项目于 2008 年被评为西藏科技进步一等奖，2009 年获国家科技进步二等奖。

参考文献

[1] 肖笃宁，陈文波，郭福良. 论生态安全的基本概念和研究内容 [J]. 应用生态学报，2002，13(3)：354～358.
[2] 陈国阶. 对建设长江上游生态屏障的探讨 [J]. 山地学报，2002(5)：536～541.
[3] 潘开文，吴宁，潘开忠，等. 关于建设长江上游生态屏障的若干问题的讨论 [J]. 生态学报，2004，24(3)：617～629.
[4] 杨东生. 建设长江上游生态屏障 [J]. 四川林业科技，2002(1)：1～6.
[5] 四川省林学会办公室. 四川省林学会建设长江上游生态屏障学术研讨会纪要 [J]. 四川林业科技，2002，23(1)：41～43.
[6] 王玉宽，孙雪峰，邓玉林，等. 对生态屏障概念内涵与价值的认识 [J]. 山地学报，2005(4)：431～436.
[7] 叶笃正，顾震潮. 西藏高原对于东亚大气环流及中国天气的影响 [J]. 科学通报，1995，29～23.
[8] 刘新，吴国雄，刘屹岷，等. 青藏高原加热与亚洲环流季节变化和夏季风爆发 [J]. 大气科学，2002，26(6)：718～792.

[9] 吴国雄，刘屹岷，刘新，等.青藏高原加热如何影响亚洲夏季风的气候格局［J］.大气科学，2005，29(1)：47～56.

[10] 方小敏，韩水翔，马金辉，等.青藏高原沙尘特征与高原黄土堆积：以2003－03－04拉萨沙尘天气过程为例［J］.科学通报，2004，49(11)：1084～1090.

[11] 刘晓东，田良，韦志刚.青藏高原地表反射率变化对东亚夏季风影响的数值试验［J］.高原气象，1994，13(4)：468～472.

[12] 郑度，姚檀栋，等.青藏高原隆升与环境效应［M］.北京：科学出版社，2004：1～564.

[13] 孙鸿烈.青藏高原的形成演化［M］.上海：上海科学技术出版社，1994：1～383.

[14] 王德华，王祖望，奉勇.小哺乳动物在高寒环境中的生存对策，Ⅲ.甘肃鼠兔的热能调节及高寒地区小哺乳动物对环境的适应趋同.见：高寒草甸生态系统［M］.北京：科学出版社，1991，(3)：125～137.

[15] 白虎志，马振锋，董文杰，等.西藏高原沙尘暴气候特征及成因研究［J］.中国沙漠，2006，26(2)：249～253.

[16] 韩永翔，宋连春，吴晓霞，等.青藏高原沙尘及其可能的气候意义［J］.中国沙漠，2000，24(5)：587～592.

[17] 宋连春，韩水翔，张强，等.中国沙尘暴时空变化特征及日本、韩国黄沙的源地研究［J］.大气科学，2004，28(6)：820～827.

[18] 杜军.西藏高原近40年的气温变化［J］.地理学报，2001，56(6)：682～690.

第十八章　中国山地生态安全屏障保护与建设①

山地生态安全屏障是指一定山地条件下的生态系统结构与生态过程处于不受或少受破坏与威胁状态，在空间上形成多层次、有序化的稳定格局，既与山地自然环境相协调，又与山地人文环境相和谐，能为人类生存和发展提供可持续的生态服务，并对邻近环境或大尺度环境的安全起到保障作用[1]。从这个定义可以意会到，山地生态安全屏障作用通过山地地形屏障和山地生态系统(以植被为主体)屏障综合作用表现出来。山地地形屏障作用表现为对物流和能流的阻挡、阻滞与分流。山地生态系统屏障作用表现为对物流和能流的储存、缓冲、过滤和调节，这些过程实为生态系统服务功能的不同表现形式，它们直接影响到生态与环境过程速率和强度，进而给人类生存发展与安全产生影响。不同山地条件下的生态系统服务功能及其生态安全水平是不一样的。如青藏高原昆仑山南翼高寒干旱荒漠生态系统服务功能，完全不同于我国东部南岭山地亚热带湿润常绿阔叶林生态系统，进而两者所表现出来的生态安全水平差异很大。前者地表植被盖度只有5%左右，年鲜草产量<$400kg^2/hm^2$，而后者地表植被覆盖95%以上和仅林分生物量>$250t/hm^2$。两者能为人类生存和发展提供的生态服务及其对邻近环境或大尺度环境所起保障作用的差异极为显著。可见，中国山地生态安全屏障功能及其生态安全水平具有区域差异性特点。

第一节　构建中国山地生态安全屏障的重要性

一、中国是多山国家，山地对全国环境与发展的作用巨大

第一篇中关于山地分类的资料表明，中国丘陵和山地总面积占中国陆地面积的73.4%，其中山地面积占55.2%，中起伏低山和中起伏高山两者合计占山地面积的30%；海拔>1000m的山地占中国陆地面积的56.8%，海拔>3000m的山地占25.9%。中国是山地大国，其中东西向和南北向以及东北－西南向和西北－东南向巨大山系多达15条[2]，这些巨型山系奠定了中国自然环境的基本格局，对中国生态与环境过程产生深刻的影响。山地作为中国生态安全支撑体系的重要组成部分，在维系我国人类生存与发展和改善全国人民生存环境质量等方面起着巨大的作用。

① 本章作者钟祥浩，在2008年成文基础上作了修改、补充。

二、山地系统的特殊性与脆弱性

山地最显著的特征是拥有高能量的斜坡环境，斜坡环境的梯度过程决定了山地物流、能流具有输出为主的特点，由此形成山地系统具有脆弱性特性，表现为对外力作用的敏感性和山地特有灾害的易发性。因此，建立有助于能量储存与调节和物流缓冲与阻滞的山地生态安全屏障的重要性，显而易见。

三、应对全球变暖和水资源短缺的重要性

全球变暖和淡水资源短缺是当今世界面临的两个重大环境问题。山地碳减排功能和山地水塔功能作用的发挥日益为人们所重视。中国山地是生物资源最丰富的区域，拥有占全国 90％以上的森林面积。根据有关资料推算，目前中国山地森林蓄积量年均增长达 $80\times10^6 m^3$，按生长量与 CO_2 吸收量平均比率计算，年蓄积 CO_2 量达 $280\times10^8 t$，可见，中国山地森林生态系统是一个巨大的碳库，碳汇作用在减缓全球变暖中起着重要的作用。

中国的大江大河和众多中小河流都发源于山地，山地在维系中国江河水源稳定、水资源补给和洪水调节等方面发挥着重要的“水塔”功能作用。据有关资料，黄河水量的 49％来自于青藏高原的“三江”源地区。燕山－太行山系是海河的水源地，海河中下游的北京、天津、保定等人口和工业集聚区水资源短缺问题十分突出，海河源头区山地生态安全屏障的保护与建设的重要性，不言而喻。

四、山地生态安全屏障功能退化及相应的生态环境问题日趋突出

由于长期受传统农耕经营方式的影响，以及山地快速人口增长对资源需求压力增大带来的山地资源的破坏问题十分严重，原始自然植被生态系统所剩无几，重度退化山地生态系统大面积分布，山地生态系统服务功能显著减弱，表现在减少江河中下游泥沙淤积和洪涝灾害的威胁以及增加干季河流水源补给等方面的能力降低。近年来，通过实施防护林体系建设、天然林保护和退耕还林等多项国家重大生态建设工程，山地生态面貌有所改善，森林覆盖率和植被盖度有了显著增加，但是山地生态服务功能和生态安全屏障作用没有得到显著提高，有些地区山地石漠化面积仍处于有增无减的退化状态，特别是脆弱生态与贫困并存的局面，迄今没有得到多大改变。生态脆弱的山地，仍然是我国贫困人口集中分布区。

五、中国政府对山地生态安全屏障保护与建设的重视

《全国生态环境保护纲要》(2000)要求江河源头区、水源涵养和水土保持重要区以及防风固沙重要区建立重要生态功能保护区；《中华人民共和国国民经济和社会发展第十一个五年规划纲要》明确提出要“加强青藏高原生态安全屏障保护与建设”，同时要求“十一五”期间要开展主体功能区规划。主体功能区规划要求生态功能重要和生态脆弱的区域要禁止开发和限制开发。中国多数山地都具有生态功能重要和生态脆弱的特点。

第二节　中国山地生态安全屏障的宏观构架

一、大陆三级阶梯国土开发的巨大差异

(一)中国大陆地势三级阶梯分布

中国大陆地势三级阶梯各级海拔及其面积百分比见表 18-1。

表 18-1　三级阶梯海拔与相对高程表

级别	三级阶梯名称	海拔/m	相对高差/m	备　注
Ⅲ	东部平原丘陵区	＜500	＜200	海拔 0～100m，占全国陆地面积的 10.2％ 海拔 101～500m，占全国陆地面积的 17.3％
Ⅱ	中部和西北部山地(中)高原区	500～3000	200～2000	海拔 501～1000m，占全国陆地面积的 16.1％ 海拔 1001～3000m，占全国陆地面积的 30.5％
Ⅰ	青藏高原区	＞3000	边缘＞2000 内部 200m 左右	海拔＞3001m，占全国陆地面积的 25.9％

(二)大陆三级阶梯国土开发的巨大差异

根据王中宇和陈国阶[3]的研究资料(表 18-2)，三级阶梯国土开发状况存在着巨大的差异。从表 18-2 中看出，占全国陆地面积 27.5％的Ⅲ级区聚集了占全国 71.0％的人口和占全国 76％的地级以上城镇，其中海拔＜100m 的平原区 GDP 和工业产值分别占了全国的 70％和 84％。可见，Ⅲ级区是我国人口、工业乃至城镇聚集最高的区域，在我国经济社会发展中占有举足轻重的地位。然而，占全国陆地面积 72.5％的Ⅱ、Ⅰ级阶梯区，无论人口数量，还是工业和城镇规模都不足东部地区的 30％。Ⅲ级区的人口、GDP 和城镇数与Ⅰ、Ⅱ级区的人口、GDP 和城镇数的差距悬殊，其中人口分布格局与 20 世纪 30 年代的“胡焕庸线”相比，无明显差异。随着改革开放的深入，近来我国东部地区的区位优势进一步得到快速提升，特别是人口和工业的集聚以及 GDP 总量的快速增长尤为明显，东西部的差距仍在扩大，Ⅰ、Ⅱ区的生态脆弱与贫困高度耦合的局面仍无显著的改变。三级阶梯国土开发巨大差异的历史和现状事实表明，Ⅰ、Ⅱ级阶梯区的发展特别是人民生活水平的提高，要有新的思路，不能再走传统的开发模式，需要立足于国家生态安全和在保护中求发展的高度上，研究这些地区的国土功能定位，特别是山地生态安全屏障功能定位及其生态效益补偿机制的建立和相关政策的落实。

表 18-2　三级地势阶梯国土开发差异对比　　(单位:%)

<table>
<tr><th>级别</th><th>占全国面积</th><th>占全国人口</th><th>占全国 GDP</th><th>占全国地级以上城镇</th><th>占全国工业生产能力</th><th>占全国粮食产量</th></tr>
<tr><td>Ⅲ</td><td>27.5</td><td>71.0</td><td>70</td><td>76.07</td><td>84</td><td>62</td></tr>
<tr><td>Ⅱ</td><td>46.6</td><td>28.2</td><td rowspan="2"><30</td><td>22.97</td><td rowspan="2"><16</td><td rowspan="2"><38</td></tr>
<tr><td>Ⅰ</td><td>25.9</td><td>0.8</td><td>0.96</td></tr>
</table>

二、基于大陆三级阶梯的山地生态安全屏障构建

分布于中国大陆三级阶梯上的山地，从海拔、相对高度和山体坡度到岭谷形态组合特征和地表破碎度都表现出明显的差异，可见，三级阶梯从宏观上奠定了中国山地可分为三大类型区的构架，即以高亢高原为主体的Ⅰ级阶梯山地，以高差明显山地和山原(中高原)为主体的Ⅱ级阶梯山地以及以丘陵为主体兼少量低山的Ⅲ级阶梯山地。在每个大类型区下，可进一步分出若干区，不同山地类型区山地生态安全屏障功能作用及其环境尺度效应不同。

(一)Ⅰ级阶梯山地生态安全屏障

1. 重要性和必要性

作为Ⅰ级阶梯的青藏高原平均海拔为 4000m，高原面伸入对流层高度达 1/3，高原地表热动力变化对高原季风的形成和中国东部乃至东亚地区气候系统的稳定有重要的影响。近年来全球变暖，冰雪消融，特别是人为地表植被覆盖破坏带来地面反照率的增加，在一定程度上影响到我国东部气候系统的稳定。青藏高原是我国长江、黄河和亚洲多条大江的发源地，高原“水塔”功能作用显著，如西藏高原冰川年融水径流达 $325\times10^8\,m^3$，约占全国冰川融水径流的 53%，西藏高原森林生态系统水源涵养总量约达 $355\times10^8\,m^3$，相当于雅鲁藏布江年径流总量的 21%，西藏草甸、草原、草甸草原和荒漠草原四大类草地生态系统水源涵养量达 $1065\times10^8\,m^3$，约占西藏直接出境水量的 13%[1]。青藏高原生态系统类型多样，生物多样性丰富，拥有许多保护价值极高的特有物种，有高寒生物自然种质库之称。青藏高原生态环境具有脆弱性特点，表现为对外力作用反应的敏感性，微小的环境变化，就可引起生态系统结构与功能的改变。综上所述，加强青藏高原生态安全屏障保护与建设，显得十分的必要和重要。

2. 屏障建设对策

基于高原生态环境和生态系统的特有性、特殊性、脆弱性、敏感性和生态安全的重要性，并依据国家主体功能区规划精神，青藏高原国土功能总体上应为限制开发，生态极脆弱区和自然保护区为禁止开发，局部山间盆地和谷地为适度发展和重点发展。通过不同功能区保护与建设对策的实施，使高原“水塔”功能、防止土地沙化功能和土壤保持功能、大气和气体调节功能及生物多样性保护功能得以正常发挥，最终建成高原生态安全屏障。

(二)Ⅱ级阶梯山地生态安全屏障

1. 重要性和必要性

作为Ⅱ级阶梯的中－西北部区，是以山地和(中)高原为主体的区域，黄河和长江中上游流经该区域，分布于Ⅲ级区的嫩江、辽河、滦河、海河、淮河以及沅江和珠江西支

西江等众多中小河流都发源于该地区。可见，该区河流“水塔”功能作用对我国东部地区影响大。Ⅱ级阶梯处于Ⅲ级与Ⅰ级阶梯的过渡带，既是生态环境脆弱带，又是风沙和水土灾害多发区，对东部平原的生态安全威胁与危害大。秦岭山脉以北地区，半干旱和干旱区面积很大，既有生境极脆弱的农牧交错带和水土流失严重的黄土高原区，又有沙漠化、荒漠化易发区和沙尘暴多发区。秦岭山脉以南，虽为亚热带－热带湿润区，但是以山高谷深为背景的山地水土流失和山地灾害十分严重。可见，该区北部有以风为动力，沙尘物质搬运对东部的危害，南部则有以水为动力，泥沙物质流失对东部的危害。因此，建立能减轻泥沙和沙尘物质对东部危害的生态安全屏障的重要性不言而喻。

2. 屏障建设的对策

基于Ⅱ级阶梯生态环境脆弱性和生态破坏对东部平原区的危害性以及区域内煤、气、水能资源的丰富性，并依据国家主体功能区规划精神，Ⅱ级阶梯国土功能定位应为总体上限制开发，局部地域重点开发。通过不同功能区保护与建设对策的实施，使该地区山地“水塔”功能、防土地沙化和水土流失功能得到改善和提高，实现生态环境与经济社会和谐发展，最终建成Ⅱ级阶梯山地生态安全屏障。

（三）Ⅲ级阶梯丘陵低山生态安全屏障

1. 重要性和必要性

Ⅲ级阶梯海拔100～500m和相对高差小于200m的丘陵低山占有较大的比重，这些丘陵低山既是东部平原农村、城镇的水源地，又是支撑东部经济社会发展的农林果产品生产基地，其中南方丘陵山地拥有林地面积$62\times10^4km^2$，占全国有林地面积的52%，具有发展林木生产和多种经济林果的巨大潜力，是中国山地潜力所在和希望所在。建设具有生产功能和生态功能的丘陵低山生态安全屏障，显得十分的重要和必要。

2. 屏障建设对策

Ⅲ级阶梯水、热条件和对外区位条件优越，国土开发密度高，依据国家主体功能区规划精神，该区国土功能定位主要为优化开发和重点开发，基本农田等局部地区为禁止开发。作为该地区内的丘陵山地应为上述功能作用的发挥提供生态服务和环境安全保障，最终建成丘陵低山生态安全屏障。

三、中国山地生态安全屏障分区

（一）分区依据与方法

1. 依据

以中国大陆地势变化和主要山系、山原的空间分布为基础，进行具有地形屏障作用的分析与分区；依据温度和水分组合特征的相似性，分析能反映山地垂直自然带谱类型、结构特点的山地生态安全屏障空间格局。中国山地生态安全等级系统及其划分依据见表18-3。

2. 方法

以中国地形高程图为基础，按地势变化及阶梯过渡之间的山脊线为界，作出中国大陆地势变化三级阶梯分布图；根据对区域乃至中国生态环境有重大影响的山系、山原的整体性和地形屏障作用的重要性，以及生态环境问题和形成机理相似性，作出中国主要山地生态安全屏障类型区图；根据水热地带性分异规律及其空间组合特征，编制能反映山地垂直自然地带性特点的中国温湿类型区图。将上述三个图件叠加，得出中国山地生态安全屏障类型区等级分布图(略)。

表 18-3　中国山地生态安全屏障等级系统

等级	名称	主要划分依据	区数
Ⅰ	大区	中国大陆地势变化的三级阶梯	3
Ⅱ	区	对区域乃至中国生态环境有重大影响的山系、山原整体性和屏障功能重要性，以及生态与环境问题表现形式和形成机理相似性	40
Ⅲ	亚区	温度与水分组合相似性，反映垂直自然带谱结构相似性	66

(二)分区结果

按照分区依据和方法，全国共分出 3 个大区，40 个区和 66 个亚区(表 18-4，分区图略)。表 18-4中的区有 44 个，其中有 4 个区地跨两个大区，因此这 4 个区的名称重复，它们分别是：Ⅰ$_{4}$与Ⅱ$_{10}$，Ⅰ$_{5}$与Ⅱ$_{11}$，Ⅱ$_{1}$与Ⅲ$_{1}$，Ⅱ$_{2}$与Ⅲ$_{5}$。因此，实际上只有 40 个区。鉴于部分山地生态安全屏障区东西坡和南北坡水热条件差异不显著和相应的山地垂直自然带谱结构基本相似，因此，只分出一个亚区。另外，由于对某些山地生态安全屏障区不同坡向水热条件和生态系统类型、结构及功能地域差异尚缺乏深入研究，故暂时分出一个亚区。

表 18-4　中国山地生态安全屏障分区表

一级	二级	三级
Ⅰ级阶梯	Ⅰ$_{1}$横断山系生态安全屏障区	Ⅰ$_{1-1}$川西南—滇西北中亚热带－湿润生态安全屏障区
		Ⅰ$_{1-2}$藏东—川西高原温带－半湿润生态安全屏障亚区
	Ⅰ$_{2}$长江—黄河源区高原山地生态安全屏障区	Ⅰ$_{2-1}$长江—黄河源区高原亚寒带－半湿润生态安全屏障亚区
	Ⅰ$_{3}$藏北高原山地生态安全屏障区	Ⅰ$_{3-1}$藏北高原亚寒带－半干旱生态安全屏障亚区
	Ⅰ$_{4}$帕米尔—昆仑山—阿尔金山山地生态安全屏障区	Ⅰ$_{4-1}$帕米尔—西昆仑山西南翼高原寒带－干旱生态安全屏障亚区
		Ⅰ$_{4-2}$昆仑山南翼高原寒带－干旱生态安全屏障亚区
		Ⅰ$_{4-3}$阿尔金山南翼高原温带－干旱生态安全屏障亚区
	Ⅰ$_{5}$祁连山山地生态安全屏障区	Ⅰ$_{5-1}$祁连山西南翼高原温带－半干旱生态安全屏障亚区
	Ⅰ$_{6}$阿里山地生态安全屏障区	Ⅰ$_{6-1}$阿里高原温带－干旱生态安全屏障亚区
	Ⅰ$_{7}$冈底斯山山地生态安全屏障区	Ⅰ$_{7-1}$冈底斯山北翼高原亚寒带－半干旱生态安全屏障亚区
		Ⅰ$_{7-2}$冈底斯山南翼高原温带－半干旱生态安全屏障亚区
	Ⅰ$_{8}$念青唐古拉山山地生态安全屏障区	Ⅰ$_{8-1}$念青唐古拉山南坡高原温带－半湿润生态安全屏障亚区
	Ⅰ$_{9}$东昆仑山山地生态安全屏障区	Ⅰ$_{9-1}$东昆仑山北翼高原温带－干旱生态安全屏障亚区
	Ⅰ$_{10}$拉脊山山地生态安全屏障区	Ⅰ$_{10-1}$拉脊山高原温带－半干旱生态安全屏障亚区
	Ⅰ$_{11}$喜马拉雅山山地生态安全屏障区	Ⅰ$_{11-1}$喜马拉雅山北翼高原温带－半干旱生态安全屏障亚区
		Ⅰ$_{11-2}$喜马拉雅山南翼山地亚热带－热带－湿润生态安全屏障亚区
	Ⅰ$_{12}$藏东南山地生态安全屏障区	Ⅰ$_{12-1}$藏东南热带－湿润生态安全屏障亚区

续表

一级	二级	三级
Ⅱ级阶梯	Ⅱ$_{1}$大兴安岭山地生态安全屏障区	Ⅱ$_{1-1}$大兴安岭北段寒温带－湿润(偏干)生态安全屏障亚区
		Ⅱ$_{1-2}$大兴安岭中段西坡温带－半湿润生态安全屏障亚区
		Ⅱ$_{1-3}$大兴安岭南段西坡温带－半干旱生态安全屏障亚区
	Ⅱ$_{2}$燕山—太行山山地生态安全屏障区	Ⅱ$_{2-1}$太行山西坡温带－半干旱生态安全屏障亚区
	Ⅱ$_{3}$阴山—大青山山地生态安全屏障区	Ⅱ$_{3-1}$阴山—大青山北坡温带－半干旱干旱生态安全屏障亚区
		Ⅱ$_{3-2}$阴山—大青山南坡温带－半干旱生态安全屏障亚区
	Ⅱ$_{4}$吕梁山山地生态安全屏障区	Ⅱ$_{4-1}$吕梁山温带－半干旱生态安全屏障亚区
	Ⅱ$_{5}$六盘山山地生态安全屏障区	Ⅱ$_{5-1}$六盘山温带－半干旱生态安全屏障亚区
	Ⅱ$_{6}$贺兰山山地生态安全屏障区	Ⅱ$_{6-1}$贺兰山东坡温带－半干旱干旱生态安全屏障亚区
		Ⅱ$_{6-2}$贺兰山西坡温带－干旱生态安全屏障亚区
	Ⅱ$_{7}$黄土高原山地生态安全屏障区	Ⅱ$_{7-1}$黄土高原温带－半干旱生态安全屏障亚区
	Ⅱ$_{8}$阿尔泰山山地生态安全屏障区	Ⅱ$_{8-1}$阿尔泰山南坡温带－半干旱生态安全屏障亚区
	Ⅱ$_{9}$天山山地生态安全屏障区	Ⅱ$_{9-1}$天山北坡温带－干旱生态安全屏障亚区
		Ⅱ$_{9-2}$天山南坡暖温带－干旱生态安全屏障亚区
	Ⅱ$_{10}$帕米尔—昆仑山—阿尔金山山地生态安全屏障区	Ⅱ$_{10-1}$西昆仑山东北坡暖温带－干旱生态安全屏障亚区
		Ⅱ$_{10-2}$昆仑山北坡暖温带－干旱生态安全屏障亚区
		Ⅱ$_{10-3}$阿尔金山北坡暖温带－干旱生态安全屏障亚区
	Ⅱ$_{11}$祁连山山地生态安全屏障区	Ⅱ$_{11-1}$祁连山北东坡温带－干旱生态安全屏障亚区
	Ⅱ$_{12}$秦岭山地生态安全屏障区	Ⅱ$_{12-1}$秦岭北坡暖温带－半湿润生态安全屏障亚区
		Ⅱ$_{12-2}$秦岭南坡北亚热带－湿润生态安全屏障亚区
	Ⅱ$_{13}$米仓山—大巴山山地生态安全屏障区	Ⅱ$_{13-1}$米仓山—大巴山北亚热带－湿润生态安全屏障亚区
	Ⅱ$_{14}$三峡库区山地生态安全屏障区	Ⅱ$_{14-1}$三峡库区中亚热带－湿润生态安全屏障亚区
	Ⅱ$_{15}$武陵山山地生态安全屏障区	Ⅱ$_{15-1}$武陵山中亚热带－湿润生态安全屏障亚区
	Ⅱ$_{16}$大娄山山地生态安全屏障区	Ⅱ$_{16-1}$大娄山中亚热带－湿润生态安全屏障亚区
	Ⅱ$_{17}$乌蒙山山地生态安全屏障区	Ⅱ$_{17-1}$乌蒙山中亚热带－湿润生态安全屏障亚区
	Ⅱ$_{18}$龙门山—夹金山山地生态安全屏障区	Ⅱ$_{18-1}$龙门山—夹金山东坡中亚热带－湿润生态安全屏障亚区
	Ⅱ$_{19}$滇桂黔接壤带喀斯特山地生态安全屏障区	Ⅱ$_{19-1}$滇桂黔接壤带中亚热带、南亚热带－湿润生态安全屏障亚区
	Ⅱ$_{20}$滇南山地生态安全屏障区	Ⅱ$_{20-1}$滇南山地热带－湿润生态安全屏障亚区

续表

一级	二级	三级
Ⅲ级阶梯	Ⅲ$_{1}$大兴安岭山地生态安全屏障区	Ⅲ$_{1-1}$大兴安岭北段寒温带－湿润生态安全屏障亚区
		Ⅲ$_{1-2}$大兴安岭中段东坡温带－半湿润生态安全屏障亚区
		Ⅲ$_{1-3}$大兴安岭南段东坡温带－半干旱生态安全屏障亚区
	Ⅲ$_{2}$小兴安岭山地生态安全屏障区	Ⅲ$_{2-1}$小兴安岭温带－湿润生态安全屏障亚区
	Ⅲ$_{3}$长白山—千山山地生态安全屏障区	Ⅲ$_{3-1}$长白山—千山温带－湿润生态安全屏障亚区
	Ⅲ$_{4}$辽东—山东半岛丘陵生态安全屏障区	Ⅲ$_{4-1}$辽东半岛暖温带－湿润生态安全屏障亚区
		Ⅲ$_{4-2}$山东半岛暖温带－湿润生态安全屏障亚区
	Ⅲ$_{5}$燕山—太行山山地生态安全屏障区	Ⅲ$_{5-1}$燕山北坡温带－半干旱生态安全屏障区
		Ⅲ$_{5-2}$燕山南坡暖温带－半湿润生态安全屏障亚区
		Ⅲ$_{5-3}$太行山东坡暖温带－半湿润生态安全屏障亚区
	Ⅲ$_{6}$伏牛山—大别山低山丘陵生态安全屏障区	Ⅲ$_{6-1}$伏牛山北亚热带－湿润生态安全屏障亚区
		Ⅲ$_{6-2}$大别山北亚热带－湿润生态安全屏障亚区
	Ⅲ$_{7}$天目山—怀玉山山地生态安全屏障区	Ⅲ$_{7-1}$天目山—怀玉山中亚热带－湿润生态安全屏障亚区
	Ⅲ$_{8}$武夷山丘陵低山生态安全屏障区	Ⅲ$_{8-1}$武夷山中亚热带－湿润生态安全屏障亚区
	Ⅲ$_{9}$雪峰山山地生态安全屏障区	Ⅲ$_{9-1}$雪峰山中亚热带－湿润生态安全屏障亚区
	Ⅲ$_{10}$南岭山地丘陵生态安全屏障区	Ⅲ$_{10-1}$南岭山地北坡中亚热带－湿润生态安全屏障亚区
		Ⅲ$_{10-2}$南岭山地南坡南亚热带－湿润生态安全屏障亚区
	Ⅲ$_{11}$台湾山地生态安全屏障区	Ⅲ$_{11-1}$台湾山地北部南亚热带－湿润生态安全屏障亚区
		Ⅲ$_{11-2}$台湾山地南部热带－湿润生态安全屏障亚区
	Ⅲ$_{12}$海南山地生态安全屏障区	Ⅲ$_{12-1}$海南山地热带－湿润生态安全屏障亚区

第三节　开展中国山地生态安全屏障亚区保护与建设研究的思路

一、基本思路

前述三级分区为中国山地生态安全屏障体系的构建提供了基础，但是，要使山地生态安全屏障体系发挥作用，真正起到生态安全的保障作用，需要逐步开展以亚区为单元的保护与建设研究。鉴于亚区数量多，涉及面广，近中期应选择山地生态系统服务功能重要，对维护邻近区域乃至国家生态安全有重大影响，特别是集生态脆弱、经济贫困和环境问题严峻为一体的亚区作为重点，从国家层面开展有利于促进山地人地关系协调和谐发展的系统深入研究，研究的基本思路见图 18-1。

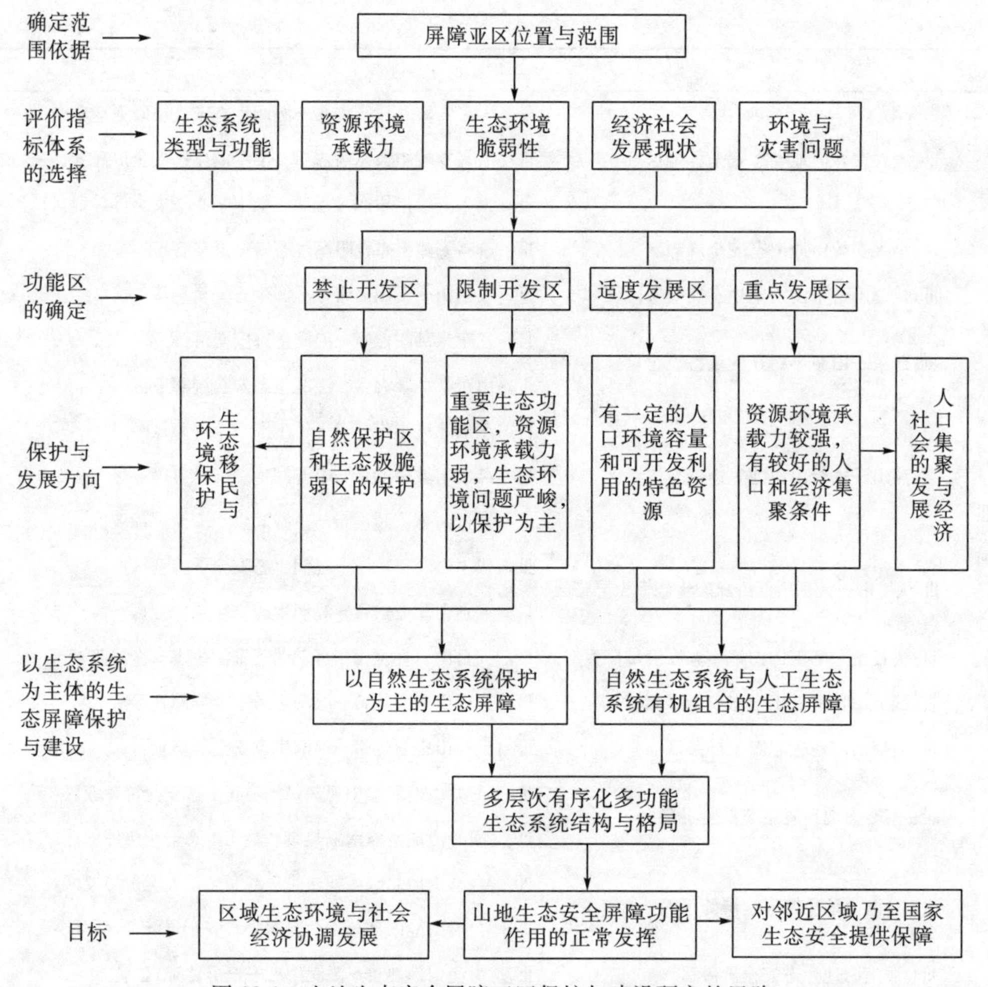

图 18-1　山地生态安全屏障亚区保护与建设研究的思路

(一)确定范围

在明确亚区空间位置的基础上，进一步确定亚区具体的范围和边界，其中需要特别关注陡坡效应所涉及的范围，包括山前冲、洪积扇、山间盆地和山间谷地等。

(二)评价指标体系的选择

在确定亚区范围及面积的基础上，开展亚区自然环境与社会经济条件的调查与评价，调查内容包括生态系统类型与功能、资源环境承载力、生态环境脆弱性、经济社会发展现状和环境灾害等。通过这些内容的调查与评价，提出以保护与发展为主题的功能区划分指标体系。

(三)功能区的确定

通过评价指标体系的选择与评价，确定功能区类型。依据中国山地特点，可分为四个功能区类型，即禁止开发区、限制开发区、适度发展区和重点发展区。

(四)明确功能区保护与发展方向

在确定功能类型区空间分布及其范围的基础上，明确各功能类型区保护与发展方向。禁止开发区主要包括依法设立的各类自然保护区、历史文化遗产、重点风景区、森林公园、地质公园以及生态极脆弱区等；限制开发区指资源环境承载力较弱或生态环境恶化问题严峻和具有重要生态功能的地段；适度发展区是指具有少量人口环境容量及有可开发利用特色资源分布的区域；重点发展区是指有较强的资源环境承载能力和较好的人口及经济集聚条件的缓坡、谷地等。禁止开发区和限制开发区强调保护为主的山地利用方向，突出生态效益和生态资本保值增值的价值取向，这是山地生态安全屏障体系建设的重点和难点，因为它牵涉到部分居民的搬迁和生态补偿机制的建立与落实。适度发展区和重点发展区强调保护前提下的发展，突出具有山地资源特色的适度开发和自然、区位及交通条件较好区域的重点发展，既要安排前述两个区部分或全部生态移民的安置，又要发展一定的规模经济。显然，这是山地生态安全屏障体系建设的重要支撑与保障。

(五)以生态系统为主体的生态安全屏障保护与建设

从图 18-1 中看出，禁止开发区和限制开发区以保护为主的土地利用方向及相关政策若能得到落实，那么原始生态系统就可以得到保护，退化生态系统可以恢复重建，并最终形成以自然生态系统保护为主的生态屏障。适度发展区和重点发展区的人口及经济集聚与生态环境实现协调发展，那么就能形成自然生态系统与人工生态系统有机组合的生态屏障。

(六)目标

通过各功能区保护与建设工程项目及相关政策的落实，以自然生态系统保护为主的生态屏障和以自然生态系统与人工生态系统有机组合的生态屏障在空间上形成多层次有序化的生态系统结构与格局，能为人类生存和发展提供可持续的生态服务，并对邻近环境或大尺度环境的安全起到保障作用。

二、主要研究内容

为使山地生态安全屏障体系在维系我国人类生存发展和保障国家生态安全中发挥作用，急需开展如下重大科学问题的研究。

(一)山地生态安全屏障评价体系

山地生态安全屏障功能作用如何发挥，对邻近区域环境产生怎样的影响，以及屏障格局与结构如何调控等都需要有科学的评价标准和评价指标体系。我们认为，近期急需开展如下内容的研究：山地走向、起伏、坡向等地形气候、水文效应与环境安全；山地植被水文效应及其对中下游影响的评估方法与模型；山地植被的大气与气体调节功能及其尺度效应；山地坡面成土速率、侵蚀速率与容许侵蚀量；山地植被在顶极状态下的生境特征与功能状态水平；山地生态系统格局、过程、功能及关键阈值；山地生态与环境承载力及脆弱度；山地生态安全屏障预警系统等。

(二)生态补偿机制

我国山地生态安全屏障建设成败关键在于生态效益补偿长效机制的建立与相应政策的落实。为此，需要开展如下方面的研究：山地生态安全屏障功能尺度效应；山地生态系统服务功能价值科学定量评估；生态效益补偿机制、标准、方法与相关政策。

三、山地生态安全屏障研究促山地学科发展

山地是由较大相对高度、坡度和海拔的高地及其相伴山谷和山岭(或山顶)所组成的地域。可见，山地是由多种地貌形态和类型有机组合的一种特殊地域。它是陆地表层系统中的一种复杂而又特殊的地域类型。在该地域内，自然因素之间以及自然因素与人工因素之间相互耦合作用形成的山地地域系统具有特殊的能流和物流过程[4]，表现为水、土、气、生界面过程的敏感性和能流、物流以输出为主的特征以及水、土、气、生和人综合作用的非线性过程。这些内容构成了山地学作为一门新的学科得以形成发展的深刻科学内涵。随着社会生产力的快速发展和山地开发利用进程的加快，以及具有全球意义的山地环境资源对21世纪人类文明进步影响程度的加大，山地地域系统理论与实践相结合的深入研究，必将引起世人的重视，一门新的学科——山地学将得到发展[5]。前述表明，山地生态安全屏障体系构建及其保护与建设是一项区域性、系统性、复杂性和综合性很强的重大科学命题。它的研究内容涵盖了山地地域系统中的水、土、气、生和人，实为山地地域系统的综合研究。因此，山地生态安全屏障体系保护与建设的研究，是促进山地学科发展的一个重要切入点。

山地生态安全屏障构建的重要目的是解决作为脆弱山地系统的保护与发展问题，即通过山地生态安全屏障的构建，明确保护什么，在哪里保护和保护的范围以及如何保护；明确发展什么，在哪里发展，发展的规模以及如何发展。要解决保护与发展这一重大问题，需要开展多领域科学问题的研究，这些领域包括山地环境与生态、山地环境与发展、山地环境与灾害以及全球变化与山地等。开展这些领域的研究需要运用到专门学科的知识和方法，同时通过这些领域的研究又将促生新的山地学科理论体系的建立，包括山地环境学、山地灾害学、山地经济学、山地气候学等。这些领域的研究最终都集中到山地地域系统结构、功能变化与调控这一重大科学问题上，通过多领域和多层次的综合研究，实现山地地域人地系统的协调与和谐。因此，我们认为，这样的研究必将有助于促进山地学科理论体系的建设与发展。

参考文献

[1] 钟祥浩，刘淑珍，王小丹，等.西藏高原国家生态安全屏障保护与建设［J].山地学报，2006，24(2)：129～136.
[2] 王明业，朱国金，贺振东，等.中国的山地［M].成都：四川科学技术出版社，1988：1～171.
[3] 陈国阶.2003.中国山区发展报告［M].北京：商务印书馆，2004：1～204.
[4] 钟祥浩.山地环境研究发展趋势与前沿领域［J].山地学报，2006，24(5)：525～530.
[5] 钟祥浩，余大富，郑霖.山地学概念与中国山地研究［M].成都：四川科学技术出版社，2000：1～327.

第五篇　山地环境与发展

第十九章 山地环境与农牧业发展

第一节 西藏“三农”现状分析及发展战略①

西藏自治区是以农牧业为主的边境地区，中央和西藏政府历来十分重视西藏农村的发展问题，制定了各类旨在提高农牧民生活水平的措施，农村建设方面取得了显著进展。但自治区农村经济发展的制约因素较多，“三农”问题突出。通过2002年对7地市25个县，187个典型乡、村的调查和1985～2001年政府统计年鉴有关资料的对比分析，对“三农”问题现状及其发展战略进行分析与探讨。

一、“三农”问题现状分析

自和平解放特别是改革开放以来，西藏“三农”工作取得了显著成就，农牧业综合生产能力有了显著的提高，农牧产品供给实现了由长期短缺到供应基本平衡、丰年有余的历史性转变，农村基础设施明显改善，乡镇企业和多种经营发展速度较快，农牧民收入稳定增长。但与全国发展水平相比还有较大差距，“三农”问题较为突出。

(一)农村问题

农村问题集中表现在经济发展、社会状况以及经济发展中的生态环境问题等方面。

1. 农村经济发展中的问题

统计西藏历年有关资料，其农村经济问题突出地表现在农村经济结构变化小、增长速度慢、非农产业滞后、二元经济结构明显等方面。如全区以传统农、林、牧业为主，经济指标及增长速度与全国农村平均水平差距较大(表19-1)；小城镇建设滞后，乡镇企业及非农产业落后，农村劳动力就业途径狭窄，集中在传统农业中(表19-2)。

表19-1 西藏农村经济结构变化及其与全国的比较

年份	西藏农村					全国农村				
	1985	1990	1995	2001	增长速度	1985	1990	1995	2001	增长速度
第一产业/%	90.8	93.4	92.1	91.4	9.88	28.4	27.1	20.5	15.2	10.84
第二产业/%	3.9	2.6	2.96	4.6	10.83	43.1	41.6	48.8	51.1	16.12
第三产业/%	4.3	4	5	4	8.11	28.5	31.3	30.7	33.6	16.08

① 本节作者钟祥浩、李祥妹，在2003年成文基础上作了修改。

表 19-2　农村劳动力从业结构变化

年份	西藏农村劳动力从业结构/%				全国农村劳动力从业结构/%			
	1985	1990	1995	2001	1985	1990	1995	2001
农林牧渔业	96.80	94.67	93.41	88.24	81.89	79.35	71.79	67.29
工业	0.42	0.44	1.30	1.85	7.40	7.69	8.82	8.91
建筑业	0.24	0.53	0.83	2.70	3.05	3.62	4.89	5.80
运输仓储邮电业	0.47	0.87	1.24	2.03	1.17	1.51	2.18	2.50
批发零售贸易餐饮业	0.91	0.74	1.18	1.73	1.25	1.65	2.60	3.87
其他非农业行业	1.16	2.75	2.04	3.46	5.25	6.17	9.72	11.64

2. 农村社会发展中的问题

农村基础设施薄弱、农村基层组织化程度低、小城镇建设滞后等是西藏自治区农村社会发展的主要问题。

2001 年全区灌溉草场面积 1.641 万 hm^2，仅占全区草场面积的 0.15%；乡村公路路网密度 2.11km/100km^2，居西部 12 省区最低，还有 1 县、288 个乡镇不通简易公路；农村用电量 3117×10^4kW，不到全区用电量的 5%，农牧民生活用能源缺乏；不少农牧区无电视、无广播、无电话……农村交通、通信、电力、水利等基础设施薄弱是造成农村社区贫困、封闭、抗灾力弱的主要因素。

农村基层组织经济协调能力和市场意识弱，生产者信息不灵，缺少农业技术服务体系，缺乏支柱产业、专业市场，特色资源得不到有效开发和利用，劳务输出缺乏组织和引导，大量剩余劳动力闲置等限制了农村经济的发展。

全区城市化水平低，城镇缺乏必要的专业市场和相应的交通、通信、供电、给排水等设施，商业、经济、教育等职能难以发挥，在促进地区经济发展和农村剩余劳动力转移等方面的作用有限。

3. 农村社会经济发展中的生态环境问题

随着区域人口增长(2001 年末总人口达 253.7 万人，是 1951 年同期的 2.22 倍)、牲畜数量增加(2001 牲畜存栏数为 4082 万绵羊单位，是 1951 年存栏数 1650 万绵羊单位的 2.47 倍)，土地沙化、耕地质量下降、水土流失、植被退化等生态环境问题日趋突出，这些问题威胁着区域牧业、粮食和生态安全，阻碍着农村可持续发展进程。

(二)农业问题

1. 农业产业结构矛盾突出

全区种植业作物品种结构不合理，畜牧业内部矛盾突出，农区种植业，畜牧业比例不协调等问题是农业产业结构矛盾的主要方面。

2001 年全区粮食作物播种面积比重达到 86.25%，油料 7.28%，青饲料 2.21%，粮食、经济作物和饲料的三元结构尚未形成；畜牧业中牦牛、绵羊、犏牛、优质绒山羊等没有得到进一步发展，能繁殖母畜比例小(平均不到 45%)，牲畜品种改良缓慢，缺乏优质种畜，牲畜以自然繁殖为主，产仔率和仔畜成活率都很低(适龄母畜产仔率平均为 0.62/年，仔畜成活率为 0.73，低于全国平均水平)；农区畜牧业发展缓慢，农业县畜牧业产值比重平均 31.02%，家畜和其他动物饲养业的产值比重仅 0.5%，不利于农区富裕粮食的转移，制约着农民收入的增长。

2. 农业产业化水平低

目前全区农业产业化经营水平低，特色优势资源带动产业结构调整的力度小，不利于农村经济可持续发展。

由于自然地理条件、传统作业方式、封闭的交通状况等因素影响，西藏农业产业化水平低，龙头企业少、规模小，广大农牧民分散、粗放、简单地从事农牧业生产，高原特种生物、矿产、旅游等特色资源优势没有转化成经济优势，如高原生态农业及相关产品开发没有形成规模，旅游业发展不成体系，藏药业缺乏现代化的生产管理企业，特色优势资源带动产业结构调整的力度小。

3. 农业投入不足，科技在农业发展中的作用小

2001 年全区用于支援农村生产的财政支出为 12663 万元，占财政总支出的 1.21%，农业综合开发支出 0.9 亿元，占 0.86%，科技三项费用支出 2616 万元，占 0.25%，在西部 12 省区中这一比例最低，对农业发展不利。

由于农业投入少，农业电气化、化学化状况落后，2001 年全区农业机械总动力拥有量仅为 0.57km/人，农业科技人员 1726 人，占各类专业技术人员的 5.34%，农业机械动力不足和科技人员缺乏限制农业发展。

(三)农民问题现状

1. 农民生活水平低

农民生活水平低主要表现在以下几方面：

(1)农村居民生活消费结构简单。根据调查资料，农村居民生活性消费支出比重高，平均 74.28%，恩格尔系数为 61.74%，用于文化娱乐、教育和医疗保健方面的支出低，与全国相比有较大差距(表 19-3)。

表 19-3　西藏自治区农村居民生活消费支出结构(2001)　(单位:%)

	食品	衣着	居住	家庭设备用品及服务	医疗保健	交通通信	文教娱乐用品	其他商品及服务
西藏农区平均	66.73	10.32	9.96	5.96	3.65	1.25	0.98	1.16
全国农村平均	47.71	5.67	16.03	4.42	5.55	6.32	15.06	3.24
西藏城区平均	43.83	16.72	6.16	4.30	3.67	10.48	8.26	6.59

(2)耐用消费品拥有量少。农村居民耐用消费品拥有量少，很多家庭几乎没有电器，在一些较偏远的地区连收音机都是奢侈品，农牧民生活水平可见一斑(表 19-4)。

表 19-4　西藏自治区农村每百户耐用消费品拥有量(2001)

	自行车	洗衣机	摩托车	黑白电视机	彩色电视机	收录机	组合音响	影碟机	照相机	电冰箱	电话
西藏农村	59.79	2.7	0.83	3.75	14.58	69.37	0.83	0	1.45	1.45	2.91
全国农村平均	120.83	29.94	24.71	50.74	54.41	20.74	8.67	3.33	3.23	13.59	34.11
西部 12 省区农村平均	76.01	19.49	14.26	48.64	42.02	24.90	5.87	2.03	1.97	5.08	15.29

(3)农牧民人均收入低于全国和西部12省区平均值，增长速度缓慢。

2001年西藏自治区农牧民人均纯收入为1404元，比全国平均水平(2366元)低952元，位居西部12省区的倒数第一位。人均纯收入年度增长速度有较大波动，近年来波动性逐渐减弱，20世纪90年代后期农牧民人均纯收入年度增长速度减缓。

2. 农牧民文化素质水平低

西藏自治区农村劳动力整体文化素质水平低，乡村文盲率高达35.4%，在西部12个省区中位居第一，远远高出全国平均值8.25%。调查的700户农牧民家庭中文化水平素质低的特征明显，文盲和识字很少的户主比重达66.84%，小学户主占30.91%，初中及初中以上户主仅占2.25%，其中那曲地区文盲和识字很少的户主比例高达90.33%。农牧民文化素质低制约着农村经济发展。

3. 农牧民就业空间狭窄，剩余劳动力转移困难

改革开放以来农业劳动生产率有了较大提高，释放出了大量的农村剩余劳动力，由于缺乏吸纳农村剩余劳动力的企业，劳动力素质低，农牧民就业空间狭窄，收入低，近年来人均年劳务输出现金收入仅为820元。

二、“三农”发展战略

通过上述分析，西藏“三农”发展战略应在巩固和加强农村基础设施建设地位的同时，紧密围绕增加农牧民收入问题开展农业结构调整，深化农村改革，加快产业化进程，大力改善和保护农村生态环境，实现农业和农村经济持续稳定发展[1]，围绕这一战略目标，提出近中期战略措施。

(一)加大生态环境建设与保护力度，为“三农”发展奠定基础

生态环境是农业、农村赖以发展和农民赖以生存的基础，生态环境建设与保护需与农业经济结构调整、农村基础设施建设和农民生活水平的提高紧密结合。西藏广大地区自然生态环境十分脆弱，生态系统破坏容易恢复难。针对西藏不同生态环境类型区的自然特点和区域“三农”问题现状，以提高农牧民生活水平、保证农村经济可持续发展为目的，需重点做好以下工作。

1. 加强退化草地治理和优质草地建设

藏北藏西高原高寒区以及藏东藏南高海拔山原区属于生态环境极其脆弱的地区(水分和热量条件较好的河谷盆地区除外)，需逐步实施退牧还草战略措施，实行封育禁牧、生态移民等措施促进区域脆弱生态系统的恢复。

在生态环境条件较好的退化草地区加强治理力度，提高区域抗御自然灾害的能力。建议对藏西和藏中北高原宽谷盆地、雅鲁藏布江中游、藏东北、藏南喜马拉雅山地区山原宽谷盆地等区的退化草场开展专项治理。

在退化草地治理的基础上根据区域资源优势，在藏东北围绕牦牛优势特色产业，藏西围绕绒山羊资源优势，藏中宽谷围绕农区畜牧业的发展，藏中北高原湖区围绕绵羊优势特色产业建设草地围栏、人工草地和暖棚等设施及发展相关的饲草加工、秸秆氨化、饲草青贮养畜等，促进畜牧业发展。

2. 立足有机农业，加强高产稳产农田建设

西藏拥有独特的自然环境，孕育了多样、独特的物种，以西藏特有农产品为原料的有机食品如青稞麦片、藏鸡蛋、藏猪肉、优质蔬菜、水果等有一定的市场，未来应立足有机、生态农业，加大高产稳产农田建设力度，发挥主要农业区区域优势。

根据这一指导思想，结合西藏实际，以市场为导向，以生态农业为核心，在乃东、琼结、日喀则市、拉孜、江孜等基础条件较好的县区加强水利设施和农田防护林网建设，挖掘特色优势资源潜力。

(二)大力发展特色产业，促进“三农”快速发展

综合考虑西藏各地区资源组合优势和当前及今后市场需求，提出西藏农业和农村重点发展的特色产业，包括特色畜牧业、有机食品业、藏药业、旅游业等。

1. 特色畜牧业

在那曲、昌都、阿里等主要牧区建设牦牛、绒山羊、优质绵羊培育基地，发展牦牛肉、皮、奶、骨、毛加工产业，绵羊、绒山羊加工业，进一步开发帕里牦牛、岗巴羊等区域优质畜种，未来依托青藏铁路使西藏优质畜产品流向国内外市场；在“一江两河”中游地区建设粮、油、饲料生产基地，发展奶牛、禽畜养殖等产业，扶持青稞、奶制品和畜禽产品加工业，形成青稞麦片、保鲜藏猪肉、优质酥油、优质藏鸡蛋等主导产品，形成“粮食基地→畜禽养殖业→初级产品加工业→主导商品销售业”链状经济模式，形成农业企业化经济[2,3]。

2. 特色有机食品业

充分利用本地区天然无污染的牦牛、藏绵羊、林果品、青稞及特有鱼类、林下产品、有机蔬菜等资源和青藏铁路建成通车的条件，发展有机食品加工业，争取内地市场。

3. 藏药业

藏药具有保健、治疗双重功效且无毒副作用，优质藏药的市场需求量日益增大。在林芝等地建设野生药用资源植物培育基地，合理开发利用野生药用资源，促进藏药业发展，是农村经济发展的主要战略之一。

4. 旅游业

西藏独特的自然、人文、文化景观是世人心中最具魅力的旅游吸引物，旅游业在带动西藏经济发展、增加农牧民收入方面的作用日益显著，2001 年旅游景点、景区的农牧民从旅游业中获得的收入占总收入的 37%，可见发展乡村旅游业是促进“三农”发展的一项重要战略措施。

第二节　西藏农牧业和农牧区经济结构战略性调整探讨①

党中央和国务院高度重视“三农”问题，把解决“三农”问题，作为我国“十五”和“十一五”期间的主要工作。“三农”问题的核心是农民问题，农民问题的关键是农民

① 本节作者钟祥浩等，在 2003 年成文基础上作了修改、补充。

增加收入问题。西藏自治区党委和政府对“三农”问题十分重视，由自治区发展与改革委员会牵头，聘请中国科学院成都山地灾害与环境研究所为技术支撑单位，钟祥浩、刘淑珍为技术负责人，组织30多位科研技术人员，于2002年和2004年先后两次对自治区农牧民收入现状进行了调查。调查项目涉及农户基本情况、生产生活资料、收入与支出结构等共计543项，取得了大量第一手资料。通过资料的分析总结，对自治区农牧民收入现状及动态变化有了深入全面的了解。自改革开放以来，西藏农牧业和农牧区发展和建设取得了历史性的成就，农牧业综合生产能力显著提高，农牧产品供给实现了由长期短缺到供应基本平衡、丰年有余的历史性转变。农牧业和农牧区基础设施有了明显改善，乡镇企业和多种经营发展速度较快，农牧民收入稳定增长，生活水平日益提高。西藏农牧业和农牧区进入了一个新的发展阶段。在新的形势下，如何加快农牧民收入的增长，实现十六大提出的全面建设小康社会目标，进一步推进农牧业和农牧区经济结构战略性调整显得十分的必要。

一、结构调整现状简述

农牧业和农牧区经济结构战略性调整的成效，取决于资源优势的发挥和人的进取意识，取决于各种要素随结构调整而达到的最佳组合和有效利用状况，归根结底取决于当地的经济发展水平。就总体而言，西藏的经济发展水平是比较低的，农牧业整体发展水平和农牧民的整体素质也相对较低。因此，在考虑西藏农牧业和农牧区经济结构战略性调整时，首先要正确认识和判断自身发展所处的水平和西藏农牧业和农牧区经济发展进入新阶段的特点，进而做到因势调整、因时调整和因地调整。自治区近几年来在农牧业和农牧区经济结构的调整中做了大量卓有成效的工作，种植业开始向粮、经、饲三元结构发展，三者结构比重由1978年的103∶6∶1调整为2001年的39∶3∶1。在稳定粮食生产的基础上，因地制宜加大了经济和饲料作物的播种面积，蔬菜产业发展步伐加快，由1995年的7240hm^2调整到2001年的8710hm^2，年增长3.12%，调整粮食作物播种面积自1978～2001年平均每年减少12%，油料播种面积年平均增加1.42%，饲料播种面积年平均增加3.99%，对增加农牧民收入发挥了重要作用；重视农区畜牧业和草地畜牧业的发展，加大了这两方面特色品种产业及其相应的示范基地建设力度，取得了一定进展。但总的说来，基本上还是属于一种适应性调整。

二、结构战略性调整的构思与基本构架

农牧业和农牧区经济结构的调整是一种随经济发展水平差异而开展的阶梯状进程，因此，在结构性调整中，要重视西藏经济发展的区域差别和客观现实条件对调整的影响与限制。同时，要立足于具有西藏特色的优势资源开发和优势产业的培育与发展。为此提出西藏农牧业和农牧区经济结构战略性调整的重点是：①解决好农区粮食富裕县农产品的转化与加工，大力发展农区畜牧业、牧区畜产品基地畜牧业生产的规模化和专业化；②农牧业产业化经营基础较好的城郊区“龙头”企业的培育与发展；③具有特色优势资源区域特色产业的发展；④经济落后贫困地区基础设施建设力度的加大和造血功能的提高。战略性调整的方向是：布局区域化、产业规模化、产品特色化、经营企业化、管理现代化和城乡一体化，充分发挥各地特色资源和农牧业生产的比较优势，科学地调整产

业与产品结构，最终达到宏观上区域经济结构布局合理，中观上特色优势资源生产基地与特色优势产业组合有序，微观上因地制宜地安排特色产品的专业化生产。根据这一思路，结合西藏自治区的实际情况，提出西藏农牧业和农牧区经济结构战略性调整的总体构架为："九个生态经济区"、"九个特色优势资源生产基地"和"九个特色优势产业"。

(一)生态经济区确定的原则与生态经济分区

在一定自然生态环境条件下的生态系统生产力是有一定限度的，通过人为能量和物质的投入，特别是高新技术的应用，生产力可以得到提高，但是其中有投入与产出的效益高低问题，以及对生态环境是否产生破坏的问题[1]。人类经济活动只有建立在较少投入能有较大产出且生态环境不受破坏的生态经济系统发展规律的基础上，才能实现区域可持续发展，保证农牧民收入持续稳定地增长。因此，农牧业和农牧区经济结构战略性调整必须建立在生态经济分区的基础上。生态经济区划分原则如下。

1. 原则

(1)区域地貌、气候和主要生态系统类型组合特点的相对一致性；

(2)区域生态经济系统结构与功能的相似性；

(3)经济的发展与资源和自然生态系统承载力的适应性。

2. 生态经济分区

根据上述原则，将西藏自治区划分出九个一级生态经济区(见书后图 5-19-1)。

城镇郊区产供销和农工贸综合发展区在空间上呈不连续状态分布，严格意义上讲属于一种类型区，但考虑到它在带动农牧产业化发展中的重要性，把它作为一个生态经济区。

(二)特色优势资源生产基地确定原则与生产基地的选择

1. 原则

(1)在西藏自然环境条件下，通过长期人类生产实践活动，形成了具有西藏特色的优势资源；

(2)通过基础设施的建设和现代科学技术的应用与推广，能够促进特色优势资源生产规模进一步扩大；

(3)有使特色资源尽快转化为特色优势产业的基础条件；

(4)对促进农牧民增收有重要的带动作用；

(5)容易形成具有市场优势的产业与产品。

2. 特色优势资源生产基地

根据上述原则，提出西藏自治区应着重建立如下特色优势资源生产基地：

(1)"一江两河"中部以粮、经、饲料为主产的生产基地；

(2)藏东南山地以松茸、食用菌等林下产品为主产的生产基地；

(3)藏东南以果品类为主产的生产基地；

(4)藏东南山地以中药材资源为主产的生产基地；

(5)藏东北高原以优质牦牛为主产的培育基地；

(6)藏中北高原以优质绵羊和绒山羊为主产的培育基地；

(7)藏西高原以优质绒山羊为主产的培育基地；

(8)藏南山原岗巴羊、帕里牦牛培育基地；

(9)城镇郊区以优质绿色蔬菜为主产的生产基色。

(三)特色优势产业确定的原则与特色优势产业的选择

1. 原则

(1)有特色优势资源生产基地作依托；

(2)有使特色优势资源转化为特色优势产业的社会经济基础；

(3)有利于促进农牧业产业化经营的发展和龙头企业的形成；

(4)有利于加快农牧民收入的提高；

(5)有利于推动小城镇和乡镇企业的发展。

2. 特色优势产业

根据上述原则，提出西藏自治区重点发展的特色优势产业如下：

(1)藏中宽谷带以鲜奶、酥油及其他乳制品为主导产品的奶牛产业(简称奶牛产业)；

(2)藏中宽谷带以藏猪、藏鸡、禽蛋为主导产品的畜禽产业(简称畜禽产业)；

(3)以藏中宽谷带特色旅游产品和乡村旅游业开发为主体的旅游产业(将该地区旅游产业的发展与藏东南、藏西和珠峰等生态旅游资源的开发连成一体，形成西藏旅游产业)(简称旅游产业)；

(4)藏东南山地以食用菌、果品等为主的林、特产业(简称林特产业)；

(5)藏东南以天麻、红景天等为主导产品的藏药产业(简称藏药产业)；

(6)藏东北高原山地以牦牛肉、奶制品等产品为主导的牦牛产业(简称牦牛产业)；

(7)藏中北高原以优质地毯毛和绵羊肉产品以及山羊绒产品为主导的绵、绒山羊产业(简称绵、绒山羊产业)；

(8)藏西高原以优质山羊绒为主导产品的绒山羊产业(简称绒山羊产业)；

(9)城镇郊区以绿色蔬菜和畜禽等为主导产品的绿色食品产业(简称绿色食品产业)。

上述9个特色产业实际上可归纳为4个，即藏中宽谷带的奶牛产业和畜禽产业，可归属于特色农区畜牧业；藏西绒山羊产业，藏中北绵、绒山羊产业和藏东北牦牛产业，可归属为特色草原畜牧业；藏东南林特产业、藏药产业，可归属于特色生物产业；城镇郊区的食品产业和藏中宽谷带的畜产食品生产要突出无污染绿色食品的开发，即发展特色食品产业。

三、农牧业和农牧区经济结构战略性调整的区域布局

“九个生态经济区”、“九个特色优势资源生产基地”和“九个特色优势产业”是指导西藏自治区农牧业和农牧区经济结构战略性调整的基础。生态经济区为特色优势资源生产基地的选择与建设提供依据，特色优势资源生产基地的建设是特色优势产业发展的前提。离开生态经济区指导下的特色优势资源生产基地建设是盲目的，没有特色优势资源生产基地为依托的特色优势产业的发展是不可能持久的。可见，生态经济区、生产基地和产业三者之间是互为联系的。因此，如何使这三者之间达到最佳的组合，既使资源达到最有效的利用，又使农牧民收入快速提高和生态环境得到良好的保护，这是西藏自治区农牧业和农牧

区经济结构战略性调整取得成效的关键。现就九个生态经济区发展方向及其特色优势资源生产基地和特色优势产业的布局(见书后图 5-19-2、图 5-19-3)与发展分析如下。

(一)藏中宽谷农牧业综合发展区(Ⅰ)

该区范围主要为雅鲁藏布江中游流域区，涉及日喀则地区、山南地区和拉萨市，核心部分为“一江两河”的 18 个县(市、区)。这里宽谷平坝面积大，交通便利，经多年大强度的农牧业基础设施建设，农牧业生产条件得到显著的改善，自治区 30 个商品粮基地县绝大部分分布在该区，粮食已实现自给有余，多种经营和乡镇企业都得到较快较好的发展，是西藏经济、科技、文化最发达地区，资源开发程度、产业和城镇集聚程度较高，投资环境比较优越，在西藏社会经济发展中占有举足轻重的地位。目前该区不仅具有发展农牧业产业化经营的基础，而且具有培育和扶持龙头企业的有利条件，是西藏经济实现跨越式发展的依托之一。

为此，提出该区今后农牧业和农牧区综合发展方向为：在巩固商品粮、油基地基础地位的同时，逐步建立粮、经、饲三元农业结构，重点发展农区畜牧业和城郊畜牧业；深度开发旅游资源，大力发展旅游业，促进剩余农村劳动力向非农产业转移。

农牧业经济结构调整的重点是解决农产品(主要为粮食)总量较多，但转化加工能力不足；农业经济稳步发展，但农业比较效益不高；农牧业产业化经营已经起步，但龙头企业发展缓慢；农牧民收入在增加，但增长幅度不大等问题。

为此，在农牧业和农牧区经济结构调整中，应重点加强如下特色优势产业的发展：①以优质鲜奶、酥油和其他乳制品为主导产品的奶牛产业；②以优质藏猪、藏鸡、禽蛋为主导产品的畜禽养殖产业。这两个产业实际上属于农区畜牧业，有利于粮食主产区富裕粮食的转化，可以有效缓解因粮食价格低迷给农民带来的不利局面，为农牧民经济收入的提高创造条件。为使上述两个产业能够形成特色和保持优势不衰，需要加大本区以优质青稞、小麦、油菜和饲料为主产的粮、油、饲综合生产基地建设。

本区旅游资源特别是人文旅游资源特色突出，优势明显，通过对以拉萨市、日喀则市和泽当镇为中心的人文旅游资源的深度开发，可以带动拉萨—日喀则—阿里文化旅游带，拉萨—日喀则—珠峰人文、生态旅游带，拉萨—泽当—林芝人文、生态旅游带以及拉萨—日喀则—江孜—亚东人文、生态旅游带等旅游资源的开发和旅游业的发展，进而带动旅游带旅游产品的生产和乡村旅游的发展，这对农牧民收入的提高有重要的促进作用。

(二)藏东南山地特色林产品开发区(Ⅱ)

该区范围为林芝地区、昌都地区南部“三江”流域区以及山南地区的错那和隆子县部分地区。这里拥有我国少有和世界上罕见的高山峡谷地貌生态景观。在林芝地区有世界著名的雅鲁藏布江大峡谷以及该江支流——帕隆藏布、易贡藏布和尼洋河等深切河谷地貌生态景观。从河谷到山顶发育了以亚热带常绿阔叶林为基带的多个森林植被带，森林资源丰富，原始林面积大，生物种类多样，高山峡谷与茂密的原始森林和高山冰雪湖泊构成了世界上少有的自然生态景观，具有发展生态旅游的巨大潜力。多样的森林生态系统类型孕育了丰富的生物资源，其中食用菌类资源和药用动植物资源尤为丰富，具有很高的开发价值。与林芝地区紧邻的昌都地区的左贡、芒康、八宿等县，虽河谷地区气候较干燥，但亚高山地带云、冷杉等森林资源分布面积大，这里与云南香格里拉著名旅游区相连，具有发展生态旅游的有利条件。复杂多样的山地地貌类型形成多种多样的生物气候资源，这为多样性农林产品特别是林下产品的生产与开发奠定了良好的基础。

今后本区农牧业和农牧区发展方向为：在确保天然林保护和强化生态环境建设的前提下，重点发展以林副产品为主的林特产业和药用生物资源开发为主的藏药产业以及生态旅游资源开发，发展旅游业。

在农牧业和农牧区经济结构调整中，应重点加强以优质杂粮、土豆、果品和林下资源为主产的生产基地建设以及以优质中药材资源为主产的生产基地建设。

本区生态旅游资源独具特色，以林芝为中心，西沿尼洋河可直抵拉萨市，沿雅鲁藏布江河谷可达泽当，东沿波密可达著名的茶马古道旅游区，向东南可达南迎巴瓦和大峡谷等著名生态旅游景区。对这些线路生态旅游资源的开发可以带动旅游产品的生产和乡村旅游业的发展，这是促进本区农牧民增收的重要途径。

(三)藏东北高原山地畜牧业重点发展区(Ⅲ)

该区范围为那曲地区的东部和昌都地区的北部，涉及那曲、聂荣、安多、索县、比如、巴青和丁青、边坝、类乌齐、昌都、江达等县(区)。这里地貌类型以高原为主，它主要分布于那曲地区的东部；其次为山原地貌和中切割河谷，它们主要分布于昌都地区的北部。该区气候条件较好，属于高原亚寒带半湿润地区，适宜高原草甸和高山草甸植被生长发育，具有建设优良草场发展草原畜牧业的有利条件。同时这里交通相对便利，青藏铁路通车后，将为本区社会经济发展带来深刻影响。经过多年的牧业基础设施的建设，牧业生产条件得到较大改善，具有发展牧业产业化经营的基础。

今后该区牧业和牧区发展方向为：在加大退化草地综合治理和优质草场生产基地建设的基础上，重点发展特色草原畜牧业。

为此，在牧业和牧区经济结构调整中，应着力加大以牦牛肉、皮和奶制品等产品为主导的牦牛产业的发展。为保证该产业能尽快形成特色和优势，需要加大力度开展以优质牦牛培育为主的生产基地建设。

(四)藏中北高原湖区畜牧业适度发展区(Ⅳ)

该区位于那曲地区的西南部和日喀则地区的西部，涉及班戈、申扎、尼玛和萨迦、仲巴等县以及昂仁县、谢通门县部分地区和阿里的措勤县。这里地表平坦，湖泊众多，但气候寒冷，冷季时间长，降水较少，属于半干旱和半干旱向干旱过渡的气候类型，具有建设良好草场发展畜牧业的基本条件。公路交通相对便利，经过多年草地牧业基础设施的建设，牧业生产条件有了一定的改善。但由于自然生态环境条件差，受干冷气候的影响，牧草生长季节时间短，生物量低，草地生态系统脆弱，故不宜大规模、高强度地发展畜牧业。

今后牧业和牧区发展方向为：在实施退牧还草和退化草地治理的同时，加强优质草场生产基地建设，适度发展畜牧业。为此，畜牧业和牧区经济结构调整中，应适度发展以优质山羊绒、地毯毛和绵羊肉产品为主导的绵、山羊产业。为保证该产业能较快较好地形成特色和优势，需开展以优质绵羊和绒山羊培育为主的生产基地建设。

(五)藏西高原畜牧业适度发展区(Ⅴ)

该区位于西藏高原西部的阿里地区，涉及普兰、札达、噶尔、革吉县以及日土和改则县西南部分地区。这里地势平坦，西南部的森格藏布、噶尔藏布和朗钦藏布中下游河谷宽阔，地下水位较浅，光照条件好，具有发展优质、高产牧草资源的有利条件。而且这里交通条件较好，往东可通日喀则、拉萨，往西北可通新疆。本区海拔高，气候干冷，多数地区年雨量不足150mm，有些地区只有50～100mm，干旱化问题突出，草地生态系统生产力很低，每公顷牧草生物量不足1t，河谷两侧山坡植物稀少，甚至地表裸露，生态脆弱，发展畜牧业的条件差。

因此，本地区今后牧业和牧区发展方向为：加强河谷和湖盆低地区退化草地治理和优良草场生产基地建设，发展具有地方特色和市场优势的畜牧业。

在牧业和牧区经济结构调整中，紧密结合优良草场生产基地建设，发展以优质山羊绒为主导产品的绒山羊产业。

本区拥有“神山”、“神湖”、“土林”等著名的旅游精品，高原、雪山、湖群构成美丽的自然风光，具有很高的旅游开发价值。在现有干线公路交通基础上，进一步完善景区景点的交通基础设施和旅游服务设施，旅游业将会得到较好的发展，对促进这一地区社会经济发展和牧民收入的增加将产生重大影响。

(六)藏北高原自然生态保护区(Ⅵ)

该区位于西藏高原的北部，包括那曲地区尼玛县和双湖特区的大部分地区以及阿里地区改则县中北部和日土县北部区，海拔高，气候寒冷、干旱，植物生长期很短，草地生产力极低，生态系统非常脆弱，风、雪自然灾害频繁，人类难于生存和发展，是西藏和我国面积最大的无人居住区。在自然环境的长期演变过程中，形成了该地区特有的高原高寒荒漠、半荒漠生态系统，物种的特有性很强，国家一级保护动物藏羚羊在国内外享有很高的知名度，以保护藏羚羊为主的国家级自然保护区的保护活动已经启动。今后应按自然保护区的要求，把该地区自然生态系统的保护及其有关的建设提高到新的水平。

(七)珠峰地区高山自然生态保护区(Ⅶ)

该区位于西藏日喀则地区南部的喜马拉雅山脉中段，南与尼泊尔紧邻，涉及日喀则地区吉隆、聂拉木、定日、定结、岗巴等县的南部以及亚东南部地区，其中定日、聂拉木南部高山区属于国家级珠峰自然保护区的核心部分，境内除有世界最高峰——珠穆朗玛峰外，还有多座海拔8000m以上的高峰，如马卡鲁峰、卓奥友峰、希夏邦马峰等。

珠峰及其周围高大山峰为世界瞩目，这里不仅拥有绒布寺、协格尔曲寺等藏传佛教文化旅游胜地，还有吉隆、定日和亚东等县南向河流谷地的茂密原始森林，如嘎玛沟、吉隆沟等，知名度很高，具有开展旅游观光的无穷魅力；日喀则—定日—绒布寺和日喀则—定日—樟木旅游线路已成为西藏旅游业的“黄金线”，日喀则—江孜—亚东旅游线路也引起人们的极大关注。

以保护高山自然生态景观为前提的生态、人文旅游资源的开发应是本区社会经济发展和农牧民收入增加的主要方向和产业结构调整的重点。

(八)藏南喜马拉雅山原农林牧适度发展区(Ⅷ)

该区位于喜马拉雅山脉的东段，南与不丹和争议区紧邻，涉及日喀则地区的岗巴、康马县和山南地区的洛扎、隆子和错那县部分地区。该区大部分地区位于喜马拉雅山脉的雨影区，有较大面积的宽谷盆地，具有发展农业和牧业的土地条件，但是降水稀少，一般为300mm左右，加之地势高亢，气候寒冷，自然生态系统脆弱，生物生产力较低，农业和牧业都难于得到较好的发展，是属于比较贫困的典型的半农半牧地区。但是在洛扎和错那县南部的深切河谷和隆子县东部深切河谷发育了以暖温带、温带针阔叶混交林为基带的森林植被带，亚高山暗针叶林分布面积较大，尽管实行了天然林禁伐的政策，然而，林下特产资源开发和经济林木的发展还是具有一定的潜力。

上述分析表明，本区具有发展农业、牧业和林业的基本条件，但是各自的优势均不突出，难于形成规模化的特色资源生产基地和特色产品的产业化经营规模，其发展的总体方向为农牧林适度开发。在保护生态系统前提下，依据区域优势选择不同的发展方向。建议加强岗巴羊和帕里牦牛草场基地建设，发展以岗巴羊、帕里牦牛为主导产品的高山区畜牧业。

(九)城镇郊区产供销和农工贸综合发展区(IX)

该区的范围难以准确界定，一般是指城市和乡镇周围的农牧区。从实际情况考虑，一般又可分为狭义和广义两种。所谓狭义是指城镇与农村之间的结合带；广义是指城市管辖的农村县。从西藏实际情况出发，城镇郊区范围可包括结合带及对城镇影响较大和与城镇关系密切的结合带外围的农牧区。城镇郊区不但具有良好的农牧业基础设施条件以及交通和通信条件，而且具有较高的劳动力素质条件；由于郊区离城镇比较近，城区市场为郊区农畜产品的流通提供了有利条件；城区有关企业和公司为了获取投资的快速有效回报，一般都愿意就近谋取发展。显然，城镇郊区具备产供销和农工贸综合发展的基础和条件。在西藏产业结构调整中，应把拉萨市和日喀则、山南、林芝和昌都等地区行署所在地的郊区作为拉动农牧区经济发展和增加农牧民收入的重点发展区，其次对县级城镇和基础较好的建制镇应作出郊区农牧业综合发展的规划。

第三节　西藏高原草地退化沙化①

一、研究区域及研究简况

(一)研究区那曲地区概况

那曲地区位于西藏自治区北部的青藏高原腹地，南部和日喀则、林芝、拉萨等地市接壤，东靠昌都地区，西接阿里地区，北与新疆、青海毗连。介于29°56′20″～36°41′00″N、82°52′20″～95°01′00″E。全区面积39.54万km^2，占西藏国土面积的32.82%。

① 本节作者刘淑珍、周麟等，在1999年成文基础上作了修改、补充。

那曲地区幅员辽阔，地势高亢，自然条件较差，人口密度极小。全地区总人口33.0286万人(1995年)，约占全西藏总人口的1/7，平均0.8人/km^2左右，是全国人口密度最小的地区之一。该地区双湖特区北部约有13.68万km^2的土地，生态条件过于严酷，不适宜人居住，与阿里相邻的部分区域构成著名的“藏北无人区”。民族组成除少数汉、回族外，当地居民基本为藏族。

那曲地区平均海拔4500～5000m，相对高差一般在200～500m，最大高差1500m以上。气候寒冷属高原亚寒带气候，大部分地区年均温－4～4℃，极端最低气温－31～－41℃，≥0℃积温846～1514℃，≥10℃积温86～452℃。冬季寒冷，夏季温凉，冷凉季明显，冬春多大风，多数地区年均降水量300～690mm，区域差异明显，该区北部地区年均降水量100～50mm。

该地区地广人稀，土地利用率仅为58.02%，草地面积4.2亿亩(不包括难利用草地)，占西藏自治区草地面积的1/3，草地群落结构简单，种类成分单调，草地生态系统脆弱。近三十年来，由于人口快速增长和放牧强度增大带来的草地退化沙化问题日趋突出。全地区牧畜数量由1959年的249.36万头(只、匹)增至1995年的742.72万头(只、匹)，增加了197.85%，那曲地区1995年草场超载率高达298%，由此带来草场退化沙化问题严重。

(二)研究简况

自1996年1月至1997年12月，项目组对西藏那曲地区草地退化沙化问题进行了调查研究，在这两年期间，经历了准备阶段(含收集资料、遥感数据预处理等)、野外调查、室内分析研究(含样品分析，遥感数据运算、分析、编图及面积量算等)和编写报告等四个阶段。野外调查行程近万公里，调查草地植被样方121个，采集土壤样品150个、铯137样品120个，收集各种自然、社会、经济等数据近万个。在此基础上，完成那曲地区1：20万退化草地图81幅(国际分幅，彩色、黑白各1套)、工作报告和研究报告各1份、照片集1部，数据集1部。刘淑珍作为本项目负责人，与项目组主要研究人员周麟、仇崇善、张建平、方一平、高维森等对项目研究成果进行了系统总结，并于1999年出版《西藏自治区那曲地区草地退化沙化研究》专著，该项目获西藏自治区科技进步三等奖，本节对专著中的部分内容作介绍。

二、退化草地分类原则、方法及其系统

(一)分类原则

草地在自然因素变化和不合理人类活动影响下出现生态系统结构、功能的退化。突出地表现为植物种类减少、生物生产力下降、土层变薄、土地沙质化等。我们称这种草地为退化草地。

不同类型草地退化系列、阶段和速率有所不同，一般的退化过程是在其系列内部发生变化的，但有时也有跨系列的退化演替。这种现象被刘慎愕称之为“类型转化”，即系列之间的转化，如水生系列转化为中生系列，中生系列转化为旱生系列；或者相反。目前，我国关于退化草地分类的原则、方法和系统还没有一个统一的标准；对于草地退化

进行的专项研究所做的工作还不够多，不够深入。我们认为，退化草地分类原则、方法和系统应以一般草地分类原则、方法和系统为基础，又要充分考虑到退化草地的特殊性。为此，我们提出如下退化草地分类原则。

1. 综合性原则

草地退化是自然因素和人为因素共同影响下形成的草地演化过程，其中自然因素又是由多种要素组成的，特别是由于高原隆起而引起的一系列变化对草地退化的作用是不可忽视的。其中由高原隆起，全球气候变化而导致的水热条件变化影响最直接，它作用于草地的全过程，使草地退化形成明显的地带性。同时草地是人类直接利用的对象，人类活动的影响也是草地退化的最重要因子。因此草地退化是自然因素和人为因素综合作用的结果。

2. 相似性原则

遵循同类具有最大的相似性，不同类型相异的原则。也就是说相同一类具有最大的相似性，不论在草地类型、退化程度、水热条件及人类活动等各方面都有较好的相似性或者说是一致性，而不同类之间具有明显的差异性。

3. 定量与定性相结合的原则

用定性描述的方法进行草地分类，是草地分类的传统方法。它为草地分类理论的形成、发展作出了重要贡献。但这一方法的缺陷也是很明显的——分类标准的不确定性、模糊性，分类结果的相对不可比较性以及数理分析的不可能性。随着遥感技术和计算机技术的发展应用，从研究手段上要求将研究对象的一些特征数量化，以便快速、准确地进行大范围的定量研究。顺应这一发展趋势，本次退化草地分类采用定性与定量相结合的原则。

4. 实用性、可操作性原则

退化草地的分类既要体现分类系统的科学性和系统性，又要能给生产部门提供使用上的方便，也就是要具有可操作性，能够应用于生产实际中去，特别是能给基层业务干部提供一个判别草地退化的标准，对自己所管辖的区域内草地退化的现状作出比较准确的判定，提出合理的防治对策，指导当地畜牧业的持续发展。

(二)分类方法与分类系统

根据以上退化草地类型划分原则，运用已故贾慎修教授提出的“一般草地”的植物-地形学分类方法，对那曲地区的退化草地进行系统分类(表 19-5)。

表 19-5　那曲地区退化草地分类系统表

类型名称	亚类代码	亚类名称	退化程度代码	
(退化)高寒草原类	A	(退化)高寒草甸草原亚类	A6	无或无明显退化
			A5	轻度退化
			A4	中度退化
			A3	重度退化
	B	(退化)高寒草原亚类	B6	无或无明显退化
			B5	轻度退化
			B4	中度退化
			B3	重度退化
	C	(退化)高寒荒漠草原亚类	C6	无或无明显退化
			C5	轻度退化

续表

类型名称	亚类代码	亚类名称	退化程度代码	
			C4	中度退化
			C3	重度退化
(退化)高寒草甸类	D	(退化)高原高寒草甸亚类	D6	无或无明显退化
			D5	轻度退化
			D4	中度退化
			D3	重度退化
	E	(退化)高山高寒草甸亚类	E6	无或无明显退化
			E5	轻度退化
			E4	中度退化
			E3	重度退化
	F	(退化)高寒沼泽化草甸亚类	F6	无或无明显退化
			F5	轻度退化
			F4	中度退化
			F3	重度退化
(退化)山地草甸类	G	(退化)亚高山草甸亚类	G6	无或无明显退化
			G5	轻度退化
			G4	中度退化
			G3	重度退化

在此需要指出，由于研究经费不足，野外考察时间短，未能对那曲地区的全部草地型进行退化调查，仅就草地“类”、“亚类”、“组”和代表性的草地型进行了较为深入的调查。因此本节拟定的那曲地区退化草地类型分类系统仅是一个初步方案，还有待完善。其不完善之处主要表现在除具代表性的几个草地型以外，对其他草地型的退化研究还不够深入，其间的退化演替关系还不甚明了。但这一方案的成功之处在于，它是一个关于那曲地区草地退化的基本方案，即代表性草地型的退化演替过程已基本上明确，以后的工作，就是在这一工作基础上去补充、发展、完善。

(退化)草地类：具有相同的以水热条件为中心的大气候带特征和相同的顶极植被类型，有独具的地带性特征。退化草地“类”是退化草地类型分类的最高级单位。大致相当于以水分状况划分的退化系列：如草甸退化系列、草原退化系列、荒漠退化系列。

(退化)草地亚类：亚类是类的补充，在类的范围内其大地形或土壤基质有明显差异的退化草地。同一退化草地亚类具有相同的退化形成过程和相同的中级植被类型。

(退化)草地组：指退化草地建群种植物或共建种植物所属经济类群一致的退化草地。它是退化草地分类的中级单位。它相当于植被学分类的中级单位“群系”。

(退化)草地型：在退化草地组的范围内，生境一致，草群主要层(饲用植物层)的优势种植物或共优种植物相同，利用方式一致的草地。它是退化草地分类的基本单位。它相当于植被学的基本分类单位“群丛”。

(退化)草地阶段：它不具备退化草地分类学的意义，它与退化草地的各分类单位“类”、“亚类”、“组”、“型”之间没有隶属和高低关系。退化草地“类”的变化过程也可以划分为不同阶段，如丛生禾草阶段、根茎禾草阶段、杂类草阶段等；草地“组”和“型”的变化过程同样也可以用不同阶段来划分，如紫花针茅(草地型)阶段，紫花针茅+

杂类草(草地型)阶段等。因此，在本次拟定的那曲地区退化草地分类系统中，我们将退化草地阶段划分为4个，即无退化或无明显退化、轻度退化、中度退化、重度退化；这种划分，从实际意义上讲，是基于退化程度的划分。根据这一原则，本次对那曲地区所属的8个草地亚类和若干个代表草地型进行退化阶段(程度)的划分。

三、退化草地分类指标体系

前面已经提到，草地退化是在自然因素和人为因素作用下所发生的草地生态系统结构、功能的衰退过程。随着退化程度的发展，整个草地生态系统的各个环节也发生相应的变化：草地群落的建群种、优势种发生更替，种类成分发生变化，优良牧草、可食牧草的比例下降，劣草、害草、毒草的比例增加，草地盖度减小；产草量下降，载畜能力降低，草地生境退化，土壤紧实或沙化，水土流失严重，水、肥条件恶化，草地鼠、虫害严重。

不同的退化草地类型，它们退化的评价因子大致相同，但具体指标差别较大。因此，需要研究提出不同退化草地类型的综合性的分类指标。通过实地探查研究提出高寒草原类和高寒草甸类退化草地分类指标体系，见表19-6和表19-7。

表19-6　高寒草原退化草地分类指标体系

因子	指标 \ 程度（或阶段）	无或无明显退化（适度利用）	轻度退化	中度退化	重度退化
牧草地	盖度/%	75～80	35～74	16～34	≤16
	建群种	紫花针茅、青藏苔草、羽柱针茅	建群种基本未发生变化但其优势地位有所下降	建群种常由原建群种与新发展的其他草类形成共建种	建群种中有荒漠种植物如垫状驼绒藜和蒿类
	优势种	高山嵩草、矮生嵩草、粗壮嵩草、细叶苔草、早熟禾等	二裂委陵菜、早熟禾、羊茅、燥原芥等	兰石草、独一味、矮火绒草、摩苓草、棘豆等	二裂委陵菜、燥原芥、矮火绒草、苔状蚤缀、蒿类等
	毒、害草	毒、害草较少	毒、害草较多	毒草很多：狠毒、棘豆、黄芪、摩苓草、青海棘参	除毒草外，劣质草比例增大
	产草量/(kg/亩)	≥45	30～44	16～26	≤15
土壤	有机质	>35g/kg	25～35g/kg	15～24.9g/kg	<15g/kg
	紧实度	疏松	变化不明显	疏松或紧实	疏松或紧实
	地表状况	地面生草土发育较弱，沙壤，常有石砾分布	生草土常被破坏，开始出现沙化现象	地表有沙化现象，石砾较多	地表沙砾化
牲畜	载畜能力/(羊单位/百亩)	≥1.3	1.0～1.3	0.5～1.0	≤0.5
其他	鼠害虫害	鼠害较轻	鼠害较重	鼠害严重	鼠害严重

表 19-7　高寒草甸类退化草地分类指标体系(不包括沼泽化草甸)

因子	指标　程度(或阶段)	无或无明显退化(适度利用)	轻度退化	中度退化	重度退化
牧草地	盖度/%	90～95	60～89	30～59	≤29
	建群种	高山嵩草、三角草、金露梅、圆穗蓼、鸡骨柴、矮生嵩草	建群种未发生变化，但其优势地位有轻微下降	建群种的优势地位明显下降，中生杂类草增多，甚至成为共建种之一	建群植物由草甸种和草原种(紫花针茅，青藏苔草)等共同组成
	优势种	高山嵩草、矮生嵩草、圆穗蓼等	垂穗披碱草、矮生高山嵩草、早熟禾、洽洽草、羊茅等	紫花针茅、青藏苔草、早熟禾、矮火绒草、垫状点地梅等	矮火绒草、垫状点地梅、小叶棘豆、劲直黄芪等
	毒、害草	几乎无	偶见种	常见种	大量种(大量出现棘豆、黄芪类毒草)
	产草量/(kg/亩)	70 或≥80(90)	(50)60～79(89)	35～59(65)	≤34
土壤	有机质	>45g/kg	30～45g/kg	15～29g/kg	<15g/kg
	紧实度	弹性好	弹性好	弹性不明显	土壤紧实
	地表状况	几乎全被牧草覆盖，生草土发育良好，无水蚀、风蚀	地面未被牧草全部覆盖，生草土发育良好，无风蚀，无明显水蚀	地面有明显的裸露，草被啃食严重，甚至生草土裸露，有纹沟、细沟侵蚀，有轻度风蚀	地面大部裸露，草被啃食很严重，有生草土缺失现象，放牧痕迹明显，细沟、纹沟密布，风蚀很明显，甚至沙砾化
牲畜	载畜能力/(羊单位/百亩)	≥3	2.4～3.0	1.3～2.4	≤1.2
其他	鼠害虫害	未发现鼠、虫害，未发现新鼠洞	偶尔发现有新鼠洞	常可发现有高原鼠兔出没	鼠洞密度高，可达 100 个/亩左右，鼠害严重

四、退化草地类型分布、面积及其特征

根据 1986～1991 年西藏那曲草地资源调查，将那曲地区草地类型分为 4 个草地“类”，8 个草地“亚类”，19 个草地“组”和 43 个草地“型”。草地型不仅是草地分类的基本单位，也是草地经营的基本单位。同一草地型的草地其生境条件一致，对人类活动影响的反映一致，草地培育、改良的措施、方法也相同。我们从全部草地型中选择出类型典型、面积较大、最具草地畜牧业生产价值的 16 个草地型进行退化现状及生产力评价，它们的草地面积和理论载畜量分别占全地区草地总面积和总载畜量的 89%和 90%；另外，未选择的其他 27 个草地型不仅面积小，生产意义不大，对其特点不作论述，而且其中一部分为所选择的 16 个草地型中的有关型退化演替而成。已出版的“《专著》”中对 16 个较重要的草地型进行了评述。本节只对其中高寒草原类中的高寒草原亚类的 5 个草地型和高寒草甸类中的高原高寒草甸亚类的 3 个草地型退化情况进行评述。

(一)高寒草原类

高寒草原类草地是在高寒干旱的气候条件下形成的以寒旱生的多年生草本植物或小

半灌木植物占优势而组成的草地类型。

高寒草原类草地是那曲地区中西部的主要草地类型。尼玛县大部、班戈、申扎西南，占据着一个连续而广阔的空间，全地区总面积29486.28万亩(不包括荒漠草原)，可利用面积23439.46万亩，分别占全地区面积及可利用面积的70.2%和65.7%。退化面积占该类草地面积的47.2%。其中轻度退化面积占退化总面积的57.5%，中度占31.0%，重度占11.5%。

该草原类的高寒草原亚类草地分布面积较大，为26989.21万亩，占高寒草原类面积的79.2%，在该草原类各亚类中是面积最大的。其主体分布于那曲地区西北部辽阔而平坦的高原面或山地，分布区海拔4600～5200m，以原文部、双湖办事处面积最大。境内气候寒冷干旱，中生植物极少出现，只有寒旱生的植物生长发育，土壤为高山草原土。

该亚类下分3个草地组、10个草地型，从其中选择出较为重要的5个草地型进行分析、评述。它们是紫花针茅草地型，紫花针茅－青藏苔草草地型、紫花针茅－珠峰苔草草地型、青藏苔草草地型和青藏苔草－紫花针茅草地型。这5种草地型的面积占本亚类草地面积的绝大部分，达到90.3%。

1. 紫花针茅草地型

该草地型分布在那曲县那么切乡、自白乡，安多县措玛乡、德沙乡、强马乡及班戈、申扎、原文部、双湖的大部分乡，约占据海拔5000m以下的湖盆和高原面。

该草地型是以紫花针茅为建群种组成的单优草地群落，藏北地区是紫花针茅的现代分布中心，以它为建群种组成的草地群落是西藏高原草地植被的最主要代表。无明显退化群落成分大多为草原种：青藏苔草、二裂委陵菜、矮火绒草、燥原芥(*Plilotrichum conescens*)、独一味(*Lamiophlomls rotata*)、肉果草(*Lancea tibetica*)、垫状点地梅(*Audrosace tapete*)、藏蒲公英(*Taraxacum tibetbnum*)、蒿属(*Artemisia*)植物等，一般有6～15种成分。群落层次分化不明显，草层高度一般为20～30cm，盖度20%～40%，高者可达75%，鲜草产量一般为34.8kg/亩，高者可达80kg/亩。一般可食牧草32.3kg/亩，占总量的92.8%，不可食牧草和有毒植物较少，占7.2%，盖度小于5%。在可食牧草中，禾草占67.8%，莎草占10.2%，其他草类占22.2%。紫花针茅抽穗期干物质中粗蛋白质12.0%，无氮浸出物42.9%，粗脂肪4.3%，粗纤维33.3%，粗灰分7.5%，钙0.97%，磷0.08%，属3等8级草地。

目前，紫花针茅草地因放牧过重而发生退化、沙化。紫花针茅－摩苓草－西藏黄芪草地型就是紫花针茅草地型的退化类型。该型草地中紫花针茅的优势度明显降低，而摩苓草、西藏黄芪(*Astragalus tibetanus*)这两种牲畜不食的毒、害草成为建群种。该草地属中、重度退化，退化情况及生产力见表19-8。

2. 紫花针茅－青藏苔草草地型

该草地型分布于班戈县康日乡、玛前乡、门当乡、雪如乡、德庆乡、新吉乡；申扎县的马跃乡、雄梅乡、色林乡，安多县的岗尼乡、色务乡、扎曲乡、强马乡、措玛乡及原文部办的阿索乡、中仓乡、俄久乡及双湖特区。常占据海拔4900～5200m的山地或高原面，下接紫花针茅型或紫花针茅－杂类草型草地。

紫花针茅、青藏苔草二者为草地群落的共建种，其中一部分属紫花针茅草地型的退化类型，另一部分属紫花针茅草地型与青藏苔草草地型之间的过渡类型。如申扎县申扎乡达拉玉错附近的紫花针茅－青藏苔草草地型退化极为严重。狼毒成为优势种，分盖度占总盖度的近一半，生物量占总生物量的 77%。常见的伴生种有二裂委陵菜、燥原荠、小叶棘豆、矮火绒草、早熟禾、羊茅、细叶苔草、冰草、矮金露梅、沿草、长爪黄芪(*Astragalus hendersonii*)、轮叶棘豆(*Oxytropis chiliophylla*)、风毛菊(*Saussurea*)、冻原白蒿(*Artemisia stracheyi*)、粗壮嵩草等。草层高 6～25cm，盖度 20%～50%，平均每亩产鲜草 36.3kg，其中可食草类 34.5kg/亩，占总产草量的 95.2%，不可食和有毒有害草类占 4.8%。在可食饲草中，禾草占 53.7%，莎草占 30.8%，其他科草类占 7.5%。八月抽穗期测定，干物质中含粗蛋白质 11.45%，无氮浸出物 44.55%，粗脂肪 3.22%，粗纤维 28.57%，粗灰分 12.21%，钙 0.54%，磷 0.10%，属 3 等 8 级草地。

表 19-8　紫花针茅草地型在各县的分布面积、退化情况及生产力

项目/数量 县(办)	草地面积/万亩		退化面积/万亩				产草量/(kg/亩)			
	总面积	可利用面积	无	轻	中	重	无	轻	中	重
那曲	20.54	17.46	3.53	7.89	5.74	3.38	40	37	27	14
安多	143.62	122.08	24.67	55.19	40.13	23.63				
申扎	166.16	141.24	28.55	63.86	46.43	27.32				
班戈	1143.25	971.76	196.41	439.35	319.42	188.07				
双湖尼玛	3686.05	3206.27	2022.97	897.64	567.65	197.79				
合计	5159.72	4458.81	2276.13	1463.93	979.37	440.19				

项目/数量 县(办)	理论载畜量/万羊单位				载畜能力/(羊单位/百亩)				载畜量合计/万羊单位
	无	中	轻	重	无	轻	中	重	
那曲	0.05	0.09	0.05	0.02	1.3	1.2	0.89	0.5	0.21
安多	0.32	0.66	0.36	0.12					1.46
申扎	0.37	0.77	0.42	0.14					1.70
班戈	2.55	5.27	2.87	0.94					11.63
双湖尼玛	26.93	10.78	5.04	1.26					44.01
合计	30.22	17.57	8.74	2.48					59.01

这一类型的草地主要分布于双湖特区以北地区，由于海拔较高，气候寒冷、干旱、风力强劲，出现不同程度的退化；其他县域紫花针茅－青藏苔草草地型退化相对较重。该类型在各县的分布面积、退化特点及生产力见表 19-9。

3. 紫花针茅—珠峰苔草草地型

该草地型分布于安多县岗尼乡、扎曲乡、强玛乡、德沙乡及申扎、原文部、双湖办事处的大部分乡。地处海拔 4900～5200(5400)m 的山地或高原面，地表多砾石。紫花针茅、珠峰苔草是草地的共建种，常见的伴生种有细叶苔草、二裂委陵菜、藏荠(*Hedinia tibetica*)、丛生黄芪(*Astragu lus confertus*)、小叶棘豆、垫状风毛菊、苔状蚤缀(*Arenaria bryophylla*)、垫状点地梅等。草层高 4～8cm，盖度 15%～40%，草地平均亩产鲜草 40.9kg，其中可食牧草 37.0kg，占总产量的 90.5%，不可食和有毒植物占 9.5%。在可食牧草重量组成中，禾草占 54.1%，莎草占 34.7%，其他科草类占 11.2%。属 3 等 8

级草地。

该草地型分布海拔高，植株低矮、稀疏，牧草产量低。宜做藏羊的暖季放牧场或暖季临时放牧场，其分布面积、退化情况及生产力见表 19-10。

表 19-9 紫花针茅－青藏苔草草地型在各县的分布面积、退化情况及生产力

县(办) \ 项目/数量	草地面积/万亩		退化面积/万亩				产草量/(kg/亩)			
	总面积	可利用面积	无	轻	中	重	无	轻	中	重
安多	538.30	457.56	92.48	206.87	150.40	88.55	40	35	25	12
申扎	104.48	88.81	17.95	40.15	29.19	17.19				
班戈	85.56	72.73	14.70	32.88	23.91	14.07				
双湖尼玛	3075.66	2614.32	1649.48	732.01	468.73	225.44				
合计	3804.00	3233.42	1774.61	1011.91	672.23	345.25				

县(办) \ 项目/数量	理论载畜量/万羊单位				载畜能力/(羊单位/百亩)				载畜量合计/万羊单位
	无	中	轻	重	无	轻	中	重	
安多	1.20	2.28	1.20	0.35	1.30	1.13	0.80	0.40	5.03
申扎	0.23	0.44	0.23	0.07					0.97
班戈	0.19	0.36	0.19	0.06					0.80
双湖尼玛	21.42	8.32	3.80	0.88					34.42
合计	23.04	11.4	5.42	1.36					41.22

表 19-10 紫花针茅－珠峰苔草草地型在各县的分布面积、退化情况及生产力

县(办) \ 项目/数量	草地面积/万亩		退化面积/万亩				产草量/(kg/亩)			
	总面积	可利用面积	无	轻	中	重	无	轻	中	重
安多	292.60	248.71	49.10	112.45	81.75	49.30	38	32	24	10
申扎	604.99	514.24	101.52	232.50	169.03	101.94				
班戈	245.97	209.07	41.27	94.53	68.72	41.45				
双湖尼玛	3656.1	3107.69	1960.77	870.15	556.73	268.45				
合计	4799.16	4079.71	2152.66	1309.13	876.23	461.14				

县(办) \ 项目/数量	理论载畜量/万羊单位				载畜能力/(羊单位/百亩)				载畜量合计/万羊单位
	无	中	轻	重	无	轻	中	重	
安多	0.58	1.12	0.65	0.15	1.2	1.0	0.8	0.3	2.5
申扎	1.22	2.32	1.35	0.30					5.19
班戈	0.49	0.94	0.54	0.12					2.09
双湖尼玛	24.19	9.04	4.34	0.87					38.44
合计	26.48	13.42	6.88	1.44					48.22

4. 青藏苔草草地型

该草地型分布于那曲地区西北部，海拔 4600～5200(5400)m 的湖盆、湖滨阶地、宽谷阶地及高原丘陵山地，安多县岗尼乡、帮爱乡、原文部办事处军仓乡，俄久乡及原双湖办事处的大部分乡。

该草地型以青藏苔草为单优建群种，土壤沙性较强，地表常覆盖有小的砾石。常见的伴生种有二裂委陵菜、藏荠、小叶棘豆、早熟禾、冰草、风毛菊、紫花针茅等。草层高 3～25cm，分两层，上层青藏苔草高 10～15cm，下层草高 3～10cm，盖度 12%～50%。平均亩产可食牧草 32.4kg，其中禾草占 8.6%，莎草占 69.1%，杂类草占 22.5%，不可食和有毒植物较少，盖度小于 2%，产量仅占总产量 0.8%。一般在 5 月中、下旬开始返青，7 月中旬抽穗，8 月底结籽，9 月中旬地上部分死亡，进入枯草期，生长发育期约 120 天。青藏苔草抽穗期，草地干物质中含粗蛋白 12.09%，无氮浸出物 38.32%，粗脂肪 3.93%，粗纤维 38.18%，粗灰分 7.58%，属 3 等 8 级草地。

该型草地在各县分布面积、退化情况及生产力见表 19-11。

表 19-11 青藏苔草草地型在各县的分布面积、退化情况及生产力

项目 / 数量 / 县(办)	草地面积/万亩		退化面积/万亩				产草量/(kg/亩)			
	总面积	可利用面积	无	轻	中	重	无	轻	中	重
安多	56.18	47.75	9.65	21.59	15.70	9.24				
尼玛双湖	3838.34	3262.59	2058.5	913.5	584.96	281.38	38	35	30	14
合计	3894.52	3310.34	2068.2	935.09	600.66	290.62				

项目 / 数量 / 县(办)	理论载畜量/万羊单位				载畜能力/(羊单位/百亩)				载畜量合计/万羊单位
	无	中	轻	重	无	轻	中	重	
安多	0.12	0.26	0.16	0.05					0.59
尼玛双湖	25.40	10.38	5.70	1.28	1.23	1.14	0.98	0.46	42.76
合计	25.52	10.64	5.86	1.33					43.35

5. 青藏苔草-紫花针茅草地型

该草地型分布于安多县强马乡、措玛乡、扎曲乡、岗尼乡、色务乡、腰卡乡、原文部办事处的阿索乡、中仓乡、饿久乡、吴尔多乡及双湖办事处的大部分乡。

此型草地为紫花针茅型草地与青藏苔草型草地的过渡类型。草地中青藏苔草和紫花针茅是共建种。常见的伴生植物有二裂委陵菜、粗壮嵩草(*Kobresia robusta*)、丛生黄芪、苔状蚤缀及多种风毛菊等。草层高 4～10cm，盖度 12%～30%。平均亩产鲜草 40.8kg，其中禾草占 47.3%，莎草占 43.5%，杂类草占 9.2%，毒害草和不可食草类较少，仅占总产量的 3.2%，抽穗期牧草干物质中含粗蛋白质 9.68%，无氮浸出物 47.83%，粗脂肪 4.5%，粗纤维 31.72%，粗灰分 6.2%，钙 0.46%，磷 0.06%，属 3 等 8 级草地。

该型草地在各县分布面积、退化情况及生产力见表 19-12。

表 19-12　青藏苔草－紫花针茅草地型在各县的分布面积、退化情况及生产力

项目 / 数量 / 县(办)	草地面积/万亩		退化面积/万亩				产草量/(kg/亩)			
	总面积	可利用面积	无	轻	中	重	无	轻	中	重
安多	182.72	155.31	31.39	70.22	51.05	30.06				
尼玛双湖	6807.29	5821.75	3673.18	1630.19	1039.31	464.61	49	45	30	20
合计	6990.01	5977.06	3704.57	1700.41	1090.36	494.67				

项目 / 数量 / 县(办)	理论载畜量/万羊单位				载畜能力/(羊单位/百亩)				载畜量合计/万羊单位
	无	中	轻	重	无	轻	中	重	
安多	0.50	0.98	0.51	0.18					2.17
尼玛双湖	58.43	23.81	10.17	3.26	1.6	1.46	0.98	0.66	95.67
合计	58.93	24.79	10.68	3.44					97.84

(二)高寒草甸类

高寒草甸在那曲地区主要分布于东部高山峡谷区及中部高原宽谷区，在西部班戈、申扎县境内的山体上部也有分布。其分布高度与西南季风向高原内部楔入的方向和影响强度有关。总的趋势是由东南向西北增高。东部海拔一般 4300～4900(5200)m，中部为 4400～5200m，西部为 4600～5300(5400)m。

高寒草甸类草地是那曲地区重要的畜牧业生产基地。是牦牛的集中分布区，草地面积 12430.06 万亩，可利用面积 12181.46 万亩，分别占全地区草地面积及可利用草地面积的 29.6%和 34.1%。退化面积 6538.05 万亩，占草地面积的 52.6%。本草地类分 3 个草地亚类，各亚类分布面积、退化情况及生产力见表 19-13。高原高寒草甸亚类有 11 个草地型，其中，高山嵩草草地型、高山嵩草－紫花针茅草地型和高山嵩草－杂类草草地型面积占该亚类面积的 70%，故本文对这 3 种草地型作简要评述。

表 19-13　高寒草甸类各亚类分布面积、退化情况及生产力

项目 / 亚类	草地面积/万亩		退化面积/万亩				退化比率/%		
	总面积	净面积	无	轻	中	重	轻	中	重
高原高寒草甸	5658.29	5545.12	2392.56	2346.86	755.79	163.08	71.9	23.1	5.0
高山高寒草甸	5350.24	5243.24	2878.66	1912.57	514.73	44.28	77.4	20.8	1.8
高寒沼泽草甸	1421.53	1393.10	620.79	616.03	140.29	44.42	76.9	17.5	5.6
合　计	12430.06	12181.46	5892.01	4875.46	1410.81	251.78	75.4	20.5	4.1

1. 高山嵩草草地型

高山嵩草草地群落草层低矮、垫状，一般为 1～3cm；盖度较大，一般为 60%～90%，高者可达 95%以上。群落一般无层次分化，外貌黄绿色，夏秋季相较为华丽；种的丰富度较高，一般每平方米 20 余种左右，常见的伴生种有圆穗蓼、矮生嵩草、高山唐松草、草地早熟禾、洽洽草、垂穗披碱草、金露梅、兰石草、紫苞风毛菊、异叶青兰，西藏黄芪、矮火绒草、藏荨麻、细叶苔草、垫状点地梅、垫状蚤缀等。草地平均亩产鲜草70kg，其中可食牧草66.0kg/亩，占总产量的94.3%，不可食草4.0kg/亩，占5.7%。在可食牧草中，禾草占21.7%，莎草占62.6%，其他科牧草占15.7%。抽穗结实期(7~8月)，牧草干物质中含粗蛋白质13.24%，粗纤维21.62%，粗脂肪4.97%，无氮浸出物51.95%，粗灰分8.22%，属1等7级草地。

目前，该草地型载畜量普遍偏高，已出现了不同程度的草地退化，一部分草地的水分状况趋于干旱化，旱生的草原植物成分逐渐渗入，形成草原化草甸；另外，少部分草地中毒、害草大量渗入，如小叶棘豆、劲直黄芪、披针叶黄花等。如聂荣县城东10km，错江库附近，有一高山嵩草草地型严重退化迹地，生草土层全部缺失，地表为1~10cm不等的砾石，群落组成主要为野葱和火绒草，群落盖度5%，生物量13.3kg/亩。

该草地型分布面积、退化情况及生产力见表19-14。

表19-14 高山嵩草草地型分布面积、退化情况及生产力

项目 数量 县(办)	草地面积/万亩		退化面积/万亩				产草量/(kg/亩)			
	总面积	可利用面积	无	轻	中	重	无	轻	中	重
聂荣	99.61	97.62	42.12	41.32	13.31	2.86				
比如	17.76	17.40	7.51	7.37	2.37	0.51				
那曲	254.10	249.02	107.43	105.4	33.95	7.32	90.5	79.4	64.1	34.2
安多	0.13	0.13	0.05	0.05	0.02	0.01				
合计	371.60	364.17	157.11	154.14	49.65	10.7				

项目 数量 县(办)	理论载畜量(万羊单位)				载畜能力(羊单位/百亩)				载畜量合计/(万羊单位)
	无	中	轻	重	无	轻	中	重	
聂荣	1.81	1.57	0.4	0.06					3.84
比如	0.32	0.28	0.07	0.01					0.68
那曲	4.62	4.00	1.01	0.15	4.3	3.8	3.0	2.1	978
安多	0.002	0.002	0.001	极小					0.005
合计	6.75	5.85	1.48	0.22					14.3

2. 高山嵩草—紫花针茅草地型

该草地型主要分布于那曲地区中西部那曲、安多、申扎、班戈四县境内。常占据海拔4600~5200m的河滩、阶地、宽谷和山体上部。该草地型是高寒草原与高寒草甸草地的过渡类型。土壤为高山草原草甸土，草毡层薄，不连续，呈斑状。

高山嵩草、紫花针茅是草地的共建种，草层分两层，上层禾草高5~15cm，下层为高山嵩草等，高1~5cm，盖度50%~60%，草地中旱生植物明显增加，常见的伴生植物有郦氏洽草、钉柱委陵菜(*Potentilla saundersina*)、草地早熟禾、细叶苔草、羊茅、二裂委陵菜、矮火绒草、矮生嵩草、西藏蒲公英、高山唐松草、紫苞风毛菊、小叶棘豆、垫状蚤缀、垫状点地梅、红花角蒿、独一味、丛生黄芪、金露梅等。草地平均亩产鲜草55.1kg，其中可食牧草52.9kg。不可食草类虽然种类多，但在草地中的参与度极低。在可食牧草中，禾草占的比重较大，为46.5%，其次是莎草，占38.3%，其他草类占15.2%。牧草抽穗结实期干物质中含粗蛋白质12.9%，粗纤维32.21%，粗脂肪3.87%，无氮浸出物45.57%，粗灰分5.43%。属2等7级草地。

该草地型已出现不同程度的退化，其退化情况及生产力见表19-15。

表19-15　高山嵩草－紫花针茅草地型分布面积、退化情况及生产力

县(办) \ 项目 数量	草地面积/万亩		退化面积/万亩				产草量/(kg/亩)			
	总面积	可利用面积	无	轻	中	重	无	轻	中	重
申扎	566.72	555.39	239.61	235.08	75.71	16.32				
安多	108.97	106.79	46.07	45.20	14.56	3.14				
聂荣	4.20	4.12	1.78	1.74	0.56	0.12				
那曲	164.62	161.33	69.60	68.28	21.99	4.75	75	61	51	31
班戈	499.19	489.21	211.05	207.06	66.69	14.39				
尼玛双湖	338.53	331.76	143.14	140.43	46.04	8.92				
合计	1682.23	1648.60	711.25	697.79	225.55	47.64				

县(办) \ 项目 数量	理论载畜量/万羊单位				载畜能力/(羊单位/百亩)				载畜量合计/万羊单位
	无	中	轻	重	无	轻	中	重	
申扎	8.62	6.82	1.82	0.24					17.5
安多	1.66	1.31	0.35	0.05					3.37
聂荣	0.06	0.05	0.01	0.002					0.12
那曲	2.50	1.98	0.53	0.07	3.6	2.9	2.4	1.5	5.08
班戈	7.60	6.00	1.60	0.21					15.41
尼玛双湖	5.15	4.07	1.10	0.13					10.45
合计	25.59	20.23	5.41	0.70					51.93

3. 高山嵩草－杂类草草地型

高山嵩草－杂类草草地型是高寒草甸草地的主要类型，构成中部高原宽谷区的水平地带性景观，分布面积大，居高原高寒草甸亚类各草地型之首。

草地建群种为高山嵩草和矮生嵩草、圆穗蓼。常见的伴生植物有：藏北嵩草、垂穗披碱草、银洽草、羊茅、紫羊茅(*Festuca rubra*)、草地早熟禾、高山米口袋(*Gueldenstaedtia himalaica*)、兰石草、独一味、华丽龙胆、花亭驴蹄草、乳白香青(*Anaphallis lactea*)、萝卜秦艽、藏玄参(*Oreosolen wattii*)、唐古拉马先蒿、长果婆婆纳(*Veronice eriogyne*)、银莲花、狼毒、劲直黄芪、丛生黄芪、高山唐松草、高山紫苑(*Aster alpinus*)、短柄虎耳草(*Saxifraga brachypoda*)等。草地层次分化不明显，草群低矮，仅1~3cm高，盖度40%~80%，高者可达90%，夏季季相较壮丽，以翠绿色的高山嵩草为背景，点缀着花色不同的杂类草。

该草地型平均亩产鲜草 64.4kg，其中可食牧草 58.8kg，不可食草类 5.6kg。在可食牧草中禾草占 13.4%，莎草占 55.3%，其他科草类占 31.3%。抽穗期干物质中含粗蛋白质 14.22%，无氮浸出物 53.96%，粗纤维 18.45%，粗脂肪 4.34%，粗灰分 9.03%，属 1 等 7 级草地。该草地型在各县的分布面积、退化情况及生产力见表 19-16。

表 19-16　高山嵩草－杂类草草地型分布面积、退化情况及生产力

县(办) \ 项目数量	草地面积/万亩		退化面积/万亩				产草量/(kg/亩)			
	总面积	可利用面积	无	轻	中	重	无	轻	中	重
聂荣	215.59	211.28	91.15	89.43	28.80	6.21				
嘉黎	5.36	5.25	2.27	2.22	0.87					
班戈	302.41	296.36	127.86	125.44	40.40	8.71				
那曲	289.97	284.17	122.60	120.28	38.74	8.35	68	60	45	28
安多	372.60	365.15	157.54	154.55	49.78	10.73				
申扎	363.63	356.36	153.74	150.83	48.58	10.48				
合计	1549.56	1518.57	655.16	642.75	207.17	44.48				

县(办) \ 项目数量	理论载畜量/万羊单位				载畜能力/(羊单位/百亩)				载畜量合计/(万羊单位)
	无	中	轻	重	无	轻	中	重	
聂荣	2.91	2.50	0.57	0.08					6.06
嘉黎	0.07	0.06	0.02						0.15
班戈	4.09	3.51	0.81	0.11					8.52
那曲	3.92	3.36	0.77	0.11	3.2	2.8	2.0	1.3	8.16
安多	5.04	4.32	0.99	0.14					10.49
申扎	4.92	4.22	0.97	0.13					10.24
合计	20.95	17.97	4.13	0.57					43.62

第四节　西藏高原北部草地退化驱动力系统分析①

藏北草地是西藏自治区重要的牧区，由于长期的环境变化和不合理的人类活动，藏北草地已经出现大范围的退化以及局部的沙化现象，导致草群中优良牧草比例降低，有害有毒牧草及不可食植物增加，草丛高度变矮，盖度下降，产草量明显降低，严重制约了西藏自治区草地畜牧业的可持续发展[4]。在此背景下，找出驱动草地退化的主导因素，为科学地保护现有草地资源和有效地治理退化草地提供依据和参考已显得十分迫切。

① 本节作者李辉霞、刘淑珍，在 2005 年成文基础上作了修改。

那曲县位于西藏自治区北部青藏高原的腹地，草地植被包括高寒草原、高寒草甸和山地草甸三种类型，基本上涵盖了藏北的主要草地类型；草地退化强度差异明显，容易识别不同退化等级的草地，草地类型和退化强度在藏北草原中均具有典型性和代表性，以那曲县为试验区所得的研究结论在藏北地区具有普适性。此外，那曲县是那曲地区的经济、政治中心，经济密度和人口密度较大，在该地区展开草地退化驱动力研究，为草地资源管护提供科学依据，对藏北牧区的可持续发展意义重大。所以本文选择那曲县为试验区，探讨藏北草地退化的主导驱动力，以期为藏北草地保护和修复工程提供参考。

一、试验区概况

那曲县位于青藏高原的腹地，藏北高原的中部，地处唐古拉山脉与念青唐古拉山脉之间[5]。地理范围为 30°31′～31°55′(N)，91°12′～93°02′(E)。东西最大距离 233km，南北最大距离 185km，总面积 1.6 万 km^2。北接那曲地区安多县、聂荣县，南邻那曲地区嘉黎县和拉萨市当雄县，东至那曲地区比如县，西连那曲地区班戈县。作为那曲地区首府所在地，那曲县既是藏北高原政治、经济、文化中心，也是西藏自治区重要的交通枢纽，青藏公路由北至南穿越了县内 3 镇 2 乡，西有黑阿公路，东有黑昌公路，东南有那嘉公路。

二、草地退化驱动力系统含义

(一)草地退化的系统论解释

草地退化是在自然驱动力和人文驱动力共同作用下形成的一种特殊的自然社会现象。从系统论的角度看，草地退化实际上就是草原地区的地理环境在其系统内部的两大因子——自然环境和人类活动不协调的相互作用下，偏离了原有的稳定态后，又无法通过内部的自我组织和反馈机制使系统得到恢复，从而导致了系统内诸自然环境要素的退化，生态系统出现逆行演替的过程及其结果[6]。草地退化的整个发展过程就是草地生态系统内部各要素之间以及各要素同外部环境之间通过物质、能量、信息的流动而使其结构和功能发生变化的动态演化过程。

(二)草地退化驱动力的系统论解释

草地退化驱动因子种类繁多，错综复杂。各因子之间相互依赖、相互作用，孤立分析任意一个单因子都无法确切解释草地退化的原因，必须将它们视为一个统一的整体来研究。这些驱动因子都是时间的函数，处在不断的运动与发展之中；它们看起来似乎杂乱无章，实际上可归为自然驱动力和人文驱动力两个方面。应用系统论解释，草地退化驱动力全体是一个具有整体性、层次性、动态性的动力系统。系统的性质是由具体的驱动力要素所决定，驱动力要素通过相互作用决定驱动力系统的结构和功能，当要素的数量和性质发生变化时，系统本身的结构和功能也就相应发生变化，但同时系统本身又可通过整体作用来支配和控制要素。因此，在草地退化驱动力研究中，不仅要分析具体驱动力要素的动态变化过程，还必须注重驱动力系统结构和功能的动态变化规律。

(三)驱动力系统的结构分析

草地退化驱动力系统是一个由自然驱动力和人文驱动力两大子系统组成的复杂巨系统(图 19-1)。自然驱动力子系统涉及水、土、气、生等要素；人文驱动力子系统不仅包括人口的数量、增长速度、传统观念、市场意识和文化素质等因素，同时还涉及社会生产力、生产关系乃至政府部门的政策方针等。正是这些要素通过一定的等级结构和秩序，不断进行着物质、能量和信息的交换，维持着系统的运转，并且使系统在一定时空范围内处于动态的变化过程中。虽然系统外部环境变化所产生的随机干扰和内部各要素之间相互作用会致使系统出现局部变异，但由于系统自身具有自组织能力，通常能把局部变异造成的状态恢复过来[7]。所以，只要局部变异积累不超过限值，系统的整体稳定性就不会受到影响。

驱动力系统发展变化的根据和条件是要素之间、要素与系统整体之间、系统与环境之间的相互作用和相互联系。在自然驱动力子系统中，气候因素维系着整个系统的生存和运转，是系统动态变化的最活跃因子。当不同强度和尺度的气候变化出现时，草地退化驱动力系统及其他因素便相应的有所反映，从而影响着系统整体的稳定性以及系统合力的强弱。在人文驱动力子系统中，最活跃的要素就是人口数量，它的变化与发展很容易作用于其他要素，一定程度上决定了人文驱动力的方向和大小。如人口的快速增长将导致人口质量的相对下降，市场竞争意识的增强，经济政策的变化以及草地生产方式的转变，促进人文驱动力的正增长。

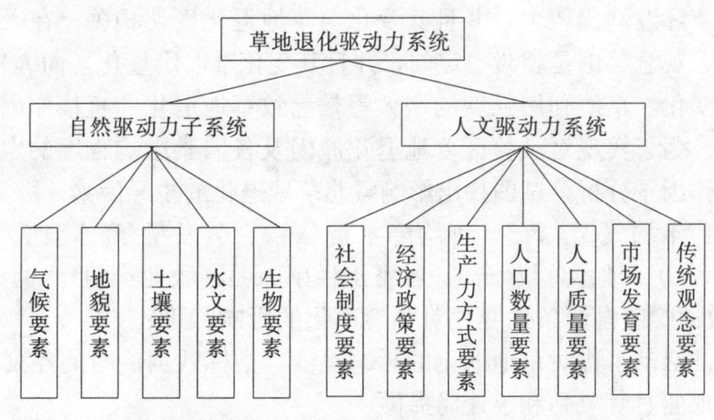

图 19-1　草地退化驱动力系统要素组成示意图

三、主要影响因素定量分析

(一)研究方法

目前，许多学者针对土地利用变化提出了不少驱动力定量分析的方法，主要包括线性回归分析、灰色系统关联度分析等。这些方法的应用都需要多个自变量和 1 个应变量的时间序列数据或空间序列数据。在草地退化遥感宏观监测过程中，由于受经费、天空状况等因素的影响，获取长时间序列的遥感数据困难，因此，在不具备充分的草地退化数据情况下，以上的定量分析方法不可取。为了避免因数据量不足的缺陷，本研究根据主成分分析的原理，运用因子分析的方法对草地退化主要驱动力进行定量分析。

因子分析是主成分分析的推广，它也是一种把多个变量化为少数几个综合变量的多元分析方法，目的是以少数几个潜在的、不能观测到的、被称为因子的随机量来描述一个系统中许多变量的协方差关系，即把变量的方差分解成公共方差和特殊方差两个部分。R 型正交因子模型为

$$\underset{(p\times1)}{X} = \underset{(p\times m)}{A}\ \underset{(m\times1)}{F} = \underset{(p\times1)}{\varepsilon} \tag{19-1}$$

且满足以下条件：

(1)$m\leqslant p$；

(2)$\mathrm{Cov}(F, \varepsilon)=0$，即 F 和 ε 是不相关的；

(3)$D(F)=I_m$，即 F_1，F_2，…，F_m不相关且方差均为 1；

(4) $D(\varepsilon)=\begin{bmatrix}\sigma_1^2 & & & 0\\ & \sigma_2^2 & & \\ & & \ddots & \\ 0 & & & \sigma_p^2\end{bmatrix}$，即 ε_1，ε_2，…，ε_p不相关，且方差不同。

式中，F 称为 X 的公共因子或潜因子，矩阵 A 称为因子载荷矩阵，ε 称为特殊因子。

(二)变量选择

草地退化驱动力系统包括两个子系统：自然驱动力系统和人文驱动力系统。在自然驱动力系统中，地貌、土壤等要素变化缓慢，短期内对草地退化影响不明显，而降水、气温等气象要素年际波动比较大，并且其变化与草地退化密切相关；在人文驱动力系统中，制度、政策、观念等也是相对稳定的，并且其变化难以定量化，而人口总量的增长、牲畜存栏数量的变化、草地利用强度的增大等是导致草地退化的直接原因，相应的数据也比较容易获取。为了实现对试验区草地退化原因及各因素影响程度的定量分析，本文选取了 8 个指标作因子分析，试图找出影响藏北草地退化的主导因素。

定量指标为：年均气温(x_1)、年均降水量(x_2)、蒸发量/降水量(x_3)、大风日数(x_4)、人口数量(x_5)、牲畜总量(x_6)、牲畜出栏率(x_7)、牧业产值(x_8)。其中 x_1、x_2、x_3和 x_4用以反映试验区自然条件变化对草地退化的影响程度；x_5、x_6、x_7和 x_8用以反映试验区人类经济活动干扰对草地退化的影响程度。指标数据的时间序列为 1980～2000 年，原始数据由那曲县气象站和统计局提供。

(三)结果与分析

在统计软件 SPSS 中，应用主成分分析原理对定量指标 x_1～x_8进行因子分析，可以得出反映草地退化原因的各因子主成分的特征值和贡献率(表 19-17)。从表 19-17 中可以看出，前 3 个主因子贡献率接近 85%，基本能满足信息提取的要求。经过因子旋转分析可知，第一个主因子主要表达年均气温、年降水量、蒸发量/降水量和大风日数，从含义上可视为自然驱动因子，其对草地退化的贡献率最大，为 44.47%，是决定草地退化趋势的主导性驱动因子；第二个主因子主要表达人口数量和牲畜总量，从含义上可视为人文驱动力系统中的社会因素，其对草地退化的贡献率为 24.91%，也是草地退化的主要驱动因子；第三个主因子主要表达牲畜出栏率和牧业产值，从含义上可视为人文驱动力

系统中的经济因素，其对草地退化的贡献率为15.09%，同样是一个不可忽视的驱动因子。计算相应的载荷矩阵，并求出各项草地退化驱动力定量评价指标的公共因子方差(表19-18)，公共因子方差大小表示了该项驱动力评价指标对草地退化状况总体变异的贡献，可衡量其对草地退化的影响程度，根据公共因子方差的大小，得出各项指标对草地退化的影响程度排序为：蒸发量/降水量>年均降水量>牧业产值>人口数量>大风日数>年均气温>牲畜出栏率>牲畜总量。

表19-17 主成分的特征值和贡献率表

主成分	特征值	贡献率/%	累积贡献率/%
1	3.558	44.470	44.470
2	1.993	24.911	69.381
3	1.207	15.085	84.466
4	0.714	8.930	93.397
5	0.359	4.493	97.890
6	0.129	1.613	99.502
7	0.022	0.275	99.777
8	0.018	0.223	100.000

表19-18 驱动力评价指标的公共因子方差

指标	初始方差	公共因子方差
x_1	1.000	0.561
x_2	1.000	0.942
x_3	1.000	0.988
x_4	1.000	0.718
x_5	1.000	0.905
x_6	1.000	0.047
x_7	1.000	0.461
x_8	1.000	0.928

分析结果表明，自然环境的变化是试验区草地退化的根本原因，决定了草地退化的总体趋势；不合理人类活动是草地退化的主要驱动因素，决定了自然条件基本相同地区的草地退化强度的空间分异。这个结论与实际调查结果是相符的，全球变暖、青藏高原抬升等自然环境变化决定着试验区草地生态系统逆向演替的总体趋势，即使在试验区西部人迹稀少地区草地也呈现出退化迹象；试验区中部地区城镇周围及东部河谷地带人口密集，对草地资源开发利用的强度较大，草地退化程度比其周边地区严重。最主要自然影响因素是干旱程度，试验区西部蒸发量/降水量大，草地退化比较明显，是紫花针茅草地型主要分布地；最主要的人文影响因素是草地资源的开发利用强度，那曲镇和古路镇的牧业经济活动频繁，中、重度退化草地比重超过35%。

第五节 基于ETM+影像的高寒草地退化评价模型[①]

遥感技术已被广泛应用到草地生态系统领域，但由于我国草地遥感起步比较晚，学科体系没有成熟，还有许多问题有待进一步研究和解决。主要问题有：①缺乏一套完善的草地退化评价指标体系。目前，草地遥感主要侧重于草地牧草产量评价与监测[8-11]，而草地生态环境退化的相关研究相对较少，因而还没有形成一套完善的评价草地退化的指标体系。②选择的遥感数据空间分辨率偏低。纵观草地退化评价相关研究，选用的遥感数据大多都是NOAA/AVHRR影像[12-14]，最高空间分辨率1.1km，要建立样地与影像精确的对应关系比较困难，建立的评价模型误差比较大，评价结果的精度比较低。

选用LANDSAT ETM+数据，以那曲县为例，在构建系列草地退化地面评价指标和遥感评价指标基础上，通过相关分析选出最适于线性拟合的地面评价指标和遥感评价指标，采用线性回归技术建立一个基于ETM+影像的草地退化评价模型，为西藏北部草地退化的快速评价提供一种新方法。

一、数据处理

(一)样方数据处理

藏北草地具有结构单一、类型简单、分布均匀的特点，这对野外采样工作很有利。在充分了解那曲县草地类型结构基础上，结合最新遥感影像资料，按照不同草地类型布置了50个草地样方。采样点分布基本上是均匀的，样方大小为1m×1m，并且样方方圆30m×30m的草地具有与样方相同或相似植被特征。草地样方测定的数据主要包括经纬度、海拔、植被高度、盖度、生物量及地表砾石度，同时对草地植被及土壤、地貌等生境条件等进行描述。

在处理野外测量样方数据时，把出现漏记或错记的样方测量表作无效处理。经过仔细筛选，最终得出有效样方测量表共47份。把测定的样方分成两组：第一组为训练样本，共35个样方，用来建立评价模型；第二组为测试样本，共12个样方，用来检验模型的精度。草地样方实际大小为1m×1m，TM遥感影像上一个像元代表30m×30m，单位像元的生物量相当于30m×30m大小的样地生物量。

(二)遥感数据处理

LANDSAT TM影像具有植被敏感波段[15]，被广泛应用于植被信息提取中[16-19]，且30m× 30m的空间分辨率能够满足自然景观分异程度较低地区的评价要求；高原植被返青比较晚，生长期短，7~8月是牧草生长旺季。因此，选用2001年7月下旬的LANDSAT ETM+影像(轨道号为137/38，成像日期为07－24)作为草地退化评价的主要遥感信息源。

① 本节作者李辉霞、刘淑珍，在2007年成文基础上作了修改。

以那曲县水系矢量图(已校正)为参考图层，利用 Erdas Imagine 中的 Image Geometric Correction 工具对 2001 年 ETM+影像进行几何校正。分别在原始 ETM+影像和参考图层上找出 20 个对应的控制点和 10 个检验点，在误差计算结果达到精度要求后，采用三次多项式的方法对 ETM+影像进行重采样，使 ETM+影像具有与水系矢量图一致的投影方式和坐标体系。校正后 ETM+影像为 UTM 投影、KRASOVSKY 椭球体，几何校正整体误差 RMS 为 0.206。基于几何校正后的 2001 年 ETM+影像，利用回归分析方法在 Erdas Imagine 软件中完成影像的大气校正。由此得到具有明确地图投影与地理坐标信息，影像像元值更接近地物反射率值，能更好反映地表真实情况的研究区域 ETM+影像。

二、研究方法

(一)草地退化地面评价指标

1. 单一评价指标

草地退化从量的角度看，主要反映为草地建群种植株的矮化、草地植被盖度的降低以及草地生物量的下降，所以我们选取建群种植株高度(X_1)、草地植被盖度(X_2)和草地生物量(X_3)作为评价草地植被变化的主要指标。在野外测量的所有天然草地样方中，建群种植株高度范围是 1～30cm，植被盖度范围是 9%～100%，草地生物量范围是 108～8045kg · hm^{-2}。很显然，高度、盖度和生物量是三个不同量纲级的指标。为了消除不同量纲级的影响，需要对各单一指标原始值作归一化处理。先根据草地样方各单一指标值的范围和实地调查的实际情况，确定各单一指标的数值域(表 19-19)；然后应用计算公式(19-2)对各单一指标的原始值进行归一化处理[20]。

$$x_i = \frac{X_i - X_{i\max}}{X_{i\max} - X_{i\min}} \tag{19-2}$$

式中，x_i是第 i 个单指标归一化处理结果值，x_i数值范围是 0～1；X_i是第 i 个单指标原始值；$X_{i\max}$是第 i 个单指标数值域上限；$X_{i\min}$是第 i 个单指标数值域下限。

据实地调查情况，以上任何一个单一评价指标均不能很好反映草地退化程度。如藏北嵩草盖度退化缓慢，草地退化主要表现为植株矮化和生物量下降；高山嵩草、矮嵩草植株高度变化缓慢，草地退化主要表现为盖度降低和生物量的下降；紫花针茅的高度、盖度和生物量退化都较明显。生物量降低是草地退化比较明显的特征，但如果草地中有杂草的侵入，生物量和盖度都不能很好反映草地退化程度，此时结合建群种植株高度进行草地退化评价更为合理。为此，需要综合建群种植株高度、草地植被盖度和草地生物量的信息，构建草地退化地面综合评价指标(表 19-19)。

表 19-19　草地退化地面单一评价指标的数值域

指标	X_1/cm	X_2/%	X_3/(kg · hm^{-2})
测量值范围	1～30	9～100	108～8000
数值域	0～30	0～100	0～8000

2. 综合评价指标

由于草地建群种植株高度、草地植被盖度和草地生物量表征草地退化程度的能力是有所区别的，所以在综合过程中应该赋予它们不同的权重。确定权重的传统方法主要有专家打分和层次分析法，但这两种方法都参入了评价者主观意识，导致评价结果主观性误差的增大。已有研究表明[21]，因子分析中变量的公共性(公共方差部分)表示变量对各因子综合评价的代表性，通过变量公共性的归一化处理得出各个变量在因子综合评价中的权重更加客观和科学。因此，已经归一化处理后的建群种植株高度(x_1)、植被盖度(x_2)和生物量(x_3)为变量，应用主成分法提取一个公共因子反映草地植被信息，得出公共因子对3个变量的累计方差、各变量在因子中的载荷(贡献率)及变量的公共性(公共方差部分)，然后用公式(19-3)对各变量的公共性进行归一化处理，即求算出草地建群种植株高度、草地植被盖度和草地生物量(x_3)权重分别为0.37，0.25和0.38。

$$\omega_i = \frac{\bar{h}_i^2}{\sum \bar{h}_i^2} \tag{19-3}$$

式中，ω_i为变量x_i的权系；$\bar{h}_i^2$ 变量x_i的公共方差部分。

表 19-20　变量的公共性和权重

变量	载荷	公共性	权重
x_1	0.898	0.856	0.37
x_2	0.756	0.572	0.25
x_3	0.935	0.874	0.38

对草地退化地面单一评价指标的归一化值进行加权求和，即可得出地面综合评价指标，具体计算公式如下：

$$y = \sum \omega_i x_i \tag{19-4}$$

式中，x_i是第i个地面单一评价指标的归一化值；ω_i为x_i的权系数；y为地面综合评价指标，数值范围是0～1。y的值越大，草地植被长势越好，表示草地退化程度越轻；反之，表示草地退化程度越严重。

(二)草地退化遥感评价指标

1. 单波段亮度值

根据GPS提供的采样点的经纬度坐标，应用Erdas Imagine软件在预处理后的ETM+影像中找出对应的像元点，并读取其TM1～TM6波段的反射值。对不同退化程度的样方数据进行统计，并绘制光谱曲线图(图19-2)。

典型的绿色植物光谱曲线的最高峰出现在TM4波段，次高峰出现在TM5波段。从图19-2中可看出，退化草地的反射最高峰出现在TM5波段，并且退化越严重反射峰值越大。据初步推测，主要是受含水量的影响，TM5波段(1.55～1.75μm)处在1.45μm、1.95μm为中心的水吸收带之间，反映含水量敏感。植物叶片在TM5波段的反射率主要受含水量的控制，叶片含水量越小，入射能量中被叶片吸收的部分就越少。藏北高原属半干旱地区，平均年降水量421.9mm，平均年蒸发量1690.7mm，平均相对湿度54%。与湿润地区的林地相比，藏北草地的土壤湿度、植物叶片的绝对含水量都要低得多，因而在TM5波段的反射亮度值相对要高些。

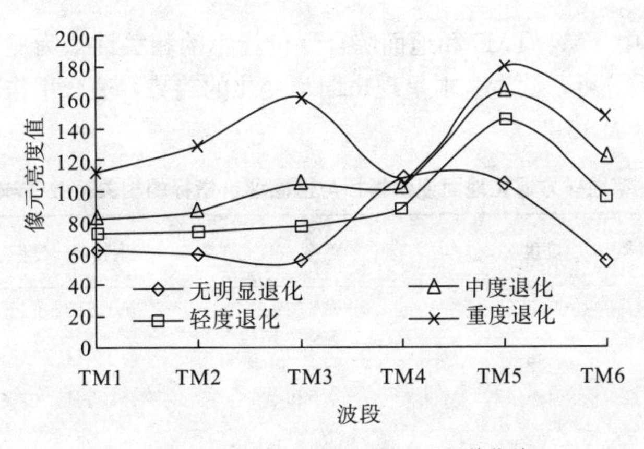

图 19-2　不同退化程度草地的光谱曲线

2. 派生数据的计算

在前人研究的基础上[22-25]，经过反复试验，从 LANDSAT TM 数据中产生系列对植被信息比较敏感的派生数据，包括归一化植被指数(I_{NDVI})、比值植被指数(I_{RVI})、差值植被指数(I_{DVI})、垂直植被指数(I_{PVI})、土壤调整植被指数(I_{SAVI})、修改型土壤调整植被指数(I_{MSAVI})、中红外植被指数(I_{VI3})、TM4/TM5 光谱指数，并得出相应的植被指数图像和光谱指数图像。植被指数计算公式如下：

$$I_{NDVI} = (\mathrm{TM4} - \mathrm{TM3})/(\mathrm{TM4} + \mathrm{TM3})$$

$$I_{RVI} = \mathrm{TM4}/\mathrm{TM3}$$

$$I_{DVI} = \mathrm{TM4} - A \cdot \mathrm{TM3}$$

$$I_{PVI} = (\mathrm{TM4} - A \cdot \mathrm{TM3} - B)/I_{SQR}(1 + A^2)$$

$$I_{SAVI} = (1 + L) \cdot (\mathrm{TM4} - \mathrm{TM3})/(\mathrm{TM4} + \mathrm{TM3} + L)$$

$$I_{MSAVI} == \{2 \times \mathrm{TM4} + 1 - I_{SQR}[(\mathrm{TM4} + 1)^2 - 8 \times (\mathrm{TM4} - \mathrm{TM3})]\}/2$$

$$I_{VI3} = (\mathrm{TM4} - \mathrm{TM5})/(\mathrm{TM4} + \mathrm{TM5})$$

式中，TM3、TM4 和 TM5 分别是 LANDSAT TM 的红光波段、近红外波段和中红外波段。A、B 和 L 的取值分别为 0.96916，0.084726 和 0.5。

(三)草地退化评价模型

1. 地面评价值指标与遥感评价指标相关性

国外已有的研究表明[26]：植被指数与牧草生长末期地上总生物量之间相关密切，并且不同植被指数、不同波段运算得出的光谱指数与牧草生物量相关性大小有别。为此，需要对草地退化地面评价指标与 LANDSAT TM 原始数据及其派生数据之间的相关性进行分析，以找出与草地退化地面评价指标相关性最大的波段、植被指数和光谱指数，建立一个更精确的、能快速获取草地植被变化信息的遥感模型。

对野外测量样方的地面评价指标与其对应的 ETM+影像中各波段的亮度值、各种植被指数及光谱指数进行相关分析。结果表明，与草地退化遥感评价指标相关性最显著的地面评价指标是地面综合评价指标，除 TM4 和 MSAVI 外，地面综合评价指标与其他遥感评价指标均在 0.01 水平上显著相关；与草地退化地面评价指标相关性最显著的遥感评价指标是 TM4/TM5，高度、盖度、生物量和地面综合评价指标的相关系数均比其他遥感评价指标高。其中 TM4/TM5 和地面综合评价指标的相关性最为显著，相关系数达到 0.817，从线性关系分析，两者基本呈现出同步变化的趋势，适合用作草地退化评价模型的自变量和因变量(表 19-21)。

表 19-21 草地样方退化地面评价指标与遥感评价指标的相关系数(样本数为 35)

遥感评价指标	高度	盖度	生物量	地面综合评价指标(y)
TM1	−0.523	−0.473	−0.519	−0.582
TM2	−0.527	−0.489	−0.547	−0.599
TM3	−0.544	−0.529	−0.561	−0.625
TM4	0.034	0.079	−0.090	0.008
TM5	−0.638	−0.480	−0.700	−0.703
TM6	−0.344	−0.374	−0.437	−0.439
TM7	−0.673	−0.567	−0.722	−0.755
I_{NDVI}	0.627	0.575	0.588	0.688
I_{RVI}	0.669	0.576	0.637	0.725
I_{DVI}	0.568	0.570	0.534	0.640
I_{PVI}	0.568	0.570	0.534	0.640
I_{SAVI}	0.626	0.575	0.588	0.688
I_{MSAVI}	0.223	0.248	0.100	0.218
I_{VI3}	0.753	0.589	0.741	0.805
TM4/TM5	0.766	0.598	0.749	0.817

2. 遥感评价模型

以 TM4/TM5 为自变量，以地面综合评价指标为因变量，在 SPSS 统计软件中进行线性回归分析，得出草地退化遥感评价的线性回归模型：

$$y = 1.3831x - 0.5931 \tag{19-5}$$

式中，y 为草地退化地面综合评价指标；x 为 TM4/TM5 光谱指数，相关系数 $R=0.817$，进行 99%可信度的 F 检验，$F=66.424>F_{0.01}$ 其相关关系成立且非常显著，线性回归方程式(19-5)是有意义的。

3. 模型检验

由于采用相关分析、线性回归方法建立多光谱遥感评价模型存在“过度拟合”现象，加上样方测定数据与遥感影像数据具有不同步性，光谱指数 TM4/TM5 与地面综合评价指标之间的线性回归模型存在一定的误差。为了验证模型是否适用于藏北草原的评价与监测，需要对建立的多光谱评价模型进行精度分析。利用第二组的 12 个测试样本对多光谱评价模型进行预测和检验，并计算相应的确定系数 R^2、均方根差(R_{MSE})和相对误差作为模型精度评价的标准。

(1)确定系数(R^2)评价

确定系数是相关系数(单、复)的平方值，可以用来评价光谱数据和草地植被数据的相关性和回归预测结果的优劣程度。其定义为

$$R^2 = \frac{S_{SR}}{S_{ST}} = 1 - \frac{S_{SE}}{S_{ST}} = \frac{\sum (y - \hat{y})^2}{\sum (y - \bar{y})^2} \tag{19-6}$$

式中，S_{SR}为回归平方和；S_{SE}为残差平方和；S_{ST}离差平方和；y 为实测值；$\hat{y}$ 为预测值。$R^2=1$，表明完全拟合；$R^2=0$，则表示自变量 x 与 y 完全无关；R^2越接近 1，表明回归直线的拟合程度越高；反之，R^2越接近于 0，回归直线的拟合程度就越差。

(2)均方根差(R_{MSE})评价

由线性回归模型估计出的参数，其精度可用均方根差来评价，均方根差越小，表明拟合结果越理想。

$$R_{MSE} = \sqrt{\sum_{i=1}^{n} (y_i - \hat{y}_i)^2 / n} \tag{19-7}$$

式中，y_i 和 $\hat{y}_i$ 分别为实测值和预测值；n 为样本数量。

(3)相对误差评价

在模型精度检验中经常用相对误差来表示分析结果的准确度，相对误差越小，表示分析结果越接近真实值。

$$相对误差 = (y_i - \hat{y}_i) y_i \times 100\% \tag{19-8}$$

式中，y_i 和 $\hat{y}_i$ 分别为实测值和预测值。

模型精度检验结果表明，草地退化地面综合指标的实测值与线性模型的预测值拟合很好，R^2达到 0.8444(图 19-3)；R_{MSE}和相对误差的计算结果也很小，分别为 0.063%和 5.75%，表明以 TM4/TM5 为自变量，草地退化地面综合评价指标为因变量的线性回归模型预测精度高，具有较好的实用性。

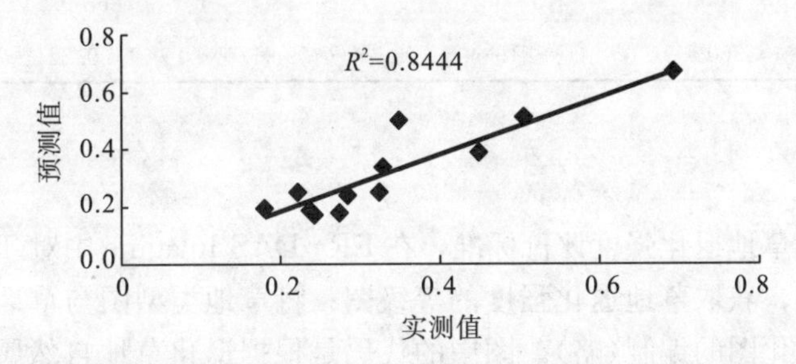

图 19-3 草地退化地面综合评价指标预测值与实测值拟合

(四)退化等级标准

将退化程度分成无明显退化、轻度退化、中度退化、重度退化 4 个等级。根据前人研究成果[4]，结合草地样方测定指标的最大值、最小值、平均值和标准差，确定各草地类型的草地生物量、植被盖度和建群种植株高度在不同退化程度中的评价标准。应用草地退化地面综合评价指标的计算公式，计算出综合评价指标的退化等级标准，并根据不同草地类型草地退化综合评价指标与 TM4/TM5 光谱指数之间的关系，确定 TM4/TM5 的退化等级标准(表 19-22，表 19-23，表 19-24)。

表 19-22　高山－高原高寒草甸退化等级标准

退化程度	生物量/(kg·hm^{-2})	盖度/%	高度/cm	综合评价指标	TM4/TM5
无明显退化	>1350	>90	>9	>0.90	>1.07
轻度退化	1000～1350	60～90	6～9	0.67～0.93	0.81～1.07
中度退化	600～1000	30～60	3～6	0.40～0.67	0.52～0.81
重度退化	≤600	≤30	≤3	≤0.40	≤0.52

表 19-23　高寒沼泽化草甸评价指标

退化程度	生物量/(kg·hm^{-2})	盖度/%	高度/cm	综合评价指标	TM4/TM5
无明显退化	>7200	>90	>27	>0.90	>1.08
轻度退化	4800～7200	60～90	18～27	0.60～0.90	0.86～1.08
中度退化	2400～4800	30～60	9～18	0.30～0.60	0.65～0.86
重度退化	≤2400	≤30	≤9	≤0.30	≤0.65

表 19-24　高原草原评价指标

退化程度	生物量/(kg·hm^{-2})	盖度/%	高度/cm	综合评价指标	TM4/TM5
无明显退化	>900	>75	>27	>0.86	>1.05
轻度退化	600～900	35～75	18～27	0.54～0.86	0.82～1.05
中度退化	300～600	15～35	9～18	0.26～0.54	0.62～0.82
重度退化	≤300	≤15	≤9	≤0.26	≤0.62

(五)草地退化图

根据不同草类草地退化强度评价标准，在 ER－DAS Imagine 中对 TM4/TM5 的光谱指数图进行再分类，获取草地退化强度的等级图；将草地类型图与草地退化强度图进行叠加，完成草地退化图的编制(略)。图中的代码是根据退化草地自然属性和人为干扰强度差异进行系统命名的(表 19-25)。

表 19-25　那曲县退化草地分类系统

类型名称	亚类名称	退化程度	代码
高寒草原类(退化)	高寒草原亚类(退化)	无明显退化	B6
		轻度退化	B5
		中度退化	B4
		重度退化	B3

续表

类型名称	亚类名称	退化程度	代码
高寒草甸类（退化）	高原高寒草甸亚类（退化）	无明显退化	D6
		轻度退化	D5
		中度退化	D4
		重度退化	D3
	高山高寒草甸亚类（退化）	无明显退化	E6
		轻度退化	E5
		中度退化	E4
		重度退化	E3
	高寒沼泽化草甸亚类（退化）	无明显退化	F6
		轻度退化	F5
		中度退化	F4
		重度退化	F3

三、研究结果

将行政边界叠加到草地退化图上，进行不同退化等级的草地面积统计。统计结果表明，2001 年那曲县退化草地面积达到 95.21 万 hm^2，占草地总面积的 69.43%，其中轻、中、重度退化占草地总面积比重分别为 45.03%、19.07%、5.33%。由于自然资源与人口分布具有不均匀性，草地退化具有明显的空间分异特征，退化强度空间分布总体趋势为中部>西部>东部，其中中部的古路镇和那曲镇退化程度最为严重，退化草地面积比重分别达到 94.70%和 78.58%，中度、重度退化面积比重分别为 44.39%和 36.25%；西部的那木切乡次之，退化草地面积比重和中度、重度退化面积比重分别为 87.14%和 28.66%。

四、讨论

光谱曲线分析表明，退化草地在 TM5 波段呈高反射值，并且退化越严重，TM5 波段反射值越高；TM4 波段是绿色植物最敏感波段，草地植被长势越好，TM4 波段反射值越高，即草地植被退化越严重，TM4 波段反射值越低。TM4/TM5 增强了不同退化程度的草地植被的光谱反射值的差异。同样，草地退化不仅仅表现草地植被盖度的降低，还表现出生物量的下降和草地建群种植株的矮化；并且，影响草地遥感影像光谱特征的因素也不单是草地植被盖度，与草的高度、草地类型也密切相关。因此，选用 TM4/TM5 和地面综合评价指标来构建草地退化遥感评价模型是合理的。

试验区那曲县基本上涵盖了藏北的主要草地类型，在藏北草原中具有典型性和代表性，所以建立的草地退化评价模型在藏北地区应当具有普适性。

第六节　西藏高原草地退化及防治对策①

西藏自治区拥有各类天然草地，其面积约占我国草地面积的1/5，是我国西南地区重要的生态屏障。但由于恶劣的自然条件、脆弱的生态环境，受全球气候变化及人类不合理利用的影响，该区草地出现不同程度的退化现象且有扩大趋势。在查明自治区草地退化现状、发展趋势基础上，对其防治对策进行探讨。

一、西藏自治区草地概况

根据西藏自治区草地调查资料[27]，该区总土地面积12022.32万hm^2，其中草地面积8205.19万hm^2，占总土地面积的68.1%。据全国草地资源调查划分的草地类型将中国草地划分为温性草原、高寒草原等18个草地类型，其中西藏自治区占有17个草地类型(仅未出现干热稀树灌丛类)，是我国草地类型的缩影，也是我国重要的绿色基因库和可贵的草地景观资源。由于该区高原地理位置特殊，地貌类型复杂多样，气候独特，具备了世界上最齐全的生物气候带，发育和保存了世界上最完整和对比鲜明的山地植被垂直自然带谱，故植物种类极其丰富，草地植物的种属组成亦十分丰富。据统计，该区草地植物共有3171种116科640属，占该区维管束植物总科数的55.8%，占总属数的50.9%，占总种数的55.0%，其中饲用植物2672种，分属于83科557属，分别占该区草地植物科、属、种总数量的71.55%、87.03%和84.26%[27]。因受恶劣自然条件的制约，该区草地多数生长发育不良，草层低矮稀疏，产草量较低，属低产草地，全区可食鲜草平均产量为594kg/hm^2，其产草量地域差异十分明显且随水热条件的变化而变化，由东南向西北随干旱程度加重产草量逐渐下降，水热条件最好的昌都地区产草量最高，平均为2644.5kg/hm^2，水热条件最差的阿里地区产草量最低，仅为585kg/hm^2，两者相差4.5倍。不同类型的草地产草量差异亦很大，最高产草量约为最低产草量的25倍。该区草地牧草营养物质含量丰富，其原因之一是草地地处高寒，与典型温带和亚热带草地相比其紫外线照射强烈，有利于蛋白质合成；昼夜温差大，有利于营养物质的积累；牧草虽较低矮但叶量大、茎秆少，因而营养物质含量高。与温带草原区的内蒙古自治区草地牧草及亚热带湿润草地区的贵州省草地牧草营养成分含量相比，该区草地牧草营养成分含量一是粗蛋白质含量高，粗蛋白质含量>10%的牧草比例，西藏(占77.2%)>内蒙古(占62.6%)>贵州(占41.3%)，粗蛋白质含量>12%的牧草比例，西藏(占1/2以上)>内蒙古(占40.7%)>贵州(不足1/3)；二是无氮浸出物含量高，无氮浸出物含量>40%的牧草比例，西藏(占73.5%)>贵州(占58.5%)>内蒙古(占46.6%)，无氮浸出物含量>50%的牧草，西藏草地超过分析样品数的20%，而内蒙古草地和贵州草地均不足6%；三是粗脂肪含量适中，粗脂肪含量以内蒙古最高。西藏草地居中(80%以上的牧草粗脂肪含量超过2%)，贵州草地含量最低(82.9%的牧草粗脂肪含量不足2%)。

① 本节作者刘淑珍、范建容等，在2002年成文基础上作了补充。

二、草地退化现状及发展趋势

全球气候变化及人为不合理利用的共同影响，西藏自治区草地正处于逆向演替，即退化状态。据1985～1990年该区草地资源调查[27]，全区草地退化面积达1142.8万hm^2，占该区可利用草地的17.2%，其中轻度退化草地646.27万hm^2，占退化草地的56.6%，中度退化草地363.52hm^2，占退化草地的31.8%，强度退化草地133.02hm^2，占退化草地面积的16%。那曲地区1996年利用遥感及野外调查相结合的方法完成该区草地退化调查[4]，其结果与1986～1987年调查的数据比较，其退化面积及程度均有明显增加(表19-26)。由表可知经过10年时间草地退化日趋严重，如发展最快的申扎县其退化草地面积增加了39.48%，1986年、1996年、2000年该县草地退化面积分别为62.07万hm^2、139.53万hm^2和148.20万hm^2，分别占草地总面积的31.60%、71.10%和75.54%。其中严重退化草地分别占草地总面积的6.30%、6.40%和10.20%。

表19-26　那曲地区草地退化对比

县名	草地总面积/万hm^2	可利用草地面积/万hm^2	退化面积/万hm^2		退化面积占总面积的比例/%		变化/%
			1986～1987年	1996年	1985～1987年	1996年	
那曲	138.72	124.84	36.31	86.04	26.18	62.03	+35.85
聂荣	82.36	74.13	34.50	37.79	41.88	45.89	−4.01
安多	238.36	214.53	67.80	155.42	28.44	65.20	+36.76
班戈	246.78	222.10	78.39	168.43	31.76	68.25	−36.49
申扎	196.26	176.63	62.06	139.54	31.62	71.10	+39.48
嘉黎	78.60	70.74	15.98	33.41	20.33	42.50	+22.02
巴青	78.20	70.38	20.71	24.70	26.48	31.58	+5.10
比如	74.13	66.72	19.14	37.57	25.82	50.68	+25.20
索县	42.76	38.48	14.40	14.87	33.67	34.79	+1.12

草地退化表现出如下的特点：一是草层高度下降，草层高度下降是草地退化最明显的特点，如申扎县申扎藏布两侧的宽谷沼泽化草甸20世纪70年代大嵩草草层高度达60～80cm，至2000年草层高度仅20～25cm，而当雄县当曲河谷的大嵩草沼泽化草甸20世纪60年代草层高60～80cm，1985年仅为20～25cm。二是草地盖度减少，如聂荣县城东10km的错江库附近山地的高山嵩草草地严重退化，生草土层全部缺失，地表由1～10cm的砾石夹沙组成，群落组成主要为野葱和火绒草，群落盖度为5%，生物量仅199.5kg/hm^2。三是产草量普遍逐年下降，如申扎县1992年全县有1等7级和2等5、6级草地共58.71万hm^2。至1995年全县已基本无5、6级草地，多为2等7级草地，即产草量基本降至1500kg/hm^2以下。当雄县当曲河谷大嵩草沼泽化草甸1975年干草产量为5782.5kg/hm^2，1985年降为2571kg/hm^2，10年间下降了55.12%。四是群落优势种发生变化，退化严重的草地优势种发生明显变化。如拉萨市城关区的拉鲁湿地由于气候变化及人为活动的影响，原始的湿地沼泽植物群落受到破坏，原有的优势种芦苇已逐渐消亡，仅存的小面积芦苇丛草也由20世纪60年代的200cm高度退化为现在的不足100cm，芦苇群落被次生的杂草群落取代，演替

为小花灯心草-槽杆荸荠群落等。五是毒草日趋猖獗，以申扎县为例，其毒草种类主要为茎直黄芪，此类毒草生长力旺盛，蔓延势头猛烈，目前全县受毒草侵袭的草地达 76.81 万 hm^2，占草地面积的 39.1%，且有继续蔓延的趋势。六是鼠虫害严重，有关研究表明，目前鼠害已危及全区 60%的草原且有蔓延扩大的趋势，危害严重的鼠害主要有高原鼠兔、喜马拉雅旱獭等。据测定，高原鼠兔日食鲜草 77.3g，且鼠类掘洞堆土覆盖牧草形成众多土丘，造成风蚀和水土流失。草原毛虫、蝗虫频繁发生，危害严重。1999 年那曲地区聂荣、安多、嘉黎、斑戈 4 县发生大面积草原毛虫，有虫面积 60 万 hm^2，成灾面积 24 万 hm^2（虫口密度 400～600 只/m^2，最高达 800 只/m^2）。

三、草地生态功能退化

高原草地生态系统有保持 CO_2/O_2 平衡，维持 O_3 的数量以防紫外线，降低 SO_x 和其他有害气体水平的作用，其中主要是保护 CO_2/O_2 平衡。研究表明[28]，西藏高寒草原生态系统土壤 CO_2 排放年日平均值和年总量分别为每平方米每小时 21.39mg 和 187.46g，通过对高寒草地净生产量观测结果的分析表明，西藏高寒草原生态系统是弱碳汇。而草地一旦出现退化，CO_2 排放将增大，且随退化程度的加重，CO_2 排放量将显著增加，由碳汇转变为碳源。草地土壤中 CO_2 含量随深度的增加呈递减趋势，至地表以下 1.5m 处达到最小，此处长年温度保持在 0℃左右，为永久冻土层的上界。CH_4 在不同梯度下的浓度变化趋势与 CO_2 很相似，随深度增加而递减，到永久冻土层上界达到最小。草地退化后 CO_2 与 CH_4 的分布深度将变浅，排放过程中温度、水分等外界条件变化更加敏感，对 N_2O 的贮存功能也将大大减弱。

高原草地退化将导致草地生态系统气候调节、水源涵养和土壤保持、生物质生产及生物多样性保护等功能减弱。研究表明[28]，草地的植物残体在腐烂后可产生大量的微粒碎屑，这些肉眼难以看见的微粒散布到天空后，会在云层中形成生物源冰核，这种冰核对于形成降水比无机冰核有效得多。草地退化区，特别是破坏严重区域，散布到天空的微粒碎屑少，难以形成有效冰核，相应的降水减少，干旱程度加重，使土地沙化进程加快。据有关研究资料，在相同风速下，没有草地植被覆盖的沙地，每年断面上通过的沙量平均为 $11m^3/m$，有盖度为 60%的草地沙量则只有 $0.5m^3/m$，只占前者的 1/22。

草地受到破坏的地区，风蚀作用使土壤层变薄，细粒土壤物质被吹走，土壤质地粗化，结构破坏，有机质大量损失，土地质量下降。对沙化严重地区的西藏日喀则地区退化草地区的调查表明，年最大风蚀深度可达 8～10cm，损失有机质达 $1330kg/hm^2$。截至 2004 年，西藏自治区沙化土地面积为 2167.99 万 hm^2，约占全区面积的 18.1%，与 1995 年相比，全自治区沙化土地面积增长了 121 万 hm^2。1995～2004 年，西藏沙化土地总体上呈现出加剧的趋势。

从温度上考虑，西藏 75%的草地处于寒冷区；从水分上考虑，66%的草地分布于半干旱、干旱地区。这些地区草畜矛盾尖锐，草地破坏问题突出，草原植物群落生物多样性面临损失的严重威胁。由于草原植物群落的破坏导致生物多样性受威胁的问题尤为严重，西藏高原由于草地不合理的过度利用，导致草地植物群落组成发生显著改变，原生植物群落的建群种和优势种，如高寒草甸的高山嵩草、矮生嵩草，高寒草原的紫花针茅、青藏苔草等逐渐减少，有些区域甚至消失，以致出现大量的狼毒、劲直黄芪、蒿类等有毒有害植物。此外，经济利益的驱使、草地珍贵药用植物的大量采挖，使某些珍贵稀有物种出现枯竭现象，如分布于高山高寒流石滩的红景天采挖十分严重，致使有些地区该物种已消失。随着虫草价格的猛涨，也出现了虫草过度采挖的问题，致使有些地区这些物种处于濒危状态。

四、草地退化防治对策

针对自治区草地退化现状、发展趋势，提出如下草地退化防治对策：一是必须转变观念，树立草畜并重的指导思想。不断更新认识，把“草业”作为畜牧业附属物的观念逐渐转变为把“草业”作为大农业分工分业向产业化、商品化、社会化发展的产业，在保护与建设好草地、满足畜牧业发展需求的同时，应积极发展草业多种经营，使之成为该区强大的支柱产业。二是加强机构建设，依法管理草地。即建立健全法律、法规，做到有法可依，完善执法机构，有一支素质较高的执法队伍，并具备有效的执法手段和工作条件。建议西藏牧区在乡一级以上的各级政府建立草地监理机构和配备专门的工作人员，并提供基本的工作条件，使依法管理草地真正落到实处。三是固定草地使用权，完善草、畜有偿承包责任制。现行牧区所实行的责任制是只有牲畜责任制，尚无草地责任制和建设责任制，只有实行和完善草、畜双承包有偿责任制，才能做到草地有主，放牧有量，使用有偿，建设有责，充分调动承包者管理和投资积极性，形成草地利用→建设→保护的良性循环。在制定双承包责任制时，要根据草地理论载畜能力制定适宜的放牧强度，以草定畜，达到草畜平衡。四是实现草地畜牧业由数量型向质量型、效益型转变。传统畜牧业过分片面地追求发展牲畜头数，出栏率低，周期长，成本高，商品率低。应逐渐实行由季节畜牧业替代传统畜牧业的经营方式，实现草地畜牧业由数量型向质量型、效益型的转变。五是调整畜群结构，合理布局牲畜种群。调整目前存在的“三高一低”的畜群结构，培育优良牲畜，提高生产性能，早出栏、快出栏，把草地生态与家畜生态统一协调起来，达到家畜种类与数量在草地空间的最佳分布。六是开展草地畜牧业基础性研究与开发性研究。西藏独特的气候条件和环境特征，形成了草地独特的发生、发展规律和高寒草地畜牧业特点，因此应加强科学研究的力度，要根据具体项目的特点和要求，从内地有关科研院所或大专院校聘请具有较高水平的科技人员作为流动编制或客座人员赴藏进行短期工作，或与援藏工作结合起来，由援藏单位带技术、带人才，甚至带项目、带资金援藏，以解决西藏目前草地畜牧业发展之需。

第七节　基于山地农业地貌特点的陡坡耕地退耕对策①

四川省农业区划委员会于 1985 年 1 月下达开展四川省(重庆未立市，以下同)县级农业地貌调查、农业地貌类型图的编制、农业地貌区划及不同农业地貌类型耕地分布规律研究和面积量算项目任务，由中国科学院水利部成都山地灾害与环境研究所和四川省农业区划委员会办公室主持，前者主持单位的沈振兴、刘淑珍为该项目技术负责人。全省各地、市、州和各县农业区划委员会办公室、农业局、林业局、水利局等 725 人参加了

① 本节作者刘淑珍、沈振兴等，在 1990 年成文基础上作了修改、补充。

该项目的工作。

项目自1985年1月至1987年6月，历时两年半，圆满结束，共完成1：5万和1：10万县级彩色农业地貌类型图(附有农业地貌区划图)206幅、县级农业地貌区划报告206份、县级农业地貌类型面积量算表和不同农业地貌类型耕地面积量算表206份(以上成果经验收合格后各县自存自用)；地、市、州农业地貌类型面积统计表和不同农业地貌类型耕地面积统计表20份，全省农业地貌类型面积统计表、不同农业地貌类型内耕地(包括陡坡耕地)面积统计表各一份，研究报告一份。刘淑珍、沈振兴主编出版《四川省县级农业地貌区划及耕地分布规律研究》专著一部，其中陡坡耕地分布及退耕的研究成果具有前瞻性。

1987年9月由四川省农业区划委员会主持召开了评审鉴定会，与会专家对本项目成果给予了高度评价，1988年本成果荣获四川省科学技术进步二等奖。

本节对由刘淑珍执笔完成的四川省农业地貌类型及不同农业地貌类型内耕地(包括陡坡耕地)分布和陡坡退耕问题作介绍。

一、农业地貌分类原则及系统

农业地貌区划要在农业地貌调查和农业地貌类型图编制的基础上完成，因此首先要建立地貌类型的分类系统，而农业地貌类型的划分除了要客观地反映地貌体的形态特征、发生、发展规律外，还应着眼于地貌与农业生产的关系。在地貌诸要素中，对农业生产起主导的是地貌形态，外营力性质、强度和地表组成物质。地貌外营力的性质和强度主要受气候条件即水热因子的制约，水热条件又是农业生产的主要因子。根据我们对四川省不同地貌类型与农业生产关系调查掌握的资料，进行分析研究，认识到在四川省这种山地占主要成分的地域，海拔-水热条件-地貌外营力性质和强度-农林牧布局有一定的相关性，其变化规律有一定的相似性，特别是年均气温等值线的变化规律与海拔变化的一致性非常明显，据此采用地貌形态与外营力成因相结合的分类原则及四川地貌形态特点可利用农业土地资源相结合的原则，以地貌形态作为分类系统的依据，采用海拔反映水热条件及外营力性质和强度的方法，制定了四川省县级农业地貌分类系统，以形态要素中与农业生产关系密切的坡度作为亚类的划分指标(表19-27)。

农业地貌区划是在完成农业地貌类型图的基础上，根据具有一定农业地貌类型组合及特有的自然地理特征而划分的农业地貌区域单位。划分出来的每一个农业地貌区都以某1～2个农业地貌类型为主，同一地貌区内其地貌形态、成因、水热条件及农业利用方向等具有最大的相似性，不同的地貌区具有明显的差异，农业地貌分区是综合农业区划的基础。

二、农业地貌类型特征及耕地分布

根据上述农业地貌类型分类原则、分类系统和指标，四川省划分为13个农业地貌基本类型，山地和丘陵又分别以坡度为指标划分两个亚类，各类型面积及净耕地状况见表19-28。下面就各主要类型地貌特点与耕地分布简述如下。

表 19-27 四川省农业地貌类型分类系统及分类指标

指标项目 \ 类型代号及名称	1	2	3		4		5		6		7		8		9		10	11	12	13
	平原（平坝）	台地	低丘陵		高丘陵		低　山		低中山		中　山		高　山		极高山		山原	高平原	丘状高原	高山原
			a	b	a	b	a	b	a	b	a	b	a	b	a	b				
			缓坡	陡坡	缓坡	陡坡	缓坡	陡坡	缓坡	陡坡	缓坡	陡坡	缓坡	陡坡	缓坡	陡坡				
海拔/m	≤3000	≤3000	≤3000		≤3000		≤1000		1000—2500		2500—4000		4000—5000		>5000		≤3000	>3000	>3000	>3000
相对高度（又称起伏量）/m	≤20	台面内≤20 台坎为 20～200	20～100		100～200		>200		>200		>200		>200		>200		山原面内<200	≤20	丘状起伏<200	高山原面内 20～200
坡度	≤7°	≤7°	≤25°	>25°	≤25°	>25°	≤25°	>25°	≤25°	>25°	≤25°	>25°	≤25°	>25°	≤25°	>25°	山原面内≤10°，最大不超过 15°	≤7°		

表 19-28　四川省各农业地貌类型面积及净耕地分布统计表

类型名称		类型面积及占百分比				净耕地面积及占百分比				垦殖系数	
		面积/km²		百分比/%		面积/万亩		百分比/%			
平原(坝)		44903.08		7.92		3853.912		28.021		57.22	
台　地		8976.50		1.58		653.649		4.753		48.54	
低丘陵	缓坡	30608.56	29838.08	5.40	5.26	2331.420		16.951	16.618	50.77	51.06
	陡坡		770.48		0.14				0.333		39.61
高丘陵	缓坡	26247.71	24496.91	4.63		1538.741		11.187	10.635	39.08	39.81
	陡坡		1750.80		0.31				0.552		28.93
低　山	缓坡	86612.24	60738.17	15.26	10.70	3368.436		24.491	19.184	25.93	28.96
	陡坡		25874.07		4.56				5.307		18.81
低中山	缓坡	88202.67	38695.59	15.54	6.82	1221.487		8.881	5.953	9.23	14.09
	陡坡		49507.08		8.72				2.928		5.42
中　山	缓坡	118094.68	47911.20	20.80	8.44	260.230		1.892	1.427	1.47	2.73
	陡坡		70183.48		12.36				0.465		0.61
高　山	缓坡	104725.50	60905.52	18.45	10.73	1.086		0.008	0.007		0.01
	陡坡		43819.98		7.72				0.001		
极高山	缓坡	1828.53	511.17	0.32	0.09						
	陡坡		1317.36		0.23						
山　原		10349.77		1.82		436.082		3.171			28.09
高平原		21705.64		3.82		78.492		0.571			2.40
丘状高原		12548.26		2.21		7.974		0.058			0.42
高山原		7326.73		1.29		2.217		0.016			
水面及冰雪		5443.43		0.96							
合　计		567553.3(1)		100		13753.726		100			

(1)此面积不含争议面积。

(一)平原

平原俗称平坝，为坡度小于 7°，最大起伏量小于 20m，海拔≤3000m 的平坦地面。全省有平原面积 44903.08km²，占土地总面积的 7.92%。其中成都市、德阳市、自贡市平原分布比较多，分别占该市面积的 51.4%、49.6%、34.4%。县(区)中平原面积占 90%以上的有成都市的金牛区、郫县、新都县、温江县；平原面积占 50%～90%的县(区)有成都市的青白江区、崇庆县、新津县、龙泉驿区，重庆市的双桥子区，绵阳市中区，内江市的隆昌县，自贡市的贡井区等；平原面积占 30%～50%的县(区)有：成都市的彭州、金堂、灌县、蒲江、邛崃，重庆市的大足、荣昌、永川、潼南、长寿，德阳市的什邡、绵竹、中江，自贡市的富顺、荣县，绵阳市的三台、安县，遂宁市中区，内江市的资阳，简阳、内江，宜宾地区的南溪，江安，乐山市的市中区、仁寿、眉山，彭山、青神，南充地区的广安、岳池、蓬安、西充、南充县、南充市及雅安地区的名山县等。

四川省平原根据成因和分布的地貌部位大体可以分为下列几种，第一种是以成都平原为主体的冲洪积扇平原；第二种为各大河流两侧的冲积阶地平原(主要指河漫滩及 1～2 级阶地)；第三种是发育于丘陵体之间的沟谷平原(亦可称丘间平坝)；另外有少量湖积平原、喀斯特平原等。

第一种冲洪积平原，成都平原是典型的冲洪积平原，它位于四川盆地西部，龙泉山和龙门山之间，是岷江、湔江、石亭江、绵远河、西河、斜江、南江等河流的山前冲洪积扇联合而成的冲洪积平原，面积近万平方公里，整个平原地势西北高，东南低，纵比降为4‰，组成物质为第四系沙砾层和黏土，其厚达数百米。

第二种为河流冲积阶地平原。主要分布于各条河流的河谷内，系指河漫滩及一级、二级阶地，由河流冲积而成。其组成物质为具有二元结构的河流相沙砾层和黏土。嘉陵江流域阆中县的七里坝、彭城坝，南部县的新政坝、满福坝，蓬安县的金溪坝、马回坝，南充县的红卫坝、都尉坝、李渡坝等都是由嘉陵江的1～2级阶地组成的冲积阶地平原。平原面高出江面10～20m，沿江呈长条状分布，宽300～700m，长1000～2000m，由灰黄色或棕黄色砂土或亚黏土组成。

第三种为沟谷平原，又称丘间平坝。主要分布于四川盆地中部和南部的丘陵地带，尤其是低丘陵区，从丘陵体上侵蚀冲刷下来的泥沙在丘体间的老冲沟或坳沟中堆积形成沟谷平原，呈条带状镶嵌于丘陵体之间，如绵阳市中区、资中、资阳、简阳等县低丘陵体之间的沟谷平原宽而平坦，一般宽可达200～250m，向下游微倾，其组成物质两侧边缘部分多为细小的岩屑及亚黏土，中部多为黏土、亚黏土和粉砂互层。

平原(平坝)净耕地面积3853.912万亩，占全省耕地面积的28.02%。

(二)台地

由地表平坦或起伏和缓(坡度＜7°或起伏量＜20m)的台面和坡度较陡(坡度＞10°)的台坎组成的特殊地貌形态，台面的水平投影面积大于台坎水平投影面积，台坎的高度＞20m而＜200m，台面的海拔≤3000m。全省有台地面积8976.5km^2，占土地总面积的1.58%。台地一般零散分布，面积较小，省内仅成都市的双流县、蒲江县和乐山市的眉山县分布较多，分别占县土地面积的27.5%，36.8%和33.2%。

台地成因比较复杂，大体有如下几种：第一种为水平岩层形成的构造台地，主要分布于盆地中部岩层产状水平(或近于水平)的侏罗系、白垩系地层发育地区及川东宽缓向斜轴部水平(或近似水平)岩层发育区。前者如三台县西平区、古井区由白垩系下统苍溪组厚层砂岩夹泥岩组成的台地；后者如璧山县正兴场一带的台地。第二种为河流高阶地和洪积扇高阶地(系指三级阶地以上)，此种成因的台地一般面积小，分布零散，除各大河流沿岸断续分布外，山区河流主支流交汇处多见。第三种成因的台地为喀斯特台地，涪陵地区和凉山州等地有少量分布。

台地净耕地面积653.948万亩，占全省耕地面积的4.75%。

(三)低丘陵

低丘陵又称浅丘陵，为起伏量为20～100m，海拔≤3000m的起伏地形。起伏中凸起的部分为丘陵体，一般情况下我们所说的低丘陵是指丘陵体，而丘陵体之间宽缓的丘间地则为沟谷平坝(见平原部分)。全省低丘陵面积为30608.56km^2，占全省土地总面积的5.40%。主要分布于四川盆地的内江、遂宁、自贡、重庆等市所辖各县，其中内江市分布最广，占全市幅员面积的42.01%。县(区)中低丘陵面积占幅员面积50%以上的有：

内江市中区、资阳县、资中县、内江县、井研县、蓬溪县，大安区、自流井区等；占面积30%～50%的县(区)有：江津、荣昌、壁山、潼南、富顺、沿滩、遂宁市中区、简阳、大竹、乐至、仁寿、泸县、五通桥、青神等。

低丘陵体较小，丘坡比较和缓，其坡度多为10°～20°，极少量>25°；以25°坡度为指标，低丘陵又可分为两个亚类，即缓坡低丘陵(≤25°)和陡坡低丘陵(>25°)。全省的低丘陵中缓坡低丘陵占多数，陡坡低丘陵很少，仅占整个低丘陵面积的2.5%。其中，低丘陵缓坡和低丘陵陡坡耕地面积计2331.920万亩，占全省耕地面积的16.95%，其中低丘陵陡坡耕地面积占0.33%。

(四)高丘陵

高丘陵又称深丘，为起伏量100～200m、海拔≤3000m的起伏地形。高丘陵丘体比低丘陵丘体高大，高丘陵可分为两个亚类，即坡度≤25°的为缓坡高丘陵，>25°的为陡坡高丘陵。全省有高丘陵26247.71km²，占全省面积的4.63%，其中缓坡高丘陵为24496.91km²，占高丘陵的93.3%，陡坡高丘陵为1750.80km²，占高丘陵的6.7%。

高丘陵主要分布于南充地区、绵阳市、遂宁市、重庆市和宜宾地区等地。宜宾市是全省高丘陵分布最多的县区，高丘陵面积占全市幅员面积的54.85%，其次有三台、射洪、中江、合川、忠县、西充及自贡市沿滩等县(区)，高丘陵面积占幅员面积的30%～40%。

高丘陵缓坡和高丘陵陵陡坡耕地面积计1538.741万亩，占全省耕地面积的11.18%，其中高丘陵陡坡耕地面积占0.55%。

(五)低山

相对高度大于200m、海拔≤1000m的山地为低山。全省低山面积为86612.24km²，占全省面积的15.26%，是省内分布比较多的地貌类型之一，其中万县地区、达县地区、广元市等低山面积均占幅员面积的50%以上。

低山主要分布于盆地内龙泉山、华蓥山和盆地北部梓潼、盐亭、南部、蓬安一线以北，广元、旺苍、南江、通江一线以南以及盆地西部龙门山前广元至灌县，盆南重庆市南部、万县地区东部和南部及宜宾市南部等地。

低山缓坡和低山陡坡耕地面积计3368.436万亩，占全省耕地面积的24.49%，其中低山陡坡耕地面积占5.31%，是全省陡坡耕地分布面积最多的地貌类型。

(六)低中山

低中山为相对高度大于200m、海拔1000～2500m的山地。全省有低中山面积88202.67km²，占全省土地总面积的15.54%。攀枝花市和雅安地区分布面积最多，分别占土地面积的77.8%和50.69%，其次为凉山州和万县地区，分别占土地面积的35.7%和33.2%。

低中山主要分布于盆地周围。巫山、七曜山呈北东-西南向展布于盆地东部，平均海拔1000～1500m，七曜山主峰海拔2033m，为典型的低中山，由古生代和中生代碳酸盐岩及碎屑岩类组成。盆地南部为大娄山、乌蒙山的余脉，海拔1200～1800m，金佛山主峰为2251m，由古生代的碳酸盐岩和碎屑岩组成。大巴山、米苍山横贯于盆地北部，海拔1500～2500m，由古生代及更老的变质岩和碳酸盐岩组成。盆地西部的龙门山、邛崃山、夹金山的东部属低中山类型，受构造控制山体呈北东－西南走向，组成物质以变质岩为主，局部地段出露有碳酸盐岩。盆周低中山中相当部分由碳酸盐岩组成，喀斯特地貌作用活跃。低中山表面峰丛、石芽、洼地密布。另西南部攀枝花市的大部分和凉山州大小凉山的一部分亦为低中山，其组成物质有侏罗系的砂页岩及部分变质岩和花岗岩。

低中山缓坡和低中山陡坡耕地面积计1221.487万亩，占全省耕地面积的8.68%，其中低中山陡坡耕地面积占2.93%，是全省陡坡耕地分布面积仅次于低山的类型。

(七)中山

中山为海拔2500～4000m、相对高度大于200m的山地，全省有中山面积118094.68km²，占全省土地面积的20.80%，是四川省分布面积最大的地貌类型，主要分布于阿坝州、凉山州、甘孜州，绵阳市西北部及盆周山地最外缘，其中分布面积最大的为阿坝州，占全州土地面积的54.32%。

中山缓坡和中山陡坡耕地面积计260.230万亩，占全省耕地面积的1.89%，其中中山陡坡耕地面积占0.47%。。

(八)高山

高山为海拔4000～5000m、起伏量大于200m的山地。全省有高山104725.50km²，占全省土地总面积的18.45%。主要分布于甘孜州、阿坝州，分别占该州土地面积的53.16%和23.52%。甘孜州的稻城、道孚、色达、理塘、白玉、德格、甘孜、新龙、石渠、巴塘等县境内，高山面积超过土地面积的50%。岷山、邛崃山、夹金山、大雪山、雀儿山、沙鲁里山、牟尼茫起山等山脉的大部分是高山，只有主峰一带为极高山。

高山缓坡和高山陡坡耕地面积计1.086万亩，占全省耕地面积的0.008%，其中高山陡坡耕地面积占0.001%。

(九)极高山

海拔5000m以上的山地为极高山，主要分布于甘孜州、阿坝州的贡嘎山、雀儿山、格聂峰、四姑娘山、贡嘎雪山、雪宝顶等山脉主峰及其周围高峰，面积有2481.07km²(包括冰雪覆盖面积)，占全省土地面积的0.43%。无耕地分布。

(十)山原

山原为发育在山顶、山坡等地貌部位，海拔≤3000m，起伏量＜200m的平缓地面。全省有山原10349.77km²，占全省土地总面积的1.82%，分布比较零散，涪陵地区、达县地区、凉山州、万县地区等分布稍多。

山原是地貌发育过程中地壳相对稳定时，外营力剥蚀地表及山坡后退作用形成的平缓地面，经后来地壳多次间歇性抬升作用抬至不同的海拔。因此，不同海拔的山顶上，都可以发育有山原面，同一山坡从下到上有时可分布有几级山原面。

山原耕地面积436.082万亩，占全省耕地面积的3.17%。

(十一)高平原

高平原为起伏量＜20m 或坡度≤7°、海拔＞3000m 的平坦地面。全省有高平原 21705.64km，占土地总面积的 3.82%。阿坝州红原、若尔盖及甘孜州石渠、理塘等县分布面积较大，其他地区零星分布。

高平原耕地面积 78.492 万亩，占全省耕地面积的 0.57%。

(十二)丘状高原

丘状高原为海拔大于 3000m、起伏量为 20～200m 的起伏和缓的地形。丘状高原内部丘顶浑圆，丘坡和缓，丘体和丘间平坝无明显的界限。省内丘状高原主要分布于甘孜州和阿坝州，凉山州亦有少量分布，面积为 12548.26km²，占全省土地面积的 2.21%。丘状高原分布面积最大的为石渠县，面积达 5448.81km²，占全县土地面积的 26%。

丘状高原耕地面积 7.974 万亩，占全省耕地面积的 0.06%。

(十三)高山原

高山原分布于大江大河的分水岭上，为海拔大于 3000m 的起伏和缓的地面。高山原面内起伏量一般为 20～200m，或坡度为 10°～15°，与山原有相似的成因，即在地貌发育过程中地壳相对稳定时，外营力长期剥蚀夷平作用形成的准平原面(或称夷平面)，后来地壳抬升河流下切或断块的差异运动，使这些准平原面大幅度抬升(抬升的幅度和海拔都比山原大)形成今日从河谷向上看是“山”，从“顶”上往下看又是“原”的特殊地貌形态。主要分布于甘孜州、阿坝州，凉山州西北部有少量分布。全省有高山原面积 7326.73km²，占全省土地总面积的 1.29%。无耕地分布。

三、陡坡耕地分布规律及退耕对策探讨

四川省不同农业地貌类型及耕地分布情况的详细调查表明，四川农业地貌类型极其复杂多样，包括了陆地上除沙漠和海岸地貌形态外的所有类型，同时，又是一个山地多，平原、丘陵较少的省份。山地和高原的面积占全省土地面积(不含争议地)的 79.63%，而平原和丘陵仅各占 7.92%和 11.61%(包括台地)；不同农业地貌类型耕地分布差别明显，占全省土地面积 7.92%的平原耕地面积占全省耕地面积的 28.02%，而占全省土地面积(不含争议地)79.63%的山地和高原耕地面占 67.23%。可见，山地和高原耕地面积数量很大，其中陡坡耕地面积占 9.59%。

各农业地貌类型的利用方式和程度千差万别，其中耕地集中分布于水热条件较好，适宜发展种植业的平原、台地、浅丘、深丘类型，其次是缓坡低山、缓坡低中山等类型。经量算四川省有耕地 13753.73 万亩，其中平原有耕地 3853.9 万亩，占全省总耕地的 28.02%，垦殖系数达 57.22%；丘陵、台地有耕地 4523.81 万亩，占全省耕地的 32.89%，垦殖系数达 48.54%；低山、低中山分布有耕地 5026.01 万亩(含山原)，占全省总耕地的 36.54%，垦殖系数为 17.48%；中山以上及高原的耕地仅占全省总耕地的 2.55%。从这些数据可以看出平原土地已得到充分的利用，丘陵亦垦殖过度，低山和低中山虽垦殖系数不高，但有相当部分耕地是坡耕地，其中有部分耕地分布于＞25°的陡坡

山地上(以下简称陡坡耕地)。由于坡陡土薄，产量较低，有的急待改造，有的需要退耕还林还草。

全省有陡坡耕地1318.35万亩，占全省总耕地的9.59%，占丘陵和山地耕地面积的15.12%。长期以来，由于片面强调以粮为纲，盲目开垦耕地现象较为普遍，致使陡坡耕地面积不断扩大，加之部分缓坡地耕作方式不合理(如顺坡耕种等)，造成水土流失严重，干旱、洪涝、山崩、滑坡、泥石流等自然灾害频繁发生，自然环境急剧恶化，资源开发和环境之间的矛盾日趋突出。因此，合理地使用丘陵和山地的陡坡土地，对现有的陡坡耕地有计划地实行退耕还林还草，是实行生态环境好转的重要措施之一。本研究成果具有前瞻性，为国家实施陡坡耕地退耕还林(草)工程提供了依据。下面就四川省陡坡耕地分布及退耕问题提出建议。

(一)陡坡耕地的分布

首先需要全面了解全省现有陡坡耕地的数量及其分布。根据本项目的研究结果综述如下：

全省陡坡耕地分布不平衡，浅丘、深丘分布有陡坡耕地121.75万亩，占全省陡坡耕地总面积的9.24%，而其他90%以上的陡坡耕地均分布在山地类型。

全省各地(市、州)、县(区、市)陡坡耕地的面积也差异较大，21个地、市、州中，陡坡耕地面积占耕地总面积10%以下的有12个，分别为成都市(2.3%)、重庆市(2.8%)、内江市(1.4%)、德阳市(2.6%)、南充地区(4.4%)、自贡市(4.4%)、攀枝花市(6.7%)、绵阳市(6.9%)、涪陵地区(7.7%)、乐山市(7.9%)、遂宁市(8.9%)、泸州市(9.8%)。10%~20%的有7个，分别为宜宾市(12.1%)、达县地区(12.8%)、雅安地区(15.6%)、甘孜州(15.8%)、阿坝州(16.6%)、广元市(17.7%)、凉山州(18.2%)。大于20%的有两个地区，即万县地区和黔江地区，是全省陡坡耕地比例最高的地区。万县地区有陡坡耕地251.28万亩，占全地区耕地总面积的23.1%。黔江地区有陡坡耕地122.65万亩，占全地区耕地总面积的23.5%。县(区)陡坡耕地的分布为：陡坡耕地占县(区)耕地总面积10%以下的有124个；10%~20%的有35个；>20%的有47个(表19-29)，其中陡坡耕地占县(区)内耕地总面积比例最大的乐山市金口河区，有陡坡耕地8.54万亩，占该区耕地总面积的71.7%，其次是万县地区城口县和广元市的青川县，其陡坡耕地面积分别占本县耕地总面积的66.4%和54.8%。各地(市)县陡坡耕地分布情况详见本研究成果《四川省县级农业地貌区划及耕地分布规律研究》专著(1990年)。

表19-29　四川省陡坡耕地分布统计表

陡坡耕地占百分比/%	县(市、区)数	占全县县数百分比/%
0~10	124	60.2
10~20	35	16.9
20~30	23	11.1
30~50	21	10.3
>50	3	1.5
合计	206	100

(二)陡坡耕地退耕建议

根据四川省陡坡耕地分布现状及对环境影响的程度，提出如下建议：

(1)盆地丘陵区，陡坡耕地占县内总耕地10%以下的县主要分布于成都市、德阳市、内江市、南充地区的绝大部分县及泸州市、绵阳市、宜宾市、乐山市、遂宁市的大部分县等。这些地方的丘陵区开发历史悠久，垦殖系数高达40%～50%，森林覆盖率很低，仅为1%～5%，自然环境不断恶化，旱、洪灾害频繁发生，因此，需尽快退耕还林还草，促使生态环境向良性方面转化。

但是，上述地、市中的部分县，虽然就全县而言，陡坡耕地所占比例在10%以下，但其分布极不平衡。如绵阳市的安县，陡坡耕地占全县总耕地的1.2%，但其98%集中于西部的少数山地乡，陡坡耕地退耕难度较大，因此各县需对县内陡坡耕地的分布作深入调查，合理规划，分步实施。

(2)四川省地处长江上游，新中国成立以来以来长江流域土壤侵蚀有增长的趋势，据有关方面统计，总侵蚀量约24亿t，三峡以上地区达13亿t，占全流域侵蚀量一半以上，而三峡以上水土流失较严重的地区，大部分位于四川省境内，为了减少土壤侵蚀对规划中的三峡水库的威胁，长江中上游干流及各大支流，如嘉陵江流域、岷江流域上游地区、安宁河流域、金沙江流域下游段(即攀枝花市以下)、大渡河流域等所属各县(区)应作为退耕重点地区，从中央到地方采取有效措施加大退耕进程，使水土流失尽快得到遏制。

(3)各大中水库库区、水力发电站周围及大中城市(如攀枝花市等)周围山地的陡坡耕地的不合理利用，使大量泥沙不断进入水库，缩短水库的寿命，降低水库的使用效益。对这种地区的退耕应优先安排。

(4)自然保护区及旅游风景区更是要加大力度实施退耕还林还草的工程。

(5)盆周山地及甘、阿、凉“三州”的山地县，陡坡耕地占总耕地比例多数大于10%，这些地区生产落后，群众生活水平不高，加之交通不便，在退耕中除了上面的(2)、(3)、(4)中提到的需首先退还的地区外，大部分地区可分批分期进行退耕。建议首先退还分布在大于35°(或30°)以上山坡上的耕地，这部分耕地绝大部分坡陡土薄，产量很低。据凉山州会东县调查，＞30°的耕地平均亩产不足200斤，有的只有几十斤，全县有陡坡耕地9.4万亩，＞30°的占24%，＞35°的占6.4%。其中30°～35°的陡坡耕地中约有5%修为梯地，而大于35°的陡坡耕地几乎没有改造，处于刀耕火种的状态，产量低下。因此，在近期内首先退还＞30°(或35°)的陡坡耕地。退耕后减少的粮食可以采用改造缓坡地、改良低产田提高单产以及国家给以一定的补贴等措施予以解决。

经过第一阶段退耕还林还草取得经验后，再逐步开展25°～30°(或35°)的陡坡耕地的退耕还林还草工作。

对于少量远离河流、孤立、分散、小片的陡坡耕地(孤立住户周围的小片耕地)，因对整个环境影响不大，交通又极不方便(运输粮食困难)可暂缓退耕，待条件改变后再作考虑。

(三)陡坡耕地退耕对策讨论

陡坡耕地退耕还林还草的核心是改变这些陡坡土地单一粮食生产的不合理利用方式，

调整农业内部结构，形成农、林、牧、经协调发展的格局，使陡坡土地在利用中既不破坏环境又能产生较高的经济效益。因此陡坡耕地还林还草是一项遵循自然规律和经济规律，加快丘陵、山区建设步伐的根本性措施。但是，退耕还林是一项复杂的系统工程，是技术性、政策性很强的工作，需要深入调查研究，根据不同地区，甚至不同地块选择适宜的退耕模式，达到改善生态环境，增加经济效益的目的。下面就盆地丘陵区和盆周山地地区陡坡退耕对策作些讨论。

1. 四川盆地丘陵县陡坡耕地退耕后土地的利用对策

该地区水热条件优越，退耕的土地可以推广林牧结合的利用模式。在发展林业的同时，林下林间提倡种植优质牧草，发展饲养业。在林业发展中，除小部分营造水源林、用材林、薪炭林外，重点应放在发展经济林木上，如柑橘、茶叶、桑树、黄桃等。但是单纯种树，少则 3～5 年，多则 8～10 年才能见效，不但效益慢，而且林下无草灌覆盖，保持水土效益不显著，特别是有些地区栽树时为了保证成活率需要挖坑(甚至放炮)松土，无意中加速了水土流失。因此需要在经果林下种植草本植物，保护地表。草本植物种植要选择优质牧草品种，利用牧草生物产品发展饲养业，饲养食草类禽畜，如兔、鹅、羊、菜牛等，当年即可见效。种草不仅见效快而且投资少、资金周转快，对于资金缺乏的丘陵县是一条行之有效的措施。同时，禽畜制品又可不断地输入城镇，改善城镇的供应。据调查，剑阁县近年来利用退耕的陡坡地及农田间、林间小块草场，建立人工小草园，种植黑麦草、白三叶、红三叶等优质牧草，发展养兔业，成为本县农民致富的重要途径。另外，种草还可增加土壤有机质，改良土壤结构，为营造林木奠定基础。但是，丘陵县历来无种草习惯，因此要大力宣传和推广。在退耕的同时要加强农田基本建设，通过改造缓坡地，增厚土层，增加土地肥力，改革耕作制度等措施，提高缓坡地及平原耕地的粮食单产，建立高产稳产田，保证粮食稳定增产，弥补因退耕而减少的粮食产量。

2. 盆周山地县陡坡耕地退耕对策

山区坡陡耕地比较多，特别是万县地区、涪陵地区、凉山州，阿坝州东部各县，陡坡耕地占总耕地比例都较大。山地因海拔不同水热条件差异较大，因此退耕后土地的利用方式亦有不同。低山，低中山因海拔较低，水热条件尚比较好，其退耕后的土地宜采用粮、经间作，经济林过渡的模式，即对退耕的土地采用经济林木与粮食作物间作，选择比较适宜的耕作方式，栽植柑橘、茶树，桑树、苹果、梨、漆树等；间种矮秆粮食作物，待经济林木有了一定的经济收入后，再按规格要求全部退耕补齐经济林木，使之成为经济林基地。这样可以使退耕初期，在低山，低中山类型利用气候较好的优势，粮食仍有一定的保证。同时争取时间，通过改造缓坡耕地，改良平坝中的低产田等措施提高现有耕地的亩产，弥补因退耕减少的粮食，对于在退耕中确有困难的县，政府需从粮食和经济等方面给以补贴。

在中山山地，虽然耕地分布较少，但陡坡耕地仍占有相当比例，这些地区气温较低，大部分地区农作物生长受到限制(凉山州少数地区除外)，其产量得不到保证，因此其陡坡耕地应全部退耕，但全省中山类型分布于边远地区，交通不便，调运粮食困难较大，因此在交通没有解决以前退耕的步子不宜过大，要合理规划，逐步退还，初期可采取林粮间作、草田轮作、林药间作等模式，其中草田轮作，畜牧业过渡的方式是一项投资少、用工省、便于推广的措施。也就是先种草灌，一方面可以发展畜牧业，又可改良土壤，经过三五年循环后，畜牧业有了一定的发展，经济基础得到加强，再在退耕的土地上营造速生丰产用材林、水源林等。

参考文献

[1] 陈锡文. 试析新阶段的农业、农村和农民问题 [J]. 宏观经济研究，2001，3(11)：12～19.

[2] 胡鞍钢，吴群刚. 农业企业化：中国农村现代化的重要途径 [J]. 农业经济问题，2001，1：9～21.

[3] 严新明. 中国农民发展的社会时空分析 [J]. 青海社会科学，2001，3：32～36.

[4] 刘淑珍，周麟，仇崇善，等. 西藏自治区那曲地区草地退化沙化研究 [M]. 拉萨：西藏人民出版社，1999.

[5] 西藏自治区绘测局. 西藏自治区地图册 [M]. 北京：中国地图出版社，2000.

[6] 李辉霞，刘淑珍. 基于 NDVI 的西藏自治区草地退化评价模型 [J]. 山地学报，2003，21(增)：69～71.

[7] 石玉林，陈百明. 中国土地生产能力及人口承载量研究 [M]. 北京：中国人民大学出版社，1991.

[8] 丁志，童庆禧，邓兰务，等. 应用气象卫星图像资料进行草场生物量测量方法的初步分析 [J]. 干旱区研究，1986 (2)：8～13.

[9] 樊锦召，吕玉华. 应用气象卫星资料估算草场产草量方法的研究 [J]. 干旱区资源与环境，1990(3)：23～28.

[10] 吕玉华，樊锦. 气象卫星监测牧草产量和预报产量趋势的初步研究 [J]. 干旱区资源与环境，1990(3)：29～32.

[11] 黄敬峰，桑长青，冯振武，等. 天山北坡中段天然草场牧草产量遥感动态监洲模式 [J]. 自然资源学报，1993，8 (1)：10～17.

[12] 徐希孺，金丽芳，赁常恭，等. 利用 NOAA－CCT 估算内蒙古草场产草量的原理和方法 [J]. 地理学报，1985，40(4)：333～346.

[13] 童庆禧，丁志，邓兰芬，等. 应用 NOAA 气象卫星图像资料估算草场生物量力法的初步研究 [J]. 自然资源学报，1986，1(2)：87～95.

[14] 王秀珍，黄敬峰. 用 AVHRR 资料监测北疆北部天然草地 [J]. 中国农业气象，1994，16(3)：43～47.

[15] 李辉霞，李森，周红艺，等. 基于 NDWI 的海南岛西部沙漠化信息自动提取方法研究 [J]. 中国沙漠，2006，26 (2)：215～219.

[16] 袁春琼，沈涛，刘传胜，等. 五家渠猛进水库及周边地区地物光谱遥感数据分析 [J]. 中国沙漠，2003，23(5)：549～553.

[17] 黄方，刘湘南，张养贞，等. 基于遥感和 G1S 的松嫩沙地土地利用/土地覆被时空格局研究 [J]. 中国沙漠，2003，23(2)：136～141.

[18] 郭明，马明国，肖笃宁. 基于遥感和 GIS 的干旱区绿洲景观破碎化分析 [J]. 中国沙漠，2003，23(3)：201～206.

[19] 马明，陈贤章. 基于遥感与 G1S 的黄土丘陵区生态监测系统研究 [J]. 中国沙漠，2004，24(2)：280～284.

[20] 李辉霞. 雅安地区水土流失危险度评价、分区与趋势分析 [J]. 水土保持学报，2002，16(6)：17～19.

[21] 李辉霞，陈国阶. 可拓方法在区域易损性评判中的应用 [J]. 地理科学，2003，23(3)：335～341.

[22] 李芝喜，杨存建. 利用多种传感器信息编制热带森林植被图的研究 [J]. 环境遥感，1993，8(3)：180～188.

[23] Riley R H，Phillips D I. Resolution and error in measuring land－cover change：effects on estimating net carbon release from Mexcan terrestrial ecosystems [J]. International Journal of Remote Sensing，1997，18 (1)：121～137.

[24] 郑元润，周广胜. 基于 NDV1 的中国天然森林植被净第一生产力模型 [J]. 植物生态学报. 2000，24(1)：9～12.

[25] 陈述彭. 地学信息图谱探索研究 [M]. 北京：商务印书馆，2001.

[26] Rrucker C J，Justico C O. Satellite remote sensing of primary production [J]. International Journal of Remole Sensing，1987，7：1395～1416.

[27] 苏大学，等. 西藏自治区草地资源 [M]. 北京：科学出版社，1994.

[28] 钟祥浩，王小丹，刘淑珍. 西藏高原生态安全 [M]. 北京：科学出版社，2008.

第二十章　西藏主体功能区划研究[①]

编制全国主体功能区规划、推进形成主体功能区是国家“十一五”规划《纲要》提出的一个重大战略任务。根据《中华人民共和国国民经济和社会发展第十一个五年规划纲要》、《国务院关于编制全国主体功能区规划的意见》(国发［2007］21号)精神，西藏自治区人民政府要求编制《西藏自治区主体功能区规划》(藏政加发(2007)112号)，由西藏自治区发展和改革委员会组织编制。自治区发展和改革委员会按照国家主体功能区区划框架精神，认为西藏自治区主体功能区域划分(以下简称区划)是编制《西藏自治区主体功能区规划》的重要基础性工作，需要根据自治区资源环境承载力、现有开发密度和发展潜力，按照推进形成主体功能区的要求，对自治区国土空间进行区域划分。为充分做好自治区主体功能区规划的这一阶段性工作，自治区发展和改革委员会聘请中国科学院成都山地灾害与环境研究所为完成这一阶段性任务的技术负责单位。根据研究所的安排，钟祥浩和刘淑珍研究员为该任务的技术负责人，负责项目方案总体设计、方案的实施和研究报告的修改与统稿。参加本次任务研究的主要人员有周伟、王小丹、李学东、徐云、范继辉、张斌、苏正安等；其中，周伟负责资料统计、分析与综合及报告初稿编写；其他人员负责区划指标项的计算与评价。通过近两年的工作圆满地完成了《西藏自治区主体功能区划》报告，为《西藏自治区主体功能区规划》编制提供了坚实基础，报告得到自治区发展和改革委员会的好评。

第一节　主体功能区划技术流程与方法

为确保西藏自治区主体功能区划分的科学性、规范性和可操作性，根据国家《省级主体功能区域划分技术规程》，首先须制定出符合西藏实际的《西藏自治区主体功能区域划分技术规程》，该《规程》内容包括主体功能区域类型、区划的原则与要求、区划技术流程、区划指标体系及指标评价、功能区类型划分方法以及区划方案与集成等。

根据自治区《规程》要求，西藏主体功能区域划分为重点开发区域、限制开发区域和禁止开发区域。重点开发区域是指在本区内资源环境承载能力较强、集聚经济和人口条件较好的区域。这类区域通常具有一定的城镇化和工业化基础，至少有一个自治区内区域性的地区级中心城市。重点开发区域是今后本区工业化和城镇化的重点区域，也是承接限制开发和禁止开发区域的人口转移，支撑自治区经济发展和人口集聚的重要空间载体。限制开发区域是指资源环境承载力较弱或生态环境恶化问题严峻，或在本区具有

---

① 作者钟祥浩、刘淑珍、周伟等，在2009年专项研究报告基础上修改成文。

较高生态功能价值和食物安全意义的区域。限制开发区域是今后需要加强生态修复、耕地和环境保护，引导超载人口逐步有序转移的区域。限制开发区主要包括在本区生态本底脆弱的区域、具有重要生态服务功能的区域、基本农田保护区和不适宜产业和人口进一步集聚的矿业地区。禁止开发区域是指依法设立的各类省级和国家级自然保护区、历史文化遗产地、重点风景区、森林公园、地质公园等。禁止开发区是今后要实行强制保护，禁止一切对自然生态的破坏、人为干扰活动的区域，是传承本区文化遗产、确保区内生态平衡和自然特色、改善区域生态环境质量的核心区域。自治区《规程》提出了区划的基本要求：①要承接国家主体功能区域划分结果，国家层面已确定的本区的限制开发区域和禁止开发区域，在这次自治区区划中，必须确定为相同类型区域，不能改变为其他类型区域。②区划仅对国家主体功能区域未覆盖的国土空间进行划分，形成对所辖区域全覆盖的划分方案。

自治区主体功能区划技术流程见图 20-1。

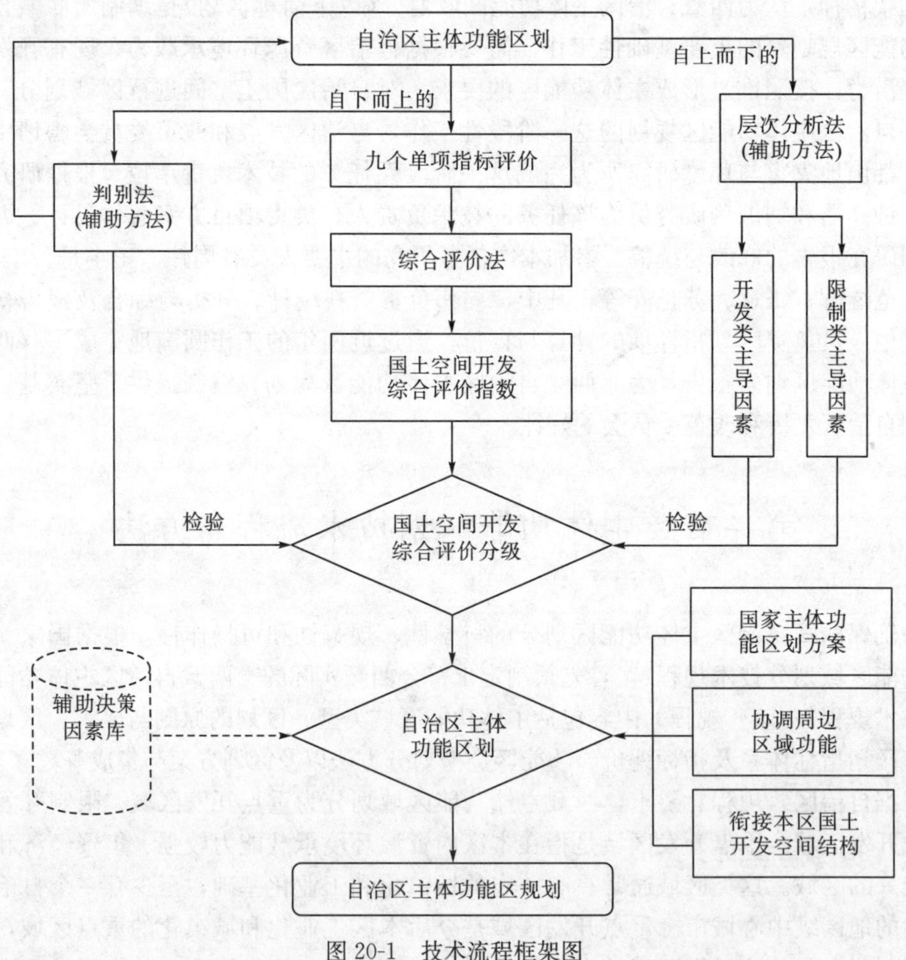

图 20-1　技术流程框架图

自治区区划的指标体系采用国家《规程》指标，各项指标功能与含义见表 20-1。

自治区土地辽阔，超过上万平方公里面积的县为数不少，有的县面积逾 10 万 km^2，大大超过我国东部地区的所有县，甚至超过一个省的国土面积。因此，按国家《规程》

以县为单元的主体功能区划分难以科学地反映西藏的实际，为此采取以乡为基本单元进行区划指标的计算与评价，这样，需对区划划分指标项中的部分技术规程作补充和调整，提出符合西藏实际的主体功能区划分的指标取值与计算方法。本次区划工作，我们采用了县级行政区作为基本单元进行指标值的计算，然后计算乡级指标值；同时以自然地理界限等实体地域划分的方案和以乡级行政区为基本单元的区划方案进行比较。鉴于本次自治区主体功能区域划分的难度，我们组织了所内外有关专业的科技人员进行了为期近两年的野外考察和室内已有资料的搜集、整理与分析。在此基础上，对各指标项数值进行计算、制图与评价。然后，按技术流程要求，进行国土空间开发综合评价分级，选择自治区功能类型区，最终完成西藏自治区主体功能区划分。本章只对区划指标项资料来源、指标值计算技术、方法与评价作系统介绍，介绍内容分如下三个部分：第一部分(即第二节)为经济社会发展水平，包括人口集聚度、经济发展水平和交通优势度；第二部分(即第三节)为生态系统保护程度，包括生态脆弱性、生态重要性；第三部分(即第四节)为国土空间开发支撑条件，包括自然灾害危险性、环境容量和可利用资源。

表 20-1　西藏自治区主体功能区规划指标项功能与含义

序号	指标项	功　能	含　义
1	可利用土地资源	评价一个地区剩余或潜在可利用土地资源对未来人口集聚、工业化和城镇化发展的承载能力	由后备适宜建设用地的数量、质量、集中规模三个要素构成。具体通过人均可利用土地资源或可利用土地资源来反映土地开发潜力
2	可利用水资源	评价一个地区剩余或潜在可利用水资源对未来社会经济发展的支撑能力	由水资源丰度、可利用数量及利用潜力三个要素构成。具体通过人均可利用水资源潜力数量来反映
3	环境容量	评估一个地区在生态环境不受危害前提下可容纳污染物的能力	由大气环境容量承载指数、水环境容量承载指数、综合环境容量承载指数三个要素构成。具体通过大气和水环境对典型污染物的容纳能力来反映
4	生态系统脆弱性	表征区域尺度生态环境脆弱程度的集成性指标	由沙漠化、土壤侵蚀、冻融侵蚀等三个要素构成。具体通过沙漠化脆弱性、土壤侵蚀脆弱性、石漠化脆弱性等级指标来反映
5	生态重要性	表征区域尺度生态系统结构、功能重要程度的综合性指标	由水源涵养重要性、土壤保持重要性、防风固沙重要性、生物多样性维护重要性等要素构成。具体通过这些要素重要程度指标来反映
6	自然灾害危险性	评估特定区域自然灾害发生的可能性和灾害损失的严重性而设计的指标	由洪水灾害危险性、地质灾害危险性、地震灾害危险性、大风灾害和雪灾灾害危险性要素构成。具体通过这些要素灾害危险性程度来反映
7	人口集聚度	评估一个地区现有人口集聚状态而设计的一个集成性指标项	由人口密度和人口流动强度两个要素构成。具体通过采用县乡域人口密度和吸纳流动人口的规模来反映
8	经济发展水平	刻画一个地区经济发展现状和增长活力的一个综合性指标	由人均地区 GDP 和地区 GDP 的增长比率两个要素构成。具体通过县域或乡镇人均 GDP 规模和 GDP 增长率来反映
9	交通优势度	为评估一个地区现有通达水平而设计的一个集成性评价指标项	由公路网密度、交通干线的拥有性或空间影响范围和与中心城市的交通距离三个指标构成
10	战略选择	评估一个地区发展的政策背景和战略选择的差异	

表中 1~9 项指标依据其功能特点可归纳为三大类：第一类为国土开发密度，包括人

口集聚度、经济发展水平和交通优势度；第二类为资源环境承载能力，包括可利用土地资源、可利用水资源和环境容量；第三类为区域生态系统需要保护的程度，包括生态系统脆弱性、生态重要性和自然灾害危险性。

第二节　经济社会发展水平

一、人口集聚度

(一)计算方法

(1)人口密度=总人口/土地面积。

(2)人口流动强度=暂住人口/总人口。

在西藏自治区已掌握数据中，没有暂住人口数字，所以采用外来人口替代暂住人口进行计算。

(3)人口集聚度=(人口密度)×d(人口流动强度)。式中，d 按表20-2选取权重值。

表20-2　在不同情景下 d(人口流动强度)的赋值

	人口流动强度				
	<5%	5%~10%	10%~20%	20%~30%	>30%
强度权系数赋值	1	3	5	7	9

(二)计算技术流程

1. 指标值的取值原则

同一指标在确定四类主体功能区中的取值大小不同。人口集聚度指标项取值，优化开发区域>重点开发区域>限制开发区域。取值原则见表20-3。

表20-3　确定各类主体功能区的指标项取值原则

序号	指标项	主体功能区			
		优化开发	重点开发	限制开发	禁止开发
1	人口集聚度	++++	+++	+	−

2. 人口集聚度分级标准的确定

人口集聚度是评估一个地区现有人口集聚状态而设计的一个集成性指标项，由人口密度和人口流动强度两个要素构成。具体通过采用县域人口密度和吸纳流动人口的规模来反映。西藏地域辽阔，区域差异大，因此我们采用乡镇人口密度和吸纳流动人口的规模来计算不同区域的人口集聚度。

第一步，计算县级行政地域单元的人口集聚度；

第二步，在GIS制图软件功能支持下，将“人口集聚度”指标值由高值样本区向低值样本区依次按样本数的分布频率自然分等；

第三步，按照人口集聚度高低差异，依次划分为5个等级，人口集聚度分级标准按照计算结果进行划分，分级标准如表20-4。

表20-4　人口集聚度分级标准

分级	1级	2级	3级	4级	5级
分值	<10	10～50	50～100	100～1000	>1000

3. 人口密度分级标准的确定

通过对西藏以乡镇为单元人口的统计分析，提出人口密度分级标准如表20-5。

表20-5　人口密度分级标准

分级	高	较高	中等	较低	低
标准/(人/km^2)	>100	50～100	30～50	10～30	<10

(三)人口集聚度评价

根据计算结果，将西藏自治区各乡镇的人口集聚度划分为五个等级，见西藏人口集聚度分级图(彩色图版：图5-20-1)，其基本特征评价如下：

1. 人口集聚度5级

人口密度分级为高等级。这个等级主要分布在拉萨市城关区的5个乡镇和拉萨市堆龙德庆县中心地带的东嘎镇、日喀则市中心城区，共计7个乡镇。这7个乡镇地处西藏自治区的省会城市和第二大城市日喀则市的城关区域，乡镇人口密度均大于200人/km^2，外来人口也较多，d(人口流动强度)值均大于或等于5。

2. 人口集聚度4级

人口密度分级为较高等级。这个等级主要分布在拉萨市的尼木县、林周县和堆龙德庆县、昌都地区昌都县、林芝地区林芝县、山南地区的贡嘎县和乃东县、日喀则地区的江孜县和聂拉木县等社会经济发展水平高的区域，共有13个乡镇，均地处县城的行政中心所在地或县域内经济发展水平高的区域，其中八一镇是林芝地区行署所在地，日喀则地区聂拉木县内的樟木镇是开放口岸，吸引了大量外来人员。这13个乡镇人口密度几乎都大于50人/km^2(八一、樟木镇略低一点)，外来人口也较多，d(人口流动强度)值均大于或等于3。

3. 人口集聚度3级

人口密度分级为中等等级。这个等级主要分布在拉萨市的尼木县、曲水县、墨竹工卡县、林周县和堆龙德庆县、那曲地区的那曲县、山南地区的贡嘎县、日喀则地区的江孜县、南木林县和白朗县等，共有19个乡镇，这些乡镇社会经济发展水平不太高，距离各地区的中心城镇有一定距离，也吸引了一定数量的外来人员。这19个乡镇人口密度均都大于 20 人/km^2，有一定数量的外来人口，d(人口流动强度)值多数都等于 3。

4. 人口集聚度 2 级

人口密度分级为较低等级。这个等级除了阿里地区以外，覆盖了西藏自治区的六个地区、34 个县，共有 132 个乡镇，这些乡镇社会经济发展水平较低，距离各地区的中心城镇较远，外来人员数量很少。这 132 个乡镇人口密度都较小，普遍低于 20 人/km^2，外来人口数量很少，d(人口流动强度)值普遍都等于 1。

5. 人口集聚度 1 级

人口密度分级为低等级。西藏自治区地广人稀，绝大部分土地上人口分布稀疏。这个等级除了拉萨市的城关区、达孜县和曲水县、山南地区的琼结县以外，西藏自治区 7 个地(市)区所有的县域内都有乡镇属于这个等级，共有 500 多个乡镇，覆盖了自治区大部分土地，这些乡镇普遍社会经济发展水平低，距离各地区的中心城镇远，几乎没有外来人员。这 500 多个乡镇人口密度都较小，普遍低于 10 人/km^2，外来人口数量很少，d(人口流动强度)值普遍都等于 1。

二、经济发展水平

(一)计算方法

1. 评价单元的调整

在国家颁布的《省级主体功能区域划分技术规范》中，[经济发展水平] = f([人均 GDP]，[GDP 增长率])，[人均 GDP] = [GDP] / [总人口]，[GDP] 指的是各县级空间单元的地区 GDP 总量；[GDP 增长率] =([GDP2005] / [GDP2000])1/5－1，[GDP 增长率] 指近 5 年各县级空间单元的地区 GDP 的增长率。[经济发展水平] = [人均 GDP] ＊k [GDP 的增长强度]。

因为西藏县级行政区划面积很大，在分析西藏内部经济发展水平时，需对评价单元进行调整，采取乡镇作为基本评价单元。最后再归纳到县级单元。

2. 评价指标的调整

在收集到的有关西藏的资料中，与区域经济相关的指标有财政总收入、农民人均纯收入和经济总收入。在乡镇一级的数据中，相对完整的经济指标仅有财政总收入、农民人均纯收入。首先尝试用人均财政收入计算经济发展水平，发现拉萨市的几个经济发展水平较高的乡镇排在末位，与实际情况出入较大。然后又尝试用农民人均纯收入计算，效果也不理想。说明用人均财政收入和农民人均纯收入作为经济发展水平评价指标，都有缺陷。

最后，考虑到西藏产业结构以农牧业为主，国土开发产生的产值主要来源于第一产业。为此，使用国土单位面积产生的产值可以更准确地反映经济发展水平。根据现有数据的情况，用乡镇农民人均纯收入乘以乡镇总人口来表示国土开发的产值，国土开发的产值与国土总面积的比值即是乡镇国土开发单位面积产值(元/km^2)。

3. 计算方法的确定

[经济发展水平] = [乡镇国土开发单位面积产值(元/km^2)] = [乡镇农民人均纯收入×乡镇总人口/乡镇国土总面积] =k。

式中 k 值按表 20-6 对应数值分类取值。

表 20-6　在不同情况下 k 值的赋值

	乡镇国土开发单位面积产值/(元/km²)				
	<1000	1000~10000	5000~20000	20000~50000	>50000
国土单位面积产值系数赋值	1	2	3	4	5

k 值表示经济发展水平，按照经济发展水平依次划分为 5 个等级。

(二)计算技术流程

第一步，计算乡镇行政地域单元的经济发展水平

第二步，在 GIS 制图软件功能的支持下，将经济发展水平指标由高值样本区向低值样本区，依次按样本数的分布频率自然分等。

第三步，按照经济发展水平高低差异，依次分为 5 等，即高等级、较高等级、中等等级、较低等级和低等级。经济发展各等级空间分布(乡镇国土单位面积产值排序与分级)见西藏经济发展分级图(彩色图版：图 5-20-2)。

(三)经济发展水平评价

经济发展水平的空间差异评价如下。

1. 低等级

低等级是 k=1 的地区，位于藏西北寒冷干旱高原冻融侵蚀区，主要是阿里地区措勤县、改则县、革吉县、普兰县、日土县、扎达县，林芝地区墨脱县，那曲地区安多县、尼玛县、申扎县，日喀则地区昂仁县、谢通门县、仲巴县，双湖特区，共计 75 个乡镇，乡镇国土开发单位面积产值 570.8 元/km^2，是经济发展水平最低的区域。

这些乡镇地广人稀，国土开发程度很低，许多地方保持原始状态。尼玛县—双湖特区位于可可西里无人区，自然条件恶劣，生态环境脆弱，人类活动干扰较小，居民以游牧为主要生存方式，出售畜产品换取粮食和日用品，交通条件有限，出行不便，原生态的自然景观、生态旅游业逐渐兴盛。

2. 较低等级

较低等级是 k=2 的地区，主要分布在藏北高原区以及藏南山原和藏东山原的部分县乡镇。其中，那曲地区的安多县、班戈县、嘉黎县、尼玛县、聂荣县、申扎县多数乡镇，日喀则地区的定日、定结、萨嘎、仲巴等县的部分乡镇属于经济发展水平较低的区域。据统计全自治区共有 176 个乡镇国土开发单位面积产值为 2704.2~7061 元/km^2。

这些地区草地分布面积广，以农牧业为主，是以第一产业收入为主的传统农牧业经济，第一产业中，牧业占有相当大的比重，产业结构单一，农产品自给自足，商品率低；农村居民谋生手段简单，经济收入极低，经济发展缓慢；远离中心城市，交通、通信等基础设施建设滞后，对外联系不便。亚东是西藏重要的林区。

3. 中等等级

中等等级是 k=3 的地区，主要分布在藏东南“三江”河谷区，其次为藏南山原地

区，这些地区的大部分县乡镇国土资源开发和经济发展水平处于中等状态。属于这种类型的乡镇共计 139 个，其国土开发单位面积产值 7061～20689 元/km^2。

藏东“三江”流域为高山深谷区，河谷区热量条件好，农林业资源得到较好的开发，处于昌都地区北部的县，草地资源较丰富，以草甸生态系统资源开发利用为基础的畜牧业得到了较好的发展，大牲畜中以牦牛数量最多，分布最广，以牦牛为特色的畜产品在该区社会经济发展中占有突出的地位。高山和亚高山草甸面积大，为虫草发育提供了良好的条件，虫草成为当地居民收入的重要来源。居民的收入相对较高。

尼洋河下游宽谷的林芝县和米林县乡镇，特色农林业和生态旅游业得到较好的发展。

4. 较高等级

较高等级是 k=4 的地区，主要分布于西藏的自然条件较好、人类活动频繁的雅鲁藏布江中游、拉萨河、年楚河河谷地区。“一江两河”地区的河谷地带地势平坦开阔，土层肥沃，耕地质量较高，具有发展灌溉农业的优越条件，是西藏自治区农业发展的重点区域，农田基本建设得到长足发展，粮油作物产量高，质量好，是重要的粮食基地。产业结构以农业为主，兼有农区畜牧业，牧业以放养为主，经济水平高。手工业发达，生产藏靴、藏袍、银器、藏香、氆氇、藏纸、陶器等。区内市镇集中分布，人口密集，土地经济密度高，是西藏自治区的经济发达区域，区内交通便利，历史古迹丰富，是西藏的旅游中心。这些地区县的大部分乡镇国土资源得到较好的开发，人均收入水平较高，据统计全自治区共有 240 个乡镇，国土开发单位面积产值达到 20689 元/km^2以上。

5. 高等级

高等级是 k=5 的地区，主要分布于拉萨市城关区、堆龙德庆县、林周县、尼木县，日喀则地区江孜县、白朗县，山南地区乃东县、贡嘎县、扎囊县，日喀则市，共计 43 个乡镇，平均乡镇国土开发单位面积产值 105714 元/km^2以上，是西藏自治区经济发展水平最高的区域。

这些乡镇地理位置优越，多在雅鲁藏布江沿岸，是各地区的经济发展中心，西藏自治区两大城镇集聚区都分布于此，城镇化水平高，人口密度大，产业分布集中，交通便捷。无论是农业还是工业，以及旅游、交通、餐饮等第三产业发展水平都较高，是西藏经济最发达、经济密度最大的地区。

三、交通优势度

(一)计算方法

1. 指标项含义及其取值原则

交通优势度为评估一个地区现有通达水平而设计的一个集成性评价指标项，由公路网密度、交通干线的拥有性或空间影响范围和与中心城市的交通距离三个指标构成。

同一指标在确定四类主体功能区中的取值大小不同。交通优势度指标项取值，优化开发区域>重点开发区域>限制开发区域。取值原则见表 20-7。

表 20-7　确定各类主体功能区的指标项取值原则

指标项	主体功能区			
	优化开发	重点开发	限制开发	禁止开发
交通优势度	++++	+++	++	—

2. 交通优势度＝交通网络密度＋交通干线影响度＋区位优势度

(1)交通网络密度(交通可达性)＝公路通车里程/乡域面积。

公路通车里程＝(国道＋省道＋县道)×60%＋(乡道＋街道)×40%。

(2)交通干线影响度＝干线(铁路＋公路＋机场)技术水平。

西藏自治区目前没有高速公路和水运，根据技术规程要求，拥有国道的乡镇赋值0.5；拥有干线机场(贡嘎和米林机场)赋值1.0，拥有支线机场(邦达机场)赋值0.5；拥有青藏铁路车站的乡镇赋值1.0。然后将以上赋值相加，计算各乡镇的交通干线影响度。

(3)区位优势度＝距全国中心城市的交通距离。

3. 交通优势度计算

将计算得到的3项指标的原始数据均转换为无量纲化指标测评值，即各指标值都处于同一个数量级别上，这3项指标的权重采用1∶1∶1。然后对以上3项指标的无量纲化测评值求和。

(二)计算技术流程

1. 计算步骤

第一步，获取国道、省道和县道的公路总里程，铁路干线和公路干线、港口和机场的技术等级(表20-8)等数据。

表 20-8　交通干线技术等级评价建议

类型	子类型	等级	标准	权重赋值
铁路	单线铁路 A_{i5}	1	拥有单线铁路	1
		2	距离单线铁路30公里距离	0.5
		3	其他	0
公路	国道公路 A_{i6}	1	拥有国道	0.5
		2	其他	0
机场	干线机场 A_{i8}	1	拥有干线机场	1
		2	距离干线机场30公里距离	0.5
		3	其他	0
	支线机场 A_{i9}	1	拥有支线机场	0.5
		2	其他	0

第二步，计算乡镇行政单元与最近的地区中心城市的距离，每个乡镇行政单元只对应一个地区中心城市。

第三步，对数据进行处理，计算交通可达性。

计算各县公路通车里程与各县土地面积的绝对比值，设某县 i 的交通线网密度为 D_i，L 为县域的交通线路长度，A_i 为 i 县域面积，则其计算方法为

$$D_i = L_i / A_i, i \in (1,2,3,\cdots,n) \tag{20-1}$$

2. 等级赋值

交通干线技术等级赋值计算见表 20-8。在区位优势度的计算中，中心城市可以根据情况分级，依据距离远近进行加权处理。建议计算分级或赋值如表 20-9。因为西藏地域辽阔，只有拉萨一个地级市，不能很好地客观反映各乡镇的区位优势度，采用了三级分级赋值计算法。

第 1 级：以拉萨为最主要中心城市，赋值 2.0；

第 2 级：根据到拉萨的距离和人口规模确定各地区中心城镇的赋值(表 20-9)，各地区中心城镇的赋值分别为：八一镇、泽当镇和日喀则市赋值 1.5，那曲镇赋值 0.5；阿里地区的狮泉河镇和昌都地区的昌都县城关镇则因距离遥远、不具有优势条件而被赋值为 0。此外，几个重要的口岸如樟木镇赋值 1.0，普兰镇赋值 0.5；昌都地区八宿县白玛镇距离拉萨较近，赋值 0.5。

表 20-9　各地区中心城市距离拉萨的分级及评价赋值

级别	距离/km	权重赋值
1	0～100	2.00
2	100～300	1.50
3	300～600	1.00
4	600～1000	0.50
5	>1000	0.00

第 3 级：各乡镇根据距离各地区的中心城镇远近，计算区位优势度。计算公式如下：

乡镇区位优势度=该地区中心城镇的赋值×d(乡镇距离)

式中，d 按表 20-10 确定其权重值。

表 20-10　在不同情景下 d(乡镇距离)值的赋值

	乡镇距离			
	<30km	30～100km	100～300km	>300km
距离权系数赋值	1	0.8	0.5	0

3. 无量纲处理

经过以上计算，得到各乡交通网络密度、交通干线影响度和区位优势度数据，分别对各乡这三项数据进行无量纲处理，数据无量纲化处理主要解决数据的可比性，在此我们采用指数化处理方法。指数化处理以指标的最大值和最小值的差距进行数学计算，其结果为 0～1。具体计算公式如下：

$$z_i = x_i - X_{\min}/X_{\max} - X_{\min}$$

其中，z_i为指标的标准分数；x_i为某乡某指标(上述 3 项指标)的指标值；$X_{\max}$为全部乡中某指标(上述 3 项指标)的最大值；$X_{\min}$为全部乡中某指标(上述 3 项指标)的最小值。

经过上述标准化处理，原始数据均转换为无量纲化指标测评值，即各指标值都处于同一个数量级别上，可以进行综合测评分析。

4. 交通可达性

计算交通可达性，即对以上数据求和(数据要进行无量纲处理)，根据计算结果确定交通优势度分级标准。按照计算结果进行等级划分，分级标准如表 20-11。

表 20-11　交通优势度分级

级别	1	2	3	4	5
分值	<0.1	0.1～0.5	0.5～1.0	1.0～1.5	>1.5

(三)交通优势度评价

根据计算结果，将西藏自治区各乡镇的交通优势度划分为五个等级，各等级县、乡镇空间分布(交通优势度空间格局)见西藏自治区交通优势度分级图(彩色图版：图 5-20-3)。各等级的基本特征评价如下。

1. 交通优势度 5 级(最高区域)

该等级覆盖的是西藏交通最便利的区域，也是社会经济发展水平最高的区域，主要分布在拉萨市城关区的 5 个乡镇、堆龙德庆县东嘎镇和曲水县聂塘乡、林芝地区米林县米林镇。这 8 个乡镇均有县级以上公路，除米林镇外，公路密度均大于 0.14km/km^2；干线影响度均大于 0.5，米林镇临近机场，干线影响度达到 1.1。这 8 个乡镇的区位优势都很明显，除米林镇外，距离拉萨市都在 30km 以内；米林镇则距离林芝地区中心城镇八一镇很近。这 8 个乡镇的交通优势度指标值都在 1.5 以上。

2. 交通优势度 4 级(显著区域)

这个等级覆盖的是西藏经济社会发展良好、交通较便利的区域，主要分布在拉萨市、林芝地区、山南地区、日喀则地区和那曲地区等 5 个地区 21 个县城，共有 64 个乡镇，均地处县城的行政中心所在地或县域经济发展水平较高的区域。这 64 个乡镇的交通优势度指标值都在 1.0 以上。

3. 交通优势度 3 级(中等区域)

这个等级主要分布在拉萨市、昌都地区、林芝地区、山南地区、日喀则地区等 5 个地区 40 个县域，共有 198 个乡镇。这些乡镇社会经济发展水平不太高，距离各地区的中心城镇有一定距离，交通通达性不够好，交通优势度指标值都在 0.5 以上。

4. 交通优势度 2 级(较低区域)

这个等级除了拉萨市以外，覆盖了西藏自治区的六个地区、48 个县，共有 197 个乡镇。这些乡镇社会经济发展水平较低，距离各地区的中心城镇较远，部分乡镇地处游牧区域、边境地区，交通通达性较差，部分乡镇只有乡村道路，交通优势度指标值均在 0.1～0.5。

5. 交通优势度 1 级(缺乏区域)

这个等级除了拉萨市以外，覆盖了西藏自治区的 6 个地区、35 个县，共有 180 个乡镇，这些乡镇社会经济发展水平低，距离各地区的中心城镇远，部分乡镇地处游牧区域、边境地区，交通通达性差，大部分乡镇只有乡村道路，交通优势度指标值均小于 0.1。

第三节　生态系统保护程度

一、生态脆弱性

(一)计算方法

西藏具有海拔高、气候寒冷、干旱的特点，生境条件严酷。生态脆弱性主要表现为生态系统对外力作用反应的敏感性，突出地表现在植被生态系统自身结构与功能的变异和该系统赖以生存的环境过程的易变性。事实表明，高海拔生态系统比低海拔生态系统敏感，陡坡生态系统比缓坡生态系统敏感，半干旱、干旱区生态系统比半湿润、湿润区生态系统敏感，沙质和石质土壤生态系统比黏质土壤生态系统敏感。此外，西藏高山深谷区，坡度陡、降水量大，生态系统对外力反应同样很敏感，突出地表现在植被破坏、土壤快速流失等方面。因此，以国家《省级主体功能区域划分技术规程》为基础，提出西藏生态脆弱性的计算方法为：[生态脆弱性] =MAX {[水力侵蚀敏感性]，[土地沙漠化敏感性]，[冻融侵蚀敏感性]}。根据西藏实际，增加了冻融侵蚀敏感性，石漠化敏感性不做评价。

(二)计算技术流程

1. 水力侵蚀敏感性计算

1)评价方法与指标

(1)降水侵蚀力。

目前 EI_{30} 是国内外计算降水侵蚀力 R 值的主要参考指标，但西藏高原缺乏短历时雨强资料，本研究选取周伏建建立的年 R 值估算公式进行计算。

$$R = \sum_{i=1}^{12} 0.179 p_i^{1.5527}$$

式中，R 为年降水侵蚀力[(j · cm/(m^2 · h)]；p_i 为月雨量。

以乡为行政单元，根据各站点的空间分布状况，结合内插法完成 p_i 值赋值。

(2)土壤可蚀性。

土壤可蚀性是指土壤对侵蚀营力分离和搬运作用的抵抗能力。土壤抗蚀性的强弱与土壤内在的物理和化学性质密切相关，是反映土壤物质迁移难易程度的有效指标。土壤可蚀性 K 值评价指标和方法较多，大体可归纳为土壤理化性质测定法、仪器测定法、小区观测法和数字模型等。由于西藏高原基础资料少，并考虑到 K 值计算的科学性和可操作性，选取 Sharply 和 Williams 等 1990 年在 EPIC(erosion productivity impact calculator)模型中，提出的下述计算公式

$$K = \{0.2 + \exp[-0.0256\, SAN(1 - SIL/100)]\} \times [SIL/(CLA + SIL)]^{0.3} \times \{1.0 - 0.025C/[C + \exp(3.72 - 2.95C)]\} \times \{1.0 - 0.7SN_1/[SN_1 + \exp(-5.51 + 22.9SN_1)]\}$$

式中，SAN 为砂粒含量(%)，SIL 为粉粒含量(%)，CLA 为黏粒含量(%)，C 为有机碳含量(%)，$SN_1=1-SAN/100$。

在此公式中，要求土壤颗粒分级标准为美国制，而西藏土壤普查中土壤颗粒分级采用的是国际制，因此必须由国际制转换为美国制。转换过程应用了 $y=ax^b$ 和 $y=ax^2+bx+c$ 在计算机上模拟实现，其复相关系数 R^2 均在 0.99 以上，结果可靠。

将转换而来的资料代入公式，得到西藏高原主要土类的土壤可蚀性 K 值(表 20-12)。

(3)地形起伏度。

以西藏 1∶100 万数字高程模型为基本信息源，首先用 ERDAS 进行运算前的数据预处理，包括图像的投影变换和重采样，把像元形状由梯形转换成矩形。在 ARC/INFO 的 GRID 模块支持下，利用 GIS 中的窗口分析法来实现的。窗口分析是栅格数据分析的一种基本方法，指对于栅格数据系统中的一个、多个栅格点或全部数据，开辟一个有固定分析半径的窗口，并在该窗口内进行诸如极值、差值、均值等一系列统计计算，或与其他层面的信息进行必要的复合，从而实现栅格数据有效的水平方向扩展分析。为了使求取的起伏度能够准确反映地面的地貌起伏状况与水土流失敏感性的关系，通过最佳窗口分析确定西藏起伏度的分析半径为 3×3。在 ArcGIS 支持下，对地形起伏度进行分层设色显示，并添加注记，完成西藏高原地形起伏度计算。

表 20-12 土壤质地转换结果与可蚀性 K 值 (单位：mm)

土壤类型	土壤颗粒质量分布/%			K 值
	2～0.05	0.05～0.002	<0.002	
高山荒漠土	77.58	19.33	3.09	0.2164
高山寒漠土	65.34	24.87	9.79	0.3388
高山草原土	66.86	21.42	11.72	0.3009
高山草甸-草原土	62.40	23.13	14.47	0.3322
亚高山草原土	58.80	28.18	13.02	0.3965
亚高山草甸草原土	58.75	28.76	12.49	0.4015
高山草甸土	53.40	32.76	13.84	0.4696
亚高山草甸土	50.96	34.21	14.83	0.4994
盐碱土	13.91	40.79	45.30	0.8991
沼泽土	51.88	31.70	16.42	0.4669
草甸土	57.12	30.42	12.46	0.4258
灰化土	59.04	25.16	15.80	0.3653
深棕壤	52.25	32.63	15.12	0.4747
棕壤	56.93	30.84	12.23	0.4306

续表

土壤类型	土壤颗粒质量分布/%			K 值
	2～0.05	0.05～0.002	<0.002	
黄棕壤	54.65	31.47	13.88	0.4492
黄壤	61.39	25.86	12.75	0.3604
红壤	56.22	28.08	15.70	0.4069
褐土	55.88	30.88	13.24	0.5057

(4)植被因子 C。

根据西藏高原植被分布图的较高级分类系统，将覆盖因子与水力侵蚀敏感性对应分级赋值。

2)计算结果

基于水土流失通用方程(USLE)的多因素综合评价，将前面反映各因素对水土流失敏感性的单因子，用地理信息系统进行等权乘积运算，采用自然分界法(natural break)和定性分析相结合将乘积结果分为5级(不敏感、略敏感、一般敏感、较敏感和敏感五个等级)，然后，叠加到以乡为评价单元的工作地图上，通过面积加权求得各乡的水力侵蚀敏感性。

3)水力侵蚀敏感性评价

藏东南部整体上属水力侵蚀敏感性高，而藏西北部属水力侵蚀低敏感性区域。两者的分界线基本与气候的干湿交替界吻合，局部有差异。即：从安多中部开始，经那曲、当雄、南木林、谢通门，止于马泉河下游。敏感区域主要分布在：①雅鲁藏布江中下游沿江山地；②喜马拉雅山脉中段山地，包括吉隆、聂拉木、定日、定结、岗巴和亚东的大部分地区；③康格多山以北的错那、隆子的部分区域；④藏东“三江”峡谷区。藏西北羌塘高原的大部分地区由于降水少、起伏度小，水力侵蚀总体上不敏感，局部地区因受特殊的微地貌和小气候的影响，表现为略敏感。

2. 土地沙漠化敏感性计算

1)评价方法与指标

紧扣西藏高原实际，选取湿润指数、土壤质地及≥8级的大风天数、地表植被等指标进行评价，指标及其分级见表20-13。

表20-13　土地沙漠化敏感性评价指标及分级

指　标	湿润指数	≥8级的大风天数	土壤质地	植　被
不敏感	>1.00	<10	参照土壤分布图和土壤 K 值分布图进行划分	参照水力侵蚀敏感性植被因子(C)进行划分
略敏感	0.50～1.00	10～20		
一般敏感	0.20～0.50	20～40		
较敏感	0.10～0.20	40～60		
敏感	<0.10	>60		

2)指标获取

(1)湿润指数。

湿润指数指降水量与潜在蒸散量之比，它反映了一个区域热量和水分之间的相互作用关系；干燥度是潜在蒸散量与降水量之比。从定义来看，二者互为倒数。我国传统的气候区划是按干燥度区划的，但是，由于潜在蒸散量的求法不同，以湿润指数倒数($1/I$)做的等值线比干燥度的等值线有所北移，即湿润区扩大了，而干旱区缩小了。因此，在运用西藏高原干燥度计算湿润指数时，参考有关资料，按表20-14进行系数换算。

表20-14　干燥度与湿润指数系数换算表

气候区	干燥度 K	湿润指数 I	$1/I$	换算系数 $x=k*I$
极干旱区	$\geqslant 16$	<0.05	$\geqslant 20$	0.80
干旱区	$16>K\geqslant 4$	$0.05<I\leqslant 0.20$	$20>1/I\geqslant 5$	0.80
半干旱区	$4>K\geqslant 1.5$	$0.20<I\leqslant 0.50$	$5>1/I\geqslant 2$	0.80～0.75
半湿润区	$1.5>K\geqslant 1.0$	$0.50<I\leqslant 0.65$	$2>1/I\geqslant 1.5$	0.75～0.65
湿润区	<1.0	$\geqslant 0.65$	<1.5	0.65

(2)大风日数。

风力强度是影响风对土壤颗粒搬运的重要因素。风速只有在超过某一临界值的情况下才有可能吹扬和搬运土壤中的颗粒物质至空中。一些研究资料表明，砂质壤土的起沙风速为6m/s，并且冬春季节降雨量极少，干燥多风，选用冬春季大于6m/s大风的天数这个指标来评价土地沙漠化敏感性具有很重要的意义。但是，由于西藏高原的相关基础资料有限，将评价指标调整≥8级大风的天数。

(3)土壤质地、植被盖度两个指标参照水力侵蚀敏感性评价中的分级标准，在此不赘述。

3)计算结果

采用等权的方法，按下面的公式算出西藏高原沙漠化敏感性综合指数。沙漠化敏感性指数计算方法如下：

$$D_i = \sqrt[4]{I_i * W_i * K_i * C_i}$$

式中，D_i为i空间单元沙漠化敏感性指数；I_i，W_i，K_i，C_i为i空间单元各因素的敏感性等级值。

将计算结果在ArcMap上完成赋值，并与以乡界为基本评价单元的地图叠加，通过面积加权得到土地沙漠化敏感性计算结果。

4)土地沙漠化敏感性评价

藏北高原的大部分地区属于土地沙漠化敏感区域，具体而言包括：念青唐古拉山脉以西、黑阿公路以北的大部分地区以及昆仑山荒漠地带。这些区域大部分为无人区，由于采取了一系列的保护措施，野生动物的种群和数量开始恢复，给草地带来一定程度的破坏。在黑阿公路两侧人为过牧造成的土地沙化较严重。但由于该区面积较大，沙化治理是一项长期而艰巨的任务。

从发展和效益的观点来看，对那些零星分布于人口密集、经济较发达地区的土地沙漠化敏感区域应给予关注，纳入近期沙化治理的重点，如雅江中游宽谷区。这是因为，土地沙化对社会经济发展的破坏力强，对区域可持续发展的阻碍作用明显；其次，这些区域的人类活动频繁，如不及时治理将造成生态环境的加速恶化。

3. 冻融侵蚀敏感性计算

1)评价方法与指标

与其他省区不同，西藏冻融侵蚀面广、破坏性强，冻融侵蚀占土壤侵蚀面积的89.01%。而国家《省级主体功能区域划分技术规程》没有冻融侵蚀敏感性评价标准，国内外的相关研究也不同。基于中国科学院成都山地灾害与环境研究所在这方面的工作积累与研究成果，相关评价方法也在《西藏自治区生态功能区划》中得到很好的应用。因此，我们根据西藏冻融侵蚀的特点，确定冻融侵蚀敏感性的评价指标，如表20-15。

表20-15　冻融侵蚀敏感性指标分级

指标	不敏感	略敏感	一般敏感	较敏感	敏感
≥0℃天数/天	≤120	120～150	150～180	180～210	>210
气温年较差/℃	≤18	18～20	20～22	22～24	>24
年均降水量/mm	≤100	100～200	200～300	300～400	>400
起伏度/m	≤50	51～100	101～300	301～500	>500

2)评价指标的获取

≥0℃持续日数、气温年较差、年均降水量数据主要来自西藏高原气候资料，地形起伏度通过DEM提取。

3)计算方法与结果

在ARC/INFO中对各要素图层进行叠加：①叠加年均温0℃等温线高程等值线图和等高线图，勾出冻融侵蚀的范围图；②叠加雪线分布图、等高线图和土地利用图，勾出冰雪侵蚀的范围图；③加权叠加≥0℃持续日数分布图、年气温较差分布图和年均降水量分布图，再叠加冻融侵蚀范围图和冰雪侵蚀范围图，得出冻融侵蚀敏感性的分布图；④根据地形起伏度图修正冻融侵蚀敏感性的分布图；⑤根据敏感性指数分布绘制出冻融侵蚀敏感性评价图。冻融侵蚀敏感性指数的计算公式如下

$$F = \sum \alpha_i X_{ij}$$

式中，F是冻融侵蚀敏感性指数；α_i是第i个分级指标的权重；X_{ij}是第i个分级指标第j个等级的赋值。

在GIS中实现以乡界为基本评价单元冻融侵蚀敏感性评价。

(三)生态脆弱性综合评价

在ArcGIS中将水力侵蚀敏感性、土地沙漠化敏感性、冻融侵蚀敏感性图层，运用“栅格计算器”进行等权叠加操作后，将叠加结果用自然分界法分为5级，获得西藏生态脆弱性综合评价结果。西藏生态系统脆弱性空间分布见书后彩图5-20-4。

西藏高原生态脆弱性具有以下特征：

1. 生态脆弱度区域差异显著

从空间分布看，藏东南山地热带雨林、季雨林区生态脆弱度相对较低。而高脆弱性区域，主要包括：羌塘高原、喜马拉雅西南段日喀则中部和南部的大部分地区，山南地

区的洛扎、措美、隆子、琼结、曲松、乃东、桑日和加查等地，易贡藏布和帕隆藏布流域及周边区域，怒江流域大部分区域。

2. 高脆弱度的区域分布范围广、面积大

面积统计结果表明(表 20-16)，西藏高原生态脆弱度在中度以上的区域面积达 $1.0292\times10^6\text{km}^2$，占西藏土地总面积的 86.1%。

表 20-16　生态脆弱性分级面积统计

脆弱度分级	面积/($\times10^4\text{km}^2$)	面积百分比/%	出现频次或像元数(网格大小 500×500)
极度脆弱	22.20	18.58	888190
重度脆弱	45.14	37.77	1805783
中度脆弱	35.57	29.76	1422889
轻度脆弱	9.22	7.71	368867
微度脆弱	7.39	6.18	295527

3. 生态脆弱性是影响西藏高原可持续发展的重要因素之一

一方面人类活动加剧了生态退化的过程与后果，使生态脆弱度呈上升趋势；另一方面高脆弱度与区域可持续发展、全面实现小康社会极不和谐。因此，必须针对这些区域的生态脆弱特征与形成机制，采取切实有效的对策与措施。

二、生态重要性

(一)计算方法

生态重要性总体评价按国家《省级主体功能区域划分技术规程》进行计算，其方法为：[生态重要性] =MAX {[水源涵养重要性]，[土壤保持重要性]，[生态系统防风固沙重要性]，[生物多样性维护重要性]}。

(二)计算技术流程

1. 水源涵养重要性计算

水源涵养功能重要性评价主要涉及两个内容：①生态系统水源涵养能力；② 水源涵养功能对影响目标的重要性。由于西藏人口密度较低，水资源丰富，从区域尺度和范围看，水源涵养功能对目标的影响作用并不显著，而生态系统的“水塔”效应对于亚洲乃至全球水资源问题就显得十分重要。因此，重点从植被水源涵养能力和流域等级(一级、二级、三级)的角度认识西藏高原生态系统水源涵养功能的重要性。

以《省级主体功能区域划分技术规程》为基础，结合西藏实际，将生态系统水源涵养能力按表 20-17 划分为 5 级，然后以西藏植被类型图为底图，按评价单元(乡)在 ArcGIS 中完成赋值，获得西藏高原水源涵养功能重要性结果(表 20-17 和彩色图版：图 4-16-1)。

表 20-17　生态系统水源涵养重要性分级

重要性等级	植 被 类 型	赋值
高	亚热带常绿阔叶林、热带雨林和季雨林	5
较高	亚高山云杉林、亚高山冷杉林、中山针阔混交林、中山松林、低山常绿针叶林	4
中等	亚高山块状针叶林(圆柏林、方枝柏、落叶松林等)；山地灌丛(高山圆柏、高山金露梅、高山锦鸡儿、高山杜鹃等)；亚高山和高山草甸(高山蒿类、苔草等)	3
较低	干暖河谷灌草丛(栒子木、小檗、蔷薇、干暖河谷狼牙刺、小叶黄荆等)；高寒草原(高山针茅、高山青藏苔草、蒿类、针茅等)	2
低	高山荒漠(垫状驼绒藜、驼绒藜、灌木亚菊等)；垫状稀疏植被(风毛菊、红景天等)	1

从空间分布看，重要的水源涵养区主要分布于藏东南森林区，以及那曲东部的高寒草甸分布区。加强这些区域的植被保护和建设，使生态系统功能正常发挥，对维护国家河流水资源安全起着至关重要的作用。

2. 土壤保持重要性计算

参照国家《省级主体功能区域划分技术规程》，并结合前期的研究基础，对土壤保持功能重要性评价主要考虑四个方面：河流级别，大中城市、县域城镇分布，土壤侵蚀敏感性。

(1)主要河流与土壤保持重要性。

以西藏经济发展的总体战略为依据，充分考虑流域上下游近期、远期以及社会发展对水资源保护、开发利用的要求，统筹兼顾已有的生态规划和水功能区划，并根据土壤保持功能丧失可能造成对河流影响力的大小，将西藏的主要水系划分为不同重要性等级。赋值越大，表明河流所在区域土壤保持功能重要性等级越高，结果见表 20-18。

表 20-18　河流所在区域土壤保持功能重要性等级划分与赋值

划分依据	河流名称	重要性等级
国际、国家级大江大河	雅鲁藏布江、怒江、金沙江、澜沧江	5
水资源保护和重要供水源区；满足工农牧业生产、城镇生活需要，以及对已建水利设施有重要影响的水域；规划为今后开发利用的预留水域	阿润河、昂曲、拉萨河、鲁西特河、那曲、尼羊河、年楚河、帕隆藏布、萨特累季河、狮泉河、噶尔藏布、西巴霞曲、易贡藏布、扎曲	4
对上面两类河流产生直接影响的支流	巴曲、白曲、藏曲、柴曲、达拉曲、达曲、当却藏布、堆龙曲、多雄藏布、鄂博河、嘎曲、吉曲、江曲藏布、姐曲、卡曲、康玉曲、拉曲、来乌藏布、冷曲、麦曲、美曲、美曲藏布、墨竹马曲、那东曲、纳雄藏布、尼木玛曲、勤龙藏布、热玛曲、热曲、桑曲、色曲、史曲、索曲、伟曲、下布曲、香曲、学绒藏布、卓玛朗错曲	3
较重要的支流	阿毛藏布、阿莫河、巴嘎热曲、巴恰西仁河、巴青曲、巴汝藏布、鲍罗里河、本曲、毕多藏布、波仓藏布、博藏布、布地干达基河、布曲藏布、措勤藏布、达果藏布、达热藏布、丹龙曲、恩姆拉河、盖曲、格曲、贡日嘎布曲、加波曲、江爱藏布、降曲、金珠曲、觉母曲、库鲁河、兰成曲、郎曲、里龙普曲、洛洛曲、麻嘎藏布、马甲藏布、马曲、尼瓦藏布、娘江曲、欧曲、帕里河、恰嘎尔藏布、隆曲、萨摩河、沙木曲、申扎藏布、申扎岗噶河、孙科西河、唐工河、特尔苏里河、夕河、希杂洛玛曲、锡约尔河、夏曲、亚龙藏布、叶如藏布、永珠藏布、则普曲、曾松曲、赠曲、扎嘎曲、扎加藏布、詹曲、中岩曲、子曲	2
其他		1

(2)大中城市、县域城镇分布与土壤保持重要性。

规模和发达程度不同的大中城市或城镇，受土壤侵蚀所造成的影响和后果是不一样的，城市越发达，土壤侵蚀的潜在危害和致灾易损度就越高。根据此思路，安全等级赋值结果如表 20-19。

表 20-19　主要城镇所在区域土壤保持功能重要性分级

划分依据	城镇名称	重要性等级
西藏自治区的政治、经济、文化中心	拉萨	5
依据行政级别、经济发达程度和城市规模，包括除拉萨之外的其他六个地区所在地城镇	八一、昌都、日喀则、泽当、那曲、狮泉河	4
“一江两河”地区因其独特的自然优势，一直都是自治区开发与建设的重点区域，也是西藏经济增长的强势区。同时还是西藏经济实现可持续发展的可靠增长点，享有西藏粮仓的美誉。因此，将此区域内的县级城镇划为“相当重要”(已纳入上述级别的日喀则、昌都等城镇除外)	达孜、墨竹工卡、林周、堆龙德庆、曲水、尼木、贡嘎、扎囊、琼结、桑日、白朗、江孜、南木林、谢通门、拉孜	3
西藏沿江沿河地区大多是水土流失强烈区，根据这一分布特点，将沿江沿河分布的县城划为“重要”(已划分了的县城除外)	仲巴、萨嘎、康马、吉隆、浪卡子、林芝、比如、定日、曲松、墨脱、八宿、芒康、加查、波密、贡觉、江达、昂仁、朗县、察雅、左贡、索县、萨迦、当雄、洛隆、洛扎、巴青、嘉黎、仁布、工布江达、边坝、隆子、丁青、聂拉木、亚东、扎达、错那、安多、聂荣、普兰、措美、察隅、岗巴、定结、类乌齐	2
其他城镇		1

(3)土壤侵蚀敏感性分布、等级与土壤保持重要性。

土壤侵蚀敏感性越高，意味着土壤保持重要性程度越高，在维护区域功能安全过程中应引起重视，赋予更高的重要性数值。因此，以前述土壤侵蚀敏感性综合评价结果为基础，通过属性转换(表 20-20)，并在 ArcMap 中对相同属性进行数据融合处理(dissolve)以及分色显示后，得到基于土壤侵蚀敏感性的土壤保持功能重要性评价单要素图。

表 20-20　土壤侵蚀敏感性与土壤保持功能重要性分级之间的属性转换

土壤侵蚀敏感性分级		土壤保持功能重要性分级
敏感	⇨	5
较敏感		4
一般敏感		3
略敏感		2
不敏感		1

(4)土壤保持重要性评价。

采用 ArcGIS 的空间分析扩展模块——ArcGIS Spatial Analyst 作为实现工具，将前面的各评价因子单要素图转化为栅格格式，并根据量化分级的结果进行重新分类，然后用“栅格计算器”进行等权叠加操作，叠加结果图用自然分界法分为 5 级，得到西藏高原土壤保持重要性分级图(彩色图版：图 4-16-2)。从图上可以看出，土壤保持功能的重要性区域主要分布在雅江流域、朋曲流域、尼洋河流域、易贡藏布流域和藏东“三江”流域。

3. 防风固沙重要性计算

沙漠化是西藏高原主要的生态问题之一，对当地以及邻近地区人民的生产与生活造成极大危害。据西藏自治区土地沙漠化防治规划(1996～2020 年)，全区遭受严重风沙危害的水渠总长度 193.2 公里，占现有水渠总长度的 5.2%。受严重沙害公路路段总长为 522.3km，占全区公路里程的 2.3%。贡嘎机场由于频繁的风沙活动引起的沙尘天气造成飞机停飞、返航屡有发生。全自治区有 748 个行政村的建筑物受到风沙危害，一些居民点甚至县城不得不因此而搬迁，如位于雅鲁藏布江上游的仲巴县城。因此，西藏高原生态系统的沙漠化控制功能有着特殊的重要性。

生态系统防风固沙重要性评价以土地沙漠化敏感性评价结果为基础，分析沙漠化直接影响目标的重要性来确定土地沙漠化控制功能的重要性等级。利用 GIS 空间分析功能，采用综合分析方法对防风固沙重要性进行评价，技术路线如图 20-2。

以土地沙漠化敏感性评价图为底图，按表 20-21 的分级赋值准则，在 ArcGIS 上完成图形化处理，最后生成西藏防风固沙重要性分级图(彩色图版：图 5-20-5)。从空间分布上看，防风固沙重要区域主要分布在干旱、多风且地势较为平坦的藏西北地区及雅鲁藏布江宽谷区。

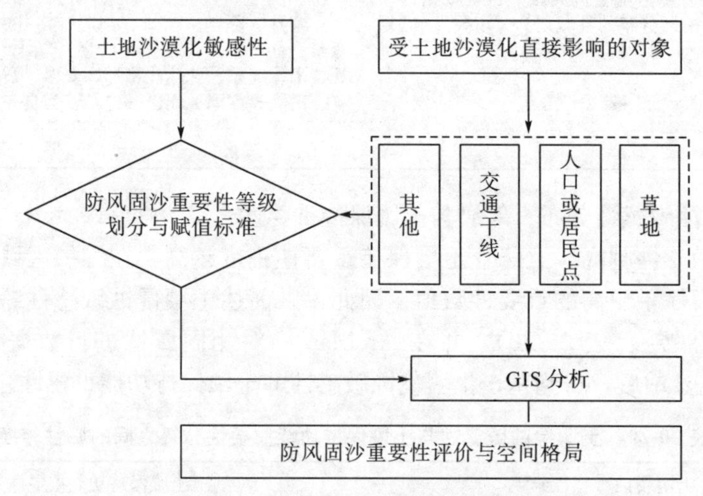

图 20-2　防风固沙重要性评价流程图

表 20-21　防风固沙重要性分级赋值标准

评价指标		功能重要性分级				
沙漠化敏感性		高敏感	较高敏感	中等敏感	较低敏感	低敏感
影响对象	人口(人)	＞5000	2000～5000	500～2000	100～500	＜100
	交通		交通要道	主要干道	普通干道	一般公路
	草场			人工草地、割草草地	主要放牧草地	一般草场
	其他		重要的湖泊湿地	江河源头		
分级赋值		5	4	3	2	1

4. 生物多样性维护重要性计算

西藏高原生态系统类型多样，具有我国乃至世界生物多样性和基因多样性“宝库”和“生态源”之美名，拥有除海洋生态系统外的几乎所有陆地生态系统类型，其中有许多是高寒高原特有的或者具有显著西藏特色。生物多样性维护重要性不仅体现在物种数量上，而且体现为高寒环境下物种的特有性。因此，在评价过程中以按国家《省级主体功能区域划分技术规程》提供的评价指标为基础(表 20-22)，融入《西藏自治区生态功能区划》的研究成果，重要性确定还充分考虑以下几个方面：

Ⅰ. 优势生态系统类型。优势生态系统往往是该地区气候、地理与土壤特征的综合反映，体现了植被与动植物物种地带性分布特点。对满足该准则的生态系统的保护，能有效保护其生态过程与构成生态系统的物种组成。

Ⅱ. 特殊生态系统类型。它反映了特殊的气候、地理和土壤特征，一定地区生态系统类型是由该地区的气候、地理与土壤等多种自然条件的长期综合影响形成的。相应的，特定生态系统类型通常能反映地区的非地带性气候地理特征，体现非地带性植被分布与动植物的分布，为动植物提供栖息地。

Ⅲ. 中国特有生态系统类型。由于特殊的气候地理环境与地质过程，以及生态演替，中国发育与保存了一些特有的生态系统类型，而在全球生物多样性的保护中具有特殊的价值。

Ⅳ. 物种丰富度高的生态系统类型。指生态系统构成复杂，物种丰富度高的生态系统，这类生态系统在物种多样性的保护中具有特殊的意义。

Ⅴ. 特殊生境。为特殊物种，尤其是珍稀濒危物种提供特定栖息地的生态系统，如湿地生态系统等，从而在生物多样性的保护中具有重要价值。

根据以上准则确定的区域，按表 20-22 中的标准完成各区域的功能重要性分级。然后在 ArcGIS 中完成赋值，并完成西藏生物多样性维护重要性分级图(彩色图版：图 5-20-6)。

表 20-22　生物多样性维护重要性评价

生态系统或物种占全区数量的比率	重要性	分级赋值
>30%	高	4
15%~30%	较高	3
5%~15%	中等	2
<5%	较低	1

(三)生态重要性综合评价

生态重要性是一个定性的概念，只能定性描述和评估。为了使评价结果更加科学，本规划引入具体数量化指标——生态重要性指数(S)，力图通过数量化理论和方法，使定性变量转化成定量变量，使比较复杂的评价工作转化为某种判别数学模式。很显然，重要性指数 S 越大，生态重要性就越高。具体的表达式如下

$$S = \sum_{i=1}^{n} k_i N_i$$

式中，S 为生态重要性指数；k_i 为不同类型重要性的影响系数；n 为重要性评价因素个

数；N_i 为重要性评分。

在前期大量的野外工作基础上，坚持科学性与可操作性相结合的原则，通过专家系统确定各单项重要性在综合评价中的影响系数(表 20-23)。由于各单项功能的重要性分数通过前面的评价已保存到 ArcGIS 的属性表中，通过属性表的链接，并按上面的表达式进行运算与叠加分析，获得生态重要性指数，最后用 Natural Break 的分类方法完成重要性指数分级。GIS 不仅保留了各单项功能的属性特征，数据更新极为便利，而且很好地展示了西藏生态重要性空间分布规律。

表 20-23 服务功能重要性在综合评价中的影响系数

功能类型	影响系数
水源涵养功能	0.25
土壤保持功能	0.25
土地沙漠化功能	0.30
生物多样性保护功能	0.20

西藏生态重要性在空间分布上的区域差异明显，重要区域主要分布在：昌都地区、那曲地区东部、林芝地区南部、山南地区东南部以及日喀则地区沿雅鲁藏布江区域。面积统计的结果表明(表 20-24)，重要性在中等以上(含中度)区域的面积约 78.59 万 km^2，占西藏高原总面积的 65.5%。由于这些区域在满足人类需求过程中地位十分特殊和重要，应作为生态保护与建设的重点，优先考虑。

表 20-24 生态重要性面积分级统计

生态系统服务功能重要性等级	面积/(×10^{4}km^2)	面积百分比/%	出现频次或像元数(网格大小 500×500)
高	11.76	9.80	469034
较高	28.14	23.45	1122451
中等	38.70	32.25	1543676
较低	41.41	34.51	1652013

第四节 国土空间开发支撑条件

一、自然灾害危险性

(一)计算方法

根据西藏地区灾害的实际发生状况，结合《西藏自治区主体功能区划分技术规程》编制要求，对洪水灾害、地质灾害、地震灾害、雪灾灾害和大风灾害危险性进行计算与评价。其计算方法如下式

[自然灾害危险性] ={ [洪水灾害危险性]，[地质灾害危险性]，[地震灾害危险

性]，[雪灾灾害危险性]，[大风灾害危险性]}

1. 单因素危险性计算

发生频次(df)：本指标反映一定区域内自然灾害的发生频率，计算公式为

$$df = \frac{n}{y}$$

其中，n 为县域内自然灾害发生的次数，y 为统计的总年份数。

灾害强度($ZD_{(x)}$)：按照每一种灾害的历史灾变指数和潜在灾变指数计算得到。其中雪灾、大风灾害和洪水灾害主要考虑历史灾变指数，地震灾害除了历史灾变指数，还需要综合考虑地质构造，而地质灾害需要综合考虑历史灾变指数和潜在灾变指数。

$$ZD_{(x)} = ZD_{(t)}A_t + ZD_qA_q$$

式中，$ZD_{(t)}$、ZD_q分别为历史灾变程度指数和潜在灾变指数，A_t、A_q为历史灾变程度和潜在灾变程度的权重。

$$ZD_{(t)} = GMN$$

其中，G、M、N 分别为历史灾变活动规模、密度、频次。

$$ZD_q = (DA_D + XA_X + WA_W + PA_P) \cdot K$$

地质灾害的潜在灾变指数计算方法：D、X、W、P 分别控制地质灾害形成与发展的地质条件、地形地貌条件、气候植被条件、人为条件充分程度的标度分值，通过对地质灾害主要灾种(崩塌、滑坡、泥石流、塌陷)形成条件进行分析，并在提出评价标准的基础上，计算得出 4 个方面形成条件的权重(表 20-25)。A_D、A_X、A_W、A_P分别为上述 4 方面形成条件的权重(表 20-26)；K 为潜在地质灾变判别系数，其值为 0 或 1。在 4 方面的形成条件中，若有一方面不具备，则该种地质灾变就不可能产生，此时 K 值取 0，否则取 1。

表 20-25　各种影响条件对潜在地质灾变的作用权重

灾害种类	地质条件	地形地貌条件	气候植被条件	人为条件
崩塌、滑坡	0.32	0.38	0.17	0.13
泥石流	0.22	0.3	0.33	0.15
塌陷	0.51	0.08	0.1	0.31

潜在地质灾变指数的分布范围为 0～10，划分 5 个等级，并赋予相应的标度分值(表 20-26)。

表 20-26　潜在地质灾变等级划分

潜在灾变指数	0	0～2	2～4	4～6	>6
潜在地质灾变等级	无灾害	轻度	中度	重度	极重度
潜在灾变标度分值	0	1	3	6	10

历史灾变和潜在灾变对于地质灾害的作用权重分别为 0.3 和 0.7。

崩塌与滑坡、泥石流、塌陷三类地质灾变对综合危险程度的权重分别为 0.41、0.46、0.13；由于崩塌和滑坡形成条件十分相似，二者常常相伴发生，所以二者合为一类灾变。

2. 自然灾害综合危险性

$$Z(b) = (\sum_{j=1}^{n_1}\sum_{i=1}^{n_2}A)ng$$

式中，$Z(b)$为灾变综合指数，n_1为同一强度等级的灾害发生次数，n_2为灾害种类的数目，j 为灾害强度等级，i 为灾害种类，A 为某类灾害强度的权重值，n 为灾害频次或概率，g 为灾变强度。

(二)计算技术流程

第一步：自然灾害危险性单因素评价：根据地质灾害、地震灾害、雪灾、大风灾害和洪水灾害的发生频次及强度进行单要素自然危险性单要素评价，编制单因子分布图。

第二步：综合考虑各种灾害的权重，然后对各种灾害进行叠加求和，最终得到综合灾变指数。

第三步：根据自然灾害危险性计算公式计算县域(乡域)自然灾害危险性。

第四步：根据自然灾害危险性计算结果进行自然分级，确定不同区域自然灾害危险性。自然灾害危险性分为高危险性、较高危险性、中等危险性、低危险性和无危险性五级。

根据以上计算方法得出西藏主要自然灾害(洪水灾害、地质灾害、地震灾害、雪灾、风灾)危险性分级图(彩色图版：图 5-20-7～图 5-20-11)。

(三)自然灾害危险性评价

1. 单因子评价

1)洪灾危险性评价

西藏地区洪水灾害主要分布于河谷地带。受自然地理环境和气候条件以及各地(市)社会经济等因素的影响，造成各地(市)洪灾的特征和灾害程度有着较大差异。总体上看，西藏的阿里地区、那曲地区西部、日喀则地区西部初夏(6 月)降水量不足 50mm，尤其是阿里地区更少，仅为 5.8～17.3mm，洪灾的危险度很小，其他的区域洪灾危险性如下。

(1)藏东“三江”流域。

藏东“三江”(金沙江、澜沧江、怒江)流域地区的芒康、左贡、八宿、江达、昌都、察雅、类乌齐、丁青、巴青、索县、边坝、洛隆等县的洪灾主要由强降水形成的山洪造成，并多以山洪泥石流的形式出现，灾情以冲毁农田、道路、房屋、水渠等基础设施者居多。该区域八宿县的洪灾危险度较高，类乌齐、丁青、洛隆、芒康等地属于中等危险度，其他区域洪灾危险度较低。

(2)帕隆藏布、尼洋河及雅鲁藏布江中下游段。

该地域涉及嘉黎、波密、林芝、米林、墨脱、工布江达等县，受雅鲁藏布江大峡谷水汽通道的影响，汛期降水丰富，加之冰川发育和消融快，易形成河谷洪水灾害，其中尼洋河下游林芝县境内河滩地多数年份受到洪水威胁，其他高山深谷地带是山洪泥石流和冰雪消融型泥石流多发区，每年汛期都出现冲毁道路、桥梁等灾情，使交通常常中断。

(3)“一江两河”流域地区。

该地域地处雅鲁藏布江中游及其支流年楚河和拉萨河，是西藏经济最发达地区，人口较多，是西藏主要防洪区域。该区域内的年楚河流域在未治理前洪灾不断，沿河两岸的江孜、白朗、日喀则等县的农田受到洪水的严重威胁。经治理后，这一情势得到了有效控制。山南地区贡嘎、乃东、加查、扎囊县雅鲁藏布江沿岸洪水危险度较大，其中雅砻河中下游多数年份都有洪灾发生。拉萨河流域的堆龙河和流沙河汛期洪水危险性大，洪水一旦发生将对拉萨市的工农业生产和城市居民生活产生严重危害。近年来，对堆龙河下游河段和流沙河城区段河道经过治理后减轻了洪水对拉萨市区的威胁，但是由于河堤防洪标准低，工程运行多年，年久失修，遇上特大洪水，拉萨市区洪灾隐患仍然存在。

(4)喜马拉雅山脉南坡地区。

该区包括吉隆、聂拉木等地。这些区域地处喜马拉雅山南坡，降水丰沛，洪水灾害发生频率高，是西藏洪水灾害多发区。灾情以冲毁道路、房屋、毁坏农田为主。另外，处在该区的错那、洛扎、隆子等县洪水灾害也时有发生。

(5)羌塘高原内陆湖区。

该区域地域辽阔，人口稀少，素有“万里羌塘”之称，气候寒冷干燥，降水量极少，虽有水灾发生，但损失相对较小，是西藏洪水灾害损失最小的地区。

2)风灾危险性评价

西藏自治区的大风日数从东南到西北依次增多，其中改则、申扎、班戈及安多一带均在100d以上，是西藏大风日数最多的地区。西藏大风多发生于冬春季节，这期间降水少，地表干燥，植被覆盖度低，是大风灾害多发期，大风引发的沙尘暴和沙尘天气，破坏农田、牧场，伤及人畜。在自然灾害的总体评价中，风灾占西藏自治区灾害的权重为0.2。

3)雪灾危险性评价

雪灾是指冬春季一次强降雪天气或连续性的降雪天气过程后，出现大范围积雪(或长时间的积雪)、强降温和大风天气，对牧业生产和日常生活造成严重危害及影响的一种气象灾害。

西藏雪灾出现的频率与持续时间区域差异明显，藏北中东部和昌都的北部地区，年降雪在140～200mm或以上，最大积雪深度为30～40cm，主要集中在10～11月或4～5月；南部边缘地区，尤其是喜马拉雅山脉南坡，最大积雪深度可达30～50cm，而聂拉木可达100cm，年降雪量在260mm以上，多出现在10～11月或3～5月。

雪灾发生程度较高的区域主要分布于那曲地区东北部的巴青县、嘉黎县、安多县、申扎县、聂荣县以及昌都地区北部的昌都县、江达县，类乌齐、丁青县等；其次为日喀则地区的昂仁县、仲巴和萨嘎县等。

4)地质灾害危险性评价

西藏地质灾害类型多，危害大，区域差异明显。昌都和林芝地区为地质灾害高危险区，其面积占全自治区面积不到20%，而地质灾害数量则达全区地质灾害量的50%，灾害类型以崩塌、滑坡、泥石流、雪崩为主，每年雨季都有灾害的发生，给公路交通和城镇乡村造成重大的生命财产损失。该地区多大型-巨型滑坡和泥石流灾害，其造成的危害很大，一般规模以大型-巨型为多，如2000年发生在波密县的易贡巨型山体崩塌滑坡，体积达到3.0×107m^3，其规模在国内为最大，滑坡堵江成湖，湖水溃决给中下游带来严重灾害。此外，喜马拉雅山脉南坡地区的部分县、乡镇，受地质、地形和降雨及冰融水影响，易发生各种地质灾害，也属于西藏地质灾害高危险区。

雅鲁藏布江中游流域区，包括拉萨市、山南地区和日喀则地区沿江县(区)，属于地质灾害危险度较高区域。区内的地质灾害类型以崩塌、滑坡、泥石流为主，规模以中到大型为主，有降雨型泥石流、冰湖溃决型泥石流、坠落式崩塌、牵引式滑坡、推移式滑坡等。降雨型泥石流主要分布在雅鲁藏布江流域的河谷地区，冰湖溃决型泥石流主要分布在喜马拉雅山脉两侧。牵引式滑坡大多分布在狭窄的河谷两侧，推移式滑坡主要是分布在张性断裂带下部、公路沿线。土质滑坡与岩质滑坡几乎各占一半。雨季降雨集中，加之冻融作用加强，易发生崩塌滑坡和泥石流，对沿江城镇、交通和农田造成危害。

藏北和藏西高原由于地形和缓，加之雨季降雨量不大，崩塌、滑坡和泥石流灾害不易发生，属西藏地质灾害无危险区。但是高原周边山地和冈底斯山、唐古拉山以及阿里地区西部山地具有发生地质灾害的地质、地形及降水条件，为西藏地质灾害低危险区，部分区域危险度较高。

5)地震危险性评价

西藏持续受到印度板块向北推挤，长期处于南北挤压和东西拉张的应力状态，其新构造活动与地震十分强烈，尤其是喜马拉雅山脉东段，雅鲁藏布江深大断裂带、班公湖-怒江断裂带上地震频率高、震源浅、地震破坏严重，所以西藏地区地震危险度最大的区域就是这三个区域的地区。

西藏共发生过≥8 级地震 4 次，7～7.9 级地震 11 次，6～6.9 级地震 86 次，分别占全国同震级地震总数的 21%、7.4%和 11%。其中 8 级以上地震居全国之首，1950 年 8 月 15 日发生的察隅—墨脱地震，震级达 8.6 级，是我国记录到的第一特大地震。震中位置位于北纬 28.4°，东经 96.7°，震中烈度为Ⅺ度，宏观震中在北纬 28°50′，东经 94°50′，宏观震源为 30～50km，震中位置距易贡约 180km，易贡在这次地震中的烈度为Ⅸ度。西藏地震的震源深度范围大致为 1～107km。震源深度≤70km 的地震占 98.1%，说明是以浅源地震为主。震源深度分布不均匀，南部震源比北部为深。

地震活动不仅自身给人类带来灾难，而且会激发一些地质灾害的发生。有的地震伴随有大型山体崩塌、滑坡和地裂缝的形成。西藏的大型地裂缝主要是由地震活动所造成的。

2. 自然灾害危险性综合评价

在自然灾害主要致灾原因分析研究的基础上，对西藏自治区自然灾害(地震、地质灾害、风灾、雪灾和洪灾)的分布状况、发生程度进行深入研究，选用合适的评价模型，对各种灾害进行加权计算(表 20-27)，确定西藏自治区的自然灾害危险性和自然灾害的发生区域，对自然灾害的危险度进行综合评价和区划，从而得到西藏自然灾害危险性综合评价图(彩色图版：图 5-20-12)。

表 20-27　各种自然灾害的权重值

灾害种类	地质灾害	地震	风灾	洪灾	雪灾
自然灾害权重值	0.25	0.25	0.20	0.15	0.15

(1)自然灾害最严重区(高等级危险区)。西藏自然灾害最严重区主要分布于藏东、藏东南及东喜马拉雅山脉南侧的一些县，具体县、乡镇如下：日喀则地区聂拉木县门布乡、

乃龙乡；山南地区浪卡子县卡热乡、江塘镇、白地乡，洛扎县洛扎镇、扎日乡、生格乡、色乡、拉康镇、边巴乡、拉郊乡；昌都地区的八宿县郭庆乡、益庆乡、集中乡、集中乡、卡瓦白庆乡、帮达镇、白玛镇、拉根乡、林卡乡；林芝地区的波密县易贡乡、古乡、扎木镇、松宗镇、察隅县古拉乡。在自然灾害最严重区，主导灾害类型不同地区有所差别，聂拉木县灾害主要是雪灾、地质灾害、地震灾害；浪卡子灾害主要是风灾、雪灾；洛扎县和八宿县灾害主要是地质灾害、洪灾、雪灾；察隅县和波密县灾害主要是地质灾害、地震、洪灾。

(2)自然灾害比较严重区(较高等级危险区)。该区域主要是分布于雅鲁藏布江流域，其中“一江两河”地区，人口多，经济发达，自然灾害造成的损失大。

(3)自然灾害中等区(中等级危险区)。主要位于那曲地区、阿里地区大部分区域和日喀则的部分区域，本区域的灾害特点是风灾、雪灾严重，同时由于本区域位于班公湖-怒江断裂带上，地震灾害比较严重，但是地质灾害、洪灾几乎不严重。

(4)自然灾害较低区(较低等级危险区)。主要位于阿里地区的噶尔县、革吉县，昌都地区的昌都县、江达县、贡觉县、察雅县，拉萨的堆龙德庆县。本区域中昌都地区县发生地质灾害的危险较大，而阿里地区县存在一定的风灾危险。

(5)自然灾害很低区(低等级危险区)。综合评价结果表明林芝地区工布江达县和藏北高原部分乡镇属于自然灾害很低区，迄今未止尚无灾害的记录。

二、环境容量

(一)计算方法

环境容量：评估一个地区在生态环境不受危害前提下可容纳污染物的能力，由大气环境容量承载指数、水环境容量承载指数、综合环境容量承载指数三个要素构成。具体通过大气和水环境对典型污染物的容纳能力来反映。

1. 环境容量=MAX｛［大气环境容量(SO_2)］，［水环境容量(COD)］｝

2. 大气环境容量(SO_2)$=A\cdot(C_{ki}-C_0)\cdot S_i/\sqrt{S}$

A——地理区域总量控制系数，$(km^2)\times10^4$。根据评价区域的地理位置，$A=7.0+0.1\times(8.4-7.0)=7.14$。西藏自治区 A 值取值 7.14。

C_{ki}——国家或者地方关于大气环境质量标准中所规定的和第 i 功能区类别一致的相应的年日平均浓度。根据 GB3095－1996《环境空气质量标准》制定地方大气污染物排放标准的技术方法，西藏自治区暂定执行一类标准，取值为 $0.002mg/m^3$。

C_0——背景浓度，mg/m^3。在有清洁监测点的区域，以该点的监测数据为污染物的背景浓度 C_0，在无条件的区域，背景浓度 C_0 可以假设为 0。西藏自治区暂定为 0。

S_i——第 i 功能区面积，km^2。根据各县县域面积为单位。

S——总量控制总面积，km^2，西藏自治区总面积(包括属青海部分)。

3. 单因素水环境容量(COD)$=Q_i(C_i-C_{i0})+k_iC_iQ_i$

C_i——第 i 功能区的目标浓度。在重要的水源涵养区，采用地表水一级标准；在一般地区采用地表水三级标准。根据 GB3838—2002《地表水环境质量标准》，西藏暂定为三级标准，为 20mg/L。

C_{i0}——第 i 种污染物的本底浓度。无监测条件的区域，该参数可以假设为 0。

Q_i——第 i 功能区的可利用水资源量(单独计算)。

k——为污染物综合降解系数。根据一般河道水质降解系数参考值，选定 COD 的综合降解系数取 0.20(1/d)；

(二)计算技术流程

1. 现有数据的搜集

西藏现有环境监测数据见表 20-28。

表 20-28　2001~2007 年环境监测数据

年份	拉萨 SO_2 年日均值	拉萨河 COD_{MN}			雅鲁藏布江 COD_{MN}	
		达孜	卡林	才纳	色麦	冻萨
2005	0.003	1.33	1.66	1.46	1.51	1.31

SO_2 单位为 mg/m^3，高锰酸钾盐指数单位为 mg/L。

由于基准年为 2005 年数据，数据非常有限，影响计算的精度。具体解决办法：SO_2 因为只有拉萨的数值，所以只计算拉萨的实际排放值，其余地区实际排放值假设为 0。对于 COD 排放，数据只搜集到拉萨河 3 个断面和雅鲁藏布江 2 个断面 2005 年数据，具体计算时以代入各县拉萨河和雅鲁藏布江流经的地区所在的断面控制的数值。由于 COD 排放数值 2005 年相对较小，所以可以粗略计算各地区的排放值。

2. 计算与划分流程

根据公式计算各县的 SO_2 容量(排放与超载)、水环境容量(COD 排放与超载)。计算结果见附件三。

特定污染物的环境容量承载能力 a_i 的计算公式为

$$a_i = \frac{P_i - G_i}{Gi}$$

式中，G_i 为 i 污染物的环境容量；P_i 为 i 项污染物的排放量。

(1)根据公式计算得出各县 SO_2 实际排放值，划分等级。

(2)COD 的 2005 年实际数据只有拉萨河(3 个断面)雅鲁藏布江(2 个断面)的监测值，具体分布到各县的数据带原始数据搜集准确后还得细化。初步确定各县带值为平均值。

(3)计算 a_i，根据 a_i 分别划分无超载($a_i \leqslant 0$)、轻度超载($0 < a_i \leqslant 1$)、中度超载($1 < a_i \leqslant 2$)、重度超载($2 < a_i \leqslant 3$)和极度超载($a_i \geqslant 3$)。

(4)将主要污染物(SO_2，COD)的胁迫等级分布图进行空间叠加，取二者中胁迫最高的等级为综合评价的等级，最后的等级分为 5 级，具体的级别与单因素环境容量评价相同。

(三)环境容量评价

根据上述计算流程计算得出西藏二氧化硫和化学需氧量超载情况综合评价等级分为无超载(分值为 0)、轻度超载(分值为 1)、中度超载(分值为大于 1，小于 2)、重度超载(分值大于 2，小于 3)和极度超载(分值大于 3)，综合评价图见书后彩图 5-20-13。

西藏环境客量综分评价结果表明，总体环境质量较好，处于无超载和轻度超载的状态，即全自治区基本上处于无污染状态。依据拉萨市以及西藏自治区的大气环境容量的测算，可以认为西藏自治区总体环境空气质量较好。主要污染物因子 SO_2 现状较好，完全可以满足功能区要求。为确保西藏自治区环境质量达到国家要求并且达到可持续发展，应该从大气管理角度制定合理措施，在大气环境质量较好的情况下，继续坚持制定大气污染削减方案，使西藏自治区的大气环境质量显著提高。

通过对西藏自治区的地表水环境的污染分析以及水环境容量(COD)测算，西藏自治区总体水体 COD 含量较低，可以满足功能区需求。为确保西藏自治区水体污染排放达到可持续发展要求，应该从水体分配方案角度制定合理措施，在水体环境质量较好的情况下，继续坚持制定污染削减方案。力图使西藏自治区的水体环境质量显著提高。

三、可利用资源

(一)可利用土地资源

1. 计算方法

依据国家《省级主体功能区域划分技术规程》中的可利用土地资源计算方法(略)。

2. 计算技术流程

1)现有资料的搜集。

(1)对西藏自治区 TM 影像进行解译可得全区土地利用类型；

(2)全区 DEM；

(3)分区分乡镇的行政区划图；

(4)全区分乡镇的人口、耕地、建设用地、通车里程等基本社会经济数据。

2)依据西藏实际确定分级标准

国家《省级主体功能区域划分技术规程》中有关海拔、坡度、人均可利用土地资源分级标准不适应西藏。根据西藏实际提出可利用土地资源分级标准。

西藏自治区地势高亢，＜3000m 海拔的国土面积极少，而且大部分分布在印控区，根据国内外研究成果，海拔＞4500m 高度不适宜人类生存。因此，西藏适宜建设用地按 4500m 和＜15°进行分级(表 20-29)。

西藏气候寒冷、干旱，冬春季节多大风，又是多地震的区域，不适宜高层建筑发展，建设用地面积比我国东中部需求大，因此人均可利用土地面积丰富度分级指标设计上比中东部地高。建设用地要求具有一定的规模，此处以丰度(即乡镇可利用土地资源面积占该乡的国土面积的比重)10％为门槛值，如果低于 10％均视为缺乏。

表 20-29　人均可利用土地资源分级标准(亩)

	＜4500m，＜15°
极丰富	＞10　且丰度＞10％
丰富	4.0～10　且丰度＞10％
较丰富	1.5～4.0　且丰度＞10％
较缺乏	0.5～1.5　且丰度＞10％
极缺乏	＜0.5　或丰度≤10％

3)分乡镇可利用土地资源

(1)高程适合条件下的可利用土地资源。

将 DEM 栅格图像按＜3000m、3000～3500m、3500～4000m、4000～4500m、＞4500m为阈值进行重新分类，并将分类结果转换为矢量图，提取其中可利用部分。

(2)坡度适合条件下的可利用土地资源。

由 DEM 栅格图像生成坡度图，按＜3°、3°～8°、8°～15°、＞15°为阈值进行重新分类，并将分类结果转换为矢量图，提取其中可利用部分。

(3)适宜建设用地计算与分类统计。

由高程分级与坡度分级两部分图形取相交，即

可用地形＝｛适宜高程的土地｝∩｛适宜坡度的土地｝

适宜建设用地＝｛可用地形｝－｛分乡镇林草地｝－｛分乡镇水域｝－｛分乡镇沼泽｝－｛分乡镇荒漠｝

其中，

林草地面积＝｛林地面积＋草地面积｝×0.85

分乡镇适宜建设用地由适宜建设用地图与乡镇行政图叠加，并按乡镇进行统计和利用类型分类汇总。

(4)分乡镇可利用土地面积。

分乡镇可利用土地面积＝｛分乡镇适宜建设用地｝－｛分乡镇已有建设用地｝－｛分乡镇基本农田｝

其中，

已有建设用地＝｛已有城镇村建设用地｝＋｛已有交通用地｝＋｛已有工矿用地｝＋｛已有特殊用地｝＋｛已有农村居民点｝＋｛已有水利设施用地｝

分乡镇的城镇村建设用地＝｛各县的城镇村建设用地｝×｛乡镇人口｝/｛县总人口｝

交通用地＝｛通车里程｝×6m

基本农田面积＝｛年末实有耕地面积｝×0.90

分布状况见书后图 5-20-14。

(5)人均可利用土地资源计算分级。

人均可利用土地资源＝｛分乡镇可利用土地面积｝/｛乡镇人口｝

按上述标准对各县乡镇人均可利用土地资源划分为 5 级，即丰富、较丰富、一般、较缺乏和缺乏。分级结果见书后图 5-20-15。

3. 可利用土地资源评价

1)适宜建设用地评价

从数量上来看，西藏的适宜建设用地较为丰富，共约 540 万 hm^2。其中乡镇适宜建设用地面积最高的高达 22 万 hm^2，在 12 万 hm^2 以上的乡镇 9 个，5 万～12 万 hm^2 的乡镇 14 个，2 万～5 万 hm^2 的乡镇 34 个，0.5 万～2 万 hm^2 的乡镇 169 个，0.5 万 hm^2 以下的乡镇有 458 个。海拔较低的相对平坦区域是适宜建设用地的主要分布区。西藏的适宜建设用地在空间分布上极不均匀，主要集中在三大区域，即：雅鲁藏布江中游流域地区(如拉萨、日喀则、拉孜)、藏东高山峡谷区(如昌都、芒康)、藏东南(如墨脱县、西巴霞曲中游地区等)。其他广大区域因为海拔太高或者坡度过大而不适宜用作建设用地。

评价结果，丰富和较丰富建设用地的区域集中分布在山南地区的印度控制区；一般等级建设用地主要分布于雅鲁藏布江干流中游的河谷地带；藏东昌都地区由于处于高山峡谷地区，适宜建设用地质量不高，属于建设用地较缺乏区；而其他广大区域则为建设用地缺乏区。

2)已有建设用地评价

西藏已有建设用地面积约 9 万 hm^2，分布极不均匀，建设用地比重总体偏低。其中已有建设用地＞1000hm^2的乡镇有 6 个，500～1000hm^2的乡镇有 10 个，300～500hm^2的乡镇有 31 个，100～300hm^2的乡镇有 304 个，＜100hm^2的乡镇有 320 个。

已有建设用地包括城镇用地、农村居民点用地、独立工矿用地、交通用地、特殊用地以及水利设施建设用地。其中，农村居民点用地最多，占已有建设用地的 50%以上，交通用地、城镇用地次之，独立工矿用地、特殊用地以及水利设施建设用地很少。

3)基本农田评价

西藏的基本农田面积约有 20 万 hm^2。受自然条件的制约和藏民生产生活习惯的影响，西藏的基本农田分布不均匀，比较分散，大多呈点状分布(见书后图 5-20-14)；藏东南地区多而藏北地区少。雅鲁藏布江干流中游及其主要支流拉萨河、年楚河、尼洋河等中下游地区，以及朋曲、雄曲、狮泉河、象泉河等中游地区，宽谷发育，谷宽一般在 5～8km，具有发展农业的水土资源条件，是西藏基本农田分布集中区。基本农田面积＜100hm^2的乡镇有 245 个，100～500hm^2的有 286 个乡镇，500～1000hm^2的乡镇 101 个，1000～1500hm^2的乡镇 32 个，＞1500hm^2的乡镇有 7 个。

从地形坡度、海拔和耕作条件来看，西藏绝大部分地区的土地不适宜耕作；质量高的基本农田面积非常少，主要分布在山南地区的印度控制区、林芝地区的八一镇、“一江两河”的河谷地区。

4)可利用土地资源评价

西藏的可利用土地资源面积约有 510 万 hm^2，与我国其他地区相比总体上较为丰富，但其分布极不均匀，仍存在供需矛盾尖锐的问题。西藏的大多数乡镇可利用土地资源不足，那曲地区、日喀则地区、昌都地区及拉萨市具有开发价值的可利用土地资源极为缺乏，阿里和山南地区较为丰富。

乡镇可利用土地面积与乡国土面积之比，即乡镇可利用土地资源丰度。从这一指标来看，西藏各乡镇间差异较大。全区可利用土地资源丰度＜5%的乡镇有 370 个，5%～10%的 129 个乡镇，10%～20%的 109 个乡镇，20%～30%的乡镇 49 个，＞30%的乡镇有 14 个，丰度最高的乡镇也才 52.89%。

(二)可利用水资源

1. 计算方法

［人均可利用水资源潜力］＝［可利用水资源潜力］/［常住人口］

［可利用水资源潜力］＝［本地可开发利用水资源量］－［已开发利用水资源量］＋［可开发利用入境水资源量］

［本地可开发利用水资源量］＝［地表水可利用量］＋［地下水可利用量］

［地表水可利用量］＝［多年平均地表水资源量］－［河道生态需水量］－［不可控

制的洪水量]

[地下水可利用量] = [与地表水不重复的地下水资源量] − [地下水系统生态需水量] − [无法利用的地下水量]

[已开发利用水资源量] = [农业用水量] + [工业用水量] + [生活用水量] + [生态用水量]

[入境可开发利用水资源潜力] = [现状入境水资源量] $\times \gamma$

其中，γ 分流域片取值，范围为 0～5%。现状条件下，南方地区长江、东南诸河、珠江、西南诸河四大流域片取 5%，北方地区松花江、辽河、海河、黄河、淮河及内陆河流域片取 0。将来随着用水量的增加，γ 值将逐渐衰减。

2. 计算技术流程

1)一般流程

第一步：计算可开发利用水资源。采集各县级行政单元 1956～2000 年多年平均水资源量；根据各河流水文和生态特征，按照水资源评价技术大纲，计算河道生态需水和不可控制洪水量，最后得出地表水可利用量；

采集各县级行政单元 1956～2000 年多年平均地下水资源量；根据各水文地质单元的水文特征，计算地下水系统生态需水量和无法利用的地下水量，最后得出地表水可利用量；

将地表水可利用量和地下水可利用量相加得到本地可开发利用水资源量。

第二步：采集各县级行政单元 2005 年农业、工业、居民生活、城镇公共的实际用水量和生态用水量，计算已开发利用水资源量。

第三步：采集计算区域河流上游临近水文站近十年实测的平均年流量数据作为多年平均入境水资源量(在不具备相应数据条件的地区，可用 2005 年实测数据代替)。并根据 γ 值计算入境可开发利用水资源潜力。

第四步：根据公式计算可利用水资源潜力和人均可利用水资源潜力，并进行分级：极丰富、较丰富、一般丰富、较缺乏、缺乏。

2)西藏可利用水资源计算

(1)西藏现有水资源资料情况搜集。

①各县多年平均地表水资源量；

②县已开发利用水资源量(包括农业用水量、工业用水量、生活用水量)；

③主要流域(雅江及其主要支流)多年平均径流量、河道最小生态用水量、多年平均难以控制利用的洪水量、多年平均地表水资源可利用量；

④2005 年西藏各地级行政区用水量和常住人口数等。

(2)县级可利用水资源计算。

①县可开发利用水资源量计算：

县可开发利用水资源量=地表水可利用量+地下水可利用量

依据西藏的情况，县地表水可利用量包含了县地下水利用量，因此，县地表水可利用量等于县地可开发利用水资源量。

县地表水可利用量=县多年平均地表水资源量−县河道生态需水量−县不可控制的洪水量

A、县多年平均地表水资源量，依据自治区已有资料。

B、河道生态需水量计算方法如下：

a、根据各地区所在流域计算各地区生态需水量；

b、无参考流域地区，以该地区多年平均径流量的20%为生态需水量计算；

c、在上述计算基础上，通过转换计算得出各县生态需水量。

C、县不可控制洪水量计算方法如下：

计算公式如下(式中 $P1$、$P2$、$P3$ 分别为加权系数)：

县不可控制洪水量＝地区不可控制洪水量×县面积/地区面积×$P1$＋县 GDP/地区 GDP×$P2$＋县地表水资源量/地区地表水资源量×$P3$

②县可利用水资源潜力计算

县可利用水资源潜力＝县可开发利用水资源量－已开发利用水资源量＋可开发利用入境水资源量

A、县可开发利用水资源量(依据上述计算结果)；

B、县已开发利用水资源量(已有资料)；

C、县可开发利用入境水资源量(按县多年平均水资源量的5%计算)。

③县人均可利用水资源潜力＝县可利用水资源潜力/常住人口

(3)乡(镇)级可利用水资源计算。

①乡(镇)级可利用水资源量计算。

根据各乡在所在县的面积比重、人口比重以及所在县的可利用水资源量，计算各乡可利用水资源量，计算公式：

乡可利用水资源量＝县可利用水资源量×乡的面积/县的面积×0.8＋乡的人口/县的人口×0.2

②乡级已开发利用水资源量计算。

根据各乡在所在县的面积比重、人口比重以及所在县的已开发利用水资源量，计算各乡已开发利用水资源量，计算公式：

乡已开发利用水资源量＝县已开发利用水资源量×乡的面积/县的面积×0.86＋乡的人口/县的人口×0.14

③乡级入境可利用水资源量计算。

由于缺乏水文站点资料，以多年平均径流量的5%为该乡入境可开发利用水资源量，即

乡入境水可利用水资源量＝县多年平均地表径流量×5%

④乡级人均可利用水资源潜力。

⑤乡可利用水资源潜力＝乡可利用水资源量－乡已开发利用水资源量＋乡入境可利用水资源量

(4)计算结果。

通过县级和乡级为单元的人均可利用水资源潜力计算结果的综合分析，得出乡级人均可利用水资源潜力分级(表20-30)，各县乡镇人均可利用水资源潜力空间分布见书后彩图5-20-16。

表 20-30 西藏自治区人均可利用水资源潜力分级表

分级标准/m^3	
丰 富	>10000
较丰富	3000～10000
一 般	1500～3000
较缺乏	500～1500
缺 乏	<500

3. 可利用水资源评价

1)全区水资源评价

西藏水资源极其丰富，水资源居全国之首，全区降水总量为 6875 亿 m^3，相应年平均降水深度 571.8mm，多年平均水资源总量为 4394 亿 m^3，折合年径流深为 365.5mm，人均占有水资源量 17.4 万 m^3，是全国人均占有水资源量的几十倍以上。但由于西藏所处的地理位置和复杂的地形、地貌、气候条件，导致水资源地区差异极大，总体状况是东南部属于水资源丰富和较丰富地区，西北部属于较缺乏和缺乏区，中部雅鲁藏布江流域属一般区。

全区水资源量最丰富的林芝地区面积占全区的 9.5%，耕地占全区的 7.3%，水资源占全区的 53%，人均占有水资源量 160.8 万 m^3，亩均占有水资源 57.9 万 m^3。人口及耕地集中的拉萨市(13.8 人/km^2、26.8 亩/km^2)，面积占全区的 2.5%，耕地占全区的 14.4，水资源仅占全区的 1.8%，人均占有水资源量 2.0 万 m^3，亩均占有水资源量 1.0 万 m^3。不相匹配的水土资源组合以及分布极不均匀的人均、地均水资源量必将影响到西藏经济的可持续发展和水土资源的合理利用。

西藏水资源在时间上分配也不均匀，降水量年内变化大，主要集中在 6～9 月。水资源在时间上的分布不均，一方面给正常用水带来困难，比如，在每年的灌溉季节反而少雨，而在用水量相对较少的季节有时又大量降水，导致降水与用水时间上的不协调，水资源不能充分利用。另一方面，由于降水量的过分集中或过分干旱，形成旱涝灾害与干旱灾害，都会对人民生命财产造成影响。

从水资源利用率分析来看，2000 年全区水资源利用量达到 27.4 亿 m^3，占水资源量的 0.62%。拉萨市水资源利用率最高，达到 5.14%，年人均用水量 927m^3；林芝地区仅有 0.1%，年人均用水量 972m^3。西藏水资源利用率是全国最低的省份，其原因一是西藏工业起步晚，交通不便，工业发展速度低于全国水平，缺少大型骨干企业；二是地形复杂，大部分地区都是山地和丘陵，平原面积少，能够建设大型水利灌溉工程的地方不多，所以工程灌溉面积不大；三是人口少，居住又分散，加上西藏电力不发达，采用提灌方式供水困难很大，相当部分的土地不能灌溉；四是生活用水量少，也是水资源利用率低的原因之一。

2)水资源分级与主体功能分区

通过西藏县级单位人均水资源潜力分级表，我们可以看出西藏县级单位水资源潜力处于缺乏状态的全区只有拉萨市城关区；处于中等状态的有 4 个县，分别是山南地区的乃东县、贡嘎县，拉萨地区的达孜县、曲水县；其余各县人均水资源潜力分别是较丰富和丰富。

长期以来就是西藏政治、经济、文化、宗教中心的拉萨市，具有良好的经济基础和便利的交通条件，近年来工业、旅游业也得到迅猛发展。但随着社会经济的发展，拉萨市人口增多，生活、生产用水必将呈上升趋势，鉴于目前拉萨市人均可利用水资源潜力已经处于缺乏状态，水资源必将成为拉萨发展的一个重要限制因素。

因此一方面需要采取水利措施优化配置水资源，提高水资源利用率；另一方面在进行主体功能分区的过程中，考虑水资源这一因素，可将拉萨市城关区划为优化开发区、适度开发或限制开发区，需要对现有耗水产业进行调整优化，把提高增长质量和效益放在首位，应突出旅游业的发展，而将一些用水较多的工业单位建设在交通条件较好的拉萨市周县中。

第五节 西藏主体功能区划方案

对自治区区划各指标项数值进行计算、制图与评价基础上，依据国家《省级主体功能区域划分技术规程》要求，统筹考虑未来西藏人口分布、经济布局、国土利用和城市化格局，采用定性与定量相结合的方法，对国土空间进行了综合评价，并提取自治区三种类型主体功能区中重点开发区域和限制开发区域的备选方案；在区域类型划分备选方案的基础上，结合辅助分析方法获得的结果，与国家主体功能区划结果相衔接，与周边省区的区域功能相协调(限于篇幅，上述综合评价过程省略)，最终生成西藏主体功能区划图(彩色图版：图 5-20-17，尼洋河中下游城镇带为国家重点开发区，因图斑小，显示不出来)。

第六节 西藏小城镇体系发展思路及其空间分布和功能分类①

党的十五届三中全会指出，发展小城镇是带动农村经济和社会发展的一个大战略。实践证明，小城镇建设不但为地方经济发展提供了空间，而且能够有效地吸纳农村富余劳动力，对农牧民收入增长具有重要意义，是解决“三农”问题的重要途径。

西藏是我国人口密度最小的省区，人口稀少，农牧民居住十分分散。在这种状况下，广大农牧区的发展面临诸多困难，区域基础设施投资大，效益差，市场体系建设受限，这严重制约了农牧业的发展和农牧民的增收，以致西藏广大农牧区经济社会的发展迄今还停留在传统的粗放经营上，农牧区生产条件和基础设施还较落后，农牧民生活水平与我国中东部地区比较相差悬殊。因此加快小城镇经济发展，特别是具有产业特色的小城镇体系建设与发展，一方面可以培育和发展农村新的经济增长点，发挥城镇的集聚效应，促进农村经济结构的调整升级，另一方面可为转移安置农村富裕劳动力，增加农牧民收入，缩小城乡差距，缩小西藏地区与东部沿海地区的差别打下坚实基础。

---

① 本页第六节作者钟祥浩、李祥妹等，在 2001 年成文基础上作了修改。

一、小城镇发展现状与问题

(一)发展概况

小城镇具有一定规模人口、工业和商业，是当地农村社区的政治、经济和文化的中心，并具有较强的集聚与辐射能力。按照1984年我国建制镇的标准，乡镇政府驻地非农业人口一般超过2000人或占总人口的10%以上，对于不足2000人的少数民族地区、边远地区、风景名胜旅游区、边境口岸等也成为小城镇的一部分。随着改革开放的发展和深入，小城镇户籍、财政、税收等制度都不同程度地进行了改革，小城镇内涵也正在发生着变化。目前中国有建制镇18260个，其中东部地区占全国总数的45%，中部地区占31%，西部地区只占24%。2003年西藏自治区共有建制镇140个[1](表20-31)。

从表20-31看出，西藏各地(市)中林芝地区建制镇占乡级行政单位比重最高，达36.36%，其次为山南地区，日喀则地区最低。从各地(市)建制镇占全区建制镇总比重来看，昌都地区最高。从县级单位拥有建制镇数量看，林芝地区最高，其次为昌都地区。西藏平均每县级单位拥有建制镇数为1.92个，而我国东部地区平均在10～20个，可见差距之大。2003年全自治区人口270.17万，居住在城镇的人口为53.49万人，只占全区总人口的19.80%[1]。全区人口密度2.25人/km²，阿里和那曲地区人口密度<1人/km²，人口密度较高的拉萨市<14人/km²。人口密度与城镇相关性显著[2]，人口密度大的地方，城镇密度也大。西藏自治区人口极度稀疏表明，发展大中城市显然不现实，只能着眼于小城镇的发展。

表20-31　西藏建制镇数量与分布数状况

城区(市)	县(市、区)/个	乡/个	建制镇/个	建制镇占乡级行政单位比重/%	占全区建制镇比重/%	平均每县级单位有建制镇个数
拉萨市	8	48	9	15.79	6.42	1.13
昌都地区	11	110	28	20.29	20.00	2.55
山南地区	12	56	24	30.00	17.14	2.00
日喀则地区	18	174	27	13.43	19.29	1.50
那曲地区	10	89	25	21.93	17.86	2.50
阿里地区	7	29	7	19.44	5.00	1.00
林芝地区	7	35	20	36.36	14.29	2.86
合计	73	541	140			

(二)存在的主要问题

1. 城镇规模小

西藏城镇人口规模小，很多小城镇总人口仅有几千人，并且大部分分布在下辖的乡村中，与全国建制镇平均人数达7000多人相比，差距太大。这种人口规模在很大程度上限制了小城镇功能的发挥。由于小城镇规模小，集聚效应不明显，公共设施的社会效益发挥不出来，导致其在基础设施建设中，耗费资金分摊到人均投资水平上明显偏高。在很大程度上妨碍小城镇集聚效应的发挥和第三产业的发展，影响小城镇产业升级和产业优势的形成，进而导致小城镇对周边地区辐射带动能力很弱。

2. 城镇产业优势和特色不明显

西藏不少县城和乡镇中虽有了初步的城镇，但多数都没有形成具有地方资源优势为特色的产业，小城镇建设水平低下，主导产业不明显，功能残缺，缺乏甚至没有支撑城镇发展的产业。目前大部分县城内的产业都是初级商业，以个体户承包为主的商店出售当地居民所需日杂用品，部分出售土特产，然而由于区内流动人口有限，居民消费能力较弱，因此商业发展的速度和水平都不高。此外，自治区一些县城和建制镇虽然建成了以当地特色资源为主的专业市场，然而由于特色资源销售的季节性强，一般在好季节和短期交易会期间市场较红火，进入冷季又回复到冷静的局面。由于多数城镇均未形成具有地方特色的主导产业，因此农村富余劳动力转移困难，城镇非农业人口增长很慢，导致城镇发展速度不快。

3. 县级城镇发展不平衡

西藏自治区有73个县级行政单位，每个县级行政单位内的县城是自治区小城镇体系的主体，其建设与发展水平高低对县域经济社会发展有重要影响。由于各县城的区位条件不一样以及历史的原因，县城的发展水平有较大的差别，一般说来，在拉萨市周边的县城发展最快，水、电、路等基础设施较好，配套性较强；其次为各地区所在城镇周边的极少数县城，这些县城起到了该县的政治、经济和文化中心作用。但是除此以外的大多数县城，基础设施差，交通通信等建设落后。在经济方面，没有明确的产业发展方向，县城在拉动全县经济发展中的作用很小；在文化方面，具有较好设施条件和较高质量的各类中小学校、职业培训和技术培训中心等很少。有些县城除了县政府机关外，就是一些商店及少量招待所、餐饮店等建筑设施。

4. 小城镇发展宏观规划与布局薄弱

西藏小城镇发展中比较重视城镇建设规划，缺少小城镇经济社会发展规划。在小城镇建设中，对小城镇在区域经济和区域城镇体系中的具体定位很少考虑，导致不同的小城镇之间、小城镇与不同层次城市之间缺乏有效的分工与协作，以致出现许多小城镇规划无特色、产业无优势、城镇无形象，城镇体系整体综合效益发挥不出来。

二、小城镇体系发展思路及其空间布局

(一)发展思路

针对西藏小城镇发展现状和西藏经济社会发展水平，认为西藏小城镇总体发展思路应坚持小城镇非均衡发展理论，加强政府对城镇化的推动与主导作用的同时，加快建立和完善小城镇的发展政策和建立适应市场经济的运行机制，加大省(区)级中心城市和地区、县域中心镇基础设施建设与城镇经济发展的力度，壮大城镇规模，提升城镇产业层次和整体功能，优化小城镇布局，逐步形成省(区)中心城市、地区和县域中心镇及建制镇协调发展的城镇体系。

在近中期内，要突出重点，加大力度开展能带动区域经济发展的经济综合发展示范镇的建设。通过重点城镇经济综合开发示范镇的建设，逐步形成对区域社会经济有强劲

集聚与辐射功能的经济增长极，通过这些经济增长极辐射与吸引机制的互相作用，推动整个地域的经济社会的发展。

西藏小城镇体系的发展，要坚持体现突出特色，特别是产业特色的原则。自治区内特色自然资源种类多、数量大，具有建设和发展各具特色的小城镇体系的条件。为此，须加强以特色优势资源为依托和有利于特色主导产业形成为基础的小城镇建设。此外，小城镇的发展还需充分考虑西藏自治区生态环境十分脆弱的特点。西藏虽然有许多特色自然资源，但是其中有些资源脆弱性程度高，一旦破坏，将出现严重的生态环境问题。因此，要慎重处理生态环境敏感区小城镇发展与生态环境保护的关系。

西藏小城镇发展要坚持全面、协调、可持续发展观，统筹城乡发展，其发展战略为：壮大核心城市拉萨市及副中心城市日喀则市的综合实力，积极培育地区中心城市，大力发展以县城和边贸口岸为重点的小城镇，因地制宜地有重点地培育和发展农牧区产业特色明显的小城镇。在小城镇的发展中，要十分重视农牧区经济发展与小城镇经济综合开发的紧密结合，把小城镇发展作为落实自治区经济社会发展战略的重要组成部分；要加大为乡镇企业合理积聚服务的城镇基础设施建设，促进农村经济结构的调整与优化，培育农牧区新的经济增长点，有效地推进区域经济社会的快速发展，最终形成城镇基础设施完善、职能分工明确、规模等级适当有序、空间结构合理和与区域经济社会发展相协调的具有西藏特色的城镇体系。

(二)发展空间布局

西藏地域辽阔，不同区域的优势资源特点和特色产业发展基础及潜力不一样，因此，其城镇功能及发展方向有所不同。离开区域资源优势及其产业发展潜力的小城镇发展布局，其结果将出现城镇功能类同和经济社会效益低下的局面。因此，西藏小城镇发展布局须充分考虑地域环境条件、资源优势及对周围地区的辐射带动作用。根据西藏宏观经济和社会发展战略和目标的要求，小城镇发展布局与建设要充分考虑拉萨市中心城市的带动作用，同时要重视西藏副中心城市——日喀则市以及其他地区所在城镇在带动小城镇发展中的作用，重点发展连接这些城镇的骨干交通(铁路、公路和航空)主轴线上的小城镇，在此基础上，逐步加强偏远农牧区县城及建制镇的发展。根据上述思想，并参考已有的研究资料[3]，我们将西藏自治区小城镇发展空间布局划分为如下五个区域，并勾画出五个区内小城镇重点发展带(图 20-3)。这个布局充分地揭示了自治区社会劳动地域分工的客观规律，可为因地制宜地指导小城镇建设与发展提供依据。

1. 藏南宽谷山原城镇发展区(I)

本区包括雅鲁藏布江中上游流域和喜马拉雅山脉中段山原湖盆谷地，其中雅鲁藏布江中游地区，又称“一江两河”地区，宽谷平坝面积大，交通便利，是西藏经济、科技、文化及民族手工业最发达地区，资源开发程度、产业和城镇聚集度高，投资环境比较优越，在西藏经济社会发展中占有举足轻重的地位，具有发展如下特色产业的基础和条件：①以优质鲜奶、酥油和其他乳制品为主导产品的奶牛产业；②以优质猪肉、禽肉、禽蛋为主导产品的畜禽养殖与加工业；③以无公害蔬菜、粮食为主的绿色食品生产加工业；④以自然生态与人文旅游资源开发为特色的旅游业和民族手工业；⑤以帕里牦牛、岗巴羊为品牌的畜产品加工业。这些为本区特色小城镇的发展提供了有利条件。

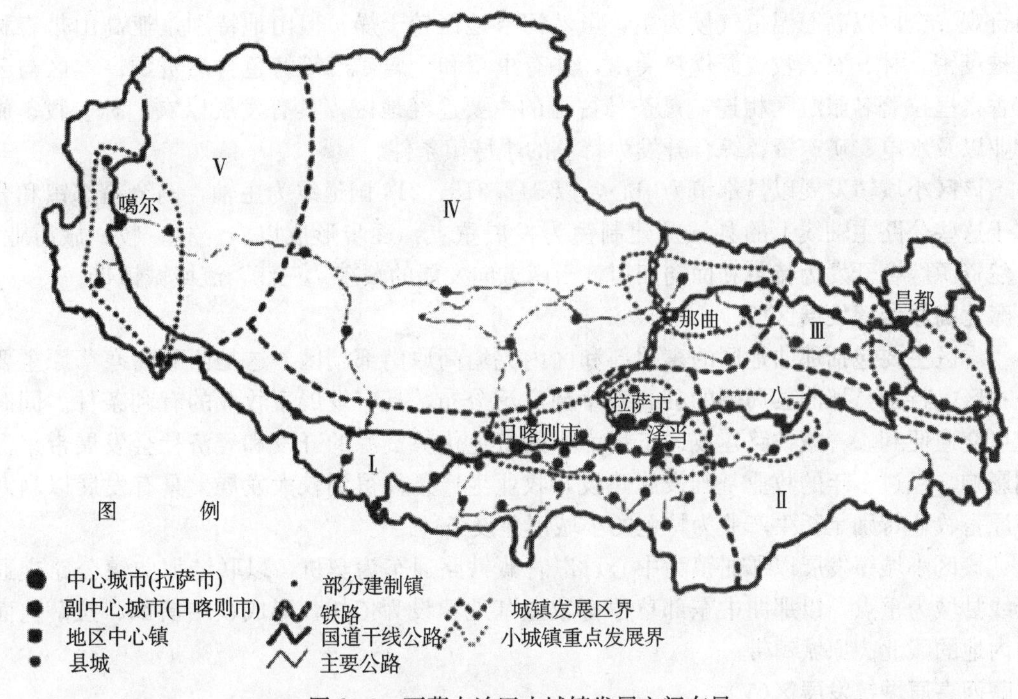

图 20-3　西藏自治区小城镇发展空间布局

该区城镇发展以拉萨市、日喀则市和泽当镇为中心，以中尼公路(拉萨—樟木)、拉亚公路(拉萨—亚东)、拉贡公路(拉萨—贡嘎)等交通线为主轴，以这三个中心城市周围的县城及建制镇为发展重点，以拉萨河、年楚河和雅鲁藏布江中游流域为依托，构建西藏最具活力的城镇带，成为西藏经济发展的核心区域。

同时，加强该区边境地区小城镇的发展。由于地缘政治关系，边境地区城镇发展差异较大，各城镇之间缺乏必要的联系，未来发展中以边境地区各城镇与其他城镇区之间的功能、资源和产业互补为主体，大力发展边境贸易，逐步形成具有较强活力的边境贸易城镇。

2. 藏东南山地城镇发展区(Ⅱ)

本区主要包括林芝地区，这里拥有我国少有和世界上罕见的高山峡谷地貌景观，拥有以热带、亚热带森林为基带的多种森林植被生态系统类型。境内原始林面积大，生物多样性丰富，高山峡谷与茂密原始林和高山冰雪湖泊构成了世界上少有的自然生态景观。多样性的森林植被生态系统类型发育了极为丰富多样的生物资源，其中食用菌类资源和药用动植物资源尤为丰富，具有很高的开发价值。可见，本区具有发展以林副产品为主的林特产品和药用生物资源的开发潜力和前景，具有发展以林特产业、医药产业和生态旅游业为依托的小城镇条件。

本区城镇发展以八一镇为中心，以交通干线连接的八一镇周围县城及建制镇为发展重点，以雅鲁藏布江中下游及其支流尼洋河和帕隆藏布流域特色生物与旅游资源为依托，逐步形成以林特产品、生物医药和旅游综合开发为特色的城镇带。

3. 藏东“三江”流域城镇发展区(Ⅲ)

本区主要包括昌都地区各县。这里属典型的高山峡谷地貌，自西向东有伯舒拉岭、他念他翁山和宁静山，这些山脉与澜沧江、怒江和金沙江形成东西相间和南北并列的壮丽奇观。全区以高原温带气候为主，虽然河谷地区较干燥，但山地特别是亚高山带森林植被茂密，林、农、牧资源优势突出，并有虫草和金属矿产等特色自然资源。本区与云南香格里拉著名旅游区相连，是茶马古道的主要途经地区，具有发展以农、林、牧、旅游业以及水电、矿产资源综合开发为特色的小城镇条件。

该区小城镇发展以昌都镇为中心，以317.318、214国道线为主轴，围绕昌都镇和分布于这些公路主轴线上的县城及建制镇为发展重点，逐步形成以农、林、牧、旅游业，天然资源综合开发为特色和面向四川、云南方向发展的藏东“三江”流域城镇带。

4. 藏北高原城镇发展区(Ⅳ)

本区主要包括那曲地区的东北部和区内羌塘高原南部湖区。这是西藏高寒草原主要分布区，特别是那曲县周围的县高寒草甸广泛分布，具有发展畜牧业的有利条件。同时这里交通便利，青藏铁路建成通车将为本区特色优势资源的开发和经济社会发展带来深刻影响。经过多年的牧业基础设施建设，牧业生产条件得到较大发展。具有发展以高寒高原畜牧业特别是牦牛产业为特色的小城镇建设条件。

该区小城镇发展以那曲镇为中心，以青藏铁路通车为契机，以联结那曲镇公路交通干线县城为重点，以那曲中东部草原畜牧业基地建设为依托，形成联结昌都、拉萨，面向内地的藏北高原城镇带。

5. 藏西高原城镇发展区(Ⅴ)

该区范围在行政区划上主要为阿里地区。区内除西部为山地外，大部分地区地势较平坦，西南部的森格藏布、噶尔藏布和朗钦藏布中下游河谷宽阔，地下水位较浅，光照时间长，具有发展温性优质牧草的条件。区内交通条件较好，往东可通日喀则、拉萨，往北可通新疆，同时拥有圣湖、神山和土林等知名度很高的旅游精品。具有发展以旅游业和畜牧业，特别是绒山羊产业为特色的小城镇建设条件。

该区在进一步加大以噶尔镇为中心镇建设力度的同时，加强连接该镇的干线公路沿线城镇，如普兰、札达、日土和革吉等县城的建设，逐步形成以噶尔镇为中心，紧密联系新疆和日喀则经济区的藏西高原城镇带。

三、城镇功能分类

依据前述西藏城镇发展空间布局和不同区域优势资源、特色产业和交通、区位等情况的分析以及小城镇的现状特点，将西藏小城镇的发展分为如下四种功能类型：①特色产业主导型；②市场带动主导型；③边境贸易主导型；④综合型。下面就这四种类型的小城镇功能特点及其产业重点方向分析如下(表20-32)。

(一)特色产业主导型

特色产业主导型是指依靠当地特色产业发展起来而且具有较大发展潜力的小城镇。西藏拥有许多特色资源，其中有不少是西藏所独有。依据西藏自然资源的分布及其特色产业的地域组合特点，可以进一步划分出城镇功能有所差别的5种特色产业亚型：①特色农产品集散与加工业型；②特色林经产品集散与加工业型；③特色畜产品集散与加工业型；④特色天然资源开发型；⑤特色旅游产业型。

1. 特色农产品集散与加工业型

这类小城镇以特色农业资源生产基地为依托，以农产品集散与加工为重点，形成既有集聚效应又有扩散功能的小城镇，不但可使农业生产出来的农产品能很快进入市场，使农产品升值，同时又可加快农区富裕劳动力的转移，加快农民收入的提高。

根据西藏农业资源特点，应突出以青稞、无公害蔬菜以及肉类食品为特色的产业发展，包括青稞、蔬菜、畜禽等良种培育、生产基地建设和生产、运输、贮藏、加工、销售等产业链建设与发展。

2. 特色林经产品集散与加工业型

这类小城镇主要以特色经济林果和林下产品资源生产基地为依托，以干鲜果品和林下食用菌类交易和加工为重点，形成具有一定集聚和扩散功能的林区小城镇。根据西藏林业资源特点，应突出林下特色资源，如松茸、蘑菇等，以及核桃、花椒、苹果、梨、桃等干鲜果品良种培育、生产基地建设和生产、运输、贮藏、加工、销售等产业链的建设与发展。

3. 特色畜产品集散与加工业型

这类小城镇以特色牧业资源生产基地为依托，以畜产品集散与加工业为重点，形成具有一定集聚与辐射功能的牧区小城镇。根据西藏牧业资源特点，应突出以牦牛、绒山羊、黄牛(奶牛)、藏系绵羊为主的特色产业的发展，形成以畜产品生产、加工、销售为主的特色产业。

4. 特色天然资源开发型

这类小城镇主要以山地高原区特色天然资源为依托，以可开发和市场前景好的天然资源开发为重点，形成具有一定集聚和扩散能力的小城镇。

西藏具有丰富的矿产资源和天然植物资源，其中不乏药用、食用和工业用等植物资源，具有发展藏药业的条件，特别值得称道的是西藏那曲地区、昌都地区以及山南、林芝地区拥有以质量优胜而闻名于世的虫草、红景天及其他药用资源。这为天然特色藏医药资源、虫草资源及其他资源开发、加工、销售，为特色小城镇的发展提供了基础。

5. 特色旅游产业型

这类小城镇以自然和人文旅游精品资源为依托，以发展旅游服务业和旅游商贸以及旅游手工艺品加工为重点，形成一定集聚和扩散功能的小城镇。

西藏旅游资源不但类型丰富和数量多，而且具有鲜明的特色和独特的品质，不但具有多种省区级和国家级旅游资源类型，而且拥有为数不少的世界级旅游精品，其世界级、国家级、省区级旅游资源类型的丰度非常集中，为旅游产业型小城镇的发展奠定了良好的基础。

(二)市场带动主导型

该类型是指以一个或几个专业市场带动起来的小城镇，成为当地的商品集散和交流中心。

专业市场的形成与发展取决于当地交通与区位条件以及当地特色资源产品的优势，根据西藏的实际情况，可发展交通枢纽型和特色乡土产品市场型小城镇。前者是以交通枢纽为依托，开展建材、原材料、交通、机械等物资的转运以及满足人民群众生产生活所需商品集散为特色的小城镇；后者是以当地特色资源产品为依托，以特色乡土产品的扩散与交流为重点而形成的小城镇。

(三)边境贸易主导型

该类型是指依靠边境贸易为主，以旅游及物资商品集散交流为辅而发展起来的且有较大发展潜力的小城镇。依据西藏实际，可发展边贸旅游复合型和边贸型小城镇。前者既有边境贸易，又有旅游服务和物资商品集散交流等多种功能；后者主要以边贸为主，目前发展旅游条件不成熟。

(四)综合型

该类型既具有区域政治、经济和文化中心职能和物资商品集散与辐射功能，又有能够在更大范围内起中心镇作用功能。根据西藏实际，该类型城镇可分为地区中心镇型和县域中心镇型。前者以地区所在城镇为中心，除具有地区政治、经济、文化中心功能外，还拥有对地区经济社会发展起重大带动作用的多个主导产业，能够在较大范围内起到中心镇作用；后者以县城为中心，在县域范围内具有政治、经济、文化职能外，同时还拥有对县域经济社会发展起带动作用的特色产业和集市贸易以及县域土特产品集散交流与加工功能。

根据前述小城镇的功能类型，并结合西藏现有城镇的分布、基础设施建设及其所在区域优势资源和特色产业发展潜力与前景，对现有建制镇、县城和地区所在城镇，共计130个城镇的功能特点进行了分类，分类结果见表20-32。

表20-32　西藏自治区主要小城镇功能及其重点发展方向分类

城镇功能类型	功能亚型	小城镇名称	城镇数
特色产业主导型	农区特色农产品集散与加工业型	江孜县江孜镇*，达孜县德庆镇*，贡嘎县吉雄镇*，曲水县曲水镇*，扎囊县扎塘镇*，白朗县洛江镇*，南木林县艾玛岗镇，谢通门县达那答镇，日喀则市江当镇，江孜县重孜镇，堆龙德庆县桑达镇和乃琼镇，曲水县聂唐镇	13
	牧区特色畜产品集散与加工业型	日土县日土镇*，安多县帕那镇*，当雄县当曲卡镇*，岗巴县岗巴镇*，措勤县措勤镇*，班戈县普保镇*，洛隆县康沙镇，那曲县罗马镇和达萨镇，嘉黎县嘉黎镇，墨竹工卡县仁多岗镇和尼玛镇	12
	林区特色林经产品集散与加工业型	林芝县百巴镇，左贡县扎玉镇，波密县扎木镇*，米林县米林镇*和卧龙镇，林芝县林芝镇*，波密县倾多镇和松宗镇，察隅县竹瓦根镇*，加查县加查镇	10
	特色旅游产业型	定日县协格尔镇*，芒康县盐井镇，乃东县昌珠镇，工布江达县错高镇，八宿县然乌镇，琼结县琼结镇*，札达县托林镇*，类乌齐县类乌齐镇，浪卡子县浪卡子镇*，林芝县鲁朗镇，米林县派镇，那曲县谷露镇，昌都县卡若镇，芒康县曲孜卡镇，普兰县塔尔钦镇，扎囊县桑耶镇，措美县哲古镇，边坝县边坝镇	18
	特色天然资源开发型	工布江达县工布江达镇*，丁青县丁青镇*，当雄县羊八井镇，革吉县革吉镇*，江达县青泥洞镇，昌都县日通镇，曲松县罗布莎镇	7
	小计		60

续表

城镇功能类型	功能亚型	小城镇名称	城镇数
市场带动主导型	交通枢纽型	贡嘎县甲竹林镇，芒康县嘎托镇*，昂仁县桑桑镇，拉孜县曲下镇*，八宿县帮达镇，萨迦县吉定镇，昌都县俄洛镇，江达县岗托镇，普兰县巴嘎镇，安多县雁石坪镇	10
	特色乡土产品市场型	比如县夏曲卡镇，亚东县帕里镇，贡嘎县杰德秀镇，左贡县旺达镇*，丁青县尺牍镇，隆子县江当镇，察雅县吉塘镇，仲巴县帕羊镇，安多县强玛镇，定日县岗嘎镇	10
	小计		20
边境贸易主导型	边贸旅游复合型	吉隆县吉隆镇，聂拉木县樟木镇，普兰县普兰镇*，札达县什布奇镇，错那县勒布镇	5
	边贸型	亚东县下司马镇*，聂拉木县聂拉木镇*，错那县错那镇*，吉隆县贡当镇，定结县陈塘镇	5
	小计		10
综合类型	地区中心镇	昌都镇，八一镇，泽当镇，那曲镇，狮泉河镇	5
	县域中心镇	堆龙德庆县城关镇，墨竹工卡县城关镇，林周县城关镇，尼木县城关镇，昂仁县城关镇，谢通门县城关镇，南木林县城关镇，仁布县城关镇，康马县城关镇，吉隆县城关镇，仲巴县城关镇，萨嘎县城关镇，桑日县城关镇，隆子县城关镇，措美县城关镇，洛扎县城关镇，江达县城关镇，类乌齐县城关镇，察雅县城关镇，贡觉县城关镇，洛隆县城关镇，边坝县城关镇、比如县城关镇，嘉黎县城关镇，索县城关镇，巴青县城关镇，聂荣县城关镇，申扎县城关镇、尼玛县城关镇，改则县城关镇，朗县城关镇，曲松县城关镇，墨脱县城关镇，察隅县城关镇，八宿县白马镇	35
	小计		40
总　计			130

*同时具有县域中心镇功能。

第七节　西藏高原城镇化动力机制的演变与优化①

近年来西藏高原农牧区的人口增长过快，而城镇化的进程却异常缓慢。改革开放后，西藏自治区城镇化率由14.5%增长为17.3%，30年间仅增长了2.8%。在农牧区人口快速增长的同时，西藏城镇化水平之所以仍能缓慢地提高，主要由于外来人口迁入产生了较快的城镇人口机械增长。大量的农牧民滞留在乡土上，一方面加剧了西藏高原人地矛盾和资源环境的压力，另一方面，由于外来人口主要集中在城镇，使得西藏城乡生活水平的差距，附着了汉族与藏族聚居区之间社会差别的含义，从长远看，是不利于西藏的稳定和发展的[4]。人口的增加，特别提高广大农牧民生活水平的客观现实，都要求西藏加速城镇化的进程。西藏城镇化的问题也日益受到各方的关注，中央第五次西藏工作会

① 本节作者唐伟、钟祥浩等，在2012年成文基础上作了修改。

议上提出“因地制宜，推进西藏高原城镇化的进程”。

城镇化的动力机制是城镇化研究的核心问题。近年来，许多学者从不同的方面对城镇化机制进行了研究，如产业结构、人口迁移、工业化等[5,6]。由于地理区位、自然资源、历史传统和人文等因素的影响，西藏城镇化的动力与其他区域有着不同的特点。同时西藏高原资源环境、社会经济的特殊性和其在全球环境变化中的生态响应敏感性，使得以工业化促进城镇化，以城镇化推动工业化，继而对农牧业产生驱动效应的相互作用难以实现。基于此，根据西藏具体情况构建城镇化的动力系统，推动本土农牧民城镇化的进程，成为亟待解决的问题。

西藏地域广大，但适宜人类生存活动的面积只占西藏自治区国土面积的27%，适宜城镇化的区域更少[7]。“一江两河”地区始终是西藏经济发展速度最快、城镇化率最高、城镇分布最集中的区域，也是西藏自治区最适合城镇化建设的区域。由于外来人口主要流向拉萨市城关区、日喀则市和泽当镇，也使得该区域成为西藏外来式推进的城镇化的典型区域。基于此，本研究以西藏“一江两河”地区为研究区，从推进本土农牧民城镇化进程的角度出发，系统研究该区域城镇化动力机制的演变过程，重点探讨援藏政策对西藏城镇化的作用。在此基础上提出“一江两河”地区城镇化动力机制优化的思路，为其他具有高原环境特征和特殊社会背景地区的城镇化的研究提供借鉴。

一、研究区概况

西藏“一江两河”地区，主要包括雅鲁藏布江中游及其主要支流拉萨河和年楚河流域区，东起桑日县，西抵拉孜县，南至藏南高原湖盆区，北达冈底斯山—念青唐古拉山南麓，南北宽约200km，东西长达540km，位于28°～31°N，87°～93°E之间，为狭长河谷地带，属藏南谷地。包括拉萨市(城关区、林周、尼木、曲水、堆龙德庆、达孜、墨竹公卡)、山南地区(乃东、扎囊、贡嘎、桑日、琼结)、日喀则地区(日喀则市、江孜、白朗、拉孜、南木林、谢通门)的18个县(市区)。其总面积约$6.57\times10^4km^2$，约占西藏自治区总面积的5.48%。区内宽谷平坝面积大、自然条件较好、开发历史悠久。特别是1991～2000年的“一江两河”综合开发，极大地改善了该地区的农业、交通等基础设施，是目前西藏自治区最重要的农业产区和城镇相对密集分布区。目前该区域拥有两座设市城市(拉萨、日喀则)，16个县城，9个建制镇，城镇密度已达4.12个/(万km^2)。

二、城镇化现状

(一)城镇化率相对较低

2008年，“一江两河”地区城镇化率为29.77%，高于西藏自治区17.3%的水平，是目前西藏城镇化率最高的区域。但与全国45.68%的城镇化率相比，还有很大的差距，即使与西部各省市的相比，“一江两河”地区城镇化水平也处在末端的位置。与中东部发达地区相比，差距则更大。从各县市区的城镇化率看，除拉萨市城关区、日喀则市和泽当镇城镇化率较高之外，其余15个县的城镇化率在4.02%～14.55%。可见，各县城城镇化率更低。

(二)城镇化速率较慢

1990~2008 年，全国的城镇化率由 1990 的 26.41%增长为 2008 年的 45.68%，年均增长 1.07%。同一时期，"一江两河"地区城镇化率由 20.94%增加到 29.77%，年均增加 0.49%，只相当于全国平均水平的 46%，西藏自治区整体城镇化速率则更慢，年均仅增长 0.2%。

(三)城镇规模小

2008 年，"一江两河"地区城镇平均人口为 11296 人，但各城镇人口规模差异较大，拉萨市城关区非农业人口规模已超过 20 万，日喀则市和泽当镇的规模分别为 3.8 万和 2 万人，其余城镇人口规模均在 1 万人以下，规模小于 0.2 万人的城镇数量占"一江两河"地区城镇总数的 55.56%(表 20-33)。

表 20-33　"一江两河"地区城镇非农业人口规模

规模/万人	城镇	规模/万人	城镇
10~20	拉萨市城关区	2~5	日喀则市、泽当镇\甘丹曲果镇、南木林镇、
0.5~1	江孜镇、东嘎镇	0.2~0.5	德庆镇、卡嘎镇、曲水镇、琼结镇、工卡镇
0.1~0.2	吉雄镇、乃琼镇、扎塘镇、桑日镇、曲下镇、塔荣镇、昌珠镇、洛江镇、甲竹林镇	<0.1	拉孜镇、桑耶镇、江塘镇、杰德秀镇、嘎东镇、岗堆镇

(四)城镇职能结构单一

"一江两河"地区城镇多为依托农业经济基础以及在内地援助下发展起来的。在有限的山间平原内相对封闭，自成体系，城镇间的联系较少。由于区域内的经济长期以农业为主，农业发展水平差别不大，城镇基质环境相似，产业大同小异，缺乏城镇间的分工协作，因而这些城镇都没有形成具有鲜明特色的产业发展方向。在城镇职能中行政管理职能占主要的地位，主要城市(镇)拉萨市、日喀则市和泽当镇都是自治区首府及地区行署所在地，这些城镇在行政职能的影响和干预下各项社会经济事业得到优先发展，成为各地区行政范围内的政治经济文化中心，一般较大的城镇也都是县城所在地。

三、城镇化动力机制演变

作为西藏政治、经济、文化中心，西藏"一江两河"地区城镇化与全国其他地区比较属于相对落后地区，但从整个西藏高原来讲，属于城镇化速度最快和城镇分布最集中的区域。出现上述情况的原因在于西藏特有的城镇化动力机制。下面就"一江两河"地区城镇化的动力机制演变进行分析与探讨。

(一)和平解放前城镇化的动力

1. 农业的发展促进了城镇的兴起和发展

考古发现，距今 4000 年前西藏就有种植农作物的活动，藏文《吐蕃王朝世系明鉴》

中记载，“吐蕃农业始于布袋巩夹王时期(松赞干布以前 24 代，约相当于公元前 200～300 年)”。不少学者认为青藏高原是青稞栽培的发源地[8]。到公元 634 年，吐蕃王松赞干布统一西藏后，农业开垦在雅鲁藏布江中游迅速推开，相传西藏第一块农田就在乃东县境内。公元 641 年文成公主和公元 710 年金城公主进藏，携带了大量种子、农具，并带去了不少农业和手工匠役，西藏也派出许多子弟前往长安学习，促进了“一江两河”地区农业的发展。当地的居民逐步由游牧改为定居，逐渐发展形成了拉萨、泽当及日喀则等城镇，农牧兼营的格局初步形成。

2. 宗教与城镇的发展关系密切

西藏城镇的兴起有一个显著的特点，即与宗教密不可分[9]。独特的藏传佛教文化、政教合一机制在城镇的兴起和发育过程中起着至关重要的作用。“一江两河”自古就是西藏政教合一的统治中心，宗教对该地区城镇化发展的作用也最为显著。历史上，宗教直接影响着城镇的兴衰，公元 7 世纪大小昭寺的兴建，促进了八廓街的形成以及拉萨城的兴盛；公元 15 世纪，三大寺(色拉寺、甘丹寺、哲蚌寺)相继修建，使拉萨城再度扩展和繁荣；扎什伦布寺的建成使桑珠孜城堡(今日喀则市)成为后藏地区的经济文化中心，并成为全西藏仅次于拉萨的第二大城市。“一江两河”地区也是整个西藏寺庙最为集中的区域，每个小城镇都有一座寺庙。如扎囊的桑耶寺、乃东县的昌珠寺、江孜的白居寺等。而且城镇的大小往往取决于寺庙的大小和寺庙的知名度。城镇的兴衰主要受宗教兴衰制约，寺庙的修建与昌盛是城镇发展的主要原动力和诱导因素。

(二)和平解放后城镇化的动力

1. 行政机构的建立与扩大对城镇化作用显著

西藏城镇的发展，包括数量和质量上都与政权建设密不可分。1959 年的民主改革使西藏由旧的农奴制社会直接过渡到社会主义社会，随之而来的是对西藏原有的行政管理制度的改革，为适应行政管理的需要，涌现出了一批城镇。1984 年，国务院对我国建制镇设立标准进行了调整。随着建制镇设立标准的调整，西藏建制镇数量由 1980 年的 9 个增加到 2002 年的 142 个。之后，西藏的城镇数量未再增减。同一时期，“一江两河”地区城镇数量由 5 个增加到 27 个，其中日喀则市 1986 年撤县建市，成为西藏唯一的县级市。

大批新镇的设立导致城镇人口的快速增加，而已有建制镇人口增长缓慢。2002 年建制镇常住总人口增长总量中，1980～1990 年已有的 31 个镇的贡献率为 40%，另外的 60%是由后来 12 年间新设镇所产生的人口增量实现的[4]。

2. 援藏政策对于城镇化有明显的促进作用

援藏政策对西藏城镇化的作用体现在两个方面：

(1)援藏项目改善了城镇的基础设施条件，为城镇经济职能的增加奠定了基础。

自 1980 年以后，中央先后五次召开西藏工作座谈会，为西藏制定了很多特殊的优惠政策和措施。1984～2005 年，中央政府安排和各省市援助建设的项目共 2077 个，援助金额共 533184 万元，直接用于城市建设的资金占援助总金额的 31.4%。作为西藏政治经济文化中心，国家和对口支援省市对“一江两河”地区持续的项目投资和建设，帮助西藏自治区的首府以及各地市加快了城镇建设，市政道路得以扩充，供水/排水设施日益完善。另外，“社会发展项目”中的文化设施建设，在各城市/城镇中新建了一批标志性的公共建筑；“政权建设项目”中各级政府机构办公建筑的新建、扩建，帮助改善了西藏各地的城市/城镇的政府机关办公条件。这两类虽不属于城市建设项目，但客观上也起到了加快城镇建设、完善城镇功能的作用[10]。

(2)援藏政策和项目带来了大量的外来人口进入城镇，扩大了城镇的规模。

1959年西藏民主改革后，针对高原建设人才缺乏的状况，国家从全国各地调配各类专业技术人员和技术工人以及行政管理人员支援西藏建设，几十年来仅先后在西藏工作过的汉族干部就达11万人。1981～1992年，西藏共接受大中专毕业生达1.47万人[11]。“一江两河”地区作为西藏的政治、经济、文化中心，特别是行政机构最集中的地区，吸引了大部分来自其他省份的进藏人员，这些外来人员大多进入城镇。同时在中央和对口援藏省市的支援下，“一江两河”地区城镇基础设施的不断改善，旅游服务、餐饮等行业有了较快的发展，拉萨市城关区、泽当镇、日喀则市等重点城镇的经济职能得到了显著增强，吸引了大量的外来人口进入这些城镇务工经商。据西藏第五次人口普查数据，2000年“一江两河”地区外来人口占西藏外来人口总数的60%，拉萨市城关区外来人口为4.89万人，占城关区非农业人口总数的37%。外来人口的增加扩大了城镇的规模，推动了“一江两河”地区城镇化的进程。

四、城镇化动力机制的优化

西藏高原的发展问题研究，更强调其在全国的生态安全和国家安全的地位，侧重国家利益确定的战略目标[12]。因此西藏高原的城镇化不仅要重视协调与资源环境社会的关系，更重要的是要调整国家扶持西藏发展的政策措施，在此基础上充分利用自身的资源优势，发展形成支撑城镇化的内在动力系统，这是促进西藏本土农牧民城镇化进程的根本保障。“一江两河”地区是西藏的政治经济文化中心，主体功能区规划所确定的承担西藏人口和产业集聚的重点开发区、西藏重要的商品粮基地，同时也是生态脆弱地区。因此，“一江两河”地区城镇化的发展面临着多种利益、多重目标的冲突，协调诸多矛盾是探讨该地区可持续城镇化发展的核心内容。“一江两河”地区城镇化动力机制优化的基本准则应当是生态建设、环境保护、藏文化传承和国家安全。

(一)援藏政策的调整——外在动力机制

民主改革后，西藏从农奴制的封建社会直接跨入社会主义社会，但其经济基础并没有因制度的跨越而得到快速发展。中央政府出于提高西藏人民生活水平、加强民族团结、保持区域政治稳定等目的，对西藏实施了一系列特殊优惠政策，特别是1984年开始的对口支援西藏的政策推动了西藏社会经济的大发展。同时，也造成西藏对于援藏项目和资金的依赖，城镇缺乏自然发育和自觉成长的过程，缺乏内在的经济利益驱动和活力，城镇化的动力系统单一。

中央政府从国家统一、领土安全、社会稳定和民族团结的角度考虑，仍将坚定不移地持续援助西藏。针对西藏城镇化的实际情况，继续加大国家和其他省区的帮扶力度也显得尤为必要。但目前西藏的城镇化率的提高主要来源于城镇外来人口的机械增长，外来式推进的城镇化进一步强化了西藏“非典型的二元结构”[13](图20-4)，本土农牧民城镇化进程缓慢，城乡差距进一步扩大。因此，从推进本土农牧民城镇化的角度出发，进一步调整和健全国家对西藏发展扶持的政策体系，是实现西藏可持续城镇化的根本保障。

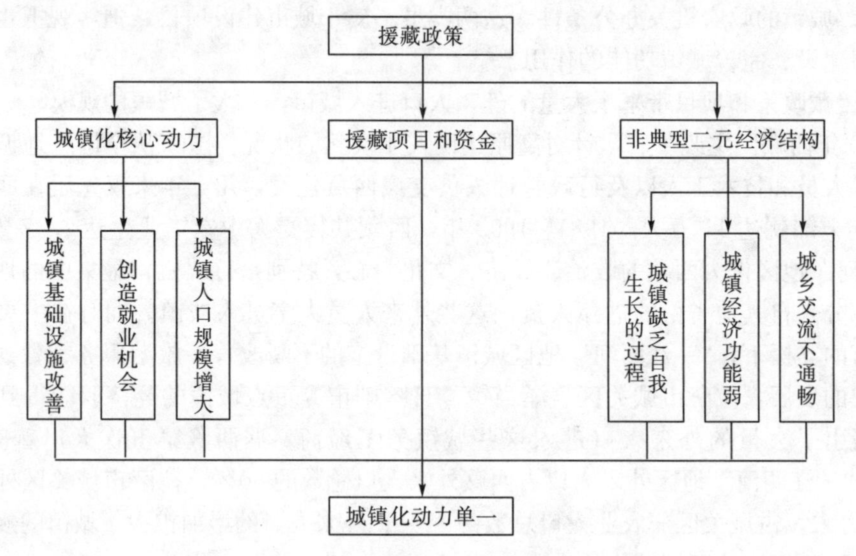

图 20-4 援藏政策对西藏城镇化的效应

1. 援助方式的调整

目前中央政府和对口援藏省市的援助，基本上是无偿的赠与，随着西藏基础设施的改善、交通运输的便利，内地与西藏在合作中互惠互利的可能性增加了，建立援助方与受援方的良性互动非常必要。因此继续安排对口支援建设项目的同时，要鼓励各种经济成分，采取多种经营方式，在西藏投资办实业和从事商贸活动，走联合开发、共同发展的路子，实现互利互惠，同时对援藏项目的效益进行跟踪和评价，以增强自我发展意识和自我发展能力。

西藏传统聚落具有鲜明的藏文化特色，城镇的整体景观与建筑风格是藏文化的重要组成部分，也是西藏旅游业为主的特色产业中不可或缺的重要资源基础。但目前，西藏的城市和城镇的主街道、建筑物充满了现代气息，与内地的城镇别无二致。因此城镇建设，尤其是投资主体在西藏以外的援建项目建设过程中，应尊重地方文化，体现地方文化，并使当地的民众参与到城镇建设当中，尽量减少甚至杜绝“三带”(带项目、带设计、带施工)工程和“交钥匙”工程。

2. 投资结构的优化

从援藏资金投资的领域来讲，应该从改善人民生活和生产条件密切相关的公用事业和基础设施的建设以及培育具有内在增长潜力的产业的角度去考虑。应重点投资以下几个领域：①提高向农业的投入比重，加强农业的基础地位，“一江两河”地区是西藏重要的粮食产地，关系到整个西藏高原的粮食安全，因此，应大力推动这一地区农业现代化的进程，新修水利，提高粮食单产。②农牧民技能培训。农牧民受教育程度低是制约农村剩余劳动力转移的一个重要的制约因素。应加大农村教育的投入力度，加强和发展农村成人教育和职业技术培训，提高劳动者的文化素质和劳动技能。③城镇基础设施和城镇规划。除首府和地区行署所在地外，其他城镇的基础设施较为落后，且西藏城镇规划缺口很大，绝大多数城镇都没有总体规划，城镇建设缺乏科学规划作为指南。国家财政支持中应有明确用于城镇基础设施和城镇规划的专项投入，确保财政支援能够有利于“一江两河”地区城镇化质量的提高。④城镇缺乏支撑产业，经济职能弱是制约本土农牧民城镇化进程的关键因素，援助项目和资金应加大对优势产业的扶持力度，扩展城镇的经济内涵，提高城镇的就业能力。

(二)支撑产业构建——内在动力机制

城镇化的发展必须要有产业来带动，只有城镇的产业达到一定规模的时候，才能产生相应的聚集功能、服务和辐射功能[14]。因此，城镇建设应与产业发展充分结合起来。“一江两河”地区区位条件优越，潜在资源优势突出，农业基础条件较好。经过多年的发展，社会经济有了很大的进步，特别是青藏铁路的运行，加强了西藏同其他省市的交流，进一步促进了这一地区旅游业的发展，同时也为这一地区其他产业的发展奠定了良好的基础。西藏第五次工作会议上提出“培育具有地方特色和比较优势的战略支撑产业，促进资源优势转化为经济优势”，为西藏发展相关产业提供了政策保障。根据“一江两河”地区自身的资源、区位等条件，以及西藏自治区“一产上水平，二产抓重点，三产大发展”的产业发展思路，今后应重点发展以下产业。

1. 旅游文化产业

雅鲁藏布江中游谷地以及在此汇入雅鲁藏布江的年楚河、拉萨河和尼洋河是西藏藏民族文化发祥地，藏族历代先民所创造的辉煌文化遗产，绝大部分均集中分布于这一谷地，形成了独特的人文景观。在这里汇聚了一大批最能代表藏民族传统文化的世界级旅游资源。青藏铁路的开通，极大地促进了西藏的旅游业发展。但旅游业产业链条较短，旅游产品的附加值低，游客接待人数增长迅速，但经济效益增长不同步。应尽快对这一地区的旅游产品进行重新的设计和调整，进一步延长旅游业的产业链条。进一步完善拉萨市、日喀则市和泽当镇等重点城镇的住宿、餐饮等旅游服务设施，通过旅游交通设施的改造带动沿线旅游景区景点的建设，形成区域范围的旅游线路网络。在交通条件较好的乡镇开发乡村旅游和民俗节庆旅游产品，鼓励和扶持“藏家乐”，对藏餐、藏戏等进行深层次的挖掘和包装，使更多的农牧民能够参与到旅游相关的产业链中，促进农牧民增收。

2. 特色工业

高原特殊的地理生态环境和特有的光热水土条件，使西藏拥有丰富的特色农牧业资源。2004 年西藏自治区开始扶持农牧业特色产业的发展，目前已在全区形成了七个特色产业带，农牧业特色产业的发展在优化产业结构、促进农牧民增收等方面取得了显著的成效。但除“一江两河”地区青稞种植产生了较为完备的产业链条之外，藏西北、藏东南等农牧区由于交通不便，工业基础薄弱地区的山羊绒、牦牛肉、藏鸡、藏猪、林下资源、藏药材等特色农产品和生物资源的产业化程度很低。“一江两河”有较好的工业发展基础，特别是近年来拉萨市国家经济技术开发区、达孜和曲水工业园区呈现出良好的发展势头。应结合西藏农牧业特色产业的开发，充分利用“一江两河”地区已有的工业基础和区位优势，扶持和培育农产品深加工龙头企业，发展西藏高原特色农产品和生物资源的深加工，从而将“一江两河”地区建成西藏高原特色农产品和生物资源的加工基地，促进农牧民增收，并吸纳农牧区剩余劳动力。

西藏自治区企业和个体户生产的旅游纪念品只占西藏旅游市场的20%，其余80%的旅游商品由印度、尼泊尔借用西藏的工艺或民族风格生产。近年西藏市场上还充斥着内地仿冒的伪劣产品[10]。因此，西藏本土民族手工产品还有很大的市场潜力。应积极开发体现藏民族特色的旅游产品、民族工艺品和民族文化产品，重点改造和建设旅游热点所在地的生产企业，提高本土民族手工艺产品的市场占有率。

3. 优势矿产业

“一江两河”地区是全国最大的铬铁矿分布区，历年来铬铁矿生产在西藏工业总产值中占据相当重要的地位，它与拉萨甲马赤康等多金属矿区(点)形成西藏黑色、有色金属矿富集地。要以市场为依托，依靠科技进步，将这一地区建成我国最大的铬铁生产基地和具有一定规模的多金属开发基地。矿产资源的开发，要以生态环境容量作为规模和产品结构限定的重要参数，对矿产企业进行严格的环境影响评价，进行合理的发展。

4. 产业的空间布局

(1)以拉萨市经济技术开发区为核心和以达孜、曲水工业集中区为依托，利用现有良好基础设施条件，发挥交通枢纽和区域中心城市的综合优势，集中打造西藏高原工业发展平台，形成工业发展的重要载体。大力发展旅游服务业、特色农产品加工业、藏医药等产业。

(2)以泽当镇为中心的贡嘎、扎囊、乃东、琼结4县，产业、区位优势比较突出，开发潜力大，重点发展农区畜牧业、现代轻工业、现代物流业、旅游服务业。形成“一江两河”东部集中连片经济密集区，以此为依托，辐射带动桑日、曲松、浪卡子和加查特色资源的开发，促进区域经济发展。

(3)以日喀则市为中心的白朗、江孜、拉孜4县市集中连片区，重点发展现代农业、畜牧业、人文-生态旅游业，形成“一江两河”西部经济密集区。使日喀则市成为藏中乃至西藏重点开发区的次中心，并以此为基础，辐射带动昂仁、谢通门、南木林、仁布、康马、萨迦、定日等县域特色资源的开发，发展中坚持“农牧稳地、矿业兴地、旅游富地、外贸强地”方向，组建以扎布耶盐湖矿、谢通门铁矿、铜矿为重点的集团企业，促进社会经济良性发展。

参考文献

[1] 西藏自治区统计局. 西藏统计年鉴 [M]. 北京：中国统计出版社，2004：16.

[2] 何晓蓉，李辉霞. 西藏小城镇发展模式探讨 [J]. 山地学报，2003，21(1)：102~107.

[3] 钟祥浩. 西藏自治区农牧业和农牧区经济结构战略性调整探讨 [J]，山地学报，2003，21(1)：7~15.

[4] 樊杰，王海. 西藏人口发展的空间解析与可持续城镇化探讨 [J]. 地理科学，2005，25(4)：385~382.

[5] 杨德刚，李秀萍，韩剑萍. 新疆城市化过程及机制分析 [J]. 干旱区地理，2003，26(1)：50~56.

[6] 徐小黎，史培军. 北京和深圳城市化比较研究 [J]. 地理科学进展，2002，17(2)：221~228.

[7] 蒋彬. 论西藏农村剩余劳动力向小城镇转移 [J]. 西南民族学院学报，2002，23(9)：17~21.

[8] Fu Daxiong，Xu Tingwen，Feng Zongyun. The ancient carbonized barely(Hordeum vulgare L. var. nudum)Kernel discovered in the middle of Yalu Tsanypo River basinin Tibet [J]. Southwest China Journal of Agricultural Sciences，2000，13(1)：38~41.

[9] 王小彬. 西藏城镇发展研究 [J]. 小城镇建设，2002，6：66~70.

[10] 靳薇. 西藏：援助与发展 [M]. 拉萨：西藏人民出版社，2010.

[11] 傅小峰. 青藏高原城镇化及其动力机制 [J]. 自然资源学报，2000，15(4)：369～374.
[12] 樊杰. 青藏地区特色经济系统构筑与社会资源环境的协调发展 [J]. 资源科学，2000，22(4)：21～21.
[13] 孙勇. 西藏：非典型二元结构下的发展改革——新视角讨论与报告 [M]. 北京：中国藏学出版社，1991.
[14] 周忠学，任志远. 陕北黄土高原城镇体系及城镇化模式 [J]. 山地学报，2007，25(2)：136～141.

第二十一章　青藏高原生态安全与可持续发展①

青藏高原生态地位重要性一直为世人所关注，高原生态安全与可持续发展研究已成为当今科学界关心的热点问题。

青藏高原位于我国西南部，其范围东起横断山脉东缘，西至帕米尔高原，南自喜马拉雅山脉南缘，北抵昆仑山—祁连山北侧，主体部分在我国青海和西藏，两省(区)面积约 192 万 km^2，占我国陆地面积约 20％。依据有关研究资料[1]，我国境内青藏高原面积为 257.24 万 km^2，占我国陆地面积的 26.8％。高原自然资源丰富，其中水、草地、森林和矿产等资源在我国乃至世界占有重要的地位。依据成升魁等[2]研究，高原河川径流量为 6383.4 亿 m^3，占全国的 32.2％；草地面积 14000 万 hm^2，占全国的 62.4％；森林林木蓄积量占全国 1/3；矿产种类多，已发现各类矿产 120 种，探明储量矿产 84 种，资源潜在价值 18.38 万亿元以上；铜、湖盐、锂等位居全国前列。此外，高原还拥有丰富的生物多样性资源。这些特色优势资源在维系高原和我国持续发展中的作用巨大。

西藏和青海是青藏高原主体，平均海拔达 4500m，其中西藏海拔 4500m 以上的国土面积约 96 万 km^2，占西藏面积的 80％。以高、寒、干为特色的青藏高原生态环境十分脆弱，突出地表现为不稳定性和敏感性[3]。已有研究资料表明，高原气候变化在时序上比中国东部早 10 年左右，青海高原近 30 年来气温变化超前于全国约 5～6 年，表现出对全球气候变化响应的高敏感性[4]。

依据西藏高原生态环境脆弱度研究资料，中度以上(含中度)的区域面积占西藏国土面积的 86.1％，其中高度脆弱和极度脆弱面积占中度以上脆弱度面积的 65.4％[3]。这些脆弱区在相同外力作用下，生态系统变异及由此出现各种生态环境问题的概率比其他地区高，造成的危害及损失严重，生态系统一旦破坏，很难恢复，以致丧失土地利用价值。高寒环境下的一系列特殊地表环境过程，如冰川、冻土以及地表热动力过程与物质迁移等，对全球气候变化具有异常敏感的特点。

青藏高原拥有世界上海拔最高、分布最集中的高原山地冰川及冻土，高原在中国境内有现代冰川 36793 条，冰川面积 49873.44km^2，冰川储量 4561.39km^3，分别占我国冰川的 79.4％、84.0％和 81.6％[5]。高原境内的西藏现代冰川数量最多，有 19594 条，冰川面积 24893km^2，冰储量约 2142km^3[6]，冻土分布区地下冰总储量达 9528km^3[7]，这些水体孕育了我国黄河、长江乃至亚洲著名的湄公河、布拉马普特拉河、印度河、恒河、萨尔温江等多条河流，在调节江河水文和维系流域生态安全方面发挥着重要的“水塔”作用，近几十年来，青藏高原多年冻土每年释放的水量为 50 亿～110 亿 m^3，对水文、气候和生态的影响十分显著[8]。

---

① 本章作者钟祥浩、王小丹、刘淑珍，在 2012 年成文基础上作了修改。

高原拥有多种特殊生态系统类型，孕育了具有全球性意义的高原山地独特生物多样性资源。据不完全统计，青藏高原有维管束植物 1500 属，12000 种以上，种数约占中国维管束植物总数的 40％[9]。高原植物种类中的特有种、属丰富，特有维管束植物有 60 余个属[10]，高山冰缘植被种类组成中，青藏高原特有种占 70％，高原垫状植被组成中，中国喜马拉雅高山成分占 71％[11]。不言而喻，高原是全球重要生物资源宝库，对世界生物多样性保护有重要意义。

高寒环境下的一系列特殊环境与生态过程，不仅影响到高原自身生态环境演化及我国和周边区域的生态环境安全，而且还影响到亚洲乃至全球气候的变化与转型。高原生态功能对保障我国和周边区域生态安全具有独特的战略作用，是我国重要的生态安全屏障。

随着高原区域经济社会的快速发展和各类资源开发强度的加大，生态系统遭受较严重破坏，草地退化、水土流失、土地沙化与荒漠化等生态环境问题日益突出，高原生态安全屏障功能作用受到了威胁与挑战。因此，保障高原生态安全屏障功能不受损害，开展高原生态安全与可持续发展的研究，十分必要与紧迫。

20 世纪 60 年代以来，全球性的生态环境问题，如森林锐减、土地退化、土地沙漠化与荒漠化、水体与大气污染以及温室气体效应带来的全球气候变化等问题日趋突出，严重威胁到人类的生存与发展，对生态安全的企求和研究，成为全世界关注的热点，基于生态系统对全球气候变化响应的生态系统联网监测和研究受到极大重视。全球能量与水循环协调观测计划（coordin ated energy and water cycle observations project，CEOP）在全球建立了 37 个地表过程监测点[12]，其中青藏高原有 2 个，监测水文气象过程对高原"水塔"安全的影响。国外有关学者[13]认为，青藏高原微小的气候波动就可引起大的环境变化，应加强"环境蠕变"（人类－气候－环境）问题的生态安全策略研究。近来国外出现多种有关生态安全定义的表述和多角度的生态安全研究[14-18]。在生态安全评价方法上比较多样，主要有综合评价法、生态模型法、景观生态模型法等。目前应用比较多的方法是前者。该方法遵循抽象－暴露分析－响应分析－风险识别与评价管理的过程。在青藏高原生态安全研究上，有人采用压力－状态－响应模型（pressure satate response，PSR）对西藏拉萨市生态安全做了综合评价[19]；另有人提出基于生态足迹原理的生态安全综合指标模型（IIMES），对青海省的生态安全状况进行了评估[20]。自 2000 年以来，我们国内开展了不同地域和不同生态系统类型的生态安全研究[21,22]。与此同时，有人从省级层面上进行了评价方法与指标的探索[23-25]。李苏楠等[26]以西藏曲松县为例，开展了西藏高原生态安全评价方法的研究，采用 PSR 模型方法建立了西藏曲松县生态安全评价指标体系。总体上，国内外生态安全研究起步较晚，对生态安全概念、评价方法和指标体系方面做了较多的讨论，但生态安全定义迄今尚未取得一致的认识，生态安全理论与实践的研究尚不深入[27,28]。在研究尺度上，中小区域尺度的研究较多，大尺度流域和跨省区的生态安全研究较为薄弱，对具有生态安全战略意义的青藏高原地区的生态安全综合研究尚无人涉及。

根据 2009 年国家统计局资料，西藏和青海可持续发展能力在全国 31 个省（市、区）的排序中均处于落后的位置，其中可持续发展总能力排序，西藏为最后一位，青海为 27 位；智力支持系统和社会支持系统，青海分别处于 28 位和 27 位，而西藏均为最后一位；

发展支持系统，西藏处于倒数第二位。可见，高原区域可持续发展总体水平显现较大的滞后性和落后性。

自1992年联合国环发大会后，人口、资源、环境与发展相互协调的可持续发展模式已为世界各国所接受，并进行了大量的理论与实践研究，发表了许多文章和论著。青藏高原可持续发展研究起步于20世纪90年代初，有不少学者从农业、草业、林业、旅游业等产业到县域、城镇等区域的可持续发展问题进行了不同程度的探讨[21,29-31]。李文华等[32]系统地研究了青藏高原生态系统结构、功能及优化模式。郑度等[33]对高原环境与生态资源价值进行了评价。周伟等[34]对西藏高原典型地区生态承载力进行了研究。这些研究成果为高原生态安全与可持续发展研究奠定了基础。在中国科学院重大及特别支持项目“青藏高原环境变化与区域可持续发展研究”项目支持下，成升魁等[35]对高原人口、资源、环境与发展互动关系和高原区域可持续发展战略进行了系统的分析研究，指出了高原可持续发展中存在的各种问题，探讨了高原人口与资源、资源与环境、环境与发展、区域与产业等多重关系之间的协调机制，提出了高原产业结构调整优化与战略产业选择的途径与措施。但是，在认知高原可持续发展重要性基础上，对高原生态环境脆弱性和生态安全风险性与可持续发展的系统、综合集成研究尚嫌不足。

第一节　高原生态安全面临的压力与问题

一、人口快速增长带来资源环境压力加大

青藏高原是我国人口增长较快地区。自公元6世纪至1951年的近1500年间，青海和西藏两省区的人口总量增加不足两倍，而自1951年至1990年的近40年内两省区人口分别增高两倍多，平均每年增加1.8%[2]。根据青海、西藏和川西高原2000～2010年人口变化资料的统计分析，近10年间，西藏人口年均增长率为1.39%，青海0.83%，四川甘孜藏族自治州1.89%。高原人口增长速度显著高于我国中东部地区。根据第六次人口普查资料，藏族集中分布的西藏、青海、四川甘孜和阿坝、云南迪庆以及甘肃甘南地区人口总量达1170.85万人，土地总面积约223万km^2，人口密度为5.25人/km^2，较1990年增加了1.2人。人口增加带来对资源需求的压力增大，突出地表现为2010年人均耕地面积(0.097hm^2)、人均森林面积(1.05hm^2)、人均草地面积(11.95hm^2)，与1990年比较，20年间分别减少了0.023hm^2、0.37hm^2和3.41hm^2。根据我国少数民族地区计划生育政策较为宽松的实际，高原藏族地区人口快速增长势头在今后较长时间内难以扭转，按目前人口增长态势，预计2020年，青藏高原人口将增加到1400万人以上，到那时的人均资源量将进一步减少。随着改革开放的深入和旅游事业的快速发展，外来人口增加的速度很快。如拉萨市，2000年暂住人口就达16万人，约占当年该市人口的53%。西藏其他地区外来人口约占常住人口的8%～16%[36]。外来人口的大量增加，进一步加剧社会经济发展对资源环境的压力。研究表明[2]，青藏高原可再生能源中的森林、草地、耕地、径流和水能蕴藏量随人口的增加人均占有量下降近9.5个百分点(2000年)。占全省人口75%的青海省柴达木盆地，却只拥有全省水资源量的12.3%[37]，水资源供需矛盾

十分尖锐。

高原人口的快速增加，必然加大资源开发利用的强度。高原虽然自然资源丰富，但是社会经济资源匮乏和资源结构不匹配的问题突出。人口较密集的干旱河谷区，耕地质量差，生产生活能源短缺，人口与资源矛盾带来资源过渡开发利用造成的土地沙化和水土流失等生态环境问题日趋突出。由于人口增加导致对自然资源需求压力增大，带来生态不安全风险源日趋增多，高原可持续发展面临严重的威胁。

二、全球气候变化对生态环境的不利影响日趋突出

在全球气候变化影响下，青藏高原出现明显的暖化趋势。近 40 年来，西藏、青海高原大部分地区年平均气温呈现升温趋势，西藏高原平均气温增长率为 0.26℃/10a[38]，青海全省平均达 0.28℃/10a。高原升温呈现明显的区域差异，总的表现为高海拔地区升温速率比低海拔地区快。增温最明显的地区是柴达木盆地、雅鲁藏布江中游的拉萨市、山南地区沿雅鲁藏布江河谷、那曲地区中西部和阿里地区。这些地区升温率都在 0.2℃/10a 以上，其中，拉萨、那曲、班戈升温率为 0.4～0.48℃/10a[39]，柴达木盆地0.44℃/10a[40]，四川西部的甘孜、阿坝高原升温幅度较高原主体部分小，但却比四川盆地高。

高原升温同时伴随降水变化的区域差异明显。西藏高原大部分地区降水量变化为正趋势，降水倾向率为 1.4～66.6mm/10a[39]，青海柴达木盆地为 6.7mm/10a[40]，其他地区降水伴随升温增加不明显的地区主要分布于高原西部阿里地区和青海东部湟水河和黄河上游流域区，其中西藏阿里地区在升温的同时出现降水减少的趋势，近 40 年来，狮泉河和普兰站的年降水量减少 11.2～21.8mm/10a[41]。

高原变暖带来生态环境过程出现前所未有的变化。喜马拉雅山脉冰川已成为全球冰川退缩最快的地区之一，近年来正以年均 10～15m 的速度退缩。该山脉中段北侧的朋曲流域冰川面积减少了 8.9%，冰储量减少 8.4%。随着冰川快速消融时间的延长，几十年后受冰川补给的河流将出现河流水量减小以致干枯，这必将给流域内人类生存带来新的灾难。高原冻土消融退缩也呈加快态势，20 世纪 60 年代以来，多年冻土层已减薄 5～6m，多年冻土下界升幅达 50～80m，多年冻土面积减少约 10%，季节性冻土厚度平均减少 20cm。冻土消融带来草地生态系统的退化和冻融侵蚀的加快，西藏那曲地区由于冻土退化引起草场退化面积约占该草场面积的 25%。秦大河等[42]预测未来 50 年高原气温可能上升 2.2～2.6℃。在这样的背景下，高原多年冻土将发生显著的退化，人类活动将加速这种退化。高原暖湿化趋势加快的地区引起湖水上涨，湖盆周边区草地淹没问题突出，如那曲地区班戈与安多两县交界处的湖泊，近年来水位上涨了 15.6m，湖面面积增大了 46.6km^2，淹没草场 41.3km^2，致使淹没区居民 40 户被迫搬迁[3]。

在高寒环境条件下，气候因子的微小波动即可引起生态系统的快速响应。研究发现，干暖化趋势加快的西藏阿里地区草原植被 NNP 近年来平均减产 6%～14%[43]。在气候暖干化过程中，受干旱气候系统控制的高寒草原群落南向扩张速率为 14.2m/10a[44]。全球气候变化对高原生态环境的不利影响和危害日趋突出，生态风险日趋增大。

三、农牧区传统生活能源需求带来的生态风险大

长期以来，高原广大农牧区民众炊事、取暖燃料基本上都是来自牛羊粪和砍伐森林、

灌木以及采挖草根、草皮。近二三十年来，国家斥巨资实施天然林保护和草原生态保护与建设工程，森林无序砍伐和高原灌丛草原随意破坏的现象得到了一定的遏制。但是，由于水电、太阳能等替代能源建设与广大农牧民需求之间的矛盾未得到有效缓解，以致对生物质能源需求压力带来的生态环境破坏现象难以杜绝。

据有关资料，西藏农村生活能源消费中，牲畜粪便占52.9%，杂草占36.7%，秸秆占10.1%，其他(太阳能、燃气、油等)仅占0.3%；实地调查统计与测算，西藏农村人均生活能源消耗量相当于标准煤0.7t/a，按4口之家计算，一年炊事、取暖等烧柴可达5～6t，折合木材为6～7m^3，相当于破坏森林4～5亩[45]。目前青藏高原从事农牧业的乡村人口数量比例比较大，平均约达65%，即有约700万～800万人生活在农牧区，他们的生活能源主要靠牛羊粪和柴草。按每户每年生活能源消费木材6.5m^3或0.3hm^2森林计算，则高原农牧区民众年消耗木材达1137.5万～1300万m^3，相当于要砍伐52.5万～60.0万hm^2的森林。这样测算的数字，可能与实际情况有出入，但从一个侧面揭示出要维持高原农牧区广大民众生活能源的需要而又不至于使森林、草原生态系统受到破坏，使影响区域生态安全的生态风险降到最小，不言而喻，加大农牧区替代能源建设显得十分的紧迫。

四、主要生态环境问题

(一)草地退化

青藏高原主体西藏和青海草地面积分别为8205.2万hm^2和3700万hm^2。20世纪80年代末(1989年)，西藏退化草地面积1203.1万hm^2，占西藏草地面积的14.7%，到了2004年西藏退化草地面积达4822.8万hm^2，占该区草地面积的58.8%，其中沙化型退化草地面积3799.1万hm^2，占全区退化草地面积的78.8%，鼠虫害面积483.1万hm^2，毒草面积540.6万hm^2，分别占全区退化草地面积的10.0%和11.2%[3]。与80年代末退化草地情况相比较，仅十多年的时间，西藏退化草地面积的增加非常显著。在此期间，西藏那曲地区退化草地面积由80年代后期占该区草地面积的22%上升到90年代后期的488%[46]。

20世纪90年代末(1999年)，青海省有各类退化草地面积约987万hm^2，占全省草地面积的27.1%，其中，"黑土滩型"退化草地面积约335万hm^2，占全省草地面积的9.2%，沙漠化型退化草地约455万hm^2，占全省草地面积的12.5%，毒杂草型退化草地面积约197万hm^2，占全省草地面积的5.4%[47]。

自2000年以来，青藏高原实施了天然林保护、退耕还林、退牧还草等各项生态工程，特别是"三江"源区自然保护区保护与建设规划的实施，天然林和天然草地保护与退化草地的治理取得了显著的成绩，人为生态退化势头有所遏制。

(二)水土流失

据水利部遥感调查资料，西藏土壤侵蚀面积为102.52万km^2，占全自治区面积的83.5%，其中，水力侵蚀面积占6.1%，风力侵蚀面积占4.9%，冻融侵蚀面积占89.0%。全区中度以上侵蚀面积占全区侵蚀面积的51.4%。根据有关资料，青海水力、风力和冻融侵蚀土地面积达 33.4 万 km^2，占全省面积的 46.3%。其中，水力侵蚀面积占 12%，风力侵蚀面积占 43%，冻融侵蚀面积占 45%，中度以上侵蚀面积占全省侵蚀面积的 35.3%[48]。

高原水土流失类型中的冻融侵蚀面积大。随着高原气温升温速度的加快，冻融侵蚀作用将相继加强。近来以冻融蠕流、冻融滑塌等为主要形式的冻融侵蚀问题显著增加，并由此带来高寒草甸类植被的严重破坏。

(三)生物多样性损失

高原生物多样性损失主要体现在高原特有生态系统类受到破坏以及高原特有物种、特有遗传基因面临损失的威胁。高原约 80%以上的草原生态系统位于寒冻区，其中约 60%以上的草原生态系统分布于干旱和半干旱区，这些地区生态环境极其脆弱。近三十年来，这些生态脆弱区过度放牧造成的草地退化和土地沙漠化问题严重，加之气候暖化，使草地退化进程加快，致使这些区域特有草原生态系统群落与特有物种面临损失甚至消失的危险。青海“三江”源区自然保护区内濒临灭绝危险的生物物种约占总数的 15%～20%，明显高于 10%～15%的平均水平[49]。西藏胡黄莲 20 世纪 80 年代以前还十分丰富，到了 90 年代被列入我国濒危物种清单；分布于高寒流石滩的红景天被大量采挖，致使有些地区该物种已消失。随着虫草价格的猛涨，有些地方虫草过度采挖带来虫草生存环境的破坏，进而影响到虫草的生长。

(四)自然灾害

青藏高原是我国自然灾害类型较多的地区之一，主要灾害类型有：气象灾害、生物灾害、地质灾害等，由于人类活动加剧和气候变化带来的灾害发生频率加大和灾害损失加重等问题日趋突出，特别表现为以崩塌、滑坡、泥石流为主的地质灾害，以旱灾、沙尘、洪灾、雪灾为主的气象灾害，以及鼠、虫害为主的生物灾害日趋增多，造成的损失尤为严重。

降水量大和有冰川分布的青藏高原东部和南部山地，是崩塌、滑坡和泥石流灾害多发区。受气候变化影响，这些灾害发生的危险性增大，突出地表现为冰湖溃决泥石流危害日趋突出。20 世纪 90 年代中后期，高原持续增温，冰川消融和冰湖溃决带来的冰川泥石流已进入多发期，如 2005 年藏东南波密古乡冰川泥石流一天内暴发两次。寒冷干旱和半干旱区的高原西部和北部地区，由于受全球变暖和降水减少的影响，地表植被生物量减少，土壤水分蒸发加大，干旱加重，由此带来发生风沙灾害的危险性增大。

由于气候变化和草场的人为破坏，造成鼠害加剧。据我们实地调查，典型区鼠洞数量达 600～1500 个/hm^2，多者达 4500 个/hm^2[46]。鼠洞密集区，草场已遭受严重破坏，并成为风蚀和水蚀的严重区。

第二节　高原生态安全综合评价

一、生态安全概念科学内涵

前已述及，关于生态安全定义到目前为止国内外尚无统一的认识。美国在生态安全研究中提出生态系统健康与环境风险评价理论[28]，该理论强调：功能正常的生态系统是健康系统，生态系统服务功能是实现可持续发展的基础，是表征区域可持续发展水平的一项综合指标；生态安全研究是从人类对自然资源的利用与人类生存环境辨识的角度来分析与评价自然和半自然的生态系统；研究对象具有特定性和针对性，即生态脆弱区；评价标准依不同国家和地区或者不同发展阶段而不同。依据该理论，并结合青藏高原区域的实际情况，提出高原生态安全的定义如下：生态安全是指特定区域内(生态脆弱区)人类生存和发展所需的生态系统服务功能处于不受或少受破坏与威胁状态，既能满足人类和生物群落持续生存与发展的需要，又使生态环境的能力不受到损害，并使其与经济社会处于可持续发展的良好状态。该定义的内容可概括为图 21-1。

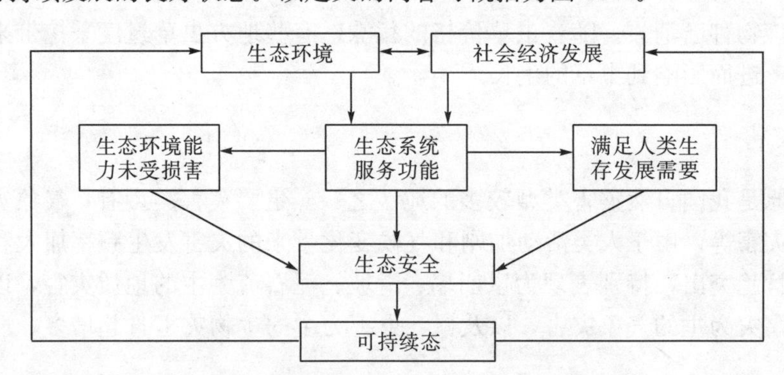

图 21-1　生态安全与持续发展逻辑关系图

从图 21-1 中看出，当社会经济发展与生态环境之间关系处于协调和谐状态时，生态系统服务功能得于正常发挥，既能满足人类对生态物质产品的需要，又使生态环境得到保护和改善，保持以土地、水体、大气、生态系统服务功能等“自然资本”的保值增值和永续利用，进而达到生态安全的要求，最终实现生态环境与社会经济的可持续发展。生态安全是可持续发展的基础和保障。

二、高原生态安全综合评价方法

(一)基于高原生态环境和生态系统特点的生态安全评价思路

青藏高原生态环境十分脆弱，生态风险度高，高原生态安全状态和可持续发展策略与我国其他地区有所不同。要实现高寒脆弱生态环境条件下的高原生态安全，关键是如何处理好“保护”与“发展”的矛盾，明确为什么保护？在哪里保护和如何保护？明确为什么发展？在哪里发展和如何发展？保护与发展矛盾解决得好与坏，直接关系到高原生态系统自身乃至其周边地区的生态安全。前已述及，高原生态环境具有孕育生态安全问题的生态环境脆弱性基础，具有高脆弱度的国土面积很大，在外力作用下，产生各种生态环境问题的概率比其他地区高。因此，高原生态环境的脆弱性是影响高原生态系统自身安全的关键。高原生态系统类型多样，不同类型服务价值地域差异很大，探明生态系统服务功能重要性区域差异，是认识和揭示高原区域生态安全的重要基础。此外，在全球气候变化和人为活动日益加强的影响下，高原生态风险增大，生态安全危险性加大，查明自然与人为风险源是确保生态安全可持续的重要方面。

对高原生态环境脆弱性、生态系统服务功能以及生态风险对生态安全影响的综合评价，可以较好地揭示高原生态安全空间格局，进而为高原生态安全保护与建设和推进生态环境与社会经济可持续发展提供依据。

(二)评价指标体系的确定

目前国内外生态安全评价主要基于下面 4 种评价模型来确定相应的评价指标：压力-状态-响应模型(PSR)、驱动力-状态-响应模型(DSK)、驱动力-压力-状态-响应模型(DPSR)和驱动力-压力-状态-影响—响应模型(DPSIR)。左伟等人[23]认为生态环境系统的服务功能反映了生态环境系统的安全程度，基于 PSR 模型，提出区域生态环境系统为研究客体对象的生态安全评价指标体系概念框架，并建立了区域生态安全评价指标与标准。陈星等[28]对中国生态安全评价研究进展做了较系统的综述。本研究在前人生态安全评价指标体系研究基础上，结合青藏高原的特点和前述高原生态安全研究思路，并遵循科学性、简明性、空间性和数据可获取性原则，提出青藏高原生态安全综合评价指标体系(表 21-1)。

表 21-1　青藏高原生态安全综合评价指标体系

<table>
<tr><th>目标层</th><th>项目层</th><th colspan="2">指标层</th></tr>
<tr><td rowspan="14">生态安全综合评价</td><td rowspan="7">生态脆弱度(A)</td><td rowspan="3">A_1生态稳定度</td><td>A_{1-1}生态基质稳定度</td></tr>
<tr><td>A_{1-2}自然生态动能</td></tr>
<tr><td>A_{1-3}人文生态动能</td></tr>
<tr><td rowspan="4">A_2生态敏感度</td><td>A_{2-1}土壤侵蚀敏感度</td></tr>
<tr><td>A_{2-2}土地沙化敏感度</td></tr>
<tr><td>A_{2-3}生境敏感度</td></tr>
<tr><td>A_{2-4}地质灾害敏感度</td></tr>
<tr><td rowspan="5">生态系统服务功能(B)</td><td colspan="2">B_1水源涵养功能</td></tr>
<tr><td colspan="2">B_2水土保持功能</td></tr>
<tr><td colspan="2">B_3土地沙化控制功能</td></tr>
<tr><td colspan="2">B_4生物多样性保护功能</td></tr>
<tr><td colspan="2">B_5生产功能</td></tr>
<tr><td rowspan="2">生态风险(C)</td><td colspan="2">C_1自然风险</td></tr>
<tr><td colspan="2">C_2人为风险</td></tr>
</table>

(三)评价指标的含义

1. 生态脆弱度(A)

生态脆弱度是生态环境脆弱程度的定量表达。生态环境脆弱性本质特征是组成生态环境物质和能量具有不稳定性和敏感性特点，因此生态脆弱度是对生态环境脆弱性本质特征的度量。

1)生态稳定度

生态稳定度(A_1)是生态系统赖以生存发展的物质和能量基础在外力作用下发生变化快慢程度的定量表达。

生态基质稳定度(A_{1-1})是生态系统所处地质、地貌和土壤等物质基础承受外力作用能力的定量表达，能力小者表征生态系统不安全程度高。

自然生态动能(A_{1-2})，以气候、水文为动力诱发或激发生态物质迁移变化是对生态系统影响最直接的动力过程。对温度、风速、降水、径流等动力要素的变化对生态系统影响的分析，可以较好地揭示生态系统安全性程度。

人文生态动能(A_{1-3})，人类活动是影响生态系统稳定性的最重要的驱动力因素，称之为人文生态动能因素。对人口和土地利用结构变化等人类活动对生态系统影响的分析，可为生态系统安全性程度的评价提供重要依据。

2)生态敏感度

生态敏感度(A_2)是生态系统所在区域的地表环境过程对外力作用响应快慢程度的定量表达。响应快者表征生态系统敏感性与不安全性程度高。

土壤侵蚀敏感度(A_{2-1})表征自然环境条件下土壤侵蚀对外力作用的快速反应程度。土地沙化敏感度(A_{2-2})表征自然环境条件下土地沙化对外力作用的快速反应程度。生境敏感度(A_{2-3})是指生物的生境(生物生活繁衍场所)在外力(主要为人力)作用下发生变化快慢的程度，通过对物种数量和具有重要保护价值物种的评价，揭示生境敏感性程度。地质灾害敏感度(A_{2-4})是指生态系统所在区域在外力作用下发生崩塌、滑坡、泥石流等地质灾害的快慢程度，灾害易发区，生态安全性程度低。

2. 生态系统服务功能(B)

生态系统服务功能是指生态系统与生态过程所形成的维持人类赖以发展的自然环境条件与效应[50]。它不但维持了生态系统自身生存环境质量的不变，而且通过生态系统功能具有流动特性特点影响和维持周边地区乃至中下游更远地区的环境安全。从生态系统生态和生产功能两方面，评价区域各类生态系统功能特点及其区域差异，是认识和揭示区域生态安全的重要基础。生态系统服务功能正面表征生态系统的安全状况，即生态系统服务功能高的区域，生态系统自我调节能力强，生态安全性程度高。

水源涵养功能(B_1)表征生态系统持水能力及其对周边江湖水域影响的重要性。水土保持功能(B_2)表征生态系统保土能力及其对重要目标影响的重要性。土地沙化控制功能(B_3)表征生态系统抗沙化能力及其对重要目标影响的重要性。生物多样性保护功能(B_4)表征生态系统维护物种多样性的能力。生产功能(B_5)表征生态系统生产物质产品的能力(以初级生产力为表征)。

3. 生态风险(C)

青藏高原生态环境脆弱，在全球气候变化影响下，发生风灾、雪灾、旱灾、地质灾害和病虫害等灾害风险增大；人口和牲畜数量快速增长带来的草场退化、土地沙化等生态灾害日趋凸现。对生态风险的评价，可揭示生态风险空间异质性特点，生态风险大的区域，生态安全性程度差。

自然风险(C_1)表征高原区域发性风灾、雪灾、旱灾、地质灾害和病虫害等灾害风险概率。人为风险(C_2)表征人口增加和超载放牧为主的人为风险发生概率。

(四)指标权重的确定与分析

1. 权重的确定

确定权重分配方法有多种，本研究采用如下两种方法的对比研究确定评价指标的权重系数。第一种是专家评判法。通过咨询青藏高原研究的权威性和代表性专家，取得测试样本资料，然后进行验证精度，统计处理，求出指标的权重。第二种是层次分析法。通过以上两种完全独立的评判手段，得到较为一致的评判结果(表 21-2)。由于两种方法评判计算过程非常复杂，在此省略。

表 21-2　青藏高原生态安全综合评价指标权重系数

项目层	指标层
A=0.50	A_1=0.70，$A_{1\text{-}1}$=0.30，$A_{1\text{-}2}$=0.15，$A_{1\text{-}3}$=0.55
	A_2=0.30，$A_{2\text{-}1}$=0.30，$A_{2\text{-}2}$=0.30，$A_{2\text{-}3}$=0.25，$A_{2\text{-}4}$=0.15
B=0.35	B1=0.37，B_2=0.21，B_3=0.11，B_4=0.11，B_5=0.20
C=0.15	C_1=0.50，C_2=0.50

2. 权重分析

从表 21-2 中可以看出，项目层中生态脆弱度(A)值最大，表明以高、寒、干为特色的青藏高原生态环境具有易发生态安全问题的物质和能量基础，生态系统在外力作用下的变异及由此产生不安全问题的概率高。项目层中的生态系统服务功能(B)值较大，表明生态系统服务功能对高原生态安全状态的影响作用较大，通过对高原生态系统服务功能的维护，可以较好地满足人类生存发展的需求，减轻人类活动对脆弱生态环境的干扰，减少生态不安全问题的发生。项目层中的生态风险(C)值较小，表明高原地广人稀，人类活动强度还不是很强烈，总的说来，人为的生态灾害风险强度相对较小，全球气候变化影响下的生态问题有些显露，但还不很严重。

(五)综合评价模型

立足于生态安全内涵、生态安全评价指标的定量化表达与分析，以及这些指标的相互关系和对区域生态安全状况的影响关系的定量表达，建立生态安全综合评价模型，通过一系列的计算，形成生态安全状况的定量化表达结果(图 12-2)。

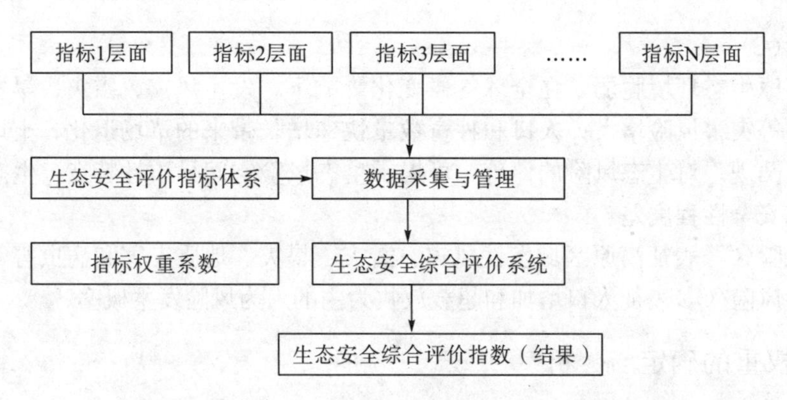

图 21-2　青藏高原生态安全综合评价空间型结果的生成

三、高原生态安全空间格局的生成与评价(以西藏高原为例)

按表 21-1 指标体系对青藏高原进行生态安全综合评价，数据获取难度和工作量大。基于笔者在西藏有较好工作基础和相关资料的积累，同时考虑到西藏和青海是青藏高原的主体，其中西藏高原占这个主体部分面积的 50%以上，故选择西藏高原进行生态安全综合评价。

(一)西藏高原概况

西藏自治区地处祖国西南边陲，介于北纬 26°50′～30°53′和东经 78°25′～99°06′之间，东西长约 2000km，南北宽约 1000km，地域面积约 120 万 km^2，占青藏高原面积的 50%以上，占全国国土面积的 1/8。

西藏自治区辖 7 个地(市、区)，它们分别是拉萨市、昌都、山南、日喀则、那曲、阿里和林芝地区，总计 73 个县级行政单位。2005 年年底全区户籍人口 263.44 万，其中，农业人口 223.37 万，非农业人口 40.07 万，藏族人口 252.07 万，占全区人口的 95.7%。全区人口密度 2.17 人/km^2，地广人稀特点突出。

(二)西藏高原生态安全格局的生成

1. 操作流程

(1)生态脆弱度分析。对生态系统赖以生存发展的自然环境要素和地表主要环境过程进行生态环境脆弱性分析。依据表 21-1 生态脆弱度评价指标，分析内容包括地质、地貌、土壤等生态基质对生态系统稳定性的影响；气候、水文等自然生态动能对生态系统稳定性的影响；以及土壤侵蚀、土地沙化、地质灾害和生境等对外力作用的敏感性分析。通过对生态系统生态基质和生态动能不稳定性以及地表主要环境过程敏感性的分析，编制相应的生态不稳定性和生态敏感性分级分布图层(7 个)。在此基础上，运用 GIS 技术作出西藏高原生态脆弱度分级图(彩色图版：图 5-21-1)。

(2)生态系统服务功能分析。在对生态系统类型、分布及其结构与功能进行调查的基础上，依据表 21-1 中的生态系统服务功能评价指标进行分析，内容包括水源涵养功能、水土保持功能、土地沙化控制功能、生物多样性保护功能和生产功能。通过对这 5 大类功能特点及其区域性差异的分析，编制相应的各类指标项目功能分级分布图层(5 个)。

在此基础上，运用 GIS 技术作出西藏高原生态系统服务功能重要性分布图(彩色图版：图 5-21-2)。

(3)生态风险分析。在对自然环境系统和社会经济环境系统相互作用下产生的植被退化、土地沙化、水土流失和环境灾害等生态环境问题进行全面调查的基础上，依据表 21-1 中生态风险评价指标，分析全球气候变化和人为作用影响下，可能出现的自然灾害风险和人为生态风险概率，并编制相应的生态风险空间异质性分级分布图层。在此基础上，运用 GIS 技术作出西藏高原生态风险空间分布图(彩色图版：图 5-21-3)。

2. 生态安全空间格局

依据前述生态安全评价指标体系层次结构及其权重系数和生态安全综合评价模型，以生态脆弱度、生态系统服务功能和生态风险分析图层为基础，在 ArcGIS 中将各分析图层运用“栅格计算器”进行叠加操作后，将叠加结果用自然分界法分为 5 级(表 21-3)，获得西藏高原生态安全空间格局图(彩色图版：图 5-21-4)。

表 21-3　西藏高原生态安全分级及其表征状态

生态安全分级	表征状态	状态值	出现频次或像元数（网格大小 1000×1000）
Ⅰ级安全区	理想安全	4.18～3.15	31853
Ⅱ级安全区	安全	3.15～2.71	89044
Ⅲ级安全区	一般安全	2.71～2.30	499060
Ⅳ级安全区	欠安全	2.30～1.95	473834
Ⅴ级安全区	不安全	1.95～1.19	100957

3. 生态安全评价

书后彩图 5-21-4 揭示了西藏高原生态安全空间格局，各生态安全等级类型区生态安全状况及今后发展方向简述如下：

(1)Ⅰ级安全区(理想安全)。该区主要分布于藏东南和喜马拉雅山脉中段南侧中山带至极高山地带，面积 $3.19\times10^4 km^2$，占西藏自治区面积的 2.67%。区内以森林为主的生态系统结构完整，保持原生状态，生态系统服务功能强；生态脆弱度中等，目前受人类活动影响小，生态问题少。该区是西藏自然生态系统重点保护区。

(2)Ⅱ级安全区(安全)。该区主要分布于藏东南和喜马拉雅山脉中段南侧低山丘陵区，面积 $8.90\times10^4 km^2$，占西藏自治区面积的 7.45%。区内森林生态系统占优势，生态服务功能强，生态脆弱度低，生态系统不同程度受到人类活动的干扰破坏，但生态系统恢复再生能力极强；生态问题不显著，生态灾害少，生态环境与社会经济发展之间关系较协调。该区今后应进一步加强自然生态系统的保护。

(3)Ⅲ级安全区(一般安全)。该区广泛分布于藏北、藏西高原山地以及藏东南林芝地区较高海拔山地，面积 $49.91\times10^4 km^2$，占西藏自治区面积的 41.77%。区内发育了以高寒草甸、高寒草原、高寒荒漠草原和高寒荒漠为基带的高山和极高山植被生态系统，生态系统服务功能与所在区域自然环境相协调，维持基本正常状态；藏北高原北部无人区，草原生态系统处于自然态，但生态脆弱度较高，生态风险大；部分地区受到少量的人为干扰，生态灾害时有发生，受外界干扰后易于恶化；生态环境与社会经济发展之间关系基本协调。该区今后应加强脆弱生态区和具有重要生态功能区域的保护。

(4)Ⅳ安全区(欠安全)。该区广泛分布于藏北、藏西高原丘陵及河谷湖盆区，以及藏东昌都地区南部和那曲地区东部山地区，面积 $47.38\times10^4\,km^2$，占西藏自治区面积的39.66%。区内有多种高寒和温性草原生态系统以及山地河谷次生森林灌草丛生态系统，生态问题较大，生态灾害较多；生态环境与社会经济发展之间关系处于欠协调状态。该区今后应坚持保护与建设并重的方针，加强脆弱生态区的保护和退化生态区的生态建设，提高生态系统服务功能，推进生态环境与社会经济关系向协调方向发展。

(5)Ⅴ级安全区(不安全区)。该区主要分布藏中南雅鲁藏布江中游山地河谷区和昌都地区北部山地河谷区，面积 $10.10\times10^4\,km^2$，占西藏自治区面积的 8.45%。区内人口密度大，流动人口多，社会经济发展快，人类对自然生态系统的破坏严重，目前多为人工次生半自然生态系统，其生态服务功能不高，生态环境问题较多，水土流失和土地沙化严重，生态灾害多。目前，生态环境与社会经济发展之间的关系不协调，随着人口快速增长和经济快速发展，这种不协调状态将可能加剧。因此，该区是西藏生态环境建设的重点区，在坚持保护优先的前提下，应加强优势生态资源和特色自然资源的开发，努力提高生态系统服务功能，为该区社会经济可持续发展提供坚实的资源环境基础，实现生态环境与社会经济协调可持续发展。

第三节 高原生态安全屏障的构建与可持续发展

一、青藏高原国家生态安全屏障保护与建设体系

作为青藏高原主体的西藏高原，是我国乃至东亚地区地理环境格局形成的地形屏障，对我国与东亚地区气候系统稳定产生重要影响；同时，高原又是亚洲重要的河源区，对中国乃至亚洲水资源安全和生态环境安全起重要的屏障作用。因此，基于西藏高原生态系统结构与生态过程不受破坏，生态系统服务功能既能满足当代乃至后代人类生存发展的需要，同时对周边区域生态安全又能起重要保障作用的生态安全屏障的保护与建设，显得十分的必要。

高原生态系统类型多样，按植被类型划分，总计有七大生态系统类型：森林生态系统、灌丛生态系统、草地(草甸与草原)生态系统、荒漠生态系统、湿地生态系统、高山冰缘-冰雪生态系统和人工生态系统。前面 5 类自然生态系统都不同程度地受到人类活动的破坏，表现出不同程度的退化。因此，加强自然生态系统的保护和退化生态系统的恢复重建以及具有发展潜力区域的高效人工生态系统的建设，是确保高原可持续发展和维系高原周边生态环境安全的重要途径。

前人对高原各类生态系统结构、功能特点、退化状况及其优化模式等进行过不同程度的研究，对林、草生态系统服务功能及其价值进行了计算与评估[51~54]；钟祥浩等在前人工作基础上，对西藏高原各类生态系统类型分布、结构与功能特点，以及对环境和社会经济影响进行了深入研究。依据前述西藏高原生态安全空间格局和高原主要生态系统类型组合特征及其空间分布规律，提出从保护、建设和支撑保障三个层次构建青藏高原生态安全屏障体系(图 21-3)。

通过上述三个层次的保护与建设，最终形成多层次有序化生态系统结构与格局，确

保青藏高原可持续发展和维系国家生态安全。

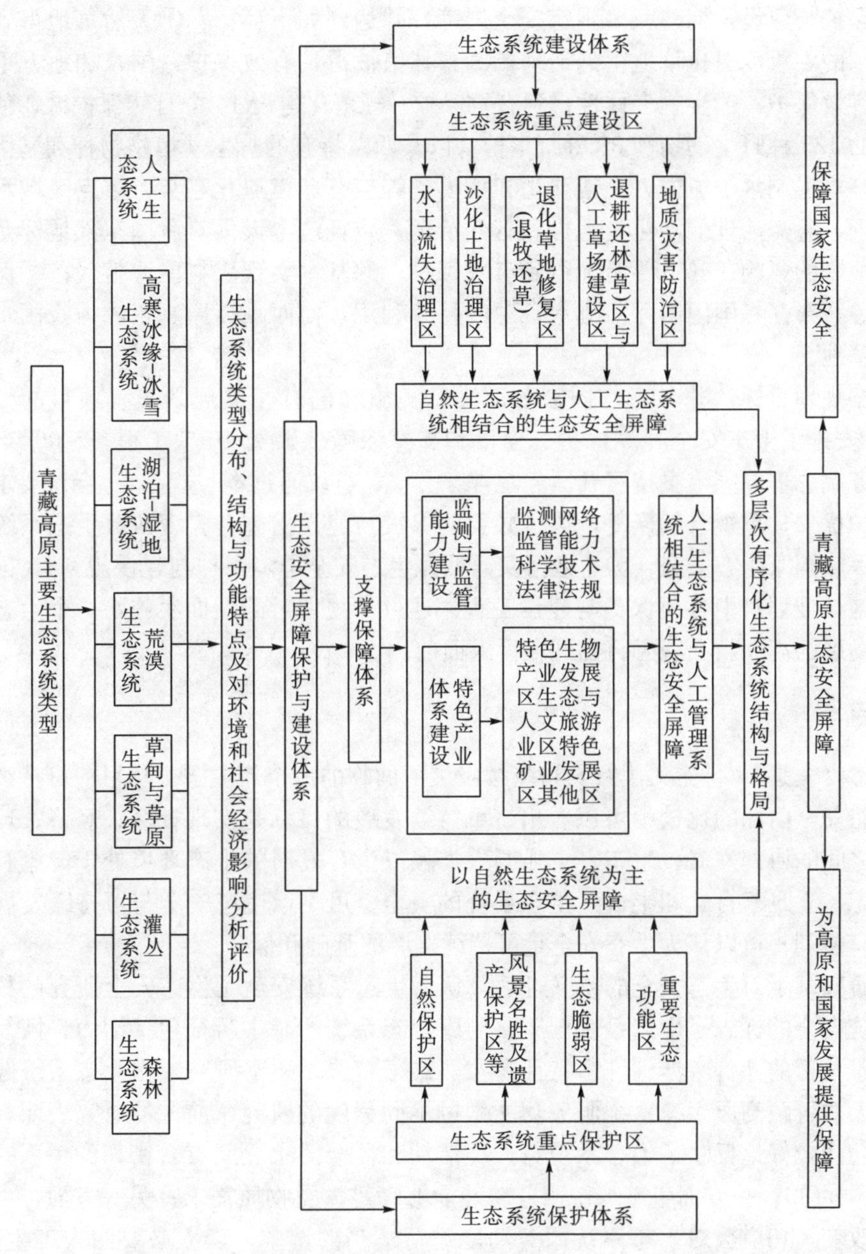

图 21-3　青藏高原国家生态安全屏障保护与建设体系图

二、基于高原屏障保护与建设体系的西藏生态安全屏障保护与建设规划

依据前述西藏高原生态安全空间格局、生态安全屏障保护与建设体系框架，在西藏自治区政府领导和自治区环境保护厅的组织安排下，钟祥浩作为技术总负责人编制了《西藏生态安全屏障保护与建设规划》（规划期 2008～2030 年）。

规划目标：通过藏北高原以草甸－草原－荒漠生态系统为主体的屏障区、藏南宽谷山原以灌丛-草原生态系统为主体的屏障区和藏东高山峡谷以森林生态系统为主体的屏障区的保护与建设，构建西藏生态安全屏障，并达到如下目标：①天然草地得到有效保护，60%的中重度退化草地得到治理；②森林植被得到有效保护，国家和地方重点公益林得到有效保护；③生物多样性得到有效保护，规范化建设14个自然保护区，使国家重点保护的125种野生动物和39种野生植物以及西藏特有的野生动植物物种和基因得到保护；④基本遏制水土流失、土地沙化和荒漠化等生态环境退化趋势，重点区域水土流失得到治理，急需治理的沙化土地得到有效治理，减轻沙尘天气对我国东部地区乃至周边国家和地区的影响；⑤重要湿地得到有效保护；⑥基本实现农村能源替代；⑦保障金沙江、雅鲁藏布江等国内国际河流水资源的持续利用，使西藏高原真正成为我国水资源安全战略基地。

根据规划目标，并考虑与国家各部委已实施和已有相关规划工程项目的衔接，本《规划》安排了生态安全屏障保护、建设和支撑保障3大类10项工程。2009年2月18日，国务院总理温家宝主持召开国务院常务会议，审议通过本《规划》。会议要求，生态环境保护优先，重视自然恢复，通过必要的保护与建设措施，实现西藏生态系统的良性循环，保障国家生态安全。为有效落实《西藏生态安全屏障保护与建设规划》，国家安排巨资实施《规划》中各项保护与建设工程。通过《规划》的全面实施，一个生态安全与可持续发展的高原新面貌必将出现在世人面前。

三、结语

生态安全是21世纪人类社会可持续发展所面临的一个新主题。从目前可持续发展理念和生态安全内涵的比较中可以看出，可持续发展的目标是实现社会、经济、环境及生态系统之间的协调发展；生态安全强调人类赖以生存发展的生态环境处于健康和可持续发展状态，立足于自然和半自然生态系统的安全。可见，生态安全与可持续发展既有联系，又有差别，可以认为生态安全是可持续发展的基础和保障。

本研究基于对生态安全的狭义理解，认为生态系统安全是生态安全研究的核心，而生态系统安全的标志是生态系统健康。健康生态系统的基本特征包括活力、恢复力和组织。健康与否的评价牵涉到许多特征参数，难于获取，故本研究未作生态系统健康的评价。前人对青藏高原生态系统服务功能做过不同程度的研究，前人的研究表明，生态系统服务功能较好地反映了生态系统与人类活动和社会需求之间有着密切的关系。从前述图21-1中可知，一方面生态系统服务功能能够满足人类物质需求；另一方面，由于人类需求的改变，相应会对生态系统服务功能进行适当的调整，建立必要的人工生态系统。因此，生态系统服务功能状态反映了生态系统的安全程度，以及人类对生态系统的影响和对生态系统管理的好坏程度。从这个角度理解，生态系统安全的核心就是通过维护生态系统服务功能来保护人类的需求，评价高原生态系统安全就是评价生态系统服务功能对人类需要的满足程度。

生态系统服务功能的强弱与其所处区域自然环境条件和人类活动方式与强度有密切关系。青藏高原自然环境的最大特点是高、寒、干，在此背景下形成了高原特有的生态环境脆弱性，具体表现为生态环境要素的不稳定性和地表环境过程的敏感性，并对人类活动和全球变化响应具有快速性特点。因此，生态环境脆弱性和人为生态风险性从反面表征了生态系统的安全程度。本研究依据青藏高原的实际，从生态环境要素和环境过程所呈现的脆弱性状态、生态风险性以及生态系统服务功能三方面选取高原生态安全评价指标有其合理性，但是指标层数量、指标取值及安全性等级划分等还存在如下一些有待完善的问题。

影响生态脆弱度因素的生态基质稳定度、自然生态动能和人为生态动能对生态安全影响缺少过程与机理的分析；各项评价指标评价分级标准，主要是根据作者学术背景并参考前人的方法确定安全等级的指数范围，其科学性有待于提高；本研究生态安全评价实际上是对复合生态系统安全性评价，这种评价具有复杂性特点，各类生态系统结构、功能与动态等数据获取难度大，因此对生态系统服务功能的评价缺少从生态系统自身结构与功能状态与过程的分析，而是基于生态系统服务功能对环境影响与效应作了静态描述与评价，缺少动态的评价和模型的运用。生态风险评价中，基于研究区面积大，涉及内容多和情况较为复杂，特别是人类活动和全球气候变化可能产生的风险具有不确定性，因此只作了相对评价。

青藏高原是我国重要的生态安全屏障，其生态安全屏障功能的优劣不仅影响高原自身的社会经济发展，而且直接或间接危及高原周边地区乃至东亚地区的生态安全。为使高原国家生态安全屏障保护与建设规划得以有效实施，开展以生态系统服务功能为核心的生态安全屏障物理与生态学过程、机制研究十分必要，近期急需开展如下科学问题的研究：

(1)在全球气候变化背景下的高原生态系统退化、土地沙化、水土流失和自然灾害动态变化趋势预测与适应性对策；

(2)高原生态安全屏障对物流(水流、气流、土流等)的截留、阻滞、积蓄与释放的生态功能机理与环境尺度效应；

(3)高原生态安全屏障对能流(太阳辐射能、光能等)的吸收、转化、储存的生产功能机理与环境尺度效应；

(4)高原生态系统服务功能与健康诊断指标体系；

(5)高原生态安全屏障结构-过程-功能耦合机制；

(6)高原生态安全预警指标、阈值与预警系统的构建；

(7)高寒干旱脆弱生态环境区退化生态系统恢复关键技术。

参 考 文 献

[1] 张镱锂，李炳元，郑度. 论青藏高原范围与面积 [J]. 地理研究，2002，21(1)：1~8.

[2] 成升魁，沈镭. 青藏高原人口、资源、环境与发展互动关系探讨. 自然资源学报 [J]，2000，15(4)：297~304.

[3] 钟祥浩，王小丹，刘淑珍. 西藏高原生态安全 [M]. 北京：科学出版社，2008.

[4] 常国刚，李凤霞，李林. 气候变化对青海生态环境的影响及对策 [J]. 气候变化研究进展，2005，1(4)：172~172.

[5] 姚檀栋，姚治君. 青藏高原冰川退缩对河水径流的影响 [J]. 自然杂志，2010，32(1)：4~8.

[6] 蒲健辰，姚檀栋，王宁练等. 近百年来青藏高原冰川进退变化研究 [J]. 冰川冻土，2004，26(5)：517~522.

[7] 赵林，丁永建，刘广岳，等. 青藏高原多年冻土层中地下冰储量估算及评价 [J]. 冰川冻土，2010，32(1)：1~9.

[8] 秦大河，效存德，丁永建，等. 国际冰冻圈研究动态和我国冰冻圈研究的现状与展望 [J]. 应用气象学报，2006，

17(6)：64.
[9] 中国生物多样性国情研究报告编写组. 中国生物多样性国情研究报告 [M]. 北京：中国环境科学出版社，1998.
[10] 杨博辉，郎侠，孙晓萍. 青藏高原生物多样性 [J]. 家畜生态学报，2005，26(6)：1~5.
[11] 孙鸿烈. 青藏高原的形成与演化 [M]. 上海：上海科学技术出版社，1994. 9~656.
[12] Fu Yang，et al. Countemeasures For Qinghia－Tibet Plateau to cope with climate change and ecological Environment safety [J]. Agricultural Science & Technology，2010. 11(1)：140~146.
[13] Clantzm H. Creeping environmental problem and sustainable development in the Aral Sea Basin [M]. Cambridge. UK：Cambridge University Press. 1999.
[14] Mathew S. Jessia Tuchman. Redefining Security [J]. Foreign affairs，1989，68(Spring)：162~177.
[15] Michael Renner. 1989. Nationa Security. The economic environmental dimentios worldwatch Paper. no. 89
[16] Barnthouse L W. The role of models in ecological assessmen [J]. Environ toxicol chem.，1992，11：1751~1760.
[17] Hal Harvey. Nataral security. Nuclear Times，1998，March/April：24~26.
[18] Malin Falkenmark. Human Livelihood Security Versus－An Ecohydrological Perspective. Proceedings，SIWI Seminar，Balancing Human Security Interests in Catchment，2002，29~36.
[19] Zhao Yanzhi et al. Assessing the ecological security of theTibet Plateau：Methodology and a Case Study for Lhaze county [J]. Journal of Environment Management. July 2006，80(2)：120~131.
[20] Wei LiangHuan et al. Preliminary research of ecological safety based on ecological footprint in Qinghai Province. Bulletin of Soil and Water conservation. 2007，27(1)：155~158.
[21] 杨汝荣. 西藏自治区草地生态环境安全与可持续发展问题研究 [J]. 草业学报，2003，12(6)：24~29.
[22] 崔胜辉，洪华生，黄云凤，等. 生态安全研究进展 [J]. 生态学报，2005，25(4)：862~868.
[23] 左伟，王桥，王文杰，等. 区域生态安全评价指标与标准研究 [J]. 地理与国土研究，2002，18(1)：37~41.
[24] 黄舸，孙红. 重庆市生态安全评价系统 [J]. 重庆工商学报(自然科学版)，2006，(10)：250~252.
[25] 高长波，陈庚瘦，韦朝海，等. 广东省生态安全状态及趋势定量评价 [J]. 生态学报，2006，(7)：250~252.
[26] 李苏楠，赵延治，史培军. 西藏高原生态安全评价方法与应用——以西藏自治区曲松县为例 [J]. 水土保持研究，2005，12(6)：142~190.
[27] 陈国阶. 论生态安全 [J]. 生态环境科学，2002，24(3)：1~5.
[28] 陈星，周成虎. 生态安全—国内外研究综述 [J]. 地理科学进展，2005，24(6)：9~20.
[29] 赵新全，张耀生，周兴民. 高寒草甸畜牧业可持续理论与实践. [J] 资源科学，2000，22(4)：50~61.
[30] 张自和，郭正刚，吴素琴. 西部高寒地区草业面临的问题与可持续发展 [J]. 草业学报，2002，11(3)：29~23.
[31] 张耀生，赵新全，黄德清. 青藏高寒牧区多年生人工草地持续利用研究 [J]. 草业学报，2003，12(3)：22~27.
[32] 李文华，周兴民. 青藏高原生态系统及优化利用模式 [M]. 广州：广东科技出版社，1998.
[33] 郑度，姚檀栋. 青藏高原隆升与环境效应 [M]. 北京：科学出版社，2004.
[34] 周伟，钟祥浩，刘淑珍. 西藏高原生态承载力研究——以山南地区为例 [M]. 北京：科学出版社，2008.
[35] 成升魁，沈雷. 青藏高原区域可持续发展战略探讨 [J]. 资源学报，2000，22(4)：2~11.
[36] 樊杰，王海. 西藏人口发展空间解析与可持续发展城镇化探讨 [J]. 地理科学，2005，25(4)：385~391.
[37] 韩永荣. 论青海省的水资源开发及其可持续发展. [J] 城市道桥与防洪，2003，(1)：62~64.
[38] 杜军. 西藏高原近 40 年的气温变化 [J]. 地理学报，2001，56(6)：682~690.
[39] 杜军，马玉才. 西藏高原降水变化趋势的气候分析 [J]. 地理学报，2004，50(3)：375~385.
[40] 陈晓光. 认清形势开拓创新努力推动青海气象事业科学发展 [J]. 青海气象，2010，1：1~9.
[41] 谭春萍，杨建平，米睿. 1971~2007 年青藏高原南部气候变化特征分析 [J]. 冰川冻土，2010，32(6)：1112~1120.
[42] 秦大河，丁一江，王绍武，等. 中国西部环境演变及其影响研究 [J]. 地学前缘，2002，9(2)：321~328.
[43] 杜军，胡军，张勇，等. 西藏植被净初级生产力对气候变化的响应 [J]. 南京气象学院学报，2008，31(5)：738~743.
[44] 王谋，李勇，黄润秋等. 气候变暖对青藏高原腹地高寒植被的影响 [J]. 生态学报，2005，26(6)：1276~1281.
[45] 杨跃晶，次仁罗布，李金祥，等. 浅谈西藏牛羊粪、薪柴等传统生活能源替代 [J]. 西藏科技，2008，(7)：

31～35.
[46] 刘淑珍，周麟，仇崇善. 西藏自治区那曲地区草地退化沙化研究 [M]. 拉萨：西藏人民出版社，1999.
[47] 范青慈. 青海省退化草地现状及防治对策 [J]. 青海草业，2000，9(1)：22～25.
[48] 贾敬敦，伍永秋，张登山，等. 青海生态环境变化与生态建设的空间布局 [J]. 资源科学，2004，26(3)：9～16.
[49] 赵新全，周华坤. 三江源区生态环境退化、恢复治理及其可持续发展 [J]. 科技与社会，2005，471～476.
[50] Daily G C. 1997. Natures Services：Societal Dependence on Natural Ecosystems [M]. Washington D C：Island Press.
[51] 谢高地，鲁春霞，肖玉等. 青藏高原高寒草地生态系统服务价值评估 [J]. 山地学报，2003，21(1)：50～56.
[52] 肖玉，谢高地，安凯. 青藏高原生态系统土壤保持功能及其价值 [J]. 生态学报，2003，23(11)：2367～2378.
[53] 鲁春霞，谢高地，肖玉. 等. 青藏高原生态系统服务功能的价值评估 [J]. 生态学报，2004，24(12)：2749～2756.
[54] 龙瑞军. 青藏高原草地生态系统之服务功能 [J]. 科技导报，2007，(9)：25～28.

本书作者野外调查工作照片

彩色图版

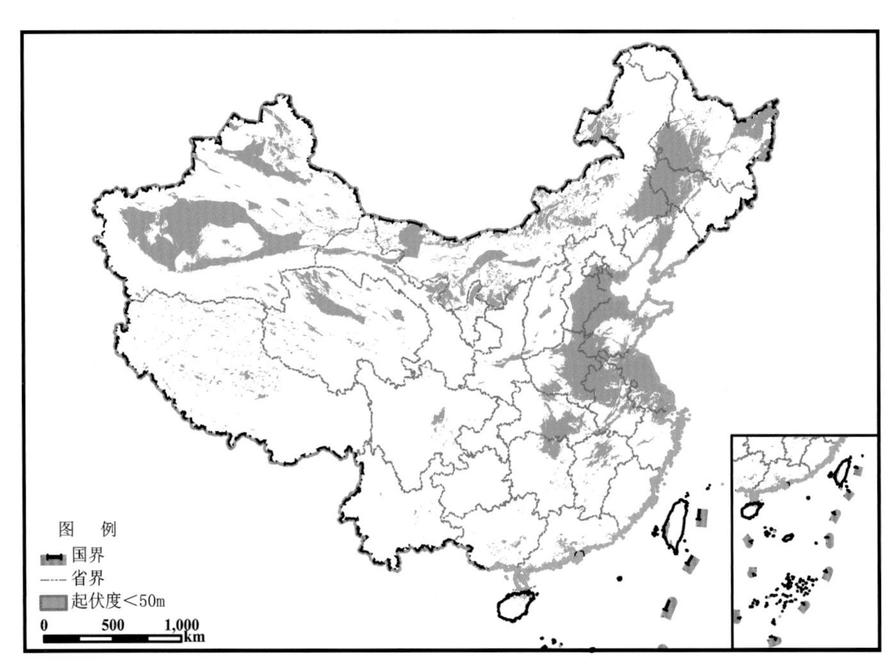

图 1-5-1 中国起伏度<50m 的区域分布

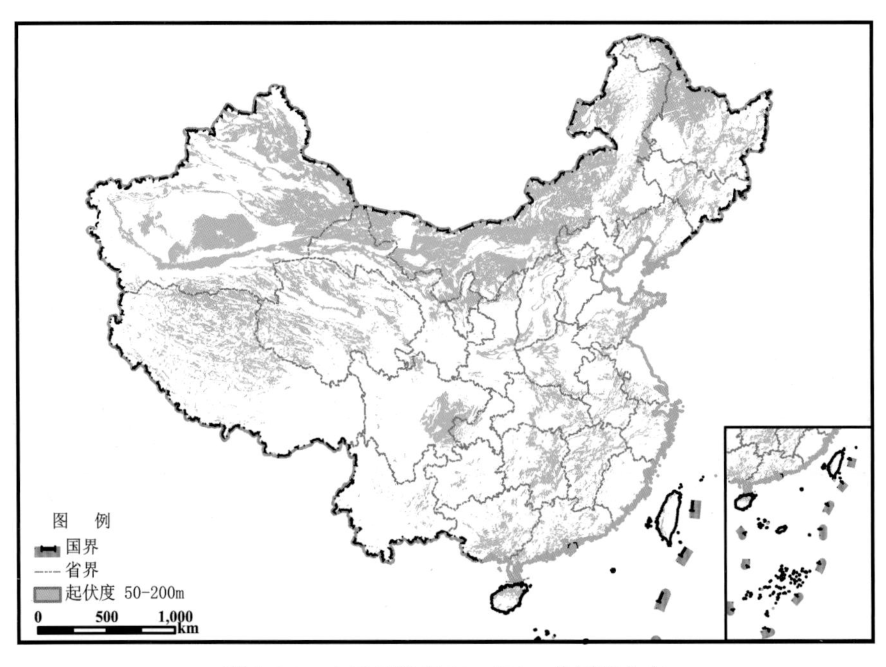

图 1-5-2 中国起伏度 50～200m 的区域分布

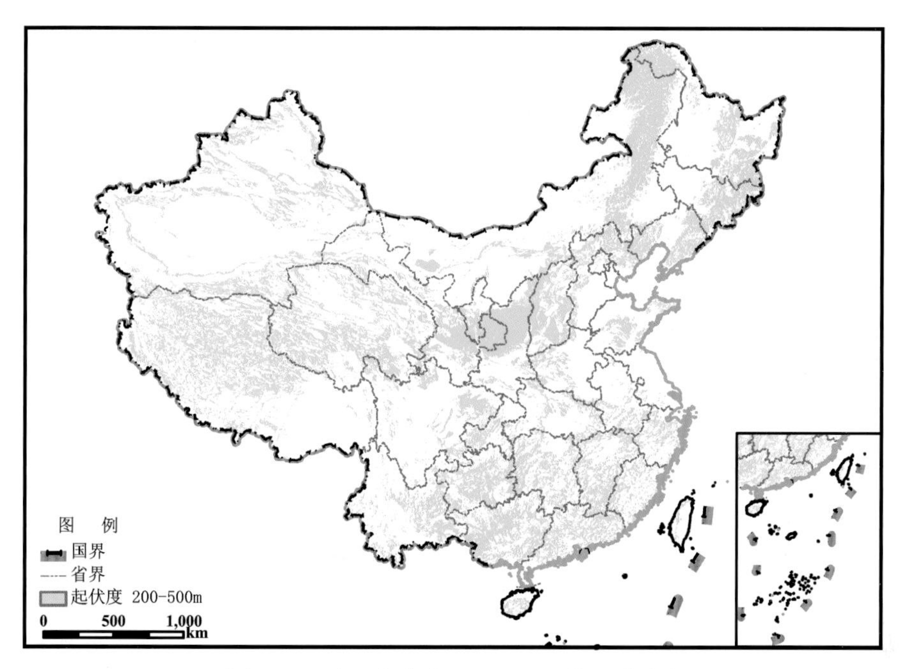

图 1-5-3 中国起伏度 200～500m 的区域分布

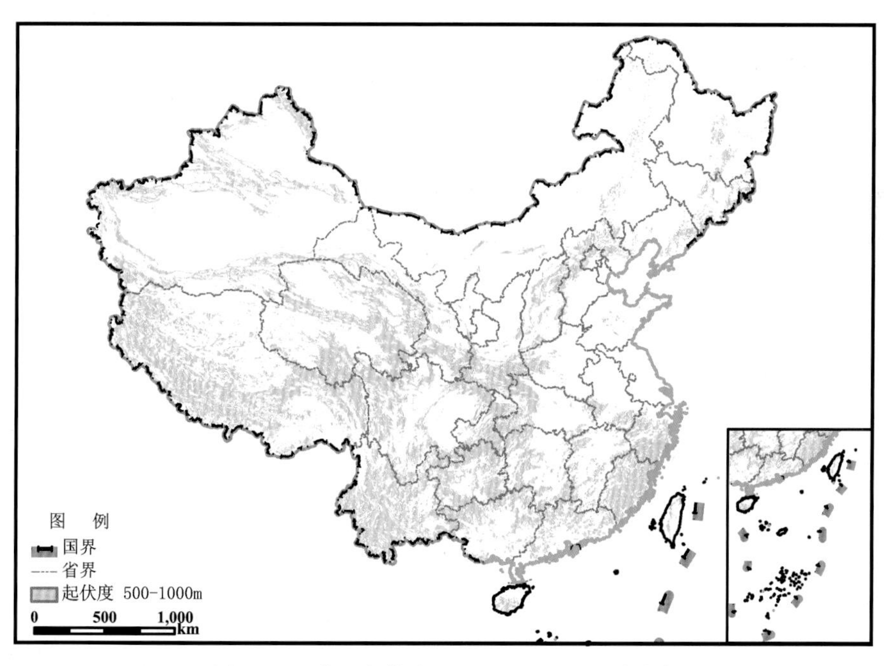

图 1-5-4 中国起伏度 500～1000m 的区域分布

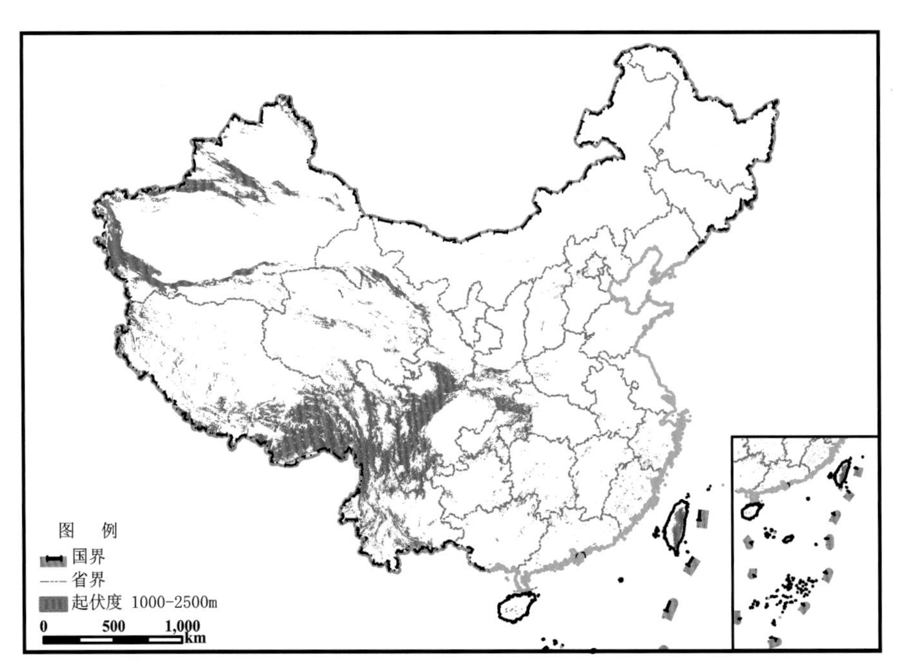

图 1-5-5　中国起伏度 1000～2500m 的区域分布

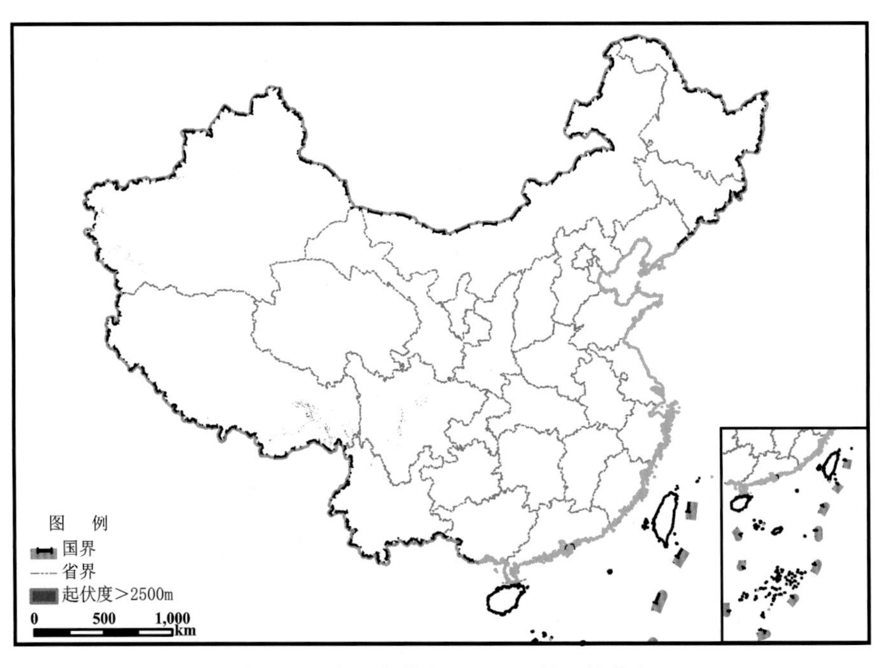

图 1-5-6　中国起伏度>2500m 的区域分布

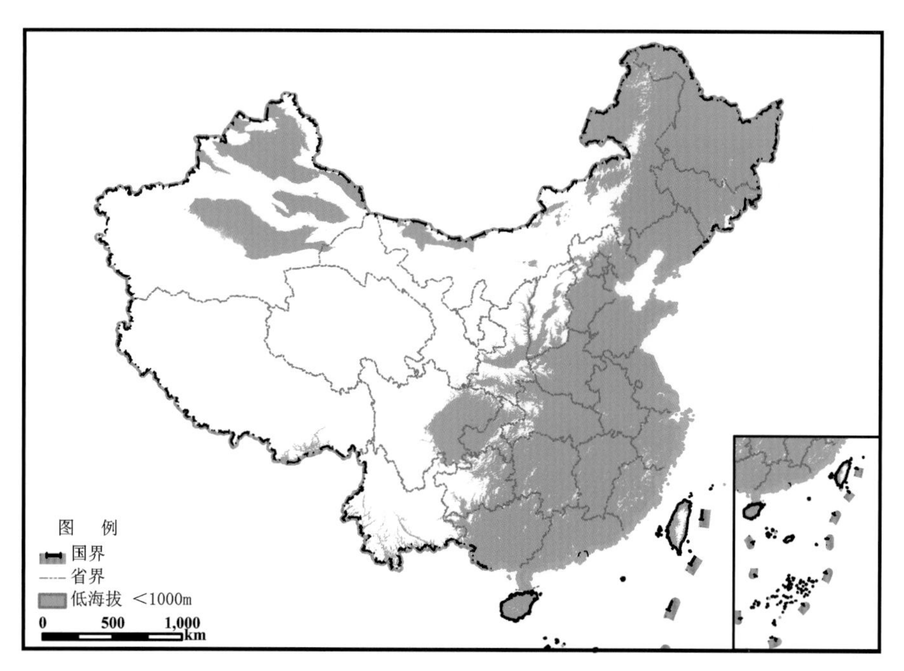

图 1-5-7　中国低海拔(<1000m)的区域分布

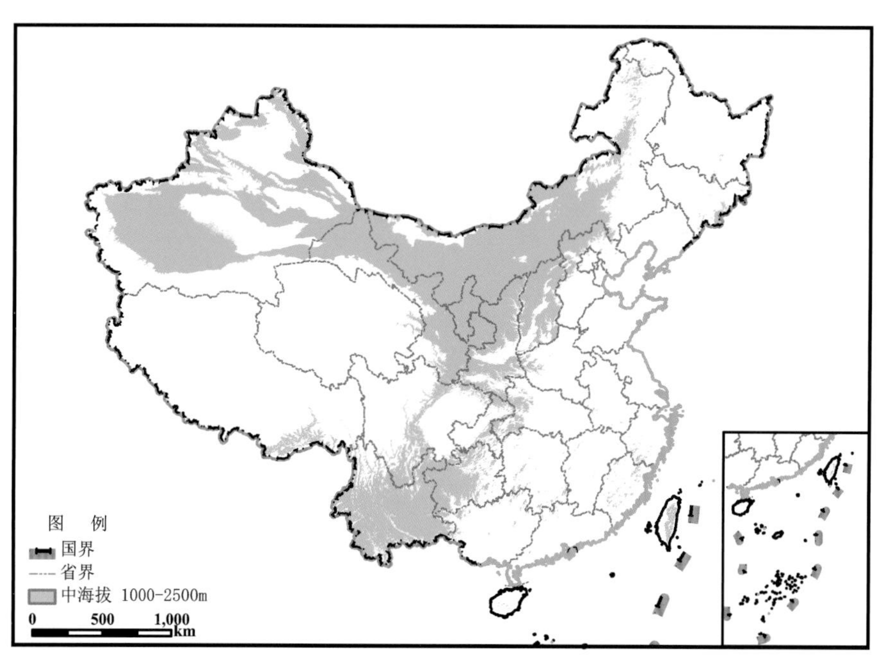

图 1-5-8　中国中海拔(1000～2500m)的区域分布

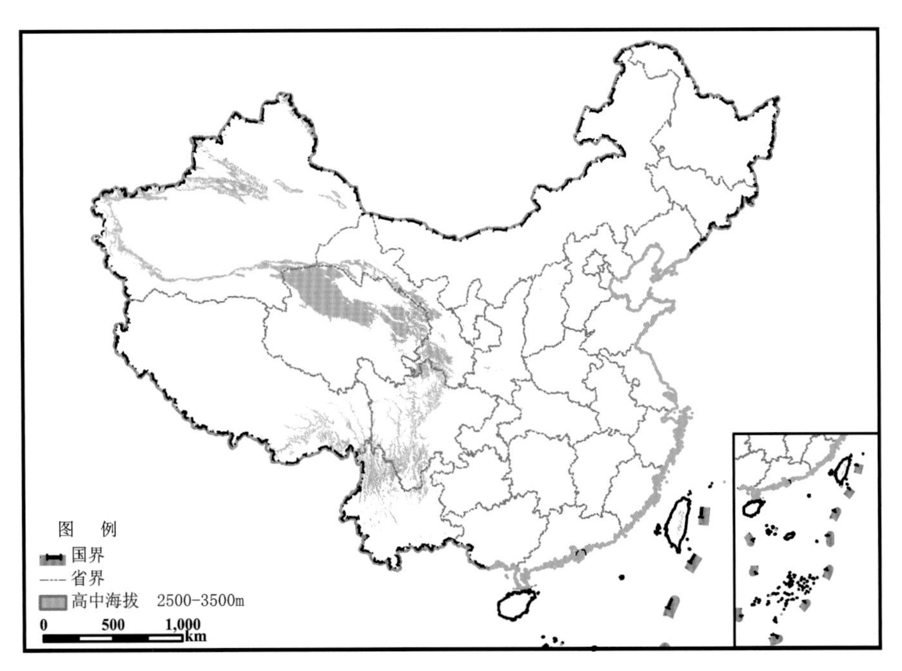

图 1-5-9　中国高中海拔(2500～3500m)的区域分布

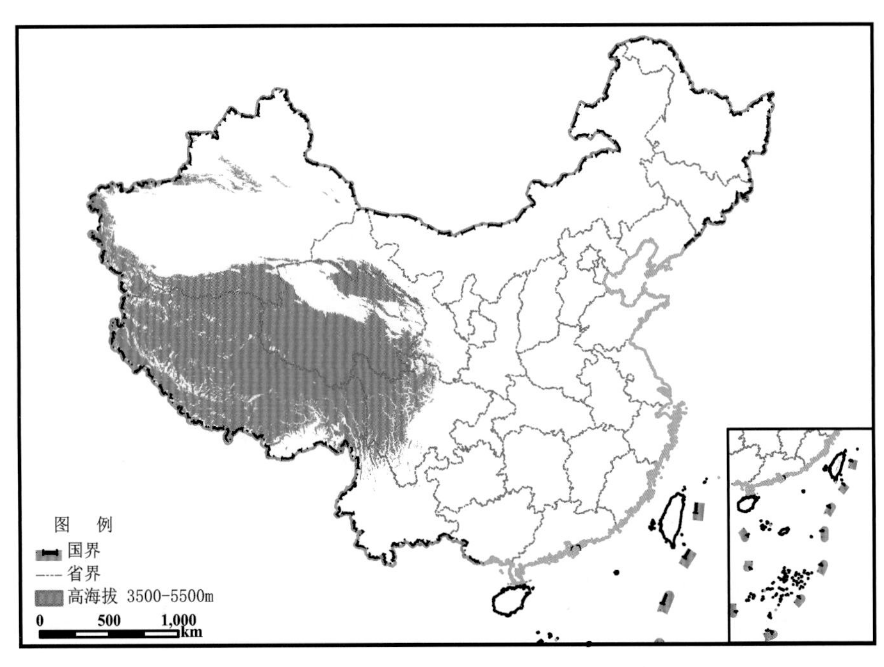

图 1-5-10　中国高海拔(3500～5500m)的区域分布

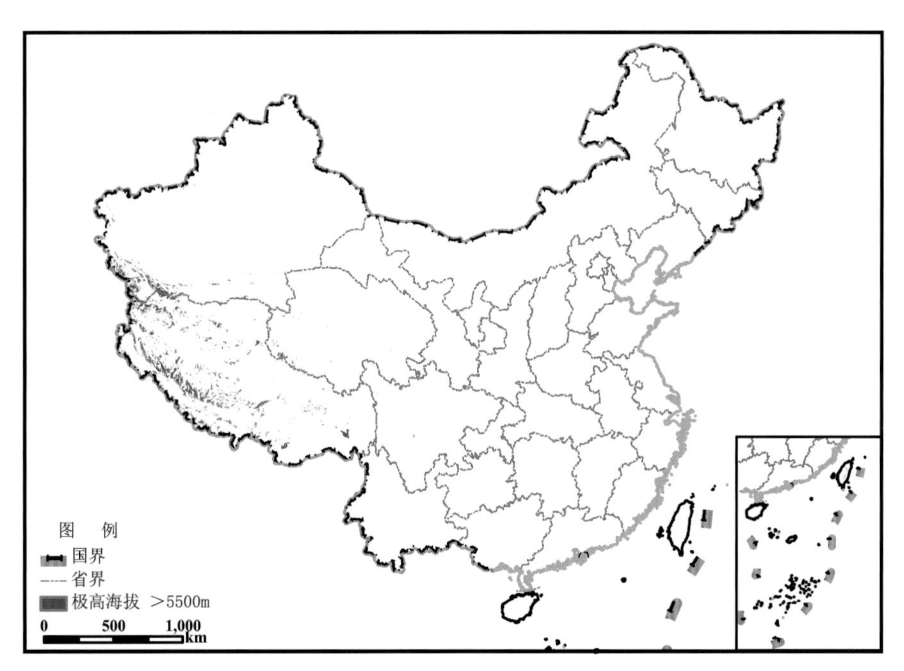

图 1-5-11　中国极高海拔(＞5500m)的区域分布

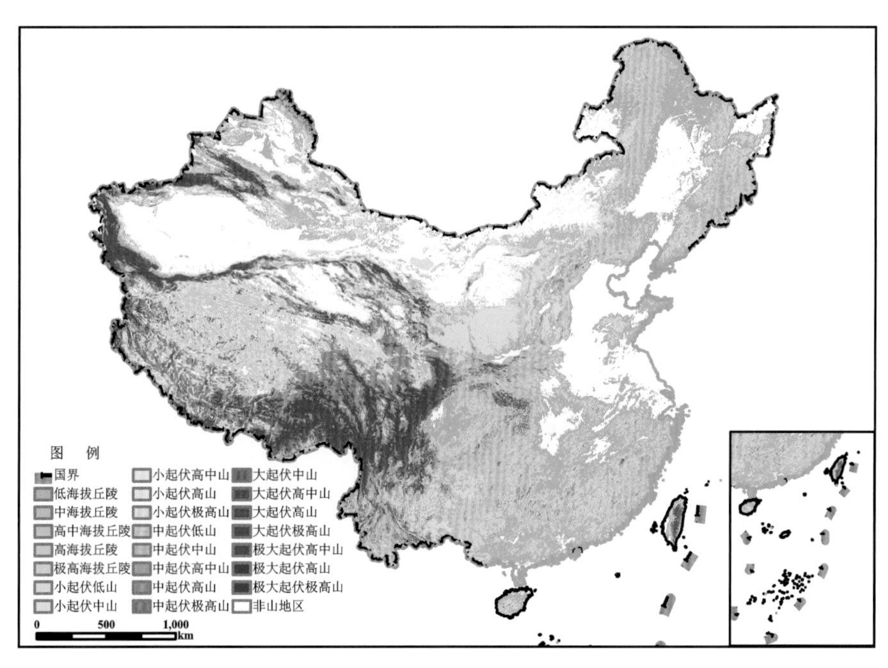

图 1-5-12　中国山地大类分布图

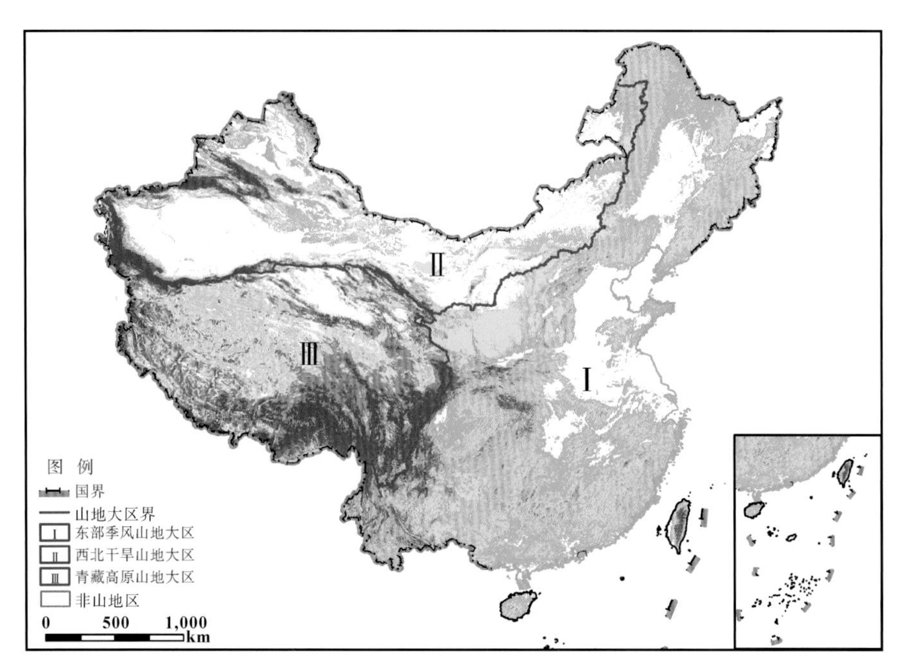

图 1-5-13　中国山地大区分布图

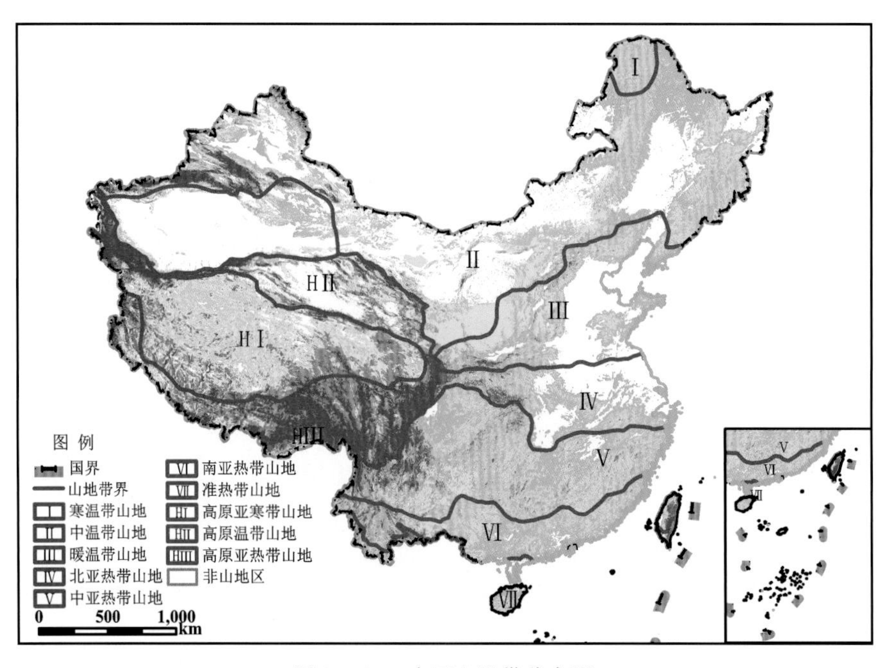

图 1-5-14　中国山地带分布图

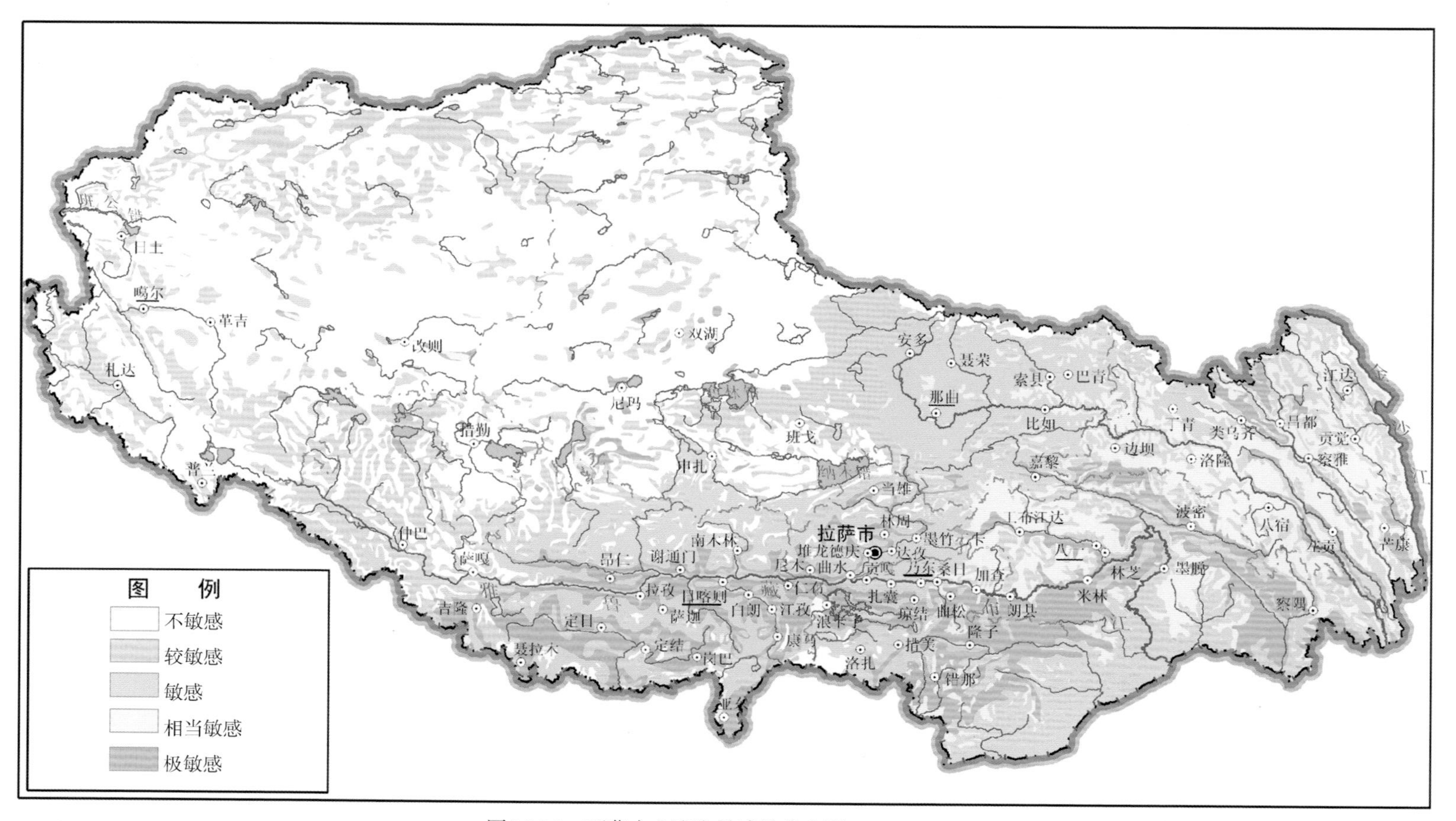

图4-15-1　西藏水土流失敏感性分布图

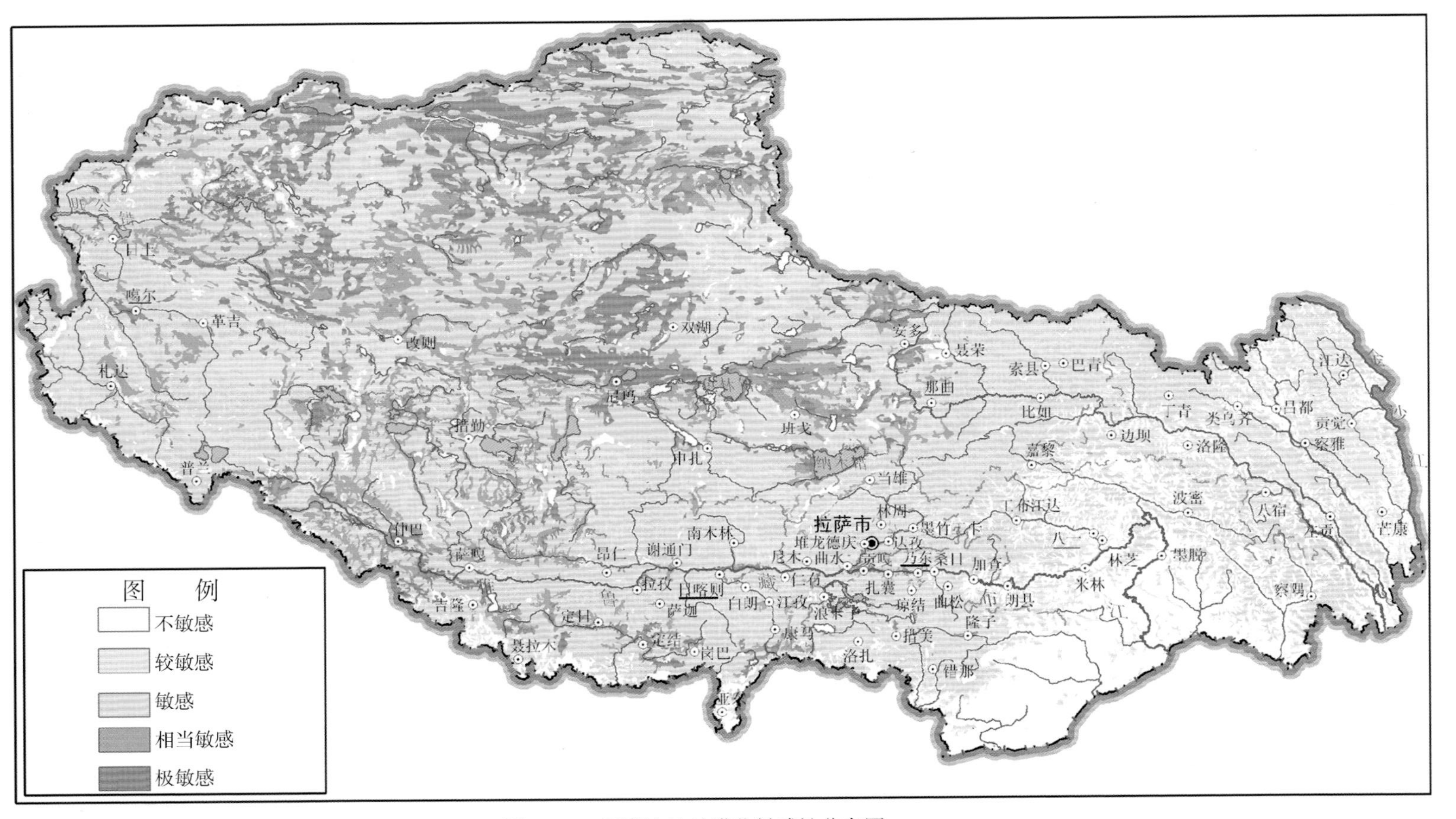

图4-15-2 西藏土地沙漠化敏感性分布图

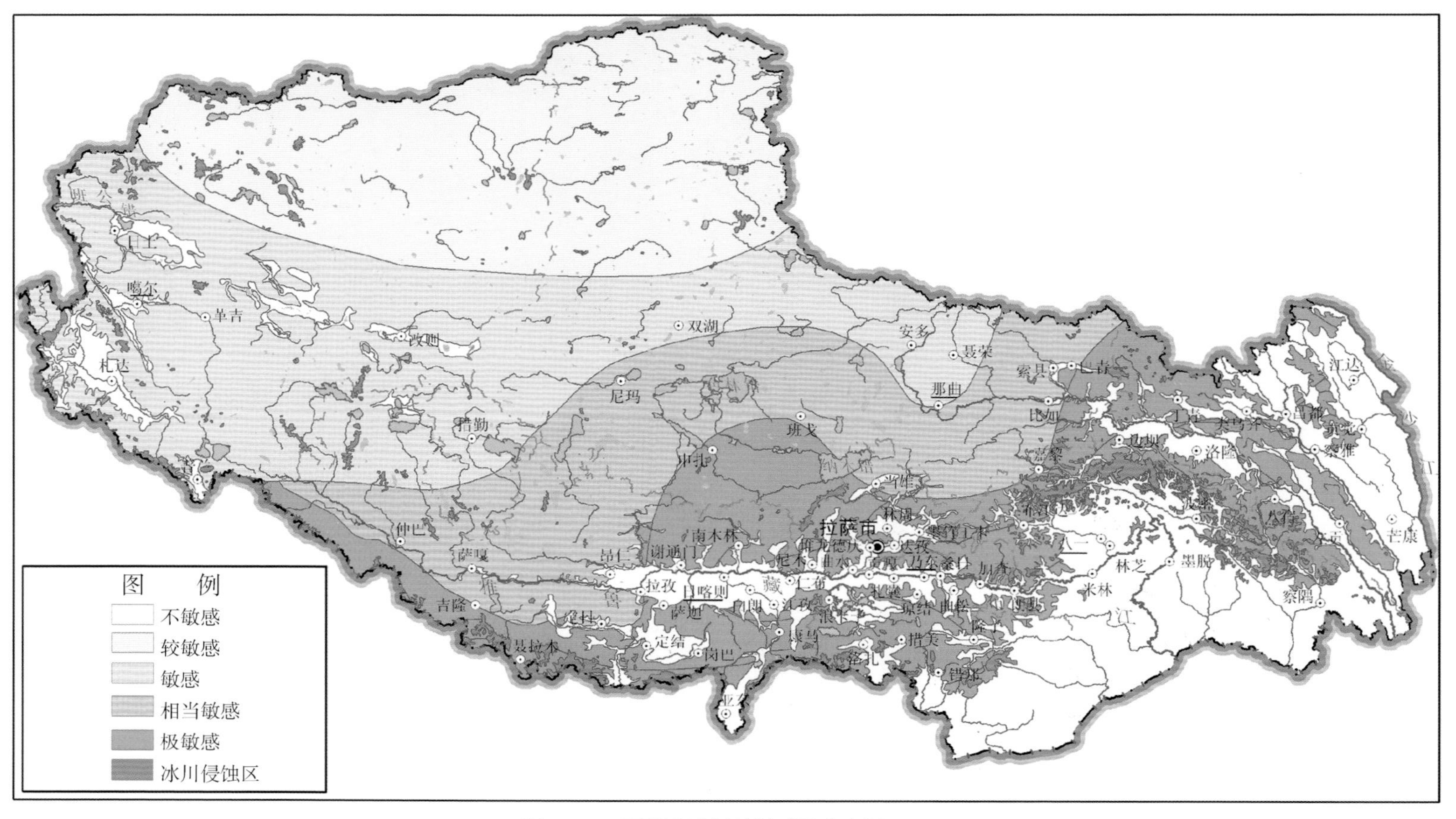

图4-15-3 西藏冻融侵蚀敏感性分布图

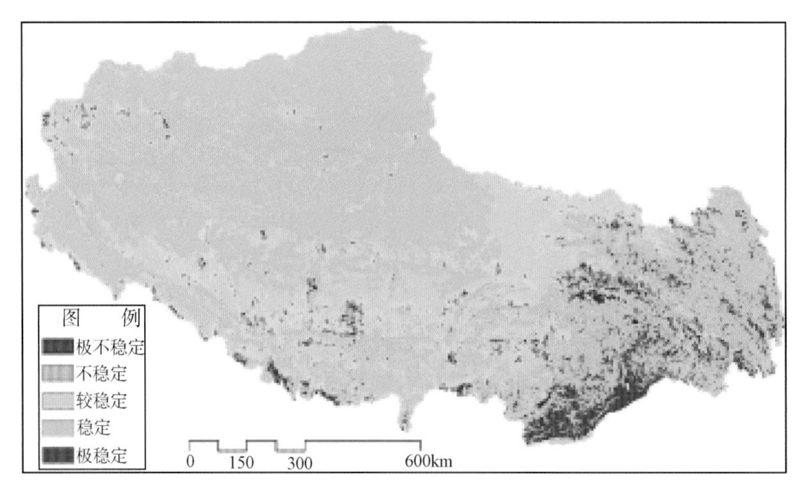

图 4-15-4 西藏生态环境自身稳定性分布图

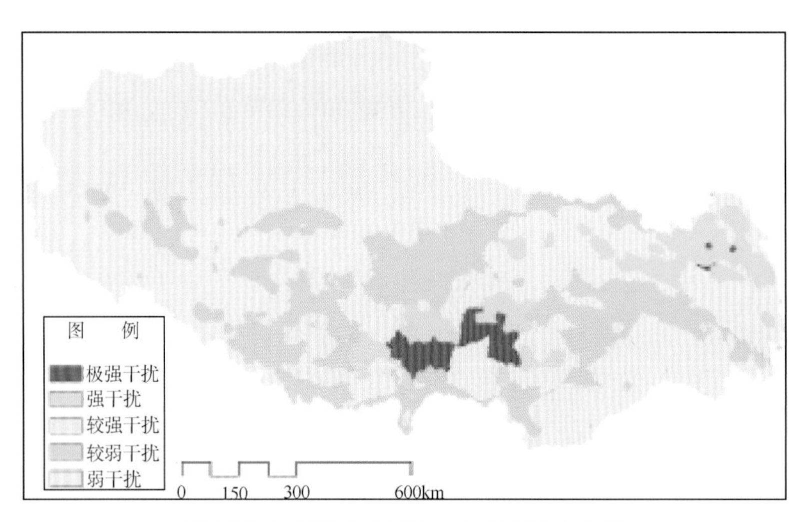

图 4-15-5 西藏生态环境人为干扰度分布图

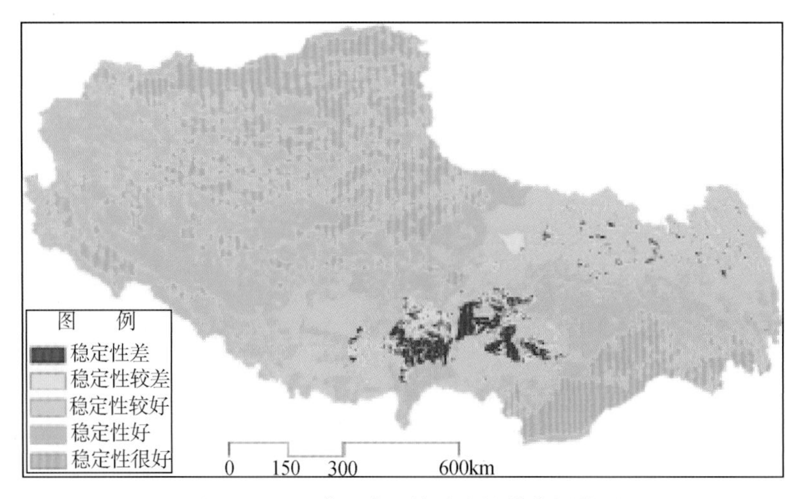

图 4-15-6 西藏生态环境稳定性综合评价图

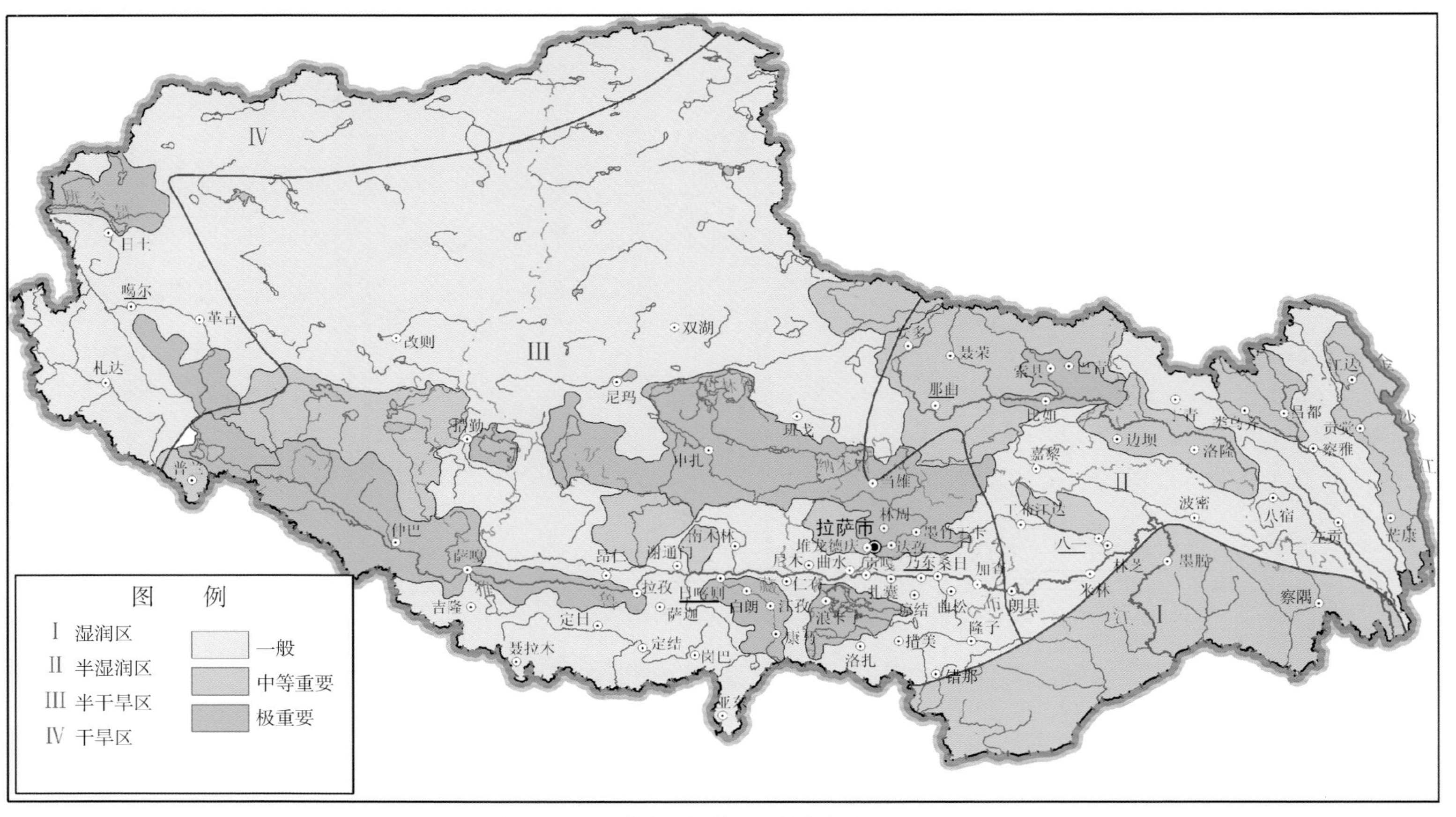

图4-16-1 西藏水源涵养重要性分布图

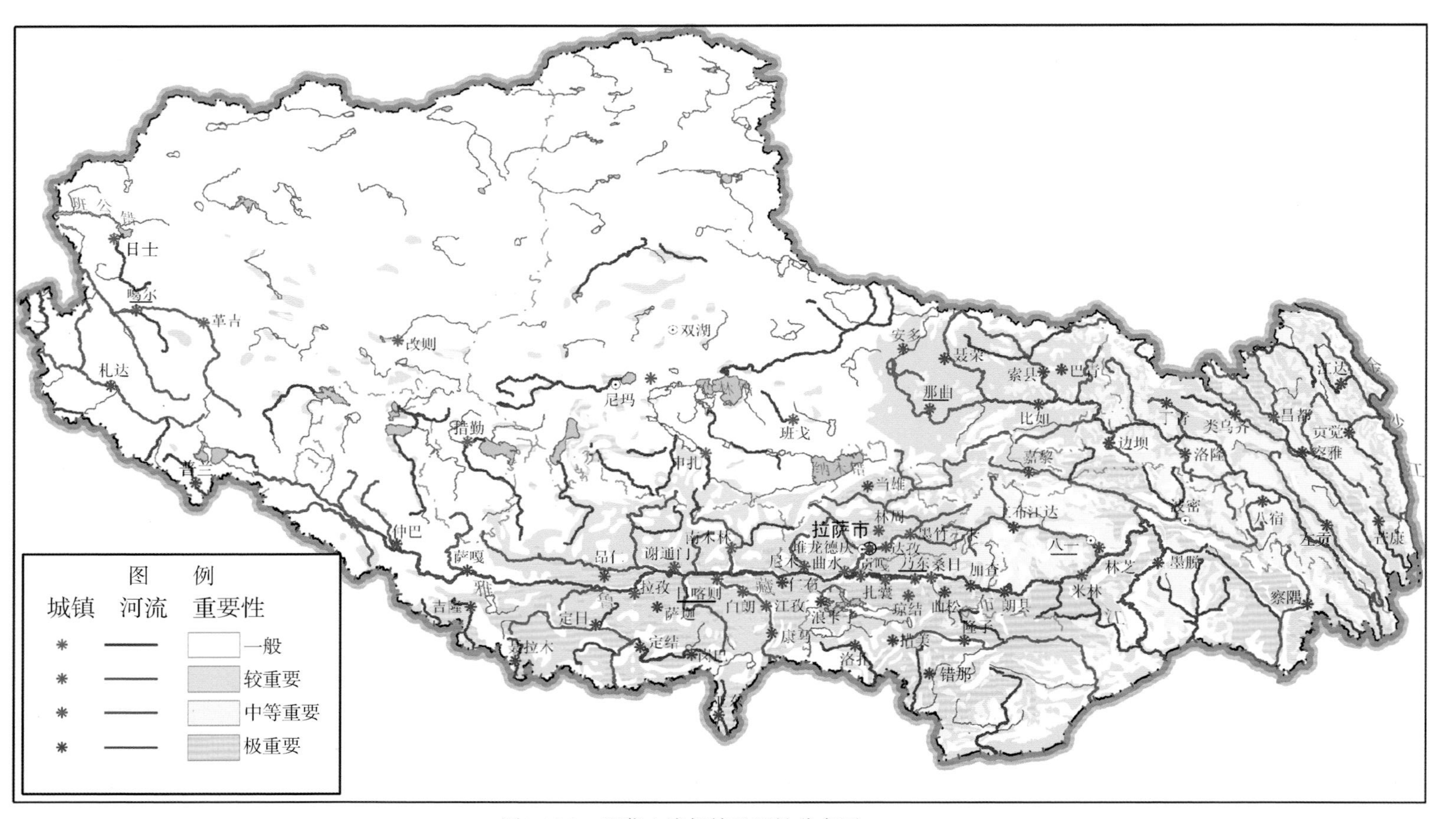

图4-16-2　西藏土壤保持重要性分布图

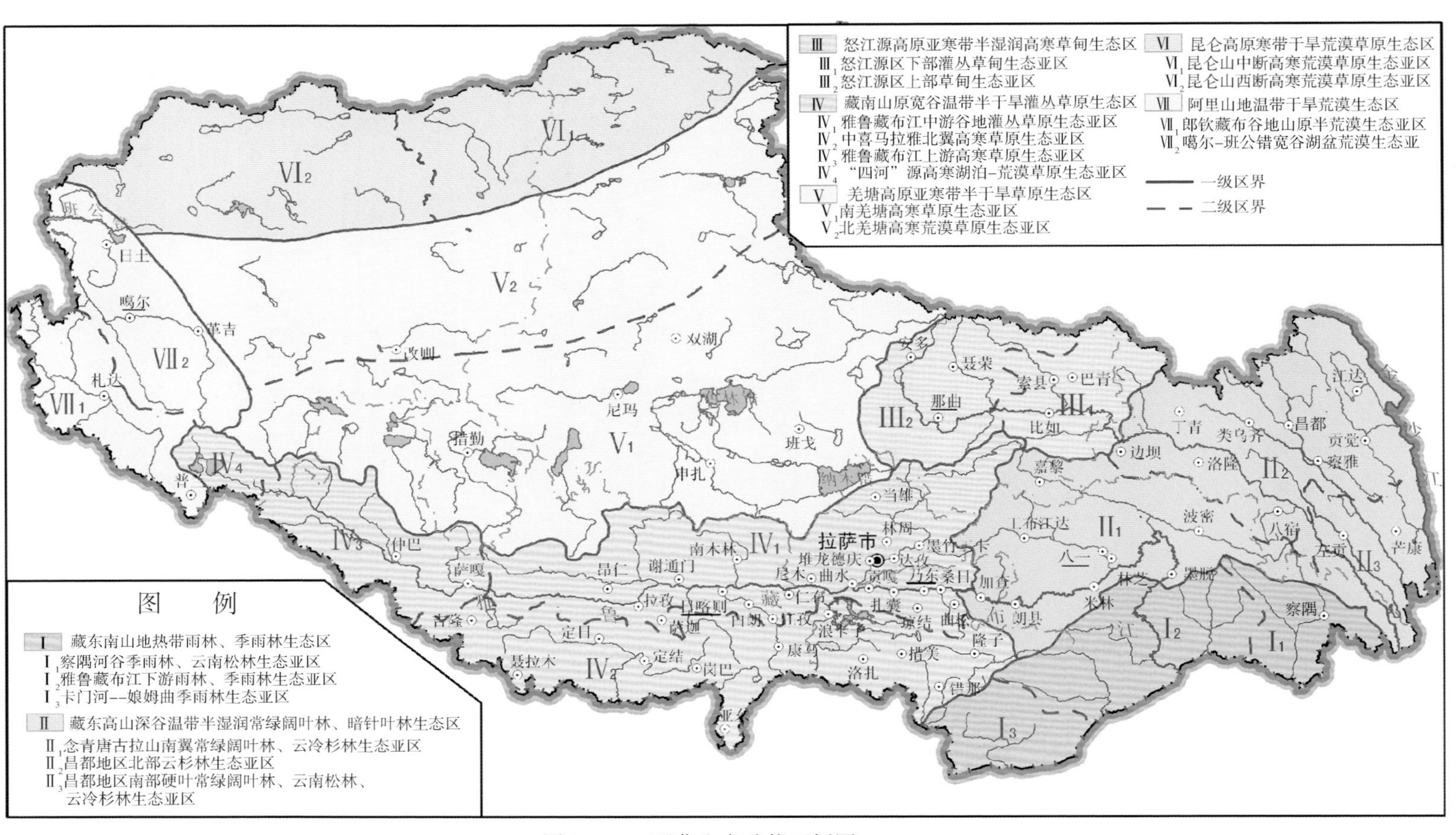

图4-16-3　西藏生态功能区划图

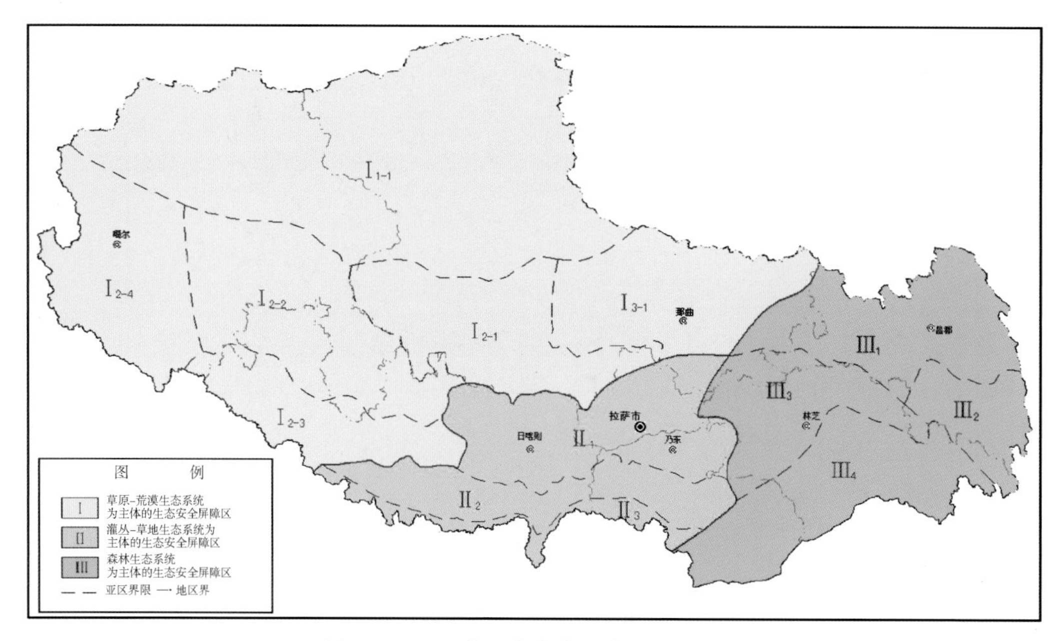

图 4-17-1　西藏生态安全屏障功能分区图

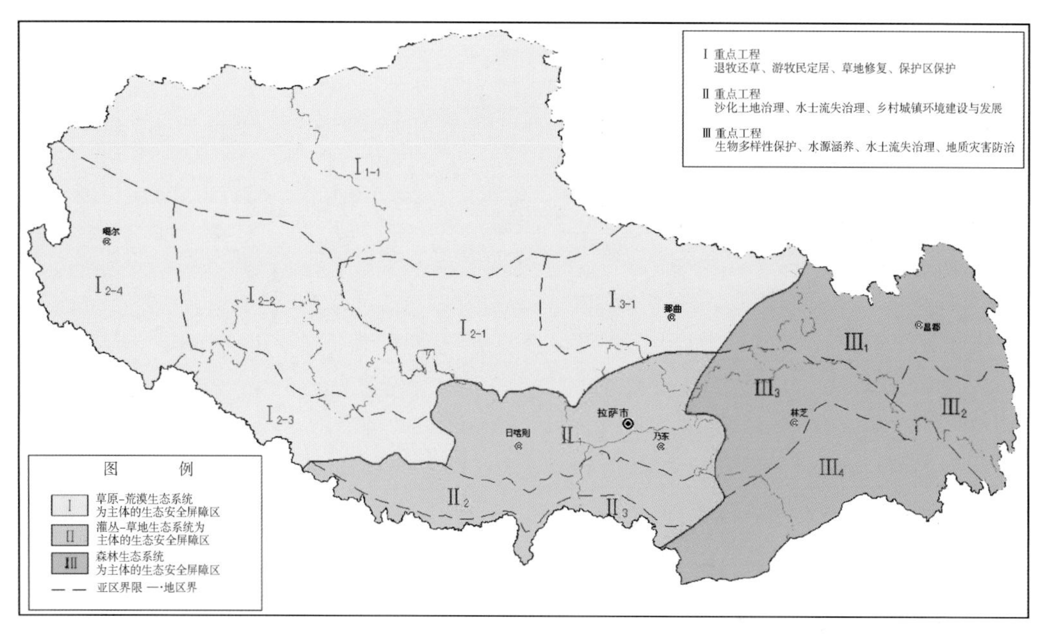

图 4-17-2　西藏生态安全屏障保护与建设工程布局图

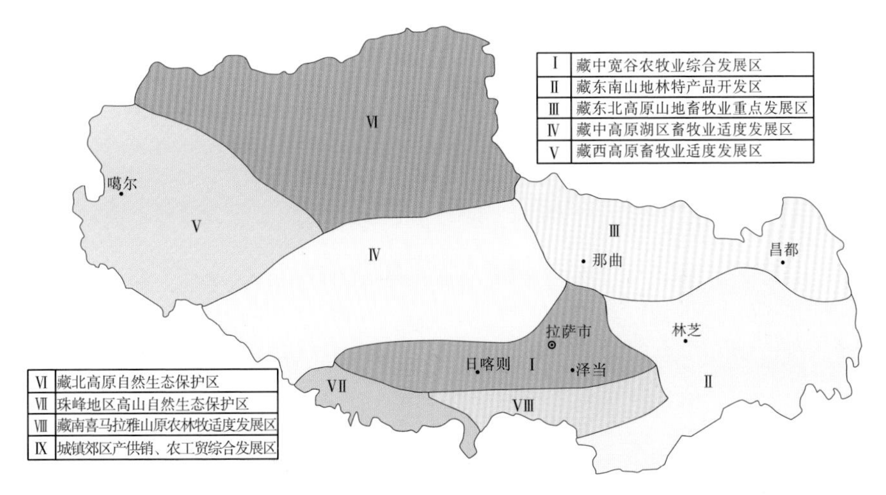

图 5-19-1　西藏生态经济分区图

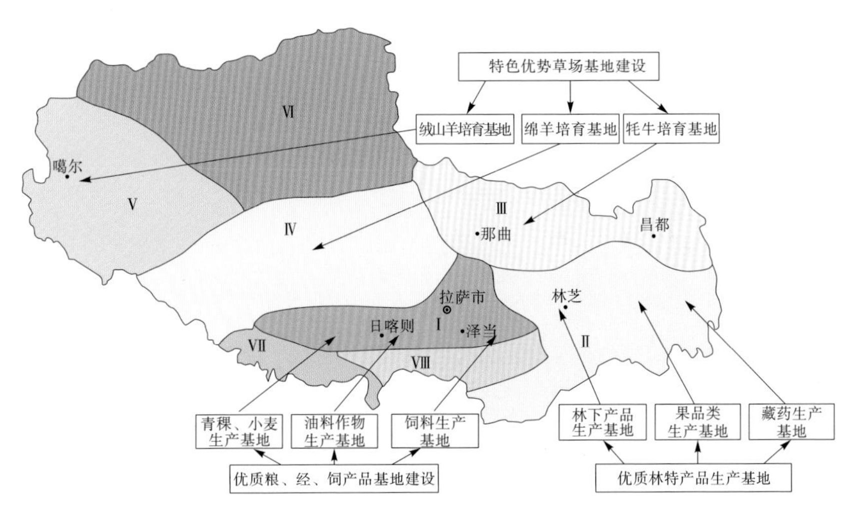

图 5-19-2　西藏特色优势资源生产基地建设布局图

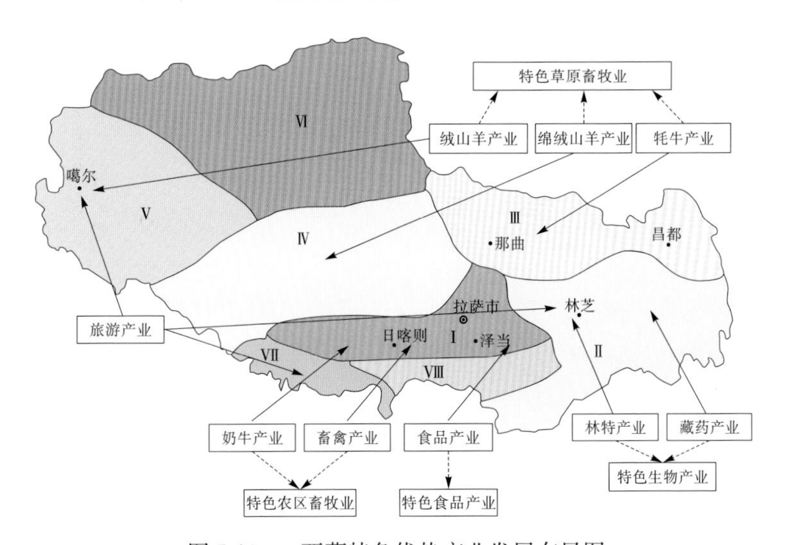

图 5-19-3　西藏特色优势产业发展布局图

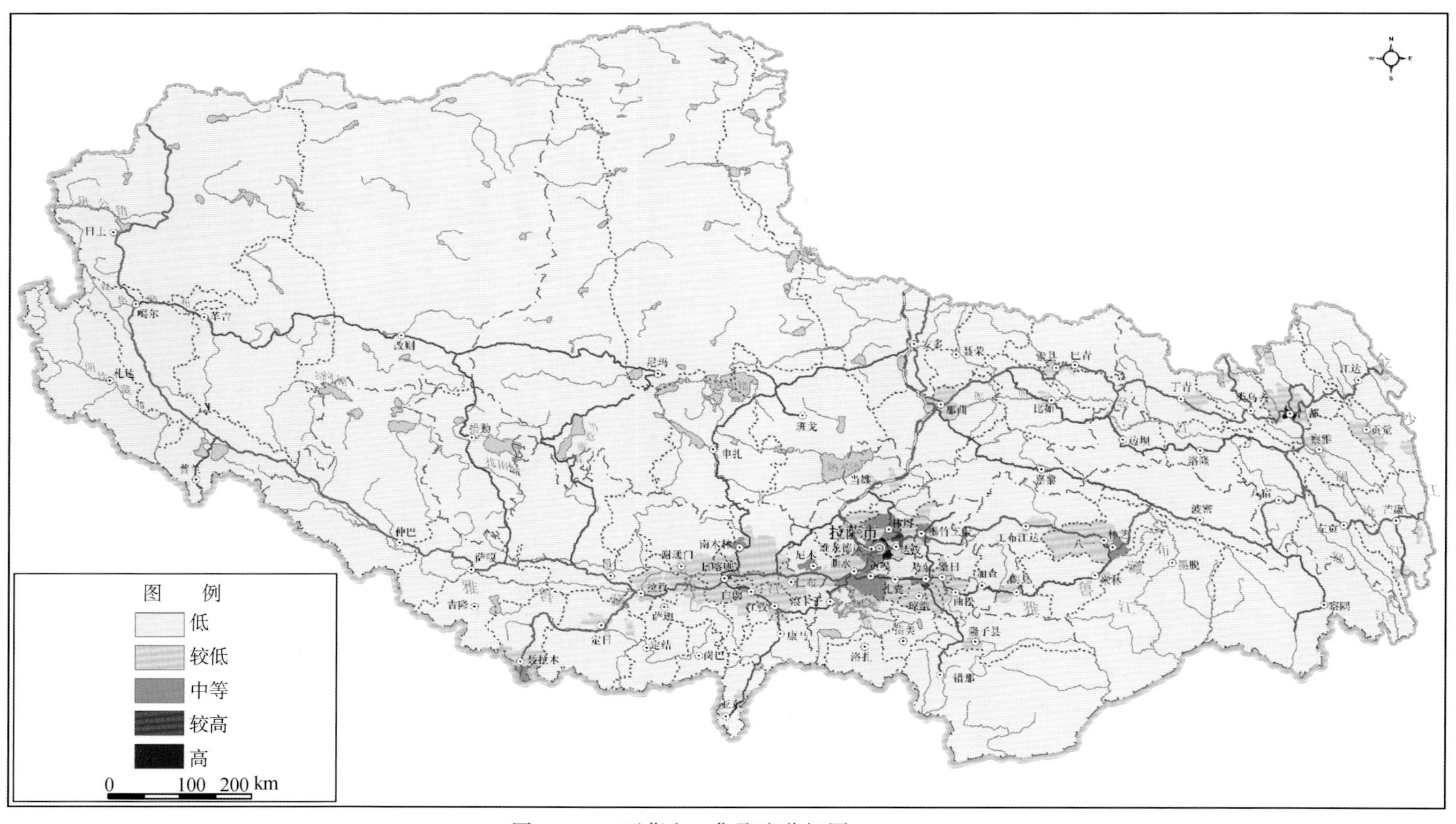

图5-20-1　西藏人口集聚度分级图

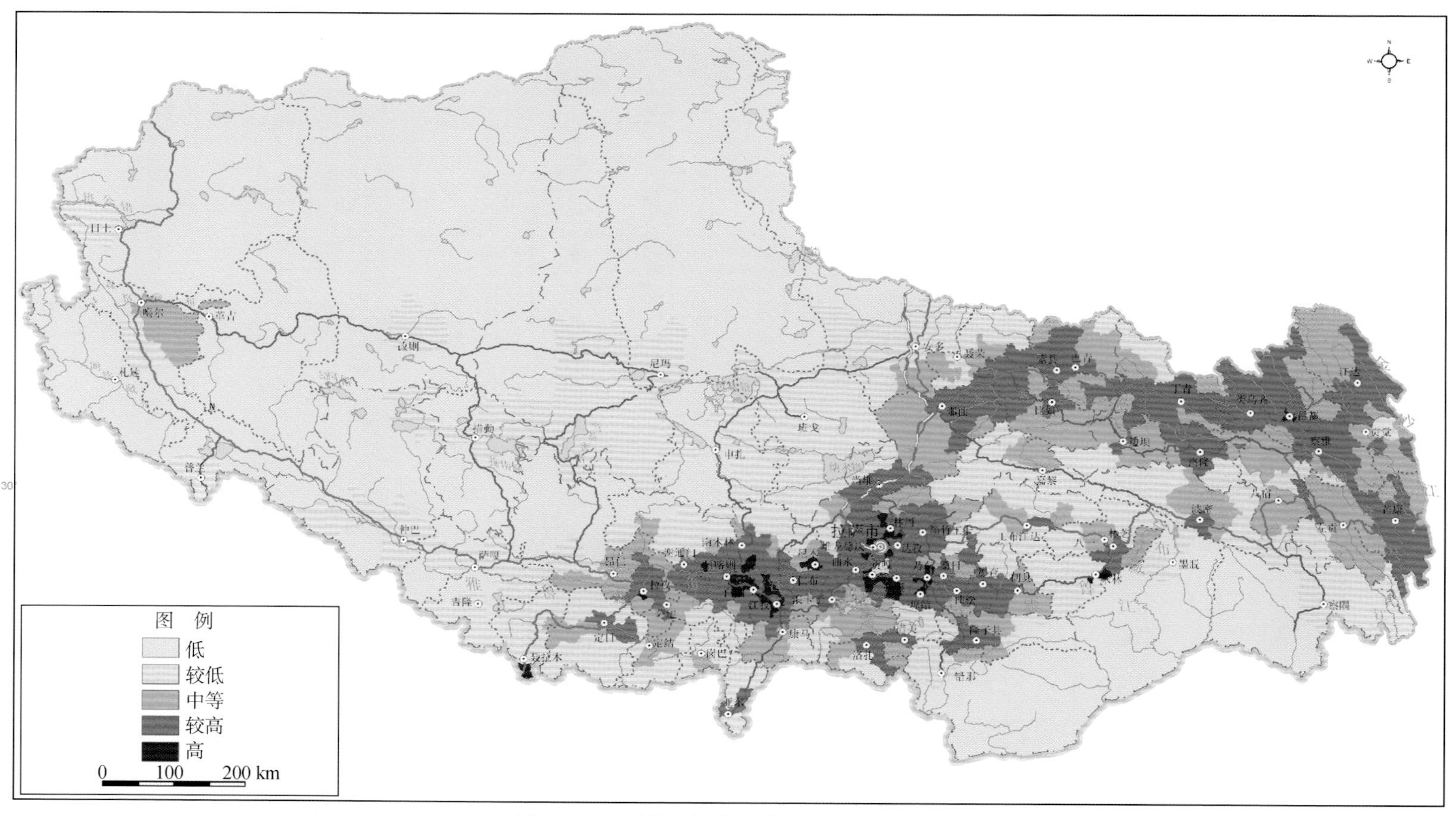

图5-20-2　西藏经济发展分级图

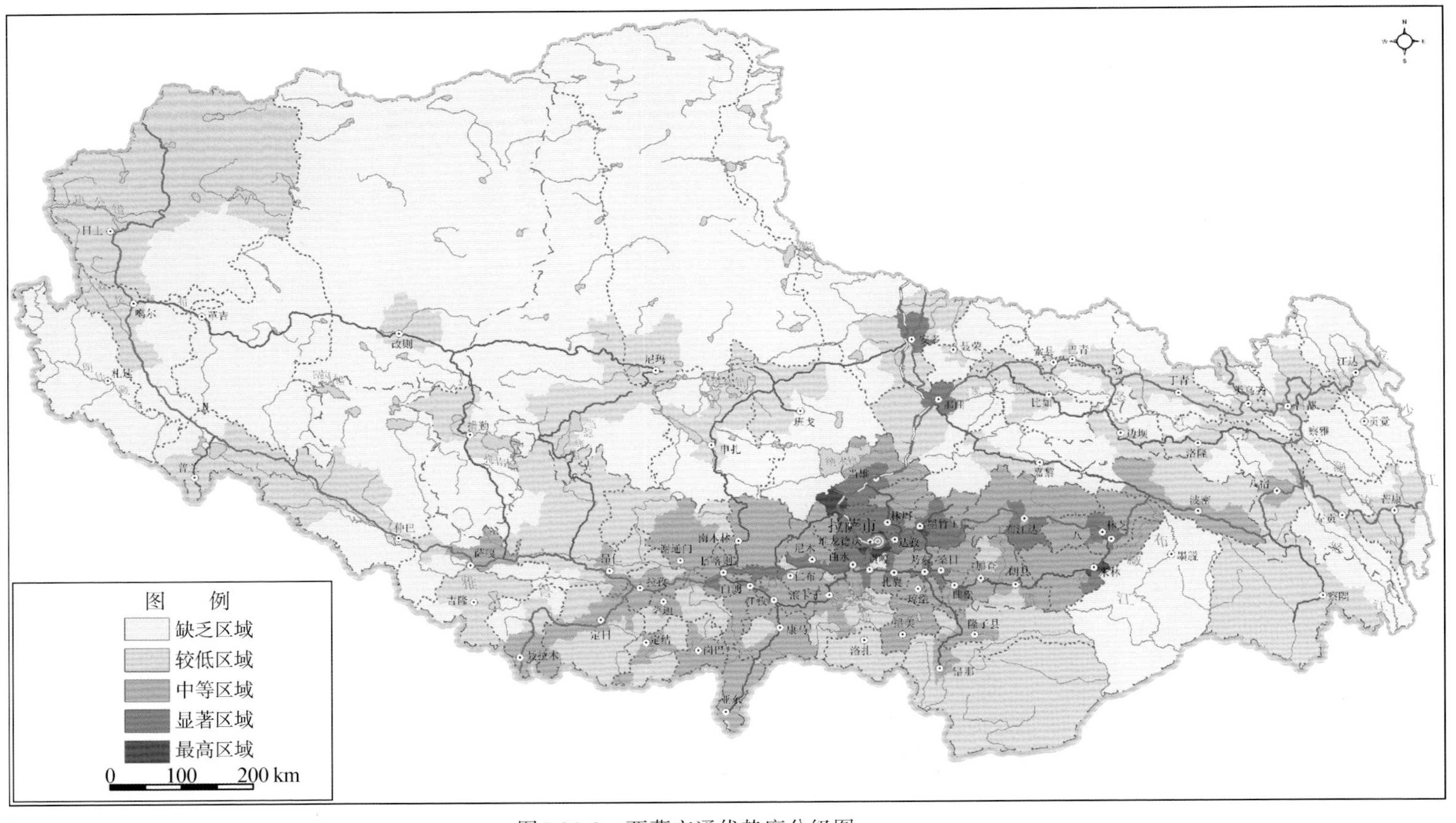

图5-20-3 西藏交通优势度分级图

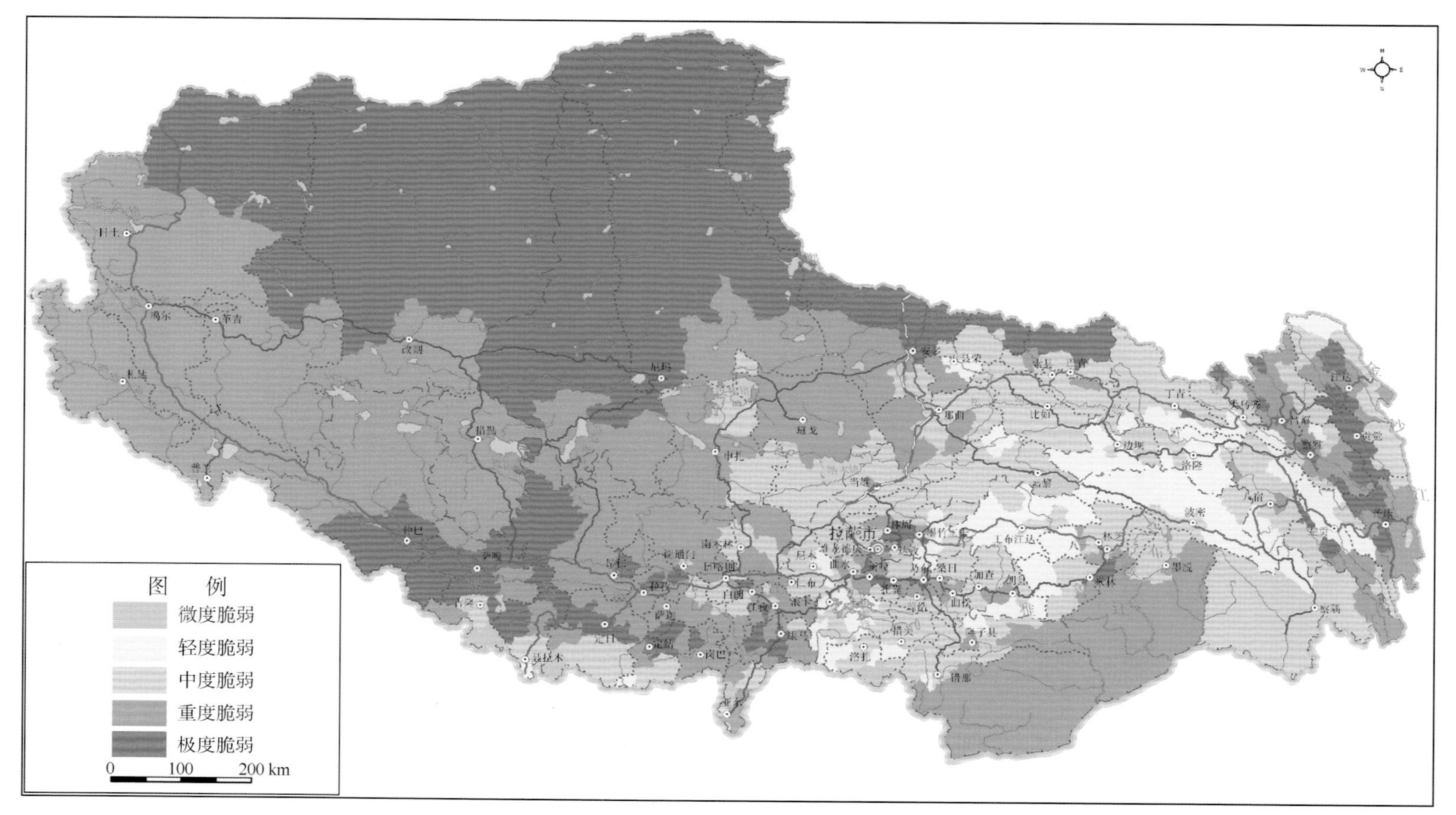

图5-20-4　西藏生态系统脆弱性分级图

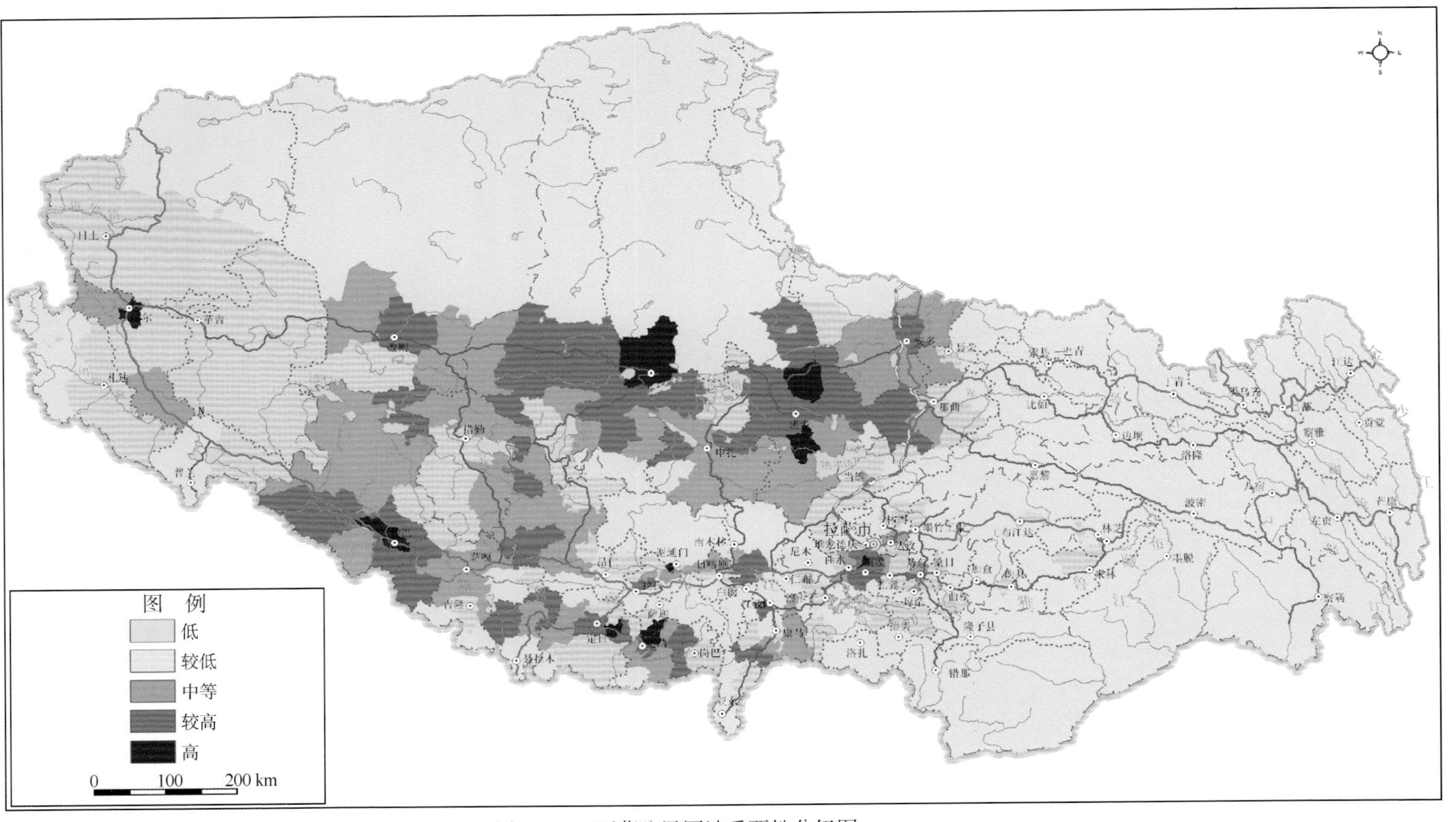

图5-20-5 西藏防风固沙重要性分级图

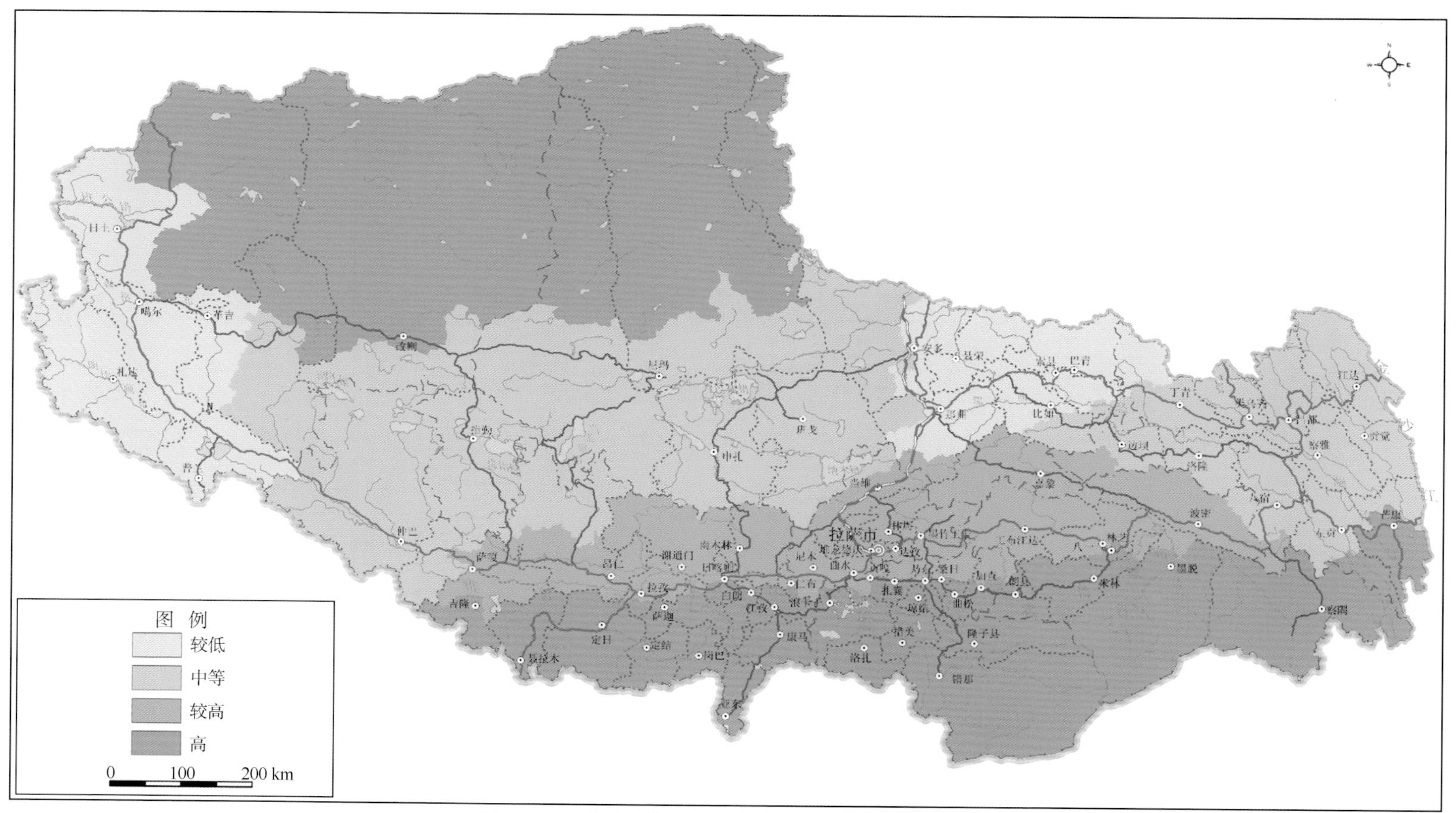

图5-20-6　西藏生物多样性维护重要性分级图

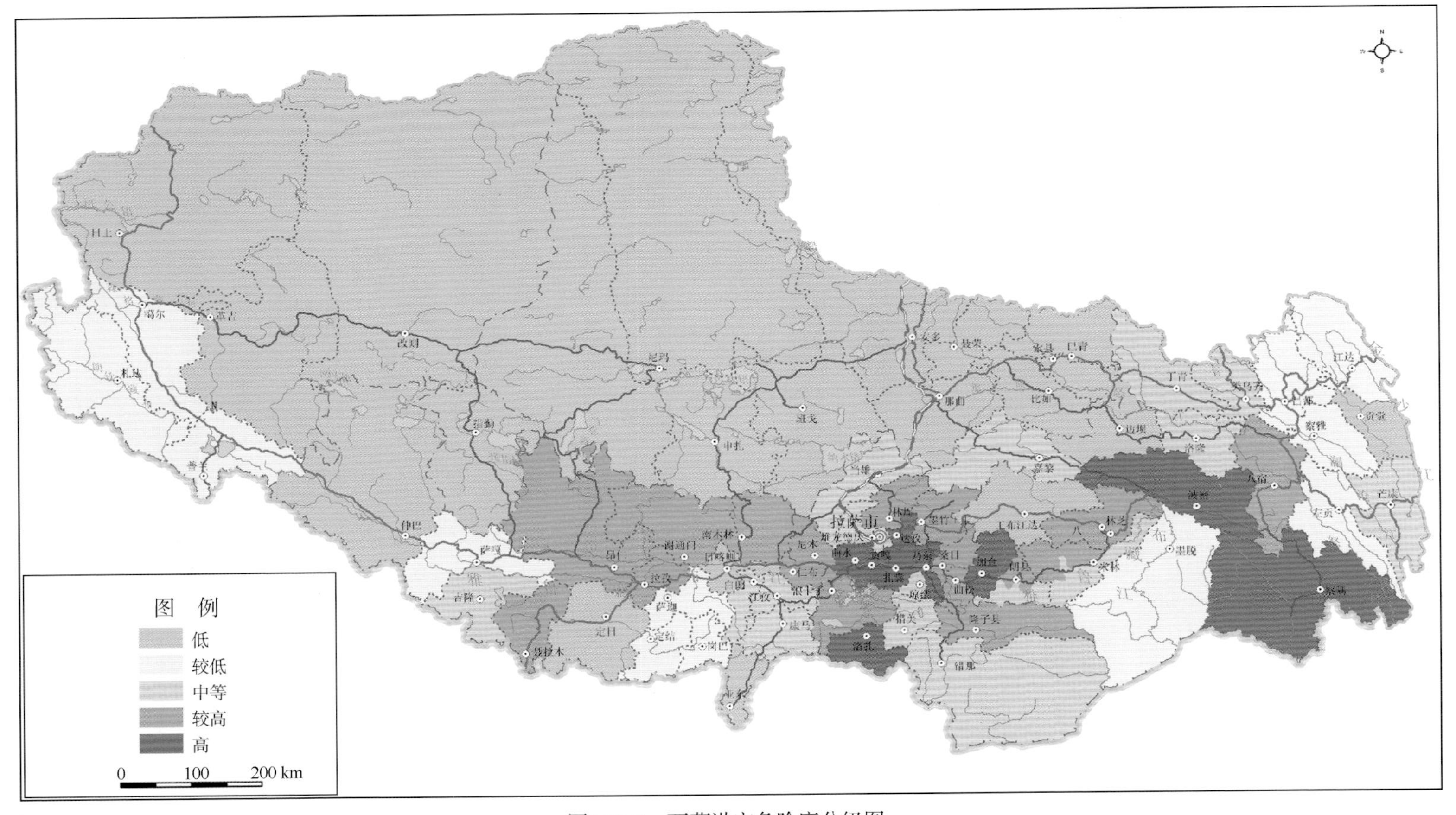

图5-20-7　西藏洪灾危险度分级图

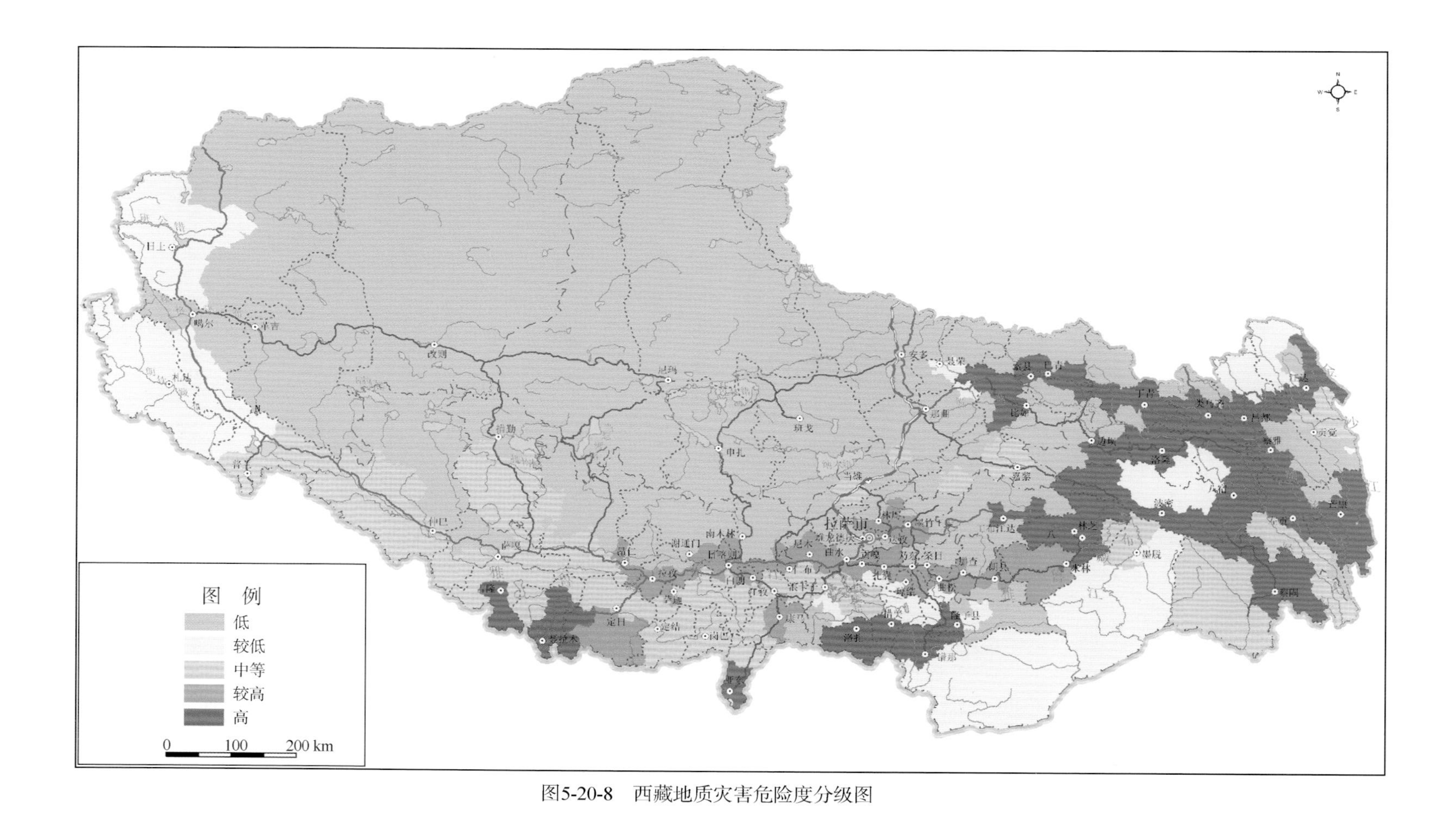

图5-20-8 西藏地质灾害危险度分级图

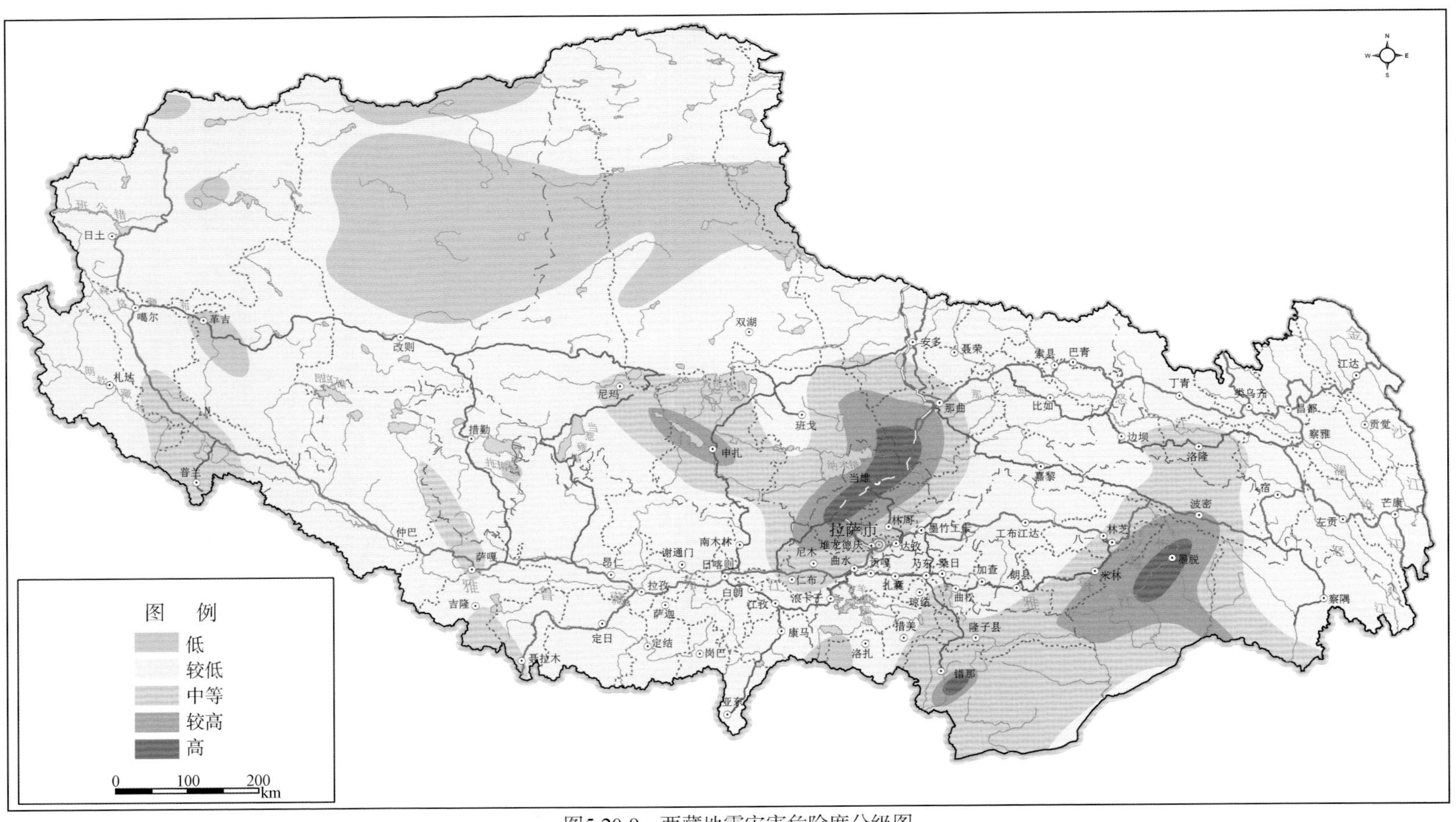

图5-20-9　西藏地震灾害危险度分级图

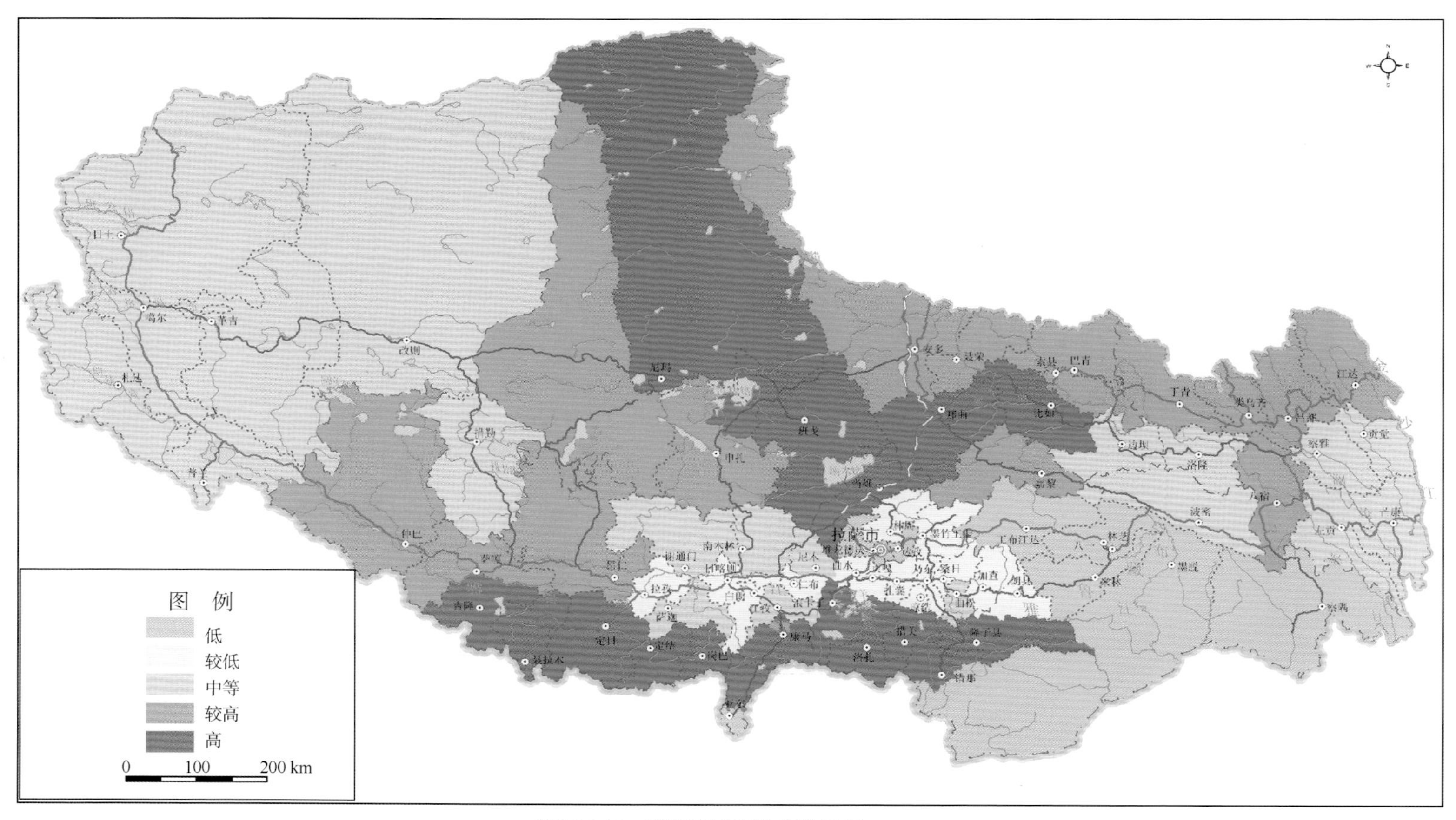

图5-20-10　西藏雪灾危险度分级图

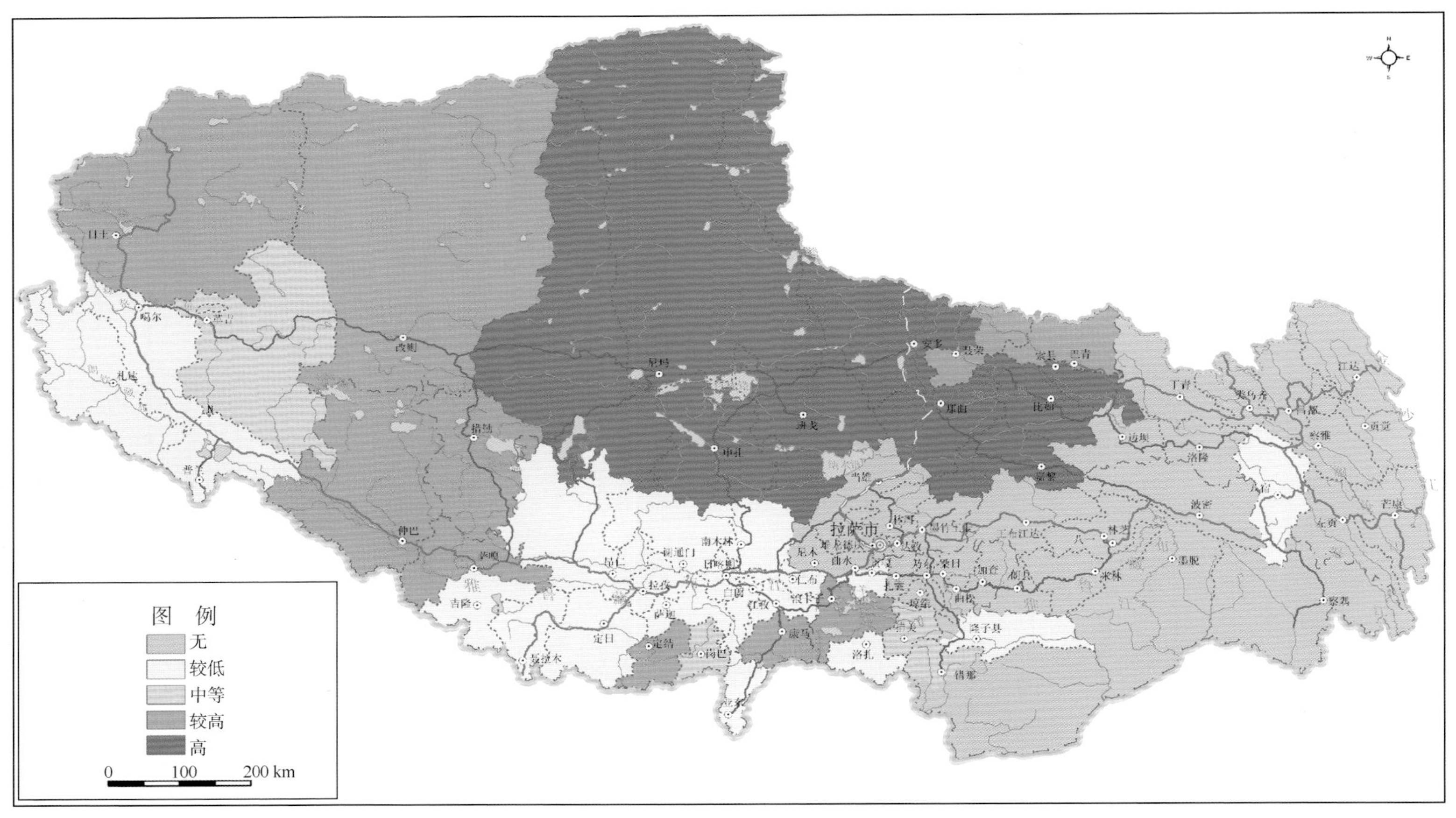

图5-20-11 西藏风灾危险度分级图

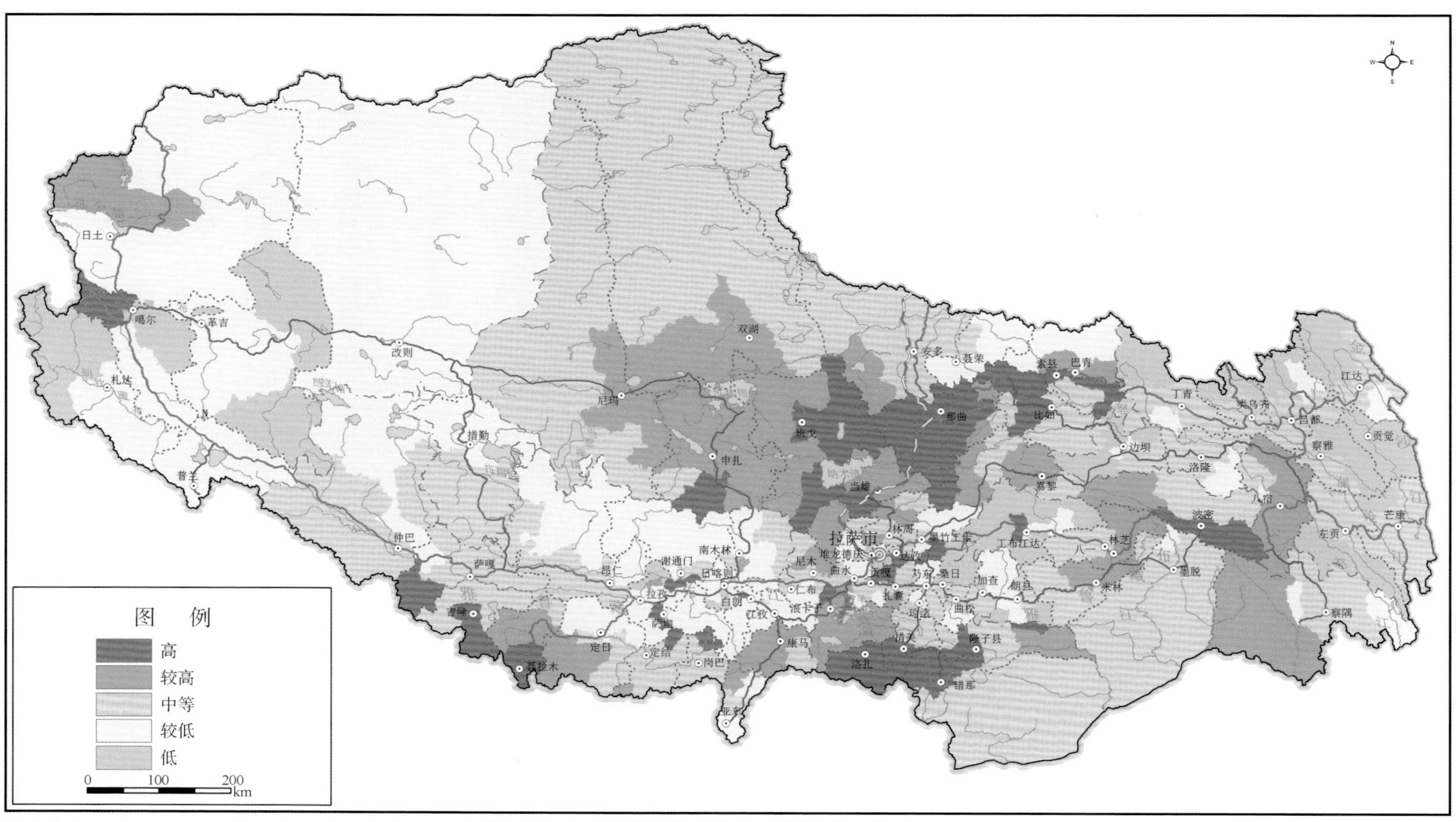

图5-20-12　西藏自然灾害危险性综合评价图

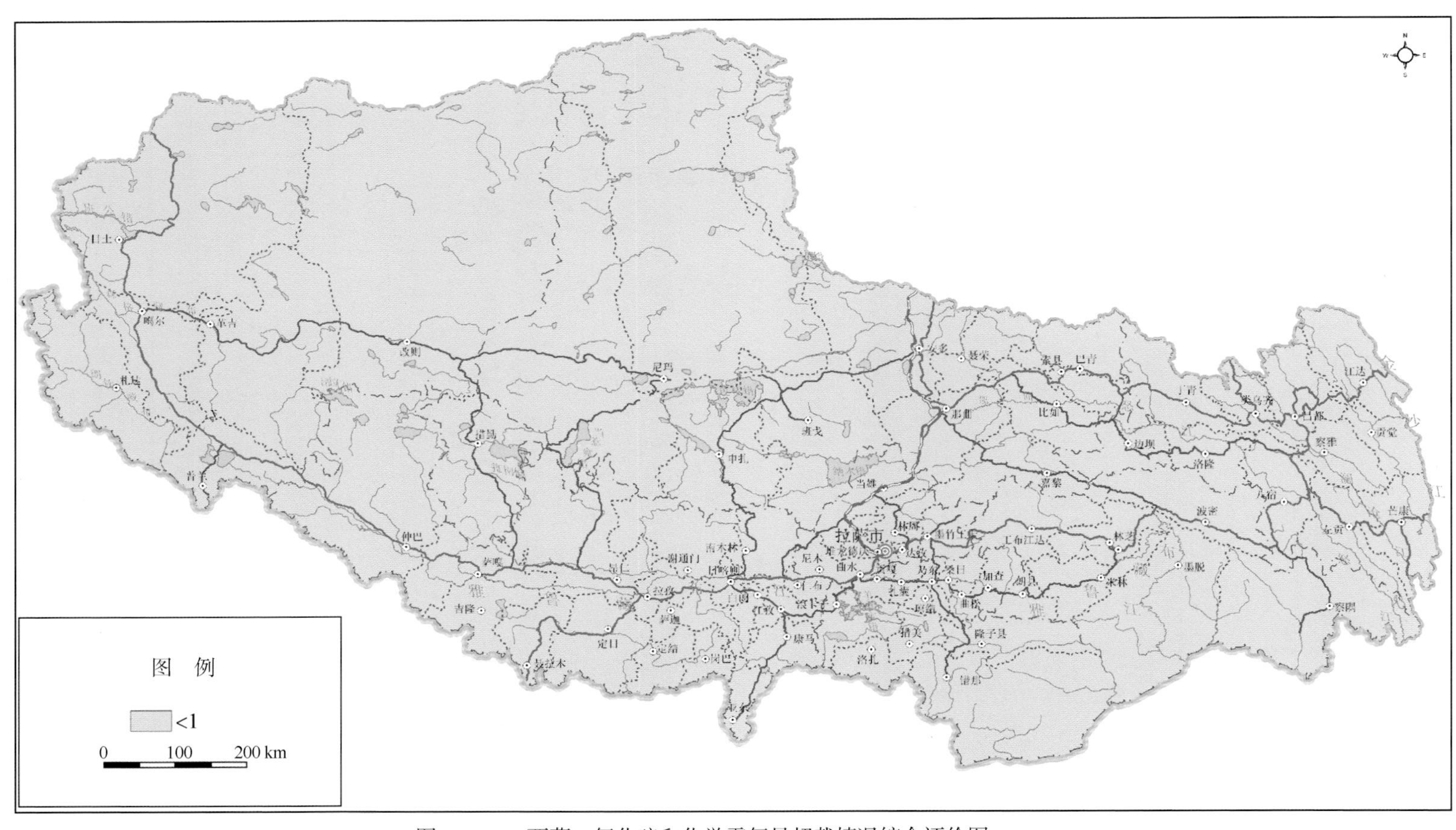

图5-20-13　西藏二氧化硫和化学需氧量超载情况综合评价图

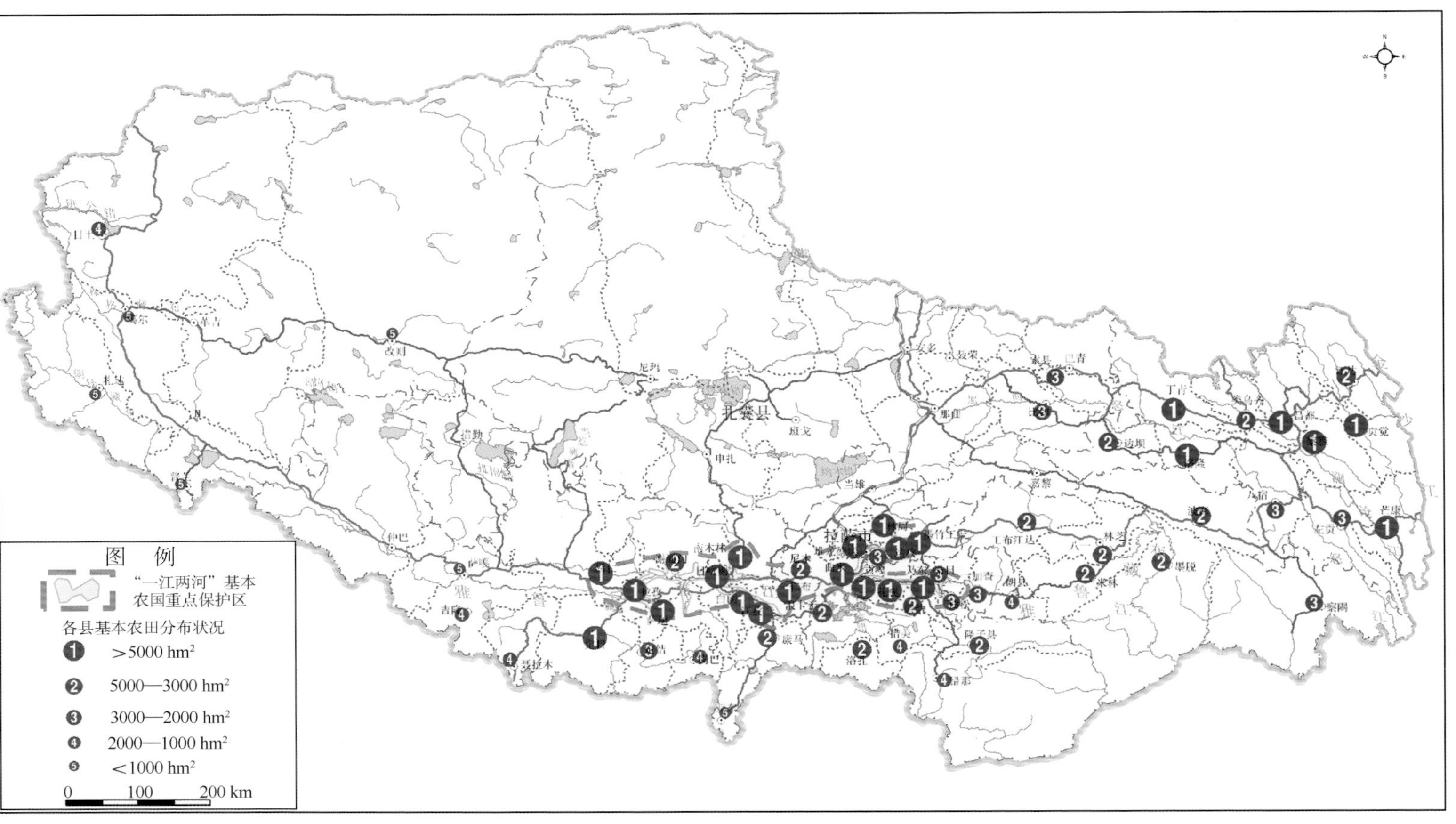

图5-20-14 西藏基本农田分布图

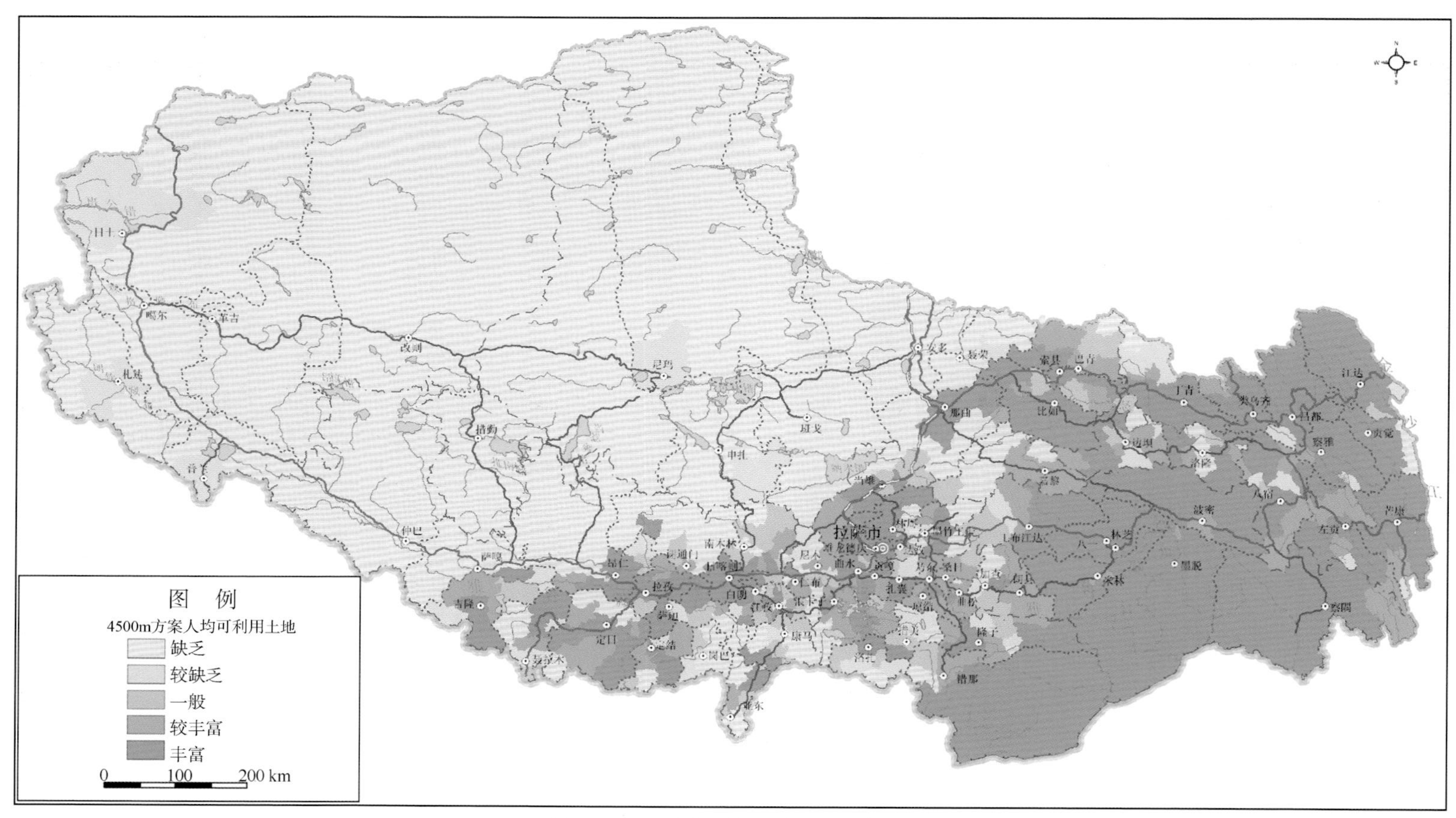

图5-20-15　西藏人均可利用土地资源分布图

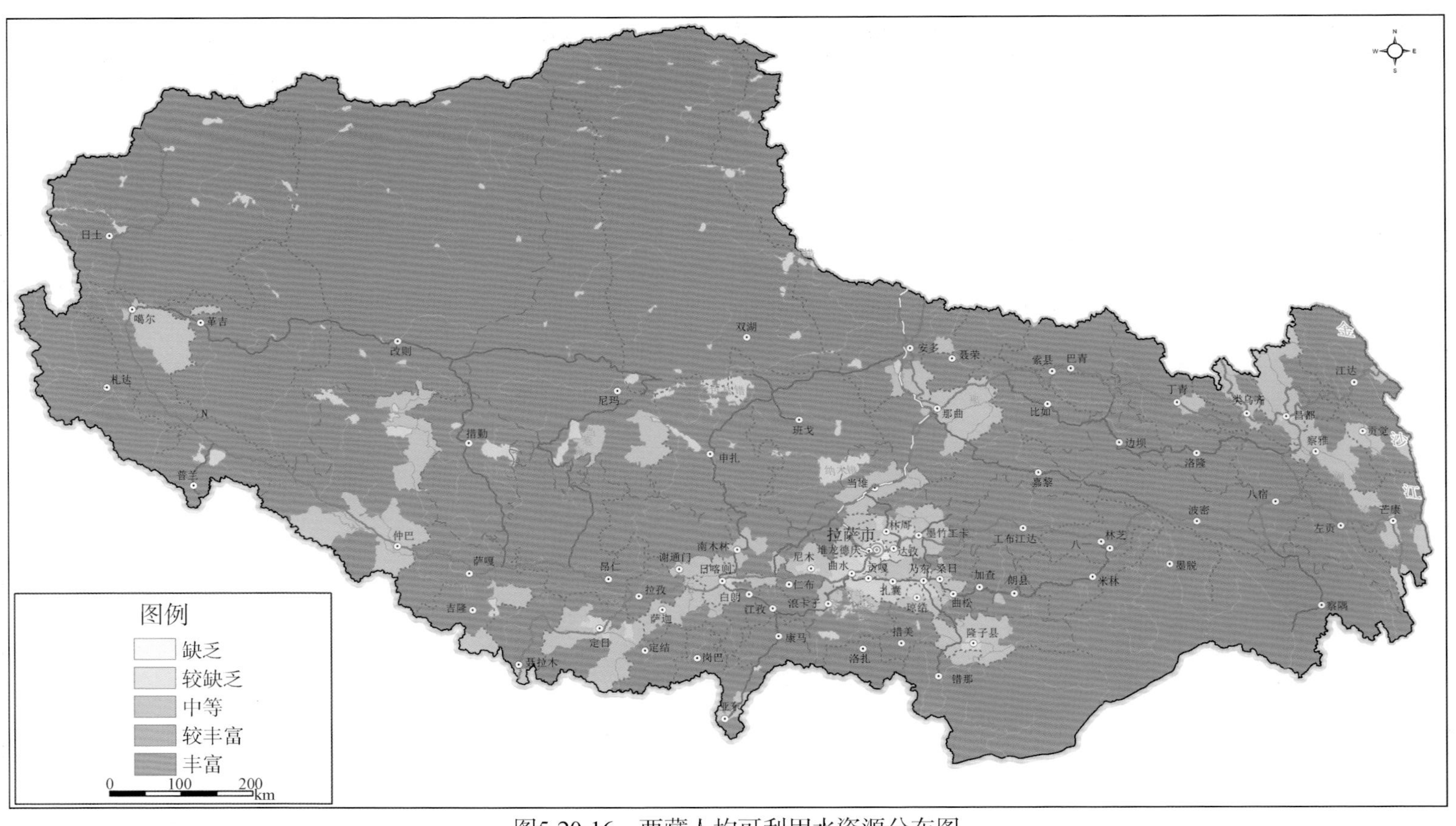

图5-20-16　西藏人均可利用水资源分布图

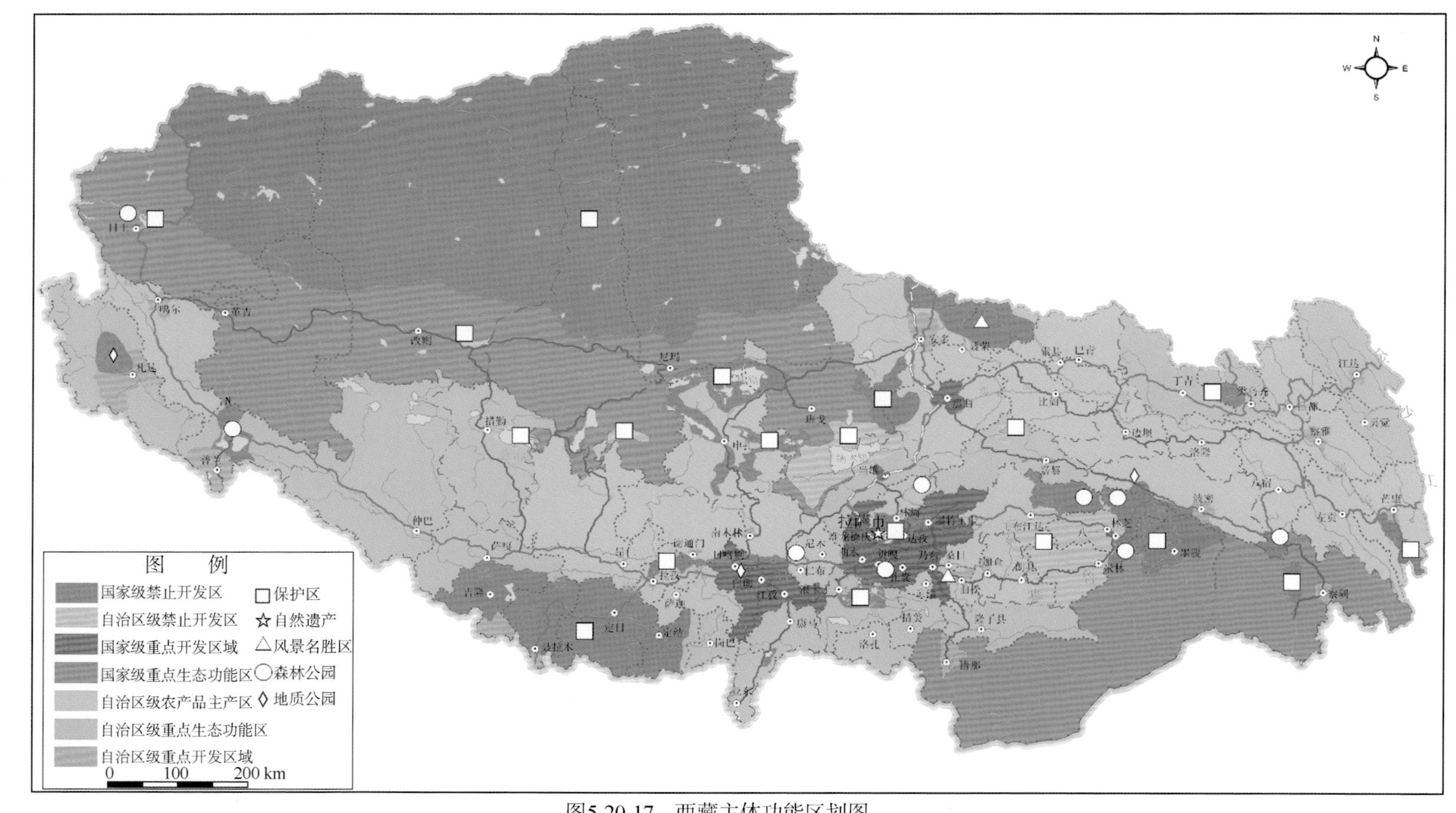

图5-20-17　西藏主体功能区划图

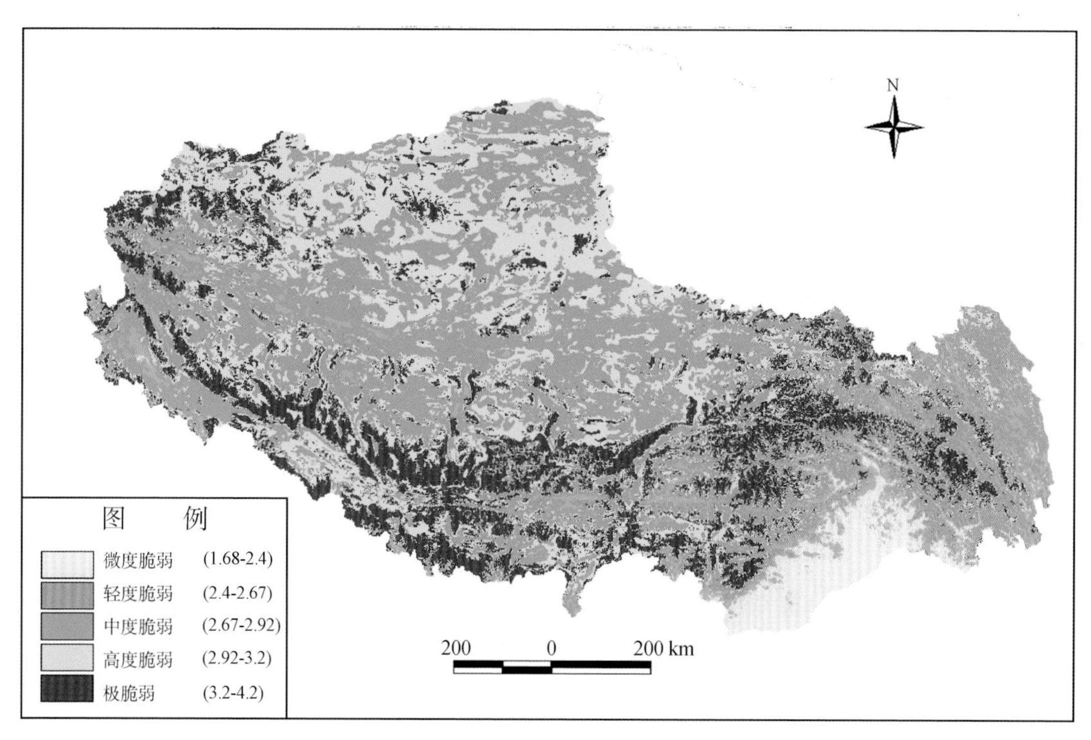

图 5-21-1 西藏生态环境脆弱度分级图

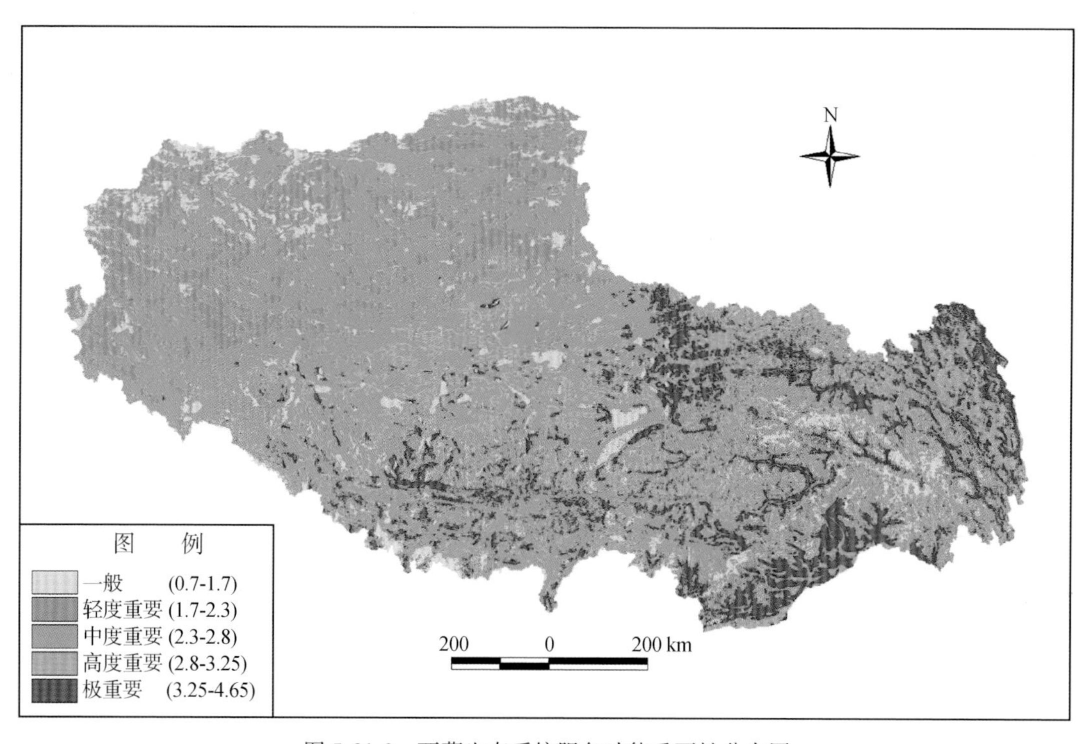

图 5-21-2 西藏生态系统服务功能重要性分布图

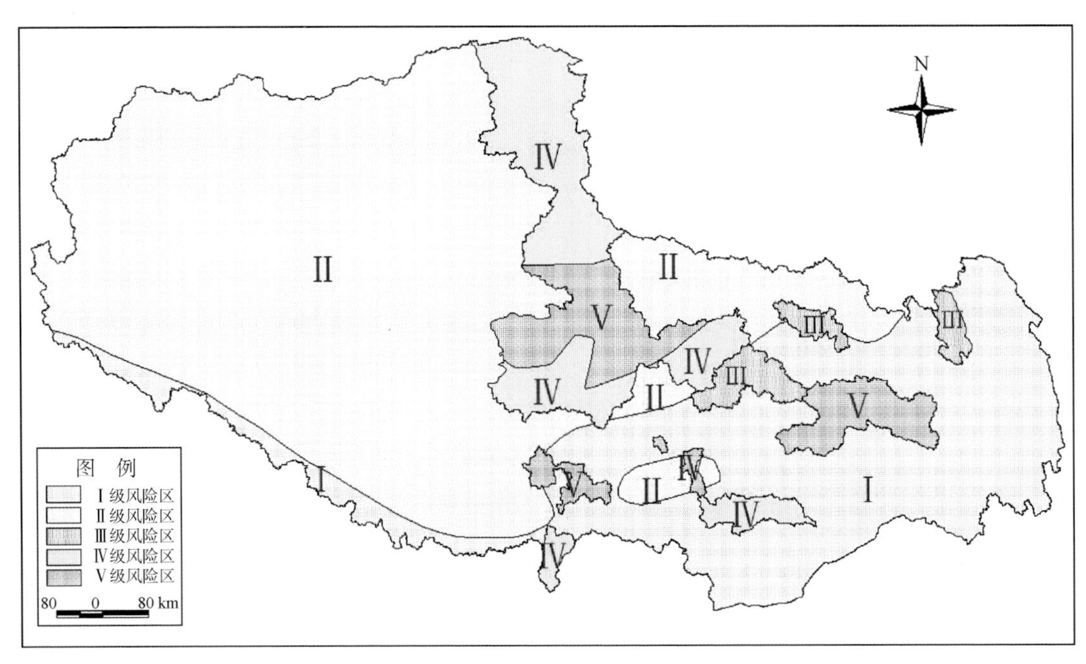

图 5-21-3　西藏生态风险空间分布图

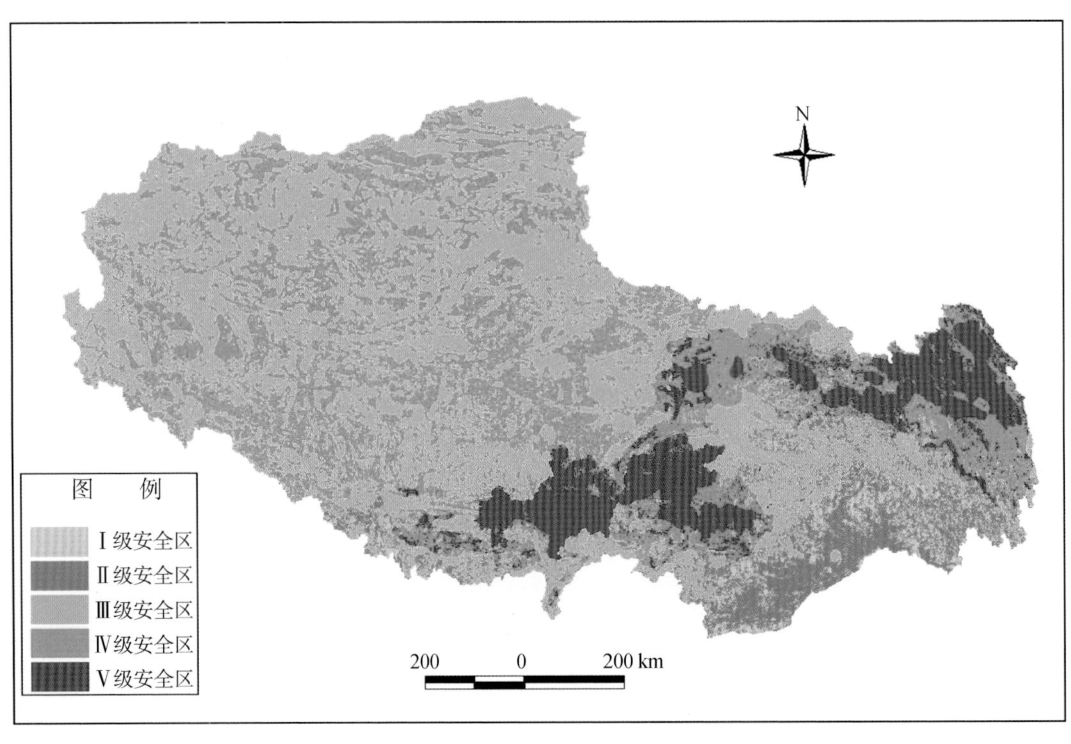

图 5-21-4　西藏生态安全空间格局图